工程机械手册

HANDBOOK OF CONSTRUCTION MACHINERY

MAINTENANCE
AND REMANUFACTURING

维修与再制造

主编 易新乾
副主编 史佩京 秦倩云 郭文武 魏世丞

清華大学出版社
北京

内 容 简 介

本书是《工程机械手册》系列工具书中的一个分册，由业内 80 余位资深专家历时近 4 年精心编写而成。内容涉及维修与再制造理论、管理、技术和生产实践。

本书可供从事工程机械设计、制造、管理、销售、使用、维修、再制造的专业人士检索、自学；也可作为相关专业大学和培训学校的参考资料。

图书在版编目(CIP)数据

工程机械手册. 维修与再制造/易新乾主编. —北京：清华大学出版社，2022.10

ISBN 978-7-302-60392-4

Ⅰ. ①工… Ⅱ. ①易… Ⅲ. ①工程机械－技术手册 ②工程机械－机械维修－技术手册 Ⅳ. ①TH2-62 ②TU607-62

中国版本图书馆 CIP 数据核字(2022)第 047611 号

责任编辑：王　欣
封面设计：傅瑞学
责任校对：赵丽敏
责任印制：沈　露

出版发行：清华大学出版社
　　网　　址：http://www.tup.com.cn，http://www.wqbook.com
　　地　　址：北京清华大学学研大厦 A 座　　**邮　　编**：100084
　　社 总 机：010-83470000　　**邮　　购**：010-62786544
　　投稿与读者服务：010-62776969，c-service@tup.tsinghua.edu.cn
　　质量反馈：010-62772015，zhiliang@tup.tsinghua.edu.cn
印 装 者：三河市东方印刷有限公司
经　　销：全国新华书店
开　　本：185mm×260mm　　**印　张**：50　　**插　页**：4　　**字　数**：1252 千字
版　　次：2022 年 10 月第 1 版　　**印　次**：2022 年 10 月第1 次印刷
定　　价：298.00 元

产品编号：084726-01

《工程机械手册》编写委员会名单

主　编　石来德　周贤彪

副主编　（按姓氏笔画排序）

丁玉兰　马培忠　卞永明　刘子金　刘自明
杨安国　张兆国　张声军　易新乾　黄兴华
葛世荣　覃为刚

编　委　（按姓氏笔画排序）

卜王辉　王国利　王勇鼎　王　锐　王　衡
毛伟琦　孔凡华　史佩京　付　玲　成　彬
毕　胜　刘广军　李　刚　李　青　张　珂
张丕界　孟令鹏　周治民　周　崎　赵红学
郝尚清　胡国庆　秦倩云　徐志强　徐克生
郭文武　黄海波　曹映辉　盛金良　舒文华
傅炳煌　程海鹰　谢正元　鲍久圣　薛　白
魏世丞

《工程机械手册——维修与再制造》编委会

《工程机械手册——维修与再制造》编写人员

概论 易新乾 王 龙

第 1 篇 故障的形成、检测、监测与诊断

第 1 章 王淼辉 葛学元

第 2 章 姚巨坤 杨其明 马怀祥 董丽虹 吉 喆 段文军 刘绥美

第 2 篇 维修与再制造理论和管理

第 3 章 易新乾

第 4 章 易新乾

第 5 章 姚巨坤

第 6 章 周 颖 叶京生 薛小平 苏 宇

第 7 章 杨学强

第 8 章 李葆文

第 9 章 李开富

第 10 章 郭 平

第 11 章 姚巨坤 叶京生 崔培枝 秦倩云 潘海生

第 12 章 叶京生 赵利祥 蒙先君 王春晓 秦倩云

第 3 篇 维修与再制造技术

第 13 章 姚巨坤

第 14 章 宋守许 黄海鸿

第 15 章 于鹤龙 吉小超 宋占永 周新远 汪 勇

第 16 章 史佩京 姚巨坤 王红美 柳 建 魏 敏 齐海波 董世运 梁 欣 宋启良

第 17 章 孙晓峰 宋 巍 巴德玛 李占明 史玉鹏 邱 骥

第 18 章 朱永超 李代勇 杨顺东 夏 刚 段文军 姚巨坤 崔培枝

第 19 章 杨其明

第 20 章　李开富　贺卫国　潘海生　赵军军
第 21 章　李代勇

第 4 篇　维修与再制造案例

第 22 章　蒙先君　李　怀　孙海波　贺卫国　潘海生　赵军军
第 23 章　杨慧杰
第 24 章　澹台凡亮
第 25 章　杨　安　任　健　赵明辉　杨一男
第 26 章　周　琳
第 27 章　闵玉春
第 28 章　姚爱民
第 29 章　刘　欢
第 30 章　邱祎源

附录 A　阳建新
附录 B　陈　月

本书各章作者名录

总序

PREFACE

根据国家标准，我国的工程机械分为20个大类。工程机械在我国基础设施建设及城乡工业与民用建筑工程中发挥了很大作用，而且出口至全球200多个国家和地区。作为中国工程机械行业中的学术组织，中国工程机械学会组织相关高校、研究单位和工程机械企业的专家、学者和技术人员，共同编写了《工程机械手册》。首期10卷分别为《挖掘机械》《铲土运输机械》《工程起重机械》《混凝土机械与砂浆机械》《桩工机械》《路面与压实机械》《隧道机械》《环卫与环保机械》《港口机械》《基础件》。除港口机械外，已涵盖了标准中的12个大类，其中"气动工具""掘进机械"和"凿岩机械"合在《隧道机械》内，"压实机械"和"路面施工与养护机械"合在《路面与压实机械》内。在清华大学出版社出版后，获得用户广泛欢迎，斯普林格出版社购买了英文版权。

为了完整体现工程机械的全貌，经与出版社协商，决定继续根据工程机械型谱出齐其他机械对应的各卷，包括：《工业车辆》《混凝土制品机械》《钢筋及预应力机械》《电梯、自动扶梯和自动人行道》。在市政工程中，尚有不少小型机具，故此将"高空作业机械"和"装修机械"与之合并，同时考虑到我国各大中城市游乐设施亦很普遍，故也将其归并其中，出一卷《市政机械与游乐设施》。我国幅员辽阔，江河众多，改革开放后，在各大江大河及山间峡谷之上建设了很多大桥；与此同时，在建设了很多高速公路之外，还建设了很多高速铁路。不论是大桥还是高速铁路，都已经成为我国交通建设的名片，在我国实施"一带一路"倡议及支持亚非拉建设中均有一定的地位，在这些建设中，出现了自有的独特专用装备，因此，专门列出《桥梁施工机械》《铁路机械》及相关的《重大工程施工技术与装备》。我国矿藏很多，东北、西北、沿海地区有大量石油天然气，山西、陕西、贵州有大量煤矿，铁矿和有色金属矿藏也不少，勘探、开采及输送均需发展矿山机械，其中不少是通用机械，在专用机械如矿井下作业面的开采机械、矿井支护、井下的输送设备及竖井提升设备等方面均有较大成就，故列出《矿山机械》一卷。农林机械在结构、组成、布局、运行等方面与工程机械均有相似之处，仅作业对象不一样，因此，在常用工程机械手册出版之后，再出一卷《农林牧渔机械》。工程机械使用环境恶劣，极易出现故障，维修工作较为突出；大型工程机械如盾构机，价格较贵，在一次地下工程完成后，需要转场，在新的施工现场重新装配建造，对重要的零部件也将实施再制造，因此专列一卷《维修与再制造》。一门以人为本的新兴交叉学科——人机工程学正在不断向工程机械领域渗透，因此增列一卷《人机工程学》。

上述各卷涉及面很广，虽撰写者均为相关领域的专家，但其撰写风格各异，有待出版后，在读者品读并提出意见的基础上，逐步完善。

石来德

2022年3月

序

PREFACE

机械设备维修与再制造是一项节约能源、节约资源、减少环境污染、提升生产力水平、增加就业、扩大内需的利国利民的事业，是机械装备制造企业和使用企业都不可或缺的制造业延伸服务行业。但是，机械设备维修与再制造专业的发展并不是一帆风顺的。20世纪50—60年代，不少重点大学设置维修专业，但逐渐与机械设计专业合并了；90年代，在一批学者的反复论证和呼吁下，原国家教委批准在几所院校设置设备工程专业，后来又被机械设计与自动化专业整合了。当前，设备工程教育在企业领导与技术人员中普及程度还不高。20世纪80年代以前，大型施工企业和大型制造企业都有自己的大型、先进的设备维修工厂或车间，承担本企业设备的维修。进入21世纪，随着经济结构调整，这些自我服务的企业迫于经济效益的压力，转型为设备制造企业或是自生自灭；而市场上的第三方维修企业又很难胜任大型复杂设备维修工作。

中国工程机械学会组织编写的《工程机械手册——维修与再制造》可为设备维修技术人员提供重要的参考资料，对促进设备维修市场发展具有重要意义。

我于1954年从哈尔滨工业大学毕业后，被分配到中国人民解放军军事工程学院装甲兵工程系担任坦克维修专业教师，从此开始了我从事维修与再制造专业教学、研究的一生。我的朋友易新乾教授是维修与再制造领域的资深专家，他小我几岁，我们是共同推动工程机械维修与再制造发展的重要伙伴。1979年，我们共同创建机械维修工程学科，后来我倡议建立表面工程与再制造工程学科时，他也都是积极的支持者和参与者之一。这次我们共同组织编写《工程机械手册——维修与再制造》，有80多位业内专家、学者和企业家积极参与其中，我相信一定能够总结我们40多年来共同推动工程机械维修与再制造的成果和最新研究进展，编成一本高水平且实用的手册，为工程机械维修与再制造事业的发展贡献绵薄之力。

徐滨士

中国工程院院士

波兰科学院外籍院士

2019年6月

前　言

FOREWORD

1. 缘起

《工程机械手册——维修与再制造》是中国工程机械学会主持编写的丛书《工程机械手册》中的一个分册，第一期10个分册已经出版，入选“十二五”国家重点图书出版规划项目并获得国家出版基金资助。第二期自2018年9月启动。本分册由中国工程机械学会维修与再制造分会、再制造技术国家重点实验室、石家庄铁道大学共同组织编写。

2. 本书的目的

维修与再制造是节约资源、节约能源、减少对环境的危害、扩大就业与应对地球环境危机的有力途径，是国家循环经济、绿色发展战略的组成部分。中国工程机械学会维修与再制造分会自1979年创建以来一直致力于推动机械维修学术体系的完善和维修技术的发展。把中国工程机械学会维修与再制造分会40多年来在维修与再制造领域的创新成果总结出来，用以指导施工企业和工程服务企业的生产与管理，是编写本书的背景和目的之一。

近年来，在国家创新发展政策的推动下，维修与再制造技术的研发和应用，诸如增材制造技术、激光技术、3D打印技术、互联网＋的研究和应用都有重大发展，把这些新成果加以整理、推广，推动维修与再制造领域的快速发展，是编写本书的又一个目的。

近20年，由于国家教育制度的改革，高等学校撤销了20世纪90年代开始设立的设备工程专业，高等学校不再教授设备管理、设备维修课程。现在施工企业以及与设备相关的服务企业在职的管理人员与技术人员中，没有人接受过系统的设备工程教育，他们只是在工作中逐渐积累了一些设备管理、设备维修等维修、诊断技术的知识，这些知识不系统、不全面，也不完全正确。本书既可为他们提供一本继续学习的自学教材，又可为他们提供一个带着问题检索、参考的知识库。

3. 本书的定位

本书是《工程机械手册》的一个分册，所以它首先应该是一本手册，供工程机械设备用户使用。

当有一台设备、一个部件或零件需要修理时，可以从本书查找适合的修复技术，也可以查找适合的修理服务企业。

当企业计划自行组织工程机械或零部件维修与再制造时，应该首先通过本书明确维修与再制造的概念、理论和先进的管理知识，查找相应的标准，学习成功的经验。

基于工程机械从业人员缺乏维修与再制造专业训练的现状，本书应该同时是一本系统的工程机械维修与再制造基本知识与基本技术自学教材。

本书根据维修与再制造学科体系编写，内容包括维修与再制造的基本理论、工程机械管理的基本理论和方法，以及设备管理和维修与再制造企业管理成功经验。施工企业的设备管理人员、维修与再制造企业的管理人员可以借此提升自己的工作能力。

4. 本书的架构

以中国工程机械学会维修与再制造分会（以下简称维修分会）40多年来研究提出的机械维修学术体系为纲目，以最新专家学者研究成果为内容构成本书架构。基于以上思想，本书由概论、4篇正文和附录组成。4篇正文分别是故障的形成、检测、监测与诊断，维修与再制造理论和管理，维修与再制造技术，维修与再制造案例。

(1) 本书把故障的形成、检测、监测与诊断作为基础

“故障的形成”是研究机械及其零部件失效的机理、规律和维修与再制造中的应对措施的，相当于医学中的病理学，即不懂病理学就不可能进行诊断和治疗，不知道感冒是由病毒引起的，盲目使用抗生素，不仅不能治病，还可能把人治死。机械设备也是如此。但是，失效理论涉及一群庞大的基础学科，磨损、变形、断裂等都涉及庞大、严密的学科体系，都有大批学者的论著。本书不详细介绍这些基础学科，把篇幅严格控制在与机械维修相关的范围。

“故障的检测、监测与诊断”是判断设备故障原因、故障部位、故障预警的各种先进技术，是状态维修的基础，是维修与再制造的保障。油液光谱、铁谱监测、振动诊断都曾经在工程机械维修中发挥过重要作用，近年来在盾构施工安全保障中更是不可或缺。当前，盾构在线油液监测、盾构主轴承在线振动监测技术研究都有进展，本书将向同行推介这些技术。

(2) 本书把维修与再制造理论和管理作为指导

只有掌握了科学的“理论”才能有卓越的实践；“管理”是对人、财、物进行最科学合理的组合，以取得投入最小、产出最大的结果的理论与技术。所以本书第2篇是维修与再制造理论和管理。

可靠性理论、维修性理论等都是第二次世界大战以后逐渐发展起来的，20世纪80年代引入维修领域；维修经济学、再制造工程也是在20世纪80年代以后引入维修领域的。这些理论的引入指导“维修”从一门手艺发展成为一门应用技术学科。

全寿命管理又常被称为全生命周期管理，其目标是追求全生命周期费用最低。20世纪80年代，铁道兵为进口一批装载机，在卡特彼勒与小松两个机型的议标时，依据全寿命管理理论，按全寿命周期费用最低进行比选，取得了良好的效果。随着再制造的推进，有人提出“多寿命管理”的概念。

同样是从20世纪80年代开始，各大型施工企业逐步用“状态维修”取代施行了30余年的“计划修理”；时至今日，状态管理已经成为设备管理的常态。随着人工智能技术的发展，有人提出了“智能维修”的概念。

合理的生产过程管理是提高生产效率、降低生产成本、确保产品质量的重要手段。

(3) 本书把维修与再制造技术列为重点，安排了最多的篇幅

“维修与再制造技术”是维修与再制造全过程都要考虑、选择、掌握和应用的内容，是保证维修与再制造质量和效率的手段，同时维修与再制造技术发展迅速、内容丰富，所以被本书列为重点。

20世纪80年代开始，维修分会与中国铁道出版社、中国建筑工业出版社、天津科技出版社、辽宁科技出版社分别组织编写出版了4套“机械维修丛书”，系统介绍了拆卸与装配、清洗技术、发动机修理技术等。几十年过去了，这些技术不断发展，再制造国家重点实验室和多所院校的大批学者也对此进行了广泛的研究。本书编委会邀请各领域内进行过专门研究的专家学者分头编写相关内容，以确保本书的先进性。

清洗是保证维修与再制造质量的重要工艺，在维修与再制造全过程中合理地安排几次清洗工艺是十分必要的。维修分会曾经反复宣讲汽、柴油清洗的危害，原铁道部基建总局曾经发文在材料供应项目中取消了清洗用油。维修分会还大力推广超声波清洗和高压水清洗，近年来又出现了火焰清洗、激光清洗与诸多物理清洗，这些高效、环保的清洗工艺应该得到推广。

激光作为热源具有能量集中、热影响小的优点，在20世纪80年代就成为用户向往的先进技术，但由于设备价格昂贵，大能量激光器制作困难，其发展受到了限制。近年来，由于

激光技术研究的深入和大功率激光器的发展，激光技术得到广泛应用。3D打印用于制作稀缺零件，激光熔覆用于修复磨损零件和制造对表面具有特殊要求的贵重零件，以及为了优化环境，用快速激光熔覆取代广泛应用的镀铬，这些都具有重要意义，为此本书用较大篇幅介绍激光技术。

应急抢修在军事领域是战争胜利的重要保障，在民用领域能够保障工期。第四次中东战争中，以色列的应急抢修是战胜对手的因素之一。马世宁教授和他的团队潜心研究多年，开发了多种应急抢修技术，在工程应用中往往能够产生奇效。

智能化、信息化技术与互联网＋模式为生产与生活的各个领域插上了翅膀，工程机械领域亦然。施工企业设备管理系统、施工过程安全交付系统、工程机械与盾构远程监测系统、盾构租赁平台、工程机械零部件交易平台被各机构陆续开发应用，可视化远程服务支援技术也日渐成熟，为工程机械与工程施工领域的快速发展做好了准备；而这些先进技术的推广应用，以及把一个个信息孤岛融合成一个全行业的系统还有待业内同仁的艰苦努力。这就是本书以较大篇幅推介相关智能化技术的目的。

随着工程机械智能化的发展，软件在工程机械中的重要性日益提高，但由于发展时间还短，软件维护还没有得到重视，目前也没有成熟的维护管理方法和技术，本书只是提醒同仁注意。

(4) 本书的第4篇是维修与再制造的典型案例，可供读者参考

扶持典型、宣传典型、示范和推广是发展的必由之路，许多企业应用维修理论和先进管理方法，选择合理的技术创造了工程机械或零部件维修与再制造的成功案例，本书选择其中相对成熟的案例加以整理推广。但是这些案例也并不是最科学、最先进的，本书介绍这些案例是为了业内交流。

(5) 可能给需要者提供帮助的附录

本书附录收录了工程机械维修与再制造标准、盾构机运输技术等信息，供读者检索和参考。

5. 本书的特点

(1) 用医学"治未病"的理念指导维修管理

先秦学者鹖冠子讲过一个故事。魏文王问名医扁鹊说："你们家兄弟三人，都精于医术，到底哪一位最好呢?"扁鹊答说："长兄最好，二哥次之，我最差。"魏文王又问："那么，为什么是你最出名呢?"扁鹊答说："我长兄治病，是治病于病情发作之前。由于一般人不知道他事先能铲除病因，所以他的名气无法传出去，只有我们家的人才知道。我二哥治病，是治病于病情初起之时。一般人以为他只能治轻微的小病，所以他的名气只及于本乡里。而我扁鹊治病，是治病于病情严重之时。一般人都看到我在经脉上穿针管来放血、在皮肤上敷药等大手术，所以以为我的医术高明，名气因此响遍全国。"

"治未病"理念在设备维修领域就是认真维护设备、加强状态监测，让设备少发生故障或者提早发现故障隐患，治设备于"未病"。认真研究本书第1篇故障的形成、检测、监测与诊断和第20章设备维护技术、第21章软件运行维护可以治设备于"未病"。

(2) 积极创新，推动维修与再制造快速发展

实施创新驱动发展战略是国家的基本国策，本书力求创新。

维修与再制造是生产活动，理所当然应该在经济学规律指导下运作，但是经济学领域并没有维修经济的位置。为此，维修分会在20世纪80年代就组织、撰写了有关维修经济的论文。本书邀请石家庄铁道大学的经济学博士编写了第10章维修经济，尽管还没有能够提出维修经济的理论基础和体系，但对于倡导经济学家和一线管理人员来共同创建维修经济学具有重要意义。

智能化是现代人类文明发展的趋势，是制造业、建筑业的发展前沿，当然也是维修与再制造的创新领域。本书第9章维修制度的作者在论述传统按期维修、按需维修后提出了智能

维修的概念。尽管在第9章里没有详细介绍智能维修制度的具体内容，但是本书介绍的在线状态监测为智能维修提供了技术基础。本书第19章的作者第一次提出微观再制造与维修技术，这项技术也可以被看作在微观领域的智能维修。至于零部件的智能维修，仍有待于业内同仁的共同努力。

设备维护能够保持设备经常处于良好状态，能够延长设备使用寿命、保障施工，设备维修管理人员都对其非常重视。但他们重视的只是硬件的维护，操作规范中列出的也只有硬件维护；通常不重视软件的维护，甚至不少人认为软件是不需要维护的。其实软件也会因为设计缺陷而需要补丁和升级，否则，系统可能会因为承载它的硬件的失效或黑客的攻击而崩溃。同时软件的故障往往是突发的，一旦爆发后果严重。为此，本书第21章列入软件运行维护。

此外，第4篇维修与再制造案例中，第16章修复技术、第17章应急维修技术、第18章智能维修与再制造技术都有许多创新内容，欢迎读者参阅。

(3) 尝试利用数字化技术拓展阅读

本书将部分拓展内容以二维码形式安排在适当位置，读者可以通过手机扫描二维码进一步了解相关内容。每一个二维码均由出版社特邀一位作者长期维护与更新。

本书各章作者名录二维码列出了各章作者的邮箱。各章作者在本章所述领域都有较深的造诣，读者可以通过邮箱与作者取得联系。

6. 让我们共同推动维修与再制造不断发展

由于主编知识水平和社会资源的限制，本书的理论和技术不能说是最先进、最前沿的；由于生产的发展和完善都需要一个相当长的过程，本书介绍的案例距离“示范”还有一定距离。本书的疏漏和不足在所难免，欢迎指正。

易新乾

2019年9月

维修与再制造分会简介

目 录

CONTENTS

第3篇 维修与再制造技术

第27章 液压件维修与再制造 ………… 695

第28章 行星减速机维修与再制造 …… 716

第29章 发动机再制造 ……………… 723

概　　论

1　故障的概念

机械设备在使用和存放过程中，由于内部零件的相互作用，以及外部环境的影响，内部零件会发生磨损、变形、腐蚀、穴蚀、断裂等现象，机械设备的液压、润滑介质会劣化。这些零部件的劣化会使机械设备的性能异常，作业质量降低，设备振动、噪声、排放等对环境的污染增加，视为设备发生了故障。

机械设备设计和制造中的缺陷会造成系统性的故障，而使用、操作不当会加重故障的影响。

及时发现故障、排除故障及预防故障是维修与再制造的任务，因此本书的编写目的是研究故障的机理与规律，掌握故障的检测与诊断、维修技术。

2　维修与再制造的概念

本书中的两个关键词是“维修”与“再制造”，其中“维修”包含了“维护”与“修理”。因此，本书应该是三个关键词，即“维护”“修理”“再制造”。

1）维修的概念

维修包含维护与修理。其中，维护也可称为保养，它是维持设备经常处于良好状态的一系列技术活动的总称；修理是设备损伤、性能劣化后，恢复其良好状态的一系列技术活动的总称。

2）再制造的概念

再制造是徐滨士院士于20世纪90年代在国内首先提出的一个概念。

从学科含义上讲，再制造工程是以设备全寿命周期设计和管理为指导，以实现废旧设备性能跨越式提升为目标，以优质、高效、节能、节材、环保为准则，以先进技术和产业化生产为手段，对废旧设备进行修复和改造的一系列技术措施或工程活动的总称。

从实际生产角度上讲，再制造是指对全寿命周期内回收的废旧设备进行拆解和清洗，对失效零部件进行专业化修复（或替换），通过再装配，使再制造产品达到与原型新品相同质量和性能的再循环过程。

2012年，我国发布了《再制造　术语》（GB/T 28619—2012），对“再制造”的定义如下：对再制造毛坯进行专业化修复或升级改造，使其质量特性不低于原型新品水平的过程。其中质量特性包括产品功能、技术性能、绿色性、经济性等。再制造过程一般包括再制造毛坯的回收、检测、拆解、清洗、分类、评估、修复加工、再装配、检测、标识及包装等。因此，我们可以理解为，质量特性还应该包括产品的耐用性，也就是产品的使用寿命。

2012年，英国发布的《制造、装配、拆解和报废的设计制造过程规范》（BS 8887-211：

2012)中对“再制造”的定义如下：将使用过的产品的外观和功能恢复到至少其原始制造状态(remanufacturing: process that brings a previously used product back to at least its original manufactured state, in an “as-new” condition both cosmetically and functionally)。

2017年,美国发布的《再制造过程技术规范》(RIC 001.1-2016)中对“再制造”的定义如下：通过严格的质量控制,将出售、租赁、使用、磨损或者非功能性的产品或部件恢复到质量和性能不低于原型新品的生产过程,具有质量和性能可控、可重复和可持续等特征(remanufacturing: a comprehensive and rigorous industrial process by which a previously sold, leased, used, worn, or non-functional product or part is returned to a “like-new” or “better-than-new” condition, from both a quality and performance perspective, through a controlled, reproducible and sustainable process)。

不论是我国的再制造标准还是国外的再制造标准,均强调再制造产品的性能和质量不低于原型新品,这是再制造区别于大修、翻新的主要特征。

再制造工程包括再制造加工与过时产品的性能升级两个主要部分。

(1) 再制造加工

再制造加工主要针对达到物理寿命和经济寿命而报废的产品,在失效分析和寿命评估的基础上,把具有使用价值,却由于功能性损坏或技术性淘汰等原因不再使用的产品作为再制造毛坯,采用表面工程等先进技术进行加工,使其性能和尺寸迅速恢复,甚至超过新品。

(2) 过时产品的性能升级

过时产品的性能升级主要针对已达到技术寿命的产品,或是不符合可持续发展要求的产品,通过技术改造、更新,特别是通过使用新材料、新技术、新工艺等,改善产品的技术性能,延长产品的使用寿命,减少环境污染。性能过时的机电产品往往是几项关键指标落后,不等于所有的零部件都不能再使用,采用新技术镶嵌的方式进行局部改造,就可以使原产品跟上时代的性能要求。

3) 修理与再制造的关系

修理与再制造都是把损坏和劣化的设备恢复到良好的状态,它们应该属于同一个范畴,所以有人把再制造称为修理的高级阶段。修理与再制造都能够节约资源,节约能源,减少对环境的危害,扩大就业,其不仅是应对地球环境危机的有效途径,还属于国家绿色发展的领域。

国内外的再制造标准都强调“再制造产品的性能和质量不低于原型新品”,而修理只要求恢复设备的工作能力,即使是大修或翻新也没有要求修复的设备“达到或超过原型新品的性能和质量”。改善性修理是指采用某一项改进后的软件或部件修复设备,并没有对整机的性能和质量提出要求。而再制造是更严格的、更全面的、更彻底的修理,能够在节能、减排、环保方面作出更多的贡献,因此国家十几个部委均出台扶持再制造的政策。

部分工程机械企业没有正确地理解再制造的概念,或者出于其他目的,往往把修理、大修,甚至把维护的二手机都算作再制造。部分学者提出“完成一个标段任务的盾构,经过维修,能够胜任下一个标段的施工就是再制造”的观点；也有学者提出“准再制造”的概念。这些做法和说法都是有害的。工业和信息化部主管再制造的同志提出“要真的做再制造,要做真的再制造”,这是十分必要的。

3 维修与再制造的发展

维修是伴随着人类使用工具开始的,人类使用工具多少年,维修也就诞生了多少年。古代的工具都很简单,维修也就只是一门简单的手艺,如修犁、补锅、锔碗。

第一次工业革命进入蒸汽机时代,工具(设备)已经变得很复杂,维修工程应运而生。20世纪50年代以后,设备大量使用机、电、液、气、数字技术,维修工程也相应充实了可靠性工程、维修性工程、故障物理学、故障诊断学、服务经济理论、管理工程、维修经济学等学科,逐渐形成了一个完整的学术体系。

1938年，我国与美国合作修筑滇缅公路，这是我国第一次大规模使用工程机械。1945年后，这一批工程机械留在我国，成为我国第一次拥有的大批工程机械。与此同时，我国培养了一批具有熟练手艺的维护和修理技术工人。

20世纪50年代，学习苏联，我国在农业机械学院、铁道学院、公路学院、水电学院与建工学院设立了工程机械使用维修专业，使用的教材大多是由北京农业机械化学院编写出版的《拖拉机、汽车及农业机械修理学》；1978年，西安公路学院邀请西南交通大学、西安冶金建筑学院、华北水电学院、长沙铁道学院、东北林学院、铁道兵技术学院共同编写出版了《工程机械修理学》，该书以失效理论（磨损、变形、断裂、腐蚀、穴蚀）为基础，编入了修理过程工艺（清洗、拆卸与装配、检测等）、修复工艺（电镀、电焊、粘接等）、发动机修理工艺、底盘修理工艺等，初步形成了工程机械修理的体系架构。

1979年，中国工程机械学会维修与再制造分会的前身——工程机械维修研究会创建，40多年来，致力于推动我国工程机械维修理论与技术的普及和发展。经过多年反复、广泛的研讨，提出了“机械修理学的学科体系”，并在此基础上，经原国家教育委员会批准，在全国多所院校创建“设备工程”专业，培养从事设备管理与维修的高级技术人才。与此同时，在维修理论领域，向欧洲维修联盟学习了全寿命周期管理理论；经由中国航空学会学习了可靠性理论、维修性理论，以及以可靠性为中心的修理理论。在维修管理领域，先后从国外引进了全员参加的质量管理、服务经济理论；通过总结北京机械施工集团有限公司在定期检测基础上的“按需修理”实践，在全行业推广状态修理制度；通过社会上广泛存在违反机械设计理论“野蛮”使用机械的现象，经过广泛讨论认识到“机械的使用与维修不单纯是技术问题，同时也是一个经济问题”。据此，由一群非经济学专业的人士提出了“修理经济学”的概念和范畴。在维修技术领域，中国工程机械学会维修与再制造分会（以下简称分会）及分会的挂靠单位——中国人民解放军陆军装甲兵学院，特别是分会的主要领导徐滨士院士领导的团队对维修技术的研究、开发、实践验证和推广做了大量工作，取得重大成绩；一系列表面工程技术，如电刷镀技术、热喷涂技术在全国得到普遍推广。

20世纪90年代末，徐滨士院士在我国首先提出“再制造”的概念，在国家领导、政府主管部门、维修分会成员和各领域专家学者的支持下得到全国广泛响应。2007年开始，工程机械领域首先推动再制造工程；2015年，组建盾构再制造创新战略联盟，再制造工程在盾构行业迅速发展。现在再制造已经纳入了国家绿色经济、循环经济的范畴，工业和信息化部已经把盾构再制造作为推动再制造的首要领域。在国际范围，再制造理念在维修的基础上已经得到了快速发展。美国国际贸易委员会的报告中指出，2011年，美国工程机械再制造产值已超过汽车业，达到77亿美元，已成为美国再制造市场的最主要产业。

《中国制造2025》中明确指出：“大力发展再制造产业，实施高端再制造、智能再制造、在役再制造，推进产品认定，促进再制造产业持续健康发展。”以徐滨士院士为名誉主任、朱胜教授为主任的再制造国家重点实验室，在面向高端在役工程机械装备的移动式智能增材修复与再制造领域，开展了大量的工作，支撑了中国特色再制造模式的发展，这也是工程机械修复技术的重要发展方向。在分会历届理事长（1983年，铁道部基建总局蒋才兴局长担任理事长，其后中铁工程总公司历任总经理相继担任分会理事长）的支持下，分会每一项创新成果都在中铁系统得到推广应用。

4 机械维修的技术体系

机械维修的技术体系如图1所示。

该技术体系把机械维修划分为三个层面，即基础理论、应用技术和目标。基础理论是用于指导生产实践的，其中基础的基础是失效理论，机械设备只有失效了才需要维修，只有充

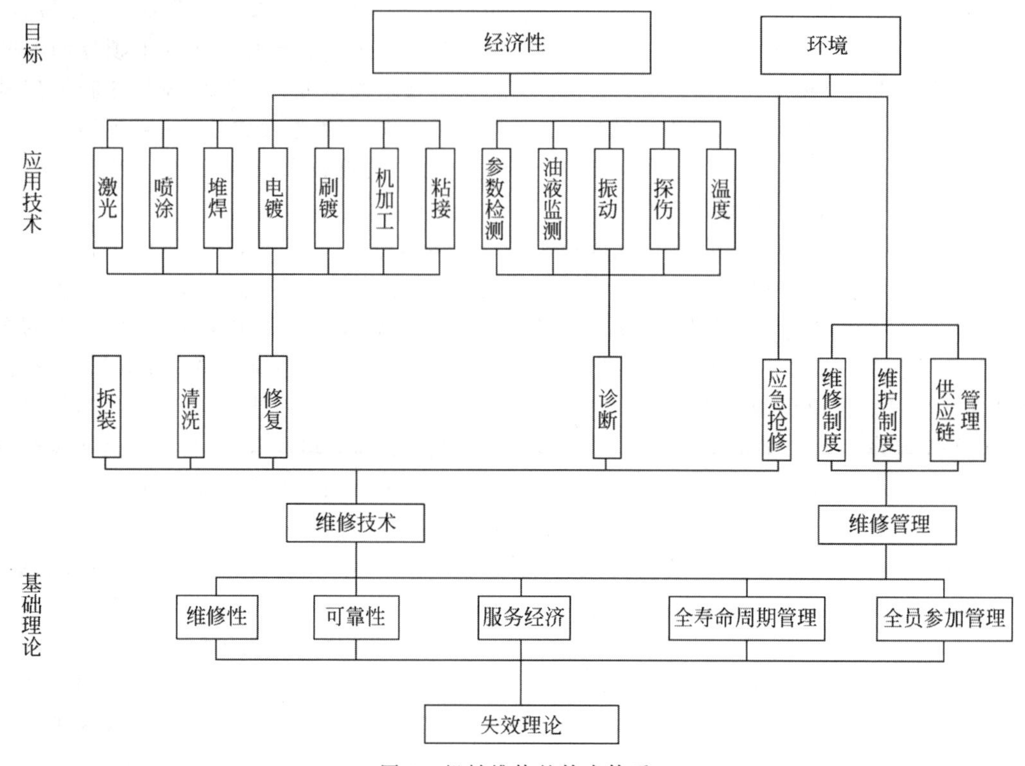

图1 机械维修的技术体系

分掌握了失效理论才能够预防失效，诊断失效，修复失效。一切生产的目标都是改善经济、保护环境。机械维修概莫能外。

5 再制造工程的技术体系

再制造工程的关键技术体系如图2所示。

1）再制造设计技术

再制造设计是指根据再制造产品要求，通过运用科学决策方法和先进技术，对废旧产品回收、再制造生产及再制造产品市场营销等所有生产环节、技术单元和资源利用进行全面规划，最终形成最优化再制造方案的过程。产品再制造设计主要研究对废旧产品再制造系统（包括技术、设备、人员）的功能、组成、建立及其运行规律的设计，以及产品设计阶段的再制造性等。其主要目的是应用全系统全寿命过程的观点，采用现代科学技术的方法和手段，设计产品具有良好的再制造性，并优化再制造保障的总体设计、宏观管理及工程应用，促进再制造保障各系统之间达到最佳匹配与协调，以实现及时、高效、经济和环保的再制造生产。再制造设计技术是实现废旧产品再制造保障的重要内容，主要包括产品再制造性设计技术、产品再制造性评价技术、再制造升级设计技术。

2）再制造系统规划技术

再制造系统规划管理与新品制造系统管理的区别主要在于毛坯来源及生产工艺的不同。新品制造是以新的原材料作为输入，经过加工制成产品，供应是一个典型的内部变量，其时间、数量、质量是由内部需求决定的；而再制造是以废弃产品中那些可以继续使用或通过再制造加工可以再使用的零部件作为毛坯输入，供应基本上是一个外部变量，很难预测。再制造物流是指以再制造生产为目的，为重新获取废旧产品的利用价值，使其从消费地到再制造生产企业的流动过程，主要包括逆向物流流程分析、再制造逆向物流的管理、再制造物流的仓储管理、再制造物流的管理控制。再制

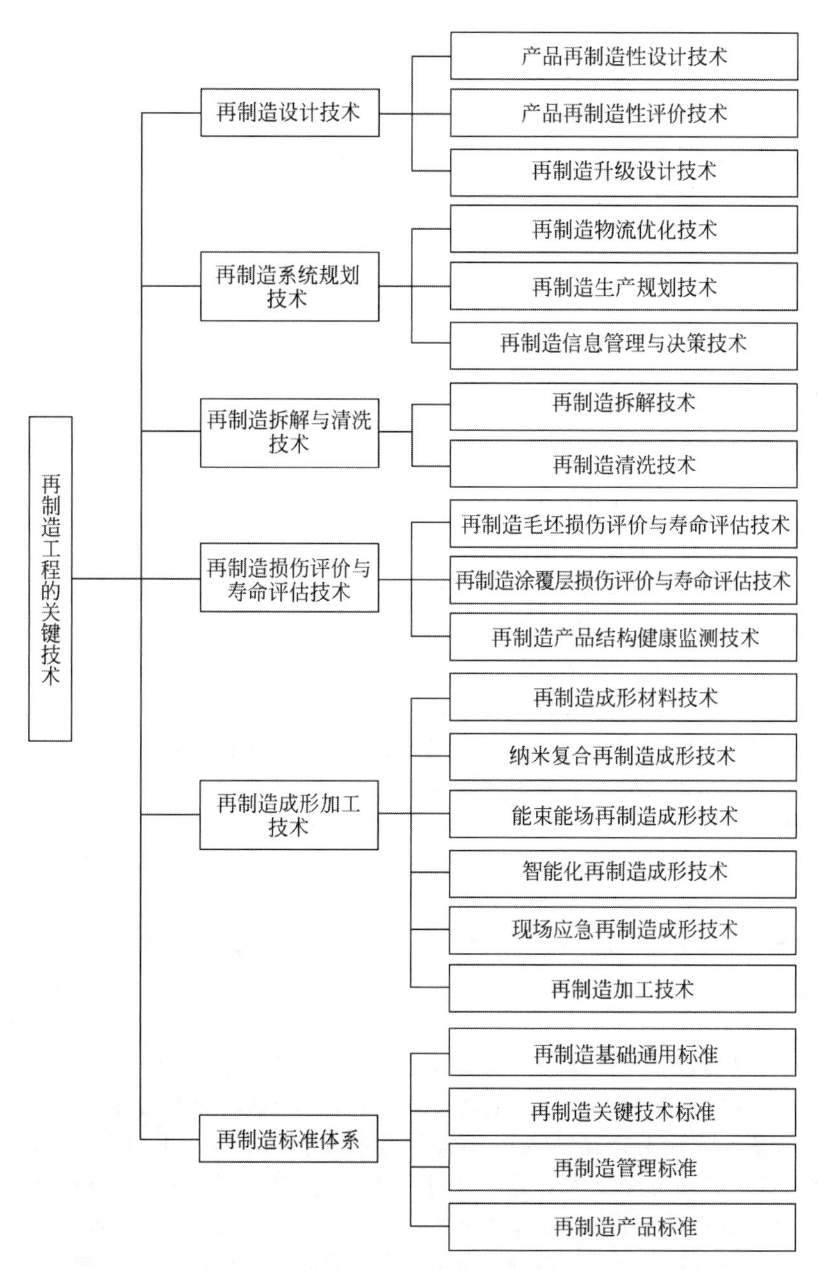

图 2　再制造工程的关键技术体系

造生产系统规划是在完成废旧产品再制造加工任务过程中，具体对人员、时间、现场、器材、能源、经费等相关作业要素实现作业目标的规划与活动，是产品再制造生产中的核心内容，主要包括柔性再制造生产系统、虚拟再制造生产系统、快速再制造成形系统、成组再制造生产系统、清洁再制造生产系统等。再制造信息管理与决策技术是再制造企业在完成再制造任务过程中，建立再制造信息网络，采集、处理、运用再制造信息所从事的管理活动，主要包括再制造信息采集、再制造资源信息管理与规划、再制造信息管理系统设计与开发等。

3）再制造拆解与清洗技术

拆解与清洗是产品再制造过程中的重要工序，是对废旧产品及其零部件进行检测和再制造成形加工的前提，也是影响再制造质量和效率的重要因素。

再制造拆解是指将再制造毛坯进行拆卸、解体的活动。再制造拆解技术是在拆解废旧产品的过程中所用到的全部工艺技术与方法的统称。科学的再制造拆解工艺能够有效地保证再制造产品质量，提高旧件利用率，减少再制造生产时间和费用，提高再制造的环保效益。再制造拆解技术主要包括可拆解性设计技术、拆解规划(包括拆解的模型、拆解序列算法、序列的优化、智能拆解等)、拆解的评估体系软硬件开发及拆解装备等。

再制造清洗技术是指借助清洗设备或清洗液，采用机械、物理、化学或电化学方法，去除废旧零部件表面附着的油脂、锈蚀、泥垢、积炭和其他污染物，使零部件表面达到检测分析、再制造加工及装配所要求的清洁度的过程。再制造清洗技术可以从多种不同的角度进行分类。通常，将利用机械或水力作用清除表面污垢的技术归为物理清洗技术，包括利用热能、电能、超声振动，以及光学紫外射线等作用方式。而化学清洗通常是利用化学试剂或其他溶液去除表面污垢，去污的原理是利用相关的化学反应。常用的再制造清洗技术包括溶液清洗、吸附清洗、热能清洗、喷射清洗、摩擦与研磨清洗、超声波清洗、光清洗、等离子体清洗等。

零部件的无损拆解和表面清洗质量直接影响零部件的分析检测、再制造加工及装配等工艺过程，进而影响再制造产品的成本、质量和性能。再制造拆解和清洗技术是进行再利用、再制造和循环处理的前提，对提高废旧零部件的利用率，提升再制造企业的市场竞争力具有重要意义，研究发展再制造拆解和清洗技术已成为当前再制造产业发展的迫切需求。

4) 再制造损伤评价与寿命评估技术

再制造损伤评价与寿命评估技术是指通过定量评估再制造毛坯、涂覆层及界面的具有宏观尺度的缺陷或以应力集中为表征的隐性损伤程度，进而评价再制造毛坯的剩余寿命与再制造涂覆层的服役寿命，并据此判断毛坯件能否再制造和再制造涂覆层能否承担下一轮服役周期的评价技术。再制造损伤评价与寿命评估技术包括：针对再制造毛坯开展的表面及内部损伤评价及剩余寿命预测技术，如宏观缺陷评价及寿命评估技术、隐性损伤评价及寿命评估技术、多信息融合损伤评价与寿命评估技术；针对再制造涂覆层开展的涂层缺陷、残余应力、结合强度等损伤评价及服役寿命评估技术，如再制造涂覆层缺陷评价及寿命评估技术、涂层结合强度测试评价技术、涂层残余应力测试评价技术；针对逆向增材再制造获得的再制造产品重新服役过程中的实时健康监测技术，如光纤智能传感实时监测技术、压电智能传感监测技术、远程健康监测技术等。

5) 再制造成形加工技术

再制造成形加工技术是在再制造毛坯损伤部位沉积成形特定材料，以恢复其尺寸，提升其性能的材料成形加工技术。再制造成形加工技术与传统制造技术具有本质区别，传统制造技术的对象是原始资源，而再制造成形加工的对象是经过服役的损伤零部件。再制造零部件通常具有较长服役时间，因而再制造成形加工技术大多晚于零部件的材料制备技术出现，但却优于后者，这也是利用再制造成形加工技术能在恢复损伤零部件尺寸的同时，提升其性能的重要原因。再制造成形加工技术是再制造技术体系的关键组成部分，是实现老旧零部件再制造，保证再制造产品质量，推动再制造生产活动的基础，在再制造产业中发挥着重要作用，已成为再制造领域研究和应用的重点。近年来，再制造成形加工技术大量吸收了新材料、信息技术、微纳米技术、先进制造等领域的最新技术成果，在再制造成形集约化材料、增材再制造成形加工技术、自动化及智能化再制造成形加工技术，以及现场快速再制造成形加工技术等方面取得了突破性进展。再制造成形加工技术主要包括再制造成形材料技术、纳米复合再制造成形技术、能束能场再制造成形技术、智能化再制造成形技术、现场应急再制造成形技术和再制造加工技术等。

6) 再制造标准体系

系统、完善的再制造标准体系是再制造产

业得以良性发展的重要保障。在再制造产业化发展过程中，标准先行可以引导再制造技术发展，提升再制造产品质量，引领企业参与高水平竞争。先进的技术标准能够促使再制造企业以技术标准驱动工艺改进、带动技术进步、拉动管理提升，从而提高再制造企业的自主创新能力，推动再制造产业实现可持续发展。再制造标准体系包括再制造基础通用标准，如术语、标识、通用规范、技术要求、数据库等；再制造关键技术标准体系，如再制造设计、拆解与清洗、再制造损伤评价与寿命评估技术、再制造成形加工等标准；再制造管理标准体系，如再制造环境管理体系标准、再制造能耗管理标准、再制造绿色供应链管理标准、再制造职业健康与安全管理标准、再制造企业认证制度、再制造市场监管制度、再制造市场准入等标准；再制造产品标准体系，如航空发动机、智能绿色列车、节能与新能源汽车、海洋工程装备及高技术船舶、高端数控机床、高端医疗设备及发电、煤炭、冶金、钻井、采油、纺织等再制造标准。

6 推动再制造健康发展的组织和技术措施

再制造在我国发展时间还不长，人们对再制造的认识还不是很清楚，再制造的组织管理还有待完善，本书在这里对再制造的概念进行补充，并提出有关推动再制造健康发展的组织措施和技术措施，以保障再制造产品的质量。

1）明确参与再制造的目的

在开始参与再制造之前，首先要明确参与再制造的目的。再制造需要较大的投入，需要形成一定的规模，是一个相当长的过程。只有把再制造当作一项利国利民、有利子孙后代、同时有利于企业长远发展的事业才能够坚持下去，取得成功。

2）真正做再制造和做真正的再制造

真正做再制造就应该具有固定的再制造产品（可以是一种或几种）、合理的再制造生产计划（不一定要有多大的批量）、完善的管理体系（是独立法人更好，是企业的一个再制造分厂或再制造车间也可以）、先进的再制造设备（有固定的再制造生产线更好，与新品生产线共享设备或部分委外加工也可以）、稳定的再制造逆向物流系统。生产过再制造产品，不仅现在要做，以后还要做。符合这样条件的企业就是真心实意在做再制造了。

做真正的再制造的一项基本要求是“再制造产品的性能和质量不低于原型新品”。决心做再制造的企业必须对照上述标准才能做真正的再制造。

3）再制造产品的性能和质量能否达到新品

再制造产品的性能和质量能否达到新品是一个业内同仁争论不休的问题。不少人怀疑这项要求是否过高，或者认为“达到新品的性能或许可能，要达到新品的质量就不太可能了”。也有人认为“零部件再制造也许可以达到，整机再制造就是另外一码事了”。还有人认为“一般零部件可以达到，通常依赖进口的关键零部件就达不到了”。

“再制造零部件能够达到新品要求”已经被多数人接受，我们还想进一步确认此事。

（1）针对零件损耗的4个主要原因，修理和再制造科技人员经过长期研究，制定了相应的对策，创造了许多先进的修复损耗零件的技术。

针对磨损零件，研究、推广了许多提高耐磨性的新工艺、新材料，修复后的零件耐磨性可以大幅提高，经过修复的零件的使用寿命已经可以达到，甚至可以超过原型新品零件的寿命。

针对变形失效的研究发现，零件变形，特别重要的是基础零件（变速箱壳体、发动机气缸体）的变形都是毛坯制造时的残余应力没有彻底消除，毛坯制成后（包括制成的零件投入使用时），残余应力在12～24个月中自然消除，但同时造成的零件变形；只要在大修或再制造时，正确修复了变形，以后就不会再发生变形。由于设计的强度、刚度不够，使用中发生弹性或塑性变形毕竟是少数，属于改进设计的任务，再制造时也会加以改进。

针对腐蚀，有多种工艺（如激光熔覆）均能大幅提高修复件的耐腐蚀性。

对于断裂，虽然断裂的机制比较复杂、剩余寿命的检测方法还没有进入实用阶段；但是，修理和再制造科技人员通过对结构力学、断裂力学和金属物理学的研究已经清楚地认识到“断裂只会发生在某些特定的部位，许多部位的裂纹即使达到肉眼可见的程度也不会发生断裂”，通过对断裂机制的研究还清楚认识到“断裂都有一个从疲劳核心到微裂纹、再到肉眼可见的宏观裂纹、最后突然断裂的很长的发展过程”，同时“绝大多数裂纹是从表面开始的”；所以，零件再制造时，只要认真研究制定修复工艺，认真做好探伤及表面处理，保证零件有一个足够长的使用寿命是完全可能的。

综上所述，再制造的零件的使用寿命达到或者超过原型新品是完全可能的。零部件实现了再制造，已经为整机再制造创造了必要的条件。只要制定合理、严格的装配工艺，把合格的再制造零部件装配成合格的整机也就成为可能。

(2) 机械设备投入再制造前都经历过很长的服役阶段，在原机械服役期间，技术与工艺都有了长足的发展，这些新技术、新工艺都可以应用在再制造过程中，能够使再制造产品的性能、质量有所提高甚至可能会高于原型的机械，即“性能提高型再制造”，这也是中国再制造的特点之一。

(3) 由机械设备的故障理论可知，机械设备的故障可以分为早期故障、随机故障和耗损故障三类。新机械投入使用的初期故障率较高，是由于制造时使用了质量低劣的零配件、装配工艺不严格、使用者没有遵照磨合期的使用规定等，安排“三包”就是为了应对早期故障。机械设备经过磨合期以后，在很长一段时间内性能稳定、故障率很低，该时期称为随机故障期，也是设备的黄金时期。机械经过长时期使用，零部件发生了磨损、变形、腐蚀、断裂，机械的故障率急剧上升，进入耗损故障期，这时机械就需要进行大修或再制造了。再制造以后的设备，其中许多零部件已经跨越了磨合期，因而其早期故障率必然低于新机械设备。

4) 再制造的工程机械与回收的废旧工程机械的关系

再制造产品是新品，既不是修理品，也不是翻新品，更不是二手产品。再制造产品是再制造企业利用旧的或报废的工程机械作为原材料制造的新产品；原来的废旧机械已经不存在了，已经部分被回炉熔炼了，60%～75%以上（以质量来计算）的材料经过修理或不经修理被再利用了；再制造企业通过自己的创造性劳动制造了一件新产品，该新产品不是简单恢复或复制回收的废旧机械。但是，一部分可以再利用的零部件，特别是一些基础零件的再利用，使再制造产品与回收的产品又有许多近似之处，因此与回收的废旧机械也必然存在割舍不断的传承关系。

工程机械再制造不存在知识产权问题，不需要取得回收的废旧工程机械的原厂许可。同时，需要对再制造产品进行命名，重新命名的名称，首先要标明是再制造产品，且应该标明再制造厂家；其次要标明作为原材料的废旧工程机械的厂家和型号。

再制造工程机械的质量、性能、安全和售后服务应完全由再制造厂家负责。

5) 再制造生产需要进行再制造设计

当今，科学技术日新月异，新技术、新材料、新工艺飞速发展。再制造设计就是要以待再制造设备为躯体，以当代技术为灵魂，结合再制造企业的具体条件，设计出一台全新的设备。

再制造设计除了整机设计外，对新制备的零部件也要做零部件设计，对于修复的零部件要做修复工艺设计，完成每一个零部件的再制造加工工艺规程（包括设备、仪器、工装和工艺参数等）。

在再制造设计过程中，既要按照常规要求完成强度设计、刚度设计和公差配合设计，又要重点完成工艺设计，同时还要完成常规设计中常常忽略的可靠性设计、维修性设计和再制造性设计。

例如，盾构是一种单件定制产品，是根据地质条件和工程设计要求专门设计、生产的，理论上没有两台盾构是完全一样的。所以，盾构再制造设计要以适应下一个标段工程为目标。

为了承担繁重的再制造设计任务，再制造企业应该尽快成立一个再制造设计院（所、组），该再制造设计院（所、组）应该包括总体设计、部件（总成）设计、零件设计和工艺设计的小组，分别负责该再制造产品的总体设计、部件（总成）设计、零件设计和工艺设计，完成图纸和工艺文件。

由此可见，再制造企业只有比新品制造企业更努力、更认真才能得到用户和市场的批准。

6）再制造产品应该尽快申办再制造认定

一件新产品的诞生必须经过研究、设计、试制、试验、鉴定、型式试验、新产品认定、上目录的严格程序。再制造产品是新产品，同样不能例外，必须经过以上严格程序的认定。

再制造产品认定是为了确认“该企业生产的再制造产品已经达到了再制造的要求，同时该企业能够稳定地生产这种再制造产品”。再制造产品的认定是为了对用户负责，避免伪劣产品进入市场，同时也是为再制造企业背书，告诉用户可以放心购买该企业的这种产品。

为推动再制造产业健康有序发展，规范再制造产品生产，引导再制造产品消费，我国工业和信息化部于2010年发布《再制造产品认定管理暂行办法》及《再制造产品认定实施指南》，截至2021年年底，已经通过认定并发布了八批《再制造产品目录》。

由于再制造产品的最后批准还要通过用户与市场认定，再制造企业只有比新品制造企业更努力、更认真、更踏实，一步一个脚印，才能得到用户和市场的认可。

若产品通过再制造认定并且被纳入《再制造产品目录》，说明该产品能够满足再制造的定义。而这个定义的关键是“性能和质量达到或超过原型新品”。是否达到原型新品的性能可以通过出厂检验来考核，判定而是否达到原型新品的质量并不简单。一般工业品可以通过型式试验、拿几件产品在一定条件下做破坏性试验来检验，这对盾构而言却难以实现。目前，对再制造盾构的认定只能从再制造企业的再制造能力和质量保证体系入手，具体方法如下。

（1）企业应该具有必要的检测设备，能够进行结构件探伤，能够检测部件和整机的性能。如果没有，应该有合格的协作单位。

（2）企业应该具有必要的修复设备，能够进行损坏零件修复。如果没有，应该有合格的协作单位。

（3）企业应该具有必要的清洗设备，能够进行修复后的零部件、组装前的零部件清洗。如果没有，应该有方便的协作单位。

（4）企业应该具有完善的质量保证制度，有严格的清洗制度、检验制度、人员考核制度、责任回溯制度和协作件的验收制度。

（5）企业应该具有再制造设计的能力，再制造前应该有详细的再制造设计，包括为适应新的工程项目盾构的整体设计、零部件再制造安排和零部件再制造工艺设计。如果没有，应该有具备设计能力的固定协作单位。

（6）要有详细的再制造履历，再制造的每一道工序都要记录时间、地点、使用的设备和材料、选用的工艺参数、质量检测等，并由责任人和验收人签字。

（7）企业应该具备主要零部件再制造能力，如果没有，委外加工的再制造企业应该是经过认定且已经进入再制造产品目录的企业。

如果能够通过以上七个方面的考核，说明该企业能够稳定生产合格的再制造产品。当然，这种考核办法不是完全可靠的，却是当前可行的。希望业内同仁提出更可靠的认定办法，同时也提醒大家并不是每一件进入再制造产品目录的产品都是合格的，再制造企业要对每一件再制造产品的质量负责。

7）尺寸修理法再制造、换件法再制造与修复法再制造

当一台待再制造设备全部拆解进入总检分类时，零部件可以分为三类：可以经过简单清理继续使用的零部件、不能够修理或不值得

修理的低值易耗件、需要修理也可以修理的零部件。根据对第三类零部件的处理方法不同，诞生了尺寸修理法、换件法和修复法三种再制造方法。

用新的零部件或再制造的零部件替换需要修理的零部件为换件法再制造。与修复法相比，换件法似乎不够经济，也不够节能，但如果更换的零部件所占的比重很小，又能够大大缩短再制造的周期还是很值得的。如果再把替换下来的零部件集中起来再制造，将会是很完美的再制造。

设备在设计和制造时通常为易磨损部位留有磨损余量，发动机修理中的镗缸、磨轴能够方便地恢复设备的性能，属于尺寸修理法。中铁隧道局集团有限公司与洛阳 LYC 轴承有限公司对盾构主轴承的修理就是把滚道的疲劳层磨去一层，换用加大的滚动体。作者曾经认为，这只是尺寸法修理，不能认为是再制造；但后来了解到滚道的淬硬层厚度有 8 mm，而修磨量只有 1 mm。这就需要进行进一步了解和分析：①设计时淬硬层定为 8 mm 是不是预留的修磨量或者是为了提高强度以承受极大的轴向力，应该通过生产验证；②如果滚道具备足够的修磨余量，实践又证实修磨后的主轴承还具有新品的使用寿命，那么就应该承认是再制造，属于尺寸修理法再制造。当然，用尺寸修理法进行再制造的次数是有限制的，再次磨损就只能采用增材再制造了。

国外的再制造通常采用尺寸修理法和换件法，而我国的再制造提倡旧件修复法与性能提升法，这是我国再制造的特点，也是我国再制造事业的发展。

不论是尺寸修理法和换件法再制造，还是旧件修复法与性能提升法再制造都能够节约资源、节约能源、减少排放，虽然其节能减排的效果有所差别，但在节能减排、循环经济方面其本质是相同的，都应该鼓励和支持。企业在开展再制造初期，可以先采用尺寸修理法和换件法，但一定要创造条件、准备好具备旧件修复法与性能提升法的能力，以最大限度地实现节能减排。

8）检测和试验是保证产品质量的关键

为保证再制造产品的质量，在制定再制造工艺流程中，必须安排适当的检测和试验工序，具体要求如下。

（1）供再制造的废旧机械设备经过拆解、清洗后，要对所有部件进行检测分类，区分出可以继续使用的部件、需要再制造的部件和只能做报废处理的部件，对需要再制造的部件还要继续做拆解、清洗和检测分类。

（2）经过再制造的零部件必须经过检验合格后才能进入备品库保存待用。

（3）再制造产品出厂前必须经过性能和质量的检测，只有检测合格的产品才能出厂，检测的数据还应提供给用户，作为质量保证承诺。目前，盾构的负载试验无法在厂内进行，盾构的出厂试验应该分为两个阶段，其负载试验在工地试掘进时完成，但是要研究制定盾构在厂内完成负载试验的方法。

（4）再制造企业和再制造产品认证时应该提供有资质的第三方检测机构的检测报告。

（5）再制造整机认证前还应按新产品上目录的要求完成形式试验。目前，盾构不可能进行型式试验，建议制定一系列盾构上目录必须满足的条款，达到间接实现型式试验的目的。

9）正确理解“在役再制造”

《中国制造 2025》中提出“高端再制造、智能再制造、在役再制造”。但并未对“在役再制造”进行准确定义，因此许多人从字面角度认为“在役”就是正在服役或者正在使用的机械，例如，把盾构的维保、断面改造或者控制系统升级的盾构维修和改造都当作再制造。若不及时澄清，则会搅乱刚刚起步的盾构再制造行业。

提出“再制造”是考虑到地球的资源难以为继、废旧设备污染环境，所以再制造的定义是“以废旧机电设备为原料”，而在役设备显然不是废旧设备。按照机械修理学的分类，断面改造和系统升级属于改善性修理范畴，仅是修理。

“装备在役再制造”是在 2014 年钢铁行业技术创新大会上，由冶金自动化研究设计院总工李崇坚提出的，主要针对流程工业设备的改造。在役再制造是指对冶金、石化、化工等流程工业中的某些设备进行再制造，而整个系统仍在使用；如果考虑到对再制造概念的影响，也许取名为“流程工业再制造”更好。

7 维修与再制造的展望

关于机械维修与再制造的发展方向，本书提出“创新、绿色、服务、智能”四个关键词。

(1)“创新”是我国发展理念的首位，是人类社会进步的重要驱动力。改革开放以来，我国大力引进、学习、消化西方先进技术，现在已经到了我国必须进行大力创新之时，并且我国也具备自主创新的能力。中国工程机械学会维修与再制造分会与业内同仁经过40多年的努力，把作为一门手艺的机械修理发展成为一个科学、完整的技术体系，本书就是按照这一个技术体系组织编写的；再制造是引进的西方理念，但西方的再制造以换件修理、尺寸修理为主，我国的再制造从一开始就以尺寸恢复（增材制造）和性能提升为主，本书将以较多的篇幅介绍各种修复技术，从而体现出我国关于再制造的学术思想；以往，我国盾构主轴承都是向西方几家轴承公司采购的，主轴承的检测和修理也都要送回原制造公司，现在由中铁隧道局集团有限公司与洛阳LYC轴承有限公司研制的新轴承和再制造的轴承已经在工程中使用。这是我们维修与再制造行业的创新成果，也是维修与再制造的发展方向。

(2)“绿色”同样是我们国家的发展理念，同时也是人类为子孙后代留一个生存空间的举措。维修与再制造能够节能、减排、减少污染，维修与再制造生产本身就是绿色事业。以往，机械维修都习惯使用汽、柴、煤油清洗，但燃油清洗不仅浪费能源，还污染环境、毒害工人、易引发火灾，经过中国工程机械学会维修与再制造分会的论证，20世纪80年代分会理事长、铁道部基建总局蒋才兴下令从材料供应清单中取消清洗用油一项；电镀铬是现代工业上较广泛采用的表面处理技术之一，问世已近百年，工程机械用液压油缸的油缸杆都是镀铬，但镀铬严重污染环境，属国家严格控制的生产技术。2018年，工程机械学会维修与再制造分会牵头、组织中铁工程装备集团有限公司、中铁隧道局集团有限公司、中国中铁一局集团有限公司、中交天和机械设备制造有限公司、中铁工程服务有限公司、徐工集团凯宫重工南京股份有限公司、中船重型装备有限公司7家盾构制造、再制造、租赁、服务、施工企业的领导和工程师对郑州赛福流体技术有限公司、河北敬业增材制造科技有限公司、中煤北京煤矿机械有限责任公司、山东能源重装集团大族再制造有限公司、山东塔高矿业机械装备制造有限公司的生产技术、生产设备、生产管理、质量保证体系，以及主要生产技术的工作原理、产品的宏观与微观检测报告、产品的使用效果等进行了全面、深入的考察，取得一致的结论是“用快速激光熔覆取代镀铬可以避免污染、使用寿命大增、价格与镀铬接近”。为此，本书约请山东建能大族激光再制造技术有限公司董事长澹台凡亮编写《煤矿液压支架油缸使用激光熔覆再制造》一章，并向同行推荐。以上绿色技术可认为是维修与再制造大力发展的方向。

(3)“服务”。人类社会已经进入服务经济时代，服务创造的价值已经超过工农业生产的价值。服务经济的特征是社会交易的产品不是实物而是服务，服务经济的核心是专业的人做专业的事。推进服务经济能够帮助企业集中力量做好自己专业的工作，从而达到优质、高效、减少投入、增加产出、让社会创造更多的财富。中铁工程服务有限公司是我们目前知道的、唯一在企业名称中标明以生产性服务为核心业务的企业。中铁工程服务有限公司以盾构租赁、配件、维修与再制造为主业，全国五分之一的盾构已经纳入其租赁平台。为了拓宽服务的领域，把服务对象从横向的为施工企业服务向生产链的两头拓展、组建盾构绿色供应链能够取得更大的经济效益和社会效益。

(4)“智能”。人工智能（artificial intelligence，AI）是研究、开发用于模拟、延伸和扩展人的智能的理论、方法、技术及应用系统的一门新的技术科学。人工智能研究的一个主要目标是使机器能够胜任通常需要人类智能才能完成的复杂工作。2015年5月,《中国制造2025》中首次提及智能制造,推动生产过程智能化。2016年7月,国务院发布《"十三五"国家科技创新规划》,将智能制造列为"科技创新2030项目"重大工程。2017年3月,在第十二届全国人民代表大会第五次会议的政府工作报告中,人工智能首次被列为战略性新兴产业。而维修与再制造行业的发展就是推动互联网、大数据、人工智能和生产过程的深度融合。卡特彼勒公司在20世纪80年代就开通了远程监控系统。石家庄天远科技集团有限公司2000年左右开始在其销售的挖掘机上安装远程监控系统,虽然它只能做挖掘机部分运转参数的监测和远程锁机,但却是我国工程机械智能化的雏形。目前,盾构远程监测及智能管理已经在盾构施工中普遍使用。在本书第9章维修制度中,中铁工程服务有限公司的李开富首次提出智能维修的模式;在第19章中,中国铁路北京局集团有限公司的杨其明教授首次论述微观再制造的技术。这些都说明,人工智能已经在我国维修与再制造领域得到快速推进。

参考文献

[1] 装甲兵工程学院.徐滨士院士教学科研文选[M].北京:化学工业出版社,2010.
[2] 易新乾.盾构/工程机械再制造推进中14个问题探讨[J].隧道建设(中英文),2018,38(7):1079-1086.
[3] 丁玉兰,石来德.机械设备故障诊断技术[M].上海:上海科学技术文献出版社,1994.

第1篇

故障的形成、检测、监测与诊断

第1章

故障的形成

1.1 磨损

由于零件表面的相对运动，接触表面逐渐失去物质的现象称为磨损。零件在工作中与其他零件表面相接触，产生相对运动而造成磨损，当这种磨损使零件的尺寸发生变化或使零件表面的状态发生改变，从而使其不能正常工作时，则称为磨损失效。

1.1.1 磨损的形式

磨损有很多种形式，按磨损机理不同可分为磨粒磨损、黏着磨损、疲劳磨损（或称接触疲劳）、其他磨损等。

1. 磨粒磨损

零件表面的硬突出物或外来硬质颗粒刮擦零件表面，引起零件表面材料脱落的现象称为磨粒磨损。

影响磨粒磨损的因素主要有磨粒的形状和大小、磨粒硬度与零件材料硬度的比值、零件与零件的表面压力、零件厚度等。磨粒的外形越尖，则磨损量越大；磨粒的尺寸越大，零件的磨损量越大，但当磨粒的尺寸达到一定数值后，磨损量则会稳定在一定的范围内；磨粒硬度与零件材料硬度的比值小于1时，磨损量较小，比值增加到1以上时，磨损量急剧增加，而后逐渐保持在一定的范围内；随着零件与零件表面压力的增加，磨损量会不断增加，当压力达到一定数值后，由于磨粒的尖角变钝而使磨损量的增加得以减缓；零件厚度越大，磨粒嵌入零件的深度越深，零件的磨损量越小。

通过上面的分析可知，提高零件材料的硬度，可以提高抵抗磨粒嵌入的能力，有利于减少零件的磨损量；对材料进行表面耐磨处理可以在保证零件具有一定韧性的条件下，提高其耐磨损性能；改进机械的密封结构、减少磨粒的侵入，能有效地减少零件的磨粒磨损。

2. 黏着磨损

零件表面存在一定的不平度，当与其他零件接触时，只有少数微观凸起的部分相接触，峰顶承受的压力很大（有时会达5 000 MPa），导致零件局部表面的塑性变形，并且塑性变形和摩擦会产生很高的热量，破坏了零件材料表层的润滑膜和氧化膜，造成新鲜材料表面的暴露，从而与工件材料产生原子之间的相互吸引和相互渗透，造成材料之间的局部黏着。随着零件和零件之间的相对运动和接触部分的迅速冷却，峰顶金属相当于进行了一次局部淬火处理，黏着部分的金属强度与硬度迅速提高，形成淬火裂纹，并在运动中造成撕裂和最后剥落，形成黏着磨损。

影响黏着磨损的主要因素有材料性质、材料硬度、表面压力等。根据金属的强度理论可知，塑性材料的破坏取决于切应力，脆性材料的破坏取决于正应力，而在表面接触中，最大正应力作用在表面上，最大切应力出现在距表面一定深度处。因而可知，材料的塑性越高，则黏着磨损越严重。相同的金属或者互溶性大的材料形成摩擦副时，黏着效应明显，易产生黏着磨损。从材料的组织结构来看，具有多相组织的金属材料，由于其强化效果更好而比单相金属材料具有更高的抗黏着磨损能力。一对零件材料的硬度越接近，磨损越严重。随着表面压力的增大，黏着磨损量将不断增加，但达到某一范围后会逐渐趋缓。

通过以上讨论可知，互溶性小的两种材料之间的溶解性低，黏着磨损量也较低；合理选用润滑剂，形成润滑油膜，可以防止或减少两金属表面的直接接触，有效地提高其抗黏着磨损能力；采用多种表面热处理方法，改变金属摩擦表面的互溶性质和组织结构，尽量避免同种类金属相互摩擦，可降低黏着磨损。

3. 疲劳磨损

在循环应力作用下，两接触面相互运动时产生的表层金属疲劳剥落的现象称为疲劳磨损。在零件的相对运动中，会承受一定的作用力，零件的表面和亚表面存在多变的接触压力和切应力，这些应力反复作用一定的周期后，零件表面就会产生局部的塑性变形和冷加工硬化现象。在零件相对薄弱的地方，应力集中，从而形成裂纹源，并在外力的作用下扩展，当裂纹扩展到金属表面或与纵向裂纹相交时，便形成磨损剥落。

影响疲劳磨损的因素主要有材料的冶金质量、材料硬度、表面粗糙度等。金属中的气体含量，非金属夹杂物的类型、大小、形状和分布等是影响疲劳磨损的重要因素，特别是脆性较大和带有棱角的非金属夹杂物的存在，破坏了基体的连续性，在循环应力的作用下，会在夹杂物的尖角处形成应力集中，并因塑性变形引起冷加工硬化形成疲劳裂纹。材料硬度的影响比较特殊，一般情况下硬度提高，可以增加材料表面的抗疲劳能力，但当硬度过高时又会加快疲劳裂纹的扩展，加速疲劳磨损。材料的表面粗糙，会使接触应力作用在较小的面积上，形成很大的接触应力，加速疲劳磨损，因此降低材料表面粗糙度值可以提高材料的抗疲劳磨损能力。

为了更好地提高材料的抗疲劳能力，首先，应选择合适的润滑剂，以润滑材料与材料的接触表面，避免或减少材料之间的直接接触，降低接触应力，减少疲劳磨损量。其次，可以在常温状态下，通过对材料表面进行喷丸、滚压等处理，使材料的工作表面因受压变形而产生一定的残余压应力，有利于提高材料的抗疲劳磨损能力。

4. 其他磨损

除上述几种主要的磨损形式外，还有冲蚀磨损、腐蚀磨损、微动磨损等形式。

1）冲蚀磨损

固体和液体的微小颗粒以高速冲击的形式反复落到材料的表面上，使表面局部材料受到损失而形成麻点或凹坑的现象称为冲蚀磨损。

高速冲击材料表面的液体微粒，落下时会产生很高的应力，一般可以超过金属材料的屈服强度或强度极限，使表面材料发生局部塑性变形或局部断裂。那些速度不高的液体微粒进行反复冲击后，也会使材料表面出现疲劳裂纹，因而形成麻点和凹坑，导致冲蚀磨损的出现。

2）腐蚀磨损

在工作过程中，材料表面与其周围的环境介质发生化学或电化学反应，同时由于材料之间的摩擦作用而引起表层材料脱落的现象称为腐蚀磨损。

当零件配合副在一定的环境中产生摩擦时，金属材料与环境介质产生化学或电化学反应，并形成反应物，其在随后的材料之间的相对运动中被磨掉，即形成了腐蚀磨损。

3）微动磨损

微动磨损通常发生在过盈配合与过渡配合的界面、宏观相对静止的零件配合表面上，是由接触面上所产生的微小振幅的振动引起的。其实质是先在结合面发生黏着，从而发生黏着磨损，随后由于磨屑不易排出，留在了结合面上，作为磨粒又发生了磨粒磨损，加剧了零件的破坏。

1.1.2　磨损失效的诊断

金属零件的磨损失效分析是通过对磨损零件残体的分析，判明磨损形式，揭示磨损机理，追溯磨损发生、发展并导致工件磨损失效的整个过程，是一个从结果到原因的逆向分析过程，如图 1-1 所示。

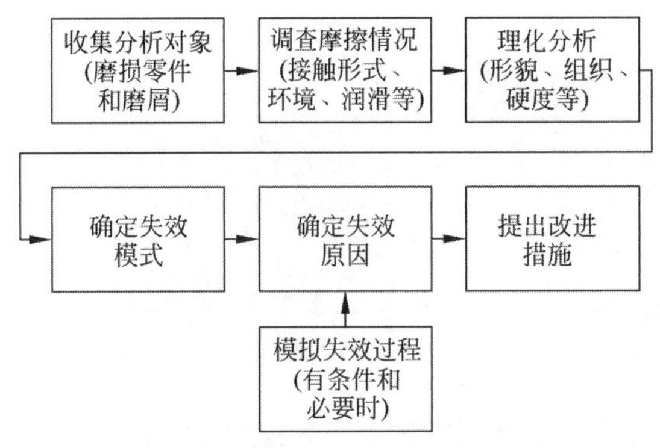

图 1-1　钢的磨损失效分析流程

1. 磨损的主要特征

1）黏着磨损的主要特征

（1）凸起和转移处有相对撕脱，接触面比较粗糙，具有延性破坏凹坑特征，宏观或微观形貌可观察到黏着痕迹，且存在高温氧化色，如图 1-2(a)所示。

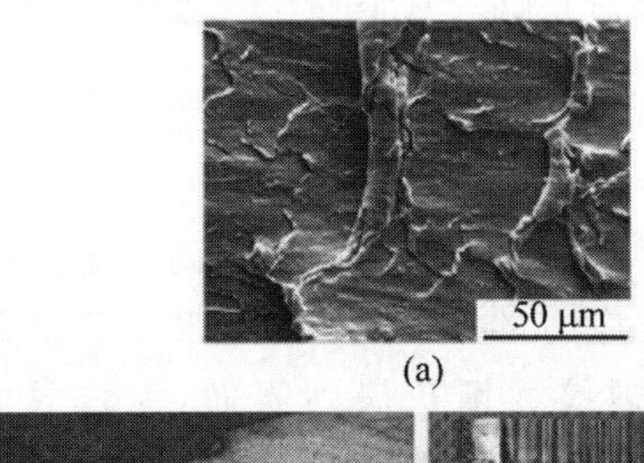

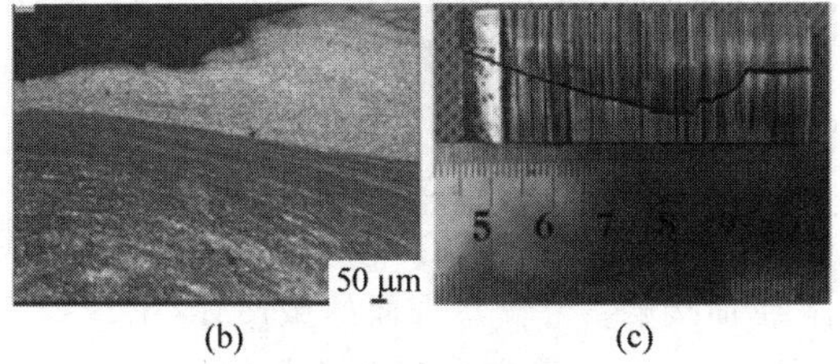

图 1-2　磨损特征形貌

(a) 表面撕脱；(b) 冷焊和组织变形；(c) 犁沟

（2）剖面金相可见冷焊和组织变形，如图 1-2(b)所示。

（3）能谱分析时存在对磨材料的迁移。

2）磨粒磨损的主要特征

磨粒磨损在接触面上有显著的磨削痕迹，有时也被称为犁沟，如图 1-2(c)所示。

3）疲劳磨损的主要特征

疲劳磨损(或称接触疲劳)存在麻点剥落，接触表面出现各种封闭式微裂纹和微断裂，表面磨屑脱落后表面形成豆状坑，或称“鳞状”脱落。

4）腐蚀磨损的主要特征

各种金属表面的腐蚀痕迹特征不同，如铁基金属的腐蚀磨损产物为棕红色粉末，铝和铝合金的腐蚀磨损产物为黑色粉末，铜、镁、镍等金属的腐蚀磨损产物多为黑色氧化物粉末。

2. 磨损表面形貌分析

磨损表面形貌分析是指对磨损表面进行宏观分析，利用放大镜或显微镜观察实物表面形貌。例如，地铁列车上的轴箱轴承在使用一段时间后出现异常声响。对失效轴承拆解后发现：轴承 T 端内部的滚道呈银亮色；W 端的轴承滚道呈淡黄色，且该端的轴承外圈内壁表面存在淡黄色的油脂和一处沿轴向分布的损伤带。两端的轴承盖形状不同，内部充油量也不同：W 端轴承盖内的油脂大致占到一半，油脂颜色泛青；T 端轴承盖内充满了油脂，油脂颜色泛黄，如图 1-3 所示。

图 1-3　轴承外圈内表面损伤带形貌

将轴承外圈充分清洗后肉眼观察，宏观上存在以下三个特征。

（1）存在鼓包和显微裂纹。

（2）存在浅而光滑的压痕。

（3）存在肉眼明显可见的周向损伤带。

轴承外圈和滚珠化学成分均符合《高碳铬轴承钢》(GB/T 18254—2016)中对 GCr15 钢的技术要求；晶粒度为 9.0 级，非金属夹杂物评定结果为 A0.5、Ae0.5、B0、C0、D0.5；外圈硬度为 57.5～59.0 HRC，滚珠硬度为 62.5～63.0 HRC；润滑油脂中检测到尺寸约为 150 μm×100 μm 的金属磨屑。从损伤带区域切取剖面试样，经镶嵌、磨抛和化学侵蚀后，在光学显微镜下进行观察，结果如图 1-4 所示。由此可见，该区域的次表面存在与原始表面大致平行的微裂纹，同时存在从该微裂纹中萌生的向表面扩展的更细小的微裂纹，如图 1-4(a)和(c)所示；根据微裂纹的相对宽度判断次表面的与表面大致平行的微裂纹为首先产生，然后向表面扩展，结果产生凹坑，如图 1-4(b)所示；凹坑底部由于反复的接触撞击产生较高温度，出现了组织变质层，如图 1-4(d)所示；心部正常显微组织为回火马氏体、碳化物、残余奥氏体，如图 1-4(e)所示。

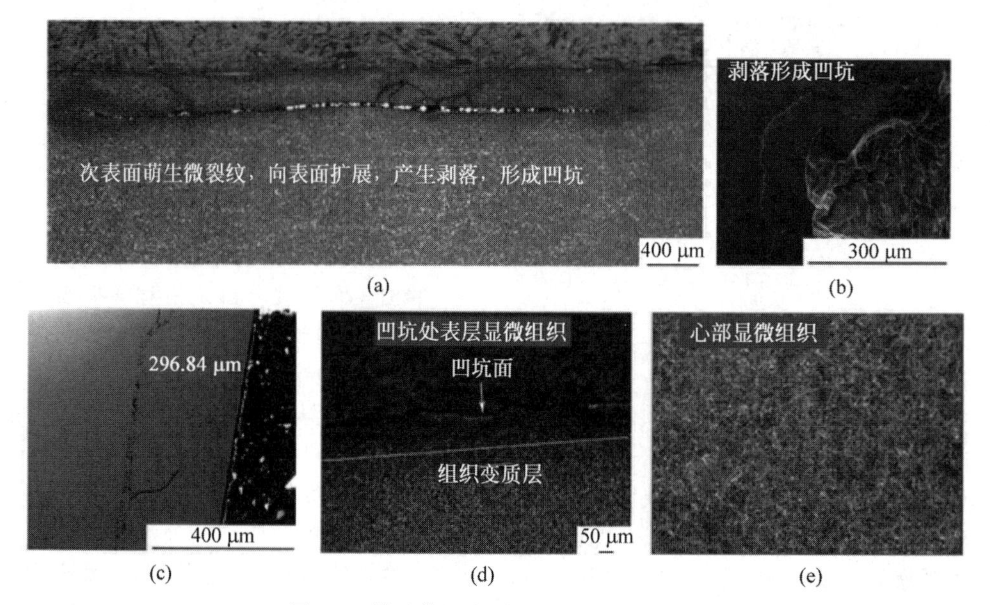

图 1-4　轴承外圈微裂纹及显微组织形貌

(a) 次表面微裂纹；(b) 凹坑；(c) 从次表面微裂纹萌生的小裂纹；(d) 凹坑底部的显微组织；(e) 心部显微组织

3. 磨损亚表层分析

强烈的冷加工变形硬化。

金属组织的回火、回复再结晶、相变、非晶态层等。

观察裂纹形成部位、分析裂纹源、裂纹扩展情况及磨损碎片的产生和剥落过程。

4. 磨屑分析

一类磨屑：是指从磨损失效部件的服役系统中回收和残留在磨损部件表面的磨屑。

二类磨屑：是指从模拟磨损零部件服役工况条件下的实验室装置上得到的具有原始形貌的磨屑。

5. 受力分析

对轴承服役过程进行有限元数字模拟，结果显示滚珠和外圈接触点的前方为压应力状态，其后方和次表面为拉应力状态，如图 1-5(a)所示。

当摩擦材料表面的微体积受到一定的接触循环交变应力的作用时，在次表面萌生微裂纹，然后裂纹逐渐扩展到表面，导致表面产生片状或颗粒状磨屑，这就是疲劳磨损过程。

在接触过程中，较软表面的微凸体变形(外圈)，形成较平滑的表面，于是转变成微凸体-平面接触；当较硬表面的微凸体(滚珠)在其上犁削时，软表面受到循环载荷的作用；硬的微凸体的摩擦导致软表面产生切向塑性变形，随着循环载荷作用的增加，变形逐渐累积；随着软表面变形的增加，在表面下面裂纹开始形核，非常靠近表面的裂纹受到接触区下的三轴压应力的阻挡；进一步的循环载荷则促进生成平行于表面的裂纹，如图 1-5(b)所示；当裂纹最终扩展到表面时，薄的磨损片分层剥落而形成片状磨屑，最终形成凹陷的损伤带。

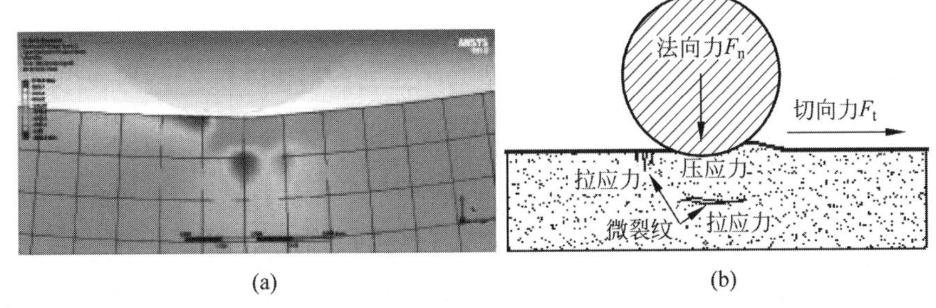

图 1-5　轴承服役过程数字模拟计算结果及应力状态和微裂纹的形成示意图

(a) 轴承服役过程数字模拟计算结果；(b) 应力状态和微裂纹的形成

6. 磨损失效诊断

W 端内圈外表面颜色呈淡黄色，T 端呈银亮色，说明 W 端工作过程中经历过较高的温度；W 端外圈内表面鼓泡处靠近中间部位存在周向亮带，说明该部位磨损程度相对较严重。从拆解后油脂的分布情况来看，W 端的轴承盖中一半充满了油脂，一半几乎没有油脂；而 T 端的轴承盖中充满了油脂。

轴承的工作面为斜面，滚珠滚动时会将润滑油脂挤向一侧，油脂一旦进入轴承盖，就很难再返回到滚道部分，这将会造成实际润滑油脂减少的现象，其中远离轴承盖的部分减少量最多，因而该区域润滑效果降低，摩擦阻力增大，温度上升，工作表面变色，严重时可造成工作面损伤。轴承外圈内表面的损伤带与其附近的鼓泡缺陷性质相同，均为疲劳磨损，鼓泡为早期阶段形貌特征。

7. 磨损检测方法

1) 放射性检测

放射性检测的原理是将检测试件经放射性元素活化，对磨屑质量与磨屑放射性强度之间的关系进行标定，即可检测出试件的磨损量。该方法对试件磨损量的检测灵敏度高达 10^{-8}～10^{-7} g。对摩擦副不同表面采用不同的放射性物质进行活化，还可以同时测量摩擦副不同表面的磨损量。

除检测灵敏度非常高，可同时对不同摩擦副表面磨损进行检测等优点外，放射性检测还具有检测过程不受温度压力影响等优点。但放射性检测方法无法实现对磨损表面的观测，在实际的应用中还需要结合其他磨损检测技术。此外，放射性检测不适用于复杂结构零件的磨损检测，且其对人体的辐射危害虽然大大减少，但仍是不可避免的。

2) 磨粒分析

磨粒分析是通过对零件磨损产生的磨粒进行分析以获取零件的磨损状态，判断磨粒来源的一种检测方法。该方法检测结果准确可靠，对早期磨损检测也具有较大优势。一些常用的磨粒分析技术包括颗粒尺寸分析法、过滤法、磁塞法、光谱分析法和铁谱分析法。

(1) 颗粒尺寸分析法主要用于检测液压油液等低污染场合，一般不用于对高污染的油液分析。

(2) 过滤法是将油样经过滤膜过滤后，将残油冲洗干净并烘干，得到滤膜过滤前后的质量差，即为油样机械杂质的质量。该方法主要用于油液清洁度检测，无法区分磨粒与杂质，一般不用于零件磨损检测。

(3) 磁塞法是通过在润滑油液中放入磁铁用以吸附油液中的磨损颗粒，然后将磨粒从磁铁上去除并进行分析的一种检测方法。该方法操作简单，但很难将微小磨损颗粒从磁铁上去除，因此对早期磨损故障检测效果较差。

(4) 光谱分析法是利用各种元素原子吸收或者发射不同特征的谱线来检测组成物中各种元素成分的一种方法。通过光谱分析法，可以对油液当中颗粒的种类和含量进行分析，其

检测精度最高可达 1×10^{-6} 以下，分析速度快，但是分辨的颗粒很小，只能对早期微弱故障进行检测。

（5）铁谱分析法是利用高梯度磁场将油液中的磨损微粒按大小依次分离出来，并对微粒进行定性、定量分析，获得有关摩擦副和润滑系统等工作状态信息的一门技术。相比于光谱分析法，铁谱分析法检测的磨粒分析尺寸范围大(1～150 μm)，在获取磨粒图像技术上具有较大优势。当零件的磁导率较低或者磨屑不能收集时，铁谱分析法不适用。此外，磨粒之间的重叠及异常大磨粒的出现给磨粒之间的分割造成很大的影响。新的铁谱片制作技术和图像分割算法还有待深入研究。在磨粒的3D形貌表征方面，准确的颗粒表面形态数据获取及3D表面的数值描述还存在困难。在磨粒特征提取中，很多磨粒参数相互关联、存在冗余，可以考虑对参数进行优化降维，以提高处理速度。

3）振动检测

磨损是表面之间的摩擦引起的，而且摩擦引起振动。根据检测传感器的不同，振动检测可分为位移传感器检测、速度传感器检测、加速度传感器检测和激光多普勒测振仪检测。其中，位移传感器常用于检测低频振动信号，速度传感器用于检测中频信号，加速度传感器用于检测高频振动信号。

虽然在磨损故障检测中，振动检测方法已有广泛的应用，但还存在较多问题。振动检测不适用于早期的故障检测，对低速工况也不适用。当采用振动检测方法检测出故障原因时，往往零件已经存在较大缺陷或者接近损坏。

4）声学检测

声学检测是从声学波信号的角度来检测磨损的，具体的检测方式有超声波检测和声发射检测。其中，超声波检测是利用超声波与零件之间相互作用，研究其反射、透射和散射波的特性，以实现对零件磨损的检测。该检测方法的主要优点如下：对金属、非金属等材料的磨损检测都适用；作用在待检测零件上的超声波强度小，不会对零件造成破坏。声发射检测是从声发射源发射的弹性波最终传播到达材料的表面，引起谐振式声发射传感器探测表面的位移，传感器将机械振动转换为电信号。该检测方法的主要优点如下：它是一种动态检测方法；对线性缺陷较为敏感；可实时监测塑性变形或微观破坏的进展；适用于工业过程在线监控及早期临近破坏预报等。

5）其他方法

除以上磨损检测方法外，测长法、称重法、压痕法、电学检测和光学检测等方法也丰富了磨损检测技术。这些检测方法原理简单，在实际的检测过程中简便有效，但影响检测精度的干扰因素较多，如温度、压力和光照强度等。每种检测方法都存在优势和不足，一台机器的磨损故障检测很难通过单一的信号特征或者单一的检测技术诊断正确。

近年来，越来越多的研究将多种信号特征相结合或者多种原理检测技术相结合，这为需要高度可靠的机械磨损故障检测开辟了一条新的途径。但这种综合多种信号特征、多种检测技术的检测方法操作复杂，成本较高。

1.1.3 磨损失效的防护

1. 确定磨损失效的主导因素

对于一个具体的磨损失效问题而言，如何透过现象看本质，在上述诸多影响因素中，找到起主导作用的因素，并提出合理的预防应对措施，是解决问题的难点和关键所在。为此应针对具体的磨损失效问题，收集已磨损报废的零件及其磨屑，并进一步查明该部件的摩擦工况，包括摩擦副的接触形式、运动形式、载荷、速度、介质、温度、湿度、润滑方式及润滑剂种类等，确定润滑剂有无变质并检查润滑系统的工作情况，了解失效发生时设备的使用情况及日常维护保养情况。在充分掌握情况的基础上，应对磨损失效表面和磨屑进行仔细分析，检查磨损失效前后表面形貌和硬度等物理机械性能的变化，根据表面磨损特征和磨屑形状判定磨损失效模式，确定失效是由外界偶然因素(如不期而至的磨粒或杂物、冲击负载、断油等)引起的突发过程还是在设计工况条件下运行后的累计结果。对于失效是在设计工况条件下运行后的累计结果，还需对磨损次表层进行分析，了解裂纹的形成部位及扩展方向，并由此确定磨损的发生和发展过程。对于有可能发生化学腐蚀磨损的部件，则需要对磨损失效表面和磨屑进行化学分析。如有必要，还应对其进行零件磨损失效的模拟试验。

确定了磨损失效的模式并不等于找到了磨损失效的原因，这是由于材料的磨损特性并不仅仅由摩擦副材料所决定的，而是由整个摩擦学系统的性质所决定的。材料的磨损过程往往是多因素共同作用的系统过程和动态过程，有其特殊性和复杂性。影响材料磨损性能的各种因素包括：①摩擦副材料（包括材质和表面处理）；②润滑技术（包括润滑剂和润滑方式）；③环境条件（包括温度、气氛和介质）；④摩擦条件（包括接触形式、运动形式、负荷及速度）；⑤结构设计；⑥润滑管理。

只有认真获取上述信息，并进一步结合失效零件摩擦学设计的合理性进行综合分析，才能对导致磨损失效的过程本质和主要原因有深入的认识；只有在此基础上，才有可能为磨损失效的预防提出合理的改进措施。

2. 有针对性地提出防护措施

1）合理选择抗磨性金属材料

根据以上金属材料磨损失效的分析，金属材料的表面形态和自身性能对磨损失效的影响很大，需要基于适用性、可得性和经济性的原则，根据所处工况的环境来选择强韧性和抗磨性的金属材料。另外，还可以通过表面强化等技术措施，如表面渗碳等方式，提高金属材料表面的硬度，使其强于磨料硬度，从而增强其耐磨性。

2）改善金属材料表面和结构

金属材料的表面特征对磨损的影响很大，需要改善其摩擦表面的光洁程度，对接触表面的尺寸、外形等都应进行合理设计和科学加工，避免粗糙带来的磨损加剧。另外，金属材料的磨损失效受其结构影响也很大，如配合接触方式等。因此，我们需要向着力的作用方向对金属材料与磨料的接触状态进行有效改善。

3）提供优良的机械设备工作环境

要尽可能地改善机械设备在高温、重载、摩擦、振动、高速等不良工况下的长时间连续作业情况，减少空气中粉尘颗粒和水汽等对金属材料的入侵，防止各种酸碱性化学物质的浸入，为机械设备提供优良的工作环境，防止金属材料的磨损失效，增强其使用性。

4）进行合理的维修保养

根据工艺合理、经济合算、生产可行的原则，合理进行维修，保证维修质量。建立合理的维护保养制度，严格执行技术保养和使用操作规程，是保证机械设备工作的可靠性和提高使用寿命的重要条件。

5）有效利用摩擦学的研究成果

摩擦学系统的结构设计及加工装配精度等对摩擦副材料的磨损行为有至关重要的影响。利用摩擦学的最新研究成果进行摩擦学结构设计，可以有效地减轻摩擦副的磨损。原则上，合理的结构应该有利于润滑膜的形成与恢复，压力分布应该均匀，而且还应有利于散热和磨屑的排出。对于重载机械的流体动压润滑设计，应采取措施，防止机器起动瞬间可能发生的摩擦副拉伤。一些重要的齿轮和轴承应采用密封结构，以防止外界杂物的混入，同时还应在润滑油回路中加装过滤装置，以除去油中可能成为磨粒的磨屑等固体颗粒。

1.2　变形

金属材料的一个重要特点是在具有高强度的同时还具有优良的塑性，也就是说，在高温和常压下，金属材料可以在外力作用下改变形状而不被破坏，从而具有优越的加工成形性能。同时，在塑性变形的过程中，金属内部的组织和亚结构发生一系列的变化，导致其强度、韧性等力学性能的变化。金属的强度和韧性是两个十分重要的概念，屈服强度是指材料抵抗塑性变形的能力。

金属在外力作用下的行为可通过应力-应变曲线来描述，一般分为三个阶段。

（1）弹性变形。去除应力后，形变完全恢

复，在弹性范围内，材料服从胡克定律。

(2) 塑性变形。去除应力后，形变不能完全恢复，留有部分永久变形，即金属中的部分原子离开原平衡位置，产生永久位移。

(3) 断裂。金属中的塑性变形可通过以下几种方式来完成：①滑移；②孪生；③晶界滑动；④扩散性蠕变。

1.2.1 变形的分类

1. 金属弹性变形失效

当应力或温度引起构件可恢复的弹性变形大到足以妨碍装备正常发挥预定功能时，称为过量弹性变形失效。其是指因构件和零件刚性不足，在受力过程中产生过量的弹性变形或弹性失稳，从而导致的失效。这种变形为弹性变形，是受力作用时的必然结果，一般不会引起麻烦。但在一些精密机械中，对零件的尺寸和匹配关系要求严格，当弹性变形超过规定的限量(在弹性极限以内)时，会造成零件的不正常匹配关系，如镗床的镗杆的过量弹性变形会降低被加工零件的精度甚至造成废品；齿轮轴的过量弹性变形会影响齿轮的正常啮合，加速磨损，增加噪声；弹簧的过量弹性变形会影响其减振和储能驱动作用。

2. 金属塑性变形失效

当受载荷的构件产生不可恢复的塑性变形，尤其是变形量大到足以妨碍装备正常发挥预定功能时，称为金属塑性变形失效。在零件正常工作时，塑性变形一般是不允许的，它的出现说明零件受力过大，但也不是出现任何程度的塑性变形都一定导致失效。

3. 金属蠕变

金属零件在应力(可能小于屈服强度 σ_s)和高温($T>0.3T_m$，T_m 为熔点)的长期作用下，缓慢产生永久变形而导致的失效。蠕变变形机理是位错滑移、原子扩散、晶界滑动。其产生条件具体如下。

(1) 材料长时间处于加热当中或者在熔点附近时，蠕变产生，且随着温度升高而加剧。

(2) 蠕变失效在高于某一温度的条件下才能进行。

(3) 应力可能小于 σ_s。

1.2.2 变形失效的诊断

1. 弹性变形失效判断

弹性变形失效的判断往往比较困难。这是因为，虽然应力或(和)温度在工作状态下曾引起变形并导致失效，但是在解剖或测量零件尺寸时，变形已经消失。

综合考虑有以下几个因素。

(1) 失效产品是否有严格的尺寸匹配要求，是否有高温或低温工作经历。

(2) 在失效分析时，应注意观察在正常工作时相互接触的配合表面上是否有划伤、擦痕或磨损等痕迹。

(3) 在设计时，是否考虑了弹性变形(包括热膨胀变形)的影响，并采取了相应的措施。

(4) 通过计算来验证是否有弹性变形失效的可能。

2. 塑性变形失效判断

(1) 特征：失效件有明显的塑性变形。

(2) 判断：塑性变形很容易鉴别，只要将失效件进行测量或与正常件进行比较即可确定。严重的塑性变形(如扭曲、弯曲、薄壁件的凹陷等变形特征)用肉眼即可判别。

(3) 过载压痕损伤：两个互相接触的曲面之间存在静压应力，可使匹配的一方或双方产生局部屈服形成局部的凹陷，严重者会影响其正常工作，称为过载压痕损伤，是屈服失效的一种特殊形式。

3. 蠕变变形失效判断

1) 特征

(1) 蠕变变形的速度很缓慢。可以根据零件的具体工况来分析，是否存在产生蠕变的条件(温度、应力和时间)。

(2) 在蠕变断口的最终断裂区上，撕裂棱不如常温拉伸断口上的清晰。断口附近的晶粒形状往往不出现拉长的情况，有时还可以见到蠕变孔洞。

2) 判断

(1) 工况差别：需要较高的工作温度和较长的服役时间。

（2）断口形貌的差别：塑性断口上韧窝非常清晰，微孔聚合的部位比较尖锐，呈现白亮线条。蠕变断口上，微孔聚合的地方比较钝，没有明显的白亮线。蠕变断口上，有可能看到氧化色，有时还能见到蠕变孔洞。

（3）断口附近的金相组织：蠕变多为沿晶断裂，而塑性断裂多为穿晶断裂。

1.2.3　变形失效的防护

1. 弹性变形失效防护措施

1）选择合适的材料或结构

如果由机械应力引起的弹性变形是主要问题，则可以根据具体的要求选用适当的材料。

2）确定适当的匹配尺寸

弹性变形量是可以计算的，这种尺寸的变化应当在设计时就加以考虑。低温度下工作的机件，其间隙不仅应保证在常温下正常工作，还要确保在低温下尺寸变化后仍能正常工作。对于几何形状复杂、难以计算的零件可通过试验来解决。

3）采用减少变形影响的转接件

在系统中，采用软管等柔性构件可显著减少弹性变形的有害影响。

2. 塑性变形失效防护措施

1）降低实际应力

（1）降低工作应力：可从增加零件的有效截面积和减少工作载荷两个方面考虑。准确地确定零件的工作载荷，正确地进行应力计算，合理地选取安全系数，并注意不要在使用中超载。

（2）减少残余应力：残余应力的大小与工艺因素有关。应根据零件和材料的具体特点和要求，合理地制定工艺流程，采取相应的措施，以便将残余应力控制在最低限度。

（3）降低应力集中：应力集中对塑性变形和断裂失效都会产生重要影响。

2）提高材料的屈服强度

零件的实际屈服强度与选用的材料、状态及冶金质量有关，因此，必须依据具体情况合理选材，严格控制材质，正确制定并严格控制工艺过程。具体问题要具体分析，要依据失效分析的结果有针对性地采取相应的措施。

3. 蠕变变形失效防护措施

1）设计方面

正确地选择材料和确定零件尺寸。材料发生蠕变是由回复和再结晶、位错密度降低、碳化物的球化或石墨化、第二相析出或聚集等原因所引起的。所以，选用高强耐热钢、合适的热处理、适当的合金化等途径，增加金属的形变硬化能力，提高其回复和再结晶温度，可以提高材料的抗蠕变能力。

2）制造方面

严格质量管理，避免使用不符合技术规范的零件装配产品，这对失效周期较长的产品尤为重要。当然，具体的措施应在产品服役中的失效分析基础上形成。

3）使用方面

超负荷使用是产生蠕变失效的常见原因，因此在使用中严格控制使用条件，是提高产品寿命和可靠性的较为重要的措施。加强对正在服役的产品及关键零件的质量状况进行监控，是保证产品可靠性的有效措施。

1.2.4　关注基础零件因残余应力引起的变形

1. 基础零件因残余应力引起的变形普遍存在

修理实践发现，许多总成，尽管把各组成零件磨损了的部位加以修复，恢复了原来的尺寸、形状和配合，但组装后却不能达到预期的效果，常常是达不到对总成的技术要求。投入使用后，寿命往往缩短一半左右。经进一步研究，发现这些现象大多是由基础零件变形造成的。气缸体、变速箱体等基础零件变形，使相互位置精度遭到破坏，影响了总成各组成零件的相互关系，使总成技术状态变坏，总成寿命缩短。

早在20世纪60年代初，有人曾对嘎斯-51汽车发动机缸体的变形情况做过调查统计，调查结果是经过使用或长期存放的缸体，变形量全部超出规定。他们尝试将几个变形气缸体组装成发动机，进行台架试验和使用试验，发现发动机的寿命缩短了30%～40%。1963年，交通部科学研究院与有关单位也曾对解放牌汽车的气缸体变形问题做了比较长时间的试验研究，发现80%的变形超过规定，其中最大变形值是规定值的3.1倍。

因此，零件变形，特别是基础零件变形已经成了修理成本高、修理质量低、大修间隔期短的重要原因。

2. 基础零件在使用中变形的原因

零件的应力超过材料的屈服极限时发生变形。使用中零件发生变形的原因，大致可以从毛坯制造、机械加工、修理质量和使用情况等几个方面进行分析。

铸造、锻造或焊接的零件在毛坯制作时、其厚薄不均的部位由于冷却速度不同会产生很大的残余内应力。这种内应力是互相平衡的，但却是不稳定的，通常在12～20个月的时间内逐步消失，但随着应力的重新分布，零件产生变形。

毛坯在有应力的状态下送去机械加工，切去表面部分后，破坏了内应力的平衡，由于内应力的重新分布，零件将发生明显的变形。与此同时，在切削过程中，零件的表面层也会发生极大的塑性变形，从而产生内应力，这种残余应力也会引起零件变形。

在工程机械大修时，如果不考虑变形的因素，常常会造成更大的变形。例如，发动机气缸体在使用中顶平面、底平面、主轴承座孔都会变形。如果在镗缸时不考虑主轴承座孔的变形情况，只是以底平面或顶平面定位，则会进一步扩大气缸轴线与曲轴轴线的不垂直度。

3. 减轻变形危害的措施

大量的变形是毛坯热加工时零件的各部分存在温度差异及组织变化先后造成的。设计时，尽量使零件壁厚均匀，以减少热加工时的温度差异，减少变形。毛坯在热加工后产生应力是不可避免的，虽然它会逐渐消失，但伴随着零件的变形。如果生产周期允许，生产出来的毛坯，可以露天存放1～2年，在昼夜温度变化的影响下，让内应力逐渐消失，待零件充分变形后再送去加工，即自然时效处理。这种方法的缺点是周期太长，生产上无法安排。具有内应力的毛坯，受到高温或振动，都能加速应力消失的过程，所以在不可能采用自然时效的情况下，可以采用人工时效处理——退火或振动。采用电动振动器使铸件振动，可以消除内应力。零件粗加工后，会产生内应力，所以对于较重要或比较复杂的零件，在粗加工后应该再进行一次时效处理。对于某些特别精密的零件，在精加工工序之间，还要安排几次时效处理。但是，目前许多制造厂最多只做一次时效处理，粗加工后很少再做时效处理。这样加工出来的零件，仍带有很大的残余应力。经过一段时间的使用或存放，其内应力重新分布，造成零件的变形。这就是当前使用中零件变形严重的原因。

变形在使用中是不可避免的，所以送到修理厂来的机械零件都具有不同程度的变形。因此，大修时不能满足于检查配合的磨损情况，对于相互位置尺寸也必须检查和修复。零件因内应力作用而变形，通常发生于出厂后的12～20个月内。因此，对第一次大修的机械的变形情况，要特别注意检查修复，使其恢复到规定的相互位置关系。这样，这台机器在该次大修后就不会发生太大的变形了。

1.3 断裂

1.3.1 断裂机理及分类

1. 解理断裂

解理断裂是指晶体受到拉应力作用在特定晶面分离的过程，通常形成解理断口。特定的晶面可以是滑移面和孪晶面，在不同的条件下也可能沿其他晶面进行解理断裂。在钢铁材料、镍基高温合金材料和其他面心立方晶系的金属合金中，解理断裂现象一般不发生。解理断裂现象出现与材料的脆性相关。

2. 准解理断裂

准解理断裂是介于解理断裂与韧性断裂之间的一种断裂模式。该断裂模式具有解理断裂和韧性断裂的特征。

3. **韧性断裂**

韧性断裂是指金属零部件局部经塑性形变发生的韧性分离过程，也称为韧窝断裂。该断裂模式的特点是材料塑性形变为断裂过程中的主导因素。韧性断口的形貌特征取决于材料类型、形变速度、应力状态、温度状态等因素。

4. **疲劳断裂**

疲劳断裂是指机械零部件在循环负载或交变应力反复作用下发生的积累损伤分离的过程，通常形成疲劳断口。疲劳断裂的过程通常是由内部或者表面的一个或多个疲劳源开始萌生疲劳裂纹，疲劳裂纹进行稳定扩展，最终引起瞬时超载断裂。疲劳断裂的二级失效模式的判断较为复杂，要考虑较多的因素，如频率、应力、损伤控制、腐蚀介质、温度、应力来源、宏观和微观裂纹走向等，具体分类如图 1-6 所示。

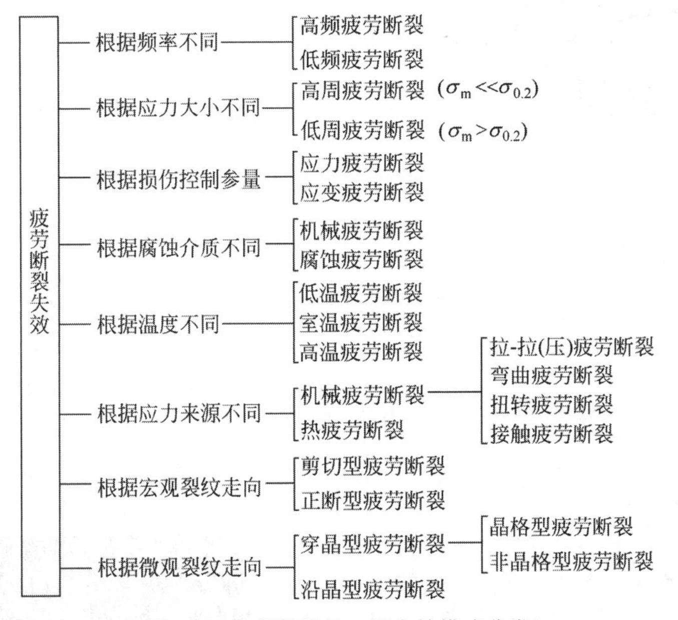

图 1-6　疲劳断裂的二级失效模式分类

5. **环境断裂**

环境断裂（又称环境诱发断裂）是指机械部件在一定的腐蚀介质、温度环境等条件下受应力作用发生的分离过程。具体可分为应力腐蚀开裂、氢脆或氢致开裂和腐蚀疲劳断裂三种。

1）应力腐蚀开裂

应力腐蚀开裂是指材料在腐蚀和应力共同作用下产生的开裂，腐蚀和应力的作用是相互促进的，不是简单的叠加。

2）氢脆或氢致开裂

氢脆（也称为氢损伤）是氢元素进入材料内部从而引起材料塑性下降的现象。氢与金属相互作用，可能形成以下几种形态：固溶体、氢化物、分子态氢，以及氢与金属中的第二组元作用生成气体产物。因此，氢脆类型较多，如内氢催化和环境氢脆、第一类氢脆和第二类氢脆、可逆氢脆和不可逆氢脆。

6. **蠕变断裂**

蠕变断裂是指金属材料在恒定温度、恒定载荷的长期作用下缓慢产生塑性形变作用并最终发生的分离过程。

1.3.2　断裂失效的诊断

1. **解理断裂断口**

脆性的解理断裂，其断口宏观形貌一般会有三种明显特征：小刻面、放射状条纹和人字状条纹。

（1）小刻面是断口在强光下转动时闪闪发光的特征小平面，解理断裂断口具有许多小刻面。

(2) 放射状条纹是由不同平面的许多裂纹在高速扩展时相互交叉形成的,其收敛方向指向裂纹源,其放射方向指向裂纹扩展方向。

(3) 人字状条纹,常见于板材、容器和管道等构件的脆性断口,其收敛方向指向裂纹源,其放射方向指向裂纹扩展方向,如图 1-7 所示。

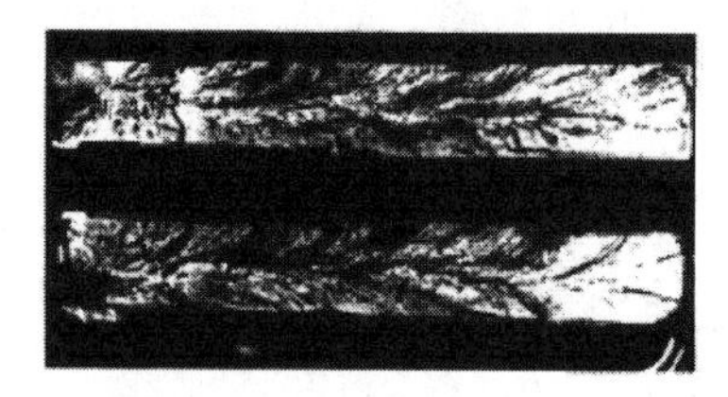

图 1-7　脆性断口

2. 准解理断裂断口

准解理断裂断口的宏观特征表现为:形貌较为平整,塑性变形较小或基本无塑性变形,即呈现脆性。准解理断裂断口的微观形态主要由许多准解理小平面、河流花样、舌状花样及撕裂棱组成。微观形貌的特征为四周由撕裂棱所包围的解理小平面组成。

3. 韧性断裂断口

韧性断裂断口的宏观特征表现为纯剪切断口和杯锥状断口,如图 1-8 和图 1-9 所示。杯锥状断口微观形貌为韧窝断口,如图 1-10 所示。对于某些单晶体,拉伸时可沿滑移面分离而导致剪切断裂。这种断裂是在切应力作用下位错沿滑移面断裂,最终沿滑移面断裂,断裂的表面是金属的滑移面。这种韧断过程与空洞的形核长大无关,故在断口上看不到韧窝。对高纯金属多晶体,产生颈缩后试样中心

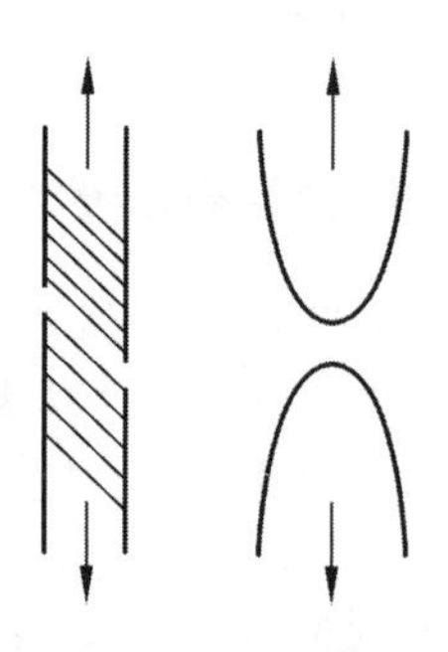

图 1-8　纯剪切断口

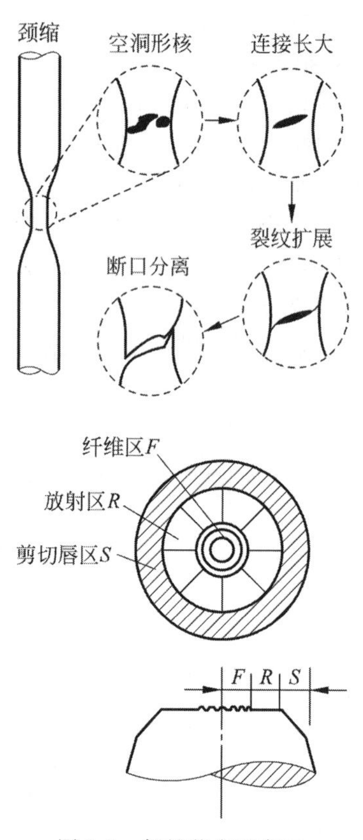

图 1-9　杯锥状宏观断口

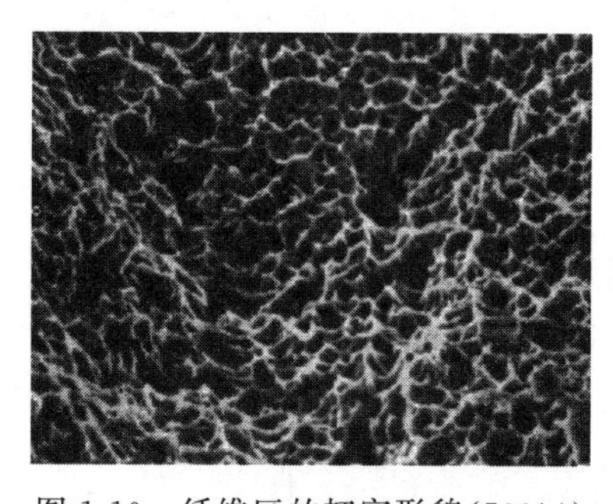

图 1-10　纤维区的韧窝形貌(500×)

三向应力区空洞不能形核长大,故通过不断颈缩使试样变得很细,最终断裂时断口接近一个点或一条线。另外,韧性材料光滑圆柱拉伸试样断裂的宏观形貌为杯锥状断口,这种断口一般由纤维区、放射区及剪切唇区三部分构成。纤维区、放射区及剪切唇区通常称为断口三要素。韧性材料光滑圆柱拉伸试样拉伸时,材料屈服后产生宏观的塑性变形,出现颈缩,缺口效应产生应力集中,并在试样中出现三向应

力，从而导致空洞在夹杂或第二相边界处形核、长大和连接。在试样中心形成很多细小裂纹，它们扩展并相互连接就形成锯齿状的纤维区。中心裂纹向四周放射状的快速扩展就形成放射区。在放射区中往往存在平行于裂纹扩展方向的放射线(如材料韧性好，则不存在放射区)。当裂纹快速扩展到试样表面附近时，试样剩余厚度很小，因而变为平面应力状态，从而剩余的表面部分剪切断裂，断裂面沿最大剪切应力面，故与拉伸轴呈45°。对板状试样，中心纤维区呈椭圆形，放射区呈"人"字花样，其尖端指向裂纹源，最外面是45°的剪切唇区。

4. 疲劳断裂断口

疲劳断裂断口一般会有明显的宏观形貌特征区域：疲劳源、扩展区、一次疲劳台阶、二次疲劳台阶、贝壳状条纹、疲劳过渡区和最终断裂区，如图1-11所示。以数控机床45号钢转轴断裂失效为例，图1-12所示为数控机床45号钢转轴疲劳断裂位置和宏观及微观断口形貌，可以看到明显的疲劳裂口分区情况，数控机床转轴断裂模式为旋转弯曲疲劳断裂。

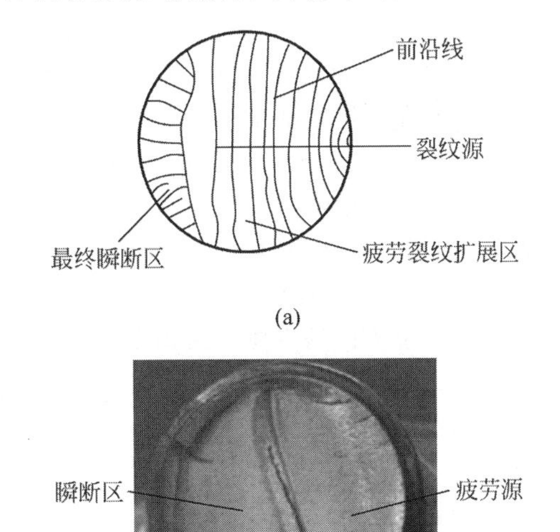

图1-11　疲劳断裂断口的典型特征

(a) 疲劳断裂断口示意图；(b) 高强度螺栓的疲劳断裂断口

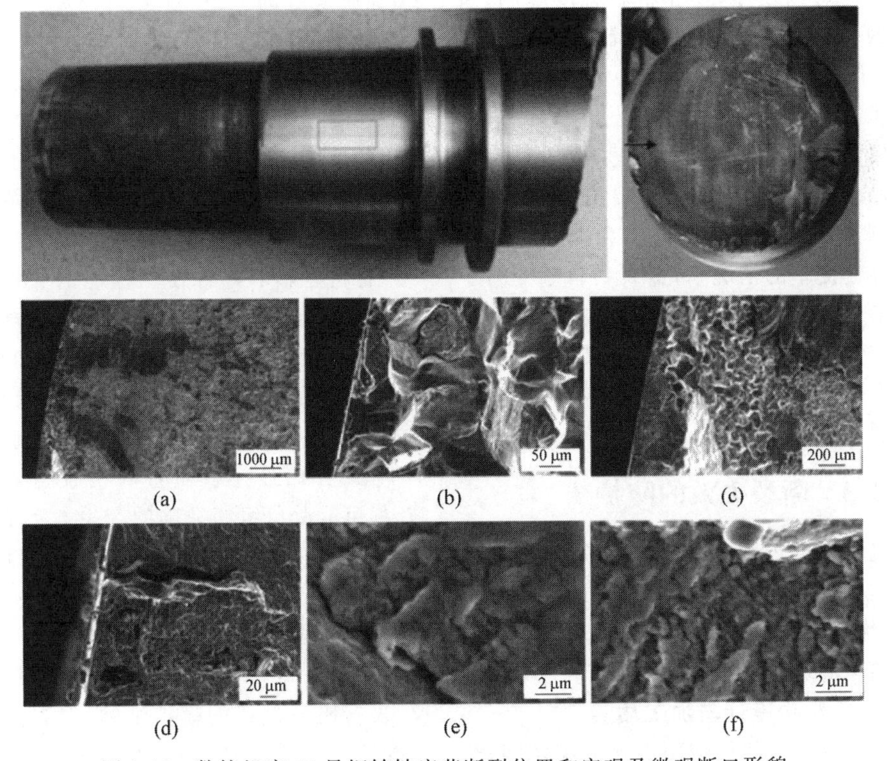

图1-12　数控机床45号钢转轴疲劳断裂位置和宏观及微观断口形貌

(a) 断裂源剪切唇；(b) 断裂源大晶粒；(c) 断裂源混合区；(d) 断裂源二次裂纹；(e) 扩展区二次裂纹；(f) 扩展区剪切带

5．应力腐蚀、氢脆、蠕变断裂断口

1）应力腐蚀断裂断口

应力腐蚀断裂需要具备三个条件：特定环境、特定合金成分和足够大的拉应力。多数产生应力腐蚀的合金表面容易产生钝化膜或保护膜。这类膜厚度一般为一个或几个原子层，腐蚀局限在较小的局部。合金晶格结构是应力腐蚀断裂的重要影响因素，如面心立方的奥氏体不锈钢在氯化物溶液中很容易产生应力腐蚀，但体心立方的铁素体不锈钢则对上述环境抵抗力要强得多。应力腐蚀断裂断口呈现脆性断裂形貌。裂纹形态有晶间型、穿晶型和混合型。

2）氢脆断裂断口

氢脆断裂断口多与其氢的来源相关，只有在含氢的环境或在能产生氢的情况下发生。裂纹源可能是一个或者多个，多在三向应力区萌生裂纹。氢脆裂纹通常为单一裂纹，没有明显的分叉；多为沿晶断裂，也可能出现穿晶解理或者准解理断裂，或韧脆混合型断口。合金和纯金属均可以发生，往往材料强度越高，氢脆所需的含氢量越低；其对轧制方向比较敏感；阴极保护反而促进高强钢的氢脆倾向。

3）蠕变断裂断口

金属的蠕变现象在高温下显著，大概率出现两种晶间开裂模式：①楔形裂纹；②圆形裂纹或椭圆形空穴。在较低温度和较高应力状态及较高蠕变率的情况下，金属材料蠕变易于形成楔形裂纹，即沿晶脆性断裂；在较高温度和较低应力状态及较低蠕变率的情况下，金属材料蠕变易于形成圆形或椭圆形空穴，即沿晶韧性断裂。

1.3.3 断裂失效的防护

对机械零件或材料的断裂失效防护应该从改善结构设计与加工质量、减小或避免环境的影响、优化材料性能等多方面采取措施，避免某一突出薄弱环节的“短板效应”。

1．改善结构设计与加工质量

结构设计是零部件使用寿命的决定因素，结构如果设计得不合理，将造成灾难性的后果，尤其是对机械构件安全系数的设定与预判。表面加工质量尤其对零部件疲劳性能具有显著的影响。在设计、加工制造零部件时，应遵循设计规则，将影响使用性能的因素降到最低。同时，尽量减少关键部位的应力集中系数，可有效地防止应力集中，提高其疲劳强度；尽量避免表面加工质量缺陷，如表面粗糙度过大、表面刀痕、磨削裂纹、划伤等的出现，并且在分析计算中考虑尺寸效应。对金属构件，可根据材料与设备使用条件、尺寸和稳定性等要求适当采取热处理方法，有效消除或减少加工过程中的残余应力，如稳定化处理与退火处理有利于钢中稳态组织的形成，可提高抗晶间腐蚀和抗裂纹的敏感性；固溶处理能减少碳化物析出，降低晶间腐蚀及晶间应力腐蚀的敏感性。

2．减小或避免环境的影响

环境对机械零件或材料的服役过程有重要的影响，尤其是腐蚀环境。当金属受到酸碱的腐蚀时，一些部位的应力比其他部位高得多，加速裂缝的形成，称为腐蚀疲劳。对在腐蚀性环境下工作的机械零件要进行处理，避免产生腐蚀疲劳。例如，加入合金元素，防止产生晶间腐蚀，同时要对零件进行防护处理，如镀层或涂漆，减少腐蚀环境对零件或材料性能的影响，提高零件寿命，避免断裂失效的发生。

3．优化材料性能

材料是影响零件使用性能的关键因素之一，在选用合适材料品种的同时，要严格避免生产制备工艺中出现的组织缺陷，如夹杂、气孔、铸造裂纹等，它们都可能成为裂纹的起源，严重影响材料的使用寿命。要通过优化生产加工工艺、加强材料质量的检查与监控等措施，尽可能避免组织缺陷的产生。在条件允许的情况下，也可以选用铁镍基合金、镍基合金和钛及钛合金等更高级材料。

4．预先模拟试验与定期检查

对于机械零件，使用前要根据其实际工况，进行服役过程的模拟试验，对材料、工艺、装配等的试验环境应尽量符合真实生产情况，以保证所得试验结果具有代表性，根据试验反馈结果，及时发现影响寿命的薄弱环节，改善其使用性能，避免在实际使用过程中的断裂失效。对于已经投入实际生产中的机械零件，要定期进行检查，如超声、X射线等无损检测，及时发现危险，进行维修或更换，防患于未然。

1.4　腐蚀

腐蚀是指材料（包括金属和非金属）在周围介质（水、空气、酸、碱、盐、溶剂等）作用下产生损耗与破坏的过程。

1.4.1　腐蚀的分类

金属腐蚀是指在周围介质的化学或电化学作用下，并且经常是在和物理、机械或生物学因素的共同作用下金属产生的破坏。根据腐蚀过程的性质，可分为化学腐蚀、电化学腐蚀等几种类型。

1. 化学腐蚀

金属在干燥的气体和非电解质溶液中发生化学作用所引起的腐蚀称为化学腐蚀。化学腐蚀的产物存在于金属的表面，腐蚀过程中没有电流产生。如果化学腐蚀所产生的化合物很稳定，即不易挥发和溶解，且组织致密，与金属母体结合牢固，那么这层附着在金属表面上的腐蚀产物可对金属母体起到保护的作用，有钝化腐蚀的作用，称为钝化作用。如果化学腐蚀所生成的化合物不稳定，即易挥发或溶解，或与金属结合不牢固，则腐蚀产物就会一层层脱落（氧化皮即属此类），这种腐蚀产物不能保护金属不再继续受到腐蚀，这种作用称为活化作用。

在石油化工生产中，有很多机器、设备是在高温下运行的，如氨合成塔、硫酸氧化炉、石油裂解炉等。金属的高温氧化及脱碳是一种在高温下的气体腐蚀，是过程设备中常见的化学腐蚀之一。在合成氨工业、石油加氢裂解及其他一些化工工艺中，常遇到氢在反应介质中占有很大比例的混合气体，而且这些化学反应过程又多是在高温、高压下进行的，如合成氨的压力通常为31.4 MPa，温度一般为470～500℃。在较低温度和压力（温度≤200℃，压力≤4.9 MPa）下，氢对普通碳钢及低合金钢不会有明显的腐蚀作用。但是，在高温高压下则会对它们产生腐蚀，结果使材料的机械强度和塑性显著下降，甚至损坏，这种现象常称为氢腐蚀或氢脆。铁碳合金在高温高压下的氢腐蚀过程可分为氢脆阶段和氢侵蚀阶段。

第一阶段为氢脆阶段。在该阶段，氢在与钢材直接接触时被钢材所吸附，并以原子状态向钢材内部扩散，溶解在铁素体中，形成固溶体。但是，在该阶段溶在钢中的氢并未与钢材发生化学作用，也未改变钢材的组织，在显微镜下观察不到裂纹，钢材的强度极限和屈服极限也无大的改变。但是，它使钢材塑性降低，冲击韧性明显下降。钢材的这种脆性与氢在其中的溶解量成正比。材料处于氢脆阶段时，只要对材料进行消氢处理，其性能又可恢复到原来的状态。

第二阶段为氢侵蚀阶段。这时，溶解在钢材中的氢与钢中的渗碳体发生化学反应，生成甲烷气，从而改变了钢材的组织。因为高压有利于氢在钢中的溶解，而高温则加快了氢在钢的组织中的扩散速度及脱碳反应的速度，因此，铁碳合金的氢腐蚀随着压力和温度的升高而加剧。通常铁碳合金产生氢腐蚀都有一个起始温度和起始压力，它是衡量钢材抵抗氢腐蚀能力的一个指标。通过降低钢中的含碳量，使其没有碳化物（Fe_3C）析出，可以有效地防止氢腐蚀的发生。另外，在钢中加入某些合金元素，如铬、钼、钛、钨、钒等，与钢材组织中的碳元素形成稳定的碳化物，使其不易与氢作用，也可以避免氢腐蚀的发生。

2. 电化学腐蚀

电化学腐蚀是指金属与电解质溶液间产生电化学作用而引起的破坏，其特点是在腐蚀过程中有电流产生。在水分子作用下，电解质溶液中金属本身呈离子化，由于不同金属的电位差，可以产生微电池效应而导致腐蚀的发生；即使同一金属板，由于其内部应力的差异、焊缝成分的不同，以及电解质溶液中的浓度差、温度差、氧浓度差等，都可以产生电位差而导致腐蚀。如果没有氧气存在，在阴极区的H^+会被耗尽，产生阴极极化，钢铁发生的电池反应会很快结束；而在阳极区由于Fe^{2+}的积累而产生阳极极化。但是在有氧气存在的条件下，阴极发生氧化还原反应，这样阴极反应不再与H^+浓度有关，腐蚀反应可以继续进行下去。

影响金属制品腐蚀的因素有大气湿度、温度、氧气及大气中的污染物。另外，金属本身的材料性质、金属的表面状态等对其腐蚀也有影响。

金属本身种类不同，其腐蚀趋势也不相同。较贵的金属因自身热力学稳定性而为耐蚀的。这类金属不多，如金、银、铂、铱等，它们以元素状态存在于自然界，不因大气环境因素影响而变质。铝、铬、钛等金属在自然条件下，因大气中氧的作用，表面能很快形成稳定的钝化膜而耐蚀。在金属制品中，常见的铁制品是不耐蚀的，并且在常温下，其表面生成的氧化膜是疏松的，不具有保护作用。相反，疏松层更易蓄积水分，降低钢铁的临界相对湿度，更有助于电化学腐蚀的进行。钢铁中加入了耐蚀性合金元素，当其含量达到一定值后，可使钢铁获得耐蚀性。如各种不锈钢中含铬量超过13%，其表面就可形成稳定的钝化膜，在大气中具有相当好的耐蚀性。异种金属的接触，促进活性较强的金属腐蚀。例如，在铜钢组合件中，钢的腐蚀被促进，用锌与钢铁接触，钢得到保护，但锌的腐蚀加速，此时锌即成为"牺牲"阳极。异种金属接触时，若作为阴极部分的金属表面积大，而作为阳极部分的金属面积小，则腐蚀更为严重。金属表面粗糙，易吸湿和形成水膜，又易积聚尘埃，故较表面光洁的金属更易被腐蚀。

1.4.2 腐蚀失效的诊断

判断腐蚀失效模式和原因，一般从外部诱发因素和腐蚀失效表现形式两个环节入手。这两个环节是可能得到的已知条件信息，腐蚀失效的外部诱发因素可以归纳为腐蚀环境和应力环境两个方面，腐蚀失效表现形式可分为裂纹、断口及腐蚀特征三方面。裂纹、断口及腐蚀特征记录着腐蚀失效的原因、物理和(或)化学过程及断裂失效过程中诸因素相互影响情况的信息，因此裂纹、断口及腐蚀特征分析是腐蚀失效模式和原因识别的基础和出发点。

腐蚀失效的诊断包括残骸分析、参数分析、资料(案例)分析和现场分析。残骸分析是直接物证分析，包括断口分析、裂纹分析、痕迹分析等；参数分析是间接的分析，包括力学、环境、材料性能等参数的分析；资料(案例)分析是参考已有案例进行的分析。其中，断口和裂纹的分析是非常重要的，要进行失效模式的诊断分析就必须对断口、裂纹、环境等特征进行分析，并建立相应的腐蚀失效判断规则。

腐蚀失效按形态一般可以分为八大类：点蚀、缝隙腐蚀、应力腐蚀、疲劳腐蚀、晶间腐蚀、均匀腐蚀、磨损腐蚀和氢脆。腐蚀失效模式的诊断依据一般是：腐蚀表面形貌的变化；被腐蚀材料的成分、组织和性能的变化；腐蚀产物的成分、组织和结构分析和变化；腐蚀环境和参量分析和变化，包括气氛、介质、温度、应力、电极电位等电化学性能等。由于腐蚀失效过程的影响因素很多、随机性较强、实验室研究结果又与工程实际差距较大，至今对于腐蚀失效模式、原因和机理的诊断，基本上仍是唯象和定性的、经验和统计的方法占支配地位。

1.4.3 腐蚀失效的防护

金属防腐蚀的方法很多，主要是改善金属的本质，包括隔离法(把被保护金属与腐蚀介质隔开)，缓蚀剂法(对金属进行表面处理，改善腐蚀环境)，以及电化学保护法等。

1. 隔离法

微电池作用是造成金属腐蚀的主要原因，构成电池必须同时具备阴阳两极。因此，防金属腐蚀的第一大对策就是将金属(阳极)和其他介质(阴极)隔离开来，使其构不成电池。常采用的隔离法有涂层法、钝化法和电镀法等。

1) 涂层法

涂层防腐有悠久历史，涂料涂层防腐蚀也

是较为有效、经济、应用普遍的方法。涂层防腐不仅保护金属不受环境的侵蚀，同时具有赋予美观（汽车漆）、标志（港湾、机械、危险部位需醒目橘红色）、伪装（战车等武器）等作用。其具有施工简便、适应性广、不受设备面积和形状约束、重涂和修复方便等优点。30多年前，人们一直认为涂层防腐机理是在金属表面形成一层屏蔽涂层，阻止水和氧与金属表面接触。但大量研究表明，涂层总有一定的透气性和渗水性，涂料透水和氧的速度往往高于裸露钢铁表面腐蚀消耗水和氧的速度，涂层不可能达到完全屏蔽作用。

2）钝化法

钝化是一种电化学现象，当金属在一定的环境中由于显著的电位提高而产生强的抗蚀能力，该金属就发生了钝化。图1-13所示为铁-水体系电位-pH图，图中由2a、3、2b和纵轴围成的类似直角梯形的区域，以及由2b、1和纵轴围成的区域分别为亚铁离子和铁离子稳定存在的区域，称为腐蚀区，由1、3线右侧及Fe_3O_4存在区的上部围成的区域，Fe_2O_3可以稳定存在，称为钝化区。由图1-13不难看出，钢铁的钝化状态与pH和电极电位有很大关系，当采用一些手段将pH值与金属电极电位调整到恰当位置时，钢铁就处于钝化区，不会发生腐蚀。

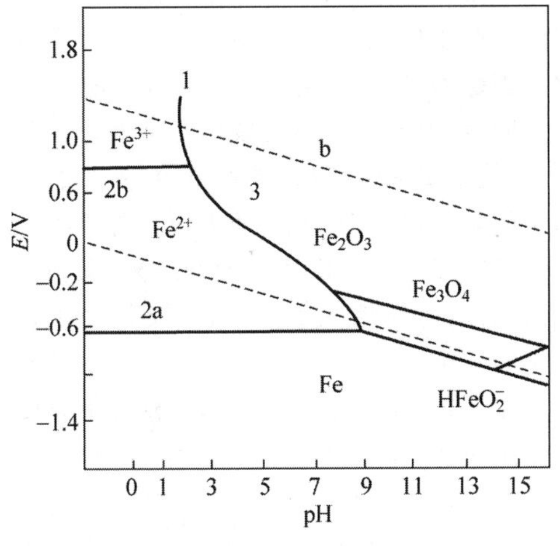

图1-13　铁-水体系电位-pH图

3）电镀法

电镀镀层可分为阳极性镀层和阴极性镀层两种。前者是指镀上去的金属比被保护的金属有较低的电极电势，如把锌镀在铁上（锌为阳极，铁为阴极）；后者是镀上去的金属比被保护的金属有较高的电极电势，如把锡镀在铁上（锡为阴极，铁为阳极）。当镀层完整时，这两种镀层的作用都是将被保护金属与腐蚀介质分离开来。阳极性镀层由于被保护的金属是阴极，即使损坏，受腐蚀的也是镀层本身，被保护的金属则仍不受腐蚀；阴极性镀层由于被保护的金属是阳极，一旦损坏，受腐蚀的将是被保护的金属，此时，镀层的存在反而加速了被保护金属的腐蚀。

2. 缓蚀剂法

缓蚀剂法是一种常用的防腐蚀措施，在腐蚀环境中加入少量缓蚀剂，其就能和金属表面发生物理化学作用，从而显著降低金属材料的腐蚀。由于缓蚀剂在使用过程中不需要专门的设备，也无须改变金属构件的性质，因而具有经济、适应性强等优点，广泛应用于酸洗冷却水系统、油田注水、金属制品的储运等工业过程中。

3. 电化学保护法

电化学保护法是金属腐蚀防护的重要方法之一，其原理是利用外部电流使被腐蚀金属电位发生变化从而减缓或抑制金属腐蚀。电化学保护法可分为阳极保护和阴极保护两种方法。阳极保护是向金属表面通入足够的阳极电流，使金属发生阳极极化即电位变正并处于钝化状态，金属溶解大为减缓。阴极保护是向腐蚀金属表面通入足够的阴极电流，使金属发生阴极极化，即电位变负以阻止金属溶解。阴极保护根据电流来源不同分为外加电流法和牺牲阳极法两种方法：前者是利用外加电源，将被保护金属与电源负极相连，通过辅助阳极构成电流回路，使金属发生阴极极化；后者则是将被保护金属与电位更负的牺牲阳极直接相连，构成电流回路，从而使金属发生阴极极化。

1.5 穴蚀

1.5.1 穴蚀的表现形式

1. 穴蚀概述

穴蚀又称气蚀、空蚀，主要是指工程机械由于长期使用，造成机械上的外层脱落而形成麻点状和针状小孔的小洞。穴蚀一般是不可避免的。

从穴蚀的发生领域来看，穴蚀主要发生在内燃机气缸、缸套及轴承上。主要区域分布于水套壁中上部、连杆摆动平面内活塞产生最大交变侧压力部位，有的穴蚀还出现在水套与缸体间最窄处、承受水流最直接处（如冷却水入口侧）或液流转弯处及相应的缸体部位。

柴油机湿式缸套外壁与冷却液接触的表面会产生不同于一般腐蚀和机械磨损的呈蜂窝状密集孔洞或鱼鳞状剥落痕迹，这些孔洞逐渐扩大、加深，最后形成深孔或裂纹，孔洞一般很清洁，没有腐蚀生成物。湿式缸套直接与冷却液接触，不可避免地逐渐被穴蚀。一般认为，穴蚀由缸套高频振动引起。机械振动引起冷却液压力变化，使冷却液中产生气泡并破裂，该过程就是穴蚀产生的原因。滑动轴承在气缸压力冲击载荷的反复作用下，表面层发生塑性变形和冷作硬化，局部丧失变形能力，逐步形成裂纹并不断扩展，然后随着磨屑的脱落，在受载表面层形成穴。一般轴瓦发生穴蚀时，首先出现凹坑，然后这种凹坑逐步扩大并引起合金层界面的开裂，裂纹沿着界面的平行方向扩展，直到剥落为止。工程机械中的液压元件精度高，相对运动零件的配合间隙小，产生穴蚀后会导致配合表面变黑甚至出现小坑，使阀杆卡住，压力失调，严重时不能正常工作。缸套发生的穴蚀现象较轻时，其表面局部比较清洁或好像经过磨光似的；穴蚀现象较重时，缸套受损区会出现较深的形状不规则的凹点，就好像缸套表面被强酸腐蚀过一样；若穴蚀现象严重到一定程度时，凹点会穿透缸套壁，机体内的冷却液体进入气缸，使发动机发生严重事故。

2. 穴蚀机理

穴蚀是腐蚀的一种特殊形式，它是物理破坏和化学破坏结合的产物，涉及气液质量传输、可压缩、漩涡运动、大尺度流动分离、多相湍流等流体动力学问题和晶间、电偶等电化学腐蚀问题。国内外学者对于穴蚀机理做了大量研究，大致认为穴蚀破坏主要分为四种机制：机械作用机制、化学腐蚀机制、电化学腐蚀机制和热作用机制。其中，机械作用是穴蚀破坏的主要原因，而电化学作用是穴蚀破坏的催化剂。

穴蚀通常发生在零部件与液体接触并伴有相对运动的条件下。由于在液体中溶有气体或空气，当某种外界条件使液体的压力变化、局部地方的压力降低到某一值时，液体中的气体或空气便以气泡的形式分离出来。另外，当液体压力低于该温度下液体的饱和蒸汽压力时，液体本身也会形成许多小气泡，当气泡流到高压区时，压力超过气泡压力使其溃灭，瞬间产生极大的冲击和高温。水击的压力波以高温、超音速向四周传播，当作用在零件表面时，将产生很大的冲击、挤压和高温作用，这样的气泡形成和溃灭过程反复出现，使零件的表面材料产生疲劳而逐渐脱落，表面呈麻点状小孔，随后扩展成蜂窝状或海绵状孔穴群。可以看出，穴蚀的本质是在压力变化下，气泡收缩、溃灭产生的力或能量对型腔表面的损坏。而压力变化的剧烈程度则直接决定了气泡能够产生的破坏力，一定程度上讲，压力变化范围越大，气泡产生的气蚀能力也越大。

同时，由于机械作用破坏了金属表面的氧化层，使金属本体露出，导致电位差增大，又加速了电化学腐蚀（包括晶间腐蚀、电偶腐蚀和应力腐蚀等），而电化学腐蚀的结果，又使金属表面疏松，力学性能下降，这样又加速了机械作用的破坏。

综上，穴蚀破坏的机理是机械与电化学共同作用破坏，哪一个起主导作用，由空化强度来决定。两者在穴蚀过程中作用大小不同，腐蚀的结果与产物也不同，前者产生的是小颗粒，后者产生的是金属离子和离子化合物、沉淀物。试验证明：初始阶段的空化作用以微射流机械破坏为主，电化学破坏为辅，随着穴蚀破坏时间的延长，电化学腐蚀破坏逐渐增加，机械破坏逐渐减缓，二者的破坏量几乎占有相同的比例。因此，穴蚀破坏是一种综合破坏，这一结论对指导研制防腐防垢防冻剂起了重要作用，即对两种破坏的预防都必须重视，偏一不可。

1.5.2　穴蚀失效的诊断

缸套穴蚀破坏效果如图1-14所示，不同程度穴蚀的平面表现形式如图1-15所示。

图1-14　缸套穴蚀破坏效果图

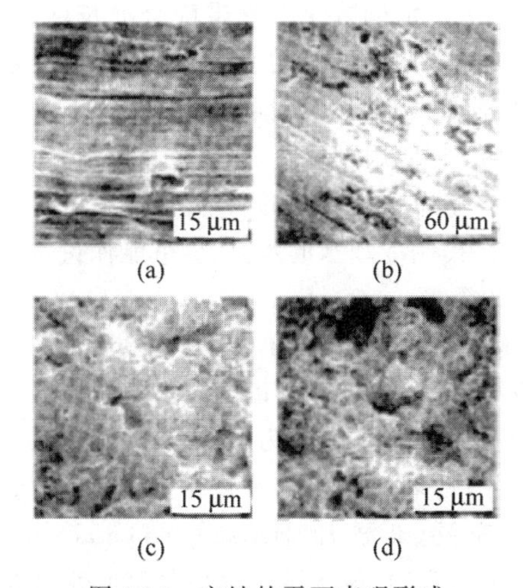

图1-15　穴蚀的平面表现形式
(a) 轻微穴蚀；(b) 剧烈穴蚀；(c)、(d) 损毁性穴蚀

1. 轻微穴蚀

在穴孔处不存在腐蚀痕迹与产物，表面较为洁净，呈擦亮状，与周围其他部位相比显露出较少的铁锈和杂质，其平面表现形式如图1-15(a)所示。

2. 剧烈穴蚀

表现为损坏层较深，形成不规则形状穴孔，形态类似于强酸静态腐蚀，其平面表现形式如图1-15(b)所示。

3. 损毁性穴蚀

穴孔较多、较深，可能穿透气缸套，使冷却液进入气缸，或冷却水进入机油箱底壳，对发动机造成灾难性损坏，其平面表示形式如图1-15(c)、(d)所示。

4. 发动机气缸套穴蚀分析

发动机气缸套的穴蚀是由于机械作用、电化学腐蚀和其他腐蚀综合作用而引起的。闭式冷却中的缸套穴蚀则以机械作用为主；开式冷却中的缸套穴蚀以电化学腐蚀为主。

机械作用穴蚀的特点是缸套外表面洁净，呈现赤色凹坑，一般反映在淡水冷却闭式循环系统的内燃机上，是在气缸内压力的循环变化和活塞的侧推力作用下引起缸套的弹性变形和高频振动而产生的。

电化学腐蚀为主的穴蚀通常出现在开式循环的内燃机里，采取海水或其他液体冷却时，由于海水是一种电解液，因而缸套产生强烈的电化学腐蚀。其特征是缸套外表面有橙褐色腐蚀生成物或盐分沉淀物的痕迹。内燃机缸套大多用铸铁制造，铸铁是多相合金，各相的电位不同。例如铁(Fe)与碳化铁(Fe_3C)比较，碳化铁比铁更不易失去电子，电位较高，因而铁成为阳极，碳化铁成为阴极。

其他腐蚀包括化学腐蚀、热化学腐蚀(氧扩散)和冲刷腐蚀。冷却水中含有硫化氢(H_2S)、氧气(O_2)、二氧化硫(SO_2)、二氧化碳(CO_2)等气体，这些物质都会和缸套金属发生化学反应，使金属发生化学腐蚀。

1.5.3　穴蚀失效的防护

缸套穴蚀的防护涉及柴油机结构、材料、冷却介质等多方面，主要可以采取以下措施。

(1) 合理地设计发动机的机体和冷却水道的结构，可以减小发动机的振动及冷却水流方向和突变而产生的空泡现象，缓解空泡的爆破与缸套外壁的接触面，这是减小穴蚀的主要措施之一。值得一提的是，在合理设计发动机冷却系时，通过研究发现，在采用开式循环冷却系的内燃机中，环境压力等于大气压力，而闭式循环冷却系则与其不同。在闭式冷却系组件中，采用散热器的压力式水箱盖和恒温器，除了可以保持冷却水在冷却系中外，散热器压力式水箱盖还可以使冷却系保持一个特定的环境压力，即

环境压力＝大气压力＋调节压

在穴蚀气泡形成过程中，压力必须低于蒸汽压力，环境压力中附加的调节压会有效地抑制气泡形成，同时提高冷却水的沸点，扩大冷却水的适用冷却温度范围。在闭式循环系中还有一个恒温器，它为冷却水的水温控制提供了条件，有利于控制冷却水避开两个穴蚀危险区。这两种组件设置的最初目的并不是减小穴蚀，但它们却在抗穴蚀方面发挥了重要作用。因此，建议在有条件的情况下，尽可能采用闭式循环系冷却。

(2) 控制冷却水的流动措施中还可单独设置切向导流装置，或采用带螺旋形的水套体。尽可能保持冷却水沿气缸套外壁的切线方向通畅地螺旋上升。

(3) 对发动机调速系统的改进与控制。大部分剧烈穴蚀发生在船舶类发动机上，而汽车类发动机缸套穴蚀程度较轻，一个重要的原因是柴油机正常运行时，其转速长期处于恒定。这样会连续长时间使冷却保持同一状态，持续形成空泡而腐蚀缸套的外壁。而汽车类发动机由于频繁变速，产生的空泡机会少，因而穴蚀现象少。为此，建议在设计发动机时，将把调速系统设计成自动调速，这对抗穴蚀极为有利。

(4) 改变缸套的传统铸铁材质。建议使用多元合金铸铁材质，它具有石墨形态好，金相组织均匀、致密，具有较高的机械性能、热稳定性和抗化学腐蚀能力等优点，不仅可以提高气缸套的耐磨损性，还可以使其保持稳定的工作环境。

(5) 在一些穴蚀较为严重的领域，还可以通过表面处理改善抗穴蚀性能。

① 在气缸套水套壁等处涂敷人造树脂、油漆等材料，这些材料具有良好的抗腐蚀能力，其良好的塑性可以有效地吸收冲击波。

② 通过对缸套表面进行氮化、磷化、镀铬、淬火等热处理，可以提高表面材质的性能，获得较为致密的表面处理层，提高抗穴蚀能力，但缺点是当薄薄的处理层被冲破后，其抗穴蚀的作用也就失去。

(6) 针对引起气缸套振动的因素，可以采取以下途径进行改进。

① 内因方面：合理选择缸套的壁厚；提高气缸套的加工精度、装配精度；提高气缸套内表面的网纹质量，促进内壁保持均匀的油膜层；在不影响气缸系统运转的条件下将气缸套下腰带尽可能上移；缩小缸套与缸体的装配间隙，减小活塞环和缸套内壁的配合间隙，均可以减小缸套的振动。

② 外因方面：改善曲轴的平衡；采用偏置活塞销；设计良好的活塞裙部型线和长度；提高活塞连杆组的装配质量，避免倾斜、偏缸等不当装配。另外，还可以通过选择合理的喷油提前角来减小缸套的振动。

(7) 尽可能减小上腰带配合面长度，减小与缸体的接触面积，对此部位进行充分水冷却，减少石墨化电化腐蚀程度。

(8) 在使用过程中，必须注意以下几点。

① 坚持使用洁净的软水。

② 控制冷却水的水温，尽可能保持水温为75～90℃。

③ 有条件的情况下，及时清除冷却系组件间的水垢，避免水道变窄。

④ 在工作环境较为恶劣、穴蚀现象较严重的场合，可采用在冷却水中添加辅助添加剂，如补充冷却添加剂(supplemental coolant additive，SCA)，该溶液可以使气缸套水套壁上产生的组织较疏松的铁锈(Fe_2O_3、Fe_3O_4 与水的结合物)转化为致密的 Fe_3O_5，并附着在气缸套表面，有效地保持气缸套抗穴蚀能力；或者在冷却水中添加 NL 型乳化防锈油[①][每升水

① NL 型乳化防锈油是苏州炭黑厂为了寻求新型冷却液，研制成功的柴油机新型的冷却液。

添加(12±3)kg]，使气缸套外表面上生成一层油膜，不但可以隔离冷却水直接和气缸套基体接触，抑制冷却水电化腐蚀作用，同时油膜还起着缓冲使用，可以降低气泡表面的张力，减小其对气缸套基体的爆发冲击。

⑤ 选择油品较好的柴油，改善柴油机工况，工作柔和，避免粗暴操作。

(9) 对于检修而言，其解决的空间相对狭小，可以采用以下处理方法。

① 缸套安装时，将其旋转 90°，以改变穴孔分布位置。

② 按活塞与缸套规定配合间隙的下限装配，适当增加拖磨时间。

③ 彻底清理缸体与缸套之间的冷却水通道。

④ 提高检修质量，保证垂直于连杆摆动平面的曲柄与活塞销轴线的平行度。经过多年对柴油机缸套的检修，可以认为该法对减轻穴蚀有一定的效果，其特征是穴孔深度减小，延长了使用寿命，节约了费用，同时还提高了动力性能。

1.6 机械设备的老化

1.6.1 机械设备老化的分类

机械设备经过长期使用都会发生老化现象，机械设备的老化可以分为有形老化和无形老化。

1. 有形老化

机械设备及零部件在使用或保管、闲置过程中，因摩擦磨损、变形、冲击、振动、疲劳、断裂、腐蚀等使其实物形态变化、精度降低、性能变差，这种现象称为有形老化。其中，在运行中造成的实体损坏称为第Ⅰ种有形老化；而在保管和闲置中，由于残余应力引起的变形、金属腐蚀、木材与皮革腐朽、橡胶与塑料老化变质等自然力形成的实体损坏，称为第Ⅱ种有形老化。第Ⅰ种有形老化与使用时间和强度有关，第Ⅱ种有形老化与闲置时间和保管状态有关。通过改进设计、提高加工质量、正确使用、及时维护、合理保管都能推迟有形老化的进程，延长机械设备的使用寿命。

2. 无形老化

机械设备在使用或闲置过程中，由于科学技术进步而发生使用价值或再生产价格降低的现象称为无形老化，又称为经济老化。其中，机械设备的技术结构和经济性能并未改变，但因技术进步、生产工艺改进、劳动生产率提高、生产规模增大，再生产该种机械设备的价格降低，使其贬值的现象为第Ⅰ种无形老化。它虽使机械设备贬值，但本身的技术性能和使用价值并未降低，因此不存在提前更换的问题。而第Ⅱ种无形老化是指因出现了结构更巧、技术性能更佳、生产效率更高、经济效益更好的新型机械设备，使原机械设备显得技术陈旧、功能落后、经济效益降低，造成贬值的现象。如果科学技术进一步发展，广泛采用新工艺、新材料、新技术、新方法，使原有的机械设备完全失去了使用价值而被淘汰，那么就急剧地发生了无形老化过程。值得指出的是，既然无形老化是社会生产力发展的结果，那么老化越快，说明科学技术进步越快。因此，我们不应防止机械设备的无形老化，而应认真研究它的规律，采取措施适应科学技术的发展。我们希望任何一台机械设备在购入后应尽快投入使用，努力提高其利用率，在有限的寿命内创造更多的价值，得到更多的效益。

1.6.2 机械设备老化的判据

1. 有形老化指标

(1) 通常用以经济指标计算的老化程度 α_p 来表示，它用修复所有老化零件需要的费用 R 与确定机械设备老化程度时该机再生产或再购入的价值 K_1 之比值表示，即

$$\alpha_p = R/K_1 \tag{1-1}$$

(2) 还有其他各种以失效形式表示的老化指标。

① 以磨损为主的指标 $\alpha_{磨}$。它用零件实际磨损量 δ_r 与零件的最大允许磨损量 δ_m 之比值表示，即

$$\alpha_{磨} = \delta_r/\delta_m \tag{1-2}$$

② 以疲劳为主的指标 $\alpha_{疲}$。它用零件实际工作时间 T_r 与零件的疲劳寿命 T_m 之比值表示，即

$$\alpha_{疲}=T_r/T_m \tag{1-3}$$

③ 以零件的老化程度来计算整个机械设备的老化程度指标 $\alpha_{机}$。它用所有老化零件的老化程度 a_i 乘以零件的价格 K_i 与所有老化零件的总价格之比值表示（i 为第 i 个零件，$i=1,2,3,\cdots$），即

$$\alpha_{机}=\sum_{i=1}^{n}a_iK_i\Big/\sum_{i=1}^{n}K_i \tag{1-4}$$

2. **无形老化指标**

无形老化程度通常用价值损失、经济指标衡量，用设备价值降低系数来表示，即

$$\alpha_1=(K_0-K_1)/K_0=1-K_1/K_0 \tag{1-5}$$

式中：α_1——设备无形老化的程度；

K_0——设备的原始价值；

K_1——考虑到第Ⅰ、Ⅱ种无形老化时设备的再生价值。

计算 α_1 时，K_1 必须反映技术进步的两个方面对现有设备贬值的影响：一方面是相同设备再生产价值的降低；另一方面是具有较好功能和更高效率的新设备的出现。这时，K_1 可如下表示：

$$K_1=K_n(q_n/q_0)^{\alpha}(c_n/c_0)^{\beta} \tag{1-6}$$

式中：K_n——新设备的价值；

q_0、q_n——使用旧设备、相应新设备时的年生产率；

c_0、c_n——使用旧设备、相应新设备时的单位产品耗费；

α、β——劳动生产率提高指数和成本降低指数。指数范围：$0<\alpha<1$，$0<\beta<1$。

3. **综合老化指标**

机械设备的有形老化和无形老化均将引起设备原始价值的贬低，需综合考虑两种老化的指标，可计算同时发生两种老化的综合指标。

设备有形老化的残余价值为 $1-\alpha_p$，设备无形老化的残余价值为 $1-\alpha_1$；两种老化同时发生后的设备残余价值为 $(1-\alpha_p)(1-\alpha_1)$，因而计算设备综合老化指标可用下式表示：

$$\alpha_m=1-(1-\alpha_p)(1-\alpha_1) \tag{1-7}$$

任何时刻，设备在两种老化作用下的残余价值 K，可用下式表示，即

$$K=(1-\alpha_m)K_0 \tag{1-8}$$

代入 α_m 整理可得

$$\begin{aligned}K&=(1-\alpha_m)K_0\\&=[1-1+(1-\alpha_p)(1-\alpha_1)]K_0\\&=(1-R/K_1)(1-1+K_1/K_0)K_0\\&=K_1-R\end{aligned} \tag{1-9}$$

由此可见，式中 K 值等于设备再生产的价值减去修理费用。

总之，通过对设备老化原因的深入分析，可以对机械设备进行有针对性的维修。实施机械设备维修保养的目的是把机械设备强制保养维护好，保证机械设备经常处于良好的运行状态，提高设备的完好率和利用率，降低事故率和不必要的停工损失，为生产提供好的前提条件。

1.7 机械设备的失效抗力

1.7.1 失效抗力的概念

失效抗力指标体系实质上是指机械零件或材料在服役环境下，宏观、微观范畴抵抗变形、磨损和断裂的能力及其相关性能的匹配能力，并且其最薄弱环节的实际有效性即为抵抗失效的能力。

因此，研究零件（或材料）的强度、塑性（或韧性）等基本性能及它们之间的合理配合与具体服役条件之间的关系就是这一思路的核心。而进一步研究失效抗力指标与材料（或零件）的成分、组织、状态之间的关系是提高其失效抗力的有效途径。

贯穿结构材料应用研究工作的基本思想是：以材料质量为基本前提，论证它在结构及其制造、结构服役中具有各种足够的失效抗力，这种论证应以认可性试验研究为依据，且应与工程经验分析结合，得出材料对产品是否适用的结论。若材料的某个或某些失效抗力不足，则应在提出改进措施后，继续进行相应的应用研究，直至取得各种足够的失效抗力。

除使用性能中所叙述的研究外，不同用途

的低合金钢和合金钢有各种不同的失效类型，如对轴承钢、轴承套钢、球磨机用钢等就必须研究其耐磨性等。总之，通过对使用性能的研究，在对该钢使用性能和服役效果进行评价的同时找出适宜的满足产品需要的相应措施。

物理冶金因素对材料的失效抗力影响显著。材料失效抗力指标与成分、组织、状态的关系如图 1-16 所示。

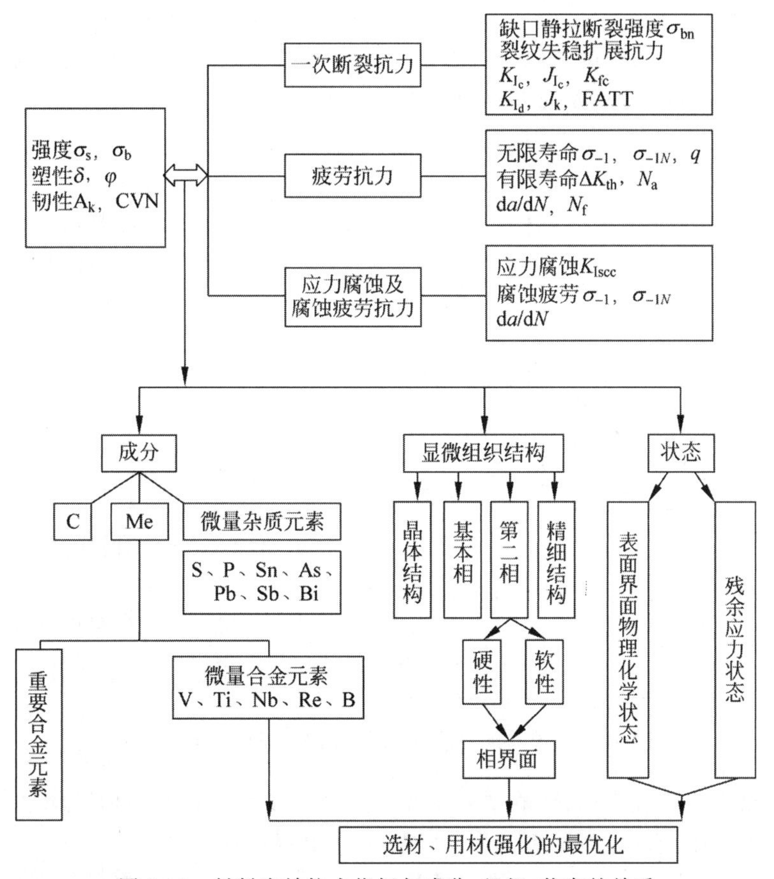

图 1-16　材料失效抗力指标与成分、组织、状态的关系

CVN(Charpy V-Notch impact toughness)：夏比 V 型缺口冲击韧性试验；FATT(fracture appearance transition temperature)：断裂形貌转变温度，用来反映金属随着温度变化韧性或脆性的转变过程，是通过冲击样品断口处脆性断裂区(解理或准解理区)的占比来计算。

钢件淬火组织形态对其强度、韧性、塑性有着明显的影响。钢制工件常见的失效形式，如塑性变形、断裂和磨损与其强度、韧性、塑性有密切的关系。因此，可以运用改变钢的化学组成和热处理工艺等方法来控制淬火组织形态和改善强度、韧性、塑性，从而可望提高钢件的失效抗力和延长使用寿命。

1.7.2　失效抗力的工程应用

正确的失效分析是解决零件失效问题，提高机器承载能力和使用寿命的先导及基础环节。失效原因及与失效做斗争的研究涉及结构设计、材料选择与使用、加工制造、装配调整、使用与保养等各个方面。而失效规律及其机理正是材料强度研究的基础和重要组成部分，从这个意义上来说，材料强度学就是从材料的角度与机器零件失效做斗争的一门学科。机器零件各种类型的失效，正是它在这方面的失效抗力指标不够所造成的。通过失效分析，找到造成零件失效的真正原因，从而建立主要的失效抗力指标，确定这种失效抗力指标随材料成分、组织、状态的变异规律，运用金属学、材料强度学、工程力学等方面的研究成果，提出增强失效抗力的改进措施，打破在选材、用材方面传统观念的束缚，做到既能提高机械产品承载能力和使用寿命，又可充分发挥材料强度潜力，使材尽其用。

以失效抗力指标为线索的失效分析思路，如图 1-17 所示，其关键是在搞清楚零件服役条件的基础上，通过残骸的断口分析和其他理化分析，找到造成失效的主要失效抗力指标，并进一步研究这一主要失效抗力指标与材料成分、组织、状态的关系。通过材料工艺变革，提高这一主要的失效抗力指标，最后进行机械的台架模拟试验或直接进行使用考验，达到预防失效的目的。

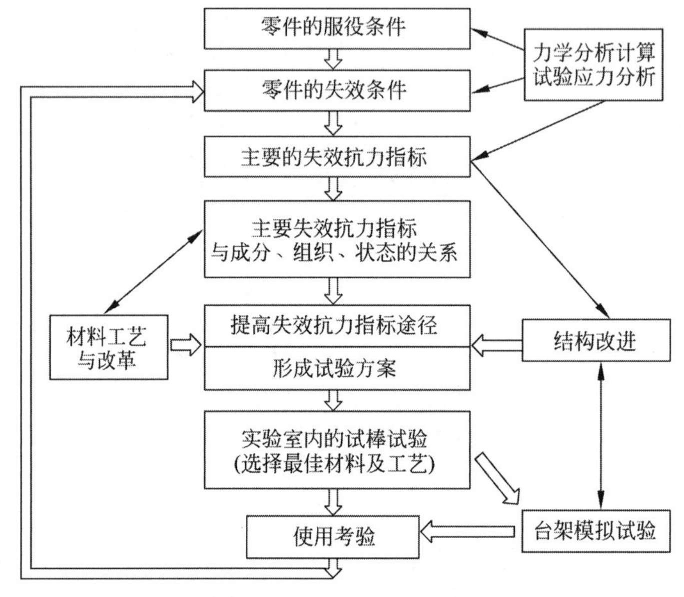

图 1-17 以失效抗力指标为线索的失效分析思路示意图

以模具失效抗力指标为例，影响模具失效的因素很多，如设计、选材、热处理工艺、机械加工精度、装配和使用工况等。找出影响模具使用寿命的主要失效抗力指标，并经实物考核，证实符合抗力指标要求的热作模具使用寿命更长，使工矿企业的设计人员可用相应的性能指标量化并科学选材，以确定符合使用工况的模具钢，从而达到提高模具使用寿命和节能节材的目的。

参考文献

[1] 刘广平. 工程机械磨损失效分析和抗磨措施[J]. 农业技术与装备，2010(4)：7-8.

[2] 彭鹏，陈李果，汪久根，等. 机械磨损的检测技术综述[J]. 润滑与密封，2018(1)：115-124.

[3] 徐松. 金属材料磨损失效及防护的探讨[J]. 现代经济信息，2010(1)：223.

[4] 于风春. 浅析金属材料的磨损失效及防护措施[J]. 硅谷，2011(10)：1.

[5] 刘广平. 工程机械磨损失效分析和抗磨措施[J]. 农业技术与装备，2010(4)：7-8.

[6] 屈晓斌，陈建敏，周惠娣，等. 材料的磨损失效及其预防研究现状与发展趋势[J]. 摩擦学学报，1999，19(2)：187-192.

[7] 胡心平，吴炳尧. 压铸模具型芯变形失效的研究分析[J]. 铸造，2004，53(1)：34-37.

[8] 张骁勇. 材料的断裂与控制[M]. 西安：西北工业大学出版社，2012.

[9] 翟红波. 奥氏体不锈钢螺栓断裂失效机理及防护措施研究[D]. 上海：华东理工大学，2011.

[10] 张新. 浅谈机械设备老化的成因分析[J]. 科技创新与应用，2012(13)：92.

[11] 易新乾，王景山，顾洪新. 机械有形老化程度数量指标研究[J]. 工程机械，1989(8)：36-40.

[12] 张梓锐. 浅析金属材料疲劳断裂的影响因素

及预防措施[J]. 当代化工研究，2017(9)：12-14.

[13] 黄永昌. 金属腐蚀与防护原理[M]. 上海：上海交通大学出版社，1989.

[14] 张宝宏，丛文博，杨萍. 金属电化学腐蚀与防护[M]. 北京：化学工业出版社，2005.

[15] 高颖，邬冰. 电化学基础[M]. 北京：化学工业出版社，2004.

[16] 陶琦，李芬芳，邢健敏. 金属腐蚀及其防护措施的研究进展[J]. 湖南有色金属，2007(2)：43-46.

[17] 包月霞. 金属腐蚀的分类和防护方法[J]. 广东化工，2010，37(7)：199，216.

[18] 郭清泉，陈焕钦. 金属腐蚀与涂层防护[J]. 合成材料老化与应用，2003(4)：36-39.

[19] 郑书忠. 工业水处理技术及化学品[M]. 北京：化学工业出版社，2010.

[20] 饶思贤，王元，万章，等. 基于失效规则的机械装备腐蚀失效模式诊断[J]. 中国机械工程，2011，22(15)：1806-1809.

[21] 王泽民，陶晓明，王明泉，等. 柴油机缸套穴蚀成因分析和提高抗穴蚀能力的措施[J]. 内燃机，2004(2)：43-45，47.

[22] 王建旭. 影响湿式缸套穴蚀的因素及对策[J]. 柴油机，2000(2)：46-48.

[23] 卢敦华，谢卫华，解琪，等. 防冻液的防腐蚀性能研究[J]. 腐蚀与防护，2003(5)：210-212，230.

[24] 隋江华，贾明菁，孙丰雷. 柴油机气缸套穴蚀的成因以及预防措施[J]. 船舶工程，2009，31(S1)：45-47，62.

[25] 姚涛，张亮亮. 气缸套穴蚀机理分析及其抗穴蚀性能研究[J]. 内燃机与配件，2014(6)：38-40.

[26] 王铁军，桑鸿雁. 缸套穴蚀产生的原因分析及预防措施[J]. 农机使用与维修，2016(10)：61.

[27] 陈剑. 柴油机缸套穴蚀产生的机理[J]. 上海师范大学学报(自然科学版)，2000(1)：63-69.

[28] 方坦纳 M G，格林 N D. 腐蚀工程[M]. 2版. 北京：化学工业出版社，1982.

[29] 柯伟，朱自勇. 腐蚀对失效分析的重要性和分析方法智能化的探索[C]//中国机械工程学会失效分析分会. 全国第三次机电装备失效分析预测预防战略研讨会论文集，1998. 53-63.

[30] 钟群鹏，张峥，田永江. 机械装备失效分析诊断技术[J]. 北京航空航天大学学报，2002，28(5)：497-502.

[31] 宋光雄，张峥，钟群鹏. 基于网络的腐蚀失效模式和原因识别诊断系统及其应用[J]. 机械工程学报，2005，41(2)：182-186.

[32] 冯耀荣，李鹤林，马宝钿，等. 油气管道失效抗力指标与技术要求的探讨[J]. 石油学报，1999(5)：62-65.

[33] 张峥. 失效分析思路[J]. 理化检验(物理分册)，2005(3)：158-161.

[34] 胡伯航，刘家驹. 低合金钢及合金钢开发研究和应用研究关系的探讨[J]. 材料开发与应用，1988(3)：1-7.

[35] 陈蕴博. 热作模具钢的选择与应用[M]. 北京：国防工业出版社，1993.

[36] 胡德昌. 机件失效的物理冶金学问题[J]. 航天工艺，1987(1)：1-7.

[37] 刘云旭. 控制淬火马氏体形态提高钢件失效抗力[J]. 新技术新工艺，1985(1)：6-9.

[38] 周惠久，涂铭旌，鄢文彬. 从材料强度观点论机器零件的失效分析及失效的防止[J]. 机械工程材料，1981(2)：3-11，34.

[39] 朱宗元. 压铸模的失效分析与失效抗力指标[J]. 理化检验(物理分册)，1999(4)：150-154.

[40] 郭幼丹. 基于失效抗力指标的塑料模具材料选择与应用系统[J]. 现代制造工程，2007(10)：78-81.

第1章彩图

第2章

故障的检测、监测与诊断

检测是指通过人体感官或借助工具、测量设备或设备的零部件的性能、状态的技术活动。

监测是指通过人体感官或借助工具、测量运转中的设备或设备的零部件的性能、状态相对设定值的偏离量及其发展趋势，用以发现设备或设备的零部件的故障。

诊断是指通过检测或监测，对故障设备的故障程度、故障部位和故障原因进行分析，以指导修理和预防的技术活动。

2.1 几何参数与理化性能检测技术

2.1.1 检测要求及作用

维修与再制造过程前期，都必须借助各种检测技术和工具，对待维修或待再制造的设备和设备的零件的损伤(外观形状与内在质量)，进行仔细地检测，并根据检测结果，作出维修与再制造性综合评价，决定该设备、部件和零件在技术上和经济上进行维修与再制造的可行性。维修与再制造检测不但能决定废旧零部件的弃用，还能帮助决策维修与再制造加工的修复方式。维修与再制造过程后期要对维修与再制造后生成的零件的表面、尺寸及其性能状态等进行检测，以评定其是否达到装配要求。检测是维修与再制造过程中一项至关重要的工作，直接影响着维修与再制造成本和产品的质量。

1. 维修与再制造检测的要求和作用

(1) 在保证质量的前提下，尽量缩短维修与再制造时间，节约原材料、新品件、工时，提高毛坯的维修与再制造率，降低修复加工成本。

(2) 充分利用先进的无损检测技术，提高毛坯检测质量的准确性和完好率，尽量减少或消除误差，建立科学的检测程序和制度。

(3) 严格掌握检测技术要求和操作规范，结合维修与再制造性评估，正确区分直接再利用件、需修复或再制造件、材料可再循环件及环保处理件的界限，从技术、经济、环保、资源利用等方面综合考虑，使环保处理量最小化、再利用量最大化。

(4) 根据检测结果和维修与再制造经验，对检测后毛坯进行分类，并对需维修与再制造的零件提供信息支持。

2. 维修与再制造检测的特点

与新零件的检测相比，废旧毛坯件的维修与再制造检测具有以下特点。

(1) 设计制造检测中的对象是新的零部件，而再制造检测的对象一般是磨损或损坏了的零部件，因此，要研究并确定合理的检测基准；同时，维修与再制造检测时，要分析零件磨损或损坏的原因，并采取合理的措施加以改进。

(2) 设计制造检测的尺寸是基本尺寸，而维修与再制造检测的尺寸是实际尺寸。维修与再制造检测的尺寸要保证相配零件的配合精度。对于应该匹配的尺寸进行恰当的分析，否则容易造成废品。

(3) 维修与再制造检测技术人员不仅要提供修复加工或替换件的可靠图样，还要分析产品故障原因，找出故障规律，提出对原产品维修与再制造的改进方案。

2.1.2　检测内容

用于维修与再制造的废旧零件要根据经验和要求进行全面的质量检测，同时根据具体要求，各有侧重。一般包括以下几个方面的内容。

1. 几何精度

几何精度包括零件的尺寸、形状和表面相互位置等精度。通常需要检测零件尺寸、圆柱度、圆度、平面度、直线度、同轴度、垂直度、跳动等。产品摩擦副的失效形式主要是磨损，因此，根据维修与再制造后产品寿命周期要求，正确检测与判断毛坯件的磨损程度，并预测其再使用时的情况和服役寿命等。根据再制造产品的特点及质量要求，对零件装配后的配合精度要求，也要在检测中给予关注。

2. 表面质量

废旧零件表面经常会产生各种不同的缺陷，如表面粗糙度、腐蚀、磨损、擦伤、裂纹、剥落、烧损等，零件产生这些缺陷会影响零件工作性能和使用寿命。例如，气门存在麻点、凹坑，会引起漏气，影响密封性；齿轮表面疲劳剥落，会影响啮合关系，工作时发出异常的响声。因此，废旧件拆解清洗后，需要对这些缺陷零件表面、表面材料与基本金属的结合强度等进行检测，并判断存在的缺陷零件是否可以再制造，为选择维修与再制造方案提供依据。

3. 理化特性

零件的理化特性包括金属毛坯的合金成分；材料的均匀性、强度、硬度、热物理性能、硬化层深度、应力状态、弹性、刚度等；橡胶件和塑料的变硬、变脆、老化等都应作为检测内容。这些特性的改变也影响机器的使用性能，出现不正常现象。例如，油封老化会产生漏油现象，活塞环弹性减弱会影响密封性。但对于不可维修与再制造的零件，可以直接丢弃，而不用安排检测工序，如部分老化并不可恢复性能的高分子材料件。

4. 潜在缺陷

对铸件等废旧毛坯内部的夹渣、气孔、疏松、空洞、焊缝等缺陷及微观裂纹等进行检测，防止发生再制造件渗漏、断裂等故障。

5. 零件的重量差和平衡

活塞、活塞连杆组的重量差、静平衡需要检查。高速转动的零件，其不平衡将引起机器的振动，并将给零件本身和轴承造成附加载荷，从而加速零件的磨损和其他损伤。一些高速转动的零部件，如曲轴飞轮组、汽车传动轴及小汽车的车轮等，需要进行动平衡和振动状况检查。动平衡需要在专门的动平衡机上进行，如曲轴动平衡机、小汽车车轮动平衡机等。

2.1.3　常用检测方法

1. 感官检测法

感官检测法是指不借助于量具和仪器，只凭检测人员的经验和感觉来鉴别毛坯技术状况的方法。这类方法精度不高，只适于分辨缺陷明显(如断裂等)或精度要求低的毛坯，并要求检测人员具有丰富的实践检测经验和技术，具体方法如下。

1) 目测

用眼睛或借助放大镜鉴定零件外表损坏和磨损的情况及零件表面材料性质的明显恶化，如连杆、螺栓、曲轴等折断、弯曲、扭曲，缸体、缸盖变形、裂纹、气门严重烧蚀、齿轮剥落等。

2) 听测

借助敲击毛坯时的声响判断技术状态。对于有些零件，则可以凭借运转时发出的响声或用小铁锤敲击时发出的声音判断零件是否破裂，连接是否紧固，以及啮合的大致情况。一般，完好的零件敲击时的声音连续清脆、音调高，有缺陷和破裂的零件发音嘶哑、音调低。例如，缸套若有裂纹，敲击时发出嘶哑的破碎声。用这种方法可以鉴定曲轴、连杆裂纹及配合轴径的磨损情况；根据齿轮组发出的声音，可以大致判断其啮合情况。听声音可以进行初步的检测，对重点件还需要进行精确检测。

3）触测

用手与被检测的毛坯接触，可判断零件表面温度高低和表面粗糙程度、明显裂纹等；使配合件做相对运动，可判断配合间隙的大小，过大过小的间隙不必用量具测量。例如，判断气门导管与气门杆的磨损情况，可晃动气门杆，凭借松旷情况感觉出磨损程度。活塞销和连杆小头铜套的磨损，也可凭借晃动和转动连杆时的感觉判断出。检查缸套的磨损程度时，用手触摸活塞在上止点时，第一道活塞环对应的部位有无明显的凸肩，根据凸肩的高低决定是否需要更换。

4）色测

色测是在清除零件表面油脂后，用具有较高渗透能力和渗透速度的带色溶液（煤油65%，变压器油30%，松节油5%，加入橙色或红色颜料）涂刷在被检部位；由于毛细管作用，带色溶液迅速渗入微细裂纹中，然后擦净被检表面，再涂上一薄层用挥发液制成的白垩粉。待带色溶液挥发后，白垩粉便留在裂缝内部的带色溶液中，从而显示出裂纹的位置和形状。

简便操作的方法是将零件浸入煤油、苯等渗透率强的溶液中，使溶剂渗入零件上有裂纹的部位。稍停几分钟后，擦净表面油迹，立即涂上一层白粉，用小锤轻敲零件，浸入缺陷的溶剂就会渗出，可明确显示出缺陷部位，这种方法适宜于检查零件的表面裂纹、气孔。一般，该方法可检测出宽度大于0.01 mm、深度大于0.03 mm的裂纹。

2. 测量工具检测法

测量工具检测法是指借助于测量工具和仪器，较为精确地对零件的表面尺寸精度和性能等技术状况进行检测的方法。这类方法相对简单，操作方便，费用较低，一般可达到检测精度要求，所以在再制造毛坯检测中应用广泛。主要检测内容具体如下。

(1) 用各种测量工具（如卡钳、钢直尺、游标卡尺、百分尺、千分尺、百分表、千分表、塞规、量块、齿轮规等）和仪器，检验毛坯的几何尺寸、形状、相互位置精度等。

(2) 用专用仪器、设备对毛坯的应力、强度、硬度、冲击韧性等力学性能进行检测。

(3) 用平衡试验机对高速运转的零件作静、动平衡检测。

(4) 用弹簧检测仪检测弹簧弹力和刚度。

(5) 对承受内部介质压力并须防泄漏的零部件，需在专用设备上进行密封性能检测。

必要时，还可以借助金相显微镜来检测毛坯的金属组织、晶粒形状及尺寸、显微缺陷、化学成分等。根据快速再制造和复杂曲面再制造的要求，快速三维扫描测量系统也在再制造检测中得到初步应用，能够进行曲面模型的快速重构，并用于再制造加工建模。

3. 无损检测法

无损检测法是指利用电、磁、光、声、热等物理量，通过维修与再制造毛坯所引起的变化来测定毛坯的内部缺陷的技术手段。目前，无损检测法已被广泛使用，该类方法有超声检测技术、射线检测技术、磁记忆效应检测技术、涡流检测技术等，可用于检查维修与再制造毛坯是否存在裂纹、孔隙、强应力集中点等影响零件使用性能的内部缺陷。该类方法不会对毛坯本体造成破坏、分离和损伤，既是先进高效的维修与再制造检测方法，也是提高毛坯质量检测精度和科学性的前沿手段。

虽然目前感官检测法和测量工具检测法在维修与再制造中属于主要应用的方法，但是若想真正了解装备废旧零部件的剩余寿命，还需要广泛地对无损检测法进行研究，确实能够检测评价出废旧件的剩余使用寿命，科学保证维修与再制造后的产品质量。

2.1.4 零件几何参数检测技术与方法

在维修与再制造过程中，必须借助于测量工具和仪器，对拆解后的废旧零件或者维修与再制造后的零件进行较为精确的几何量检测，鉴定其可用性、可维修性或再制造性，以及修复加工质量。对零件进行几何参数检测要根据尺寸、公差等技术要求对尺寸、形位公差、粗糙度等参数进行测量和判定，了解零件的尺寸变化，判定该零件是否能够继续使用，并协助选择零件的维修与再制造加工策略，进行必要的保障筹措准备。

1. 尺寸误差的检测

尺寸误差的检测通常包括零件的直径、宽度、长度、高度，中心距等，根据实际尺寸与标准尺寸偏差来确定是否符合要求。

轴的实际尺寸经常用通用计量器具(如卡尺、千分尺)进行测量。轴的实际尺寸和形状误差的综合结果可用光滑极限量规检验，适合于大批量生产。高精度的轴径常用机械式测微仪、电动式测微仪或光学仪器进行比较测量。孔的实际尺寸通常用通用量仪(如内径千分尺)测量，孔的实际尺寸和形状误差的综合结果可用光滑极限量规检验，适合于大批量生产。在深孔或精密测量的场合则常用内径百分表或卧式测长仪测量。高精度的轴和孔(加工精度高于IT6级)，通常不用量规检验，而用各种精密量仪测量。

大尺寸测量一般是指对500 mm以上的线性尺寸的测量。在机械制造中，大尺寸的测量方法可以分为两类：直接测量法和间接测量法。直接测量法是指用大尺寸的卡尺、卡规及内、外径千分尺等通用量具进行的测量，其也包括用测长机、测距仪和激光干涉仪等进行的测量。间接测量法有弓高弦长法、鞍形法、围绕法、对滚法和经纬仪法等。

大尺寸测量与常用尺寸测量相比有所不同。在常用尺寸范围内(不大于500 mm)，一般孔比轴难测量；而在大尺寸范围内(大于500 mm)，往往轴比孔更难测量。对于测量误差来源而言，温度影响、量具和工件因自重而变形的影响，对大尺寸测量显得更加突出。为了减少温度偏差及工件和量具温差的影响，在测量前需将两者放在等温(或称定温)的测量地点，且工件放置时间一般在24 h以上；量具的放置时间一般凭经验决定，当尺寸不大于1 m、1～2.5 m和2.5～4 m时，量具的放置时间应分别在1.5 h、2.5 h和4 h以上。

高度、深度量规是用于检查非孔、非轴的高度、深度和台阶高度等长度尺寸的量规。在大批量生产中，常用尺寸范围内一般精度的孔、轴多用光滑极限量规检验其合格性。光滑极限量规的种类、名称、代号及用途见表2-1。

表2-1 光滑极限量规的种类、名称、代号及用途

种类	名称	代号	用途	合格标志
工作量规	通规	T	操作者检查工件的体外作用尺寸是否超出其最大实体尺寸(孔的最小极限尺寸或轴的最大极限尺寸)	通过
	止规	Z	操作者检查工件的局部实际尺寸是否超出其最小实体尺寸(孔的最大极限尺寸或轴的最小极限尺寸)	不通过
验收量规	验-通	YT	检验部门或用户代表检查工件的体外作用尺寸是否超出其最大实体尺寸	通过
	验-止	YZ	检验部门或用户代表检查工件的局部实际尺寸是否超出其最小实体尺寸	不通过
校对量规	校-能	TT	检查轴用通规的实际尺寸是否超出其最小极限尺寸	通过
	校-止	JY	检查轴用验收量规的通规(验-通)的实际尺寸是否超出其最小极限尺寸	检查T时应不通过；检查YT时应通过
	校-止	ZT	检查轴用止规的实际尺寸是否超出其最小极限尺寸	通过
	校-损	TS	检查轴用通规的实际尺寸是否超出其磨损极限尺寸	不通过

2. 形位误差的检测

形位误差包括形状误差与位置误差。形位公差是单一实际被测要素对理想被测要素的允许变动。形状公差包括直线度、平面度、圆度和圆柱度四种；位置公差包括平行度、垂直度、倾斜度、同轴（心）度、对称度、位置度、圆跳动和全跳动八种。其中，平行度、垂直度和倾斜度统称为定向公差；同轴（心）度、对称度、位置度统称为定位公差；圆跳动和全跳动统称为跳动公差。轮廓度公差具有特殊的性质，当未标明基准时，属于形状公差；当标明基准时，属于位置公差。

国家形位公差标准（GB 1184—1980）《形状和位置公差　未注公差》中归纳总结并规定了五种形位误差的检测原则，即与理想要素比较原则、测量坐标值原则、测量特征参数原则、测量跳动原则、控制实效边界原则，根据实际情况进行选用。1996 年国家颁布了 GB/T 1184—1996《形状和位置公差　未注公差》，于 1997 年 7 月 1 日起实施，同时代替 GB 1184—1980。

3. 测量器具的选择

测量零件上的某一个尺寸，可选择不同的测量器具。为了保证被测零件的质量，提高测量精度，应综合考虑测量器具的技术指标和经济指标，具体如下。

(1) 按被测工件的外形、部位、尺寸的大小及被测参数特性来选择测量器具，使选择的测量器具的测量范围满足被测工件的要求。

(2) 按被测工件的公差来选择测量器具。考虑到测量器具的误差将会带到工件的测量结果中，因此，选择测量器具所允许的极限误差占被测工件公差的 1/10～1/3，其中对低精度的工件采用 1/10，对高精度的工件采用 1/3，甚至 1/2。

4. 表面粗糙度的检测

表面粗糙度对零件的使用性能和使用寿命有着决定性的影响，因此工程上对零件的表面粗糙度都有不同程度的要求。常评定的表面粗糙度参数包括：与表面不平高度有关的轮廓算术平均偏差 Ra、微观不平度十点高度 Rz 和最大轮廓高度 Ry；与表面不平度间距和形状有关的轮廓微观不平度平均节距 S_m 和轮廓单峰平均间距 S；与轮廓形状有关的轮廓支承长度率 t_p。

表面粗糙度测量是一种被测量较小、测量精确度要求较高的长度测量。常用的测量方法有以下四种。

1) 光切法

光切法所用的测量仪器称为光切显微镜（也称为双管显微镜），由投射照明管和观察镜管组成（如图 2-1 所示）。

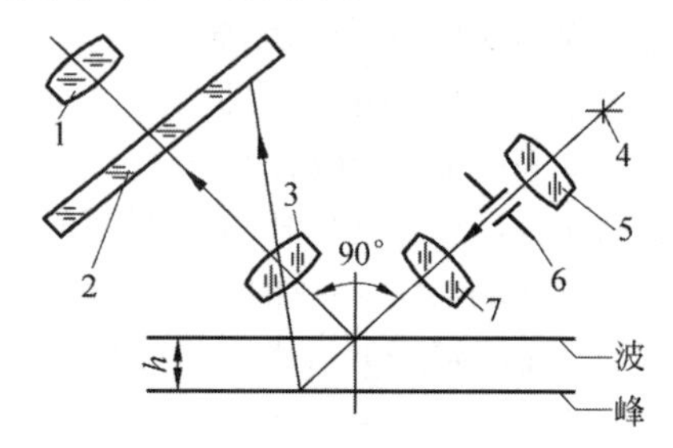

图 2-1　光切显微镜原理图

1—目镜；2—分划板；3、7—物镜；4—光源；5—透镜；6—光阑

2) 比较法

比较法是一种把被测表面和粗糙度标准样块直接比较的测量方法。其多数是凭人眼观察或手指触摸来判断表面粗糙度是否合乎要求。该方法有使用简便、判断快、费用低等优点，在生产现场很适用。其缺点是判断可靠性在很大程度上取决于检查人员的能力和经验。

3) 干涉法

干涉法按光波干涉原理工作，其采用的干涉显微镜可用来测量表面粗糙度。

4) 针描法

针描法采用金刚石触针在被测表面上轻轻移动，表面粗糙不平使触针在被测轮廓表面的垂直方向上产生位移，适当的传感器把该位移转换成电信号，经电路处理后，输出表面 Ra 和其他评定参数值，以及轮廓图形，用于计算有关评定参数。

2.1.5　零件机械性能检测

产品在再制造过程中，拆解后的这些零部件是否能够再制造后使用，不仅取决于其几何量，还与其机械性能有关。因此，必须按照制造阶段的零件性能规定标准，对废旧零件的机械性能进行检测，以确保再制造产品的质量。

根据产品性能劣化规律，废旧产品零部件除磨损和断裂外，主要的机械性能变化是硬度下降。另外，零件机械性能检测还应注意高速旋转机件动平衡失衡、弹簧类零件弹性下降、高分子材料的老化等问题。

硬度是衡量材料软硬程度的指标，硬度越高，材料的耐磨性越好。目前，测量硬度常用的是压入试验法，它是用一定几何形状的压头在一定载荷下压入被测试的金属材料表面，根据被压入程度来测量其硬度值。常用的有布氏硬度(HB)、洛氏硬度(HRA、HRB、HRC)和维氏硬度(HV)等值。

1. **布氏硬度测量**

布氏硬度测量时可采用专用的硬度检测仪，如HB-3000型布氏硬度计等进行。布氏硬度试验压痕面积大，代表性全面，能反映金属表面较大体积范围内各组成相综合平均的性能数据，试验数据稳定，其缺点是钢球本身会变形。对HB＞450的硬材料，钢球变形显著，影响测试数据的准确性。由于压痕较大，不适用于表面不允许有压痕的成品和薄件检验。此外，因需测量压痕直径 d 值，故被测处要求平稳，操作和测量时间长，在要求迅速检定大量成品时不适用。布氏硬度的应用对象主要有铸铁，有色金属，退火、正火、调质处理的钢等。布氏硬度的表示方法有两种：HBS(采用淬火钢球)与HBW(采用硬质合金球)。

2. **洛氏硬度测量**

洛氏硬度测量时通常使用洛氏硬度计，如HR-150型洛氏硬度计等进行。常用洛氏硬度有三种：HRA、HRB、HRC。其中，A、B、C分别为三种不同的测量标准，称为标尺A、标尺B、标尺C。三种标尺的初始压力均为10 kgf(1 kgf=9.8 N)。洛氏硬度测量规范见表2-2所示。

表2-2　洛氏硬度测量规范

符号	压头	载荷/kgf	硬度值有效范围	适用范围
HRA	120°金刚石圆锥体	60	＞70 HRA	用于硬度极高的材料、薄板或硬脆材料，如硬质合金等
HRB	ϕ1.588 mm淬火钢球	100	25～100 HRB	用于硬度较低的材料，如退火钢、铸铁及有色金属等
HRC	120°金刚石圆锥体	150	20～67 HRC	用于硬度很高的材料，如淬火钢等

3. **维氏硬度测量**

维氏硬度的测量原理和布氏硬度相同，测量时用维氏硬度计，如HV-120型维氏硬度计等进行。

(1) 维氏硬度测量方法的优点：维氏硬度有一个连续一致的标度；试验时负荷可任意选择，所得硬度值相同；试验时所加载荷小，压入深度浅，其中1 kgf的载荷特别适用于测量零件表面淬硬层及经化学热处理的表面层(如渗碳层、渗氮层)的硬度，所测定的硬度值叫显微硬度，比布氏硬度、洛氏硬度精确。

(2) 维氏硬度测量方法的缺点：需通过测量对角线后才能计算(或查表)出来，检测效率低，操作较麻烦。

2.1.6　无损检测技术

1. **超声波无损检测技术**

超声波是一种以波动形式在介质中传播的机械振动。超声波无损检测技术是利用材料本身或内部缺陷对超声波传播的影响，来判断结构内部及表面缺陷的大小、形状和分布情况。超声波具有良好的指向性，对各种材料的穿透力较强，检测灵敏度高，检测结果可现场获得，使用灵活，设备轻巧，成本低廉。超声波无损检测技术是无损检测中应用较为广泛的方法之一，可用于超声探伤和超声测厚。超声探伤常用的方法有共振法、穿透法、脉冲反射法、直接接触法、液浸法等，适用于各种尺寸的锻件、轧制件、焊缝和某些铸件的缺陷检测，也可用于检测再制造毛坯构件的内部及表面缺陷。超声测厚可以无损检测材料的厚度、硬度、淬硬层深度、晶粒度、液位、流量、残余应力和胶接强度等，也可用于压力容器、管道壁厚等的测量。

2. 涡流无损检测技术

涡流无损检测技术是涡流效应的一项重要应用。当载有交变电流的检测线圈靠近导电试件时，由于线圈磁场的作用，试件会生出感应电流，即涡流。涡流的大小、相位及流动方向与试件材料性能有关，同时，涡流的作用又使检测线圈的阻抗发生变化。因此，通过测定检测线圈阻抗的变化(或线圈上感应电压的变化)，可以获知被检测材料有无缺陷。涡流无损检测特别适用于薄、细导电材料，而对粗厚材料只适用于表面和近表面的检测。检测中不需要耦合剂，可以非接触检测，也可用于异形材和小零件的检测。涡流无损检测技术设备简单、操作方便、速度快、成本低、易于实现自动化。根据检测因素的不同，涡流无损检测诊断技术可检测的项目分为探伤、材质试验和尺寸检查三类，只适用于导电材料，主要应用于金属材料和少数非金属材料(如石墨、碳纤维复合材料等)的无损检测，主要测量材料的电导率、磁导率、检测晶粒度、热处理状况、材料的硬度和尺寸等。涡流无损检测技术可以检测材料和构件中的缺陷，如裂纹、折叠、气孔和夹杂等，还可以测量金属材料上的非金属涂层、铁磁性材料上的非铁磁性材料涂层(或镀层)的厚度等。在无法直接测量毛坯厚度的情况下，可用涡流无损检测技术来测量金属箔、板材和管材的厚度，以及管材和棒材的直径等。

3. 射线无损检测技术

当射线透过被检测物体时，物体内部有缺陷部位与无缺陷部位对射线吸收能力不同，射线在通过有缺陷部位后的强度高于通过无缺陷部位的射线强度，因而可以通过检测透过工件后射线强度的差异来判断工件中是否有缺陷。目前，国内外应用较广泛、灵敏度比较高的射线无损检测方法是射线照相法，它采用感光胶片来检测射线强度。在射线感光胶片上黑影较大的地方，即对应被测试件上有缺陷的部位，因为该区域接收较多的射线，从而形成黑度较大的缺陷影像。射线无损检测诊断使用的射线主要有X射线、γ射线，可以分为实时成像技术、背散射成像技术、计算机断层扫描(computer tomography，CT)技术等。射线无损检测技术适用材料范围广泛，对试件形状及其表面粗糙度无特殊要求，能直观地显示缺陷影像，便于对缺陷进行定性、定量与定位分析，对被检测物体无破坏和污染。但是，射线无损检测技术对毛坯厚度有限制，也难于发现垂直射线方向的薄层缺陷，检测费用较高，并且射线对人体有害，需做特殊防护。射线无损检测技术对气孔、夹渣、未焊透等体积类缺陷比较容易发现，而对裂纹、细微不熔合等片状缺陷，在透照方向不合适时，不易发现。射线照相主要用于检验铸造缺陷和焊接缺陷，而这些缺陷几何形状的特点、体积的大小、分布的规律及内在性质的差异，使它们在射线照相中具有不同的可检出性。

4. 渗透无损检测技术

渗透无损检测技术是利用液体的润湿作用和毛吸现象，在被检零件表面上浸涂某些渗透液，由于渗透液的润湿作用，渗透液会渗入零件表面开口缺陷处，用水和清洗剂将零件表面剩余渗透液去除，再在零件表面施加显像剂，经毛细管作用，将孔隙中的渗透液吸出来并加以显示，从而判断出零件表面的缺陷。渗透无损检测技术是较早使用的无损检验方法之一，除表面多孔性材料以外，该方法可以应用于各种金属、非金属材料及磁性和非磁性材料的表面开口缺陷无损检测。渗透无损检测技术，按显示缺陷方法的不同，可分为荧光法和着色法；按渗透液的清洗方法不同，又可分为水洗型、后乳化型和溶剂清洗型；按显像剂的状态不同，可分为干粉法和湿粉法。上述各种方法都有很高的灵敏度。渗透无损检测技术的特点是原理简单，操作容易，方法灵活，适应性强，可以检查各种材料，且不受工件几何形状、尺寸大小的影响。例如，对小零件可以采用浸液法，对大设备可采用刷涂或喷涂法，一次检测便可探查任何方向的表面开口的缺陷。渗透无损检测技术的不足是只能检测开口式表面缺陷，不能发现表面未开口的皮下缺陷、内部缺陷，检验缺陷的重复性较差，工序较多，探伤灵敏度受人为因素的影响。

5. 磁记忆效应无损检测技术

在毛坯零件中，疲劳和蠕变产生的裂纹会在缺陷处出现应力集中，由于铁磁性金属部件存在着磁机械效应，其表面上的磁场分布与部件应力载荷有一定的对应关系，可通过检测部件表面的磁场分布状况间接地对部件缺陷和应力集中位置进行诊断。磁记忆效应无损检测不需要专门的磁化装置即能对铁磁性材料进行可靠检测，检测部位的金属表面不必进行清理和其他预处理，较超声法检测灵敏度高且重复性好，并且具有对铁磁性毛坯缺陷做早期诊断的功能，有的微小缺陷应力集中点可通过磁记忆效应无损检测技术检出。磁记忆效应无损检测技术还可用来检测铁磁性零部件可能存在应力集中及发生危险性缺陷的部位。此外，某些机器设备上的内应力分布，如飞机轮毂上螺栓扭力的均衡性，也可采用磁记忆效应无损检测技术予以评估。磁记忆效应无损检测技术对金属损伤的早期诊断与故障的排除及预防具有较高的敏感性和可靠性。

6. 磁粉无损检测技术

磁粉无损检测技术是利用导磁金属在磁场中(或将其通以电流以产生磁场)被磁化，并通过显示介质来检测缺陷特性的检测方法。其具有设备简单、操作方便、速度快、观察缺陷直观和较高的检测灵敏度等优点，因此在工业生产中应用极为普遍。根据显示漏磁场情况的方法不同，磁粉无损检测技术分为线圈法、磁粉测定法和磁带记录法。磁粉无损检测技术只适用于检测铁磁性材料及其合金，如铁、钴、镍和它们的合金等，可以检测发现铁磁性材料表面和近表面的各种缺陷，如裂纹、气孔、夹杂、折叠等。

维修与再制造的迅速发展促进了毛坯先进检测技术的提升，除了上述提到的先进检测技术外，还有激光全息照相检测、声阻法探伤、红外无损检测、声发射检测、工业内窥镜检测等先进检测技术，这些先进检测技术将为提高再制造效率和质量提供有效保证。

2.2 油液监测技术

2.2.1 背景

油液监测技术的出现，起源于对运用中机械设备工作状态监测的需要。20 世纪 40 年代，在第二次世界大战期间，美国海军航空兵在战机液压系统和润滑油回油管路安装了磁塞或专用固体颗粒过滤器，采集并观测其中所含金属磨损颗粒。同时借用化学分析领域的光谱检测技术，判断发动机状态，为战机安全升空、提高战力提供了保障。由此，掀开油液监测技术历史的新篇章。

随着科学技术的发展，各种专用油液检测方法、设备和手段不断充实和更新换代地进入油液监测技术领域。从 20 世纪 40 年代的原子光谱技术开始，50 年代的红外光谱技术、60 年代的颗粒计数技术、70 年代的铁谱分析技术、80 年代与传统油液理化检测技术的融合、90 年代计算机信息技术的应用开发等，都成为油液监测每十年一个台阶的技术升级。2005 年，国际标准化组织(International Organization for Standardization，ISO)正式发布了两个与油液监测密切相关的 ISO 标准。这两个标准如同里程碑，标志着经过半个多世纪的发展，油液监测技术已经日臻成熟为一个领域，得到科技界和产业界的认可。

如今，油液监测技术已广泛应用于机械、化工、采矿、铁路、交通、航空乃至国防领域内重大装备的状态监测。在如热能动力系统、轴承齿轮传动系统、液压动力系统、流程工业系统等的工况监测和故障预诊断中发挥作用。在铁路运输装备和工程机械装备应用方面，油液监测技术早在 20 世纪 80 年代就开始用于铁路内燃机车和大型工程机械的状态监测；90 年代的铁路基本建设中，盾构/隧道掘进机(tunnel boring machine，TBM)状态监测油液监测技术已经作为主要手段，不仅保障了装备运用安全、提高了施工效率，还按时完成重大新线建设任务，发挥了独特的作用。

2.2.2 油液监测技术基本内容

图 2-2 所示为油液监测技术的基本内容和技术路线。以采集机械装备的液态工作介质，如润滑油、液压油、变压器油的油样为起点，经原子发射光谱等五大主要检测技术的测试，可以获取油液工作介质和磨损产物中所携带的有关机械摩擦学状态的信息。经包括专家系统乃至人工智能在内信息技术的分析和解读，实现对运用中机器装备摩擦、磨损和润滑状态的监测和故障诊断。

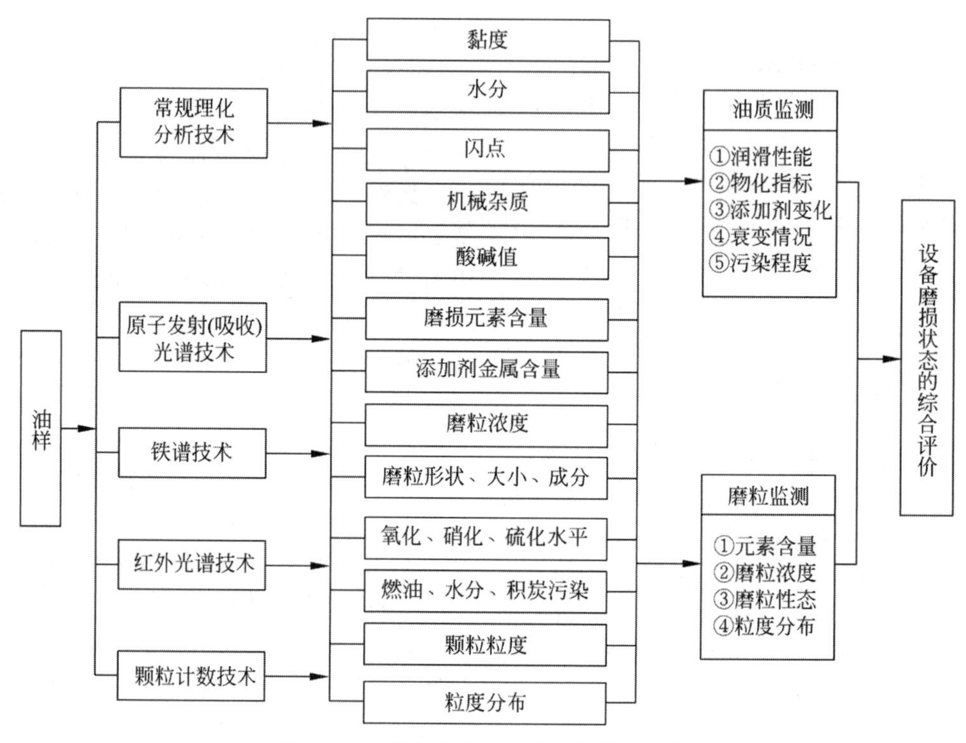

图 2-2 油液监测的基本内容和技术路线

为适应不同结构、不同体量、不同管理方式、不同工作环境下的机械装备，油液监测技术可以分为离线油液监测技术和在线油液监测技术两大类。

1. 离线油液监测技术

离线油液监测技术指需从现场监测对象中采集如润滑油、液压油等工作介质的小量样品，送至专业油液监测实验室对油样进行各项检测，再由分析人员综合分析各项技术的检测结果，作出对设备工作状态的综合评价的技术。其所用检测设备和技术基本涵盖了图 2-2 所示的全部内容。

实施离线油液监测技术的平台是专业化的油液监测实验室。图 2-3 所示为一个专业离线油液监测实验室示意图。图 2-4～图 2-6 所

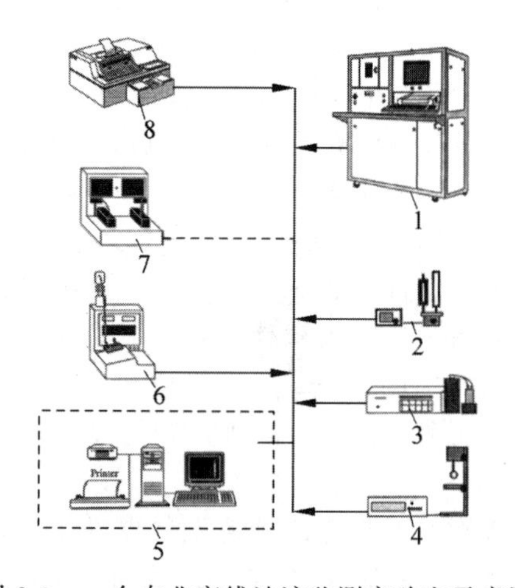

图 2-3 一个专业离线油液监测实验室示意图
1—原子发射光谱仪；2—颗粒计数器；3—自动滴定仪；4—黏度计；5—油液监测系统；6—直读式铁谱仪；7—分析式铁谱仪；8—傅里叶红外光谱仪

示为以某盾构/TBM的油液监测实验室场地实景为例的各检测仪器的外形。

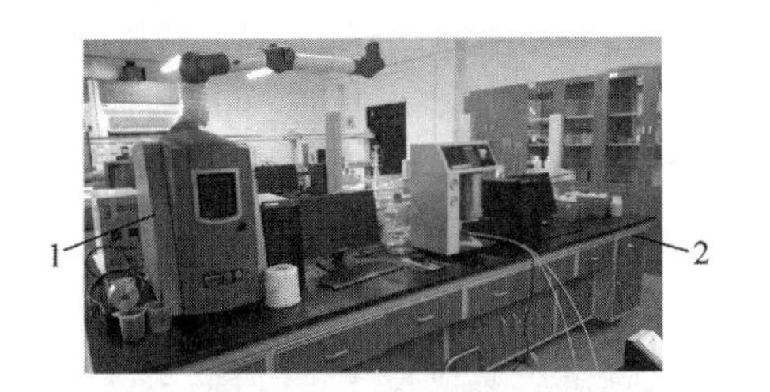

图 2-4　某盾构/TBM 油液监测实验室的光谱仪和颗粒计数器
1—光谱仪；2—颗粒计数器

图 2-5　某盾构/TBM 油液监测实验室分析铁谱系统的制谱部分

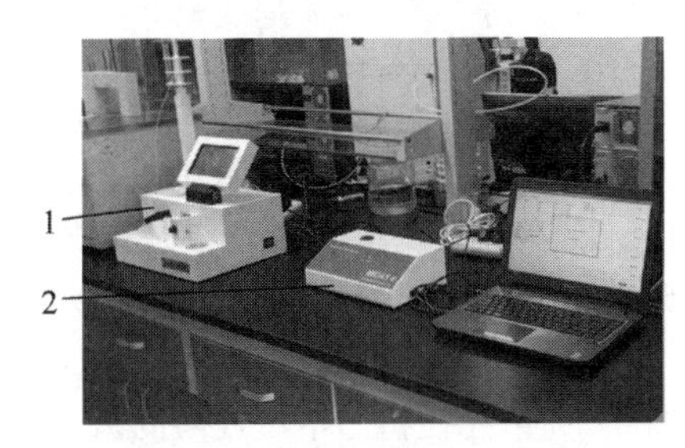

图 2-6　某盾构/TBM 油液监测实验室的直读铁谱仪和磨粒定量仪
1—直读铁谱仪；2—磨粒定量仪

1）各检测仪器的原理及功能

（1）原子发射光谱仪的激发单元将油样中包括磨损产物在内的各种微量物质激发成不稳定的原子态，即核外电子因获得外来能量跃迁到更高一级能量的外轨道。当电子回到原轨道的稳态时，释放出携带着核外电子轨道能级差的光子。光子的频率（或波长）与能级差成正比。因此，油样被激发后所发出的光束就是与所含元素原子相对应并具有各自固有频率特征的单色光的组合。经分光单元的光栅分光后，各元素的单色光分别落在各自预设位置的光电转换器件上。经过模数转换和分析单元的处理，分析人员便可直接读出油样中物质组成成分的各元素浓度值，如图 2-7 所示。原子发射光谱仪除了可以获取与合金成分相对应的运动零部件磨损信息外，也可依据添加剂组分元素的变化，评价润滑油抗磨、抗氧化、清净分散等性能的保有情况。对于由多种合金零部件组成，或对添加剂要求较高的机械设备，如柴油机等，原子发射光谱仪是不可或缺的油液监测仪器。

（2）颗粒计数器采用激光遮挡原理，对油样中单个固体颗粒的大小进行测量并计数，获取所有材质的固体颗粒物在不同粒度范围内的数量分布结果。

国际标准化组织发布的有关液体工作介质的清洁度标准，是以其中颗粒物的数量为定

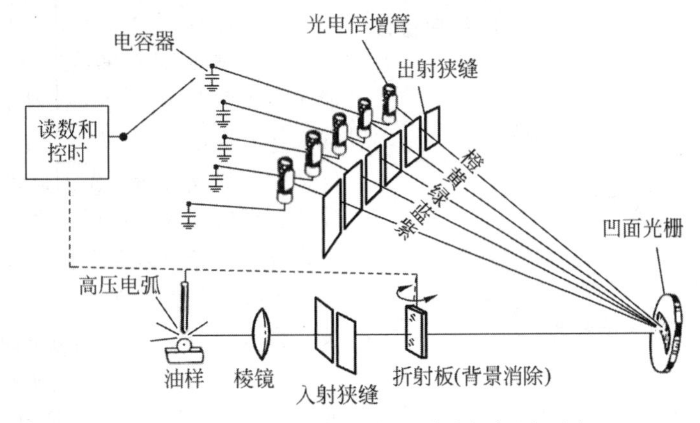

图 2-7　圆盘电极油液发射光谱分析仪原理图

义单位的。因此，当需要检测时，如需要检测液压油的污染状况继而得到有关清洁度的定级评价，颗粒计数器是必备仪器。

(3) 黏度计、自动滴定仪、水分测定仪、开(闭)口闪点测定仪等，是针对润滑油等液体工作介质的各种物理化学指标，如黏度、酸值、水分、闪点等所配置的常规理化分析检测仪器。这些仪器必须达到相对应的各理化指标测试方法的国家或行业标准。而涉及液体工作介质物理化学指标测定的标准多达30余项。

油液监测案例统计表明，超过50%的直接故障或磨损故障起因，是润滑油(脂)或液压油等液体工质的失效或管理问题。因此，理化分析是油液监测的必备常规能力。

(4) 铁谱仪包括分析式和直读式两种，均基于相同的物理原理。其中，后者是铁谱定量检测专用仪器，可视情选用。它可以同时直接读出油样中大颗粒与小颗粒的两个浓度值。由此定义的判据，综合反映机械磨损的磨损总量和磨损烈度。

铁谱技术是20世纪70年代发明的近代油液监测技术。它利用高梯度强磁场将油样中的亚微米级及以上的颗粒按其粒度大小有序分离出来，并沉积在名为铁谱片的同一玻璃基片(铁谱基片)上以供观测。分析式铁谱仪原理图如图2-8所示。它第一次实现了用常规光学仪器直接观测磨损颗粒和各种磨损产物的原始形态；从其尺寸大小、边界形态、表面细节、颜色变化等多维丰富的视觉信息中，直接获取有关摩擦副异常磨损类型的判断和诊断机器的工作状态。

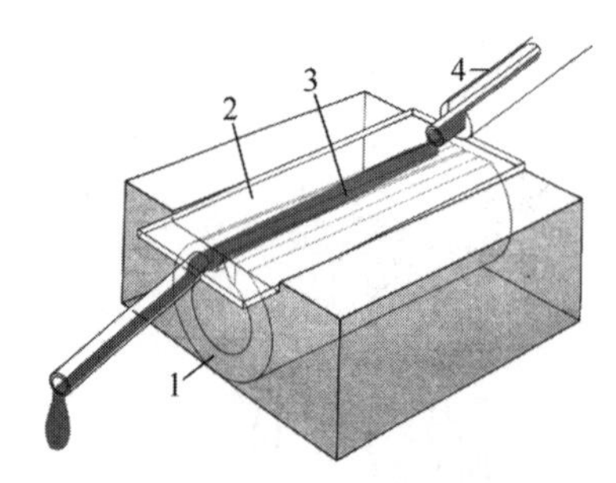

图2-8 分析式铁谱仪原理图
1—磁铁；2—铁谱基片；3—油样；4—导油管

图2-9所示为同一铁谱片在光学显微镜下、不同位置上的铁系磨损颗粒，可见其按粒度大小分别排列的谱状特点和磨粒表面的细节。

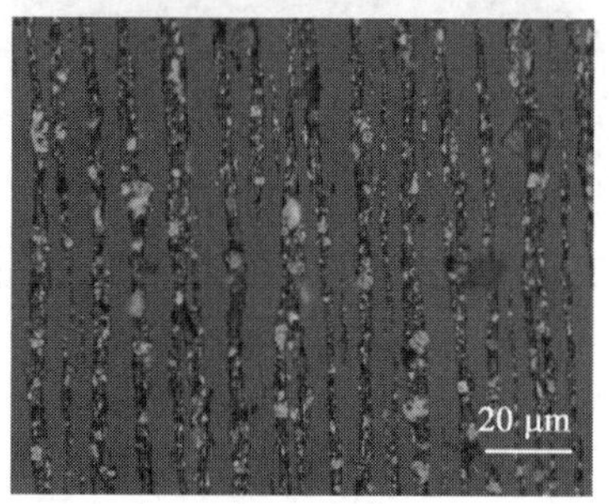

图2-9 同一铁谱片不同位置上的大小铁系磨粒沉积状态

铁谱技术在油液监测技术中发挥了独特的作用。它不但可以检测出设备是否异常，还能得到有关异常磨损发生的部件、类型及机理等深层次的分析依据。在作出最终评价，尤其是诊断结论时，往往担当不可或缺的角色。

(5) 红外光谱技术是在物质的分子级结构层面上，对油液中各种功能团的存在和变化进行检测。其与原子发射光谱技术是在原子级层面上的原理完全不同。当具有连续波长的红外光穿过油液时，油液成分中的各种分子功能团会吸收与本身分子振动和转动频率相同的红外光能量，并转换为分子内能。红外光谱仪把穿过油液的红外光进行色散分光，得到以波长(或波长倒数即波数)为横坐标、以百分透过率(或吸光度)为纵坐标的红外吸收光谱图，每个吸收峰都对应油液中各分子团振动的波长。将检测得到的在用油液的红外吸收光谱图与标准图库中的同牌号新油谱图进行比对，便可了解其变化，判断其是否失效。也可随机器运行时间，对在用油进行定时跟踪检测，通过谱图的变化，便可获知油品的衰变过程和原因。

红外光谱技术主要用于监测油液的衰变和污染情况，如油液的氧化、硝化、抗氧剂损失、燃油稀释、水污染、积炭污染等。红外光谱仪是进行油质评定的必要精密仪器。

（6）为了满足能快速单项地初评监测对象的现场需要，有的实验室还有选择地配备了一些针对黏度、机械杂质、油品品质等指标的其他非标小型测试装置。绝大部分机械摩擦副是铁系材料，而伴随异常磨损产生的是较大颗粒，因此为捕捉这一特定条件下异常磨损信息的磨粒定量仪在20世纪80年代由英国学者发明问世。引用英文字头，简称PQ仪，如图2-6中所示右侧装置。

PQ仪采用物理法拉第定理原理，可快速检测出油样中铁磁性大颗粒的存在和浓度，称为PQ指数，可配合光谱数据使用。因为它的快捷，又敏感于异常磨损的特点，很快地得到推广应用，几乎成为实验室必备小型测试装置之一。但由于不论是在仪器制造还是在计量标定上都无标准可循，往往适用于数据变化趋势的相对分析方法。而对于因仪器品牌不同、感应部件结构差异而造成数据的系统偏差，用户更应在使用前有所获知和掌握，以备在比对时加以修正。

（7）油液监测系统是油液监测实验室的"大脑"，它包括两大部分。第一部分是数据的传输。采用有线或无线局域网络技术，实现各单项检测数据间的交互和共享是实验室必备的基本通信能力。第二部分是以计算机信息技术为平台的油液监测系统。它必须基于本地机械装备的管理与应用的实际环境而进行专业性开发。其基本的功能是实现数据库管理、诊断软件运行、监测阈自动生成与更新、监测结论提报并共享等。随着互联网＋、人工智能辨识、大数据等在内的信息技术发展，油液监测系统有着极大的开发需求和应用空间。

图2-10所示为高速铁路动车组的油液监测系统首页界面。图2-11所示为高速铁路动车组油液监测系统自动生成的监测，即在系统后台的自动"建阈"程序启动后，可根据适用的数学模型，在大样本数据基础上，自动生成了动车组齿轮箱光谱铁含量监测"正常""警告""危险"三个级别的监测阈。另外，随着新数据的不断充实，监测阈可自动更新。

图2-10 高速铁路动车组的油液监测系统首页界面

2）油样的采集

离线油液监测技术始于油样的采集，它是影响最后结果准确性的重要操作环节之一。其有标准必循，也有教程必学，目的是要保证送入检测仪器的测试油样对设备在用油的整体具有代表性。主要遵循以下几个方面的基本原则。

（1）取样位置：视监测设备油液系统的结构，可二选其一。

① 油箱抽取。使用专用取样器，如图2-12所示。取样管下端探入油面下至少1/2，但不能触及箱底和箱壁。

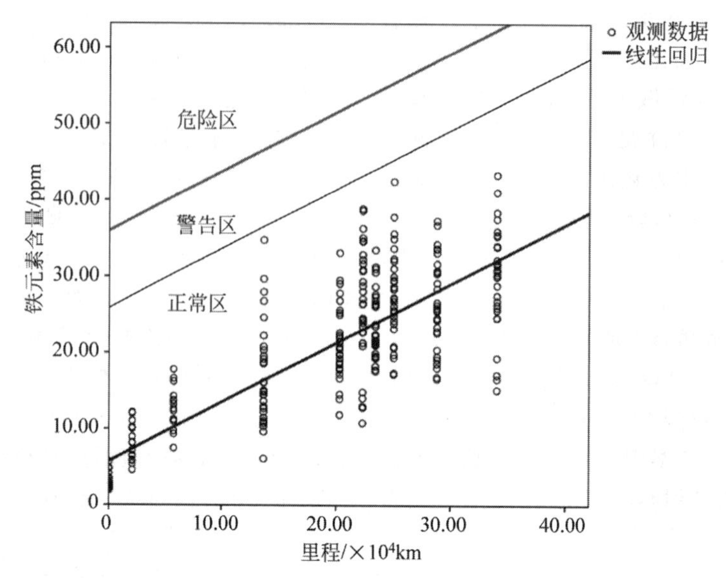

图 2-11 高速铁路动车组油液监测系统自动生成的监测阈

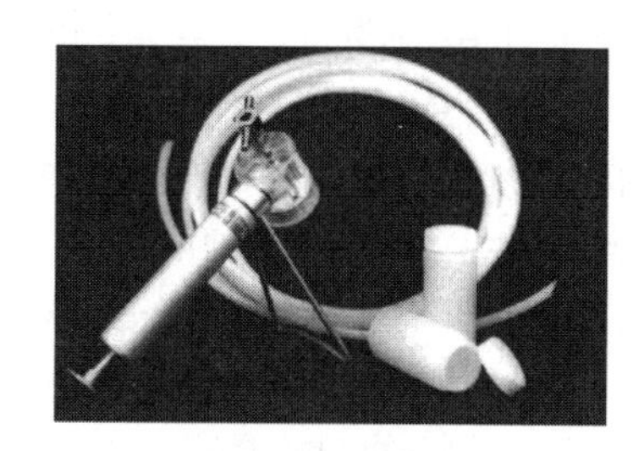

图 2-12 取样器

② 管路放油。在摩擦副后、滤器前的管路上加装 T 形阀。取样前要放掉阀内残油。

(2) 取样时间：机器运转中取样，或停机后 30 min 以内。

(3) 样品容器：带盖无色洁净玻璃瓶。若无玻璃瓶，只能采用塑料瓶，取样后需尽快更换。

(4) 样品取量：随机械不同大小而异，必须够用。取量为取样容器容积的 3/4。

(5) 取样间隔：以设备体量、油液循环周期、运行环境、监测等级等多因素而定，如大型柴油机在数百小时的数量级上。

(6) 油样处理：在进行从取样瓶中取出少量油品送入仪器等操作需要处理油样时，都要按照标准规定的方法严格进行，即拧松瓶盖透气，将油样瓶在烘箱或水浴锅中加热 30 min，温度(65±5)℃。取出后，拧紧密闭，采用振摇器或手动，激烈摇动 10 min，使其中固体颗粒在油液中均匀分布。用定量移液器从油样瓶中吸取油样，注入仪器专用器皿。一次性的移液器头不能复用。

除必须遵守以上取样原则外，设备的管理方式、维修体制、运行价值、监测成本等非纯技术方面的资讯，都应全盘地纳入取样方案设计的元素之中。

3) 判据的形成

油液监测的结论，一般应包括两个内容：一是对设备的总体状态要作出“正常”“警告”“危险”的 3 种分类评估；二是对非正常状态结论下的设备，给出是什么问题的诊断，供运用和维修参考。由该结论可知，要将油液品质和机械磨损两个主要方面的检测结果进行融合。

在油品品质方面，对于新油品，如理化指标、清洁度等单项指标，应根据国家或行业标准判定其是否合格。对于在用油，或根据设备供应商规定的限值，或根据本行业依据多年使用经验经分析研究后制定的报废标准，给出结论。值得注意的是，油品品质的检测结果，不仅是要对其自身作出评价，还是对设备整体状态作出判断和故障诊断的重要依据之一。

机械磨损状态的判断较为复杂，因为它面

对的是每一台运行中的设备。即便是对同一类、同一型号甚至细化到同一环境下运行设备判据的形成，都需要做大量的前期工作。某些设备供应商在交付设备时，提供了一些油液性能指标限值作为运维行为的参考，也应该是经过大量实践和研究的结果。具体过程如下。

(1) 在对设备用油大量跟踪测试的基础上，积累设备正常状态下的数据，形成大样本。

(2) 数据形式可以是原形，即检测仪器的直接读出值；也可以使用经过二次定义的判据，如在直读铁谱技术中的烈度指数 I_S。因为它更敏感于设备磨损状态的突变，即

$$I_S = D_L(D_L - D_S)$$

式中：D_L——大颗粒浓度值；

D_S——小颗粒浓度值。

(3) 在平面坐标系中作出数据散点图，分析大样本数据在时域上的变化特点，选择适当的回归数学模型。

(4) 对于在设备正常条件下，表现为在一个水平上离散分布的数据，可以采用简单算术平均，求出平均值和标准差，以一个极限数值作为判据如在使用 PQ 指数、D_L 值、I_S 等作为指标时。

(5) 对于表现出明显的时间函数形式的变化数据，则不能采用简单的统计分析方法处理，应采用比较密切相关的数学模型回归后，得到函数形式的判据。例如，光谱检测出的磨损元素含量 ppm 值(即百万分比浓度)，是随时间几乎成正比函数增加的，可用线性回归，在二维空间划分出三个评价区(图 2-11)。当然，这都要在完成油液监测系统的开发后，由计算机完成。

(6) 铁谱技术的问世，给油液监测技术提供了制定视觉判据的技术条件，即磨粒图谱。展示每一种磨损类型下的标准图谱是必须掌握的，但进入工程应用后，应该积累和编撰面对实际监测设备的专用图谱(图 2-13 和图 2-14)。

随着信息技术硬件性能的升级、软件算法的出新，油液监测的判据将会摆脱精确数学的传统模式，搭上人工智能的快车。

图 2-13　油液监测的第一本磨粒图谱

图 2-14　柴油机磨粒图谱

2. 在线油液监测技术

至今，传感器已开发出黏度、水分、磨粒、油质、污染等多种类型，有选择性和针对性地配用在不同的机械设备油液在线监测系统上。图 2-15 所示为油液品质和磨损颗粒传感器外形。图 2-16 所示为盾构机油液在线监测系统的传感器组总成。图 2-17 所示为在线油液监测系统显示屏界面。

图 2-15　油液品质和磨损颗粒传感器外形

(a) 油液品质传感器外形；(b) 磨损颗粒传感器外形

图 2-16　盾构机油液在线监测系统的传感器组总成

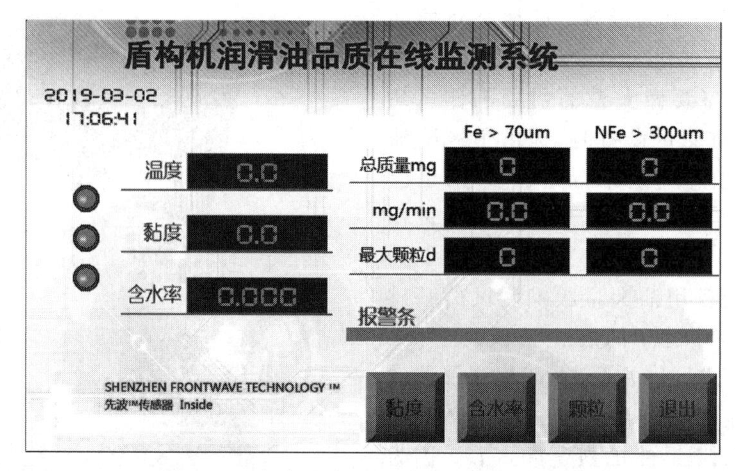

图 2-17　在线油液监测系统的显示屏界面

与离线油液监测技术相比，在线油液监测技术虽不能得到光谱、铁谱、颗粒计数等精密检测的数据，得出全面、深入的诊断结论，但也具备实时、简易、直观、投资少、见效快的独到之处。特别是在面向风电齿轮箱、盾构/TBM等在特殊工作环境下运行的大型机械装备油液监测问题时，它是重要选项之一。

在设计重大装备的油液监测系统方案时，应考虑在线油液监测技术与离线油液监测技术因地适宜进行有机结合。

2.2.3　油液监测技术与设备维修

1. 融合状态监测技术的设备维修策略

监测技术的进步，直接推动了现代化设备维修管理和技术的发展，赋予其新的理念和内涵。在经历了传统的事后维修、定期预防维修的长期过程后，设备维修策略正在向与状态维修、预知维修乃至主动预防性维修相融合的方向发展。融合状态监测技术的设备维修策略如图 2-18 所示。

由图 2-18 可见，油液监测已与参数监测、振动监测并列为支撑预知维修理念和策略实现的三大监测技术之一。

2. 油液监测技术在设备维修领域的工程应用

自 20 世纪 80 年代起，油液监测技术已在我国各业乃至国防的设备维修技术领域得到迅速应用，并取得明显的经济和社会效益。

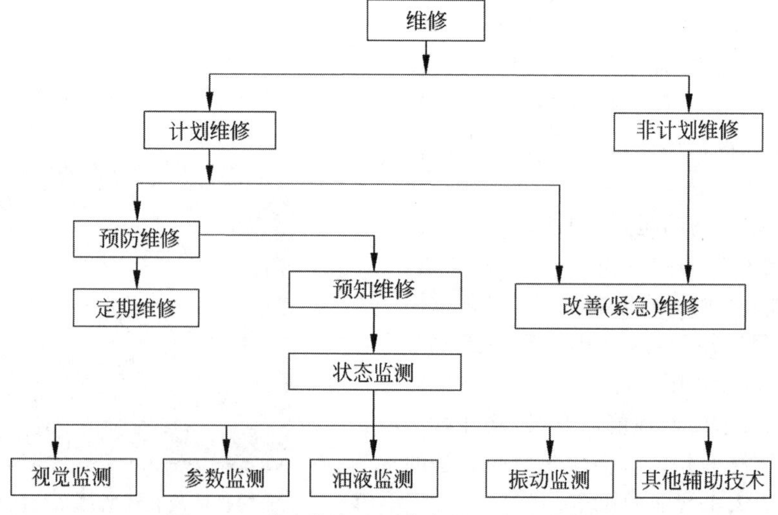

图 2-18　融合状态监测技术的设备维修策略

20 世纪 90 年代后期，我国铁路引进由德国进口的隧道掘进机（tunnel boring machine，TBM），以满足铁路新线建设快速发展的需要，并以此推动铁路建设机械化的进程。中国铁路工程集团有限公司和中国铁建股份有限公司，在西康线建设中，各自采用一台德国原装进口 TBM（TB880E），以两端相对同步掘进的方式，开挖秦岭隧道。施工开始前制定的《TBM 使用、管理和状态监测规程》明确规定"状态监测的重点是主轴承，而状态监测的主要手段是油液监测"；施工期间，其中一台的主轴承齿轮箱、刀盘驱动齿轮箱、液压系统的齿轮油、液压油的常规检测出现异常，并经多次频繁换油仍不能解除异常状态。面对工程全局安排和无法实施现场解体检查维修的现状，工程指挥部决定介入油液监测技术，对施工中的掘进机状态进行评估。

经过第三方对 69 个油样的光谱、铁谱、颗粒计数等油液监测技术的检测，得到具体评价简述如下，相对应的铁谱分析获取磨粒照片如图 2-19～图 2-23 所示。

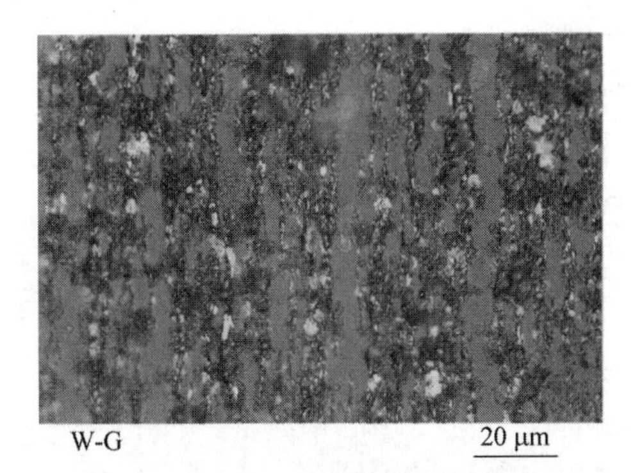

图 2-19　第 1 号齿轮箱油样中的异常磨粒

W 代表落射光为白光，G 代表透射光为绿光

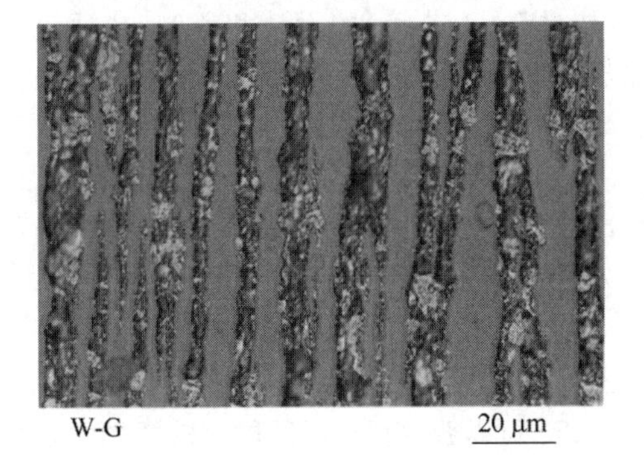

图 2-20　第 3 号齿轮箱油样中的异常磨粒

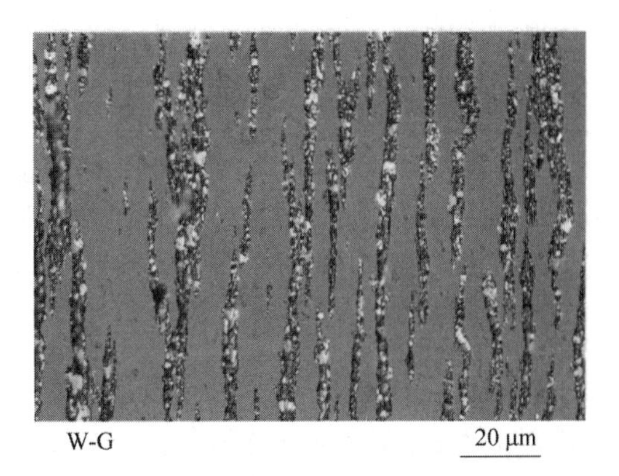

图 2-21　第 4 号齿轮箱油中的正常磨损磨粒

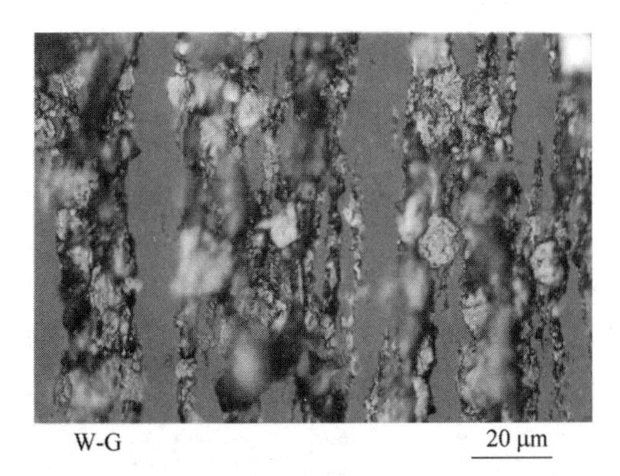

图 2-22　主轴承齿轮箱油中的铁系严重磨损颗粒

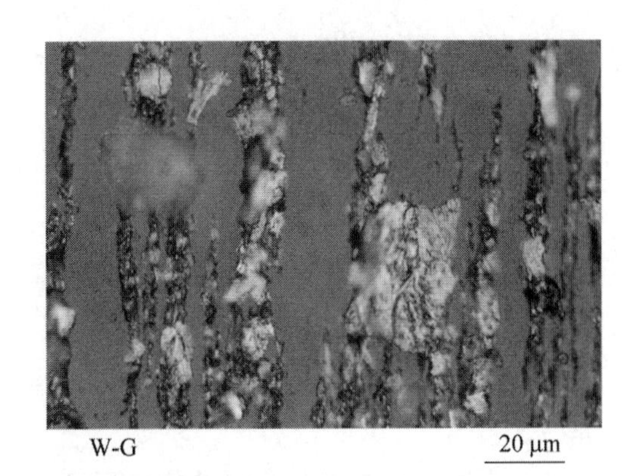

图 2-23　主轴承齿轮箱油中的铜颗粒

第 1、3 号驱动齿轮箱齿轮进入严重磨损期（图 2-19 和图 2-20）；第 7 号驱动箱油质变差；第 2、4、5、6、8 号驱动齿轮箱正常（图 2-21）；主轴承齿轮箱轴承严重磨损（图 2-22），铜制零部件损坏（图 2-23）。

工程指挥部据此采取有针对性的设备维

护措施，如加强污染防护、重点换油、加大检测频率观察等，使掘进机按时安全地完成全部掘进工程量，在西康线建设中发挥了决定性作用。

掘进机大修解体检查，验证了运用油液监测技术所得到的结论。其中，主轴承润滑油铜含量严重异常，其原因是碎石碴进入，击碎涡轮传感器铜质外皮和轴承铜质保持架，钢质滚道和滚子严重磨损。

根据该成功经验，中国铁路工程集团有限公司和中国铁建股份有限公司均建立了各自的专业化油液监测实验室，把油液监测纳入常规的设备管理和维修程序中。

2.2.4 油液监测技术与设备再制造

1. 再制造机械摩擦副表面的无损评估

通过油液监测技术，可以实现对再制造机械摩擦副表面进行连续性的实时在线无损评估。若将其与“微观再制造与维修技术”(见第19章)相组合时，可以形成一个从再制造实施到最后评估的完整的再制造生产链。

在盾构机、电厂空冷岛齿轮箱、铁路内燃机车发动机实施微观再制造时(详见19.3.2节相关内容)，根据具体情况，分别选用了油液监测技术、参数监测技术和振动监测技术作为再制造的评估手段。

铁路内燃机车发动机实施微观再制造技术后，为评估效果，除了拆机检测零部件的磨损量外，在续后的400 000 km牵引运行考核中，同时采用油液监测手段，与未施加再制造技术的对比机车同时跟踪监测进行比较。相应的，润滑油光谱分析铁元素含量随走行里程的变化曲线如图2-24所示。由图2-24可见，施加微观再制造的柴油机润滑油中铁元素含量，不但低而且变化平稳，说明如缸套、曲轴主要摩擦副表面性能已得到优化。结合其他五大评估指标的考核结果，该项微观再制造工程最终得到肯定。

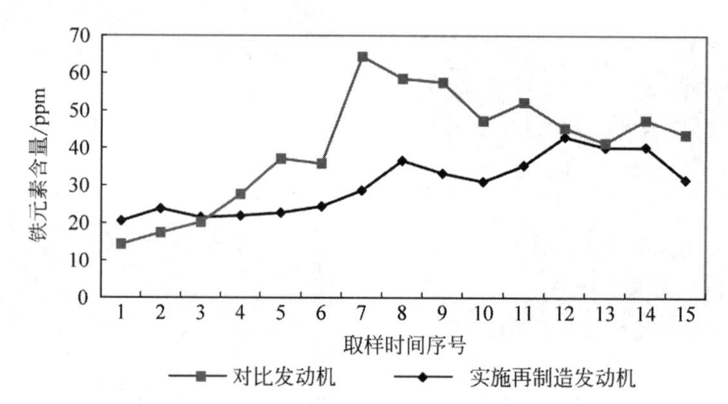

图2-24 实施再制造的内燃机车发动机与对比车润滑油光谱分析铁元素变化曲线

2. 油液监测技术在再制造领域的工程应用

油液监测技术在再制造领域的应用已经起步，在以下几个方面都有着应用的可行性和有效性。

(1) 油液监测技术是解决再制造表面摩擦磨损润滑性态测试问题的有效手段，具有明显的表面工程检测技术的属性。

(2) 可以对再制造摩擦副配伍(如材料、工艺等)的设计和研制，或通过摩擦学试验，或通过实际运用中的无须解体油液监测，作出基于科学试验或生产实践的评价。

(3) 在再制造机械装备进行整机磨合、试车，或已正式投入生产各阶段，均可实时进行；作为检验、考核、评价与监测手段之一。

(4) 应作为对重大再制造机械装备是否达标入场，而进行第三方评估的必要选项之一。

(5) 可以获取任一时间段上的摩擦学系统动态监测结果，为再制造零部件和装备使用寿命的评估，提供科学试验或生产实践的依据。

2.3 振动诊断技术

2.3.1 概述

机械振动是指物体围绕其平衡位置附近作往复运动。振动是机械设备中普遍存在的物理现象。各种机械设备尤其是工程机械在运行时，不可避免地存在着回转件的不平衡、负载的不均匀、结构刚度的各向异性、润滑状况的不良及间隙等问题，从而引起受力的变动、碰撞和冲击。另外，使用、运输和外界环境影响下的能量传递、存储和释放都会导致机械振动。所以任何一台运行着的机器、仪器和设备都存在振动现象，工程机械的振动更为严重。

机械振动在大多数情况下是有害的。振动往往会破坏机器的正常工作和原有性能，振动的动载荷使机器加速失效、缩短使用寿命甚至导致损坏造成事故。机械振动还直接或间接地产生噪声，恶化环境和劳动条件，危害人的心理和生理健康。

随着现代工程技术的发展，除了对各种工程机械设备提出了低振级和低噪声的要求外，还应随时对生产过程和设备进行状态监测与故障诊断，这些都离不开振动测量。在机械故障诊断中，振动信号能够更迅速、更直接地反映机械设备的运行状态，据统计，70%以上的故障都是以振动形式表现出来。为了提高机械结构的抗振性能，有必要进行机械结构的振动分析和振动设计，找出其薄弱环节，改善其抗振性能。另外，对于许多承受复杂载荷或本身性质复杂的机械结构的动力学模型及其动力学参数，如阻尼系数、固有频率和边界条件等了解与计算，目前还无法建立其精确模型进行非常精确的计算，振动测试便是唯一的求解方法。因此，振动测试在现代工程技术中具有十分重要的作用。

振动测试一般包括以下内容：一是振动基本参数的测量，测量工程机械或结构在工作状态下存在的振动，如振动位移、速度、加速度，了解被测对象的振动状态、评定等级和寻找振源，以及进行监测、分析、诊断和预测；二是对结构和部件的动态特性测量，这种测量方式以某种激振力作用在被测体上，使被测件产生受迫振动，测量输入（激振力）和输出（被测体振动响应），从而确定被测体的固有频率、振型等动态参数。

1. 机械振动基础

1）振动类型

机械振动是一种比较复杂的物理现象。根据其不同的特征可将振动分类如表 2-3 所示。

表 2-3　机械振动分类

分类	名称	主要特征与说明
按振动产生的原因分	自由振动	系统受初始干扰或外部激振力取消后，系统本身由弹性恢复力和惯性力来维持的振动。当系统无阻尼时，振动频率为系统的固有频率；当系统存在阻尼时，其振动幅度将逐渐减弱
	受迫振动	由于外界持续干扰引起和维持的振动，此时系统的振动频率为激振频率
	自激振动	系统在输入和输出之间具有反馈特性时，在一定条件下，没有外部激振力而由系统本身产生的交变力激发和维持的一种稳定的周期性振动，其振动频率接近于系统的固有频率
按振动的规律分	简谐振动	振动量为时间的正弦或余弦函数，为较为简单、较为基本的机械振动形式。其他复杂的振动都可以看成许多或无穷个简谐振动的合成
	周期振动	振动量为时间的周期性函数，可展开为一系列的简谐振动的叠加
	瞬态振动	振动量为时间的非周期函数，一般在较短的时间内存在
	随机振动	振动量不是时间的确定函数，只能用概率统计的方法来研究

续表

分类	名称	主要特征与说明
按系统的自由度分	单自由度系统振动	用一个独立变量就能表示系统振动
	多自由度系统振动	须用多个独立变量表示系统振动
	连续弹性体振动	须用无限多个独立变量表示系统振动
按系统结构参数的特性分	线性振动	可以用常系数线性微分方程来描述，系统的惯性力、阻尼力和弹性力分别与振动加速度、速度和位移成正比
	非线性振动	要用非线性微分方程来描述，即微分方程中出现非线性项

自由振动、强迫振动、自激振动在设备故障诊断中有各自的主要应用领域。

对于结构件，紧固松动、裂纹等局部缺陷会导致结构件的特性参数发生改变，产生故障，一般多利用脉冲力所激励的自由振动来进行检测，测定构件的固有频率、阻尼系数等参数的变化。

对于减速箱、电动机、低速旋转设备等机械故障，主要以强迫振动为特征，通过对强迫振动的频率成分、振幅变化等特征参数进行分析，鉴别故障。

对于高速旋转设备及能被工艺流体所激励的设备，除了需要监测强迫振动的特征参数外，还需要监测自激振动的特征参数。

2）振动的基本参数

表征振动的重要特征包括振幅、频率和相位三个基本参数。

（1）振幅。振幅表征机械振动的强度和能量，根据需要可以用峰值、平均值或有效值表示。

ISO标准规定，振动速度的均方根值，即有效值为振动烈度，作为衡量振动强度的一个标准。

（2）频率。振动物体（或质点）每秒钟振动的次数称为频率。频率是振动的重要表征之一，不同的结构、不同的零部件、不同的故障源，产生不同频率的机械振动。通过频谱分析，可以确定振动信号的主要频率成分及其幅值大小，从而可以寻找振源，采取措施。因此，频率分析是振动诊断的重要手段。

（3）相位。相位与频率一样是用来表征振动的特征之一，不同振动源产生的振动相位不同，同样是振动诊断的重要手段。另外，相位测量还可用于谐波分析、动平衡测定、振型测量和判断共振点。

2. 振动诊断技术概述

机械设备运转时都会发生振动，当机械状态完好时，其振动强度在一定范围内波动；当机械出现故障时，其振动强度必然增加。不同的零件发生的故障、故障的性质不同，振动的形态也不同，由此可以对故障性质和故障部位作进一步诊断。振动信号中携带着机械运行状态的大量信息，通过测量、分析机械振动信号，可以在不解体的情况下检测机械的运转状态，诊断机械的故障部位、故障程度，从而实现状态检测与故障诊断。

振动诊断技术按其功能不同，可分为简易诊断和精密诊断。

（1）简易诊断一般由检测工在现场进行，人们应用便携式测振仪器、在10～1 000 Hz或10～10 000 Hz的宽带范围内，测量机械振动参数（位移、速度、加速度）的幅值（有效值或峰值），将它与标准值或经验值比较，可以初步判断机械有无故障。

（2）精密诊断由诊断工程师实施，首先在宽带范围内测量并记录机械振动参数随时间的变化（即时域波形），然后对它进行各种分析处理，得到振动的幅值或能量随频率的变化（即频谱图），将它与机械正常运转时的谱图进行比较，即可判断机械有无故障，以及故障的原因、部位和程度。

简易诊断使用的仪器简单可靠、价格低廉、操作简便，对工作人员的技术水平要求不高，便于在现场开展；所以一般实行简易诊断与精密诊断相结合的故障诊断模式。首先采用简易诊断定期对机械设备进行检测，发现故障后再进行精密诊断，判断故障的部位、原因和程度。

2.3.2 测振系统的组成与功用

测振系统通常由传感器、信号调理系统、信号记录系统和信号分析与处理设备组成，如图 2-25 所示。其中，测振传感器的作用是将机械振动量转变为适于电测的电参量，惯称拾振器；信号记录系统的功能是将所测振动信号记录存储；信号分析与处理设备则负责完成对所记录的信号进行各种分析处理；而信号调理系统则起协调作用，使传感器和记录仪能配合起来协同工作，主要包括信号放大、阻抗变换等功能。

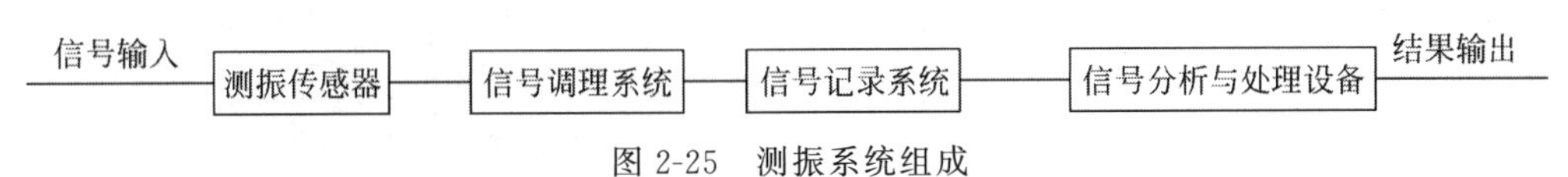

图 2-25　测振系统组成

1. 测振传感器

传感器是用来感知被测振动参量（位移、速度或加速度），并将其转换为电量（电压、电流、电荷、电阻、电容、电感），以供测量的元件。测振传感器惯称拾振器，按其工作原理可分为磁电式传感器、压电式传感器、应变式传感器、电涡流传感器和电容式传感器等；按其感知的振动参数不同，可分为位移传感器、速度传感器、加速度传感器等；按安装时与振动体（被测对象）的相对位置，可分为接触式传感器和非接触式传感器；按照振动测量的参考坐标，可分为绝对式（惯性式）传感器和相对式传感器。

常用的测振传感器是电涡流式位移传感器、磁电式速度传感器和压电式加速度传感器。

1）电涡流式位移传感器

电涡流式位移传感器是一种非接触式测振传感器，其基本原理是利用金属导体在交变磁场中的涡流效应。

如图 2-26 所示，当一金属导体置于一个由通有高频电流 i_1 的线圈所产生的交变磁场中或在磁场中运动时，由于电磁感应的作用，该导体内将产生一个闭合的电流环，称为电涡流。根据楞次定律，电涡流 i_2 将产生一个与交变磁场相反的涡流磁场 ϕ_2 来阻碍原交变磁场 ϕ_1 的变化，原线圈的阻抗、电感和品质因素等电参数发生变化，且其变化量与线圈到导体之间的距离 x 的变化量有关，于是就把位移量转化成了电量，此即为电涡流式位移传感器的工作原理。

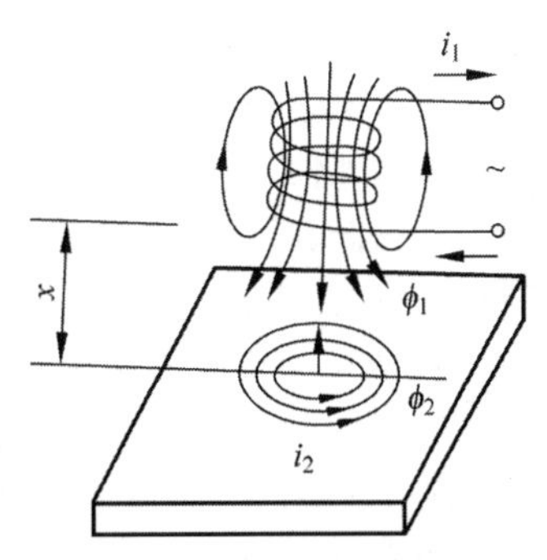

图 2-26　电涡流式位移传感器的工作原理

目前，电涡流式位移传感器已成系列，常用的直径有 8 mm、11 mm、25 mm 等，测量范围从±0.5 mm 至±10 mm 以上，灵敏阈约为测量范围的 0.1%。外径为 8 mm 的传感器与工件安装间隙约 1 mm，灵敏度为 7.87 mV/μm，频响范围为 0～12 000 Hz。图 2-27 所示为电涡流式位移传感器结构图。

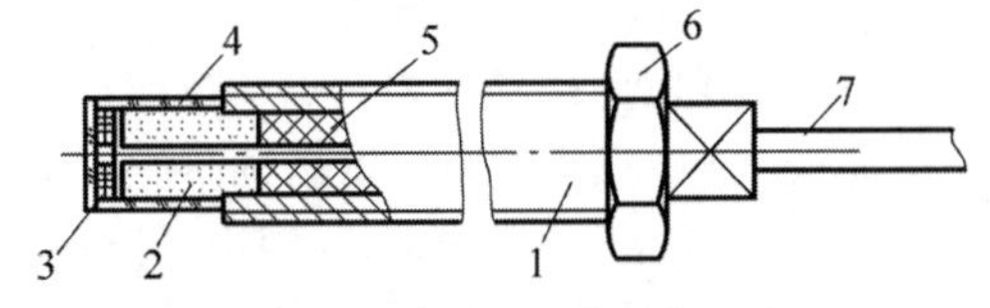

图 2-27　电涡流式位移传感器结构图

1—壳体；2—框架；3—线圈；4—保护套；5—填料；6—螺母；7—电缆

电涡流式位移传感器具有结构简单、灵敏度高、线性范围大、频率范围宽、抗干扰能力强、不受油污等介质影响及非接触测量等特点。其是一种相对式拾振器，能方便地测量运动部件与静止部件间的间隙变化。被测件表面粗糙度对测量结果几乎没有影响，但被测对象表面微裂纹及电导率和磁导率对灵敏度有影响。

电涡流式位移传感器探头的正确安装是保证传感器系统可靠工作的先决条件，安装时应该注意以下几个环节。

(1) 探头的安装间隙(探头端面到被测端面的距离)。

(2) 各探头间的最小间距。

(3) 探头头部与安装面的安全间距。

(4) 探头安装支架的选择(牢固性)。

(5) 电缆转接头的密封与绝缘。

(6) 探头所带电缆、延伸电缆的安装。

(7) 探头抗腐蚀性。

(8) 探头的高温、高压环境。

2) 磁电式速度传感器

在机械故障的振动诊断方法中，振动速度也是一个经常需要观测的物理参量，因为振动速度与振动能量直接对应，而振动能量常常是造成振动体破坏的根本原因。

磁电式速度传感器是利用电磁感应原理，将传感器的质量块与壳体的相对速度转换为电压输出的装置。当线圈在恒定磁场中作直线运动并切割磁力线时，线圈两端的感应电动势为

$$e = wBlv\sin\theta \tag{2-1}$$

式中：w——线圈匝数；

B——磁感应强度；

l——匝线圈的有效长度；

v——线圈与磁场的相对运动速度；

θ——线圈运动方向与磁场方向的夹角。

当 $\theta=90°$时，$e=wBlv$，即线圈中的感应电动势与线圈运动速度成正比。

磁电式速度传感器为惯性式速度传感器，分为绝对式和相对式两种，前者测量被测对象的绝对振动速度，后者测量两个运动部件之间的相对运动速度。

磁电式绝对速度传感器结构如图 2-28 所示。在测振时，传感器固定或紧压于被测对象，磁钢与壳体一起随被测对象振动，装在心轴上的线圈和阻尼环组成惯性系统的质量块则在磁场中运动。

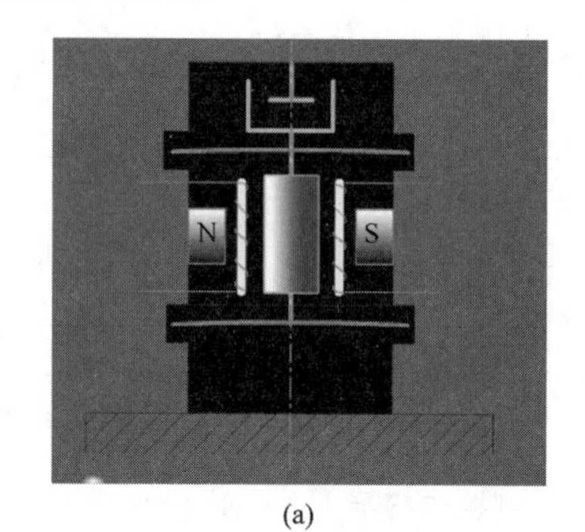

(a)

(b)

图 2-28 磁电式绝对速度传感器结构

(a) 结构原理图；(b) 结构示意图

1—弹簧片；2—壳体；3—阻尼环；4—永磁铁；5—线圈；6—心轴；7—弹簧

在磁电式绝对速度传感器中，导磁铁心由弹簧片支撑，弹簧片的径向刚度很大，使导磁铁心永远处于中间位置。弹簧片的轴向刚度很小，与导磁铁心一起构成固有频率很低的振动系统。

由于弹簧片支持在壳体上，当固定在试件的速度计壳体和试件一起振动时，导磁铁心、弹簧阻尼系统将产生受迫振动。

当基础的振动频率远远超过传感器的固有频率($\omega > \omega_n$)，且传感器的阻尼不大时，传感器(质量块)的振动趋于零。可以近似认为，传感器在绝对空间中是静止的。这样，运动壳体对于不动的导磁铁心组件的相对运动速度就是壳体的绝对振动速度。

根据电磁感应定律，当线圈切割磁力线时，必输出感应电动势 $E=BLv$(B 为磁感应强度，L 为导体长度，v 为切割速度)。

如果在导磁铁心上端安装一顶杆，如图 2-29 所示，分别使壳体和顶杆与两个不同的试件相连，则线圈在磁场中的运动速度就是两试件的相对速度，其输出电压与两试件的相对速度成比例。这就是磁电式相对速度传感器。

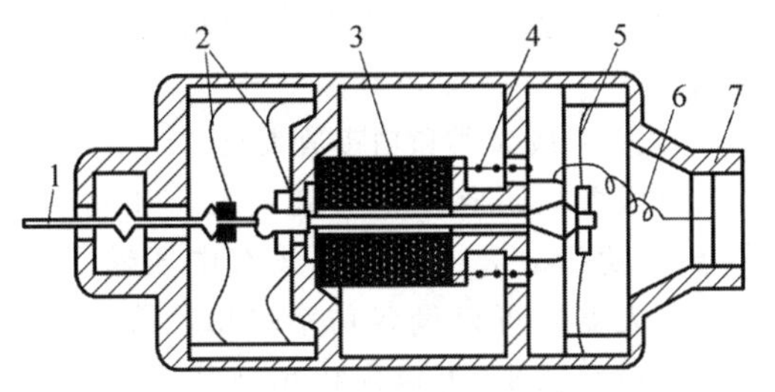

图 2-29　磁电式相对速度传感器结构

1—顶杆；2、5—弹簧片；3—磁铁；
4—线圈；6—引出线；7—壳体

3）压电式加速度传感器

某些电介质，当沿着一定的方向对其施力而使其变形时，其内部将发生极化现象，同时在它的两个表面上产生符号相反的电荷；当外力去除后，电介质又重新恢复到不带电的状态，介质的这种把机械能转换为电能的现象称为压电效应，而把电能转换为机械能的现象称为逆压电效应。具有压电效应的材料称为压电材料。

压电式加速度传感器是一种以压电材料为转换元件的装置，其输出的电荷或电压与被测加速度成正比。由于其具有体积小、质量轻、灵敏度高、测量范围大、线性度好、频响范围宽、安装简便等优点，获得了广泛的应用，是目前振动测试诊断中应用较多的一种传感器。

因为压电式加速度拾振器所输出的电信号是较微弱的电荷，并且拾振器本身具有很大的内阻，所以输出的能量甚微。为此，通常是将输出信号先输入高输入阻抗的前置放大器内，使该拾振器的高阻抗输出变换为低阻抗输出，再将其输出的微弱信号进行放大、检波，最后驱动指示仪表或记录仪器，以便显示或记录测试的结果。一般前置放大器电路有两种形式。

(1) 电压放大器：用电阻反馈，其输出电压与输入电压成正比。缺点是该电路的灵敏度受连接电缆长度变化的影响，目前已较少使用。

(2) 电荷放大器：用电容反馈，其输出电压与输入电荷成正比。使用电荷放大器时，电缆长度变化的影响几乎可以忽略不计，因此压电式加速度传感器常用电荷放大器。

压电式加速度传感器的灵敏度根据其输出电信号的不同有电压灵敏度和电荷灵敏度两种表示方法。

2. 测振传感器的合理选择

在选择测振传感器类型时，应根据测试的要求，如人们较为关心的测量参数是位移、速度，还是加速度；被测对象的振动特性，如待测量的振动频率范围及估计的振幅范围等；以及安装环境情况，如环境温度、湿度和电磁干扰等；并结合各类测振传感器的各项性能指标综合考虑确定。

1）采用位移传感器的情况

(1) 被测振动量属低频时，因其振动速度或振动加速度值均很小，不便采用速度传感器或加速度传感器进行测量。

(2) 特别关注振动位移的幅值时，如不允许某振动部件变形位移过大或在振动时碰撞其他的部件，即要求限幅。

(3) 测量振动位移幅值的部位正好是需要分析应力的部位。

2）采用速度传感器的情况

(1) 被测振动量属中频时。

(2) 与振动能量及声响有关的振动测量。

(3) 振动位移的幅值太小。

3）采用加速度传感器的情况

(1) 被测振动量属高频时。

(2) 对机器部件的受力、载荷或应力需作分析的场合。

(3) 当不允许传感器体积大、重量大时，应采用小型的压电式加速度传感器。

3. 信号调理系统

因为一般传感器输出的电信号都很微弱，或者是非电压信号，这些微弱信号或非电压信号往往不能直接用于仪表显示或数据传输和处理，而且有些信号本身还携带噪声，因此，经传感器输出的信号经常要根据具体要求进行信号幅值、传输特性及抗干扰能力等特性的调理，把信号转换成更便于处理、接收和显示的形式，方便后续环节的处理。所以，在振动测试系统中，信号调理系统是必不可少的。

根据传感器的不同、测振的目的和要求不同，信号调理系统的构成也有很大差异。常用的有前置放大器、积分微分放大器、适调放大器、滤波器、交流放大器和功率放大器。

1）前置放大器

前置放大器一般紧接振动传感器，用来进行阻抗变换和电量变换，往往和传感器配套使用。对于磁电式速度传感器，一般不采用前置放大器；对于电容式传感器和电涡流式位移传感器，前置放大器一般为谐振电路；对于应变式传感器，前置放大器为交流电桥（调制器）；对于应用最多的压电加速度传感器，前置放大器分为电压放大器（附有阻抗变换器）和电荷放大器两种形式。

2）积分微分放大器

由于振动的位移、速度和加速度三个量之间存在确定的微积分关系，只要有了微分积分电路，不管是使用位移传感器、速度传感器，还是加速度传感器，都可经过微分变换或积分变换得出振动的位移、速度和加速度。例如，常用加速度传感器直接测得振动加速度，并可以通过配用积分电路，一次积分得到振动速度，二次积分得到振动位移。常用的微积分电路都有源微积分网路，在经过积分微分放大器放大后，信号可以有增益，克服了无源网络输出信号大大减弱的缺点。

3）适调放大器

适调放大器也称为归一放大器，其作用是在使用不同灵敏度的传感器时，使放大器输出归一化。适调放大器的实质是一个增益可调的运算放大器，它对不同灵敏度的传感器具有不同的增益。由于加工工艺上的原因，压电式加速度传感器很难保证每个传感器都具有相同的灵敏度，故通常配用适调放大器。

4）滤波器

滤波器能够频率选择需要的信号，滤掉不需要的成分，抑制和衰减干扰。测振系统的滤波器按其通频带可分为高通滤波器和低通滤波器。通常同时使用高、低通滤波器，于是决定了测振系统的频率范围。目前使用较多的滤波器是有源滤波器，它是一个带有负反馈的运算放大器。它提供一定的增益和缓冲作用。

5）交流放大器和功率放大器

测振系统还应配备交流放大器和功率放大器，在功率放大器前可以设置电压输出，在功率放大器后可以设置功率输出。通过电压输出和功率输出，可以配接示波器和记录器，以便观察和记录振动波形。

4. 信号记录系统

1）指示仪表

放大器输出的信号经过有效值检波或峰值检波，送到指示仪表，从而在电压表上指示出振动参量的有效值或峰值。有效值与振动的能量有直接关系，使用价值较大。指示仪表分为模拟式（指针式表头）和数字显示式两种。

2）记录仪器

记录仪器是测振系统的最后一个环节。其作用是显示和记录振动信号波形，以便现场和实验室分析研究。

配置振动测试系统时，首先，要求组成测试系统的各测量装置的幅频特性和相频特性在整个系统的测试频率范围内应满足不失真条件；其次，还应充分注意各仪器之间的匹配。对于电压量传输的测量装置，要求后续测量装置的输入阻抗大大超过前面测量装置的输出阻抗，以便使负载效应缩减到最小。此外，应根据环境条件合理地通过屏蔽、接地等措施排除各种电磁干扰，或在系统的适当部位安装滤波器，以排除或削弱信号中的干扰，保证整个系统能稳定可靠地测取真实的有用信号。

5. 振动测试系统的标定

为了保证振动测试及结果的可兼容性与精确度，测振传感器和测试系统不仅在出厂时要定度准确，而且在使用中还要定期校准。传感器生产厂对于每只传感器在出厂前都进行标定,并给出其灵敏度等参数和频率响应特性曲线;因为测振传感器使用一段时间后,灵敏度会有所改变,如压电材料的老化会使灵敏度每年降低2%~5%。同样,测试仪器在使用一段时间或检修后也必须进行标定。在进行重大测试工作之前常常需要做现场校准和某些特性校准,以保证频率响应。

使用测振传感器,主要关心的是灵敏度、幅值线性范围、横向灵敏度和频率响应特性等,这是标定的主要内容。不同类型的传感器,如接触式传感器和非接触式传感器,其标定方法也不相同。标定方法分为绝对法和相对法两种。

标定部门一般分为两级:国家级和地方级。国家级标定部门常采用绝对法,标定的精确度很高,为0.5%~2.0%。地方级采用相对法,标定精确度一般可达5%。

1) 绝对法

将测振传感器固定在校准振动台上,由正弦信号发生器经功率放大器推动振动台,用激光干涉振动仪直接测量振动台的振幅,再与被标定传感器的输出比较,以确定被标定传感器的灵敏度,这即为用激光干涉仪的绝对校准法,该方法可以同时测量传感器的频率响应特性,需要首先固定振动台各参量的振幅,然后改变激振频率,测出对应的各个输出数据,绘制频率响应曲线。但是采用激光干涉仪的绝对校准法设备复杂,操作和环境要求严格,只适用于计量单位和测振仪器生产厂使用。

振动仪器厂还使用另一种方法进行传感器的标定。采用一种小型的、经过校准的已知振级的激振器,这种激振器只产生加速度为已知定值的几种频率的激振,读取被标定传感器的输出进行比对。这种装置不能全面标定传感器的频率响应曲线,只能在现场方便地核查传感器在给定频率点的灵敏度。

2) 相对法

相对法又称为背靠背比较标定法。将待标定传感器和经过国家计量部门严格标定过的传感器同时安装在振动试验台上承受相同的振动,将两个传感器的输出进行比较,就可以计算出在该频率点待标定传感器的灵敏度。这时,严格标定过的传感器起着振动标准传递的作用,通常称为参考传感器。该方法的关键是两个传感器必须感受相同的振动,为了保证这一点,常采用将两个传感器背靠背安装的方式。

2.3.3 振动信号分析处理系统

从测振传感器直接检测到的振动信号是时域信号,只能给出振动强度及振幅随时间变化的历程,只有经过频谱分析后,才能获得其频率组成等更丰富的信息,从而寻找其振源和干扰源,并用于故障诊断和分析。当用激振方法研究被测对象的动态特性时,需将检测到的振动信号和力信号联系起来,然后求出被测对象的幅值和相频特性,为此需选用合适的滤波技术和信号分析方法。

振动信号处理系统主要包括振动计、频谱分析仪、频率特性与传递函数分析仪和数字信号处理系统。

1. 振动计

振动计是用来直接指示位移、速度、加速度等振动量的峰值、峰-峰值、平均值或方均根值的仪器。它主要由积分、微分电路、放大器、电压检波器和表头组成。

振动计只能使人们获得振动的总强度,但无法获得振动的其他方面信息,因而只用于日常现场检测。为了获得更多的信息,还应将振动信号进行频谱分析、相关分析和概率密度分析等。

2. 频谱分析仪

对于评价机械技术状态及故障的诊断而言,时域分析所能提供的信息量是非常有限的。时域分析往往只能粗略地回答机械是否有故障,有时也能得到故障严重程度的信息,但不能提供故障发生部位等信息。频域分析是机械检测中信号处理的较为重要、常用的分析方法。利用频谱分析可以了解振动参数的量值随频率的分布情况。实际的机械振动信号包含了机械许多的状态信息,因为故障的发生、发展往往会引起信号频率结构的变化，所以频谱分析已成为精密诊断的重要手段。

进行频谱分析需要使用频谱分析仪。测振系统加上频谱分析仪，就构成了振动测试分析系统。它可以在现场对振动信号进行测试和分析。有时由于受到条件的限制，不能将频率分析仪带到现场，或由于时间限制来不及在现场进行分析，可利用数据记录器把振动信号记录下来，然后回到实验室进行分析。频谱分析仪也称频谱仪，是把振动信号的时间历程转换为频域描述的一种仪器，其主要分析产生振动的原因，研究振动对人类和其他结构的影响及研究结构的动态特性等。频谱分析中常用的有幅值谱和功率谱。频谱分析仪的种类很多，按其工作原理可分为模拟式和数字式两大类。

3. 频率特性与传递函数分析仪

由频率特性与传递函数分析仪作为核心组成的测试系统，通常都采用稳态正弦激振法来测定机械结构的频率响应或机械阻抗等数据。

4. 数字信号处理系统

近年来，由于微电子技术和信号处理技术的迅速发展、快速傅里叶变换（fast Fourier transform，FFT）算法的推广，在工程测试中，数字信号处理方法得到越来越广泛的应用，出现了各种各样的信号分析和数据处理仪器。这种具有高速控制环节和运算环节的实时数字信号处理系统，具有多种功能，因此又称为综合分析仪。

数字信号的测试与模拟信号的测试一样，首先由传感器获得模拟信号，然后对模拟信号进行抗混滤波（防止频率混叠）、波形采样和模数转换（计算机处理的需要）、加窗（减小对信号截断和抽样所引起的泄露），再进行快速傅里叶变换（由时域到频域的转换和数据计算），最后显示分析结果。其主要优点具体如下。

（1）处理速度快，具有实时分析的能力。

（2）频率分辨率高，因而分析精度较高。

（3）功能多，既可进行时域分析、频域分析和模态分析，又可进行各种显示。

（4）使用方便，数字信号分析处理由专门的分析仪或计算机完成，显示、复制和存储等各种功能的使用非常方便。

2.3.4 振动诊断的一般步骤

1. 人员构成及分工

振动诊断一般需要配备两个层次的人员，即专门技术人员和现场测量人员。专门技术人员负责收集机械技术资料、制定测量规程、分析测试结果，并参照有关标准对机械状态作出评价；现场测量人员应按照预先制定的测量规程进行测量和记录。

2. 收集机械技术资料

（1）了解诊断对象设备使用维修情况，特别要掌握机械通常发生哪些故障，两次故障间的平均工作时间。

（2）收集设备的技术参数，主要包括运转参数（如转速、功率等）和结构参数（如轴承的型式、内径、外径，滚动体的个数和直径、接触角及齿轮的种类、齿数等）。

（3）绘制出机械或装置的结构简图。

（4）根据机械技术参数按照公式进行简单的计算，求出各种故障频率。

3. 选定测量和分析方法

振动测量和分析系统可分为三种基本类型。第一种类型最简单，它仅用宽带测振仪测量设备的总振动值，然后根据少量的数据对机械状况进行评价。这种方法属于简易诊断，它的缺点是预报准确性较差，而且也不可能识别出振动值增长的原因。第二种类型也是使用简单的仪器作宽带测量，如果测量结果超过了标准值或测量结果有明显的变化，再用精密仪器进行分析以得到详细的频谱。把这个频谱与以前录制的标准频谱比较，然后作出相应的判断。第三种类型是每次测量都进行频谱分析，这样就能详细给出机械运行状态的信息，因而具有较强的预报能力。

4. 确定测量参数

通常只选定测量某一振动参数，而不同时测量出振动的位移、速度和加速度。

从测量的灵敏度和动态范围考虑，高频时测量加速度，中频时测量速度，低频时测量位移或速度。

对振动检测诊断较为重要的要求之一，就是能在足够宽的频率范围内测量所有主要频率分量的全部信息，包括不平衡、不对中、滚动体损坏、齿轮啮合、叶片共振、轴承元件径向共振、油膜涡动和油膜振荡等有关的频率成分，其频率范围往往远超过 1 kHz。很多典型的测试结果表明，在机器内部损坏还没有影响到机器的实际工作能力前，高频分量就已包含了缺损的信息。为了预测机器是否损坏，高频信息是非常重要的。因此，测量加速度值的变化及其频率分析常常成为设备故障诊断的重要手段。

从振动的影响后果来看，应该根据不同的应用场合来选择相应的振动监测参数，见表 2-4。

表 2-4　根据振动后果选择振动监测参数

测量参数	所关心的振动后果	举　例
位移	位移量或活动量异常	加工机床的振动现象、旋转轴的摆动
速度	振动能量异常	旋转机械的振动
加速度	冲击力异常	轴承和齿轮的缺陷引起的振动

从异常的种类考虑，当主要关注冲击时，宜测量加速度；当主要关注振动能量和疲劳时，宜测量速度；当主要关注振动的幅度和位移时，应测量位移。

一般，简易诊断可以直接选择速度参数，而精密诊断往往选择在感兴趣的频率范围内谱图最平坦的参数。

选择测量参数的另一个含义是振动信号的统计特征量的选用。有效值反映了振动能量的大小及振动时间历程的全过程；峰值只反映瞬时值的大小，同平均值一样，其不能全面地反映振动的真实特性。因此，在大多数情况下，评定机械设备的振动量级和诊断机械故障，主要采用速度和加速度的有效值，只在测量变形破坏时，才采用位移峰值。

5. 确定测量位置

在确定了诊断对象和测量参数之后，接下来的问题是要确定监测设备的哪些部位，即监测点的选择问题。信号是信息的载体，选择最佳的测量点并采用合适的检测方法是获取设备运行状态信息的重要条件。真实而充分地检测到足够数量的能够客观地反映设备运行工况的信号是诊断成功与否的先决条件，如果所检测到的信号不真实、不典型，或不能客观地、充分地暴露设备的实际状态，那么后续的各种功能即使再完善也枉然。因此，测量点选择的正确与否，关系到能否对设备故障作出正确的诊断。

一般情况下，测量点数量及方向的确定应考虑的总原则如下：能对设备振动状态作出全面的描述；应是设备振动的敏感点；应是离机械设备核心部位最近的关键点；应是容易产生劣化现象的易损点。具体如下。

首先，应确定测量轴振动还是轴承振动。一般测量轴承振动可以检测机械的各种振动，因受环境影响较小而易于测量，而且所用仪器价格低，装卸方便。但测量的灵敏度和精度较低。所以，非高速时常测量轴承振动，仅高速时才测量轴振动。

在测轴承的振动时，测量点应尽量靠近轴承的承载区；与被监测的转动部件最好只有一个界面，应尽可能避免多层相隔，以减少振动信号在传递过程中因中间环节造成的能量衰减；测量点必须要有足够的刚度。

其次，应确定测点位置。一般测点应选在接触良好，局部刚度较大的部位。值得注意的是，测点一经确定后，就要经常在同一点进行测量。特别是高频振动，测点对测定值的影响更大。为此，确定测点后必须做记号，并且每次都要在固定位置测量。

不论是测轴承振动还是测轴振动，都需要从轴向、水平和垂直三个方向测量。考虑到测量效率，一般应根据机械容易产生的异常情况来确定重点测量方向，如不平衡问题重点测水平方向，不对中问题重点测轴向，而松动问题则重点测量垂直方向。考虑到振动频率不同，一般低频率振动要注意测量方向，而高频振动只需取最易测的一个方向。

此外，在选择测量点时，还应考虑环境因素的影响，尽可能地避免选择高温、高湿、出风口和温度变化剧烈的地方作为测量点，以保证测量结果的有效性。

最后，测量点一经选定，就应进行标记，以保证在同一点进行测量。有研究结果表明，在测高频振动时，由于测量点的微小偏移(几毫米)，将会造成测量值的成倍离散(高达6倍)。

6. 确定测量周期

测量周期的选定应能感知设备的劣化，根据设备的不同种类及其所处工况确定监测周期，是设备诊断的一项重要工作内容，目前尚无统一的标准，本书中以下所列仅供参考。

1) 定期检测

定期检测，即每隔一定的时间间隔对设备检测一次。①对汽轮压缩机、燃气轮机等高速旋转机械，可每天检测一次；②对水泵、风机等，可每周检测一次；当发现测量数据有变化征兆时，应缩短监测周期；③而对新安装和大修后的机器，应频繁检测，直至运转正常。

为了能及时发现初期的状态异常和监测劣化趋势，需要定期进行测量。规定的周期应不至于忽略严重的异常情况，并尽可能将周期安排得短一些。但是如将测量周期缩短到不必要的程度，那也是不经济的。所以，需要对每个检测对象规定合适的周期。

通常，转速高、负荷重、劣化速度快的机械或装置，测量周期应规定得短一些。为了获得理想的预报能力，在设备两次故障间的平均运行时间内至少应该测量六次。

测量周期并非总是规定得很死板的。当振动处于正常情况时，可以保持固定的周期；当振动增大或达到注意范围时，则应开始缩短测量周期。科学的方法是根据现在的测定值和上一次的测定值来确定下一次测量的日期。

2) 随机点检

专职设备检测维修人员一般应不定期地对设备进行检测，设备操作人员或责任人则负责设备的日常检测工作，并进行必要的记录。当发现有异常现象时，即报告设备专职检测维修人员，进行相应的处理。随机点检也是企业设备管理中经常采取的一种策略。

3) 长期监测

对于某些大型关键设备应进行在线监测，一旦测定值超过设定的槛值即进行报警，进而采取相应的保护措施。

7. 确定测量条件

测量条件包括测量环境条件、测量仪器状况及其各旋钮的设定位置、测量人员的调配情况及被测设备的运行状态。只有每次测量在相同条件下进行，才能掌握设备劣化趋势。

特别是设备的运行状态，应该根据测量的目的和诊断的故障来确定。诊断不同的故障，要在不同的转速、不同的负荷下进行。

8. 记录测量结果

测量结果应该当即记录在数据记录表上。数据记录表的表头部分应包括设备的名称、型号、制造厂家、出厂编号、使用单位、管理号码、施工地点、工作性质、运转小时、技术参数、机械传动简图、使用维修情况等项目。表格部分应包括测量人、测量仪器、机械运行状态及测量日期、测量位置和方向、测量参数及测定值等。

9. 选定判断标准

故障诊断的主要目的之一是要给出设备有无异常的信息，这就有一个判断标准的问题，即被测量值多大时表明设备正常，当超过某值时，则说明设备异常。常用的判断标准分为绝对判断标准、相对判断标准和类比判断标准三大类。

1) 绝对判断标准

绝对判断标准由某些权威机构颁布实施。由国家颁布的国家标准又称为法定标准，具有强制执行的法律效力。另外，由行业协会颁布的标准，称为行业标准，如国际标准化组织ISO颁布的国际标准，以及大企业集团联合体颁布的企业集团标准。这些标准都是绝对判断标准，其适用范围覆盖颁布机构所管辖的区域。

绝对判断标准是将被测量值与事先设定

的标准状态槛值相比较，用以判定设备运行状态的一类标准，如国际标准组织颁布的国际标准 ISO 10816、ISO 3945、ISO 2372、我国国家标准 GB 6075—1985、德国标准 VDI 2056、英国标准 BS 4675 等。

理论证明，振动部件的疲劳发展速度是与其振动速度成正比，而振动所产生的能量则是与其振动速度的平方成正比，由于能量传递的结果造成了磨损和其他缺陷，在振动诊断判定标准中，以速度为判定参数比较适宜。

对于大多数的机器设备，较为常用的性能参数也是速度，所以有很多诊断标准，如 ISO 2372、ISO 3945 及 VDI 2056 等采用速度参数。当然也还有一些标准，根据设备的低、高频工作状态，分别选用振幅（位移）和加速度。

表 2-5 所示为 ISO 2372 和 ISO 3945 标准的振动速度槛值，其中 A 表示设备状态良好，B 表示允许状态，C 表示可容忍状态，D 表示不允许状态。

表 2-6 所示为轴承振动极限（根据加拿大政府文件 CDA/MS/NVSH107 编制）（10～1 000 Hz 范围内的总振动速度均方根允许值）。

表 2-5　ISO 2372 和 ISO 3945 标准的振动速度槛值

ISO 2372（适用于转速为 10～200 r/s，信号频率在 10～1 000 Hz 范围的旋转机械）						ISO 3945（适用于转速为 10～200 r/s 的大型机器）	
振动烈度		小型机器（≤15 kW）	中型机器（15～75 kW）	大型机器	透平机	支承分类	
范围	V_{rms}（mm/s）					刚性支承	柔性支承
0.28	0.28	A	A	A	A	好	好
0.45	0.45	A	A	A	A	好	好
0.71	0.71	A	A	A	A	好	好
1.12	1.12	B	A	A	A	好	好
1.8	1.8	B	B	A	A	好	好
2.8	2.8	C	B	B	A	满意	好
4.5	4.5	C	C	B	B	满意	满意
7.1	7.1	D	C	C	B	不满意	满意
11.2	11.2	D	D	C	C	不满意	不满意
18	18	D	D	D	C	不能接受	不满意
28	28	D	D	D	D	不能接受	不能接受
45	45	D	D	D	D	不能接受	不能接受
71		D	D	D	D	不能接受	不能接受

表 2-6　轴承振动极限（10～1 000 Hz 范围内的总振动速度均方根允许值）

项目		新机器				旧机器（全速、全功率）			
		长寿命		短寿命		检查界限值		修理界限值	
		VdB	mm/s	VdB	mm/s	VdB	mm/s	VdB	mm/s
燃气轮机	>20 000 hp	138	7.9	145	18	145	18	150	32
	6 000～20 000 hp	128	2.5	135	5.6	140	10	145	18
	≤5 000 hp	118	0.79	130	3.2	135	5.6	140	10
汽轮机	>20 000 hp	125	1.8	145	18	145	18	150	32
	6 000～20 000 hp	120	1.0	135	5.6	145	18	150	32
	≤5 000 hp	115	0.56	130	3.2	140	10	145	18
压气机	自由活塞	140	10	150	32	150	332	155	56
	高压空气、空调	133	4.5	140	10	140	10	145	18
	低压空气	123	1.4	135	5.6	140	10	145	18
	电冰箱	115	0.56	135	5.6	140	10	145	18
柴油发电机组		123	1.4	140	10	145	18	150	32
离心机油分离器		123	1.4	140	10	145	18	150	32
齿轮箱	>10 000 hp	120	1.0	140	10	145	18	150	32
	10～10 000 hp	115	0.56	135	5.6	145	18	150	32
	≤10 hp	110	0.32	130	3.2	140	10	145	18

续表

项目		新机器				旧机器(全速、全功率)			
		长寿命		短寿命		检查界限值		修理界限值	
		VdB	mm/s	VdB	mm/s	VdB	mm/s	VdB	mm/s
锅炉(辅助)		120	1.0	130	3.2	135	5.6	140	10
发电机组		120	1.0	130	3.2	135	5.6	140	10
泵	>5 hp	123	1.4	135	5.6	140	10	145	18
	≤5 hp	118	0.79	130	3.2	135	5.6	140	10
风扇	<1 800 r/min	120	1.0	130	3.2	135	5.6	140	10
	>1 800 r/min	115	0.56	130	3.2	135	5.6	140	10
电机	>5 hp 或≥1 200 r/min	108	0.25	125	1.8	130	3.2	135	5.6
	≤5 hp 或≤1 200 r/min	103	0.14	125	1.8	130	3.2	135	5.6
变流机	>1 kV·A	113	0.14	—	—	115	0.56	120	1.0
	≤1 kV·A	100	0.10	—	—	110	0.32	115	0.56

注：1 hp=735.5 W=0.7355 kW。

1995 年，ISO 制定的机械振动评价新标准 ISO 10816 中，关于额定功率在 100 kW 以上的往复式机械的运行状态的振动评价槛值见表 2-7。

表 2-7　ISO 10816 给出的往复式机械的振动评价槛值(信号频段 2～1 000 Hz)

<table>
<tr><th rowspan="2">振动烈度</th><th colspan="3">总体振动均方根允许值</th><th colspan="7">机械振动分级</th></tr>
<tr><th>位移/μm</th><th>速度/(mm/s)</th><th>加速度/(m/s²)</th><th>1</th><th>2</th><th>3</th><th>4</th><th>5</th><th>6</th><th>7</th></tr>
<tr><td>1.1</td><td>≤17.8</td><td>≤1.12</td><td>≤1.76</td><td rowspan="4">A/B</td><td rowspan="5">A/B</td><td rowspan="6">A/B</td><td rowspan="7">A/B</td><td rowspan="8">A/B</td><td rowspan="9">A/B</td><td rowspan="10">A/B</td></tr>
<tr><td>1.8</td><td>≤28.3</td><td>≤1.78</td><td>≤2.79</td></tr>
<tr><td>2.8</td><td>≤44.8</td><td>≤2.82</td><td>≤4.42</td></tr>
<tr><td>4.5</td><td>≤71.0</td><td>≤4.46</td><td>≤7.01</td></tr>
<tr><td>7.1</td><td>≤113</td><td>≤7.07</td><td>≤11.1</td><td>C</td></tr>
<tr><td>11</td><td>≤178</td><td>≤11.2</td><td>≤17.6</td><td rowspan="7">D</td><td>C</td></tr>
<tr><td>18</td><td>≤283</td><td>≤17.8</td><td>≤27.9</td><td rowspan="6">D</td><td>C</td></tr>
<tr><td>28</td><td>≤448</td><td>≤28.2</td><td>≤44.2</td><td rowspan="5">D</td><td>C</td></tr>
<tr><td>45</td><td>≤710</td><td>≤44.6</td><td>≤70.1</td><td rowspan="4">D</td><td>C</td></tr>
<tr><td>71</td><td>≤1 125</td><td>≤70.7</td><td>≤111</td><td rowspan="3">D</td><td>C</td></tr>
<tr><td>112</td><td>≤1 784</td><td>≤112</td><td>≤176</td><td rowspan="2">D</td><td>C</td></tr>
<tr><td>180</td><td>>1 784</td><td>>112</td><td>>176</td><td>D</td></tr>
</table>

机械振动的部分绝对评价标准索引见表 2-8。

国际标准、国家标准、行业标准、团体标准、企业标准都是根据某类设备长期使用、观测、维修及测试后的经验总结，并规定了相应的测试方法。因此，在使用这些标准时，一定要按规定的适用范围和测量方法进行操作。

2）相对判断标准

相对判断标准是用测定值与参考值相比较而判断设备状态的标准值。自我判断标准中的参考值是指设备良好状态下的振动初始值。它是连续地监测某台机械设备的运行，取得其完整的运行历程记录，并将设备初始投入运行或维修后经适度的磨合而进入平稳运行状态时的被测量值作为原始基值，根据被测参量依运行时间的相对变化规律，对该台机械设备所处工况状态进行判断。因其监测的是该台

表 2-8 机械振动的部分绝对评价标准索引

机械产品类型	适用评价标准
电站透平机组	轴振动 ISO 7919-2、VDI 2059. B12、API 611、VGB-R 103 M
工业透平机组	轴振动 ISO 10816-3. 4、VDI 2056，轴承振动 ISO 7979-3、VDI 2059
压缩机	轴振动 ISO 10816-3、VDI 2059. BI. 3
水电机组	ISO 7919-3、VDI 2059. BI. 5
离心泵	ISO 10816-3
电机	轴振动 ISO 7919-3、VDI 2059. BI. 3
印刷机械、鼓风机、脱水机	ISO 10816-3、VDI 2056
齿轮箱	ISO 8579-2、VDI 2056、API 670

设备从最初的完好运行到最后故障而失效的整个历程，因此，又称为纵向标准。相对判断标准可用图 2-30 加以说明。

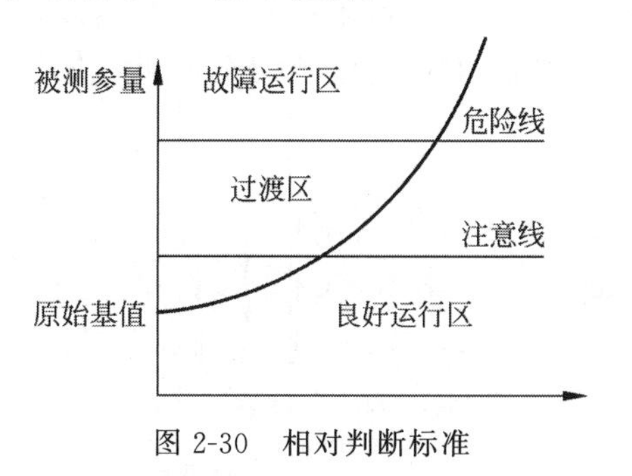

图 2-30 相对判断标准

设备的整个运行工况被注意线和危险线分为良好运行区、故障运行区和连接两者的中间过渡区三个区域。其注意线和危险线的槛值设定，因机构种类及信号的频率范围而异。表 2-9 所示为相对判断标准的状态槛值（一些经验数据，供参考）。ISO 2372 建议的相对判断标准见表 2-10。

相对判断标准是应用较为广泛的一类标准，其不足之处在于，标准的建立周期长，且槛值的设定可能随时间和环境条件（包括载荷情况）而变化。因此，实际工作中，应通过反复试验才能制订。

表 2-9 相对判断标准的状态槛值 倍

机构	低频振动			高频振动		
	良好	注意	危险	良好	注意	危险
旋转机构	＜2	2～4	＞4	＜3	3	6
齿轮	＜2	2～4	＞4	＜3	3	6
滚动、滑动轴承	＜2	2～6	＞6	＜3	3	6

注：表中数值为被测值关于原始基值的倍数。

表 2-10 ISO 2372 建议的相对判断标准

区域	＜1 000 Hz	＞4 000 Hz
注意区	2.5 倍(8 dB)	6 倍(16 dB)
异常区	10 倍(20 dB)	100 倍(40 dB)

3）类比判断标准

类比判断标准中的参考值是在相同条件下运行的同类型机械的振动测定值。它是把数台型号相同的整台机械设备或零部件在外载荷、转速及环境因素等都相同的条件下的被测量值进行比较，以此区分这些同类设备或零部件所处的工况状态。严格地说，这并不是一种判断标准，只是形式逻辑推理中求异法的一个应用。另外，类比判断方法只能区分各机械设备或零部件所处工况状态的差异，并不能回答哪些是好的运行状态、哪些偏离了良好的运行状态这一诊断的根本问题。若某个设备运行时间不长，或没有建立长期测量数据的基础，在对设备进行状态判断时，可以采用类比判断标准。

一般情况下，应优先使用绝对判断标准。在没有绝对判断标准时，可以使用相对判断标准。为了提高诊断的准确性和可靠性，往往同时使用两种判断标准，以便互相对照。

10. 分析劣化趋势

在简易诊断中，测量宽带总振动值，并与以前的测量结果相比较，来确定机械状态是否已经劣化。在精密诊断中，根据频率分析的结果和已知的基准频谱，便能判别机械的工作状态。而系统地收集测量和分析的数据，就可以分析机械的劣化趋势，这样就能在故障发生之前的某个适当的时间组织维修。

趋势分析是把所测得的特征数据值和预报值按一定的时间或运行里程顺序排列起来进行分析。这些特征数据可以是通频振动、0.5×振幅、1×振幅、2×振幅、轴心位置等，时间顺序可以按前后各次采样、按小时、按天等。以特征数据幅值为纵坐标，以时间为横坐标，根据4～6个数据点，可以绘制出一条曲线。由曲线的走向可以分析机械的劣化趋势。通常，曲线缓慢上升表示机械正常磨损，曲线连续急剧上升则表示机械发生故障。由曲线延伸后到达极限值的时间或里程，可以估计机械的剩余寿命。利用劣化趋势分析，可以有效地监测机械状态和指导机械维修，既能防止事故发生，又能减少停机维修时间，充分提高机械的利用率。

2.3.5 转轴组件的故障诊断

转轴组件是以旋转轴为中心，包括安装其上的齿轮、飞轮、叶轮等工作件、联轴节及支承轴承在内的组合，它是旋转机械系统中重要的一类基础件。转轴组件的常见故障有不平衡、不对中、机械松动、自激振动及电磁力激振等。用振动方法诊断转轴组件的故障，是基于对各类激振频率及其振动波形的识别。下面介绍各类故障形式的振动信号特征。

1. 不平衡

由于旋转体轴心周围的质量分布不均，即其旋转中心与质量中心不重合，使其在旋转过程中产生离心力而引起振动的现象，称为不平衡。在旋转机械的各种异常现象中，不平衡造成的振动情形占有很高的比例。转子不平衡会引起轴挠曲并产生应力，从而使机器产生振动与噪声，加速轴承、轴承密封零件的损坏。

不平衡故障主要的特点就是发生与旋转同步的基本振动，其振动特性见表2-11。不平衡振动信号的频谱特性如图2-31所示。显然，转子不平衡产生的振动频率与转轴的旋转频率相同，因此其振动能量应集中在轴颈上。如果在轴承座转子径向方向上安装测振传感器，拾取轴或轴承座的振动信号，则轴承每旋转一周，该传感器将受到一次离心力的冲击。连续接收就会得到以转频为主频的振动信号。

表2-11 不平衡故障的振动特性

项目	性质
振动方向	以径向为主
振动频率	以旋转频率 f_r 为主要频率成分
相位	与旋转标记经常保持一定的角度(同步)
振动形态	随着转速的升高，振幅增长得很快；转速降低时，振幅可趋近于零(共振范围除外)

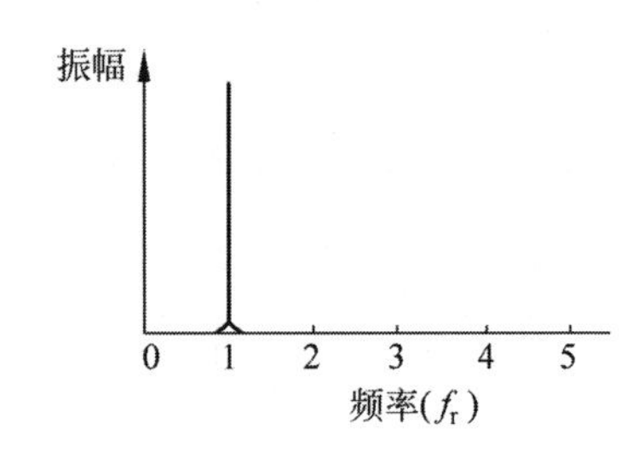

图2-31 不平衡的振动频谱

图2-32所示是某离心式压缩机的不平衡响应谱图，图中虚线是转子经过平衡校准后在同一位置测得的一倍转频处的振动响应。

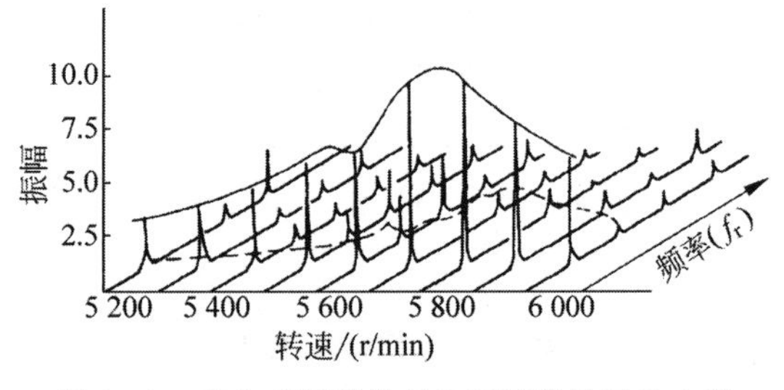

图2-32 离心式压缩机存在不平衡的振动响应

2. 不对中

用联轴节连接起来的两根轴的中心线不重合的现象，称为不对中，又称为不同轴。不对中现象可进一步细分为如图2-33所示三种情形，实际情况中都存在着综合不对中。只是平行不对中和交叉不对中所占的比重不同而已。存在不对中时，除产生径向振动外，还容易发生轴向振动。不对中轻微时，其频率成分为旋转基频；不对中严重时，则产生旋转基频的高次谐波成分。所以只根据频率成分很难区分不对中与不平衡故障。二者的重要区别在于振幅随转速的变化特性，其差别如图 2-34 所示。对于不平衡故障，振幅随转速的升高增大较快；而对于不对中故障，振幅变化不大，与转速没有太强的关系。与不平衡相比，不对中引起的振动频率在两倍转频的频幅值相对较大。不对中故障的振动特性见表 2-12，某离心式压缩机存在不对中故障时实测的壳体的振动特征如图 2-35 所示。

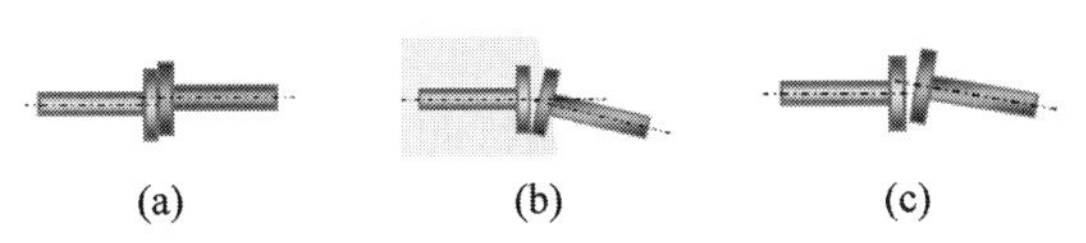

(a)　(b)　(c)

图 2-33　不对中的主要情形

(a) 轴线平行不对中；(b) 轴线交叉不对中；(c) 轴线综合不对中

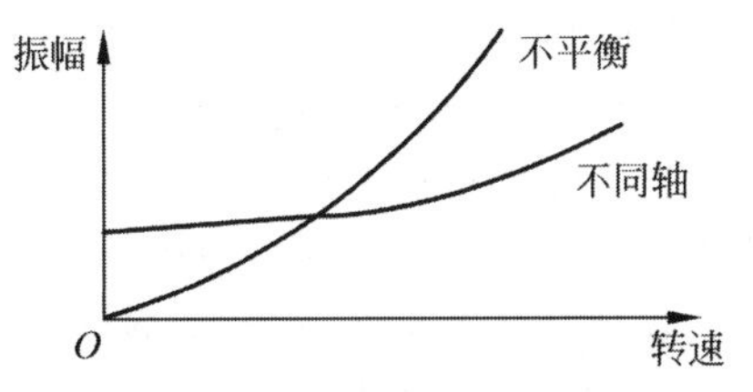

图 2-34　不平衡与不对中故障的振幅随转速的变化情形

表 2-12　不对中故障的振动特性

项　目	性　质
振动方向	易发生轴向振动，如发生的轴向振动在径向振动的 50%以上，则存在不对中
振动频率	普通的联轴节以 f_r 为主，如不对中剧烈时，则发生 $2f_r$、$3f_r$ 等谐频成分
相位	与旋转标记经常保持一定的角度(同步)
振动形态	振幅与转速变化的关系不大，位移或者一定，或者增加，不趋近于零

3. 机械松动

机械松动是因紧固不牢引发的。松动引起异常振动的机理可从以下两个侧面加以说明。

(1) 当轴承套与轴承座配合具有较大间隙或紧固力不足时，轴承套受转子离心力作用，

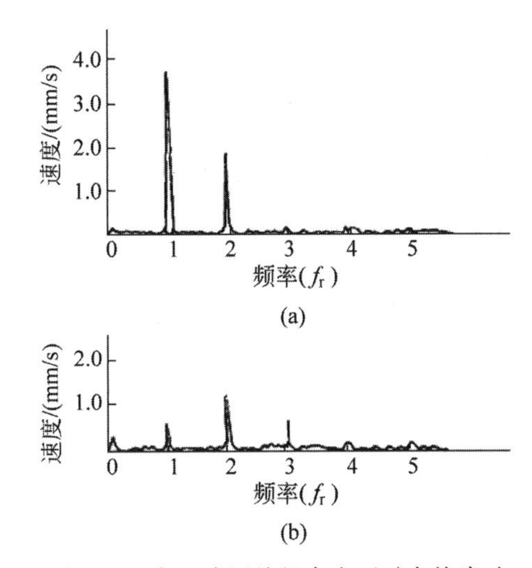

图 2-35　离心式压缩机存在不对中故障时壳体的振动响应

(a) 不对中故障严重时；(b) 不对中故障轻微时

沿圆周方向发生周期性变形，改变轴承的几何参数。进而影响油膜的稳定性。

(2) 当轴承座螺栓紧固不牢时，由于结合面上存在间隙，系统发生不连续的位移。

上述两项因素的改变都属于非线性刚度改变，变化程度与激振力相联系，使松动振动显示出非线性特征。松动的典型振动特征是在旋转频率的一系列谐频上出现较大的振幅。机械松动的振动特性见表 2-13。图 2-36 所示为高速蒸汽涡轮机存在松动时的振动响应(即其经过近一个月的监测得到的一系列壳体振动特征频谱图)，由此可见，机械松动将产生一系列的旋转频率的谐波成分。

表 2-13　机械松动的振动特性

项　目	性　质
振动方向	虽无特别容易出现的方向，但垂直方向的振动出现可能性较大
振动频率	除基本频率 f_r 外，可发现高次谐波($2f_r$、$3f_r$、…)成分，也会发生 $1/2f_r$、$1/3f_r$ 等
相位	与旋转标志同步
振幅	如使转速增减，振幅会突然变大或减小(跳跃现象)

4. 轴心轨迹分析

轴心轨迹分析能有效地对旋转机械的不

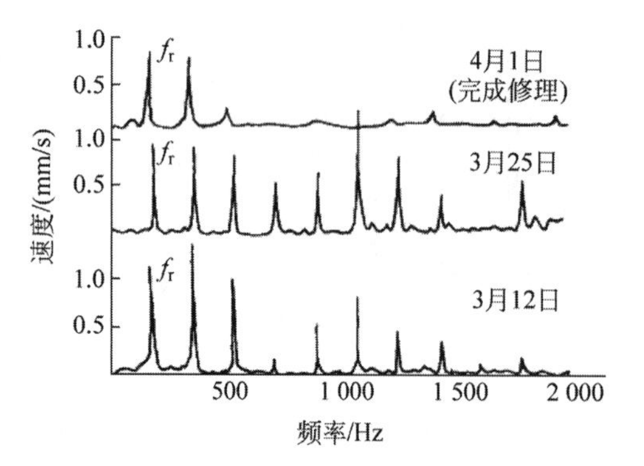

图 2-36 高速蒸汽涡轮机存在松动时的振动响应

平衡、不对中、摩擦、油膜振荡等故障进行检测及诊断。轴心轨迹图是一张比例很大的且很直观的轴心运动图。轴心轨迹的形状可以用来辨识旋转机械的许多故障,在轴的振动分析中得到广泛采用,也可用于转子的动平衡工作。

如图 2-37 所示,在转轴的同一径向横截面内安装两个在相互垂直的非接触式位移传感器,根据这两个方向的位移信号在示波器上作出李沙育图,即得到了转子转轴的轴心轨迹图。

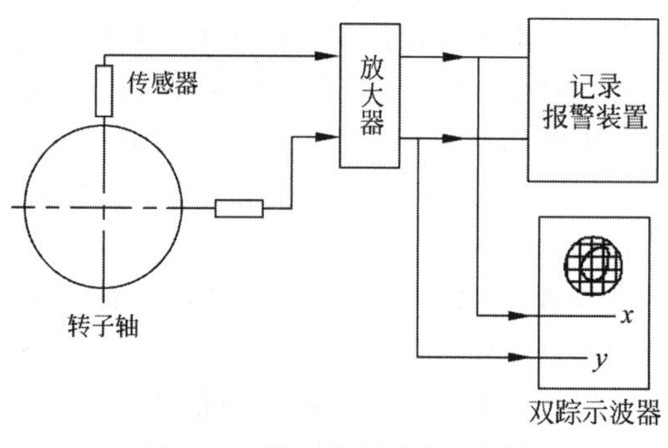

图 2-37 轴心轨迹测试示意图

在以前的轴振动分析中,往往采用示波器来观察轴心轨迹。将水平振动信号通入示波器的水平扫描输入,垂直振动信号通入示波器的垂直信号输入,就可以合成轴心轨迹。现在采用微机数据采集系统也用类似的原理,只不过直接在屏幕上画出轴心轨迹图,因此便于保存及绘图。

当转子稳定运转时,转子轴心轨迹为近似的椭圆[图 2-38(a)];当轨迹变为双椭圆时[图 2-38(b)],现场称为“双圆晃动”,它反映转轴已经进入初期失稳,这是转轴失稳的前兆,而此时从振动频率谱上还不易观察到异常的变化;一旦轴心轨迹出现发散,如图 2-38(c)所示,就意味着机组转轴涡动加剧,随后将产生强烈振动。

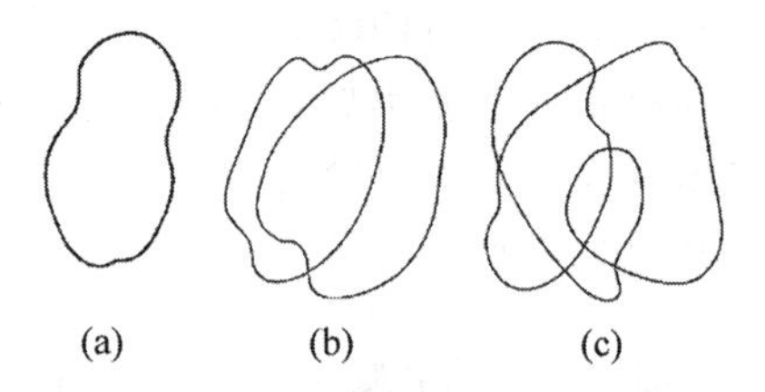

图 2-38 典型轴心轨迹图

(a) 椭圆型;(b) 双椭圆型;(c) 发散型

2.3.6 齿轮的故障诊断

1. 齿轮失效形式

齿轮箱是各类机械的变速传动部件,齿轮箱的运行是否正常,涉及整台机器的工作状态。据统计,在齿轮箱中齿轮本身的故障比重最大,占比为 60%。齿轮是一种较为复杂的成形零件,保证其制造和装配质量也较为困难。

现代机械对齿轮传动的要求日益提高。例如,既要求齿轮能在高速、重载、特殊环境等恶劣的条件下工作,又要求齿轮装置具有高平稳性、高可靠性、结构紧凑等良好的工作性能。由此引起齿轮故障的因素也相应增多,因此,齿轮的工况监测与故障诊断显得尤为重要。

对齿轮进行振动监测诊断是一种行之有效的方法,但引起齿轮振动的因素是多方面的,包括齿轮的制造和装配误差、轮齿在啮合过程中的刚度变化、受力变形、轮齿的损伤、外载荷的影响等。为了提高诊断的有效性,有必要先对产生振动的机理进行讨论。

2. 齿轮的振动机理

1) 轮齿的啮合振动

在齿轮传动过程中,每个轮齿周期地进入和退出啮合。对于直齿圆柱齿轮,其啮合区分为单齿啮合区和双齿啮合区。显然,在单、双齿啮合区的交变位置,每对齿副所承受的载荷将发生突变,这必将激发齿轮的振动;同时,在传动过程中,每个轮齿的啮合点均从齿根向齿顶(主动齿轮)或从齿顶向齿根(从动齿轮)逐渐移动，由于啮合点沿齿高方向不断变化，各啮合点处齿副的啮合刚度也随之改变，相当于变刚度弹簧，这也是齿轮产生振动的一个原因；此外，由于轮齿的受载变形，其基节发生变化，在轮齿进入啮合和退出啮合时，将产生啮入冲击和啮出冲击，这更加剧了齿轮的振动。

综上所述，在齿轮啮合过程中，由于单、双齿啮合区的交替变换、轮齿啮合刚度的周期性变化，以及啮入啮出冲击，即使齿轮系统制造得绝对准确，也会产生振动，这种振动是以每齿啮合为基本频率进行的，该频率称为啮合频率 f_m，其计算公式如下：

$$f_m=\frac{Z_1N_1}{60}=\frac{Z_2N_2}{60} \tag{2-2}$$

式中：Z_1、Z_2——主、从动齿轮的齿数；

N_1、N_2——主、从动齿轮的转速，r/min。

2）齿轮的制造和装配误差引起振动

齿轮在制造过程中，机床、刀具、夹具、齿坯等方面的误差，以及操作不当、工艺不良等原因，均会使齿轮产生各种加工误差，如齿距累积误差、基节偏差、齿形误差、齿向误差等；在装配过程中，箱体、轴等零件的加工误差，装配不当等因素，也会使齿轮传动精度恶化。上述误差将对齿轮的运动准确性、传动平稳性和载荷分布的均匀性产生影响，引起齿轮在传动过程中产生旋转频率的振动和啮合振动。

3）齿轮在使用过程中出现损伤引起振动

齿轮的制造误差、装配不良或在不适当的运行条件（载荷、润滑状态等）下使用时，均会使齿轮产生各种损伤，常见的损伤形式如下。

（1）磨损：其是广义的磨损概念，但主要指磨料磨损、黏着磨损和由此引起的擦伤和胶合。

（2）表面疲劳：包括初期点蚀、破坏性点蚀和最终剥落。

（3）塑性变形：包括压痕、起皱、隆起和犁沟等。

（4）断裂：其是齿轮最严重的损伤形式，常常因此造成停机。据其原因，可将断裂分为疲劳折断、磨损折断、过载折断等，其中疲劳折断最为常见，它是由于承受超过材料疲劳极限的反复弯曲应力而发生的。通常首先沿受力侧齿根角内部产生裂纹，此后逐渐沿齿根或向斜上方发展而致折断。折断的断面一般呈成串的贝壳状轮廓线，其中可以见到比较光滑部分的会聚点。有的淬火裂纹和磨削裂纹也会成为疲劳折断的起因。

（5）穴蚀：主要是润滑油中析出的气泡被压溃破裂，产生瞬时冲击力和高温，使齿面产生冲蚀麻点。

（6）电蚀：电气设备传导至啮合齿廓的漏电流，产生火花放电，侵蚀齿面，使齿面产生电弧坑点。各种损伤均会改变轮齿的正确形貌，恶化传动质量，加剧齿轮的振动，并改变振动的特性。

4）冲击载荷引起的自由衰减振动

上述各种因素，在引起齿轮强迫振动的同时，还经常产生周期的冲击载荷。由于冲击脉冲具有较宽的频谱，容易激发齿轮系统按其相关的固有频率发生自由衰减振动，这也是研究齿轮振动应该考虑的一个重要问题。

3. 齿轮异常的振动特性

以下根据几种常见的齿轮故障，分析其振动特性，以便对故障进行诊断。

1）齿面损伤

当齿轮所有的齿面产生磨损或齿面上有裂痕、点蚀、剥落等损伤时，所激发的振动波形如图 2-39 所示。

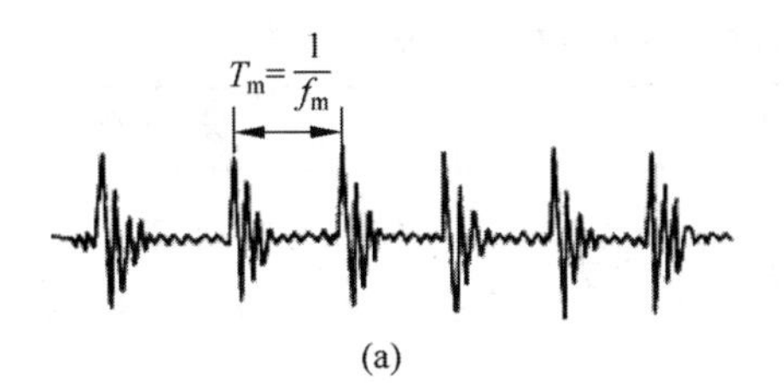

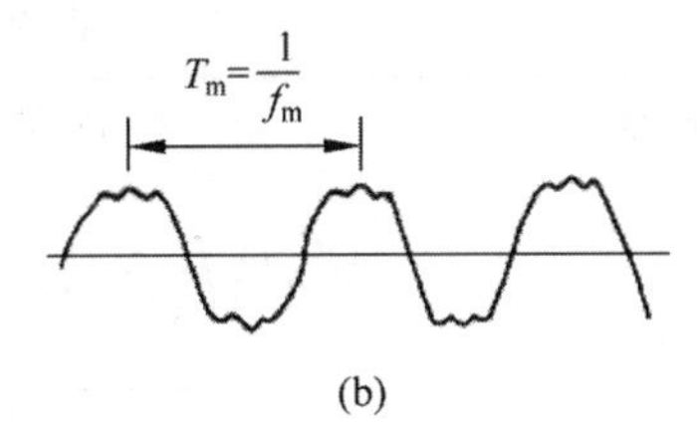

图 2-39　齿面损伤引起的振动波形

(a) 高频；(b) 低频

由图 2-39 可以看出，啮合时产生冲击振动，并激发齿轮按其固有频率振动，固有振动频率成分的振幅与其他振动成分相比是非常大的，而且冲击振动的振幅具有几乎相同的大小。

与此同时，低频的啮合频率成分的振幅也增大。此外，随着磨损的发展，齿的刚性（弹性常数）表现出非线性的特点，振动波形发生如图 2-39(b)所示的变化，在其振动频谱中存在啮合频率的 2 次、3 次高次谐波或 1/2、1/3、…的分频成分。

2）齿轮偏心

当齿轮存在偏心时，齿轮每转中的压力时大时小发生变化，致使啮合振动的振幅受旋转频率的调制，其频谱包含旋转频率 f_r、啮合频率 f_m 成分及其边频带 $f_m \pm f_r$，其振动波形如图 2-40 所示。

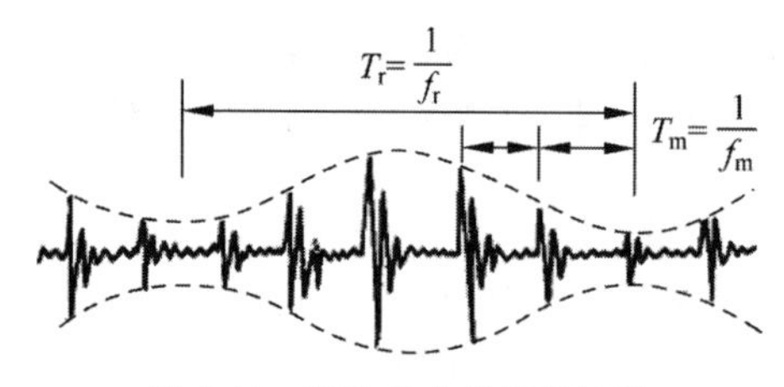

图 2-40 齿轮偏心的振动波形

3）齿轮回转质量不平衡

齿轮回转质量不平衡的振动波形如图 2-41 所示，其主要频率成分与正常情况基本相同，即为旋转频率 f_r 和啮合频率 f_m，但旋转频率振动的振幅较正常情况大。

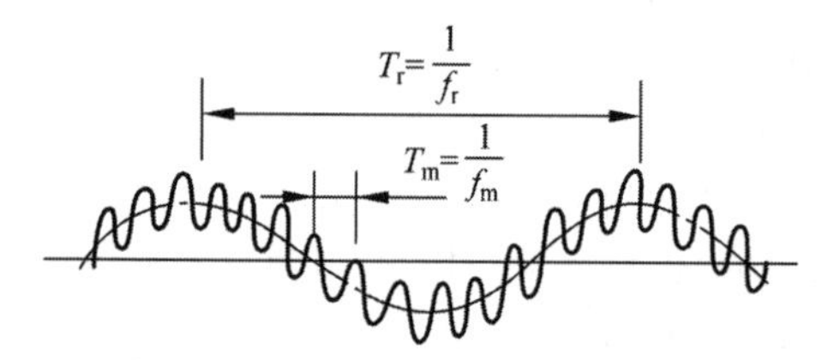

图 2-41 齿轮回转质量不平衡的振动波形

4）齿轮局部性缺陷

当齿轮存在个别轮齿折损、个别齿面磨损、点蚀、齿根裂纹等局部性缺陷时，在啮合过程中该轮齿将激发异常大的冲击振动，在振动波形上出现较大的周期性脉冲幅值。其主要频率成分为旋转频率 f_r 及其高次谐波 nf_r，并经常激发起系统以固有频率振动，其振动波形如图 2-42 所示。

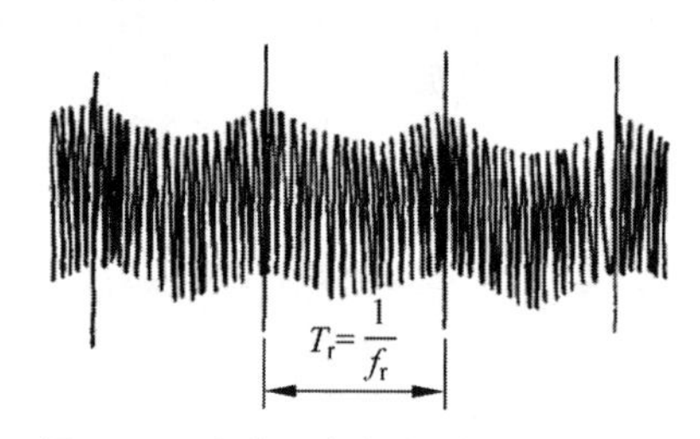

图 2-42 齿轮局部性缺陷的振动波形

5）齿距误差

当齿轮存在周节误差时，齿轮在每转中的速度将时快时慢地变化，致使啮合振动的频率受旋转频率振动的调制，其振动波形如图 2-43 所示。其频谱包含旋转频率 f_r、啮合频率 f_m 成分及其边频带 $f_m \pm nf_r(n=1,2,3,\cdots)$。

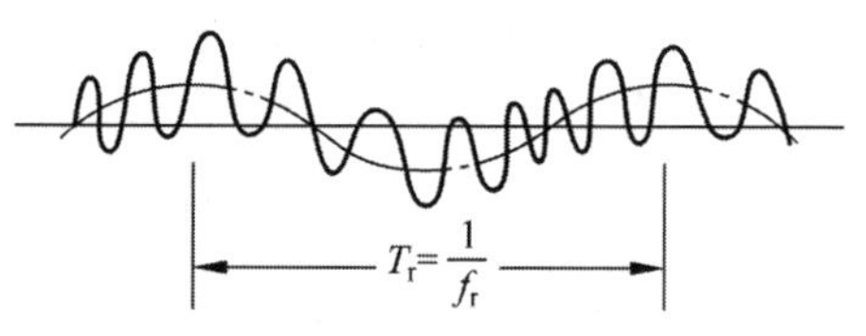

图 2-43 齿距误差的振动波形

为应用方便，本书汇总了齿轮各种异常及其振动特性，见表 2-14。

表 2-14 齿轮各种异常及其振动特性

齿轮的状态	时域波形	频域特性
正常		f_r f_m f
齿面损伤		f_m $2f_m$ $3f_m$ f

续表

齿轮的状态	时 域 波 形	频 域 特 性
偏心		f_r　f_m-f_r　f_m　f_m+f_r　f
齿轮回转质量不平衡		f_r　f_m　f
局部性缺陷		f_r　$2f_r$　$3f_r$　f_m　f
齿距误差		f_r　f_m　f

但要注意，实际测得的齿轮振动频谱图并非表2-14所示的简洁明了，而是要复杂得多。其谱峰通常很难是以单一频率线形式出现，而多表现为一个连续的频段。齿轮的异常现象也很少以单一的形式出现，而往往是多种故障形式的综合，所有这些都给齿轮的故障诊断带来了许多应用上的困难。

4. 齿轮的振动诊断中应注意的问题

1）检测参数与检测周期

齿轮的动态特性分析表明，齿轮的振动信号含有齿轮状态的丰富信息。为了获得正确的诊断结论，振动信号的测取将是关键的一步。

如前所述，齿轮所发生的振动中，有1 kHz以上的高频固有振动和齿轮的旋转频率或啮合频率相关的低频振动。若要利用这种宽频带频率成分的振动进行故障诊断，必须把所测取的振动按频带分类，然后根据各类振动进行诊断。

据美国齿轮制造协会推荐，振动频率在10 Hz以下时，将振动的一定位移级作为诊断的判定标准；对于从10～1 000 Hz的振动频带，推荐以一定的速度级为判定标准；对于1 000 Hz以上的振动，则以一定的加速度级为判定标准。

所以，利用振动对齿轮进行诊断时，对于与齿轮的旋转频率或啮合频率相关的低频振动，就利用振动速度作为检测参数；对于与固有振动频率相关的高频振动，则利用振动加速度作为检测参数。

但是，按振动速度、振动加速度分别检测出齿轮的异常种类不同，因此需要考虑用两种方法同时进行检测，以提高诊断的有效性。

为了能及时发现处于初期的异常状况，必须定期进行检测，当齿轮处于正常工作情况下，可保持固有周期。同时，为了不忽略一些周期性异常较显著的部位和发展较迅速的异常状况，当振动增大或出现异常征兆时，应该在既经济又可靠的条件下，将检测周期安排得尽可能短些。

2）检测部位与检测方向

实际进行齿轮异常检测时，对于普通减速器，其检测部位选择轴承座盖；对于高速增速器，若轴承座在机箱内部，则选择轴承座附近刚性较好的部位或测量基础的振动。通常要求测定部位的表面应是光滑的，而且为了获得准确的测定值，应保持每次的检测位置不变。

由于齿轮发生的异常是各种各样的，随着异常种类的不同，发生最大振动的方向也不同。所以在进行测定时，应尽可能地沿水平、垂直、轴向三个方向进行测定。

水平方向和垂直方向发生的振动大致相同，如果由于机械结构或安全方面等原因不能在三个方向上检测时，则可以选取水平方向和轴向，或者垂直方向与轴向这两种方向上检测。对于高频振动，因为振动在所有方向上同样传递，所以利用高频域的振动进行故障诊断时，只需在最容易测定的一个方向上检测即可。

3）诊断程序和检测类型

齿轮所发生的低频和高频振动中包含了对诊断各种故障非常有用的信息。所以，在齿轮故障的振动信息测取时，为了避免遗漏掉有用的故障信息，通常按低频域和高频域两类程序进行检测和分析。

如前所述，通常 1 000 Hz 以下振动按振动速度诊断为宜；而 1 000 Hz 以上的振动按振动加速度诊断较为合适。但因不宜在同一测量部位安装两种传感器，而加速度传感器能测定频率范围较宽的振动，且可将其测取的加速度信号通过积分器转换成速度信号，故通常选用加速度传感器。

（1）低频域振动诊断。低频域振动诊断的主要程序是，由加速度传感器测取的信号经电荷放大器放大后，再通过积分器将振动加速度信号转换成振动速度信号，然后再采用频域分析、平均响应分析等信号分析方法来识别齿轮异常振动的原因。

（2）高频域振动诊断。齿轮的固有振动频率成分是以冲击振动的形态发生的，齿轮异常时随之变化。为诊断齿轮异常的原因，利用高频域振动诊断是有效的。高频域振动诊断的主要过程是，由加速度传感器测取的信号经电荷放大器放大后，再通过 1 000 Hz 高通滤波器以抽出齿轮的固有振动频率成分，滤掉其他低频成分。

对于识别冲击性振动，不仅要利用信号中包含的频率成分，更重要的是利用信号中冲击发生的间隔期。因而，需将滤波后的信号再进行绝对值处理，并将经过绝对值处理的信号通过频域分析、平均响应分析等信号分析的方法来判别齿轮异常的种类。

4）传感器的安装方法

加速度传感器与其他传感器相比，其优点为能够测定频率范围较宽的振动信号，且经济、使用方便，并能对振动速度和振动位移进行转换，所以得到广泛的应用。无论使用哪种传感器都应注意传感器与被测物之间必须进行绝缘。如果绝缘不良，就会发生与机械振动毫不相关的电噪声，使振动波形与实际不相符合，从而造成诊断上的错误。特别是在固定传感器时，要注意垫上具有绝缘性能的专用垫片。

2.3.7 轴承的故障诊断

轴承是机械系统中重要的支承部件，其性能与工况的好坏直接影响到与其相连的转轴，以及安装在转轴上的齿轮乃至整台机器设备的性能。另外，据统计在齿轮箱的各类故障中，轴承的故障率仅次于齿轮而占 19%，因此，开展对轴承的故障诊断具有十分重要的现实意义。

在生产实际中，滚动轴承应用较广泛。最原始的轴承故障诊断是使听音棒接触轴承部位，靠听觉来判断有无故障。该方法至今还在使用，但现在可用故障听诊器提高灵敏度。对滚动轴承进行故障诊断与工况监测时，可采用振动诊断、油样分析技术、光导纤维探测、声发射法及接触电阻法等多种技术手段。本节只讨论振动诊断法。

1. 滚动轴承常见的异常现象

因工作环境和使用条件的不同，滚动轴承会发生磨损、压痕、点蚀、裂纹、表面剥落、破损、胶合、烧损、电蚀、锈蚀及变色等多种异常现象，现将造成上述异常现象产生的主要原因及其影响分述于下。

1）落入异物造成的损伤

落入异物造成的损伤是滚动轴承较为常见的损伤形式。当砂粒和氧化皮等异物落入轴承内部时，会造成磨损和压痕。压痕是指异物在旋转体和滚道之间被碾轧，使接触部分因发生塑性变形而出现的凹痕。压痕的边缘会产生出微小的裂纹，该微小裂纹发展后有时会形成表面剥落。

2）润滑不良造成的损伤

当润滑剂不足或润滑剂和润滑方法与使

用条件不相适应时,滚动轴承会在很短的时间内损伤。特别是,当其处在高温、高速、重载及瞬时冲击载荷等条件下使用时,轴承往往会产生点蚀、胶合、烧损等损伤。

3）内外环倾斜造成的损伤

各种不能调心的轴承(圆锥滚子轴承、圆柱滚子轴承、深槽球轴承等),由于轴承和转轴的加工和装配误差,或当轴的挠度较大时,轴承往往会在短时间内即产生表面剥落,或在滚动轴承的滚道和滚子的端面发生胶合,而在高速旋转时则会出现烧损。

4）保持架受载引起的损伤

当机械的振动或所受的冲击作用较严重时,若在高速下突然增减速度和反复换向运转,保持架往往会受到损伤。

5）异常推力载荷引起的损伤

在长轴的轴承组合设计中,通常是将一端固定而另一端为自由设置,以补偿轴的热伸长变形。若对自由端的轴向间隙考虑不周,则会产生异常推力载荷而引起表面剥落、胶合、烧损等损伤,成为导致事故的根源。

6）装配不良造成的损伤

热装内环时,若加温过高或内环的过盈不足,就会因内环和轴相对滑动而发生擦伤甚至胶合。但若过盈量太大,则又会使内环开裂。

7）微小振动的影响

如果滚动轴承受到微小振动,则在滚道面与滚动体的接触部分会产生滑动,发生磨损现象。

8）电蚀

若在滚动轴承的滚道面与滚动体之间存在漏电流则会发生电火花,从而使滚道与滚动体的表面局部熔化或退火,严重时会出现凹坑或凸起点。

2. 滚动轴承故障的振动诊断

根据所监测频带的不同,滚动轴承故障的振动诊断可划分为低频诊断和高频诊断,其中低频诊断主要是针对轴承中各元件缺陷的旋转特征频率进行的,而高频诊断则着眼于滚动轴承因存在缺陷时所激发的各元件的固有频率振动。它们在原理上没有太大差别,都要通过频谱分析等手段,找出不同元件(内滚道、外滚道、滚动体等)的故障特征频率,以判断滚动轴承的故障部位及其故障严重程度。显然,要实现对故障特征频率的定位,首先必须计算出各个元件的理论特征频率。

1）低频段的旋转特征频率

滚动轴承各元件存在单一缺陷时的振动特征频率见表 2-15。表中为各推导式。

表 2-15 滚动轴承各元件存在单一缺陷时的振动特征频率

缺陷部位	一般公式	外环静止、内环运动	内环静止、外环运动
滚动体缺陷	$f_b=\frac{D}{2d}\lvert f_a-f_r\rvert\left(1-\frac{d^2}{D^2}\cos^2\alpha\right)$	$f_b=\frac{D}{2d}f_r\left(1-\frac{d^2}{D^2}\cos^2\alpha\right)$	$f_b=\frac{D}{2d}f_a\left(1-\frac{d^2}{D^2}\cos^2\alpha\right)$
内滚道(外环)缺陷	$f_i=\frac{z}{2}\lvert f_a-f_r\rvert\left(1-\frac{d}{D}\cos\alpha\right)$	$f_i=\frac{z}{2}f_r\left(1-\frac{d}{D}\cos\alpha\right)$	$f_i=\frac{z}{2}f_a\left(1-\frac{d}{D}\cos\alpha\right)$
外滚道(内环)缺陷	$f_o=\frac{z}{2}\lvert f_r-f_a\rvert\left(1+\frac{d}{D}\cos\alpha\right)$	$f_o=\frac{z}{2}f_r\left(1+\frac{d}{D}\cos\alpha\right)$	$f_o=\frac{z}{2}f_a\left(1+\frac{d}{D}\cos\alpha\right)$

注：f_b—滚动体的特征频率；f_i—内滚道的特征频率；f_o—外滚道的特征频率；z—滚动体个数；d—滚动体直径；D—轴承节径；f_r—内环的旋转频率；f_a—外环的旋转频率。

2）滚动轴承的早期缺陷所激发的振动特征

滚动轴承内出现剥落等缺陷,滚动体以较高的速度从缺陷上通过时,必然激发两种性质的振动。如图 2-44 所示,第一类振动是前面所讲的以结构和运动关系为特征的振动,表现为冲击振动的周期性;第二类振动是被激发的以轴承元件固有频率的衰减振荡,表现为每一个脉冲的衰减振荡波。轴承元件的固有频率取决于本身的材料、结构形式和质量,据资料介绍，轴承元件的固有频率在 20 k～60 kHz 的频率段。因此，有些轴承诊断技术就针对性地利用这一特点进行信号的分析处理，取得很好的效果，如专用的轴承故障诊断仪，就是在这一频段内工作的仪表。

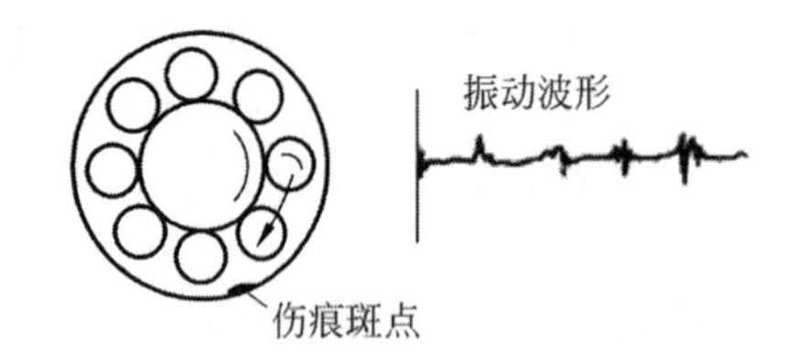

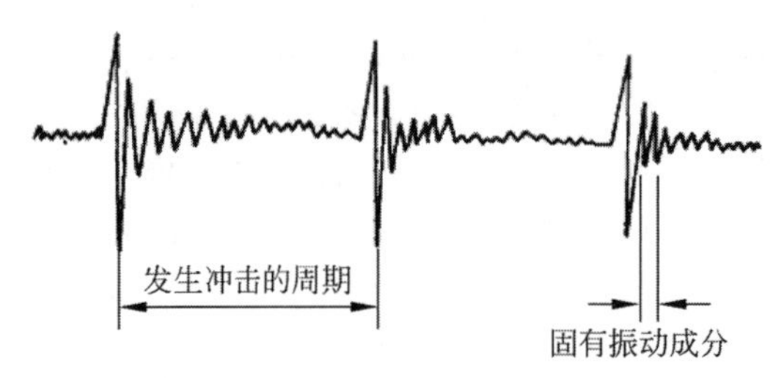

图 2-44 滚动轴承内缺陷所激发的振动波形

3. 滚动轴承信号拾取方法

轴承故障信号的拾取实际上是传感器及安装部位和感应频率段的选择。传感器的安装部位应该选择轴承座部位，并按信号传动的方向选择垂直、水平、轴向布置。这里距故障信号源最近，传输损失最小，也是轴、齿轮等故障信号传输路径必经的最近位置。所以，几乎所有的在线故障监测与诊断系统都选择轴承座作为传感器的安装部位。

传感器和感应频率段的选择如图 2-45 所示，其是滚动轴承的振动频谱。轴承的故障信号分布在三个频段，图中阴影部分。低频段在 8 kHz 以下，滚动轴承中与结构和运动关系相联系的故障信号在这个频率段，少数高速滚动轴承的信号频段能延展到 B 点以外。因为轴的故障信号、齿轮的故障信号也在这个频段，所以这也是绝大部分在线故障监测与诊断系统所监测的频段。高频段在Ⅱ区，这个频段的信号是轴承故障所激发的轴承自振频率的振动。超高频段位于Ⅲ区，它们是轴承内微裂纹扩张所产生的声发射超声波信号。

针对不同的信号所处频段，采用不同的信

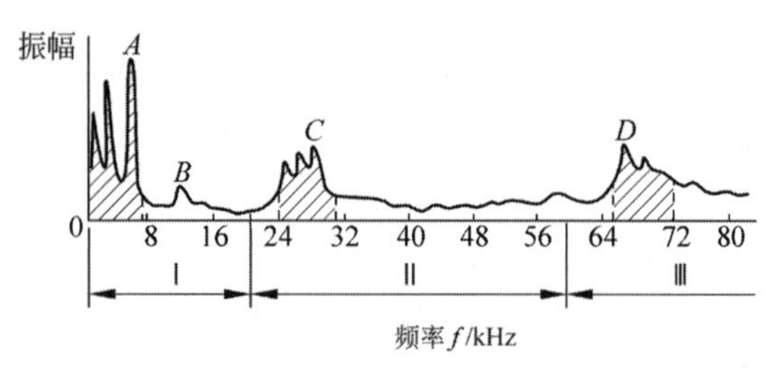

图 2-45 滚动轴承的振动频谱

号拾取方式，具体如下。

(1) 监测低频段的信号，通常采用加速度传感器，由于同时也要拾取其他零件的故障信号，因此采用通用的信号处理电路(仪器)。

(2) 监测高频段的信号，其目的是获取唯一的轴承故障信号，采用自振频率在 25～30 kHz 的加速度传感器，利用加速度传感器的共振效应，将这个频段的轴承故障信号放大，再用带通滤波器将其他频率的信号(主要是低频信号)滤除，获得唯一的轴承故障信号。

(3) 监测超高频段则采用超声波传感器，将声发射信号检出并放大。仪表统计单位时间内声发射信号的频度和强度，一旦频度或强度超过某个报警限，则判定为轴承故障。

4. 简易诊断法及测量仪器

1) 冲击脉冲法

滚动轴承中有缺陷时，若有疲劳剥落、裂纹、磨损和混杂物，则会产生冲击，引起脉冲性振动。由于阻尼的作用，这是衰减振动。冲击脉冲的强弱反映了故障的程度，它还和轴承的线速度有关。冲击脉冲法(shock pulse method，SPM)就是基于该原理。冲击脉冲值与轴承寿命的关系如图 2-46 所示。

在无损伤或极微小的损伤期，脉冲值(dB值)大体在水平线上下波动。随着故障的发展，脉冲值逐渐增大。当冲击能量达到初始值的 1 000 倍(60 dB)时，就认为该轴承的寿命已经结束。

总的冲击能量 dB 与初始值冲击能量 dB_i 之差称为标准冲击能量 dB_N。可根据 dB_N 的值判断轴承的状态，具体如下。

(1) 0 dB$\leqslant dB_N \leqslant$20 dB，则为正常状态。

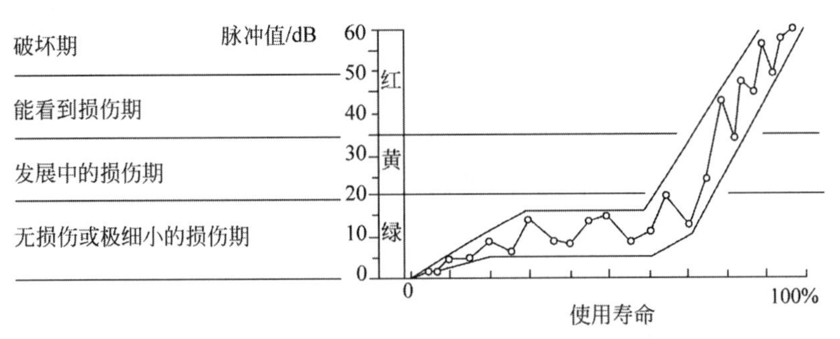

图 2-46 冲击脉冲值与轴承寿命的关系

(2) 20 dB≤dB_N≤35 dB,则为不好的状态,轴承有初级损伤。

(3) 35 dB≤dB_N≤60 dB,则为坏的状态,轴承已有明显的故障。

初始冲击能量也称背景分贝,可根据轴承内径及转速加以确定。

为了提高检测的灵敏度及可靠性,采用了谐振频率为 32 kHz 的加速度传感器,电路上采用了以此频率为中心频率的带通滤波器,以滤除附近的机械干扰,而只让反映冲击脉冲振动的成分通过,然后测量其冲击脉冲能量。目前,已有多种商品化的冲击脉冲计问世。近期产品为便携式仪表,如 SPM 冲击脉冲计和 CMJ-1 型冲击脉冲计,后者的简化电路框图如图 2-47 所示,加速度传感器所拾得的振动信号经中心频率为 32 kHz 的带能滤波器、可调的衰减器和放大器,再经包络检波得到解调后的信号,与设定的电压通过电压比较器进行比较。当超过此电压时就使多谐振荡器产生的 1.5 kHz 音频信号通过扬声器发出声音,或通过发光二极管发光。此时可从刻度盘上读出 dB_N 值。

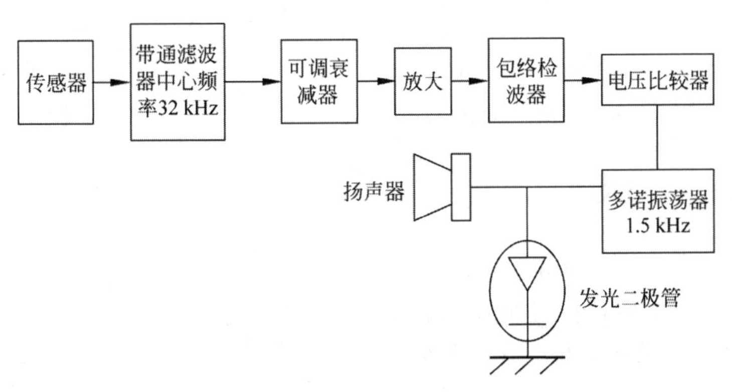

图 2-47 CMJ-1 型冲击脉冲计的简化电路框图

2) 峰值检测仪

日本 NSK 公司生产的 NB-1～NB-4 型轴承检测仪和新日铁研制的 MCV-21A 型机械检测仪器就是这类仪表。它们测量振动信号的峰值或峰值系数,有的还可以测量振动信号的均方根值(root mean square,RMS)值或绝对平均值。

NB 系列轴承检测仪的信号处理框图如图 2-48 所示。振动信号由加速度传感器拾取经电荷放大器、高通滤波器(截止频率为 1 kHz)放大后,读取其峰值及 RMS 值。

3) 峭度仪

英国钢铁公司用其研制的峭度仪监测滚动轴承的故障取得了很好的效果。仪器的测量动态范围为 0.02～100 g;在 0～20 kHz 范围内划分了四个通道,每个通道占 5 kHz,可任意选择。其可测峭度系数、加速度峰值和 RMS 值。加速度计的测头直接接触轴承外圈,有快装接头,便

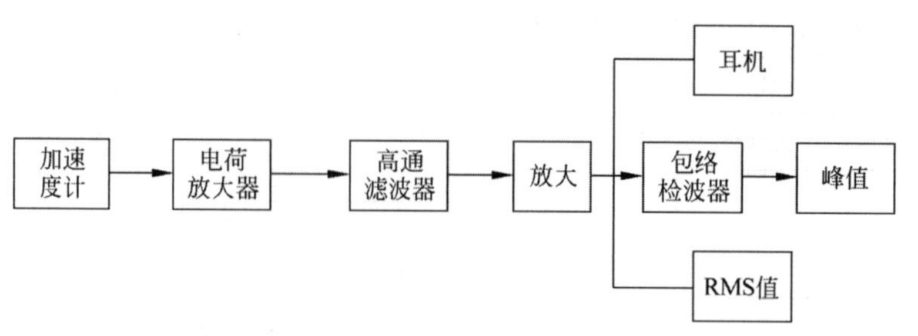

图 2-48　NB 系列轴承检测仪的信号处理框图

于装卸。图 2-49 所示为用该仪器监测同一轴承的疲劳试验结果。该试验共历时 84 h，在 74 h 时，峭度系数上升到 6，已发生疲劳破坏，而峰值[图 2-49(b)]和 RMS[图 2-49(c)]尚无明显增大。在 84 h 时，峭度系数超过 20[图 2-49(a)]，图中虚线表示在不同转速(800～2 700 r/min)和不同载荷(0～11 kN)下做试验时，上述值的变动范围。很明显，峭度系数的变化范围最小，为 ±8%。轴承的工作条件对它的影响最小，即可靠性及一致性较高。

用此峭度仪监测了数百套轴承，有球、圆柱、圆锥轴承，还有深槽、角接触和双列自位轴承等，转速和载荷也各种各样，在现场进行实际监测。由于 RMS 值对发现严重故障很有效，因此，用峭度系数和 RMS 值共同来监测，成功率可达到 96%。

5. 精密诊断方法及仪器

1) 频率分析法

轴承振动信号经快速傅里叶变换到频域，建立振动信号的频谱，然后进行频谱分析。如果在谱图中出现了前述所分析的异常振动的特征频率成分时，就被认为对应的各轴承元件有缺陷存在。图 2-50 所示为轴承振动的频谱，即频域描述。根据频谱分析，可以进行故障分析及诊断。具体分析见表 2-16。

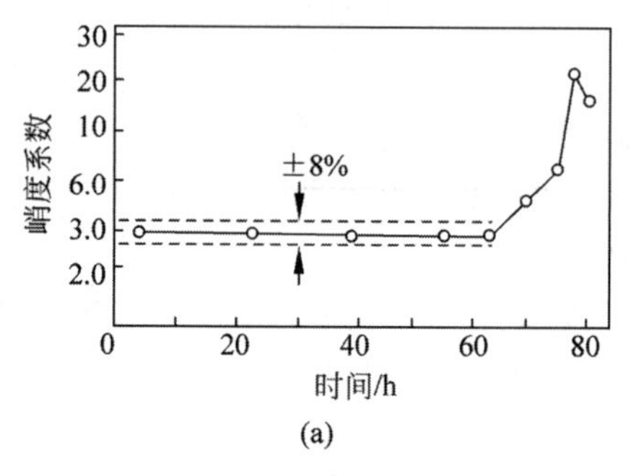

(a)

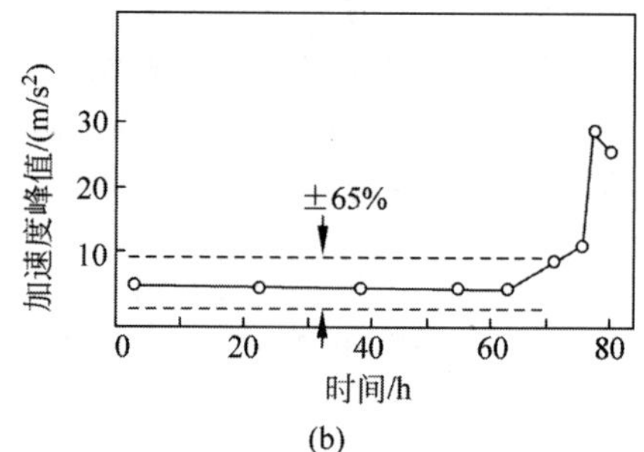

(b)

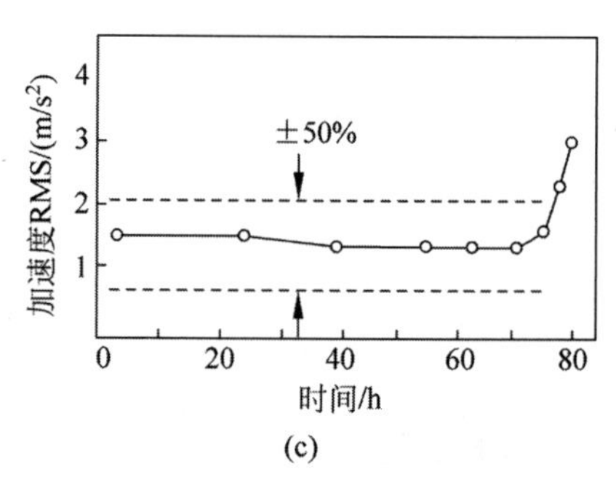

(c)

图 2-49　同一轴承的疲劳试验结果

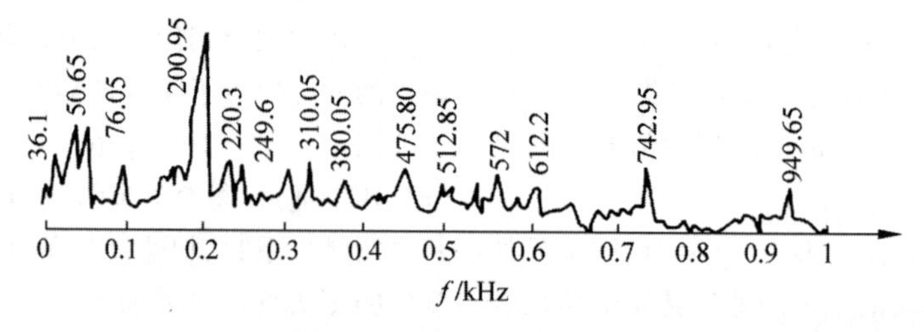

图 2-50　轴承振动的频谱

表 2-16　轴承的振动分析

频率成分	激发频率/Hz		故障说明
	理论值	实验值	
保持架回转频率	18.8	36.1	大约为 2 倍保持架回转频率，保持架不规则
转子回转频率	50	50.65	转子不平衡
外座圈	206.25	200.95	外座圈不规则
滚动体	187.5	380	大约为 2×187.5 滚动体元件故障

当其他零件产生了干扰噪声，且其振动频率又极其逼近时，就会产生干扰作用，该干扰信号妨碍了对被测轴承进行准确的分析与判断。对此类问题，同样可采用上述的同期时间平均的信号预处理方法来分离信号，使被测信号的信噪比得到一定的显示。图 2-51 所示为图 2-50 中的轴承振动经过同期时间平均后的信号频谱。经过同期时间平均后，其被测特征频率清楚地显示了出来。

2）共振解调法

轴承运转时，其某一个零件表面上的蚀坑与其他零件的接触会产生一系列的高频脉冲，

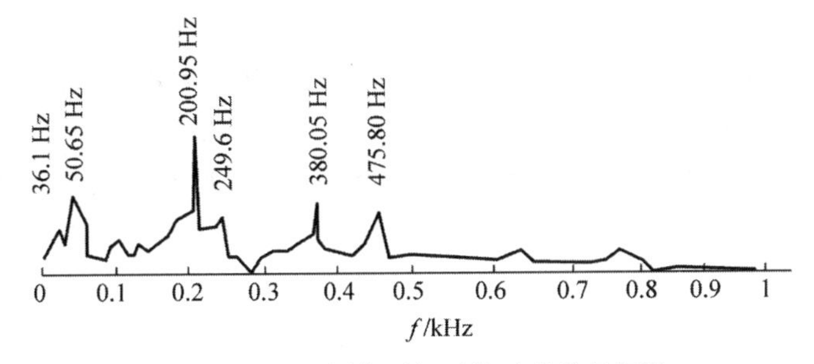

图 2-51　经过同期时间平均后的信号频谱

其脉冲间隔，即脉冲的重复速率就是指示故障的部位的重要信息。因为重复速率容易被背景噪声淹没，所以从原始信号中寻找重复速率比较困难。一般采用共振解调来找出重复速率。

共振解调法是利用传感器及电路的谐振，将故障冲击引起的衰减振动放大，因而大大提高了故障探测的灵敏度，这是与前面所述的冲击脉冲法相同点。但该方法还利用解调技术将故障信息提取出来，通过对解调后的信号进行频谱分析，可以诊断故障的部位，指出故障发生在轴承外圈或内圈滚道或滚动体上。这是美国波音公司提出的一项技术，称为早期故障探测法，其信号变换过程如图 2-52 所示。故障引起的脉冲 $F(t)$ 经传感器拾取及电路谐振，得到放大的高频衰减振动 $a(t)$，再经包络检波得到波形 $a_1(t)$ 相当于将故障引起的脉冲加以放大和展宽，并且摒除了其余的机械干扰，最后进行频谱分析可得到与故障冲击周期 T 相应的重复速率的频率成分 f_0 及其高次谐波。

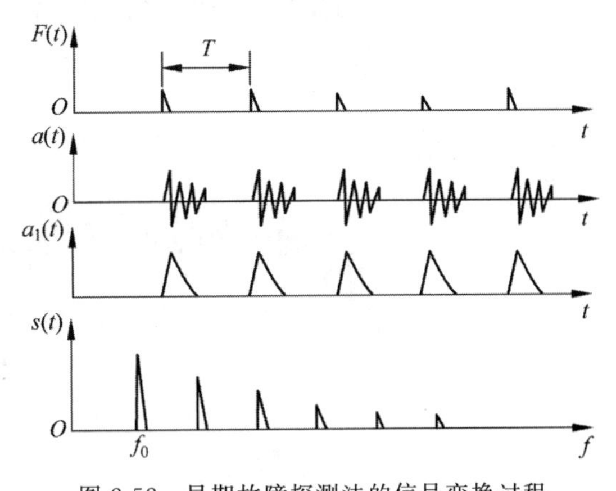

图 2-52　早期故障探测法的信号变换过程

国内也对此方法进行了详尽的研究，已有基于此原理的仪器研制出来，如 JK8241 系列仪表，其电路简化框图如图 2-53 所示。由加速度传感器拾取的信号经电荷放大器、限幅报警电路和高通滤波器接到多频道谐振器。通道谐振频率为 25 kHz、50 kHz、100 kHz 和 250 kHz，可任意选择。经过谐振放大后再通

过增益自动控制电路、包络检波和低通滤波器得到的信号可供故障报警及故障分析用。故障分析一般是进行频谱分析，也可以进行其他分析。

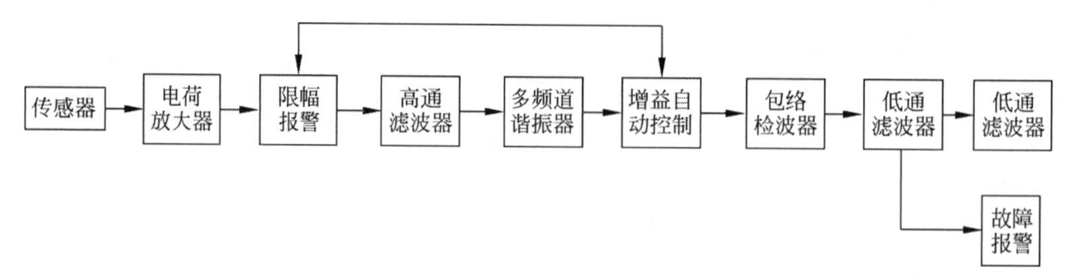

图 2-53 JK8241 系列仪表电路简化框图

3）倒频谱分析

滚动轴承的振动信号也可以用倒频谱分析，滚动轴承运转时，各元件的相互动力作用形成了各自的特征频率，且相互叠加或调剂，因而在功率谱图上呈现多簇谐频的复图形，很难加以识别，采用倒频谱分析，目的是研究和分析其谐频和边频的特征，进一步为轴承质量评定和故障诊断提供信息。

图 2-54(a)所示为内圈轨道上有疲劳损伤和滚子有凹坑缺陷的轴承的振动时间历程。图 2-54(b)所示为其频谱图，该图不便识别。图 2-54(c)所示为其倒频谱，明显看出有 106 Hz 及 26.39 Hz 成分，理论计算上滚子故障频率为 106.35 Hz 及内圈故障频率为 26.35 Hz，在此看出，倒频谱反映出的故障频率与理论几乎相同。

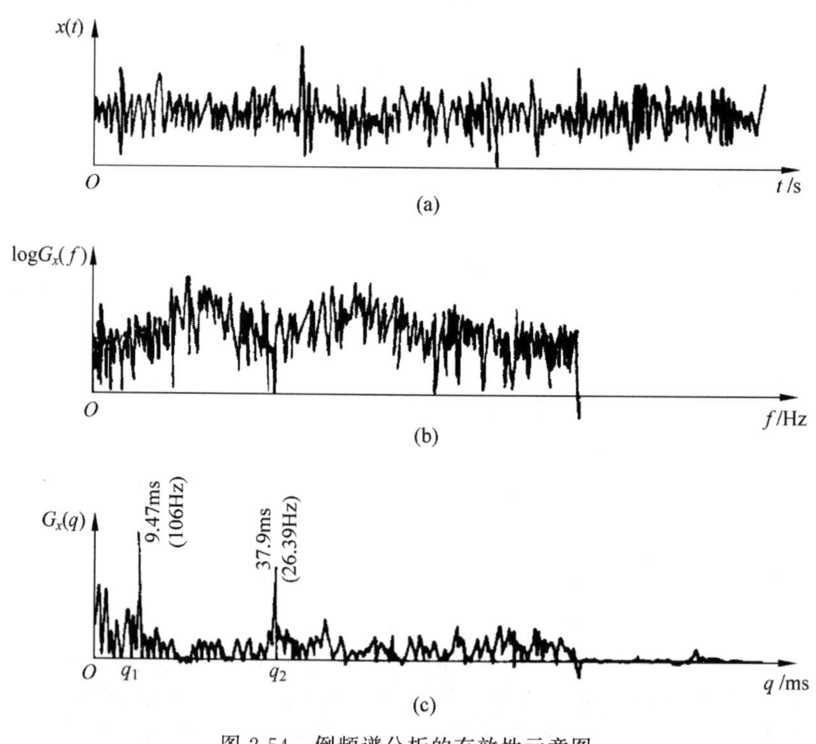

图 2-54 倒频谱分析的有效性示意图

(a) 振动时间历程图；(b) 频谱图；(c)倒频谱图

在滚动轴承故障信号分析中，由于存在明显的调制现象，在频谱图中形成不同族的调制边带。当内圈有故障时，内圈故障频率构成调制边带；当滚子有故障时，滚子故障频率构成另一族调制边带。因此，轴承故障的倒频谱诊断方法可以提供有效的预报信息。

2.3.8 基于虚拟仪器的振动诊断系统

1. 虚拟仪器

进入21世纪，工程测试设备及技术正向着小型化、智能化、虚拟化和网络化方向发展。在以通用计算机为核心的硬件平台上，加上特殊设计的仪器硬件和专用软件，形成由用户设计定义、具有虚拟的仪器面板、利用专用软件实现测试功能的一种计算机仪器系统称为虚拟仪器系统，也简称为虚拟仪器(virtual instrumentation，VI)。

虚拟仪器的出现模糊了测试仪器与计算机之间的界线。计算机是虚拟仪器系统的共用硬件平台，软件是核心。在虚拟仪器系统中，利用专用软件在计算机显示器上显示虚拟的传统仪器的控制面板，并以多种形式显示表达测试参数和测试结果；测试技术人员使用鼠标或键盘操作计算机显示器上虚拟的仪器面板，如同使用一台传统的专用测试仪器。在虚拟仪器中，利用计算机强大的运算功能和专用软件可以实现对所采集信号数据的运算、分析处理和对应的测试控制功能。因此，只要额外提供一定的传感器、I/O接口设备等数据采集硬件完成信号的采集、测量与调理，这些硬件就可与计算机及软件组成对应的测试仪器。另外，在虚拟仪器中即使用同一个硬件系统，只要应用不同软件及编程，就可得到分析处理功能完全不同的测试仪器。

2. 虚拟仪器的基本组成

一台完整的工程测试仪器主要有数据采集、数据分析处理和数据显示等三部分功能。按照功能的对应关系，虚拟仪器系统由计算机、专用软件和测试功能硬件等三大部分构成，其基本结构如图2-55所示。

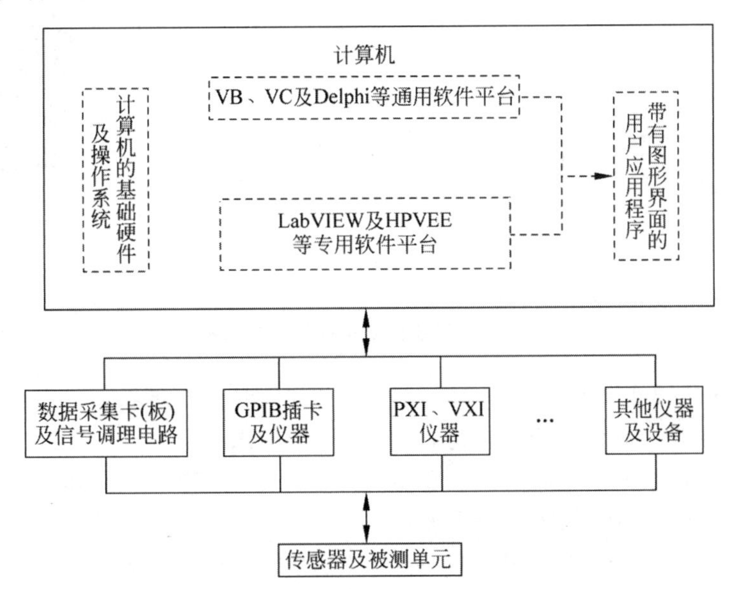

图2-55 虚拟仪器系统的基本结构

计算机是虚拟仪器系统的共用硬件平台，可以是各种类型的计算机，如个人计算机、便携式计算机、工作站、嵌入式计算机等。计算机管理虚拟仪器的硬软件资源，是虚拟仪器系统的硬件支撑，也是专用软件的运行平台。

测试功能硬件是实现测试数据采集与信号输入输出功能的专用硬件。这些硬件可以是各种以计算机为基础的内置功能插卡、通用接口总线(general purpose Interface bus,GPIB)卡、串行接口卡、VXI总线仪器接口等设备,或者是其他各种可程控的外置测试设备。

虚拟仪器系统中的专用软件决定仪器对信号数据的分析处理功能和显示功能,并构成对应的用户接口。专用软件包括各种设备驱动软件、利用图形化的编程语言(如LabVIEW、HPVEE等)或文本式的编程语言(如C、Visual C++、Labwindows/CVI等)开发的各种应用软件等。设备驱动软件是直接控制各种硬件接口的驱动程序,虚拟仪器通过底层设备驱动软件与真实的仪器系统进行通信;开发的应用软件以虚拟的仪器面板的形式在计算机屏幕上显示与真实仪器面板操作元素相对应的各种控件。由于在这些控件中预先集成了对应仪器的程控信息,用户使用鼠标操作虚拟仪器的面板就如同操作真实仪器一样真实、方便。

3. 虚拟仪器的基本类型

按照测试功能硬件的不同,可将虚拟仪器系统分为以数据采集卡(DAQ卡)和信号调理器为硬件部分组成的PC-DAQ测试仪器系统,以GPIB卡、GPIB接口仪器为硬件部分组成的GPIB测试仪器系统,以VXI总线、串行总线和现场总线等标准总线为硬件部分分别组成的VXI仪器系统、串行总线仪器系统、现场总线仪器系统等类型。虚拟仪器系统硬件的基本类型如图2-56所示。

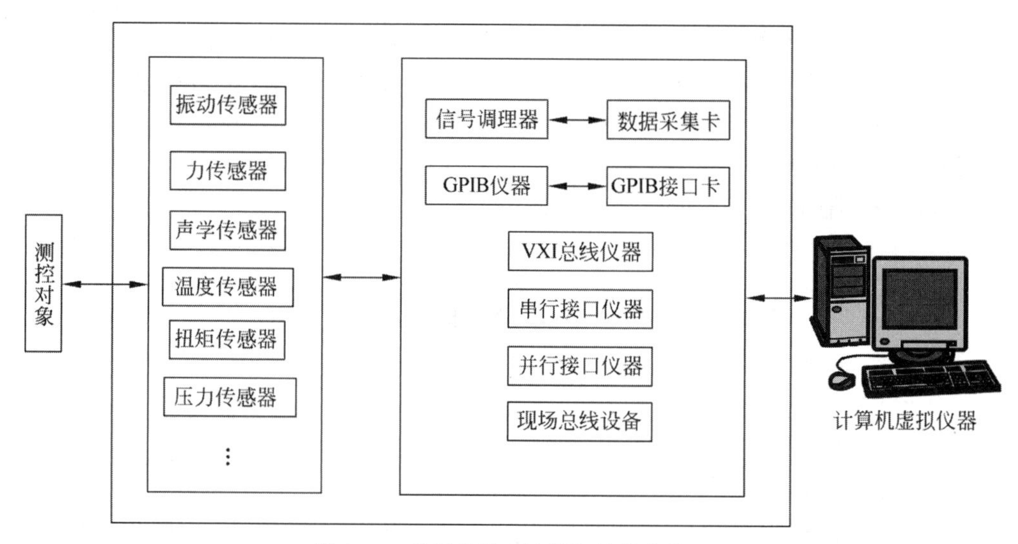

图2-56 虚拟仪器系统硬件的基本类型

4. 虚拟仪器的软件实现

为了将原本由设备硬件实现的功能软件化,以最大限度地降低测试仪器的开发、制造和使用成本,实现较强的对象测试功能和较高的使用灵活性,虚拟仪器系统中的软件应有较为强大的功能。虚拟仪器系统中的专用软件包括了各种设备驱动程序、利用图形化的编程软件和文本式的编程软件开发的应用软件等。其软件从低层到顶层包括虚拟仪器软件体系结构(virtual instrumentation software architecture,VISA)、仪器驱动程序和应用软件三部分,其结构框架如图2-57所示。

1) VISA库

VISA是标准的I/O函数库及其相关规范的总称,标准的I/O函数库称为VISA库。对于仪器驱动程序开发者而言,VISA库就是一个个可调用的操作函数集,它驻留于计算机系统之中,执行仪器总线的特殊功能,是计算机与仪器之间的软件层连接。

2) 设备驱动程序

设备驱动程序是连接虚拟仪器系统的硬件(如数据采集器及其接口,测试系统前端电

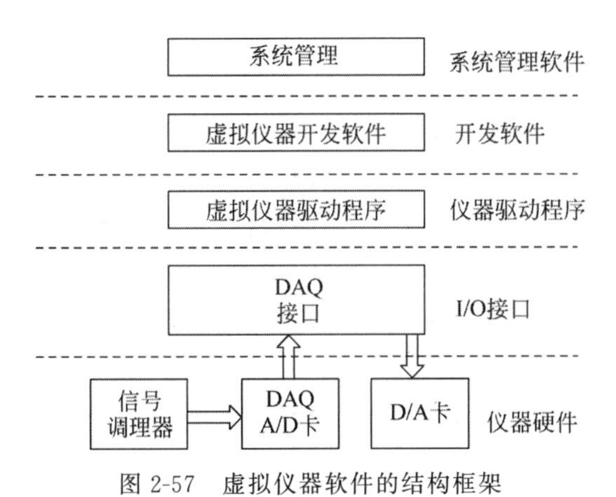

图 2-57　虚拟仪器软件的结构框架

路或末端的输出设备)与虚拟仪器应用软件的中间层软件,是应用程序对系统硬件实施控制的桥梁。每个仪器模块都有自己固有的驱动程序,该驱动程序由仪器厂商以源码的形式提供给用户。

3) 应用软件

应用软件建立在设备驱动程序之上,直接面对操作人员。通过应用软件提供的直观友好的测试操作界面和丰富的数据分析处理功能,测试技术人员可方便地完成对应的测试任务。

虚拟仪器应用软件的编写与开发可使用两类编程软件:一类是文本式的、通用的编程软件,如微软(Microsoft)公司的 Visual Basic 与 Visual C++、宝蓝(Borland)公司的 Delphi、美国国家仪器(NI)公司的 Labwindows/CVI 和赛贝斯(Sybase)公司的 Power Builder 等。这类编程软件具有编程灵活、运行速度快等特点。另一类是图形化的、专业的编程软件,图形化编程语言一般是虚拟仪器使用的模块化语言。只需将各个图标连在一起创建各种流程图表,即可完成虚拟仪器程序的开发。具有代表性的有惠普(HP)公司的 VEE、NI 公司的实验室虚拟仪器工程平台(Laboratory Virtual Instrument Engineering Workbench, LabVIEW)及工控组态软件等,该类编程软件具有编程简单直观、开发效率高等特点,故如今被大量用于虚拟仪器应用软件的开发平台。图形化开发软件与文本式开发软件的比较见表 2-17。

表 2-17　图形化开发软件与文本式开发软件的比较

项目	图形化开发软件	文本式开发软件
本质特征	框图式程序设计	文本式程序设计
适应范围	快速组建临时或专用测试测量系统	复杂、大型、通用的高性能仪器系统
编程特点	类似流程图的简单图形编程,分前面板和后面板共同构成程序	方便管理源码的逐行文本编程,统一的编程界面
性能	生成更快,更便于开发和理解	生成程序更小、执行效率更高

除利用通用或专业的编程软件开发的应用软件外,虚拟仪器的应用软件还包括通用的数字处理软件。通用数字处理软件包括用于数字信号处理的各种功能函数,如频域分析的功率谱估计、快速傅里叶变换(fast Fourier transform,FFT)、快速哈达玛变换(fast Hadamard transform,FHT)、快速傅里叶逆变换(inverse fast Fourier transform,IFFT)、快速哈达玛逆变换(inverse fast Hadamard transform, IFHT)和细化分析等,以及时域分析中的相关分析、卷积运算、均方根估计、差分积分运算和数字滤波等。这些功能函数为测试技术人员进一步扩展虚拟仪器的功能提供了条件。

5. 典型的虚拟仪器应用软件开发系统-LabVIEW

美国国家仪器(National Instruments, NI)有限公司开发的面向仪器和测试过程的图形化开发平台 LabVIEW 是常用的虚拟仪器系统应用软件开发系统,其特点是编程非常方便、人机交互界面好,具有强大的数据可视化分析和仪器控制能力,并提供了与其他编程语言的接口,可实现低层操作和大量的数据处理。

LabVIEW 软件开发系统采用了直观的前

面板与流程图式的编程技术，使用图形语言(图形、图形符号、连线等)编程，编程界面直观形象，对于无编程经验的测试技术人员或虚拟仪器应用软件开发人员而言是极好的选择。LabVIEW集成了很多仪器硬件库，如GPIB/VXI/PXI/基于计算机的仪器、RS-232/485协议、插入式数据采集、分布式数据采集、模拟I/O、数字I/O、时间I/O、信号调理、图像获取和机器视觉、运动控制、PLC/数据记录等。图形化编程语言就是用计算机编程语言编制的子程序，然后用图形化来表示，如同Windows系统面板，便于应用时调用。进入这个开发环境，只要调出相关图标，连上线，就可以构成一台虚拟仪器。

LabVIEW软件开发系统的主要特点如下。

(1) 是图形化的编程环境，采用了"所见即所得"的可视化技术。

(2) 内置了程序编程器，采用编译方式运行32位应用程序，速度快。

(3) 具有灵活的测试手段，编程者可在源代码上设置断点、单步执行程序。

(4) 集成了大量的函数库，可方便使用者调用。

(5) 能支持多种系统工作平台，且具有开放性，能提供数据定义语言(data definition language，DDL)、对象连接与嵌入(object linking and embedding，OLE)等支持。

(6) 支持网络功能。

6. 虚拟仪器的优点

虚拟仪器系统具有将本来应该由设备硬件实现的功能软件化，最大限度地降低了测试仪器的开发、制造和使用成本，实现了对象测试功能的用户定义和较高的使用灵活性的特点。

与传统仪器相比，虚拟仪器系统具有如下优点。

1) 仪器的功能由测试技术人员自行定义和开发

在基本硬件确定后，通过编制或调用不同的软件即可构成不同功能的测试仪器。

2) 硬件功能的软件化

测试技术人员在计算机显示屏上用鼠标和键盘控制虚拟仪器程序的运行，如同操作真实的仪器，从而方便、快捷地完成测试和分析任务。

3) 集成度高，成本较低

由于硬件功能的软件化，虚拟仪器可集成实现示波器、逻辑分析仪、频谱仪、信号发生器等多种普通仪器的全部功能，若配以专用传感器、数据采集卡和软件，便可构建成一个专用测试分析仪器或系统。

4) 开放性好，适应性强

由于计算机的开放性，加之各种接口标准的实施，因而能较容易地实现计算机与各种功能测试硬件、网络外设及其他部件之间的连接，从而能较好地适应各种参数和工况下的测试。

5) 设计开发灵活，开发周期短

虚拟仪器的公共硬件平台是计算机，故虚拟仪器技术与计算机技术同步发展。据统计，虚拟仪器的技术更新周期为1～2年，而传统仪器的更新周期为5～10年。虚拟仪器与传统仪器的比较见表2-18。

表2-18 虚拟仪器与传统仪器的比较

序号	比较项目	传统仪器	虚拟仪器
1	使用灵活性	灵活性差，与外部设备或其他仪器的连接十分有限	可方便地与网络外设或其他设备相连接
2	仪器的功能	功能由仪器厂商定义，功能较弱	功能由用户根据需要自己定义，功能强大
3	人机界面	图形界面小，信息量小，人机交互能力差	界面优美，信息量大，具有良好的人机交互能力

续表

序号	比较项目	传统仪器	虚拟仪器
4	分析处理能力	数据分析处理能力弱	具有强大的数据分析处理能力
5	存储能力	数据存储能力弱，大部分仪器完全没有	所有仪器具有很强的数据存储能力
6	仪器关键部分	硬件是仪器的核心	软件是仪器的核心
7	性价比	价格高，性价比低	价格低，性价比高
8	系统的开放性	系统封闭，功能固定，几乎无扩展性	基于计算机技术开发的功能，模块可构成多种仪器，扩展性强
9	开发维护费用	开发和维护费用高	基于软件系统的结构，大大节省开发维护费用
10	开发周期	开发周期长	开发周期短
11	集成度	集成度低	集成度高，可形成仪器库

7. 案例：基于虚拟仪器的齿轮及齿轮箱振动测试系统

振动测试是齿轮箱行之有效的检测方法。通过对齿轮及齿轮箱故障机理的分析，基于虚拟仪器开发了齿轮及齿轮箱振动检测系统。

在本系统中使用压电式加速度传感器及磁电式速度传感器，应用 NI CompactDAQ 作为信号调理及采集设备，将测得的振动信号再进行时域、频域分析，以此判断齿轮及齿轮箱的工作状态。

应用 LabVIEW 平台设计了齿轮及齿轮箱检测系统软件。振动检测系统对采集到的齿轮箱振动信号进行加窗、滤波或小波降噪，然后进行时域分析，计算时域特征值和进行频谱、功率谱等频域分析。设计了数据库存储系统。通过建立 LabVIEW 与 Access 数据库的连接，可以将检测分析的数据直接存储到 Access 数据库中，以实现对数据的存储及统计分析等各种操作。

应用 LabVIEW 平台开发的基于虚拟仪器的齿轮及齿轮箱振动测试系统的操作界面（前面板）如图 2-58 所示，其分析程序（部分后面板）如图 2-59 所示。

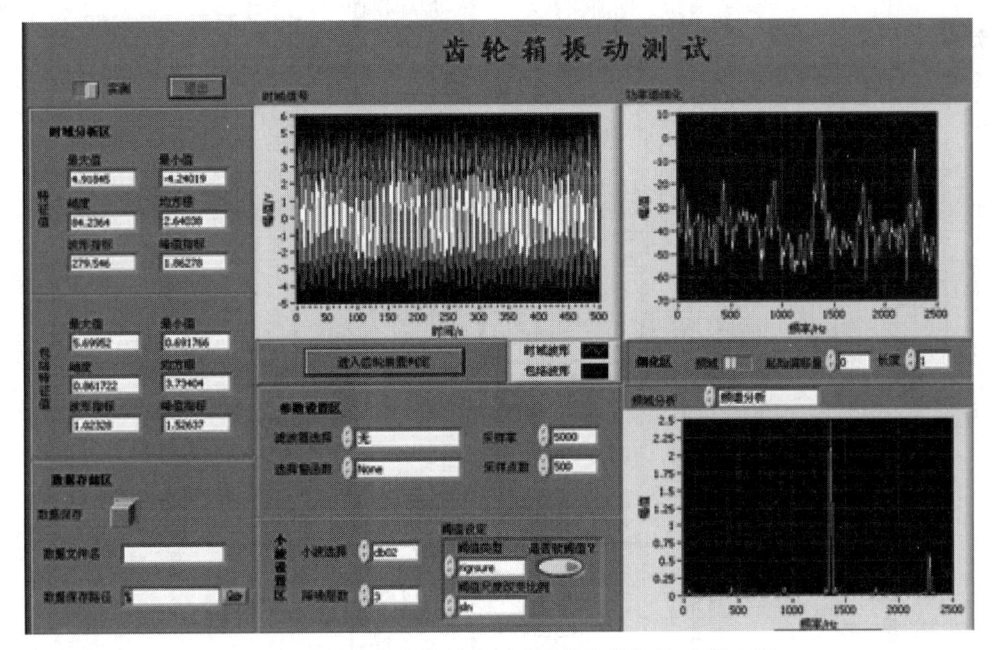

图 2-58　齿轮及齿轮箱振动测试系统的操作界面（前面板）

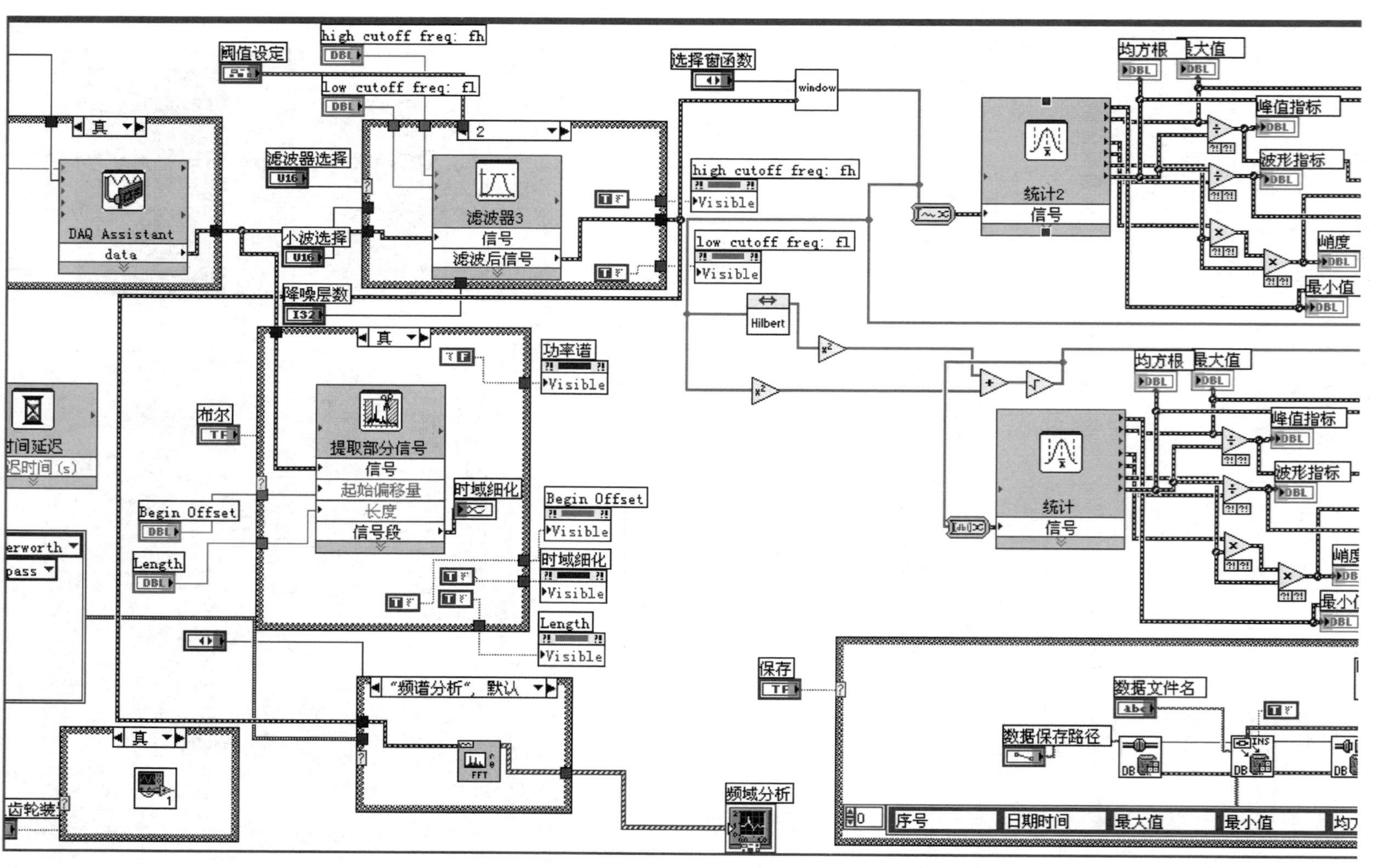

图 2-59　齿轮及齿轮箱振动测试系统的分析程序(部分后面板)

2.4　再制造损伤评价技术

新零件、在用零件、待修零件与待再制造零件都需要对其隐性的和显性的损伤进行检测和评价，业内通常称为探伤。新零件存在损伤的概率不大，故只对特别重要的零件在制造过程中安排探伤；而待修与待再制造零件经历了长时间服役、产生损伤的概率较大，故本节重点探讨再制造零件的损伤评价。

2.4.1　再制造毛坯损伤评价的特点

再制造是利用废旧产品作为毛坯进行生产。在既往服役历史中，其服役工况、损伤程度及失效模式具有随机性和个体差异性，非常复杂。为保证再制造产品质量，必须建立再制造损伤评价技术体系。

再制造毛坯是具有服役历史的废旧零件。其原型制造零件则是由原材料经历多道冷热加工的机械制造工艺方法后生产的成形零件，如铸造、锻压、焊接、切削加工、表面涂覆等制造工艺等。成形零件具有限定的形状尺寸和公差范围，并且满足服役工况的力学、物理及化学等性能要求。成形零件经装配成部件及整机后进入服役环节，在服役过程中，承受工况环境的载荷作用，零件性能会逐渐劣化，产生损伤累积，直至达到设计寿命而报废。因此，再制造毛坯是设计寿命已经完结而退役的废旧成形零件，或是损伤导致功能失效而报废的成形零件，这是再制造生产与制造生产的最大不同，即生产对象不同。

2.4.2　再制造涂覆层损伤特征

再制造涂覆层附着在再制造毛坯基体上，既可恢复再制造毛坯的公差尺寸又可提升再制造零件的使用性能。再制造涂覆层对再制造零件的服役寿命具有重要影响。根据再制造涂覆层与毛坯基体结合方式的不同，可以将再制造涂覆层划分为两种类型。

1. 冶金结合型涂覆层及伴生缺陷

冶金结合是指两种金属材料在加压或加热条件下界面间原子相互扩散而形成的结合方式。冶金结合型的涂覆层结合强度高，可以达到或接近基体材料的强度，力学性能良好。形成冶金结合型涂覆层较为常用的手段是采用熔覆焊接技术，通过输入外加能量(电弧、电子束、激光、等离子弧等)，熔化金属基材和熔覆材料，使基材和熔覆材料之间产生牢固的冶金结合来形成熔覆层。

焊接工艺是形成冶金结合型涂覆层的主要手段。熔覆焊接过程中，受熔焊原理和焊接工艺的限制，经常伴生一些焊接缺陷，这些缺陷的存在对产品质量产生重要影响。熔覆层常见焊接缺陷包括裂纹、未焊透、未熔合、气孔和夹渣等，如图2-60所示。

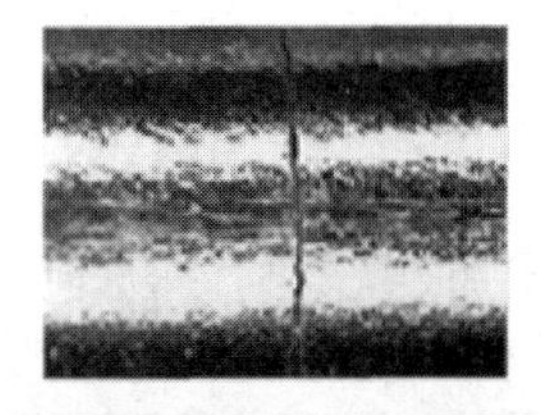

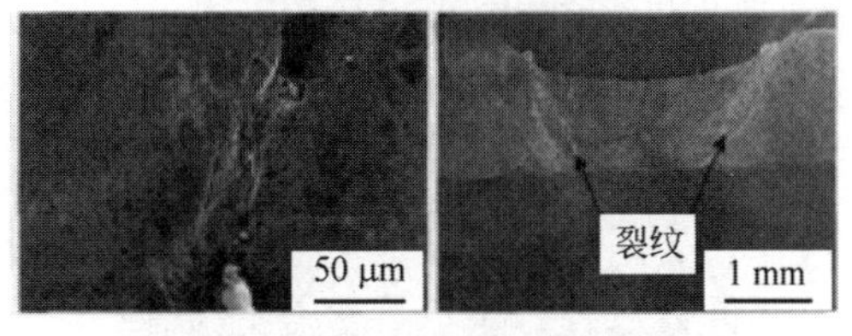

图2-60　熔覆层常见焊接缺陷

2. 机械结合型涂覆层及伴生缺陷

机械结合是与冶金结合相对应的专有名词，指涂覆层与界面之间以机械的方式相结合，而未形成原子、分子之间的连接。机械结合的涂覆层结合强度远低于基体材料的强度，不适合用于重载、冲击或高应力等场合，通常用于提高基体材料的耐磨、耐蚀、抗氧化或绝缘性能。

制备机械结合型涂覆层主要通过热喷涂的方法。热喷涂是利用热源将粉末状或丝状材料加热到熔融或半熔融状态，然后借助热源本身或外加高速气流动力使液滴以一定速度喷射到基体材料表面，形成涂覆层，其原理示意图如图 2-61 所示。喷涂的涂覆层都是一层层铺展堆叠在基材表面上，是由无数变形粒子相互交错呈波浪式沉积在一起而形成的层状组织结构。

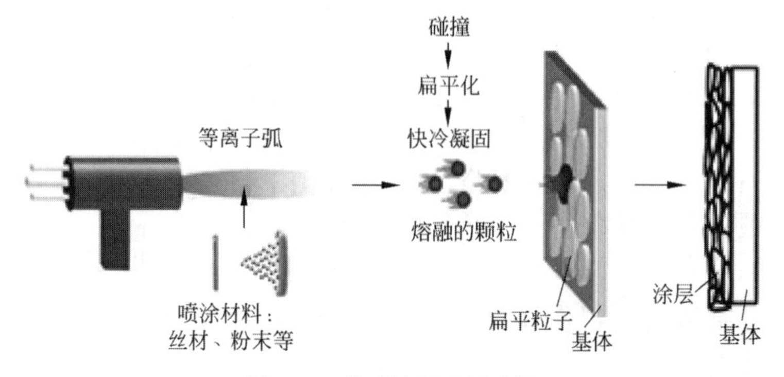

图 2-61　热喷涂原理示意图

喷涂层整体均匀性较差，影响涂层质量的伴生缺陷比较多。在喷涂过程中，熔融的颗粒在熔化、软化、加速、飞行，以及与基材表面接触过程中与周围介质间发生化学反应，使喷涂材料经喷涂后会出现氧化物；同时，颗粒陆续堆叠和部分颗粒反弹消失，在颗粒间会存在一部分孔隙和孔洞；喷涂时涂层层间附着力不足导致涂层脱粘、分层，出现层间和界面裂纹。涂层气孔和裂纹如图 2-62 所示。

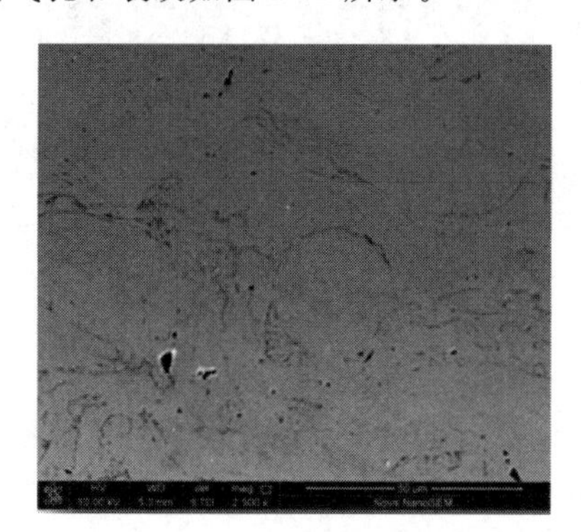

图 2-62　涂层气孔和裂纹

2.4.3　再制造毛坯隐性损伤评价技术及应用

再制造毛坯有服役历史，可能产生累积损伤。目前，工程上无损检测技术能够发现的缺陷精度达到 100 μm，更加微小尺度的损伤，由于超出了现有无损检测仪器的识别能力，被称为隐性损伤。

评价隐性损伤是世界性难题，目前业界公认只有两种方法具有评价的可能性，即声发射检测技术和金属磁记忆检测技术。

（1）声发射检测技术要求使用时必须加载，噪声干扰严重，因此很多场合难以应用。

（2）金属磁记忆检测技术是一种弱磁性无损检测技术。该技术是 1997 年在美国旧金山举行的第 50 届国际焊接学术会议上，由俄罗斯学者 Doubov 教授正式提出。金属磁记忆检测技术认为铁磁材料在地磁场环境中，受到工况载荷的作用，在应力集中区域，磁畴结构发生不可逆变化，在应力集中部位生成自有漏磁场。即使卸除载荷，自有漏磁场依然存在，记忆着应力集中部位，即产生金属磁记忆现象。其原理示意图如图 2-63 所示。

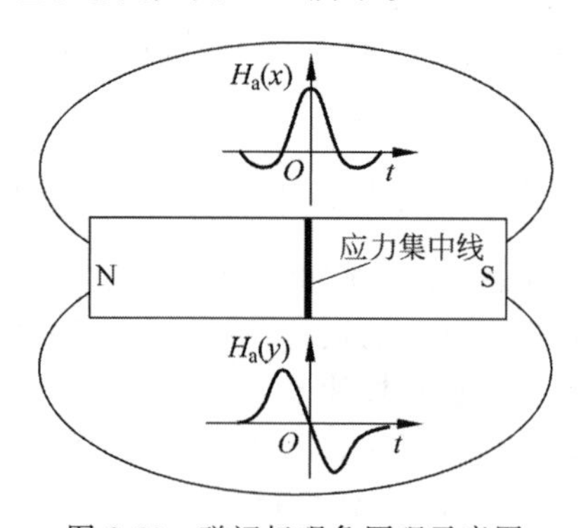

图 2-63　磁记忆现象原理示意图

金属磁记忆检测技术利用铁磁材料损伤区域自发产生的漏磁信号进行损伤的检测，理论上具有诊断隐性损伤的可能性，在再制造寿命评估领域具有较大潜力，是进行再制造质量控制的一种有效手段。但是作为一种新兴的无损检测方法，金属磁记忆检测技术的理论基础仍然薄弱，弱磁信号如何定量化尚有很多工作有待深入研究。

2.4.4　再制造模式与零件损伤评价要求

由于再制造毛坯损伤的随机性和差异性，再制造零件具有个性化、小批量生产的特点。目前，国内外主要有两种再制造模式，即减材再制造和增材再制造，不同模式的再制造零件的质量评估要求不相同。

欧美国家普遍采用起源于20世纪80年代中期的减材再制造模式，其实质是换件法或尺寸修理法。对损伤较重、不值得或不容易再制造的废旧零件直接更换新零件；对损伤较轻、易再制造的废旧零件，通过车、铣、磨等冷加工方法减少零件原有尺寸和材料而恢复其表面精度，再通过热处理恢复其表面强度，重新与非标零件配副完成再制造。减材再制造模式的特点是技术简单成熟，标准化生产程度高，企业易于形成规模，再制造产品性能不低于原型新品，但再制造产品互换性差，旧件利用率低。

中国20世纪90年代末提出了增材再制造模式，其实质是通过增材再制造形成表面强化涂覆层，使废旧零件缺损的尺寸恢复，同时提升性能。废旧零件在既往的服役历史中较为普遍的失效形式是表面磨损、腐蚀或开裂导致的局部材料损耗缺失，采用再制造喷涂、熔覆等修复技术对局部损伤部位进行逆向增材再制造，不仅可以恢复废旧零件原有形状尺寸精度，还可以恢复其零件之间的配副性与互换性，依靠所添加材料的优异特性提高零件的力学性能，从而进一步提升服役性能。该模式的特点是旧件利用率大幅度提高，可从50%提高到90%，而且再制造产品性能高于原型新品。增材再制造模式较大程度地适应了中国对“资源节约型、环境友好型”社会建设的迫切需求。

不同的再制造模式下生产的再制造零件质量的检测评估要求不同。减材再制造模式下，废旧件经过冷加工方法去除表面的磨损、腐蚀损伤，同时服役工况下表面产生的变形层和变质层也随之被去除。针对减材再制造的零件，选用的无损检测方法基本与原型新品的检测方法相同。若缸套零件新品采用打压法检测有无渗漏，减材再制造后仍可采用打压法进行检测。

通常，增材再制造模式下生产的零件，既包括再制造毛坯(废旧零件基体)，又包括增材再制造引入的异质材料的涂覆层。再制造毛坯在既往服役历史中，可能产生隐性损伤；再制造过程中在毛坯表面制备涂覆层时，由于制备工艺带来的热应力、残余应力等，易在形成的涂层-基体界面处和涂覆层内部引入裂纹等缺陷。因此针对增材再制造零件，选择无损检测方法时，既要考虑废旧零件基体由于服役已经萌生的缺陷或损伤，同时还要考虑新增加的涂覆层、涂覆层与基体界面之间的结合及异质材料匹配带来的问题，其无损评价方案较减材再制造零件更为复杂。

1. 减材再制造零件的损伤评估要求

减材再制造主要用于机械零部件中滑动或滚动接触的配合件。其中一个配副零件的磨损或腐蚀等造成尺寸超差，通过车、铣、磨等冷加工对其进行减材修理，相应的配合件更换为增大尺寸的非标准新零件。

减材再制造零件只是通过冷加工方法去除了原有零件基体配合接触表面的材料，变为非标准零件，改变了原型产品的互换性。减材再制造过程与原型产品的制造过程相比，只是增加了一个削减尺寸的冷加工工序，二者可以采用相同的生产设备和质量检验标准。减材再制造零件质量评估要求等同于原型产品。

例如，汽车发动机曲轴采用减材再制造时，对曲轴主轴颈和连杆颈的磨损层进行磨削处理，减材再制造可进行三次，每次单边去除材料尺寸为0.25 mm。然后配合一个增大内径单边尺寸 0.25 mm 的轴瓦来使用。发动机连杆采用减材再制造时，对连杆大头孔采用镗削加工，扩大大头孔内径尺寸，再配以增大外径尺寸的铜衬套，完成减材再制造。曲轴连杆新品制造时采用磁粉探伤的方法来排查制造工艺缺陷，减材再制造时仍然采用制造时采用的磁粉探伤的检测标准、工艺和设备。

2. 增材再制造零件的损伤评估要求

增材再制造的对象可以应用在配合件上，几乎机械装备中所有的承力构件和功能件、装饰件都能采用增材再制造进行修复。增材再制造对受损零件表面进行预处理后，采用增材的方式，通过熔覆、堆焊、喷涂、刷镀等技术途径在损伤部位添加异质材料来恢复原始形状和尺寸。

增材再制造的零件在局部缺损部位形成了包括涂覆层、界面和基体三部分新的结合区，具有完全不同于原型产品的新组织和微观结构。同时，由于增材修复时要输入较大能量，必然引起修复区的应力和变形问题。异质材料和基体的结合界面成为一个应力梯度大、组织成分不连续、微观结构突变的区域。修复材料、修复技术和工艺如果匹配不适宜，可能造成修复区域成为增材再制造零件的一个薄弱区域，二次服役时就容易萌生缺陷导致再制造零件失效。

增材再制造零件的修复原理决定了其损伤评价的手段不同于原型新品，必须针对修复区的特殊性来设置。由于再制造毛坯在既往的服役历史中产生的损伤类型、大小、位置具有差异性和随机性，可能同一类型零件需要采用不同的修复方法进行修复再制造，从而再制造修复区可能产生不同类型的缺陷，相应也需要采用不同的检测技术进行检测评价。因此，增材再制造损伤评估的方案设计、工艺实施、结果评判要比减材再制造复杂得多。

2.4.5 再制造零件宏观损伤评价技术及应用

再制造毛坯或涂覆层显性损伤的评价采用无损检测技术进行。通过对被检对象施加能量，该能量可以是电、磁、声、光、热、化学能等的一种或几种，再由传感器采集被检对象表面或内部发生改变的物理信息，经过分析处理后评价被检对象物理特征变化或不连续。因此，被检对象的每一种物理特征，几乎都能被延伸拓展成一种无损评价技术，该物理参量的属性、特征成为这一技术的方法基础。

1. 射线成像检测

射线成像检测是利用 X 射线和 γ 射线等在穿透物体过程中发生衰减的性质，在记录介质(如感光材料)上获得穿透物质后射线的强度分布图，根据图像对材料内部结构和缺陷种类、大小、分布状况进行分析判断，并作出评价的一种无损检测方法。射线成像检测原理示意图如图 2-64 所示。

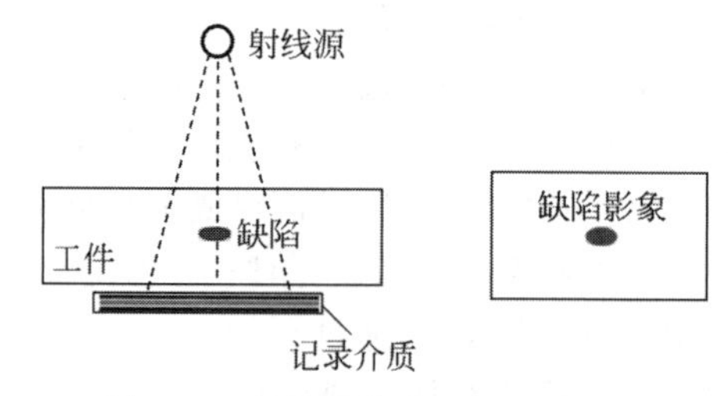

图 2-64 射线成像检测原理示意图

射线成像检测技术几乎适用于所有材料，能直观地显示缺陷影像，便于对缺陷进行定性、定量分析。其特点是对体积型缺陷比较灵敏，如焊缝和铸件中存在的气孔、夹渣、密集气孔、冷隔和未焊透、未熔合等缺陷，但难于发现垂直射线方向的薄层缺陷。射线检测过程中不存在污染，但辐射对人体和其他生物体有害，在操作过程中需做特殊防护。在现代工业中射线成像检测已成为一种十分重要的无损检测方法。

人们在射线成像检测基本原理的基础上根据不同检测需求对成像方法不断进行改进，到目前为止，根据成像方式不同可以将射线成像检测分为两类：一类是以获得单张射线照片为目的的射线照相检测技术，经历了胶片成像和成像板成像两个阶段；另一类是以获得射线实时图像为目的的射线实时成像检测技术，其成像介质经历了荧光板、图像增强器和射线传感器三个阶段。射线照相检测技术与实时成像检测技术几乎同时发展，早期由于荧光板实时成像效果远不如胶片成像好。20 世纪 90 年代以后，随着射线传感器的应用和数字技术的快速发展，射线实时成像技术的成像质量和效率都大幅提高，可以同时获得较高的分辨率和较大的动态范围，因而能够检测厚度差或密度差很大的物体，与射线照相技术相比更加具有优势，目前，以数字 X 射线摄影(digital radiography，DR)和工业 CT 技术为代表的实时成像技术正在逐步取代照相检测技术。

2. 再制造小型电机端盖缺陷射线检测

电机端盖是典型的具有复杂形状的薄壁零件，存在许多筋条、凸耳、圆台及截面突变部位，材质为 ACD-12 铝合金，新品制造方法为精密压铸成形，制造成本较高，其回收件具有一定再制造价值。图 2-65 所示为小型电机端盖，经过清洗回收后可作为再制造毛坯。由图 2-65 可见，三个电机端盖外观良好，无肉眼可见缺陷，在再制造前需对三个端盖内部的材料缺陷和服役损伤进行检测，主要有气孔、暗藏裂纹等。

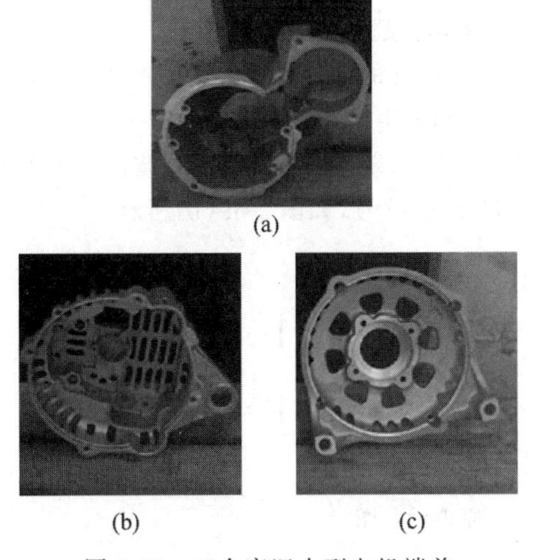

图 2-65　三个废旧小型电机端盖
(a) 1 号端盖；(b) 2 号端盖；(c) 3 号端盖

采用 GE XRS-3 型脉冲射线源和 DXR250V 型数字射线实时成像系统对上述三个废旧小型电机端盖进行检测，结果如下。

1 号端盖压铸质量较好，材质比较均匀，除右侧筋条存在较多气孔和未充满外(图 2-66 中圆圈标示处)，其他部位无明显缺陷，具有再制造价值。

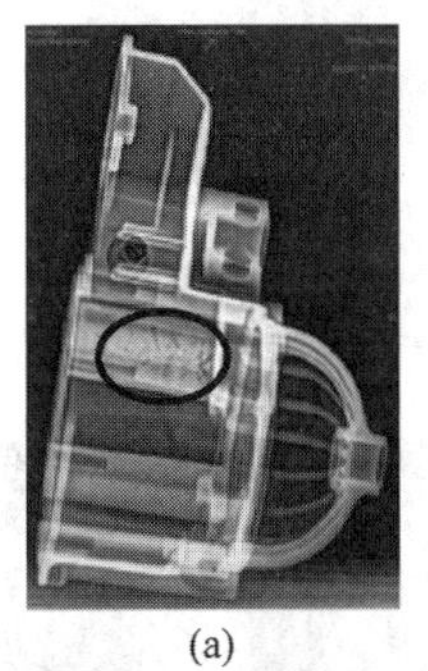

(a)

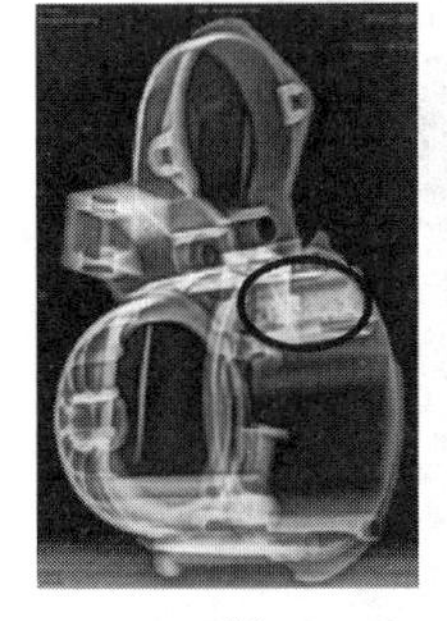

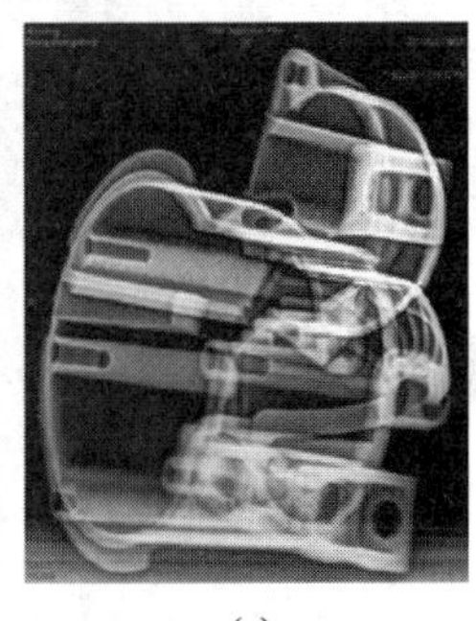

(b)　(c)

图 2-66　1 号端盖 X 射线数字图像

对于 2 号端盖，采用不同的曝光量及变化照相的角度，获得的数字射线图像如图 2-67 所示。通过对比大曝光量和中等曝光量的照片，发现在 2 号端盖中心平底孔底部存在裂纹，中心上部筋条(圆圈标示)存在一些细密的小气孔和一条小裂纹(圆圈标示)。其余部位材质比较均匀，无明显内部缺陷，对裂纹进行再制造修复后可继续使用，因此该零件具有再制造价值。

3 号端盖也采用不同的曝光量及变化照相角度进行成像，获得数字射线图像如图 2-68 所示。由图 2-68 可见，3 号端盖质量较差，发现一处较大裂纹、一处铸造未充满，以及多处气孔缺陷(圆圈标示)。经评价，该端盖由于存在不可修复的制造缺陷，再制造价值较低。

3. 超声检测

超声检测通过发射器和接收器产生和接收超声波，利用超声波与被检工件的相互作用，对工件进行宏观缺陷检测、几何特征测量、组织结构和力学性能变化的检测和表征。

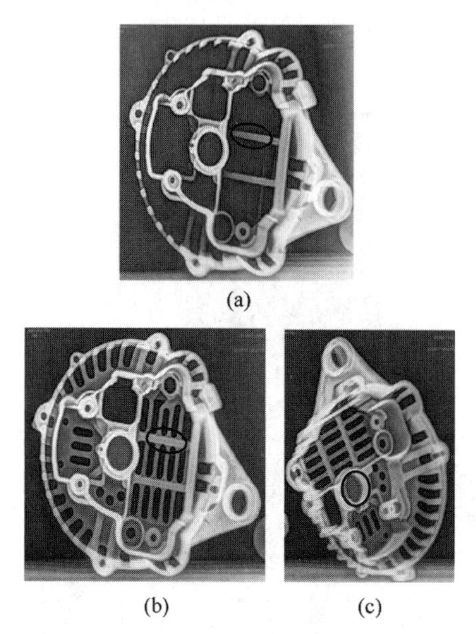

(a) (b) (c)

图 2-67　2 号端盖 X 射线数字图像
(a) 大曝光量；(b) 中等曝光量；(c) 改变照相角度

裂纹　气孔　气孔　气孔　未充满

(a)　(b)　(c)

图 2-68　3 号端盖 X 射线数字图像
(a) 大曝光量；(b) 中等曝光量；(c) 改变照相角度

1）检测原理划分

根据不同的检测原理，超声波检测方法可分为脉冲反射法、穿透法和共振法。

(1) 脉冲反射法

超声波探头发射脉冲波到被检工件内，通过观察来自内部缺陷或工件底面的反射回波情况来判断工件中缺陷的方法，称为脉冲反射法。该方法又分为缺陷回波法、底波高度法和多次底波法。

① 缺陷回波法是脉冲反射法的基本方法，根据仪器示波屏上显示的缺陷波形进行判断的方法。该方法以回波传播时间对缺陷进行定位，以回波幅度对缺陷进行定量。若工件内部没有缺陷，超声波能顺利到达工件底面，则回收信号得到的检测图形中，只有发射脉冲 T 和底面回波 B 两个信号，如图 2-69(a)所示。若工件中存在缺陷，则在底面回波前还有缺陷的回波 F 的信号，如图 2-69(b)所示。

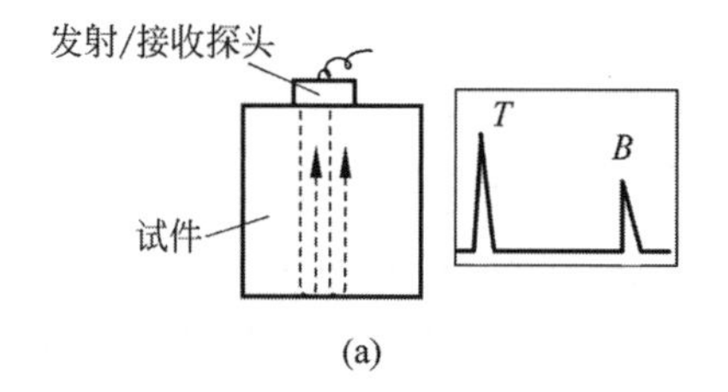

(a)

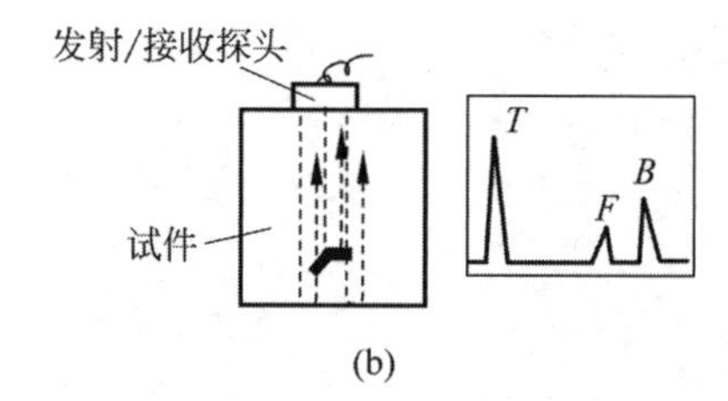

(b)

图 2-69　脉冲反射法检测的原理示意图
(a) 无缺陷；(b) 有缺陷

② 底波高度法是在被检工件的检测面与底面平行的情况下，根据底面回波高度来判断缺陷的情况。在工件的材质和厚度不变时，底面回波 B 高度不变，如果工件内存在缺陷，则底面回波高度会下降甚至消失。

③ 多次底波法是根据底波的次数和高度变化规律来推测工件中的信息的。当超声波的能量较大时，经过往复传播，一般在仪器显示屏上会出现多次底波信号。如果工件中存在缺陷，在出现缺陷底波 F 的同时，缺陷的反

射和散射增加了声能的损失，底面回波的次数减少，高度也会依次降低。

(2) 穿透法

穿透法是采用一收一发双探头分别置于工件相对的两端面，依据脉冲波或连续波穿透工件后幅值的变化来判断内部缺陷的方法，如图 2-70 所示。

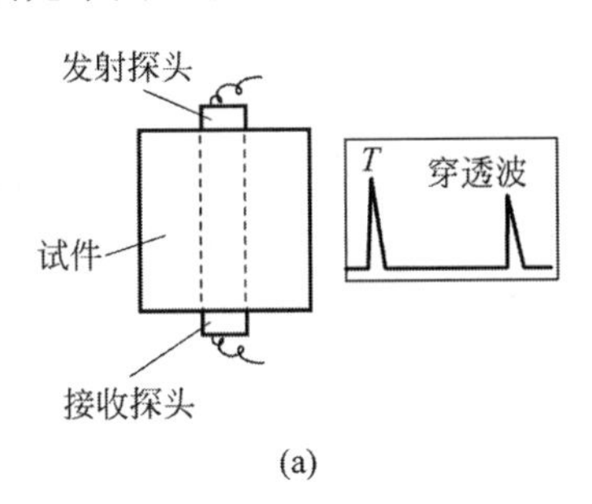

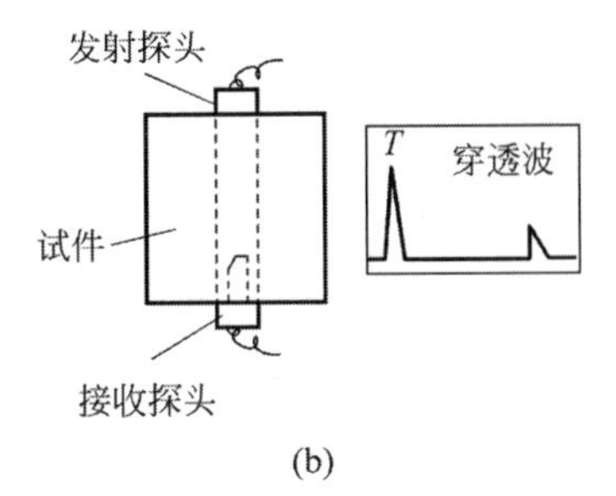

图 2-70　直射声束穿透法

(a) 无缺陷；(b) 有缺陷

① 穿透法检测的优点：在工件中声波单向传播，适于检测高衰减的介质；几乎不存在盲区。适用于单一产品大批量加工过程中的自动化检测。

② 穿透法检测的缺点：两探头单发单收，只能判断缺陷的大小和有无，不能确定缺陷的方位；当缺陷尺寸小于探头波束宽度时，检测的灵敏度较低。

(3) 共振法

应用共振现象来检测缺陷及工件厚度变化情况的方法称为共振法。当工件的厚度为声波半波长的整数倍时，则发生共振。通过测得超声波的频率和共振次数，可计算工件的厚度，即

$$\delta = n\frac{\lambda}{2} = \frac{nc}{2f} \tag{2-3}$$

式中：n——波长倍数；

λ——波长；

c——波速；

f——频率。

当工件中有较大缺陷或厚度改变时，共振点偏移甚至共振现象会消失，因此共振法常用于壁厚的测量，较少用来检测缺陷。

2) 按波形不同划分

根据检测所用的波形不同，超声检测可分为纵波法、横波法、表面波法和板波法等。

(1) 纵波法

纵波法是利用纵波完成对工件检测的方法。由于在同一介质中纵波速度大于其他波形的速度，穿透能力强，对晶界反射或散射的敏感性不高，因而纵波法也可用于粗晶材料的检测，如奥氏体焊缝等。另外，纵波法也常用于锻件、铸件、板材及其他轧制件的检测，对于平行于检测面的缺陷检出效果最佳。但由于受到盲区和分辨力的限制，其中反射法只能发现工件内部离检测面一定距离以外的缺陷。

(2) 横波法

将纵波通过斜楔块、水等介质倾斜入射至工件，利用波形转换得到的横波进行检测的方法，称为横波法；由于进入工件的声束与检测面呈锐角，也称为斜射法。横波法检测原理示意图如图 2-71 所示。

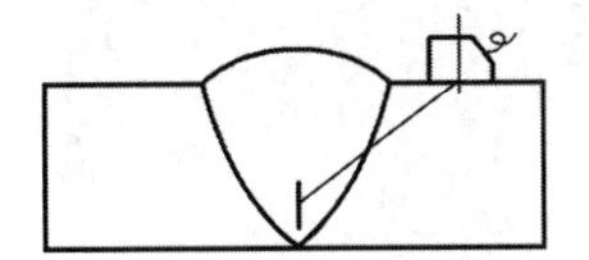

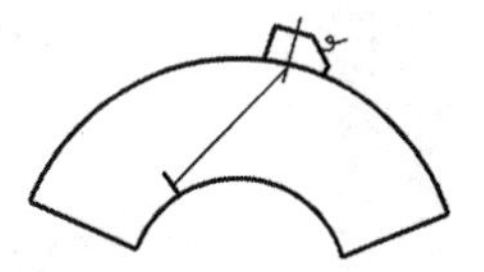

图 2-71　横波法检测原理示意图

横波法主要用于焊缝和管材的检测，或者作为纵波法检测的一种辅助手段，用以检测纵波法不易发现的缺陷。

(3) 表面波法

使用表面波进行工件检测的方法，称为表面波法。表面波仅沿着工件的表面传播，对工件的表面粗糙度、覆盖层、油污等较为敏感，可以通过沾油的手指在探头前端检测面上轻轻

触摸，观察显示屏上回波高度变化，用来协助判定缺陷。

表面波波长比横波的波长更短，在工件中传播时能量衰减更严重，因此，表面波法主要用于光滑表面工件近表面缺陷的检测。

(4) 板波法

板波法是利用板波进行工件检测的方法，主要适用于薄板、薄壁管等形状简单的工件检测。板波传播时充满整个工件，能够发现内部及表面的缺陷。板波法检测的灵敏度取决于板波的形式和仪器的工作条件。

4. 再制造发动机曲轴检测

废旧曲轴再制造也是再制造技术在汽车发动机中典型应用的实例之一。利用超声相控阵技术可以对再制造曲轴连杆轴颈内侧过渡圆角处裂纹进行检测，图 2-72(a)所示为曲轴实物图。

(a)

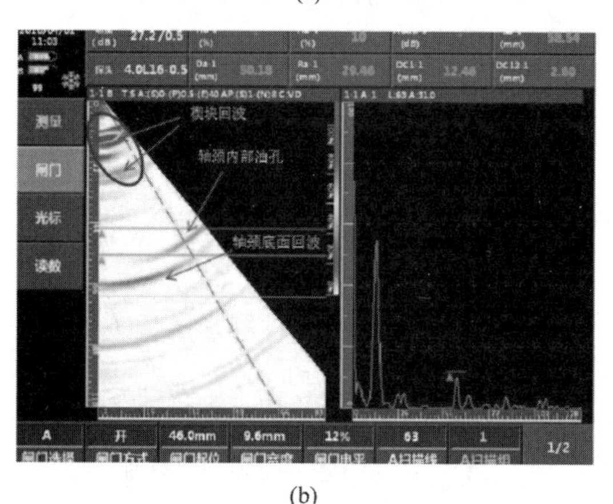

(b)

图 2-72 曲轴及其超声相控阵检测结果
(a) 曲轴实物图；(b) 检测曲轴连杆轴颈裂纹的 A 扫和 C 扫

根据曲轴断裂失效分析结果可知，连杆轴颈内侧过渡圆角处裂纹缺陷是曲轴失效的主要原因，因为该处存在应力集中，并且曲轴内部及表层存在夹杂物，严重破坏了金属基体的连续性，使材料的痕劳强度大大降低，成为潜在的微裂纹源，在应力作用下易产生疲劳裂纹，致使曲轴发生疲劳断裂。根据曲轴形状及曲轴轴颈(主轴颈或连杆轴颈)轴向宽度，采用扇扫方法对其进行缺陷检测。采用小尺寸探头，且探头紧贴曲轴连杆轴颈内侧过渡圆角边缘放置。

图 2-72(b)所示为对曲轴连杆轴颈内侧过渡圆角处的裂纹进行检测的 A 扫和 C 扫结果。A 扫图中，纵坐标为超声波信号幅值，单位为 V，横坐标为超声波传播时间，单位为 μs。C 扫图中，横坐标为探头移动距离，单位为 mm，纵坐标为超声波传播距离，单位为 mm。由扇扫图显示，在曲轴连杆轴内侧过渡圆角处位置出现了回波信号，即为轴径底面回波，显示曲轴连杆轴颈内侧过渡圆角处疲劳裂纹回波信号。

5. 电磁检测

电磁无损检测是无损检测技术的重要分支，是利用材料在电磁场作用下，呈现出的电学或磁学性质的变化，判断材料内部组织及有关性能的试验方法，主要包括涡流检测、磁粉检测等。

1) 涡流检测

涡流检测(eddy current testing，ECT)是基于电磁感应原理揭示导电材料表面和近表面缺陷的无损检测方法。涡流检测速度快，特别适合管、棒材的检测，对于表面和近表面缺陷有较高的灵敏度，可对大小不同的缺陷进行评价，能在高温状态下进行探伤，可用于异形材和小零件的检测，不仅适用于导电材料的缺陷检测，而且可检测材料的电导率、磁导率、热处理状况、硬度和几何尺寸等，使用广泛。根据不同的检测目的，可采用涡流电导仪、涡流探伤仪、涡流测厚仪等不同类型的仪器。涡流检测自动化率较高，但只能检测导电材料，难以判断缺陷种类，灵敏度相对较低。

涡流检测技术的应用可追溯到 1879 年英国人休斯(D. E. Hughes)利用感生涡流对金属进行测试。由于涡流检测信号对材料的各种内在因素及外界干扰因素都很敏感，涡流信号包含了复杂的变量关系，当时还不能从理论上及试验中找到抑制干扰因素的有效办法，所以之后很长时间内,涡流技术发展较为缓慢。

20世纪50年代初期,德国的福斯特(Forster)提出了在复平面上对检测信号进行分析,即采取阻抗平面分析法来鉴别涡流试验中各种影响因素,为涡流检测机制的分析提供了理论依据,使涡流检测技术获得突破并进入实用化阶段。此后,随着涡流检测理论的不断完善和电子技术尤其是计算机和信息处理技术的发展,涡流检测方法和设备都得到了极大的更新和发展,逐渐走向了实际应用。

在我国,涡流检测技术的研究工作于20世纪60年代初开始起步,至今已在涡流检测的理论研究、设备研制、标准建立及人才培养等方面取得了较大进展。目前,涡流检测技术在航空航天、材料冶金、机械电力、化工能源等领域的应用日益增加,并不断得到新的发展和应用。

(1) 涡流检测的原理

当把一块导体置于交变磁场之中,在导体中就有感应电流存在,即产生涡流(图2-73)。由于导体自身各种因素(如电导率、磁导率、形状,尺寸和缺陷等)的变化,会发生涡流的变化,利用这种现象判定导体性质、状态的检测方法称为涡流检测。

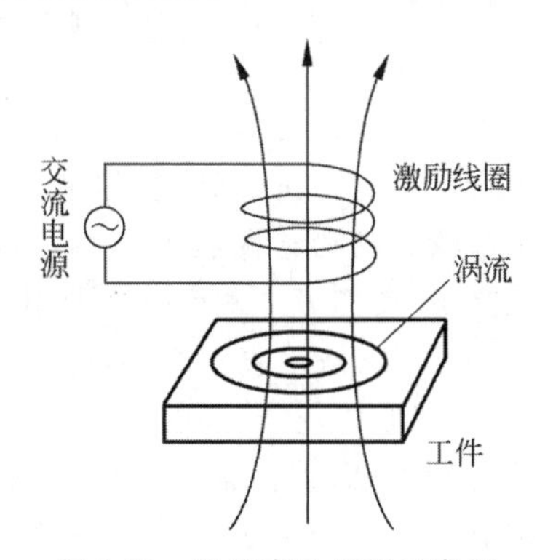

图2-73　涡流产生原理示意图

电磁涡流检测的理论基础是电磁感应。在探头的激励线圈中通以高频交变电流,在附近的被测对象中就会感应出涡流,被测对象的几何缺陷、电磁异常和尺寸变化等因素都将影响涡流,而涡流的变化又使检测线圈的阻抗和感生电压发生改变,测出这种变化,就可得出被测对象的尺寸及缺陷情况。

① 涡流检测的优点：检测时,线圈不需要接触工件,也不需要耦合介质,所以检测速度快；对工件表面或近表面的缺陷,有很高的检出灵敏度,且在一定的范围内具有良好的线性指示,可用作质量管理与控制；可在高温状态、工件的狭窄区域、深孔壁(包括管壁)进行检测；能测量金属覆盖层或非金属涂层的厚度；可检验能感生涡流的非金属材料,如石墨等；检测信号为电信号,可进行数字化处理,便于存储、再现及进行数据比较和处理。

② 涡流检测的缺点：对象必须是导电材料,只适用于检测金属表面缺陷；检测深度与检测灵敏度是相互矛盾的,对一种材料进行涡流检测时,须根据材质、表面状态、检验标准作综合考虑,然后在确定检测方案与技术参数；采用穿过式线圈进行涡流检测时,对缺陷所处圆周上的具体位置无法判定；旋转探头式涡流检测可定位,但检测速度慢。

(2) 涡流检测技术的新发展

随着涡流检测理论的进一步完善,各种新的涡流检测技术发展迅速,这些技术主要有阻抗平面显示技术、多频涡流检测技术、远场涡流检测技术、涡流三维成像技术、脉冲涡流检测技术等。

① 阻抗平面显示技术通过建立材质参量特征与涡流阻抗之间的对应关系,采用相应的模式识别方法,可以准确快速地鉴别材质特征及其参数。我国于20世纪90年代推出的全数字化智能涡流探伤仪,将专门设计的计算机与涡流检测单元合为一体,不仅具有阻抗平面显示功能,而且性能有很大提高。

② 多频涡流检测技术是美国科学家利比(Libby)于1970年首先提出的。该方法采用几个频率同时工作,能有效地抑制多个干扰因素,提取有用信号。20世纪70年代后期,国外已成功应用该技术进行了核电站蒸汽发生器管道的在役检测。90年代以后,我国先后研制出多种类型的涡流检测仪。

③ 远场涡流检测技术是一种能穿过金属管壁的低频涡流检测技术。当激励线圈和测

量线圈同时放入管道中，测量线圈能够接收穿过管壁后返回的磁场，从而可以检测管道内壁缺陷与腐蚀情况。远场涡流检测技术于20世纪50年代末提出，但直到80年代中期才开始得到实际应用。随着涡流检测理论的逐步完善和实践的迅速发展，涡流检测技术在无损探伤、性能测试和实时监控方面的应用会越来越广泛。

④ 涡流三维成像技术，是尚在研究中的涡流无损检测前沿技术，其本质是涡流层析成像结合有限元三维实体建模仿真。依据涡流检测原理，通过线圈感应出涡流场对激励磁场的扰动量，重构出试件内部电导率分布状态，以此反演缺陷信息，重构缺陷图像，实现待检测缺陷的可视化。

⑤ 脉冲涡流检测技术是近年发展起来的一种新型的涡流检测技术。脉冲涡流的激励电流通常采用具有一定占空比的重复宽带脉冲方波，该脉冲电流会感生出一个快速衰减的脉冲磁场，变化的磁场在导电试件中感应出瞬时涡流，其向试件内部传播时又会感应出一个快速衰减的涡流磁场。随着涡流磁场的衰减，磁传感器上就会输出随时间变化的电压。通过测量瞬态输出电压信号的变化大小，就可以得到有关缺陷的尺寸、类型和结构参数等信息。

2）磁粉检测

磁粉检测(magnetic particle testing，MPT)是基于缺陷处漏磁场与磁粉的相互作用而显示铁磁性材料表面和近表面缺陷的无损检测方法。当外加激励磁场(磁场强度为 H)时，铁磁材料被磁化，磁化后的材料可以认为是许多小磁铁的集合体，在材料连续部分的小磁铁的N极、S极相互抵消，不呈现磁性。如果材料中含有缺陷，在缺陷部位，缺陷造成材料不连续，磁力线被缺陷截断，缺陷开口处聚集异性磁荷，呈现不同的磁极，磁粉吸附在缺陷位置从而指示缺陷。磁粉检测原理示意图如图2-74所示。

磁粉检验法的目标是形成不连续的可靠指示，这依赖磁粉的选择和使用，能在给定条件下获得最佳的特征指示。磁粉显示介质选

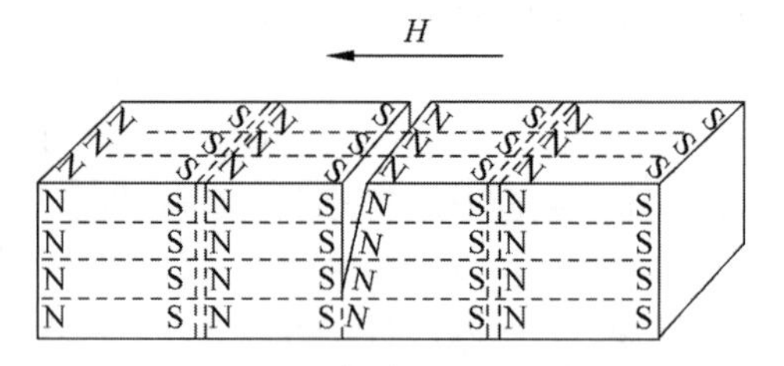

图2-74　磁粉检测原理示意图

择不合理可能导致磁痕无法形成或过于细小或产生畸变，产生错误判断。

根据磁粉的状态，磁粉检测分为干法和湿法两种检测方式：①干法是使用干磁粉洒在零件上进行检测，称为干粉法。干法检测时，磁粉的施加不需要另外的载体。②湿法检测是将干磁粉与煤油、变压器油混合后制成磁悬液，检测时将磁悬液喷洒在零件上进行检测的方法，湿法检测时需要用磁悬液溶解磁粉。

磁粉是由氧化铁磁材料的粉末制成，其形状有不规则的、球状的、片状的或针状的。磁粉材料、形状和种类不同，则其特性有很大差异。此外，磁粉还要有尽可能高的磁导率和尽可能低的矫顽力，以保证被不连续形成的漏磁通磁场吸引，形成可见的磁痕指示缺陷位置。但是，磁粉材料的磁导率要与其尺寸、形状及磁化方式相匹配，必须规定其磁导率和矫顽力适当的取值范围。

磁粉检测包括预处理、磁化工件、施加磁粉或磁悬液、磁痕分析和评定、退磁、后处理六个基本步骤。磁粉检测技术可用于检测裂纹、折叠、夹层、夹渣等。磁粉检测所用设备简单、操作方便，观察缺陷直观快速，能确定缺陷的位置、大小和形状，有较高的检测灵敏度，尤其对裂纹特别敏感，但只能检测铁磁材料，探伤前必须清洁工件，某些应用要求探伤后给工件退磁。

磁粉检测方法实施非常简单，但其基础的电磁现象需要采用复杂的场论来阐明，在磁化、磁粉施加、解释评价和退磁技术方面仍有一些问题需要解决。磁粉检测技术，一方面作为常规的外加磁化检测手段仍然具有强大的生命力，自发明至今一直用于检测铁磁材料的

不连续性缺陷；另一方面也需要积极吸纳新技术新材料来弥补其不足，适应科技进步、时代发展的新需求。

6. **渗透检测**

渗透检测（penetrant testing，PT）是较早使用的无损检测方法之一。除表面多孔性材料以外，渗透检测可以应用与各种金属、非金属材料，以及磁性、非磁性材料的表面开口缺陷检测。渗透检测方法简单，操作简便，不受工件几何形状、尺寸大小影响。一次检测可以探查任何方向的缺陷。但只能检测表面开口缺陷，工序较多，不能发现皮下缺陷、内部缺陷等。

渗透检测的基本原理是利用渗透液的润湿作用和毛细现象而在被检材料和工件表面上浸涂某些渗透力比较强的渗透液，将液体渗入孔隙中，然后用水和清洗剂清洗材料和工件表面的剩余渗透液，最后再用显示材料施加在被检工件表面，经毛细管作用，将孔隙中的渗透液吸出来并加以显示。渗透检测原理示意图如图 2-75 所示。

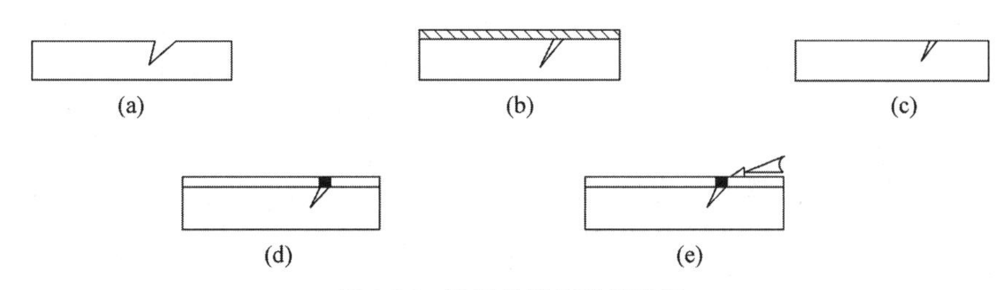

图 2-75　渗透检测原理示意图

(a) 清洗烘干后的被检试件；(b) 表面喷涂渗透剂；(c) 清洗去除表面多余渗透剂；
(d) 表面喷涂显像剂；(e) 肉眼或黑光灯观察

渗透检测中，渗透剂和清洗剂的性能对渗透检测的质量起着十分关键的作用。目前渗透剂有着色渗透剂和荧光渗透剂两大类。因此按照渗透剂中溶质的不同，渗透检测可分为着色渗透检测和荧光渗透检测两大类。

1) 着色渗透检测

着色渗透检测的渗透液为着色渗透液，其主要成分是红色染料、溶剂和渗透剂。此外还有降低液体表面张力以增强润湿作用的活性剂、减少液体挥发的抑制剂、便于水洗的乳化剂及助溶剂和增光剂等。着色渗透检测要求渗透液具有渗透力强、渗透速度快、色深而醒目，洗涤性好，化学稳定性好，对受检材料无毒、无腐蚀性。

显像剂分干粉显像剂和湿显像剂。着色渗透检测中较为常用的是溶剂悬浮型湿显像剂。这种显像剂的主要成分是吸附剂，常用氧化锌、氧化镁、二氧化钛等白色粉末和一些有机溶剂组成，并加入醋酸纤维素、火胶棉、塑料树脂等作为限制剂以限制显像的扩大作用。性能要求悬浮力好，与渗透剂有明显的衬度对比，显示缺陷图像清晰，对被检材料无腐蚀作用。

2) 荧光渗透检测

荧光渗透检测所用的渗透液中含有至少两种荧光物质，对缺陷的观察采用紫外线光源（也称黑光灯），使渗入缺陷内的荧光物质激发出荧光而发现缺陷。对荧光渗透液的要求是荧光度高、渗透性好，检测灵敏度高、易于清洗、无毒无味、不腐蚀材料。荧光液主要由荧光材料、溶剂、渗透剂以及适量的表面活性剂、助溶剂、增光剂和乳化剂等组成。其中荧光材料在紫外线照射下能够通过分子能级跃迁而产生荧光。

荧光显像剂分为干粉显像剂和湿粉显像剂两种，较常用的是干粉显像法。干粉显像有利于获得最高灵敏度和显示亮度。常用的白色粉末是经过干燥处理的氧化镁粉。施加干粉可用埋入法、喷粉枪等。荧光湿粉显像剂与着色显像剂基本相同。

2.5 温度监测与温度诊断

温度是一个和人们生活环境有着密切关系的物理量,也是一种在生产、科研、生活中需要测量和控制的重要物理量,是国际单位制七个基本量之一。本节从温度测量的基本概念入手,重点介绍当前温度测量的主要方法,包括分立式温度传感方法、红外测温技术、温度场监测技术、分布式光纤测温技术、光纤光栅测温技术及声波测温技术,并且在上述主要技术手段的基础上,介绍工程机械温度监测实际案例。

2.5.1 温度测量的基本概念

1. 温度的基本概念

温度是表征物体冷热程度的物理量。温度概念是以热平衡为基础的。如果两个相接触的物体温度不相同,它们之间就会产生热交换,热量将从温度高的物体向温度低的物体传递,直到两个物体达到相同的温度为止。

温度的微观概念如下:温度标志着物质内部大量分子的无规则运动的剧烈程度。温度越高,表示物体内部分子热运动越剧烈。

2. 温标

衡量温度高低的标尺称为温度标尺,简称为温标。它规定了温度的读数起点(零点)和测量温度的基本单位,保证了温度量值的统一和准确的数值表示方法。各种温度计的刻度数值均由温标确定。目前,国际上采用较多的温标有摄氏温标、国际温标。国家法定测量单位也采用这两种温标,同时,一些国家采用的是华氏温标和热力学温标。

1) 摄氏温标

摄氏温标符号为 t,单位记为℃。摄氏温标把在标准大气压下冰的熔点定为零度(0℃),把水的沸点定为100度(100℃)。在这两固定点间划分100等份,每一等份为1℃。

2) 华氏温标

华氏温标符号为 F,单位是℉。它规定在标准大气压下,冰的熔点为32℉,水的沸点为212℉,两固定点间划分180个等份,每一等份为1℉。华氏温度与摄氏温标的关系式为

$$\theta/℉=(1.8t/℃+32) \tag{2-4}$$

例如,20℃时的华氏温度 $\theta=(1.8\times20+32)℉=68℉$。西方国家在日常生活中普遍使用华氏温标。

3) 热力学温标

热力学温标符号是 T,其单位是开尔文(K)。热力学温标是建立在热力学第二定律基础上的科学的温标,是由开尔文(Kelvin)根据热力学定律提出来的,因此又称为开氏温标。它规定物体的分子运动停止(即没有热存在)时的温度为绝对温度(或最低理论温度)。水的三相点(气、液、固三态同时存在且进入平衡状态时的温度)的温度为273.16 K,把从绝对零度到水的三相点之间的温度均匀分为273.16格,每格为1 K。

由于以前曾规定冰点的温度为273.15 K,所以现在沿用这个规定,用下式进行K氏和摄氏的换算:

$$\begin{cases} t/℃=T/\mathrm{K}-273.15 \\ T/℃=t/℃+273.15 \end{cases} \tag{2-5}$$

例如,100℃时的热力学温度 $T=(100+273.15)\mathrm{K}=373.15\ \mathrm{K}$。

4) 国际温标

热力学温标是纯理论的,人们无法得到开氏零度,不能直接根据它的定义来测量物体的热力学温度。因此,需要建立一种实用的温标作为测量温度的标准,这就是国际温标。

国际温标是用来复现热力学温标的,是一个国际协议性温标。国际温标规定,热力学温度是基本温度,用符号 T 表示,单位是开,记为K。它与摄氏温度之间的关系为

$$t=T-273.15$$

式中:T——热力学温度,K;

t——摄氏温度,℃。

2.5.2 温度测量的主要方法

温度的测量方法按照感温元件是否与被测介质接触,可以分为接触式与非接触式两大类。可以根据成本、精度、测温范围及被测对象的不同,选择不同的温度传感器。表2-19列出了常用测温仪表的分类及性能。

表 2-19 常用测温仪表的分类及性能

测量方式	仪表名称	测温原理	精度范围	特点	测量范围/℃
接触式	双金属温度计	金属热膨胀变形量随温度变化	1～2.5	结构简单,精度清楚,读数方便,精度较低,不能远传	−100～600 一般−80～600
	压力式温度计	气(汽)体、液体在定容条件下,压力随温度变化	1～2.5	结构简单可靠,可较远距离传送(<50 m),精度较低,受环境温度影响大	0～600 一般 0～300
	玻璃管液体温度计	液体热膨胀体积量随温度变化	0.1～2.5	结构简单,精度高,读数不便不能远传	−200～600 一般−100～600
	热电阻	金属或半导体电阻随温度变化	0.5～3.0	精度高,便于远传;需外加电源	−258～1 200 一般−200～650
	热电偶	热电效应	0.5～1.0	测温范围大,精度高,便于远传,低温精度差	−269～2 800 一般−200～1 800
非接触式	光学高温计	物品单色辐射强度及亮度随温度变化	1.0～1.5	结构简单,携带方便,不破坏对象温度场;易产生目测误差,外界反射、辐射会引起测量误差	200～3 200 一般 600～2 400
	辐射高温计	物体辐射随温度变化	1.5	结构简单,稳定性好,光路上环境介质吸收辐射,易产生测量误差	100～3 200 一般 700～2 000

1. 接触式测温

接触式测温方法是使温度敏感元件直接和被测温度对象相接触。当被测温度与感温元件达到热平衡时,温度敏感元件与被测温度对象的温度相等。这类温度传感器具有结构简单、工作可靠、精度高、稳定性好、价格低廉等优点。但是当被测物体热容量较小时,测量精度较低。因此采用这种方式要测得物体的真实温度的前提条件是被测物体的热容量要足够大。

利用接触式测温方法的温度传感器主要有膨胀式温度传感器、电阻式温度传感器、热电偶温度传感器。

2. 非接触式测温

非接触式测温方法是应用物体的热辐射能量随温度的变化而变化的原理对物体的温度进行测量。当选择合适的接收检测装置时,便可测得被测对象发出的热辐射能量并且转换成可测量和显示的各种信号,实现温度的测量,也可进行遥测。具有不从被测物体上吸收热量,不会干扰被测对象的温度场等优点,可测高温、腐蚀、有毒、运动物体及固体、液体表面的温度。但是,其制造成本较高,测量精度不高。

利用非接触式测温方法的温度传感器主要有光学高温计和辐射高温计等。

2.5.3 分立式温度传感测量方法

常见的接触式测温传感器主要是热电偶、热电阻等热电式传感器。该类传感器把温度转换成电势和电阻,并且已在工业生产中得到了广泛的应用。

1. 热电偶

1) 热电偶的基本原理

热电偶传感器是工业测量中应用较为广泛的一种温度传感器,它与被测对象直接接触,不受中间介质的影响,具有测量精确度高,测量范围广,可连续测量优点。热电偶一般连续测量范围为−50～1 600℃,如果采用特殊材料,则该测量范围还可扩大。如金铁-镍铬,最低可测到−269℃;若采用钨-铼热电偶,最高可达 2 800℃。

热电偶传感器是基于塞贝克效应测量温

度的。具体实现方式是将两种不同材料的金属焊接在一起，当参考端和测量端有温差时，就会产生热电势，根据该热电势与温度的单值关系就可以测量温度。图 2-76 所示为热电偶工作原理示意图，电极 A 与电极 B 形成闭合回路，组成了热电偶。其中，温度高的一端称为工作端(测量端)(T_1)，该端直接与被测热场接触；温度低的一端称为自由端(参考端)(T_2)，自由端一般要设定在一个恒定不变的温度场中。若 T_1、T_2 不同，则会在回路中产生热电势。当工作端的被测介质温度发生变化时，热电势随之发生变化，将热电势送入计算机进行处理，即可得到温度值。

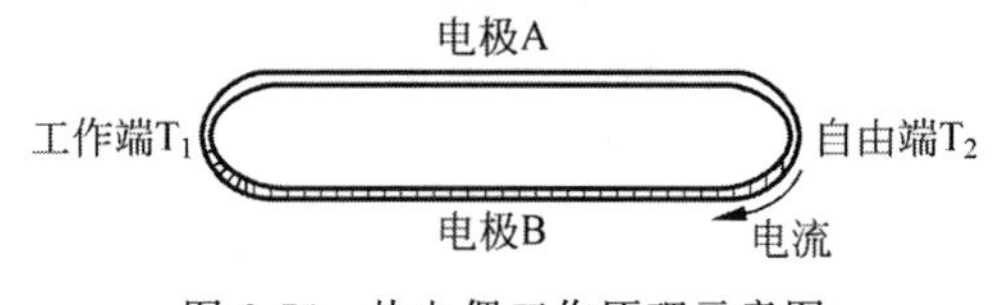

图 2-76　热电偶工作原理示意图

在实际测量中，一般是将符合温度范围的热电偶，用胶黏剂或焊接的方法，将其与被测物体表面直接接触，然后把热电偶接到显示仪表上进行测量。

2) 热电偶的结构形式与材料

热电偶的种类繁多，一般常用的主要有普通型热电偶、铠装热电偶(缆式热电偶)、薄膜热电偶、表面热电偶和防爆热电偶。

我国从 1991 年开始采用国际计量委员会规定的“1990 年国际温标”(简称 ITS-90)的新标准。按照该标准，共有八种标准化了的国际通用热电偶，见表 2-20。表 2-20 所列热电偶中，写在“－”前面的热电极为正极，写在“－”后面的热电极为负极。对于每一种热电偶，还制定了相应的分度表，并且有相应的线性化集成电路与之对应。分度表是指热电偶自由端(冷端)温度为 0℃时，热电偶工作端(热端)温度与输出热电势之间的对应关系的表格。

表 2-20　八种国际通用热电偶特性表

名称	分度号	测温范围/℃	100℃时的热电势/mV	1 000℃时的热电势/mV	特　点
铂铑$_{30}$-铂铑$_{6}$	B	50～1 820	0.033	4.834	熔点高，测温上限高，性能稳定，精度高，1 000℃以下热电势极小，所以可不必考虑冷端温度补偿；价昂，热电势小，线性差；只适用于高温域的测量
铂铑$_{13}$-铂	R	−50～1 768	0.647	10.506	使用上限较高，精度高，性能稳定，复现性好；但热电势较小，不能在金属蒸气和还原性气氛中使用，在高温下连续使用时特性会逐渐变坏，价昂；多用于精密测量
铂铑$_{10}$-铂	S	−50～1 768	0.646	9.587	优点同上；但性能不如 R 热电偶；长期以来曾经作为国际温标的法定标准热电偶
镍铬-镍硅	K	−270～1 370	4.096	41.276	热电势大，线性好，稳定性好，价廉；但材质较硬，在 1 000℃以上长期使用会引起热电势漂移；多用于工业测量
镍铬硅-镍硅	N	−270～1 300	2.744	36.256	是一种新型热电偶，各项性能均比 K 热电偶好，适宜用于工业测量

续表

名称	分度号	测温范围/℃	100℃时的热电势/mV	1 000℃时的热电势/mV	特　点
镍铬-铜镍(康铜)	E	−270～800	6.319	—	热电势比K热电偶大50%左右，线性好，耐高湿度，经济；但不能用于还原性气氛；多用于工业测量
铁-铜镍(康铜)	J	−210～760	5.269	—	价格低廉，在还原性气体中较稳定；但纯铁易被腐蚀和氧化，多用于工业测量
铜-铜镍(康铜)	T	−270～400	4.279	—	经济，加工性能好，离散性小，性能稳定，线性好，精度高；铜在高温时易被氧化，测温上限低；多用于低温域测量。可作−200～0℃温域的计量标准

2. 热电阻

热电偶传感器适用于测量500℃以上的高温，对于500℃以下的中、低温的测量就会遇到热电动势小、干扰大和自由端(冷端)温度引起的误差大等困难，为此常用热电阻作为测温元件。

热电阻测温技术主要应用热电阻的阻值随着温度的变化而发生变化，先通过集成电路将阻值的变化转化为物理电信号的变化，然后通过测量电信号来测量温度。

电阻温度计是利用金属导体或半导体电阻值与本身温度呈一定函数关系的原理实现温度测量的。因此，只要测量出感温热电阻阻值的变化，就可以测量出温度。在测温仪器中电阻温度计是较为常用的一种，其测量准确度高、测温范围广、性能稳定、灵敏度高、不需要参考点。因此，在工业生产和科研试验研究中大量使用工业热电阻温度计。

工业热电阻主要由感温元件、内引线和保护管组成。工业热电阻的感温元件主要有铂丝和铜丝两种，一般采用Pt100，Pt10，Pt1000，Cu50，Cu100，铂热电阻的测温范围一般为−800～−200℃，铜热电阻为−140～−40℃。

热电阻的结构主要有3类，分别是铠装热电阻、端面热电阻和隔爆型热电阻。其中，铠装热电阻是由感温元件(电阻体)、引线、绝缘材料、不锈钢套管组合而成的坚实体，它的外径ϕ一般为2～8 mm。其具有普通热电阻所不能具备的优点：体积小，内部无空气隙、测量滞后小、耐振、抗冲击、能弯曲，便于安装、使用寿命长。另外，其他能更正确和快速地反映被测端面的实际温度，适用于测量轴瓦和其他机件的端面温度。

隔爆型热电阻通过特殊结构的接线盒，把其外壳内部爆炸性混合气体因受到火花或电弧等影响而发生的爆炸局限在接线盒内，生产现场不会起爆。

3. 应用举例：热电阻应用于高压电动机轴承测温中

目前，高压电动机的外表温度通过观察振动和红外测温枪测量，无法真实反映内部运行温度。缺乏对高压电动机运行温度的监测报警装置，设备运行中出现异常状况无法及时发现，易使事故扩大造成高压电动机的烧毁。

中盐吉兰泰盐化集团有限公司将热电阻应用到高压电动机轴承测温中，解决了高压电动机轴承温度监测难的问题。该测温元件装配图如图2-77所示，测温探头位于轴承下端一侧的密封螺栓内的小孔中，方便进行监测轴承温度。探头通过导线依次与热电阻检测元件、智能型热电阻模拟量输入模块、分布式控制系统和显示器连接，可直接读取数值。其测温元件剖面图如图 2-78 所示。同时,将轴承报警温度设置为 95℃。运行时需要频繁地检查电机的轴承温度,检查轴承的升温速度比检查轴承本身的实际温度更有价值,如果轴承的升温速度过快,则马上停机,对轴承进行检查。有了轴承温度监测装置,既可以监测轴承的实际温度,又可以观察轴承温度的变化趋势,有利于保护电机的安全运行。将信号统一传至 DCS 中控室内便于操作人员监控,出现异常状况及时进行处置,可提高自动化监控程度。

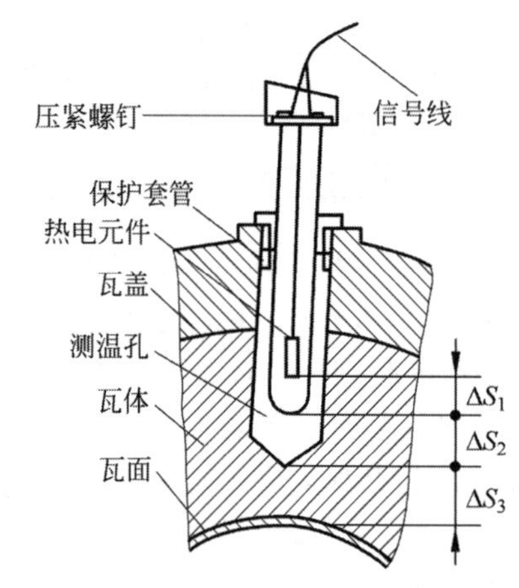

图 2-77 测温元件装配图

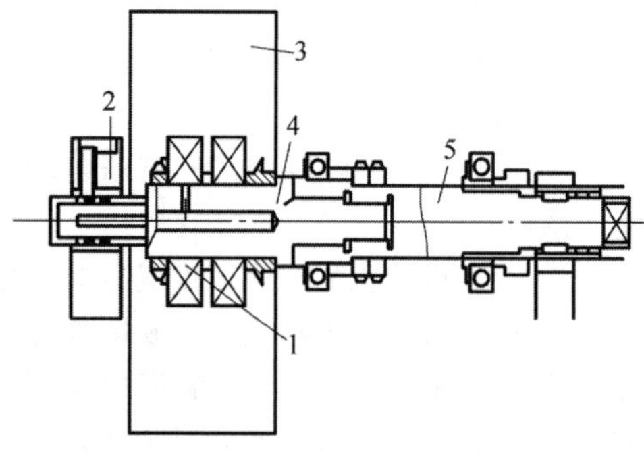

图 2-78 测温元件剖面图

1—试验轴承;2—内圈测温装置;3—灰尘腔;4—试验轴;5—传动轴

通过改造后,高压电动机运行已有三年,截至 2018 年未发生过由电动机轴承温度高而造成电机损坏的事故,极大地降低了生产维修费用,同时大大减轻了员工的劳动强度,达到了预期效果,有力地保障了生产安全稳定运行。

2.5.4 模拟集成温度传感器测量方法

1. 模拟集成温度传感器

随着系统小型化、便携化及低成本需求的不断增长,基于特殊材料或者薄膜制备而成的分立式温度传感器的应用受到了较大限制。为了应对上述问题,集成温度传感器孕育而生,并且因其良好的可植入性而迅速受到了人们的青睐。

集成传感器是采用硅半导体集成工艺而制成的传感器,因此也称为硅传感器或单片集成传感器。模拟集成传感器是在 20 世纪 80 年代问世的,主要由 AD590、AD592、TMP17、LM135 等组成,它是将传感器集成在一个芯片上、可以完成温度测量及模拟信号输出的专用集成电路(IC)。

模拟集成传感器的主要特点是功能单一(仅测量某一物理量)、测量误差小、价格低、响应速度快、传输距离远、体积小、微功耗等,适合远距离测量、控制,不需要进行非线性校准,外围电路简单,在很多温度测控领域应用十分广泛。

2. 模拟集成温度传感器的原理

集成温度传感器是利用晶体管 PN 结的电流电压特性与温度的关系,把感温 PN 结及有关电子线路集成在一个小硅片上,构成一个小型化、一体化的专用集成电路片。集成温度传感器实质上是一种半导体集成电路,它是利用晶体管的 b-e 结压降的不饱和值 V_{BE} 与热力学温度 T 和通过发射极电流 I 的关系实现对温度的检测。集成温度传感器的原理示意图如图 2-79 所示。

3. 应用举例:模拟集成温度传感器在内燃机冷却风扇温度控制液压驱动系统中的应用

内燃机壳下的空间随着车头迎风面积的减小而逐渐减小。空间的减小导致内燃机热负荷越来越高。因此,内燃机的冷却及冷却系统变得越来越重要。

有学者对内燃机冷却风扇温度控制液压

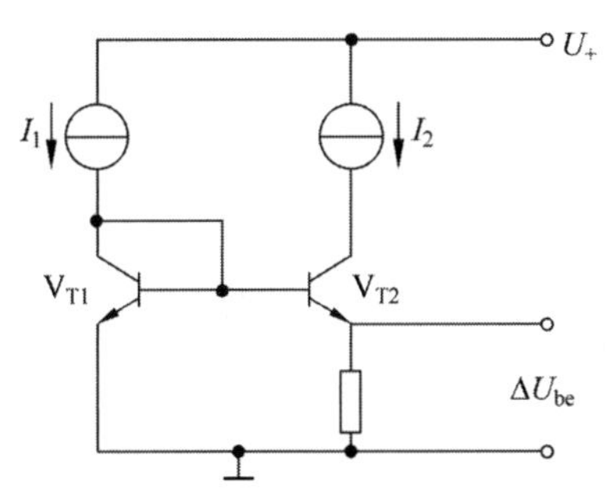

图 2-79　集成温度传感器的原理示意图

驱动系统方案进行了探讨。比例阀连续控制系统的原理示意图如图 2-80 所示，该系统由冷却液温度传感器、电子控制单元(electronic control unit，ECU)、比例阀、油泵、油箱、冷油器、油马达及过滤器等组成。系统由冷却液温度传感器将冷却液温度信号传给 ECU，ECU 处理冷却液温度信号后，发出控制信号，通过比例阀调节液压系统的油压，从而实现油马达及风扇转速的调节。

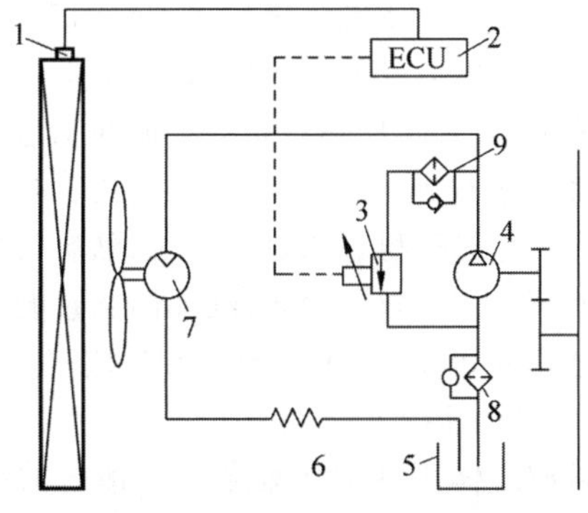

图 2-80　比例阀连续控制系统的原理示意图

1—冷却液温度传感器；2—电控单元；3—比例阀；4—油泵；5—油箱；6—冷油器；7—油马达；8—粗滤器；9—精滤器

在该系统中，温度测控系统是一种动态随机测控系统，测控温度为内燃机水套出口处即散热器入口处冷却液的温度。系统测温范围为 40～100℃，采用接触式测量方式，温度传感器选用高性能半导体集成温度传感器 AD590。它将外界温度的变化转化为与之相应的电流变化信号，可远距离测温。其测温范围为－55～150℃，全温区范围线性度可达±0.3℃，精度可达±1℃，是一种精度高、性能稳定、既实用又经济的测温传感器，可满足系统测量要求。

2.5.5　红外测温技术

红外测温技术作为一种有效的测温手段，其物理基础是黑体辐射定律，具有直观、准确，简便、快速、灵敏、距离远、不接触、不解体、不取样、设备不停运等优点，已经广泛应用在电厂、钢厂、大型机床，以及电力巡检、森林防火等多个领域。红外测温的方式有很多种，根据测温方式不同，大致可以分为两类：基于逐点分析的红外测温设备和基于全场分析的红外测温设备。目前在工业上以红外测温技术为基础的主要设备是红外测温仪和红外热像仪。

1. 红外测温原理

一切温度高于绝对零度的物体都在不停地向周围空间发出红外辐射能量。红外辐射是电磁频谱的一部分，红外位于可见光和无线电波之间。物体的红外辐射能量的大小及其按波长的分布与它的表面温度有着十分密切的关系。因此，通过对物体自身辐射的红外能量的测量，便能准确地测定它的表面温度，这就是红外辐射测温所依据的客观基础。当仪器测温时，被测物体发射出的红外辐射能量，通过测温仪的光学系统在探测器上转为电信号，并通过红外测温仪的显示部分显示出被测物体的表面温度。

红外测温方法的特点如下：非接触式测量，测温范围广，响应速度快，灵敏度高。但由于受被测对象的发射率影响，几乎不可能测到被测对象的真实温度，测量的是表面温度。

2. 红外测温仪

1）红外测温仪的系统组成

红外测温采用逐点分析的方式，即把物体一个局部区域的热辐射聚焦在单个探测器上，并通过已知物体的发射率，将辐射功率转化为温度。红外测温仪的基本结构主要包括光学系统、光电探测器、信号放大器及信号处理、显示输出等部分组成，其基本结构如图 2-81 所示。

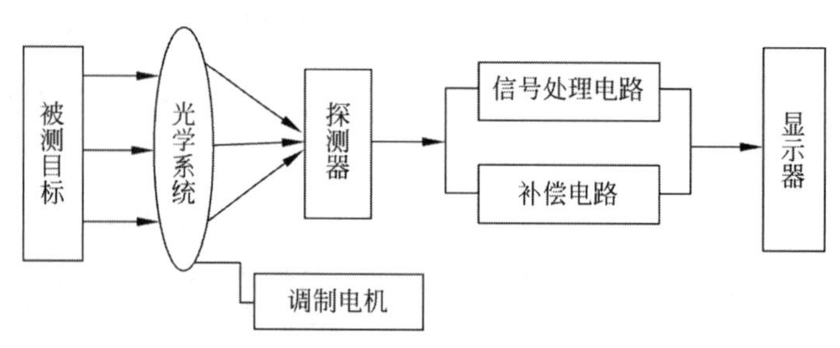

图 2-81 红外测温仪基本结构

系统由光学系统、光电探测器、信号放大器及信号处理、显示输出等部分组成。其核心是红外探测器，将入射辐射能转换成可测量的电信号。辐射体发出的红外辐射，依靠其内部光学系统将物体的红外辐射能量汇聚到探测器(传感器)，经调制器把红外辐射调制成交变辐射，由探测器转变成为相应的电信号。该信号经过放大器和信号处理电路，并按照仪器内的算法和目标发射率校正后转变为被测目标的温度值。

2) 红外测温仪测量的误差因素

影响红外测温的误差因素主要有仪器本身因素，还有辐射率、距离系数、目标尺寸、响应时间和环境因素五个因素。

(1) 辐射率

辐射率主要与物体的材料形状、表面粗糙度、凹凸度及测试的方向有关。不同物质的辐射率是不同的，红外测温仪从物体上接收到辐射能量大小正比于它的辐射率。

(2) 距离系数

距离系数($K=S:D$)是测温仪到目标的距离 S 与测温目标直径 D 的比值，主要影响红外测温的精确度，K 值越大，分辨率越高。在实际测量过程中，需要根据 K 值灵活调整。例如，用测量距离与目标直径 $S:D=8:1$ 的测温仪，测量距离应满足的要求见表 2-21。

表 2-21 S 值应满足的要求 mm

目标大小 D	15	50	100	200
测量距离 S	<120	<400	<800	<1 600

(3) 目标尺寸

被测物体和测温仪视场决定了仪器测量的精度。使用红外测温仪测温时，一般只能测定被测目标表面上确定面积的平均值。根据测试时被测目标、测试视场的大小与测试效果的关系，建议在实际测温时，被测目标尺寸超过视场大小的 50%为好。

(4) 响应时间

响应时间表示红外测温仪对被测温度变化的反应速度，定义为到达最后读数的 95%能量所需要的时间，它与光电探测器、信号处理电路及显示系统的时间常数有关。如果目标的运动速度很快或者测量快速加热的目标时，要选用快速响应红外测温仪，否则达不到足够的信号响应，会降低测量精度。但并不是所有应用都要求快速响应的红外测温仪。对于静止的或目标热过程存在热惯性时，测温仪的响应时间可放宽要求。因此，红外测温仪响应时间的选择要和被测目标的情况相适应。

(5) 环境因素

被测物体所处的环境条件对测量的结果有很大的影响，它主要体现在两个方面，即环境的温度和清晰度。

3. 红外热像仪

1) 红外热像仪测量原理

红外热像仪利用某种特殊的电子装置将物体表面的温度分布转换成电信号，并一一对应地模拟扫描物体表面温度的空间，经电子系统处理，传至显示屏上，得到与物体表面热分布相应的肉眼可见的热像图，并以不同颜色显示物体表面温度分布的技术，它可以实现对目标进行远距离热状态图像成像和测温，并进行分析判断。

被测物体的某点辐射的红外线能量入射

到垂直和水平的光学扫描镜上，通过目镜聚集到红外探测器上，把红外线能量信号转换成温度信号，经放大镜和信号处理器，输出反映物体表面温度场热像的电子视频信号，在终端显示器上直接显示出来。热像图与物体表面的热分布场相对应。

当带电设施有了热故障，其特点是过热点为最高温度，从而形成一个特定的热场并向外辐射。通过红外线成像仪的光扫描系统，可以把这一热场直观地反映到荧光屏上，形成显示热辐射能量密度分布状况的红外范围。根据这个热像图，很容易找出热场中的最高温度点，这个最高温度点就是热故障点。另外，通过热成像仪配置的现场计算机，设定某特定参败后，即可在现场直接测出热场内任意点的温度值，从而及时准确地判断出供电设施热故障位置及严重程度，提前发现隐患，避免发生烧断等停电事故。

2）红外温度场测量系统基本组成

红外温度场测量是通过热成像来进行测温的，红外温度场测量系统主要由红外光学镜头、红外热像仪、图像采集设备和测温数据处理软件组成，如图 2-82 所示。红外光学镜头用于将待测红外场景辐射的红外能量汇聚在红外探测器的感光面上进行成像，红外镜头所用材料不同于可见光镜头。红外热像仪将红外镜头汇聚的待观测目标的红外图像光信号转变为电信号，并经过图像处理后输出。图像采集设备用于将红外热像仪输出的图像进行采集、存储，以便后续处理与分析。测温数据处理软件用于对图像采集设备采集到的红外图像进行数据处理，将图像数据转换为温度数据供分析。

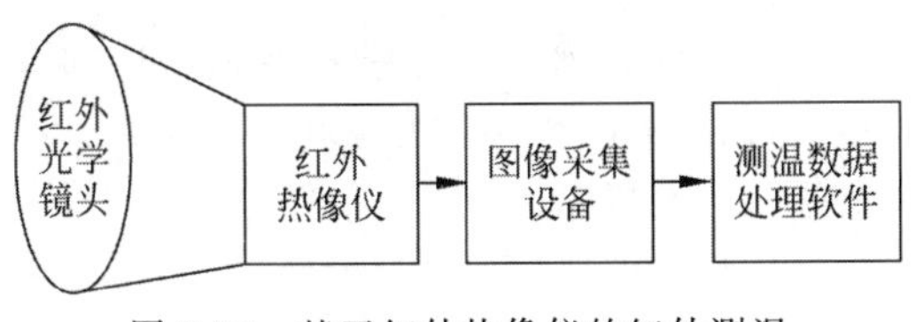

图 2-82　基于红外热像仪的红外测温系统基本组成

3）红外热像仪的使用注意事项

红外热像仪在使用过程中，保证其操作正确性对图像质量、缺陷发现乃至故障分析都至关重要，应避免在现场使用时出现任何操作失误。

（1）根据现场环境与设备运行状况设置正确的测温范围。观测目标时，一般先对设备所有的应测部位进行全面扫描，细致观察温度变化情况，调整测温范围，尽力保证温度读数正确与温度曲线的质量。

（2）通过全面扫描能够得到精确测温读数的最大测量距离，对于焦平面探测设备，应保证通过红外热像仪光学系统的目标图像至少占到九个像素。若目标已存在不良状态，为了得到更为精准的测量读数，应注意将被测物体的异常部位和重点检测区域尽量充满仪器的主视场。

（3）在拍摄设备图像的过程中，应仔细调整焦距或测量方位角，避免目标上方或周围背景的反射效应对测量精确度造成影响。为了达到最好的效果，在冻结和记录图像时，尽可能保证仪器平稳。当按下存储按钮时，应尽量保证动作的轻缓与平滑性。

（4）在实际的检测成像工作中，必须注意仪器对检测环境的要求。在对室内运行设备的检测时，宜关灯进行，避免灯光直射待测设备。室外检测务必考虑太阳反射和吸收电磁波现象对热成像的影响，应在晚间、日出之前或条件允许的阴天进行检测。

（5）如果实际情况要求精测，则还需记录影响测温成像精度的其他有关因素，如环境温度、湿度、热反射源、背景辐射率等。

4. 应用举例：压力机与红外测温仪联机控制装置

学者王磊和赵丽萍设计并成功组装了一台红外测温仪用来监控轴承锻造温度，该装置是在压力机附近安装一台红外测温仪、一台温度记录仪及报警装置。

如图 2-83 所示，红外测温仪安装在机床附近，探测头对准压力机工作台面，并将实时温度传送给温度记录仪，温度记录仪对温度进行实时记录保存。当轴承锻件温度达到工艺设定温度时，温度记录仪并报警。在实际操作中，当轴承锻件温度达到工艺设定的800℃时，继电器闭合，报警装置报警，提醒工人该锻件为温度合格锻件，可以整径，然后迅速把动作信号传送给机床控制系统。

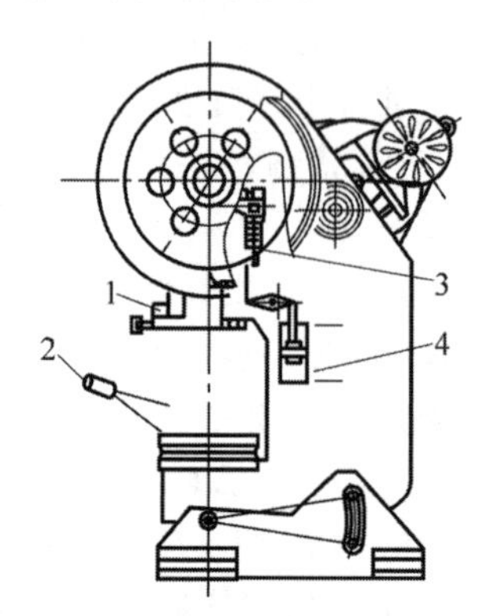

图2-83 联机控制装置安装示意图
1—滑块；2—红外测温仪；3—操纵机构；4—牵引气缸

该装置在公司所有铁路轴承锻造中得到广泛应用，并且在其后一年多的生产中再无因温度问题影响锻件质量。同时，还提高了压力机自动控制和检测水平，确保设备安全稳定运行。

2.5.6 分布式光纤测温技术

光纤传感器用光作为敏感信息的载体，用光纤作为传递敏感信息的媒质。利用光波在光纤中传输的特性，可沿光纤长度方向连续的传感被测量(如温度、压力、应力和应变等)。光纤既是传感介质，又是被测量的传输介质，结构简单，使用方便，可在很大的空间范围内连续地进行传感。与点式传感器相比，单位长度内信息获取成本大大降低，性价比高。它能对光纤沿线所在处的温度进行不间断的连续测量，特别适用于需要大范围多点测量的场所。

分布式光纤测温传感器在油田高温测井中的应用如下。

油井温度是石油生产中必不可少的参数。准确的井温测量对油井生产的地质资料解释和动态监测都是非常重要的。采用分布式光纤测温技术测量高温油井的温度，具有井下温度区域直接定位、测量速度快等优点。

辽河油田进行系统功能测试，测井过程是将专用测温电缆通过滑轮放入井中，前端光纤温度传感器主机，如图2-84所示。测试结果显示在674 m井附近油温达到255.6℃。被测试井的深度大约是1 580 m，而油层温度峰值在井底1 580 m附近的233℃。与常规温度测量手段(压力表用温度测量)相比，分布式光纤测温手段测量时间短，完整的数据测量仅需花费5 s，且温度区域可以直接定位。

图2-84 某油田分布式光纤测温系统现场测试环境

2.5.7 光纤光栅测温技术

光纤光栅传感器是利用光纤光栅对温度非常敏感的特性而制成的一类温度传感器，其最大特点如下：抗电磁干扰能力强、测试精度高、重复稳定性好、远程信号传输性能优越，能实现多传感器的复用。

轨道交通事关人民群众的生命健康财产安全，尤其对于地铁等人员密度大的场所。一旦发生火灾等突发事故，后果不堪设想。因此，对早期的隧道火灾进行探测和报警，尽快发现火灾迹象，及时救援、降低损失，具有重要的现实意义。

中国科学技术大学曾模拟在地铁区间隧道内，对固定火源和移动火源利用分布式光纤光栅进行测温研究。

试验设计模拟隧道的尺寸为30 m(长)×7.6 m(宽)×7.8 m(高)，模型中段为10 m长的燃烧试验段，并在燃烧段加一段钢梁进行加固，如图2-85所示。布置钢绞线时沿隧道纵向方向，具体位置在车厢左侧上方、距模拟隧道顶部 0.2 m 处。以钢绞线为基础，光纤光栅温度传感器以 2.5 m 的间距捆绑在钢绞线上，总共设置 8 组。模拟隧道的两端各安装 1 台射流风机，使隧道内部产生纵向通风，风速分别是 3 m/s 和 4 m/s。

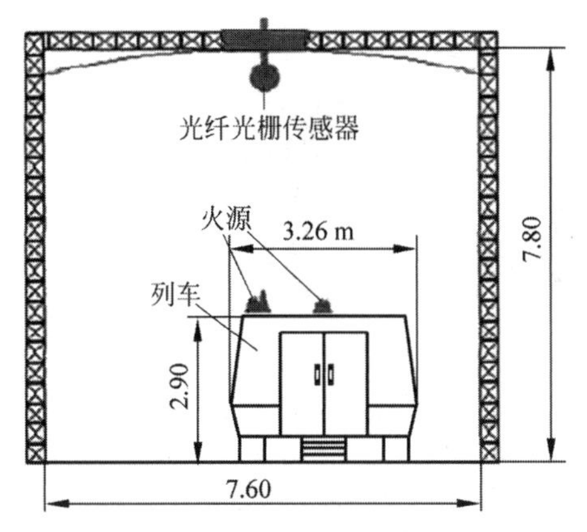

图 2-85　地铁区间隧道模型示意图(单位：m)

结果表明，对于隧道内部发生的固定火源和移动火源的火灾，光纤光栅探测器均具有良好的探测响应性能，并能根据隧道内部的通风情况，为判断火源的位置提供一定的信息。

2.5.8　声波测温技术

声波在传播过程中受到温度影响会发生速率变化，声学法主要是根据声波速率变化与温度的对应关系来进行温度测量，通过测得声波在介质中的速度，便可以求出介质温度数值及温度分布情况。声学法测温可以实现温度的非接触式测量，测温范围较广，测量精度较高，实时性较好，对测温环境的适应性较强，已被公认为在温度场实时在线监测方面较具发展前景的一种方法和技术。

声学测温原理示意图如图 2-86 所示。

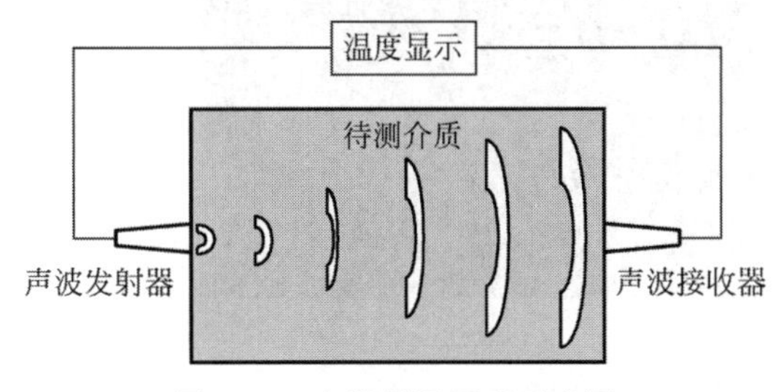

图 2-86　声学测温原理示意图

2.5.9　工程机械温度监测案例

1. 工程应用实例 1：基于光纤测温技术的带式输送机托辊故障识别

带式输送机因其运输能力强、运输距离长、机电事故率低、能耗小等优点在煤矿井下得到了广泛的应用。然而，在长期运行后，托辊会出现轴损坏或表面破损等现象，划破正在高速运转的输送带，引发重大输送机事故。因此需要实时监测带式输送机的托辊状态。

学者郭清华利用分布式光纤测温系统对带式输送机的托辊轴温进行监测，通过采集大量损坏托辊生命周期内的历史温度数据，提出了基于损坏托辊历史温升特征曲线的托辊故障识别算法和基于托辊每日温升与时间二维分布的托辊故障识别算法，实现带式输送机系统托辊故障的早期预警和定位，克服当前需要大量人员进行现场靠经验检测和判断的不足。

1) 带式输送机测温系统

分布式光纤测温系统平台主要包括三大部分，分别是数据感知单元，数据传输处理单元及报警控制单元。分布式光纤测温系统测试平台结构如图 2-87 所示。其中，数据感知单元主要有带式输送机、光纤温度传感器、传感光纤构成，负责完成托辊轴温、带式输送机滚筒、输送机机尾等重要数据的测量；数据传输处理单元包括分布式光纤测温主机、监控主机、服务器等，主要完成将检测数据通过分布式光纤测温主机与监控主机通信，实时发送检测数据到监控主机，并通过监控软件进行温度曲线显示、温度预警与定位、托辊故障判定与定位、温度数据与报警数据存储等。图 2-88 所示为实际测量中托辊轴光纤温度安装图。

2) 结论

该实例采集了两个煤矿带式输送机的现场托辊温度数据进行测试验证。测试数据表明，损坏托辊历史温升特征模式算法的识别成功率为 60%～70%；二维正态分布统计算法在识别正常托辊的成功率较高。该研究成果能够为煤矿等工业现场的带式输送机系统托辊故障预警和识别提供新的技术方案。

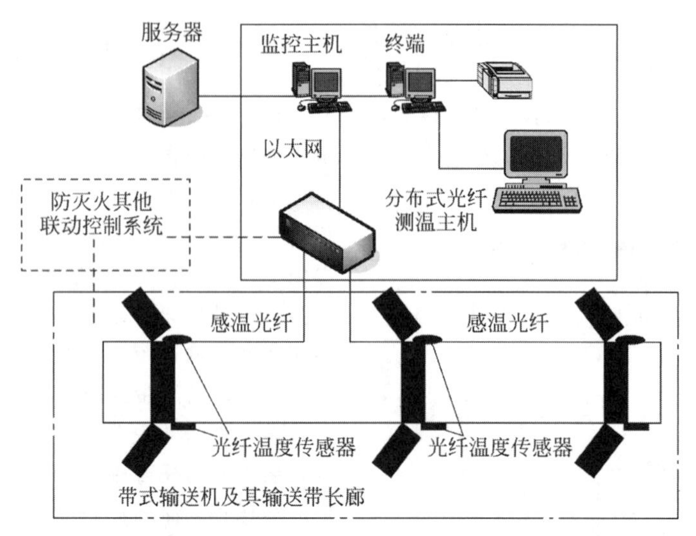

图 2-87 分布式光纤测温系统测试平台结构

图 2-88 实际测量中托辊轴光纤温度安装图

2. 工程应用实例 2：基于红外热像采集技术的变压器故障预警及诊断

采用红外热像仪测试并提取变压器工作过程中的红外热图像信息。通过利用图像分割与特征提取方法建立变压器温度场的温度—频率分布曲线，分析了变压器正常工况及故障工况时的红外热像特征及温度场特征，有效实现变电站变压器故障的精确诊断，为实现 35 kV、220 kV 等级变电站变压器的监测与故障诊断提供一种有效的技术手段。

在该实例中，监测对象为某 10 kV 变电站变压器，监测位置为柱上隔离开关线夹和配电变压器低压侧接线夹。利用红外热像对变电站变压器进行长期监测，可获得柱上隔离开关线夹的红外热图像。图 2-89 中(a)和(b)所示为在正常工况和连接不良情况时柱上隔离开关线夹监测的红外热像图。柱上隔离开关线夹正常工作时[图 2-89(a)]，其温度场的分布比较均匀，监测红外热图像总体分布为 9.4～13.8℃。而当柱上隔离开关线夹出现连接不良时[图 2-89(b)]，在接触不良处出现显著的高温区，最高温度达到 61.6℃。

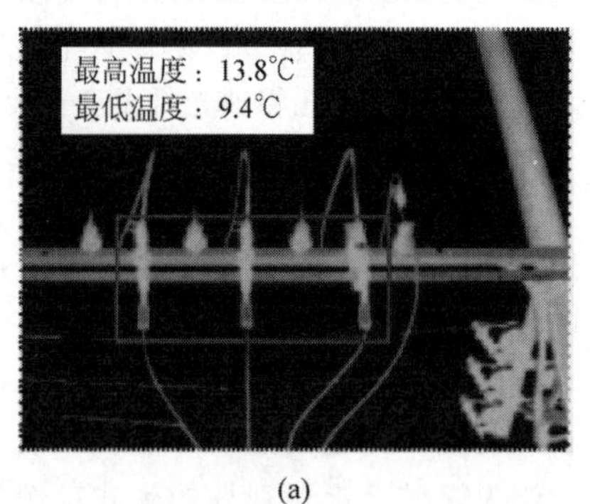

(a)

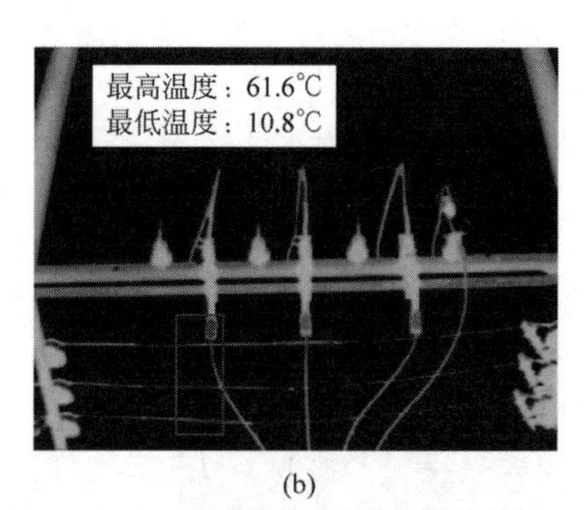

(b)

图 2-89 柱上隔离开关线夹监测的红外热图像
(a) 正常工况；(b) 连接不良

图 2-90 所示为配电变压器低压侧接线夹在正常非连接不良时的红外热像图像，接线夹接触良好，其红外热像的温度场分布均匀且集中，主要分布在 17.8～20.3℃范围内，而当开关线夹连接不良时，最高温度达到 76.4℃，产生明显的局部高温。

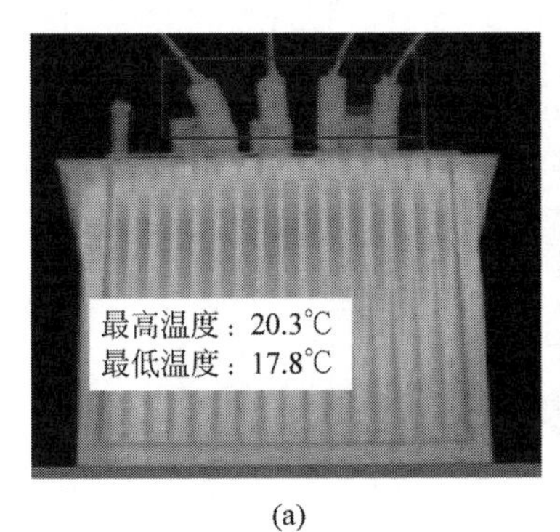

(a)

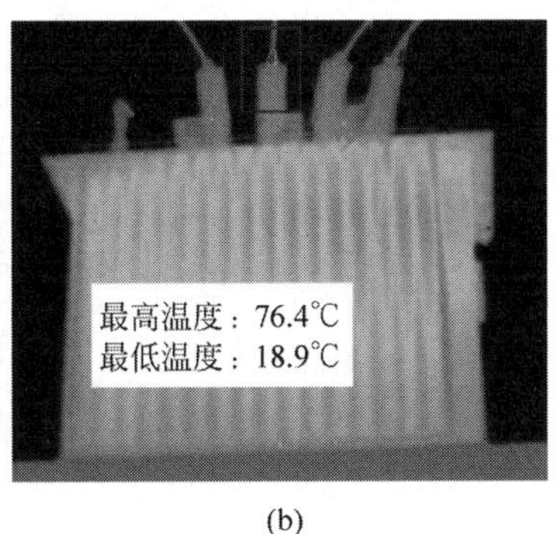

(b)

图 2-90　配电变压器低压侧接线夹监测红外热图像
(a) 正常工况；(b) 连接不良

在该实例中，利用变压器出现故障时的温度变化特征，采用阀值设定方法进行故障预警，并将变压器低压侧接线夹的故障温度预警线设置为 40℃。一旦变压器低压侧接线夹的红外热图像最高温度超过 40℃，系统便会产生故障预警，提示维护人员对该故障节点进行维修和处理，保证变电站变压器的安全、长期稳定运行。

3. 工程应用实例 3：光纤光栅在高压开关柜中的应用

开关柜作为供电网中重要的组成部分，其稳定的工作状态决定整个电网的正常运行。然而，在实际供电过程中，伴随供电网负荷增加，供电面积加大等实际因素，对开关柜进行停电检修越来越难以实现。因此，对其运行健康状况进行监测是必需的。

利用分布式光纤光栅监测系统可以实时测量开关柜的温度，其测温原理如下：当光纤光栅所处的环境温度发生变化时，光纤的栅距发生对应变化，导致光栅波长改变。通过测量由温度引起的变化的光栅波长，经过解调装置将这种波长的变化转化为对应的电平，可以实现对开关柜内电气设备触点连接温度的实时测量，达到实时监测开关柜运行健康状况的目的。

光纤光栅测温系统的框架如图 2-91 所示。最底层为安装在开关柜内部重要测温点的光纤光栅传感器。工作时，解调仪产生窄带激光通过多路光开关并经过耦合器到达开关柜内每个传感器，若扫描光的波长与光栅中心波长相同此时将发生发射，反射光通过耦合器——多路光开关的光路返回解调仪。解调仪通过解调获得相应温度信息，最终通过 A/D 转换和网络通信将数据上送到上位机。上位机中的监测软件可以实现开关柜温度数据的显示、存储、分析、查询、预警等功能。孙晓雅等设计的基于分布式光纤光栅的高压开关柜温度在线监测系统示意图如图 2-92 所示，测温系统的基本结构和实现功能相似，不再赘述。

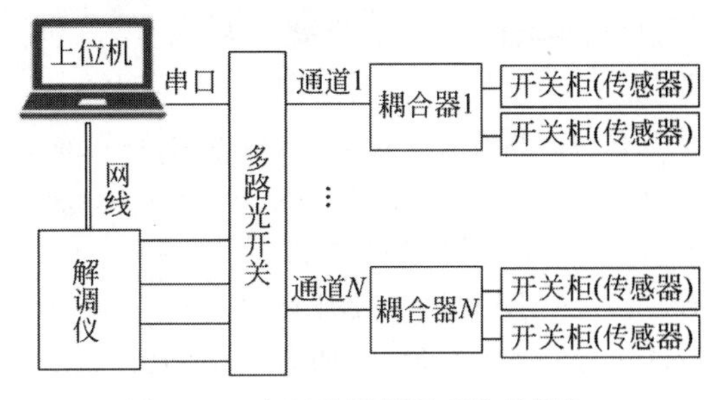

图 2-91　光纤光栅测温系统的框架

4. 工程应用实例 4：声波测温系统在宝钢电厂炉膛烟温监测系统上的应用

锅炉燃烧优化是火电厂安全、节能和减排

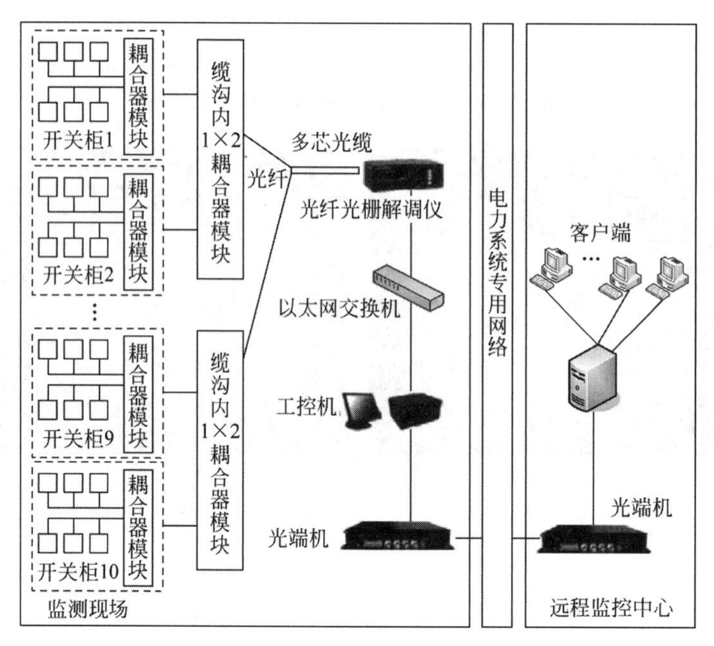

图 2-92　高压开关柜温度在线监测系统示意图

的关键所在。传统配置的探针烟温具有无法避免的缺点，即当火电机组并网或锅炉炉膛烟温达到一定温度时(520℃)自动退出，无法满足高温下长时间工作。因此需要一种连续可靠能从启动开始全负荷范围内监控炉膛烟温的系统，可以有效监控正常运行期间的炉膛烟温，避免管壁超温爆管等锅炉事故的发生。

声波测温系统加装在宝钢电厂 1/2 号机组锅炉上，用以全负荷段连续监测锅炉炉膛烟温。同时利用声波测温监控系统实现控制不同负荷下的合理炉膛出口温度，减少过热器和再热器的喷水量，提高燃烧效率减少污染物排放。

该声波测温系统主要由声波发生器(acoustic generator，ASG)、声波触发器(acoustic trigger，AST)、多接收技术的声波接收器(acoustic receiver，ASR)和信号处理计算机(signal processing computer，SPC)四部分组成。其中，ASG 是声波测温的核心部件，由声波信号发生器、传输管、充气控制阀组件、触发组件，可调节空气增压器组成。AST 从 SPC 接收发射逻辑信号，给电磁阀发送发射信号。同时 AST 的麦克风组件在 ASG 发射声波时检测声波脉冲。ASR 具有侦测声波和识别声波信号后发送信号的通信功能，每套 PyroMetrix 声波测温系统最多支持 4 个声波发生器和 12 个接收器。SPC 包括一个工业级的处理器和一个能显示本地组态、报告和运行参数(可修改)的液晶显示器。SPC 能同时提供多达 16 组 ASG/ASR 输出隔离的 4～20 mA 信号。

锅炉炉膛烟温测量系统硬件配置图如图 2-93 所示。该系统配置具有两个声波发生器 ASG 和 8 个声波接收器 ASR。通过测量得到 8 个通道上烟气的平均温度，再经计算机特殊算法处理得到炉膛温度场分布，并可通过 4～20 mA 信号送到显示器上呈现出来。

该声波测温系统具有精确度高(±1%)、抗干扰能力强、可在锅炉全负荷范围内连续测量、测量面积广、维护量少等优点，自投入运行后，为锅炉运行和技术人员提供了大量锅炉炉膛燃烧工况和烟气温度分布数据，运行人员也能从工业电视大屏上实时看到锅炉燃烧烟气温度场分布示意图，直接了解到燃烧的状况，同时也能根据炉膛烟温的变化避免过热器和再热器屏底结焦、火柱偏斜，确保锅炉的安全稳定运行。

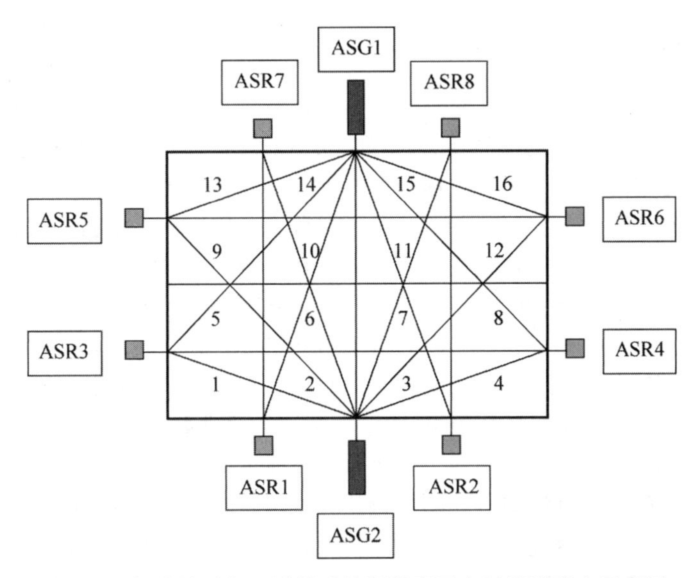

图 2-93　锅炉炉膛烟温测量系统硬件配置和区域温度点示意图

2.6　盾构状态监测

盾构机是集机、电、液于一体的大型专用装备，结构复杂，施工环境恶劣，因此设备状态监测是盾构正常运行的重要保障。设备运行中需要在不拆卸情况下，通过各种监测装置与方法，掌握设备运行状态，进而判定异常部位与原因，预测盾构未来状态，从经济效益、社会效益、环境效益多方面提升盾构施工价值。盾构施工流程如图 2-94 所示。

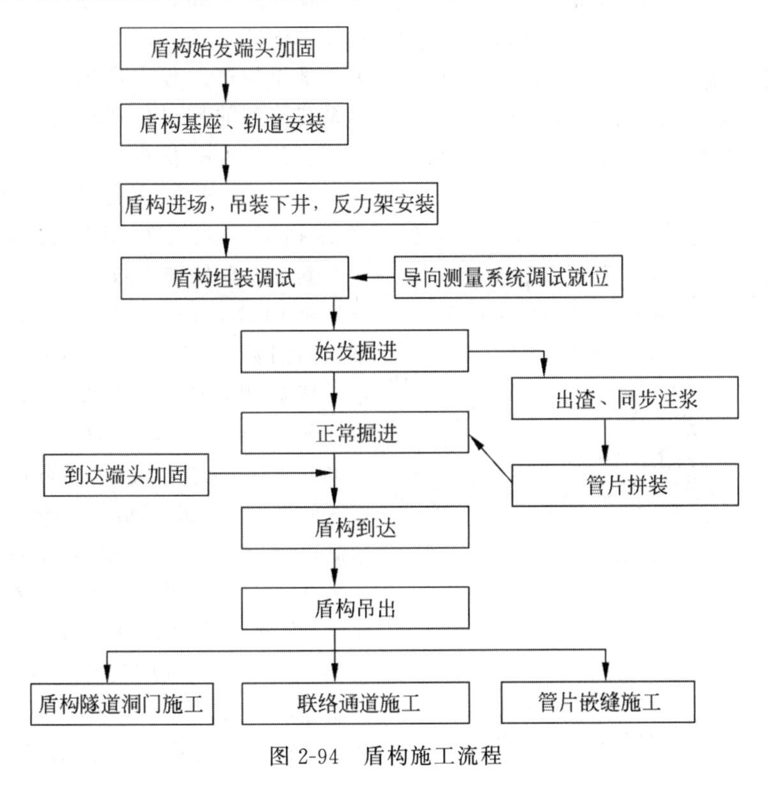

图 2-94　盾构施工流程

2.6.1 掘进参数实时监测

1. 掘进参数实时监测系统

盾构结构复杂，主要结构包括盾体、刀盘、主驱动、人舱、推进、铰接、管片拼装、排渣系统，以及后配套的液压系统、电气控制系统、管片吊运、介质系统、操作室、拖车钢结构等组成。实时监测盾构掘进参数包括刀盘扭矩、转速、主电机电压、电流、推进油缸位移、压力、各润滑系统油位、温度、各液压系统压力、流量等，采用各类传感器采集并传输数据有利于工作人员全面掌握设备状态，保证盾构在工作过程中的安全、可靠与稳定。盾构掘进状态监测体系如图 2-95 所示。显示系统会接收各类传感器对应控件或自建控件的信息显示，以表格、数值、图像、视频等方式展示。信号调制解调是对各模拟与数字信号的时域和频域分析。数据存储是用户根据实际情况进行设计存储到 MangoDB、MySQL、Oracle、Microsoft Access 等数据库或系统中，可供监测系统随时查询并增删改查。其中，信号调制解调装置结合数据采集系统已有较多成熟产品，如 NI CompactDAQ——便携式数据记录仪。NI CompactDAQ 提供了 USB 即插即用的简单连接性，可轻松实现现场的电子测量应用，完成信号调理与数据采集。系统中使用的主要模块有 NI CompactDAQ 机箱 NI cDAQ-9172、4 通道热电偶输入模块 NI 9211、4 通道 IEPE (integrated electronic piezoelectric)模拟输入模块 NI 9233、32 通道模拟电压输入模块 NI 9205。红旗仪表的 M121 便携式智能记录仪，接收多通路模拟信号，记录时间间隔为秒，包含液晶显示报警提示、内置蜂鸣报警器。内置锂电池供电和电源适配器供电并存。摒弃传统的 RS-232 接口，采用稳定的 USB 通信接口。

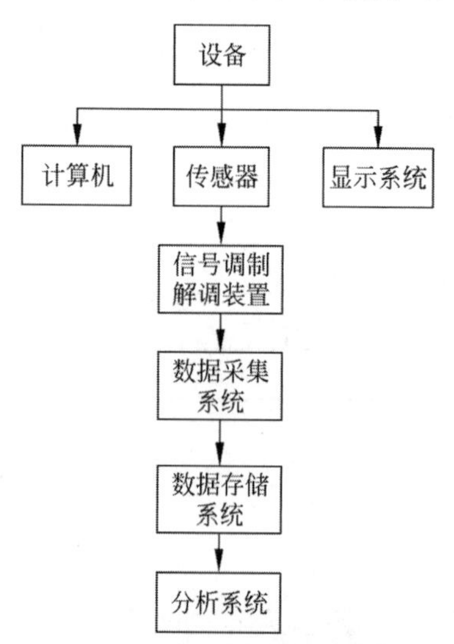

图 2-95 盾构掘进状态监测体系

2. 掘进参数监测

通过各传感器采集盾构掘进各项参数，通过可编程逻辑控制器(PLC)控制反馈到操作室。同时利用以太网、光纤通信、无线通信，通过 TCP/IP、UDP 等协议把采集到的参数数据发送到远程数据存储端，为历史数据分析、趋势预判、故障预警、姿态控制、耗材分析等操作提供数据基础，其中主要监测参数如下。

1) 刀盘系统

刀盘系统由刀盘和驱动装置组成，用于开挖、支护和渣土装载。由刀盘钢结构、刀具、渣土改良介质管路、液压/电气等组成。驱动装置是盾构机的核心部件，为盾构机掘进提供动力并承受掘进过程中产生的推力和扭矩。刀盘系统监测的数据包括环号、刀盘转速、刀盘扭矩、刀盘功率、推进压力、刀盘油温、累计工作时间、补油压力、超挖刀盘角度、抓举头角度、磨损压力、贯入度、喷水累计量等。

其中刀盘转速由操作人员利用按钮指令发送至 PLC，驱动电磁阀与电位器控制；刀盘油温由测温仪与温控开关组成，将各自检测的信号传至 PLC 的模拟量输入端和开关量输入端。例如，MSpro 红外测温仪，温度范围在 −32～+760℃内精确可读，可调发射频率，响应时间 0.3 s，最小可测 13 mm 的目标温度，视听高/低温报警，最小/最大值保持，温度分辨率为 0.1℃，K 型热电偶输入、数据存储、USB 接口，配备上位机软件。双兴电子油温监测仪，有远程 RS485 通信(可选)和 4～20 mA 电流量输出(可选)及 GSM 无线公网报警传输方式可以选择。液晶显示，同时具有参数修改保护功能。用户可以设置密码来保护系统参数,可以防止运行参数被误修改带来的系统运行错误,增加了系统的稳定性。刀盘压力采用接触式压力传感器,主要考虑测量精度、接口标准、输出形式。该类指令监测通过传感器反馈数据,于上位机软件系统显示。刀盘扭矩、刀盘功率、贯入度、累计工作时长、喷水累积量等通过各参数各数据之间关联关系计算获得。

2）推进油缸

推进油缸为盾构机提供推进力的部件,安装于盾体上。6.0 m/6.2 m 常规盾构配备 30 根或 32 根推进油缸,适应管片分度分别为 36°和 22.5°。以 30 根油缸布置为例：油缸编组为 10 双缸编组和 10 单缸编组。油缸行程为 2 150 mm,每根油缸的最大推力约为 1 330 kN (35 MPa),总推力约为 39 800 kN。推进油缸分为 4 个区域,能够单组控制和联动控制,通过调整各区的压力,可以实现盾构机的方向调整。每个区域均有 1 根油缸带有内置行程传感器,通过行程传感器对每个区域油缸的行程进行实时监测。主要监测参数包括土仓压力、推进速度、推进位移等。

3）皮带输送机

将螺旋输送机排出的渣土带到后配套编组列车的渣车上,其主要结构有皮带架,托辊,以及张紧装置和驱动装置,主要监测数据为皮带机转速、皮带机张紧压力。

针对皮带机速度、断带、堆砌物、跑偏度、纵向撕裂度、环温、轴温,综合测量对象、测量目的及环境等因素使用不同传感器对物理量进行测量。传感器需要具备故障率低、灵敏度高、使用寿命长且具有三防功能的产品。将数据输入至控制系统。皮带机监测控制系统架构如图 2-96 所示。

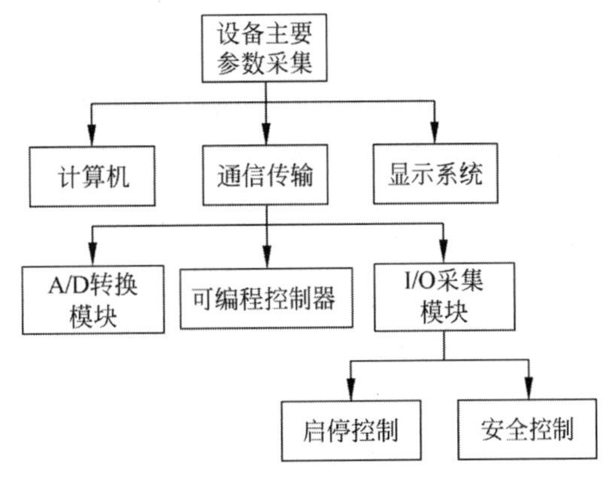

图 2-96　皮带机监测控制系统架构

4）泡沫系统

泡沫系统用于改良开挖土体,可降低刀盘扭矩,减少刀具磨损；泡沫可使渣土具有较好的流塑性,可有效防止泥土“结饼”,使切削渣土能顺利的排出。系统由原液补充、原液输送、混合液调节、混合液输送与调节、空气输送与调节、泡沫输送、膨润土注入切换、管路冲洗等部分组成,主要监测数据包括泡沫流量、膨胀率、工业水累计量、空气流量、泡沫原液累计量、混合液累计量。

5）主轴承专用密封油脂(HBW)

HBW 系统用于保护主驱动第一道密封,并把腔式内的泥土等土质排出。HBW 系统主要由气动油脂泵(有内置式溢流阀、前置过滤、维保开关)、气动球阀、同步分流马达组成,主要监测数据包括 HBW 内外密封压力、HBW 密封油脂累计量、EP2 润滑油脂累计量。

6）膨润土注入系统

膨润土系统用于改良土体,降低推进过程中刀盘的扭矩,膨润土具有低渗透性,可以有效防止渣土喷涌；当掘进过程中壳体与隧道壁摩擦阻力较大时,可向壳体外围注入膨润土达到减小推力的效果；若尾盾止浆板损坏,通过向盾壳外围注入膨润土,可有效防止浆液流入掌子面。膨润土系统主要由膨润土搅拌、膨润土输送注入、管路冲洗等部分组成,经发酵后的膨润土加入箱体后,由搅拌器进行搅拌,经过滤后,由两台软管泵输送至作用点,主要监测数据包括盾壳膨润土压力、膨润土压力、盾壳膨润土累计量、膨润土累计量。

7）同步注浆系统

同步注浆系统是在盾构掘进过程中向开挖面与管片的间隙注入砂浆起到充填作用,使周围的岩体获得及时的支撑,有效防止岩体坍塌、控制地表沉降。同步注浆系统主要由注浆箱、注浆泵、管路冲洗等部分组成，经配比后的同步注浆液加入箱体后，由搅拌器进行搅拌，由两台同步注浆泵输送至作用点，主要监测数据包括注浆压力、注浆液累计量、注浆液流量、A/B 液比例、砂浆体积、注浆液速度等。

8）电气控制系统

电气控制系统的主要功能是向各子系统发送控制指令，采集各子系统运行数据供 PLC 控制单元控制使用，并将这些数据反馈给操作人员。盾构机电气系统包括供配电系统、可编程控制系统、计算机控制及数据采集分析系统。电气控制系统监控功能单元主要为 PLC 控制单元、I/O 子站、人机交互界面、操作琴台、现场操作箱及无线遥控系统等，主要监测参数包括功率、频率、相电压、线电压、相电流、相功率、电量累计量、变频器电流功率及扭矩等。其主要利用 WINCC 等软件对施工运行盾构机电气系统远程监视及数据采集与分析。

2.6.2 盾构姿态监测

盾构工法是一种典型的有预定目标和轨迹的系统工程，盾构施工隧道是一次拼装而成，因此对施工精度要求较高。盾构姿态的保持是考核施工质量指标之一。掘进过程中盾构机需实时监测与控制走向，控制方位角、俯仰角与滚转角，水平与垂直偏差及里程，使盾构机在施工过程中满足管片轴线与盾构机轴线重合。

传统姿态控制采用人工测量包括标尺法、三点法等，但该法测量会影响施工，不能连续操作，耗时长。自动测量多为陀螺仪法、自动全站仪法及配备软硬件的监测系统，能够实现实时检测并反馈给操作人员进行控制调整。

1. 盾构姿态监测系统的主要组成部分

1）定位系统

定位系统用来发射激光等。

2）测量系统

测量系统主要是依据地下控制导线点来精确定位盾构机掘进方向和位置。在掘进中盾构机主要根据地下控制导线上一个点的坐标确定导向定位，进而确定方位角、倾斜角、旋转角等主要参数。

3）计算系统

计算系统从硬件设备接收数据与信号，分析测算后以数字和图形的形式显示在计算机的屏幕上。

4）供电系统

供电系统用于保证计算机和测量设备之间的通信和数据传输。

2. 定位测量的步骤

（1）掘进距离的计测。

（2）姿态角的计测。盾构的实时姿态角是由安装在本体上的陀螺仪和两个倾斜仪直接计测出来的。盾构姿态角即盾构的实时方位角、俯仰角和回转角。

（3）位置的计测。盾构的位置是通过步骤(1)得出来的掘进距离与步骤(2)得出来的姿态角计算出来的。计算方法如图 2-97 所示，θ_i 表示盾构的挖掘方向与隧道设计轴线之间的夹角，它包含了平面上的方位角和纵断面上的俯仰角，计算时应分别考虑。从已知点 A_1 出发，沿 θ_1 方向掘进距离 L_1，由此计算出 A_2 的坐标，以此类推计算出 A_i 的坐标。于是可求出盾构的平面位置和纵断位置，然后再与设计轴线相比较得出盾构切口中心和盾尾中心的偏差，从而纠正盾构位置，保证盾构的准确前进。

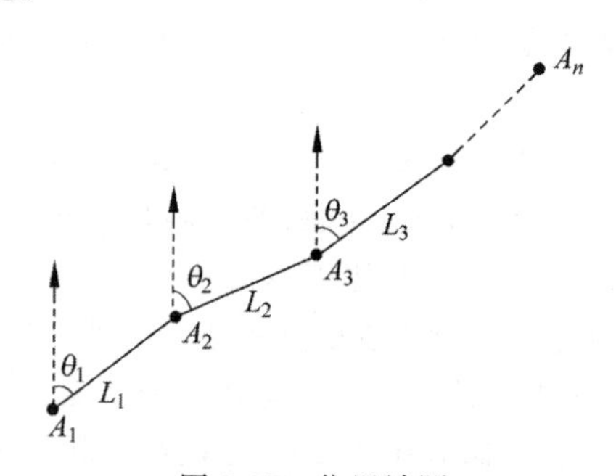

图 2-97 位置计测

2.6.3 电力、耗材监测

盾构施工电力监测供电系统、照明系统、电气系统及其他系统用电部件，包括变压器、配电柜、补偿装置、压缩机等。耗材包括盾尾油脂、膨润土、泡沫、水、A/B 注浆液及润滑油脂等。盾构电力测量、监控对电力系统运行可靠性有重要的作用。盾构电力设备在运行中经受电、热、机械的负荷及自然环境的影响，长期工作会引起老化、疲劳、磨损，以致设备性能受损。可以监测设备运行过程中的状态，以便作出盾构设备是否需要检修的结论。在线监测不受周期限制，可提高设备监测的可靠性与效率。建立信息交换与管理的监测系统，集测量、信号采集、故障录波、电能质量分析、控制为一体。电力监测系统结构示意图如图 2-98 所示。

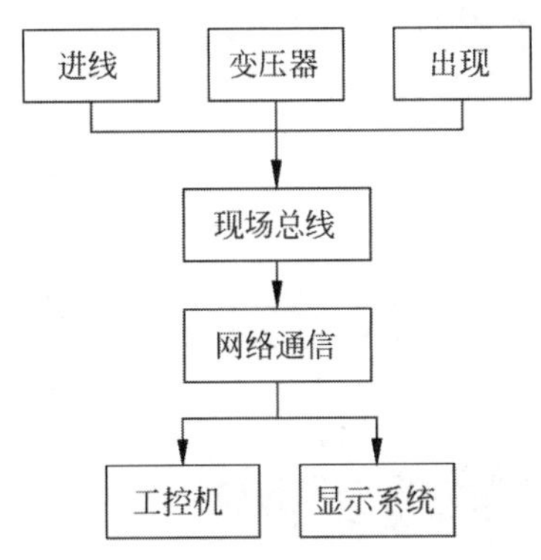

图 2-98　电力监测系统结构示意图

盾构施工耗材物资管理广、数量大、环节多，性质复杂多变，对耗材监测统计、运输储备有效控制，实时掌握耗材需求，减少损失和浪费，防止流失，可节约成本，提高施工效率。

2.6.4　施工风险源实时监测

盾构法施工具有开挖安全、掘进速度快、不影响地下施工管线、穿越河道不影响正常交通、季节干预小等特点，但施工环境的复杂、地质多变等条件因素导致施工风险居高不下。盾构风险包括工程地质、水文地质风险；盾构设备自身风险，如选型及配置风险，人员管理风险，工程实况风险，政治、法律及企业等外部风险。

其中设备风险、人员管理风险及工程实况风险可实时监测。通过不同关键部位，主要对变速箱，主驱动、泥浆回路、液压泵、电机及风机，流量、震动、压力、温度、电流进行监测。针对风险源产生原因，如设备安装，在水平、垂直、轴向三个方向，以及设备水、电、介质出入口与关键安装点进行主要监测。

其余方面风险主要由于发生的不确定性，监测包括以下内容。

(1) 建立风险防护意识。

(2) 充分调研分析施工风险。

(3) 建立风险预防对策库。

(4) 针对已发事故路段重点监测。

(5) 实时监测盾构机核心部件包括刀盘、管片拼装机、出渣系统、推进系统数据，及早发现异常，提早防范。

2.6.5　主轴承监测

盾构机作为隧道工程领域中重要的机械设备，其主轴承承担着盾构机运转过程中的主要载荷，是盾构机的核心机械构件，因此轴承性能的优劣对盾构机的长寿命运行起着决定性的作用。轴承在使用过程中会出现多种故障与损伤失效现象，主要包括擦伤、磨损、锈蚀、压坑、疲劳剥落、保持架变形、裂纹及尺寸变形等。这些均会导致盾构机主轴承偏离正常工作状态并引发系统故障，如果处理不及时最终会造成严重的损失。因此，针对盾构机主轴承的状态监测具有极为重要的经济价值和现实意义。

由于主轴承的运行在低转速状态，若轴承存在损伤，反映主轴承相关的部件的损伤信号将会非常微弱，为了加强监测的效果，采用以下组合式的监测方法来实施主轴承的监测。

1. 振动监测

振动监测是针对旋转设备的各种预测性维修技术的核心部分，振动检测具有直接、实时和故障类型覆盖范围广的特点。由于现场环境复杂，振动信号频段较宽并有较严重的调制现象，为分析频谱，必须对原信号进行细化解调，细化可采用复调制细化的方法，解调可采用广义检波滤波解调分析方法中的平方解调分析。

常用的振动监测方法有波形、频谱、相位分析及解调分析法。频谱图显示振动信号中的各种频率成分及其幅值，不同的频率成分往往与一定的故障类别相关。波形图是对振动信号在时域内进行的处理，可从波形图上观察振动的形态和变化，波形图对于不平衡、松动、碰摩类故障的诊断非常重要。双通道相位分析通过同时采集两个部位的振动信号，从相位差异中可以对相关故障进行有效的鉴别。提取低幅值、高频率的冲击信号，通过包络分析，给出高频冲击信号及其谐频，此技术在监测滚动轴承故障信号方面较为有效。监测点传感器安装可以如图2-99所示，在主驱动轴向位置安装5个传感器，用于检测主推力端的轴承是否存在损伤；径向位置安装3个传感器，用于检测主轴承径向滚动体和分段式保持架是否存在缺陷。

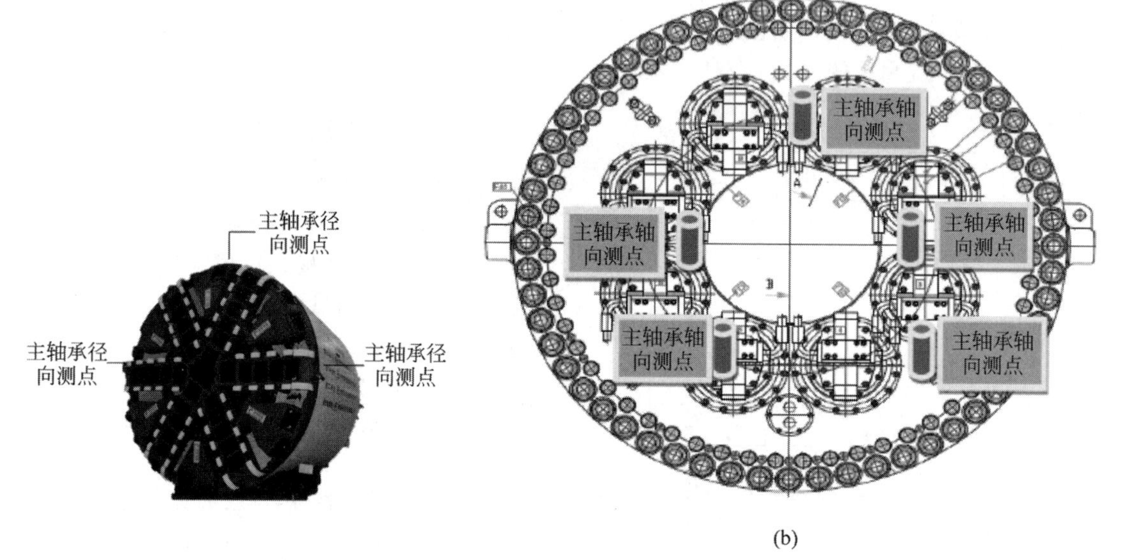

图2-99 振动监测传感器分布图
(a) 主轴承径向测点；(b) 主轴承轴向测点

通过振动监测传感器采集数据，进行数据分析，除了包络分析，还可利用不同元的小波分析，如haar元、coif元。不同拓扑结构的倒频谱分析，如Buttrtworth、Chebyshev、Inverse Chebyshev、Elliptic、Bessel。

2. 位移监测

位移监测包括线位移监测和角位移监测。位移监测的方法多种多样，常见的有以下几种。

1) 积分法

积分法通过测量运动体的速度或加速度，经过积分或二次积分求得运动体的位移。例如，在惯性导航中，就是通过测量载体的加速度，经过二次积分而求得载体的位移。

2) 相关测距法

利用相关函数的时延性质，向某被测物发射信号，将发射信号与经被测物反射的返回信号进行相关处理，求得时延τ，若发射信号的速度已知，则可求得发射点与被测物之间的距离。

3) 回波法

从测量起始点到被测面是一种介质，被测面以后是另一种介质，利用介质分界面对波的反射原理测位移。例如，激光测距仪、超声波液位计都是利用分界面对激光、超声波的反射测量位移。

4) 位移传感器法

通过位移传感器，将被测位移量的变化转换成电量(电压、电流、阻抗等)、流量、光通量、磁通量等的变化，间接测位移。位移传感器是目前应用较为广泛的一种方法。采用如图2-100所示的安装方式，将两个电涡流位移传感器安装在正上方与正下方(若正下方有干涉，可略微调整角度)，检测位置为主轴承内圈，需在主驱动大法兰面开安装孔，通过传感器安装支架将传感器安装与主驱动内部。

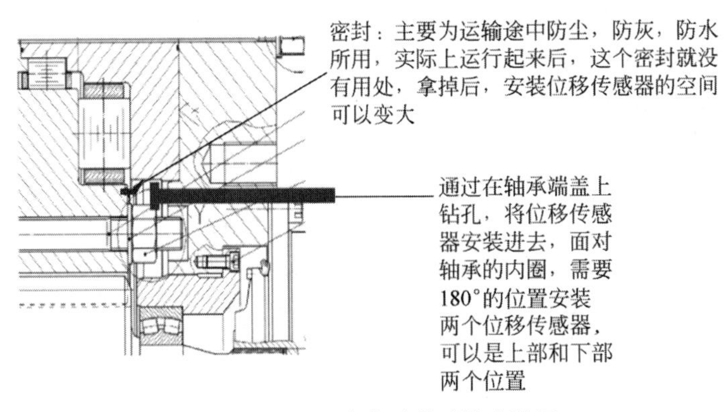

图 2-100　电涡流位移传感器安装图

2.6.6　油液监测

1. 油液影响因素

1）湿度影响

油液中混入一定量的水分后，会使液压油乳化呈白浊状态。如果液压油本身的抗乳化能力较差，静止一段时间后，水分也不能与油液分离，使油液总处于白浊状态。这种白浊的乳化油进入液压系统内部，不仅使液压元件内部生锈，同时降低其润滑性能，还使零件的磨损加剧，系统的效率降低。

2）杂质影响

液压系统内的铁系金属生锈后，剥落的铁锈在液压系统管道和液压元件内流动，蔓延扩散下去，将导致整个系统内部生锈，产生更多的剥落铁锈和氧化物。

3）化学物质影响

油液化学添加剂与水等作用会产生沉淀和胶质等污染物，加速油的恶化。水与油中的硫和氯作用产生硫酸和盐酸，使元件的磨蚀磨损加剧，也加速油液的氧化变质，甚至产生很多油泥。污染物和氧化生成物，随即成为进一步氧化的催化剂，最终导致液压元件堵塞或卡死，引起液压系统动作失灵、配油管堵塞、冷却器效率降低及滤油器堵塞等一系列故障。

2. 油液监测方法

1）油液的传统监测

传统的油液监测为离线油液监测方式，主要分析内容如下。

(1) 油品理化性能指标监测。

(2) 油品红外光谱分析。

(3) 油品铁谱分析。

(4) 油样发射光谱分析。

(5) 磁塞与磁探技术。

2）油液的在线监测

离线油液监测需要提取设备油样后再进行分析，因此会受到取样周期、取样部位及取样人员素质等因素的影响，导致所取油样不具有代表性，从而无法发现问题；离线分析需要经过运输环节来传送油样及检测结果，占用了较多时间，使监测的时效性受到影响，从而导致可能无法发现故障隐患和错过最佳维修时机。此外，离线分析无法实现对油液的连续监测，只能按照取样周期对油样进行检测，导致可能无法发现偶然出现的故障隐患。

基于上述原因，近年来，国内外研究机构开始着手在线油液监测技术及其应用的研究工作。他们研制了多种在线油液监测传感器，并针对不同的监测对象，通过几种传感器的组合，构建了在线油液监测系统，实现了设备的在线实时监测。与离线监测设备的工作原理基本相同，在线油液传感器的监测对象也通常分为水分、金属元素、油质等。

(1) 在线水分监测传感器

油液的介电常数随油液中水分含量的变化而变化，通过测量油液的介电常数即可测得油液中的含水量，在线水分监测传感器正是利用该原理，通过采用电容或电阻等电学方法，将油液中介电常数的变化转变为输出电信号的变化，从而测得油液中的水分含量。

（2）在线金属元素监测传感器

通常采用在线铁谱或在线X射线荧光能谱技术实现。在线铁谱监测原理如下：通过激励线圈，使磨粒按粒度大小依次分布在梯度磁场方向上，而后通过图像传感器进行观测，得出磨粒的形态、磨损机理、来源部位及其可能表征的故障隐患等。在线X射线荧光能谱监测原理如下：首先在油路中放置一个X射线发射装置，探测器采集通过油液后的X射线能谱，通过分析软件，可以得到油样中金属元素的定量检测结果。

（3）在线油质监测传感器

通常通过检测油液的黏度或自动颗粒计数实现设备油液的油质监测。在线油液黏度检测传感器通常采用测量置于油液中微型活塞往复运动的行程及时间的方法，通过计算得出油液的黏度；自动颗粒计数传感器采用遮光法，通过测量流过传感器的一定体积油液中的指定尺寸范围的颗粒个数，计算出油液中该粒径的颗粒浓度。通过对油液黏度及颗粒浓度进行检测，从而得出油液的油质水平。

2.6.7 盾尾变形监测

施工过程中，盾体承受土压、水压及工作载荷。盾尾主要用于管片拼装作业，无支撑坚强结构，变形风险大。因此，盾尾变形检测十分重要，应实时监测盾构受力、掘进轨迹，结合当前地质，计算盾尾位移、监测盾尾间隙、建立盾尾受力分析模型。

目前国内的变形监测大致分为以下四类。

（1）位移监测：主要包括垂直位移监测、水平位移监测、挠度位移监测、裂缝监测等，对于不同的地区环境，观测项目有一定的区别。

（2）环境量监测：主要包括气温、气压、降水量、风力、风向等。

（3）渗流监测：主要包括地下水位监测、渗透压力监测、渗流量监测、扬压力监测等。

（4）应力、应变监测：主要包括钢板应力监测、温度监测等。为使应力、应变监测成果不受环境变化影响，在测量应力、应变时，应同时测量监测点的温度、应力、应变的监测应与变形监测、渗流监测等项目结合布置，以便相互验证与总和分析。

2.6.8 螺旋输送机在线监测

螺旋输送机是土压平衡盾构机的重要组成部分，由圆筒状机壳和中心螺旋杆组成，工作螺旋杆旋转，而渣土充满机壳内，沿螺旋杆轴线平移输送，螺旋输送机主要功能如下。

（1）将盾构机土仓内将开挖下的渣土排出。

（2）渣土通过螺旋杆输送、压缩、形成密封土塞，阻止渣土流出，保持土仓土压稳定。

（3）可通过改变螺旋输送机转速，调节排土量，即可调节土仓土压，使其与开挖面水、土压保持平衡。

螺旋输送机工作前应注意启动与安全保护装置的调整，检查各部位是否存在松动、电压是否正常。工作中要严格按照设计要求控制进料、监测螺旋输送机实时状态，并提示故障相关信息，如螺旋输送机漏电电流越限报警、螺旋输送机泵无法启动、主开关故障。

2.7 基于虚拟仪器的工程机械检测车

2.7.1 工程机械检测车总体介绍

工程机械检测车是移动式工程机械检测站，利用油液检测和振动检测法，对液压系统、传动系统的油液进行分析，对发动机和传动系统进行振动检测，从得到的数据分析设备的运行状态，如图2-101所示。工程机械检测车如图2-102所示。

图2-101 工程机械检测车

图 2-102　工程机械检测车工作照

工程机械检测车配置了液压分析仪、直读铁谱仪、分析式铁谱仪、快速油液分析仪、黏度计、水分分析仪，传感器、信号调理与数据采集设备、个人计算机等。通过数据采集卡、信号调理板，选择适用的传感器，构成虚拟测试诊断平台，通过现场实测数据，对工程机械故障作出判断，并且自动生成诊断报告。

同时开发了基于 LabVIEW 的计算机管理系统，对检测的数据分析、保存，为研究工程机械储备宝贵的资料。通过硬件和软件的相互补充，达到信息融合的目的，做到准确快速地判定设备的故障并及时进行维修，避免大的损失。

工程机械检测车完成的工作具体如下。

(1) 发动机的故障诊断。采集振动信号，并进行时频域分析，实时监测发动机振动情况，并可以根据《中小功率柴油机　振动测量及评级》(GB/T 7184—2018)，由得出的振动烈度值对发动机进行振动评级。

(2) 利用油液监测技术对工程机械的各种油液油质进行分析处理。合理运用铁谱技术，根据得到的大磨粒读数 D_L、小磨粒读数 D_S、磨损烈度指数 I_S，以及铁谱图片等提供的信息判断工程机械的磨损程度、磨损部位和磨损形式。

(3) 计算机联机，把检测车配置的各种仪器的检测数据采集到软件系统，管理系统实现自动存档、自动生成报表、档案查询、信息资料等，便于工作人员操作使用。

(4) 建立诊断数据库，把每次检测的工程机械设备的各种测试数据及设备相关档案、诊断报告等存储到数据库，并进行检测数据的曲线绘制、趋势分析等。

2.7.2　工程机械检测车计算机诊断系统软件设计

工程机械检测车计算机诊断系统由 15 个功能模块组成，如图 2-103 所示。

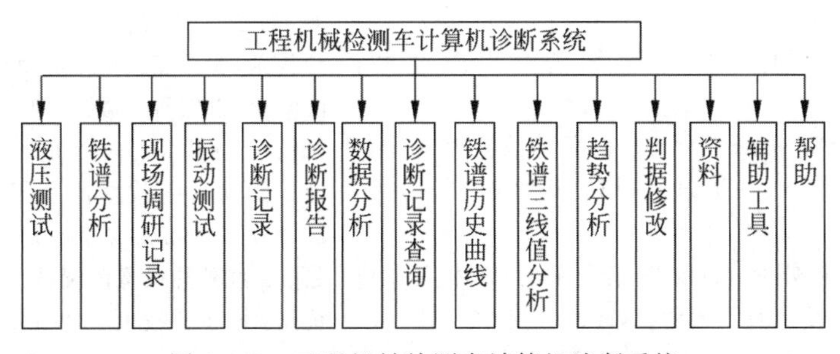

图 2-103　工程机械检测车计算机诊断系统

由于多项检测没有可以采用的判据，本软件决定采用石家庄铁道大学研究的“铁谱三线值分析”和“趋势分析”两种判据生成方法。

铁谱三线值分析是基于铁谱分析数值随时间的变化处于平缓阶段，通过分析大量样本的计算平均，可得出设备运转正常的磨损基线值，从而定出三条控制线来把握设备的磨损状态，所以依据 M 值的趋势预测设备的使用时间。

趋势分析方法是在积累了大量的数据之后，数据趋势图直观地反映所测参数的发展趋势，为工程技术人员提供有力的参考。

利用 LabVIEW 开发平台及相关硬件开发的工程机械检测车计算机诊断系统，既包括用虚拟仪器开发的振动检测系统，取代了传统复杂的振动测试设备；又能采集处理各种检测仪器的测试数据；还包括集数据采集、分析、存储、报告生成、档案管理、判据管理、检索、资料管理等多功能以及各模块数据相互关联的检测诊断管理系统。该系统已应用到石家庄铁道大学与安徽现松工程机械服务有限公司联合开发的工程机械检测车上，该检测车已检测诊断各类工程机械几十台，取得了良好的效果。

参考文献

[1] 姚巨坤，朱胜，时小军. 再制造毛坯质量检测方法与技术[J]. 新技术新工艺，2007(7)：72-74.

[2] 姚巨坤，时小军. 废旧件再制造的检测[J]. 工程机械与维修，2007(10)：149-150.

[3] 陈冠国. 机械设备维修[M]. 2版. 北京：机械工业出版社，2005.

[4] 朱胜，姚巨坤. 再制造设计理论及应用[M]. 北京：机械工业出版社，2009.

[5] 朱胜，姚巨坤. 再制造技术与工艺[M]. 北京：机械工业出版社，2011.

[6] 刘彬，董世运，徐滨士，等. 超声无损检测在再制造涂层质量评价中的研究与应用[J]. 无损检测，2010，32(3)：196-200.

[7] 张耀辉. 装备维修技术[M]. 北京：国防工业出版社，2008.

[8] 杨其明，严新平，贺石中，等. 油液监测分析现场实用技术[M]. 北京：机械工业出版社，2006.

[9] 毛美娟，朱子新，王峰，等. 机械装备油液监控技术与应用[M]. 北京：国防工业出版社，2006.

[10] 杨其明. 磨粒分析：磨粒图谱与铁谱技术[M]. 北京：中国铁道出版社，2002.

[11] 萧汉梁. 铁谱技术及其在机械监测诊断中的应用[M]. 北京：人民交通出版社，1993.

[12] 马怀祥，王艳颖，刘念聪. 工程测试技术[M]. 武汉：华中科技大学出版社，2014.

[13] 王全先. 机械设备故障诊断技术[M]. 武汉：华中科技大学出版社，2013.

[14] 李国华，张永忠. 机械故障诊断[M]. 北京：化学工业出版社，2006.

[15] 张健. 机械故障诊断技术[M]. 2版. 北京：机械工业出版社，2014.

[16] 马怀祥. 基于虚拟仪器的工程机械检测车计算机诊断系统[C]//张钟华. NI虚拟仪器技术应用方案获奖论文集. 北京：《仪器仪表学报》杂志社，2011：41-46.

[17] 马怀祥，王霁红，门汝斌，等. 基于虚拟仪器的盾构机振动检测系统[J]. 筑路机械与施工机械，2010，27(8)：69-72.

[18] 施文康，余晓芬. 检测技术[M]. 北京：机械工业出版社，2010.

[19] 周杏鹏. 现代检测技术[M]. 北京：高等教育出版社，2010.

[20] 谢清俊. 热电偶测温技术相关特性研究[J]. 工业计量，2017，27(5)：5-8.

[21] 李忠虎. 热电偶应用问题综述[J]. 工业计量，2007，17(2)：34-37.

[22] 马林. 温度传感器的应用方法[J]. 电气时代，2011(11)：108-109.

[23] 付志勇. 温度传感器自动检定系统的研制与开发[D]. 杭州：电子科技大学，2014.

[24] 史去非，余颖，土颖，等. 电阻温度计[M]. 北京：中国计量出版社，2009.

[25] 段亚博. 几种常见工业用热电偶的选用与安装[J]. 计量与测试技术，2006，33(9)：38-40.

[26] 王惠梅. 高压电动机加装轴承测温装置的益处[J]. 盐科学与化工，2018，47(7)：46-47.

[27] 廖泽鑫. 温度传感器的设计与研究[D]. 上海：复旦大学，2012.

[28] 孙福玉，曹万苍. AD590及应用[J]. 赤峰学院学报(自然科学版)，2011，27(6)：29-30.

[29] 张铁柱，张洪信. 内燃机冷却风扇温度控制液压驱动系统技术研究[J]. 内燃机学报，2002，20(3)：273-277.

[30] 张杰. 红外热成像测温技术及应用研究[D]. 杭州：电子科技大学，2011.

[31] 晏敏，颜永红，曾云，等. 非接触式红外测温原理及误差分析[J]. 测量与设备，2005(1)：23-25.

[32] 陈天翔，王寅仲. 电气试验[M]. 北京：中国电力出版社，2016.

[33] 曹海洋，张玉成，朱启伟，等. 基于红外成像技术的变压器热故障在线检测与诊断[J]. 实验室研究与探索，2012，31(2)：30-32.

[34] 王华伟. 基于红外热成像的温度场测量关键技术研究[D]. 北京：中国科学院大学，2013.

[35] 官上洪，王毕艺，赵万利，等. 红外热像仪测温

精度分析[J]. 光电技术应用，2012，27(3)：85-88.

[36] 李星宇. 热成像技术在变电设备带电检测中的应用[J]. 中国新技术新产品. 2019(2)：11-12.

[37] 王磊，赵丽萍. 压力机与红外测温仪联机控制装置[J]. 锻压装备与制造技术. 2017，52(3)：63-64.

[38] 陈华，孙鲁. 分布式光纤传感在线安全监测系统在工程中的应用[J]. 港工技术，2013，50(6)：34-36.

[39] 徐瀚立. 分布式光纤温度传感器空间分辨率对测温精度的影响研[D]. 杭州：中国计量学院，2014.

[40] 孙雨男. 光纤技术：理论基础与应用[M]. 北京：北京理工大学出版社，2006.

[41] 史晓锋，李铮，蔡志权. 分布式光纤测温系统及其测温精度分析[J]. 测控技术，2002，21(1)：9-12.

[42] 于紧昌，胡传龙. 分布式光纤温度传感器在稠油开采中的应用传感器与微系统[J]. 传感器与微系统，2015，34(3)：158-160.

[43] 周生霞. 分布式光纤测温系统在原油储罐中的应用研究[J]. 消防技术与产品信息，2018，31(9)：8-12.

[44] 西涛涛. 分布式光纤温度传感器在油田高温测井中的应用[J]. 工业生产. 2018，25(8)：16-17.

[45] HILL K O，FUJII Y，JOHNSON D C，et al. Photosensitivity in optical fibre waveguides：application to reflection filter fabrication[J]. Multiphysics simulation，1978，32(10)：647-649.

[46] 孙晓雅，李永倩，李天，等. 基于光纤光栅的开关柜温度在线监测系统设计[J]. 电力系统通信，2012，235(33)：6-10.

[47] KANEKO Y，MITA A，MIHASHI H. Quantitative approach for damage detection of reinforced concrete frames[J]. Earthquake engineering & engineering vibration，2003，2(1)：147-158.

[48] 刘辉. 光纤光栅测温系统在地铁火灾监测中的应用[J]. 城市轨道交通研究，2014，17(12)：94-97.

[49] 于园园. 基于声波高温气体温度测量系统的研究[D]. 沈阳：沈阳航空航天大学，2015.

[50] 杨祥良. 基于声波测温技术的电站锅炉受热面污染监测研究[D]. 保定：华北电力大学，2010.

[51] 郭清华. 基于光纤测温技术的带式输送机托辊故障识别算法研究[J]. 煤矿机械. 2018，39(8)：157-160.

[52] 李长彧，刘林，张立颖. 基于红外热像采集技术的变压器故障预警及诊断研究[J]. 东北电力技术，2018，39(2)：43-46.

[53] 李琮，孙英涛，吕学宾. 高压开关柜温度在线监测技术研究[J]. 山东电力技术，2017，44(9)：81-84.

[54] 胡欢，徐肇熙. 声波测温系统在宝钢电厂炉膛烟温监测系统上的应用[J]. 科技展望，2015(16)：108-109.

[55] 许礼超. 发动机无负荷测功系统的虚拟仪器设计及应用[J]. 煤矿机械，2010，31(2)：14-16.

[56] 中华人民共和国机械电子工业部. 中小功率柴油机振动评级：GB 10397—1989[S]. 北京：中国标准出版社，1989.

[57] 潘伟，王汉功. 基于多传感器信息融合的工程机械液压系统在线状态监测与故障诊断[J]. 工程机械，2004，35(7)：42-45.

[58] 易新乾. GZ-1 型工程机械诊断车[J]. 工程机械，1990(7)：6-7.

[59] 刘翥寰. 智能化工程机械机群状态监测与故障诊断系统研究[D]. 天津：天津大学，2005.

[60] 赵志欣. 工程机械不解体故障检测技术在施工企业的应用[J]. 工程机械与维修，2010(1)：120-121.

[61] 蔡培俭. 基于虚拟仪器的挖掘机液压状态检测系统设计[J]. 国防交通与技术，2010，30(4)：30-32.

第 2 章彩图

第2篇

维修与再制造理论和管理

第3章

可靠性理论及其工程应用

3.1 概述

3.1.1 基本概念

可靠性是系统、设备和元件等在规定的条件下和预定的时间内，完成规定功能的能力。

这一条定义共包含了4个概念，即可靠性研究的对象、规定的条件、预定的时间和规定的功能。可靠性研究的对象根据任务需要可大可小，可以是一个系统，或该系统中的一台设备，也可以是设备上的一个部件，也可以是部件中的一个零件。规定的条件是指机械、部件或零件在使用中所处的条件，在研究可靠性时，一定要准确地估计到将来的工作条件，否则研究结论与实际结果会有很大出入；使用机械时，也必须注意设计机械时所规定的条件，不合理地使用会产生不良的后果。预定的时间是指该对象确保可靠性的时间范围，可以用小时度量，也可以用里程、循环次数、完成的任务量或累积耗油量来度量。规定的功能是界定该对象只在实现该功能时具有的可靠性，功能一定要界定恰当，太低会不适用，太高又会带来不经济的后果。

可靠性是一种设计性能，也是在产品设计时赋予产品的性能。产品制造时要确保产品设计时所规定的可靠性。用户要全面了解产品的可靠性、正确地使用，才能够最大限度地实现产品的可靠性。维修与再制造时，要确保恢复产品设计时规定的可靠性。

可靠性原理是研究机械部件或零件在设计、制造、使用、维修、再制造全过程中如何赋予、实现、保证可靠性的一门技术科学，它通过对故障现象和失效率进行分析，探索故障与失效的控制、测量、预测的方法；研究内容包括故障物理学、提高可靠性的方法和使用维修的科学方法。

人们对“可靠性”一词并不陌生，因为人们只要遇见一件新东西，首先会想知道它可靠不可靠。早期蒸汽轮船都配有备用的帆；汽车用电起动以后，在很长一段时间还要带上手摇柄，这都是为了提高可靠性的一种设计。买一台装载机之前，人们都希望了解该型号装载机是否常出故障，这就是对可靠性的调查。

3.1.2 可靠性技术的发展

可靠性作为一门学科还非常“年轻”。第二次世界大战期间，雷达发展很快，为了减少雷达的故障，保障战争，有学者开始研究可靠性。20世纪50年代，可靠性已引起科技界的普遍重视，成为一个公认的问题，不少国家成立专门机构进行研究。由于工业产品日益复杂化，精度要求日益提高，工作环境更加严酷，同时为了减少费用，60年代以后，可靠性研究得到全面发展；开始从电子领域扩展到各种工业产品，从设计、制造阶段扩展到包括设计、制造、使用、维修全过程；同时，可靠性已经与产品性能、成本、体积、重量等并列为产品质量的一个组成部分。美国国防部规定，新的产品设计，如果没有可靠性方案不批准试制；制造计划没有可靠性方案不予拨款；许多国家空军和民航在飞机维修中提出"以可靠性为中心的维修"以后，取得显著的经济效果。

我国航空学术界已对"以可靠性为中心的维修"进行了广泛的研究，在机械维修领域里如何应用可靠性原理还有待研究、普及、推广。有人提出，机械维修行业的可靠性研究应包括下述方面：①改进使用方法，以保证机械固有可靠性；②衡量机械维修措施是否恰当；③作为改善性大修的依据；④提高维修生产中的经济性；为设计制造部门反馈情报，帮助它们从根本上提高机械的可靠性。

3.2 可靠性的数量指标

"可靠性"可以有以下许多种进行度量比较的数量指标，可根据不同目的和条件选用。

3.2.1 可靠度

可靠度是机械、部件、零件等在规定的条件下和预定的时间内，完成规定功能的概率。

上述可靠度的定义包含以下几个概念：可靠度是指产品在设计时规定的条件下工作，随时间变化的函数。首先可靠度规定用 R 表示。产品工作 t 时间时的可靠度记为 $R(t)$。最后，可靠度不是一个固定的数值，而是用概率来表示的。例如，一种设备在工作 1 000 h 后仍然能够完成预定任务的可能性是 90%，可以说这种设备在 1 000 h 的可靠度为 0.9，通常写作

$$R(1\,000)=0.9$$

英国中央注册处于 1933 年发表的男人在任何年龄下的存活率曲线如图 3-1 所示，可以当作男人存活的可靠度曲线。

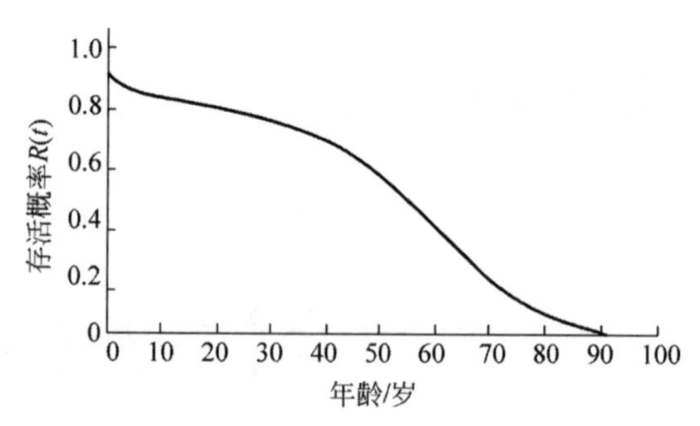

图 3-1 男人在任何年龄下的存活率

3.2.2 不可靠度

不可靠度(F)是机械、部件、零件等在规定条件下和预定的时间内，不能完成规定功能的概率。

从定义可以看出，不可靠度与可靠度是互逆事件，根据概率的相关定律，它们之间有

$$R+F=1$$

$$R(t)+F(t)=1$$

$R(t)$与 $F(t)$的关系如图 3-2 所示。

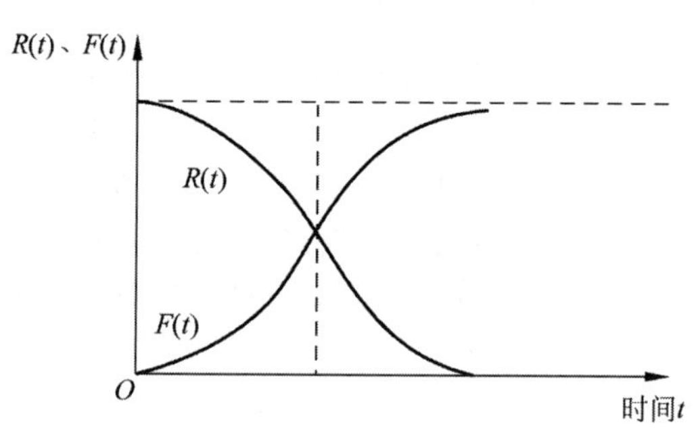

图 3-2 $R(t)$与 $F(t)$的关系

在图 3-2 中有

$$R(0)=1,\quad F(0)=1-R(0)=0$$

表示时间为零的时刻，机械刚投入使用。当时间无穷增大、机械全部损坏时，累积故障率等于 1，则有

$$R(\infty)=0$$

$$F(\infty)=1-R(\infty)=1$$

3.2.3 故障率

故障率 $\lambda(t)$又称为瞬时故障率、故障强度、危险率、失效率，是每一个时间增量中每个被试元件的故障数。是可靠性的一个重要指标。

据统计，一台设备从投入使用到报废全寿命考察的故障率常常是一条"浴盆"曲线，如图 3-3 所示。

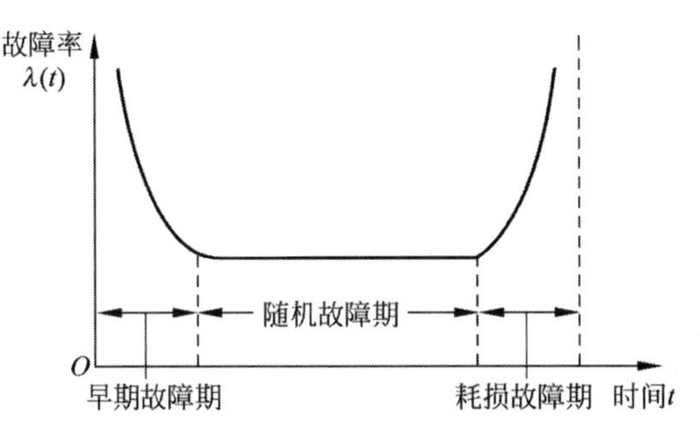

图 3-3　故障率的浴盆曲线

人们往往都有这样的经验，一台新买来的设备，常常出现各种各样的故障，这是由于装用的有缺陷的零件逐渐损坏，以及制造装配中的缺陷一个个暴露的结果，该阶段称为早期故障期。待这些有缺陷的零件逐渐剔除、制造装配故障一个个排除后，故障率逐渐减小并逐渐稳定在一个常数，这时的故障几乎是由随机事件造成的，所以称为随机故障期或正常寿命期，这时的故障率称为基本故障率；这一阶段时间较长，是机械发挥最大效用的时期。曲线的最后部分，由于零件逐渐老化，故障率逐渐上升，直至不能继续工作，称为耗损故障期。

3.2.4　故障间隔平均时间

可修复的机械、部件或零件，两次相邻故障间的工作时间的平均值称为故障间隔平均时间(mean time between failure，MTBF)。故障间隔平均时间是一个常用的可靠性参数，美国卡特彼勒公司 LVMS-1050 柴油机可靠性要求如下：在典型的车用工况下，要求 95%的发动机能安全运行 500 h；在战争状态下要求 99%的发动机能可靠地无故障运行 48 h，以上这些都是以 MTBF 作为数量指标的。

3.3　系统的可靠性

3.3.1　概念

机械设备都是由多个元件组成的系统，根据元件组成系统的联接方式不同，可以分为串联系统、并联系统或由串联系统与并联系统混合组成的混联系统。作为考察对象的系统可大可小，当考察对象是一个生产线时，则系统中的元件是生产线中的一台设备；当考察的对象是一台设备时，则系统的元件是部件。可靠性计算元件不一定是元件或零件，有时也可以是部件或设备。如果一个零件、部件或一台机械具有可靠性数量指标，并且被独立地加以考虑，则可以称为可靠性计算元件。

3.3.2　串联系统的可靠性

串联，又称为共同联接，如图 3-4 所示。在串联系统的计算元件中，只要有一个发生故障，则该系统就发生故障；只有当全部计算元件都正常工作时，系统才能正常工作。

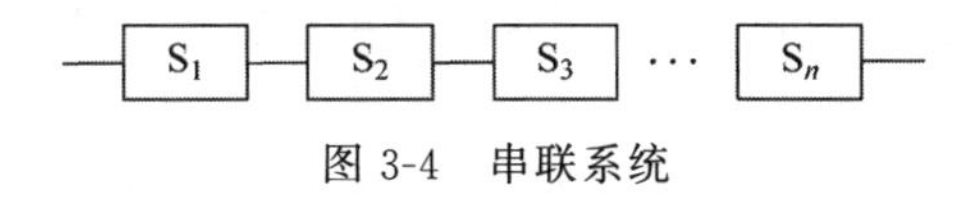

图 3-4　串联系统

设元件的可靠度函数为 $R_i(t)$，$i=1,2,\cdots n$，则串联系统的可靠度函数 $R_s(t)$ 等于诸元件可靠度函数的乘积，即

$$R_s(t)=R_1(t)R_2(t)\cdots R_n(t)$$

3.3.3　并联系统的可靠性

并联，又称为备用联接，如图 3-5 所示。在并联系统中，只要有一个元件没失效，则系统不会失效；只有当所有元件都失效时，整个系统才会失效。

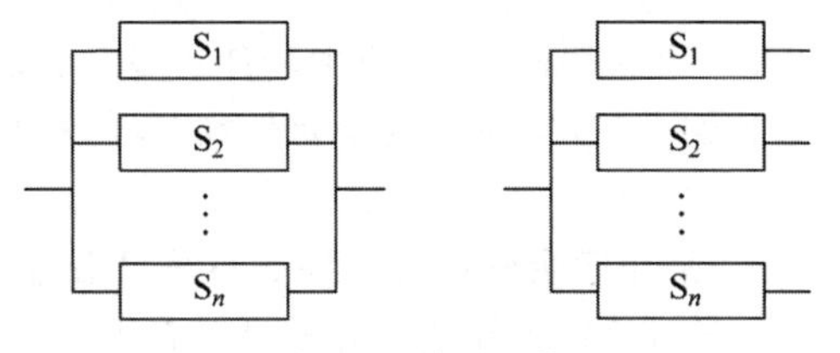

图 3-5　并联系统

当有几个计算元件组成并联工作储备系统时，设元件 S_i 的可靠度为 $R_i(t)$，则不可靠度 $F_i(t)=1-R_i(t)$。只有几个元件都失效时，系统才失效，所以系统失效的概率应该是各元件失效概率的乘积，即

$$\begin{aligned}F_s&=F_1F_2\cdots F_n\\&=(1-R_1)(1-R_2)\cdots(1-R_n)\end{aligned}$$

从互逆事件概率的法则有

$$R_s = 1 - F_s$$
$$= 1 - (1 - R_1)(1 - R_2)\cdots(1 - R_n)$$

由于$(1-R_i)$是一个小于1的正数，其连乘数越多，积越小，R_s越大，由此可以知道，并联工作储备系统、并联的元件数越多，可靠度越大。如果一个并联系统，其两个并联元件的可靠度$R_1 = R_2 = 0.8$，可以算出系统的可靠度$R_s = 0.96$。

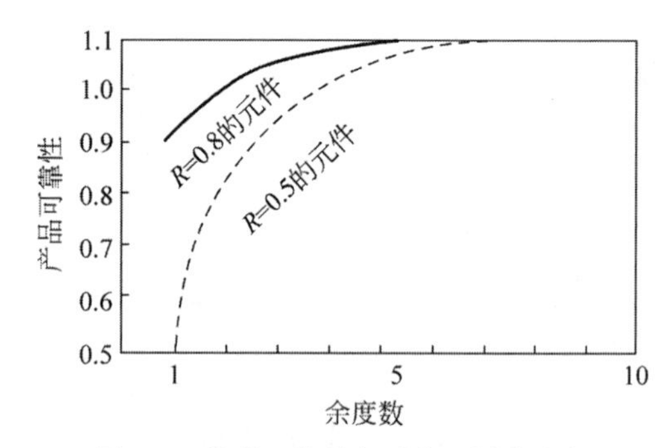

图3-6 并联工作储备系统不同余度与产品可靠性的关系

3.3.4 提高系统可靠性的途径

通过上述系统可靠性计算方法可以看出，有两条原则对提高系统可靠性有重要意义。

1. 越简单的机械越可靠

从串联系统可靠性计算可以看出，串联系统中，串联元件越多，故障率越大，可靠性越低；所以，对于一台机械，应该尽量使它的零件数减至最少，具体办法如下。

(1) 设计一台机械时，非必要的功能一定不要；机械上可有可无的系统尽量去掉，以减少机械的元件数。

(2) 设计机械时应勤思考，采用巧妙的设计，使机械尽量简化。

(3) 尽量把机械的几个零件合成一个零件；电子工业中，用集成电路取代分列元件后，可靠性大大提高。

(4) 尽量使一个零件具有多种功能，从而减少零件总数。

(5) 在机械修理中，附加零件法是一个简便易行的方法，但为了减少元件数量，在机械大修中避免采用。

2. 采用冗余设计可以提高系统可靠性

从并联系统可靠性计算中可以看出，并联系统中，并联元件越多越可靠。并联工作储备系统不同余度与产品可靠性的关系如图3-6所示。

大型飞机采用多台发动机是并联工作储备的设计。天津市公共汽车公司为了减少公共汽车电系引起的故障，在公共汽车上安装两套电点火系统，当发生电系故障时，通过转换开关换用另一套电系工作，是汽车使用中应用非工作储备方法进行改善性修理的事例。

3.4 广义可靠性的概念

以上关于可靠性的理论与方法都是建立在“系统是不可修复”的基础上的，一旦发生故障，系统失效会造成或大或小的损失，为了避免损失，就要提高可靠性，增加资金投入。

现在，状态监测技术与修理技术快速发展，能够在故障发生之前准确地预知故障，及时修复，可以避免故障带来的损失。因此，可以认为系统的可靠性被提高了，这就是广义可靠性。

3.5 可靠性理论的工程应用

3.5.1 可靠性设计

传统的机械设计只考虑设计产品的功能、性能、强度、刚度，如今为了保证产品具有稳定的功能、性能必须把可靠性设计纳入设计规范。

产品可靠性设计时有3项工作。

第一项工作是根据产品的重要程度、产品发生故障后果的严重程度、产品的工作时间，赋予产品一个适当的可靠度。若可靠度太低，则不能保障实现产品的功能；若可靠度太高，则会增加制造成本。

可靠性优化设计能够提高产品的可靠度。例如，减少串联系统的元件，适当地采用并联设计；又如，对重要部件采用在线监测系统，在重要的摩擦副采用微观再制造技术等。

第二项工作是可靠性分配。根据各元件与主系统的关联程度及在主系统这个混联系统中的地位，确定各元件的可靠度。

第三项工作是进行可靠性试验，以验证可靠性设计。可靠性试验可以用试制产品进行，更好的办法是通过数字双胞胎在虚拟产品上进行。

1. 产品制造是赋予产品可靠性的过程

产品制造是赋予产品可靠性的过程，具体如下。

（1）认真理解产品可靠性设计的内容。

（2）严格按照设计图生产。

（3）对加工零部件的选材和热处理严格执行。

（4）外购配套零部件要严格审查其可靠性。

2. 按“浴盆”曲线的规律使用设备

“浴盆”曲线在航空工业和电子工业中的研究开始较早，但在一般机械工业领域中的研究始于20世纪80年代，当时人们对它还不太了解，难免会产生一些错误的理解和不适当的应用。

“浴盆”曲线是由三种性质的故障（早期故障、随机故障、耗损故障）的三条故障率曲线叠加而成，如图3-7所示。这三种故障贯穿于机械寿命的全过程，就形成了典型的“浴盆”曲线；但并不是所有的机械、部件和零件的故障率都符合“浴盆”曲线。

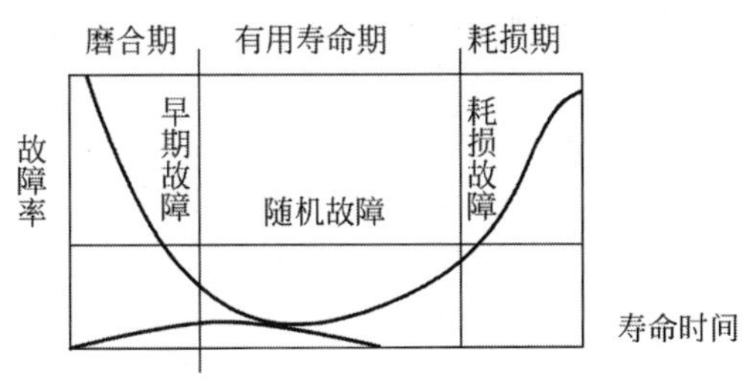

图3-7　“浴盆”曲线各类故障的实际分布

在一般情况下，电子产品（包括元件、器件、系统）的故障率符合“浴盆”曲线；单元件的零件和简单部件的故障率也符合“浴盆”曲线。质量低劣的产品没有随机故障期，它的早期故障率很高，紧接着耗损故障期就会提前发生。半导体元件寿命很长，可以认为没有耗损故障期。复杂系统的组成元件很多，发生故障的偶然性很强，更换的零件多，没有耗损故障期。

早期故障率高对机械的使用是很不利的。在机械制造过程中，认真挑选质量合格的零件，对易损件进行“老炼”（在使用的工况下对元件进行筛选），严格执行装配工艺都能降低机械的早期故障率。在机械修理过程中，保证配件质量，按照规定进行试验与磨合都能提高修理质量，降低早期故障率。使用单位对刚投入使用的机械，认真执行磨合制度也有利于降低早期故障率。

以故障率曲线为依据，认真分析随机故障和耗损故障所占比重，可以帮助决定是否适宜执行定期检修制度。

3.5.2　关于“以可靠性为中心的维修”

国内外航空系统提出“以可靠性为中心的维修”的理论，而且证明能取得很大的经济效益。

“以可靠性为中心的维修”理论认为：①安全是头等重要的事情；②飞机这样复杂的系统没有耗损故障期，定期翻修不能保证安全，因而是无效的；③随机故障是无法防止的，只能在设计上采用余度、破损安全设计和防护装置，以防止故障对安全的危害。上述三条论断应用在一般机械上也是正确的，但飞机较其他机械复杂，那么其他机械是否有耗损故障期，是否能采用定期检修制，这些问题还有待进一步研究。

逻辑分析决断法是应用逻辑分析技术，根据每个部件或零件的可靠性特性，决定相应的对策的一种方法。如果把飞机上采用的逻辑分析决断法尽量简化，可以归纳为如下的推理方法，如图3-8所示。

这种分析方法在一般机械上也是适用的，只是一般机械上影响安全的零部件较少（如汽

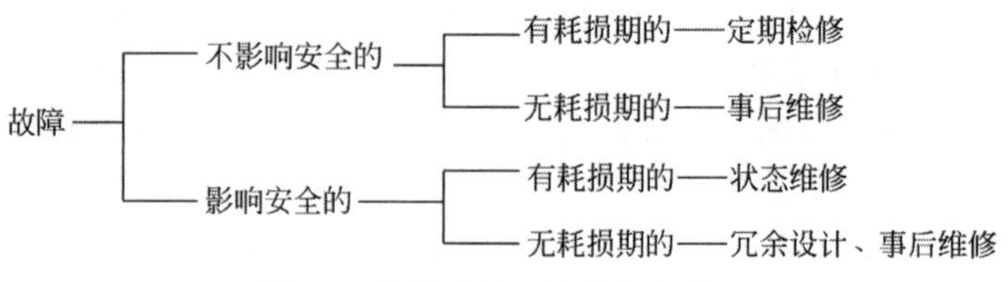

图 3-8 简化后的逻辑分析决断法

车的转向系、制动系)，需要采用监控和余度设计的部位少得多。为保证生产持续进行，以获取较高的经济效益出发，在满足高的可靠性且经济合算的基础上，一般机械对可靠性的要求比对飞机的可靠性低得多。

3.5.3 可靠性原理在机械维修和再制造阶段的应用

设计是决定机械可靠性的主要阶段，待其完成之后，机械的固有可靠性也可以确定；机械的制造、使用、维修阶段只能实现、保持和恢复设计时为机械定下的固有可靠性，只有通过改善性修理、性能提升再制造才能改变机械的固有可靠性。

机械设计中，其可靠性设计是否合理，机械制造时是否实现了设计时赋予机械的可靠性等问题都要通过大量使用，根据维修情况的统计进行分析才能知道。所以，机械维修工作者要认真总结机械可靠性方面存在的问题，及时向设计、制造部门进行反馈，以期改进。同理，机械维修中是否恢复了该机械的可靠性指标，去检验；机械修理先行工序工艺的合理性，要到修理后续工序去了解；运用初期使用的合理性，要到使用后期才能发现；但是后面发现的问题都要到前面造成这些问题的阶段才能根本解决，这种产生问题、发现问题和解决问题的时间差，就要求认真组织好全行业关于可靠性情报的反馈系统。

以可靠性原理为指导，不仅可以对现行的机械维修和再制造制度进行探讨和改革，还可以制订出合理的检查、维修工艺，也可以提高机械维修的经济性。

参考文献

[1] 易新乾.工程机械维修技术与市场[M].北京：机械工业出版社，2010.

[2] 周正伐.可靠性工程基础[M].北京：中国宇航出版社，2009.

[3] 恩云飞，谢少锋，何小琦.可靠性物理[M].北京：电子工业出版社，2015.

第4章

维修性理论及其工程应用

4.1 维修性的概念

维修性是指“产品在规定的条件下和规定的时间内,按规定的程序和方法进行维修时,保持和恢复到规定的状态的能力”,也可以定义为产品是否便于修复的性能。

维修性是一种设计性能,是在设计时赋予设备的技术性能,但是,只有在维修时才能体现出。

也有人认为,维修性是可靠性的一个组成部分,便于维修的设备自然可靠。但本章将维修性列为一项单独的技术性能,认为维修性与可靠性互为补充。

4.2 维修性的意义

维修性好是以下各方面的保障,具体如下。

1. 可靠性的保障

设备投入使用后是会发生故障的,可靠性就此终结。维修性好的设备能够很快恢复其功能,可靠性得以延续。

2. 绿色经济的保障

曾有人提倡等寿命设计,尚不论一台复杂的机械设备要通过设计让各零部件同时达到使用寿命是否可能,报废设备不论是废弃还是回炉都是资源和能源的浪费;通过维修或再制造可以减少采矿、冶炼、锻铸加工的重复操作,从而节约资源、节约能源,减少对环境的污染。

3. 降低全寿命周期费用的保障

有研究表明,若在研制时为维修性投入1美元,则全寿命周期费用可以减少50～100美元。

4. 生产和军事的物质保障

1973年的一次战争甲方参战坦克2 000余辆,战斗损坏840辆。由于其维修性好,不仅修复了其中的420辆,而且还修复了乙方军队抛弃的战伤坦克300辆,总计损失只有120辆,占参战坦克的6%。乙方参战坦克4 000辆,战斗损伤2 500辆,没有及时修复,损失量达62.5%。

4.3 维修性的度量指标

维修性的度量指标很多,主要度量指标有维修停机时间率(maintenance down time, MDT)、平均修复时间(mean time to repair, MTTR)等。

(1) 维修停机时间率是机械设备每工作一个小时所用于维修的停机时间。

(2) 平均修复时间是机械设备每一次故障所需停机维修时间的平均值。

4.4 改善维修性的途径

4.4.1 把维修性设计纳入设计规范

维修性是一项设计性能,即要在设计中赋

予设备良好的维修性，具体如下。

(1) 便于检测、诊断是提高机械设备维修性的一个重要途径。在进行机械设备维修性设计时，应把检测、监测与诊断方案，以及如何实现这一方案纳入设计内容。组织好机械设备的检测、监测与诊断是保证实现机械设备维修性的一个重要环节。

(2) 模块化设计可以提高设备维修性。

(3) 可达性也是决定维修性的重要内容。有两种型号飞机，其中一种要做一次全面检查需要打开 200 块盖板，每块盖板有 8～12 只螺钉，每个螺钉要拧 6～10 圈；而另一种型号飞机只需要打开 12 块盖板，每块盖板 4 只螺钉，每个螺钉只需要拧半圈。两种型号坦克，一种坦克拆下发动机需要 10 个人、1 台起重机，花费 18 h 完成；而另一种型号坦克，只需要一个人、不需要起重机，花费 15 min 即可完成。这就是维修性设计的优劣。

4.4.2 改善性修理和性能提升型再制造

通常机械设备修理的最高目标就是恢复到新机出厂时的结构和性能，但是机械设备使用和修理中常常会发现设计制造中不完全合理和有可能改进的地方；同时，经过一段使用时间，机械设备的设计、制造技术都可能有所提升。按照改进和提升后的目标修理称为改善性修理。改善性修理中经常包含维修性的提升。

再制造的机械设备大都经过长时间的使用，在这个过程中发现可以改进的地方及技术的提升也较多。所以，我国再制造的重点放在零件修复和性能提升方面，从而对机械设备的维修性有所提升。

参考文献

[1] 易新乾.工程机械维修技术与市场[M].北京：机械工业出版社，2010.

[2] 周正伐.可靠性工程基础[M].北京：中国宇航出版社，2009.

[3] 恩云飞，谢少锋，何小琦.可靠性物理[M].北京：电子工业出版社，2015.

[4] 陈东宁，姚成玉，赵静一，等.液压气动系统可靠性与维修性工程[M].北京：化学工业出版社，2014.

第5章

再制造性与再制造性设计

5.1 概念

再制造性是产品便于再制造的性能。再制造性也是产品的一项设计性能，是在设计阶段赋予产品的。只有在进行再制造时，才能发现与验证再制造性的好与坏。组织好再制造时关于再制造性的信息反馈，能够促进产品再制造性的改善。

5.2 再制造性设计准则

再制造性设计准则是为了将系统的再制造性要求及使用和保障约束转化为具体的产品设计而确定的通用或专用设计准则。该准则的条款是设计人员在设计产品时必须遵循的。确定合理的再制造性设计准则，并严格按准则的要求进行设计和评审，就能确保产品再制造性要求落实在产品设计中。确定再制造性设计准则是再制造工程中极为重要的工作之一。

（1）制定再制造性设计准则必须建立在对产品失效模式、产品设计技术和再制造生产实践深入理解的基础上。

（2）遵照再制造性设计准则设计的产品必须能够满足产品再制造性标准、定量标准，同时能够达到多寿命周期费用最低的要求。

再制造性工程在我国起步不久，许多设计人员对再制造性设计尚不熟悉，同时再制造性数据不足，定量化工作不尽完善，科技人员要进行长期的研究，才能逐步完善。

5.3 再制造性的定性指标

5.3.1 易于运输性

废旧产品由用户到再制造厂的逆向物流是再制造的主要环节，直接为再制造提供了不同品质的毛坯，而且产品逆向物流费用一般占再制造总体费用比率较大，对再制造具有至关重要的影响。产品设计过程必须考虑末端产品的运输性，使产品更经济、安全地运输到再制造工厂。例如，在装卸大的产品时，不仅需要使用叉车，要设计出足够的底部支撑面；还应尽量减少产品突出部分，以避免在运输中被碰坏，并节约储存时的空间。

5.3.2 易于拆解性

拆解是再制造的必需步骤，也是再制造过程中劳动最为密集的生产过程，对再制造的经济性影响较大。再制造的拆解要求，尽可能保证产品零件的完整性，并减少产品接头的数量和类型，减少产品的拆解深度，避免使用永固性的接头，考虑接头的拆解时间和效率等。在产品中使用卡式接头、模块化零件、插入式接头等，具有易于拆解、减少装配和拆解的时间等优点，但也容易造成拆解中对零件的损坏，增加再制造费用。因此，在进行易于拆解的产品设计时，对产品的再制造性影响要进行综合考虑。

5.3.3 易于分类性

零件的易于分类可以明显降低再制造所需时间，并提高再制造产品的质量。为了使拆解后的零件易于分类，设计时要采用标准化的零件，尽量减少零件的种类，并在对相似的零件设计时进行标记，增加零件的类别特征，以减少零件分类时间。

5.3.4 易于清洗性

清洗是保证产品再制造质量和经济性的重要环节。目前，常见的清洗方法包括超声波清洗法、水或溶剂清洗法、电解清洗法等。可达性是决定清洗难易程度的关键，设计时应该使外面的部件具有易清洗且适合清洗的表面特征，如采用平整表面，采用合适的表面材料和涂料，减少表面在清洗过程中的损伤概率等。

5.3.5 易于修复和升级改造性

对原制造产品的修复和升级改造是再制造过程中的重要组成部分，可以提高产品质量，并能够使其具有更强的市场竞争力。因为再制造主要依赖于零部件的再利用，设计时应增加零部件的可靠性，尤其是附加值高的核心零部件，应减少材料和结构的不可恢复失效，防止零部件的过度磨损和腐蚀；应采用易于替换的标准化零部件和可以改造的结构，并预留模块接口，增加升级性；应采用模块化设计，通过模块替换或者增加来实现再制造产品性能升级。

5.3.6 易于装配性

再制造零部件装配成再制造产品是保证再制造产品质量的最后环节，对再制造周期也有明显影响。采用模块化设计和零部件的标准化设计对再制造装配具有显著影响。据估计，再制造设计中如果拆解时间能够减少10%，通常装配时间可以减少5%。另外，再制造中的产品应该尽可能允许多次拆解和再装配，所以设计时应考虑产品具有较高的连接质量。

5.3.7 提高标准化、互换性、通用化和模块化程度

标准化、互换性、通用化和模块化，不仅有利于产品设计和生产，而且使产品再制造简便，显著减少再制造备件的品种、数量，简化保障，降低对再制造人员技术水平的要求，大大缩短再制造工时。所以，它们也是再制造性的重要要求。

5.3.8 提高可测试性

产品可测试性的提高可以有效地提高再制造零部件的质量检测及再制造产品的质量测试，增强再制造产品的质量标准，保证再制造的科学性。

5.4 再制造性的研究与发展

5.4.1 再制造性定量指标的研究

目前，国内学术界还没有再制造性的定量指标，为了更好地评价产品的再制造性，有必要研究制定再制造性的定量指标。

5.4.2 产品再制造性的合理分配

为了获得最佳的再制造性产品，有学者在研究产品设计时提出了关于再制造性的合理分配理念，同时提出了再制造性设计的目标值、门限值、规定值和最低可接受值的概念。

5.4.3 关于再制造建模

以模型来表达系统与各单元再制造性的关系、再制造性的参数与各种设计及保障要素参数之间的关系，主要用于再制造性分配、预计和评价，或用于设计或设计方案的评价、选择和权衡，或为再制造性设计提供基础。在产

品的研制过程中，按建模目的和模型的形式不同，可以建立再制造性模型。

1. **建模目的**

按建模目的的不同，再制造性模型可分为以下三种。

(1) 设计评价模型：通过对影响产品再制造性的各个因素进行综合分析，评价有关的设计方案，为设计决策提供依据。

(2) 分配、预计模型：建立再制造性分配预计模型是再制造性工作项目的主要内容。

(3) 统计与验证试验模型。

2. **模型的形式**

按模型的形式不同，再制造性模型可分为以下两种。

(1) 物理模型：主要是采用再制造职能流程图、系统功能层次框图等形式，标出各项再制造活动间的顺序或产品层次、部位，判明其相互影响，以便于分配、评估产品的再制造性并及时采取纠正措施。在再制造性试验、评定中，还将用到各种实体模型。

(2) 数学模型：通过建立各单元的再制造作业与系统再制造性之间的数学关系式，进行再制造性分析、评估。

5.4.4 关于再制造预计、再制造试验与评定

为了在设计阶段对产品的再制造性设计作出评价，有学者就再制造预计、再制造试验与评定进行研究。

参 考 文 献

[1] 朱胜，姚巨坤. 装备再制造性工程的内涵研究[J]. 中国表面工程，2006，19(5)：61-63.

[2] 朱胜，姚巨坤，时小军. 装备再制造性工程及其发展[J]. 装甲兵工程学院学报，2008，22(3)：67-69.

[3] 姚巨坤，朱胜，何嘉武. 装备再制造性分配研究[J]. 装甲兵工程学院学报，2008，22(3)：70-73.

[4] 姚巨坤，朱胜，时小军. 装备设计中的再制造性预计方法研究[J]. 装甲兵工程学院学报，2009，23(3)：69-72.

[5] 史佩京，徐滨士，刘世参，等. 面向装备再制造工程的可拆卸性设计[J]. 装甲兵工程学院学报，2007，21(5)：12-15.

[6] 姚巨坤，朱胜，崔培枝，等. 再制造性工程[M]. 北京：机械工业出版社，2020.

第6章

服务经济理论与工程机械服务市场

人类社会已经从农业经济时代、工业经济时代进入服务经济时代，正确理解服务经济理论，推动服务经济的发展可以促进社会经济顺利发展。

6.1 服务经济理论

6.1.1 服务的概念

20世纪60—80年代，经济学家曾给服务下过许多定义，有代表意义的是埃弗特·古迈森(Evert Gummessons)的观点，他认为"服务就是可以购买和销售的，但不具有实物形态的事物"。

近代的经济学家关于服务的认识可以概括为以下三点。

(1) 如果某个人或企业提供的某种帮助或使用价值使其接受者的状况得到改善，那么这个人或企业提供的就是服务。

(2) 服务是具有交换价值的无形交易品，其使用价值可以是瞬时的、重复使用的、可变的。

(3) 服务是个人或企业有目的的活动结果，可以取得报酬，也可以不取得报酬。

随着科学技术的发展，尤其是信息技术的发展及基于互联网的各种商业模式的创新，服务的外延不断扩大，服务不断被赋予新的含义。

目前，尽管学术界尚没有将服务的概念具体化，也不能准确地对不断发展变化的服务作出一个严格的定义。但是，对服务的特征和其本质属性，中西方的专家学者基本上取得了共识。服务的本质属性具体如下。

(1) 无形性。与只有外在物质形态的各种产品不同，服务是包含行为或一系列行为的过程，难以用物质产品的形状、质地、大小等标准去衡量和描述，只能表现为以活动形式提供的某种特殊使用价值或效用。因此，顾客不获得服务的所有权。

(2) 生产消费的同步性。与货物的"先生产、后消费"的顺序过程不同，服务的生产过程和消费过程是同步的，只有当顾客开始消费时，服务产品才能提供出来。在一定程度上，服务的生产是在顾客参与的情形下完成的。

(3) 易逝性。与货物生产和使用过程可分离，进而可以储存与相对独立流通不同。服务一旦未被出售或消费，其价值就会永远失去，无法将其储藏起来，因此，服务具有很强的易逝性。

(4) 异质性。与货物生产的投入与产出具有相对稳定性不同，服务作为一种"行为"或"体验"而不是有形物品的特性决定了服务生产的实质是一种"人与人的游戏"，其投入和产出存在更大的可变性，甚至会因为服务提供者和消费者双方的个人因素发生变化而波动，只能事后检验的服务质量更难以客观评价。

服务作为一种人类经济社会的生产活动，在任何社会经济形态中都存在并发展着，是一个带有普遍性的概念。但在服务经济发展及其经济形态中，服务既是其生产活动的主要产出，同时作为一个过程又具有生产要素的含义，自然构成其最基本和广泛性的核心要素之一。

综上所述,本书作者对服务的认识是：生产者为客户提供的一种非实物形态的劳动,客户可以从该劳动中受益。

6.1.2 服务业

1. 服务业的概念

当服务成为一种独立化的、专门从事提供给他人消费的生产活动时,就形成了服务产业部门。服务业是一个门类庞杂、性质迥异的集合体,其经济特征并不像农业、工业那样有简明的一致性。正因为如此,要从高度抽象的一般性内涵和性质对服务业下定义难度很大,无法严格反映服务业的全部特性。迄今为止,学界一直有较大的争议,尚未形成一个人们广为接受的定义。

目前,相关的理论研究对服务业的概念性界定主要有以下两种观点。

(1) 通过界定服务的内涵,把从事生产和经营的符合服务内涵的经济活动看作是服务性业务,可以理解为凡不涉及有形产品的生产和经营的经济活动都是服务性业务。

(2) 利用排他性原则,把不能划入第一产业和第二产业的所有部门都称为服务部门。这也意味着长期以来,服务业与第三产业一直具有相同的内涵。我国对服务业的界定基本与第二种相同。

根据2017年发布的《国民经济行业分类》(GB/T 4754—2017),国家统计局于2018年对《三次产业划分规定(2012)》中的行业类别进行了对应调整,发布《关于修订〈三次产业划分规定(2012)〉的通知》(国统设管函〔2018〕74号)。国家统计局规定的"第三产业"的概念,"第三产业"即为服务业,是指除第一产业、第二产业以外的其他行业。主要包括18个产业门类：农、林、牧、渔专业及辅助性活动；开采专业及辅助性活动；金属制品、机械和设备修理业；批发和零售业；交通运输、仓储和邮政业；住宿和餐饮业；信息传输、软件和信息技术服务业；金融业；房地产业；租赁和商务服务业；科学研究和技术服务业；水利、环境和公共设施管理业；居民服务、修理和其他服务业；教育；卫生和社会工作；文化、体育和娱乐业；公共管理、社会保障和社会组织；国际组织。

2. 服务业的分类

对于服务业分类而言,国内外没有一个统一的划分标准。目前,服务业的分类方式主要有两种。

1) 传统服务业与现代服务业

(1) 传统服务业是指为人们日常生活提供各种服务的行业,如商贸业、餐饮业、住宿业、旅游业。

(2) 根据2012年2月22日科学技术部发布的《现代服务业科技发展十二五专项规划》(国科发技〔2012〕70号),现代服务业是指以现代科学技术特别是信息网络技术为主要支撑,建立在新的商业模式、服务方式和管理方法基础上的服务产业。它既包括随着技术发展而产生的新兴服务业态,也包括运用现代技术对传统服务业的提升。根据2017年4月14日科学技术部印发的《"十三五"现代服务业科技创新专项规划》(国科发高〔2017〕91号),现代服务业是指在工业化比较发达的阶段产生的、主要依托信息技术和现代管理理念发展起来的、信息和知识相对密集的服务业,包括传统服务业通过技术改造升级和经营模式更新而形成的服务业,以及伴随信息网络技术发展而产生的新兴服务业。

2) 生产性服务业与生活性服务业

依据《国民经济行业分类》(GB/T 4754—2017),2019年国家统计局分别对《生产性服务业分类(2015)》和《生活性服务业统计分类(试行)》进行了修订,印发《生产性服务业统计分类(2019)》(国统字〔2019〕43号)和《生活性服务业统计分类(2019)》(国统字〔2019〕44号)。

生产性服务业是指为保持工业生产过程的连续性、促进工业技术进步、产业升级和提高生产效率提供保障服务的服务行业。它是与制造业直接相关的配套服务业,是从制造业内部生产服务部门独立发展起来的新兴产业,本身并不向消费者提供直接的、独立的服务效用。它依附于制造业企业而存在,贯穿于企业生产的上游、中游和下游诸环节中,以人力资本和知识资本作为主要投入品,把日益专业化的人力资本和知识资本引进制造业，是第二、第三产业加速融合的关键环节。依据《生产性服务业统计分类(2019)》大类共有10个，中类共有35个，小类共有171个。生活性服务业是指满足居民最终消费需求的服务活动。其是服务经济的重要组成部分，也是国民经济的基础性支柱产业，直接向居民提供物质和精神生活消费产品及服务，其产品、服务用于解决消费者生活中(非生产中)的各种需求。依据《生活性服务业统计分类(2019)》大类共有12个，中类共有46个，小类共有151个。具体见表6-1。

表6-1 生产性服务业、生活性服务业统计分类

生产性服务业		生活性服务业	
大类(10个)	**中类(35个)**	**大类(12个)**	**中类(46个)**
01 研发设计与其他技术服务	011 研发与设计服务； 012 科技成果转化服务； 013 知识产权及相关法律服务； 014 检验检测认证标准计量服务； 015 生产性专业技术服务	01 居民和家庭服务	011 居民服务； 012 居民用品及设备修理服务； 013 其他居民和家庭服务
02 货物运输、通用航空生产、仓储和邮政快递服务	021 货物运输服务； 022 货物运输辅助服务； 023 通用航空生产服务； 024 仓储服务； 025 搬运、包装和代理服务； 026 国家邮政和快递服务	02 健康服务	021 医疗卫生服务； 022 其他健康服务
03 信息服务	031 信息传输服务； 032 信息技术服务； 033 电子商务支持服务	03 养老服务	031 提供住宿的养老服务； 032 不提供住宿的养老服务； 033 其他养老服务
04 金融服务	041 货币金融服务； 042 资本市场服务； 043 生产性保险服务； 044 其他生产性金融服务	04 旅游游览和娱乐服务	041 旅游游览服务； 042 旅游娱乐服务； 043 旅游综合服务
05 节能与环保服务	051 节能服务； 052 环境与污染治理服务； 053 回收与利用服务	05 体育服务	051 体育竞赛表演活动； 052 电子竞技体育活动； 053 体育健身休闲服务； 054 其他健身休闲活动； 055 体育场地设施服务； 056 其他体育服务
06 生产性租赁服务	061 融资租赁服务； 062 实物租赁服务	06 文化服务	061 新闻出版服务； 062 广播影视服务； 063 居民广播电视传输服务； 064 文化艺术服务； 065 数字文化服务； 066 其他文化服务
07 商务服务	071 组织管理和综合管理服务； 072 咨询与调查服务； 073 其他生产性商务服务	07 居民零售和互联网销售服务	071 居民零售服务； 072 互联网销售服务
08 人力资源管理与职业教育培训服务	081 人力资源管理； 082 职业教育和培训	08 居民出行服务	081 居民远途出行服务； 082 居民城市出行服务

续表

生产性服务业		生活性服务业	
大类(10个)	中类(35个)	大类(12个)	中类(46个)
09 批发与贸易经纪代理服务	091 产品批发服务； 092 贸易经纪代理服务	09 住宿餐饮服务	091 住宿服务； 092 餐饮服务
10 生产性支持服务	101 农林牧渔专业及辅助性活动； 102 开采专业及辅助性活动； 103 为生产人员提供的支助服务； 104 机械设备修理和售后服务； 105 生产性保洁服务	10 教育培训服务	101 正规教育服务； 102 培训服务； 103 其他教育服务
		11 居民住房服务	111 居民房地产经营开发服务； 112 居民物业管理服务； 113 房屋中介服务； 114 房屋租赁服务； 115 长期公寓租赁服务； 116 其他居民住房服务
		12 其他生活性服务	121 居民法律服务； 122 居民金融服务； 123 居民电信服务； 124 居民互联网服务； 125 物流快递服务； 126 生活性市场和商业综合体管理服务； 127 文化及日用品出租服务； 128 其他未列明生活性服务

服务业发展是推动服务经济发展的核心和主要动力，但不能把服务业发展等同于服务经济发展，服务经济发展涵盖了比社会经济服务化更广泛的内容；同样，也不能把服务业经济等同于服务经济，服务经济是社会经济形态层面上的概念，服务业则是产业层面上的概念。

服务经济是以服务业为主导的，工程机械维修与再制造过程中的服务经济主要相关的是生产性服务业。

6.1.3 服务经济

1. 服务经济的概念

市场交换的不是实物，而是服务的经济形态称为服务经济。

服务经济是与农业经济、工业经济同属一个范畴的概念，是继工业经济之后发展的一种社会经济形态。

2. 服务经济的特征

服务经济的兴起和发展过程中，服务业的地位和作用日渐凸现，服务业称为推动经济发展的重要动力，呈现如下特征。

(1) 服务业产值在经济结构中的比重日趋上升、占据主导地位。

(2) 服务业就业人数持续大幅度增加，有人提出只要服务业就业占比为50%以上即为服务经济。

(3) 服务贸易发展迅速，并将在国际贸易中逐渐占据主导地位。

(4) 服务业与其他产业结合越加紧密，服务化特征明显。

(5) 服务经济的内部结构越来越呈现出知识经济的特点。

综上所述，有人将服务经济定义为"以基于知识、信息和智力要素的生产、扩散与应用的大量服务活动为中心，服务产业化与产业服务化交互共进基础上的服务业为主导，人力资本和知识运用为核心服务生产方式，以及由与其相适应的制度环境构成的一种高度发展的经济形态"。

3. 服务经济的发展

最早提出服务经济概念的是美国经济学家维克多·R. 富克斯(Victor R. Fuchs)。1968年，其经典著作《服务经济学》(*The Service Economy*)引发热潮，率先提出服务经济这一新概念。《服务经济学》中指出，美国在西方发达国家中已经首先进入了"服务经济"社会，同时认为服务经济在所有发达国家都已开始出现。

在富克斯研究的基础上，服务经济的理论随着实践发展而不断深化。贝尔(1974)的"后工业社会"、库茨涅兹的"工业服务化"等理论都指出了现代社会经济逐渐向服务经济阶段发展这一突出特征。经济与合作发展组织(Organization for Economic Cooperation and Development，OECD)在2000年报告中也明确提出了服务经济。直至2006年，瑞典学者詹森在《服务经济学：发展与政策》中对服务经济学的微观基础、服务经济的公共政策等内容进行了系统介绍，从而使服务经济理论研究随着实践的发展而不断深化。

在知识、技术和全球化力量的推动下，当今世界的服务业已经成为全球经济的主导产业，这不仅表现为服务业自身的高度发展，同时表现在服务业与农业、工业乃至服务业自身的融合发展和世界经济整体的服务化，从而引起产业结构、要素结构和需求结构都在经历一场"服务革命"。

国家统计局最新公布数据显示，新中国成立70多年来，我国服务业规模日益壮大，综合实力不断增强，质量效益大幅提升，新产业、新业态层出不穷，逐步成长为国民经济第一大产业，成为我国经济稳定增长的重要基础。

数据显示，1978年，我国服务业增加值905亿元。改革开放以来，服务业进入快速发展期，到2012年，我国服务业增加值达到244 852亿元，年均增长10.8%。

2018年，我国服务业增加值增长到469 575亿元，在国内生产总值中的比重达到52.2%，占据国民经济半壁江山。

2019年，服务业增加值534 233.1亿元，比上年增长6.9%，分别高出国内生产总值和第二产业增加值增速0.8和1.2个百分点；服务业增加值占国内生产总值比重为53.9%，比上年提高0.6个百分点，比第二产业高14.9个百分点；服务业对国民经济增长的贡献率为59.4%，比第二产业高22.6个百分点；拉动国内生产总值增长3.6个百分点，比第二产业高1.4个百分点，服务业在国民经济中的"稳定器"作用进一步增强。

2020年全国服务业持续稳步恢复。国家统计局显示，2020年服务业增加值553 977亿元，比上年增长2.1%，服务业增加值占国内生产总值比重为54.5%，较上年提高0.2个百分点。2020年，我国现代服务业保持快速增长，现代服务业发展活力不断释放。

"中国正在步入服务经济时代"逐渐成为社会各界的共识。服务经济理论也成为国内外学术界研究的热门领域之一。

6.2 我国服务经济的实践

6.2.1 制造企业案例

全球最大的工程机械制造商卡特彼勒(Caterpillar)公司提出的生产商"客户服务合约"(customer service agreement，CSA)，是由生产商的代理商为客户提供的一种定制服务，它是按客户的需求来确定服务内容高度灵活的合约。CSA的内容可以是周期性的维护保养、定期的液压系统检查维护、定期的设备检查，也可以是全部的维护保养和修理。也就是说，生产商与代理商可以根据用户的需要为用户做任何服务。

卡特彼勒公司每一个制造厂都设有一个负责市场服务的副总经理，市场服务的网络若未建设好，负责市场服务的副总经理则不会在生产计划上签字，任何一台新机械都不可以投入生产。

推行CSA的优点是多方面的，如施工企业可以集中精力做它们的工程，有人为其提供状态良好的设备；制造商和代理商可以增加销售量，有资料显示，10年可以增加近50%的销售量。而仅仅依靠生产商和代理商是不可能承担遍布世界各地的工程机械服务的，生产商必须联合各地的维修企业和租赁企业组成一个服务系统，这就给修理企业和租赁企业提供了广阔的市场。所以，推行CSA可以给施工企业、生产商、代理商和修理企业、租赁企业带来利益。卡特彼勒公司的CSA服务体系是众多工程机械制造商在工程机械后市场延伸的代表。

陕西鼓风机（集团）有限公司从简单的销售鼓风机转为出售客户通风问题的解决方案和服务，出售其对系统、流程技术的认识；沈阳防锈包装材料有限责任公司从为社会提供防锈产品发展为国内最大的气相防锈材料研发、生产、服务型企业，把为客户系统防锈服务作为一种产业平台；国内大型工程机械设备制造商中联重科股份有限公司利用自身的行业资源、技术和信息的优势，与配套零部件生产厂合作，为用户提供从设备选型、安装、调试、保养、维修、改造和调剂等全方位服务，从而与客户达成长期合作关系，实现双赢。

从装备设计、制造、使用、维修、再制造、报废的全寿命周期来研究，装备制造商以装备销售为起点，可以向后延伸到报废装备的回收和装备再制造。中国重型汽车集团有限公司就是这样做的，其下属的济南复强动力有限公司每年回收并再制造斯太尔发动机3万～5万台，社会效益和经济效益十分显著。也有装备制造商以租赁、维修、再制造等后市场时代的一个或几个阶段为切入点，开展其服务。

6.2.2 铁道部改革案例

体制改革前，铁道部是一个典型的全方位机构。铁路建设方面：从勘测设计、土石方施工到运营中的维修，甚至铁路道岔的制造全都由自己完成；铁路运输方面：从机车、车辆设计制造、维修到运行图的编制和运输调度，直到旅客列车上的服务全部由自己完成；教育方面：从幼儿园、小学、中学到大学自行设置和管理；医疗方面：从医学院、门诊所到全国有名的三甲医院都自行设置和管理。

铁道部的体制改革把运输以外的所有部门都剥离出去，铁路建设外委由铁路工程公司负责管理，铁路设备外委由中国中车集团有限公司负责管理，教育、医疗也转交给社会负责管理。改革后，铁道部从年年亏损转为盈利。

6.2.3 房地产生产案例

宋代祥符年间，皇宫中发生火灾，大片的皇室、楼台、殿阁、亭榭于一夜之间变成了废墟。为修复这些宫殿，宋真宗派晋国公丁谓主持修缮工程。丁谓在皇宫前的街道上挖沟、取土、烧砖，很快街道被挖成了大沟，并让汴河决口，将水引至壕沟，并将各地运来的竹木制作成筏子，之后的各种材料都通过这条水路用竹木筏子运进来。皇宫修复后，丁谓命人又将拆下来的碎砖瓦连同火烧过的灰都填进沟中，重新修成街道。经过该处理，皇宫修复不仅节约了时间，还节省了大量的经费。后来，人们是把"丁谓筑城"当作成功运用系统工程的案例，从该事件也可以看到农牧经济时代房地产生产中还包含土方施工、烧砖、材料采集和运输，以及道路整修。

工业经济时代的房地产商，已经不再需要自己烧砖、开河、修路，也不需要自己运输木材、石材了。现在的房地产工程中的勘测设计委托设计院进行，土方工程委托土方公司完成，房屋结构委托建筑工程公司施工，并且建筑公司施工中使用的混凝土也委托商品混凝土公司提供，内外装修委托装修公司完成，房产销售委托专门的销售公司完成。因此，从这里可以看出服务经济与农牧经济、工业经济的差别。

6.2.4 工程机械租赁业的发展

1. 工程机械租赁业的分类

从古至今，租赁一直存在，但工程机械租赁是近代才发展的一种经营模式，其在交易中不发生实物所有权的转移，因此是一种典型的服务经济模式。

现代工程机械租赁业分为两个服务形态，工程机械设备的经营性租赁(operating rental)和融资租赁(financial leasing)。

1）经营性租赁

工程机械经营性租赁是出租人将自己所拥有的工程机械设备的使用权出让给承租人，由承租人支付租金的一种经营模式。设备所有权仍然属于出租方，承租期满后，设备归还出租方。

根据租赁双方的需要与可能，租赁标的可以只是设备的使用权，也可以由出租方提供操作司机、技术指导，还可以包括维护或修理服务。

经营工程机械设备经营性租赁的公司有两类：工程机械制造商或代理商附属的经营性设备租赁公司和专业的设备租赁公司。

2）融资租赁

(1）融资租赁的概念

融资租赁是一种伴有金融服务和营销服务性质，多数还可能发生设备所有权转移的租赁模式。出租人根据承租人所要求的规格、型号、性能等条件，购入设备租赁给承租人，合同期内设备的所有权属于出租人，承租人只拥有使用权，合同期满付清租金后，承租人有权按残值购入设备，以拥有设备的所有权。

融资租赁是一种三方受益的模式，如设备供应商可以扩大销售；承租方能在极短的时间用少量的资金取得设备并投入使用，迅速发挥作用产生效益；租赁企业可以获得丰厚的回报。

(2）工程机械融资租赁基本流程

由承租人(客户)选择需要购买的工程机械设备，出租人(融资公司)通过对租赁项目风险评估后出租设备给承租人(客户)使用。在整个租赁期间，承租人(客户)对设备没有所有权，但享有使用权，并负责维修和保养设备。融资租赁的三方关系如图 6-1 所示。

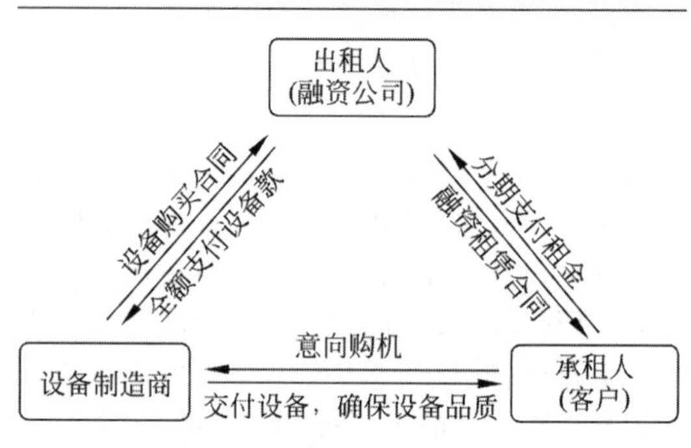

图 6-1 融资租赁的三方关系

2. 发达国家工程机械经营性租赁概况

工程机械设备租赁服务行业是一个资本密集型的传统行业，租赁市场主要集中在发达国家，2019 年全球规模预计超过 900 亿美元。据美国租赁协会统计，美国的工程机械设备租赁渗透率已突破 50%，即过半数的新机销售被设备租赁行业所购买。

各大设备生产制造厂商都有自己的经营性租赁公司，利用原有的经销体系和客户群基础，在满足客户对短期租赁需求的基础上，从租赁客户群中转化更多设备销售的机会。例如，美国的卡特彼勒公司(CAT)，约翰迪尔(John Deer)，日本的小松(Komatrsu)、日立建机(Hitachi)等都拥有自己的租赁公司。其中，卡特彼勒公司的租赁服务业务收入约 30 亿美元(2017 年)，全球拥有 1 429 个门店，拥有独立品牌和独立门店的厂商租赁服务体系。

除了附属的经营性设备租赁公司外，设备生产制造厂商还有专业设备租赁公司，美国 United Rentals(联合租赁)是全球最大的独立的设备租赁服务公司，其租赁业务约占 15%的北美洲市场份额，拥有约 143 亿美元的租赁资产，在美国和加拿大有近 1 200 个租赁点、超过 65 万台套(约 4 000 种类)租赁设备。2018 年，其营业额超过 80 亿美元，税前利润约 15 亿美元。

3. 国内工程机械经营性租赁情况

我国的经营性设备租赁起步于 20 世纪 90 年代。近年来，随着企业改制、剥离步伐的加快，我国工程机械设备租赁行业市场中的国有、民营、合资、个体建筑机械生产厂家等多种类型、属性的租赁公司得到快速发展。

但是，我国工程机械设备租赁公司规模均很小，大多数为中小企业，有规模的租赁企业主要集中在各大品牌的名下和非常少数的专业租赁公司(营业额过亿元)。因此，伴随着我国巨大的建筑市场和服务经济观念的发展，以及建筑企业的轻资产经营方针，中国式的大型设备租赁公司必将成为发展方向。

4. 盾构租赁企业案例

在建筑工程机械与设备中，盾构机属于特有专用设备，价格昂贵，且大部分属于大中型中央企业，由于不同地区的地层不同、业主要求不同、闲置情况严重，企业运营盾构机能力较差。据统计，目前国内每台盾构机年掘进里程仅为900 m，低效率不仅造成设备浪费，也给盾构机的拥有者造成了很大的成本压力。

中铁工程服务有限公司盾构云、掘进机租赁平台的诞生很好地解决了行业中长期存在的难题。

中铁工程服务有限公司是世界500强企业之一——中国中铁股份有限公司控股的中铁高新工业股份有限公司的全资子公司，是国内唯一专业从事工程管理服务的企业。

中铁工程服务有限公司作为管理技术型高新企业，致力于打造盾构产业服务第一品牌，主要从事装备管理技术服务、施工技术服务、信息化技术服务等三大板块业务：①装备管理技术服务业务主要以盾构租赁、盾构托管、维修改造、非标机具研发、旧机交易、零部件贸易等内容为主；②施工技术服务业务是以专业承包、劳务分包、技术咨询、管理咨询等方式为盾构工程的相关方提供施工技术服务；③信息化技术服务业务主要是基于自主研发的盾构云大数据系统为客户提供工程项目、盾构管理的信息化管理服务及相关产品。

中铁工程服务有限公司租赁的盾构机数量约占全国盾构机总数的1/4～1/3。其租赁平台致力于向全球和盾构产业相关的施工企业、配件企业、金融企业和个人等提供盾构租赁、盾构施工一体化服务、商业服务等内容，共同推动盾构行业向深处发展。

中铁工程服务有限公司掘进机租赁平台以互联网、大数据为依托，对盾构机进行合理运营调配，大大提高了盾构机的运营效率。目前，纳入中铁盾构云平台的每台盾构机年掘进里程已经超过1 200 m，效率明显得到提升。同时，通过盾构机资源的整合，中铁工程服务有限公司形成了较大规模的盾构机数量，在合理的托管下形成盾构机银行，托管施工企业重型资产，通过合理资源调配使闲置设备得以产生最大化价值。此外，盾构机经常超百万元的运输费用也不容忽视，通过资源合理调配，采用中铁工程服务有限公司自有的运输力量，可为租赁双方节省大量运输费用。

中铁工程服务有限公司将致力于发展成为全球最大的掘进机租赁商。

6.2.5 服务外包

工程机械维修企业成功的服务经济模式——服务外包(service outsourcing)，是企业从专业化的角度出发将一些原来属于企业内部的职能部门转移出去，或者是取消使用原来由企业内部所提供的资源或服务，转向使用由企业外部更加专业化的企业单位所提供的资源或服务的行为。

1. 服务外包是服务经济的一种实施形式

近年来兴起的服务外包是服务贸易的一种形式，也是服务经济的实施形式之一，与按次计数购买服务是不同的。

服务外包不进行实物的交易，所以属于服务经济的范畴。服务外包在交易的过程中不考虑、不涉及实物，而只约定、只考核服务的结果。例如，土方工程服务外包，不论使用的是挖掘机、推土机还是装载机，只要按时完成土方量就是完成合同了。因此，服务外包是典型的服务经济。

服务外包是让企业集中精力做好自身具有优势的主要业务，把自身不熟悉的、不具有优势的事务外包给专业化的企业去做。这样，一切事务都可以由专业的公司来完成，其可以只投入较少的资源，收获较大的效益。

2. 服务外包的分类

服务外包可分为生产型服务外包和生活型服务外包。配件仓库的计划管理、工程机械维修服务外包属于生产型服务外包。工作午餐的外包、花卉绿植摆放的外包属于生活型服务外包。

3. 工程机械服务外包

工程机械服务外包是近十年发展起来的一种合理、有效的服务外包模式，人们还不太熟悉，因此应该在更广泛的领域探讨和实践。

工程机械服务外包的内容包括有辅助工程施工的外包、工程机械租赁和工程机械管理服务外包等，下面以工程机械管理服务外包为例，进行详细介绍。

1）工程机械管理服务外包的模式

根据多年工程机械管理服务外包的实践经验看，工程机械管理服务外包中理想的模式是管家式服务外包，而容易实现的模式是劳务服务外包。在这两级服务之间，服务外包的深度可以有多种选择。

（1）工程机械管家式服务外包的运作方式具体如下：用户将全部工程机械交给服务商管理，而服务商则要负责操作手的培训、考核、管理，工程机械的台账管理，工程机械的状态监测、保养和修理，配件的计划、采购和管理。换句话说，用户只管提出工程机械的使用计划，服务商则要保证工程机械使用计划所需的、状态良好的工程机械。管家式服务外包的考核指标是设备的完好率，该完好率比承包前应该有大幅提高。管家式服务外包的计费标准应该是承包费与产出收益之比，该比率和承包前用于管理、维修的费用与产出收益之比应该有大幅降低，但是用户通常不愿计入承包前后产出增加、收益提高的因素，而只用承包费与承包前用于管理、维修的费用进行比较，这对于承包商显然是不公平的，但承包商可以先接受下来，待用户得到管家式服务外包的益处后，再谋求承包费的提高。管家式服务外包能够让用户集中精力管理好工程的质量、安全和进度，承包商可以用最科学的方法管理设备，双方都取得最大的收益，而工程机械可以得到最好的管理。

（2）工程机械劳务服务外包的运作方式是承包商根据协议提供规定数量和技术等级的工程师与技术工人，交给用户管理和使用，用户根据自己的需要来使用这批技术人员。劳务服务外包考核指标是人数、技术等级和工作时间，计费标准是人员工资和承包商的管理费与利润。通过工程机械劳务服务外包，用户只需付出适当的费用，就可以得到一批训练有素的技术人员的服务，与自己招聘、培训和管理技术人员比，简单又可靠，更主要的是不用承担技术责任。对于服务商而言，派出一批技术骨干，还要承担技术责任，而受益却并不丰厚，显然不是一个利润丰厚的项目，但是如果考虑到这是服务外包的开始，通过良好的服务、可以逐步扩大服务的范围和服务的深度，这项合同还是值得的。

2）工程机械管理服务外包的对象

根据业内实践经验，适合服务外包的对象具体如下。

（1）港口、矿山、水利枢纽、机场、铁路或公路等大型施工工地。工程机械量大而且集中，对工程机械维护修理的需求也比较大。但这些施工企业对设备的管理较严，对服务外包的要求较高，维修企业在外包中一定要有高水平的服务，项目才能持续做下去。

（2）在国外施工的矿山、交通和农庄。工程机械量大而且集中，工程机械的使用强度很大，对工程机械维护修理的需求也更迫切，也可以为外包付出更多的费用；但机械维修的环境和后方支持差，对服务企业的技术和组织能力要求更高，服务企业要根据自己的能力慎重选择。

（3）个体工程机械业主。目前，个人所有工程机械已近100万台，这些机械不好维护，使用强度一般较大，所以对工程机械维护修理的需求更大。但是，该类工程机械分散在个人手中，每一位业主的拥有量不多，所以不能通过一份或几份服务外包协议就可以妥当处理，只能通过广告、宣传等传统市场运作方法招揽客户。建议维修企业应注意跟踪各工程项目中租赁的个体工程机械的合同期限，因为，当一个项目结束到下一个项目开始前的间歇是服务维修的最佳时机。

3）工程机械管理服务外包成功案例

蚌埠市军地工程机械有限公司签约承包了一个舟桥部队里所有汽艇的修理，一年内需要对多台汽艇实施计划修理；当社会修理业务繁忙时，其就会暂时中止汽艇维修业务；当社会修理任务不紧张时，其就安排汽艇修理业务，以每年都确保一定的生产业务。

安徽现松工程机械服务有限公司承包了连云港港口装卸机械的修理，该港口拥有的装载机一旦发生故障，其负责及时修复。

洛阳聚科特种工程机械有限公司除承包了中铁十七局集团有限公司某处在贵州一个铁路施工工地工程机械的维修任务外，还承包了内蒙古地区一家中资矿山采掘设备企业的设备维修业务。该企业在内蒙古拥有4座矿山、一条超100 km的自有铁路，还承接了超500 km铁路的修建工程，拥有各种工程机械1 000多台。洛阳聚科特种工程机械有限公司派出10名技师，承担了70余台挖掘机的维修任务。由于任务完成得很好，甲方十分满意，于是2012年，其承包的业务范围大大扩展。洛阳聚科特种工程机械有限公司在服务外包方面进行的重大实践，取得了拓展经营范围的实效。

服务外包是一种经济模式，也是一种经营理念。服务购买方要大量利用服务经济模式，把主业以外的业务包给专业化公司，自身集中精力抓好主业，虽然增加了外包支出，但在主业经营方面得到提升，可以取得更大的利润；服务方要努力拓宽服务领域，提高服务质量，把服务外包作为一个新的盈利点。工程机械管理服务外包是一种更合理、更有效的服务经济模式，目前还处于起步阶段，还要更加努力。

6.2.6 工程机械的零配件市场

1. 工程机械零配件是一个大市场

设备的配件需求潜力在生命周期内呈正态分布曲线（图6-2），在中间阶段（第5年）需求最高，国内工程机械配件市场每年的销售潜力约为2 000亿～4 000亿元。

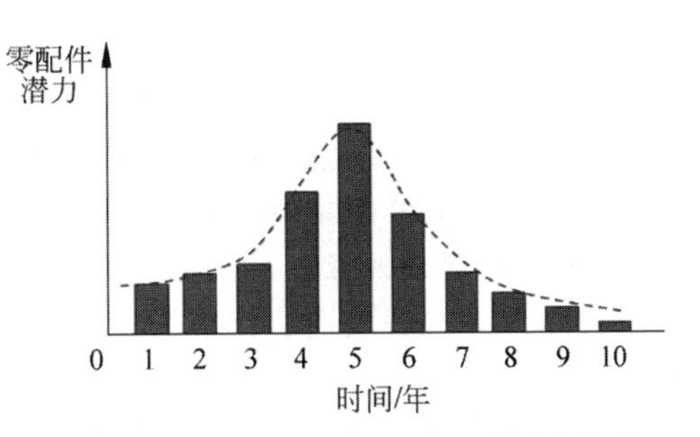

图6-2 工程机械设备零配件需求潜力曲线

工程机械设备是制造商通过代理商销售到客户手中的，制造商也组织了完善的服务与配件供应网络，向最终用户销售配件，零配件市场对企业来说是一个巨大的“蛋糕”，因为配件销售的利润通常是设备成本的2～3倍，而且它们还有第一手的用户信息，可以理解客户通过制造商和代理商购买配件和服务顺理成章。但是，设备交易是在客户购买当天完成的，而配件及维修服务的交易却是在设备投入使用后的数年中一年一年逐步实现的，直到设备报废。所以，制造商和代理商更关注设备销售，并不重视配件及维修服务市场，再加上代理商的零配件价格很高，随着国产副厂件质量越来越好，零配件市场份额逐步流失到社会配件店中。

2. 市场上零配件的种类

20世纪80年代以前，工程机械修理行业的主要难题之一是配件难，进口机械配件紧缺或供应周期极长，而国内机械制造厂则因为产值计算方面的原因不愿生产配件，所以会出现一台需要大修的机器进厂，往往因缺少某一个配件而停工待料，一两年不能出厂的现象。而如今，配件不再难买，因为配件商店遍布各地，即使向国外采购，也只需2～12周的时间，即可经由空运或海运得到配件。但是，在不同的地方购买的配件质量和价格往往差别很大。

虽然，同样都称为配件，但其品种较多，质量与价格差异较大，一般可以分为以下几类：由主机厂服务中心提供的原厂配件、由经销店供应的国产配件和附厂配件、由拆旧商店供应的拆旧件、由不法商人售卖的水货及杂牌配件、由市场供应的近年生产的再制造配件。

（1）原厂配件：质量由主机厂负责，一般

可以信赖，但价格要贵很多。

(2) 国产配件和附厂配件：国产配件价格便宜，一些合资企业引进国外技术生产的配件质量也不错，但配件的品种有限，更危险的是容易鱼龙混杂，质量难保。

(3) 水货和杂牌配件：价格便宜很多，但质量没有保证。

(4) 众所周知，工程设备90%以上的零部件是生产设备的主机厂选用专业部件厂家的，这种专业部件厂生产的都是经过主机厂的许可，按照主机厂提出的技术条件生产的、保证质量且价格只是原厂配件的60%～80%的配件，即副厂配件。由此可见，只要有能力通过主机厂核对设备型号，购买符合要求的副厂配件是非常合算的。

(5) 再制造配件：质量可靠、价格低廉。根据资料介绍，国外20%左右的农机配件和汽车配件是再制造件。需要注意的是，采购再制造配件一定要确认是经过工业和信息化部认证并进入再制造目录的，但目前经过认证的配件并不多。

3. 工程机械零配件市场的服务模式

当前，我国工程机械还是一个互联网渗透度很低的领域，绝大多数配件还是通过各地的配件城或零散的配件商店采购。因此，可以利用互联网技术，高效地连接客户和零配件资源，解决零配件供应中信息不对称的问题，为客户提供高性价比的零配件，这也是互联网平台一直在尝试的事情。

2015年前后创建的“机械之家”“行中行”“易工科技”和“挖配宝”等互联网配件销售平台各有所长，都在积极地探索更加高效的零配件销售、存储、物流配送模式，为客户带来更大的价值。它们首先打通原厂件与副厂件之间的对应关系，通过集中采购建立战略合作关系，与供应商一起建立具有竞争力的零配件供应链，然后通过搭建现代化的物流和仓储系统，实现零配件供应的及时性和可靠性，最终赢得客户的口碑和合作伙伴的认可。

虽然，目前配件销售互联网平台还有待发展，但是分享经济的前景让人们相信，互联网模式能够给客户带来最大的利益，通过人工智能技术将客户需求与配件库存信息进行匹配，就能自动找到满足需求并且距离客户最近的配件店或代理商。方便、快捷地满足客户的需求，这也是未来最有前景的商业模式。在未来几年内，中国工程机械行业一定会出现像淘宝网和京东那样的配件交易互联网平台，利用大数据、人工智能、无人机等先进技术，在零配件市场上为客户带来更大的价值。

6.2.7 工程机械的二手机市场

1. 概述

目前，人们还没有关于二手机的准确定义，有人认为“二手工程机械是指从新机销售完成开始，即成为二手工程机械”；也有人认为“二手机是进入交易市场的、经过使用的工程机械的习惯称谓”。

(1) 二手机市场是一个巨大的市场，据统计每年有4 000亿元的交易规模。

(2) 二手机市场还是一个风险巨大的市场。利氏兄弟拍卖行大中国区销售总经理爱德华曾说过，无论是在中国还是世界任何地方，二手设备行业都是“天生”的高风险行业。爱德华认为，二手设备的交易和流通与新设备的交易和流通存在着天壤之别，相比新设备，二手设备对国家宏观经济和微观经济的波动影响更敏感。但是，二手设备交易商受到很多限制，其中大部分来自于地域限制。此外，二手设备对于供求关系的变化比新设备也更敏感、更易波动。

2. 我国工程机械二手机市场的发展

之前的计划经济年代，机械设备属于国营企业的固定资产，不允许进入流通市场；铁道部所有的工程机械只有基本建设总局局长的一支笔才有权决定其大修或报废。

20世纪80年代末90年代初，我国基础设施投资持续增长，带动了市场对工程机械的需求，而当时工程机械行业的发展不能满足市场的需求，一直处于供不应求的状态。与此同时，部分国外发达市场处于饱和状态，存在过剩危机，这些国家积极发布政策鼓励企业对我国出口。同时,由于发达国家工程机械产品的技术相对成熟,其二手设备质量相对较高,具有良好的性价比,加快了我国工程机械二手机市场的形成。2001年,我国加入世界贸易组织(World Trade Organization,WTO),大大降低了进口旧机电产品关税,促进了二手机市场的发展。

3. 工程机械二手机市场发展方向

1) 发展网络平台经营

初期建立的工程机械二手机市场是分布各地的线下交易市场,全国比较有名的有深圳凤凰机械城、深圳友利机械市场、徐水二手机交易市场、昆山二手机交易市场、西安西北二手机交易市场、长沙湘府机电市场、北京经开万佳国际机械城等。随着移动互联网的发展与普及,用户购买二手机时,通过网络获取信息更加便捷,在自身已有人脉的基础上,更多人会借助搜索平台、行业互联网平台、微信朋友圈、微信群寻找资源。2015年开始,各种模式的工程机械二手机市场的互联网交易平台开始崛起。

2) 信任是工程机械二手机市场发展的基础

工程机械二手机交易成功的前提是信任。目前,信任的基础更多来源于关系和感觉;但是,较为靠谱的信任基础一定是基于数据的,而目前我国市场却是连基本的身份识别都没有公开透明的查询渠道。

在美国,一本名为*Serial Number Handbook*的产品名录中记载了市面上大部分的设备品牌、生产日期及生产地,每年更新一次数据。用户在二手工程机械交易时,只需按照书中的索引,便能够轻松查到目标产品的相关信息,简单快捷而又可以信任。在国内,近两年生态环境部为改善非道路移动机械柴油机排放污染,规定非道路移动机械都必须悬挂标牌,同时要求在设备上加装一个远程排放管理终端。专家建议把实时监测的数据记入档案。二手机交易时通过查询档案可以对设备的履历、状态一目了然,大大提高交易的可信程度。

目前,对二手机的价值和价格依靠专业评估师的经验评估,其可信度不高。有专家在设备老化程度数量指标基础上,研究提出一套定量评估二手机的价值计算办法,可以提升工程机械二手机交易的透明度。

3) 回归二手机市场的服务功能

二手机市场的原始功能是调剂盈亏,帮助业主卖出闲置的设备,同时帮助资金不充裕的客户购买低值堪用的设备,二手机市场的中介企业属于服务经济性质。部分工程机械二手机经营户通过收购二手工程机械,经过简单的整备、维修再加价销售赚取差价,也可以获取较高的利润。但二手机行情变化快速,经营风险较大,因此,二手机市场开始向二手机综合服务方向发展。所谓二手机综合服务是指在维修、配件、金融、保险,以及其他相关服务领域通过多元化业务提升自身多元化盈利的可能性,降低单纯低买高卖业务市场风险的服务模式。

卡特彼勒公司的北美地区、欧洲、日本经销商的二手机的销售额仅占10%～15%,而租赁与配件的销售额却占50%左右。中国二手机的最终用户大多数是个体经营者,为他们提供配件、维护、修理服务是二手机经营者最好的选择。

4) 完善二手工程机械市场税收政策

二手工程机械交易除了带汽车底盘的起重机、混凝土机械按汽车相关条例监管外,没有明确的法律条文,也没有明确的鉴别方式,这让二手工程机械长时间处于不知该如何缴税的无奈局面。

二手工程机械不应该像新机一样缴纳17%的增值税,但各种因素又让二手工程机械无法像其他二手设备一样享受优惠税率。个人交易免缴税,企业参与全额缴税。特别是,企业在回收个人手中的二手工程机械时,个人没有向企业提供增值税发票的能力,也就是说,此时企业无法获得进项增值税发票,交易时只能去税务局再办理一张17%的税票,造成重复缴税的情况发生,这必然会加大企业的负担。目前,正是这种税收政策让企业不愿意参与其中,这也成为二手工程机械私下交易盛行的温床,这也是国内二手工程机械市场80%以上是个体交易的主要原因。

大标准下,小标准百花齐放,一个地方一

种税率的现象普遍存在。由于没有明确的二手工程机械税收政策条文，给了地方税务部门以很大的发挥空间。从2%～17%，各地经营二手工程机械业务的大小企业甚至可以凭借自身与当地税务部门的远近亲疏，达成一个貌似公平合理的税率。

在工程机械使用者公司化经营的大趋势下，这种不明朗的税收政策亟待改变。政府应出台相关政策，确保二手工程机械交易税赋的公平性，既要保证不重复征税、不多征税，也要保证不少征税、不漏征税。此外，可以面向企业提供明确的优惠税政，吸引更多主机企业、代理商、租赁商和第三方平台参与。为保障税收政策能够在各地税收部门落实，可发布二手工程机械相关税法的操作方法解释。

此外，借鉴日本等成熟市场的经验，政府可出台相关政策，鼓励二手工程机械出口，用市场手段解决排放升级、设备存量过大问题。

6.3 大力推动生产性服务业快速发展

随着我国经济的快速发展和社会的全面进步，基于生产性服务业在国民经济发展中的重要性，《中华人民共和国国民经济和社会发展第十二个五年规划纲要》中将“加快发展生产性服务业”作为服务业发展重点之一。围绕促进工业转型升级和加快农业现代化进程，推动生产性服务业向中、高端发展，深化产业融合，细化专业分工，增强服务功能，提高创新能力，不断提高我国产业综合竞争力。

根据《国务院关于加快发展生产性服务业促进产业结构调整升级的指导意见》(国发〔2014〕26号)，为加快重点领域生产性服务业发展，进一步推动产业结构调整升级，国务院关于加快发展生产性服务业促进产业结构调整升级提出以下意见。

1. 基本原则

坚持市场主导。处理好政府和市场的关系，使市场在资源配置中起决定性作用和更好发挥政府作用，鼓励和支持各种所有制企业根据市场需求，积极发展生产性服务业。

坚持突出重点。以显著提升产业发展整体素质和产品附加值为重点，围绕全产业链的整合优化，充分发挥生产性服务业在研发设计、流程优化、市场营销、物流配送、节能降耗等方面的引领带动作用。

坚持创新驱动。建立与国际接轨的专业化生产性服务业体系，推动云计算、大数据、物联网等在生产性服务业的应用，鼓励企业开展科技创新、产品创新、管理创新、市场创新和商业模式创新，发展新兴生产性服务业态。

坚持集聚发展。适应中国特色新型工业化、信息化、城镇化、农业现代化发展趋势，深入实施区域发展总体战略和主体功能区战略，因地制宜引导生产性服务业在中心城市、制造业集中区域、现代农业产业基地以及有条件的城镇等区域集聚，实现规模效益和特色发展。

2. 发展导向

以产业转型升级需求为导向，进一步加快生产性服务业发展，引导企业进一步打破“大而全”“小而全”的格局，分离和外包非核心业务，向价值链高端延伸，促进我国产业逐步由生产制造型向生产服务型转变。

1) 鼓励企业向价值链高端发展

鼓励农业企业和涉农服务机构重点围绕提高科技创新和推广应用能力，加快推进现代种业发展，完善农副产品流通体系。鼓励有能力的工业企业重点围绕提高研发创新和系统集成能力，发展市场调研、产品设计、技术开发、工程总包和系统控制等业务。加快发展专业化设计及相关定制、加工服务，建立健全重大技术装备第三方认证制度。促进专利技术运用和创新成果转化，健全研发设计、试验验证、运行维护和技术产品标准等体系。重点围绕市场营销和品牌服务，发展现代销售体系，增强产业链上下游企业协同能力。强化期货、现货交易平台功能。鼓励分期付款等消费金融服务方式。推进仓储物流、维修维护和回收利用等专业服务的发展。

2) 推进农业生产和工业制造现代化

搭建各类农业生产服务平台，加强政策法

律咨询、市场信息、病虫害防治、测土配方施肥、种养过程监控等服务。健全农业生产资料配送网络，鼓励开展农机跨区作业、承包作业、机具租赁和维修服务。推进面向产业集群和中小企业的基础工艺、基础材料、基础元器件研发和系统集成以及生产、检测、计量等专业化公共服务平台建设，鼓励开展工程项目、工业设计、产品技术研发和检验检测、工艺诊断、流程优化再造、技能培训等服务外包，整合优化生产服务系统。发展技术支持和设备监理、保养、维修、改造、备品备件等专业化服务，提高设备运行质量。鼓励制造业与相关产业协同处置工业“三废”及社会废弃物，发展节能减排投融资、清洁生产审核及咨询等节能环保服务。

3）加快生产制造与信息技术服务融合

支持农业生产的信息技术服务创新和应用，发展农作物良种繁育、农业生产动态监测、环境监控等信息技术服务，建立健全农产品质量安全可追溯体系。鼓励将数字技术和智能制造技术广泛应用于产品设计和制造过程，丰富产品功能，提高产品性能。运用互联网、大数据等信息技术，积极发展定制生产，满足多样化、个性化消费需求。促进智能终端与应用服务相融合、数字产品与内容服务相结合，推动产品创新，拓展服务领域。发展服务于产业集群的电子商务、数字内容、数据托管、技术推广、管理咨询等服务平台，提高资源配置效率。

3. 主要任务

现阶段，我国生产性服务业重点发展研发设计、第三方物流、融资租赁、信息技术服务、节能环保服务、检验检测认证、电子商务、商务咨询、服务外包、售后服务、人力资源服务和品牌建设。

产业转型升级是一项复杂的社会系统工程，推动我国服务业转型升级，要以习近平新时代中国特色社会主义思想为指导，遵循产业发展规律，在深化改革、加大创新、优化布局、培育人才、扩大开放等方面下功夫，不断激发服务业转型升级的内在活力和动力，推动服务业迈向高质量发展新阶段。

参考文献

[1] 周振华. 服务经济发展：中国经济大变局之趋势[M]. 上海：格致出版社，上海三联书店，上海人民出版社，2013.

[2] 周振华. 服务经济的内涵、特征及其发展趋势[J]. 科学发展，2010(7)：3-14.

[3] 邹统钎，刘军，陈序桄. 服务经济理论演变[J]. 邢台职业技术学院学报，2007，24(6)：5-7.

[4] 张慧文. 国内外关于服务经济理论与应用问题研究综述[J]. 经济纵横，2008(11)：125-127.

[5] 庄丽娟. 服务定义的研究线索和理论界定[J]. 中国流通经济，2004(9)：41-44.

[6] 赵静. 新常态下生产性服务业转型升级的路径探析[J]. 中国乡镇企业会计，2015(7)：256-257.

[7] 高泽敏. 新时代服务业转型升级的思考[J]. 决策探索，2019(1下)：10-11.

[8] 江小涓，等. 服务经济：理论演进与产业分析[M]. 北京：人民出版社，2014.

[9] 易新乾. 工程机械服务外包中的学问[J]. 今日工程机械，2011(22)：26-38，14.

[10] 宁吉喆. 新常态下的服务业：理论与实践[M]. 北京：中国统计出版社，2017.

[11] 中华人民共和国国家质量监督检验检疫总局，中国国家标准化管理委员会. 国民经济行业分类：GB/T 4754—2017[S]. 北京：中国标准出版社，2017.

[12] 陈宪，殷凤. 服务经济学学科前沿研究报告[M]. 北京：经济管理出版社，2017.

[13] 段文军. 共享经济下的盾构机服务新模式[J]. 工程机械与维修，2018(2)：116-118.

第6章彩图

第7章

全寿命周期管理与多寿命周期管理

7.1 全寿命周期管理

7.1.1 全寿命周期的概念

1. 工程机械寿命

寿命一般是指人的生存年限。人在生存年限经历孕育、生长、成熟、衰老、死亡阶段。工程机械寿命是指工程机械的使用年限，具体包括如下。

(1) 工程机械的自然寿命或物质寿命：其是指机械设备从投入使用开始，直到因为在使用过程中发生物质磨损而不能继续使用以至报废为止所经历的时间。

(2) 工程机械的技术寿命或有效寿命：其是指机械设备从投入使用开始，因技术落后而被淘汰为止所经历的时间。由于科学技术迅速发展，工程机械中不断出现具有更先进技术，更经济合理的同类新设备。因此，当同类新设备的应用大量推广之后，原有设备在其自然寿命尚未结束之前就会被淘汰。科学技术发展越迅速，竞争越激烈，设备的技术寿命也将随之缩短。

(3) 工程机械设备的经济寿命：其是指机械设备从投入使用开始到因继续使用不经济而被更新所经历的时间。在工程机械自然寿命的后期，由于机械设备的陈旧老化，而必须支付过多的使用费用来维持机械设备的自然寿命。此时就需计算机械设备的经济寿命，以便确定设备的最佳更新期。

(4) 合理使用寿命：其是指以经济寿命为基础，考虑整个国民经济的发展和能源节约等因素，制定出符合我国实际情况的工程机械使用期限。实际上，它是考虑了国民经济的可能性而加以修正后的工程机械经济使用期限。

2. 工程机械全寿命周期

工程机械全寿命周期的概念是工程机械寿命术语的引申。工程机械全寿命周期也就是人们所认知的工程机械从“生”到“死”的总期限。

全寿命概念于20世纪80年代中期开始应用于我国军事装备领域。《大辞海·军事卷》(上海辞书出版社，2007)中对装备全寿命的定义为全寿命期通常分为立项论证、方案设计、工程研制、试验定型、采购、调配保障、使用维护、退役处置等阶段。《军事装备管理》[中国军事百科全书(第二版)学科分册]将装备全寿命界定为“装备全寿命期通常分为立项论证、方案设计、工程研制、试验定型、生产、采购、调配保障。”

工程机械全寿命周期的定义为：工程机械从产品市场调研、开发设计、加工制造、包装、运输、使用、维护，一直到产品不能再投入使用，并进行报废处理的整个时间历程。

7.1.2　全寿命周期阶段划分

工程机械全寿命周期根据工作内容的不同，可划分为规划阶段、生产或购置阶段、使用阶段，见表 7-1。

表 7-1　工程机械全寿命周期划分

前　期					后　期	
规划阶段			生产或购置阶段		使用阶段	
项目建议书	可行性论证	设计任务书	设计、试制、制造	安装、调试	使用与维修	报废与处置

（1）规划阶段：主要任务是通过项目立项、可行性论证，确定工程机械的技术指标、总体技术方案，以及研制经费、研制周期，形成《设计任务书》，呈报相关部门批准。

（2）生产或购置阶段：主要任务是根据经批准的《设计任务书》进行工程机械的设计、试制、制造或选型、购置，以及安装调试。

（3）使用阶段：主要任务是保持和恢复机械设备技术性能，进行机械设备的维护保养和修理，并根据工程机械的质量状况，对达到或超过使用寿命期限的机械设备进行报废与拆件利用、有偿或无偿转为他用。

7.2　全寿命周期费用管理

7.2.1　全寿命周期费用的概念

1. 全寿命周期费用

费用是指所消耗的资源（人、财、物和时间）货币值的量度。全寿命周期费用（life cycle cost，LCC）是以全寿命理论为基础，研究全寿命过程发生的费用总和。

全寿命周期费用的概念最早是由美国国防部提出并实施的。研究全寿命周期费用，有助于揭示全寿命周期费用发生的原因及发展的规律，以采取有效的措施对生命周期费用进行管理和控制。

2. 工程机械全寿命周期费用

工程机械全寿命周期费用是指工程机械在其整个寿命周期内，为论证、研制、生产、使用与保障、报废所付出的一切费用的总和。

研究工程机械全寿命周期费用时，不仅要考虑工程机械本身的费用，还要考虑与其相配套的所必需的保障设备和设施有关的费用，即全系统的费用；既要考虑工程机械的研制和生产费用，又要考虑工程机械整个使用周期的各种费用，即全寿命费用。

3. 全寿命周期费用分解结构

全寿命周期费用分解结构是指按工程机械的硬件、软件和寿命周期各阶段的工作项目，将寿命周期费用逐级分解，直至基本费用单元为止，所构成的按序分类排列的费用单元的体系，简称为费用分解结构（cost breakdown structure，CBS）。其中，费用单元是指构成寿命周期费用的费用项目，基本费用单元是指可以单独进行计算的费用单元。

通常，工程机械生命周期费用分为研究与设计费、制造与装配费、销售与储运费、使用与维护费、回收与处理费，见表 7-2。

表 7-2　工程机械生命周期费用构成

产品生命周期费用	研究与设计费	概念	市场调查、客户访谈等
		论证	可行性研究、开发规划等
		研究	技术资料、科研费用等
		设计	图样设计、产品试验、修改设计、准备技术说明书、专利等
	制造与装配费	采购	订购、运输、库存等
		材料	原材料、辅助材料等
		制造	人工、动力、燃料、检验费、备品购理、人员培训等
		装配	半成品运输、装配、调试、检验、废品和修复等
	销售与储运费	库存	仓储、损耗等
		销售	包装、广告等
		运输	装卸、运输等
	使用与维护费	使用	人力消耗、动力消耗及维修保养等
		维护	维修人员培训、修理或更换零件等
	回收与处理费	回收	运输、储存等
		处理	拆卸、无公害处理等

7.2.2 全寿命周期费用估算程序

全寿命周期费用估算(life cycle cost estimating,LCCE)是采用预测技术对工程机械预期的寿命周期内所支付所有费用进行估算,求得寿命周期费用的估算值。全寿命周期费用估算的一般流程图,如图7-1所示。

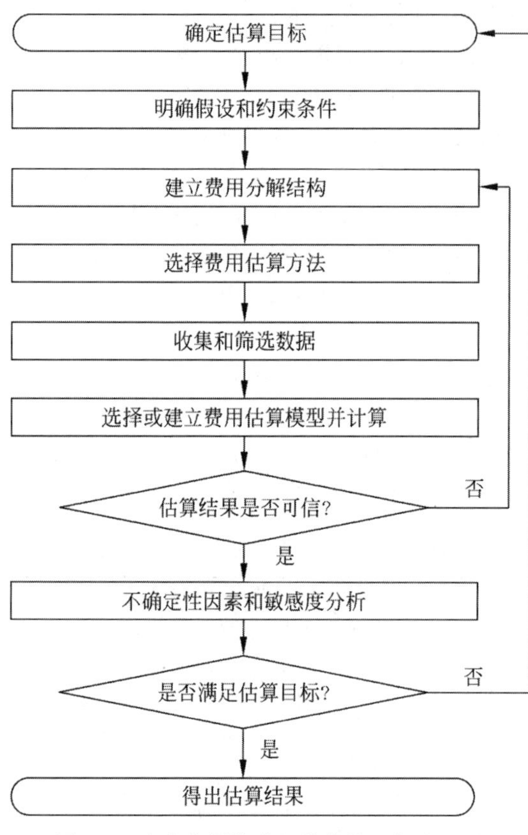

图7-1 全寿命周期费用估算的一般流程图

1. 确定估算目标

确定估算目标就是对所要估算的费用给予正确的说明。要根据估算所处的阶段及具体任务,确定估算的目标、明确估算范围(寿命周期费用或某主要费用单元或主要分系统的费用)及估算精度要求。估算目标能确定和限制费用分析的范围,并将寿命周期费用估算值与工程项目的决策联系起来。估算目标又往往受数据的不适当性、估算的进度与工作量及准确度的要求、估算结果的应用等因素的限制。

2. 明确假设和约束条件

确定估算目标后,要对估算所涉及的各种因素进行分析,做出相应的各种假设,建立约束条件,以保证估算的顺利进行。估算寿命周期费用应有明确的假设和约束条件,一般包括装备研制的进度、数量、部署位置、供应与维修机构的设置、使用方案、保障方案、维修要求、任务频次、任务时间、使用年限、利率、物价指数、可利用的历史数据等。凡是不能确定而估算时又必需的约束条件都应假设。

对于所有的假设,都应当进行清楚的说明,而且要用实际数据加以证明。如果既不能进行清楚的说明,也不能用实际数据证明,则就应说明该假设的理由,指出要做多少额外的研究工作,准确地指出可能产生偏差的地方。对于关键的假设,还应检验它们的合理性。

约束条件能够用来缩小问题范围,但必须具有一定的伸缩性,不应妨碍得到问题的解。随着研制、生产与使用的进展,原有的假设和约束条件会发生变化,某些假设可能要转换为约束条件,应当及时予以修正。

3. 建立费用分解结构

根据估算的目标、假设和约束条件,确定费用单元并建立费用分解结构。建立分解结构时,由上至下逐级展开,直至需要的层次和范围。要考虑收集费用数据的可能性与方便性,否则在建模时会遇到很大困难。如果确定的费用单元与现行财会费用类目相协调,则就能很好地利用历史数据。

4. 选择费用估算方法

根据费用估算与分析的目标、所处的寿命周期阶段、可利用的数据及其详细程度、允许进行费用估算与分析的时间及经费要求,选择适用的费用估算方法。

5. 收集和筛选数据

经上述步骤后的工作是收集与筛选数据,它是寿命周期费用估算中工作量最大的一项工作,其基本步骤如下。

(1) 确定可能的数据来源,如经费及财务记录、所估算装备的费用数据库、费用研究报告、专家的分析判断、类似装备的历史费用数据库等。

(2) 拟定利用数据源的策略,如进行现场收集或通信查询。

(3) 获得可利用的数据,并提取数据。

(4) 去伪存真,筛选数据,剔除数据中有明显错误的数值。

(5) 补充遗漏的数据或更正错误数据。

6. 选择或建立费用估算模型并计算

根据估算要求和费用分解结构,选择适用的或建立费用估算关系式以进行费用计算。建模时,要根据因变量(费用单元的费用)的物理和性能特性确定自变量(即费用主导因素)。自变量应与所估算的费用有一定的对应关系,且各自变量不能互为函数,再选定费用关系式的形式(一元、多元、线性、非线性等),利用收集到的数据采用合适的拟合方法建立费用估算关系式,并通过相关系数检验及方差分析等检查关系式的统计特征,在此基础上代入有关数据进行费用计算。计算时,还应考虑费用的时间价值。

7. 不确定性因素和敏感度分析

不确定性因素主要包括与费用有关的经济、资源、技术、进度等方面的假设,以及估算方法与估算模型的差别等。对某些明显且对寿命周期费用影响重大的不确定性因素和影响费用的主宰因素(如可靠性、维修性及某些新技术的引入)应当进行敏感度分析,以便估计决策风险和提高决策的准确性。

8. 判断估算结果是否满足估算的目标要求

按得出的估算结果与估算的目标进行比较,以判断估算结果是否满足要求。如果满足要求,则编写估算结果报告;如果不满足要求,则反馈到第一步,重新审定估算的目标并继续估算,直到满足估算的目标为止。

9. 得出估算结果

得出估算结果,进行整理后按规定的要求编写寿命周期费用估算报告。寿命周期费用估算报告是进行寿命周期费用估算的结果文件,该报告的编写单位由有关合同文件规定,一般是承担寿命周期费用估算与分析任务的单位。在论证阶段与使用阶段,通常由使用方负责编制;在装备研制与生产的阶段,通常由承制方负责编制。

7.2.3 全寿命周期费用估算方法

《武器装备寿命周期费用估算》(GJBz 20517—1998)规定了装备寿命周期费用估算的目的、要求、方法和程序,工程机械全寿命周期费用估算时可参照该标准进行。工程机械寿命周期费用估算常用方法包括参数估算法、类比估算法、工程估算法和专家判断估算法。

1. 参数估算法

参数估算法是根据多个同类产品的历史费用数据,选取对费用敏感的若干主要物理与性能特征参数(如质量、体积、射程、探测距离、平均故障间隔时间等,一般不超过5个参数),运用回归分析法建立费用与这些参数的数学关系式来估算寿命周期费用或某主要费用单元费用的估计值。参数费用关系式的估算精度主要取决于同类产品的相似性,以及所选择的影响费用的特征参数、关系式的形式及回归分析的统计样本数。该方法适用于论证与研制早期,特别是仅有系统规范还没有详细研制规范的时候。

2. 类比估算法

类比估算法是将待估算产品与有准确费用数据和技术资料的基准比较系统,在技术、使用与维护方面进行比较,分析两者的异同点及其对费用的影响,利用经验判断求出待估产品相对于基准比较系统的费用修正方法,再计算出待估产品的费用估计值。基准比较系统可以是由不同产品组成的组合体。该方法适用于研制的早期阶段,在不能采用参数估算法和工程估算法时使用,也经常用于验证参数估算法的估算结果。利用该方法可以估算寿命周期费用或某项主要费用单元费用,或者某个主要分系统或设备的费用。

3. 工程估算法

工程估算法是按费用分解结构从基本费用单元起,自下而上逐项将整个产品系统在寿命周期内的所有费用单元累加起来得出寿命周期费用估计值的方法。采用该方法进行估算，当较低层次的费用单元尚无实际值时，可以使用参数估算法、类比估算法或专家判断估算法的估算值进行估算。

通用数学表达式为

$$C_R = \sum_{i=1}^{n} C_i \tag{7-1}$$

式中：C_R——寿命周期费用；

n——费用单元数；

C_i——第 i 项费用单元的费用。

4. 专家判断估算法

专家判断估算法是预测技术中德尔菲法在费用估算中的应用，它是由专家根据经验判断估算出产品的寿命周期费用的估计值。由多个专家分别独立估算，然后加以综合，以提高估算的精确度。一般在数据不足或没有足够的统计样本以及难以确定参数费用关系式时使用，或用于辅助其他估算方法。

7.3 多寿命周期管理

7.3.1 多寿命周期的概念

多寿命周期的提出和研究始于 20 世纪 80 年代，随着可持续发展和再制造工程的提出而逐渐得到发展。产品多寿命周期（product multi lifecycle，PML）不仅包括本代产品的发展周期，还包括该代产品报废或停止使用后，产品的有关零部件在换代——下一代、再下一代……多代产品中的循环使用的时间。

由于工程机械多生命周期的提出和研究历史较短，其概念和内涵尚处于探索阶段，至今仍无统一公认的定义。根据对国内外学者观点的分析和研究，将工程机械多寿命周期的概念理解如下。

工程机械多寿命周期是指工程机械达到物理或技术寿命后，通过再制造或再制造升级生成性能不低于原品的再制造品，实现再制造工程机械或其零部件的高阶循环服役使用，直至达到完全的物理报废为止所经历的全部时间。

7.3.2 多寿命周期具体内容

工程机械多寿命周期既包括对工程机械整体的多周期使用，也包括对其零部件的多周期使用。

工程机械多寿命周期包含了工程机械从概念设计、原始制造、使用、报废、再制造、再使用，直至终端处理的整个过程，是从工程机械多个使用周期内的质量、可靠性、功能等角度提出的。

参考文献

[1] 马惠军. 装备经济学[M]. 北京：军事科学出版社，2014.

[2] 范建. 基于产品多生命周期的煤机装备再制造性评估研究[D]. 北京：北京科技大学，2015.

[3] 徐丹. 基于 CAIV 制造业产品生命周期费用-效能的权衡优化研究[D]. 长沙：中南大学，2012.

[4] 中国人民解放军总装备部. 武器装备寿命周期费用估算：GJBz 20517—1998[S]. 北京：中国人民解放军总装备部.

[5] 朱胜，姚巨坤. 基于再制造的装备多寿命周期工程[J]. 装甲兵工程学院学报，2009，23(4)：1-5.

[6] 姚巨坤，朱胜，崔培枝. 再制造管理：产品多寿命周期管理的重要环节[J]. 科学技术与工程，2009，23(4)：1-5.

[7] 贺超，庄玉良，王文宾. 基于闭环供应链的再制造管理体系探讨[J]. 技术与经济管理研究，2012(11)：54-57.

[8] 向琴. 基于 ECC 的工程机械再制造方案决策研究[D]. 武汉：武汉科技大学，2017.

第8章

全面规范化生产维护——TnPM

8.1 企业的人机系统

企业竞争在市场,但竞争力在现场。

生产现场管理的内容十分丰富,包括设备布局、工艺流程安排、物流统筹、计划排产、成本控制、公用设施、安全设计等诸多方面。在人机系统中,较为重要和基础的是下面的现场管理四要素:①6S活动;②6H活动(清除"六源");③定置化管理;④可视化管理。

企业的现场管理并不局限于四要素,现场管理还有其他丰富的内容,然而这四要素应该是其他现场管理要素的基础,是现场管理的起点,如图8-1所示。

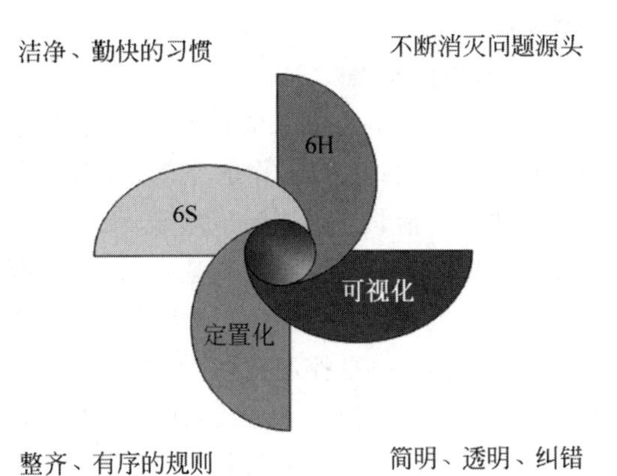

图8-1 生产现场管理的四要素

8.1.1 6S活动

6S是从3S——整理、整顿、清扫逐渐发展起来的,本书重点增加了"安全"这个内容,具体如下。

(1) 整理(structurise):取舍分开,取留舍弃。

(2) 整顿(systematise):条理摆放,取用快捷。

(3) 清扫(sanitize):清扫垃圾,不留污物。

(4) 标准化(standardise):形成规则,保持成果。

(5) 安全(safetise):安全第一,预防为主。

(6) 素养(self-discipline):自主管理,养成习惯。

企业开展6S活动常常陷入"一紧,二松,三垮台,四重来"这样的怪圈,不少企业的6S活动到最后就仅剩下墙上的6S,现场和行动上了无踪影。这是为什么呢?其原因之一是很多企业开始时将这项活动看得太简单,缺乏程序化的管理。企业6S程序化管理流程图如图8-2所示。

8.1.2 6H活动(清除"六源")

在6S活动中,员工将会发现一些问题的"源头"。企业应该主动引导员工去寻找和解决现场中的"六源"问题。英文headstream是发源地的意思,所以"六源"活动又称6H活动。

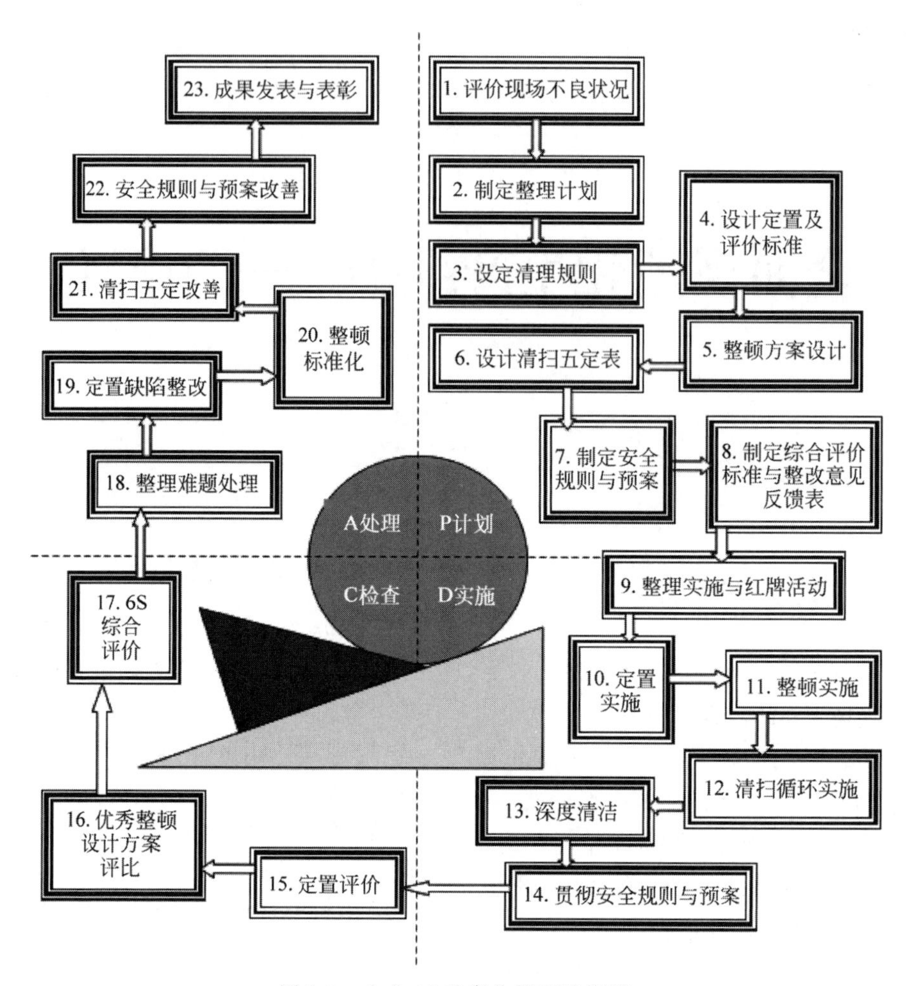

图 8-2 企业 6S 程序化管理流程图

“六源”是指污染源、清扫困难源、故障源、浪费源、缺陷源和危险源。

1. 污染源

污染源，即灰尘、油污、废料、加工材料屑的来源。更深层的污染源还包括有害气体、有毒液体、电磁辐射、光辐射及噪声方面的污染。要鼓励员工去寻找、搜集这些污染源的信息。同时，激励员工自己动手，以合理化建议的形式对这些污染源进行治理。污染源的治理主要有两个方向：一是源头控制，二是防护。天津奥的斯电梯有限公司的机械加工车间每一台车床都加装了防护挡板，防止加工的铁屑、油污外溅，车间地面洁净、无油、无尘。深圳赛格三星有限公司的玻璃焙烧炉口加装挡板以防上煤尘外喷，这些都属于防护工作；而加装污水处理、空气净化装置和各种堵漏工作都属于源头控制。

2. 清扫困难源

清扫困难源是指难以清扫的部位，包括空间狭窄、没有人做清扫工作的空间，设备内部深层无法使用清扫工具；污染频繁，无法随时清扫；以及高空、高温、设备高速运转部分，操作工难以接近的区域，等等。解决清扫困难源也有两个方向：一是控制源头，使得这些难以清扫的部位不被污染，如设备加装防护盖板等；二是设计开发专用的清扫工具，使难以清扫变成容易清扫，如使用长臂毛刷和特殊吸尘装置等。

3．故障源

故障源是指造成故障的潜在因素。通过PM分析法①，逐步了解故障发生的规律和原因，然后采取措施加以避免。如果因为润滑不良造成的故障，则应加强润滑频次、调整润滑油脂量，甚至加装自动加油装置来解决；如果因为温度高、散热差引起的故障，则应加装冷风机或冷却水来解决；如果因为粉尘、铁屑污染引起的故障，则要通过防护、除尘方式来解决。

4．浪费源

生产现场的浪费源是多种多样的，具体包括以下四类。

第一类浪费是开关方面的浪费，如人走灯还亮，机器仍空转，气泵仍开动，冷气、热风、风扇仍开启等方面的能源浪费。该类浪费要通过开关处的提示及员工良好习惯的养成来解决。

第二类浪费是漏方面的浪费，包括漏水、漏油、漏电、漏汽和漏气及油箱滴漏，这也是能源或材料的浪费。要采取各种技术手段去做好防漏、堵漏工作，如使用高品质的接头、阀门、密封圈和龙头，带压堵漏材料的应用等。

第三类浪费是材料方面的浪费，包括产品原料、加工用的辅助材料：一方面通过工艺和设计的改进来节省原材料；另一方面可以在废材料的回收、还原、再利用方面下功夫。

第四类浪费是无用劳动、无效工序、无效活动方面的浪费，如工序设计不合理、无用动作过多，甚至工序安排不平衡，中间停工待料时间过长；需要通过人机过程学、工业工程学方法来优化设计加以解决。无效活动包括无效的会议、无效的表格和报告等，渗透到工作的各个领域，时间浪费可节约的空间十分广阔；这就需要通过会议管理、时间管理的方法来解决。

5．缺陷源

6S活动还可能发现产品缺陷源，即影响产品质量的生产或加工环节。零缺陷（zero defects，ZD）活动和质量控制（quality control，QC）活动就是针对这些缺陷源的，解决缺陷要从源头做起，从设备、工装、夹具、模具及工艺的改善做起，同时也要从员工的技术、工艺行为规范着手。

6．危险源

危险源即潜在的事故发生源。企业存在大量的危险源，如人员触电、物品掉落砸伤、工件材料飞溅伤人、厂房起火、装置爆炸、毒气泄露、员工掉落摔伤、炉火或者熔融液体外溢、飞溅烫伤、火焰或者紫外线灼伤、电磁辐射、核辐射伤害等不同种类的危险。

在企业开展6S活动中，自然而然会引起员工对“六源”的关注，企业则顺势主动加强对寻找“六源”活动的引导，使其成为每个员工的潜在意识。寻找“六源”，要从清除员工脑子里的“麻痹源”开始。寻找“六源”、解决“六源”，与生产现场的持续改善和难题攻关及合理化建议活动融为一体，将成为现场改善和进步的强大推动力。

清除“六源”活动与企业的6S活动共存共生。企业开展6S活动，必然会遇到一些源头（6H）挡路，不清除掉，6S活动就无法进行；反过来，若企业做好了清除“六源”活动，还要顺势保持良好现场成果，让现场管理升华，6S活动自然会成为提升的必然结果。

8.1.3　定置化管理

定置化管理可以作为一个要素，即“整理、整顿、素养”的核心内容融入企业6S活动中。因为定置管理本身内容比较丰富，涉及整个企业的“人-物-场所”三维空间位置关系的设计和优化，企业也可以将这项工作单独提取出来，

---

①　PM分析法，是找寻分析设备所产生的重复性故障及其相关原因的一种手法。所谓PM，是指下面几个英文单词的首字母。P指的是phenomena或phenomenon（现象）及Physical（物理的）。M指的是mechanism（机理）及其关联的man（人）、machine（设备）、material（材料）、method（方法）。

进行更加细致的研究和实施。

在企业中，物品与使用者——人的位置关系一般处于三种状态。

（1）A状态：人与物有效结合，人可以直接、方便、快捷、有效地利用物。

（2）B状态：人与物不能有效结合，人不能马上、快捷、有效地利用物。

（3）C状态：人与物不需要结合，物品处于不利用、无利用状态。

定置化就是不断地清除C状态，改善B状态，保持A状态的过程。

定置管理首先要对“人—物—场所”三维空间位置关系进行设计和优化，充分利用色彩、指示牌、电子屏幕和其他信息媒介将“该物在何处”“该处在哪里”“此处即该处”“此物即该物”“该物流向哪里”“该物有多少”“该物处于何种加工状态”“该物是否良好”“该物是否危险”及区域的总体定置状态等信息明确表示出来，以方便人的寻找、识别，减少工作差错，提升工作效率。

8.1.4 可视化管理

可视化管理也称为一目了然的管理。在生产或者办公现场，管理者和现场员工往往存在各种各样的视力疾病。

（1）近视：只能看到鼻子下面，眼前的事物和问题，看不到长远和事物的本质问题。

（2）远视：喜欢往远处看，但忽视眼前、脚下的事物，看不到细枝末节，对现场的问题视而不见。

（3）弱视：对现场状况看不清楚，似乎看出问题，又不清楚到底是什么问题，一会儿认为是这个问题，一会儿又觉得像是那个问题。

企业的管理者需要陶冶自身企业员工的可视力：第一步是能视，第二步是透视，第三步是重视。

（4）能视：通过相应的手段让微小的问题放大，让隐含的问题暴露，让大家看到需要看到的东西。

（5）透视：对暴露出问题的本质、危害、原因进行正确的分析、判断，让大家看到本质，也看到发展趋势和前景。

（6）重视：要让大家付诸行动、发掘对策来解决这些问题。

除了发现问题、解决问题，可视化管理还具有将生产现状、企业经营、经验智慧、团队沟通、工作绩效、顾客反馈、外部信息可视化的功效。从图8-3可以看出，可视化管理有诸多工具，管理的范畴涉及企业管理的各个方面。

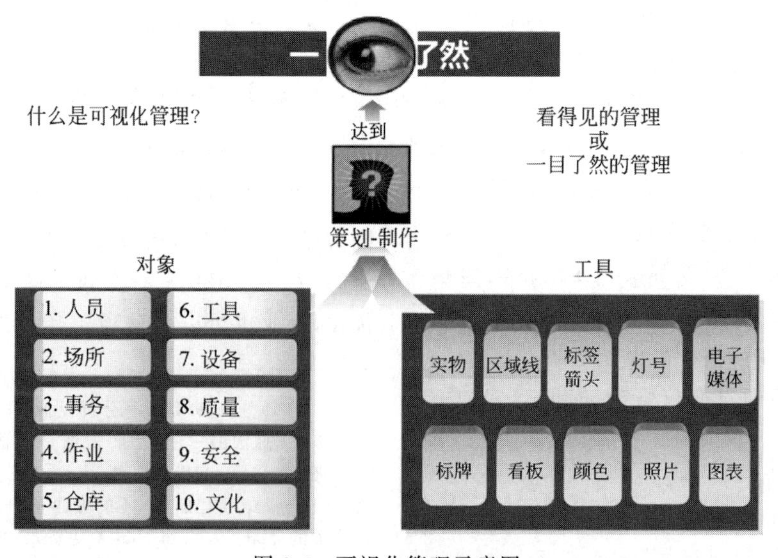

图8-3 可视化管理示意图

8.2 构建科学完备的检维修防护体系

在20世纪50—60年代，我国企业基本采用的是事后维修和从苏联借鉴学到的计划预修制。目前，在市场经济时期，不少企业的维修管理水平并无提高，甚至有些企业干脆倒退到传统的事后维修状态。当今，维修管理策略和模式十分丰富，呈百花齐放、百家争鸣之势，但在企业面前又出现了一个新的难题，即企业到底如何设计自己的维修管理体系。

除了生产现场操作员工参与的规范化活动之外，对于生产制造型的企业而言，精心设计的设备检维修系统解决方案具有重要的实践意义，本节设计了SOON体系，即“策略（strategy）—现场信息（on-site information）—组织（organizing）—规范（normalizing）”一体化流程，作为企业维修管理系统解决方案的参考。

第一，根据设备的不同类型、不同役龄及不同的故障特征起因，选择不同的维修策略；第二，通过现场的信息收集，包括依赖人类五感的点巡检，依靠仪器、仪表的状态监测及依赖诊断工具箱的分析和逻辑推理，采集、了解、分析设备状况，进行故障倾向管理和隐患管理，达到故障定位和故障处理的目标；第三，为了使人机系统出现的问题不重复出现，还设计了源头追溯和根除预案模块，把它固化在体系之中；第四，维修活动的组织，包括维修组织结构设计、维修资源的配置、维修计划等；第五，维修行为的规范和维修质量的确认，如图8-4所示。

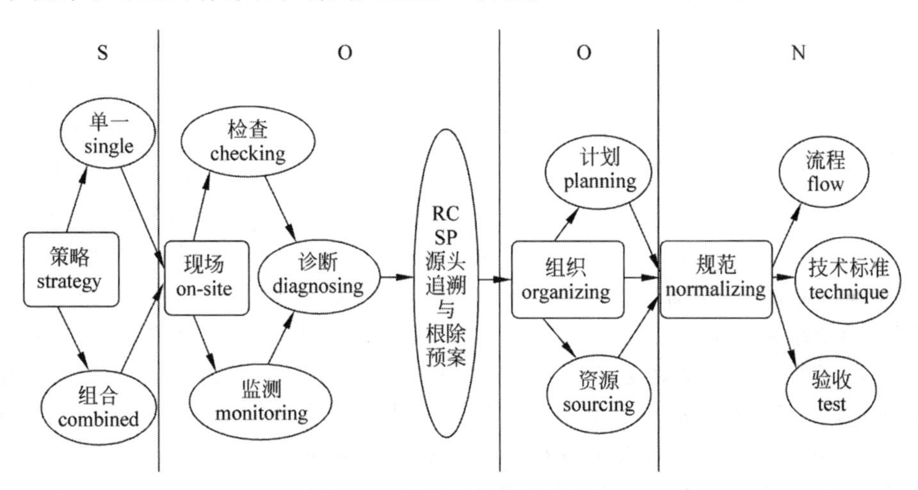

图8-4　检维修系统解决方案

1. 维修策略

制订维修大策略，首先要考虑到设备的平均役龄。一般而言，设备一生的故障率水平划分为初始故障期、偶发（随机）故障期和耗损故障期三个阶段，因为故障率曲线的形状像一个浴盆，故称为浴盆曲线。

企业的高层管理者应了解设备的浴盆曲线，然后根据设备的平均役龄，对企业设备总体状况有基本了解，对属下设备主管人员的工作业绩有客观的评估。

维修模式是指维修微观策略设计。微观维修策略关系到每台具体的设备，或者是设备上的一部分。以下维修模式是企业经常使用的微观维修策略，如图8-5所示。

（1）事后维修：其是指设备发生故障后的修理。适用于故障后果不严重，不会造成设备连锁损坏、不会危害安全与环境、不会使生产前后环节堵塞、设备停机损失较小的故障后修理，事后维修可以最大限度地延长设备的有效使用周期，是比较经济的维修模式。

（2）周期性预防维修：其是指按照固定的时间周期对设备的检查、更换、修复和修理。

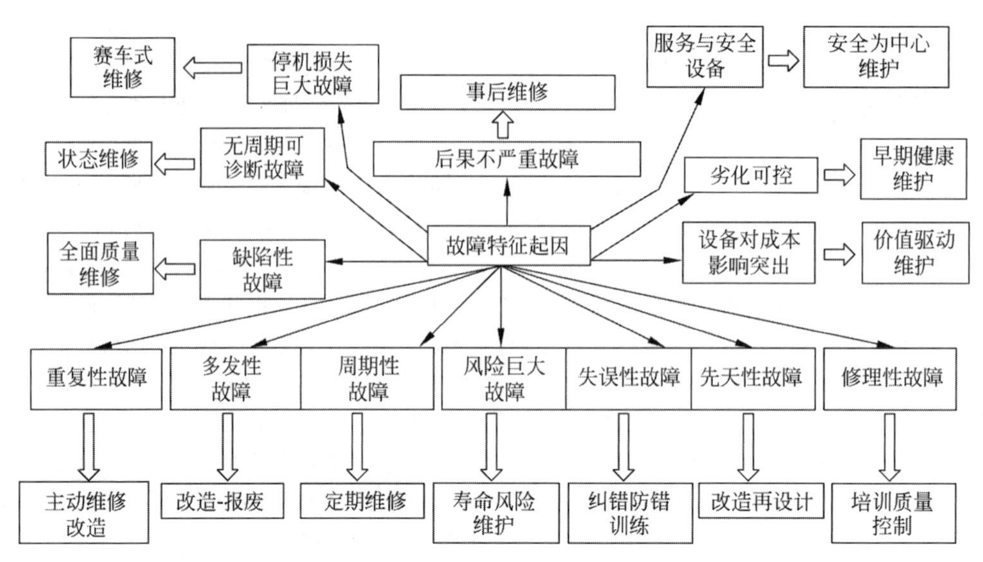

图 8-5 维修模式的选择模型

适用于有明显和固定损坏周期的设备整体或者部件，如按照一定速度磨损的金属、塑料或者橡胶机械、部件，按照一定速度老化的塑料、橡胶或者化工材料，按照一定速度腐蚀的金属部件，按照一定速度挥发或者蒸发的介质零件等。

(3) 状态维修(预知维修)：其是指设备进行状态监测，根据监测信息而进行维修决策的管理模式。状态维修适用于可实施监测、易于实施监测，监测信息可以准确定位故障的设备，而且实施设备监测防止故障发生应该比事后维修或者其他预防维修更经济才可行。目前，经常采用的状态监测方式包括振动监测、油液分析、红外技术、声发射技术等。

(4) 改善维修：其又称为纠正性维修，是通过对设备部件进行修复、纠正性的修理，包括零件更换、尺寸补充、性能恢复等手段，使设备损坏的部件得到修复的活动。改善维修主要针对处于耗损故障阶段的设备，以及设备先天不足，经常出现重复性故障的设备。

(5) 主动维修：其是指不拘泥原来设备结构，从根本上消除故障隐患的带有设备改造形式的维修方式。有的企业提出“逢修必改”，主要针对的就是这类设备。主动维修适用于设备先天不足，即存在设计、制造、原材料缺陷以及进入耗损故障期的设备。

(6) 机会维修：利用所有可利用的机会——周末、节假日、生产淡季、上下游停机检修、等待定单、计划排产等机会，对设备的问题部位进行局部解体检修、换件、对中、平衡、精度调整；在无严重故障后果和影响的前提下，生产忙季也可以适当延长修理周期，让维修节奏尽量适应企业生产节奏。

以上维修模式中，有的侧重维修技术方式，有的侧重维修时机选择，企业可以根据设备实际选择其中一种或者多种模式组合作为某设备的确定维修模式。

图 8-5 还列举了一些可以利用的维修策略。根据故障所在的设备部位及其特征起因，可以选择定期维修、事后维修、状态维修、纠正维修等各种形式。不同的选择则决定了不同的运行保障状态，也决定了不同的维修成本。

2. 现场信息收集

现场信息收集的主要内容是通过建立依赖人类五感的员工点检系统、点检信息化系统和依赖仪器、仪表的状态监测手段，依赖正确逻辑思维和经验积累方法的故障诊断方法库，形成故障诊断定位、快速反应的信息采集、分析、处理体系，如图 8-6 所示。

员工点检系统主要通过人的五感和简单

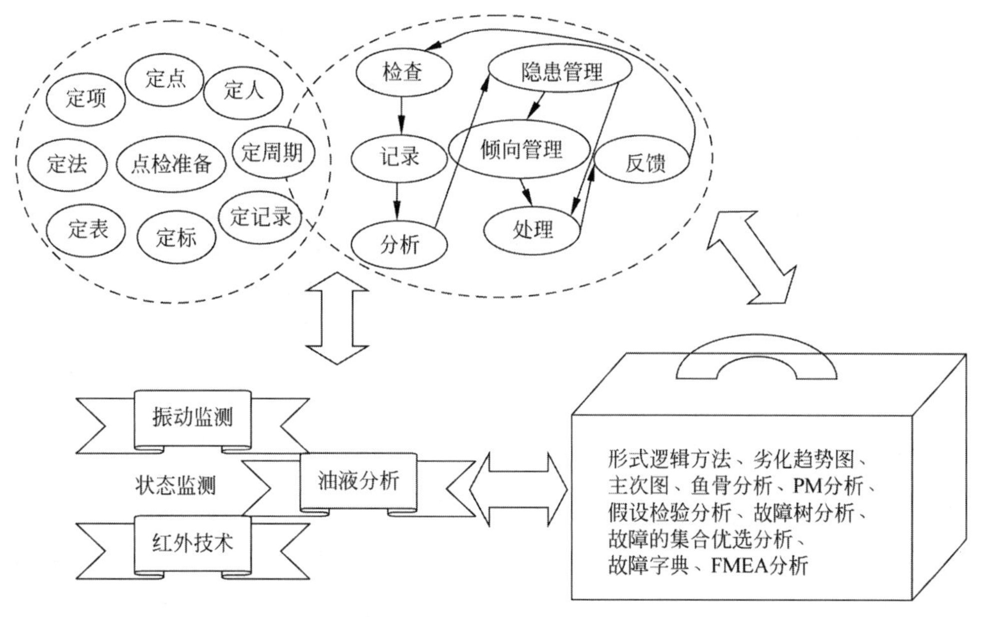

图 8-6　现场信息收集与分析

信息采集手段了解设备信息，点检的准备内容包含以下八个方面。

(1) 定点：确定的检查部位。

(2) 定人：确定的检查人员。

(3) 定周期：确定的检查周期。

(4) 定记录：确定的点检记录格式、内容。

(5) 定标：确定的正常与异常评价标准。

(6) 定表：确定的点检计划表格。

(7) 定法：确定的点检方法，如是否解体，是否停机，是否需要辅助仪器，用五感的哪一种。

(8) 定项：确定的检查项目。

点检系统的实施也就是 PDCA[①] 循环的延伸形式，具体包括如下。

(1) 检查：按照表格和路线对设备点检部位状态信息的检查。

(2) 记录：填写点检记录。

(3) 分析：利用诊断工具箱介绍的方法对点检信息分析、整理、诊断，进行故障定位。

(4) 隐患管理：对于设备存在的故障隐患进行管理，如六个螺丝掉了两个，暂时无法处理，但要进行记录，在适当机会进行处理，这就是隐患管理。

(5) 趋势管理：对设备点检或者状态监测中发现的性能劣化趋势进行管理，如振动越来越明显，对中状态越来越不良，不平衡的声音越来越明显，发热越来越高，间隙越来越大等劣化趋势进行描点或者画出变化趋势曲线，利用适当机会及时进行处理，这就是趋势管理。

(6) 处理：实施对设备劣化和故障的纠正和维修。

(7) 反馈：将处理结果及运行跟踪情况进行记录，以便备查。

人类五感所感知的信息是有一定局限的，目前发展起来的较为成熟的设备状态监测手段包括振动监测、油液分析、红外技术，除此之外，可以应用于状态监测技术还包括声发射技术、X 射线衍射技术、磁粉探伤技术、超声波技术等。

有了上述设备信息，还需要一系列的诊断分析工具来帮助人们积累经验，分析判断问题，定位故障，可称为诊断工具箱。诊断工具箱的内容包括形式逻辑方法（契合法、差异法、契合差异并用法、共变法、剩余法等）、劣化趋势图、主次图、鱼骨分析、PM 分析、假设检验分

① PDCA 指计划(plan)、执行(do)、检查(check)、处理(act)，也称为戴明环。

析、故障树分析、故障的集合优选分析、故障字典、FMEA 分析等。这些分析工具可以将员工队伍锤炼成为一支知识型、智能型的团队。

3. 维修资源组织架构和资源配置

维修组织优化设计，维修资源合理配置是实现维修效率最大化和成本最小化目标的有力保障。管理者要根据企业特点建立高效、优化的组织架构。设备管理组织设置的总体原则如下。

（1）总经理领导下的总工或经理负责制。

（2）管理、技术、经济三位一体。

（3）组织结构精简、扁平化。

（4）保持最佳管理幅度。

（5）最快反应速度和信息反馈。

（6）职、责、权分明。

（7）不拘一格、因厂而宜。

当前，国际上流行的维修组织架构包括集中（职能）式、分散（功能）式和矩阵（无主管）式，三种方式各有利弊。集中式有利于资源共享，但对生产现场响应速度比较缓慢；分散式虽然对现场问题有较快的响应速度，但可能有资源不共享、浪费，造成维修成本的增加；矩阵式既可以避免资源浪费，又可以解决响应速度问题，但如果各维修专业职能部门配合协调管理不好，可能会造成大项目的系统配合协调问题。

企业设备管理所涉及的维修资源包括内部专业维修队伍、企业多技能的操作员工、合同化的外部维修协力队伍三方面。

企业的设备维修资源配置一般遵循如下规律：维修难度很高的设备，其数量和维修工作量不多，可以采用技术外协来解决；反之，维修难度不高的设备，其数量和维护工作量不少，可采用劳务外协来解决；设备数量较多，维护量较大，维修难度也较高的设备由企业内部专业维修人员完成；设备数量较多，维护量大，维护难度较低，可以由企业内部多技能操作者通过自主维护来完成。

4. 维修行为规范化

在维修规范中，突出维修流程规范化、维修技术标准化和维修验收标准化三大要素，强调严格的确认体系。维修规范三大要素的结构如同一个风扇的三个叶片，可以达到运行中的持续平衡状态，如图 8-7 所示。

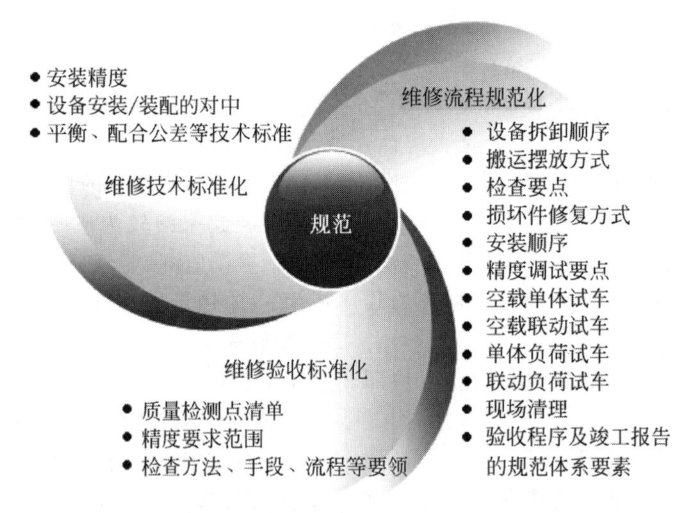

图 8-7　维修规范三大要素的结构

（1）维修流程化：包括设备拆卸顺序、搬运摆放方式、检查要点、损坏件修复方式、安装顺序、精度调试要点、空载单体试车、空载联动试车、单体负荷试车、联动负荷试车、现场清理、验收程序及竣工报告的规范体系要素，维修关键点的确认要素。

（2）维修技术标准化：包括安装精度，设备安装/装配的对中，平衡、配合公差等技术标准。

(3) 维修质量验收标准化：包括质量检测点清单，精度要求范围，检查方法、手段、流程等要领。

5. 以自主维护为基础，点检为核心的三圈闭环体系设计

全面规范化生产维护(total normalized productive maintenance，TnPM)继承了鞍钢集团有限公司的“鞍钢宪法”群众参与设备管理，“台台有人管，人人有专责”的做法，将理念转变成为可操作的流程。

清扫是一切设备维护的起点，清扫本身并不是点检，清扫过程中可以发现很多问题，如设备的磨损、腐蚀、裂纹、接触不良、螺丝松动脱落等。显然，清扫后就是对设备的检查，检查发现问题时先进行记录，再进行简单分析，查看是否可以解决，即不是自己来解决，就是请专业人员来解决。自己解决，称为自主维护，然后再回到起点——清扫；自己不能解决，由专业人员来解决，称为专业维护，这就导入了专业维修循环圈。

(1) 自主维护时，可以做很多事情，需要根据设备出现的问题类型来决定，本节提示可以有以下自主维护的具体动作，如紧固、润滑、对中、平衡、调整、防腐、堵漏、疏通、粘接、换件、隔离、绝缘等，这些动作并不是需要全部做，而是要依点检的部位和发现的问题而定。

(2) 专业维护时，专业维修人员根据日常点检传递的信息择机到现场对设备进行检查和诊断，然后依据合适的维修策略和维修规范进行维修，完成专业维修循环圈的管理闭环后，回到工作的起点——清扫。

在专业维护闭环中，如果出问题的设备总成在工厂中不止一个，那么其他类似设备是否也存在同样问题呢？为了举一反三，本节又构造了包含他机类比点检的第三圈闭环。他机类比点检所发现的问题如果具有普遍性，则要研究对策，以及是否进行主动维修，立足于根除故障而不仅仅是消除故障。故障根除了就等于做了一件更彻底的维修预防工作，意味着第三圈闭环——维修预防闭环的完成，接着可以回到工作的起点——清扫。

以上所描述的过程又被称为 TnPM 清扫点检维保作业体系，如图 8-8 所示。

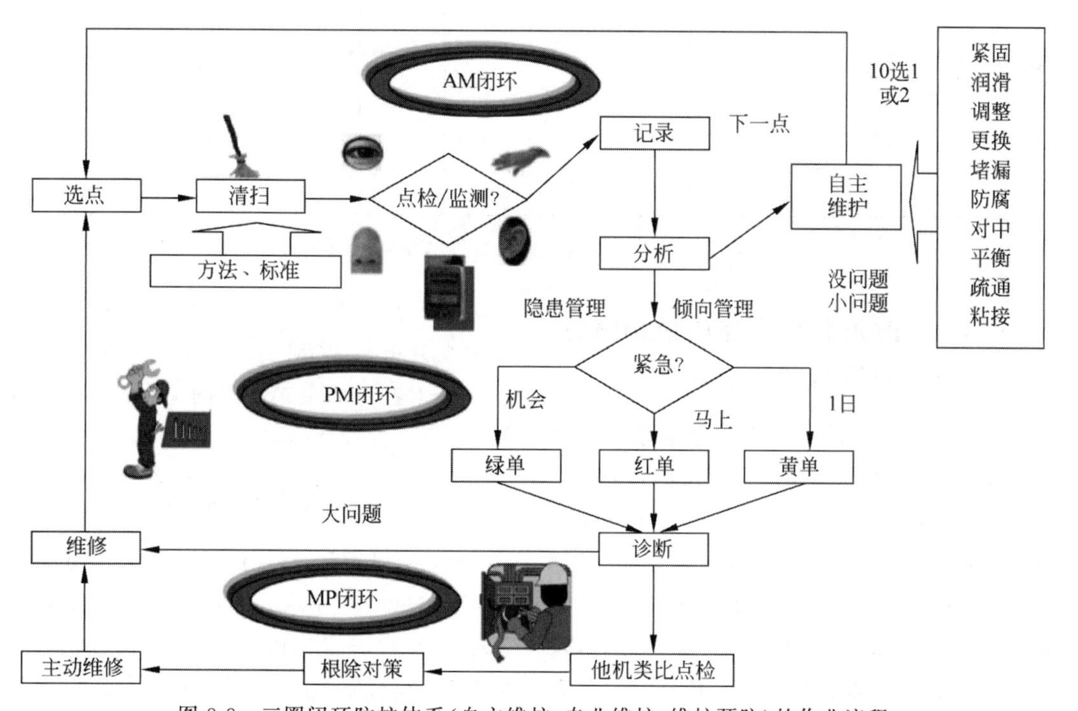

图 8-8　三圈闭环防护体系(自主维护、专业维护、维护预防)的作业流程

8.3 营造活跃的现场持续改善文化

王永庆先生曾说过“做企业就是一点一滴追求合理化的过程”。企业现场改善是一项永无止境的追求，可以把现场改善分成六大类，也称为六项改善——6I，即 6 个 improvement。前五项改善是针对具体的管理目标和改善领域，最后一项是针对人的工作理念。

六项改善具体如下：①改善效率；②改善质量；③改善成本；④改善员工疲劳状况；⑤改善安全与环境；⑥改善工作态度。

8.3.1 改善影响生产效率和设备效率的环节

影响效率的源头很多，如果把设备全年365天作为设备日历时间，设备实际有效可用时间是有限的，而未利用的时间包括设备系统损失时间、生产系统损失时间和系统外部损失时间，如图 8-9 所示。

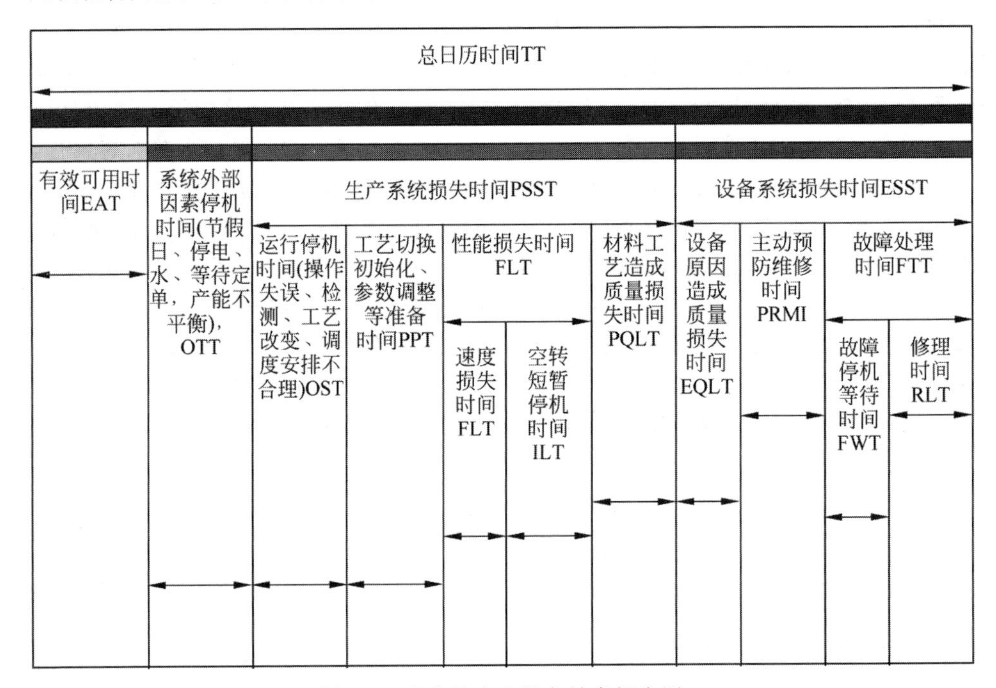

图 8-9 生产效率和设备效率损失图

8.3.2 改善影响产品质量和服务质量的细微之处

改善影响产品质量的方式是成系统的解决方案，从早期的零缺陷(zero defect，ZD)活动，后来发展到质量圈或者质量小组(quality circle，QC)，以后又出现全面质量控制(total quality control，TQC)和全面质量管理(total quality management，TQM)作为管理体系，按照质量指针，从内部客户一环一环最终指向企业外部客户，贯彻整个生产流程，从原料、配件供应直到最终产品和市场销售与服务。而 6σ 体系，实际上是 TQM 的深入化、精细化和人性化变异，对产品质量零缺陷的追求达到 6σ(百万件小于 3 件)的目标。

8.3.3 改善影响制造成本之处

长时间以来，人们一直认为“价格＝成本＋利润”，即生产产品或者提供服务时一定会发生成本，加上一定比例的利润，就是价格。如果世界上没有你所生产的产品，该公式可能更正确，但在激烈的市场经济环境中，该公式的正确表达方式应该是“利润＝价格－成本”。因为，价格往往由市场决定的，企业(除了垄断企业)很难左右市场价格。在价格确定之后，企业能否创造利润，就取决于其成本。所以，当代企业是否有成本，能否从战略角度管理成本，就成为是否盈利或者企业经营成败的关键。

影响制造的成本因素包括原材料、配件、工艺流程与设备、管理组织和流程、综合治理各类浪费等。

8.3.4　改善员工疲劳状况

产生员工疲劳的主要因素如下：一是生产方式落后，繁重体力劳动未能通过自动化设备来取代；二是虽然动作简单、省力，但是可能重复、频率高或者持续时间长，造成员工工作单调、疲倦或者身体局部劳损。

改善员工疲劳可以从以下几个方面着手：第一是逐渐用半自动化和自动化的设备取代需要人工去做事情；第二是研制一些模具、夹具和各种辅助工具，减轻人的工作频率和劳动强度；第三是通过精益生产和工业工程的一些手段，优化工作流程，减少人员无用动作和无用劳动，降低工人的劳动强度。

8.3.5　改善安全与环境

“天灾不可逆，人祸本可防”。因为事故发生有着清楚的规律，按照海因里奇法则，每一起严重事故背后，必然有 29 次轻微事故和 300 次未遂先兆，以及 1 000 起事故隐患。因此，要想消除严重事故，就必须把这 1 000 起事故隐患控制住。有人做过这样的统计，进行安全隐患预防的投入产出比远远大于发生事故再整改的投入产出比，前者大约是后者的 5 倍。

改善安全与环境的工作主要应该从以下几个方面着手。

(1) 改变观念。

(2) 环境改造，设施投入，排除隐患。

(3) 加强员工防护措施。

(4) 利用科学分析和防护技巧。

(5) 改善工作与服务态度。

8.3.6　六项改善与人机系统的交互关系

企业的改善应面面俱到，没有尽头。不改善，则会出问题。改善面对人机系统有更加广阔的发挥潜力空间；反过来，人机系统有着无穷的可改善课题。

除了六项改善与人机系统的关系以外，六项改善本身也是相互关联的，如改善效率必然改善成本；改善质量有时会影响效率和成本的改善；改善员工疲劳往往会与改善成本矛盾；改善安全与环境需要投入，即会影响效率与成本；改善态度对各项改善均会有促进作用。因此，态度的改善是根本。六项改善关系如图 8-10 所示。

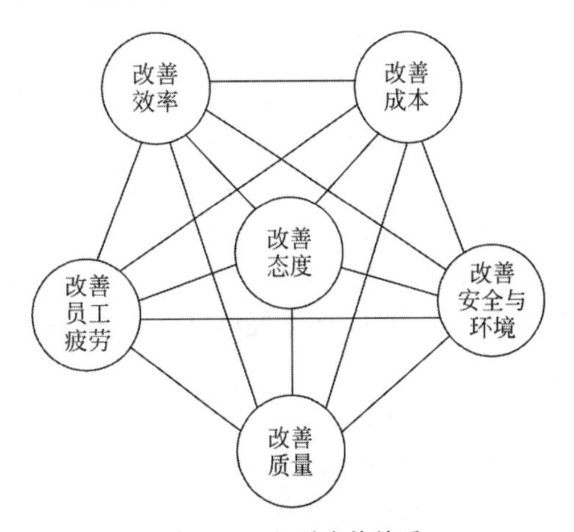

图 8-10　六项改善关系

8.3.7　有氧活动

企业常年沉闷在死板的生产规则之中，几乎被窒息，是否也需要一些有氧活动呢？是的，不但必要而且紧迫！什么是企业的有氧活动呢？那就是让企业的员工动起来。

企业里挖掘员工知识和智慧潜力的最好方法是员工合理化建议(one point suggestion，OPS)活动与员工自编自讲的一点课程自我教育(one point lesson，OPL)活动，因为都是 O 开头的活动，两个 O 构成氧气的分子，可以把这项活动幽默地称为“有氧活动”。

1. 员工合理化建议活动

合理化建议是企业不断改进、进步的动力，而激励员工的参与意识，提高员工的工作士气是其重要的功能。管理人员应该鼓励员工多提建议，而且不论这种建议多小，都不可轻视，以便保护员工的热情，激发他们对现场改善的兴趣。不少员工在交出正式提案之前，已付诸实施。管理阶层并不期望能从每一项提案中获得巨额经济效益，而是培养、开发具有改善意识和自律化的员工。不少改善提案是和生产现场的设备操作、检查、清洁、诊断、保养、维修以及改造相关的，这些提案的实施过程也就是人机系统精细化管理不断进步的过程。

2. 员工自编自讲的一点课程自我教育活动

在建立教育型团队的活动中，可以把单点教材的编写作为重要的手段和载体。单点教材，就是针对生产中一个特定问题的解决由员工自己编写的专门教材。因为只是解决一个问题，不必系统成套，也不必长篇大论，仅编撰、打印在一张 A4 纸上就可以。单点教材的内容可以如下。

(1) 设备操作技巧。

(2) 设备维护技巧。

(3) 设备的精度调整。

(4) 小故障的处理。

(5) 某种产品缺陷的防止。

(6) 紧急情况的应对。

(7) 危险隐患的发现和处理。

(8) 小工具的制作。

(9) 提高工效的小方法。

(10) 减少劳动疲劳的做法。

(11) 如何防止设备跑、冒、滴、漏。

(12) 一种堵漏技术的应用。

(13) 一种通过听、嗅、触、视觉感知进行的设备诊断方法。

(14) 设备润滑的方法和工具。

(15) 一种操作工艺的改进。

(16) 一种安装、对中、平衡方法。

(17) 安装辅助工具的设计。

(18) 一种精度控制方法。

(19) 一个公差配合的技巧。

(20) 一种设备清扫方式。

(21) 一种清扫工具的制作。

(22) 一种管理视板的设计和制作技术。

(23) 一种电子显示板的编制。

(24) 如何看三视图，如何快速画简图技巧。

(25) 某一评价指标的简便算法。

(26) 更换产品型号的设备快速调整定位。

(27) 数控设备的编程技巧。

(28) 针对某一设备的清扫-检查-保养连贯最佳动作。

(29) 防止污染的好方法。

(30) 一种定置摆放方案。

(31) 一种安全防护工具的设计。

(32) 可以减少浪费，降低成本的改革方案。

(33) 一种省力气、去疲劳的操作方式。

(34) 一种防止差错、纠正差错的动作设计。

(35) 一种根除故障根源的维修方式。

(36) 一种可以使设备自调整的改造。

只要和生产现场相关，任何单点教材都是欢迎的。员工编写教材后，还要对班组的工友讲解、培训。在动员员工撰写单点教材的过程中，要鼓励员工大胆写、大胆讲。在编写和讲解时，可以把自己的培训对象看成是“无知的”，这样才能够敢于讲并且详细讲。也只有如此，才能无所遗漏地把自己的心得体会、经验教训全面展示出来。

8.4 TnPM

下面我们所构建的人机系统精细化管理平台，称为 TnPM，是在 TPM 的基础上发展起来的。虽然，其源自于 TPM，经过近 20 多年的发展和完善，TnPM 的内容已经有了很多改变，比 TPM 更丰富、更完备，也更系统。其总体框架如图 8-11 所示。

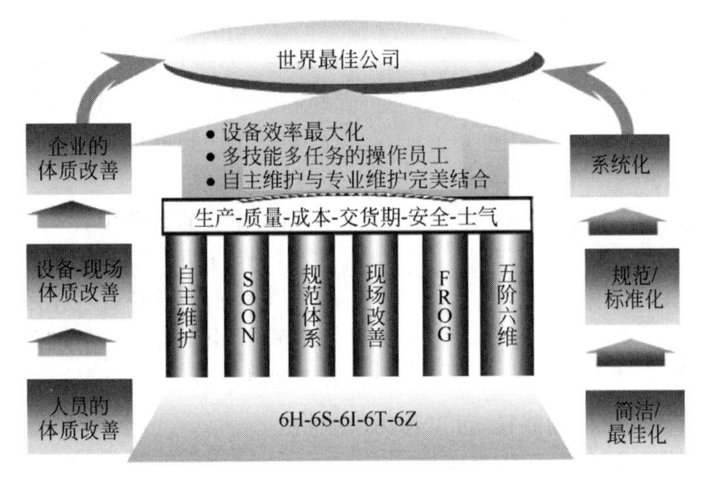

图 8-11 TnPM 总体框架

8.4.1 TnPM 的八要素

TnPM 的八要素具体如下。

(1) 以最高的设备综合效率(overall equipment effectivenes,OEE)和完全有效生产率(total effective equipment productivity,TEEP)为目标。

(2) 以设备检维修系统解决方案为载体。

(3) 全公司所有部门都参与其中。

(4) 从最高领导到每个员工全体参加。

(5) 小组自主管理和团队合作。

(6) 合理化建议与现场持续改善相结合。

(7) 变革与规范交替进行,变革之后,马上规范化。

(8) 建立检查、评估体系和激励机制。

8.4.2 五个六架构

五个六架构就是 6S(注重现场)、6H(清除“六源”)活动、6I(注重现场的持续改善、归纳)、6T(运用好六个工具),其主要内容如下。

(1) 6S:整理、整顿、清扫、清洁、安全、素养。

(2) 6H:清除“污染源、清扫困难源、故障源、缺陷源、浪费源、危险隐患源”。

(3) 6I:改善效率、改善质量、改善成本、改善员工疲劳状况、改善安全与环境、改善工作态度。

(4) 6Z:追求“零故障、零缺陷、零库存、零事故、零差错、零浪费”。

(5) 6T:6 个工具,即可视化管理、目标管理、企业教练法则、企业形象法则、项目管理、绩效评估与员工激励。

TnPM 关注生产现场的四要素,即 6S、6H、定置化、可视化,并且将 6S、6H 看成一对,即推进 6S 必然遇到 6H,若不解决 6H,则会影响 6S 的顺利进行。

TnPM 将问题发生源具体化,归纳为 6 个方面,鼓励组织建立课题小组,有针对性地解决。

TnPM 并不强调企业进行对标管理,或者标杆管理,而是强调追求要素极限,提倡超越自我,超越竞争对手,将目标定位为 6 个“零”——6Z。

TnPM 始终认为“工欲善其事,必先利其器”,管理也需要优秀的管理工具支持。所以要主动学习和运用好先进、成熟的管理工具,可以提炼出 6 个工具,简称为 6T。

因此,可以将五个六架构总结成以下顺口溜形式。

6S、6H 是根基;
灵活运用 6 个 T;
天天不忘 6 个 I;
用心追求 6 个 Z。

TnPM 的五个六架构如图 8-12 所示。

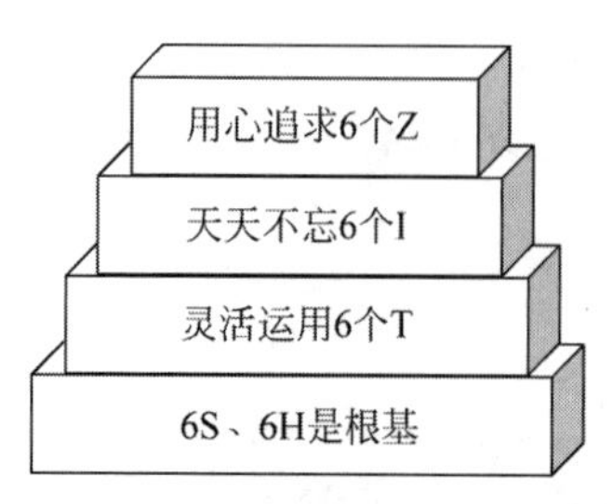

图 8-12　TnPM 的五个六架构

8.4.3　SOON 体系

如果把维修管理看成一场战役，可以称为SOON体系，其中第一个字母S代表策略，打仗需要策略、计谋或者计策，设备维修同样需要研究其策略，保障设备平稳运行，效益最大化，成本最小化；第二个字母O代表深入敌后、侦察了解敌情，对维修而言就是掌握设备故障信息，做好诊断工作；第三个字母O代表兵力部署、战斗任务分配，对维修而言就是维修的组织和资源配置；最后一个字母N是战术技能，打仗最终要靠实战本领过得硬。对维修而言就是要有维修技能和标准规范的支持。

在TnPM体系中，SOON体系是内核，这也是中国式TPM与日本式TPM的主要区别。

SOON体系的最大特点就是其系统性和完备性，系统性是指它从宏观到微观，从概念到实施，形成一个层次分明的整体；完备性就是其基本要素的完全性。

8.4.4　五阶六维评价体系

随着中国制造业的不断进步，以设备为主线，适合中国国情的自主创新管理系统——TnPM管理体系应运而生。与此同时，中国第一个以设备为主线的标准化评价体系也随之诞生。这一体系与以往评审体系的最大不同是其多值逻辑性。以往的标准评价是二值逻辑的，不通过表示为0，通过表示为1，只有两个数值。因为，在中国很少有企业评审未通过，这些体系实质成为一值逻辑，或多或少失去了评价的含金量和价值意义。五阶六维评价是建立在六值逻辑基础上的，从0到5，通过零阶、一阶、二阶、三阶、四阶、五阶来逐步引导企业进步。六维代表评价领域，包括组织结构健全性、生产现场状况、员工素养、管理流程规范性、知识资产和信息管理及设备管理效率成本指标等。

1. 评价的五阶设计

企业TnPM的进步应该是循序渐进和阶梯式的，我们将设备管理体系的评价定义为六值逻辑，即由零阶到五阶的评价体系。零阶代表未通过入阶评审。一阶为最初级，五阶为最高级。

2. 评价的六维设计

评价内容分为六个模块。

1）组织结构健全性

组织结构健全性包括：企业是否有健全合理的设备管理组织，TnPM推进机构，各个基层生产部门是否有配套的推进组织，组织活动是否活跃。

2）管理流程规范性

管理流程规范性包括：企业是否有简洁、优化的设备维修策略、维修模式、维修资源配置设计；在生产现场是否有设备操作生产工艺作业指导书(操作规范)；是否有维护保养规范[包含清扫、点检(监测)、记录(分析)、保养四位一体，诊断、维修六步闭环]作业指导书和管理闭环流程指示；各个环节是否有相应时间承诺；是否有紧急情况的安全防护、环境保护处理流程；在检维修部门是否有覆盖主要设备的维修工艺作业指导书(维修行为规范)。管理流程的规范还应涉及设备前期管理、材料备件管理、技术改造管理、资产信息管理等诸多方面，涉及大量制度建设和闭环管理的内容，这里不再一一展开详述。

3）员工士气和素养水平

员工士气和素养水平包括：小组活动开展是否活跃，员工参与提案(OPS)是否活跃，月提案数占员工人数比例如何，提案的实施率如何，每月员工自主编写的单点课(OPL)占员工人数的比例如何；员工的平均技能级别是多少；以及企业的凝聚力，员工对体系的认同度；等等。

4）生产（办公）现场状况

生产（办公）现场状况包括：定置化管理状态如何，有无定置图，定置率多高，现场5S/6S开展情况如何，生产现场可视化管理如何，是否将生产、设备、安全、健康、环境纳入可视化管理，视板是否生动活泼。

5）信息与知识资产管理

信息与知识资产管理包括：主要考核设备管理领域计算机管理的应用范畴及设备维修领域知识管理的体系建立、覆盖范围、执行情况等。

6）设备管理经济指标

评价的设备管理经济指标包括：设备综合效率（overall equipment effectiveness，OEE）、完全有效生产率（total effective equipment performance，TEEP）、维修费用占生产成本的比例、单位产量维修费用、备件资金占设备资产比例、备件流动资金周转率、平均故障间隔时间（mean time between failure，MTBF）、平均维修间隔时间（mean time betweeh repair，MTBR）、平均修复时间（mean time to repair，MTTR）、维修损坏率等。

TnPM的五阶六维评价体系如图8-13所示。在图中，六个箭头将空间区域划分为六块，代表六个评价指标族群，也称为六维。五个封闭的圆圈代表五个阶梯，封闭在最里边的圈内，代表没有突破，处于最基础状态；突破最内层，即第一层圆圈，表示企业水平进入一阶，突破最外层，即第五层圆圈，表示企业进入五阶，达到五星级水平。

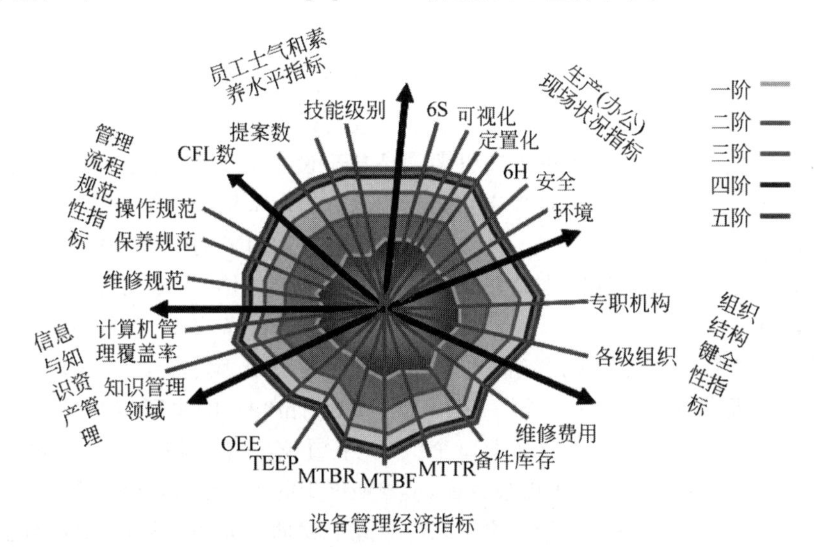

图8-13　TnPM的五阶六维评价体系

五阶意味着对企业的循序渐进的引导，事实上，企业的进步应该是扎扎实实、一点一滴的。六维意味着对企业的全面引导，避免平面和脉冲式管理；六维中有五维是关注基础和过程的，只有一维才是关注结果指标的，即理念是：只有过程正确完美，才能有完美的结果。

8.5　TnPM＋

TnPM＋——与时俱进的人机系统管理是在早期TnPM的基础上，紧跟时代和企业的需求，进行了部分补充修订而设计的，TnPM＋总体框架如图8-14所示。

与初始的TnPM相比，TnPM＋有四个支柱做了修改，并且补充了六力钻石班组支柱，将员工成长的FROG体系（跳蛙模型）改为工匠培育体系，将五阶六维评价体系改为评价体系，又补充了设备安全管理体系。

增加六力钻石班组建设支柱是因为，班组是企业的最基本细胞和单元。所有体系在企业落地都离不开基层班组。当然，TnPM体系推进也离不开班组团队，即TnPM与班组是不

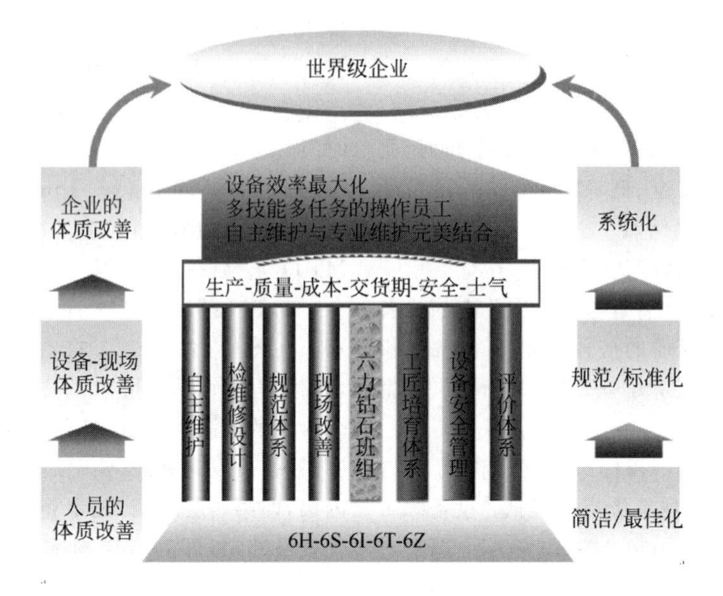

图 8-14　TnPM+总体框架

离不弃的关系。传统班组建设更注重班组文化和氛围的打造，当轰轰烈烈的班组拓展活动之后，就出现了递衰、消减状态。班组建设要有丰富内涵，要与企业的人机系统管理密切结合，这也是六力 N 型班组模型的意义。六力 N 型班组建设这一支柱可以让班组建设充满活力，并可持续发展。

中国制造 2025 提出来之后，时代给我们提出了新的课题，就是如何提升企业乃至一个国家的创新能力。创新要落地，就需要企业每个个体的革新活动。而这种革新的文化及路径，就依赖于基层员工的工匠精神。工匠，除了匠心之外，还需要革新技巧的训练。我们将 FROG 赋予时代的内涵，就是建立工匠育成体系之一支柱的初衷。

2017 年 6 月 1 日，由中国设备管理协会正式颁布了《设备管理体系　要求》(T/CAPE 10001—2017)这一团体标准。这是比 TnPM 五阶六维评价体系更加全面系统的标准体系。因此，将五阶六维评价修改为评价体系，就是基于这一背景。

设备安全管理体系这一支柱的增加是受到当前企业越来越严峻的安全形势状态所驱动。由于制造业的不断发展，装置密集、技术密集的流程企业越来越多，而企业的很多安全事故是设备故障引起的。反过来，企业的安全是基于设备的安全、稳定、长周期、满负荷、优质运行的。系统的本质安全是人本安全和机本安全叠加而成的，二者缺一不可。TnPM 是人机系统管理体系，因此也不能忽视“机本安全”。因此，设备安全管理这样支柱的重要度不言而喻，是适应了企业的需求。

1. TnPM+的主要特色

除了对总体架构的修订，TnPM+还提出智能维护的十二个方向和智慧 TnPM 的概念。通过上述的补充和修订，TnPM 给企业提供了人机系统管理全新的视角。

TnPM+的主要特色如下。

(1) 适应国家、社会对企业安全环保更加严格的要求和品牌诉求。

(2) 聚焦企业智能制造的新趋势。

(3) 推动企业创新，让企业技术创新和管理创新并行平衡发展。

(4) 适应设备管理体系标准(PMS)。

(5) 从降低设备狭义和广义六大损失方面助推企业精益生产。

(6) 促进企业工匠文化的打造和革新成果的落地，培养工匠人才，提升企业竞争力。

(7) 对企业基层团队建设更强有力的支撑。

(8) 控制企业进步中的风险。

2. TnPM＋对智能制造的支撑作用

智能制造是以自动化、数字化为基础的。面对日益复杂的设备系统,对其进行全寿命周期的管理就变得必要且关键。可以说,传统TnPM已经是智能制造的基础。

而TnPM＋融入智能维护和很多新的概念,如小微创客群的六项改善、六力钻石班组等,赋予了体系更多的工具和抓手,可以有效地支撑企业智能制造的进步。

迄今为止,TnPM＋已经在国内千家以上企业推广应用,取得很好的效果。这些企业分布在石油、冶金、钢铁、有色、矿山、铁路、港口、机械、化工、物业、食品等几十个行业。

TnPM＋相关专著在美国出版,并传播到伊朗、哈萨克斯坦、伊拉克和印度尼西亚等国家和相关企业,逐渐被国际设备管理领域了解和认同。

参考文献

[1] 李葆文.诚外无物　匠韵绝伦:工匠革新36技[M].北京:冶金工业出版社,2017.
[2] 李葆文.似非而是:创新思维下的设备管理[M].北京:冶金工业出版社,2016.
[3] 李葆文.TnPM安全宪章[M].北京:机械工业出版社,2014.
[4] 李葆文,徐保强,孙兆强.人机系统精细化管理手册[M].北京:机械工业出版社,2014.
[5] 徐保强.TnPM百思得其解[M].北京:机械工业出版社,2014.
[6] 李葆文.与工厂经理谈谈设备管理[M].北京:机械工业出版社,2012.
[7] 李葆文.点检屋:TnPM点检管理新视角[M].北京:机械工业出版社,2010.
[8] 李葆文.话说TnPM[M].广州:岭南美术出版社,2010.
[9] 李葆文.设备管理新思维新模式[M].3版.北京:机械工业出版社,2010.
[10] 徐保强,李葆文.TnPM企业推进实务1001问[M].北京:机械工业出版社,2007.
[11] 徐保强,李葆文.TnPM推进实务和案例分析[M].北京:机械工业出版社,2007.
[12] 李葆文,张孝桐.现代设备资产管理[M].北京:机械工业出版社,2006.
[13] 李葆文,张孝桐.生产维护体系中五个六架构[M].北京:机械工业出版社,2005.
[14] 李葆文,徐保强,张孝桐.员工与企业同步成长[M].北京:机械工业出版社,2005.
[15] 李葆文,徐保强.规范化的设备维修管理:SOON[M].北京:机械工业出版社,2005.
[16] 李葆文.全面规范化生产维护:从理念到实践[M].2版.北京:冶金工业出版社,2005.

第8章彩图

一切从规范做起

五个六架构

SOON体系中的维修策略设计

视频:全面规范化生产维护 TnPM

第9章

维修制度

维修制度是关于设备维护与修理时机与维修深度的规定,即在何时进行哪些项目维修的规定。

科学的维修制度有助于合理地安排各项资源,并提前完成相应的维修准备工作,从而顺利完成维修作业,增加设备可靠性,减少由于维修而造成设备停运的时间及维修费用支出。

9.1 维修制度的分类

在不同的发展时期,由于人们认知水平、维修技术、设备的特点和具体需求的不同,选择的维修策略也不一样。根据不同时期维修策略和维修技术的特点,一般可将维修制度分为事后维修制(breakdown maintenance,BM)、定期维修制(time based maintenance,TBM)、状态维修制(condition based maintenance,CBM)、智能维修制(intelligent maintenance,IM)。

1. 事后维修制

工业化初期,设备结构简单,设计余量大,设备故障后果不严重,并易于修复,设备停机时间影响不大;同时,人们对设备故障和设备故障的规律也缺乏认识。所以,除了对设备进行简单的清洁、润滑等日常检修工作外,人们未能提出其他合理的维修制度。该阶段的特点是设备不坏不修,如今认为是不合理的,但对于不重要的、简单的、能够很方便修复的设备仍然可以使用。

事后维修制的时机是设备发生故障以后,维修深度就是设备已经损坏的部位。

2. 定期维修制

定期维修也称为计划维修、计划预防维修,属于预防维修的范畴。

工业化程度较高以后,设备比较复杂、昂贵,设备故障后果严重,维修费用高。此时,通过对设备故障机理与故障规律的研究发现,设备的各零件和各部件的寿命分别有一定范围,设备整机故障也遵循一定规律——浴盆曲线,即设备有一个磨合期和一个磨损期,具有大致固定的寿命周期。基于该认识,人们认为只要在设备各零部件寿命期内进行有计划的维修,就可以防止设备故障,也就是无论设备状态好坏,只要设备运行到一定时间,就对设备进行维修,可以避免设备故障造成的损失。

拟定计划维修制时,首先要进行大量统计,掌握各零部件按工作小时、完成工作量或行驶里程计算的工作寿命,将使用寿命接近的零部件列为一组,把设备的维修分为若干组(如小修、中修、大修),使各组寿命间成倍数关系(如600 h、1 200 h、2 400 h),将各组零部件列为该组维修内容。

20世纪50年代,大力推行计划维修制是设备管理的较大进步,当前一些中小企业及不十分重要的设备仍在沿用。但是设备和设备的零部件的使用寿命都是分散的,由于设计、制造的因素,以及设备使用和使用环境因素,对设备寿命的影响很大,更由于随机因素的影响,计划维修制度很难预防故障,容易维修过剩或维修不足。

3. 状态维修制

工业化程度进一步提高,维修费用不断上升,甚至已经成为重要的成本因素;同时,设备故障造成的后果也日益严重,可能导致巨大的经济损失,甚至是安全和生态问题。因此,人们对设备的可靠性要求越来越高。与此同时,伴随科学技术的飞速发展,检测、监测和诊断技术的进步,人们能够在设备发生故障之前发现故障的征兆,据此产生了状态维修制。状态维修制是定期对设备的状态进行检测和或者在线对设备实施连续监测,当设备的状态趋势恶化时,适时对设备进行维修。其优点是明确了设备何时维修、避免了故障的损失。目前,状态维修制正在国内外广泛推广和应用,并帮助企业取得了良好的经济效益。

当前,状态维修制度继续发展,已经进入了一个新阶段,即基于各种先进理论和维修技术的状态维修制度。其中以可靠性为中心的维修是目前国际上流行的、用以确定设备预防性维修工作需求、优化维修管理制度的一种系统工程方法,其特点是以最少的资源消耗保持设备固有可靠性和安全性,确定降低设备风险的检查、维护、操作策略,并制定优化的维护任务工作包,用于指导日常的设备检查和维护。

4. 智能维修制

20世纪80年代,曾有设备维修专家预言“随着监测技术的发展,将来有一天,机械设备发生故障前,机械设备会告诉使用者把自己送到修理厂去”。现在这个预言变成了现实。伴随着传感器技术、计算机技术的发展,设备的智能化程度越来越高,人工智能也被大量运用到设备维修中,机械设备的技术状态和故障预警及时反映在仪表盘上和远程监控屏上已经是设备管理的常态;维修制度也随之发展,形成了智能维修的理念。

应该说上面由设备通知使用者及时送修还只是智能维修的初级阶段,真正的智能维修是指不需要人力介入,设备自动完成的维修。目前,由于润滑、减磨和自修复材料的发展,已经实现了在摩擦副表面的自修复,不过对其他损伤形式的自修复还无从下手,智能维修的完善还有待科技人员的努力。

9.2 状态维修

9.2.1 状态维修的概念、工作原理和特点

1. 状态维修的概念

状态维修是随着传感器技术、计算机技术、信号处理技术及故障诊断技术的不断进步而发展起来的,是相对于事后维修和定期预防维修而提出的,又称为视情维修、预知维修。区别于传统的定期维修,其关键在于:在制定维修计划时,考虑到设备运行的实际状态及设备个体之间由于制造过程、工作环境、备件来源、维修保养质量等所形成的差异,尽可能地使每个设备在故障发生之前进行维修,这样既保证设备安全、可靠地运行,避免或减少故障发生次数,又可以充分利用设备零部件的有效寿命,解决维修不足或维修过剩两大问题,减少停机损失,降低运营成本。状态维修是一种先进的维修方式,利用状态监测技术获取反映设备状态的有关信息,利用信号分析、故障诊断、可靠性评估、寿命预测等技术,判断设备的状态,识别故障的早期征兆,对故障情况及故障的发展趋势作出分析和预测,根据对设备状态诊断和预知的结果推荐最佳的维修策略。

2. 状态维修的工作过程

状态维修的工作过程一般包括以下五个方面。

1) 信号采集

根据不同的诊断目的和对象,选择能表征设备状态的有关信号,使用传感器、数据采集器等各种技术手段,加以监测和采集,使用设备维修管理信息系统存储这些数据。

2) 特征信号的提取与选择

对测量得到的原始信号进行信号处理、维数压缩、形式变换,去掉噪声和干扰,以提取和

选择故障征兆信息，揭示被监测设备的真实状态。

3）状态识别

运用模式识别理论、方法和判别准则，识别设备的状态，判别设备是否出现异常。

4）故障分析与状态预知

当发现情况异常时，利用故障诊断等相关的方法对故障的位置、类型、性质和原因等进行分析。

5）维修决策

对设备状态劣化程度的评估，如费用、停机时间、可用度等，推荐最佳的维修措施，制定维修方案。

3. 状态维修的特点

状态维修主要特点为针对性强和维修具有更多的灵活性。

1）维修的针对性强

根据每台设备的具体运行状况和状态评估结果确定是否维修，使维修工作具有更强的针对性。

2）维修具有更多的灵活性

通过状态监测、故障诊断技术对设备的运行状态进行监测，维修人员根据设备状态诊断综合考虑企业的生产计划、备品备件、维修力量等各方面因素，在设备发生故障之前对设备进行维修。

9.2.2 状态维修的实施

1. 实施基础

状态维修技术含量高，涉及技术、管理、组织、成本核算等多方面，是一项复杂的系统工程。

1）状态维修的组织保障基础

状态维修的实施涉及各个方面，应有健全的组织机构和相应的规章制度。明确各部门的职责是保证状态维修顺利推行的基础。

2）状态维修的技术保障基础

状态维修是一项技术性较强的维修方法，涉及的关键技术主要有状态监测技术、信号处理技术、故障诊断技术、故障预测技术、数据库及网络技术等。

3）状态维修的管理保障基础

目前，设备管理仍然沿袭着传统的计划预修体制；状态监测和故障诊断技术开展的相对较晚，推行状态维修的前期基础较差。因此，要强化管理，更新维修管理观念，建立全员规范化的设备维修管理体制和完善教育培训体系等。

2. 实施原则

传统的计划预修制已实行了几十年，状态维修的实施对设备维修人员的素质提出了较高的要求。在这样的条件下，状态维修的推行应遵循以下原则。

1）保证设备安全、可靠地运行

设备安全、可靠地运行是企业各项生产活动得以顺利进行的前提条件。状态维修的实施必须以保证设备的安全、可靠运行为首要原则。

2）总体规划、分阶段实施

状态维修是一项涉及面广且复杂的系统工程。企业在推行状态维修时，既应有长远目标、总体构想，又要扎实稳妥、分阶段逐步地推进。

3）实事求是，从实际出发

由于设备规模、设备运行、使用和维修状况、维修管理人员的素质等方面存在着较大的差异，企业在实施状态维修时，应对设备状况、管理制度、维修人员素质等设备维修管理现状进行全面的分析，避免造成投资的巨大浪费。

3. 实施流程和分析步骤

状态维修的实施过程是一个动态的、不断改进和完善的闭环管理过程，具体的工作流程图如图 9-1 所示，其中的 FMEA(failure mode and effect analysis)表示故障模式及后果分析。

（1）对设备进行合理分类，确定状态维修的实施范围。大中型企业拥有的设备数量大、种类多，不同设备在生产中的地位、故障模式、故障影响都不一样，因此，应对设备进行科学、合理的分类，并在此基础上，针对设备的不同类别，根据企业的实际情况，选择状态维修、定期维修、故障维修等不同的维修方式。

（2）对实施状态维修的设备进行故障模式

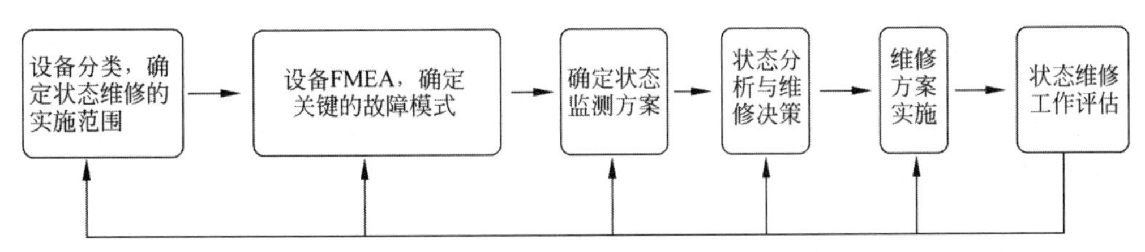

图 9-1　状态维修的工作流程图

及后果分析，确定关键的故障模式。FMEA 方法是一种自下而上的逻辑归纳推理方法，它从系统的最低级组成开始，有步骤地分析每一个零部件可能的故障模式，根据每个零部件故障模式分析跟踪到系统，决定每个故障模式对系统性能的影响。由于现代生产设备多是集机、电、液、气于一体的大型复杂设备，其结构和故障状态复杂。该方法在实际应用时，需要花费大量的人力、物力和财力，消耗大量的时间。可以采用改进的 FMEA 方法。改进的 FMEA 方法主要针对过去已经实际发生的故障进行分析，通过对各故障模式和故障影响（主要是经济性影响）的分析，利用帕累托定律，确定关键的故障模式，集中分析关键的故障模式，针对这些关键的故障模式提出可能采取的检测方法和预防、改善措施。改进的 FMEA 方法明显增强了可操作性和针对性，降低了分析工作量，从而以相对较少的投入和较短的时间获取较大的收益，大大提高了维修工作的实用性和有效性，工作流程如图 9-2 所示。

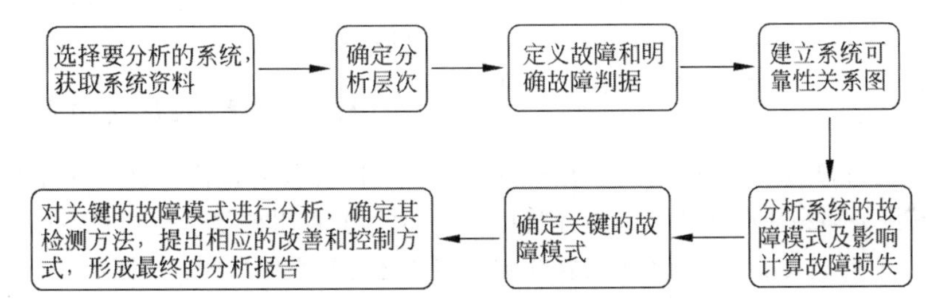

图 9-2　改进的 FMEA 方法的工作流程图

（3）制订状态监测方案。关键的故障模式确定后，就可以制订相应的状态监测方案。在制订状态监测方案时，需要考虑以下几个方面的内容：①选择状态监测技术；②选择监测参数；③选定数据采集点；④确定监测方式，选择监测仪器或监测系统；⑤确定监测频率；⑥确定状态阈值。

（4）进行状态分析与维修决策，推荐最佳的维修措施。识别被监测零部件的状态，预知零部件的剩余寿命；在此基础上，进行决策，确定是否维修，何时维修，制订相应的维修方案，提交状态分析报告。状态分析报告一般包括以下几方面的内容：①监测技术及监测项目；②故障现象描述；③数据分析及状态评估结论；④维修建议；⑤继续运行可能产生的后果；⑥及时检修可能创造的经济收益评估等。

（5）状态维修工作评估。不断地对状态维修工作进行评估和完善，是状态维修实施过程中非常重要的一环。一方面，应在每个维修项目结束时，进行跟踪监测，以重新审视所制订的监测方案是否合理，状态的诊断和预知是否正确，所采取的维修措施是否恰当，相关的管理制度和作业指导书是否可行等；另一方面，应定期地对实施状态维修的设备范围进行评估，根据费用有效目标，选择更适合的维修方式。

9.3 智能维修与维修中的智能

智能维修是近年来提出的概念,目前还没有看到关于智能维修的标准定义。

有专家认为智能维修属于状态维修的范畴,是状态维修的新发展。智能维修是指在维修过程及维修管理的各个环节中,以计算机为工具,并借助人工智能(artificial intelligence,AI)技术来模拟人类专家智能(分析、判断、推理、构思、决策等)的各种维修和管理技术的总称。20世纪80年代,一些有远见的维修科技人员曾经畅想过"将来计算机技术高度发展了,一旦设备将要发生故障,计算机能够自诊断、自决策,通知操作人员把设备送去修理",如今这种畅想已经成为现实。

本节认为状态维修中不同程度的应用了人工智能技术,智能维修与状态维修的界定应该是"不需要人力的介入"。当前,智能维修还处于初级阶段,只实现了自诊断、自决策,最多也只能做到维修建议,完整的智能维修应该还包括自修复。本书第19章阐述的关于在摩擦表面微量磨损的自修复技术的相关内容,中铁隧道局集团有限公司在盾构机主驱动减速机中应用减磨修复剂的工业试验还没有最后的结论,因此距完整的智能维修还有很长的距离。

智能维修制度的实现需要硬件设备和软件系统的支持,硬件设备主要包括计算机设备、智能监测设备、智能检测设备、智能维修设备等;软件系统根据技术原理、应用对象、客户需求的不同而呈现出丰富的多样性。当前,智能维修软件系统大致有以下几种:①基于组件的工程机械智能维修系统;②基于风险的智能维修系统;③以可靠性为中心的智能维修系统;④基于物联网的装备智能维修系统;⑤基于风险和状态的动态智能维修系统。

9.4 盾构维修制度

目前,盾构维修普遍采用的是计划维修与状态维修结合的维修制度,在盾构施工过程中,既根据工程进程有计划的安排维修,又设置了完善的状态监测,并根据状态监测的报告安排按需的维修。另外,个别关键零部件还试行智能维修。

9.4.1 盾构的状态维修

盾构状态维修技术已应用于盾构机部分子部件,并取得效果。盾构机主轴承在线监测与状态评估系统如图9-3所示。

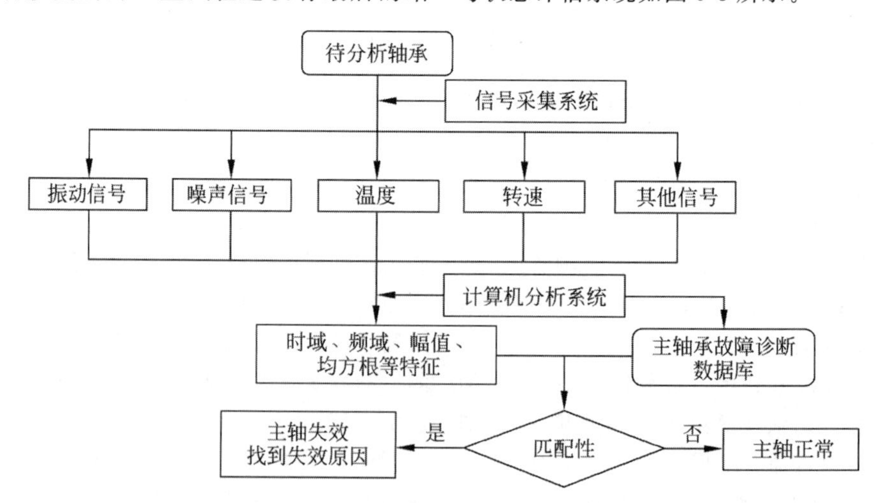

图9-3 盾构机主轴承状态在线监测与状态评估系统

主轴承作为盾构机的关键核心件,是盾构机的"心脏",对主轴承的工作状态进行监测,可以及时采取措施避免主轴承在施工中发生故障,提高盾构机的运行可靠性。

主轴承在线监测与状态评估系统是对盾构机刀盘转速、主轴承振动信号、轴承轴向游隙、润滑油液水分含量及润滑油金属磨粒含量进行采集，通过互联网技术将主轴承监测数据上传至中铁工程服务有限公司盾构云平台和中心服务器，远程实时监测和频谱分析。

9.4.2 维修分级

根据盾构机的工作特点与施工的进程，盾构维修分为日常维修、检修、大修和再制造四级。

1. 日常维修

日常维修是在施工状态下，由施工队的维修班组根据状态监测的显示，在施工间隙完成的。其维修方式以更换损坏元器件为主。维修目标是保障本标段施工任务的顺利进行。

2. 检修

检修是在完成一个标段、盾构提升到地面后进行的，检修的目标是适应并保障下一个标段的生产。检修内容是根据上一个标段施工期间的状态监测报告和施工履历，对性能劣化、故障频发、不能保障下一个标段正常生产的零部件加以修复或更换。

3. 大修

大修主要针对经过长期使用、已经达到或接近设计寿命(通常是 10 年或掘进 10 km)的盾构，此时主要部件(主要是主轴承)已经严重磨损，不能维持正常的、安全的生产，不能通过简单的检修加以修复。大修的目标是恢复或接近恢复设计的性能，能够承担正常的施工任务。

4. 再制造

再制造主要针对已经报废或接近报废的盾构，此时主要部件已经严重损坏，不能简单地修复。再制造的目标是盾构的性能和质量(包含再制造后的预期使用寿命)达到或超过原型新盾构。

9.4.3 盾构各级维修的重点

下面以主驱动的维修为例，介绍盾构机检修、大修与再制造的重点工作的差别。

1. 检修

主驱动检修主要是对系统的密封性能、部件功能、油液状况等进行检测、测试。

(1) 整体清洁，检查主轴承、齿轮、密封状况，必要时进行拆解检查，主轴承内外密封必须根据设计要求进行气密性试验并形成试验报告。

(2) 检查旋转接头各通道的密封性，如泄露应修复，修复完毕应再次进行气密性测试并留存测试记录。

(3) 检查林肯泵、油脂分配阀动作和注脂情况是否正常。

(4) 对主轴承齿轮油和主驱动减速箱润滑油进行取样分析，不合格的零件应更换。

(5) 清洁主轴承齿轮油热交换器，并通过气密性试验测试其泄漏情况，若泄漏应修复或更换，且该项工作应留存测试记录。

(6) 主轴承密封油脂脉冲传感器和齿轮油温度传感器的清洁检查。

(7) 根据状态评估报告对运行存在问题的主轴承、液压马达、减速箱等委托专业厂家检测维修。

2. 大修

主驱动大修主要是对系统关键、核心部件进行拆解修理，根据需要须由专业厂家(或机构)进行检测、维修。

(1) 主轴承解体委托专业机构进行检测：①检查大齿圈、主推、副推以及径向滚动体、滚道等的磨损、变形、损坏情况；②检测齿面硬度、滚道面游隙值；③对齿面进行探伤，检测齿轮损伤情况；根据检测报告，确定修复方案；当轴承滚道发生严重磨损、剥蚀、压痕时需委托专业机构修磨(通常磨去 1 mm)、同时更换加大的滚动体。

(2) 拆解驱动单元，对主驱动电机或液压马达、减速机进行委外检测，根据检测报告制订修复方案。

(3) 更换主轴承内外密封，并对跑道、滑环、压环、盖板磨损情况进行检测，必要时进行修复或更换，修复应确保满足设计要求，整修完毕必须进行气密性测试并留存测试记录。

(4) 拆解旋转接头，更换密封条，检查轴承及主体结构。

(5) 检查油脂分配阀动作和注脂情况是否正常。

(6) 更换主轴承齿轮油和主驱动减速箱润滑油。

(7) 检查林肯泵和油脂分配阀工作是否正常。

(8) 清洁主轴承齿轮油热交换器，并检查其泄漏情况，如泄露应修复或更换。

(9) 主轴承密封油脂脉冲传感器和齿轮油温度传感器的清洁检查。

3. 再制造

主轴承再制造除包含大修全部项目外，不允许对滚道修磨，要求采用激光熔覆技术加以修复。

上述主轴承委托专业机构检修，维修期间必须安排设备监理工程师进行监造，并由专业机构整理形成整修记录(解体检验单、整修测试报告等)。

参考文献

[1] 郑大威，马琳，燕飞．地铁设备智能维修管理研究及展望[J]．都市快轨交通，2018，31(5)：111-116.

[2] 胡忆沩，刘欣中，吴巍．设备管理与维修[M]．北京：化学工业出版社，2014.

[3] 王英，方淑芬，王文彬，等．状态维修理论与实施[J]．设备管理与维修，2007(7)：7-9.

[4] 李小全，刘安心，杨敏．基于组件的工程机械智能维修系统模型库研究[J]．机械制造与自动化，2006，35(4)：162-165.

[5] 刘文彬．面向服务架构的旋转机械智能诊断维修系统及工程应用研究[D]．北京：北京化工大学，2008.

[6] 崔洋，王道峰．军事物联网在装备“智能维修”中的应用研究[J]．物联网技术，2017，7(9)：49-51.

[7] 马斌，任世科．基于风险的智能维修在石化企业中的应用[J]．科技信息，2009(15)：320-321.

[8] 刘文彬，王庆锋，高金吉，等．以可靠性为中心的智能维修决策模型[J]．北京工业大学学报，2012，38(5)：672-677.

第10章

维 修 经 济

10.1 维修经济概论

10.1.1 概述

维修经济学是维修与经济的交叉学科，是研究维修技术实践活动经济效果的学科，即以维修项目为主体，以技术-经济系统为核心，研究如何有效利用资源，提高经济效益的学科。维修经济学研究各种维修技术方案的经济效益，研究各种技术在使用过程中如何以最小的投入获得预期产出，如何以等量的投入获得最大产出，如何用最低的寿命周期成本实现产品、作业及服务的必要功能。

20 世纪 90 年代，随着工程经济学的普及和发展，工程机械维修的经济性已越来越受到重视，有关专家学者提出了"引入工程经济学，动态规划设备寿命周期费用"的观点，维修经济已经进入了动态经济分析时代。

维修经济研究的主要问题包括以下几个方面。

1. 设备投资决策

因为采用全寿命周期费用法，所以在投资阶段，就要对设备一生的费用效益进行动态规划。对满足生产需求的不同投资方案进行比较，考虑其初始投资、运营费用、维护成本、使用寿命等若干方面，动态地、量化地选优，以保障初始投资的经济、合理。

2. 设备运营阶段维修养护的经济评价

设备运营阶段维修养护的经济评价不仅立足于设备本身，更立足于整个企业的生产经营状况，经济、合理地选择设备的维修方案、维修方式，准确地计算维修养护费用，科学地制定维修周期和计量方法，对维修养护工作进行动态的全面经济评价。

3. 设备更新、大修和改装方案的确定

在设备运营后期，当设备大修方案的经济性已不十分明显或有技术更先进、费用消耗更经济的设备出现时，需对设备的经济寿命作出合理的再界定，进而分析对原有设备进行大修、现代化改装或更换新设备等不同方案的不同经济效果，并依此作出更新方案的决策。

10.1.2 维修经济的基本理论和指标体系

1. 资金时间价值理论

1）资金时间价值的含义

将一笔资金存入银行会获得利息，进行投资可获得收益（也可能会发生亏损）而向银行借贷，也需要支付利息。这反映出，资金在运动中，其数量会随着时间的推移而变动，变动的这部分资金就是原有资金的时间价值。任何技术方案的实施，都有一个时间上的延续过程，由于资金时间价值的存在，不同时点上发生的现金流量无法直接进行比较。只有通过一系列的换算，站在同一时点上进行对比，才能使比较结果符合客观实际情况。这种考虑了资金时间价值的经济分析方法,使方案的评价和选择变得更加现实和可靠。

2) 单利和复利

(1) 单利计息

单利计息是仅按本金计算利息,利息不再生息,其利息总额与借贷时间成正比。单利计息时的利息计算公式为

$$I = P \times n \times i$$

式中:I——利息;

P——本金;

n——计息期数;

i——利率。

n 个计息周期后的本利和为

$$F = P(1 + i \times n)$$

式中:F——本利和。

我国个人储蓄存款和国库券的利息就是以单利计算的,计息周期为"年"。

(2) 复利计息

复利计息是指对于某一计息周期来说,按本金加上先前计息周期所累计的利息进行计息,即"利息再生利息"。按复利方式计算利息时,利息的计算公式为

$$I = P[(1 + i)^n - 1]$$

n 个计息周期后的本利和为

$$F = P(1 + i)^n$$

3) 资金时间价值的计算方法

(1) 现值和终值的计算方法

现值 P(present value)表示资金发生在某一特定时间序列始点即0时点上的价值,又称为期初值,或表示将未来的现金流量折算到0时点的价值,称为折现或贴现。折现计算是评价投资项目经济效果时经常采用的一种基本方法。终值 F(future value)是表示资金发生在某一特定时间序列终点,即 n 时点上的价值,或表示将现金流量换算到 n 时点的价值,即本利和的价值。

① 已知现值求终值

【例 10-1】 现在的100元,若年利率为10%,按复利计算,则第一年末、第二年末、第三年末分别为多少钱?

解:由题意可知,

100元1年后的终值

$=100 \times (1 + 10\%) = 110$(元)

100元2年后的终值

$=100 \times (1 + 10\%)^2 = 121$(元)

100元3年后的终值

$=100 \times (1 + 10\%)^3 = 133.1$(元)

⋮

100元 n 年后的终值

$=100 \times (1 + 10\%)^n$

所以,已知现值求终值的计算公式为

$$F = P(1 + i)^n$$

式中:F——终值;

i——年利率。

② 已知终值求现值

【例 10-2】 若年利率为10%,按复利计算,则第一年末、第二年末、第三年末的100元的现值分别为多少钱?

解:由题意可知,

1年后100元的现值

$=100 \div (1 + 10\%) \approx 90.91$(元)

2年后100元的现值

$=100 \div (1 + 10\%)^2 \approx 82.64$(元)

3年后100元的现值

$=100 \div (1 + 10\%)^3 \approx 75.13$(元)

⋮

n 年后100元的现值

$=100 \div (1 + 10\%)^n$

所以,已知终值求现值的计算公式为

$$P = F/(1 + i)^n$$

(2) 年金的计算方法

① 年金终值的计算方法

年金 A (annuity)是一定时期内一系列的现金流入或流出,如住房贷款的月供、支付租金等都属于年金收付形式。最常见的是普通年金。普通年金是指从第一期起,在一定时期内每期期末等额收付的系列款项,又称为后付年金。在计算年金或终值时常使用年金终值(F/A,其中 F 为终值,A 为年金)系数表,表10-1列出了该表的部分内容。

表 10-1 年金终值(F/A)系数表(部分)

期数	1%	2%	3%	4%	5%	6%	7%	8%	9%	10%	20%	30%
1	1.000 0	1.000 0	1.000 0	1.000 0	1.000 0	1.000 0	1.000 0	1.000 0	1.000 0	1.000 0	1.000 0	1.000 0
2	2.010 0	2.020 0	2.030 0	2.040 0	2.050 0	2.060 0	2.070 0	2.080 0	2.090 0	2.100 0	2.200 0	2.300 0
3	3.030 1	3.060 4	3.090 9	3.121 6	3.152 5	3.183 6	3.214 9	3.246 4	3.278 1	3.310 0	3.640 0	3.990 0
4	4.060 4	4.121 6	4.183 6	4.246 5	4.310 1	4.374 6	4.439 9	4.506 1	4.573 1	4.641 0	5.368 0	6.187 0
5	5.101 0	5.204 0	5.309 1	5.416 3	5.525 6	5.637 1	5.750 7	5.866 6	5.984 7	6.105 1	7.441 6	9.043 1
6	6.152 0	6.308 1	6.468 4	6.633 0	6.801 9	6.975 3	7.153 3	7.335 9	7.523 3	7.715 6	9.929 9	12.756 0
7	7.213 5	7.434 3	7.662 5	7.898 3	8.142 0	8.393 8	8.654 0	8.922 8	9.200 4	9.487 2	12.915 9	17.582 8
8	8.285 7	8.583 0	8.892 3	9.214 2	9.549 1	9.897 5	10.259 8	10.636 6	11.028 5	11.435 9	16.499 1	23.857 7
9	9.368 5	9.754 6	10.159 1	10.582 8	11.026 6	11.491 3	11.978 0	12.487 6	13.021 0	13.579 5	20.798 9	32.015 0
10	10.462 2	10.949 7	11.463 9	12.006 1	12.577 9	13.180 8	13.816 4	14.486 6	15.192 9	15.937 4	25.958 7	42.619 5
11	11.566 8	12.168 7	12.807 8	13.486 4	14.206 8	14.971 6	15.783 6	16.645 5	17.560 3	18.531 2	32.150 4	56.405 3

a. 已知年金求终值

普通年金计算公式为

$$F = A \times \frac{(1+i)^n - 1}{i}$$

或

$$A(F/A, i, n)$$

式中:$(F/A, i, n)$——年金终值系数。

【例 10-3】 如某客户每年年末向银行存入 20 000 元,存期 5 年,年利率 5%,其 5 年后到期的本息和为多少?

解:$A = 20\ 000, n = 5, i = 5\%$,求 F。

$$F = A \times \frac{(1+i)^n - 1}{i}$$

$$= 20\ 000 \times \frac{(1+5\%)^5 - 1}{5\%}$$

$$= 20\ 000 \times 5.525\ 6$$

$$= 110\ 512(\text{元})$$

或

$$F = A(F/A, i, n) = 20\ 000 \times (F/A, 5\%, 5)$$

查表 10-1 可知

$$(F/A, 5\%, 5) = 5.525\ 6$$

$$F = 20\ 000 \times 5.525\ 6 = 110\ 512(\text{元})$$

即 5 年后到期的本息和为 110 512 元。

b. 已知终值求年金(年偿债基金的计算)

偿债基金是指为了在约定的未来某一时点清偿某笔债务或者积聚一定数额的资金而必须分次等额形成的存款准备金。它的计算实际上是年金终值的逆运算。计算公式为

$$A = F \times \frac{i}{(1+i)^n - 1} = F \times \frac{1}{(F/A, i, n)}$$

【例 10-4】 如某客户有一笔 5 年后到期的借款,数额为 20 000 元,年利率为 10%,到期一次还清,则每年年末应存入的金额应为多少?

解:$F = 20\ 000, n = 5, i = 10\%$,求 A。

$$A = F \times \frac{i}{(1+i)^n - 1}$$

$$= 20\ 000 \times \frac{10\%}{(1+10\%)^5 - 1}$$

$$= 20\ 000 \times 0.163\ 8$$

$$\approx 3\ 275.95(\text{元})$$

或

$$A = F/(F/A, i, n) = 20\ 000 \div (F/A, 10\%, 5)$$

查表 10-1 可知

$$(F/A, 10\%, 5) = 6.105\ 1$$

$$A = 20\ 000 \div 6.105\ 1 = 3\ 275.95(\text{元})$$

即 5 年后到期的本息和为 3 275.95 元。

② 年金现值的计算方法

年金现值通常为每年投资收益的现值总和,它是一定时间内每期期末收付款项的复利现值之和。

a. 已知年金求现值

已知年金求现值是将以后各期的期末金额折现到零时点,即第一期的期初起点。在计算年金现值时常使用年金现值(P/A)系数表,表 10-2 列出了该表的部分内容。

表 10-2 年金现值(P/A)系数表(部分)

期数	1%	2%	3%	4%	5%	6%	7%	8%	9%	10%	20%	30%
1	0.990 1	0.980 4	0.970 9	0.961 5	0.952 4	0.943 4	0.934 6	0.925 9	0.917 4	0.909 1	0.833 3	0.769 2
2	1.970 4	1.941 6	1.913 5	1.886 1	1.859 4	1.833 4	1.808 0	1.783 3	1.759 1	1.735 5	1.527 8	1.360 9
3	2.941 0	2.883 9	2.828 6	2.775 1	2.723 2	2.673 0	2.624 3	2.577 1	2.531 3	2.486 9	2.106 5	1.816 1
4	3.902 0	3.807 7	3.717 1	3.629 9	3.546 0	3.465 1	3.387 2	3.312 1	3.239 7	3.169 9	2.588 7	2.166 2
5	4.853 4	4.713 5	4.579 7	4.451 8	4.329 5	4.212 4	4.100 2	3.992 7	3.889 7	3.790 8	2.990 6	2.435 6
6	5.795 5	5.601 4	5.417 2	5.242 1	5.075 7	4.917 3	4.766 5	4.622 9	4.485 9	4.355 3	3.325 5	2.642 7
7	6.728 2	6.472 0	6.230 3	6.002 1	5.786 4	5.582 4	5.389 3	5.206 4	5.033 0	4.868 4	3.604 6	2.802 1
8	7.651 7	7.325 5	7.019 7	6.732 7	6.463 2	6.209 8	5.971 3	5.746 6	5.534 8	5.334 9	3.837 2	2.924 7
9	8.566 0	8.162 2	7.786 1	7.435 3	7.107 8	6.801 7	6.515 2	6.246 9	5.995 2	5.759 0	4.031 0	3.019 0
10	9.471 3	8.982 6	8.530 2	8.110 9	7.721 7	7.360 1	7.023 6	6.710 1	6.417 7	6.144 6	4.192 5	3.091 5
11	10.367 0	9.786 8	9.252 6	8.760 5	8.306 4	7.886 9	7.498 7	7.139 0	6.805 2	6.495 1	4.327 1	3.147 3

已知年金求现值计算公式为

$$P = A \times \frac{1-(1+i)^{-n}}{i}$$

或

$$A(P/A,i,n)$$

式中:$(P/A,i,n)$——年金现值系数。

【例 10-5】 如租入某设备,每年年末需要支付租金 120 元,年复利利率为 10%,则 5 年内应支付的租金总额的现值为多少?

解:$A=120,n=5,i=10\%$,求 P。

$$\begin{aligned} P &= A \times \frac{1-(1+i)^{-n}}{i} \\ &= 120 \times \frac{1-(1+10\%)^{-5}}{10\%} \\ &= 120 \times 3.790\,8 \\ &\approx 454.90(\text{元}) \end{aligned}$$

或

$$\begin{aligned} P &= A \times (P/A,i,n) \\ &= 120 \times (P/A,10\%,5) \end{aligned}$$

查表 10-2 可知

$$(P/A,10\%,5) = 3.790\,8$$

$$P = 120 \times 3.790\,8 \approx 454.90(\text{元})$$

即 5 年内应支付的租金总额的现值为 454.90 元。

b. 已知现值求年金(年资本回收额的计算)

年资本回收额是指在约定年限内等额回收初始投入资本或清偿所欠债务的金额。每次等额回收或清偿的数额相当于年金,初始投入的资本或所欠的债务就是年金现值。

已知现值求年金计算公式为

$$A = P \times \frac{i}{1-(1+i)^{-n}} = P \times \frac{1}{(P/A,i,n)}$$

【例 10-6】 如某企业现在借得 1 000 万元的贷款,在 5 年内以年利率 8%等额偿还,则每年应付的金额为多少?

解:$P=1\,000,n=5,i=8\%$,求 A。

$$\begin{aligned} A &= P \times \frac{i}{1-(1+i)^{-n}} \\ &= 1000 \times \frac{8\%}{1-(1+8\%)^{-5}} \\ &= 1\,000 \times 0.250\,5 \\ &= 250.5(\text{万元}) \end{aligned}$$

或

$$A = P/(P/A,i,n) = 1\,000 \div (P/A,8\%,10)$$

查表 10-2 可知,

$$(P/A,8\%,5) = 3.992\,7$$

$$A = 1\,000 \div 3.992\,7 \approx 250.5(\text{万元})$$

即每年应付的金额为 250.5 万元。

2. 经济评价指标概述

资金是有限的,为了节省并有效使用,需要进行经济评价。选取正确的评价指标体系,使评价结果与客观实际情况吻合具有实际意义。

在经济评价中,按是否考虑资金的时间价值,经济效果评价指标分为静态评价指标(不考虑资金时间价值)和动态评价指标(考虑资金时间价值)两类,如图 10-1 所示。

(1) 静态评价指标是在不考虑时间因素对货

项目经济评价指标
- 静态评价指标
  - 总投资收益率
  - 资本金净利润率
  - 静态投资回收期
  - 利息备付率
  - 偿债备付率
- 动态评价指标
  - 内部收益率
  - 净现值
  - 净现值率
  - 净年值
  - 费用现值与费用年值
  - 动态投资回收期

图 10-1 项目经济评价指标体系

币价值影响的情况下，直接通过现金流量计算出来的经济评价指标。静态评价指标的最大特点是计算简便。主要用于技术经济数据不完备和不精确的项目初选阶段，或对计算期比较短的项目以及对于逐年收益大致相等的项目进行评价。

(2) 动态评价指标是在分析项目或方案的经济效益时，要对发生在不同时间的效益、费用计算资金的时间价值，将现金流量进行等值化处理后计算的评价指标。动态评价指标能较全面地反映投资方案整个计算期的经济效果，主要用于项目最后决策前的可行性研究阶段，或对计算期较长的项目以及逐年收益不相等的项目进行评价。

3. 静态评价指标

1) 总投资收益率

总投资收益率(return on investment，ROI)就是单位总投资能够实现的息税前利润，是指项目达到设计生产能力后正常年份的年息税前利润或运营期内年平均息税前利润与项目总投资的比率。它常用于项目财务评价的静态盈利能力分析中。

总投资收益率的计算表达式为

$$\mathrm{ROI}=\frac{\mathrm{EBIT}}{\mathrm{TI}}\times 100\%$$

式中：ROI——总投资收益率；

EBIT——项目正常年份的年息税前利润或运营期内年平均息税前利润；

TI——项目总投资。

年息税前利润 = 企业的净利润 + 企业支付的利息费用 + 企业支付的所得税

项目总投资 = 建设投资 + 建设期利息 + 流动资金

总投资收益率高于同行业的收益率参考值时，认为该项目盈利能力满足要求；反之，则表明此项目不能满足盈利能力的要求。对于项目而言，若总投资收益率高于同期银行利率，则适度举债是有利的；反之，过高的负债比率将损害企业和投资者的利益。该指标主要用于计算期较短，不具备综合分析所需详细资料的项目盈利能力分析，因而不能作为主要决策依据对项目长期建设方案进行评价。

2) 资本金净利润率

项目资本金净利润率(return on equity，ROE)表示项目资本金的盈利水平，是指项目达到设计能力后正常年份的年净利润或运营期内年平均净利润与项目资本金的比率。

项目资本金净利润率的计算表达式为

$$\mathrm{ROE}=\frac{\mathrm{NP}}{\mathrm{EC}}\times 100\%$$

式中：ROE——项目资本金净利润率；

NP——项目正常年份的年净利润或运营期内年平均净利润；

EC——项目资本金。

项目资本金净利润率高于同行业净利润率参考值时，认为该项目盈利能力满足要求。反之，则认为不能满足要求。总投资收益率和项目资本金净利润率指标常用于项目融资后盈利能力分析。

3) 静态投资回收期

静态投资回收期(payback time of investment，PTI，符号表示为 P_t)也称返本期，是在不考虑资金时间价值的条件下，以方案的净收益回收项目全部投入资金所需要的时间。静态投资回收期一般从项目建设开始年算起，如果从项目投产开始年计算，应予以特别注明。

静态投资回收期计算公式为

$$\sum_{t=1}^{P_t}(\mathrm{CI}-\mathrm{CO})_t=0$$

式中：P_t——静态投资回收期；

CI——现金流入量；

CO——现金流出量；

$(\mathrm{CI}-\mathrm{CO})_t$——第 t 期的净现金流量。

实际工作中，投资回收期公式的更为实用的表达式为

$$P_t=T-1+\frac{\text{第}(T-1)\text{年的累计净现金流量的绝对值}}{\text{第}T\text{年的净现金流量}}$$

式中：T——项目各年累计净现金流量首次为正值或零的年份。

如果投资在期初一次投入，且每年的净收益固定不变，则静态投资回收期公式可简化为

$$P_t=\frac{I}{A}$$

式中：I——项目投入的全部资金；

A——每年的净现金流量，即 $A=(\mathrm{CI}-\mathrm{CO})_t=$常数。

设基准投资回收期为 P_0，若 $P_t\leqslant P_0$，则项目可以考虑接受；若 $P_t>P_0$，则项目不可行。投资回收期越短，则表明项目投资回收越快，抗风险能力越强。

4）利息备付率

利息备付率（interest coverage ratio，ICR）是指项目在借款偿还期内各年可用于支付利息的息税前利润与当期应付利息费用的比值。它从付息资金来源的充裕性角度反映项目偿付债务利息的能力，表示使用项目税息前利润偿付利息的保证倍率。

利息备付率计算表达式为

$$\mathrm{ICR}=\frac{\mathrm{EBIT}}{\mathrm{PI}}\times 100\%$$

式中：ICR——利息备付率；

EBIT——息税前利润；

PI——计入总成本费用的应付利息。

息税前利润＝利润总额＋计入总成本费用的利息费用

5）偿债备付率

偿债备付率（debt service coverage ratio，DSCR）是指项目在借款偿还期内，各年可用于还本付息的资金与当期应还本付息金额的比值。它从还本付息资金来源的充裕性反映项目偿付债务本息的保障程度和支付能力。

偿债备付率计算表达式为

$$\mathrm{DSCR}=\frac{\mathrm{EBITAD}-T_{\mathrm{AX}}}{\mathrm{PD}}\times 100\%$$

式中：DSCR——偿债备付率；

EBITAD——息税前利润加折旧和摊销；

T_{AX}——企业所得税；

PD——应还本付息金额，包括还本金额和计入总成本费用的全部利息。

4. 动态评价指标

1）内部收益率

内部收益率（internal rate of return，IRR）是一个被广泛使用的项目经济评价指标，是指使项目计算期内净现金流量现值累计等于零时的折现率。

内部收益率可通过解下述方程求得

$$\mathrm{NPV}(\mathrm{IRR})=\sum_{t=1}^{n}(\mathrm{CI}-\mathrm{CO})_t(1+\mathrm{IRR})^{-t}=0$$

式中：IRR——内部收益率；

其他符号含义同前。

内部收益率是未知的折现率，由上式可知，求方程式中的折现率需解高次方程，当各年的净现金流量不等，且计算期较长时，求解IRR是较烦琐的，一般来讲，求解 IRR 有插值试算法和利用计算机工具求解两种方法。

2）净现值

净现值（net present value，NPV）是指按设定的折现率，将项目计算期内各年发生的净现金流量折现到建设期期初的现值之和。

净现值的计算表达式为

$$\mathrm{NPV}=\sum_{t=1}^{n}(\mathrm{CI}-\mathrm{CO})_t(1+i)^{-t}$$

式中：i——设定的折现率；

CI——现金流入量；

CO——现金流出量。

若 $\mathrm{NPV}\geqslant 0$，则方案应予接受；若 $\mathrm{NPV}<$

0,则方案应予拒绝。

3）净现值率

净现值指标用于多方案比较时,虽然能反映每个方案的盈利水平,但是由于没有考虑每个方案投资额的大小,因而,不能直接反映资金的利用效率。为了考察资金的利用效率,可采用净现值率指标作为净现值的补充指标。净现值率反映了净现值与全部投资现值的比值关系,是多方案评价与选择的一个重要的辅助性评价指标。

净现值率(net present value ratio,NPVR)是项目净现值与项目全部投资现值之比。在多方案比较时,如果几个方案的 NPV 值都大于零但投资规模相差较大,可以进一步用 NPVR 作为净现值的辅助指标。其经济涵义是单位投资现值所能得到的净现值。

净现值率计算公式为

$$NPVR=\frac{NPV}{I_p}=\frac{\sum_{t=1}^{n}(CI-CO)_t(1+i_c)^{-t}}{\sum_{t=1}^{n}I_t(1+i_c)^{-t}}$$

式中: I_p——项目总投资现值;

i_c——基准投资收益率;

其他符号含义同前。

对于单一方案而言,净现值率的判别准则与净现值一样。若 NPVR≥0,则方案应予以接受;若 NPVR<0,则方案应予以拒绝。对多方案进行评价时,净现值率越大,方案的经济效果越好。

4）净年值

净年值(net annual value,NAV)是以设定折现率将项目计算期内净现金流量等值换算而成的等额年值。也可以说,净年值是通过资金等值换算将项目净现值分摊到计算期内各年(从第1年到第 n 年)的等额年值。

净年值计算公式为

$$\begin{aligned}NAV&=NPV(A/P,i,n)\\&=\left[\sum_{t=1}^{n}(CI-CO)_t(1+i_c)^{-t}\right](A/P,i,n)\end{aligned}$$

若 NAV≥0,则项目在经济上可行;若 NAV<0,则项目在经济上不可行。

多方案比选时,净年值越大的方案相对越优。

5）费用现值与费用年值

(1) 费用现值

在对多个方案比较时,如果各方案的收益皆相同,或收益难以用货币计量,这时计算净现值指标可以省略现金流量中的收益,只计算费用,这样计算的结果称为费用现值(present cost,PC)。为方便起见,费用取正号。

费用现值的计算表达式为

$$PC=\sum_{t=1}^{n}CO_t(P/F,i_c,n)$$

式中: PC——费用现值;

其他符号含义同前。

在多方案比较中,费用现值越低,方案的经济效果越好。

(2) 费用年值

与费用现值相同,费用年值也适用于多方案比较时各方案收益均相等的情况,这时计算净年值指标可以省略现金流量中的收益(残值或余值不同不能省略),只计算费用,这样计算的结果称为费用年值(annual cost,AC)。

费用年值的计算表达式为

$$\begin{aligned}AC&=PC(A/P,i_c,n)\\&=\left[\sum_{t=1}^{n}CO_t(P/F,i_c,t)\right](A/P,i_c,n)\end{aligned}$$

式中: AC——费用年值;

其他符号含义同前。

在多方案比较中,费用年值越低,方案的经济效果越好。

一般来讲,费用现值和费用年值指标只能用于多个方案的比选。

6）动态投资回收期(P_t')

动态投资回收期是指在考虑资金时间价值的条件下,用项目各年的净收益回收全部投资所需要的时间。

动态投资回收期计算式为

$$\sum_{t=1}^{P_t'}(CI-CO)_t(1+i_c)^{-t}=0$$

式中: P_t'——动态投资回收期(年);

其他符号含义同前。

在实际工作中，动态投资回收期更为实用的计算公式为

$$P_t' = \text{累计净现金流量折现值出现正值的年数} - 1 + \frac{\text{上年累计折现值的绝对值}}{\text{当年净现金流量的折现值}}$$

设基准投资回收期 P_c'，若 $P_t' \leqslant P_c'$，则方案可以被接受，否则应予以拒绝。动态投资回收期反映了项目和资金的运作情况。需要注意的是，动态投资回收期与折现率有关，若折现率不同，其反映的投资回收年限就不同，当折现率为零时，动态投资回收期就等于静态投资回收期。

5. 基准投资收益率

在计算 NPV、动态投资回收期时都要事先确定一个基准投资收益率(i_c)，在利用 IRR 来判断项目可行性时，也需要一个基准投资收益率(i_c)的大致范围来作比较，则该计算基准和比较基准合适的值为多少。这个问题是经济评价实际工作中较重要也是较难解决的问题。

基准投资收益率又称基准收益率、标准折现率，国外一些文献又把它称为具最低吸引力的收益率(minimum atractive rate of return，MARR)。它包括两层含义：财务基准收益率和社会折现率。

(1) 财务基准收益率是指项目财务评价中对可货币化的项目费用与效益采用折现方法计算财务净现值的基准折现率，是衡量项目财务内部收益率的基准值，是项目财务可行性和方案比选的主要判据。

(2) 社会折现率是指能够恰当地把整个社会的未来成本和收益折算为真实社会现值的折现率，是建设项目国民经济评价中衡量经济内部收益率的基准值，也是计算项目经济净现值的折现率，是项目经济可行性和方案比选的主要判据。

这里主要介绍财务基准收益率的确定方法和影响因素。

财务基准收益率的确定可以采用资本资产定价模型法(capital asset pricing model，CAPM)、加权平均资金成本法(weighted average cost of capital，WACC)、典型项目模拟法、德尔菲(Delphi)专家调查法等方法确定。

1) 资本资产定价模型法

采用资本资产定价模型法测算行业财务基准收益率，应在行业内抽取有代表性的企业样本，以若干年企业财务报表数据为基础数据，进行行业风险系数、权益资金成本的测算，得出用资本资产定价模型法测算的行业最低可用折现率，作为确定权益资金行业基准收益率的下限，再综合考虑采用其他方法测算得出的行业财务基准收益率并进行协调，最后确定权益资金行业财务基准收益率。

权益资金成本的计算公式为

$$k = K_f + \beta \times (K_m - K_f)$$

式中：k——权益资金成本；

K_f——市场无风险收益率(可以采用政府发行的相应期限的国债利率)；

β——风险系数；

K_m——市场平均风险投资收益率。

2) 加权平均资金成本法

采用加权平均资金成本法测算行业财务基准收益率(全部资金)，应通过测定行业加权平均资金成本，得出全部投资的行业最低可接受财务折现率，作为全部投资行业财务基准收益率的下限。再综合考虑采用其他方法测算得出的行业财务基准收益率并进行协调，最后确定全部投资行业财务基准收益率。

加权平均资金成本的计算公式为

$$\text{WACC} = K_e \frac{E}{E+D} + K_d \frac{D}{E+D}$$

式中：WACC——加权平均资金成本；

K_e——权益资金成本；

K_d——债务资金成本；

E——股东权益；

D——企业负债。

3) 典型项目模拟法

采用典型项目模拟法测算财务基准收益率，应在合理的时间区段内，选取一定数量的具有行业代表性的已进入正常生产运营状态的典型项目，按照项目实施情况采集实际数据，统一评估的时间区段，调整价格水平和有关参数，计算项目的财务内部收益率，并对结

果进行必要的分析，最后综合考虑各种因素确定其取值。

4) 德尔菲专家调查法

采用统一的问卷调查，以匿名的方式，通过多轮次调查专家对本行业建设项目财务基准收益率取值的意见，逐步形成专家的集中意见，并对调查结果进行必要的分析，综合考虑各种因素后确定其取值。

10.1.3　维修经济评价的基本方法

1. 互斥方案经济评价

互斥方案按照寿命是否相同的标准可以分别划分为两种形式：一种是寿命期相同；另一种是寿命期不相同。对于寿命期相同的项目评价，可以通过净效益值法和最小费用法进行；对于寿命期不同的项目评价，可以通过年值法、最小公倍数法、差额内部收益率法、研究期法等进行。

对互斥方案进行评价时，经济效果评价包含了两部分的内容：一是考察各个方案自身的经济效果，即进行绝对效果检验，用经济效果评价标准（如 NPV≥0）检验方案自身的经济性，称为绝对（经济）效果检验。凡通过绝对效果检验的方案，就认为它在经济效果上是可以接受的，否则就应予以拒绝。二是考察哪个方案相对最优，称为相对（经济）效果检验。一般，首先以绝对经济效果方法筛选方案，然后以相对经济效果方法优选方案。

互斥型方案进行比较时，必须具备以下的可比性条件：①被比较方案的费用及效益计算口径一致；②被比较方案具有相同的计算期；③被比较方案现金流量具有相同的时间单位。

1) 计算期相同的互斥方案经济评价

(1) 净效益值法

当互斥型方案寿命相等时，在已知各投资方案的收益与费用的前提下，直接用净效益值法进行方案选优最为简便。常用的净效益值法主要采用净现值法。

【例 10-7】 某公司拟生产某种新产品，为此需增加新的生产线，现有 A、B、C 三个互斥型方案，各投资方案的期初投资额、每年年末的销售收益及费用见表 10-3。各投资方案的寿命期均为 6 年，6 年末的残值为零，基准收益率 $i_0=10\%$。试问选择哪个方案在经济上最有利？

表 10-3　各投资方案的现金流量　　万元

投资方案	初期投资	年销售收益	年运营费用	年净收益
A	1 000	1 100	400	700
B	2 000	1 500	550	950
C	3 000	1 500	350	1 150

解：在表 10-3 中，

净收益＝销售收益－运营费用

净现值法就是将包括期初投资额在内的各期净现金流量换算成现值的比较方法。将各年的净收益折算成现值时，只要利用等额资金现值系数 $(P/A,10\%,6)=4.3553$ 即可。各方案的净现值 NPV_A、NPV_B、NPV_C 计算如下：

$$NPV_A=700\times(P/A,10\%,6)-1\,000=2\,048.71(\text{万元})$$

$$NPV_B=950\times(P/A,10\%,6)-2\,000=2\,137.53(\text{万元})$$

$$NPV_C=1\,150\times(P/A,10\%,6)-3\,000=2\,008.60(\text{万元})$$

因为 $NPV_B>NPV_A>NPV_C$，所以 B 方案是最优方案。

(2) 最小费用法

最小费用法是指当各方案的效益相同时，只要考虑或者只能考虑比较各方案的费用大小，费用最小的方案就是最好的方案。

【例 10-8】 某公司拟购买设备，现有 4 种具有同样功能的设备，使用寿命均为 10 年，残值均为 0，初始投资和年经营费用见表 10-4，基准收益率 $i_0=10\%$。试问，该公司选择哪种设备在经济上更为有利？

表 10-4　设备投资与费用　　元

项目（设备）	A	B	C	D
初始投资	3 000	3 800	4 500	5 000
年经营费用	1 800	1 770	1 470	1 320

解：由于四种设备功能相同，所以效益相同，故可以利用费用现值(PC)法进行选优。费用现值是投资项目全部开支的现值之和，等额资金现值系数$(P/A,10\%,10)=6.1446$，其计算如下：

$$PC_A=3\,000+1\,800(P/A,10\%,10)=14\,060.28\ (元)$$

$$PC_B=3\,800+1\,770(P/A,10\%,10)=14\,675.94\ (元)$$

$$PC_C=4\,500+1\,470(P/A,10\%,10)=13\,532.56\ (元)$$

$$PC_D=5\,000+1\,320(P/A,10\%,10)=13\,110.87\ (元)$$

因为$PC_B>PC_A>PC_C>PC_D$，设备D的费用现值最小，所以选择设备D较为有利。

2) 计算期不同的互斥方案经济评价

对于寿命期不等的互斥方案进行比选，同样要求方案间具有可比性。满足这一要求需要解决两个方面的问题：一是设定一个合理的共同分析期；二是给寿命期不等于分析期的方案选择合理的方案接续假定或者残值回收假定。保证时间可比性的方法有多种，最常用的是年值法、最小公倍数法、差额内部收益率法和研究期法，下面我们结合具体指标进行分析。

(1) 年值法

年值法是指投资方案在计算期的收入及支出按一定的折现率换算为等值年值，用以评价或选择方案的一种方法。

【例10-9】 现有互斥方案A、B，各方案的现金流量见表10-5，试在基准折现率为12%的条件下选择最优方案。

表10-5 方案A、B的现金流量

方案	投资额/万元	年净收益/万元	寿命期/年
A	290	90	6
B	380	110	8

解：计算各方案的净年值

$$NAV_A=-290(A/P,12\%,6)+90=19.46(万元)$$

$$NAV_B=-380(A/P,12\%,8)+110=33.51(万元)$$

因为$NAV_A<NAV_B$，所以方案B为最优方案。

(2) 最小公倍数法

最小公倍数法是以各备选方案计算期的最小公倍数作为方案选优的共同计算期，并假设各方案均在这样一个共同的计算期内重复进行，即各备选方案在其计算期结束后，均可按与其原方案计算期内完全相同的现金流量系列周而复始地循环下去直到共同的计算期。在此基础上，计算出各个方案的净现值，以净现值最大且非负的方案为最优方案。

(3) 差额内部收益率法

用内部收益率法进行寿命期不等的互斥方案经济效果评价，需要首先对各备选方案进行绝对效果检验，然后再对通过绝对效果检验(净现值大于或等于零，内部收益率大于或等于基准折现率)的方案用计算差额内部收益率的方法进行比选。

(4) 研究期法

研究期法，即按某一共同的研究期将各备选方案的年值折现得到用于方案比选的现值的方法。研究期N的取值没有特殊的规定，一般不大于最长的方案寿命期，不小于最短的方案寿命期。但显然以各方案寿命最短者为研究期时计算最为简便，而且可以完全避免可重复性假设。

2. 独立方案经济评价

1) 完全独立方案的经济评价

完全独立方案的采用与否，只取决于方案自身的经济性，即只需检验它们是否能够通过净现值、净年值或内部收益率等绝对效益评价指标。因此，多个独立方案的选择评价与单一方案的评价方法是相同的。

对于完全独立方案而言，经济上是否可行的判断根据是，其绝对经济效果指标是否优于一定的检验标准。无论采用净现值、净年值和内部收益率当中哪一种评价指标，评价结论都是一样的。

2）受资金条件限制的独立方案的经济评价

受资金限制独立方案的选择方法主要有独立方案互斥化法和效率指标排序法。

（1）独立方案互斥化法

尽管独立方案之间互不相关，但在有约束条件下，它们成为相关方案。独立方案互斥化法的基本思想是把各个独立方案进行组合，其中每一个组合方案就代表一个相互排斥的方案，这样就可以利用互斥方案的评选方法，选择最佳的方案组合。在若干个有资源约束条件的独立方案比较和选优中，较为常见的约束是资金的约束。

受资金限制下的独立方案互斥化法的基本步骤如下。

① 列出所有可能的项目方案组合。如果能够利用某种方法把各独立型项目方案组合成相互排斥的方案群，其中每个组合方案代表由若干个项目组成的与其他组合相互排斥的方案，因为每个项目都有两种可能，即选择或被拒绝，故 m 个独立型方案可以构成(2^m-1)(不投资除外)个互斥方案。

② 从所有可能的方案组合中取出投资额不大于总额资金约束的方案。

③ 按互斥方案的选择原则，选出最优方案组合。

【例 10-10】 某公司有一组投资项目三个独立方案的投资方案 A、B、C，各方案的有关数据见表 10-6，受资金总额的限制，只能选择其中部分方案，已知总投资限额是 400 万元，基准收益率为 10%，试选择最佳投资方案组合。

表 10-6　A、B、C 三种方案的有关数据表达式

方案	投资/万元	年净收益/万元	寿命期/年
A	300	63	10
B	100	25	10
C	250	54	10

解：由于三种方案的总投资合计为 650 元超过了投资限额，因而不能同时选上。

① 本例中有三种独立方案，互斥组合方案共有 7(2^3-1)个，这 7 个方案互不相容，互相排斥。组合结果见表 10-7。

② 在所有组合方案中，除去不满足约束条件的 A、B、C 组合，并按投资额大小顺序排列。

③ 采用净现值法，计算出各个方案组合的净现值，净现值最大的组合方案为最佳组合方案，结果见表 10-7。

表 10-7　用净现值法选最佳组合方案

万元

序号	方案组合	投资	净现值	决策
1	B	100	53.62	
2	C	250	81.81	
3	A	300	87.11	
4	B+C	350	135.43	
5	B+A	400	140.73	最佳
6	A+C	550		超出投资额
7	A+B+C	650		超出投资额

由表 10-7 可知，按最佳投资组合决策确定选择方案 B 和 A 组合。

当方案的个数增加时，其组合数将成倍增加。可采用效率指标排序法。

（2）效率指标排序法

效率指标排序法是通过选取能反映投资效率的指标，用这些指标把投资方案按投资效率的高低顺序排列，在资金约束下选择最佳方案组合，使有限资金能获得最大效益。常用的排序指标有净现值率与内部收益率，因此效率指标排序法一般可分为净现值率排序法和内部收益排序法。

① 净现值率排序法

净现值率排序法就是将各方案的净现值率按大小顺序，并以此次序选取方案。该方法的目标是达到一定总投资的净现值最大。

传统理论认为，资金限额下的独立型项目方案优化组合的排序法可以采用 NPVR 指标，同时认为，当项目方案之间投资额相差较大时，宜将 NPV 指标和 NPVR 指标结合使用，以保证正确地确定项目方案的优化组合。

净现值率排序法是以各投资项目方案的 NPV 或 NPVR 为基准，在一定的资金限制下，选择能使项目组合的 $\sum$NPV 或 $\sum$NPVR 最大的方案。其具体步骤如下。

a. 根据 i_0 分别计算各项目的 NPV(i_0)

由于各项目的使用寿命不同，为保证可比性，本例以使用寿命最长的项目的寿命为研究期。为简化计算，可分以下两步。

首先，分别计算各项目自身的 NAV，即

$$NAV_j(i_0)=\left[\sum_{t=0}^{nj}(CI_j-CO_j)_t(1+i_0)^{-t}\right]\cdot(A/P,i_0,n_j),\quad j=1,2,\cdots,m$$

然后，在可重复假设下，计算各项目在研究期 N 内的 NPV，即

$$NPV_j(i_0)=NAV_j(P/A,i_0,N)$$

b. 按各方案的 NPV 由大到小排序

按各方案的 NPV 由大到小排序(排序时可剔除那些 NPV<0 的项目)。如果用 NPVR 排序，则进一步计算各项目的 $NPVR_j(i_0)$后再排序。

c. 按各项目 NPV 或 NPVR 的大小选择项目组合

在资金限额条件下，按各项目 NPV 或 NPVR 的大小选择项目组合，计算出各组合的累计投资直至累计投资额等于或略小于资金限额为止，这时的项目方案组合即为应选择的项目方案优化组合。

【例 10-11】 某企业有六种相互独立的投资项目，数据见表 10-8。若企业只能筹集到 35 万元的投资资金，且 $i_0=14\%$。试问该企业应选择哪些投资项目加以组合？

表 10-8 投资项目数据

独立项目	初始投资(K)/万元	寿命期/年	年净收益/万元
A	10	6	2.87
B	15	9	2.93
C	8	5	2.68
D	21	3	9.50
E	13	10	2.60
F	6	4	2.54

解：根据净现值率排序法的计算步骤，首先计算六个相互独立的投资项目的 NPV，为保证时间的可比性，以使用寿命最长的 E 项目的寿命 10 年作为研究期，则 A 项目的 NAV、NPV 和 NPVR 计算如下：

$$\begin{aligned}NAV_A(14\%)&=2.87-K_A(A/P,i_0,n_A)\\&=2.87-10\times(A/P,14\%,6)\\&=0.30(\text{万元})\end{aligned}$$

$$\begin{aligned}NPV_A(14\%)&=NAV_A(P/A,i_0,n_A)\\&=0.30\times(P/A,14\%,10)\\&=1.57(\text{万元})\end{aligned}$$

$$\begin{aligned}NPVR_A(14\%)&=NPV_A(14\%)/K_A\\&=1.57/10\\&\approx 0.16(\text{万元})\end{aligned}$$

同理，可以计算 B、C、D、E、F 项目的 NAV、NPV 和 NPVR，计算结果见表 10-9。如果用 NPV 指标进行排序，由表 10-9 可知，应选择 F、D、C 这三种项目；如果用 NPVR 指标进行排序，由表 10-9 可知，应选择 F、C、A 这三种项目，二者结论并不一致。

表 10-9 用 NPV 指标和 NPVR 指标排序求解

投资项目	NPV 排序法求解				投资项目	NPVR 排序法求解			
	NPV/万元	排序	投资/万元	累计投资/万元		NPVR	排序	投资/万元	累计投资/万元
F	2.51	①	6	6	F	0.42	①	6	6
D	2.37	②	21	27	C	0.23	②	8	14
C	1.83	③	8	35(用完)	A	0.16	③	10	24
A	1.57	④	10		D	0.11	④	21	超出
E	0.56	⑤	13		E	0.04	⑤	13	
B	−0.54	舍弃			B	−0.54	舍弃		

如果选择 F、D、C 3 个项目方案组合，则有

$$\sum NPV = 2.51 + 2.37 + 1.83 = 6.71(万元)$$

如果选择 F、C、A 3 个项目方案组合，则有

$$\sum NPV = 2.51 + 1.83 + 1.57 = 5.91(万元)$$

根据利润最大化原则，最优组合应为 F、D、C 这三种项目组合，而非 F、C、A 这三种项目组合。这表明，用 NPVR 排序并不保证获得最优项目组合方案。

由于项目的不可分性，在下列情况下用 NPVR 排序法能得到接近或达到净现值最大目标的方案群。

a. 各方案投资占总预算的比例很小。

b. 各方案投资额相差无几。

c. 各入选方案投资累加与投资预算限额相差无几。

在不能同时满足上述三个条件时，还需要用 NPV 排序法辅助寻找最优组合。

② 内部收益率排序法

内部收益率排序法是将方案按内部收益率的高低依次排序，然后按顺序选取方案。这一方法的目标是达到总投资效益最大。

【例 10-12】 有三种独立方案 A、B、C，寿命期均为 10 年，现金流量见表 10-10。基准收益率为 8%，投资资金限额为 12 000 万元，则可以选择的最优方案是哪一种？

表 10-10　独立方案 A、B、C 数据

方案	初始投资/万元	年净收益/万元	寿命/年
A	3 000	600	10
B	5 000	850	10
C	7 000	1 200	10

a. 计算各方案的内部收益率。分别求出 A、B、C 这三种方案的内部收益率为

$$IRR_A = 15.10\%$$

$$IRR_B = 11.03\%$$

$$IRR_C = 11.23\%$$

b. 这三种独立方案按内部收益率从大到小的顺序排列，将它们以直方图的形式绘制在以投资为横轴、内部收益率为纵轴的坐标图上(图 10-2)，并标明基准收益率和投资的限额。

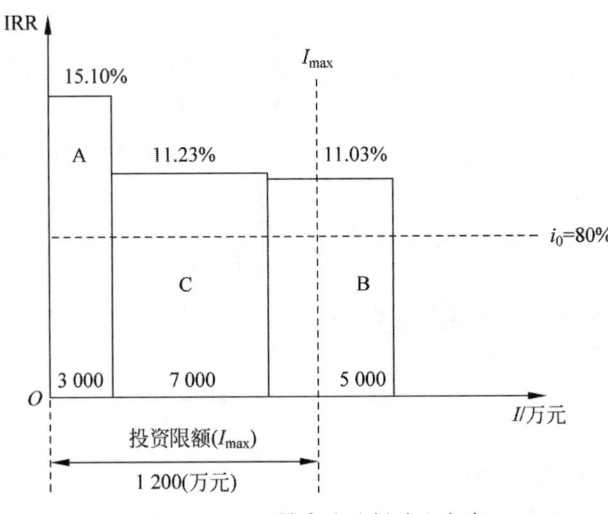

图 10-2　IRR 排序法选择独立方案

c. 排除 i_0 线以下和投资限额线 I_{max} 右边的方案。因为方案的不可分割性，所以方案 B 不能选中，最后选择的最优方案应为方案 A 和方案 C。

净现值率排序法和内部收益率排序法存在一个缺陷，即可能会出现投资资金没有被充分利用的情况。如上述的例子中，假如有独立方案 D，投资额为 2 000 万元，内部收益率为

10%，显然，选用方案D并未突破投资限额，且方案D本身也是有利可图。而采用以上两种方法，有可能会忽视该方案。当然，在实际工作中，如果遇到一组方案数目很多的独立方案，用方案组合法，计算是相当烦琐的(组合方案数目成几何级数递增)。这时，利用内部收益率或净现值率排序法是相当方便的。

10.2 维修经济分析

10.2.1 设备寿命周期费用分析

1. 设备全寿命周期费用基本概念

设备寿命周期费用(life cycle cost，LCC)是指设备一生所花费的总费用。设备寿命周期费用等于设备设置费加上设备维持费。许多国家设备管理的实践表明，设备维持费占设备设置费的1/4，有的甚至高达4～5倍。再进一步研究，发现设备寿命周期费用的大部分，在其规划设计阶段已经决定好了。

1) 设备设置费

设备设置费分为自行设计制造设备的设置费和购置设备的设置费两种。

(1) 自行设计制造设备的设置费

自行设计制造设备的设置费，主要包括如下方面。

① 研究费：规划、调研、试验材料、器材、设备、动力能源费及工资等。

② 设计费：设计硬件、软件、人工、协作、资料及专利使用费等。

③ 制造费：制造加工、原材料、包装、库存、操作指南编印、人员培训费等。

④ 运输安装费：设备搬运、定位、安装、调平、调整等。

⑤ 试运行费：能源、材料、操作费。

⑥ 其他设置费：与设备设置相关的道路、建筑物、构筑物及港口的建设费等。

(2) 购置设备的设置费

购置设备的设置费主要包括调研、考察、投标、通信、购置设备、运输、搬运、安装调试及验收检验费等。

2) 设备维持费

(1) 正常设备维持费

维持费即保持设备正常运行所需要的费用，主要包括如下费用。

① 能源费：电、气、煤、油、其他燃料、蒸汽、水、空气调节费等。

② 维修费：日常保养、维修、技术改造所发生的材料、备件、劳务、停机损失费和人员培训费等。

③ 后勤支援费：仓库保管、图样资料编制、保险、安全设施、环境保护设施、固定资产税等。

④ 操作工人工资。

(2) 报废设备处理费

报废设备处理费主要包括如下费用。

① 出售工作费用。

② 拆除费。

③ 环保处理费等。

对设备寿命周期费用的研究主要集中在其评价方面，如对资金时间价值的研究，复利的计算，在每年维持费相等条件下利用现价法或年价法对寿命周期费用的评价，寿命周期费用曲线的描述和不同寿命周期费用曲线的比较研究，以及应用寿命周期费用曲线进行设备投资决策等。

设备全寿命周期费用分布如图10-3所示。

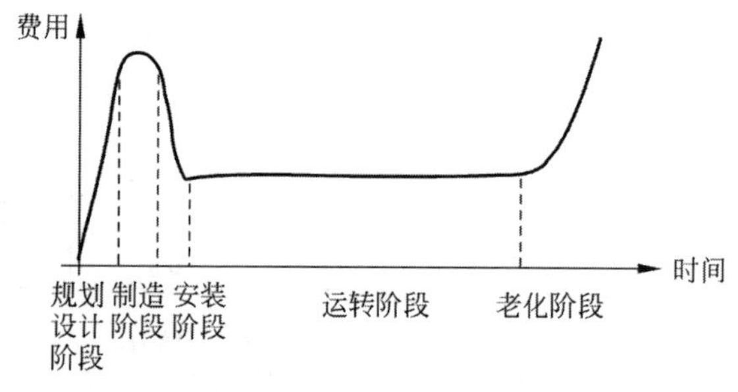

图10-3 设备全寿命周期费用分布

研究表明，有些设备的设置费较高，但维持费却较低；有些设备，设置费虽然较低，但维持费却较高，有的甚至高于设置费的几倍、几十倍。因此，我们应对设备一生设置费和维持费作为综合的研究权衡，以寿命周期最经济为目标进行综合管理。

不少研究资料表明，设备出厂时已经决定了设备整个寿命周期的总费用。也就是说，设备的价格决定着设置费，而其可靠性又决定着其维持费。一台机械性能、可靠性、维修性好的设备，它在保持较高的工作效率的同时，在使用中的维修、保养及能源消耗费用都会减少。因此，设备使用初期的决策，对于整个寿命周期费用的经济性影响甚大，应给以足够的重视。

2. 再制造费用分析

1）再制造周期费用

再制造周期是指产品从退役经再制造而生成再制造产品的过程，即再制造产品的生成过程，主要包括废旧产品的拆解、清洗、检测、加工、装配、整机性能测试等过程。再制造周期费用主要是指在废旧产品再制造过程中所需投入的费用。再制造周期费用直接影响着废旧产品再制造的决策，因此对再制造周期费用进行分析具有重要的作用。其在再制造工程中主要用于以下几个方面。

（1）通过类似产品的再制造周期费用分析，为制定再制造周期费用指标或费用再制造设计指标提供依据。

（2）通过再制造周期费用权衡分析，评价备选再制造方案、设备保障方案、再制造设计方案，寻求费用、进度与性能之间达到最佳平衡的方案。

（3）确定再制造周期费用的相关因素，为产品的再制造设计、生产、管理与保障计划的修改及调整提供决策依据。

（4）为制定产品型号研制、使用管理、维修保障及产品的全寿命周期费用分析提供信息和决策依据，以便能获得具有最佳费用效能或以最低寿命周期费用实现性能要求的产品。

2）再制造周期费用估算分析的条件

再制造周期费用估算分析可以在产品再制造周期的各个阶段进行。各阶段的目的不同，采用的方法也不完全相同。要进行再制造费用分析，必须明确分析的基本条件，具体内容如下。

（1）要有确定的费用结构。确定费用结构一般是按寿命周期各阶段来划分大项，每一大项再按其组成划成若干子项；但不同的分析对象、目的、时机、费用结构要素也可增减，特别是在进行使用、再制造决策分析时。

（2）要有统一的计算准则，如起止时间、统一的货币时间值、可靠的费用模型和完整的计算程序等。

（3）要有充足的产品费用消耗方面的历史资料或相似产品的资料。

3）再制造周期费用估算的基本方法

参照设备寿命周期费用的分析方法，再制造周期费用估算的基本方法包括工程估算法、参数估算法、类比估算法和专家判断估算法等。

（1）工程估算法

工程估算法是按费用分解结构从基本费用单元起，自下而上逐项将整个废旧产品再制造期间内的所有费用单元累加起来得出再制造周期费用估计值。该方法中要将产品再制造周期各阶段所需的费用项目细分，直至细分到最小的基本费用单元。估算时，根据历史数据逐项估算每个基本单元所需的费用，然后累加求得产品再制造周期费用的估算值。

进行工程估算时，分析人员应首先画出费用分解结构图，即费用树形图。费用的分解方法和细分程度，应根据费用估算的具体目的和要求而定。如果是为了确定再制造资源（如备件），则应将与再制造资源的订购（研制与生产）、储存、使用、再制造等费用列出来，以便估算和权衡。不管费用分解结构图如何绘制，应注意做好以下方面。

① 必须完整的考虑再制造周期系统的一切费用。

② 各项费用必须有严格的定义，以防费用的重复计算和漏算。

③ 再制造周期费用结构图应与该废旧产品的再制造方案相一致。

④ 应明确哪些费用是非再现费用，哪些费用为再现费用。

采用工程估算方法必须对废旧产品再制

造全系统要有详尽的了解。费用估算人员要根据再制造方案对再制造过程进行系统的描述，才能将基本费用项目分得准，估算得精确。工程估算方法是很麻烦的工作，常常需要进行烦琐的计算。但是，这种方法既能得到较为详细而准确的费用概算，也能指出哪些项目是最费钱的项目，可为节省费用提供主攻方向，因此，它仍是目前用得较多的方法。如果将各项目适当编码并规范化，通过计算机进行估算，将更为方便和理想。

(2) 参数估算法

参数估算法是把费用和影响费用的因素(一般是性能参数、质量、体积和零部件数量等)之间的关系，看成某种函数关系。为此，首先要确定影响费用的主要因素(参数)，然后利用已有的同类废旧产品再制造的统计数据，运用回归分析方法建立费用估算模型，以此预测再制造产品的费用。建立费用估算参数模型后，则可通过输入再制造产品的有关参数，得到再制造产品费用的预测值。

参数估算法最适用于废旧产品再制造的初期，如再制造论证时的估算。这种方法要求估算人员对再制造过程及方案有深刻的了解，对影响费用的参数找得准，对二者之间的关系模型建立得正确，同时还要有可靠的经验数据，这样才能使费用估算得较为准确。

(3) 类比估算法

类比估算法即利用相似产品或零部件再制造过程中的已知费用数据和其他数据资料，估算产品或零部件的再制造周期费用。估算时要考虑彼此之间参数的异同和时间、条件上的差别，还要考虑涨价因素等，以便作出恰当的修正。类比估算法多在废旧产品再制造的早期使用，如刚开始进行粗略的方案论证，可迅速、经济地作出各再制造方案的费用估算结果。该方法的缺点是不适用于新型废旧产品及使用条件不同的产品的再制造，它对使用保障费用的估算精度不高。

(4) 专家判断估算法

专家判断估算法是预测技术中德尔菲法在费用估算中的应用。该方法由专家根据经验判断估算出废旧产品再制造周期费用的估计值。由几个专家分别估算后加以综合确定，它要求估算者拥有关于再制造系统和系统部件的综合知识。一般在数据不足或没有足够的统计样本及费用参数与费用关系难以确定的情况下使用该方法，或用于辅助其他估算方法。

上述四种方法各有利弊，在再制造实践中可根据条件不同交叉使用，相互补充，相互核对。

4) 再制造周期费用分析流程模型

再制造周期费用分析估算的一般程序如图 10-4 所示。

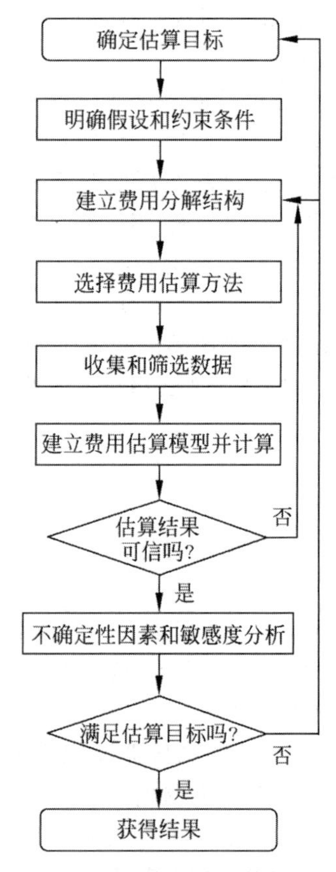

图 10-4　再制造周期费用分析估算的一般程序

(1) 确定估算目标

根据估算所处的阶段及具体任务，确定估算的目标，明确估算范围(再制造周期费用、某主要单元费用、主要工艺的费用)及估算精度要求。

(2) 明确假设和约束条件

估算再制造周期费用应明确假设和约束条件，一般包括再制造的进度、数量、再制造保障产品、物流、再制造要求、时间、废旧产品年限、可利用的信息等。凡是不能确定而估算时又必需的约束条件都应假设。随着再制造的进展，原有的假设和约束条件会发生变化，某些假设可能要置换为约束条件，应当及时予以修正。

(3) 建立费用分解结构

根据估算的目标、假设和约束条件，确定费用单元和建立费用分解结构。

(4) 选择费用估算方法

根据费用估算与分析的目标、所处的周期阶段、可利用的数据及详细程序，允许进行费用估算与分析的时间及经费，选择适用的费用估算方法。应鼓励费用估算人员同时采用几种不同的估算方法互为补充，以暴露估算中潜在的问题和提高估算与分析的精度。

(5) 收集和筛选数据

按费用分解结构收集各费用单元的数据，收集数据应力求准确可信；筛选所收集的数据，从中剔除及修正有明显误差的数据。

(6) 建立费用估算模型并计算

根据已确定的估算目标与估算方法及已建立的费用分解结构，建立适用的费用估算模型，并输入数据进行计算。计算时，要根据估算要求和物价指数及贴现率，将费用换算到同一个时间基准。

(7) 不确定性因素与敏感度分析

不确定性因素主要包括与费用有关的经济、资源、技术、进度等方面的假设，以及估算方法与估算模型的误差等。对某些明显且对再制造周期费用影响重大的不确定因素和影响费用的主宰因素（如可靠性、维修性及某些新技术的引入）应当进行敏感度分析，以便估计决策风险和提高决策的准确性。

(8) 获得结果

整理估算结果，按要求编写再制造周期费用估算报告。

3. 设备全寿命周期费用预测方法

在设备全寿命周期分析过程中，全寿命周期费用与其影响因素之间存在着极其复杂的非线性关系，在设备的投资决策中，也需要运用现代系统决策方法来评估。参考使用的方法如下。

1) 贝叶斯推断法

贝叶斯定理是由统计学家托马斯·贝叶斯(Thomas Bayes)根据许多特例推导而成的，后来被许多研究者推广为普遍的定理。作为一个普遍的原理，贝叶斯定理对于所有概率的解释是有效的。这一定理的主要应用为贝叶斯推断，是推论统计学中的一种推断法。贝叶斯推断关键的点是可以利用贝叶斯定理结合新的证据及以前的先验概率，得到新的概率(这和频率论推论相反，频率论推论只考虑证据，不考虑先验概率)，而且贝叶斯推断可以迭代使用，即在观察一些证据后得到的后设概率可以当作新的先验概率，再根据新的证据得到新的后设概率。因此，贝叶斯定理可以应用在许多不同的证据上，不论这些证据是一起出现还是不同时出现都可以，该程序称为贝叶斯更新(Bayesian updating)。

2) 马尔可夫过程分析法

由于设备的全寿命周期过程常常伴随一定的随机过程，而在随机过程理论中的一种重要模型就是马尔可夫过程(Markov process)模型。马尔可夫(A. A. Markov)发现某些随机事件的第 N 次试验结果常决定于它的前一次($N-1$ 次)试验结果，而与系统是怎样和何时进入这种状态无关，即无后效性或无记忆性，该随机过程称为马尔可夫随机过程。

3) 层次分析法

层次分析法(analytic hierarchy process, AHP)是美国著名运筹学家、匹兹堡大学教授萨蒂(T. L. Satty)等在20世纪70年代中期提出的一种定性与定量分析相结合的多准则决策方法。该方法的特点就是在对复杂决策问题的本质、影响因素及其内在关系等进行深入研究的基础上，利用较少的定量信息使决策的思维过程数学化，从而为多目标、多准则或无结构特性的复杂决策问题提供简便的决策方法。层次分析法是对难以完全定量的复杂系统作出决策的模型和方法。

4）模糊综合评价法

模糊综合评价法是一种基于模糊数学的综合评价方法。该综合评价法根据模糊数学的隶属度理论把定性评价转化为定量评价，即用模糊数学对受到多种因素制约的事物或对象作出一个总体的评价。它具有结果清晰、系统性强的特点，能较好地解决模糊的、难以量化的问题，适合各种非确定性问题的解决。由于模糊概念已经找到了模糊集的描述方式，人们运用概念进行判断、评价、推理、决策和控制的过程也可以用模糊数学的方法来描述，如模糊聚类分析、模糊模式识别、模糊综合评判、模糊决策与模糊预测、模糊控制、模制信息处理等，这些方法构成了模糊系统理论。

5）数据包络分析法

数据包络分析（data envelopment analysis，DEA）法通过明确地考虑多种投入（即资源）的运用和多种产出（即服务）的产生，用来比较提供相似服务的多个服务单位之间的效率。数据包络分析法避开了计算每项服务的标准成本，因为它可以把多种投入和多种产出转化为效率比率的分子和分母，而不需要转换成相同的货币单位。因此，数据包络分析法衡量效率可以清晰地说明投入和产出的组合，比一套经营比率或利润指标更具有综合性，更值得信赖。企业管理者就能运用数据包络分析法来比较一组服务单位，识别相对无效率单位，衡量无效率的严重性，并通过对无效率和有效率单位的比较，发现降低无效率的方法。

6）人工神经网络法

人工神经网络（artificial neural networks，ANN）法是在现代神经科学研究成果的基础上提出的，试图通过模拟大脑神经网络处理、记忆信息的方式进行信息处理的数学模型算法。人工神经网络依靠系统的复杂程度，通过调整内部大量节点之间相互连接的关系，从而达到处理信息的目的。人工神经网络具有自学习和自适应的能力，可以通过预先提供的一批相互对应的输入—输出数据，分析掌握两者之间潜在的规律，最终根据这些规律，用新的输入数据来推算输出结果。

7）灰色综合评价法

灰色综合评估法是一种以灰色关联分析理论为指导，基于专家评判的综合性评估方法。其过程如下：①建立灰色综合评估模型；②对各种评价因素进行权重选择；③进行综合评估。其中，灰色综合评估法中的权重选择可以结合层次分析法，以提高评估的准确性。

下面详细介绍神经网络及灰色系统理论在设备全寿命周期费用分析的应用。

4. 神经网络在设备全寿命周期费用分析中的应用

在设备全寿命周期分析过程中，全寿命周期费用与其影响因素之间存在极其复杂的非线性关系，对这一非线性关系的模拟和识别及其全局优化问题还没有得到很好的解决。近年来，神经网络得到了飞速的发展，已广泛应用于人工智能、自动控制、统计学等领域，特别是反向传播神经（back propagation，BP）网络以其良好的非线性功能、自学习功能等许多优良特性而在很多领域获得了成功，逐渐成为解决此类问题的工具。

1）人工神经网络及反向传播神经网络原理

人工神经网络是一个并行和分布式的信息处理网络结构。近年来，较为流行的反向传播神经网络，以其良好的非线性映射能力而成为一种应用较广泛的神经网络模型。它在分类、预测、故障诊断和参数检测中具有广泛的应用。反向传播神经网络算法的学习过程，由正向传播和反向传播组成。通常标准的反向传播神经网络由三层神经元组成，最下一层为输入层，中间层为隐含层，最上层为输出层，每层由若干神经元组成。各层次之间的神经元形成全互连接，各层次内的神经元之间没有连接。反向传播神经网络的预测功能是通过误差的反向传播学习算法来实现。其主要思想如下：对于 q 个学习样本：$p^1, p^2, \cdots, p^q$，与其对应的输出样本为：$T^1, T^2, \cdots, T^q$，学习的目的是用网络的实际输出 $A^1,A^2,\cdots,A^q$ 与目标矢量 $T^1,T^2,\cdots,T^q$ 之间的误差来修改其权值，使 $A^l(l=1,2,\cdots,q)$ 与期望的 T^l 尽可能接近，即使网络输出层的误差平方和最小。它通过连续不断地在相对于误差函数斜率下降的方向上计算网络权值和误差的变化而逐渐逼近目标。每一次权值和误差的变化都与网络误差成正比，并以反向传播的方式传输到每一层。设输入为 P，输入神经元有 r 个，隐含层内有 s_1 个神经元，激活函数为 f_1，输出层内有 s_2 个神经元，对应的激活函数为 f_2，输出为 A，目标矢量为 T，其步骤如下。

(1) 隐含层中第 i 个神经元的输出：

$$a_{1i}=f_1\left(\sum_{j=1}^{r}w_{1ij}p_j+b_{1i}\right),\quad i=1,2,3,\cdots,s_1$$

(2) 隐含层中第 k 个神经元的输出：

$$a_{2k}=f_2\left(\sum_{j=1}^{s_1}w_{2ki}a_{1i}+b_{2k}\right),\quad i=1,2,3,\cdots,s_1$$

(3) 定义误差函数为

$$\mathrm{E}(W,B)=\frac{1}{2}\sum_{k=1}^{s_2}(t_k-a_{2k})^2$$

(4) 用梯度法求输出层的权值变化

对从第 i 个输入到第 k 个输出的权值变化为

$$\Delta w_{2ki}=-\eta\frac{\partial E}{\partial w_{2ki}}=-\eta\frac{\partial E}{\partial a_{2k}}\cdot\frac{\partial a_{2k}}{\partial w_{2ki}}$$
$$=\eta(t_k-a_{2k})f_2a_{1i}=\eta\delta_{ki}a_{1i}$$

式中：

$\delta_{ki}=(t_k-a_{2k})f_2=e_kf_2$；　$e_k=t_k-a_{2k}$。

同理可得

$$\Delta b_{2ki}=-\eta\frac{\partial E}{\partial b_{2ki}}=-\eta\frac{\partial E}{\partial a_{2k}}\cdot\frac{\partial a_{2k}}{\partial b_{2ki}}$$
$$=\eta(t_k-a_{2k})f_2a_{1i}=\eta\delta_{ki}$$

(5) 利用梯度法求隐含层权值变化

对从第 j 个输入第 i 个输出的权值为：

$$\Delta w_{1ij}=-\eta\frac{\partial E}{\partial w_{1ij}}$$
$$=-\eta\frac{\partial E}{\partial a_{2k}}\cdot\frac{\partial a_{2k}}{\partial a_{1i}}\cdot\frac{\partial a_{1i}}{\partial w_{1ij}}$$
$$=\eta\sum_{k=1}^{s_2}(t_k-a_{2k})\cdot f_2\cdot w_{2ki}\cdot f_1\cdot p_j$$
$$=\eta\cdot\delta_{ij}\cdot p_j$$

式中：$\delta_{ij}=e_i\cdot f_1$；

$$e_i=\sum_{k=1}^{s_2}\delta_{ki}\cdot w_{2ki}；\ \Delta b_{1i}=\eta\delta_{ij}\ 。$$

2) 全寿命周期费用预测结构神经网络设计

(1) 全寿命周期费用分解结构的构成因素

全寿命周期费用可认为是设备从其概念系统方案的形成到设备退役为止，这一寿命剖面的各个事件内所消耗的总费用，即设备从开发、试验、装备、使用、维护直到最后废弃或退役等过程中各项费用总和。为了便于对全寿命周期费用进行估算和组织管理，通常按设备类别和系统分析原理进行费用分解。在提出设备在其寿命周期内的费用分解结构时，应准确地估算或预测出在全寿命周期阶段设备的全寿命周期费用，同时对各项费用作出合理评价。根据以往的经验，通常构成全寿命周期费用分解结构有以下几个方面。

① 研究与研制费

研究与研制费是指设备的全部技术研究、型号设计、样机和原型机制造、各种试验和鉴定的费用。研究和研制费基本上是固定的且是一次性支付的，与最终该型设备的生产量无关。

② 最初投资费用

最初投资费用是最初工厂装备一套设备所花的全部费用，主要是指设备的采购费，包括生产费、运输费等、设施建筑费、人员训练费及首批备件的采购费。最初投资费用也是一次性支付的。

③ 使用保障费用

使用保障费用是一个设备在装备之后，使用过程中所需的全部费用。这些费用包括能源费用、使用费用、维护修理费用等。使用保障费用通常要高于研究与研制费用和最初投资费用。

④ 退役费用

退役费用是设备退役或报废时，加以处理所用的费用。与前三类相比，退役费用的数额很小。

(2) 全寿命周期费用预测神经网络模型设计

现在设备的研究与研制费、最初投资费、使用保障费和退役费等不是分别进行管理,而是把这几个环节结合起来作为全寿命周期费用进行综合管理。为了给设备的全寿命分析提供一个参考依据,可以运用神经网络的模型设计方法,对整个设备的全系统、全寿命周期费用进行综合设计,得出其预测模型。

① 输入输出层的设计

对于设备的全寿命周期费用而言,按照以上的四个分解结构就可以把其应用到实际中,但这并非包括全部费用。在实际使用中,根据影响费用因素的重要程度,可以分为采购费、使用费、维修费、后勤保障费、培训费、技术改进费和退役处理费等,其中已包括了主要费用因素。依据反向传播网络的设计特性不考虑各因素之间的相互影响关系,即各层次内的神经元之间没有连接,可以选其作为输入层,其输入节点数为 7;输出层为全寿命周期费用,则输出层的节点数为 1。

② 隐含层节点数及选取

隐含层节点数选取是一个复杂的问题,若节点数太多,则会导致训练时间过长,误差可能达不到预期的要求;若节点数太少,则会导致容错性较差,不能识别新的样本。所以隐含层节点数要根据经验来选取,一般的选取方法如下:

$$n_1=\sqrt{n+m}+a$$

式中:n_1——隐含层节点的数目;

n——输入层节点数;

m——输出层节点数;

a——1~10 的常数,根据上式权衡最优可以确定隐含层的节点数为 5。

③ 初始权值的选取

因为在设备全寿命周期费用神经网络模型设计中,费用呈非线性变化,所以初始权值的选取与是否能达到所预计的全寿命周期费用最小,是否能够收敛及训练时间的长短等关系较大。在模型预测过程中,如果初始权值太大,使加权之后的输入和样本总数 N 落在了网络模型的 s 型激活函数的饱和期中,从而会导致其导数 $f'(s)$ 非常小。而在其后计算各个阶段费用的权值修正公式中,δ 正比于 $f'(N)$,当 $f'(N)\to 0$ 时,则有 $\delta\to 0$,使 $\Delta w_{ij}\to 0$,从而使调节过程几乎停顿不前,不能如期完成对某类设备的全寿命周期费用预测。所以,一般是希望经过初始加权后的每个费用神经元的输出值都应为零,以保证费用神经元都能够在 s 型函数最大处进行调节。所以,一般取初始权值在(−1,1)之间的随机数,对于在全寿命周期费用预测中的两层网络,为了防止出现局部最小值,不收敛或训练时间过长等情况,可以采用威得罗选定初始权值的策略,选择权值的量级为 $\sqrt[r]{s_1}$,其中,s_1 为第一层神经元的数目。利用该法可以在较少的训练次数下得到满意的费用结果。

④ 目标值的选取

在设备的设计开始,就应对其全寿命周期费用进行论证。根据支付费用状况,采用多元回归法、参数费用法、类推费用法、外推费用法、估算费用法等来估算该设备的预期费用,作为输出的目标值。设计者依据设备全寿命周期费用目标值来确定期望误差值,以及依照精度的要求来选定最大循环次数。

通过以上的分析可得全寿命周期费用预测的神经网络模型,如图 10-5 所示。

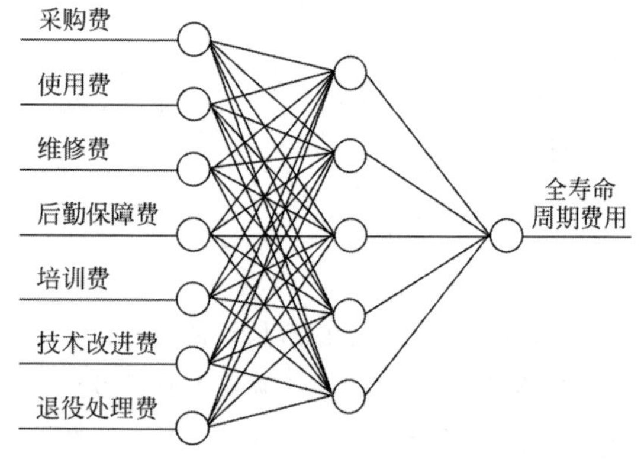

图 10-5　全寿命周期费用预测的神经网络模型

在对该网络进行训练的过程中,首先要取一定数量的样本,选定其初始权值进行学习,然后其输出层的结果即为全寿命周期费用。

在对全寿命周期费用的神经网络的预测模型中,要用各种费用的大量数据进行训练,可以得出最佳的效果,对于各种费用和全寿命周期费用之间不需要作出更多的假设,其分析过程可以从预测模型的自适应学习中获得,从而大大减少了人为的影响,对全寿命周期费用的预测会更高。

5. 灰色系统理论在设备全寿命周期费用分析中的应用

灰色系统理论主要研究系统模型不明确、行为信息不完全、运行机制不清楚系统的建模、预测、决策和控制,在研究系统时,该理论能够抓住表征信息,利用关联分析、灰色聚类、灰数生成、灰色建模等信息加工手段,寻求系统内在规律,用于预测系统未来的发展状态。

1) 设备全寿命周期费用预测指标体系

对设备费用进行预测时,必须对设备体系进行分析,同时还需要对设备从生产到报废中所涉及的各个阶段的费用进行分析,即进行全寿命周期费用分析。

(1) 设备全寿命周期费用结构

设备全寿命周期费用是设备在预定的寿命周期内,由设备的论证、研制、生产、使用、维修和保障直至报废所产生的费用之和,包括直接和间接费用、经常性和一次性费用及其他有关费用。设备全寿命周期费用构成可以是多视角的,为了分析方便,根据再生产原理,从资金循环周期看,设备全寿命周期全过程可划分为预研、研制、试验、生产、部署、使用和退役处置等阶段,概括为科研、采购和维修三个阶段,以此形成相应的经费构成。

对设备全寿命周期费用宏观预测,实质是按照从装备需求到经费需求的思路,确定出设备全寿命周期费用宏观预测的指标体系,以指标体系作为预测和分析的依据。

(2) 设备全寿命周期费用预测指标体系

设备全寿命周期费用预测,既包括费用总量预测,又包括费用结构比例预测,而不同类别的费用结构又是一个相对的费用总量。费用总量和费用结构比例不是一成不变的,有影响其总量和结构比例的因素,这些影响的变化会使费用总量和费用结构发生变化。其中,主要因素是价格指数对价格的影响,引起设备费用的变化。所以对设备全寿命周期费用进行预测分析,需要从费用总量、费用结构和价格指数三个方面进行综合分析,按照这种思路,可以确定出设备全寿命周期费用宏观预测的指标体系,如图 10-6 所示。

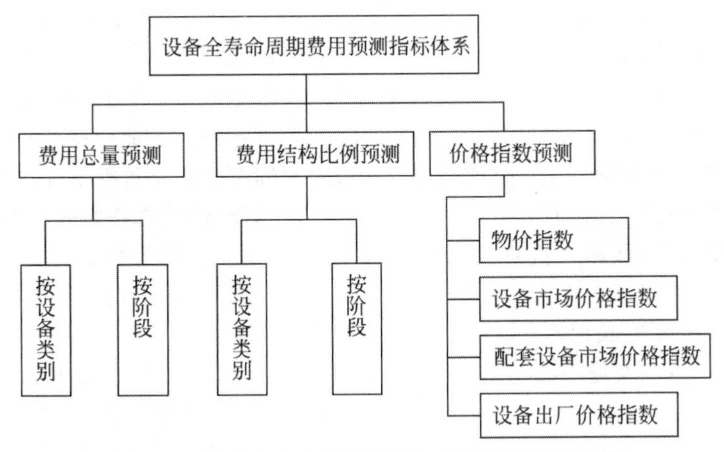

图 10-6 设备全寿命周期费用宏观预测指标体系图

2) 设备全寿命周期费用预测方法与模型

设备全寿命周期费用是一个影响因素繁多的问题,从全寿命周期阶段上讲,有科研、采购、维修等阶段,把各个影响因素看成自变量,而把设备全寿命周期费用看成因变量,两者之间存在内在必然的联系,找出其内在规律的目的在于预测未来,能对设备费用的使用进行合理有效指导,在对因变量进行预测整合前，首先要对各个影响因素的值及所占比例进行合理预测，只有在此基础上，通过对其内在规律进行整合预测，才能得到合理的总设备费用。

设备的费用分析具有一定的不确定性，主要缺乏有关数据信息和模型信息，对自变量及结构比例的预测，可以利用灰色预测理论进行分析。灰色预测理论认为，任何随机过程都可看成在一定时空区域变化的灰色过程，随机量可看成灰色量。另外，无规律的离散时空数列是潜在的有规序列的一种表现，因而通过生成变换可将无规序列变成有规序列。

10.2.2 再制造投资决策

1. 再制造投资决策概述

再制造投资决策是企业长期经营决策的组成部分。由于科学技术的飞速发展，为适应不断变化的生产情况，设备投资也越来越大；为发展生产，扩大生产规模而进行的再制造投资，也不断地增加。除此以外，在某些企业中，为防止环境污染对设备进行改造的投资，其所占的比例也逐渐提高。总之，再制造的投资额越来越大。因此，再制造投产决策、规划是否正确，对企业的生产发展具有重要的影响。

1）再制造投资决策分类

（1）按投资项目划分

① 开发投资：其是指用来开展新设备投资。这种投资有更新和扩张投资的综合效果。开发新设备后，成本可能降低，生产规模可以扩大，因而企业利润也随之增加。

② 综合性投资（或战略性投资）：这种设备的投资收益往往不限于一方面的利益，涉及整个企业各个方面或较长时期，如科研设备费，福利设施设备费，以及防止公害、改善环境保护方面的投资等。

（2）按投资方案间的相互关系划分

① 相关性投资：其是指两个投资方案之间具有相互影响的关系。这种投资又可分为以下几种形式。

a. 增加关系的投资，即甲投资方案实施以后，可使乙投资方案增加收益，则甲方案对乙方案具有增补关系。

b. 替代关系的投资，即甲、乙两个投资方案可以相互代替。

c. 排斥关系的投资，即甲、乙两个投资方案，取甲则不能取乙；反之亦然。

② 独立性投资：某一个投资方案实现以后，所得利益并不受另一个方案是否实现的影响。该方案具有独立性投资。这种分类研究的目的是便于综合地计算经济效果，或者分别评价投资方案的经济性，以利选择最优方案。

投资方案的比较见10.1.3节。

2）再制造投资决策编制

再制造投资决策的编制大致经过三个阶段。

（1）由各有关部门提出再制造投资方案。该阶段是由需要再制造投资的各部门提出具体的投资计划。此种计划一般仅对投资金额进行概略计算，但需要说明投资的理由，以及可以获得的利润额。

（2）研究、审查各部门提出的再制造投资方案。根据确实可靠的资料，对再制造设备与现有设备两者在效率、质量、可靠性、能源消耗等方面，加以比较判断两者的优劣。如果是几个方案，则要选择最优方案。

（3）投资方案的确定。经过投资方案的评比、审查，最后判断是否可以实施。这时，要考虑所需资金来源，进行筹措，以及确定在何时进行投资在经济上最合理。同时，再制造投资收益要同整个企业利益计划结合起来。

2. 再制造投资可行性分析

1）可行性分析的原则

（1）再制造项目的可行性研究要促进技术进步。再制造项目生产的新产品要求在产品设计、制造工艺及装备和生产技术水平，以及企业经营管理水平上都要有相应的提高。

（2）可行性研究中要促使企业合理利用原有的基础设施条件，包括物质技术的利用与企业整体技术和组织管理水平的利用。

（3）再制造项目经济评估原则上宜采用有无对比法。再制造项目盈利能力分析的基本方法是对“有项目”与“无项目”两个方案的营利性进行比较，并选出其中一个方案。有时也可采用前后对比法，并与国内外同行业的先进技术水平对比，以达到能正确反映和提高企业技术改造的投资效果为准。

(4)“增量”盈利分析原则。一般情况下，对再制造项目应以增量效益评估为主，应遵循“有无对比”和“增量”盈利分析的原则，以增量指标作为评估项目盈利能力的基本指标，并据以作为判断项目取舍的主要决策依据。

(5) 项目经济评估，应遵循费用与效益计算口径对应一致的原则。项目的经济计算，应能确切地反映再制造改造项目不同目标的特点和特殊费用。

2) 可行性分析的内容

再制造项目的可行性分析包括三部分内容，分别是技术可行性分析、经济可行性分析、不确定性分析。

(1) 技术可行性分析

技术是实现产品的前提，其可行性研究要考虑其一般功能实现的可能性，同时也要注重技术创新，因为实现技术的简化或改造往往也能降低其成本。通常，技术可行性分析是从技术方案的可行性和资源的可行性两部分进行分析的，分析的内容和步骤如下：在当前的限制条件下，该设备的功能目标能否达到；利用现有的技术，该设备的功能能否实现；对人员的数量和质量的要求并说明这些要求能否满足。

可行性研究的一个重要内容就是从项目的生产与建设条件，项目选用的技术、工艺、设备，以及项目生产规模、产品结构等方面进行技术分析，以确定项目的内部条件，进一步从技术的角度分析项目的可行性。

① 生产和建设条件评估包括项目和企业概况审查，资源条件评估，工程和水文地质条件评估，原材料、燃料、动力供应条件评估，交通运输条件评估、厂址选择条件评估、环境保护措施评估等方面。

② 技术评估。在科学技术不断发展的条件下，项目的技术可以按“先进性、适用性、经济性”的原则来选择。进行技术评估的方法有功能评价法、费用评价法、核查计算法等。

功能评价法是对实现技术目标的工艺、设备的各种技术功能进行比较分析。功能可通过各种技术参数来体现，如额定功率、生产效率、精度、维修性等，比较工艺和设备的这些参数，就可以从中选择功能优秀者。

费用评价法一般是将各方案的费用汇总相加，以费用消耗最少者为最优，然后，再结合功能评价得出结论。

核查计算法是将方案的各种重要参数和指标对照原始资料进行查证、计算，避免出现各种技术失误和纠正片面的结论。

③ 工艺及设备评估。工艺评估的目的是要确定产品生产过程技术方法的可行性，主要应从工艺的可靠性、工艺流程的合理性、对产品质量的保证程度、产品生产成本或工艺成本、工艺与原材料的适应性及工艺对实施条件的要求方面来进行评估。

(2) 经济可行性分析

再制造经济可行性是根据国家现行财务制度和会计体系，分析计算项目直接发生的财务效益和费用，根据财务报表，计算评价指标，考察项目的盈利能力、资产回收能力等财务状况，据此判断再制造项目的经济可行性。

再制造项目的经济评价就是预先估算拟建项目的经济效益，包括静态和动态两个层次的经济评价。相关评价指标参考10.1.2节中的有关内容。

(3) 不确定性分析

随着再制造项目的投产运行，很多外界环境可能会发生变化，明显不同于预测时比较单纯的外部环境假设条件，使方案经济效果评价中所用的投资、成本、产量、价格等基础数据的估算与实际产生偏差，而这些因素也直接影响方案总体经济指标值，导致最终经济效果实际值偏离预测值，给投资者、经营者带来风险。由此可见，技术经济分析的结论并非是绝对的，即存在不确定性。

不确定性分析就是针对不确定性问题所采取的处理方法。它通过运用一定的方法计算出各种不确定性因素对项目经济效益的影响程度来推断项目的抗风险能力，从而为项目决策提供更加准确的依据，同时，有利于对未来可能出现的各种情况有所估计，事先提出改进措施和实施中的控制手段。

不确定性分析主要包括盈亏平衡分析和敏感性分析。

① 盈亏平衡分析

盈亏平衡分析指在一定市场、生产能力和经营管理条件下，依据项目成本和收益相平衡的原则，确定项目产量、销量、价格等指标的多边界平衡点。

盈亏平衡产量 Q^* 为

$$Q^* = \frac{C_f}{P - C_v - T}$$

盈亏平衡生产能力利用率 E^* 为

$$E^* = \frac{Q^*}{Q(P - T - C_v)} \times 100\%$$

盈亏平衡单位产品变动成本 C_v^* 为

$$C_v^* = P - T - \frac{C_f}{Q}$$

盈亏平衡单位产品价格 P^* 为

$$P^* = \frac{C_f}{Q} + C_v + T$$

式中：C——总成本；

C_f——固定成本；

C_v——单位产品变动成本；

Q——产品销售量；

T——单位产品税金。

从上述计算公式可知，盈亏平衡点的产量越高，盈亏平衡点的销售收入越高，盈亏平衡点生产能力利用率越高，盈亏平衡点的价格越高和单位产品变动成本越低，项目的风险就越大，安全度越低；反之，项目安全度越大，项目盈利能力越强，项目承受风险的能力也就越强。

② 敏感性分析

敏感性分析是指从定量分析的角度研究有关因素发生某种变化对某一个或一组关键指标影响程度的一种不确定分析技术。其实质是通过逐一改变相关变量数值的方法来解释关键指标受这些因素变动影响大小的规律。

敏感性因素一般可选择主要参数（如销售收入、经营成本、生产能力、初始投资、寿命期、建设期、达产期等）进行分析。若某参数的小幅度变化能导致经济效果指标的较大变化，则称此参数为敏感性因素，反之，则称其为非敏感性因素。

敏感性分析的步骤主要如下。

a. 确定敏感性分析指标。

敏感性分析的对象是具体的技术方案及其反映的经济效益。因此，技术方案的某些经济效益评价指标，如税前利润、投资回收期、投资收益率、净现值、内部收益率等，都可以作为敏感性分析指标。

b. 计算该技术方案的目标值。

一般将在正常状态下的经济效益评价指标数值，作为目标值。

c. 选取不确定因素。

在进行敏感性分析时，并不需要对所有的不确定因素都考虑和计算，而应视方案的具体情况选取几个变化可能性较大，并对经济效益目标值影响作用较大的因素，如产品售价变动、产量规模变动、投资额变化等；或是建设期缩短，达产期延长等，都会对方案的经济效益大小产生影响。

d. 计算不确定因素变动时对分析指标的影响程度。

若进行单因素敏感性分析时，则要在固定其他因素的条件下，首先变动其中一个不确定因素，然后再变动另一个因素（仍然保持其他因素不变），最后以此求出某个不确定因素本身对方案效益指标目标值的影响程度。

e. 找出敏感因素，进行分析和采取措施，以提高技术方案的抗风险的能力。

3. 再制造投资多目标优化决策体系

根据经济效益指标、再制造设备质量指标、环境指标，建立再制造投资多目标优化决策体系，如图 10-7 所示。

1）经济效益指标的控制

在对生产设备投资作出正确决策时，应该首先考虑其经济效益，因为经济效益是决定企业再制造设备投资的重要决策依据。对于再制造设备而言，如何评价其经济效益，主要从

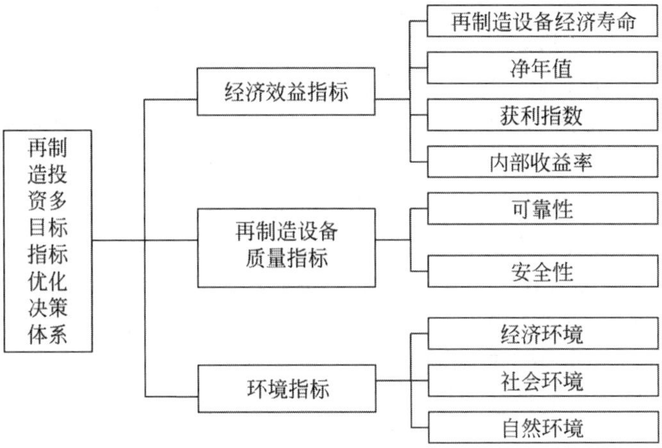

再制造投资多目标指标优化决策体系
经济效益指标
再制造设备经济寿命
净年值
获利指数
内部收益率
再制造设备质量指标
可靠性
安全性
环境指标
经济环境
社会环境
自然环境

图 10-7　再制造投资多目标指标优化决策体系

设备经济寿命、净年值、获利指数、内部收益率等方面评价。

(1) 设备经济寿命是指设备的有形损耗和无形损耗，从经济学理论来看，也就是设备的最佳适用期限。设备经济寿命是决定设备更新期限的核心依据。

(2) 净年值是指项目在计算期内每期的等额超额收益。

(3) 获利指数是指项目投资后价值与初始价值对比。

(4) 内部收益率是指从静态资金的时间价值考虑设备投资项目的实际收益水平。

2) 再制造设备质量指标的控制

再制造设备质量是指设备的一组固有特性满足要求的程度。再制造设备质量主要包含设备的性能、可靠性、安全性、使用价值四个方面，其中设备的可靠性和安全性是评估再制造设备质量的两个重要指标。

(1) 可靠性是评估再制造设备基本质量的指标之一，设备的可靠性关系到企业的经济效益、企业安全与品牌声誉，可靠的设备能够防止事故发生，维护社会稳定。

(2) 安全性是指再制造设备在使用、运输、销售等过程中对人体健康、财产等没有任何伤害。设备安全性直接关系到企业的经济效益，提升设备安全性是促进企业经济效益提升的关键和必然要求。

3) 环境指标的控制

(1) 经济环境。企业作出正确的再制造设备投资，必须掌握全面的投资环境。经济环境主要是从市场环境的层面考虑的，主要涉及市场供应量、市场购买力、同类产品的竞争力、市场价格。从企业内部经济环境来看，企业自身的财务环境、融资渠道、成本、税务负担、优惠政策等都至关重要。再制造设备投资还与资源环境相关，如良好的人力资源、土地资源及原材料供应都能够为再制造设备投资加分。

(2) 自然资源。自然资源主要包含地理地质条件、天气环境、区域位置、气温气候、水文条件及自然文化风光等。

(3) 社会环境。社会环境主要是指企业所处的政治社会环境，主要包含社会体制、社会秩序、社会诚信价值体系、社会文化及社会公共服务等方面，这些是影响企业生产设备投资的重要安全保障。

10.2.3　设备更新决策

1. 设备更新的原因及特点分析

1) 设备更新的原因

(1) 设备更新源于设备的磨损。磨损分为有形磨损和无形磨损，设备磨损是有形磨损和无形磨损共同作用的结果。设备的有形磨损(物质磨损)指设备在使用(或闲置)过程中所发生的实体磨损。主要分为两类：第一类有形磨损：外力作用下(如摩擦、受到冲击、超负荷或交变应力作用、受热不均匀等)造成的实体磨损、变形或损坏；第二类有形磨损：自然力作用下(生锈、腐蚀、老化等)造成的磨损。

(2) 设备的无形磨损(精神磨损)指表现为设备原始价值的贬值，不表现为设备实体的变化和损坏。主要分为两类：第一类无形磨损：设备制造工艺改进→制造同种设备的成本→原设备价值贬值；第二类无形磨损：技术进步→出现性能更好的新型设备→原设备价值贬值。

设备磨损的补偿形式分为局部补偿和完全补偿。局部补偿包括对有形磨损的修理和对无形磨损进行现代化技术改造。完全补偿就是更换，可以用原型设备更换，或用新型设备更换。

2) 设备更新的特点分析

(1) 设备更新的中心内容是确定设备的经济寿命，如图10-8所示。

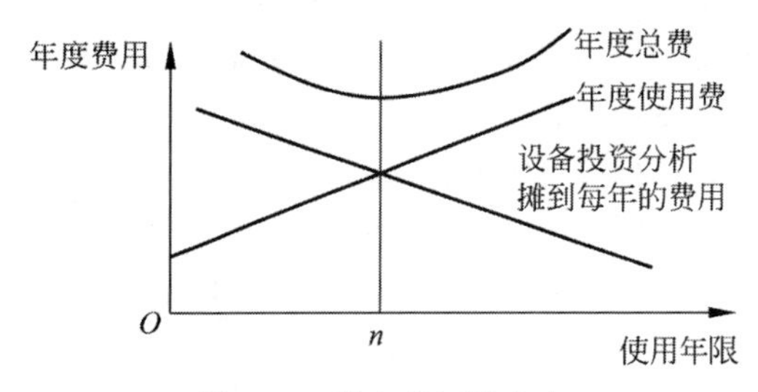

图10-8 设备的经济寿命

① 自然寿命(物理寿命)，是指设备从全新状态下开始使用，直到报废的全部时间过程。自然寿命主要取决于设备有形磨损的速度。

② 技术寿命，是指设备在开始使用后持续的能够满足使用者需要功能的时间。技术寿命的长短主要取决于无形磨损的速度。

③ 经济寿命，是从经济角度看设备最合理的使用期限，由有形磨损和无形磨损共同决定。具体来说，其是指能使投入使用的设备等额年总成本(包括购置成本和运营成本)最低或等额年净收益最高的期限。在设备更新分析中，经济寿命是确定设备最优更新期的主要依据。

(2) 设备更新分析应站在咨询者的立场分析问题。

设备更新问题的要点是站在咨询师的立场上，而不是站在旧资产所有者的立场上考虑问题。咨询师并不拥有任何资产，故若要保留旧资产，首先要付出相当于旧资产当前市场价值的现金，才能取得旧资产的使用权。这是设备更新分析的重要概念。

(3) 设备更新分析只考虑未来发生的现金流量。

在设备更新分析中，只考虑今后所发生的现金流量，对以前发生的现金流量及沉没成本，因为它们都属于不可恢复的费用，与更新决策无关，不需再参与经济计算。

(4) 只比较设备的费用。

通常在比较更新方案时，假定设备产生的收益是相同的，因此只对它们的费用进行比较。

(5) 设备更新分析以费用年值法为主。

由于不同设备方案的服务寿命不同，通常都采用年值法进行比较。

2. 设备经济寿命的计算

1) 经济寿命的静态计算方法

(1) 一般情况

假设 P 为设备购置费，C_j 为第 j 年的运营成本，L_n 为第 n 年末的残值，n 为使用年限，在设备经济寿命计算中，n 为一个自变量。

则 n 年内设备的总成本为

$$\mathrm{TC}_n = P - L_n + \sum_{j=1}^{n} C_j$$

n 年内设备的年等额总成本为

$$\mathrm{AC}_n = \frac{\mathrm{TC}_n}{n} = \frac{P - L_n}{n} + \frac{1}{n}\sum_{j=1}^{n} C_j$$

由上式可知，设备的年等额总成本 AC_n 等于设备的年等额资产恢复成本 $\frac{P - L_n}{n}$ 与设备的年等额运营成本 $\frac{1}{n}\sum_{j=1}^{n} C_j$ 之和。

由此可知，通过计算不同使用年限的年等额总成本 AC_n 可以确定设备的经济寿命。若设备的经济寿命为 m 年，则应满足下列条件：

$$AC_m \leqslant AC_{m-1}, AC_m \leqslant AC_{m+1}$$

【例 10-13】 某型号设备购置费为6万元，在使用中有如表10-11的统计资料，如果不考虑资金的时间价值，试计算其经济寿命为多少年？

表 10-11　某型号设备使用过程统计数据表

元

使用年度 j	1	2	3	4	5	6	7
j 年度运营成本	10 000	12 000	14 000	18 000	23 000	28 000	34 000
n 年末残值	30 000	15 000	7 500	3 750	2 000	2 000	2 000

解：该型号设备在不同使用期限的年等额总成本 AC_n 具体见表10-12。

表 10-12　某型号设备年等额总成本计算表

元

使用期限 n	资产恢复成本 $P-L_n$	年等额资产恢复成本 $\frac{P-L_n}{n}$	年度运营成本 C_j	使用期限内运营成本累计 $\sum_{j=1}^{n}C_j$	年等额运营成本 $\frac{1}{n}\sum_{j=1}^{n}C_j$	年等额总成本 AC_n ⑦=③+⑥
①	②	③	④	⑤	⑥	⑦
1	30 000	30 000	10 000	10 000	10 000	40 000
2	45 000	22 500	12 000	22 000	11 000	33 500
3	52 500	17 500	14 000	36 000	12 000	29 500
4	56 250	14 063	18 000	54 000	13 500	27 563
5*	58 000	11 600	23 000	77 000	15 400	27 000*
6	58 000	9 667	28 000	105 000	17 500	27 167
7	58 000	8 286	34 000	139 000	19 857	28 143

注：* 表示年等额总成本最低。

由结果来看，该型号设备使用5年时，其年等额总成本最低（$AC_5=27\ 000$ 元），使用期限大于或小于5年时，其年等额总成本均大于27 000元，故该设备的经济寿命为5年。

(2) 特殊情况

随着设备使用期限的增加，年运营成本每年以某种速度在递增，该运营成本的逐年递增称为设备的劣化。现假定每年运营成本的增量是均等的，即运营成本呈线性增长，如图10-9所示。假设 P 为设备购置费，n 为使用年限，L_n 为第 n 年末的残值，C_1 为第1年的经营成本，λ 为年经营成本的增加额。

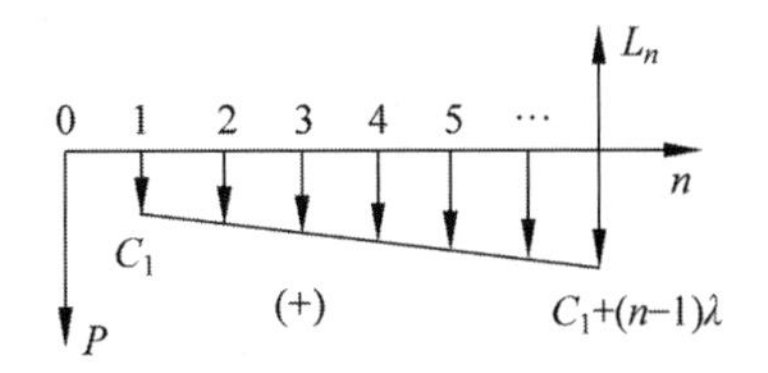

图 10-9　劣化增量均等的现金流量图

则设备第 j 年的经营成本为

$$C_j = C_1 + (j-1)\lambda$$

n 年内设备的年等额总成本为

$$AC_n = \frac{P-L_n}{n} + \frac{1}{n}\sum_{j=1}^{n}C_j = \frac{P-L_n}{n} + C_1 + \frac{n-1}{2}\lambda$$

设 L_n 为常数，若使 AC_n 最小，则令

$$\frac{d(AC_n)}{dn} = -\frac{P-L_n}{n^2} + \frac{\lambda}{2} = 0$$

$$n = \sqrt{\frac{2(P-L_n)}{\lambda}}$$

解出的 n 即为设备的经济寿命 m。

【例 10-14】 设有一台设备，购置费为10 000元，预计残值1 000元，运营成本初始值为600元，年运行成本每年增长300元，求该设备的经济寿命为多少年？

解：由上式可得

$$m = \sqrt{\frac{2(10\ 000-1\ 000)}{300}} = 8(\text{年})$$

2) 经济寿命的动态计算方法

(1) 一般情况

假设 i 为折现率，其他符号含义同前。

则 n 年内设备的总成本现值为

$$TC_n = P - L_n(P/F,i,n) + \sum_{j=1}^{n}C_j(P/F,i,j)$$

n 年内设备的年等额总成本为

$$AC_n = TC_n(A/P,i,n)$$

(2) 特殊情况

$$\begin{aligned}AC_n &= P(A/P,i,n) - L_n(A/F,i,n) + \\ &\quad C_1 + \lambda(A/G,i,n) \\ &= [(P - L_n)(A/P,i,n) + \\ &\quad L_n \times i] + [C_1 + \lambda(A/G,i,n)]\end{aligned}$$

由此可知,通过计算不同使用年限的年等额总成本 AC_n 可以确定设备的经济寿命。若设备的经济寿命为 m 年,则应满足下列条件:

$$AC_m \leqslant AC_{m-1},\quad AC_m \leqslant AC_{m+1}$$

【例 10-15】 某设备购置费为 24 000 元,第 1 年的设备运营费为 8 000 元,以后每年增加 5 600 元,设备逐年减少的残值如表 10-13 所示。设利率为 12%,求该设备的经济寿命。

表 10-13 设备经济寿命动态计算表 元

第 j 年末	设备使用到第 n 年末的残值	年度运营成本	等额年资产恢复成本	等额年运营成本	等额年总成本
1	12 000	8 000	14 880	8 000	22 880
2	8 000	13 600	10 427	10 641	21 068
3	4 000	19 200	8 806	13 179	21 985
4	0	24 800	7 901	15 610	23 511

解:设备在使用年限内的等额年总成本计算如下:

当 $n=1$ 时,有

$$\begin{aligned}AC_1 &= (24\,000 - 12\,000)(A/P,12\%,1) + \\ &\quad 12\,000 \times i + 8\,000 + 5\,600(A/G,12\%,1) \\ &= 12\,000(1.120\,0) + 12\,000 \times 0.12 + \\ &\quad 8\,000 + 5\,600(0) = 22\,880(\text{元})\end{aligned}$$

当 $n=2$ 时,有

$$\begin{aligned}AC_2 &= (24\,000 - 8\,000)(A/P,12\%,2) + \\ &\quad 8\,000 \times i + 8\,000 + 5\,600(A/G,12\%,2) \\ &= 16\,000(0.591\,7) + 8\,000 \times 0.12 + \\ &\quad 8\,000 + 5\,600(0.471\,7) = 21\,069(\text{元})\end{aligned}$$

当 $n=3$ 时,有

$$\begin{aligned}AC_3 &= (24\,000 - 4\,000)(A/P,12\%,3) + \\ &\quad 4\,000 \times i + 8\,000 + 5\,600(A/G,12\%,3) \\ &= 20\,000(0.416\,3) + 4\,000 \times 0.12 + \\ &\quad 8\,000 + 5\,600(0.924\,6) = 21\,984(\text{元})\end{aligned}$$

当 $n=4$ 时,有

$$\begin{aligned}AC_4 &= (24\,000 - 0)(A/P,12\%,4) + \\ &\quad 0 \times i + 8\,000 + 5\,600(A/G,12\%,4) \\ &= 24\,000(0.329\,2) + 0 \times 0.12 + \\ &\quad 8\,000 + 5\,600(1.358\,9) = 2\,3511(\text{元})\end{aligned}$$

根据计算结果,设备的经济寿命为 2 年。

3. 设备更新分析方法及其应用

1) 设备更新分析方法

设备更新分析的结论取决于所采用的分析方法,而设备更新分析的假定条件和设备的研究期是选用设备更新分析方法时应考虑的重要因素。

(1) 原型设备更新分析

原型设备更新分析就是假定企业的生产经营期较长,并且设备均采用原型设备重复更新,这相当于研究期为各设备自然寿命的最小公倍数。

原型设备更新分析主要有三个步骤。

① 确定各方案共同的研究期。

② 用费用年值法确定各方案设备的经济寿命。

③ 通过比较每个方案设备的经济寿命确定最佳方案,即旧设备是否更新及新设备未来的更新周期。

(2) 新型设备更新分析

新型设备更新分析是指假定企业现有设备可被其经济寿命内等额年总成本最低的新设备取代。

2) 现有设备处置决策

在市场经济条件下,受需求量的影响,许多企业在现有设备的自然寿命期内,必须考虑是否停产并变卖现有设备,这类问题称为现有设备的处置决策。一般,现有设备的处置决策仅与旧设备有关,且假设旧设备自然寿命期内每年残值都能估算出来。

3) 设备更新分析方法应用

(1) 技术创新引起的设备更新

通过技术创新不断改善设备的生产效率,提高设备使用功能,会造成旧设备产生精神磨损,从而有可能导致企业对旧设备进行更新。

【例 10-16】 某公司用旧设备 O 加工某产品的关键零件，设备 O 是 8 年前买的，当时的购置及安装费为 8 万元，设备 O 目前市场价为 18 000 元，估计设备 O 可再使用 2 年，退役时残值为 2 750 元。目前市场上出现了一种新的设备 A，设备 A 的购置及安装费为 120 000 元，使用寿命为 10 年，残值为原值的 10%。旧设备 O 和新设备 A 加工 100 个零件所需时间分别为 5.24 h 和 4.22 h，该公司预计今后每年平均能销售 44 000 件该产品。该公司人工费为 18.7 元/h。旧设备动力费为 4.7 元/h，新设备动力费为 4.9 元/h。基准折现率为 10%，试分析是否应采用新设备 A 更新旧设备 O。

解：选择旧设备 O 的剩余使用寿命 2 年为研究期，采用年值法计算新旧设备的等额年总成本。

$$AC_O = (18\,000 - 2\,750)(A/P, 10\%, 2) + 2\,750 \times 10\% + 5.24 \div 100 \times 44\,000 \times (18.7 + 4.7) = 63\,013.09(\text{元})$$

$$AC_A = (120\,000 - 12\,000)(A/P, 10\%, 10) + 12\,000 \times 10\% + 4.22 \div 100 \times 44\,000 \times (18.7 + 4.9) = 62\,592.08(\text{元})$$

从以上计算结果可以看出，使用新设备 A 比使用旧设备 O 每年节约 421 元，故应立即用设备 A 更新设备 O。

(2) 市场需求变化引起的设备更新

有时旧设备的更新是由于市场需求增加超过了设备现有的生产能力，这种设备更新分析可通过下面的例子来说明。

【例 10-17】 由于市场需求量增加，某钢铁集团公司高速线材生产线面临两种选择：方案 1 是在保留现有生产线 A 的基础上，3 年后再上一条生产线 B，使生产能力增加一倍；方案 2 是放弃现在的生产线 A，直接上一条新的生产线 C，使生产能力增加 1 倍。

生产线 A 是 10 年前建造的，其剩余寿命估计为 10 年，到期残值为 100 万元，目前市场上有厂家愿以 700 万元的价格收购 A 生产线。生产线今后第一年的经营成本为 20 万元，以后每年等额增加 5 万元。

B 生产线 3 年后建设，总投资 6 000 万元，寿命期为 20 年，到期残值为 1 000 万元，每年经营成本为 10 万元。

C 生产线目前建设，总投资 8 000 万元，寿命期为 30 年，到期残值为 1 200 万元，年运营成本为 8 万元。

基准折现率为 10%，试比较方案 1 和方案 2 的优劣，设研究期为 10 年。

解：方案 1 和方案 2 的现金流量如图 10-10 所示。

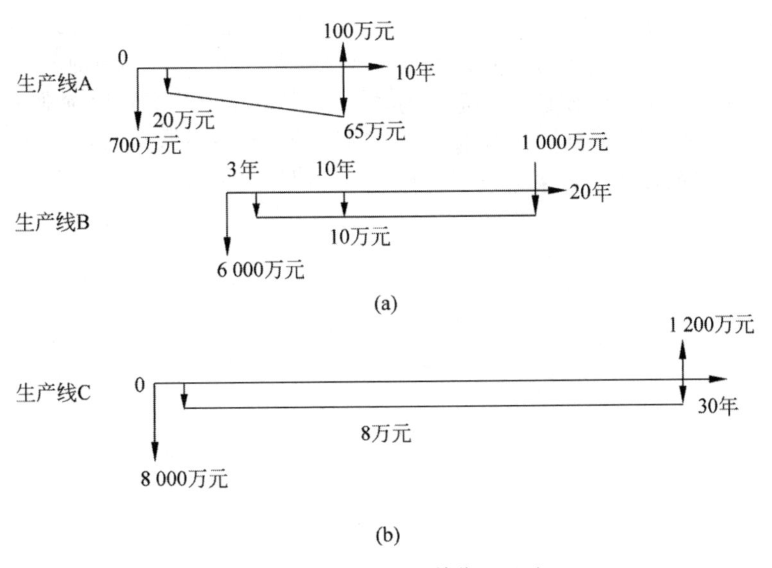

图 10-10 现金流量(单位：万元)

(a) 方案 1；(b) 方案 2

设定研究期为10年，各方案的等额年总成本计算如下。

(1) 方案1：

$$AC_A = 700(A/P,10\%,10) - 100(A/F,10\%,10) + 20 + 5(A/G,10\%,10)$$
$$= 700\times 0.1627 - 100\times 0.0627 + 20 + 5\times 3.725$$
$$= 146.25(\text{万元})$$

$$AC_B = [6\,000(A/P,10\%,20) - 1\,000(A/F,10\%,20) + 10]\cdot (F/A,10\%,7)(A/F,10\%,10)$$
$$= [6\,000\times 0.1175 - 1\,000\times 0.0175 + 10]\times 9.4872\times 0.0672$$
$$= 414.91(\text{万元})$$

$$AC_1 = 146.25 + 414.91 = 561.16(\text{万元})$$

(2) 方案2：

$$AC_C = 8\,000(A/P,10\%,30) - 1\,200(A/F,10\%,30) + 8 = 849.48(\text{万元})$$

$$AC_2 = 849.48(\text{万元})$$

从以上比较结果来看，应采用方案1较适宜。

4) 设备更新方案的综合比较

设备超过最佳期限之后，就存在更新的问题。但陈旧设备直接更换是否必要或是否为最佳的选择，是需要进一步研究的问题。一般，对超过最佳期限的设备可以采用以下五种处理办法。

(1) 继续使用旧设备。

(2) 对旧设备进行大修理。

(3) 用原型设备更新。

(4) 对旧设备进行现代化技术改造。

(5) 用新型设备更新。

对以上更新方案进行综合比较可知，宜采用最低总费用现值法，即通过计算各方案在不同使用年限内的总费用现值，根据打算使用年限，按照总费用现值最低的原则进行方案选优。

参考文献

[1] 蓝文谨.从维修、设备综合工程学到现代设备管理(一)[J].中国设备工程，2012(12)：26-27.

[2] 蓝文谨.从维修、设备综合工程学到现代设备管理(二)[J].中国设备工程，2013(1)：38-39.

[3] 桑凡，袁钲淇，郑汉东，等.装备再制造全寿命周期费用研究[J].绿色科技，2017(8)：242-244，248.

[4] 赵磊，程明坤.神经网络在武器装备全寿命费用分析中的应用[J].装备指挥技术学院学报，2002，13(2)：33-35，44.

[5] 张守玉，罗小明，罗飞.装备全寿命费用灰色预测研究[C]//第六届中国青年运筹与管理学者大会论文集.秦皇岛，2004：346-351.

[6] 段艳秋.生产设备投资的多目标优化决策方法研究[J].中国高新技术企业，2016(2)：38-39.

[7] 刘晓军.技术经济学[M].2版.北京：科学出版社，2013.

第11章

维修与再制造生产管理

11.1 生产规划管理

11.1.1 生产规划管理的要求

维修与再制造生产同传统制造活动的区别主要在于供应源的不同。传统制造是以新的原材料作为输入,经过加工制成产品,供应是一个典型的内部变量,其时间、数量、质量是由内部需求决定的。而维修与再制造是以废旧设备或废弃设备中可以继续使用或修复再用的零部件作为毛坯输入,供应基本上是一个外部变量,很难预测。因为供应源是从消费者流向生产商,所以相对于传统制造活动,具有逆向、流量小、分支多的特点。

从再制造的深度来看,用废旧设备与废旧零部件生产合格的产品,可分为零部件再制造、设备再制造和材料的再生制造。再制造是利用新技术,最大限度重新利用报废设备零部件及其再生材料的生产方式,可以省去矿产的开采、冶炼和毛坯的初级加工,从而实现节约能源、节约资源、缩短制造时间和减轻污染的目标,其制造成本要远远低于用再生所得原材料制成的新品成本。

与制造系统相比较,由于再制造更多的不确定性,所以出现了许多特殊的问题,包括材料回收的不确定性、随机性、动态性、提前期、工艺时变性、时延性和产品更新换代快等。加上客户要求越来越多,选择性产品和零件增加,再制造者必须寻求更为柔性的工艺方法,而不是常规的制造方法。

11.1.2 生产规划管理的特点

再制造活动的内容包括收集(回收、运输、储存)、预处理(清洁、拆卸、分类)、回收可重用零件(清洁、检测、翻新、再造、储存、运输)、回收再生材料(碎裂、再生、储存、运输),废弃物管理等活动。再制造的主要工艺流程一般包括以下几个阶段:收集、拆卸、检测、修理零/部件、重新组装、检测、销售/配送,如图 11-1 所示。

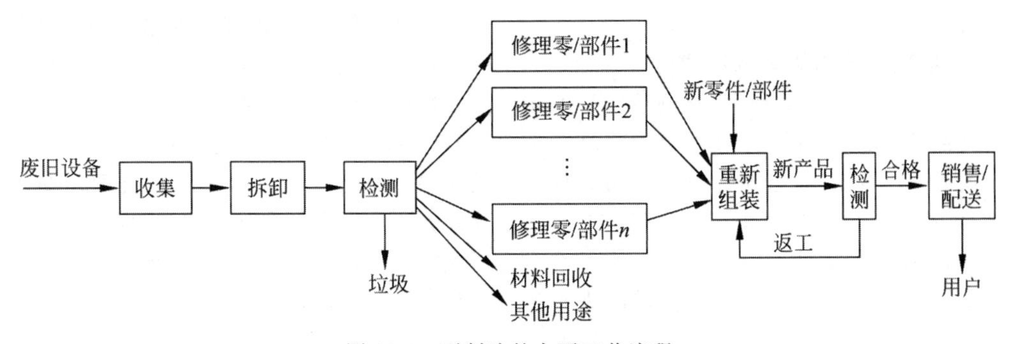

图 11-1　再制造的主要工艺流程

以上几个阶段在传统的制造业也有体现，但是在再制造领域，它们的角色和特性发生了巨大变化，原因是再制造本身具有不确定性的特点，即回收产品的产量、时间和质量（如损耗程度、污染程度、材料的混合程度等）的不确定性。在再制造中，这些参数不是由系统本身所决定的，它受外界的影响，很难进行预测。这些不确定性因素导致了再制造过程中下列后续的问题。

(1) 回收率的随机性，这将导致材料计划的不确定性。

(2) 回收产品的质量在检查之前是无法知道的，这将导致加工顺序和交货时间的不确定性、生产任务安排的复杂性。

(3) 回收产品质量和时间的不确定性导致再制造车间物流路线复杂、多变。

(4) 再制造需求和供应销售网络的不相关性。

(5) 库存的位置和大小难以确定。

再制造生产中的一些特点大大增加了其生产计划和各项管理的复杂性，通过归纳总结，可以得出再制造活动的六个重要特点。

1. 回收产品到达的时间和数量不确定

通过调查，超过半数的公司对旧产品到达的时间和数量无法控制。其余有一定控制的公司基本上是建立了一个旧产品库存系统，当有需求时，可以从库存的旧产品中取出一部分用于再制造。由于回收中的不确定性，再制造工厂的旧产品库存量一般是实际投入再制造数量的3倍。回收过程的不确定性要求各职能部门之间互相协调，建立回收旧产品和购买（或生产）新部件之间的平衡。当新部件的生产与再制造共用相同的资源时，该信息变得更加关键。

2. 平衡回收与需求的困难性

为了得到最大化的利润，再制造工厂必须考虑把回收产品的数量与对再制造产品的需求平衡起来。当然，这会给库存管理带来较大的困难，并且需要避免两类问题：回收产品的大量库存和不能及时适应用户的需求。超过半数的公司基于实有需求和预测需求来平衡回收，而剩下近1/3的公司只针对实有需求来控制回收量。这两类公司采用的控制策略也不同。只针对实际需求来控制回收量的公司通常采用按订单生产（make to order，MTO）和按订单装配（assembly to order，ATO）的策略，而其余大部分的公司同时选择使用MTO、ATO和按库存生产（make to stock，MTS）的策略。

3. 回收产品的可拆卸性及拆卸效率不确定

拆卸是再制造过程的第一步，会影响到再制造的各个方面，是部件进入再制造的“门槛”。产品被拆卸成各个部件，并评估各个部件的可再制造性。有再制造价值的部件被再处理，没有达到最低可再制造标准的部件被卖给回收商。拆卸的信息要及时传递给各职能单元，尤其是采购部，以保证采购到的替换部件在类别和数目上相匹配。

产品的初始设计对拆卸有决定性的影响，因为一个好的装配设计不一定是一个好的拆卸设计。目前，美国有2/3的再制造工厂必须配备有专门的工程师，设计拆卸方案和解决拆卸中遇到的问题，结果既费时又费钱。调查数据显示，3/4的产品在设计时没有考虑到以后的拆卸。这样的产品可再制造率就比较低，不但在拆卸上花费的时间较长，而且拆卸的过程中可能会损坏部件，需要更多的替换部件，带来较大的浪费。

4. 回收产品可再制造率不确定

相同旧产品拆卸后得到的可以再制造的部件往往是不同的，因为部件根据其状态的不同，可以被用作多种途径。除了被再制造之外，还可以当作备件，卖给下一级回收商，当作材料再利用等，这个不确定性给库存管理和采购带来很多问题。回收产品可再制造率的不确定性可用材料去除率（material removal rate，MRR）指标来衡量的，代表旧产品可以再制造的比率。国外大多数的再制造公司用简单平均的方法来计算MRR。大多数部件的MRR值比较稳定，范围从完全可以预测到完全不可以预测不等。产品既包括可预知回收率的部件，也包括不知回收率的部件，而且可能性差不多。回收产品的可再制造率，可以帮助确定购买批量和再制造批量的大小，并在使用制造业需求计划（manufacturing requirement planning，MRP）的系统中起到重要作用。

5．再制造物流网络的复杂性

再制造物流网络是将旧产品从消费者手中收回，运送到再制造工厂进行再制造，然后再将再制造产品运送到需求市场的系统网络。再制造物流网络的建立，涉及回收中心的数量和选址、产品回收的激励措施、运输方法、第三方物流的选择、再加工设备的能力和数量的选择等众多的问题。再制造物流网络要有一定的健壮性，才能消除各种不确定因素的影响。此外，最大限度地利用传统物流网络也是研究的热点。在传统网络基础上进行再制造物流网络的设计，与重新设计一个新的再制造物流网络相比，不仅更经济，而且可操作性更强。

6．再制造加工路线和加工时间不确定

再制造加工路线和加工时间不确定，是实际生产和规划时较为关心的问题。加工路线不确定是回收产品的个体状况不确定的一种反映，高度变动的加工时间也是回收产品可利用状况的函数。资源计划、调度、车间作业管理及物料管理等因为这些不确定性因素而变得复杂。在再制造操作中，有些任务已经比较确切地知道了，如清洗。但其他的生产路线可能是随机的，并高度依赖于部件的使用年限和状况。生产路线文件是所有可能操作的列表，并不是所有的部件都需要通过相同的操作或工作中心。实际上只有少数部件通过相同的操作成为新部件，增加了资源计划、调度和库存控制的复杂性。平均有20%的总处理时间用于清洗，因为部件的材料和大小多种多样，几乎半数的再制造公司报告了在清洗过程中的额外困难。部件必须在清洗、测试和评价之后才能决定是否被再制造，再制造决策的滞后，使计划提前期变短，加大了购买和生产能力计划的复杂性。部件状况的变动会使加工设备的相关设置产生问题。这些不可预计的变动因素使精确估计物流时间变得困难。

11.1.3　再制造生产计划管理

单纯就生产制造过程而言，再制造与传统的生产过程没有区别。但再制造包含着大量的不确定性因素，特别是在要求拆卸工作在制造之前完成的情况下，再制造生产任务的安排将是一个很困难的事情。分解的程度和回收物流的到达时间、质量和数量的不确定性增加了生产任务安排的难度。由于不同零/部件之间高度的相互依赖性，必须对生产的过程进行协调；当几个零件同时需要共用同一设备时，设备的能力将会出现问题。即便在技术上可以解决不同回收品的再制造问题，但经济上是否可行，还需要进行评估。再制造生产任务的安排需要解决以下问题：①拆卸的可行性评估模型；②拆卸和重新组装过程的协调性；③拆卸的工艺路线、重新装配工艺的调度、车间计划的编排问题；④再制造的批量模型；⑤再制造的主生产计划模型。

一个再制造工厂一般由以下三个独立的子系统，即拆卸车间、再制造车间、重新组装车间组成。在对再制造生产进行计划和控制时，必须全面考虑到这三个领域的复杂性。拆卸车间的主要任务是完成回收产品的拆卸，同时还包括清洗和检测等工作，通过对拆卸后的产品或零部件的性能评估，确定哪些废品或零部件具有再制造价值，然后让这些有再制造价值的产品或零部件进入再制造程序。再制造车间的主要任务是将拆卸完了的零件/部件恢复到新的状态，可能还包括通过更换一些小的零件达到恢复的过程。在再制造过程中，不同的工位或者工作间所完成的工作可能不一样，因此涉及零部件的运输和工作位置的选择，以及工作的顺序过程的安排。而重新组装过程则是将恢复的零部件重新组织成原来的产品。再制造生产任务的安排主要目的是使原材料顺利地从一个子系统到达另一个子系统，保证各子系统生产任务的协调。复杂的产品结构必须要选择合适的分解方案及对分解零/部件的处理方法；必须要在分解、修理和原材料回收价值之间找到一种平衡，采用数学优化的方法建立平衡公式。同时，回收品分解计划在决定分解费用最小化和分解过程自动化，以及分解产品质量的最优化方面发挥着很大的作用。

11.1.4 再制造生产过程管理

再制造的生产过程包括从废旧产品的回收、拆解、清洗、检测、再制造加工、组装、检验、包装直至再制造产品出厂的全过程。在该过程中，再制造生产过程管理是保证再制造产品质量的核心。因此，面向再制造生产过程中的拆解、清洗等生产过程，重点不仅是要对该过程中各环节进行质量检验，严格把关，使不合格的毛坯零件不进入再制造使用，不合格的备件不用、再制造不合格的产品不进入销售使用，而且更为重要的是通过质量分析，找出产生再制造产品质量问题的原因，采取预防措施，把废品、次品、返修品量减少到最低限度。因此，再制造生产过程管理主要从严格执行再制造工艺规程、合理选择检验方式、开展质量状况的统计分析、建立严格的再制造方案等方面开展生产过程的管理工作。

1. 严格执行再制造工艺规程

严格执行再制造工艺规程，就是要全面掌握和控制影响产品质量的各个主要因素。而在制造、再制造过程中影响产品质量的因素很多，可概括为以下六个方面：①人员；②机器设备；③原材料(器材备件)；④技术方法；⑤磨合试验；⑥环境。

2. 合理选择检验方式

检验是质量控制的直接手段，是获取质量信息和数据的直接途径。按再制造过程的先后程序可分为预先检验、中间检验与最后检验：①预先检验是指再制造前对废旧产品的技术状况等进行检查，以便制定有针对性的再制造工艺措施，确定科学合理的保障条件和方案；②中间检验指在再制造过程中对某工序前后的检查，如分解后检查、清洗后零部件形状和性能检查、再制造加工后检验等；③最后检验指在产品再制造工作全部完成后，对该再制造产品作总体磨合及试验，检验和测试其总体质量。

3. 开展质量状况的统计和分析

为了经常地、系统地准确掌握产品质量动态，应按规定的质量指标(包括产品质量和工作质量)进行统计分析，及时查找问题原因，加强控制措施，重视数据的积累，建立健全质量的原始信息记录，定期检查、整理、分析。在关键的再制造工序、部位，以及质量不稳定的再制造加工岗位都应设立管理点，加强统计管理，制定再制造过程质量管理的重要措施，以此为再制造工作的质量管理提供决策支持。

4. 建立严格的再制造档案

对于每一个(一批)零件的加工工艺、工艺参数、操作人都要记录在案，以备质量追溯和责任追溯。特大型再制造设备(如盾构)的再制造档案应随产品移交给用户，而批量生产的再制造产品的档案则应由再制造企业长期保存。

5. 建立再制造监造制

特大型设备或特重要设备的再制造应建立监造制。

11.2 生产质量管理

11.2.1 概述

再制造产品的质量是再制造管理工作质量的反映，要有高的再制造产品质量，就必须要有高的再制造管理工作质量及科学的再制造决策。再制造质量管理是指为确保再制造产品生产质量所进行的管理活动，也就是用现代科学管理的手段，充分发挥组织管理和专业技术的作用，合理地利用再制造资源以实现再制造产品的高质量、低消耗。

再制造使用的生产原料是情况复杂的废旧产品，因此再制造过程比制造过程更为复杂，生成的再制造产品质量具有更加明显的波动性，同一产品在不同时期进行再制造也会使再制造质量存在着客观的差异。因此，再制造质量的波动性客观存在，了解再制造质量波动的客观规律，能够对再制造产品质量实施有效的管理。

11.2.2　再制造产品质量管理方法

再制造产品质量管理所采用的主要方法是全面质量管理。其主要特点如下：全员参加质量管理；对产品质量的产生、形成和实现的全过程进行质量管理；管理对象的全面性，不仅包括产品质量，还包括工作质量；管理方法的全面性，综合运用各种现代管理技术、专业技术和各种统计方法与手段；经济效益和环境效益的全面性。

工序质量管理是保证再制造产品质量的重要方法。其主要是根据再制造产品工艺要求，研究再制造产品的波动规律，判断造成异常波动的工艺因素，并采取各种管理措施，使波动保持在技术要求的范围内，其目的是使再制造工序长期处于稳定运行状态。为了进行好工序质量管理，要做好以下几点内容。

(1) 制定再制造的质量管理标准，如再制造产品的标准、工序作业标准、再制造加工设备保证标准等。

(2) 收集再制造过程的质量数据并对数据进行处理，找出质量数据的统计特征，并将实际执行结果与质量标准进行比较，得出质量偏差，分析质量问题，找出产生质量问题的原因。

(3) 进行再制造工序能力分析，判断工序是否处于受控状态和分析工序处于管理状态下的实际再制造加工能力。

(4) 对影响工序质量的操作者、机器设备、材料、加工方法、环境等因素进行管理，以及对关键工序与测试条件进行管理，使其满足再制造产品的加工质量要求。

11.2.3　再制造产品质量管理技术

1. 再制造毛坯的质量检测

再制造毛坯的质量检测是再制造质量管理的第一个环节。对于废旧零件，需要进行全部的质量检测，包括内在质量和外观几何形状，并根据检测结果，结合再制造性综合评价，决定零件能否进行再制造，并确定再制造的方案。再制造毛坯的内在质量检测，主要是采用一些无损检测技术，检查再制造毛坯存在的裂纹、孔隙、强应力集中点等影响再制造后零件使用性能的缺陷。再制造毛坯外观质量检测主要是检测零件的外形尺寸、表层性能的改变等，对于简单形状的再制造毛坯的几何尺寸测量，采用一般常用工具即可满足测量要求；对于复杂的三维空间零件的尺寸测量，可采用专业工具，如三坐标测量机等。

2. 生产过程的检验

对再制造零件进行质量在线监控，可分为三个层次：再制造生产过程管理、再制造工艺参数管理、再制造加工质量与尺寸形状精度的在线动态检测和修正

3. 再制造产品的质量检验

再制造产品检验包括外观、精度、性能、参数及包装等的检查与检验。再制造产品质量检验通常采取新品标准或者更严格的质量检验标准，目的主要是判断产品质量是否合格和确定产品质量等级或产品缺陷的严重程度，为质量改进提供依据。质量检验过程包括测量、比较判断、符合性判定、实施处理。再制造产品的质量管理包括再制造产品性能与质量的无损检测、破坏性抽测、再制造产品的性能和质量评价三方面内容。

11.3　维修与再制造企业的零件库存管理

在维修和再制造企业中，零件库存管理十分重要：一方面零件供应的及时性决定了维修与再制造的效率和效益，另一方面零件销售也是后市场的重要收入来源。在维修与再制造过程中，人们越来越多地采用零部件更换法，迅速地更换零部件恢复设备运行，然后再对失效的零件进行维修或再制造，既提升了服务的效率，也保证了维修的质量。

维修与再制造工厂中都有独立的零件库，这个零件库与普通制造企业的零件库有所不同，库里存放着三种不同性质的零件：新零件、再制造件和准备进行再制造的旧件。零件制造与再制造提高效益的途径之一就是扩大批量，因此旧件在拆解、清洗和检测后通常先入

库，累积到一定数量后再批量进行再制造。三种不同性质的零件要隔离存放，并贴有明显的标识区分，以免混淆。再制造件除了用于维修之外，还要进入零配件销售的流通渠道，为企业创造价值，同时增强零件价格的竞争力。维修与再制造的零件库存管理与一般零件库存管理类似，不同的是零件库里存在三种不同性质的零件，它们既是维修与再制造的原材料，又是可直接销售的产品，管理起来更加复杂。

11.3.1 零件库存管理的原理及重要性

有人说过，一流企业零库存(just in time，JIT)，二流企业供应商管理库存(vendor managed inventory，VMI)，三流企业随便来。服务的及时性以零件的现货率为前提，所以维修与再制造企业无法实施零库存。如果依靠经验做库存计划，预测准确性很低，盲目增加库存以提升零件现货率时，仓库内的呆滞零件会越来越多，零件存放久了很可能出现老化、生锈、失效等问题，不仅影响到设备维修与再制造的质量，还会影响到企业的现金流。

1. 如何看待零件库存

企业的管理者对待零件库存有两种截然相反的态度，多数企业的管理者"憎恨"库存，认为库存是万恶之源，是企业盈利的黑洞，占用大量资金，赚的钱最后又变成了库存；另外一些企业的管理者则认为"库存是人类社会伟大的发明之一"，因为库存缩短了交货期，提升了维修服务的及时性和客户满意度，没有零件库存的保证，售后服务中就无法及时修好客户的设备。

从事售后服务和再制造的人都希望零件库存越多越好，以保证服务与再制造的及时性和客户满意度。但是，提升零件的现货率代价很高，不仅占用大量资金，还有呆滞风险。从盈利角度考虑，企业应该只库存快速周转的零件，但这样就可能出现缺货，从而导致客户满意度下降。现实世界不是线性的，很多问题没有黑白分明的答案，库存管理也是一个两难问题，没有唯一解，不能取舍，只能平衡兼顾。平衡好服务及时性和企业营利性，兼顾客户满意度和零件投资回报率，提升零件库存的运营效率，降低呆滞库存比率，正是库存计划和管理的核心。

2. 库存持有成本

一些维修与再制造企业的管理者只关注零件现货率，保证维修和再制造按时完成，却没有留意零件库存积压所产生的成本。他们以为零件在库存中最终会卖出去，缺乏库存持有成本的意识。

库存持有成本是由于持有库存而产生的相关成本，包括资金成本、服务成本、空间成本和风险成本。机械行业零件库存每年的持有成本为库存金额的20%至30%，通常按每年25%计算，高科技行业通常为35%以上。库存持有成本的组成如图11-2所示。

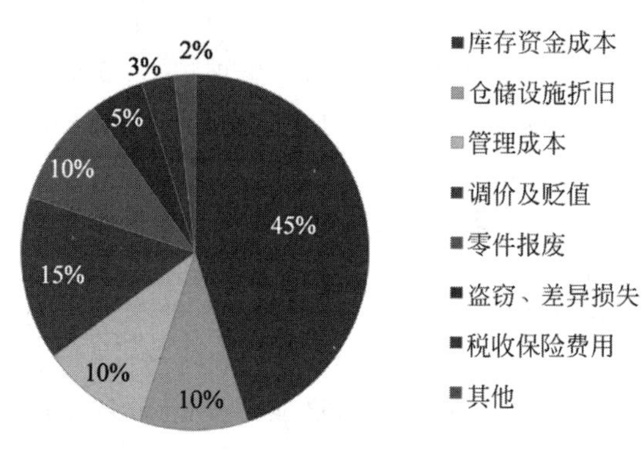

图11-2 库存持有成本组成

换句话说，仓库中没有卖出去的零件每年会贬值25%。如果仓库平均库存金额是1 000万元，一年的持有成本就是250万元。假设零件销售毛利率为20%，库存周转率1次/年，销售零件创造的利润也是250万元，表面看似乎投资回报率为25%，可扣除库存持有成本，实际的投资回报率为零。库存周转率低于1次就是亏损，理论上4年库存就等于几乎赔光。

3. 库存周转率

库存周转率是指一年内零件库存周转的次数，通常以12个月的累计销售成本除以12个月的平均库存来计算，以体现库存管理的水平。库存周转率是衡量库存运营的效率，库存周转率越高，零件业务盈利能力越强，投资回报率越高，所以说“转就是赚”。

库存管理缺失，过剩库存和呆滞库存就会增加，产生大量浪费并且侵蚀企业利润，导致库存周转率不断下降。一些维修与再制造企业业务越做越大，现金却越来越少，那是因为赚的钱又变成了库存。等有一天资金周转不灵了，可能为时已晚。所以，经过再制造的零件一定要进入流通渠道周转起来，否则就会拖累库存周转率。

4. 零件现货率

库存问题：一方面是缺少科学的预测与计划，盲目进货造成的；另一方面则是源于对零件现货率的误解。为保证维修与再制造的及时性，保证客户满意度，很多制造商、代理商和维修企业都对零件现货率提出了较高的标准。例如，很多制造商规定代理商的零件现货率不得低于90%，每天测量并不断改善。但是，不少从事库存计划和采购的人以为每种零件的现货率都必须达到90%，这种误解造成了很多的零件过剩和呆滞库存。

零件可以分类为快速、中速和慢速周转零件，快速周转零件包含了保养件、易损件、易耗件及油品和轮胎等，这类零件需求频率高、数量大、周转速度快，出现缺货时会对客户造成较大的负面影响。因此，这类零件的现货率应该设置在98%以上。而对于那些不常用、价值高的慢周转零件，零件的边际效益很低，应该设置较低的现货率，否则盲目库存，其代价十分昂贵。

零件缺货时，可能会造成营收和利润损失；零件过剩时，同样会产生过剩成本(库存持有成本及打折损失等)。当缺货成本等于过剩成本时，缺货和过剩的总成本最小，理论上零件收益最大化，因此，最佳现货率就是缺货成本等于过剩成本的平衡点。

如何确定每种零件的现货率？让我们来计算该零件的边际效益和边际成本，即

边际效益 = 价格 − 成本，即零件售出获得的收益

边际成本 = 成本 − 清仓价，即零件积压的贬值损失

$$现货率=\frac{边际效益}{边际效益+边际成本}$$

零件毛利率越低，边际效益越低，零件贬值越快，边际成本越高，这样的零件都应该设置较低的现货率。而利润高、贬值慢的零件，设置较高的现货率，风险较小。此外，库存周转率放大了零件的边际效益，快速周转的零件应设置较高的现货率。

11.3.2 库存订单的预测和数据挖掘

零部件(包括再制造件)是维修与再制造活动中非常重要的组成部分，为了提升服务及时性，保证维修与再制造工程按期完成，就必须保持适当的库存量。为了避免库存过剩产生的风险，就需要提升预测的准确性。可是，准确地预测库存量并不容易。

过剩或者缺货都会对销售和服务产生负面影响。缺货和过剩是库存的一对“孪生兄弟”，所有的短缺，最终都以过剩收尾；而所有的过剩，都是从短缺开始。一旦出现呆滞和过剩库存，企业就会没钱订购新的零件库存，还会拖累现货率。因此，库存管理必须提升资金的利用率，增加企业的盈利能力。

1. 三箱库存管理模型

之前，我们把仓库看成一个整体，通过进、销、存系统来统计零件库存的数据，如销量、在途、库存量等，但是哪些零件是健康库存，哪些零件是呆滞库存，则必须根据零件的出入库记录和需求频率数据进行分析。为此，我们将零件库存分为三个箱体：①周转库存，用来满足订货周期的需求量；②周转储备库存，用来保证交货期中的需求量；③安全库存，用来补偿预测偏差和交货延迟而导致的缺货风险(图11-3)。

库存订单是基于对市场需求预测的采购，供应商通常会规定一个订货间隔，如每周订货1次，周转库存量就是订货周期里的需求量，即1周的零件需求量；订货之后，零件并不能马上运到，周转储备库存就是交货期间零件的需求量，如交货期为2周，周转储备库存就是2周的需求量，用来保证新订购的零件在到货之前不会出现缺货。

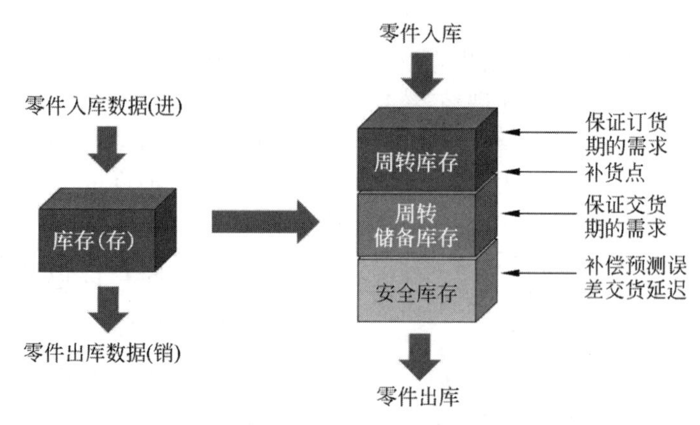

图 11-3　从进、销、存系统到三箱库存管理模型

2. 安全库存

安全库存是为了抵消需求不确定和交货延迟时的额外库存，以保证一定的现货率。安全库存与以下三个因素有关。

(1) 需求不确定性，预测偏差。

(2) 供应不确定性，交货延迟。

(3) 现货率目标(现货率越高，安全库存也越大)。

快速周转零件需求量预测的误差是正态分布曲线(如图 11-4 所示)，安全库存越大，缺货的可能性越小，安全库存 SS 的计算公式为

$$SS=z\sigma$$

式中：σ——需求量预测的标准差；

z——与现货率相关的安全系数。

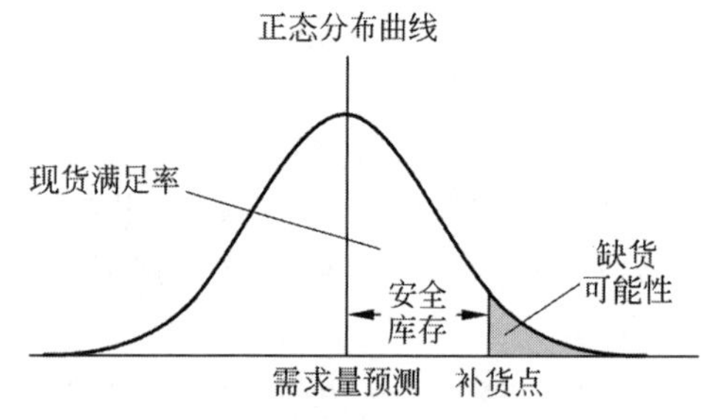

图 11-4　需求量预测误差的正态分布曲线

安全库存设置是库存计划的"看家本领"，如果安全库存设置太低，就可能发生缺货；如果安全库存设置过高，又可能出现过剩，产生呆滞风险。库存计划必须根据市场需要和企业的库存战略，设置合适的安全库存。

零件需求量的预测采用移动平均法，首先将 12 个月的出库量加权平均，用来预测零件的需求。然后再根据预测需求计算出其标准差 σ，即每月实际出货量与平均需求量之间的方差再开平方。例如，假设 A 零件的平均需求量为 50 个，当库存只放 50 个时(安全库存为零)，满足概率为 50%；当库存中放 1 个标准差 σ 的安全库存($z=1$)时，现货率会提升到 84.1%；当库存中放 2 个标准差 σ 的安全库存($z=2$)时，现货率提升到 97.7%；当库存中放 3 个标准差 σ 的安全库存($z=3$)时，现货率提升到 99.9%。

如果按照 99.9% 的现货率设置那些慢速周转零件的安全库存，必然会多存很多零件，导致过剩和呆滞，这显然是不可取的做法。

3. 库存计划的三道防线

库存计划有三道防线，目的是满足客户需求，避免缺货，同时不要产生过剩库存。

第一道防线是需求预测，从数据出发，由判断结束，通过预测需求来驱动供应链。每次采购之前，根据历史数据预测零件需求，根据三箱库存管理模型进行补货。

第二道防线是安全库存，因为所有预测都有偏差，安全库存是保证预测出现偏差时，仍能在一定程度上满足客户需求。

第三道防线则是供应链执行，一旦出现缺货通过紧急调货来弥补。

补货点是考虑安全库存后的预测需求，也

是补货的最小阈值。当零件的可用库存低于补货点时,系统就会采购来补充库存。显然,补货点就是安全库存与交货期需求量之和,再加上订货周期需求量就是零件合理的库存上限(图 11-5),超过上限的任何库存都是不必要的,会导致过剩和呆滞。

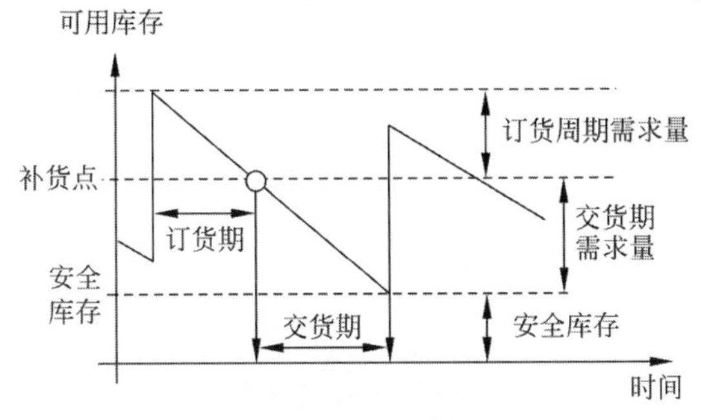

图 11-5 合理库存的控制模型

库存管理就像控制水库的水位,根据最低水位(安全库存)、最高水位(订货期需求量+交货期需求量+安全库存)和补货周期,把水位(库存量)控制在最低和最高水位之间,保证零件的及时供应,实现较高的现货率,既可以防止库存水位漫过堤坝(过剩),又可以避免缺水(缺货)的情况发生。

每次订货时,系统都会比较每种零件的可用库存(考虑了在途、缺货和已分配后的库存量)和补货点,高于补货点则无需补充,低于补货点则补充至零件的库存上限。这样,采用大数据的方法,利用历史需求数据和企业设定的库存目标,可以科学地预测每种零件的需求和库存量。

11.3.3 库存数据的评估与分析

在库存管理中,储存的零件类型和数量是需要认真策划的。做得好,就是“好库存”,即可以周转的健康库存,既满足客户的需要,又给企业创造利润;做得不好,就是“坏库存”,这些库存既不能赚钱,还会贬值,因为它们不是客户需要的零件。“好库存”包括周转库存、周转储备库存和安全库存,在合理库存上限之下的库存都是“好库存”;而“坏库存”就是超过库存上限的过剩库存和呆滞库存,这些库存最终会变成企业的负担。因此,管理得好,库存能给企业带来利润和客户满意度;管理得不好,库存也能变成企业的负债和亏损。

1. 用四分法识别库存风险

下面将零件库存分为如下四个部分,如图 11-6 所示。

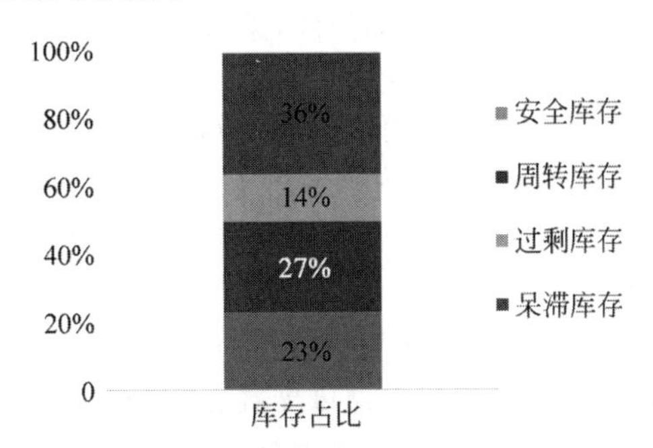

图 11-6 某企业零件库存四分法分析结果

(1) 周转库存:需求预测(补货周期+交货期),用来维持正常运营所需要的库存量。

(2) 安全库存:保证现货率的安全余量,用来补偿需求预测偏差和交货延迟等不确定因素。

(3) 过剩库存:超出安全库存+周转库存以外的库存量,可在 12 个月内销售出去,风险较低。

(4) 呆滞库存:超出 12 个月销量的零件库存,风险较高,由于库存管理缺失、订单取消而产生的库存。

周转库存与安全库存都属于健康库存,健康库存所占库存比率可以反映出库存资金的利用率,健康库存比率越高,库存周转率越高,库存投资回报率越好。过剩库存和呆滞库存都是多余库存,是预测失败、订单取消、批量折扣等因素造成的。

安全库存虽然属于健康库存,但只在需求很不稳定的情况下才会发挥作用,不宜设置过高,同时要尽可能减少过剩库存和呆滞库存,才能保证较高的投资回报率。四分法非常直观地指出了企业库存中的问题和风险。

2. 呆滞库存的代价

有些企业根据零件存储时间来判断库存是否呆滞，如库存超过2年无销售即为呆滞库存。但是，O形圈、软管、垫片等一些橡胶件24个月后就几乎失效，发现零件呆滞时就会太晚。所以，用超过12个月需求量来定义呆滞库存更为合理，不仅与存储时间无关，还能帮助企业及早发现呆滞风险，采取补救措施。从很多企业的库存数据中可以发现，12个月没有需求的零件，24个月实现销售的比例不超过5%，换句话说，一年卖不出去的零件，之后实现销售的机会非常小，所以要尽早退库或打折处理。

对库存大数据的分析让企业及时了解库存的健康状况，如果健康库存比例超过60%，呆滞库存比例很小，则零件库运营健康。反之，如果健康库存比例很低，呆滞比例很高，库存风险就很大，需要采取措施改善，因为呆滞库存代价高昂。

假如某企业的平均库存金额1 000万元，库存持有成本25%，零件毛利率20%，但库存中有30%为呆滞库存

呆滞库存金额为

$$1\,000\times 30\% = 300(\text{万元})$$

呆滞库存的持有成本为

$$300\times 25\% = 75(\text{万元})$$

呆滞库存的代价为

$$75\div 20\% = 375(\text{万元})$$

即该企业每年要多销售375万元零件，其利润才能抵消呆滞库存的贬值损失，相当于每年花75万元回购这些呆滞库存！

库存大数据分析不仅能帮助企业预测零件需求，还能找出库存中存在的问题并采取措施加以改进。

从图11-7所示的库龄数据中可以看出：超过78%的呆滞库存超过了2年时间，说明呆滞库存主要是历史遗留问题。但是，83%的过剩库存却是近1年内采购入库的，说明库存计划人员仍然在盲目地增加库存，预测准确性较差。如果不改变这种情况，呆滞库存还会继续增加。

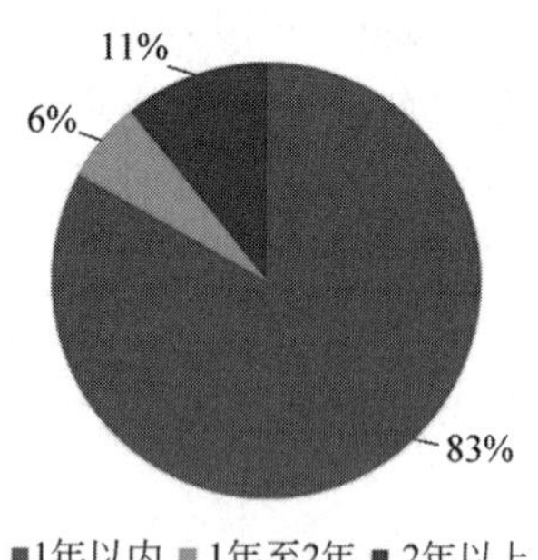

(a)

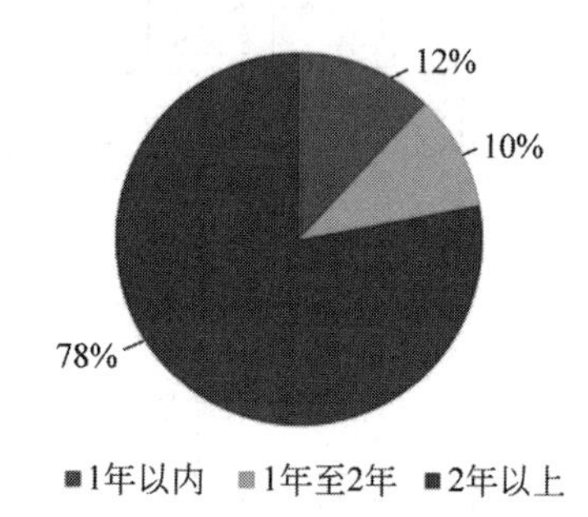

(b)

图11-7 某企业过剩库存和呆滞库存库龄分析报告
(a) 过剩库存库龄分析；(b) 呆滞库存库龄分析

3. 大数据和物联网改变库存管理的未来

国内一些企业已经开发出配件的进销存管理软件，有代表性的包括金碟公司的“精斗云”，任我行公司的“管家婆”，新海科技公司的“傻瓜进销存”，还有“博士德”和“速达”等。上述配件管理软件功能丰富，性价比较高，但是根据用户的反馈，这些软件都以财务模块为主，主要解决配件业务中账实相符的问题，保证货清、票清和款清。

这些零件管理软件基本上专注于零件的出入库数据和应收账款，极少有软件通过获取的零件进销存数据来预测市场的需求，无法提供服务管理和配件计划模块。零配件业务有很强的可重复性，仅靠经验进行需求预测是远远不够的，人的经验和水平也参差不齐，企业必须向数字化转型，通过建立零件库存管理的模型，用数据驱动预测，改善库存计划的效率，让数字化成为企业的核心竞争力。

在大数据和人工智能时代，数据挖掘和分析让市场需求的预测成为可能，为企业库存计

划提供了一种有效的库存计划工具。美国参数技术公司（parametric technology corporation，PTC）开发的配件库存计划软件，瑞典辛克伦公司使用的（global inventory management，GIM）系统等，都包含了零件需求的预测功能，但是这些软件系统复杂、价格昂贵，并不适合中小企业。

上海柚可信息科技有限公司开发的智库管家系统（smart inventory report，SIR），是在管理零件进销存和服务过程的两个基本模块之外，采用大数据方法预测配件市场需求，改善库存管理，并根据客户需求量身定制地提供智能库存报告，让企业家关注每日库存状况，及时了解零件库存中的风险和问题，并提出改进建议。智库管家系统采用SaaS模式，使用简单，功能丰富，并且可以扩展，适用于主机厂、代理商、配件店和维修厂等中小企业，是工程机械行业率先推出的带有智能预测功能的库存计划平台。

中国工程机械某知名企业C事业部使用智库管家系统9个月时间，配件库存金额降低了1 200万元，占整个库存金额约20%，然而在降低总库存金额的同时，配件现货率却提升19.8%，这充分证明了智库管家系统能够大幅提升库存效率，对配件库存能够实现很好的优化效果，为企业降低成本，增加现金流，还提升了客户满意度。

2020年1月，某国际品牌卡车代理商开始使用智库管家系统对企业的零件库存进行优化，每个月严格按照智库管家系统推荐的零件清单进行采购。经过一年的实践，公司的零件库存金额由1 050万元降低了51%，其中呆滞库存降低了75%，过剩库存降低了53%，而健康库存增加了200%，从而导致配件的库存周转率由1.5次/年增加到4.0次/年，库存效率提升一倍以上，如图11-8所示。

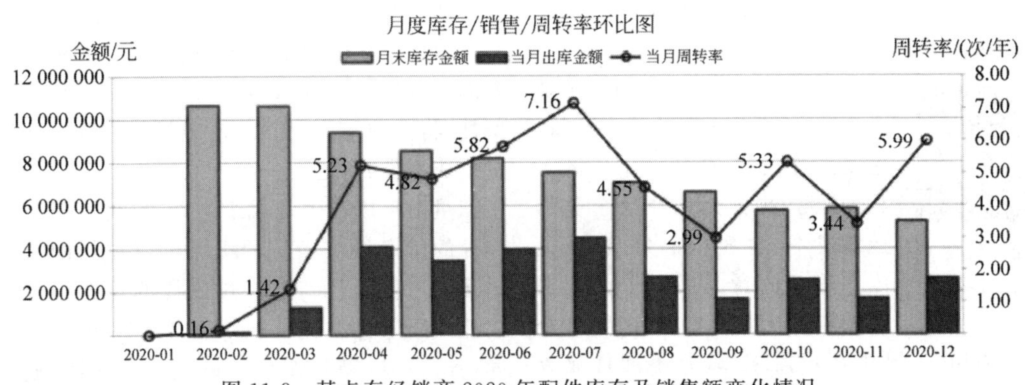

图11-8 某卡车经销商2020年配件库存及销售额变化情况

使用之初公司健康库存比率低于10%，非常糟糕，到2020年12月底，健康库存却增加了200%，由60万元，增加到180万元，健康库存比率达到34%，库存变得越来越健康，大大提升了零件业务的投资回报率，如图11-9所示。

实践证明，智库管家系统是优化企业配件库存十分有效的工具，如果仅仅依靠经验来做库存计划有很大的风险，会导致企业的呆滞库存不断增加，而智库管家能根据历史数据较好地预测零件需求，帮助企业做好库存计划，降低呆滞库存的风险，充分体现了大数据科学预测的威力。

对于那些不常用的、慢速周转零件，由于数据量小，预测准确性并不高。美国麻省理工学院交通与物流研究中心近期开发了一种基于物联网数据的库存管理算法，通过对设备故障数据的分析，可以更准确地预测零件需求，包括零件品种和数量，这样就可以精准地将这些零件投放到最可能需要的区域，以保证维修服务的及时性。当前中国工程机械设备保有量超过850万台，设备的物联网工程已经开展了多年，很多企业也都积累了几十万台设备的大数据，但是这些数据还没有被利用起来创造价值。

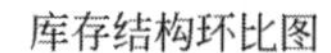

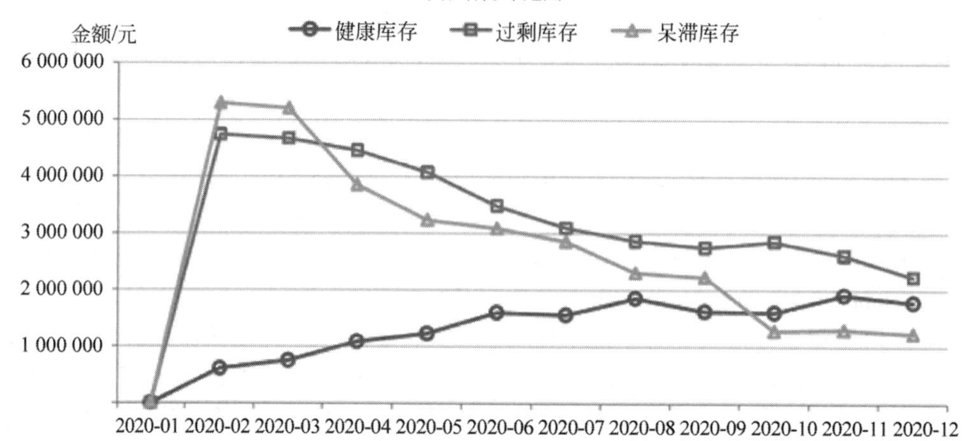

图 11-9 某卡车经销商 2020 年配件库存结构变化曲线

中国工程机械市场有几千家代理商、维修企业和配件店，零配件的后市场潜力超过 2000 亿元，可很多企业的零件库存周转率只有 2～3 次/年，呆滞库存率为 30%～50%。中国市场上至少有 250 亿元呆滞库存，严重影响了企业的现金流和利润，增加了风险。

库存管理：SIR 介绍

利用库存管理工具可以帮助企业减少 20%～50% 的库存量，这就意味着节省至少 150 亿～400 亿元，这将大大降低企业的运营成本，增强竞争力，这正是库存管理的意义所在。大数据就像零售业的一盏明灯，帮助企业了解市场，预测客户需求，改善零配件业务的效率，精准营销也将提升企业的销售额，对维修与再制造企业提升效率和效益有非常重要的意义。

11.4 成组生产管理

11.4.1 基本概念

成组技术是研究如何识别和发掘生产活动中有关事物的相似性，并把相似的问题归类成组，寻求解决这一组问题相对统一的最优方案，以取得所期望的经济效益。它是改变多品种、小批量生产落后面貌的过程中产生的一门生产技术科学，是合理组织中小批量生产的系统方法。成组技术已经发展到可以利用计算机自动进行零件分类、分组，不仅在产品设计标准化、通用化、系列化及工艺规程的编制过程中有应用，而且在生产作业计划和生产组织等方面也有较多的应用。

成组技术应用于机械加工方面时，根据零件的结构形状特点、工艺过程和加工方法的相似性，将多种零件按其工艺的相似性分类成组以形成零件族，把同一零件族中零件分散的小生产量汇集成较大的成组生产量，再针对不同零件的特点组织相应的机床形成不同的加工单元，对其进行加工，经过这样的重新组合可以使不同零件在同一机床上用同一个夹具和同一组刀具，稍加调整就能加工。这样，成组技术就巧妙地把品种多转化为“少”，把生产量小转化为“大”，由于主要矛盾有条件地转化，就为提高多品种、小批量生产的经济效益提供了一种有效的方法。再制造具有品种多、批量小的生产特点，应用成组生产理论最为有利。

成组工艺实施的步骤如下。

(1) 零件分类成组。

(2) 制订零件的成组加工工艺。

(3) 设计成组工艺产品。

(4) 组织成组加工生产线。

11.4.2 成组再制造管理

成组加工要求将零件按一定的相似性分

类形成加工族,加工同一加工族时,其有相应的一组机床设备。在一个再制造生产单元内有一组工人操作一组设备,再制造加工一个或若干个相近的加工族,在此再制造生产单元内可完成失效零件全部或部分的恢复性生产加工。因此,成组生产单元是以加工族为生产对象的产品专业化或工艺专业化(如热处理等)的生产基层单位。此外采用编码技术是计算机辅助管理系统得以顺利实施的关键性基础技术工作,成组技术正好能满足相似类产品及分类的编码。为了能够实现成组再制造,需要做好以下管理工作。

1. 零件分类编码

为了便于分析零件的相似性,首先需对零件的相似特征进行描述和识别。零件分类编码系统就是用符号(数字、字母)等对产品零件的有关特征,如功能、几何形状、尺寸、精度、材料及某些工艺特征等进行描述和标识的一套特定的规则和依据。

2. 划分零件组

划分零件组,就是按照一定的相似性准则,将品种繁多的产品零件划分为若干个具有相似特征的零件族(组)。一个零件族(组)是某些特征相似的零件的组合。划分零件组时,要正确地规定每一组零件的相似性程度。相似性要求过高,则会出现零件组数过多,而每组内零件种数又很少的情况;相反,如果每组内零件相似性过低,则难以取得良好的技术经济效果。划分零件组的基本方法有目测法、生产流程分析法和分类编码法三种。

3. 建立成组生产单元

成组生产单元是实施成组技术的一种重要组织形式。在成组生产单元内,工件可以有序地游动,大大减少了工件的运动路径。另外,成组生产单元作为一种先进的生产组织形式,可使零件加工在单元内封闭起来,有利于调动组内生产人员的积极性,提高生产效率,保证产品质量。成组生产单元按其规模、自动化程度和机床布置形式分为四种类型。

(1) 成组单机:用于零件组内零件种数较少,加工工艺简单,全部或大部分加工工作可在一台机床上完成的情况。

(2) 成组单元:将一个或几个零件组加工所用设备集中在一起,形成一个封闭的加工单元。成组单元是成组生产单元基本、较常见的一种形式。

(3) 成组流水线:用于零件组内零件种数较少,零件之间相似程度较高,零件生产批量较大的情况。成组流水线具有传统流水线的某些特点,但适用于一组零件的加工,且不要求固定的生产节拍。

(4) 成组柔性制造系统:是一种高度自动化的成组生产单元,它通常由数控机床或加工中心、自动物流系统和计算机控制系统组成,没有固定的生产节拍,并可在不停机的条件下实现加工工作的自动转换。

11.4.3　成组技术在再制造生产中的应用

在制造系统中,成组技术已经得到了一定的应用与发展,但因再制造与制造工艺的差别,所以成组技术尚未在再制造企业进行推广应用。但现代化的再制造企业生产方式及生产工艺,要求再制造企业不断地创造性应用成组技术,并且在拆解、清洗、加工等工艺过程中进行应用,把中、小批的再制造产品生产工艺作为一个生产系统整体,统一协调生产活动的各个方面,不断实施成组技术以提高综合经济效益。成组技术在再制造生产工艺中的应用主要应做好以下工作。

1. 在再制造物流中的应用

进行分类成组运输,提高运输效率。可以根据废旧产品的种类、地点、质量、时间、距离、运送目的地、装卸方式等要素进行运输分类编码,实现不同品质废旧产品的合理科学运送,最大限度地满足生产中对毛坯的需求。

2. 在再制造拆解和装配中的应用

可根据废旧产品的连接件形式、拆装工具、拆装地点、拆装时间、技术要求、顺序要求、材料特性等要素进行拆装分类编码,有效安排拆装流程,提高拆解的规范化和科学化。另外,对拆解后的零件按要求进行分类,也便于进行检测。

3. 在再制造清洗中的应用

清洗是再制造生产中具有特色的步骤，也要占有大量的劳动量，传统的清洗方法存在分类不科学、清洗重复、效率低的缺点。按照成组技术的特点，根据零件形状、清洗要求、清洗方式、清洗地点、清洗阶段等要素进行分类编码，可以对清洗进行全程控制，实现批量化清洗，提高清洗效率，降低环境污染。

4. 在再制造检测中的应用

因为再制造需要使用原有的废旧产品的零部件作为毛坯进行生产，所以可根据生产再制造产品的质量要求，在不同阶段，分批次的对废旧产品、拆解后的零部件、清洗后的零部件、再制造加工后的零部件及装配中的零部件进行检测。另外，可以根据成组技术的原理，按照检测阶段、检测设备、检测特征、对象特点、质量要求等要素进行分类编码，形成不同检测方法下的批量化和规范化检测，提高检测效率和可靠性。

5. 在失效零件再制造加工中的应用

再制造加工是采用各类机械或表面工程等技术恢复失效零件的性能并达到新品标准，是再制造产品获得高附加值的主要方式，可大量采用成组技术来提高再制造加工效率。再制造加工中可以按照零件形状、失效形式、加工方法、安装方式、技术要求、生产阶段、生产批量、加工时间等要素进行分类编码。例如，可以把失效形式、零件形状、加工方法、安装方式和机床调整相近的零件归结为零件组，设计出适用于该组零件加工的成组工序。成组工序允许采用同一设备和工艺装置，以及相同或相近的机床调整来加工全组失效零件，这样，只要能按零件组安排生产调度计划，就可以大大减少由于失效零件品种更换所需要的机床调整时间。此外，由于零件组内诸零件的安装方式和尺寸相近，可设计出应用于成组工序的公用夹具——成组夹具。只要进行少量的调整或更换某些零件，成组夹具就可适用于全组零件的工序安装。成组技术也可应用于零件加工的全工艺过程。为此，应将失效零件的再制造加工按工艺过程 相似性分类以形成加工族，然后针对加工族设计成组工艺过程。

11.5 绿色供应链管理

11.5.1 概念

1. 供应链

供应链是一个微观层面的管理概念，是指生产及流通过程中，涉及将产品或服务提供给最终用户活动的、上游与下游企业所形成的网链结构，其核心在于实现商流、物流、信息流和资金流四流合一的管理体系。

随着社会分工的发展，技术进步的推动，需求结构的变革，供应链日益成为推动社会进步和产业变革的重要力量，它以实现客户价值最大化、提高效益和效率为目标，以整合资源为手段，实现产品设计、采购、生产、销售、交付等全过程企业间协同组织形态。供应链是将物流、商流、资金流、信息流融为一体，具有集成创新、创造价值、共享共赢、跨界融合、专业分工等特点的组织模式。

2. 绿色供应链

绿色供应链就是在供应链管理中考虑和强化环境因素，具体说就是通过与上、下游企业的合作及企业内各部门的沟通，从产品设计、材料选择、产品制造、产品的销售，以及回收的全过程中考虑环境整体效益最优化，同时提高企业的环境绩效和经济绩效，从而实现企业和所在供应链的可持续发展。

绿色供应链的内容涉及供应链的各个环节，其主要包括绿色采购、绿色加工、绿色销售、物流、绿色回收等(图 11-10)。

绿色供应链的概念是由美国密歇根州立大学的制造研究协会于 1996 年进行一项环境负责制造(environmentally responsible manufacturing,ERM)的研究时首次提出，又称环境意识供应。绿色供应链是环境意识、资源能源的有效利用和供应链各个环节的交叉融合，其目的是提高资源利用效率，较少影响环境，优化系统效益。

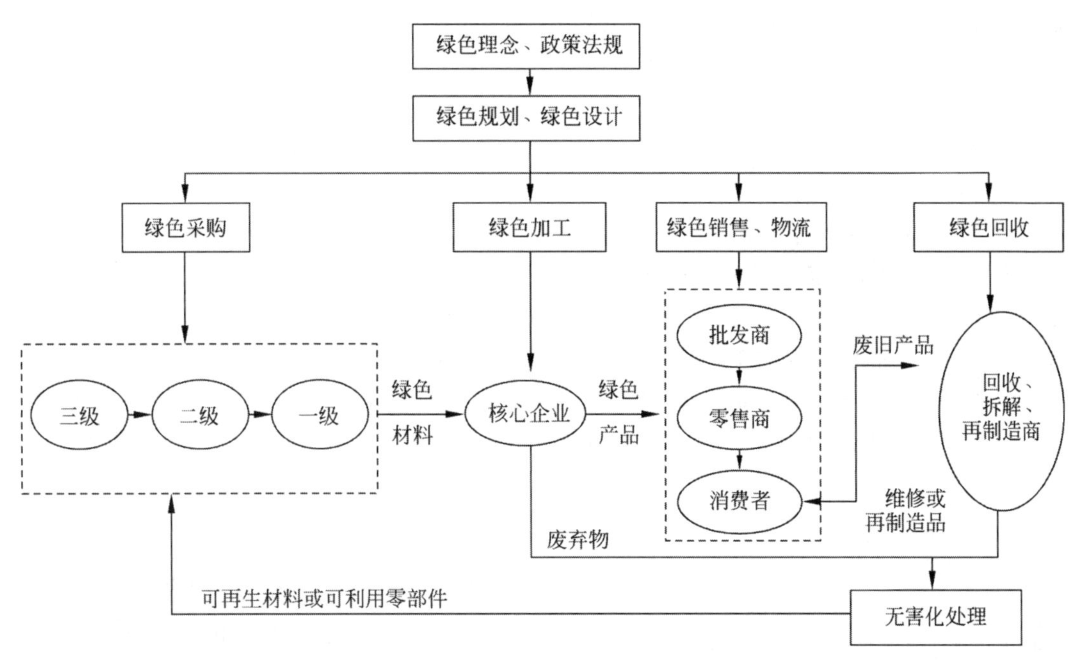

图 11-10　绿色供应链

11.5.2　绿色供应链产生的背景

绿色供应链的提出，是基于对环境的影响，从资源优化利用的角度，来考虑制造业供应链的发展问题。世界自然基金会研究表明，在全球15种大宗商品的交易中，生产商约10亿家，其中300～500家供应链企业大约控制着70％的市场。供应链的建设能够为企业带来巨大的发展动力。

"创新、协调、绿色、开放、共享"是我国的发展理念，绿色供应链的发展得到国家的大力扶持。国家发展和改革委员会、工业和信息化部、生态环境部、商务部、国家市场监督管理总局等大力倡导绿色制造。推行产品全生命周期绿色管理，在汽车、电器电子、通信、大型成套装备及机械等行业开展绿色供应链管理示范。强化供应链的绿色监管，探索建立统一的绿色产品标准、认证、标识体系，鼓励采购绿色产品和服务，积极扶植绿色产业，推动形成绿色制造供应链体系。商务部、国家发展和改革委员会、生态环境部等积极推行绿色流通。鼓励流通环节推广节能技术，加快节能设施设备的升级改造，培育一批集节能改造和节能产品销售于一体的绿色流通企业。加强绿色物流新技术和设备的研究与应用，贯彻执行运输、装卸、仓储等环节的绿色标准，开发应用绿色包装材料，建立绿色物流体系。

11.5.3　绿色供应链管理

绿色供应链管理包括绿色设计、绿色回收、绿色生产、绿色物流、绿色采购。

1. 绿色设计

绿色设计是一种全新的设计理念，又称为生态设计、环境设计、生命周期设计。是在产品全部生命周期内着重考虑产品的环境属性，包括节能性、可拆卸性、寿命长、可回收性、可维护性和可重复利用性等。

2. 绿色回收

绿色回收考虑产品、零部件及包装等的回收处理成本与回收价值，对各方案进行分析和评价，确定出最佳回收处理方案。

3. 绿色生产

绿色生产要求比常规生产方法能显著节约能源和资源，同时，在生产过程中，最大限度地避免或减少对人体伤害和环境污染，如减少辐射、噪声、有害气体及液体等对人体的伤害和对环境的污染。

4. 绿色物流

绿色物流是指在整个物流活动的过程中，尽量减少有害物质的产生，如降低废气排放量和噪声污染、避免化学液体等商品的泄漏对土壤和水源的污染等，尽可能减少物流对环境造成的危害，实现对物流环境的净化，并且使物流资源得到最充分的利用，如降低能耗、提高效率等。绿色供应链的物流过程包括前向物流和逆向物流。

5. 绿色采购

绿色采购是指根据绿色制造的要求：一方面，生产企业应选择能够提供对环境友好的原材料供应商，来提供环保的原材料；另一方面，企业在采购行为中应充分考虑环境因素，实现资源的循环利用，尽量降低原材料的使用和减少废弃物的产生，实现采购过程的绿色化。

11.5.4 绿色供应链信息系统

(1) 建立工程机械绿色供应链全生命周期资源环境数据收集、分析及评价信息平台。在工程机械制造、再制造和回收维护过程中，人们越来越多地需要对工程机械制造全过程的数据进行调查和研究，在工程机械制造、再制造、设计和生产过程中不断获取各种各样的信息和数据，并对这些大量复杂的信息和数据进行快速处理、及时反馈，以优化设计并指导制造及维护回收过程。尽管目前已经掌握了这方面的大量数据，也获得了很多相关的经验和知识，但从这些数据中迅速得到有用的信息却并非易事。目前，大多数工程机械制造、再制造及回收过程均未采用统一的数据标准，甚至不少工程机械制造过程中仍采用纸质材料记录数据，这使获取数据变得非常困难。因此，在工程机械生产、运营、再制造及回收过程中，数字化问题显得非常重要和迫切。

(2) 建设上下游企业间信息共享、传递、追溯及披露平台。

(3) 建立可核查、可溯源的绿色回收体系平台。建立能源消耗在线监测体系和减排监测数据库，定期发布企业社会责任报告，披露企业节能减排目标完成情况，污染物排放、违规情况等信息。建立工程机械绿色供应链信息平台，收集绿色设计、绿色采购、绿色生产、绿色运输、绿色回收等过程的数据，建立供应链上下游企业之间的信息交流机制，实现生产企业、供应商、物流商、用户及政府部门之间的信息共享，加强对供应链上下游重点供应商的管理评级，定期向社会披露重点供应商的环境信息，公布企业绿色采购的实施成效。

11.5.5 工程机械/盾构制造与再制造企业供应链建设

目前，工程机械/盾构制造与再制造企业许多已建立了一套供应商管理系统，通过供应商管理体系的搭建，加强并规范公司供应商准入管理，对采购的寻源、评估、招标、定价、签约、执行等关键业务进行有效管理，实现上游供应商企业供应链的信息集成和业务协同，从而提高采购效率，降低采购成本，达到优化供应链资源配置、提高供应链效率的目的。

在供应商管理系统的基础上，企业应进一步搭建覆盖产品全生命周期的绿色信息平台，通过打通连接绿色供应链信息数据管理云平台，供应商管理平台、生产过程自动化平台、物流管理平台、回收再制造信息交流平台等主要环节，建设主要产品全生命周期资源环境影响的数据库，并披露供应链中绿色节能减排信息。

绿色供应链要求企业要建立能源消耗在线监测体系和减排监测数据库，定期发布企业社会责任报告，披露企业节能减排目标完成情况、污染物排放、违规情况等信息。要建立绿色供应链信息平台，收集绿色设计、绿色采购、绿色生产、绿色回收等过程的数据，建立供应链上下企业之间的信息交流机制，实现生产企业、供应商、回收商，以及政府部门、消费者之间的信息共享。具体表现如下：企业需建设完善其绿色供应链管理信息平台。绿色供应链管理信息平台应功能完善，对企业及其供应商产品材质、工艺流程、能源资源消耗、污染物排放等信息进行有效收集与管理。在实施评价过程中，对该项指标需要有定性的分析和评价确认。

目前，众多知名企业纷纷进行集采分购式的供应链管理模式，由公司层面统一进行物流商及供应商的准入、整合及管理，再由各成员单位进行操作性工程机械采购和物流对接。因此，需要企业把采购分为两个部分：①“采”(resourcing)，主要应用于供应商准入、供应商选择、供应商考核、供应商评估及供应商认证等环节，着眼于对供应商资源的管理；②“购”(purchasing)，主要应用于计划、订货、运输、入库、检验、售后及退货处理等环节，着眼于日常与供货方的对接与配合。各个品牌进行“集采分购”模式的另一个重要因素为多元化。目前，行业内的知名企业基本上建立起了多元化的竞争格局，不再满足于某一个领域内的竞争，纷纷按工程机械采购综合竞争进行布局，然而在该过程中，不可避免的是，随着产品系列增加而来的往往是供应商数量的成倍增长，新进入的供应商良莠不齐，短时间内很难进行甄别与优选，给各企业带来大量的供应链管理成本。所以，为了控制供应商数量，企业应当保持供应链的上游质量，把供应商资源管理放在公司层面，促进各产品系列的优质供应商共享。

11.5.6　几家工程机械/盾构企业绿色供应链建设进展

1. 秦皇岛天业通联重工股份有限公司

2017年秦皇岛天业通联重工股份有限公司针对盾构板块进行全面升级，引进绿色设备、厂内制订详细的盾构绿色制造工序表、加强人员的绿色技术培训等，为盾构绿色供应链体系建设奠定基础。

2017年7月25日，秦皇岛天业通联重工股份有限公司“H016号”盾构完成绿色再制造，在河北省秦皇岛市的秦皇岛天业通联重工股份有限公司生产基地顺利下线，通过验收。该项目奠定了盾构绿色供应链体系绿色制造、绿色技术、绿色配件采购的基础。

2018年“京津冀轨道交通建设装备盾构绿色供应链系统构建及示范应用”是以秦皇岛天业通联重工股份有限公司为牵头单位，联合北京市政建设集团有限责任公司、天津工程机械研究院有限公司、东北大学秦皇岛分校、秦皇岛燕大-华机电工程技术研究院有限公司组成项目联合体所进行的一项以盾构绿色供应链系统构建及盾构再制造为目标的项目。同时，该项目已加入由工业和信息化部和财政部开展的《2016—2018年绿色制造系统集成项目》(编号：327568)，已成功获批成为国家级项目(表11-1)。

表11-1　2018绿色制造系统集成项目

序号	项目名称	项目承担单位
1	京津冀轨道交通建设装备盾构绿色供应链系统构建及示范应用	秦皇岛天业通联重工股份有限公司
2	羊绒纺织品绿色供应链系统构建项目	赤峰东黎绒毛制品有限公司
3	通用电气绿色供应链创新项目	通用电气(中国)有限公司

2. 徐工集团工程机械有限公司

从2014年开始，徐工集团工程机械有限公司的26 000多名海内外员工在研发、制造、营销、管理等各个领域，跨界探索着1 661个绿色可持续发展的创新项目。2015—2016年，徐工集团工程机械有限公司共开展绿色工艺、绿色精益制造、供应链降本等项目54个，节能减排1 708万元。绿色再制造项目8个，节约材料

11 600 t(约合计 4 000 万元),产生经济效益 1 340 万元。

近两年,徐工集团工程机械有限公司共研发 233 种节能环保新产品,并取得了丰硕的成果,具体如下:率先在行业推出了以天然气为燃料的徐工 G 一代起重机、装载机 V 系列、新能源环卫等产品,这些产品代表了我国工程机械"绿色制造"的尖端水准;徐工新一代节能高效型机械单钢轮压路机,成为当之无愧的绿色先锋;全国最大的徐工混凝土示范基地采用新一代节能环保型混凝土机械产品,并运用 GPS 云调度、ERP 智能生产管理等领先技术,全面实现物料全回收,粉尘、噪声、废料、污水零排放。

作为徐工集团工程机械有限公司的国际化供应链平台,徐工供应始终秉承"绿色、智慧、创新、共赢"的文化理念,致力于成为供应链增值服务的卓越领航者。近年来,徐工供应锐意进取,扎实苦干:一方面,不断扩大集采与物流服务范围,为企业发展提供更广泛的业务支撑;另一方面,对组织体系不断地进行总结凝练,从管理创新上着手,为企业稳步健康发展提供更完善的制度保障。2016 年 10 月 21 日,由中国物流与采购联合会、美国供应链管理协会联合主办的 2016 年中美采购与供应链高峰论坛在上海举行。在此次峰会上徐工供应被评为中国供应链管理最佳实践案例,再次证明了徐工集团工程机械有限公司供应链平台能够通过不断地改革创新实现自我超越,达到领先行业水平。

3. 千里马机械供应链股份有限公司

千里马机械供应链股份有限公司创立于 2002 年,是我国工程机械首家绿色供应链赋能服务平台,于 2015 年 10 月登陆新三板。千里马机械供应链股份有限公司总部位于湖北省武汉市,旗下拥有 20 多家控股子公司,近百家直营门店,分布在我国湖北、新疆、四川、广西、山西、重庆及中亚哈萨克斯坦地区,直接客户超过 3 万多家。千里马机械供应链股份有限公司顺应市场需求,致力于推动工程机械流通和服务模式的创新,不断延伸产业链,充分培育后市场服务能力,在业内率先提出并发展"互联网+"绿色供应链平台模式。目前,千里马机械供应链股份有限公司已形成以提供工程机械代理销售、维修保养配件供应、绿色再制造、工程机械金融服务的工程机械供应链业务,具体工作如下。

(1) 通过项目实施,将涉及的管理、软件、绿色制造工艺、再制造专项技术、绿色装备等多个领域,以"产学研用"的模式,从理论技术、应用实践进行攻关创新,建设退役工程机械回收与生命周期信息综合追溯体系,建立再制造标准,改进工程机械绿色再制造生产线,提升再制造与资源利用的效能。

(2) 工程机械绿色再制造依托联合体供应链大系统,建设以整机再制造为轴线的再制造产业链,包括高价值核心总成、零部件再制造,以及原材料消耗巨大的大型结构再制造,以期实现兼具资源节约、节能环保和经济价值的再制造。

采用典型零部件生产与系统集成相结合、产品设计开发与工程应用相结合,搭建源于整机制造的主机厂、零部件制造商,以及加工、技术服务厂商和再制造商的信息、物流及内联管控的网络,向下延伸建立逆向物流体系。形成联合体下的回收、评估、再制造、资源利用的循环系统。

(3) 实现行业供应链的交易服务环节及下游后端正向物流与逆向物流相匹配,以废旧产品回收再制造及二手设备泛再制造为重点环节的绿色环保、循环利用的供应链路径。

(4) 将实现全面集成的统一基础数据和环境数据管理平台,为上下游其他系统平台提供对应接口,完成供应链上下游从供应方、生产商、物流商到回收方信息的全面共享,实现上下游企业资源能源消耗、污染物排放、物料绿色管控、资源综合利用信息的收集、管理、监测;研制两类典型工程机械绿色产品,制定七项工程机械绿色供应链标准,建成一条绿色供应链产业化示范线,实现制造技术绿色化率提高 20%以上,制造过程绿色化率提高 20%以上,绿色制造资源环境影响度下降 15%以上。

完成工程机械绿色供应链设计制造数据一体化管控和多系之间的集成，实现业务过程流程化、标准化、可控化，并形成工程机械绿色供应链系列标准及示范效应。

4. 中联重科股份有限公司

中联重科股份有限公司建成塔式起重机绿色设计与制造一体化平台示范项目。

11.6　盾构再制造工时和人工成本

工程机械再制造工时和人工成本是工程机械再制造企业经营管理的基础资料，也是企业经营管理水平的表现。科学的工时和人工成本是企业投标致胜的法宝。本节将介绍两家企业的相关资料，可供读者参考。

11.6.1　一家上市企业的工时和人工成本

1. 整机清洁、除锈、油化处理

项目：油漆、滚筒刷、毛刷、钢丝刷、柴油、抹布费用。

工时：1 700 小时。

2. 刀具更换

盾构刀盘在掘进过程中会出现不同程度的磨损，再制造过程中，需要逐一检测每把刀的磨损情况，检验不合格的刀具，需要换新。

工时：20 小时。

3. 刀盘连接螺栓清理、拆装

刀盘是盾构机的关键部件之一，也是盾构的主要工作部件。盾构在地下开挖中会遇到各种不同地层，从淤泥、黏土、砂层到软岩及硬岩等。在开挖中刀盘受力复杂，工作环境恶劣，是需要重点检查和维修的部位。刀盘结构关系到盾构的开挖效率、使用寿命及刀具费用。盾构的刀盘结构形式与工程地质情况有着密切的关系，不同的地层应采用不同的刀盘结构形式，盾构刀盘设计是盾构关键技术，采用合适的刀盘类型是盾构顺利施工的关键因素。

再制造的刀盘连接螺栓需要检测连接强度，剪切应力等参数，检测合格的螺栓进行复装，不合格者换新。

工时：50 小时。

4. 刀盘注入口清理、更换密封

注入口长期使用后，管道内会累积各类杂质，注入口密封老化，为满足再制造性能要求，需要疏通注入口管道，更换密封。

工时：35 小时。

5. 主驱动拆解、安装

盾构机主驱动系统是盾构机的“心脏”，也是盾构机动力输出的中心，直接起到动力转换和输出的作用，同时起到支承盾体刀盘并使之旋转破岩的作用。盾构机主驱动系统结构复杂，对制作工艺、装配工艺的要求非常高，且在盾构掘进施工过程中维修困难、复杂，所以要求主驱动系统及其结构配件要有较长的使用寿命和较高的稳定性。再制造过程中，主驱动拆解、检测是必做工作，如油脂注入量是否充足、主驱动密封磨损是否严重等在检测过程中都会得到准确结论。

工时：800 小时。

6. 主驱动密封拆解、清理、检测

工时：100 小时。

7. 刀盘驱动大小齿探伤、检测

刀盘长期带载旋转，会造成大小齿磨损，齿轮探伤、检测合格是满足再制造要求的一项重要指标，检测合格的齿轮会出具检测报告。

工时：40 小时。

8. 盾体圆度检测

通过盾体圆度检测，确定盾体是否变形，变形的盾体会增大掘进过程中推进阻力，圆度检测是利用专业检测工具，多次检测后判断盾体圆度是否超差，并出具检测报告。

工时：40 小时。

9. 盾尾刷换新

盾尾刷可以将注入管壁的浆液阻挡在盾尾处，防止漏浆，盾尾刷长期受管壁与尾盾间的挤压、摩擦，属于易损件。

工时：600 小时。

10. 铰接密封换新

铰接密封存在于中盾与中折盾之间，在掘

进过程中，是阻止壳体外部泥水渗透到盾构机内部的屏障，尤其在盾构机转弯时，其作用最为突出，转弯过程中的盾体，一侧间隙量会增大，铰接密封利用其可压缩形变，继续保障盾体内部不会进入泥水。

工时：40 小时。

11. 推进油缸撑靴板更换

推进油缸撑靴属于易损件，长期受到推进油缸与管片间的挤压力。

工时：35 小时。

12. 尾盾校圆

针对尾盾变形量大的情况，需要使用专业工具对尾盾进行校圆，校正后的尾盾会进行圆度检测。

工时：200 小时。

13. 主驱密封换新，打压试验

磨损严重的主驱密封，需立即更换，更换后的密封经过打压试验检测合格。

工时：60 小时。

14. 刀盘关键部位探伤

刀盘长期运行后，需要进行整体探伤，通过探伤结果判断结构件是否进行修复或换新。

工时：100 小时。

15. 人舱拆装、清理

人舱又称为气压过渡舱是盾构机的重要组成部分，也是将人从大气压力环境下传送到一个高压环境下的设备，还是工作人员进入掘进机工作舱进行维修的通道。再制造过程中，人舱性能检测是一项重要工作内容，需要专业厂家人员进行维护并出具检测报告。

工时：40 小时。

16. 拼装机拆解、复装、检查

管片拼装机又称为举重臂，是一种安置在盾尾部、可以快速将管片拼装固定的起重设备。进行开挖后的隧道，需要洞外预制好的钢筋混凝土管片进行长久性保护，管片拼装机的功能就是将管片快速准确地安装到刚刚开挖好的隧道表面，用来支护隧道表面，防止地下水的渗透与地表沉降，而管片承担的是盾构前进的推进反力。盾构管片的拼装机构是一种典型机电液产品，也是组成盾构装配系统的关键子系统。管片拼装机的功能会直接影响管片拼装质量与隧道的施工效率。

工时：480 小时。

17. 螺旋机整体拆解、复装

螺旋输送机是土压平衡盾构机的重要组成部分，其主要构造由圆筒状机壳和中心螺旋杆组成，工作时螺旋杆旋转，而泥土充满机壳内，沿螺旋杆轴线平移输送。

螺旋输送机的主要功能有：①从盾构泥土密封舱内将开挖下的泥土排出盾构；②泥土通过螺旋杆输送压缩形成密封土塞，阻止泥土中的水流出，保持泥土密封舱土压稳定；③可通过改变螺旋输送机转速，调节排土量，即调节泥土密封舱的土压，使其与开挖面水、土压保持平衡。

工时：600 小时。

18. 管片吊机拆卸、复装

管片吊运系统是盾构管片运输过程中的一个组成部分。管片从隧道外通过隧道电瓶车运送至盾构机后配套拖车指定位置，经由管片吊运系统输送至管片小车，再由管片小车将管片输送至管片拼装机拼装区域，该方式以泥水盾构应用为主；也可由管片吊运系统直接从盾构机后配套拖车位置输送至管片拼装区域，该方式以土压平衡盾构应用为主。

管片吊运系统一般由垂直起吊系统、水平输送系统、安全限位及制动系统、电气液压控制系统、报警系统等部分组成。管片吊运系统的设计接口，多与实际工况要求、管片型式、后配套拖车设计接口，拼装机设计接口以及出渣系统设计接口相关联。

工时：100 小时。

11.6.2 一家国有企业的工时和人工成本

下面介绍盾构机再制造过程中人工成本费用的产生及人工工时的确定依据。

盾构机再制造过程中一般分为四个步骤：第一步整机零部件拆卸，总成件拆解清理检查；第二步结构件修复、总成件组装测试，涂装；第三步进行总成件安装恢复；第四步进行总装调试。

1. 整机的机械电气零部件清理盘点。

人员：6人。

工期：6天。

工时：288小时。

2. 结构件校正修复

通过盾体圆度检测，确定盾体是否存在变形，变形的盾体会增大掘进过程中推进阻力，圆度检测是利用专业检测工具，检测盾体圆度是否超差，并出具检测报告。为了达到再制造使用标准必须对其进行修复；根据损坏情况制定相应的维修方案；各台机子损坏情况不同人工时不同。

所需材料：焊材、型材、氧气乙炔。

人员：5～10人。

工期：7～20天。

工时：280～1 600小时。

3. 整机结构件及总成件清洁、除锈、油化处理

所需材料：油漆、滚筒刷、毛刷、钢丝刷、柴油、抹布、喷枪。

人员：6人。

工期：45天。

工时：2 160小时。

4. 刀盘维修

1）刀盘刀具拆卸

再制造过程中，需要对刀盘刀具进行拆卸，各关键位置探伤，几何尺寸测量，制定维修方案。包括：超挖刀管路测试或更换，边刮刀、先行刀、泡沫喷口保护刀、大圆环保护刀、齿刀刀座根据磨损情况更换，丝孔过丝，丝套更换，打磨涂装等。

所需材料：探伤剂、焊材、耐磨材料、焊接刀具、丝锥等刀具。

人员：4人。

工期：6～7天。

工时：192～224小时。

2）泡沫膨润土喷口拆卸、管路疏通、磨损检测点打压、超挖刀拆卸测试

人员：3人。

工期：7天。

工时：168小时。

3）刀盘探伤、焊接修复

人员：3～5人。

工期：7～20天。

工时：168～800小时。

4）刀具安装

人员：4人。

工期：4～7天

工时：128～224小时。

5. 前盾维修

前盾是盾构机的核心部件，主要组成有主驱动、油脂系统、齿轮油系统、保压系统、人舱系统、中心回转、电气系统、土仓壁球阀、螺旋机前闸门、泡沫土仓注入系统等。

1）电气系统拆卸测试安装

人员：3人。

工期：12天。

工时：288小时。

2）主驱动维修

人员：5人。

工期：30天。

工时：1 200小时。

3）人舱维修

人员：3人。

工期：7天。

工时：168小时。

4）油脂系统、齿轮油系统

人员：3人。

工期：9天。

工时：216小时。

5）中心回转

人员：3人。

工期：6天。

工时：144小时。

6）前盾土仓壁球阀拆卸修复安装

人员：3人。

工期：8天。

工时：192小时。

7）螺旋机闸门、油缸维修

人员：3人。

工期：7 天。

工时：168 小时。

6. 中盾维修

中盾是盾构机核心部件，包含的总成件有推进铰接油缸、推进阀组、电气控制系统、液压管路、喂片机牵引油缸、盾尾油脂控制、超前注浆孔、隔膜泵等。

1）电气系统拆卸、测试、安装

人员：3 人。

工期：15 天。

工时：360 小时。

2）推进铰接油缸、管路、零附件拆卸维修安装

人员：4 人。

工期：40 天。

工时：1 280 小时。

7. 盾尾

盾尾是盾构机的核心部件，包括注浆管路、油脂管路、铰接密封、盾尾刷、止浆板等。

1）盾尾刷割除焊接、台阶修复

人员：3 人。

工期：16 天。

工时：384 小时。

2）注浆球阀、注浆管道、油脂通道疏通、测试

人员：3 人

工期：5～15 天。

工时：120～360 小时。

3）铰接密封拆卸安装

人员：3 人。

工期：5 天。

工时：120 小时。

8. 螺旋机

螺旋机是将渣土从土仓输送到皮带机的部件，其结构包括驱动马达、减速机螺旋桶壁、螺旋杆、螺旋机闸门、伸缩套、液压控制阀组、油脂润滑部件、液压管路、泡沫管路等。

1）电气元器件拆卸、测试、安装

人员：2 人。

工期：4 天。

工时：64 小时。

2）螺旋机拆解维修组装

人员：3 人。

工期：30 天。

工时：720 小时。

3）螺旋桶壁、螺旋杆焊接修复

人员：2～3 人。

工期：7～15 天。

工时：112～360 小时。

9. 管片拼装机

管片拼装机结构是行走梁、回转支撑、驱动马达、减速机、红蓝油缸、抓举机构、液压阀组、电气系统等。

1）电气系统拆卸测试、安装

人员：2 人。

工期：5 天。

工时：96 小时。

2）拼装机解体、维修、安装

人员：3 人。

工期：30 天。

工时：720 小时。

10. 台车后援系统

桥架到台车安装有操作室、变压器、主电柜、控制柜、照明系统、注浆机、泡沫系统、油脂泵、液压泵站、液压控制阀组、双轨梁、循环水系统膨润土系统、空气系统、皮带机、水气管道、液压管路等。

1）电气系统拆卸测试、安装

人员：4～6 人。

工期：60 天。

工时：1 920～2 880 小时。

2）液压泵站拆卸、维修、安装

人员：4 人。

工期：20 天。

工时：640 小时。

3）台车液压、水气管路拆卸、清理、安装

人员：9 人。

工期：24 天。

工时：1 728 小时。

4）泡沫系统拆卸、维修、安装

人员：6 人。

工期：15 天。

工时：720 小时。

5）循环水/膨润土拆卸、维修、安装

人员：3 人。

工期：12 天。

工时：288 小时。

6）双轨梁、维修

人员：3 人。

工期：8 天。

工时：192 小时。

7）皮带机、维修

人员：3 人。

工期：10 天。

工时：240 小时。

8）空压机系统

人员：3 人。

工期：8 天。

工时：192 小时。

11. 盾构机组装调试

盾构机各总成件安装完成后进行总装调试，测试各部件动作、功能是否正常。

1）台车盾体上工位

人员：6～8 人。

工期：6 天。

工时：288～384 小时。

2）台车盾体液压、水气管路安装

人员：9 人。

工期：10 天。

工时：720 小时。

3）盾体台车动力线、控制线安装

人员：6 人。

工期：10 天。

工时：480 小时。

4）联机调试

人员：9 人。

工期：10 天。

工时：720 小时。

5）拆卸防护

人员：12 人。

工期：7 天。

工时：672 小时。

参考文献

[1] 徐滨士，等. 再制造工程基础及其应用[M]. 哈尔滨：哈尔滨工业大学出版社，2005.

[2] 徐滨士，等. 装备再制造工程[M]. 北京：国防工业出版社，2013.

[3] 朱胜，姚巨坤. 再制造设计理论及应用[M]. 北京：机械工业出版社，2009.

[4] 甘茂治，康建设，高崎. 军用装备维修工程学[M]. 2 版. 北京：国防工业出版社，2005.

[5] 崔培枝，姚巨坤. 面向再制造全过程的管理[J]. 新技术新工艺，2004(7)：17-19.

[6] 姚巨坤，杨俊娥，朱胜. 废旧产品再制造质量控制研究[J]. 中国表面工程，2006，19(5)：115-117.

[7] 朱胜，姚巨坤. 再制造技术与工艺[M]. 北京：机械工业出版社，2011.

[8] 叶京生，胡嘉琪. 代理商怎样做好配件库存管理[J]. 今日工程机械，2017(11)：80-81.

[9] 叶京生，胡嘉琪. 配件库存之殇[J]. 今日工程机械，2018(1)：40-42.

[10] 叶京生. 零件现货率多高才合适?[J]. 今日工程机械，2018(3)：58-59.

第 11 章彩图

第12章

大型施工企业的维修与再制造管理

12.1 概述

大型施工企业拥有巨大的设备资产数额，是优质高效完成生产计划的物质保证。从事设备的维修与再制造、能够盘活固定资产，提高资产利用率，节省固定资产投资，降低设备使用费，最终使工程项目受益。盾构机/TBM作为一种具有高技术含量、高可靠性、高效率、高附加值的专用隧道施工高端装备，在我国已广泛应用。据统计，2018年我国全断面隧道掘进机（盾构机+TBM，含再制造产品）年产量达606台，2017年为617台。截至2020年，我国全断面隧道掘进机的保有量已3 000余台，预计近几年需求量将会以每年15%左右的速度增长，市场发展空间巨大。

中铁隧道局集团有限公司作为国内隧道及地下工程领域的大型施工企业，是较早从事盾构机/TBM施工的企业之一，也是国内最早从事盾构机维修与再制造的企业，目前也是面临盾构机/TBM"老龄化"压力最大的企业。从2012年开始开展盾构机/TBM再制造，其在盾构机/TBM再制造方面已形成了一套完善的管理模式与标准流程，首创了"再制造八步法"标准工作模式，编制了盾构机再制造企业标准，牵头主编的国家标准《全断面隧道掘进机再制造》(GB/T 37432—2019)已批准发布，形成了一套检测、再制造及验收规范。全断面隧道掘进机设备检测机构已取得中国合格评定国家认可委员会（China National Accreditation Service for Conformity Assessment，CNAS）的认证，引入了盾构机/TBM再制造全过程第三方检测评估及监理机制，为规范盾构机/TBM再制造过程，保证再制造设备质量及寿命发挥了重要作用。

12.2 盾构机/TBM再制造管理体系

12.2.1 建立盾构机/TBM再制造组织体系，实行项目化管理

中铁隧道局集团有限公司建立有盾构机/TBM再制造组织体系，实现各层级各司其职，分级管理。其中集团设备部代表集团对盾构机/TBM再制造工作进行系统化管理；集团设备分公司为集团公司保有盾构机/TBM再制造的主责单位，负责具体组织实施再制造工作；集团设备检测中心和监理公司负责对盾构机/TBM再制造质量进行检测、验收与过程监督；施工型子（分）公司作为再制造盾构机/TBM用户，委派专人参与整个再制造过程，熟悉设备以利于后续更好地施工。盾构机/TBM再制造组织体系结构图，如图12-1所示。

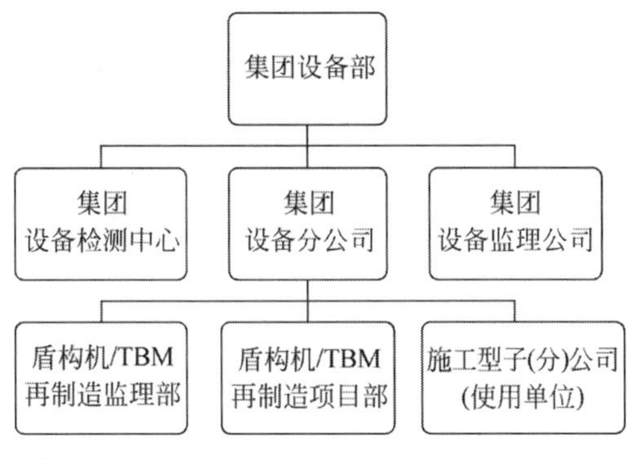

图 12-1　盾构机/TBM 再制造组织体系结构图

盾构机/TBM 再制造实行项目化管理，成立再制造项目经理部，配置岗位主要包括项目经理、总工程师、生产副经理、技术员、质检员、安全员、库管员、办公人员与内业等，负责对盾构机/TBM 再制造的安全、质量、技术、进度、成本、环保、宣传及人员管理等方面进行总体把控，确保盾构机/TBM 再制造具体实施工作能够有序推进。盾构机/TBM 再制造项目部组织结构图，如图 12-2 所示。

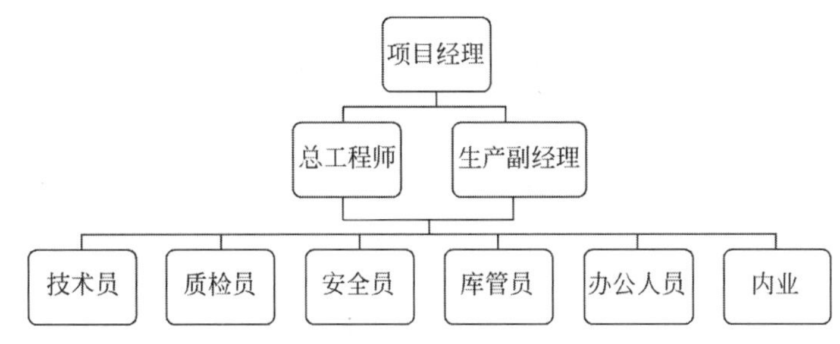

图 12-2　盾构机/TBM 再制造项目部组织结构图

12.2.2　建立盾构机/TBM 再制造内控管理流程

为进一步规范盾构机/TBM 再制造合规性程序，制定了盾构机/TBM 再制造内控管理流程，如图 12-3 所示。

12.2.3　盾构机/TBM 再制造质量管控

1. 依托盾构机/TBM 设备大数据管控平台

依托由盾构及掘进技术国家重点实验室牵头搭建的“智慧盾构机/TBM 大数据平台”(图 12-4)，利用大数据系统所存储的大量盾构机/TBM 历史施工数据、工程水文地质及设备故障等相关信息，衡量盾构机/TBM 真实状况，对其再制造的经济性和可靠性进行提前预测，准确判断设备及其零部件的可再制造性，辅助作出科学正确的再制造决策。

2. 注重盾构机/TBM 再制造设计

盾构机/TBM 再制造采用“量体裁衣”式的设计理念，根据后续使用项目的水文地质、工程设计及业主需求等情况，设计计算所需盾构机/TBM 性能参数，结合盾构机/TBM 本身设备参数、状态评估报告，对盾构机/TBM 各系统或部件进行重新设计制造、修复或者改造提升。

对盾构机/TBM 进行整机及分系统再制造设计，内容主要包括调整功能、性能参数提升、提高安全性、延长使用寿命、合理维修保养、提高精度、提高监控性及减少能耗和排污等，满足再制造产品生产、质量、检验、标识、安全及环保要求，确保再制造后的盾构机/TBM 主驱动能力、推进能力、液压系统、电气系统、机械系统及辅助系统能够适应新工程项目的实际需求。

3. 制定再制造盾构机/TBM 标准

编制并发布了企业标准《再制造土压平衡盾构机》(QB/CTG 40401—2016)和《全断面隧道掘进机再制造》(QB/CTG 50308—2021)，明确再制造盾构机/TBM 产品质量管理要求、各系统技术要求、各系统试验方法和检验规则，使再制造工作有规可循。

4. 引入专业设备监理，实行三级质检验证

引入资质不低于乙级设备监理单位，对再

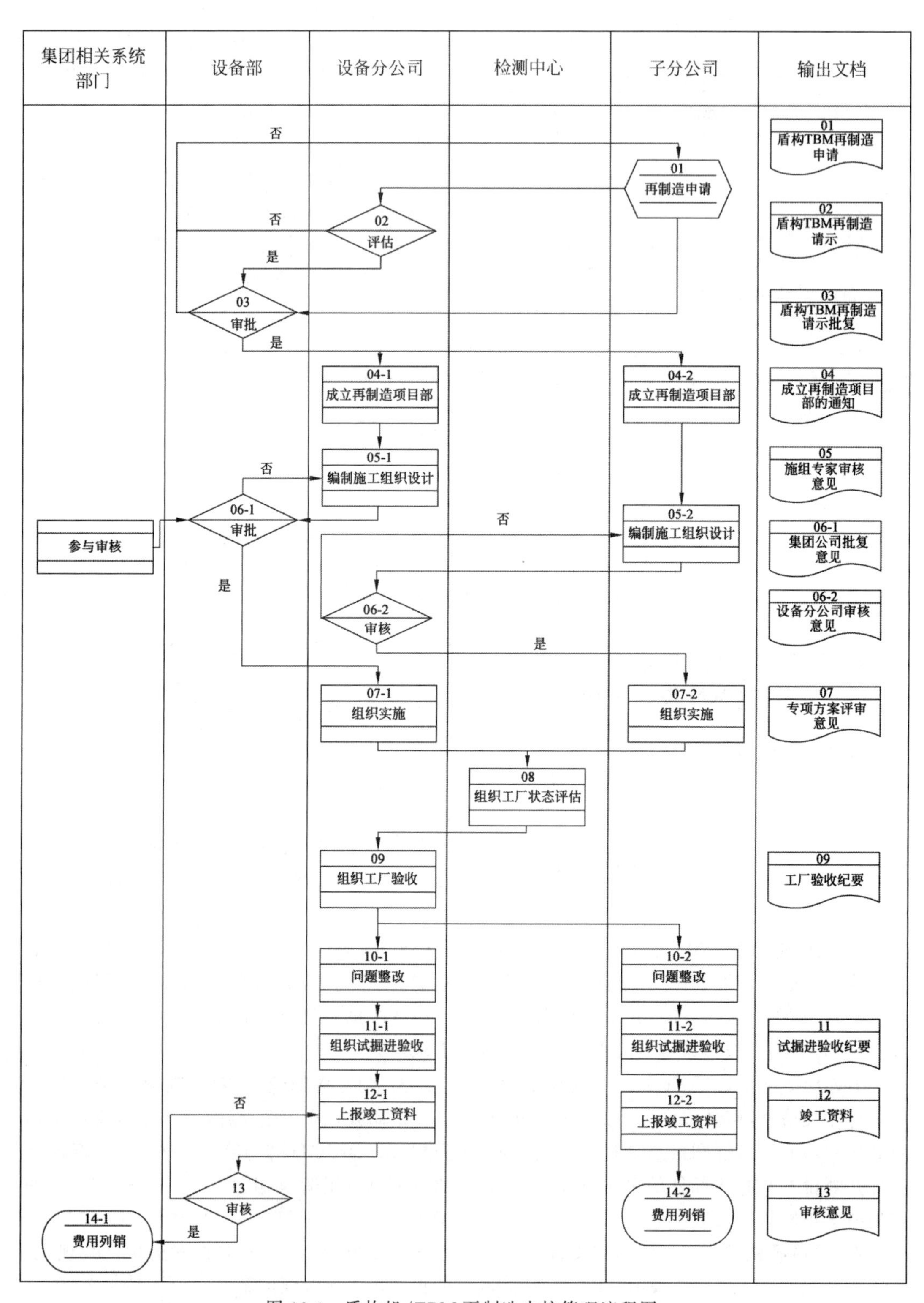

图 12-3 盾构机/TBM 再制造内控管理流程图

图 12-4　盾构机/TBM 大数据平台

制造盾构机/TBM 各系统的设计、制造、检验、储运、安装、调试等过程的质量、进度和投资实施第三方全程专业监督。实行再制造项目部、监理部和使用用户三级检验验证，确保再制造设备质量满足要求。

5. 引入专业设备检测工作机制

引入具有 CNAS 认证资质的设备检测机构，在盾构机/TBM 再制造前期设计阶段、中期实施阶段、出厂阶段及工地使用阶段进行设备状态第三方专业评估与验收。

6. 加强专业合作方管理

对刀盘螺栓、液压件、减速机、变频器、变压器等有相应国家标准或行业标准规定的零部件，由具有相应资质的第三方检测机构检测后确定是否为可利用件；对采购的有相应国家标准或行业标准规定的更新件，供应商应提供相应的检测报告；对人舱等没有相应国家标准或行业标准规定的设备，应委托具有专业能力的企业进行检测。

所有配套厂家应具备相应的检测设备和检测能力，压力容器等特殊设备配套厂家还应具备相应的生产许可证。

零部件应在合格供应商范围内采购，每年对盾构机/TBM 再制造合作厂家进行考核并发布评价结果，明确优秀供应商、合格供应商和不合格供应商，确保选择优质产品和专业服务。

7. 再制造高端咨询

依托再制造产业优势，联合协会、院校、厂家等行业内专家，建立专家智库，在盾构机/TBM 再制造关键节点(前期设计评估、核心部件再制造方案评审及出厂验收等阶段)多次召开专家研讨会，汇集众智，实现再制造技术和质量高端咨询。

12.3　盾构机/TBM“再制造八步法”标准工作模式

经过多年的探索与实践，逐步形成了成熟的盾构机/TBM“再制造八步法”标准工作模式(图 12-5)，规范了盾构机/TBM 再制造生产工艺流程，提高了再制造生产各工序工作的效率。

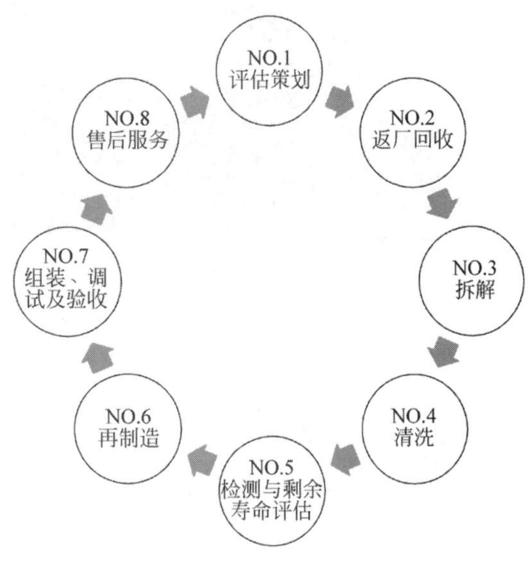

图 12-5　盾构机/TBM“再制造八步法”标准工作模式示意图

12.3.1　评估策划

结合企业年度设备大修/再制造计划，根据设备原始技术参数、施工履历、累计掘进里程、后续使用项目水文地质情况(工程需求)、业主方需求、设备适应性分析、设备进场工期要求等综合因素,明确再制造盾构机/TBM的设备来源。由第三方专业设备检测机构对拟定再制造的废(旧)盾构机/TBM进行整机机况评估,一般包括整机性能参数(包括开挖直径、刀盘额定扭矩、刀盘转速、总推力、掘进速度、机构尺寸、转弯半径等重要参数)、功能和安全性能,掌握再制造实施前设备的真实状况,确保再制造前期评估的客观性。

根据综合评估结果,进行盾构机/TBM再制造策划,策划内容应包括恢复性和升级性再制造内容、再制造实施组织机构和人员配置、质量管控、费用预算与工期计划等。

12.3.2 返厂回收

日系盾构机/TBM累计掘进里程达到8 km,欧美/国产盾构机累计掘进里程达到10 km,盾构机/TBM一般完成一个工程标段后,需要返厂回收,完成整机再制造后才能继续投入使用。

12.3.3 拆解

根据再制造盾构机/TBM不同系统的结构特点、工作原理和状态,采用适当的拆解方法和工具,包括通用工具法、敲击法、拉卸法和顶压法、热胀法、渗液法、加工法、气刨法和火焰切割法等,一般要求拆解成基本零件和部件,拆解过程中避免损坏零部件。

拆解应满足以下相关要求:拆解前应排空各系统、零部件中的液体;拆解结构体前应先拆卸仪器、仪表、管路及线缆;拆解旋转体和不能互换的零件前应先完成定位标识;拆解过程中产生的固体废弃物和废液的处置应符合国家相关标准的规定。

主轴承和螺旋输送机的拆解如图12-6所示。

(a)

(b)

图12-6 主轴承和螺旋输送机的拆解
(a) 主轴承;(b) 螺旋输送机

12.3.4 清洗

根据污垢、零部件的物理及化学性质采用合适的清洗方法,一般包括化学试剂清洗、表面抛丸、喷砂、高压水射流、表面研磨、超声波等清洗技术,减少清洗过程中的环境影响,清洗过程中产生的废液、废渣、废气应进行无害化处理,并符合国家相关标准规定。

大齿圈表面煤油清洗和后支撑结构件表面喷砂如图12-7所示。

12.3.5 检测与剩余寿命评估

通过振动数据、波形分析、温升数据、内窥镜内部视频检测、油液理化指标分析、变形检测、表面硬度检测、磁粉或着色探伤技术、超声波或相控阵检测技术、绝缘耐压试验,液压综合试验台全工况检测,油缸试验台耐压等测试,减速机试验台满载测试等手段,结合模拟设备使用工况,实现盾构机/TBM核心部件无损伤检测(鉴定)和剩余寿命评估,如图12-8所示。

(a)　　(b)

图 12-7　大齿圈表面煤油清洗和后支撑表面喷砂

(a) 大齿圈表面煤油清洗；(b) 后支撑表面喷砂

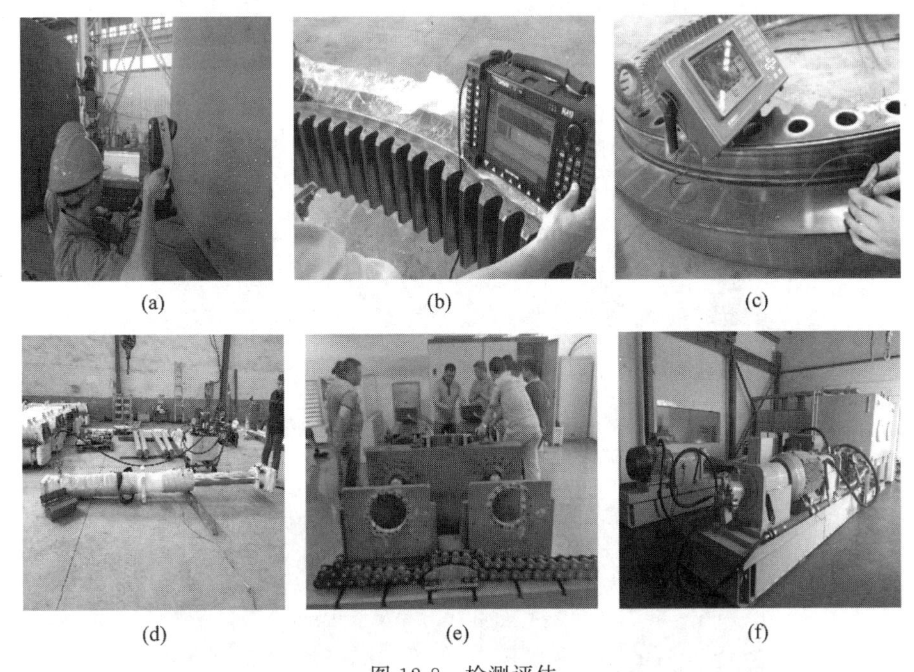

图 12-8　检测评估

(a) 盾体变形量三维摄影测定；(b) 主轴承内部缺陷超声波检测；(c) 主轴承滚道淬硬层深度测定；(d) 推进油缸耐压测试；(e) 主驱动减速机试验台负载测试；(f) 液压泵/马达试验台负载测试

12.3.6　再制造

盾构机/TBM 的再制造包括恢复性再制造和升级性再制造，目前，行业内采用的再制造工艺技术主要以增材再制造和减材后加工为主，如图 12-9 所示。

12.3.7　组装、调试及验收

将再制造盾构机/TBM 各系统零部件（包括涂装和非涂装），按照图样和装机方案进行工厂内整机组装，如图 12-10 所示；组装完成后，按照调试大纲在工厂内完成再制造盾构机/TBM 的整机调试及问题整改工作，如图 12-11 所示。

调试工作完成后，组织相关方（包括建设单位、设计单位、施工单位、设备监理单位和设备再制造单位）进行再制造盾构机/TBM 出厂验收，检验与验收内容包括但不限于以下几部分：整机外观、加工和装配质量、主要技术参数、设备完整性、空载运转试验、重载试验及再制造竣工资料审查等，如图 12-12 所示。

图 12-9 再制造

(a) 中心回转接头转子磨损部位表面热喷涂；(b) 主轴承密封跑道磨损部位氩弧焊接；(c) 电机传动轴磨损部位激光焊接

图 12-10 组装

(a) 螺旋输送机安装过程；(b) 刀盘安装过程

图 12-11 调试

(a) 管片安装机负载调试；(b) 推进油缸模拟负载调试

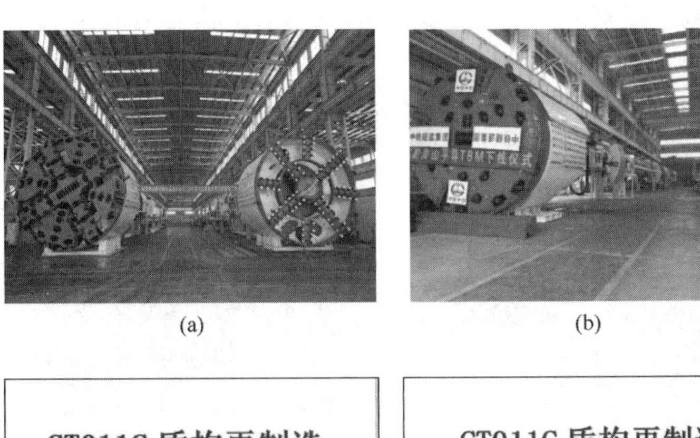

(a)　　(b)

(c)

图 12-12　验收

(a) 再制造盾构机出厂验收；(b) 再制造 TBM 出厂验收；(c) 盾构机再制造竣工资料

12.3.8　售后服务

按照新机标准，由再制造主责单位提供再制造盾构机/TBM 试掘进 200 m/500 m 的售后服务，派驻专业技术人员和技能人员进行施工现场跟机服务，为再制造盾构机/TBM 试掘进期间顺利施工提供帮助。

再制造盾构机/TBM 产品只有通过施工检

验，设备适应性和完好率满足施工项目需求，这样才是真正合格的再制造产品，才能得到市场、客户的认可，如图 12-13 所示。

图 12-13　售后服务

12.4　盾构机/TBM 再制造第三方专业检测与监理机制

12.4.1　成立盾构机/TBM 再制造专业检测与评估机构

为加强盾构机/TBM 再制造工作中的设备油水检测、故障诊断和状态评估管理，延长再制造设备使用寿命，提高再制造设备的完好率和利用率，很有必要引入具备相应资质的第三方专业检测与评估机构，对再制造前设备状态评估，精准“诊断把脉”，对再制造后性能进行验收，严格“出院检查”。

设备检测中心于 2014 年 10 月成立，为专业化分公司，承担着大型设备的检测工作及三级检测体系管理工作，同时承接外部企业及单位的大型设备检测评估业务。业务范围包含综合机况评估、状态监测、油液检测、液压部件检测与维修、故障诊断及技术培训等，配置有先进的油液检测、状态监测和液压部件检测仪器共 200 余套，设备总值 2 000 多万元。能够对油液的理化指标、所含元素的种类及其含量进行检测与分析；能够对盾构机/TBM 中所有设备及部件运转状态进行监测；能够对液压泵、马达和阀的性能进行平台测试，如图 12-14 所示。

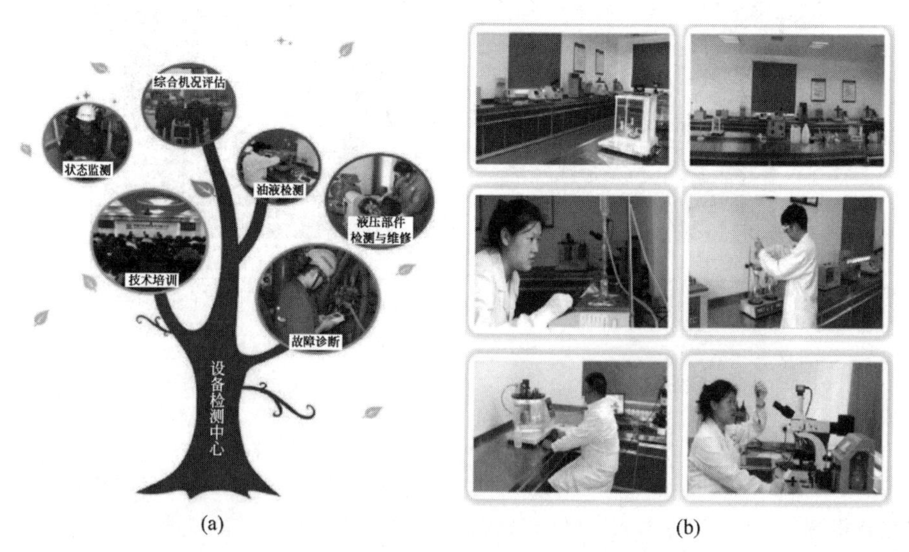

图 12-14　检测中心业务范围与仪器配置情况

(a) 业务范围；(b) 仪器配置情况

2015 年 2 月，中国工程机械工业协会常务副会长兼秘书长苏子孟为中铁隧道局集团有限公司“全断面隧道掘进机状态监测与评估中心”授牌认证；2018 年 5 月，中国工程机械学会授予中铁隧道局集团有限公司“全断面隧道掘进机状态监测与评估中心”；2018 年 5 月 31 日，设备检测中心通过 CNAS 认证，是全球唯一一个在全断面隧道掘进机检测与评估领域获得 CNAS 认证的单位。CNAS 是由国家认证认可监督管理委员会（Certification and Accreditation Administration of the P. R. C，CNCA）批准设立并授权的国家认可机构，全球 45 个国家和地区互认，如图 12-15 所示。

全断面隧道掘进机状态监测与评估中心牌

全断面隧道掘进机状态监测与评估中心牌

中国工程机械工业协会给中铁隧道集团授牌

中国工程机械学会给中铁隧道局集团授牌

ilac-MRA　CNAS

中国合格评定国家认可委员会

实验室认可证书

（注册号：CNAS L11063）

兹证明：

中铁隧道局集团有限公司设备检测中心

河南省洛阳市老城区状元红路 3 号，471000

符合 ISO/IEC 17025：2005《检测和校准实验室能力的通用要求》（CNAS-CL01《检测和校准实验室能力认可准则》）的要求，具备承担本证书附件所列服务能力，予以认可。

获认可的能力范围见标有相同认可注册号的证书附件，证书附件是本证书组成部分。

生效日期：2018-05-31
截止日期：2024-05-30

中国合格评定国家认可委员会授权人

本证书的有效性可登陆www.cnas.org.cn获认可的机构名录查询。

ilac-MRA　CNAS

中国合格评定国家认可委员会

检验机构认可证书

（注册号：CNAS IB0665）

兹证明：

中铁隧道局集团有限公司设备检测中心

河南省洛阳市老城区状元红路 3 号，471000

符合 ISO/IEC 17020：2012《各类检验机构运行的基本准则》（CNAS-CI01《检验机构能力认可准则》）C 类的要求，具备承担本证书附件所列检验服务的能力，予以认可。

获认可的能力范围见标有相同认可注册号的证书附件，证书附件是本证书组成部分。

生效日期：2018-05-31
截止日期：2024-05-30

中国合格评定国家认可委员会授权人

本证书的有效性可登陆www.cnas.org.cn获认可的机构名录查询。

图 12-15　协会、学会及 CNAS 资质证明

12.4.2 成立盾构机/TBM再制造专业设备监理机构

盾构机/TBM作为大型成套设备，其再制造涉及的设计、改造、性能提升等各个环节均对工程的成败有决定性的影响，引入具有相应资质的第三方监理能够公平客观对再制造全过程(包括质量、工期、供货范围、技术方案、再制造主体单位及其分包单位的质量体系等)进行动态监督管控，是确保大型设备质量可靠性的强有力措施及关键手段，使业主更加放心使用再制造设备。

2015年取得河南省质检局颁发的《乙级设备监理资质单位资格证书》，2016年率先获得全断面隧道掘进设备监理资质，是唯一一家专业从事全断面隧道掘进设备(盾构机/TBM)监理咨询的单位，如图12-16所示。

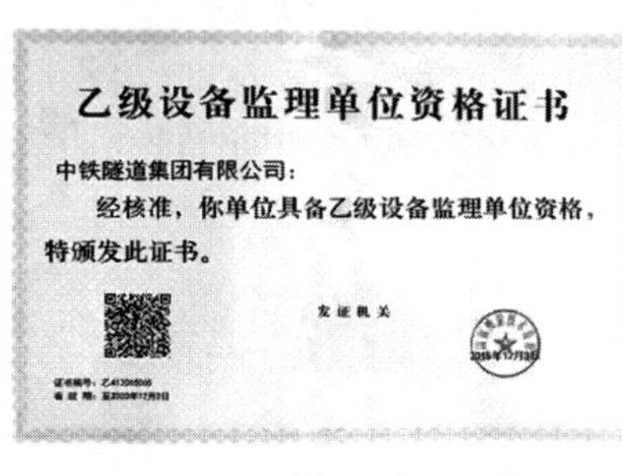
乙级设备监理单位资格证书
中铁隧道集团有限公司:
经核准，你单位具备乙级设备监理单位资格，
特颁发此证书。
发证机关

图12-16　设备监理单位资质证明

从2015年取得设备监理资质以来，先后累计监造了30余台各种类型的盾构机/TBM制造、再制造工作，相关设备监理单位主要业绩见表12-1。

表12-1　设备监理单位主要业绩(截至2019年6月)

序号	设备编号	数量/台	设备类型	设备规格/m	合同签订	设备制造形式	设备生产商	使用单位及项目
1	S985	1	泥水	ϕ13.56	2016.1	新制	海瑞克	中隧-佛莞城际
2	S261	1	土压	ϕ6.28	2016.3	再制造	海瑞克	中隧-合肥地铁
3～8	中铁257～262	6	土压	ϕ7.53	2016.3	新制	中铁装备	中隧-以色列地铁
9、10	中铁297、298	2	泥水	ϕ10.90	2016.6	新制	中铁装备	中隧-望京隧道
11	中铁305	1	敞开式TBM	ϕ9.03	2016.8	新制	中铁装备	中隧-高黎贡山
12	中铁306	1	泥水	ϕ15.02	2016.8	新制	中铁装备	中隧-苏埃通道
13	S1046	1	泥水	ϕ15.02	2016.8	新制	海瑞克	中隧-苏埃通道
14	TBM337	1	敞开式TBM	ϕ6.39	2016.8	再制造	罗宾斯	中隧-高黎贡山
15、16	中交139、140	2	土压	ϕ6.77	2017.6	新制	中交天和	上隧-上海地铁15号线19标段
17～22	中交149～154	6	土压	ϕ6.77	2017.6	新制	中交天和	上隧-上海地铁15号线与18号线
23	盾构机/TBM结构件	—	—	—	2017.11	新制	洛阳重庆	中铁装备

续表

序号	设备编号	数量/台	设备类型	设备规格/m	合同签订	设备制造形式	设备生产商	使用单位及项目
24	中铁588	1	泥水	ϕ15.80	2017.9	新制	中铁装备	中隧-深圳春风隧道
25	中铁5	1	土压	ϕ6 280	2018.1	再制造	中铁装备	中隧-南昌地铁
26、27	S459、460	2	土压	ϕ6 280	2018.1	再制造	海瑞克	中隧-广州地铁
28、29	中铁17～23	2	土压	ϕ6 280	2018.1	再制造	中铁装备	中隧-合肥地铁
30	N06	1	泥水	ϕ11.70	2018.3	再制造	法玛通	中隧-舟山海底公路隧道
31	DZ535	1	敞开式TBM	ϕ4.75	2018.12	新制	铁建重工	中隧-引绰济辽
32	中铁888	1	敞开式TBM	ϕ9.83	2019.1	新制	中铁装备	中隧-滇中引水
33、34	中铁788、789	2	泥水	ϕ13.46	2019.1	新制	中铁装备	中隧-杭州天目山
35、36	S508、509	2	泥水	ϕ6.52	2019.4	再制造	海瑞克	中隧-南京地铁

12.5 盾构机/TBM再制造管理的问题与思考

12.5.1 市场认可方面

地铁公司等业主单位对盾构机/TBM的机况关注度和要求很高，往往要求施工方使用新机、使用时间不超过一定期限或掘进不超过一定里程的设备，而对于再制造的盾构机/TBM则不被认可，无法进场。

政府部门需要加大对再制造工作的推行力度，使更多的部门和业主接受经过相关机构认定的盾构机/TBM再制造产品；施行盾构机/TBM再制造监理机制，加快盾构机/TBM再制造国标及行标等标准体系建设，规范再制造行为，强化质量保证措施，消除业主单位关于再制造产品质量的忧虑；再制造盾构机/TBM使用过程中能有单位对其提供保险，使业主用得更放心。

12.5.2 再制造技术方面

目前，已知的再制造技术有很多，但真正适用于盾构机/TBM零部件的再制造技术并不多，在实际工作中使用的也比较少，很多零部件均只能进行换件。例如，对于电缆、变频器、软启动器、变压器、高低压配电柜、PLC模块等大量的电气控制系统元器件，一般只能采取换件，还没有可靠的再制造技术；而对于主驱动密封跑道等部分有成熟的再制造技术的结构件，再制造的经济性又不能达到要求，甚至比购置新制费用还高。

由于盾构机/TBM的复杂性及其用于工程的高安全性和可靠性的要求，迫切需要加快再制造通用技术的适应性试验和核心部件(如主轴承、主驱动减速机等)剩余寿命评估等关键技术的攻关；期待政府或行业学会充分发挥引导和监管作用，大力引导、吸收和规范有能力进行配套设备再制造的企业，紧密团结盾构机/TBM产权单位、制造厂家、专业分包单位(零部件再制造单位)和相关院校/组织形成一个团队促进再制造技术和配套产业链发展，共同努力做好此项工作。

12.5.3 盾构机/TBM尺寸方面

目前，我国城市地铁隧道断面尺寸及管片分度缺乏统一的规范和标准，施工企业在不同城市施工时盾构机/TBM购置或改造工作，造成极大的资源浪费，或者是造成大量盾构机/TBM闲置，限制了设备利用率，进而很大程度上提高再制造难度和再制造业务的发展。盾构机生产制造厂家与施工企业合作，紧密依靠协会，在满足工程使用功能及社会发展需要的前提下，应尽可能统一(某行业或地区)或减少盾构机刀盘开挖直径，为施工企业节约大量设备购置、改造费用，为我国经济可持续、绿色环保、循环发展奠定坚实基础。

12.5.4 再制造市场资格准入方面

目前，具备盾构机/TBM再制造试点资质的企业有三家，进入再制造产品目录的企业也有三家，但市场上以再制造名义流通的盾构机/TBM远非三家，从侧面反映出了大众对于再制造的热情，但由哪家企业或哪些企业来做再制造更有利于行业的持续发展，这是个需要进一步思考的问题。

能够做、应该做盾构机/TBM再制造的企业，需要市场来验证，目前市场上较有优势(持续性和技术)做盾构机/TBM再制造的企业应该有以下两类：一类是生产厂家；另一类是产权单位，如盾构机/TBM保有数量多的施工企业和盾构机/TBM租赁企业。

12.5.5 配套产业链方面

再制造产业链市场发育不完善，掣肘了盾构机/TBM再制造行业的快速发展。盾构机/TBM是集光、机、电、液压、传感、信息、控制等多学科技术为一体的成套设备，当前市场上没有一家企业能独立承担和完成全部掘进机再制造工作。在实际工作中，再制造企业主要是发挥了统筹的作用，将相关零部件的再制造工作以专业分包的形式分包给有过合作或有一定实力的配套企业，但其在再制造的方面并没有全部得到国家的认可或者没有成熟的再制造配套设备和技术，这导致再制造过程中大部分部件属于检修范畴，达不到再制造的标准。

参考文献

[1] 易新乾.盾构/工程机械再制造推进中14个问题探讨[J].隧道建设，2018，38(7)：1079-1086.

[2] 洪开荣，等.盾构与掘进关键技术[M].北京：人民交通出版社，2018.

[3] 蒋建敏，赵学彬，贺定勇，等.北京地区盾构机刀具失效分析及再制造研究[J].中国表面工程，2006，19(3)：44-46.

[4] 康宝生.绿色环保经济发展与隧道掘进机再制造探析[J].隧道建设，2013，33(4)：259-265.

视频：大国重器盾构机再制造崛起

第12章彩图

第3篇

维修与再制造技术

第13章

维修与再制造技术概述

13.1 维修与再制造技术体系

13.1.1 维修与再制造工艺流程

维修与再制造工艺流程图,如图13-1所示。

维修与再制造工艺中还包括重要的信息流,如对各步骤零件情况的统计,可以为掌握不同类别产品的再制造特点提供信息支撑。如果通过清洗后,检测统计到某类零件损坏率较高,并且检测后如果发现零件恢复价值较小,低于检测及清洗费用,则在对该类产品维修与再制造中可将该零件直接丢弃;也可以在需要的情况下,对该类零件进行有损拆解,以保持其他零件的完好性。同时,通过建立维修与再制造产品整机的测试性能档案,可以为产品的售后服务提供保障。

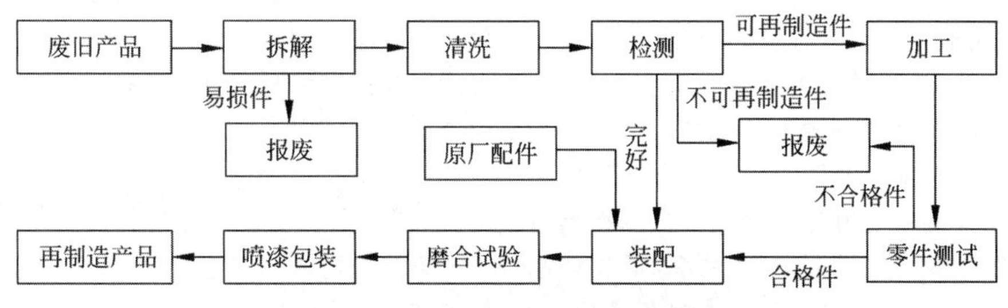

图13-1 维修与再制造工艺流程图

13.1.2 维修与再制造技术体系

根据不同的目的、设备、手段等,可以对维修与再制造技术进行分类。

1. **维修与再制造拆解技术**

维修与再制造拆解技术是研究如何实现产品的最佳拆解路径及无损拆解方法,进而高质量获取废旧产品零部件。

2. **维修与再制造清洗技术与工艺**

维修与再制造清洗技术与工艺是采用机械、物理、化学和电化学等方法清除产品或零部件表面的各种污物(灰尘、油污、水垢、积炭、旧漆层和腐蚀层等)的技术和工艺过程。废旧产品及其零部件表面的清洗对零部件表面形状及性能鉴定的准确性、维修与再制造产品质量、维修与再制造产品使用寿命均具有重要影响。

3. **维修与再制造检测技术与工艺**

对拆解后的废旧零部件进行检测是为了准确地掌握零件的技术状况,根据技术标准分出可直接利用件、可维修与再制造恢复件和报废件。零件检测包括对零件几何参数和软科学性能的鉴定及零件缺陷和剩余寿命的无损检测与评估，其直接影响产品的维修与再制造质量、成本、时间及产品的使用寿命。

4. 零件维修与再制造加工技术与工艺

零件维修与再制造加工是一门综合研究零件的损坏失效形式、维修与再制造加工方法及再制造后性能的技术，是提高维修与再制造产品质量、缩短生产周期、降低生产成本、延长产品使用寿命的重要措施，尤其对贵重、大型零件及加工周期长、精度要求高的零件及需要特殊材料或特种加工的零件，意义更为突出。

5. 维修与再制造装配技术与工艺

维修与再制造装配技术与工艺是为保证维修与再制造装配质量和装配精度而采取的技术措施。维修与再制造装配中要通过调整来保证零部件传动精度，如间隙、行程、接触面积等工作关系，通过校正来保证零部件位置精度，如同轴度、垂直度、平行度、平面度、中心距等。维修与再制造装配对于废旧产品维修与再制造质量和产品的使用寿命具有重要的直接影响。

6. 维修与再制造产品磨合试验技术与工艺

重要机械产品经过维修与再制造后，投入正常使用之前根据情况需要进行磨合与试验，主要目的如下：发现维修与再制造加工及装配中的缺陷，及时加以排除；改善配合零件的表面质量，使其能承受额定的载荷；减少初始阶段的磨损量，保证正常的配合关系，延长产品的使用寿命；在磨合和试验中调整各机构，使零部件之间相互协调工作。磨合与试验是提高维修与再制造质量、避免早期故障、延长产品使用寿命的有效途径。维修与再制造发动机装配后，均要进行磨合试验。

7. 维修与再制造产品涂装技术与工艺

维修与再制造产品涂装技术与工艺主要包括以下内容：一是将涂料涂敷于维修与再制造产品裸露零部件表面形成具有防腐、装饰或其他特殊功能的涂层；二是在流通过程中保护产品、方便储运、促进销售而按一定技术方法采用容器、材料及其他辅助物等对维修与再制造产品进行的绿色包装；三是印刷维修与再制造产品使用标志、使用说明书及质保单等产品附件，完善维修与再制造产品的售后服务质量。

8. 智能化维修与再制造技术

智能化维修与再制造技术是指运用信息技术、控制技术来实施废旧产品维修与再制造生产或管理的技术和手段。智能化维修与再制造技术的应用，是实现废旧产品维修与再制造效益最大化、维修与再制造技术先进化、维修与再制造管理正规化和产品全寿命过程维修与再制造保障信息资源共享的基础，对提高再制造保障系统运行效率发挥着重要作用。柔性维修与再制造技术、虚拟维修与再制造技术、快速响应维修与再制造等都属于智能化再制造技术的范畴，也将在再制造生产过程中发挥重要作用。

9. 维修与再制造性设计与评价技术

维修与再制造性设计与评价技术是指在产品设计过程中或废旧产品再制造前，设计并评价其再制造性并确定其能否以及如何进行维修与再制造的技术或方法。在研制阶段，考虑产品的维修与再制造性设计，能够显著提高产品末端时的维修与再制造能力，增强再制造效益。产品末端的维修与再制造性评价，能够形成科学的维修与再制造方法，优化维修与再制造流程。

13.1.3 维修与再制造技术特点

维修与再制造工艺与技术源于制造和维修工艺与技术，是某些制造和维修过程的延伸与扩展。但是，废旧产品再制造工艺与技术在应用目的、应用环境、应用方式等方面又不同于制造和维修技术，有着自身的特征。

1. 工程应用特点

维修与再制造技术直接服务于再制造生产保障活动，主要任务是恢复或提升产品的各项性能参数，实现对退役产品的再制造生产过程保障，是一门特征明显的工程应用技术，既要求有技术成果的转化应用，还要有科学成果的工程开发，具有针对性很强的应用对象和特定的工作程序。同一维修与再制造技术可由不同基础技术综合应用而成，同一基础技术在不同领域中的应用可形成多种维修与再制造技术，工程应用性决定了再制造技术具有良好的实践特性。

2. 综合集成特点

机电产品本身的制造及使用涉及多种学科，而对产品的维修与再制造技术也相应涉及产品总体和各类系统以及配套设备的专业知识，具有专业门类多、知识密集的特征。一方面，维修与再制造技术应用的对象为各类退役或故障产品，大到舰船、飞机、汽车，小到家用小电器、工业泵等多类产品；另一方面，涉及机械、电子、电气、光学、控制、计算机等多种专业；既有产品的技术性能、结构、原理等方面的知识，又有检查、拆解、检测、清洗、加工、修理、储存、装配、延寿等方面的知识。因此，产品的维修与再制造技术不仅包括各种工具、设备、手段，还包括相应的经验和知识，是一门综合性很强的复杂技术。

3. 先进适用特点

维修与再制造技术主要针对退役的废旧或故障产品，要通过维修与再制造技术来恢复、甚至提高产品的技术性能，有特殊的约束条件和很大的技术难度，这就要求在维修与再制造过程中必须采用比原产品制造更先进的高新技术。实际上，维修与再制造技术的关键技术，如维修与再制造毛坯快速成形技术、先进复合自动化表面技术、虚拟维修与再制造技术、老旧产品的性能升级技术等，都属于高新技术范畴。维修与再制造技术要和生产对象相适应，但落后的维修与再制造技术不可能对复杂结构的产品进行有效的维修与再制造保障，针对复杂结构或材料损伤毛坯的维修与再制造加工多采用先进的加法加工(如表面工程技术)，使维修与再制造技术要求具备先进性。同时，维修与再制造产品的性能要求不低于新产品，因此采用的维修与再制造技术既要适用，还要有很高的先进性，以保证维修与再制造产品的使用性能。

4. 动态创新特点

维修与再制造技术应用的对象是各种类不断退役的产品，不同产品随着使用时间的延长，其性能状态及各种指标也在发生相应变化。根据这些变化和产品不同的使用环境、不同的使用任务以及不同的失效模式，不同种类的产品维修与再制造技术保障应采取不同的措施，因而维修与再制造技术也随之不断地弃旧纳新或梯次更新，呈现出动态性的特征。同时，这种变化亦要求维修与再制造技术在继承传统的基础上善于创新，不断采用新方法、新工艺、新设备，以解决产品因性能落后而被淘汰的问题。只有不断创新，维修与再制造技术才能保持活力，适应变化。可见，创新性是维修与再制造技术的又一显著特征。

5. 经济环保特点

维修与再制造过程实现了废旧产品的回收利用，生成的维修与再制造产品在参与社会流通的过程中，能够在较低的消费支出下满足人们较高的产品功能需求，并且使维修与再制造企业具有可观的经济效益。同时，维修与再制造产品在与新产品同样性能情况下，大量减少了材料及能源消耗，减少了产品生产过程中环境污染废弃物的排放，具有良好的环保效益。所以维修与再制造技术的使用不但对生产者、消费者具有一定的经济性，还具有良好的综合环保效益。

13.1.4 维修与再制造技术的作用

1. 维修与再制造技术是先进制造技术的补充和发展

先进制造技术是制造业不断吸收信息、机械、电子、材料技术及现代系统管理的新成果，并将其综合应用于产品的全寿命周期过程，以实现优质、高效、低耗、清洁、灵活生产，获得最佳的技术和经济效益的一系列通用的制造技术。维修与再制造技术与先进制造技术具有同样的目的、手段、途径及效果，它已成为先进制造技术的组成部分。再者，一些重要的产品从论证设计到制造定型，直到投入使用，其周期往往需要十几年甚至几十年的时间，在这个过程中原有技术会不断改进，新材料、新技术和新工艺会不断出现。维修与再制造产业能够在很短的周期内将这些新成果应用到再制造产品上，从而提高维修与再制造产品质量、降低成本和能耗、减小环境污染，同时也可将这些新技术的应用信息及时地反馈到设计和制造中，大幅度提高产品的设计和制造水平。可见，维修与再制造技术在应用最先进的设计和制造技术对产品进行恢复和升级的同时，又能够促进先进设计和制造技术的发展，为新产品的设计和制造提供新观念、新理论、新技术和新方法，加快新产品的研制周期。维修与再制造技术扩大了先进制造技术的内涵，是先进制造技术的重要补充和发展。

2. 维修与再制造技术是全寿命周期管理内容的丰富和完善

目前，国内外越来越重视产品的全寿命周期管理。传统的产品寿命周期从设计开始，到报废结束。全寿命周期管理要求不仅要考虑产品的论证、设计、制造的前期阶段，而且还要考虑产品的使用、维修直至报废品处理的后期阶段。其目标是在产品的全寿命周期内，使资源的综合利用率最高，对环境的负影响最小，费用最低。维修与再制造技术在综合考虑环境和资源效率问题的前提下，在产品报废后，能够高质量地提高产品或零部件的重新使用次数和重新使用率，从而使产品的寿命周期成倍延长，甚至形成产品的多寿命周期。因此，再制造技术是产品全寿命周期管理的延伸。其中的维修与再制造性设计是产品全寿命周期设计的重要方面，要求设计人员在一开始就不仅考虑可靠性设计和维修性设计，而且应该考虑维修与再制造性设计以及产品的环保处理设计等，确保产品的可维修与再制造的能力。产品的维修与再制造性设计，使产品在设计阶段就为后期报废处理时的维修与再制造加工或改造升级打下基础，以实现产品全寿命周期管理的目标。

3. 维修与再制造技术是实现机电产品可持续发展的技术支撑

20世纪是人类物质文明飞速发展的时期，也是地球环境和自然资源遭受最严重破坏的时期。保护地球环境、实现可持续发展，已成为世界各国共同关心的问题。可持续发展包括发展的持续性、整体性和协调性。而我国目前的工业生产模式不符合可持续发展的方针，主要表现为：一是环境意识淡薄，回收、再利用意识差，大多是“先污染，后治理”；二是只注重降低成本，而不重视产品的耐用性和可再利用性，浪费严重。我国面临的资源能源短缺和环境污染严重的问题更为突出，发展生产和保护环境、节省资源已经成为日益激化的矛盾，解决这一矛盾的唯一途径就是从传统的制造模式向可持续发展的模式转变，即从高投入、高消耗、高污染的传统发展模式向提高生产效率、最高限度地利用资源和最低限度地产出废物的可持续发展模式转变。维修与再制造技术就是实现这样的发展模式的重要技术途径之一。维修与再制造技术在生态环境保护和可持续发展中的作用，主要体现在以下几个方面：一是通过维修与再制造性设计，在设计阶段就赋予产品减少环境污染和利于可持续发展的结构、性能特征；二是维修与再制造过程本身不产生或产生很少的环境污染；三是维修与再制造产品比制造同样的新产品消耗更少的资源和能源。

4. 维修与再制造技术可促进新的产业发展

据发达国家统计，每年因腐蚀、磨损、疲劳等原因造成的损失约占国民经济总产值的3%～5%。我国有几万亿元的设备资产，每年因磨损和腐蚀而使设备停产、报废所造成的损失都愈千亿元。面对如此大量设备的维修和报废后的回收，如何尽量减少材料和能源浪费、减少环境污染，最大限度地重新利用资源，已经成为亟待解决的问题。维修与再制造技术能够充分利用已有资源（报废产品或其零部件），不仅满足可持续发展战略的要求，而且可形成一个高科技的新兴再制造产业，能创造更大的经济效益、就业机会和社会效益。随着产品更新换代和企业重组发展，我国多年建设所积累的价值数万亿元的设备、设施，正在经历着或面临着改造更新的过程。维修与再制造技术不仅能够延长现役设备的使用寿命，最大限度发挥设备的作用，也能够对老旧设备进行高技术改造，赋予旧设备更多的高新技术含量，满足新时期的需要；它是以最少的投入而获得最大的效益的回收再利用方法。再制造技术在21世纪将为国民经济的发展带来巨大的效益，有望成为新世纪新的经济增长点。

13.2　维修与再制造技术发展

13.2.1　维修与再制造技术重点发展内容

1. 维修与再制造性设计与评估技术

维修与再制造性设计与评价技术是再制造所要考虑的首要理论问题，但目前还缺乏系统的研究及技术方法构建。对维修与再制造性的评估可以通过采集大量影响产品再制造的技术性、经济性、环境性和服役性等信息，构建包括非线性多影响因素的数据集，并通过定性和定量相结合、模糊评判、综合权衡等方法，建立较为完善的维修与再制造性设计及评估模型，提供科学的维修与再制造方案。

2. 废旧件剩余寿命评估技术

在产品再制造前，分析研究失效零部件磨损、断裂、变形、腐蚀和老化等失效现象的特征原因及规律，并利用涡流检测和磁记忆检测等无损检测手段完成废旧产品关键零部件的疲劳、裂纹、应力集中等缺陷的检测，计算出其剩余寿命。准确评估废旧产品或零部件的剩余寿命是科学合理实施维修与再制造加工的重要基础。

3. 面向全过程的维修与再制造设计技术

面向全过程的维修与再制造设计技术是指在产品再制造前，根据产品的失效形式及其维修与再制造后产品的性能要求，面向维修与再制造生产全过程，对所采用的维修与再制造技术单元、保障资源等内容进行全面规划，并通过优化组合，最终形成最优化产品维修与再制造方案的过程。

4. 快速成形技术

快速成形技术指以损伤零部件为毛坯，通过三维数据扫描及模型重建等数字化手段，采用基于机器人控制的金属零件快速成形方法，恢复零件原有几何形状及性能的技术。它是通过计算机、数控、高能束、新材料等高科技综合集成创新而发展起来的一项先进维修与再制造技术，它将传统的减法加工（即去除加工）变为先进的加法加工（即堆积加工）。

5. 维修与再制造质量控制技术

维修与再制造质量控制技术指为保证维修与再制造产品达到规定的质量、性能要求，在生产过程中所采取的多种质量控制方法，通常包括毛坯的质量检测、生产过程的在线质量监控及产品的质量检测与评价。

6. 维修与再制造升级技术

维修与再制造升级技术即利用先进的表面工程、电子信息、环境保护等新技术、新材料、新工艺，通过模块替换、结构改造、性能优化等手段，实现老旧设备在功能或技术性能上的提升，以满足更高使用需求的技术。

13.2.2　维修与再制造技术发展趋势

1. 发展高效的表面工程技术，提高废旧产品的利用率

产品零件的磨损与腐蚀失效是导致产品性能下降的重要因素，而采用高效的表面工程技术，实现失效件的表面尺寸及性能的恢复或提升，从而改变当前以尺寸修理法和换件法为主的维修与再制造产业生产模式，提高废旧产品零部件的利用率，提升维修与再制造业的资源效益。

2. 发展自动化维修与再制造技术，满足再制造的批量生产要求

再制造的重要特征之一是生产对象的批量化和规模化，因此，再制造生产线需要对批量的产品进行生产操作，这需要进一步发展自动化再制造技术，促进再制造生产效益。例如，通过利用机器人和自动控制技术实现自动化等离子弧喷涂技术在维修与再制造中的应用。

3. 发展柔性维修与再制造技术，提高对再制造产品种类变化的适应性

传统的大批量产品的再制造生产方案将逐渐被小批量、多品种、个性化的产品再制造生产方案所代替，为满足市场需求的迅速变化，使传统的恢复为主的维修与再制造生产方式，也逐渐过渡到以产品性能升级与恢复并重的维修与再制造模式。因此，在维修与再制造生产线上，大量采用柔性化设备及生产工艺，能够迅速使维修与再制造生产适应产品毛坯及生产目标的变化，实现快速的柔性化生产。

4. 发展绿色化维修与再制造技术，减少维修与再制造生产的污染排放

维修与再制造工程对节能、节材、环境保护具有重大作用，但是对具体的再制造技术，如维修与再制造过程中的产品清洗、涂装、表面刷镀等均有“三废”的排放问题，仍会造成一定程度的污染。因此，需要进一步发展物理清洗技术，减少化学清洗方法的使用，研制开发一些有利于环保的镀液。当前，在维修与再制造工程领域，需要进一步重视环境保护，采用清洁生产模式，大量采用绿色化维修与再制造技术，实现“三废”综合利用的目标。

5. 发展智能化维修与再制造技术，提高维修与再制造生产效率

智能化维修与再制造技术的发展趋势，主要包含三方面内容：一是维修与再制造过程的智能化设计，针对具体零部件，基于专家数据库等信息，实现维修与再制造成形技术方法优化设计；二是维修与再制造成形过程的智能化控制，基于零部件维修与再制造成形过程，实现工艺参数和控制参数自动优化；三是维修与再制造装备及零部件的智能化检测，采用涡流检测、超声波检测、激光检测等快速无损检测技术，实时掌握生产过程中维修与再制造成形工艺稳定性和维修与再制造成形零件状态，最大限度地避免维修与再制造成形不合格零件的产生。

参考文献

[1] 崔培枝，姚巨坤．再制造生产的工艺步骤及费用分析[J]．新技术新工艺，2004(2)：18-20.

[2] 姚巨坤，时小军．废旧产品再制造工艺与技术综述[J]．新技术新工艺，2009(1)：4-6.

[3] 时小军，姚巨坤．再制造拆装工艺与技术[J]．新技术新工艺，2009(2)：33-35.

[4] 崔培枝，姚巨坤．再制造清洗工艺与技术[J]．新技术新工艺，2009(3)：25-28.

[5] 姚巨坤，朱胜，时小军．再制造毛坯质量检测方法与技术[J]．新技术新工艺，2007(7)：72-74.

[6] 姚巨坤，崔培枝．再制造加工及其机械加工方法[J]．新技术新工艺，2009(5)：1-3.

[7] 姚巨坤，时小军，崔培枝．废旧产品再制造工艺中的装配方法[J]．新技术新工艺，2008(11)：45-48.

[8] 姚巨坤，何嘉武．再制造产品磨合及试验方法与技术[J]．新技术新工艺，2009(10)：1-3.

[9] 姚巨坤，崔培枝．再制造产品涂装工艺与技术[J]．新技术新工艺，2009(11)：1-3.

[10] 朱胜，姚巨坤．再制造技术与工艺[M]．北京：机械工业出版社，2011.

[11] 徐滨士，朱胜，史佩京．绿色再制造技术的创新发展[J]．焊接技术，2016，45(5)：11-14.

第14章

拆卸与装配技术

14.1 概述

14.1.1 拆卸与装配的意义

拆卸与装配是维修、再制造的重要环节。对于维修与再制造过程而言,拆卸是第一步。科学高效的拆解工艺有利于提高维修对象和再制造品的质量,需要针对具体拆卸对象的零部件状态来决定拆卸序列及拆卸工艺,由此来最大限度地实现"高价值"零部件的低损/无损分离。再制造的工艺对象是具有较高不确定性的再制造毛坯,导致其再制造工艺过程也具有较大的波动,因而再制造装配所处理的零部件,具备较离散的状态分布。需要结合再制造方式及其工艺特点,选择合适的再制造装配工艺方法及装备,用以保障再制造产品的服役质量。

14.1.2 拆卸与装配技术现状

拆卸技术研究主要关注可拆卸性评价、拆卸设计、拆卸序列优化求解等问题。国内企业重点关注如何实现零部件的快速拆卸。鉴于拆卸对象的不可预测性,企业现场采用的拆卸方法较粗犷和原始,手工操作比例高,自动化和智能化水平十分有限。在国外,宝马、大众、梅塞德斯等汽车企业,皆建立了汽车拆卸试验中心,对拆卸技术进行了较深入的应用研究。

再制造装配工艺已应用到一系列工业产品中,如汽车、压缩机、电子电器、机械设备、办公用品、墨盒、阀门等,其中汽车零部件的再制造装配生产线是再制造研究最早的领域,在美国已经形成了规模相当大的产业,瑞士的卡斯特林公司专门向世界各国提供再制造装配服务。我国在再制造装配的研究与工程应用领域尚处于快速发展阶段,以中国重汽集团济南复强动力有限公司为代表的多家发动机再制造公司已搭建了再制造装配生产线,沈阳大陆激光再制造公司对大型轧辊与涡轮叶片进行了再制造装配。与传统装配过程不同,再制造装配所面临的是再制造毛坯质量不确定、再制造产品的多样化需求等问题,需要从装配精度与质量、产品生命周期和资源有效循环的角度,重组优化现有的再制造装配方法及策略,在满足再制造产品装配精度和质量的前提下,减少再制造件在装配中的损失、提高装配精度。

14.1.3 拆卸与装配的发展

1. 维修及再制造产业拆卸工艺的发展

1)自动化拆解技术

自动化的拆卸设备是提高拆卸效率、实现低损/无损拆卸的必要条件。但再制造对象的不确定性为自动化拆解技术及设备的拆解普适性与高效性带来极大挑战。

2)再制造拆卸设计技术

再制造拆卸设计技术是指在产品设计阶

段就考虑再制造拆卸问题，使产品易于拆卸，提高其可拆卸性。如此，对于要求降低再制造对象的拆卸损伤，甚至实现无损拆卸的场合下，需要关注于减少产品的拆解深度、避免永固性连接的使用；而对于需要实现材料回收的情况下，则要求尽可能采用单一材料，以方便材料回收。对此，需要在设计与再制造之间建立有效的反馈机制，这给设计流程的合理化管理带来了高要求。

3）虚拟拆卸技术

虚拟拆卸技术是指将虚拟现实技术与拆卸相结合，在计算机虚拟环境下实现再制造产品的虚拟拆卸，从而获得实际可行的拆卸序列的一种新型拆卸仿真技术。该技术的实施，可对拆解过程的碰撞干涉状态、拆卸序列的合理性进行有效检验。但该技术距成熟使用还有较长的路程，目前尚存在投资收益比不协调的问题。

2. 再制造装配工艺发展方向

再制造装配工艺向着精密化、智能化、集成化方向发展。

1）精密化

再制造工程业已面向更为复杂且精密的高端装备领域，对应再制造产品服役环境也越来越恶劣化和极限化，装配精度需求越来越高。为了保障再制造产品装配性能，需要从反映产品性能形成过程的表面及微观层面，研发相关再制造装配技术。

2）智能化

由于再制造零部件本身具备较高的不确定性，且再制造产品市场逐步向个性化、小批量方向发展，结合智能制造作为其核心技术，需要进一步推动柔性装配系统等多品种自动装配系统及其关键工艺装备的发展。

3）集成化

再制造装配是整个再制造产品系统集成环节，再制造产品性能及质量受到产品设计、材料特性、机械加工、装配工艺、检测技术等多方面的综合影响，需要从产品全生命周期的角度出发，基于设计、加工等其他环节，系统地研究再制造产品的装配技术体系。

14.2 拆卸工艺及装备

14.2.1 拆卸方法

对于不同的连接形式、拆卸需要采用的技术及工具会有一定差别，典型连接方式的拆卸方法见表 14-1。

表 14-1 典型连接方式的拆卸方法

连接类型	可能的拆卸问题	常用的拆解技术	可选工具
胶结	(1) 拆解工具的可达性欠佳； (2) 存在一定程度的零部件拆解损伤风险	化学试剂溶解 机械切割	有机溶剂 切割工具
焊接		机械切割 机械冲击	切割工具、击锤工具
铆接		机械切割	切割工具
螺纹	螺纹锈蚀、螺牙变形咬死造成连接的难以拆卸	反向旋出、浸润、冲击破坏性拆卸	螺丝刀、扳手、浸润剂、钻削装备、砂轮机
键连接	键扭转变形及严重锈蚀等造成连接件间的咬死	击卸法、破坏性拆卸	机械钳、切削设备
过盈连接	(1) 配合界面出现局部咬合，拆解阻力剧增； (2) 配合面容易发生磨损性拆卸损伤； (3) 施力不当致使零件变形	顶压/拉拔法、温差拆卸法、对于预制有注油孔及回路的过盈配合件可采用油压辅助拆卸法	压力机、火焰加热装置、电感加热装置、专用油压拆卸装备

其他卡扣类连接的拆卸则相对容易，必要时可采用破坏性拆卸。对于异质材料的焊接件，再制造情况下一般不予拆卸，大多采用破坏性机械分割的方式进行分离。

14.2.2 拆卸工具

1. 基础工具

基础工具一般有以下几种：①扳手；②螺丝刀；③手锤。

2. **气动工具**

典型气动工具主要有气动扳手、气动螺丝刀、气动除锈器、气动拉钉枪、气动喷枪、气铲、气锤、气动锯等，如图 14-1 所示。

3. **电动工具**

拆卸与装配场合常用到的电动工具主要有金属切削电动工具、研磨电动工具、装配电动工具三类。其中，冲击电钻、电动扳手、电动螺丝刀、电动角磨机等较为常见，如图 14-2 所示。

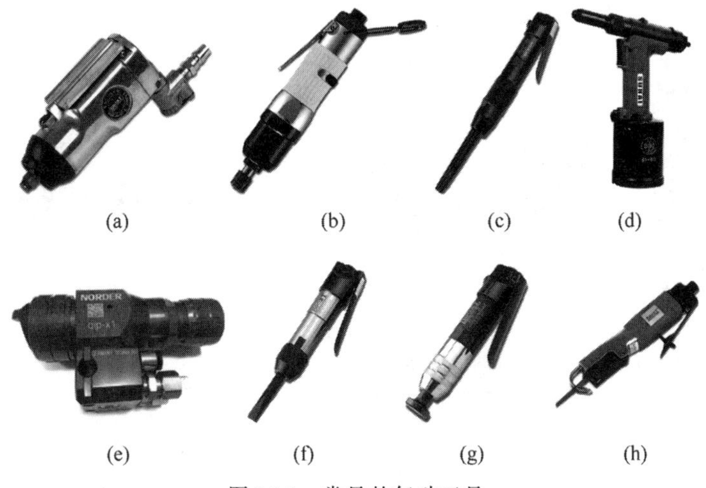

图 14-1　常见的气动工具

(a) 气动扳手；(b) 气动螺丝刀；(c) 气动除锈器；(d) 气动拉钉枪；(e) 气动喷枪；(f) 气铲；(g) 气锤；(h) 气动锯

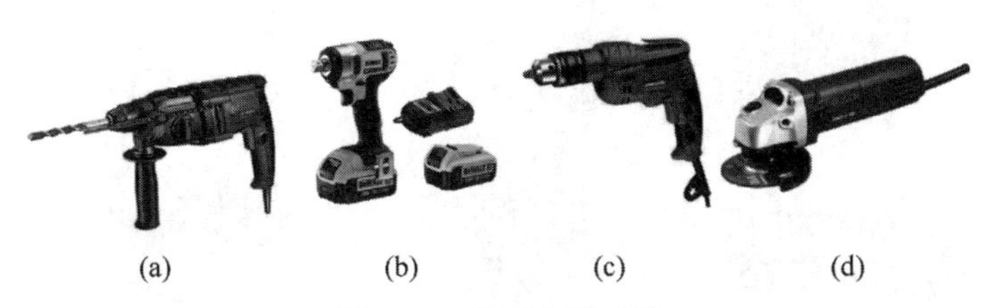

图 14-2　典型电动工具

(a) 冲击电钻；(b) 锂电式冲击扳手；(c) 电动螺丝刀；(d) 电动角磨机

4. **液压工具**

一个完整的液压工具系统由五个部分组成，即动力元件、执行元件、控制元件、辅助元件和液压油。拆卸和装配场合常用的液压工具包括液压冲击扳手、液压钳、液压千斤顶、液压拉马、液压螺栓拉伸器、液压法兰分离器、液压螺母破切器等，如图 14-3 所示。

5. **压力机**

在需要施加持续性的较大压力进行拆卸和装配的场合下，一般采用压力机与专用的拆卸辅具相配合的方式来实施拆卸。根据动力来源不同，拆卸用压力机可分为手动、气动和液压三大类，如图 14-4 所示。

14.2.3　拆卸质量保障

维修与再制造拆卸的目的是方便后续的修理或再制造环节的顺利进行，对于那些将要重复使用的零件，需要尽可能地避免拆卸损伤，尤其是附加值较高的重点零部件。对此，为保障拆卸的顺利进行并使拆卸后零件的损伤得到有效控制，需要依照以下原则展开拆卸工作。

(1) 拆卸进行之前应熟悉要拆卸产品的结构，虽然拆卸并不能完全看成逆装配的过程，但在拆卸之前还是要了解产品是如何装配的，来保证拆卸的顺利进行。

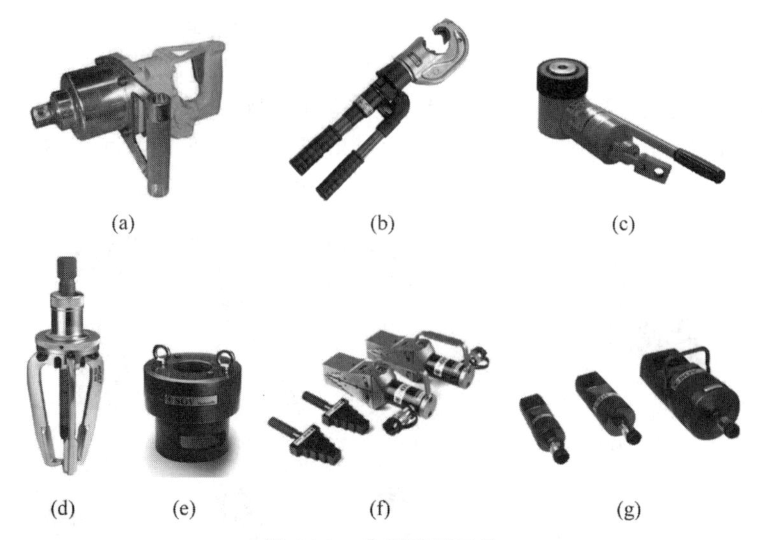

图 14-3　典型液压工具

(a) 液压冲击扳手；(b) 液压钳；(c) 液压千斤顶；(d) 液压拉马；(e) 液压螺栓拉伸器；(f) 液压法兰分离器；(g) 液压螺母破切器

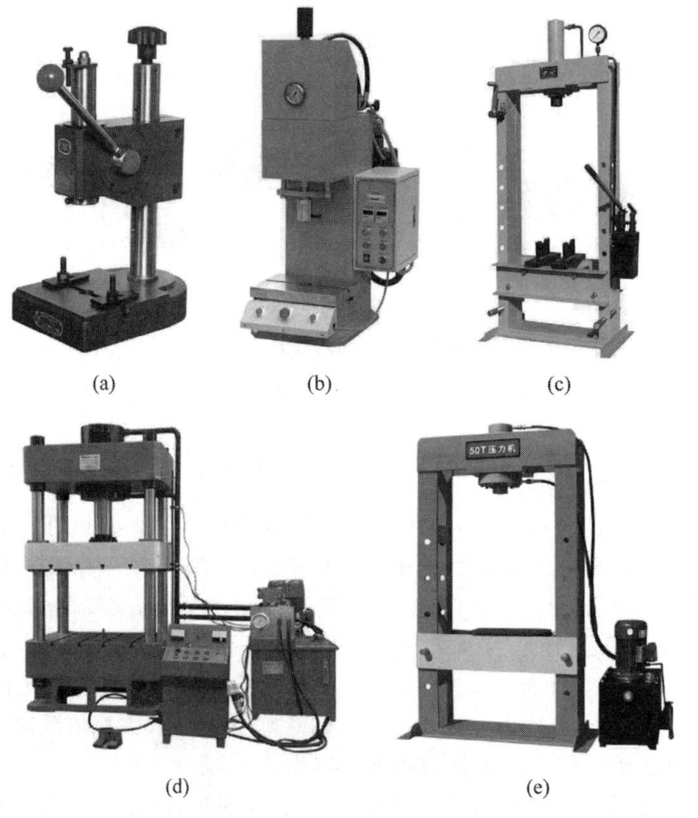

图 14-4　压力机结构形式

(a) 齿杆式手动压力机；(b) 手动液压泵和液压缸驱动的压力机；(c) 弓形液压式；(d) 四立柱液压式；(e) 龙门液压式

(2) 针对被拆对象特点及拆卸目的,合理规划拆卸序列,一般依照从外到内、从整体到部件再到零件、从简单到复杂的顺序进行。

(3) 对于容易损坏的零件以及高值部件需要多加关注,可采用先行拆卸或拆卸保护的方式来避免或减轻拆解损伤。

(4) 对于一些不需要拆卸的部分可以不拆卸,或者需要破坏性拆卸的部分可直接破坏拆卸,以减少拆卸的时间和工作量。

(5) 对于在恶劣环境下工作的机械,拆卸下的精密零件需要擦拭干净,并涂上防锈油后妥善保存,以防止灰尘进入。

(6) 拆卸时要选用标准工具和专用工具进行拆卸,以保证零件在拆卸过程中不会被损坏。

14.2.4 主动拆卸技术

主动拆卸(active disassembly)是利用主动拆卸结构代替传统的卡扣、铆钉或螺纹连接,当用一定的外界条件激发主动拆卸结构时,通过形变动作,实现零部件的自动拆卸。典型主动拆卸结构组成及其激发方式见表 14-2。该技术主要是利用形状记忆材料的特性,因此又被称为使用智能材料的主动拆卸(active disassembly using smart material,ADSM)。

表 14-2 典型主动拆卸结构组成及其激发方式

序号	主动拆卸结构激发方式	原理示意图	工作方式说明	必要条件	拆卸原理
1	离心力	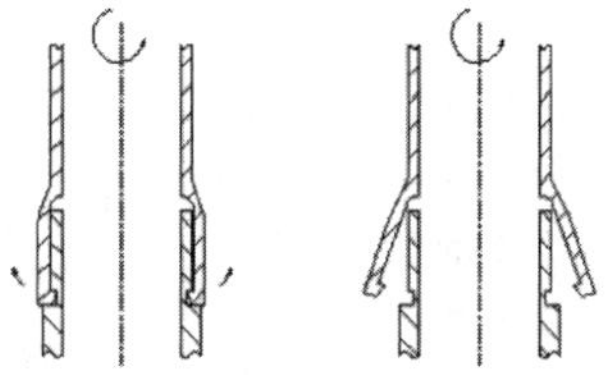	利用离心力时卡扣松开/脱开	轴对称产品结构	特殊结构
2	振动	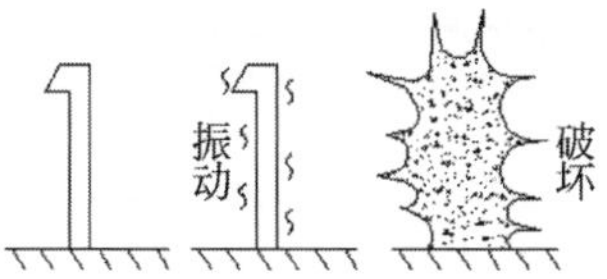 振动 破坏	紧固件在特定振动频率下崩解失效	具有预设的/可修改的特征频率的结构	特殊结构/材料
3	气压	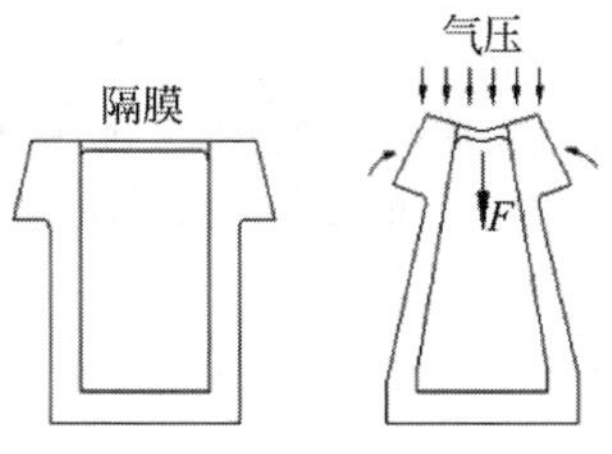 隔膜 气压 F	增加气压使紧固件变形从而使连接失效	有密闭的充空气的空腔	特殊结构
4	电流	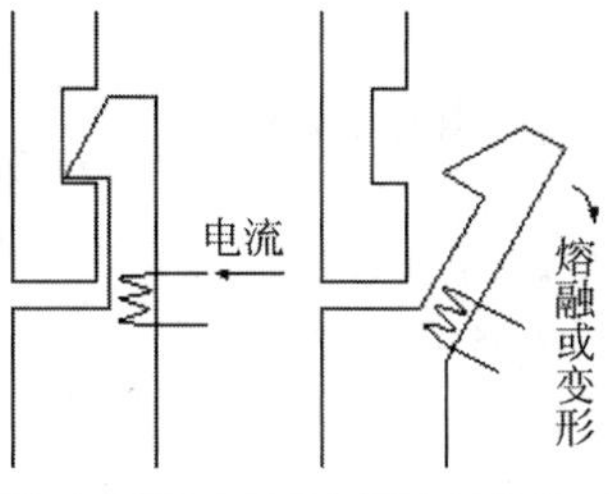 电流 熔融或变形	通电时连接件内部的电阻丝熔化周围的塑料使连接失效	制造连接件时即埋入电阻丝	特殊材料

续表

序号	主动拆卸结构激发方式	原理示意图	工作方式说明	必要条件	拆卸原理
5	溶解	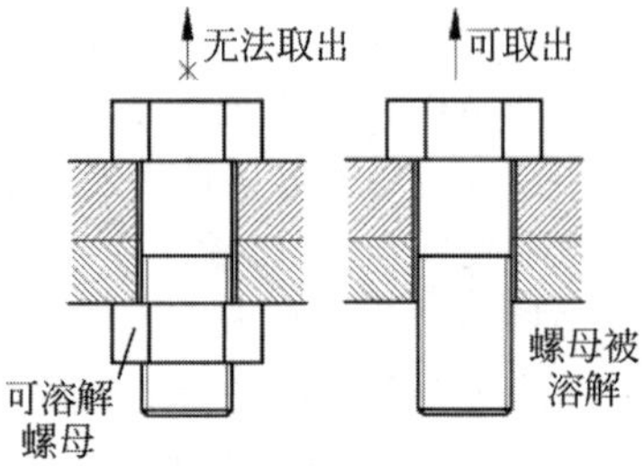 无法取出 可取出 可溶解螺母 螺母被溶解	利用可溶材料制成的紧固件在拆卸时溶解消失	合适的可溶材料	特殊材料
6	磁场	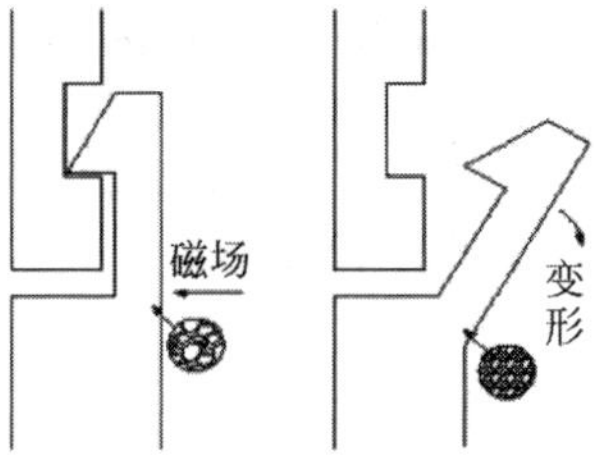 磁场 变形	磁阻材料在磁场作用下表现出形状的变化	特殊成形的特定磁阻材料	特殊材料
7	加热	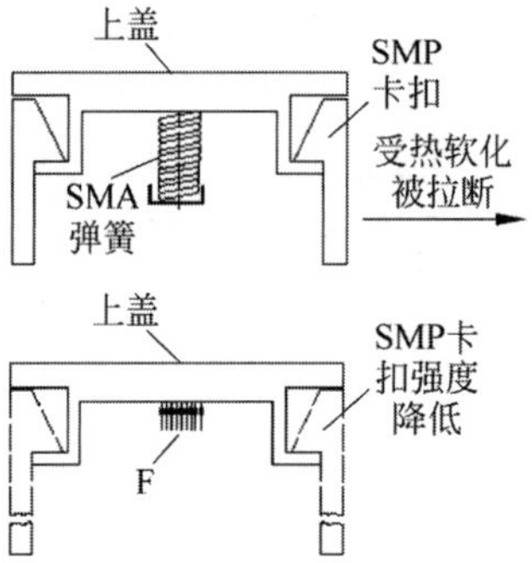 上盖 SMP卡扣 受热软化被拉断 SMA弹簧 上盖 SMP卡扣强度降低 F	形状记忆合金（SMA）驱动件产生的驱动力致使形状记忆高分子（SMP）卡扣根部断裂	SMP 卡扣强度急剧下降几个数量级	SMP 卡扣根部破坏，连接关系失效
8	加热	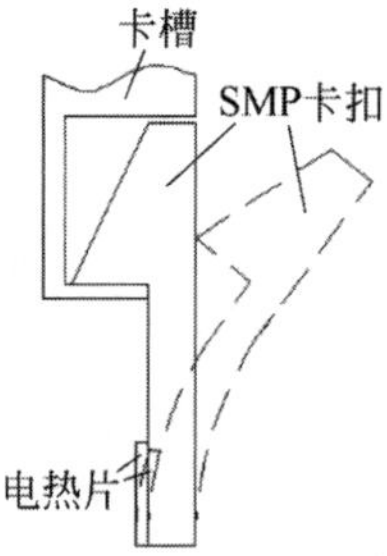 卡槽 SMP卡扣 电热片	利用局部热量使 SMP 卡扣变形	达到 SMP 卡扣的激发温度	局部热源致使 SMP 卡扣变形
9	加热	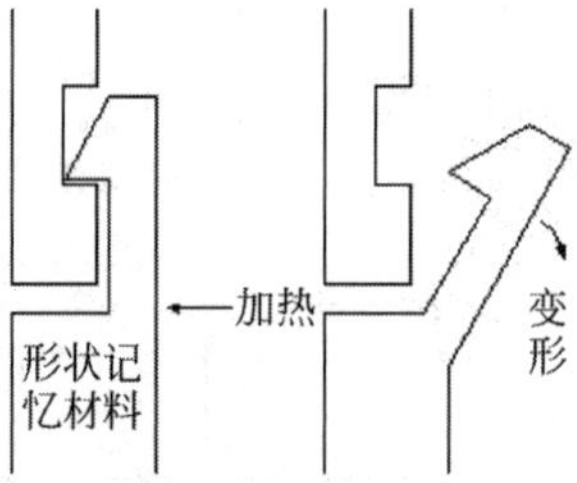 加热 形状记忆材料 变形	在升温时变形的形状记忆材料/两种材料的复合材料（如双金属片）	形状记忆材料或具有双稳态的两种材料的复合材料	特殊材料

续表

序号	主动拆卸结构激发方式	原理示意图	工作方式说明	必要条件	拆卸原理
10	电磁激发		利用磁性材料之间的相互作用力使卡扣脱开	达到卡扣脱开所需的变形量	卡扣分离
11	加热		ABS外壳根部破坏，卡扣脱开	达到卡扣脱开所需的变形量	外壳材质为ABS，芯部结构材质为SMP。SMP芯部实体变形致外壳根部破坏
12	温度-压强耦合激发		温度激发使SMP卡扣强度急剧下降，压强作用使其变形	达到卡扣脱开所需的变形量	温度-压强耦合并行激发

14.3 装配技术

14.3.1 再制造装配的特点

再制造装配是把再制造零件、直接利用的零件和新零件一起装配成最终产品的过程。在再制造产品装配中，存在一些会影响到再制造装配最终质量的不确定因素。

(1) 回收产品(再制造毛坯)在质量、数量、时间上不确定。由于再制造复杂机械产品装配零部件大部分是经过修复后的回收零部件，当零部件的服役情况和修复技术不同，会导致再制造零部件质量不稳定，尺寸公差变化范围大，进而产生零部件广义公差带“偏移”。

(2) 目前，大多数再制造产品装配过程，均是参照新品的装配标准，忽视了再制造零部件和新品尺寸公差的不同，一定程度上会影响到装配质量和装配成本。由于再制造装配生产过程中各种不确定因素之间，存在复杂、动态、非线性、耦合的相互作用，这些因素都会不同程度影响最终产品的质量属性。

由于受再制造生产技术和生产成本的限制，现有再制造企业尚无统一的再制造装配方法，但为了保证再制造产品的装配质量，企业通常会以传统制造装配方式为依据，并根据各自的生产规模和再制造产品的特点适时调整，形成适合自身再制造产品生产的再制造装配工艺。

14.3.2 再制造配合副的几种方案

再制造配合副的装配方法可分为互换法、选配法、修配法和调整法四类。

1. 互换法

再制造互换法装配是一种通过控制再制造零件的加工误差或购置零件的误差来保证装配精度的方法。按互换的程度不同可分为以下两种。

1）完全互换法

再制造产品在装配过程中每个待装配零件不需挑选、修配和调整，直接抽取装配后就能达到装配精度要求。

2）不完全互换法

将各相关再制造零件、新品零件的公差适当放大，使再制造加工或者购买配件容易而经济，又能保证大多数再制造产品达到装配要求。

2. 选配法

再制造选配法装配是指当再制造产品的装配精度要求极高，零件公差限制很严时，将再制造零件的加工公差放大到经济可行的程度，然后在批量再制造产品装配中选配合适的零件进行装配，以保证再制造装配精度。

3. 修配法

再制造修配法装配是指预先选定某个零件为修配对象，并预留修配量，在装配过程中，根据实测结果，用锉、刮、研等方法，修去多余的金属，使装配精度达到要求。

4. 调整法

再制造调整法装配是指用一个可调整零件，装配时或者调整它在机器中的位置，或者增加一个定尺寸零件（如垫片、套筒等），以达到装配精度的方法。用来起调整作用的零件，能起到补偿装配累积误差的作用，称为补偿件。

14.4 再制造装配装备

再制造装配主要针对的工艺有压装、螺纹连接、焊接等，常见设备见表14-3。由于零部件的状态波动范围较大，再制造装配装备与传统的装配设备相比，应具有柔性大、灵活性高、易检测、生产成本低等优势，能满足多数大尺寸、大质量的零件加工及装配要求。而现有再制造装配装备，主要来源于新产品的装配基础装备（如压装机、螺纹拧紧机等），应提升其柔性及自动化水平，从而形成面向再制造零部件的工艺装备。

表14-3 再制造装配常见装备

再制造装配工艺	再制造装配装备	特　点
压装	数控压装机	(1) 采用增速液压缸，工作时先快后慢，噪声低，高效益，低能耗； (2) 滑块采用上下电子感应器限位，寿命长，操作简单； (3) 设有压力保护、限位、半自动、手动控制功能； (4) 也可依客户需求安装红外线护手装置
	台式油压机	(1) 以液体作为介质来传递能量，控制灵活，易实现自动化，运行速度匀速平稳； (2) 设备待机时噪声低，一般不超过80 dB； (3) 采用整体焊接的坚固开式结构，可使机身保持足够的刚性，同时拥有最方便的操作空间

续表

再制造装配工艺	再制造装配装备	特　　点
螺纹连接	螺纹滚丝机床 	(1) 可一次装夹完成滚丝螺纹加工，加工牙形饱满，尺寸精度高； (2) 适用于普通建筑，电器为全自动控制，操作简单、调节方便(双套调节方式，需要调整处均为刻度化)、加工效率高，使用寿命长
	自动拧紧机 	(1) 分为手握式及多轴式结构，由系统自动完成螺丝的送料，气动或电动螺丝刀完成螺丝的拧紧； (2) 自动化程度高，工作噪声低，高效批量作业，易于安装； (3) 高可靠性及稳定性，并可实现连续送料，定扭矩，防漏打功能及在线监测功能
焊接	全自动焊接机 	(1) 焊接速度快，质量一致性好，表面美观，没有手工焊接的焊锡不均匀现象； (2) 可减少操作人员及检验人员的数量，降低管理难度及产品成本； (3) 焊机的焊接可靠性要远大于人工焊接
	激光焊接机 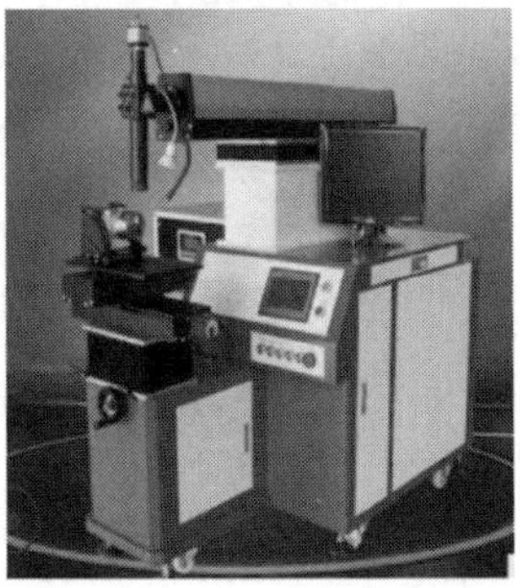	(1) 激光器光束质量好，焊接速度快，焊缝牢固美观，为用户带来高效、完美的焊接方案； (2) 焊接深宽比最高可达 10∶1，焊点光滑美观，焊缝平整无气孔，焊缝强度、韧性至少相当于甚至超过母材金属，焊后无须处理或只需简单处理，降低工人的劳动强度； (3) 设备可靠性高，可 24 h 连续稳定加工，满足工业大批量生产加工的需求

续表

再制造装配工艺	再制造装配装备	特　点
温差法	感应加热器	(1) 加热温度高、速度快,加热时间短,被加热物表面氧化少,而且是非接触式加热; (2) 输出功率调节灵活,控制准确;被加热工件的温度易控制; (3) 改变感应加热圈的形状可以加热复杂的工件,也可实现局部加热,整机效率可达95%以上; (4) 设备体积小、质量轻,作业环境好,故障率低,性能可靠,可连续工作; (5) 操作简单,维修方便
	加热箱	(1) 安全可靠,高效,计算机控制,可实现高度自动化; (2) 结构紧凑,热损失小,有较高辐射传热效率; (3) 结构简单,操作和控制技术要求不高
	恒温循环油浴锅	(1) 密封性循环,工作温度广,控温精准; (2) 采用内胆环形加热管,热效率高,节能; (3) 性能稳定,质量可靠

14.5 再制造装配质量控制

再制造装配过程质量控制是为了保证再制造产品的装配精度到达标准要求,从而保障再制造产品的质量和安全服役性能。再制造复杂机械产品装配过程是典型的多工序、混联的高精度装配组织形式。由于再制造装配过程的复杂性、不确定性以及前后工序动态关联性,装配精度难以保证。同时,由于再制造和再利用零件公差带离散程度大,装配后再制造产品质量误差波动大。因此,实现再制造复杂机械产品装配过程质量监测、诊断和优化控制,具有非常重要的现实意义。

在复杂机械产品的再制造装配过程中,为了保证再制造装配质量,应严格按照规定的再制造产品要求进行装配,一般有如下规定。

(1) 必须使用新零部件的严格按照相关规定执行,且回收拆解件及再制造件的装配精度不应低于新件的装配精度。

(2) 对于有公差要求的互配零件,可采用合适的再制造装配工艺进行装配,且关键紧固连接件不允许使用回收拆解件或再制造件。

(3) 装配过程参数应达到原型产品要求,应符合再制造产品设计要求。

参考文献

[1] 姚巨坤,时小军,崔培枝.废旧产品再制造工艺中的装配方法[J].新技术新工艺,2008(11):45-48.

[2] 刘明周,赵志彪,凌先姣,等.基于最短路径的复杂机械产品装配过程质量控制点公差带在线优化方法[J].机械工程学报,2012,48(10):173-177.

第14章彩图

第15章

清 洗 技 术

15.1 概述

15.1.1 维修与再制造清洗技术基础

1. 概念

清洗是工程机械维修与再制造过程中的重要工序，是对废旧机电产品及其零部件进行检测和再制造加工的前提和基础。面向工程机械维修与再制造的清洗是指借助清洗设备或清洗液，采用机械、物理、化学或电化学方法，去除零部件表面附着的油脂、锈蚀、泥垢、积炭和其他污染物，使零部件表面达到分析、检测、维修、再制造加工及装配等要求的工艺过程，对产品维修和再制造的质量、成本和性能具有重要影响。

工程机械拆解后的零部件，根据形状、材料、类别、损坏情况等分类后应采用相应的方法进行清洗。零部件的清洁度是再制造过程中的一项重要质量指标，清洁度不良不但会影响到零部件的再制造加工，而且可能造成产品性能下降，运行中产生非正常的过度磨损、精度下降、寿命缩短等现象。清洗对象成分和结构复杂，表面污染物种类繁多，因此维修与再制造过程中的清洗无法直接从传统的制造过程照搬工艺或经验，需要研究新的技术方法，开发新的再制造清洗工艺设备。根据零件清洗的位置、复杂程度和零件材料等不同，在维修与再制造清洗过程中所使用的技术和工艺也有所差异，常常需要连续或者同时应用多种清洗方法，需要根据再制造的标准、要求、环保、费用及再制造场所等综合确定。

2. 清洗的基本要素

清洗体系一般包括四个要素，即清洗对象、零件污垢、清洗介质及清洗力。

(1) 清洗对象是指待清洗的产品或材料，如组成机械、机电或电子设备的各类零件、电子元器件等。而制造这些零件和电子元器件的材料主要包括金属、陶瓷、塑料等材料，针对不同材质和不同功能的清洗对象通常需要采取不同的清洗手段。

(2) 零件污垢是指零件受到外界物理、化学或生物作用，在表面形成的污染层或覆盖层。清洗过程就是从零件表面清除污垢的过程。

(3) 清洗介质是指清洗过程中提供清洗环境的介质，又称为清洗媒体。清洗媒体在清洗过程中起着重要的作用：一是传输清洗力，二是防止已经从清洗对象表面解离下的污垢再次吸附。

(4) 清洗力是指存在于清洗对象、污垢及清洗媒体三者之间，能使污垢由清洗对象表面解离，并将其稳定地分散在清洗介质中，从而完成清洗过程的一种作用力。在不同的清洗过程中，起作用的清洗力亦有不同，大致可分为以下几种力：溶解力、分散力、表面活性力、化学反应力、吸附力、物理力、酶力。

3. 清洗的分类

维修与再制造过程中的清洗可按不同原则进行多种分类，主要包括以下几种。

(1) 按工艺过程分为拆解前清洗、拆解后清洗、维修与再制造加工过程清洗、装配前清洗、表面涂装前清洗等。

(2) 按清洗对象分为零件清洗、部件清洗和总成清洗。

(3) 按表面污染物类型分为油污清洗、积炭清洗、水垢清洗、涂装物清洗、杂质清洗、锈蚀清洗和其他污染物清洗。

(4) 按清洗技术原理分为物理清洗、化学清洗和电化学清洗。

(5) 按清洗手段分为热能清洗、溶液清洗、超声波清洗、振动研磨清洗、抛丸清洗、喷砂清洗、高温清洗、干冰清洗、高压清洗等。

4. 清洗要求

维修与再制造过程的清洗要求是针对清洗对象及其表面污染物的特点，结合后续维修与再制造加工工艺要求，制定合理的清洗方案，保证清洗的经济性、环保性和安全性，避免对清洗对象、操作人员和外部环境产生负面影响。通常在清洗过程中考虑清洁度要求、材料表面状态与组织结构要求、安全环保要求等几个方面。

1) 清洁度要求

对于拆解前清洗的清洁度要求，应确保待维修零部件或再制造毛坯外部积存的尘土、油污、泥砂等脏物基本去除，便于后续拆解，并避免将尘土、油污等污染物带入厂房工序内部；对于维修或再制造加工前清洗，应根据后续维修或再制造加工工艺要求确定相应的清洁度等级。对于气相沉积、电沉积等修复技术，应确保清洗后获得较高的清洁度；对于装配前清洗，应确保清洗后的清洁度满足后续装配工艺要求；对于表面涂装前清洗的清洁度要求，应满足相应的除油、除锈标准要求。

2) 表面状态与组织结构要求

应根据零部件类型、清洗方法和维修与再制造加工工艺合理控制零件表面腐蚀状态和表面粗糙度。对于应用热喷涂等厚成形修复工艺的零部件，可放宽对表面腐蚀和表面粗糙度要求；清洗过程应避免造成零部件组织结构变化、应力变形和表面损伤，不影响后续再制造加工和装配要求；清洗完毕后，要采取措施防止零部件存放或运输过程中的污染、腐蚀或其他损伤。

3) 安全环保要求

清洗场地应根据不同清洗工艺要求设有必要的通风、降噪、除尘、防渗等设施；应对清洗操作人员进行必要的劳动保护，防止产生伤害；应优先选用环保的清洗工艺、设备、材料和方法，并符合国家相关政策规定；对清洗产生的各种固态、气态、液态废弃物进行分类收集，按国家相关法律、法规、标准的规定处置。

15.1.2 清洗技术应用与发展现状

1. 溶液清洗技术

溶液清洗是维修和再制造领域应用较为广泛的清洗方式，几乎涵盖了化学清洗的全部内容，其基本原理是以水或溶剂为清洗介质，利用水、溶剂、表面活性剂以及酸、碱等化学清洗剂的去污作用，借助工具或设备实现零件表面油污、颗粒等污染物的有效清洗。清洗手段包括溶剂清洗、酸洗和碱洗等。常用的清洗介质主要包括溶剂、表面活性剂和化学清洗剂等。

目前，常用的溶液清洗材料大多对环境、人体具有负面影响，特别是一些有毒试剂、酸液、碱液的废液排放是造成人类疾病、大气污染、水污染、土壤污染和环境破坏的主要原因，也使清洗成为再制造过程中的重要污染环节，削弱了再制造节能减排的重要作用。另外，目前常用的化学试剂的清洗效率还有待进一步提高，特别是对于一些新兴的再制造领域，如电子和航空航天领域，对零件表面清洗质量要求高；而石油化工、矿山机械等领域废旧零部件表面污染物种类多，表面重度油污去除难度大，要求清洗剂具有优异的污染物去除能力。

2. 物理清洗技术

利用热、力、声、电、光、磁等原理的表面去污方法，都可以称为物理清洗。同化学清洗技术相比，物理清洗技术对环境的污染，对工人的健康损害都较小，而且物理清洗对清洗物基体没有腐蚀破坏作用。目前，常用的物理清洗技术主要包括吸附清洗、热能清洗、激光清洗、超声波清洗、等离子体清洗、振动研磨清洗、高温(蒸汽)清洗等。

物理清洗与化学清洗有很好的互补性，因此在再制造清洗实践中往往都是把两者结合起来以获得更好的清洗效果。应该指出的是，近年来随着超声波、等离子体、紫外线等高技术的发展，物理清洗在精密工业清洗中已发挥出越来越大的作用，在清洗领域的地位也变得更加重要。再制造清洗方法也都向着绿色、环保、污染小的方向发展。

15.1.3 维修与再制造清洗技术的发展趋势

高效绿色的表面清洗技术能够为维修检测、再制造加工成形及产品装配等工艺过程提供良好的表面，进而影响机械产品维修与再制造的成本、质量和环境效益。随着技术的快速发展和环保要求的日益严苛，清洗技术已逐渐由环境污染较严重的化学清洗向更加多元、环保的物理清洗方法转变。尽管不断有新型清洗技术被开发并应用到维修与再制造过程中，但当前的维修与再制造清洗领域仍然面临着粗放型操作、工序多、难以集成自动化、清洗介质浪费严重和环境污染等突出问题，从而使清洗工艺成为目前装备维修与再制造工艺流程中环境污染最为严重的环节，应当综合考虑清洗力、化学性质、温度和时间等因素，通过研究优化获得耗时短、成本低、清洗效果好的最佳工艺手段，实现多工序清洗集中进行，避免多级操作，从而节省清洗时间，降低清洗成本，提高清洗的绿色化水平。

随着再制造研究与应用领域由传统的机械产品逐步向机电复合产品和信息电子产品扩展，产业发展由传统优势的汽车、矿山、工程机械、机床等领域逐步向医疗设备、IT装备、航空航天装备等高端装备领域拓展，再制造模式由基地再制造向现场再制造发展，再制造清洗技术面临新的要求和挑战，未来清洗技术将逐渐向高效、绿色和智能化方向发展。研究绿色清洗技术，开发环保清洗材料、高效的清洗设备及合理的清洗工艺，以提高清洗效率，降低清洗成本，减少对人员、环境和待清洗零件表面的负面影响，实现再制造清洗过程的绿色、高效和自动化，对保证再制造产品质量，提高再制造产品寿命，降低再制造成本具有重要意义。

图15-1所示为我国面向2030年前的再制造清洗技术路线图。再制造清洗技术面临着很多挑战和目标，要通过相关研究寻求绿色清洗新材料，开展相关装备的设计，提高清洗效率，降低清洗成本，减少清洗过程中有毒物质和化学试剂的使用，避免在清洗设备工作过程中对操作人员的伤害(振动、噪声、粉尘污染等)。

在绿色再制造清洗技术方面，研究开发绿色、环保、无污染的再制造清洗技术，包括开发新型化学清洗技术或清洗剂，是未来再制造清洗业的发展方向。传统的化学清洗、燃烧清洗等高污染、高耗能的清洗工艺，随着新兴清洗技术的出现与发展，将逐步被干冰清洗、激光清洗、高温清洗、超声波清洗、高压水射流清洗等绿色环保清洗技术代替。

在高效再制造清洗技术方面，由于再制造毛坯件表面复杂的污染物情况，单一的清洗技术无法满足再制造加工技术对再制造毛坯件表面清洁度的要求，因此针对再制造毛坯件的清洗工艺将两种或多种清洗技术复合在一起，如将超声波清洗、溶剂清洗、蒸汽清洗与高压水冲洗复合在一起，可大大提高零部件表面的清洗效果；另外，单一的清洗技术可能带来粉尘或其他污染，如将高压水射流清洗与喷砂清洗复合为高压水磨料射流清洗，既解决了磨料带来的粉尘污染，又解决了单纯的高压水射流清洗效率低的问题。

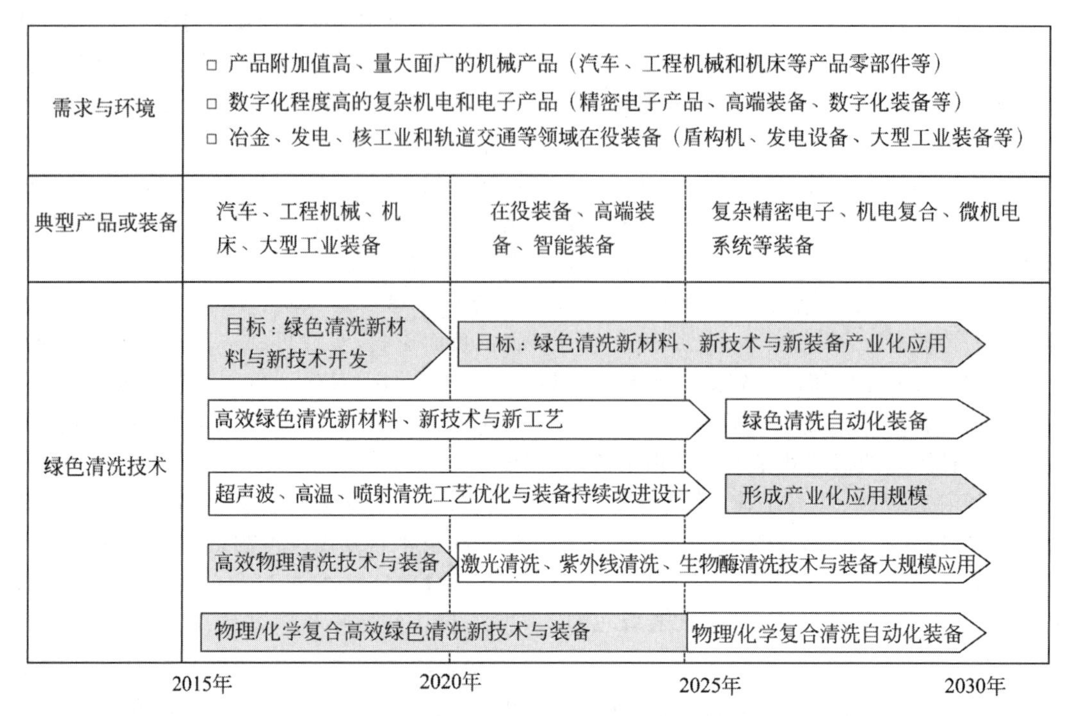

图 15-1 我国面向 2030 年前的再制造清洗技术路线图

目前，再制造清洗依然以人工清洗方式为主，存在劳动强度大，效率低、效果差等问题，影响了再制造的自动化生产程度。针对某类再制造毛坯件，可开发自动清洗设备。例如，高压水射流清洗，可根据再制造毛坯件的外形，设计相应的自动化清洗机，毛坯进入清洗机后，通过在不同位置安装不同入射角度的射流装置，调整射流压力来实现自动化清洗。一方面，降低了人工成本、提高了清洗效率和清洗效果；另一方面，也可大大减少人工清洗带来的资源浪费和环境污染。

15.2 维修与再制造清洗内容与质量评价

15.2.1 维修与再制造清洗对象

维修与再制造的清洗对象是指待维修零部件和再制造毛坯，构成再制造清洗对象的材料主要由金属、玻璃、陶瓷、塑料等组成。不同材料的表面性能相差甚远，因而针对不同清洗对象需选用适当的清洗方法，才能达到最佳的清洗效果。因此有必要了解清洗对象原材料的相关特性，特别是其表面的物理和化学性质。

工程机械零部件通常为金属材质，主要为钢铁、不锈钢等铁合金及铝、铜等有色金属材料，这些金属材料有着不同的表面物理性质和化学性质，表面产生污垢的形式和机理也各有不同。

铁基零部件是机械产品再制造的主要对象。钢是一种价格便宜、强度高、加工性能良好的金属材料。钢铁表面富有活性，在大气中，铁容易被氧化生成氧化亚铁（FeO）、氧化铁（Fe_2O_3）或四氧化三铁（Fe_3O_4）。在高温条件下，钢铁在含氧环境中会发生高温腐蚀，产生氧化皮。尽管通常会利用电镀和涂漆等技术在钢铁表面制备涂层加以保护，但还是很难阻止铁锈的生成。在湿度较高的环境中，由于溶解氧的作用，常规的碳钢和铸铁都不耐腐蚀。当水中氧的浓度超过某临界值时，钢铁表面会发生钝化，使腐蚀减缓。当水中有活性离子时，如氯离子，将导致严重的局部腐蚀。

钢铁耐酸腐蚀能力较弱，铁会与氢离子反应生成氢气，使铁变成二价铁离子很快溶解。然而在浓硫酸中，钢铁表面会形成致密的氧化膜。这种腐蚀生成的氧化膜反而起到保护作用。钢铁在氢氧化钠等碱性溶液中相对比较稳定。常温下，钢铁有良好的耐碱腐蚀性能，但在高温浓碱水溶液中，钢铁也会被逐渐腐蚀。在含氯化钠等强电解质溶液中，钢铁表面会形成许多微电池，进而发生电化学腐蚀导致钢铁的加速腐蚀。

为改善钢铁的耐腐蚀性能，研究人员通过向钢铁中添加铬来提升其耐腐蚀性能，制备能够耐弱介质腐蚀，甚至能抵抗酸碱等化学腐蚀的不锈钢。不锈钢耐腐蚀的原因在于其表面生成一层致密的氧化膜，但该氧化膜在高温条件下仍然会被破坏进而产生腐蚀。表15-1所示为常温条件下不锈钢在不同腐蚀环境中的耐腐蚀性能。

表15-1 常温条件下不锈钢在不同腐蚀环境中的耐腐蚀性能

介质		SUS21含铬13%	SUS24含铬18%	SUS22含铬18%镍8%	介质	SUS21含铬13%	SUS24含铬18%	SUS22含铬18%镍8%
醋酸	100%①	a	a	a	碳酸钙	a	a	a
	33%①	d	c	a	硫酸镁	c	a	a
	10%①	a	a	a	溴酸钾	a	a	a
硼酸		a	a	a	硝酸银	a	a	a
一氯乙酸		d	d	d	氢氧化钠	a	a	a
氢氰酸		d	c	a	丙酮	c	b	a
苹果酸		c	b	a	咖啡	a	a	a
硝酸		a	a	a	乙醇	a	a	a
磷酸50%①		c	c	a	果汁	a	a	a
苦味酸50%①		a	a	a	汽油	a	a	a
盐酸50%①		d	d	d	柠檬汁	a	a	a
1,2,3-苯三酚		a	a	a	甲醇	a	a	a
硬脂酸		a	a	a	骨胶	a	a	a
硫酸	浓	a	a	a	牛奶	a	a	a
	稀	d	d	d	石蜡	a	a	a
亚硫酸		c	c	a	液溴	d	d	d
单宁酸		a	a	a	溴水	d	d	d
酒石酸		c	c	a	氯气	d	d	d

注：a表示不被腐蚀；b表示较耐腐蚀；c表示稍被腐蚀；d表示被腐蚀。
① 为质量分数值。

铜是工程机械机电系统中常用的设备材料，化学性质相对比较稳定。铜在盐酸、磷酸、醋酸和稀硫酸等非氧化性酸性水溶液中相对稳定，不会发生严重腐蚀。而当酸与空气中氧气共同作用时，则会产生腐蚀。研究表明，向酸溶液中通入氧气时会加速铜表面的腐蚀，而在通入氢气的条件下则不发生腐蚀。表15-2中为常温条件下酸液中通入氧气和氢气对铜腐蚀程度的影响。其中，盐酸对铜的腐蚀最严重，盐酸和醋酸都是随浓度增加腐蚀情况加剧，而硫酸则相反。氧化性强酸对铜的腐蚀性较强，铜会很快被硝酸溶解。铬酸可以与铜反应在表面生成难溶性铬酸铜从而起到抑制腐蚀的作用。因此在清洗铜材料表面的污染物时，需要选用适当的酸性清洗剂，避免造成表面的损伤。

表 15-2　常温条件下酸液中通入氧气和氢气对铜腐蚀程度的影响

酸	浓度/%	一年腐蚀量/cm	
		通入氧气	通入氢气
硫酸	96.5	0.103 1	0.014 2
	20.0	0.342 0	0.014 7
	6.0	0.375 9	0.008 6
盐酸	20.0	5.461 0	0.030 5
	4.0	3.530 6	0.043 1
醋酸	50.0	0.182 9	0.007 6
	6.0	0.058 4	0.003 3

铜不易被碱性溶液所腐蚀，但在高温条件下，铜会与浓氢氧化钠溶液反应。铜在纯水中是稳定的，而在溶有氧气和二氧化碳的水中，会生成可溶性的铜盐。研究表明，铜表面的亲油性远高于铁、铝、铬等其他金属。因此，铜表面比较容易黏附油脂类污染物。

铝材料具有良好的导电、导热性，而且表面易发生氧化反应生成致密的氧化膜。氧化膜能够起到良好的保护作用。实践中，常用冷浓硝酸对铝表面进行处理或在草酸溶液中进行铝表面阳极氧化，生成耐腐蚀性良好的氧化膜。但经过钝化处理的铝表面，仍可被一定质量分数的硫酸、磷酸及盐酸混合溶液所腐蚀，氧化膜可被稀硝酸与热浓硝酸所溶解。卤素单质以及各种卤素离子易与铝表面的氧化膜发生反应，导致严重的腐蚀。在碱性环境中，铝表面易发生腐蚀反应。偏硅酸钠水是一种呈碱性的盐，其可与铝反应生成胶体并吸附形成一层耐腐蚀的膜，对铝表面起到保护作用。铝制再制造产品在加工过程中产生的内应力会影响表面氧化膜均匀性，进而引起局部的腐蚀。其他金属在加工过程中也存在类似现象，因此在精密零部件维修与再制造清洗过程中应考虑此问题。

15.2.2　表面污染物的构成及分类

再制造毛坯表面污染物的组成及其与基体的结合方式直接决定了选用何种清洗技术与工艺，从而影响清洗质量。对于再制造毛坯而言，服役过程中使用工况、服役环境和工作介质等因素的影响，会使其表面污染物的种类繁多、结合方式各异，给清洗过程带来困难。

待维修零部件和再制造毛坯表面的主要污染物包括油污、锈层、无机垢层、表面涂覆层及各种有机涂层(漆层)，图 15-2 所示为机械零件表面污染物示意图。由图 15-2 可以看出，机械零部件表面污染物主要包括油污、锈蚀、有机涂层、涂敷层、无机垢层等。其中，油污主要是润滑油和密封油等，其与基体主要以物理方式结合，强度为弱到中等，可皂化的油用碱液去除，其他油脂利用相似相溶原理选用合适的溶解剂；锈层的产生主要是由于零部件被腐蚀和氧化后表面会产生浮锈、黄锈、黑锈等各种锈层，锈层与工件表面为化学结合，结合牢固，强度为中等到强；表面涂覆层通常是机械零件表面经过电化学沉积、喷涂、熔覆等表面工程技术加工过程，在零件表面产生的金属镀层或涂层，零件长期服役之后，表面涂覆层会磨损缺失，产生不良镀层，镀膜与金属表面结合强度大，较难去除；有机涂层主要是涂装时产生的清漆、油漆、胶漆及密封胶等，经过一定服役时间后也应当进行彻底清除，其与零部件表面为机械结合；无机垢层主要指机械产品在使用过程中与外部介质接触沉积形成的各种钙沉积物(水垢)、积炭、水泥块、搪瓷块等，无机垢层与零件表面为机械结合，结合强度大，如积炭的附着力为 5～70 MPa，且无机垢层通常难溶于各种溶剂，去除难度比较大。

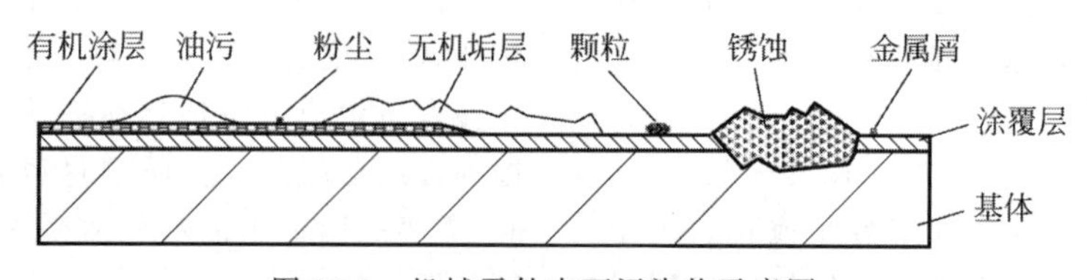

图 15-2　机械零件表面污染物示意图

对污垢进行分类研究有助于针对不同的污垢选取经济、环保的清洗方法。污垢通常可以根据以下几种方法进行分类。

1. 根据污垢的存在形状划分

根据污垢的存在形状划分，污垢可分为颗粒状污垢、覆盖膜状污垢、无定形污垢和溶解状态污垢。不同化学成分的污垢使用的去除方法不同。一般情况下，以有机物成分为主体的污垢，较适合用氧化分解的方法清洗去除。锈蚀和水垢等可以通过酸或碱来溶解，还可以采用物理清洗手段来去除。

2. 根据化学组成划分

根据化学组成划分，污垢可分为无机物污垢，如金属涂镀层及其氧化物（如铁锈）、陶瓷涂层、盐类等，非金属及其化合物（如砂土）及有机物污垢，如碳水化合物、蛋白质、油脂、漆层、其他有机物（塑料、矿物油、树脂、色素等）。一般情况下，以有机物成分为主体的污垢，较适合用氧化分解的方法清洗去除。无机垢层由于结合力强，通常需要用化学清洗或喷射等强力物理清洗方法。

3. 根据亲水性或亲油性划分

根据亲水性或亲油性划分，污垢可分为亲水性污垢和亲油性污垢。亲水性污垢容易分散或溶解于水，而亲油性污垢则不易分散或溶解于水，表现出憎水性，通常它们可溶于某种有机溶剂。利用溶剂型清洗手段时，通常与超声清洗方法复合，能够获得更好的清洗效果。

4. 根据在物体表面存在的形态划分

根据在物体表面存在的形态划分，污垢可分为如下几种形式。

(1) 对于污垢的粒子在清洗对象表面单纯靠重力作用沉降而堆积，这种形态的污垢附着力很弱，很容易被清洗掉，如零件表面附着的粗大砂土颗粒。

(2) 当污垢的分子与清洗对象表面的分子靠分子间作用力（范德华力、氢键作用力、共价键作用力）结合时，污垢分子靠这些作用力吸附于对象物表面，呈薄膜状态。这种结合力较强，常规的清洗方法往往很难把它们去除掉，而且以这种状态存在的污垢粒子的粒径越小，就越难把它们从表面清除。

(3) 当污垢粒子靠静电吸引力吸附于表面，且污垢粒子与对象物表面带有相反的电荷时，它可依靠静电吸引力吸附于物体表面。在空气中放置的导电性能差的各种物体表面普遍存在该类污垢，当物体浸没在水中时，由于水有很大的介电常数，使污垢与表面之间的静电吸引力大大减弱，这类污垢容易从表面解离。这类由导电性差的材料组成的物体在清洗之后放置在空气环境中干燥，很可能又会被带电的尘埃颗粒污染。为避免这种情况发生，这种物体在经过清洗处理之后，应放置在洁净的无尘空间中进行干燥。

(4) 当污垢在对象物表面形成变质层时，如金属零件表面在与空气接触过程中如果发生化学反应，往往形成一层氧化膜。这类污染物（氧化膜）与对象物之间往往存在明确的分界面，这种在金属表面形成的变质层通过用酸碱等化学试剂或用物理的、机械的方法可使之从对象表面除去。这种清洗方法在工业上称为浸蚀处理。其具体方法有：用酸和碱等化学试剂溶解变质层，用机械方法研磨表面，用电解加研磨的方法以及用等离子体处理等方法去掉表面变质层。

15.2.3 清洗效果评价与质量管理

1. 清洗液的监测分析

化学清洗过程中可通过对酸/碱浓度、钝化液浓度及清洗液中各种离子浓度的监测，判断清洗效果。表 15-3 所示为典型的化学清洗过程中的测试项目和相关检测标准。脱脂步骤需要检测碱浓度，主要指对酸洗前除油脱脂时的中和处理步骤。常用的碱清洗液由氢氧化钠、碳酸钠或磷酸三钠组成。碱浓度的测定就是对清洗液中主要成分的分析测定。选用适当的指示剂，利用滴定实验计算相应的碱浓度。酸洗液的浓度会影响清洗过程的速度以及间接清洗反应的效果，酸溶解后的高价金属离子（Fe^{3+}、Ca^{2+}）也会影响清洗液中缓蚀剂的缓蚀效果，因此需要通过滴定监测清洗液中的酸浓度及相应金属离子的浓度。

表 15-3　典型的化学清洗过程中的测试项目和相关检测标准

步骤	项目					
	检测项目	检测间隔时间/(min/次)	清洗时间/h	终点判断	控制温度/℃	备　注
脱脂	碱浓度、温度	30～60		碱浓度恒定	75～95	实际清洗中可依据被清洗系统的大小，适当延长或缩短检测间隔时间
脱脂后水冲洗	pH	10～30		水的 pH 为 7～8		
酸洗	酸浓度、铁离子浓度、pH(柠檬酸酸洗中检测)	30～60	4～8	酸浓度不再降低，铁离子浓度基本稳定	80～95	
酸洗后水冲洗	pH	10～30		水的 pH 为 6～7		闭路清洗，时间相对延长
漂洗	酸浓度、铁离子浓度、pH、温度	20～40	2～3	漂洗 2～3 h 结束，[Fe^{3+}]≤500 mg/L	80～100	
中和钝化	pH、温度	30～60	6～12	pH 值稳定	40～60	根据实际情况可适当延长或缩短

2. 清洗废液监测分析

清洗废液中污垢含量直接决定其能否重复使用，因而需要及时监测清洗废液中的污垢含量。另外清洗废液在排放前应当进行相应的处理，以使其达到排放标准，如清洗废液的 pH 需要调整到 6～9 才可以排放。通常，可采用直读式 pH 计进行测量，也可采用 pH 试纸进行检测。通过对废液中油污含量进行分析可监测油污的去除程度，还可评价清洗废液中的油污含量是否达到允许排放的浓度范围。监测的关键在于把油污与溶剂分离，当油污不易挥发时，可采用乙醚萃取方法监测。对于挥发性油污，可利用燃烧—红外分析法对碳进行定量分析。对于清洗废液中的悬浮物，也要进行过滤、澄清、混凝处理，达到环保指标后才可以排放。具体监测时可采用比浊仪进行分析。清洗废液中还可能存在一些有害化学物质，如氟离子、亚硝酸根和联氨等。氟化物对人体有危害作用，氟离子浓度超标的溶液与生石灰反应可生成难溶氟化钙而使氟离子浓度降低；亚硝酸根在生化反应中可能会转化为致癌的亚硝铵，通常采用加酸或氧化剂的方法将亚硝酸盐转变成亚硝酸或硝酸盐进而去除；含联氨的废液会导致水体中的氧被耗尽，造成微生物的死亡和水源变质，由于联氨易于氧化，通常利用氧化反应过程将其去除。

3. 洁净度评价

洁净度是评价清洗效果好坏的指标，但目前并没有通用的洁净度评价方法，需要根据具体的情况来选定适合的评价方法。理想的洁净度评价方法应当具备客观性、可重复性、操作简便、对工件无损耗等。普通零件的洁净度评价通常只是凭借视觉和触觉等感官判断。对于一些超精密清洗领域，需要采用一些新的检测方法。准确地测定洁净度具有一定的困难，这是因为测试的取样区域都是非常局部的，往往难以完全代表整体的洁净程度。采用接触角方法判定时，其测定结果也只能表示与液滴接触部位的洁净度。因此，为了洁净度评价的准确性，在实际监测时应当参照以下原则：①随机取样；②对特定的污垢进行专门的测定；③以污染最多的区域为测定标准。

由于测试条件的限制，清洗现场测定洁净度的方法主要有重量法、紫外线吸光光度法和接触角法。重量法利用电子天平称量清洗前后的样品质量来确定清洗效果。紫外线分光光度法需要事先了解污垢的种类，掌握污垢与紫外光吸光度之间的关系，建立相应的标准曲线，用来确定清洁程度，但其缺点在于不是所有的溶剂都适合该测量方法。接触角法通过测量水滴与物体表面接触点间的切线与表面的夹角，判断材料表面的光洁程度，实际测量值与理论值间会有一定的偏差。接触角越小表明表面洁净度越高，但存留有污垢的表面的实际接触角则要大于该表面的理论接触角。另外，接触角法只适合于测定光滑表面的洁净度，对粗糙表面则不适用。

随着高新技术的发展，许多分析仪器能够在实验室中对洁净度进行高精度的测量。但由于受到客观条件的限制，这些方法通常只适用于实验室范围的研究，并未在工厂中得到广泛应用。实验室中主要的精密分析仪器有电子显微镜、激光散射仪、红外线反射分光光度计、X射线荧光分析仪、反射电子吸收俄歇电子能谱、离子散射光谱仪等。利用这些先进的仪器，能够检测到微米尺度的污染物颗粒，对于测定一些高精度表面的洁净度具有重要作用。

15.3　维修与再制造清洗技术与应用

15.3.1　化学清洗

尽管随着材料合成技术的发展进步，新型环保的化学清洗材料不断产生并应用于半导体和先进制造领域。但由于成本、观念和环保要求等方面的原因，对于传统维修和多数的再制造企业，生产过程中的清洗仍以传统化学清洗技术为主，存在清洗效率低、环境污染大等突出问题，清洗成为维修与再制造过程中环境污染最为严重的工艺环节，这与再制造减排和环保的绿色制造理念极不相符。

1. 清洗溶剂

(1) 水是最常用的清洗溶剂，具有良好的分散溶解能力，离子型化合物、强极性化合物等强电解质分子都可以分散、溶解或离解于水中。水能够溶解大多数的无机酸、碱、盐，同时也是良好的清洗介质。水的极性分子与有极性的有机化合物也能够相互作用，因此水也可用于清洗有机化合物。灰尘、土壤等可分散于水中形成悬浮液，部分溶解于水。但是，水难以清洗油污、非极性高聚物等。

(2) 烃类溶剂指只含有碳和氢两个元素的有机化合物，主要包括烷烃和环烃。工业上常用的溶剂油包括多种馏程的烃类混合物和苯、甲苯、二甲苯、己烷、柠檬油、松节油等。

(3) 醇是羟基与烃基连接的化合物。水溶性一元醇与水的亲和力很强，可以形成任意配比的混合溶液。醇类溶剂可燃，高浓度的溶液能够很好的溶解油脂，对某些表面活性剂也有较强的溶解能力，可用于清除被清洗表面的表面活性剂残留物，这是水溶性一元醇的特殊用途。醇类溶液还有很强的杀菌能力，常用于消毒。

(4) 醚类溶剂通常可分为脂肪醚和芳香醚。醚不能和水混溶，易挥发，但化学性质相对稳定。

(5) 酯类溶剂可由醇和酸反应制得，酯属于中性物质，水解会生成酸和醇。含碳少的酯可为液体，且具有香味。含碳量多的脂肪酯为不溶于水的液体或固体。酯类溶剂的特点是毒性小，有芳香气味，不溶解于水，而可以溶解油脂类，因此可用作油脂的溶剂。常用于油污清洗的酯类溶剂有乙酸甲酯、乙酸乙酯、乙酸正丙酯等。

(6) 芳烃核(苯环或稠苯环)和羟基直接连接的化合物为酚，酚类大多为无色晶体，能溶于乙醇和乙醚，不溶于水。酚有酸性，能与碱直接反应。

2. 表面活性剂

表面活性剂是能显著改变液体表面张力和两相间的界面性质的一类物质。少量表面活性剂即可降低溶剂的表面张力或液/液界面间的张力，改变界面状态，产生起泡、消泡、润湿、反润湿、乳化、破乳及增溶等一系列反应，以达到预期效果。表面活性剂分子中同时存在亲水和疏水基团，使其在界面上的吸附作用及胶团化作用，这是其清除污垢根本原因。

表面活性剂种类繁多，性能各异。亲水基团对表面活性剂性质的影响大于亲油基团。因此，通常按照亲水基的电离状况及离子的带电性质对表面活性剂进行分类。离子型在水溶液中可以电离，非离子型在水溶液中不能电离。清洗时通常利用表面活性剂的水溶液，对零部件固体表面进行润湿，再利用清洗剂的分散作用，使污垢稳定地分散于溶液中。

3. 化学清洗剂及其作用

酸性、碱性清洗剂是两类较常见的化学清洗剂。

(1) 酸性清洗剂又分为无机酸和有机酸清洗剂，无机酸溶解力强、速度快、效果明显、费用低，但是对金属材料的腐蚀性很强，易产生氢脆和应力腐蚀，因此需要添加缓蚀剂。有机酸多为弱酸，不易造成腐蚀，但清洗速率低、成本高，适合清洗高附加值零部件。

(2) 碱性清洗剂主要用于清除油脂垢，也用于清除无机盐、金属氧化物、有机涂层和蛋白质垢等。碱溶液清洗是一种传统的清洗方法，不会对金属产生严重腐蚀，但清洗速率较慢。常用的碱性物质有氢氧化钠、碳酸钠、硅酸钠等，碱性清洗剂中有时还添加一定的表面活性剂和有机溶剂等。对于一些难溶于水溶液的污垢，常采用氧化剂对其进行清洗，工业清洗过程中常用的过氧化物主要有过氧化氢、臭氧、过硼酸钠、过碳酸钠、过羧酸钠等。

为避免化学清洗过程中的腐蚀，清洗液中通常还会加入还原剂，安全常用的还原剂有氯化亚锡和抗坏血酸，而另一些还原剂，如Na_2SO_3、H_3PO_3、N_2H_4、NH_2OH，则会对零件表面有损害，大量排放还会污染环境，故再制造清洗过程中应当慎用。在清洗金属零件时，常用到金属离子螯合剂去除金属表面的水垢和锈垢。为减缓金属在环境介质中的腐蚀速度，会在化学清洗液中添加缓蚀剂。除此之外，还可以向清洗液中添加起泡剂、消泡剂、分散剂等助剂来达到预期的要求。

15.3.2 物理清洗

相比于化学清洗，物理清洗过程多采用干式清洗，较少涉及废水处理和污染排放，对待维修零件和再制造毛坯、外界环境及操作人员的负面作用小。开发应用适用多种污染物、成本低、效率高的物理清洗技术与装备是未来维修与再制造清洗技术的重要发展方向。

1. 基本作用

不同于化学清洗的反应清洗过程，物理清洗技术的作用原理主要有吸附作用、热能作用及液体的界面流动作用。吸附作用是利用污垢对不同的物质表面亲和力的差别，利用气体或液体将污垢从原来的附着面转移到另一表面去除污垢的过程。用来吸附污垢的物体被称为吸附剂，通常按吸附作用的性质可以将其分为物理吸附和化学吸附。对于吸附剂，通常要求其与污垢有较强的亲和力，并且具有很大的吸附面积。不同的吸附剂其吸附作用原理也各不相同，因而即便是同种吸附剂对于不同物质的吸附能力也有很大的差别。常见的吸附作用力主要包括分子间作用力、静电吸引力、氢键力和化学键力。常用的吸附剂有纤维状吸附剂、多孔型吸附剂及胶体粒子。

在清洗过程中，利用热能能够提高污垢清除的效率，其促进作用主要包括两方面：一方面促进清洗液的化学反应过程，另一方面提高污垢的分散性。通过升温能够提升污垢的溶解速度和溶解量，如油污清洗后通常都会采用热水冲洗表面，去除吸附在表面上的清洗剂残留。热能会使污垢的物理化学状态发生变化，如溶化、气化或裂解，使其容易被清除。用加热或燃烧法可去除有机污垢，使其分解为二氧化碳等气体。激光清洗的原理也是利用激光辐照在瞬时产生的高热能，熔化气化污垢，进而达到表面清洗的目的。

工件在浸泡清洗时，工件表面液体流动能够提高清洗剂的洗涤能力，利用界面流动，能够提高污垢被解离、乳化、分散的效率。研究表明，当清洗液的流动与工件表面呈一定夹角时，液流的去污能力最强，因此喷射清洗时常采用一定角度来促进清洗效率。

2. **常用物理清洗技术**

1）抛丸清洗

抛丸清理是依靠电机驱动抛丸器的叶轮旋转，在气体或离心力作用下把丸料（钢丸或砂粒）以极高的速度和一定的抛射角度抛打到工件上，让丸料冲击工件表面，可对工件进行除锈、除砂、表面强化等，以达到清理、强化、光饰的目的。抛丸技术主要用于铸件除砂、金属表面除锈、表面强化、改善表面质量等，可以去除表面氧化皮、锈蚀、涂装物（油漆、塑胶）等。采用抛丸方法对材料表面进行清理，可以使材料表面产生冷硬层、表面残余压应力，从而提高材料表面的承载能力，延长其使用寿命。据统计，机械零件的失效中有80%以上属于疲劳破坏。通常情况下，疲劳破坏多发生在表面层，因此，对表面层进行强化就可以使整个零件得到强化。

与其他清理技术相比，抛丸清理技术具有设备简单、易于操作、生产效率高、适应性广、强化效果明显、适用材料范围广、可抵消应力集中的不利影响、可使裂纹生长速度减缓或停止以延长其使用寿命、减轻清理工作的劳动强度和环境污染等优点。图15-3所示为抛丸清洗前后齿类零件外观对比照片。目前，抛丸技术广泛应用于铸造、模具、钢厂、船厂、汽车制造、钢结构建筑业、五金厂、电镀厂、摩配厂、机械制造、路面和桥梁清理等领域。鉴于其众多的优势，越来越多的行业使用抛丸设备来提升其生产效率和产品质量，抛丸清理技术也受到了广泛的关注。通过不断改进现有技术，使抛丸清洗技术更加满足再制造清洗领域的需求。

(a)

(b)

图15-3　抛丸清洗前后齿类零件外观对比照片
(a) 清洗前后(1)；(b) 清洗前后(2)

2）超细磨料射流清洗

近年来，国外学者和工业部门尝试以碳酸盐颗粒作为环境友好型喷砂材料清洗玻璃制品、玻璃纤维材料、印刷电路板、飞行器等软质材料的表面污染物。由于碳酸盐颗粒硬度低、油脂吸附能力强、无毒、弹性小，喷砂后获得的清洗表面光滑、平整、无缺陷、洁净度高，操作过程粉尘污染小，对操作人员无伤害，在再制造清洗领域具有广阔的应用前景。但关于以碳酸盐颗粒为喷砂介质清洗铁基硬质零部件表面，特别是利用碳酸盐颗粒与硬质磨料混合物作为喷砂介质控制清洗表面粗糙度的研究还少见报道，许多深入的研究工作亟待开展。

长期以来，由于各类化学清洗剂的大量使用，表面清洗环节成为产品再制造过程中污染的主要来源。而喷砂清洗作为物理清洗方法，在喷砂过程中杜绝了清洗剂的使用，有效解决了化学试剂带来的环境污染问题。同时，喷砂过程大大增加了喷砂后零部件的表面粗糙度，有效提高了热喷涂涂层、涂装涂层、胶黏涂层等机械结合涂层与基体的结合强度，保证了再制造后产品的质量和性能，在再制造涂层制备和表面快速除锈等方面得到广泛应用。传统的喷砂过程要求砂料硬度高、密度大、抗破碎性好、含尘量低、多棱角且锋利，常用刚玉砂（Al_2O_3）、石英砂（SiO_2）、钢砂、碳化硅、金刚砂、铜渣砂等作为磨料，其粒径较大，通常为10～20 目（1 目=1.70～0.85 mm）。对于一般的金属和涂层材料，这些硬质磨料以高速喷射到零部件表面后所形成的喷砂表面通常过于粗糙、表面平整度低，同时会产生大量的点蚀和微裂纹等缺陷，严重影响废旧零部件的分析检测和大多数的再制造后续加工过程。因此，在实际应用中，喷砂技术多用于制备各类热喷涂涂层前的表面预处理和氧化表面的除锈，而未在废旧装备再制造的表面清洗中得到广泛应用。

喷砂清洗过程利用磨料对表面的机械冲刷作用而除去表面涂层或污染物，其实质是一种选择性冲蚀磨损过程。因此，理想的喷砂清洗是利用磨料的冲刷作用，完全去除表面涂层或污染物的同时，尽可能对基体材料产生较小影响。而实现这一目标的有效方法是选择优化硬度、形状、粒度、性质适合的喷砂材料。显然，传统的硬质喷砂材料不能满足这一需求，特别是对于软质表面的清洗，更容易造成表面过于粗糙和严重的机械损伤。

碳酸盐颗粒具有硬度低、粒径范围广、弱碱性、油脂吸附性强、原料价格低等优点，是一种具有广阔应用前景的潜在喷砂清洗磨料。近年来，国外学者相继开展了碳酸盐颗粒作为喷砂介质清洗非金属表面污染物的研究，其中的一部分研究成果在软质金属、玻璃制品、印刷电路板、牙齿等材料表面清洗上得到了应用，图 15-4 所示为超细磨料喷射清洗过程示意图。

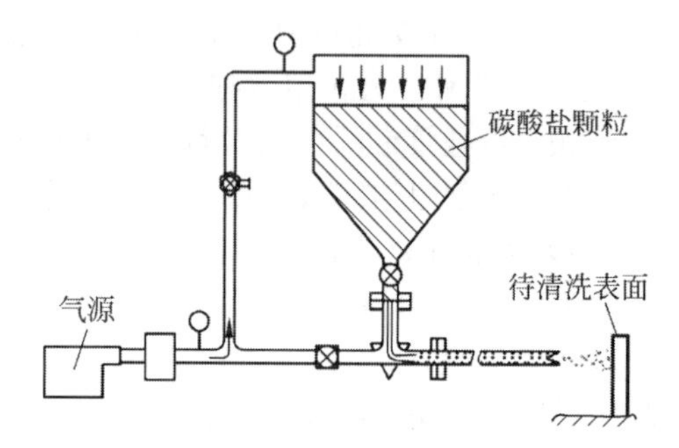

图 15-4　超细磨料射流清洗过程示意图

国外学者考察了玻璃、氧化硅、氧化铝、碳酸钙（$CaCO_3$）和氧化铈（CeO_2）等颗粒对印刷电路板表面油漆层和污染物的去除效果。结果发现，各种磨料对普通污垢均具有较好的清洗效果，但对于表面润滑油脂的去除，由于碳酸钙颗粒的强吸附能力和弱碱性，其清洗效果较为突出。另外，碳酸钙颗粒硬度低、弹性小，在对污染物进行高速机械冲刷的过程中，不会在下层的树脂材料表面形成明显的机械损伤，粉尘污染小。同时，不会带来使用玻璃、氧化硅、氧化铝等硬质磨料时造成的喷砂表面粗糙度过大和损伤严重的问题。

图 15-5 所示为采用 50 目（0.27 mm）氧化铝、140 目（0.109 mm）氧化铝和 270 目（0.053 mm）碳酸氢钠颗粒为磨料，利用改造的喷砂设备对铝合金表面进行喷射清洗处理后的表面微观形貌。经碳酸氢钠磨料喷射处理后，铝合金表面氧化层和漆层被有效去除，同时表面产生的损伤程度远远低于传统氧化铝磨料喷砂处理后表面，未发现明显的微裂纹和严重的塑性变形。图 15-6 所示为以碳酸氢钠超细颗粒为磨料，对合金钢零件表面锈蚀进行磨料喷射清洗

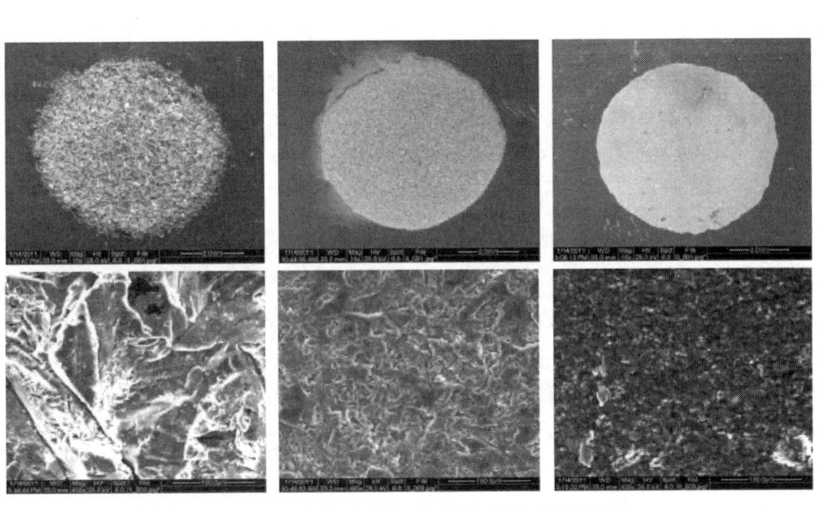

图 15-5　清洗后的铝合金表面微观形貌图

后的零件外观照片。可以看出,零件表面锈蚀被有效去除,露出了新鲜的未损伤的金属基体。实际上,将不同粒径级别的传统磨料和碳酸氢钠等软质磨料混合,可以实现材料表面粗糙度的主动控制。这样就可以结合后续的维修或再制造工艺流程,主动控制喷射清洗后的零件表面粗糙度,实现表面清洗与预处理过程一体化。

图 15-6　超细磨料射流清洗对零件表面锈蚀的去除效果(以碳酸氢钠为磨料)

(a) 清洗前; (b) 清洗后

3. 高压水射流清洗技术

高压水射流技术是近年来发展十分迅速的物理清洗技术,它是利用高压水发生设备产生高压水,通过喷嘴将压力转变为高度聚集的水射流活动,能完成清洗、切割、破碎等各种工艺的技术,其基本原理示意图如图 15-7 所示。由于高压水射流清洗具有清洗成本低、速度快、清洗率高、不损坏被清洗物、应用范围广、不污染环境等诸多优点,将其引入装备维修与再制造清洗中,具有重要的现实意义。

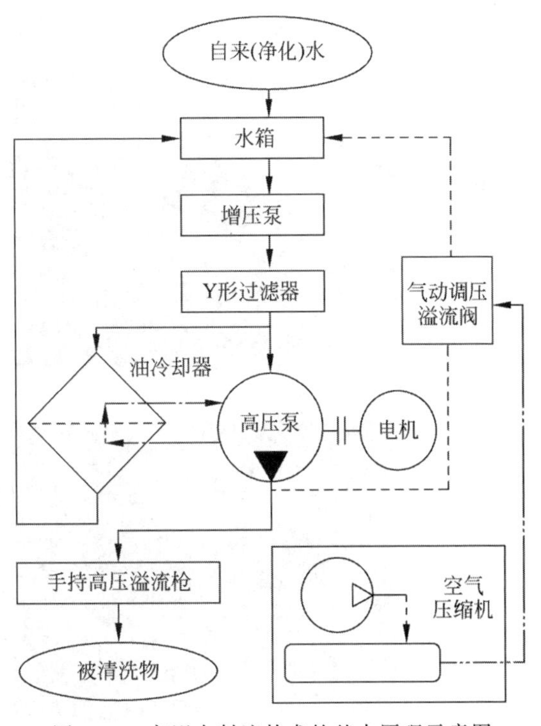

图 15-7　高压水射流技术的基本原理示意图

由于高压水射流清洗的诸多优点,一经问世,便得到了快速的发展和广泛使用,在各种物理清洗方法的实际应用中占很高比例。在工业发达国家高压水射流清洗已成为主流清洗技术，在清洗市场占到了较高份额。目前，高压水射流清洗在一些发达国家已达市场份额的80%以上，如美国石油化工企业的换热设备清洗，采用化学清洗的只占5%，而采用高压水射流清洗的则占80%以上。

1972年，第一届国际水射流会议在英国召开，此后，该系列会议每两年举行一次。在历次国际水射流会议上发表的论文中，高压水射流清洗技术占有相当大的比重。20世纪80年代中期，高压水射流清洗技术传入我国，在90年代中期得到迅速普及。由于环境保护要求的不断提高，越来越多的企业已由化学清洗转为物理清洗，高压水射流清洗技术得到了日益广泛的重视。目前，在船舶、电站锅炉、换热器、轧钢带除磷、城市地下排水管道清洗等都得到了广泛应用。高压水射流清洗在我国工业清洗中所占份额已超过10%，并且正在迅速增长。随着现代社会对清洗行业提出的效率、洁净率及环保要求的不断提高，高压水射流清洗技术在我国的普及应用是必然趋势。

高压水射流清洗技术是一项可靠、经济适用的清洗技术。图15-8所示为高压水射流清洗技术对工程机械零部件不同表面污染物的去除效果，与化学清洗相比，高压水射流清洗技术清洗质量好，通过控制合理的压力和清洗时间，零部件表面的油污、漆层、水泥结垢物、锈蚀等污染物被有效去除，但对金属基体没有任何破坏作用。由于水射流的冲刷、楔劈、剪切、磨削等复合破碎作用，可迅速将结垢物打碎脱落，比传统的化学方法、喷砂/抛丸方法、简单机械及手工方法清洗速度快几倍到几十倍。同时，采用高压水射流清洗后的部件无须进行二次洁净处理，而化学清洗后则需用清水将表面的化学药剂清洗掉。但在利用高压水射流技术对铁基金属零部件进行清洗时，清洗后获得的新鲜金属表面活性高，极易被空气氧化而产生锈蚀。因此，为防止返锈现象发生，通常在水射流清洗过程中加入缓蚀剂。

图15-8 高压水射流清洗技术对工程机械零部件不同表面污染物的去除效果

(a) 锈蚀；(b) 水泥结垢层；(c) 漆层；(d) 油污

高压水射流清洗以清水为介质，因而水射流清洗不会产生喷砂、抛丸及简单机械清洗中的大量粉尘，污染大气环境，损害人体健康。也不会产生有些化学清洗中的大量废液污染河道、土质和水质。以清水为介质的水射流，无臭、无味、无毒，喷出的射流雾化后，还可降低作业区的空气粉尘浓度，可使大气粉尘（其他方法为 80 mg/m^3）降低到国家规定的安全标准以下（2 mg/m^3）。在清洗过程中，由于能量强大，高压水射流清洗不需加任何填充物及洗涤剂，即可清洗干净，清洗成本低，只有化学清洗的 1/3 左右。与消防用水不同，水射流清洗方法属细射流喷射，所用的喷嘴直径只有 0.5～2.5 mm，故耗水量只有 3～5 m^3/h，所用动力的功率为 37～90 kW。因此，高压水射流清洗过程属于节水节能的清洗工艺。

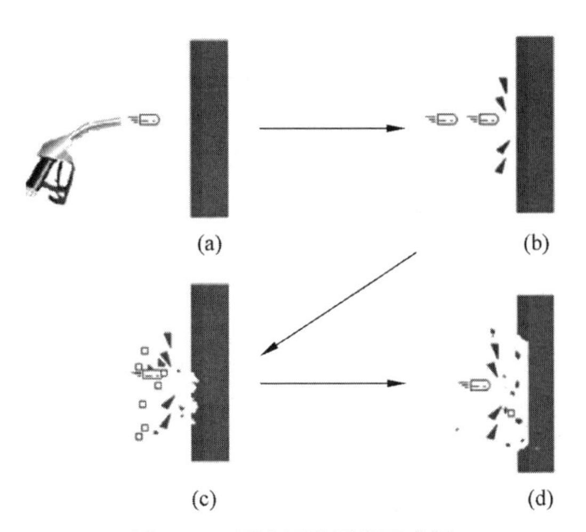

图 15-9　干冰清洗原理示意图

(a) 干冰颗粒从喷嘴喷出；(b) 干冰颗粒撞击污物表面瞬间气化；(c) 气化过程中，干冰体积瞬间膨胀 800 倍，形成无数小爆炸；(d) 污物被剥离后进入污物回收系统

4. 干冰清洗技术

目前，减少二氧化碳排放是全球环境保护领域亟待解决的重要议题。各国也在积极探索如何有效地利用二氧化碳。近年来，干冰喷射清洗技术引起了国内外的广泛关注。干冰清洗利用干冰颗粒作为喷射介质用于清洗各种顽固的油脂和污垢。干冰由于能够挥发，因此其清洗过程并不是单纯的物理冲击。

图 15-9 所示为干冰清洗原理示意图。当干冰颗粒以高速冲击到零件表面时，冲击的动能可以使干冰颗粒瞬间蒸发气化，其过程中会吸收大量的热，在清洗表面产生剧烈的热交换，从而导致附着的污染物因骤冷而发生收缩和脆化，由于污染物和基底材料热膨胀系数的不同，其能够破坏污垢和基体表面的结合。与此同时，由于干冰体积的急剧膨胀，会在冲击位置形成微区爆炸，有效清除污染物。干冰气化后变为二氧化碳，无污染、无残留、效率高，不影响机电产品的使用安全。

目前，干冰清洗技术的应用主要集中在汽车轮胎、铸造和石化等领域。干冰清洗技术作为一种新型清洗技术，已取得了较高的经济和社会效益。传统的汽车轮胎企业通常采用机械清洗法或化学法对轮胎模具进行清洗，清洗过程工作量大、劳动强度高、清洗周期长、容易污染环境。而干冰清洗技术不仅能够实现高效清洗，还可避免传统清洗方法带来的诸多缺陷。干冰清洗在铸造行业也得到了广泛的应用，国内外许多汽车企业都采用干冰清洗技术对于汽车缸体、缸盖等零部件进行清洗。石化产业中各种锅炉和换热器中都容易沉积污垢，污垢的清洗是其一大难题。除此之外，腐蚀问题也会直接导致设备停产，造成巨大的经济损失。加热炉的外壁通常由耐高温的保温砖构成，高温遇水会导致坍塌，这使得高压水射流清洗和传统化学清洗方法均不适用。干冰清洗则能够很好地解决这一问题，实现加热炉外壁的在线高温清洗，不仅避免了停产造成的损失，也在清除污垢的同时减少了炉壁冷却造成的热能浪费。

5. 激光清洗技术

激光具有单色性、方向性、相干性好等特点，能在瞬间将光能转化为热能，将零部件表面的污染物熔化或气化而去除。对于低燃点、易挥发的油脂、油漆等，激光清洗的机理主要为燃烧气化原理；对于橡胶、氧化层等顽固污垢，激光清洗的机理为辐照产生的热冲击和热震动促使污染物粒子产生热膨胀，使其发生界面失配和剥落。对于一些高能激光器，其峰值能量能够瞬间气化一部分固体污染物，这种烧蚀机理能够被用来清除表面锈蚀。另外，高能激光辐照液膜表面时，液体急剧受热产生爆炸性气化，爆炸性冲击波可以起到清除污垢的作用。

激光清洗是一种高效、绿色清洗技术，相对于化学清洗，其不需任何化学药剂和清洗液；相对于机械清洗，其无研磨、无应力、无耗材，对基体损伤极小(如应用于珍贵文物字画清洗领域)；激光可利用光纤传输引导，清洗不易达到的部位，适用范围广(如应用于核管道清洗)。激光清洗技术在欧美国家和地区已成为重要的绿色清洗技术，广泛应用于高端装备制造和维修领域，如半导体、微电子、微型机械、精密光学等高新技术中表面吸附的微米、亚微米级细颗粒的清洁、太空垃圾的清除、核辐射污染物去除和发动机积炭、蒙皮表面氧化物的清洗。该技术也是一种典型的军民融合技术，美国军方已将激光清洗技术应用于装备生物污损物的清洗、舰艇和军用飞机表面除锈、除油、退漆、除积炭等维修保障中。目前，激光清洗技术在欧美发达国家趋于成熟，相关研究逐渐由理论、实验转向成套装备研发，高功率、优质、柔性、精控方向发展。

在机械产品维修与再制造过程中，需要把表面涂层全部除掉，这不仅是为了重新涂漆以得到一个崭新的装饰涂层，更是为了检测发现零部件是否存在缺陷和裂纹，从而避免装备发生故障。脱漆剂法脱漆是目前常用的除漆方法，但脱漆剂法存在污染大、成本高、对大部分金属存在腐蚀作用等缺点。激光脱漆不但很好地解决了上述环境和经济问题，而且便于实现对除漆过程的主动控制。图 15-10 所示为不同激光功率辐照下清洗漆层的去除效果，清洗过程中采用波长为 1 064 nm、光斑直径 1 mm、重复频率为 5～20 kHz、可调准连续 Nd：YAG 激光，表 15-4 为不同激光峰值功率密度对清洗效果的影响。当激光平均功率小于 100 W 时，漆层表面颜色变浅但与金属基体并未脱离；当激光平均功率达到 100 W 时，扫描区域的漆层开始起皮并与基体分离，剥离该部分分离漆皮后发现金属基体表面光滑平整，此时的峰值功率密度为 3.54×10^{7} W/cm^2，已达到清洗值；当激光平均功率增加至 200 W，扫描区域漆层开始脱落，有部分漆层崩碎，漆层边缘脱离基体；当激光平均功率增加至 300 W，漆层完全崩碎并开始喷射飞离金属基体，金属基体开始出现明显的网纹，但未发现明显损伤。当功率继续加大，漆层金属基体的网纹更加明显和粗糙，金属基体开始出现较大凹坑，此时已经达到除漆的损伤阈值。

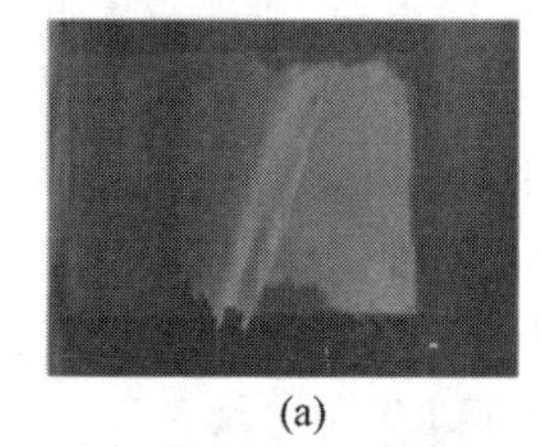

(a)

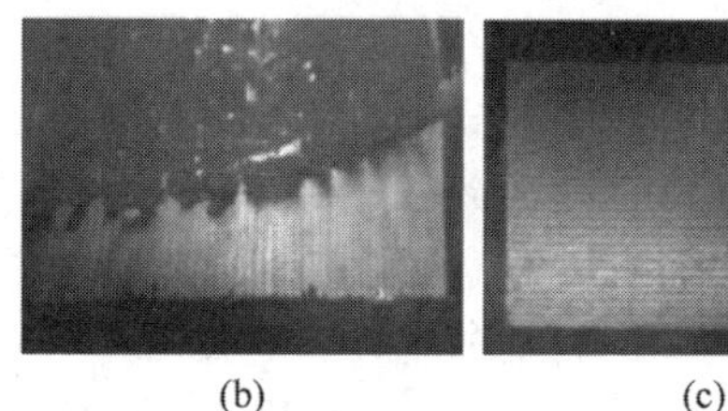

(b) (c)

图 15-10 不同激光功率辐照下清洗漆层的去除效果

(a) 100 W；(b) 200 W；(c) 300 W

表 15-4 不同激光峰值功率密度对清洗效果的影响

试验编号	平均功率/W	激光峰值功率密度/(W/cm^2)	试验现象
1	100	3.54×10^{7}	漆层开始起皮，但未脱离底材
2	200	7.08×10^{7}	漆层开始起皮，但部分脱离底材
3	300	1.06×10^{8}	漆层完全脱离底材，底材可见金属色
4	400	1.42×10^{8}	漆层完全脱离底材，底材可见金属色
5	500	1.77×10^{8}	漆层完全脱离底材，底材出现损伤

激光清洗工艺中有一种激光、液膜相结合的清洗法，即首先沉积一层液膜于待清洗表面，然后用激光辐射去污。其原理是，当激光

照射液膜时，液膜急剧受热，产生爆炸性汽化，爆炸性冲击波使工件表面的污染物松散，并随冲击波飞离基体表面，从而达到去污的目的。利用峰值功率密度 1.06×10^8 W/cm^2 的激光束，以 S 形路径、5 cm^2/s 的扫描速度，在有无水膜的条件下对比考察飞机铝合金蒙皮表面的清洗效果。在相同的激光清洗条件下，当铝合金蒙皮表面喷洒水膜时，只需激光扫描 1 次即可清洗干净；而在无水膜时，则需激光扫描 2～3 次。图 15-11 所示为在漆层表面有无水膜时激光清洗后漆层的表面形貌。当无水膜时，清洗后表面呈现明显的激光光斑痕迹，光斑内出现熔融痕迹，发生了烧蚀；当有水膜覆盖时，激光清洗后表面光滑平整，没有出现明显的激光烧蚀痕迹，说明水膜可以有效提高漆层去除率和激光损伤阈值，提高清洗效率。

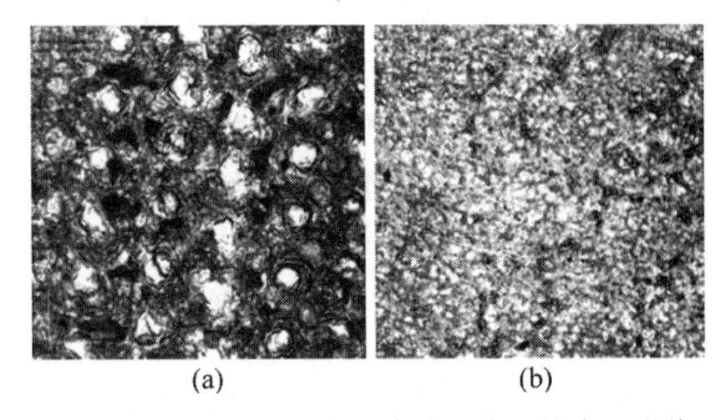

图 15-11　金属表面激光清洗后漆层的表面形貌
(a) 漆层表面无水膜；(b) 漆层表面有水膜

激光清洗可以广泛应用于表面除锈、除油、退漆、除积炭等装备维修与再制造清洗领域，与传统化学清洗方法相比具有对环境无污染、对操作人员无伤害等优点，与喷砂等传统物理清洗工艺相比具有效率高、对基体损伤小、无异物残留等特点。图 15-12 所示为钛合金零件表面经过激光和喷砂清洗后的微观形貌及 X 射线能谱(X-ray energy dispersive spectroscopy，EDS)

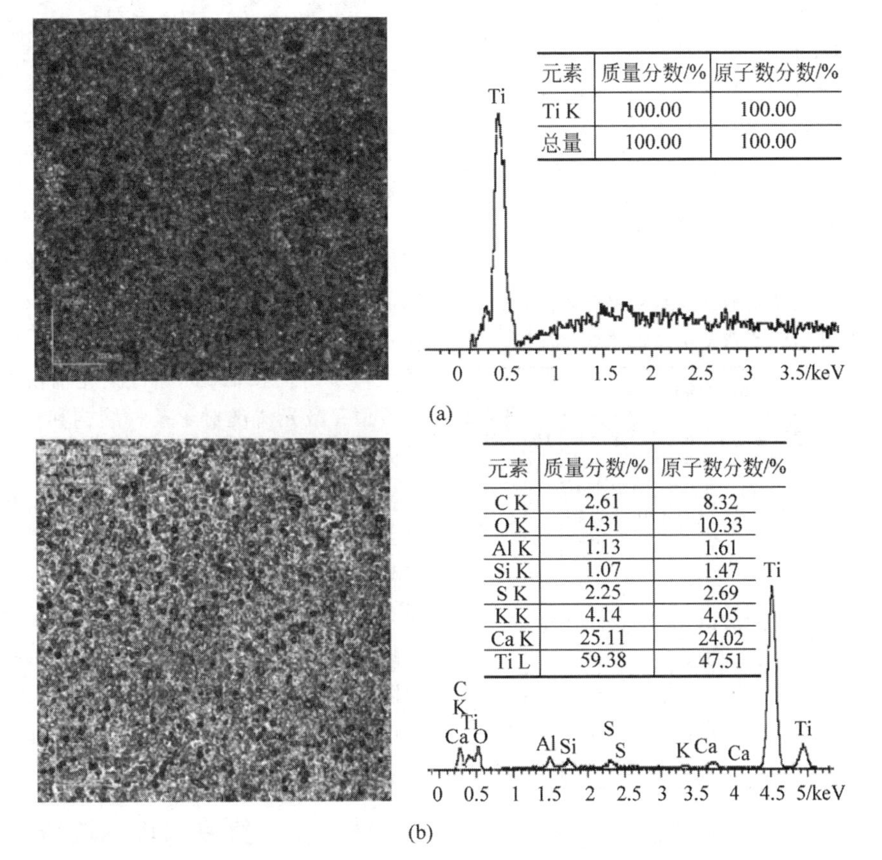

元素	质量分数/%	原子数分数/%
Ti K	100.00	100.00
总量	100.00	100.00

元素	质量分数/%	原子数分数/%
C K	2.61	8.32
O K	4.31	10.33
Al K	1.13	1.61
Si K	1.07	1.47
S K	2.25	2.69
K K	4.14	4.05
Ca K	25.11	24.02
Ti L	59.38	47.51

图 15-12　钛合金零件表面经过激光和喷砂清洗后的微观形貌及 EDS 分析结果
(a) 激光清洗；(b) 喷砂清洗

分析结果。激光清洗后，零件表面比喷砂清洗表面更清洁。钛合金表面原有的积炭、油污等污染物经激光清洗处理后全部消失，零件表面主要由钛元素构成，没有检测到其他元素；而喷砂处理后，钛合金表面除含有钛元素外，还含有硅(Si)、氧(O)、硫(S)、钙(Ca)等喷砂磨料的特征元素，表明清洗表面镶嵌有喷砂磨料颗粒，这说明喷砂处理的表面易存在磨料残留，对清洗表面污染大。

尽管激光清洗过程对基体产生的热影响小，热影响层浅，但由于单点激光能量密度高，可使基体表面材料晶格粒子逃离或偏离平衡位置，从而引起激光清洗表面组织和性能发生一定的变化。表 15-5 为激光清洗前后碳钢基材表面不同测试点的显微硬度值及平均值的变化情况。锈蚀表面的显微硬度值分布没有明显的规律性，但其显微硬度平均值较高，达到 HV 217.6；原始基材表面各点显微硬度分布比较均匀，但显微硬度平均值较低，约为 HV 173.3；经过激光清洗后的表面硬度值波动较大，显微硬度平均值较原始基体明显提高，约为 HV 211.0。此外，在激光清洗过程中，高能激光作用于基材表面会形成褶皱状硬化层。

表 15-5　激光清洗前后碳钢基材表面不同测试点的显微硬度值及平均值的变化情况

显微硬度	试验编号										平均值
	1	2	3	4	5	6	7	8	9	10	
原始表面/$HV_{0.2}$	176	171	172	174	172	173	174	175	173	173	173.3
锈蚀表面/$HV_{0.2}$	177	178	189	256	321	170	178	236	251	220	217.6
清洗表面/$HV_{0.2}$	192	196	215	205	217	220	223	209	214	219	211.0

图 15-13 所示为锈蚀表面激光清洗后的微观形貌。在脉冲激光作用下，碳钢表面呈现横纵排列规律的凹坑，凹坑内部锈层几乎被除净，并呈现光亮的金属色泽。凹坑边缘呈现环状凸起，这是因为在激光冲击的作用下，内部的金属流向边缘堆积，相邻凹坑的环形部分均有重叠部分。激光冲击形成的薄层组织表面一般呈压应力状态，这种压应力状态可以提高碳钢表面的硬度。在局部区域，凹坑并未覆盖而残留下锈点。因此，可以通过适当地提高激光光束之间的搭接率来减少残留锈蚀，从而提升激光除锈的效果。从上述分析可以发现激光清洗不仅具有良好的除锈效果，而且具有表面强化效果，可在一定程度上改善碳钢表面的硬度和残余应力状态。

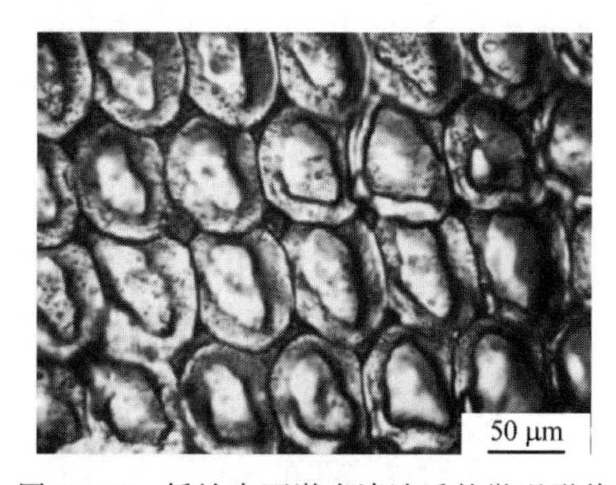

图 15-13　锈蚀表面激光清洗后的微观形貌

尽管激光清洗技术具有清洗质量高、环境污染小等突出优点，但是激光清洗技术也存在着一定不足，主要包括：激光清洗设备较为昂贵，在某些领域的清洗时使用受到了限制，尤其是对于价值较低的产品，激光清洗很难体现其价值；激光清洗对于基材结构和性能影响的研究还不完善，缺乏系统研究。

随着激光清洗技术的不断发展，激光清洗将会越来越广泛地应用于社会生产和装备维修与再制造领域，推动社会和谐可持续的发展。激光清洗对于加快制造业的绿色改造升级具有促进作用，激光表面绿色清洁技术不仅可以解决制造业表面污染物的绿色清洁问题，还可以提高产品质量，市场广阔，具有较好的产业化应用前景。

15.3.3　维修与再制造清洗新技术

从环境、经济和效率的角度分析，化学清洗面临的主要挑战是降低有毒、有害化学试剂的使用，提高化学清洗过程中废液的环保处理效果，研发应用新型无毒、无害、低成本的高效清洗材料。而物理清洗则需要考虑如何通过新技术研究和新设备开发，有效降低清洗成本，提高清洗效率，实现零部件表面的清洗与表面粗化、活化、净化等预处理过程一体化，提高维修与再制造成形加工质量。为应对上述挑战，近年来国内外研究开发了一系列新的清洗材料和清洗技术，在绿色化学清洗材料、高效物理清洗工艺等方面取得了一定突破。

1. **离子液体清洗技术**

目前，国外已经开展了新型化学清洗材料研究的相关工作。例如，将室温条件下保持离子状态的熔融盐，即离子液体（ionic liquid）作为清洗介质用于航空装备、生物医学、半导体等领域零件的清洗，取得了良好的清洗效果。图15-14所示为不同阳离子构成的离子液体宏观照片，图中由左至右分别为铜基、钴基、镁基、铁基、镍基及钒基离子液体。将离子液体应用于毛刷清洗（brush cleaning）过程（图15-15），可以显著提高表面污染物颗粒的清除效率。不锈钢、钛合金、铝合金、镍钴合金等多数金属及其合金都可以使用离子液进行电化学抛光清洗。

图15-14　不同阳离子构成的金属基离子液体宏观照片

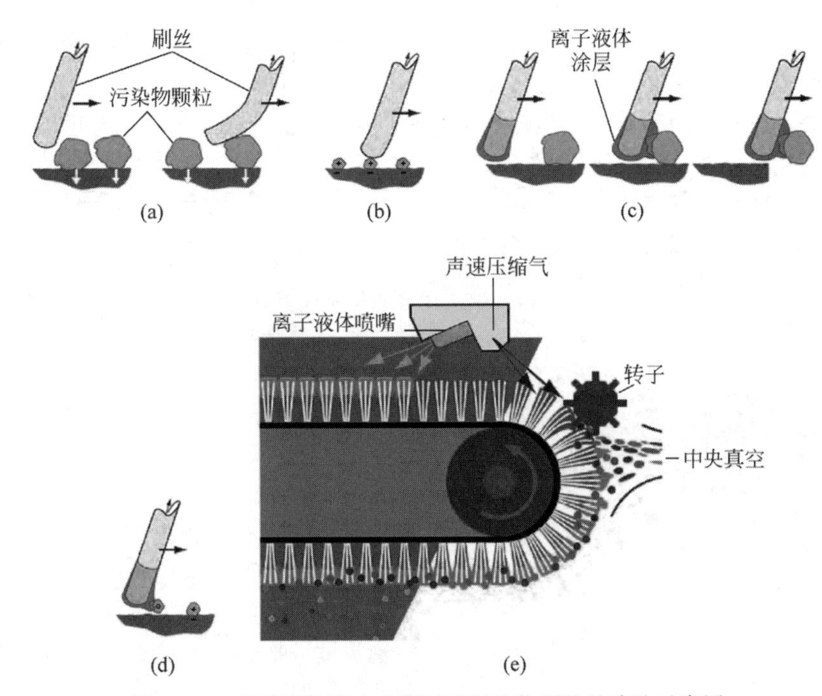

图15-15　离子液体配合毛刷用于污染物颗粒的清洗示意图

图15-16所示为使用离子液体抛光清洗前后钛合金零件表面形貌宏观照片，对比可以看出经过离子液体清洗后零件露出了洁净、光滑、光亮的基体表面。尽管离子液体作为新型清洗材料可以实现半导体、金属、生物材料表面油污、颗粒等污染物的有效去除，但离子液体具有合成过程复杂、成本高、部分具有毒性等缺点，实现离子液体低成本和无毒化是实现其未来大规模应用的重要前提。

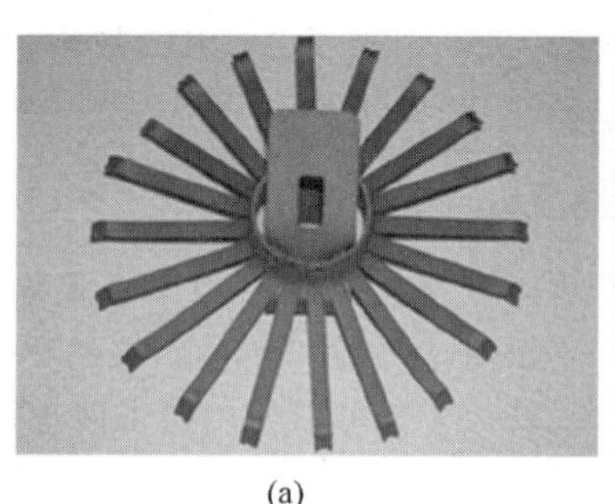
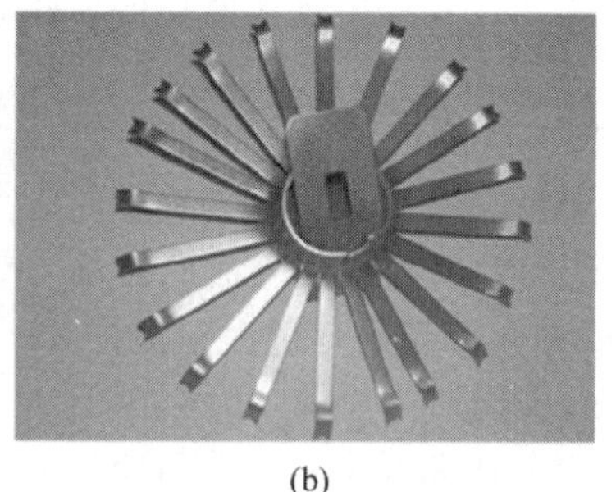

(a) (b)

图 15-16 使用离子液体抛光清洗前后钛合金零件表面形貌宏观照片
(a) 清洗前；(b) 清洗后

2. 微乳液清洗技术

除离子液体外，由水、油、表面活性剂构成的微乳液是近年新兴的潜在高效溶液清洗材料之一。图 15-17 所示为不同油-水-表面活性剂体系构成的微乳液宏观照片。图 15-18 所示为石油钻杆表面使用微乳液清洗前后表面重度油污的去除效果。可以看出，经过微乳液清洁处理后，钻管表面油污消失，露出了洁净的基体表面。由于微乳液具有自然形成、吸收/溶解水和油量大、可以改变油污表面润湿性、清洗过程需要机械能小等突出优点，在再制造清洗领域具有广阔的应用前景，特别是将微乳液用于石油、天然气和化工领域工业装备零件的再制造表面清洗，潜力巨大。

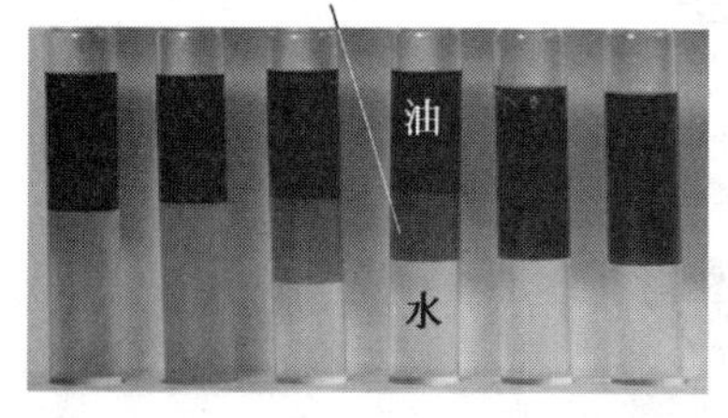

图 15-17 不同油-水-表面活性剂体系构成的微乳液宏观照片

(a) (b)

图 15-18 石油钻杆表面使用微乳液清洗前后表面重度油污的去除效果
(a) 清洗前；(b) 清洗后

3. 微生物清洗技术

微生物清洗技术也称为生物酶清洗，用于清洗烃类污染物。其基本原理是，利用微生物活动将烃类污染物还原为水和二氧化碳，这属于化学清洗的范畴。在清洗过程中，微生物不断释放脂肪酶、蛋白酶、淀粉酶等多种生物酶，打断油脂类污染物的烃类分子链，该过程将烃类分子分解并释放碳源作为微生物的营养物质，从而刺激微生物进一步将油脂消化吸收，随后污染物会被溶液带走并经过过滤装置，过滤出大尺寸固体污染物，由于微生物的繁殖速度快，在 24 h 内单一微生物细胞可以繁殖到 10^{21} 个。因此，微生物清洗过程中可以实现清洗液的循环使用，使清洗过程长期保持持续进行。与传统清洗剂相比，微生物清洗过程无毒，清洗产生的废水无须特别处理，就能够达到排放标准。酶清洗速度较慢，通常采用浸泡方式，通过搅拌使酶与零件表面充分接触达到最佳的清洗效果。图 15-19 所示为使用微生物清洗液手工清洗金属零件的过程。使用微生物清洗液进行清洗后，清洗槽表面吸附的油污类污染物同时被有效去除。

微生物清洗适用的污染物类型包括原油、切割液、机油、润滑油、液压传动液、有机溶剂、润滑脂等，适用的清洗表面材质包括碳钢、不

图 15-19 使用微生物清洗液手工清洗金属零件的过程

锈钢、镀锌钢、铜、铝、钛、镍、塑料、陶瓷、玻璃等多种材料。同时，由于微生物清洗剂对环境无污染，对人体健康和清洗对象表面无损害，酸碱性接近中性，不溶解、不易挥发、无毒、不可燃，清洗过程温度要求低，清洗废水也没有毒性，从环保角度来看，酶清洗剂比矿物精油及酸、碱性清洗剂更符合环保要求。目前，酶清洗方式主要应用于生物、医药领域，在一些修理厂和废水处理厂也得到了应用，但在机械工业领域还未实现商业化，未来在再制造清洗领域具有广阔的应用前景，特别适用于机械产品零部件表面油污类污染物的清洗。

化学清洗的研究发展趋势如下：一方面，通过新型清洗试剂的研究，开发环境友好型绿色清洗材料，提高溶液清洗效率，降低清洗材料成本，减少清洗过程中有毒、有害物质的使用；另一方面，通过清洗过程中废液的环保处理技术研究，减少有毒、有害物质的排放。总体而言，最大限度地降低溶液清洗过程对人员的伤害，降低对环境的污染，避免对清洗对象的损伤。

4. 新兴的物理清洗技术

新兴的再制造领域对物理清洗技术提出了一系列新的要求。由于多数物理清洗技术对使用的能量和清洗力具有严格要求，当能量或清洗力过小时，如激光清洗功率小或时间短，喷射清洗的压力小，会导致污染物无法有效去除；当能量或清洗力过大时，会使清洗表面受到损伤，如激光功率过大会造成清洗表面受热损伤、喷射清洗造成表面冲击损伤等(图 15-20)。因此，必须在实际应用中选择合适的清洗力或能量。随着高端装备和电子产品再制造需求的日益增加，精密零件和电子产品零件表面清洗对物理清洗技术提出了新的要求，即在实现高效清洗的同时，不对清洗对象表面造成损伤。另外，轨道交通、冶金、电力等行业的老旧和故障装备通常要求快速恢复装备性能，对于这些在役装备的再制造和装备的在线再制造，要求配套的清洗技术具有体积小、便携、能耗低、快速、高效等特点。

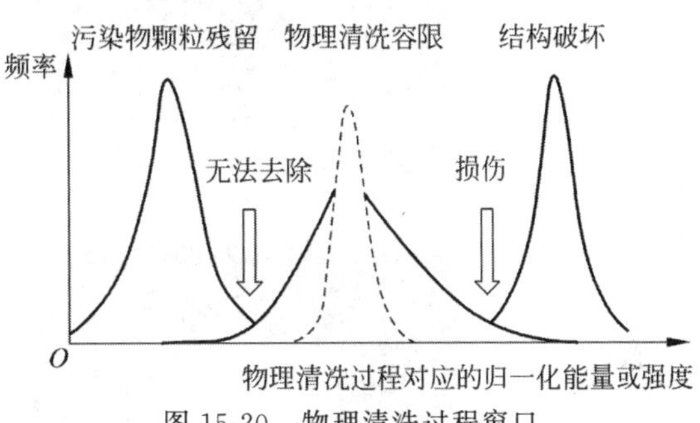

图 15-20 物理清洗过程窗口

近年来，在精密零件物理清洗技术研究与应用方面，半导体领域研究开发了双流体喷雾清洗技术(dual-fluid spray cleaning)。图 15-21 所示为双流体喷雾清洗过程及喷嘴结构示意图。其原理是，通过 G 口和 S 口分别通入气体和液体，并在喷嘴内部进行混合、雾化、加速，通过喷嘴 M 将形成的雾化液体喷射到待清洗的表面，去除半导体材料表面附着的微量纳米级颗粒污染物，同时避免对清洗表面造成损伤。清洗过程中，通过改变流体或气体的压力

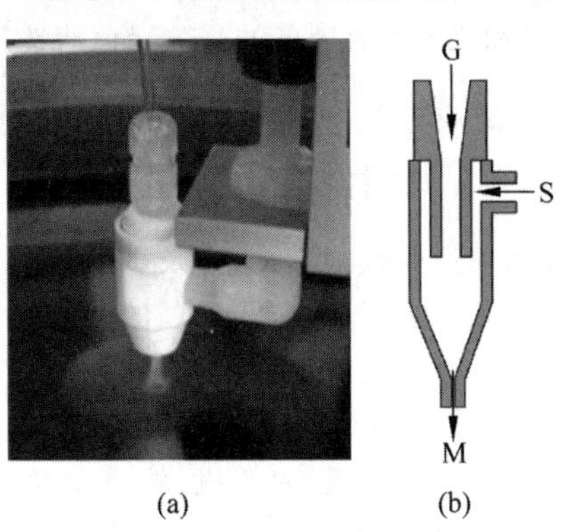

图 15-21 双流体喷雾清洗过程及喷嘴结构示意图
(a) 实物图；(b) 结构示意图

和种类，以及改变喷嘴的直径影响雾化液滴束流的雾化效果和速度，进而影响清洗质量。双流体喷雾清洗技术在半导体行业应用前景巨大，同时，在电子产品再制造清洗中也具有潜在的应用前景，特别是在电子产品再制造清洗应用方面。

此外，Shishkin 等研究了以冰颗粒为磨料的喷射清洗(ice jet cleaning)对不同材质零件表面污染物的去除效果，结果表明，使用冰颗粒作为介质，可以有效去除塑料、金属和半导体材料表面的各类污染物(图 15-22)。

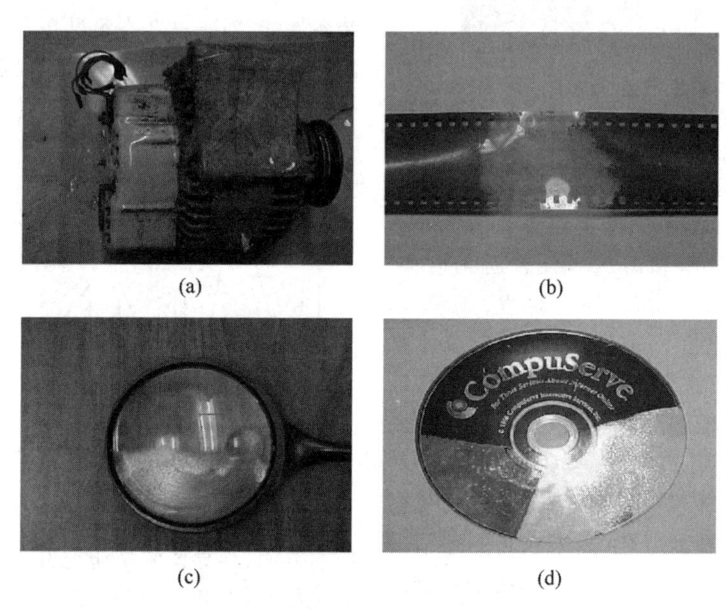

(a) (b) (c) (d)

图 15-22 冰射流清洗不同材质表面的清洗效果对比
(a) 金属零件；(b) 胶卷底片；(c) 玻璃制品；(d) 光盘

接下来，物理清洗技术将结合绿色清洗材料开发及清洗废弃物环保处理技术研究，将物理清洗技术和化学清洗技术相融合，开发再制造绿色物理/化学复合清洗设备，实现清洗装备智能化、通过式、便携式设计，实现在役、高端、智能和机电复合装备的高效绿色清洗。

15.3.4 工程机械维修与再制造清洗技术应用

在国家产业政策激励，以及试点企业和产业示范园区的示范带领下，我国的装备维修与再制造产业蓬勃发展，再制造产品领域不断扩大，涵盖了工程机械、电动机、办公设备、石油机械、机床、矿山机械、内燃机、轨道车辆、汽车零部件等产品领域。在工程机械维修与再制造清洗环节，目前行业内关于工程机械零部件的清洗大多停留在化学清洗、喷砂/喷丸清洗阶段，真正使用超声波清洗、高压水射流清洗、激光清洗等先进清洗技术的企业非常少。这不仅浪费资源，还污染环境，对作业人员身体健康也有很大影响，更加制约了工程机械再制造产业的绿色化高效发展。

1. 清洗对象

工程机械维修与再制造过程中涉及的零部件和结构件以金属材质为主，主要包括发动机、泵阀、液压偶件等精密配合件，各类管路，臂架、车体等结构件等。工程机械种类多，工作环境恶劣、工况条件苛刻，零部件表面污染物构成复杂多样，包括零部(构)件外部沉积的油污、灰尘、混凝土结垢物、漆层、锈蚀等，管道和零件内部沉积的水垢、润滑残留物、锈蚀等。表 15-6 为工程机械产品及其零部件使用过程中产生的污垢，其污染物组成基本与汽车产品相似。

表 15-6 工程机械产品及其零部件使用过程中产生的污垢

种 类	存在位置	主要成分	特 性
外部沉积物	零件外表面	尘埃、油污、无机结垢层	容易清除，难以除净
润滑残留物	与润滑介质接触的各零件	老化的黏质油、水、盐分、零件表面腐蚀变质产物	成分复杂，呈垢状，需针对其成分进行清除
漆层	零(构)件表面	有机物	—
水垢	冷却系	钙盐和镁盐	可溶于酸
锈蚀物质	零件表面	氧化铁、氧化铝	可溶于酸
检测残余物	零件各部位	金属碎屑、检测工具上的碎屑；汗渍、指纹	附着力小，容易消除
机械加工后的残留物	零件各部位	金属碎屑，抛光膏、研磨膏的残留物，加工后残留的润滑液、冷却液等	附着力不大，但需要清洗干净

2. 工程机械常用的再制造清洗方法

工程机械再制造零部件的清洗主要包括拆解前的清洗和拆解后的清洗。拆解前的清洗主要是去除零部件外部沉积的大量油泥、尘埃、泥沙、水泥结垢物等污染物一般采用自来水或高压水冲洗，适当搭配化学清洗剂进行。拆解后的清洗主要是去除零部件上油污、积炭、水垢、锈蚀、油漆等污染物，主要采用化学清洗和物理清洗的方法，以高压水射流清洗技术和超声波清洗技术等为主。

拆解后可维修或可再制造的零件，根据零件的用途、材料，选择不同的清洗方法。清洗方法可以粗略分为物理和化学两类，然而在实际的清洗中，往往兼有物理、化学作用。工程机械零部件的再制造清洗主要针对金属制品，常用的清洗方法见表 15-7。

表 15-7 工程机械常用的再制造清洗方法

清洗工艺	工作原理	清洗介质	优 点	缺 点
浸泡清洗	将工件在清洗液中浸泡、湿润而洗净	溶剂、化学溶液、水基清洗液	适合小型件大批量；多次浸泡清洁度高	时间长；废水、废气对环境污染严重
淋洗	利用液流下落时的重力作用进行清洗	水、纯水、水基清洗液等	能量消耗小，一般用于清洗后的冲洗	不适合清洗附着力较强的污垢
喷射清洗	喷嘴喷出中低压的水或清洗液清洗工件表面	水、热水、酸或碱溶液、水基清洗液	适合清洗大型、难以移动、外形不适合浸泡的工件	清洗液在表面停留时间短，清洗能力不能完全发生作用
高压水射流清洗	用高压泵产生高压水经管道到达喷嘴，喷嘴把低速水流转化成低压高流速的射流，冲击工件表面	水	清洗效果好、速度快；能清洗形状和结构复杂的工件，能在狭窄空间下进行；节能、节水；污染小；反冲击力小	清洗液在工件表面停留时间短，清洗能力不能完全发生作用
喷丸清洗	用压缩空气推动一股固体颗粒料流对工件表面进行冲击从而去除污垢	固体颗粒	清洗彻底、适应性强、应用广泛、成本低；可以达到规定的表面粗糙度	粉尘污染严重；产生固体废弃物；噪声大

续表

清洗工艺	工作原理	清洗介质	优点	缺点
抛丸清洗	用抛丸器内高速旋转的叶轮将金属丸粒高速地抛向工件表面，利用冲击作用去除表面污垢层	金属颗粒	便于控制；适合大批量清洗；节约能源、人力、成本低；粉尘影响小	噪声较大
超声波清洗	清洗液中存在的微小气泡在超声波作用下瞬间破裂，产生高温、高压的冲击波，此种超声空化效应导致污垢从工件表面剥离	水基清洗液、酸或碱的水溶液	清洗效果彻底，剩余残留物很少；被清洗件表面无损伤；不受清洗件表面形状限制；成本低，污染小	设备造价昂贵；对质地较软、声吸收强的材料清洗效果差
热分解清洗	高温加热工件使其表面污垢分解为气体、烟气离开工件表面		成本低、效率高，能耗低，污染小	不能清洗熔点低或易燃的金属件
电解清洗	电极上逸出的气泡的机械作用剥离工件表面黏附污垢	电解液	清洗速度快，适合批量清洗；电解液使用寿命长	能耗大、不适合清洗形状复杂的工件

3. 典型工程机械零部件的清洗

工程机械维修与再制造过程中的清洗方案设计应遵循简化流程、减少设备、按需配置、安全环保的原则。拆解前后零件的清洗方案需要根据零部件尺寸、结构及污物类型综合考虑并实施。其中，大型零件的油污、油泥的清洗宜采用高压水射流技术；零件外表面漆层、锈蚀、水泥结垢物等清洗易采用高压水射流清洗技术，当污染物较难去除时，宜选用添加硬质磨料(沙粒)的高压或低压水射流清洗工艺；以油污为主的小型零件的清洗可采用饱和蒸汽清洗技术或超声波清洗技术，当零件表面存在重度油污时，可采用环保的水基清洗液结合超声波清洗工艺进行有效清洗。表15-8为工程机械典型部件污染物类型及清洗方案。

表15-8　工程机械典型零部件污染物类型及清洗方案

零部件	污染物类型	清洗方案	
液压件	液压缸	油污、油泥、油漆	中小型液压缸(内外壁)：超声波清洗/饱和蒸汽清洗
	中心回转体	油污	大型液压缸(内外壁)：高压水射流清洗
结构件	转台	油污、油泥、油漆、锈蚀、结垢物	高压水射流清洗或高(低)压磨料水射流清洗
	车架		
	支腿		外壁：超高压水射流/高(低)压磨料水射流清洗
	吊臂		内壁：高压水射流清洗
泵	阀体	油污、锈蚀	饱和蒸汽清洗或超声波清洗
传动件	销轴类	油污、锈蚀	饱和蒸汽清洗或超声波清洗
	平衡梁	油污、油泥、油漆	高压水射流清洗
	车桥及附件		
	传动轴	油污、油漆	高压水射流清洗

1）结构件和车体的清洗

结构件和车体外表面污染物复杂，主要包括油污、油泥、漆层、锈蚀等。此外，混凝土泵车等工程机械的料斗、支架、车体局部等表面还覆盖有大量的混凝土污垢层（图 15-23），具有质地坚硬、结合强度高等特点，常规的化学清洗效率低且难以去除，通常采用高压水射流或高压水射流结合硬质磨料的清洗工艺。

图 15-23　混凝土泵车表面混凝土污垢层

图 15-24 所示为高压磨料水射流清洗前后混凝土泵车车体局部表面状态对比，采用的清洗压力为 35～40 MPa，水流量为 30～50 L/min。图 15-25 所示为高压水射流对混凝土泵车车体表面漆层的去除效果，采用的清洗压力为 160～180 MPa，水流量为 30～50 L/min。

与采用纯水为介质的高压水射流清洗工艺不同，高压磨料水射流清洗过程中以纯水和磨料（河沙、石英砂等）为介质，清洗过程中所需水压低，清洗效率高。通常根据待清洗零部件表面结垢物的覆盖厚度和结合强度等因素，综合考虑使用高压水射流清洗工艺或磨料水射流清洗工艺。图 15-26 所示为混凝土泵车车体表面混凝土的高压磨料水射流清洗效果。

2）液压件和阀块的清洗

精密件和配合件表面的油污类、以物理和化学吸附为主要结合方式的污染物通常采用超声波清洗工艺或饱和蒸汽清洗工艺清洗。以混凝土泵车的摆动油缸和阀块为例，由于其长期在液压油的环境中服役，零件表面污物主

(a)

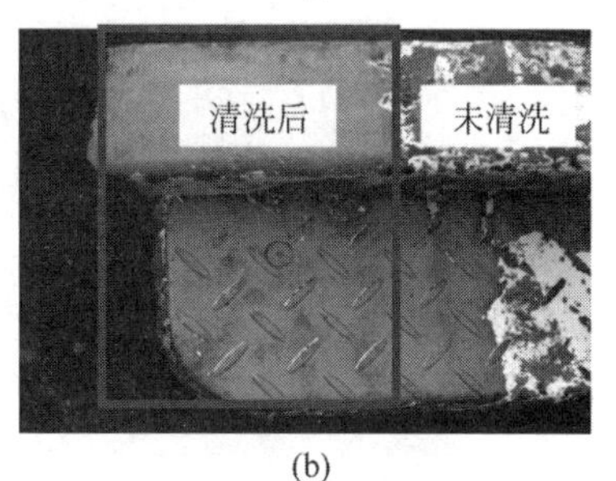

(b)

图 15-24　高压磨料水射流清洗前后混凝土泵车车体局部表面状态对比
(a) 清洗前；(b) 清洗后

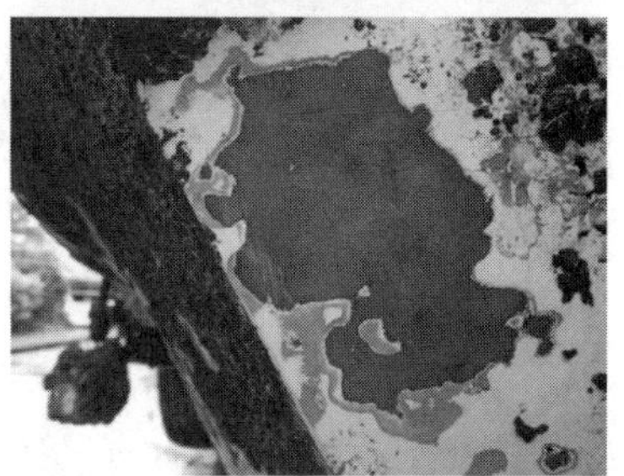

图 15-25　高压水射流对混凝土泵车车体表面漆层的去除效果

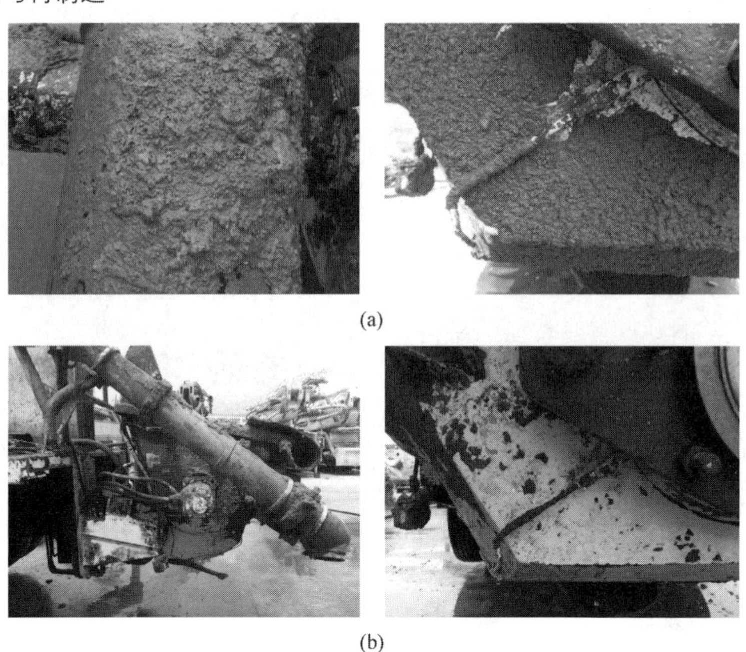

(a)

(b)

图 15-26 混凝土泵车车体表面混凝土的高压磨料水射流清洗效果

(a) 清洗前；(b) 清洗后

要为油膜层及油脂层，并且由于工地环境复杂，泥土或沙石易附着在零件表面，这些固体附着物与油膜/油脂层混杂在一起，形成油污垢层。

混凝土泵车用摆动油缸、阀块等零件的油污垢层较厚，且混有泥土沙石等污垢，难以用单一常规的清洗技术去除，可采用高温水射流技术对零件表面较厚的污垢层进行粗洗，而后进行超声波精洗和漂洗的复合工艺。一般具体工艺流程如下：废旧油污件→高温水射流精洗→超声波精洗→超声波漂洗→热风烘干→再制造毛坯件，具体工艺流程如图 15-27 所示，其相关参数见表 15-9。

图 15-27 重度油污类零件的超声波复合清洗工艺流程

表 15-9 超声波复合清洗工艺流程相关参数

项目	序号	预处理名称	预处理工具	预处理介质/条件		时间/min	备注
清洗预处理	1	浸泡	浸泡容器	市水或者清洗剂		15	
超声波清洗工艺流程	2	上料	—	—	—	—	—
	3	超声波粗洗	清洗剂	50～60℃	≤0.2 MPa	5	超声、加热、循环
	4	超声波精洗	清洗剂	50～60℃	≤0.2 MPa	8	超声、加热、循环
	5	鼓泡波漂洗	市水	室温	0.49 MPa	5	去除清洗剂
	6	下料	—	—	—	—	—
清洗后处理(干燥)	7	干燥	热风枪	—		5	防止清洗后的零件表面出现氧化斑或锈蚀

参考文献

[1] 任工昌，于峰海，陈红柳. 绿色再制造清洗技术的现状及发展趋势研究[J]. 机床与液压，2014，42(3)：158-161.

[2] 王海林，陈旭俊. 物理作用在污垢洗净过程中的应用[J]. 洗净技术，2003(4)：4-9.

[3] 中国机械工程学会再制造工程分会. 再制造技术路线图[M]. 北京：中国科学技术出版社，2016.

[4] 张剑波. 清洁技术基础教程[M]. 北京：中国环境科学出版社，2004.

[5] 秦国治，田志明. 工业清洗及应用实例[M]. 北京：化学工业出版社，2006.

[6] 梁治齐. 实用清洗技术手册[M]. 北京：化学工业出版社，1999.

[7] 任建新. 物理清洗[M]. 北京：化学工业出版社，2000.

[8] KOHLI R，MITTAL K L. Developments in surface contamination and cleaning [M]. Waltham：William Andrew，2013.

第 15 章彩图

第16章

修复技术

16.1 修复技术总论

16.1.1 概述

我国是装备生产和使用大国，装备资产以万亿计。装备在运行中不可避免存在磨损、腐蚀、疲劳、老化、断裂等现象。据不完全统计，在现代企业中，装备故障及停产损失占其生产成本的30%～40%，有些行业的修复费用占生产成本的第二位，高质量修复已成为装备在使用过程中必不可少的环节。在零件失效故障中磨损占绝大部分，而由磨损失去的金属质量仅占零件质量的1%～10%，若为这1%～10%而舍弃其余的90%～99%是不合理的，因而加以修复是必要的。同时，及时进行零件修复，可以避免巨大的停产损失，其效益已远远不能由零件价格来计算了。当然并不是每一个零件都值得修复，修与不修的界限取决于经济分析。

零件修复作为装备全生命周期中不可分割的重要组成部分，是保持、恢复，乃至提升产品性能的重要因素。但传统的修复技术通常只考虑产品基本属性的恢复，如结构、性能、功能方面的恢复，却忽视了修复工作的环境属性，在当今以绿色为主题，以可持续发展为目标的历史时期，修复技术也应顺应时代潮流，将绿色修复作为新的发展理念。因此，将包容多门学科和技术的跨学科、跨领域的现代科学技术和理论合理地综合应用，形成在环境和条件各异的现场行之有效的绿色修复理论和技术，用以指导优质、高效、低成本、环保、安全地完成修复任务，实现产品的绿色修复与升级是发展的趋势。

在20世纪，由于配件供应不足，几乎每一个修理企业都有一个修旧车间或修旧组，否则就不能正常生产；进入21世纪，由于配件供应充足，几乎每一个修理企业的修旧车间或修旧组都取消了。组织专业化的修旧厂或修旧车间，按照再制造的要求组织生产，对社会开放，专门修复某几种零件或专门采用某几种工艺修复各种零件，由于生产单一、生产批量大，可以使修复件的价格低、质量好、寿命长，为企业带来良好的收益。

修复工艺种类很多，各有其特性，应该慎重、合理地选择。电刷镀是国家经济委员会重点推广的工艺，用于大型零件局部修复或机械零件的不解体修复，其效益非常突出，如用于大批量修复普通零件，则得不偿失。所以，在选择修复工艺时要有针对性。

16.1.2 修复层与基体的结合

1. 物质间的结合力

物质间的结合依靠化学键和物理键（范德瓦耳斯力），而化学键又可分为离子键、共价键和金属键。

1）化学键

（1）离子键

两个或多个原子或化学基团失去或获得电子而成为离子后形成离子键。活泼金属，如Na，较易失去最外层的唯一电子，变成一个稳定结构——带一个正电荷的钠离子 Na^+；活泼的非金属，如Cl，较易得到一个电子而填满其最外层轨道，变成一个稳定结构——带一个负电荷的氯离子 Cl^-，通过静电相吸，Na^+ 与 Cl^- 可以结合形成 NaCl 分子。阴阳离子相间排列，每个离子周围都有6个异性离子。

离子键结合力强，因而物质的硬度、密度较大，熔点高，在水中可以电离。

（2）共价键

几个相邻原子通过共用电子并与共用电子之间形成共价键。两个最外层是7个电子的氯原子，各拿出一个电子来共用，就变成稳定的结构，结合成 Cl_2 分子。氢气（H_2）也是由两个氢原子共用一对电子形成的共价键；而水（H_2O）则是由最外层是6个电子的氧拿出两个来与两个氢原子形成共价键结合。

共价键结合力也较强，多数共价键化合物不能电离，水具有很弱的电离度。不同种元素形成的共价键结合，电子常常偏向于核电荷较强的一侧，使中性的分子显出极性，水中的氢、氧原子间则形成极性共价键，键角为105°。

（3）金属键

金属原子的外层电子一般较少，较易失去形成自由电子，其与金属离子之间的静电吸引力形成金属键，存在于金属中。

金属键结合力较强，自由电子的导热、导电均好。

2）物理键——范德瓦耳斯力

分子之间或惰性气体原子之间靠范德瓦耳斯力结合到一处叫物理键。范德瓦耳斯力（万有引力）的实质仍是静电力，靠极性分子之间的静电力或非极性分子由于电子运动不平衡形成的瞬间极性相互吸引。

物理键普遍存在，但是最弱的一种键，与化学键比往往可以忽略。氢原子的唯一电子形成共价键后，原子核裸露，比一般极性分子的极性强，这种物理键被单独提出来称为氢键。

2. 修复层与基体结合的形式

从金相或亚微观范围研究，修复层与基体的结合形式可分为晶内结合、晶间结合和机械结合。

1）晶内结合

晶内结合是修复层的晶粒或部分晶粒在基体晶粒上延续生长而成的一种结合形式，其示意图如图16-1所示。

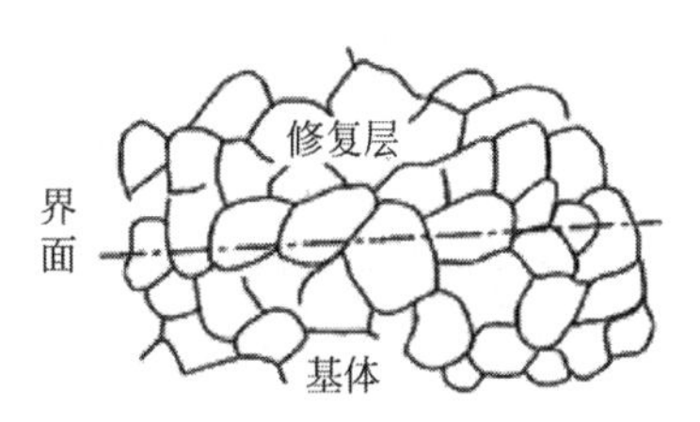

图16-1　晶内结合示意图

晶内结合的结合力以金属键为主，因而结合强度很高。

熔化焊时，基体与修复层熔化后共同结晶，形成一个整体，因而是结合较好的晶内结合。电镀时，若镀层与基体的晶格接近，而且经过良好的表面处理（如铸铜上镀铜、45号钢上镀铁），则能够产生部分晶内结合，如图16-1所示。喷涂镍包铝粉时，镍包铝的放热反应使微小区域内能发生基体与修复层共同熔化、结晶的过程，在该微区形成晶内结合；喷涂钼粉时，钼与基体反应生成 $Fe_3Mo_2Fe_7Mo_6$，以化学键形式结合，大大提高喷涂层的结合强度。

2）晶间结合

基体金属不熔化，通过修复层的熔化、扩散形成的结合形式称为晶间结合。氧-乙炔喷熔，低真空熔接工艺都属于晶间结合，也具有较好的结合力，但比晶内结合要小。粘接时，胶黏剂分子也有少量扩散进入基体，使粘接层的结合强度提高，但扩散占比较小，所以粘接工艺的结合强度不大。

通过低真空熔接工艺，将Ni、Cr、B、Si粉熔接到钢基体上，形成修复层。经过抛光、腐蚀的金相照片上，可以看到基体与修复层晶粒间的分界，在界面上有一条白亮的结合层；用电子探针可以精确地绘出结合层附近铁与镍含量的分布曲线，从而清楚地看到金属扩散的情况，其示意图如图 16-2 所示。

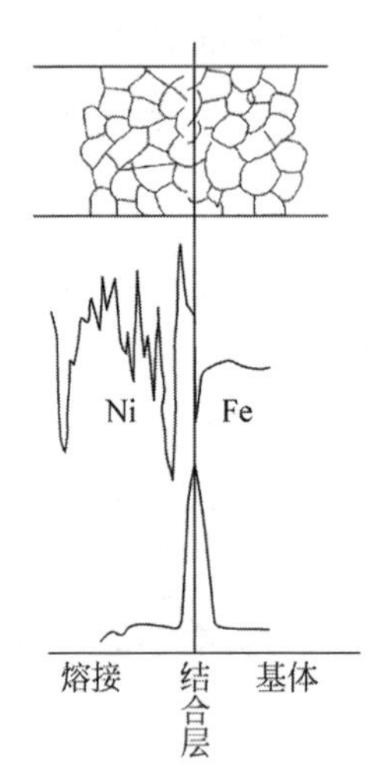

图 16-2　晶间结合示意图

在结合层形成的合金属于金属键结合，结合力较大，其余部分只能靠范德瓦耳斯力结合。金属键所占比重的多少，决定了该修复层结合强度的好坏。

3）机械结合

在粗糙的表面上喷涂或粘接，修复层渗入基体金属表面的凹坑中，靠范德瓦耳斯力形成的结合形式称为机械结合，其示意图如图 16-3 所示。

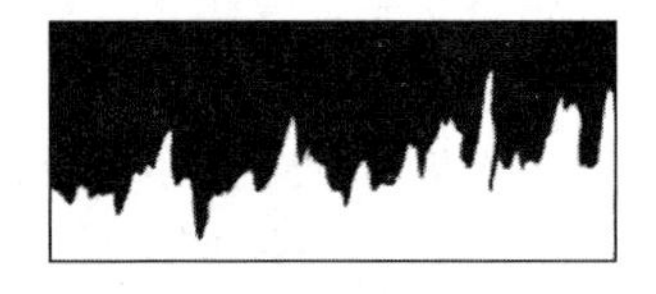

图 16-3　机械结合示意图

机械结合的结合力随基体表面的形貌不同会在很大范围内发生变化，但总体而言，其结合力是三种结合形式中力最小的一种。

需要提出的是，各种修复工艺常常是几种结合型式共存，只是各占比例不同。

16.1.3　修复采用的能源

把修复用材料结合到基体上形成修复层，需要消耗能源，常用的是热能和电能，热能是为了加热基体和修复材料，常用的有氧-乙炔焰、电弧和等离子弧。电能是用于电镀的，产生电解和沉积过程。

1. 氧-乙炔焰

氧-乙炔焰可以使基体和修复材料熔化，氧-乙炔焰的燃烧过程和组成如图 16-4 所示。

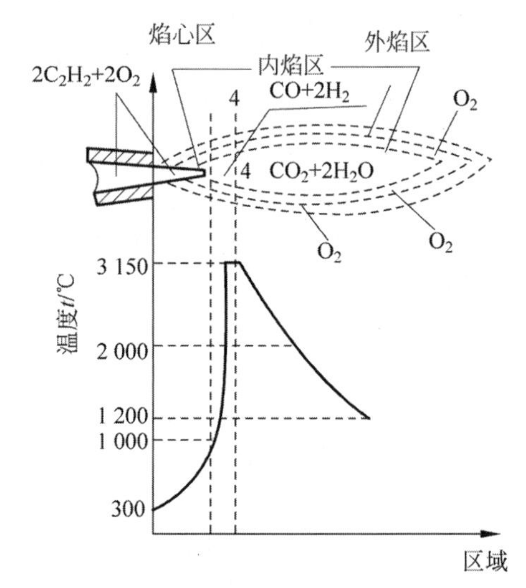

图 16-4　氧-乙炔焰的燃烧过程和组成

从图 16-4 中可以看出，内焰部分具有 3 150℃的高温，且属于还原性气氛，对金属有保护作用，气焊时多用距焰心 2～4 mm 的内焰部位。金属粉末喷涂一般用距喷嘴 150 mm 的外焰部分，该处温度约 1 500℃。

根据氧与乙炔的混合比不同，氧-乙炔焰可分为中性焰、碳化焰和氧化焰。中性焰的混合比为 1.1～1.2，燃烧完全；碳化焰的混合比小于 1.1，燃烧后有乙炔过剩，温度低，而且对工件有渗碳和渗氢作用；氧化焰的混合比大于 1.2，过剩的氧使金属烧损加重，并生成杂质。因此，机械修理中通常用中性焰和弱碳化焰。

2. 电弧

在电场力的作用下，电子由负极发射，并高速射向正极。电子的撞击使气体电离、电弧放电。电弧区的温度场如图 16-5 所示。

从图 16-5 中可以看出，负极由于电子发射消耗能量，温度较低；正极受电子冲击得到能量，温度较高。生产中应用上述规律时，考虑

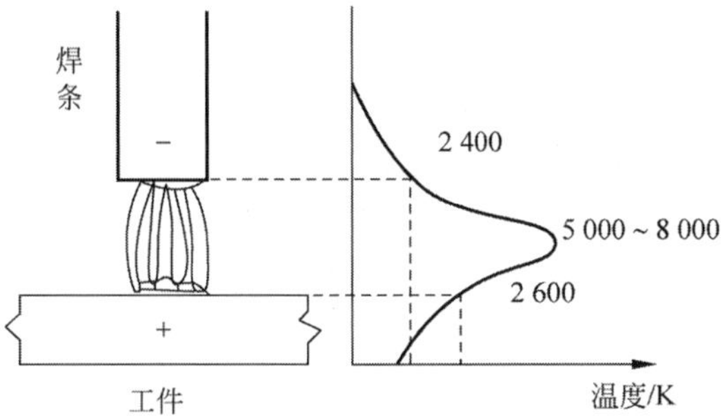

图 16-5　电弧区的温度场

到通常工件热容量较大，常常把工件接电源正极，该接法被称为直流正接；当铸铁焊接和薄板焊接时，希望输入工件的热量减少，则可把工件接电源负极，该接法称为直流反接。

3. 等离子弧

经加热、电子碰撞、光量子照射而完全电离的气体，称为等离子体。在近代物理中，等离子体被广泛应用，已成为固、液、气物质三态以外的、物质的第四态。等离子体在专用的等离子枪（图 16-6）内，经机械压缩、热收缩和自磁收缩三种效应形成的压缩型电弧称为等离子弧。

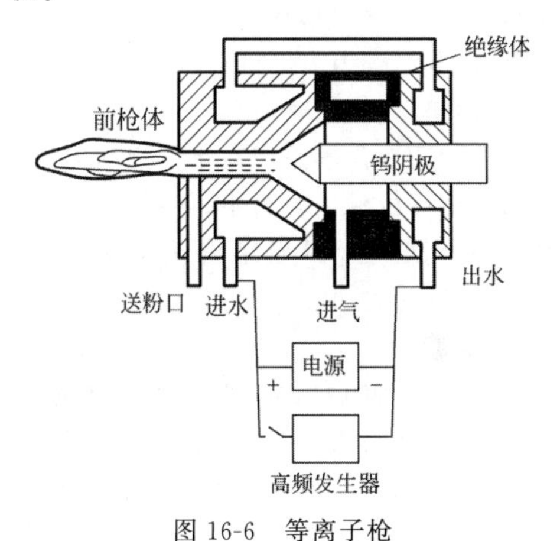

图 16-6　等离子枪

等离子弧具有以下优点：可达 33 000 K 的高温，能熔化，甚至气化一切物质；采用氩（Ar）气、氮气（N_2）作为工作气体，对工件具有保护性，电弧稳定、可控。但是，等离子弧价格较贵，而且其使用的工作气体只在中等以上城市才有供应，限制了它的发展。

根据电源极性的接法不同，等离子弧可分为非转移弧（小弧）、转移弧（大弧）和联合弧三种类型（图 16-7）。非转移弧的电弧在阴极和喷嘴间，工件温度低，用于喷涂；转移弧的电弧在阴极和工件间，工件温度高，用于切割、堆焊；联合弧是由前二者联合工作的，容易调节。

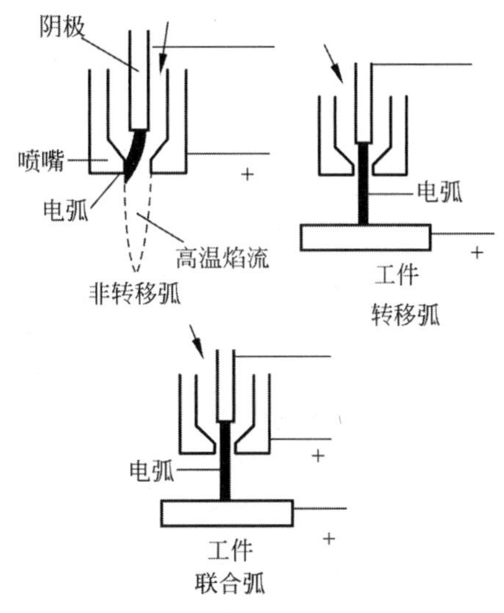

图 16-7　等离子弧的分类

4. 激光

原子受激产生的光称为激光。原子的多个电子是分布在不同能级、围绕原子核高速运转的，当电子从高能级跃迁到低能级时，辐射出一定能量的光。1917 年，爱因斯坦提出"受激发射"理论。1960 年，人们制造了第一台激光发生器。

经激光器发射的激光能够聚焦在一个很小的点上，能量高度集中，从而产生极高的温度，因此激光可以用于焊接、熔覆、切割、清洗。同样，因为其能量高度集中，施焊时对基体的热影响很小，所以是一种很好的焊接能源。但是，由于大功率激光器缺乏，激光直到 21 世纪才在制造业中广泛应用。

5. 电能（电化学能）

电镀时，工件都作为阴极，另外有一个可溶性或不溶性的阳极，在电源电场力的作用下，镀液中的金属离子移向阴极，并在工件表面放电、结晶。

金属离子沉积过程中，形成晶核和晶粒长大两个过程同时进行，通过改变镀液成分、温度、电流密度等参数，控制电极的极化，就可以控制形成晶核与晶粒长大两种速度。当形成晶核的速度较大时，可以得到细晶的镀层；反之，则得到粗大的晶粒。

16.1.4 修复工艺

常用的零件修复工艺有以下几种，具体如下。

1. 焊修

焊修是基体与焊条（或焊粉）在热能的作用下共同熔化、结晶的修复模式。根据提供热能的方式不同，焊修可分为电焊、气焊、等离子焊和激光焊。因为基体与修复层共同结晶，所以能得到良好的晶内结合（冶金结合），结合强度最大。但是，热能的影响会使基体的组织和形状发生变化，这是焊修的关键问题。

焊修中常用的自动堆焊有四种，具体如下。

1）电振动堆焊

电振动堆焊的过程中，焊丝振动，故焊层较薄，对基体的热影响比埋弧焊小。

2）埋弧堆焊

埋弧堆焊过程是在焊剂的遮蔽下进行的，对堆焊层的保护较好。埋弧堆焊时可以通过焊剂向堆焊层添加合金元素，改变焊剂的成分，从而提高堆焊层的性能，对基体的热影响较大。

3）等离子堆焊

等离子堆焊使用耐磨合金粉末作为堆焊材料，从而可以堆焊各种不能拉成金属丝的耐磨金属。由于等离子堆焊过程中的等离子弧温度很高，从而可以堆焊各种不能用其他热源熔化的耐磨材料，使堆焊层的性能大大提高。

4）激光熔覆

一方面，激光熔覆使用粉末材料，可以方便地配比需要的合金；另一方面，激光的强度由计算机控制，可以方便得到需要的温度。因此，激光熔覆是一种很好的堆焊工艺。

2. 喷涂

喷涂的原理示意图如图 16-8 所示。基体不熔化，被雾化的液态金属粒子高速冲击、镶嵌、堆积在零件表面，形成修复层。

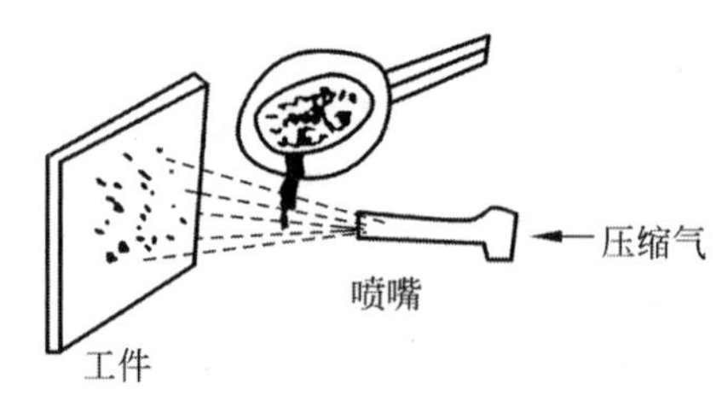

图 16-8 喷涂的原理示意图

根据喷涂材料熔化热能的类型，喷涂可以分为电喷涂、气喷涂和等离子喷涂；根据喷涂材料的形态，喷涂又可分为金属丝喷涂和金属粉末喷涂。

与堆焊工艺相似，粉末材料和等离子热能的应用扩展了喷涂工艺的范围，大大提高了喷涂层的性能。

喷涂层与基体以机械结合为主，晶间的范德瓦耳斯力次之。因为只有喷涂 Ni/Al 和 Mo 时产生少量的晶内结合，所以喷涂工艺的结合不良，但对基体却没有热影响。

3. 钎焊

钎焊常用的是铜焊，它们的共同特点是基体不熔化，钎焊材料熔化后扩散到基体中形成晶间结合，其结合力大于喷涂，小于堆焊。

4. 粘接

粘接剂通过化学作用在零件表面固化，粘接层与基体以机械结合为主，伴有少量晶间扩散和微量化学键，因而结合力和耐冲击性较差。

5. 电镀

电镀是一种电结晶。当电镀工件的表面处理良好时，镀层晶粒有可能从基体晶粒上长出，形成晶内结合。当电镀工件的表面处理不良时，则结合力大大降低。另外，随着电镀层的增厚，残余内应力会逐渐加大，所以电镀层的允许厚度都较小。

16.1.5 修复后的性能

1. 结合强度

结合强度是修复层各项性能中主要的性能，因为如果零件修复后结合不牢，即使再好的修复工艺也没有使用价值。

结合强度的确切概念目前还说不清楚，不论从实际上或仅仅从理论上，人们都还没有找到测量结合力的方法。但是，大多人认为移去力等于结合力，或者二者间有单值函数关系，因此都用测移去力来代替结合力。

因为晶内结合的结合强度高，所以各种修复工艺都力求实现全部的或局部的晶内结合。

2．耐磨性

1）耐磨性及磨损试验

耐磨性是决定零件寿命的主要因素，因而也是修复层的主要性能。目前，还没有标志材料耐磨性的统一数量指标，通常是把修复层与某种标准试件（通常取与待修复基体相同的材料，并经相同的处理）在相同的条件下进行磨损试验，求得相对耐磨性。

磨损试验通常是在专用磨损试验机上进行的，可分为滑动摩擦磨损、滚动摩擦磨损、固定磨料磨损，散装磨料磨损等。国产磨损试验机有 M-200、ML-10、MHK-500 等。

2）提高修复层耐磨性的途径

（1）提高修复层的硬度

在一定范围内，提高修复层的硬度，可以提高其耐磨性，但硬度不可太高，否则脆性相应增加，耐磨性反而下降。所以，机械修理中提倡等硬观点，即使修复层的硬度尽量与原件相等。

另外，生产中遇到的另一个问题是硬的修复层机械加工困难，但中国铁道出版社出版的《修复层的机械加工》[①]推荐了解决办法，本书在此不再做详细叙述。

（2）细化晶粒

晶粒细化的修复层，在相同面积内的晶界增多，修复层的强度和硬度同时增加，其耐磨性也就相应提高。镀铁层的晶粒比一般组织细，所以其耐磨性较好。

（3）改善金相组织

碳钢的基本相是铁素体和渗碳体，加入适量的合金元素，能够使其强化。例如，Ni、Si、Al、Co 等元素通常溶于铁元素，形成固溶强化，Cr、W、Mo、V、Nb 等元素，往往置换渗碳体中的 Fe，形成高硬度的碳化物。这些高硬度的碳化物组成的硬质点在软基体上均匀的分布，它们是较理想的耐磨组织。

高锰钢中由于 Mn 的加入，再配合“水韧处理”，可以获得奥氏体组织，在承受冲击载荷时，能发生冲出硬化，耐磨性大大提高，因此特别适用于承受凿削式磨料磨损的零件。

（4）改善抗黏着磨损性能

铟（In）、钼（Mo）的抗黏着磨损性能好，通常在修复层表面电镀（或刷镀）一层铟或铟合金，在喷涂层中加入钼，都能显著提高抗黏着磨损性能。

（5）形成多孔表面

修复层表面如果有很多微孔，不仅能够储存润滑油，还可以改善润滑条件，从而提高耐磨性。喷涂层、电镀后经阳极处理得到的多孔镀层均可由此提高耐磨性。通过人为的机械（或电）加工，在零件表面形成微孔，也能提高其耐磨性。

需要指出的是，多孔表面如果在缺油的情况下运转，其耐磨性很低。

3．疲劳强度

1）规律

目前，采用的各种修理工艺修复后零件的疲劳强度都有不同程度的降低。

有人研究发现，在修复前或修复后对基体或修复层进行强化，可以提高零件的疲劳强度，有时甚至可以高于新品。现在，材料强化工艺已在制造部门普遍采用。例如，农业部农机修理研究所对用各种工艺修复的东方红-54/75 拖拉机曲轴的耐疲劳性能进行了系统研究，其结果如图 16-9 所示，图中所示为各种修复方法修复的曲轴在过负荷 25％时疲劳断裂的循环次数。

2）影响疲劳强度的因素

（1）零件中的缺陷是疲劳源，缺陷越多，其疲劳强度越低。

喷涂层中的孔隙很多，是疲劳源；焊接工

① 翁熙祥，高应岑. 修复层的机械加工[M]. 北京：中国铁道出版社。

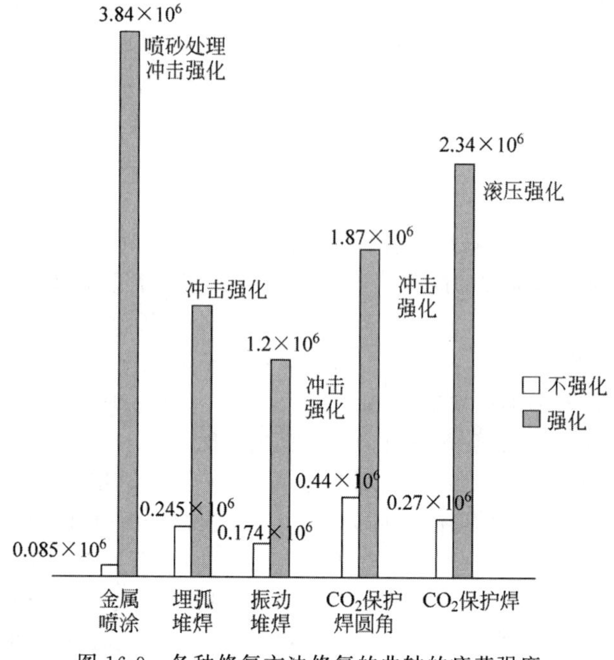

图 16-9　各种修复方法修复的曲轴的疲劳强度

艺产生的气孔、夹渣都是疲劳源，埋弧焊保护较好，气孔、夹渣减少，其疲劳强度也降低较少。

喷涂工艺为提高结合强度采用的许多预处理，如车螺纹、镍火花拉毛等，虽能提高结合强度，但却会降低疲劳强度。

(2) 残余应力。

众所周知，表面层若保留残余拉应力，将降低零件的疲劳强度；反之，若保留残余压应力，可以提高疲劳强度。埋弧堆焊层属残余压应力，故疲劳强度降低不多。

(3) 氢脆。

堆焊材料中的油、水处理不彻底，或电镀规范掌握不好，氢原子会进入修复层，形成氢脆，降低零件的疲劳强度。

3) 提高零件疲劳强度的措施

(1) 加强焊接过程的保护，减少修复层的缺陷。

(2) 改进喷涂前的预处理工艺，用喷砂代替车螺纹、镍拉毛等。

(3) 喷涂前和堆焊后进行滚压强化。

(4) 对堆焊层进行氮化处理。

(5) 优选电镀规范，减少渗氢。

(6) 焊前对焊丝进行除油、去锈，对焊剂进行 250℃烘焙，减少气孔和渗氢。

(7) 对修复层进行回火处理，可降低残余拉应力，同时可以驱氢。

4. 耐腐蚀性

修复层如果与基体材料不同，修复后会加重电化学腐蚀，修复层中的残余应力会加重应力腐蚀。

在进行修复层设计时，要充分考虑到零件修复后的工作环境，根据环境的特点，选用耐腐蚀性较好的工艺。

修复过程中，零件常常要接触各种酸、碱性材料，修复后要及时进行中和处理。

16.1.6　修复工艺对基体的影响

许多修复工艺都有加热、冷却过程，这一过程对基体的性能和应力会产生严重影响，通常称为热影响。对基体的热影响可以从微观和宏观两方面进行分析。修复过程对基体的疲劳强度和耐腐蚀性也有影响，在 16.1.5 节已经述及。

1. 热对基体组织的影响

加热温度高，基体中的合金元素会烧损，

降低基体材料的机械性能。保温时间长，冷却速度慢，会产生粗大晶粒，使材料强度、硬度降低。加热、冷却不当，还会产生魏氏组织，使钢的强度和韧性下降。

铸铁在加热过程中，碳和硅等石墨化元素会烧损；如果冷却速度稍快，就会产生白口，硬、脆不能加工，且容易开裂。

2. 热引起的应力和变形

机械修复中的加热，很难保证温度均匀；点热源和移动点热源的温度场分布如图 16-10 和图 16-11 所示。

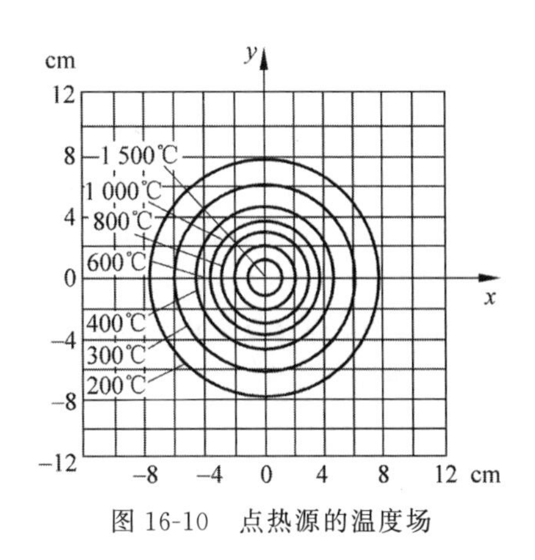

图 16-10　点热源的温度场

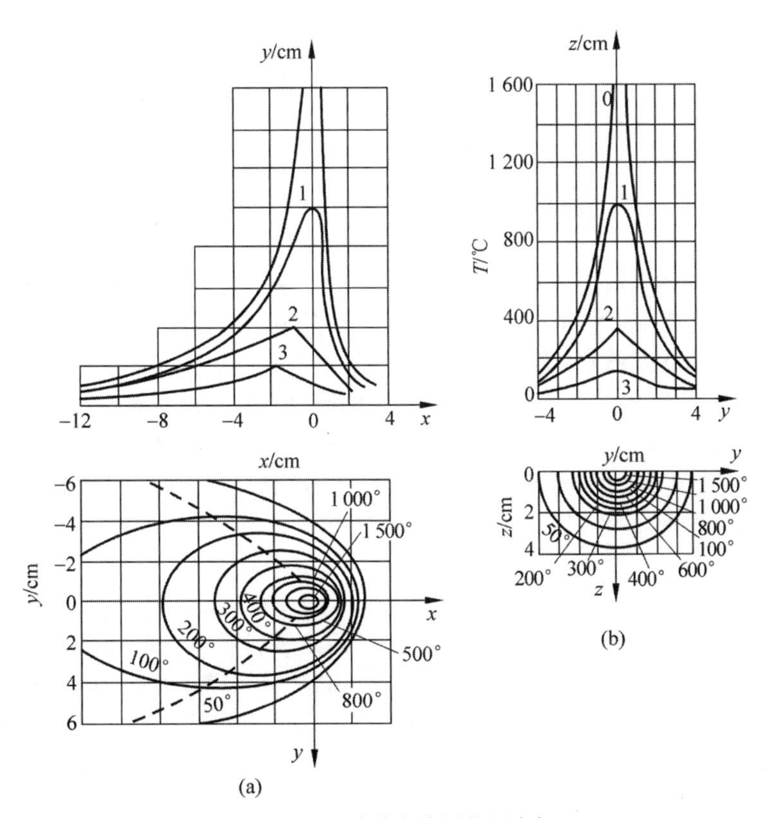

图 16-11　移动点热源的温度场

零件加热、冷却时的温度分布不均匀会产生应力，并引起变形。

零件热加工前先进行预热，施焊的焊道尽量分段间跳进行，每焊完一条焊道可轻轻锤打以消除应力，热加工后采用保温缓冷等均能减轻温度的不均匀性，从而降低应力，减少变形。

16.1.7　改善修复层性能的工艺措施

1. 修复前的准备

1）机械加工

待修复表面，一般先经过机械加工：一方面是为了恢复待修复面的形状，使修复层厚度均匀；另一方面是为了除去修复表面的疲劳层

(疲劳榜心和微裂纹),可以延长疲劳寿命。

2) 清洗

彻底清除待修复表面的油、锈及其他污染膜,不仅可以提高结合强度,还可以减少修复层的气孔和夹渣,从而提高疲劳强度。

3) 活化

通过酸洗清除待修复表面的氧化层,露出新鲜的金属,可以大幅提高结合强度。

4) 粗化

对待修复表面车螺纹、镍火花拉毛或喷砂,可以增加表面的不平度,增强机械结合的作用,从而提高结合强度,但同时将降低疲劳强度。

5) 滚压或喷丸

对待修复表面进行滚压或喷丸,产生一种残余压应力,可提高基体的疲劳强度。但是,这一措施对于各种堆焊工艺是无效的。

6) 预热

预热可以提高基体表面原子的活力,提高结合强度;也可以减轻各种加热工艺时的温度不均匀性,减少应力,从而减少变形。

2. 修复过程

1) 采用过渡层

电镀前,常常在基体表面先镀一层铜,利用铜与各种金属都能良好结合的性能,提高结合强度。

刷镀中,常常先刷镀一层特殊镍,可增加结合强度,同时降低应力。

喷涂前,先在待喷涂表面喷涂一层镍包铝,利用镍包铝的放热反应,在许多微区形成冶金结合,大幅提高结合强度。

2) 采用特殊的起镀工艺

电镀起镀时,往往采用两倍于正常电流密度的大电流冲击,可造成大的极化度,形成大量晶核,从而细化晶粒,提高结合强度。

镀铁中采用的不对称交流起镀和小电流起镀,均能提高结合强度。

3) 采用复合层设计

刷镀时,先用快速镍或碱铜恢复尺寸,在表面刷镀一层很薄的镍钨合金;堆焊时,先用普通结构钢焊条或普通堆焊焊条打底,表面再堆一层加强层,这既可节约贵重材料,又可提高耐磨性。

3. 修复后处理

1) 回收

许多镀液价值都很高,从镀槽中取出的工件要先在蒸馏水中回收。

2) 中和

中和修复表面的酸、碱性,可以防止腐蚀。

3) 热处理

喷涂或电镀后的零件,放入 200～300℃ 的回火炉中或 80～100℃ 的热机油中处理,以驱氢,并消除应力,从而提高结合强度和疲劳强度。

16.1.8 修复零件检测技术

1. 外观质量检测

零件经修复处理后,其修复层的外观状态是涂覆层功用和性能的直接反映。修复层的外观质量与其性能之间有密切联系,通过对修复层外观状态的观察分析,可以预测其基本性能。因此,修复层的外观质量检验是基本的常规检验内容,一般情况下,外观不合格就无须再进行其他项目的测试。

外观质量检测一般包括五个方面,具体如下。

1) 表面缺陷

表面缺陷是指产品经表面处理后表面上的不连续或不均匀性,包括针孔、麻点、斑点、气泡、结瘤、烧焦、毛刺、暗影、阴阳面,以及树枝状、海绵状沉积物等。表面缺陷的检测一般是在规定的检测条件下用目测或 2～5 倍的放大镜进行观察。

2) 光泽度

光泽度是指产品经表面处理后其表面的反光性。光泽度检测常用的方法有目测法、样板对照法和光度计法。目测光泽度的经验评定大致可以分为四个等级,即镜面光亮级、光亮级、半光亮级、无光亮级;样板对照法是用具有一定光泽度的标准参照样板与实际涂覆零件表面进行目测对照以评定光泽度,一般分为四个等级。

3) 粗糙度

粗糙度是指产品经表面处理后其表面在微观波动范围内的凸凹不平程度。粗糙度的检测方法主要有样板对照法、触针式轮廓仪测量法、干涉显微镜法、显微镜调焦法及扫描隧道显微镜法等,具体的检测操作应按照国家相关标准进行。

4) 色泽

色泽是指产品经表面处理后其表面的色彩。色泽的检测一般采用样板对照法进行。

5) 覆盖性

覆盖性是指产品表面涂覆后,在其规定的应涂覆部位是否全被涂覆层覆盖。涂覆层的覆盖性一般采用化学法进行检测。

2. 成分检测

在成分检测中,依据检测目的和对象的不同,以及相关的化学成分分析,可以划分为修复层或基体材料平均成分的宏观分析、表面以下微米级深度的成分分析、表面以下纳米级深度的成分分析和表面单原子层成分分析等几种情况。对于涂覆层或基体材料平均化学成分的宏观分析,在物理方法范围内主要采用光谱分析法,如原子发射光谱分析(atomic emission spectroscopy,AES)、原子吸收光谱分析(atomic absorption spectroscopy,AAS)、原子荧光光谱分析(atomic flourescence spectrometry,AFS)等。光谱分析的基本原理是通过材料中各元素的原子对与其对应的特征光谱的吸收或发射的有无和强度高低,而进行的定性鉴别或定量分析。光谱分析方法的应用与特点见表16-1。

表16-1 光谱分析方法的应用与特点

分析方法	样品制备	基本分析项目	应用与特点
原子发射光谱分析(AES)	固体与液体,分析时蒸发、离解为气态原子	元素定性、半定量和定量分析(可测所有金属和谱线处于真空紫外区的C、S、P等七八十种非金属元素。对于无机物分析,是较好的定性、半定量分析方法)	灵敏度和准确度较高;样品用量少(5~50 mg);可对样品作全元素分析,速度快
原子吸收光谱分析(AAS)	液体(固体样品配制成溶液),分析时为气态原子	元素定量分析(可测几乎所有金属和B、Si、Se、Te等半金属元素)	灵敏度很高(特别适用于元素的微量和超微量分析),准确度较高;不能进行定量分析,不便于进行单元素测定;仪器设备简单,操作方便,分析速度快
原子荧光光谱分析(AFS)	样品分析时为气态原子	元素定量分析(可测元素近四十种)	灵敏度高;可采用非色散简单仪器;能同时进行多元素测定;是痕量分析新方法;不如AES、AAS应用广泛

表面以下微米、纳米级深度及表面单原子层的成分分析属于表面微区分析范畴,所应用的分析方法皆为表面现代分析技术。该类分析方法的基本原理都是基于高能束与物质的相互作用,当高能束辐照材料表面时,材料表面层便会发射或散射出能反映材料中所含元素信息的粒子(或光子),根据这些粒子(或光子)的有无和反射的强度高低就可以进行表面层化学成分的定性或定量分析。常用的表面微区成分分析方法的应用及特点见表16-2。

表 16-2 常用的表面微分区成分分析方法的应用与特点

方法名称	分析原理	分析面积	分析深度	灵敏度	应用与特点
电子探针(electron probe microanalyzer, EPA 或 EPMA)	由电子激发特征 X 射线的能量(或波长)及强度测定成分	ϕ1 μm~0.3 mm	1~10 μm	10^{-4}~10^{-3}	表层成分(B~U)点、线、面分析,轻元素灵敏度低
X 射线荧光光谱(X-ray fluorescence spectrometer, XFS)分析	由 X 射线激发原子荧光 X 射线的能量(或波长)及强度测定成分	mm 量级	数 10 μm	10^{-5}~10^{-4}	表层成分(B~U)点、面、线分析,无损检测,速度快,可在大气环境操作
激光微区光谱(laser microemission spectrometer, LMS)分析	通过测定由激光照射加热产生的气态原子光谱分析测定成分	ϕ10~200 μm	≈100 μm	10^{-6}~10^{-4}	可在大气环境操作,对轻元素灵敏度高,破坏性大
卢瑟福背散射谱(Rutherford back-scattering spectrometry, RBS)分析	通过测定背散射电子的强度及能谱分析测定成分	ϕ1 mm	≈1 μm		定性、定量及深度分布分析,无损检测,不能测二维分布,装置巨大
离子激发 X 光谱(IXS)分析	通过测定离子碰撞时产生的特征 X 射线分析测定成分	ϕ1 mm	≈0.1 μm	—	局部元素分析,成分的深度分布,因无连续 X 射线叠加,故信噪比高
俄歇电子能谱(auger electron spectroscopy, AES)分析	通过测定俄歇电子的动能测定成分	ϕ0.05~10 μm	1~2 nm	10^{-2}~10^{-3}	表面成分(Li~U)点、面、线分析,超轻元素灵敏度高,样品可为固、液、气体
X 射线光电子谱(X-ray photoelectron spectroscopy, XPS)分析	通过测定由原子内壳层逸出的光电子动能测定成分	ϕ1~3 mm	0.5~2.5 nm(金属)4~10 nm(高聚物)	≈1%	表面成分(Li~U)点、线、面定性分析,较高 Z 元素的定量分析。相对灵敏度不高
二次离子质谱(secondary ion mass spectroscopy, SIMS)分析	利用溅射离子的能量分布、质荷比分析元素及同位素	ϕ1 μm~1 mm	≤2 nm	10^{-6}	全元素(包括 H、He)及同位素定性分析,元素深度分布,灵敏度高
电子能量损失谱(electron energy loss spectroscopy, EELS)分析	测定非弹性背散射特征能量电子的能量损失谱,进行成分分析	ϕ10 nm	0.5~2 nm	0.3%~0.5%	表层成分(Li~U)的测定,横向分辨率高,适宜分析表面吸附,半导体表面状态
离子散射谱(ion scattering spectrometry, ISS)分析	测定一定角度散射的离子能谱,鉴定元素	ϕ100 μm	表面单原子层	10^{-4}~10^{-1}	测定表面最外层原子(Li~U)及吸附元素的成分,质量分辨率一般为被测质量数的 5%

3. 表面结构分析

表面结构分析主要用于修复表面层的晶体结构，其结构分析的基本原理是利用高能入射束（如X射线、中子和电子束等）与其晶体或分子中的原子及其电子的相互作用相伴随的物理效应而进行的。当这些高能入射束照射被检测的材料表面时，将产生各种信息，如对X射线、电子束、中子束等射线束的散射，二次电子、离子及其他粒子的发射等。常用的表面结构分析方法有X射线衍射、电子衍射、中子衍射和光谱分析等几大类。X射线衍射分析方法的应用见表16-3。

表16-3 X射线衍射分析方法的应用

分析方法	基本分析检测项目	应用
衍射仪法	相结构定性分析，物相定量分析，点阵常数测定，一、二、三类应力测定，织构测定，单晶定向，晶粒度测定，非晶态结构分析	(1) 物理气相沉积(physical vapour deposition，PVD)、化学气相沉积(chemical vapour deposition，CVD)及电镀涂覆层的相结构分析，涂覆层残余应力测定、涂覆层生长织构测定、热喷涂粉末的相结构、相组成分析等；(2) 相变过程与产物的结构变化、工艺参数对相变的影响、新相与母相的取向关系等；(3) 固溶体的固溶度、点阵有序化参数测定，短程有序分析等；(4) 塑性变形过程中孪晶面与滑移面指数的测定、形变与再结晶织构测定、残余应力分析等高聚物的物相鉴定、晶态与非晶态及晶型的确定、结晶度测定、微晶尺寸测定等
粉末照相法	物相结构定性分析、点阵常数测定、织构测定	
劳埃法	单晶定向，晶体对称性测定	
四圆衍射仪法	单晶结构分析，晶体学研究，化学键键长、键角等测定	

4. 硬度检测

硬度检测的方法很多，按其加载方式基本上可分为压入法和刻划法两大类。

1) 压入法

压入法可分为静载压入法和动载压入法两类。静载压入法主要有布氏硬度、洛氏硬度、维氏硬度、各种显微硬度等；动载压入法主要有肖(里)氏硬度、超声波硬度法等。

静载压入法是较为常用的硬度检测方法，但不同的硬度试验方法，由于其压头形状、材质和载荷不同，适用范围也不相同。载荷和压头尺寸较大的试验方法，如布氏硬度和洛氏硬度，其测定的硬度值是影响区范围内各种不同组织的平均值，可以比较宏观地反映材料的力学性能特点，适用于材料的宏观硬度检测；载荷和压头尺寸小的试验方法，如维氏硬度、显微硬度(包括努氏硬度)等，压痕面积及深度均较小，可以反映局部微小区域的硬度特性，适用于微观组织、涂覆层材料及薄膜的硬度检测。

涂覆层一般较薄，通常为数十纳米到数百微米，因此在选用测试方法时要考虑压头的压入深度。压入深度太深时，将压入影响区扩大到基体材料部分，测定的硬度值是涂层和基体的宏观平均硬度值，不能真实反映涂覆层的实际情况。因而，应根据具体情况采用不同的试验方法和不同的试验载荷进行硬度检测。一般情况下，当测定涂覆层较厚的材料或需要考核涂覆层与基体的综合宏观硬度时，应选用洛氏硬度；而测定薄膜涂层的硬度时，应选用显微硬度测量方法。具体的表面硬度检测操作应按照相关国家标准规定进行。常用的静载压入法硬度检测方法及其应用见表16-4。

2) 刻划法

刻划法主要有划针法、莫氏硬度顺序法等。刻划法早先是通过用对比样品刻划被测样品或用被测样品去刻划对比样品，通过比较来确定其硬度值，属于定性和半定量检测，常用于硬质涂覆层材料或矿物、陶瓷材料的硬度检测。近年来，随着纳米技术的不断发展，刻划法已被用来作为纳米涂覆层或薄膜力学性能检测的有效方法，它是在小曲率半径的硬质压头上施加一定的法向力，并使压头沿试样表面刻划，通过试样表面的划痕来评价其硬度，以及抵抗摩擦、变形和薄膜对基体黏着能力的方法。

表 16-4 常用静载压入法硬度检测方法及其应用

名称	压头	压痕		载荷	应用范围
		对角线或直径	深度		
布氏(HB)	2.5 mm 或 10 mm 直径球体	1～5 mm	<1 mm	钢铁用 30 000 N、软金属用 1 000 N	热喷涂层或基体材料的宏观硬度检测
洛氏(HR)	120°金刚石锥体或 1.59 mm 直径的球体	0.1～1.5 mm	25～350 μm	主载荷 600～1 500 N、副载荷 100 N	热喷涂层或涂层与基体的宏观硬度检测
表面洛氏(HR-S)	120°金刚石锥体或 1.59 mm 直径的球体	0.1～0.7 mm	10～100 μm	主载荷 150～450 N、副载荷 30 N	渗碳、渗氢、热喷涂、激光表面淬火等涂层与基体硬度的检测
维氏(HV)	对顶角为 136°的正棱锥体	10 μm～1 mm	1～100 μm	10～1 200 N	同表面洛氏
维氏显微(HV)	对顶角为 136°的正棱锥体	10～50 μm	0.1～2 μm	0.01～2 N	厚度在 1 μm 以上涂覆层硬度检测
努氏(HK)	轴向棱边为 172.5°和 130°的棱锥体	10 μm～1 mm	0.3～30 μm	2～40 N (可低于 0.01 N)	厚度在 1 μm 以上涂覆层硬度检测
别氏(HB)	中心与锥面之间夹角为 65.3°的三棱锥	0.01～10 μm	0.001～1 μm	<0.5 N	超薄涂覆层硬度检测

近年来,为适应纳米涂层技术的发展要求,人们开发出纳米压痕(划痕)硬度计,使纳米涂覆层硬度检测技术获得快速进展。纳米压痕硬度计是一类先进的材料表面力学性能测试仪器,该类仪器装有高分辨率的制动器和传感器,可以控制和监测压头在材料中的压入和退出,能提供高分辨率连续载荷和位移的测量,可直接从载荷-位移曲线中实时获得接触面积。因而可以大幅度减小人为测量误差,非常适合于较浅的压痕深度检测。对不会导致压痕周围凸起的材料,如大多数陶瓷、硬金属和加工硬化的软金属,硬度和弹性模量的测量精度通常优于10%。

5. 耐磨性检测

耐磨性是指材料抵抗磨损的性能,迄今还没有一个明确的统一指标,通常用磨损量表示。磨损量越小,耐磨性越高。磨损量的测量有称重法和尺寸法两种。称重法是用精密分析天平称量试样试验前后的重量变化确定磨损量;尺寸法是根据表面法向尺寸在试验前后的变化确定磨损量。有时还应测量单位摩擦距离、单位压力下的磨损量,称为比磨损量。为与习惯的概念一致,常用磨损量的倒数或用相对耐磨性(ε=标准试样磨损量/试验试样磨损量)表征材料的耐磨性,相对耐磨性的倒数也称为磨损系数。

耐磨性检测方法分为实物试验与实验室试验两类。

(1) 实物试验是通过检测实物在实际工况条件下或与实际工况接近条件下的磨损量,以评定其耐磨性。这种方法结果可靠性高,但试验周期长,又因结果是摩擦表面状况及其加工工艺等诸多因素的综合反映,单因素的影响难于掌握与分析。

(2) 实验室试验是通过对试验样品在试验机上的摩擦磨损试验以评定样品的耐磨性。这种方法具有周期短,成本低、易于控制各种影响因素等优点,但结果常不能直接反映实际情况,多用于研究性试验,研究单个因素的影响规律及探讨磨损机制。研究重要机件的耐磨性时,往往要兼用这两种方法。

6. 孔隙率检测

涂覆层孔隙率是描述涂覆层密实程度的一项质量指标。从一般意义上讲,孔隙率是指涂覆层到基体通道中单位面积上气孔的数目,以气孔数(n/cm^2)表示;为了检测的方便,也有用涂覆层材料中气孔的体积占涂覆层几何体积的百分比($\Delta V/V_0 \times 100\%$)或用涂覆层密度与涂覆层材料的真实密度之比来表示孔隙率。

涂覆层中孔隙大小、形态、分布因涂覆层制备加工方法而异,如电镀等方法形成贯通孔,而热喷涂则多为分散孔隙,因而检测方法各有不同。常用的涂覆层孔隙率检测方法有滤纸法、涂膏法、直接称量法、浮力法和其他测定方法等。

1) 滤纸法

滤纸法是将浸有测试溶液的湿润滤纸贴于经预处理的被测样品表面,滤纸上的相应试液渗入覆层的孔隙中与基体金属或中间镀层相互作用,基体金属或中间层金属被腐蚀产生离子,透过孔隙由指示剂在滤纸上产生具有特征颜色的斑点,然后以滤纸上有色斑点的数量来评定涂覆层孔隙率的方法。这种方法适用于检验钢铁或铜合金表面上的铜、镍、铬、锡等单金属镀层和多层镀层的孔隙率。

2) 涂膏法

涂膏法是把含有试剂的膏状物均匀地涂抹于经过清洁和干燥处理的受检样品表面的方法。通过泥膏的试剂渗透过涂覆层孔隙,与基体或中间层金属作用,生成具有特征颜色的斑点,最后以膏体上有色斑点的数目来评定涂覆层的孔隙率。这种方法的适用范围与滤纸法相同,但更适宜于具有一定曲面的样品或零件。

3) 直接称量法

直接称量法主要用于热喷涂层孔隙率的检验。其具体方法是先按规定尺寸加工一个带槽的金属圆体,并称出其质量,再对其槽部进行热喷涂并填满,然后将喷涂层加工到与基体外圆尺寸一致。分别称量喷涂前后的两个圆柱体的质量,按下式即可计算出喷涂层孔隙率,即

$$\alpha = 1 - w_2/w_1$$
$$= [1 - (w - w_0)/\rho V] \times 100\%$$

式中:w——喷涂并加工后圆柱体的质量;
w_0——未喷涂时带凹槽圆柱体的质量;
w_1——与样品上的喷涂层同体积的喷涂材料的比重(密度);
w_2——涂层的实际质量,$w_2 = w - w_0$;
V——喷涂层体积(样品表面凹槽体积,可按图纸计算)。

4) 浮力法

浮力法也适用于热喷涂层的空隙率测定。具体方法是,把涂层从样品基体上剥离下来,并在其表面上涂一薄层凡士林,然后用细丝绳将其吊起,分别测出它在空气中和水中的不同质量,通过以下公式计算涂层孔隙率,即

$$\alpha = \left(1 - \frac{w_z/\rho_z}{(w - w')/(\rho_w - w_c)/(\rho_c - w_v)/\rho_v}\right) \times 100\%$$

式中:ρ_z——构成涂层材料的相对密度;
ρ_w——纯水的相对密度;
ρ_c——吊挂样品的金属丝的相对密度;
ρ_v——凡士林的相对密度;
w_z——涂层在空气中的质量;
w_c——浸入水部分的金属丝质量;
w_v——涂层表面凡士林的质量;
w——涂层、金属丝、凡士林在空气中的总质量;
w'——金属丝及吊挂着的涂有凡士林的涂层在纯水中的质量。

5) 其他测定方法

除上述常用方法外,表面孔隙率的检测方法还有浸渍法、电解显像法、置换法、显微观察法、渗透液体称量法、放电试验法、透气性比较法等。

7. **表面厚度检测**

修复层厚度的测量方法种类繁多，大致可以分为破坏性测量和非破坏性测量两大类。破坏性测量是指测量时涂覆层和基材同时受到破坏或仅涂覆层受到破坏；非破坏性测量指测量时基材与涂覆层均未受到破坏。破坏性测量的方法主要有金相显微镜法和各种化学方法，可用于涂覆层厚度的精确测量；非破坏性方法主要有磁性法、涡流法及荧光X射线法等各种物理方法，除用于普通的测量外，还可用于涂覆过程中的厚度监控。常用涂覆层厚度测量方法见表16-5。

表16-5 常用涂覆层厚度测量方法

测定方法		方法与特点	用途
破坏性测量	显微镜法	取样、抛光、侵蚀后用光学或电子显微镜测定涂覆层横截面厚度，系标准试验方法，操作比较复杂，要求技术熟练	厚度测定的基本方法，根据统计数据，光学显微镜的绝对误差为0.8 μm左右，电子显微镜的绝对误差为纳米级
	电解法	用合适的电解液对一定面积的涂覆层进行恒电流阳极电解，根据涂覆层溶解的时间求出厚度。可测定多层膜各层的厚度，但不能测定小件及复杂形状零件的涂覆层厚度	适用于多层或多种类涂覆层的厚度测量，测量装置比较简单、廉价，厚度可测到0.2～5 μm
	化学溶解法	将涂覆层进行化学溶解，根据溶解所需要的时间、液量或溶解物质量求出涂覆层厚度。装置简单、操作简便	精度不高，一般用于对涂覆层厚度的粗略测定
	轮廓仪法	需要专门制备检测样品，先在被测涂覆层表面与基体表面间制出一个台阶，然后通过触针对台阶的扫描测定涂覆层厚度	测量精确度较高，可达0.01 μm。测量直观，速度快，操作简便。用于硬质或超硬薄膜的厚度测定也被用作仲裁测量
	测微计法	测定选定部位基体与涂覆层总厚度，清楚涂覆层后，测定同一部位的基体厚度，再求出涂覆层厚度	可以测量5 μm以上的涂覆层厚度，用于现场涂覆层厚度管理
	光干涉法	需要在被测涂覆层表面与基体表面间制出一个台阶，通过干涉条纹位移测定厚度	适用于测定厚度为纳米级的薄膜
非破坏性测量	磁性法	通过测定传感器与基体间磁引力或磁阻的变化测定涂覆层厚度	适用于铁磁性基体非铁磁性涂覆层的厚度测量，操作方便，测量速度快
	涡流法	探测器内装有通以高频电流的线圈，当靠近导体时，其产生涡流，通过测定线圈电流的变化测定厚度	适用于导电性基体非导电性涂覆层的厚度测量，操作方便，测量速度快
	β射线法	通过测定β射线的穿透量或反散射量，再换算出涂覆层厚度。涂覆层原子序数与基体差别够大时效果好	一般用于印刷电路板、接插件等电子产品镀金膜的厚度测量
	荧光X射线法	用X射线照射样品，测定荧光X射线强度，再换算出涂覆层厚度	一般用于印刷电路板、接插件等电子产品镀金膜的厚度测量
	测微计法	用测微计测定涂覆前后的尺寸差，求出涂覆层厚度	适用于涂覆生产现场质量管理

8. **结合强度检测**

涂覆层与基体之间的结合强度也称为结合力、附着力或黏附力等，一般可以理解为使涂覆层与基体分开所需的力(应力)。按照涂覆层和基体结合的本质，层-基结合强度的测量可以用应力和能量两类基本方式进行。应力测量的方式是指使涂覆层从基体上分离开时单位面积所需要的力；能量测量的方式是指使涂覆层从基体上分离所做的功。实际上，由于涂覆层的性质、用途及制备方法的多样性，很难找到一种普遍适用的、可对不同类型的层-基结合强度进行测量，并获得可量化可比较的方法。大多数方法是从实际出发，按照检测结果稳定、可靠，可指导实际生产，且便于实施等基本原则提出并使用的。因而，涂覆层与基体结合强度的检测方法多种多样。

1）测试结合强度的定性方法

测试结合强度的定性方法很多，这些方法大多操作简便，可以满足生产中的需要，所以应用较为广泛。

（1）敲击

用锤轻敲修复层，声音清脆而不掉皮，则说明结合良好。

（2）车削或磨削

把带有修复层的圆柱形零件送去车削或磨削，能够承受切削力而不脱皮的，说明结合良好。

（3）划痕或划网格

用带有30°锐刃的硬质钢划刀，相距2 mm划两根平行线。划线时，应该以足够的压力使单行程就通过修复层切割到基层金属，如果在各线之间的任一部分修复层从基体上剥落，说明没有通过本试验。

有一种试验是划一个边长1 mm的方格，观察修复层是否剥离。

（4）偏车

把表面有修复层的圆柱形零件，偏心夹持在车床的卡盘上车削，如图16-12所示。在图16-12中，若a点不发生剥离，则说明结合良好。

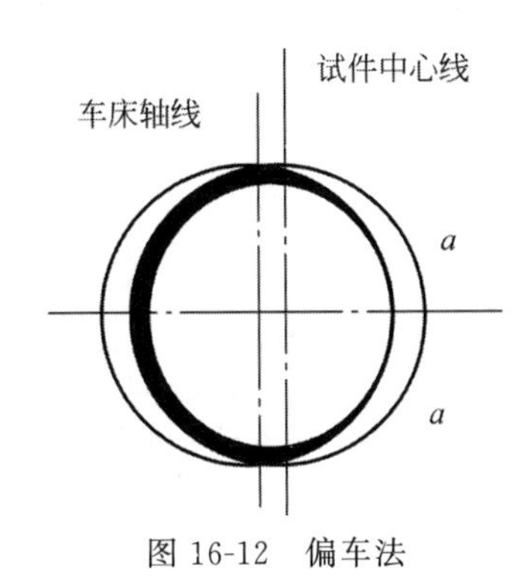

图16-12　偏车法

（5）弯曲

在100 mm×50 mm×1.2 mm的、与工件材料相同的板上，堆积修复层；在ϕ25.4 mm的心轴上弯曲90°；若修复层不剥落，则说明结合良好。

（6）缠绕

把具有修复层的带或线状试件，缠绕在规定的心轴上剥离，若产生碎屑剥离和片状剥离，则说明结合强度差。

（7）热震

把具有修复层的试件按表16-6进行加热，然后放入室温的水中骤冷，修复层不应有剥离、鼓泡等现象。对氧化敏感的修复层，需在还原性气氛中加热。因为加热一般会提高电沉积层的结合强度，所以该方法不适于电镀层。

表16-6　热震试验温度　℃

基体金属	修复层金属	
	铬、镍、镍+铬、铜、锡+镍	锡
钢	300	150
锌合金	150	150
铜和铜合金	250	150
铝和铝合金	220	150

此外，还有深引（杯凸）试验，阴极（电解）试验、钢丸喷射试验等许多种方法测定结合强度，可以根据修复层的种类和自身的条件选用。这一类方法的共同缺陷是不能得出结合强度的定量数据，因此不能满足对修复工艺进一步研究的需要。

2）测试结合强度的定量方法

测试结合强度的定量方法有粘接法、锥销法、柱孔法、顶推圆环法、电解法、全息照相法、拉片法等，这些方法包括测试法向结合强度和切向结合强度的两类。应用这些方法，可以定量地评价各种修复工艺，也可以准确地选用各种修复方法，用于研究和定量比较各种修复设备、修复材料和优选修复工艺参数。

(1) 粘接法

粘接法的原理和试件结构如图 16-13 所示。

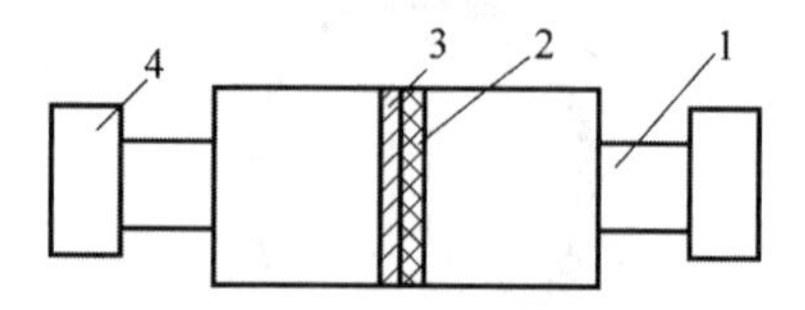

图 16-13 粘接法的原理和试件结构

1—试件；2—修复层；3—粘接层；4—拉杆

粘接法简便易行、数据准确，但受胶黏剂结合强度的限制，只能用于结合强度较低的喷涂层的测试。

(2) 锥销法

锥销法的原理和试件结构如图 16-14 所示。

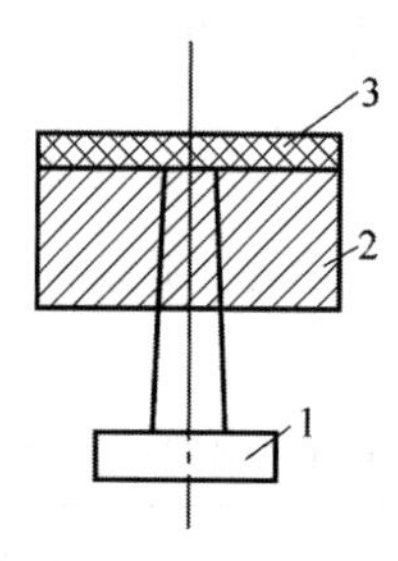

图 16-14 锥销法的原理和试件结构

1—锥销；2—销座；3—修复层

锥销法曾被定为镀铁层法向结合强度的标准测试方法。这种小直径锥销和锥孔的加工很困难，而且加工误差大易造成预紧力和测试结果很分散，因而不是一种理想的方法。对于安全厚度很薄的刷镀层，常常出现被拔穿的现象，因而不宜采用这种方法。

(3) 柱孔法

柱孔法的原理和试件结构如图 16-15 所示。

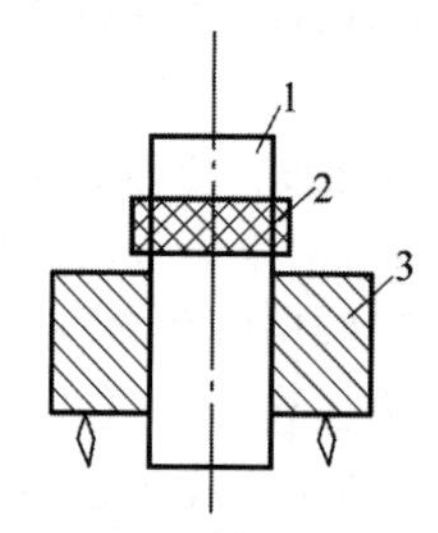

图 16-15 柱孔法的原理和试件结构

1—试件；2—修复层；3—孔座

柱孔法也曾被定为镀铁层切向结合强度的标准测试方法，但安全厚度较小的刷镀层不能采用这种方法。

(4) 顶推圆环法

顶推圆环法的原理和试件结构如图 16-16 所示。

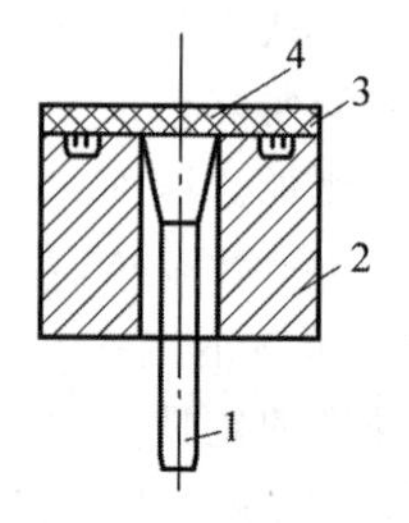

图 16-16 顶推圆环法的原理和试件结构

1—销子；2—销座；3—填料；4—修复层

顶推圆环法试件加工较困难，而且填料会污染修复层影响测试结果。

(5) 电解法

电解法也是测试结合强度的定量方法之一，其原理是"电解时的极化作用与零件表面层的结合强度存在着某种关系"。由于理论上还不够完善，不便实用。

(6) 全息照相法

使用全息照相设备对试件进行干涉拍照，从得到的干涉图像上可以得到结合强度的信息。这是各种定量测试结合强度的方法中唯一一种无损检测，因而具有重要价值，但与实用存在一定距离。

(7) 拉片法

拉片法的原理和试件结构如图 16-17 所示。

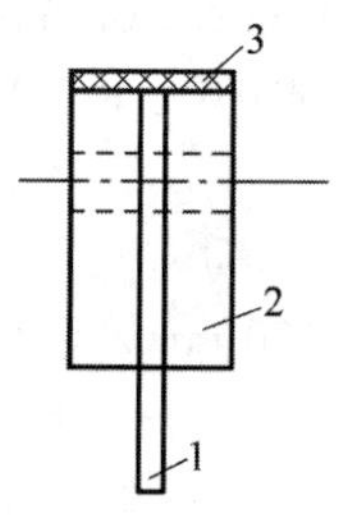

图 16-17 拉片法的原理和试件结构

1—试片；2—夹板；3—修复层

拉片法预紧力小、测试数据集中，试件加工方便且能重复使用，是一种可以普遍使用的方法。

9. 表面残余应力检测

表面残余应力是在没有外载荷的情况下，因涂覆加工而产生的涂覆层及基体内部的一种平衡应力。其可分为张应力和压应力两类，当应力引起剥落时，张应力使涂层外翻，压应力使涂层内翻，通常对于涂层的质量来讲，张应力比压应力影响更为显著。

常用的表面残余应力检测法有挠度法、弯曲率检验法、螺旋收缩仪法、电阻应变法、X射线衍射法等。

10. 表面耐蚀性检测

表面耐蚀性分为均匀腐蚀和局部腐蚀两大类。对均匀腐蚀情况下的耐蚀性，通常采用质量和深度指标，并以平均腐蚀率的形式表示。腐蚀速度的质量指标包括单位时间和单位面积的失重与增重。失重是指样品腐蚀前的质量与清除腐蚀产物后的质量之差；增重是指样品腐蚀后带有腐蚀产物时的质量与腐蚀前的质量之差。可以根据腐蚀产物是否容易清除掉的具体情况来选择失重或增重的表示方法。腐蚀速度的深度指标是指单位时间样品腐蚀前的厚度与腐蚀后的厚度之差。局部腐蚀的程度，常采用拉伸、弯曲、扭转等力学性能试验，以测定材料腐蚀后的强度、延伸率等的变化。

目前，检验涂覆层耐蚀性的测试方法一般有以下几类。

1) 使用环境试验

将涂覆后的产品在实际使用环境的工作过程中，观察和评定涂层的耐蚀性。

2) 大气暴露(即户内外暴晒)腐蚀试验

大气暴露试验是在天然大气条件下，对各种经表面处理的试样在试样架上(室外或室内)进行实际的腐蚀试验，通过定期观察腐蚀过程的特征，测定腐蚀速度，从而评定涂层的耐蚀性。大气暴露试验是正确判断涂层或其他保护层耐蚀性能的一个重要方法，其评定结果通常作为制定涂层厚度标准的依据。

3) 人工加速模拟腐蚀试验

人工加速模拟腐蚀试验是采用人为方法，模拟某些腐蚀环境，对涂覆层产品进行快速腐蚀试验，以快速有效地鉴定涂层的耐腐蚀性能。

常用的人工加速模拟腐蚀试验法有盐雾试验法、湿热试验法、腐蚀膏试验法、二氧化硫工业气体腐蚀试验法、周期浸润腐蚀试验法、电解腐蚀试验法等。

(1) 盐雾试验法是模拟沿海环境大气条件对涂层进行快速腐蚀的试验方法，主要是评定涂层质量，如孔隙率、厚度是否达到要求，涂层表面是否有缺陷，以及涂前处理或涂后处理的质量等。同时，盐雾试验法也用来比较不同涂层抗大气腐蚀的性能。根据试验所采用的溶液成分和条件的不同，盐雾试验法又分为中性盐雾(neutral salt spray，NSS)试验法、醋酸盐雾(acetic acid salt spray，ASS)试验法和铜盐加速醋酸盐雾(copper-accelerated acetic salt spray，CASS)试验法三种方法，相关内容见《人造气氛腐蚀试验　盐雾试验》(GB/T 10125—2021)。盐雾试验法是一种标准化的试验程序，即首先将试样按规定要求进行试验前处理，包括表面清洗、试样封样等，并对尺寸、外观等做好记录。然后按一定的排布方法放置于标准试验箱中，盖好箱盖，启动机器，此时箱中喷头会将盐水溶液雾化并按一定的角度及流量定时喷出，使箱中充满盐雾，试验过程以一定的试验时间为周期，根据要求经过若干周期的试验，试验后对试样进行处理，并评级。

(2) 湿热试验法是模拟产品在温度和湿度恒定或经常交变而引起凝露的环境条件，对涂覆层进行人工加速腐蚀试验的方法。由人为造成的洁净的高温、高湿条件，对涂层的腐蚀作用不很明显，所以一般不单独作为涂层质量检验项目，而只对产品组合件中涂层和各种金属防护层的综合性能进行测定。

(3) 腐蚀膏试验法是模拟工业城市的污泥和雨水的腐蚀条件，对涂层进行快速腐蚀试验的方法。该试验采用由高岭土中加入铜、铁等腐蚀盐类配制成的腐蚀膏，涂覆在待测试样表面，经自然干燥后放于相对湿度较高的潮湿箱中进行腐蚀试验，达到规定时间后，取出试样并适当清洗干燥后即可检查评定。除特殊情况外，规定腐蚀周期为24 h的腐蚀效果相当于城市大气一年的腐蚀，或相当于海洋大气8～10个月的腐蚀。因此，腐蚀膏试验法近年来正逐渐被国内外广泛采用，该法适用于钢铁、锌合金、铝合金基体上的装饰性阴极涂层（如Cr、Ni-Cr、Cu-Ni-Cr等）的腐蚀性能测试。

（4）二氧化硫工业气体腐蚀试验法是采用一定浓度的二氧化硫气体，在一定温度和相对湿度下对涂层进行腐蚀试验的方法。其测试结果与涂层在工业性大气环境中的实际腐蚀极其接近，同时也与CASS试验法及腐蚀膏法试验的结果大致相同。二氧化硫工业气体腐蚀试验法适用于钢铁基体上Cu-Ni-Cr镀层或Cu-Sn合金上的Cr镀层的耐腐蚀性试验，也可以用来测定Cu-Sn合金上Cr镀层的裂纹及铜或黄铜基体上镀铬层的鼓泡、起壳等缺陷。

（5）周期浸润腐蚀试验法是模拟半工业海洋性大气对涂层进行人工快速腐蚀的试验方法。周期浸润腐蚀试验法适用于镀锌层、镀镉层、装饰铬层及铝合金阳极氧化膜等的耐腐蚀性试验方法。其结果在加速性、模拟性和重显性等方面均优于中性盐雾试验法。

（6）电解腐蚀试验法是在相应的试液中，试样作为阳极，在规定条件下进行电解和浸渍，引起试样基体或底镀层的电化学溶解，然后经含有指示剂的显色液中处理，使腐蚀部位显色，最后以试样表面显色斑点的大小、密度来评定其耐腐蚀性能的方法。电解腐蚀试验法适用于钢铁件或锌压铸件上的阴极性镀层（Cu-Ni-Cr、Ni-Ni-Cr、Ni-Cu-Ni-Cr等）进行人工快速腐蚀的试验。对于阴极性镀层，电解腐蚀试验法比中性盐雾试验法更快速、准确。

加速腐蚀试验和现场暴晒试验不仅发展时间较长，而且已有相关的国际标准、地区标准、先进工业国家标准，以及学会、协会或行业标准。采用这些方法试验，特别是暴晒试验已获得不少可贵的结果。因此，具体的试验方法及耐蚀性评价可参阅有关的标准或技术资料。

16.1.9 修复工艺技术选用原则

1. 适应性原则

适应性主要是指工艺适应性，即评估所选修复技术能否适应（满足）工件的各种要求。在选择具体修复技术时，应使其在以下主要方面与被处理工件相适应。

1）修复工艺（涂敷、改性、处理）工艺和覆层与工件应有良好的适应性

（1）修复层与工件材料、线膨胀系数、热处理状态等物理、化学性能应有良好的匹配性和适应性。

（2）修复层与基材要有足够的结合力，不起皱、不鼓泡、不剥落，不加速相互间的腐蚀和磨损。在不同表面技术中，离子注入层和表面合金元素扩渗层没有明显界面；各种堆焊层、熔接层、激光熔覆和激光合金化涂层、电火花强化层等具有较高的结合强度；热喷涂层、黏涂和涂装层的结合强度相对较低；电镀层的结合强度要高于热喷涂层。

（3）修复层的厚度应与工件要求相适应。目前，离子注入层的厚度仅能达到0.2 μm（注入得更深有困难），热喷涂层的厚度一般为0.2～1.2 mm（太薄难以达到），而堆焊层的厚度通常为2～5 mm（过薄不易实现）。涂层厚度不仅影响其使用寿命，还影响着结合力及基体和涂层的性能。离子注入虽然能显著改善表面的耐磨、耐蚀等性能，但其厚度在应用中往往不足；一些重防腐表面大多要求具有一定厚度，单一电镀层常达不到要求；对于修复件，还要考虑恢复到所要求尺寸的可能性。单独使用薄膜技术一般难以满足恢复尺寸的要求。

选用的修复技术对工件形状、尺寸、性能等影响应不超过允许范围。采用一些高温工艺，如堆焊、熔接（1 000℃左右）、化学气相沉积（chemical vapor deposition，CVD）（800～1 200℃）等，会引起工件变形（对于细长件和薄壁件尤其明显）、基体组织或热处理性能改变；一些电镀工艺会降低材料的疲劳性能或产生氢脆性，镀镉须防止产生镉脆。

此外，还要考虑工艺实施的可行性，如工

件过大，设备是否容得下；与镀膜相关的前后处理工序实施的可能性等。

2）修复层（覆层、改性层）的性能应满足工件服役环境的要求

修复层的各种力学、化学、电学、磁学等性能必须满足工件运行条件和服役环境的要求。

对于耐磨损覆层、首先应明确其磨损失效类型，再根据磨损类型对覆层材料性能的要求，设计和选择覆层材料及与其相适应的涂敷技术。

对于耐蚀覆层、影响耐蚀性能的主要环境因素包括介质的成分和浓度，杂质及其含量，温度，溶液的 pH，溶液中的氧、氧化剂和还原剂的含量，流速，腐蚀产物及生成膜的稳定性，自然环境条件（大气类型和水质）等。

在选择涂敷方法和材料时应考虑的一般原则如下。

（1）单相结构的覆层比多相结构的覆层，具有更好的耐介质腐蚀的能力。

（2）对于钢铁基体材料在存在电解质的条件下，覆层材料应具有比铁更低的电极电位，以便对铁基体起到有效的阳极保护作用。

（3）对于热喷涂层等有一定孔隙率的覆层，由于孔隙的存在会降低覆层的耐蚀性、抗高温氧化性和电绝缘性，涂敷后应进行适当的封孔处理。

（4）对于耐高温覆层，其基本要求是覆层材料应有足够高的熔点，其熔点越高可使用的温度也越高。覆层的高温化学稳定性要好，覆层本身在高温下不会发生分解、升华或有害的晶型转变。覆层应具有要求的热疲劳性能。对于高温下使用的覆层，尤其要求其与基体的热膨胀系数、导热性具有良好的匹配性，以防止覆层剥落。同时还应注意，在热循环中，基体和覆层材料内部会因发生相变而产生组织应力，这更会加剧覆层的开裂和剥落。例如，ZrO_2 晶体在 1 010℃时会发生单斜晶系向立方晶系的转变，并伴随产生 7%的体积改变，因此用作耐高温的 ZrO_2 覆层，均采用稳定化处理的 ZrO_2。耐高温覆层中应含有与氧亲和力大的元素，常用的如铬、铝、硅、钛、钇等。这些元素所生成的氧化物非常致密，化学性能非常稳定，且氧化物体积大于金属原子的体积，因而能够有效地把金属基体包围起来，防止进一步氧化。在组织上，高温合金一般选用具有面心立方晶格的金属母相，并能被高熔点难熔金属元素的原子固溶强化；或者合金元素间发生的反应能够形成与母相具有共格结构的 γ 相，对母相产生析出强化；或者能形成高熔点的金属间化合物，对金属母相起晶界强化和弥散强化对作用。

在掌握被处理工件的各项要求、深入分析不同修复技术及其所用覆层材料对工件的适应性之后，便可在对比中选出满足要求的几种修复技术。

2. 耐久性原则

零件的耐久性是指其使用寿命。修复是为了对零件的失效进行有针对性的防护，因而采用表面工程技术强化（含涂敷、处理和改性）过的零件，其使用寿命应比未经强化的要高。零件的使用寿命随其使用目的的不同有不同的度量方法。除断裂、变形等零件本体失效外，磨损、疲劳、腐蚀、高温氧化等表面失效而导致的寿命终结也各有其本身的评价和度量方法。对于因磨损失效的机器零件，常用相对耐磨性来对比其耐久性；对于因腐蚀失效的零件，常用其在使用环境下的腐蚀速率来比较其耐久性；而对于因高温氧化失效的零件，则常用高温氧化速率来度量其耐高温氧化性能。设备及其零部件的使用寿命可通过各种试验（模拟试验、加速试验、台架试验、装机试验等）、分析计算、经验类比、计算机求解等方法得出。寿命评估是目前很受重视的一个研究方向。在不同环境下经表面强化的零件的使用寿命，尚缺乏系统完整的资料，有待进一步丰富和完善。在选择表面技术时，力求使零件获得高的耐久性是一个重要原则。

3. 经济性原则

在满足适应性和耐久性等要求下，还要重视分析拟采用的修复技术经济性。分析技术经济性时要综合考虑表面涂敷或改性处理成本和采用修复技术所产生的经济效益与资源

环境效益等因素。从成本上看，应尽可能选成本低且使用寿命长的修复技术。

按照绿色设计与绿色制造的要求，在对工件实施修复时，要减少材料、能源的消耗与对环境的污染；在工件投入使用后，要避免对环境和人员产生不利影响；要考虑零部件的可再制造性，在材料和工艺上为其多次修复与表面强化创造条件，当其报废时，要便于回收和进行资源化处理。

总之，要针对企业的设备、人员、技术水平等具体情况，综合考虑以上原则，选择与设计适宜的修复工艺技术，力求得到最佳的技术经济效果。

16.2 机械加工修理与再制造技术

机械加工是零件维修与再制造较为常用的基本方法，它既可作为独立的手段，直接对零件维修与再制造加工，也是其他维修与再制造技术，如焊接、电镀、喷涂等的工艺准备和最后加工中不可缺少的工序。而机械加工维修与再制造恢复法是指以机械加工作为独立手段，直接进行机械设备零部件修理与再制造的一种技术方法。这种维修与再制造技术方法简单易行，维修与再制造后质量稳定，加工成本低，只要待维修与再制造零件缺陷部位的结构和强度允许，即可采用。目前，其在国内外维修与再制造厂实际生产中得到了广泛的应用。

16.2.1 失效件机械加工修理与再制造特点

维修与再制造恢复旧件的机械加工与新制件加工相比，有明显的不同特点。产品制造过程中的生产过程一般是首先根据设计选用材料；然后用铸造、锻造或焊接等方法将材料制作成零件的毛坯(或半成品)，再经金属切削加工制成符合尺寸精度要求的零件，最后将零件装配成为产品。而维修与再制造过程中的机械加工所面对的对象是废旧或经过表面工程处理的零件，通过机械加工来完成它的尺寸公差与配合及性能要求。其加工对象是失效的定型零件，一般加工余量小，原有基准多已破坏，给装夹定位带来困难。另外，待加工表面性能已定，一般不能用工序来调整，只能以加工方法来适应它。失效件的失效形式和加工表面多样，给组织生产带来困难，所以失效件的再制造加工具有个体性、多变性及技术先进性等特点。

国外虽然开展了大量的维修与再制造研究及应用，但其维修与再制造方式主要是以机械加工为主的维修与再制造修理尺寸法和换件法，即通过车削、磨削等方式对磨损量超差的零件进行机械加工来恢复零件的尺寸公差与配合要求，无法达到产品原设计时的尺寸要求，对于无法修复的易损件，则是通过更换新件来满足维修与再制造质量保证的要求。这一方面限制了废旧零部件利用率的提高；另一方面也会从总体上影响产品零部件的互换性，无法满足原设计时的尺寸要求，也不能提升易磨损零件表面的性能。这种方式往往无法使维修与再制造产品的质量真正意义上达到新品要求。

16.2.2 常用机械加工修理与再制造方法

失效件的机械加工再制造技术中常用的方法有修理尺寸法、钳工恢复法、附加零件恢复法(镶套修理法)、局部更换恢复法、塑性变形法。

1. 修理尺寸法

机械设备的配合副(如轴和孔)在使用中都会产生不均匀磨损，使配合副的间隙增大，性能劣化。因此，在对此类失效件进行维修与再制造恢复时，再制造后达到原设计尺寸和其他技术要求的方法称为标准尺寸再制造恢复法。一般，采用表面工程技术可以实现标准尺寸的维修与再制造尺寸恢复。对这类配合副中的主要零件，采用机械加工方法切去不均匀磨损部分，恢复原来的形位公差和表面粗糙度，而获得一个新尺寸，然后根据修理尺寸配制或修复相应的配合件，保证原有的配合关系不变，该新尺寸被称为维修与再制造的修理尺寸，这种保证配合副的方法被称为修理尺寸法。其实质是恢复零件配合尺寸链的方法，如修轴颈、换套或扩孔镶套；键槽加宽一级，重配键等均为较简单的实例。在一对配合副中，应加工复杂而贵重的零件，更换另一配合件。例如，机床中的主轴与轴承，应加工主轴，配换轴承；内燃机中的气缸与活塞，应加工气缸，配换活塞。

在确定修理尺寸，即去除表面层厚度时，首先应考虑零件结构上的可能性和加工后零件的强度、刚度是否满足需要，如轴颈尺寸减小量一般不得超过原设计尺寸的10%，轴上键槽可扩大一级。为了得到有限的互换性，可将零件修理尺寸标准化，如内燃机气缸套的修理尺寸，可规定几个标准尺寸，以适应尺寸分级的活塞备件；曲轴轴颈的修理尺寸分为16级，每一级尺寸缩小量为0.125 mm，最大缩小量不得超过2 mm。曲轴轴颈、连杆轴颈的修理尺寸见表16-7。

表16-7 曲轴轴颈、连杆轴颈的修理尺寸 mm

项目		轴颈尺寸			
		标准尺寸(0.00)	第一修理尺寸(−0.25)	第二修理尺寸(−0.50)	第三修理尺寸(−0.75)
桑塔纳1.6L	主轴颈	$54.00_{-0.042}^{-0.022}$	$53.75_{-0.042}^{-0.022}$	$53.50_{-0.042}^{-0.022}$	$53.25_{-0.042}^{-0.022}$
	连杆轴颈	$46.00_{-0.042}^{-0.022}$	$45.75_{-0.042}^{-0.022}$	$45.50_{-0.042}^{-0.022}$	$45.25_{-0.042}^{-0.022}$
桑塔纳1.8L	主轴颈	$54.00_{-0.042}^{-0.022}$	$53.75_{-0.042}^{-0.022}$	$53.50_{-0.042}^{-0.022}$	$53.25_{-0.042}^{-0.022}$
	连杆轴颈	$47.80_{-0.042}^{-0.022}$	$47.55_{-0.042}^{-0.022}$	$47.30_{-0.042}^{-0.022}$	$47.05_{-0.042}^{-0.022}$
丰田2Y、3Y	主轴颈	$54.00_{-0.015}^{-0.000}$	$53.75_{-0.015}^{-0.000}$	$53.50_{-0.015}^{-0.000}$	$53.25_{-0.015}^{-0.000}$
	连杆轴颈	$48.00_{-0.015}^{-0.000}$	$47.75_{-0.015}^{-0.000}$	$47.50_{-0.015}^{-0.000}$	$47.25_{-0.015}^{-0.000}$

失效零件加工后表面的粗糙度对零件性能和寿命影响很大，如直接影响配合精度、耐磨性、疲劳强度、抗腐蚀性等。对承受冲击和交变载荷、重载、高速的零件尤其要注意表面质量，同时要注意轴类零件圆角的半径和表面粗糙度。此外，对高速旋转的零部件，维修与再制造加工时还需保证应有的静平衡和动平衡要求。

旧件的待维修与再制造恢复表面和定位基准多已损坏或变形，在加工余量很小的情况下，盲目使用原有定位基准或只考虑加工表面本身的精度，往往会造成零件的进一步损伤，导致报废。因此，再制造加工前必须检查、分析、校正变形、修整定位基准后再进行加工，方可保证加工表面与其他要素的相互位置精度，并使加工余量尽可能小。必要时，需设计专用夹具。

修理尺寸法应用极为普遍，是国内外较常采用的生产方法，通常也是最小维修与再制造加工工作量的方法，工作简单易行，经济性好，同时可恢复零件的使用寿命，尤其对贵重零件意义重大。但使用该方法时，在保证配合精度要求的情况下，一定要判断是否能满足零件的强度和刚性的设计要求，是否能满足维修与再制造产品使用周期的寿命要求，以确保维修与再制造后的产品质量。

2. 钳工恢复法

钳工恢复也是失效零件机械加工恢复过程中较为广泛应用的工艺方法，它既可以作为一种独立的手段直接恢复零件，也可以是其他方法，如焊、镀、涂等工艺的准备或最后加工必不可少的工序。钳工恢复法主要包括刮研、铰孔、研磨等。

1) 刮研

用刮刀从工件表面刮去较高点，再用标准检具(或与之相配的件)涂色检验的反复加工过程称为刮研。刮研用来提高工件表面的接触精度，使工件表面组织紧密，并能形成比较均匀的微浅凹坑，创造良好的存油条件。

刮研是一种间断切削的手工操作，它不仅具有切削量小、切削力小、产生热量小、装夹变形小的特点，而且由于不存在机械加工中不可避免的振动、热变形等因素，能获得很高的接触精度和很小的表面粗糙度值；刮研可以把机床导轨或工件表面根据实际要求刮成中凹或中凸等特殊形状(这是机械加工不容易解决的问题)；刮研之后的工件表面，形成了比较均匀的微浅凹坑，有利于储存润滑油，改善相对运动零件之间的润滑情况；刮研是手工操作，不受工件位置和工件大小的限制。因此，尽管刮研具有效率低、劳动强度大的缺点，但在机械设备维修与再制造过程中，刮研法仍占有相当的比重。例如，导轨和相对滑动面之间、轴和滑动轴承之间、导轨和导轨之间、两相配零件的密封表面等，都可以经过刮研而获得良好的接触精度，增加运动副承载能力和耐磨性，提高导轨和导轨之间的位置精度，增加密封表面的密封性。

2）铰孔

铰孔是利用铰刀进行精密孔加工和修整性加工的过程，它能提高零件的尺寸精度和减小表面粗糙度，主要用来恢复各种配合的孔，恢复后其公差等级可达IT7～IT9，表面粗糙度值 Ra 可达0.8～3.2 μm。

3）研磨

用研磨工具和研磨剂，在工件上研掉一层极薄表面层的精加工方法称为研磨。研磨可使工件表面得到较小的表面粗糙度值、较高的尺寸精度。研磨加工可用于各种硬度的钢材、硬质合金、铸铁及有色金属，还可以用来研磨水晶、玻璃等非金属材料。经研磨加工的表面尺寸误差可控制在0.001～0.005 mm范围内。一般情况下表面粗糙度 Ra 可达0.5～0.8 μm。

3. 附加零件恢复法

有些设备零件只有个别工作表面磨损严重，当其结构和强度允许时，可以将磨损部位进行机械加工，再在这个部位镶上一个套或其他镶装件，以补偿磨损和加工去掉的部分，最后将其加工到基本尺寸，以恢复原配合精度。镶装件是在维修与再制造过程中增加的，因此这种用增加零件来修理的方法称为附加零件恢复法。例如，箱体或复杂零件上的内孔损坏后，可扩孔以后再加工一个套筒类零件。附加零件恢复法增加了零件的数量、破坏了互换性，但附装件磨损后还可以更换，为以后的修理或再制造工作带来方便。另外，附加零件恢复法可实现零件的重用，具有显著的经济效益。

有些机械设备的某些结构，在设计和制造时就应用了这一原理，对一些形状复杂或贵重的零件，在容易磨损的部位，预先镶上镶装件，以使在磨损后只需更换这些镶装件，即可方便地达到再制造的目的。

图16-18所示为废旧轴的一端轴颈磨损后，采用镶套法进行维修与再制造的一个示例。为防止套筒工作时松动，轴与套的配合必须有一定的过盈量，并在轴端用固定销固定。为保证零件原有的硬度和耐磨性。可根据镶套的材质，预先进行热处理，再将套筒压入轴颈，装上止动销钉。

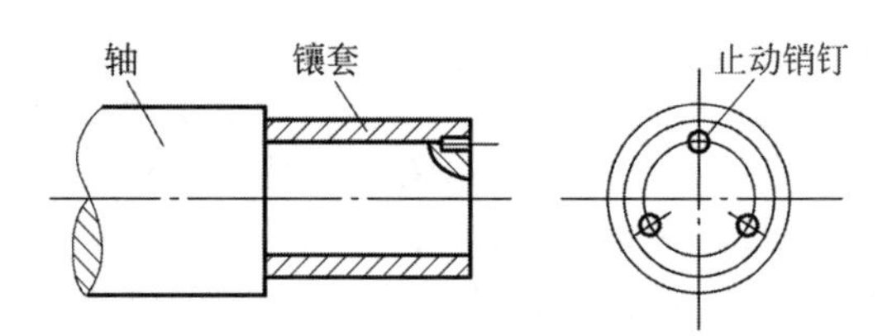

图16-18 轴颈的附加零件再制造恢复

在车床上，丝杠、光杠、开关杠与支架配合的孔磨损后，可将支架上的孔加工扩大，再压入附加的轴套，如图16-19所示。轴套磨损后可再进行更换。

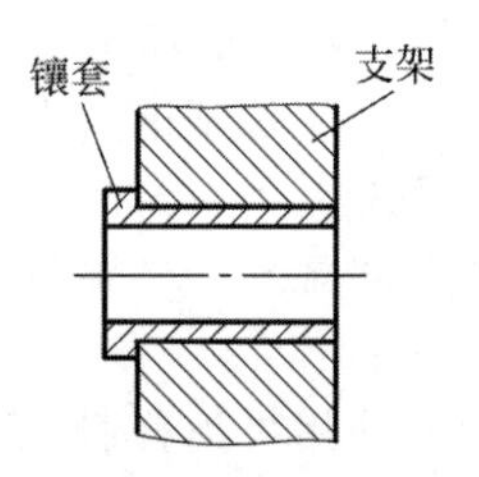

图16-19 支架孔的镶套恢复

附加零件恢复法可以维修与再制造较大磨损量的零件缺陷，并可以一次加工到基本尺寸，而不必更换与其配合的零件，而且还给以后的使用维修工作提供了方便。但在应用附加零件恢复法时，应注意以下两个问题。

(1) 镶装件的材质应根据零件所处的工况来选择。例如，若在高温下工作的镶装件，应尽量选用与基体一致的材料，使两者的热膨系数相同，保证在工作中镶装件的稳固性；若要求镶装件耐磨，可选用耐磨材料。

(2) 镶套工艺往往受到零件结构和强度的限制，镶套壁厚一般只有 2～3 mm，且镶装后为保证稳定的紧固性，镶套和基体之间应采用过盈配合。这样镶套和基体均会受到力的作用，因此要求正确选择过盈量，如果过盈量过大，则会胀坏套筒或座孔，甚至会使基体变形；如果过盈量过小，则可能会出现松动。

4. 局部更换恢复法

机械零件在使用过程中，各部位可能出现不均匀的磨损，某个部位磨损严重，而其余部位完好或磨损轻微。在这种情况下，如果零件结构允许，可把严重缺陷的部分切除，重新制作更换一个新的部分，并把它加工到原有的形状和尺寸，使新换上的部分与原有零件的基本部分连接成为整体，从而恢复零件的工作能力，这种方法称局部更换恢复法。

局部更换恢复法在零件维修与再制造中也有一定的应用。例如，在齿轮类零件中，有些齿轮的轮齿严重磨损，或者轮齿被打掉，但内花键完好，确有再制造价值时，可以采用局部更换齿圈的方法恢复。如图 16-20 所示，先将齿轮上的齿形部分车去，留下心部，用相同的材料加工一只套圈与心部过渡配合，在两端套圈与心部的接缝处进行焊接，使两者连为一体，然后经车削、切齿及齿形部分热处理等工序完成。

有些零件在使用时产生单边磨损，或磨损有明显的方向性，而对称的另一边磨损较小。如果结构允许，在不具备彻底对零件进行恢复的条件下，可以利用零件未磨损的一边，将它换一个方向安装即可继续使用，这种方法称为

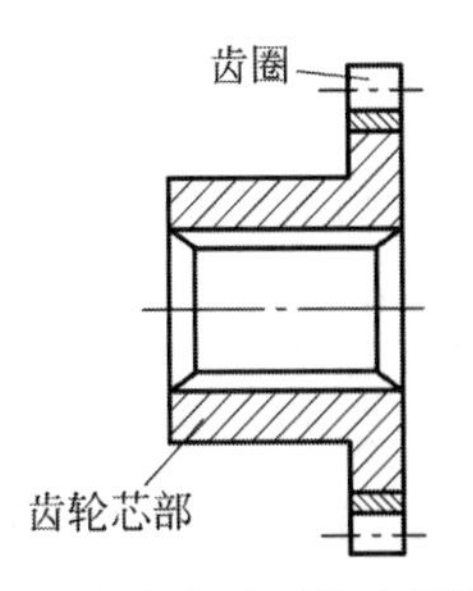

图 16-20 齿轮的更换齿圈恢复

换位法，要求符合装配的公差与配合要求。

5. 塑性变形法

塑性变形法是利用外力的作用使金属产生塑性变形，恢复零件的几何形状，或使零件非工作部分的金属向磨损部分移动，以补偿磨损掉的金属，恢复零件工作表面原来的尺寸精度和形状精度。根据金属材料可塑性的不同，分为常温下进行的冷压加工和热态下进行的热压加工。常用的方法有镦粗法、扩张法、缩小法、压延法和校正。

1) 镦粗法

镦粗法是利用减小零件的高度、增大零件的外径或缩小内径尺寸的一种加工方法。主要用来恢复有色金属套筒和圆柱形零件。例如，当铜套的内径或外径磨损时，在常温下通过专用模具进行镦粗，可使用压床、手压床或用锤子手工锤击，作用力的方向应与塑性变形的方向垂直，如图 16-21 所示。用镦粗法修复，零件被压缩后的缩短量不应超过其原高度的 15%，对于承载较大的零件，则不应超过其原高度的 8%。为镦粗均匀，其高度与直径的比

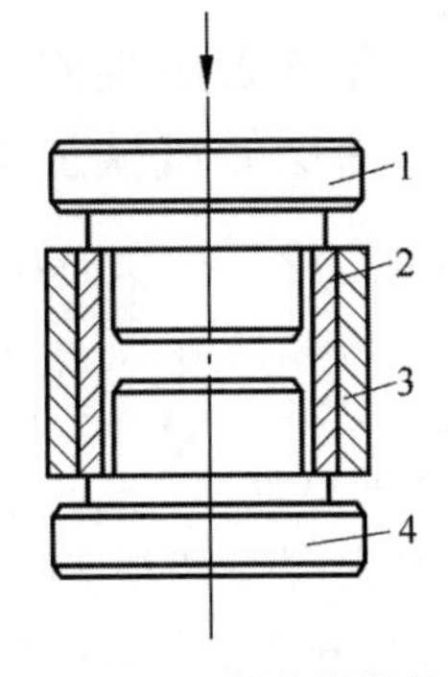

图 16-21 铜套的镦粗

1—上模；2—铜套；3—轴承；4—下模

例不应大于 2,否则不宜采用这种方法。

2) 扩张法

扩张法是指利用扩大零件的孔径,增大外径尺寸,或将不重要部位的金属扩张到磨损部位,使其恢复原来尺寸的恢复方法。例如,空心活塞销外圆磨损后,一般用镀铬法恢复。但当没有镀铬设备时,可用扩张法恢复。活塞销的扩张既可在热态下进行,也能在冷态下进行。扩张法主要应用于外径磨损的套筒形零件。

3) 缩小法

与扩张法相反,缩小法是利用模具挤压外径来缩小内径尺寸的一种恢复方法。缩小法主要用于筒形零件内径尺寸的修复。

4) 压延法

压延法又称为模压法,它是把零件加热到800~900℃之后,立即放入到专用模具中,在压力机的作用下达到零件成形的一种修复方法。例如,圆柱齿轮齿部磨损后,可在热态下,通过压延使齿部胀大,然后加工齿形并进行热处理。

5) 校正

校正是利用外力或火焰使发生弯曲、扭曲等残余变形的零件产生新的塑性变形,来消除原有变形的方法。校正分为冷校和热校,而冷校又分压力校正与冷作校正。

无论采用以上哪种机械加工维修与再制造方法,其主要原则就是保证维修与再制造恢复后的零件尺寸及性能满足产品的装配质量要求,保证产品能够正常使用一个寿命周期以上。

16.2.3 零件表面维修与再制造涂层的机械加工技术

维修与再制造技术中,大量应用了表面工程技术,即在磨损的表面上,采用喷涂、电刷镀、堆焊、激光熔覆等工艺,使它具有一层耐磨涂层,然后对该涂层再进行切削加工,恢复零件的原始尺寸精度、表面粗糙度等。

1. 维修与再制造涂层切削加工的特点

1) 加工过程中冲击与振动大

金属堆焊层的外表面高低不平,其内部硬度不均匀,热喷涂层内有硬质点及孔隙等,这些都会使加工时的切削力呈波动状态,也致使加工过程产生较大的冲击与振动。这就要求机床-夹具-工件-刀具工艺系统的刚性要好,对刀刃(或砂轮砂粒)的强度提出了更高的要求。

2) 刀具容易崩刃和产生非正常磨损

金属堆焊层坚硬的外皮、砂眼、气孔等,热喷涂层内部的硬质点(碳化物、硼化物等),再加上切削过程中的振动、冲击负荷,使刀刃或砂轮砂粒产生崩刃和划沟等非正常磨损,失去切削能力。

3) 刀具耐用度低

金属堆焊层、热喷涂涂层一般具有较高的硬度与耐磨性,特别是高硬度的金属堆焊层和热喷涂涂层,在加工时产生较大的切削力和切削热。例如,车削 Ni60 高硬度喷熔层,其切削力要比 45 淬火钢大 30%~60%,切削温度要比 45 淬火钢高 41℃(高 10%),因而加速刀刃或砂轮砂粒的淬火钢磨损,它们会迅速变钝。这给切削加工带来很大的困难,甚至难以进行切削加工。由于刀具耐用度低,限制了切削用量的提高,生产效率降低。

4) 热喷涂涂层易剥落

热喷涂涂层与基体的结合强度不高,其与基体的结合为机械结合,结合强度一般为 30~50 MPa;再加上涂层的厚度一般较薄,所以当切削加工的切削力超过一定限度时,涂层易剥落,这在切削加工时应注意防止。

5) 涂层易烧蚀或产生裂纹

热喷涂涂层磨削加工时,易产生较多热量,表面易被烧损和产生裂纹,因而要注意冷却润滑液的使用。

2. 维修与再制造涂层的车削加工

1) 堆焊层的车削加工

采用堆焊方法获得零件磨损表面的尺寸恢复层是一种常用的维修与再制造方法。堆焊恢复层的金属性质虽然主要决定于堆焊焊条的材料,但堆焊方法使恢复层的厚度大且不均匀、表面硬化及层内组织的改变等,都会使堆焊层的切削加工性变差,需要在切削加工时充分考虑和注意。

(1) 低合金钢堆焊层的车削

由于堆焊焊条的含碳量不同,低合金钢堆焊层所得到的堆焊层的硬度也不同,使用较广泛的是中硬度堆焊层,组织为珠光体类型加上少量的铁素体。

中硬度堆焊层的硬度为200～350 HB(如堆107焊条堆焊层的硬度约为250 HB,堆127焊条堆焊层的硬度约为350 HB)。堆焊金属中的Cr、Mn等合金元素,将溶于铁素体起固溶强化作用,并能使渗碳体合金化,使堆焊层具有一定的硬度、耐磨性及较好的抗冲击性能。

切削加工时,产生的振动与冲击较大;粗加工时,可选用硬质合金YG8、YT5、YW1等,这些刀具材料的韧性较好,抗弯强度较高,加工时不易崩刀;精加工时,除要求刀具具有较好的耐磨性外,还要求能承受粗加工后遗留下来的硬质点、气孔、砂眼等的冲击与振动,此时可选用硬度较高、耐磨性较好的硬质合金YT15。

(2) 高锰钢堆焊层的车削

高锰钢堆焊层(锰的含量为11%～14%)因加工硬化严重和导热性能差,属于很难切削加工的堆焊层。高锰钢堆焊层的金相组织为均匀的奥氏体,它的原始硬度虽不高,但其塑性韧性特别好。切削加工过程中,因塑性变形使奥氏体组织转变为细晶粒马氏体,硬度由原来的180～220 HB提高到450～500 HB,并且在表面上还会形成高硬度的氧化层。另外,高锰钢堆焊层的热导率很小,约为45钢的1/4,使切削温度很高。其切削力约比切削45钢增大60%。因此,它的切削加工性很差。

切削高锰钢堆焊层时,宜选用抗弯强度和韧性较高的硬质合金。粗加工时,可选用YW1、YH2、YG6X硬质合金;精加工时,可选用YT14、YG6X等硬质合金。为了减小加工硬化,刀刃应保持锋利。为了增强刀刃和改善散热条件,当前角r_0为$-5°$～$5°$时,磨出负倒棱为$(0.2\sim0.8)f$;当r_0为$-15°$～$-5°$时,后角宜选用较大值α_0为$8°$～$12°$。当工艺系统刚性高时,主、副偏角可取小值,一般主偏角K_r为$60°$,副偏角K_r'为$10°$～$20°$,刃倾角λ_s为$-5°$～$0°$。粗车时,切削用量a_p为2～4 mm,f为0.2～0.8 mm/r,v不大于15 m/min;精车时,切削用量a_p为1～2 mm,f为0.2～0.8 mm/r,v为20～30 m/min。

(3) 不锈钢堆焊层的车削

不锈钢堆焊层多采用1Cr18Ni9Ti焊条堆焊而得,金相组织为奥氏体。奥氏体组织塑性大,容易产生加工硬化。此外导热性能也很低(约为45钢的1/3),所以,奥氏体不锈钢堆焊层也是较难切削的。

车削不锈钢堆焊层,YT类硬质合金不宜用于加工不锈钢堆焊层,因为YT中的钛元素易与工件材料中的钛元素发生亲和产生冷焊,加剧刀具磨损。所以,一般宜采用YG类、YH类或YW类硬质合金,也可采用高性能高速钢。刀具几何参数前角为$-5°$～$0°$;后角为$4°$～$6°$;刃倾角为$-5°$～$0°$;适当减小主偏角,加大刀尖圆弧半径。切削用量a_p为1.5～2 mm,f为0.3～0.4 mm/r,v为14～18 m/min。

2) 热喷涂涂层的车削

热喷涂层最大的特点是具有高的硬度和高的耐磨性,其硬度HRC可达50～70。该类热喷涂涂层可称为高硬度热喷涂涂层,它们很难加工。当对它们进行切削加工时,对于刀具材料、刀具几何参数及切削用量的选择,都有比较特殊的要求。

(1) 刀具材料的选择

热喷涂涂层对刀具材料总的要求是高的硬度、高的耐磨性、足够的抗弯强度与韧性。一般的硬质合金牌号不能用于加工高硬度热喷涂涂层。目前,切削热喷涂涂层较好的刀具材料有以下三类。

① 添加碳化钽(TaC)、碳化铌的超细晶粒硬质合金。碳化钽、碳化铌在硬质合金中所起的主要作用是提高硬质合金常温与高温的硬度,从而提高硬质合金的耐磨性;阻止WC晶粒在烧结过程中长大,从而细化晶粒,提高YT类硬质合金的抗弯强度和冲击韧性与耐磨性;提高硬质合金与钢的粘接温度,减少轻合金成分向钢中的扩散,从而降低刀具的黏接磨损,提高刀具耐用度。细晶粒硬质合金中,由于WC与钴高度分散,增加了粘接面积,提高了粘

接强度，因此可提高硬度 1.5～2 HRA，抗弯强度也可大大提高。所以，添加碳化钽、碳化铌的超细晶粒硬质合金，在硬度与耐磨性及抗弯强度与韧性方面都有较好的性能，可用于低速切削而不容易崩刃，适应高硬度热喷涂涂层的切削加工。

② 陶瓷刀具材料。用作刀具材料的陶瓷有纯 Al_2O_3 陶瓷、Al_2O_3-TiC 混合陶瓷和 Si_3N_4 基陶瓷。我国的牌号有 SG5(94 HRA，抗弯强度大于 0.7 GPa)、AG2(93.5～95 HRA，抗弯强度大于 0.8 GPa)，用它们切削热喷涂涂层有较好的效果，但其抗弯强度还需要进一步提高。例如，用 SG5 刀片切削镍基 102 喷熔层(55～60 HRC)，切削用量参数 a_p 为 0.1 mm，f 为 0.3 mm/r，v 为 29 m/min。加工直径为 50 mm，长为 650 mm 的外圆，刀具的切削路程长达 150 m 后，刀具后刀面的磨损 VB 为 0.15 mm，加工表面粗糙度 Ra 为 2.5～10 μm。

③ 立方氮化硼。立方氮化硼(CBN)是由六方氮化硼在高温、高压下加入催化剂转变而成，它分为整体聚晶立方氮化硼和立方氮化硼复合刀片两种。立方氮化硼优点明显，有很高的硬度和耐磨性，其显微硬度(8 000～9 000 HV)仅次于金刚石；有很高的热稳定性(可达 1 400℃)，比金刚石要高得多；有很大的化学惰性，它与铁族金属在 1 200～1 300℃时也不易起化学作用；总体抗弯强度目前还处在较低水平，有的刀片可达 0.5 GPa 以上。立方氮化硼刀具可用于硬质合金、淬火钢、冷硬铸铁、高温合金等难加工材料的切削，其加工效果可达磨削加工的水平。目前，对于高硬度的热喷涂材料，它是切削效率较高的一种刀具材料，切削速度可比 YC09 硬质合金刀片提高 4～5 倍。

(2) 刀具几何参数的选择

热喷涂涂层对刀具几何参数总的要求是要保证刀刃(或刀头)的强度与好的散热条件，这是选择刀具几何参数的原则。另外还应注意系统的刚性，注意径向分力不能过大，以免引起振动。根据试验结果和实际加工情况，推荐的刀具几何参数见表 16-8。

表 16-8 推荐的刀具几何参数

工件材料		Ni60 喷熔层		G112 喷熔层	
刀具牌号		YC09		YH3	
工序		半精车	精车	半精车	精车
切削用量	a_p/mm	0.2	0.1	0.2	0.1
	f/(mm/r)	0.2	0.1	0.2	0.1
前角 γ_0/(°)		−5	−5～0	−5	−5～0
后角 A_0/(°)		8	12	8	12
主偏角 K_r/(°)		10	15	10	15
负偏角 K_r'/(°)		15	10	15	10
刃倾角 λ_s/(°)		−5	0	5	0
刃尖圆弧半径 r_ε/mm		0.3	0.5	0.3	0.5
负倒棱	b_{r1}/mm	0.1	0.05	0.1	0.05
	γ_{01}/(°)	−15	−10	−15	−10

(3) 热喷涂涂层切削用量的选择

热喷涂涂层的切削用量同样受刀具耐用度的限制。对于热喷涂涂层的切削加工，其刀具的磨钝标准可用试验的方法通过求出刀具磨损量与切削时间的关系曲线而加以确定。切削速度对刀具耐用度的影响最大，其次是进给量，切削深度的影响最小。所以在优选切削用量时，其选择先后顺序如下：首先尽量选用大切削深度 a_p，然后根据加工条件和加工要求选取允许的进给量，最后在刀具耐用度或机床功率允许的情况下选取最大的切削速度。

3. 维修与再制造涂层的磨削加工

因为磨削方法可以获得更高的精度与更好的表面粗糙度，所以通常采用它来进行热喷涂涂层的精加工。对于高硬度热喷涂涂层，磨削加工比较困难，主要有以下两个原因。

(1) 砂轮容易迅速变钝而失掉切削能力。砂轮迅速变钝的主要原因是砂轮砂粒被磨钝、破碎和砂轮"塞实"。这一点表现在磨内孔时更为突出，因磨削内孔砂轮的直径受孔径大小的限制，它不像磨外圆时可采用较大直径的砂轮。因此，在同一时间内，砂粒切削次数相对增多，磨损加剧，砂轮耐用度降低。

(2) 大的径向分力会引起加工过程的振动，以及磨削热容易烧伤表面和使加工表面产生裂纹等，它们都影响到加工表面质量，同时限制磨削用量的提高。所以，对高硬度热喷涂涂层的磨削，大多采用人造金刚石砂轮和立方氮化硼砂轮。

目前，国内在使用人造金刚石砂轮、绿色碳化硅砂轮及白刚玉砂轮磨削镍基热喷涂涂层外圆的对比试验数据表明，人造金刚石砂轮的性能远远优于绿色碳化硅与白刚玉砂轮。

4. 维修与再制造涂层的特种加工技术

1）电解磨削

电解磨削是利用电解液对被加工金属的电化学作用（电解作用）和导电砂轮对加工表面的机械磨削作用，达到去除金属表面层的一种加工方法。电解磨削热喷涂涂层具有生产率高、加工质量好、经济性好、适应性强、加工范围广等特点，是加工难加工热喷涂涂层新的加工方法。

电解液是电解磨削工艺中影响生产率及加工质量极其重要的因素。在实际生产中，应针对不同产品的技术要求和不同材料，选用最适用的电解液。试验说明，电解磨削难加工热喷涂涂层，以磷酸氢二钠为主要成分的电解液，有较好的磨削性能。

电解磨削的机床可采用专用的电解磨床或普通磨床、车床改装而成。电解磨削用的直流电源要求有可调的电压（5～20 V）和较硬的外特性，最大工作电流根据加工面积和所需生产率可选用 10～1 000 A。供应电解液的循环泵一般用小型离心泵，配置有过滤和沉淀电解液杂质的装置。电解液的喷射一般用管子和扁喷嘴，向工作区域喷注电解液。内圆磨头由高速砂轮轴与三相交流电机组成。电解磨削工艺参数的制订可参考如下内容。

（1）砂轮的工艺参数

砂轮可采用金刚石青铜粘合剂的导电砂轮，也可采用石墨、渗银导电砂轮。砂轮速度 v 为 15～20 m/s，轴向进给量 f_a 为 0.5～1 m/min（内外圆磨），f_a 为 10～15 m/min（平面磨），工件速度 v_w 为 10～20 m/min，径向进给量 f_r 为 0.05～0.15 mm 双行程。

（2）电压、电流规范

粗加工时，电压为 8～12 V，电流密度为 20～30 A/cm^2；精加工时，电压为 6～8 V，电流密度为 10～15 A/cm^2。

以上工艺参数在应用时，如果发现磨削表面出现烧黑现象，则应降低电压或减小径向进给量，增大轴向进给量。

2）超声振动车削

超声振动车削是使车刀沿切削速度方向产生超声高频振动进行车削的一种加工方法，其与普通车削在切削时的根本区别在于：超声振动车削刀刃与被切金属形成分离切削，即刀具在每一次振动中仅以极短的时间便完成一次切削与分离；而普通车削，刀刃与被切金属则是连续切削的，刀刃与被切金属没有分离。所以，超声振动车削的机理已不同于普通车削。

超声振动车削过程的主要特点是切削力与切削热均比普通车削小得多，切削力约为普通车削的 1/20～1/3，切削热约为普通车削的 1/10～1/5，这是超声振动车削能获得加工精度高、表面质量好的基本原因。

试验表明，超声振动车削难加工热喷涂涂层要求刀具的刀刃和刀尖须具有较高的强度和耐磨性。所以，刀具材料和刀具几何参数选择应符合这一要求。

（1）刀具材料

在加工难加工 Ni60 喷熔层时，YC09、YW2 等刀具材料均有较好的切削性能。对于 Al_2O_3 陶瓷喷涂层，则要采用立方氮化硼刀片，它们的刀具耐用度均达到较好的实用程度，并比普通车削时高。

（2）刀具几何参数

为了使刀刃有较高强度，一般前角 γ_0 为 0°；为了减少摩擦，一般后角 α_0 为 8°～12°；为了增强刀尖强度，主偏角 K_r 与副偏角 K_r' 均可取小值，刀尖圆弧半径 r_ε 可取大值，以便增强刀尖强度，一般 r_ε 为 2～3 mm。

3）磁力研磨抛光

如图 16-22 所示，磁力研磨就是将磁性研磨材料放入磁场中，磨料在磁场力作用下沿磁力线排列成磁力刷，将工件置入 N-S 磁极中间，使工件相对于两极均保持一定的间隙，当工件相对于磁极转动时，磁性磨料将对工件表面进行研磨。若在工件轴向置入超声振动装置，工件上每个点将以 18 000～25 000 Hz 进行纵向振动，这种超声-磁力复合研磨效果极佳。磁力研磨技术主要用于精密零件的表面精整和去毛刺，毛刺的高度不能超过 0.1 mm，如轴承、轴瓦、油泵齿轮、阀体内腔和精密偶合修复后的抛光及去毛刺。采用该方法效率高、质量好，棱边倒角可控制在 0.01 mm 以下。例如，当用磁力研磨抛光圆柱形阶梯零件时，该方法可将棱边上 20～30 μm 高度的毛刺在几分钟内除去，研磨成的棱边圆角半径为 0.01 mm，这是其他方法无法或者很难实现的。

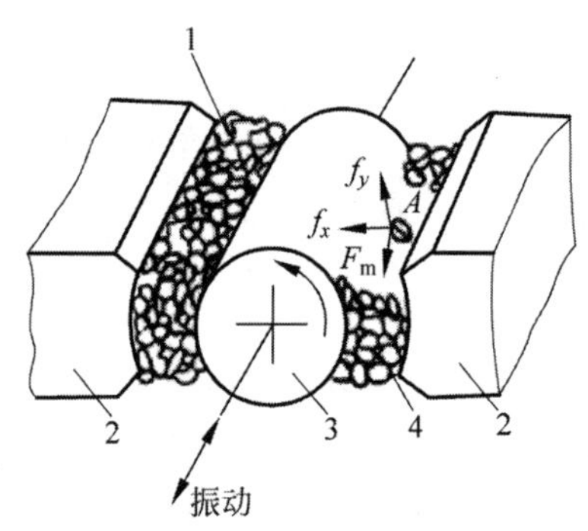

图 16-22　磁力研磨示意图
1—加工间隙；2—磁极；3—工件；4—磁性磨

16.3　电镀技术

电镀技术自 20 世纪兴起，并在材料的防护及装饰等领域被广泛应用。在进入 21 世纪后，科技突飞猛进，交叉学科快速发展，电镀工艺也随之不断突破，在很多领域取得显著成果。如今，电镀技术的应用领域已经拓展到微电子、微电机系统（micro-electron mechanical system，MEMS）和再制造等高技术领域，并发展成为这类高技术领域的关键技术。

16.3.1　电镀技术原理

1. 电镀原理

电镀是在含有预镀金属的盐类溶液中，以被镀基体金属为阴极，并与电镀液、阳极等构成回路，连接直流电源，在电解作用下使被镀物表面沉积金属，形成镀层的表面加工方法。电镀装置示意简图如图 16-23 所示。

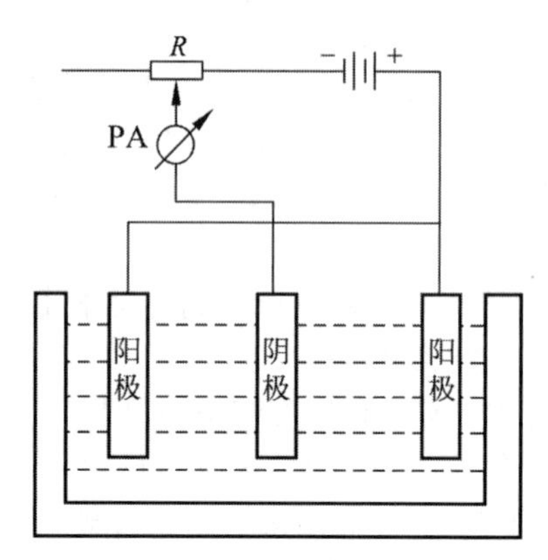

图 16-23　电镀装置示意简图

待镀件作为阴极，金属阳极与直流电源的阳极相连接，阴阳极同时浸入电镀液中，同时施加一定电位，通过电化学反应实现金属离子的运动，实现电镀。其阴极的金属离子 M^{n+} 从电镀液中扩散到电极和镀液界面处，并获得 n 个电子被还原为金属 M，即为

$$M^{n+} + ne \longrightarrow M$$

其阳极则发生与阴极相反的氧化反应，金属 M 的溶解，失去 n 个电子而形成 M^{n+} 金属离子，即

$$M - ne \longrightarrow M^{n+}$$

阳极分为可溶性阳极和不溶性阳极，大多数阳极为与镀层相对应的可溶性阳极。

2. 电镀作用

电镀的作用有很多，具体如下。

（1）保护被镀物、防止基材被腐蚀。

（2）提高被镀物（金属或非金属）的导电、导热性能。

（3）增加硬度与耐磨性。

（4）恢复零件尺寸。

（5）美化、装饰。

3. 电镀基本定律、重要参考指标与分类

1）法拉第第一定律

电镀过程中，利用电能作为镀覆工艺的能量提供，金属析出的量必定与通过的电荷有关。著名学者法拉第通过大量的试验数据，提出了析出（或溶解）物质与电荷之间的关系定律：电极上析出（或溶解）的物质质量与进行电解反应时间所通过的电荷量成正比，即法拉第第一定律：

$$m=kQ \quad 或 \quad m=kIt$$

式中：m——电极析出的物质的质量；

Q——通过的电荷量（$Q=It$）；

I——电流；

t——通电时间；

k——比例常数。

2）法拉第第二定律

在不同的电解液中，通过相同的电荷量时，在电极上析出（或溶解）物质的量相等，且析出1 mol的任何物质所需电荷量都是9.65×10^4 C，即

$$k=\frac{M}{F}$$

式中：M——物质摩尔质量；

k——物质的电化当量；

F——法拉第常数（$F=9.65\times10^4$ C/mol）。

3）电极电位

当金属电极浸入含有该金属离子的溶液中时，金属溶解失电子反应与金属离子得电子析出的可逆反应同时存在，即阴、阳极反应的动态平衡。在无外加电场条件下，正逆反应快速达到动态平衡，电极金属与溶液中金属离子会建立所谓的平衡电位。但平衡前，溶液反应以金属氧化失电子反应为主，因此在电极附近会存在较多的金属离子，所以在溶液与金属交界处会形成双电层。双电层的出现会产生电位差，该电位差即金属的电极电位。电镀反应中的平衡电位受金属的本质和溶液的浓度、温度影响，为了精准的比较物质本性对平衡电位的影响，人们通常规定温度25℃，金属离子的浓度为1 mol/L时测得的电位为标准电极电位。标准电位负值越大越容易氧化失电子，反之正值较大金属越容易得电子被还原，标准电位是电镀工艺中重要参考指标。

4）电镀分类

按照镀层的性能电镀工艺可分为保护性镀层和功能性镀层两种，保护性镀层主要为在铁金属、非铁金属及塑料上的镀覆保护金属；功能性镀层主要用于解决工程需要提升某些性能，多以复合基电镀工艺为主。

按照镀覆金属，电镀工艺还可分为电镀锌、电镀镍、电镀铜、电镀铬及电镀合金等。

16.3.2 电镀技术分类及其特点

1. 电镀锌

镀锌主要应用于钢铁等黑色金属的防腐。镀液可采用酸性和碱性两种，酸性成本较碱性偏低，镀速快，但均镀能力比碱性镀液差，常用纯锌板作为阳极。

电镀锌在干燥空气中不易变化，而且在潮湿的环境下更能产生一种碱式碳酸锌薄膜，这种薄膜就能保护好内部零件而不被腐蚀损坏，且镀层结合细致均匀，还具有良好的延展性，在进行各种折弯时不会脱落。常用的电镀锌配方与工艺条件见表16-9。

表16-9 常用的电镀锌配方与工艺条件

镀液组分质量浓度	碱性镀液		酸性镀液		
	氰化镀锌	锌酸盐镀锌	铵盐镀锌	钾盐镀锌	硫酸盐镀锌
氯化锌/(g/L)	—	—	30～40	50～100	—
硫酸锌/(g/L)	—	—	—	—	360
氧化锌/(g/L)	40	8～12	—	—	—
氯化铵/(g/L)	—	—	220～260	—	15
氯化钾/(g/L)	—	—	—	150～250	—
氯化铝/(g/L)	—	—	—	—	30
硼酸/(g/L)	—	—	—	20～30	—

续表

镀液组分质量浓度	碱性镀液		酸性镀液		
	氰化镀锌	锌酸盐镀锌	铵盐镀锌	钾盐镀锌	硫酸盐镀锌
氰化钠/(g/L)	90	—	—	—	—
氢氧化钠/(g/L)	80	100～120	—	—	—
硫化钠/(g/L)	0.5～1	—	—	—	—
光亮剂/(g/L)	适量	—	适量	适量	—
pH	—	—	6～6.5	4.5～6	—
温度/℃	18～25	10～40	15～35	10～30	—
电流密度/(A/dm²)	1～2.5	1～2.5	1～4	1～4	—
备　注	光亮剂常用钼酸钠等	光亮剂常用DE、DPE等	—	—	常用于线材、带材镀锌

2. 电镀镍

镀镍工艺是镀覆层制备工艺中较为常用的，多用于表面层或者多层电镀的打底层和中间层。电镀镍镀层具有很高的稳定性，可形成钝化层，在空气中具有较强的抗腐蚀能力；镍镀层相比于其他金属镀层硬度较高，可用于金属零部件的修复，同时具有装饰作用。电镀镍具有很多优异性能，其应用仅次于电镀锌而居第二位，镍的消耗量占到镍总产量的10%左右。常用的电镀镍配方与工艺条件见表16-10。

表16-10　常用的电镀镍配方与工艺条件

镀液组成的质量浓度/(g/L)		pH	温度/℃	电流密度/(A/dm²)	备　注
硫酸镍	250～300	4.1～4.6	50～60	3～4	—
氯化镍	40～50				
硼酸	30～45				
硫酸镍	240～330	3～5	45～65	2.5～10	较为常用
氯化镍	37～52				
硼酸	30～45				
氨基磺酸镍	500～600	3.8～4.2	60～70	5～20	可制备无应力镀层
氯化镍	5～10				
硼酸	40				

3. 电镀铜

镀铜通常应用于装饰性镀层体系的打底层，可用于改善镀层与基体间的结合力，还经常被广泛应用于印刷线路板、塑料电镀和电铸镀等领域。镀铜常用的镀液分为氰化物镀液和硫酸镀铜液两种，氰化物镀铜液中含有一价铜的络合离子，故镀层附着性良好，形成均匀；硫酸镀铜液可获得平滑、光亮的镀层适用于大电流密度制备，电流效率达95%，镀层致密性较氰化物镀层差。常用的电镀铜配方与工艺条件见表16-11。

4. 电镀铬

镀铬层具有良好的耐磨性、耐腐蚀性，且镀层光亮致密，主要用于装饰、耐蚀和耐磨等环境下。

电镀铬时常用含氧酸做主盐，因为铬与氧的亲和力强，电析困难，所以电流效率低；电镀铬时极化值很大，但极化度很小。镀铬液的分散能力和覆盖能力很差，需要采用辅助阳极和保护阴极；镀铬的电流效率很低，需用较大电流密度，同时会析出大量氢气，从而导致镀液欧姆电压降大，故镀铬的电压要比较高；通常采用纯铅、铅锡合金、铅锑合金等不溶性阳极。常用的电镀铬配方与工艺条件见表16-12。

表16-11　常用的电镀铜配方与工艺条件

镀液组成的质量浓度	氰化亚铜镀液	硫酸铜镀液	焦磷酸铜镀液
硫酸铜/(g/L)	—	150～250	—
硫酸/(g/L)	—	50～75	—
氰化亚铜/(g/L)	20～45	—	—
总氰化钠/(g/L)	34～65	—	—
游离氰化钠/(g/L)	12～15	—	—
焦磷酸铜/(g/L)	—	—	55～85
焦磷酸钾/(g/L)	—	—	210～350
硝酸铵/(g/L)	—	—	3～6
氨水/(mL/L)	—	—	4～11
温度/℃	50～60	10～30	50～60
电流密度/(A/dm^2)	1.5～3	1～4	2～4
备注	可直接镀钢铁，采用硫氰酸等作为光亮剂	使用明胶、硫脲作为光亮剂，不可直接读钢铁	不可直接镀钢件，采用有机氮化物作为光亮剂

表16-12　常用的电镀铬配方与工艺条件

镀液组成的质量浓度	镀硬铬	防护装饰性镀铬
铬酐/(g/L)	240	250～400
硫酸/(g/L)	1.2	2.5～4.0
氟硅酸/(g/L)	2.25	—
温度/℃	50～60	50～55
电流密度/(A/dm^2)	15～60	15～30

5. 电镀合金

在阴极上同时沉积两种或两种以上的金属，形成性能和结构满足要求的合金镀层。合金镀层具有很多单金属镀层所不具有的性能，如导电、导热、硬度、耐蚀、导磁等。多种金属共沉积相比与单金属沉积过程更为复杂，其影响因素更多，因此电镀合金工艺相比于单金属电镀工艺发展较慢。常用合金电镀层有铜锡合金、铜锌合金等，被广泛应用。

1) 电镀铜锡合金

电镀铜锡合金，即青铜。根据锡的含量又可分为低锡青铜镀层(15%以下)，中锡青铜镀层(15%～40%)，高锡青铜镀层(大于40%)。随着铜含量的增加，颜色由白色向红色转变。铜锡合金镀层具有较强的耐蚀性、孔隙率低等优点，是目前应用较为广泛、工艺成熟的合金镀层之一。以氰化亚铜、锡酸钠或氯化亚锡为主盐，作为阴极析出的金属。随着镀液中铜离子、锡离子的浓度比值降低，镀层中铜含量也随其降低，锡含量升高，金属离子的浓度比决定镀层的成分。在低锡镀液中，要控制游离络合剂在适当范围，游离络合剂越多，越不利于金属离子在阴极上沉积。随着电流密度升高，镀层中的锡含量会增加，但过高会造成镀层内应力加大，粗糙、不致密；电流过低会引起沉积速率过慢。常用的电镀铜锡合金镀层的制备配方与工艺条件见表16-13。

表16-13　常用的电镀铜锡合金镀层的制备配方与工艺条件

镀液组成的质量浓度	低锡青铜镀层	中锡青铜镀层	高锡青铜镀层
氯化亚铜/(g/L)	20～25	12～14	13
锡酸钠/(g/L)	30～40	—	100
氯化亚锡/(g/L)	—	1.6～2.4	—
游离氯化钠/(g/L)	4～6	2～4	10
氢氧化钠/(g/L)	20～25	—	15

续表

镀液组成的质量浓度	低锡青铜镀层	中锡青铜镀层	高锡青铜镀层
三乙醇胺/(g/L)	15～20	—	—
酒石酸钾钠/(g/L)	30～40	25～30	—
磷酸氢二钠/(g/L)	—	50～100	—
明胶/(g/L)	—	0.3～0.5	—
pH	—	8.5～9.5	—
温度/℃	55～60	55～60	64～66
电流密度/(A/dm^2)	1.2～2	1.0～1.5	8

2）电镀铜锌合金

电镀铜锌合金，即黄铜。镀层随铜含量的增加，颜色由白向红变化，通常铜的质量分数为70%～80%。因为黄铜镀层具有金色外观，所以铜锌镀层通常用于钢铁件的表面装饰或钢丝与橡胶粘接的中间镀层。电镀铜锌合金常用氰化亚铜和氰化锌为主盐，铜、锌离子以$[Cu(CN)_3]^{2-}$和$[Zn(CN)_4]^{2-}$形式存在。镀液中铜与锌的比值升高，镀层中铜的质量分数也会升高。除离子浓度比会影响镀层成分外，还与氢氧化钠及氰化物的含量有关。游离的氰化物对镀层的影响最为明显，其含量越高，镀层铜的质量分数较明显下降；氰化物含量越高，阳极则会发生钝化。在电镀铜锌合金时，pH应控制为11～12，pH越高，镀层中锌含量会增加，因此可通过pH来调节镀层色泽。当温度升高时，镀层中铜含量明显升高，温度过低时，锌含量增加，镀层变白。常用的电镀铜锌合金配方与工艺条件见表16-14。

表16-14 常用的电镀铜锌合金配方与工艺条件

镀液组成的质量浓度	白黄铜	仿金黄铜	热压橡胶用黄铜
氰化亚铜/(g·L)	17	20	26～31
氰化锌/(g·L)	64	6	9～11.3
游离氰化钠/(g·L)	31	—	6～7
总氰化钠/(g·L)	85	50	45～60
碳酸钠/(g·L)	—	7.5	30
氢氧化钠/(g·L)	60	—	—
硫化钠/(g·L)	4	—	—
锡酸钠/(g·L)	—	2.4	—
氨水28%/(mL/L)	—	—	1～3
酒石酸盐/(g·L)	0.4	—	—
pH	12～13	12.7～13.1	10～11.5
温度/℃	25～40	20～25	30～45
电流密度/(A/dm^2)	1～4	2.5～5	0.3～1

最后，无氰电镀是每名电镀人都应该关注的。虽然有氰化电镀的性能通常都比较优良，但有氰电镀液的肆意排放，污染着人们赖以生存的环境，已引起了人们的高度重视。我国沿海地带是有氰电镀生产企业的集聚地。氰化镀铜(含印制板电镀)和仿金(铜锌合金)电镀、氰化镀锌及其他微氰化镀银等，严重加剧了环境污染。虽然我国已出台了相关“三废”处理规定，但仍需加大管理力度，加大电镀行业无氰化，这是十分重要的。目前，人们在无氰化电镀的一些领域已经取得了可喜的成绩，如亚硫酸盐镀金、各种镀镍、焦磷酸酸盐镀铜、酸性镀铜、碱性或酸性镀锌、磺基水杨酸盐镀银等。但前路漫漫，仍需科研工作者们继续探索。

16.3.3 电镀溶液设计及其制备

镀液的设计与配置是整个电镀工艺中的重中之重，也是电镀工艺的核心技术。电镀液主要由主盐、络合剂、附加盐、缓冲剂、阳极活化剂和添加剂等组成，每种组分在镀液中起到不同的作用。

1. 镀液的组成

1）主盐

主盐是指在溶液中含有主要析出金属的盐，其补充金属离子，维系溶液平衡。在其他条件不变的条件下，主盐含量增加，金属沉积速率增加，电流效率提高；但镀层较为粗糙，晶粒较大，镀液分散能力下降。

2）络合剂

在设计电镀液时，络合剂与主盐含量的配比将影响电镀效果。利用络合剂与溶液中金属离子形成络合物，可有效细化镀层晶粒。络合物是一种由简单化合物相互作用而形成的分子化合物，在溶液中可部分分离成简单金属离子和络合离子。相比于简单金属离子，络合物更稳定，有利于维护镀液的稳定性。在溶液中，络合剂游离的含量越高，阴极极化作用升高，有利于提升镀层的分散力和覆盖能力，还可以使晶粒细化，但却降低了电流效率和镀层沉积速度；而对于阳极来说，极化降低，从而提高了阳极钝化电流，有利于阳极的溶解。

3）附加盐

附加盐是指电镀液中除主盐外的某些碱金属盐类，主要用于提高镀液的导电性，有些还可以改善镀液的深镀能力和分散能力。

4）缓冲剂

缓冲剂是用来维护溶液酸碱平衡的物质，主要由弱酸、弱酸盐或弱碱、弱碱盐组成，使镀液在电镀反应中 pH 变化幅度减小。

5）阳极活化剂

阳极活化剂是在镀液中促进阳极活化的物质，可提高阳极钝化的电流密度，进而保障始终处于活化状态，并不断地溶解。若其含量不足，将导致主盐含量下降，使镀液稳定性下降。

6）添加剂

添加剂是指可明显改善镀层性能的物质，其主要分为光亮剂、润湿剂和整平剂等。

2. 镀液的配制

镀液配制中有诸多影响因素，如药品的添加顺序、pH 等；特别要注意的是，绝对禁止向酸中加水，只允许向水中加酸。

因不同种类镀层需要的电镀液的成分不同，其配制的具体方法也各不相同，应按具体的电镀液配制工艺和注意事项正确配制。通常遵循以下几个基本要求，配位剂和主盐的加入顺序十分重要，具体顺序如下。

(1) 在镀槽中添 5%左右体积的蒸馏水后，把计算量的配位剂和导电盐类等化学药品在搅拌条件下逐渐加入，使它溶解在水中，还应对电镀液及时进行加热或降温，促使化学药品全部溶解。

(2) 把计算量的主盐类化学药品溶解在以上电镀液中，还可先在另一容器中用少量蒸馏水调成糊状后再加入。要在加入配位剂后，加入主盐，以充分保证主盐的溶解和配位化合。

(3) 把添加剂、光亮剂等化学药品分别溶解在另外的容器中，再加入以上电镀液中。

(4) 补充蒸馏水达到规定体积，调整电镀液 pH 后，再过滤、分析调整、进行通电处理，试镀合格后应正常使用。

在配制电镀液时应注意：操作人员要穿戴好防毒、防酸、防碱的防护用品；配制氰化物等有毒电镀液，要严守安全操作规程；有毒电镀液的配制一定在良好通风设备运行的环境下进行；严格执行电镀液配制的工艺程序，遵守各组成物配制的顺序，如配位剂和主盐、酸与水等的先后顺序。

16.3.4 电镀工艺流程

电镀工艺主要包括镀前预处理、电镀金属和镀后处理三个过程，每一个过程都直接关系到镀层的质量和性能。

1. 镀前预处理

预处理可使待镀试样表面除去氧化物，得到干净无油污的表面，主要进行脱脂、去锈蚀、去灰尘等工序，具体步骤如下。

(1) 通过表面磨光、抛光等工艺使待镀试样表面粗糙度达到电镀要求。

（2）采用化学法或电化学法对试样表面脱脂除油。

（3）采用机械法、酸洗或电化学法将表面锈蚀除去。

（4）将试样浸入弱酸中一定时间进行活化处理。

2. 电镀金属

将待镀试样接通电源负极，将预镀金属接通电源正极（无溶解不需要此操作）。随设置计划电流值，将阴、阳两级放入预先配置好的电镀液中，接通电源。到达预定时间取出试样。

3. 镀后处理

（1）钝化处理：在一定溶液中进行化学处理，在镀层表面形成一层坚实致密的、稳定的薄膜，以提高镀层的耐蚀性并使表面具有光泽。

（2）除氢处理：在电镀过程中，化学反应会有氢的析出，使镀层带有脆性，影响镀层的性能，产生氢脆。为提高镀层综合性能，可在镀后对试样进行热处理消除氢脆。

（3）其他保护技术：为提高电镀工件的抗蚀能力和得到装饰性的外观色彩，常常采用电泳漆及浸渍保护技术。大大延长了镀层的使用寿命，还可广泛应用于金属装饰品、建材五金、汽车部件、家电产品、电子材料等众多领域。

16.3.5 典型应用

电镀技术根据其应用特点可分为三大类，即防护性电镀、功能性电镀和装饰性电镀。

常用的修复性电镀工艺中有镀硬铬工艺，硬铬镀层硬度高且致密均匀。另外，还可通过控制时间等参数，达到需要的厚度，为后续精磨加工提供加工余量。

镀铁技术具有可修复厚度大、沉积速度快、镀层硬度高、耐磨性强、对环境污染小等优点。因其晶格特性与钢铁零部件基体相似，镀层与基体的结合强度在 460 MPa 以上，当含有 Ni 和 Co 成分为 5%～8%的镀铁层合金时，其硬度可为 50～60 HRC，具有良好的耐蚀性和抗磨性，可广泛应用于舰船曲轴、汽车发动机曲轴等高压高载荷条件件零部件的修复（如图 16-24 和图 16-25 所示）。大连海事大学和大连董氏镀铁有限公司致力攻克该项技术，并成功完成交通部重点科技项目“船机曲轴无刻

图 16-24　放入镀槽的曲轴

(a)

(b)

图 16-25　舰船曲轴的电镀再制造

(a) 曲轴颈镀铁后加工；(b) 曲轴颈镀铁加工后表面

蚀镀铁新工艺研究”。镀层与基体金属结合紧密，且结合力强；镀层硬度为50 HRC以上；沉积速度为0.15～0.30 mm/h(直径方向)；一次镀厚能力达3.0 mm以上，镀层耐磨性能优于原基体，修复水平居于国际前列。目前，大连董氏镀铁有限公司无刻蚀镀铁技术可再制造内燃机车曲轴、舰船柴油机曲轴、工程机械和电站柴油机曲轴、主机活塞杆等直轴及其他贵重机械设备零件，在我国电镀行业具有里程碑式意义。

装饰性电镀在汽车装饰、日用五金、家用电器、机械产品中有广泛应用。在医学、生物学方面，也能看到电镀技术的出现，如人体组织友好的非排斥性镀层、生物活性镀层等。复合电镀、无氰电镀工艺是未来电镀行业的主要发展趋势。

16.4　电刷镀技术

16.4.1　电刷镀基本原理

电刷镀是采用电化学方法，以浸满镀液的镀笔为阳极，使金属离子在阴极(工件)表面上放电结晶，形成金属覆盖层的工艺过程。

电刷镀使用专门研制的系列电刷镀溶液、各种形式的镀笔和阳极，以及专用的直流电源。因为工件与镀笔有一定的相对运动速度，所以对镀层上的各点来说，其是一个断续结晶过程。电刷镀原理如图16-26所示。

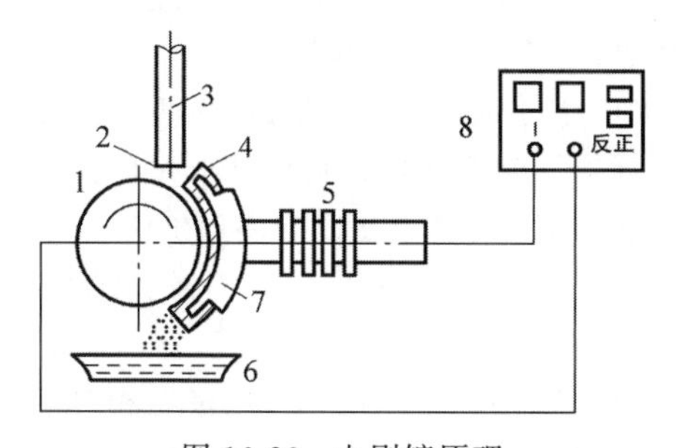

图16-26　电刷镀原理

1—工件；2—刷镀液；3—注液管；4—包套；5—刷镀笔；6—拾液盘；7—阳极；8—电源

16.4.2　电刷镀系统

电刷镀系统包括电源、镀笔和其他辅助工具。

1. 电源

电源是实施电刷镀的主要设备，是用来提供电能的装置，按其控制和输出形式，电源大体可分为恒压式、恒流式和脉冲式三种类型，其组成部分和工作原理基本相同，一般由整流装置、安培小时计、过载保护电路及其他一些辅助电路组成。设计要求如下。

(1) 电源必须具备变交流电为直流电的功能，并要求负载电流在较大范围内变化时，电压的变化很小。

(2) 输出电压应能无级调节，以满足不同工序和不同溶液的需要。常用电源电压可调节范围为0～30 V，大功率电源最高电压可达到50 V。

(3) 电源的自调作用强，输出电流应能随镀笔和阳极接触面积的改变而自动调节。

(4) 电源应装有直接或间接地测量镀层厚度的装置，以显示或控制镀层的厚度。

(5) 有过载保护装置。当超载或短路时，能迅速切断主电路，保护设备和人员安全。

(6) 电源应体积小、质量轻，工作可靠，操作简单，维修方便。

2. 镀笔

镀笔由阳极与镀笔杆组成，镀笔杆包括导电杆、散热器、绝缘手柄等。

1) 阳极的分类及选用

按所使用的材料阳极可分为石墨阳极、铂铱合金阳极、不锈钢阳极、可溶性阳极和其他材料阳极。为了适应不同形状和不同尺寸工件的需要，阳极被制作成圆柱、半圆、月牙、平板、方条、线状等形状。在实践操作中，选用何种形状及多大尺寸的阳极，要根据待镀工件表面的形状和大小来决定，如线细状阳极适用于填补沟槽、凹坑，圆柱状阳极用于内径或小平面，半圆形阳极用于内孔或平面，月牙形阳极用于外圆，平板形阳极用于平面或外圆等。

一般小面积刷镀，设计的阳极工作面积占被镀面积的 1/5～1/3 为最佳。但刷镀大面积时，受材料大小和强度的限制，不能做成很大尺寸的阳极，所以只能根据现有材料的尺寸，作出尽量大的阳极来使用。

2）阳极的包裹及包裹材料

阳极外表面如不用适当的材料包裹是不允许直接用来刷镀的。阳极包裹的作用是储存镀液，防止阳极与工件直接接触短路，从而烧伤工件，同时对阳极表面腐蚀下来的石墨粒子和其他杂质起到机械过滤作用。

常用的包裹材料主要是医用脱脂棉、涤纶棉套或人造毛套等。包裹时，一般先在阳极表面上包一层适当厚度的脱脂棉花，外面再用涤纶棉套或人造毛套裹住。

包裹圆柱、平板形阳极的步骤和方法具体如下。

(1) 将脱脂棉花撕成片状(厚度为 3～6 mm)。

(2) 根据阳极形状和大小，用剪刀将棉花剪成条状。

(3) 用棉花条沿阳极外表面包裹。棉花的开头与收尾应扯成楔形，使棉套紧密均匀。

(4) 选择适当尺寸的涤纶绵套套住棉花，并用橡皮筋捆紧。

阳极的包裹层厚度要均匀、适当。太厚时，虽然储存镀液多，但电阻大，沉积速度慢；太薄时，储存镀液少，容易磨穿，造成工件局部过热，甚至发生短路，影响镀层质量。包套厚度一般取 5～15 mm(指包套在虚态情况下)。

3）镀笔的使用和保管

在刷镀时，每一种溶液都必须有一支或几支专用镀笔。镀笔用完后要用清水冲洗干净分别存放，不能混放，更不能混用，尤其是镀铜与镀镍的镀笔，以免镀液互相污染。下次使用镀笔前，应注意检查电缆线插孔处是否有锈蚀，若有锈蚀，要拆卸清理干净。

石墨阳极长时间使用也会被腐蚀，可用锉刀、刮刀等工具将表面腐蚀刮除。过度腐蚀就要报废。

阳极包套一旦磨穿就要及时更换。换下的棉花一般不能再用，较干净的棉花可用水冲洗，晒干后继续使用。

用过的镀笔长时间不再用时，应将阳极、锁紧螺帽、导电杆、散热器分别拆开，清理干净后分别保管，以备再用。

3. 其他辅助工具

1）转胎

转胎是用来夹持零件转动的设备。为了满足阴极和阳极之间相对运动速度的要求，减小劳动强度，对于轴类零件的电刷镀，它是不可缺少的设备。

2）盛液杯、塑料盘、挤压瓶

盛液杯用来盛装镀液，塑料盘用来回收镀液或废水，挤压瓶用来盛冲洗水或装镀液作为供送镀液的器具。

3）手提式电机、各种小砂轮、油石、刮刀

手提式电机、各种小砂轮、油石、刮刀是用来清理、整形工件的划痕、沟槽、凹坑等缺陷和修整镀层不可缺少的一整套工具。

4）绝缘胶带、塑料布

绝缘胶带和塑料布用来粘贴和遮蔽工件的非镀面，防止污染和腐蚀。

5）剪刀、橡皮筋、针和线

剪刀用于剪棉花和涤棉套，橡皮筋做捆扎包套用，针和线用于缝合包套。

16.4.3 电刷镀技术特点

电刷镀镀层的形成从本质上讲和槽镀相同，都是溶液中的金属离子在阴极(工件)上放电结晶的过程。电刷镀技术在工艺方面有其独特之处，其特点可归纳如下。

(1) 设备简单，不需要镀槽，便于携带，适用于野外及现场修复。尤其对于大型、精密设备的现场不解体修复更具有实用价值。

(2) 工艺简单，操作灵活，不需要镀的部位不要用很多的材料保护。

(3) 操作过程中，阴极与阳极有相对运动，故允许使用较高的电流密度，比槽镀使用的电流密度大几倍到几十倍。

(4) 镀液中金属离子含量高，镀积速度快(比槽镀快 5～10 倍)。

(5) 溶液种类多,应用范围广。已有一百多种不同用途的溶液,适用于各个行业不同的需要。

(6) 溶液性能稳定,使用时不需要化验和调整;无毒,对环境污染小;不燃、不爆,储存、运输方便。

(7) 配有专用除油和除锈的电解溶液,所以表面预处理效果好,镀层质量高,结合强度大。

(8) 有不同型号的镀笔和阳极,对各种不同几何形状及结构复杂的零部件都可修复。某些阳极也可使用可溶性阳极。

(9) 镀后一般不需要机械加工。

(10) 一套设备可在多种材料上刷镀,可以镀几十种镀层。获得复合镀层非常方便,并可用叠层结构得到大厚度镀层。

(11) 镀层厚度的均匀性可以控制,既可均匀镀,也可以不均匀镀。

16.4.4 电刷镀溶液

电刷镀溶液与有槽电镀溶液相比有明显的特点。大多数金属镀液是有机螯合物的水溶液;除了小部分有特殊要求的镀液(金、银)外,其余的镀液都不含有氰化物;镀液中金属离子含量高,沉积速度快;部分溶液的酸性或碱性较强,多数溶液的 pH 为 4～10,其腐蚀性小。酸性镀液比碱性镀液的沉积速度快,但酸性镀液一般不宜直接在组织疏松的材料上起镀;碱性镀液和中性镀液的沉积速度较慢,但是它们的镀覆工艺性能和镀覆层的力学性能较好。

电刷镀溶液质量的好坏直接关系到工件的修复质量。一般,电刷镀所用溶液有以下要求。

(1) 溶液长时间不用时,不应有沉淀、变色、变质发生。

(2) 镀液中金属离子浓度较为恒定。

(3) 镀液利用率高,用过的废液对环境污染少或无污染。

(4) 镀液对人体伤害少或是绿色环保镀液。

电刷镀溶液分为表面预处理溶液、单金属镀液、合金镀液、退镀液和钝化液五大类,共 18 个系 100 多个品种。

1. 表面预处理溶液

用于表面预处理的电刷镀溶液主要有电解除油液(电净液)和对表面电解刻蚀(除锈)的活化液。

1) 电净液

(1) 1 号电净液

1 号电净液为无色透明的碱性水溶液,pH 为 13,冰点为 −10℃,可以长期存放,腐蚀性小。1 号电净液具有较强的去油污能力,并且有轻微的去锈蚀作用,适用于所有金属表面的电解除油。其操作工艺规范如下:工作电压为 8～15 V,相对运动速度为 60～130 mm/s,电源极性正接(高强度钢除外)。

(2) 0 号电净液

0 号电净液是一种与 1 号电净液性能相似的除油溶液。无色透明,pH 为 13,冰点为 −10℃,可长期存放。0 号电净液的除油效果比 1 号电净液要好,尤其适用于铸铁等组织疏松材料。其操作工艺规范如下:工作电压为 8～15 V,相对运动速度为 60～130 mm/s,电源极性正接。

2) 活化液

(1) 1 号活化液

1 号活化液无色透明,呈酸性,pH 为 0.4,冰点为 −15℃,可长期存放。1 号活化液有去除金属表面氧化膜和疲劳层的能力,对基体腐蚀较慢,适用于低碳钢、低碳合金钢及白口铸铁等材料的表面活化处理。其操作工艺规范如下:工作电压为 8～15 V,相对运动速度为 100～160 mm/s,电源极性正接或反接。

(2) 2 号活化液

2 号活化液的 pH 为 0.3,无色透明,冰点为 −17℃,可长期存放。2 号活化液具有较强的去除金属表面氧化膜和疲劳层的能力,对基体腐蚀快,适用于中碳钢、中碳合金钢、高碳钢、高碳合金钢、铝和铝合金、灰口铸铁、镍层及难熔金属的活化处理，也可用于去除金属毛刺和剥蚀镀层。其操作工艺规范如下：工作电压为 6～14 V，相对运动速度为 100～160 mm/s，电源极性反接。

（3）3 号活化液

3 号活化液呈淡绿色，pH 为 4，冰点为 −9℃，可长期存放。3 号活化液对铁素体基体的作用较弱，甚至不起作用，而对碳化物的作用很强。因此，除对铜等少数材料活化时单独使用外，3 号活化液一般与其他活化液（1 号、2 号）配合使用，主要用途是去除中、高碳钢、铸铁等材料经 1 号、2 号活化液活化后表面出现的炭黑层，以提高镀覆层与基体的结合强度。其操作工艺规范如下：工作电压为 10～25 V，相对运动速度为 100～130 mm/s，电源极性反接。

（4）4 号活化液

4 号活化液为无色透明溶液，pH 为 0.2，冰点为 −18℃，可长期存放。4 号活化液腐蚀能力很强，适用于钝化状态的铬、镍钢或者经上述活化液活化后仍难施镀的基体材料的活化处理，也可用于去除金属毛刺和剥蚀旧镀层。其操作工艺规范如下：工作电压为 10～25 V，相对运动速度为 100～160 mm/s，电源极性反接。

2. 单金属镀液

1）镀镍溶液

在表面镀覆技术中，镍是应用最广泛的镀层，尤其在机械零件修复和强化零件表面用得最多。这是因为镍镀层具有优良的物理、化学和力学性能。镍镀层在真空中有很好的化学稳定性，不易变色。镍有很强的钝化能力，能够迅速地生成一层很薄的钝化膜，所以在常温下能很好地抵抗大气、碱和某些酸的腐蚀。例如，镍在有机酸中很稳定，在浓硝酸中处于钝化状态，在硫酸和盐酸中溶解缓慢，但易溶于稀硝酸中。

电刷镀镍层具有较高的硬度，并有较好的塑性。因此，其被广泛应用于要求硬度高、耐磨性好的零件表面。镍还有较好的抗高温氧化性能，在温度高于 600℃时，表面才被氧化。

电刷镀的镍层晶粒细小，具有良好的抛光性能，经抛光可以得到光亮的表面，在大气中可长时间保持光泽性。

（1）特殊镍

特殊镍溶液是一种强酸性镀液，pH 为 1，颜色呈深绿色，有较强的醋酸味。溶液中镍离子含量为 85 g/L，密度 1.23 g/cm^3，镀层硬度 550 HB。

特殊镍与大多数金属基体（铸铁等疏松材料除外）有很高的结合力，镀层致密，耐磨性好。其主要用作在钢、铝、铜、不锈钢、铬、镍等材料上镀底层或中间夹心层，也可用作镀覆耐磨层。当特殊镍用在不锈钢、铬、镍上镀底层时，为使其与基体结合良好，通常在酸性活化后，不用水漂洗而直接镀特殊镍。其操作工艺规范如下：先不通电，用镀笔蘸上溶液将被镀表面擦拭一遍，通电后，先用 18 V 冲击镀一遍被镀表面，然后降至 12 V，相对运动速度为 100～160 mm/s，工件接电源正极。

（2）快速镍

快速镍溶液略呈碱性，pH 为 7.5～7.8，蓝绿色，可嗅到氨水气味，镍离子含量为 53 g/L，密度为 1.5 g/cm^3，镀层硬度为 45～48 HRC。溶液的特点是沉积速度快，镀覆层硬度高，抗磨损，并且耐腐蚀性也较好。可在各种材料上镀覆工作层、恢复尺寸层或镀复合层，更适用于铸铁上镀底层。其操作工艺规范如下：工作电压为 10～15 V，相对运动速度为 130～250 mm/s，电源极性正接。

在电压为 10～15 V、相对运动速度为 130～250 mm/s，电刷镀的快速镍镀层的硬度较高，并具有良好的耐磨性，其硬度和耐磨性指标等于或高于 45 号钢淬火加 180℃回火后的硬度和耐磨性。硬度的峰值出现在 12 V 及 180 mm/s 附近，约为 668 HV。耐磨性的峰值出现在 14 V 及 180 mm/s 附近，约为 45 号钢淬火加 180℃回火后的 1.7 倍。

（3）碱性镍

碱性镍溶液 pH 为 8.5，呈蓝绿色，镍离子含量为 54.4 g/L，镀层硬度为 500 HB。镀液的沉积速度快，有良好的工艺性。镀层组织细密，颜色均匀，应力低，可镀层厚。适用于各种材料上镀尺寸层或工作层。可代替中性镍使用。其操作工艺规范如下：工作电压为 8～14 V，相对运动速度为 130～200 mm/s，电源极性正接。

(4) 中性镍

中性镍溶液呈深绿色，pH 为 7，镍离子含量为 28 g/L，镀层硬度 500 HB。镀液的沉积速度快，有良好的工艺性。镀层组织细密，颜色呈银白色，耐腐蚀性好。可用于修补薄镀层，作铸铁的底层，也可作为铜与酸性镉的交替层。其操作工艺规范如下：工作电压为 10～14 V，相对运动速度为 100～160 mm/s，电源极性正接。

(5) 低应力镍

低应力镍溶液是一种专为沉积厚镀层时提供夹心层而研制的溶液，pH 为 3.5，呈绿色，镍离子含量为 75 g/L，密度为 1.20 g/cm^3，硬度为 350 HB。

使用时先将镀液预热到 50℃，可以得到组织细密、具有压应力或较小拉应力的镀覆层。主要用于复合镀层中的夹心层，也可作为保护镀层。其操作工艺规范如下：工作电压为 8～14 V，相对运动速度为 100～160 mm/s，电源极性正接。

2) 镀铜溶液

铜是玫瑰红色的金属，原子量为 63.54，密度为 8.92 g/cm^3，熔点为 1 083℃。铜溶液有沉积速度快，镀层硬度适中的特点，所以被广泛用作快速恢复尺寸层或镀厚层，也可用来改善导电性、钎焊性或在钢件上镀防渗碳、防渗氮层。

(1) 碱性铜

碱铜溶液呈蓝紫色，pH 为 9.2～9.8，金属铜含量为 62 g/L，密度为 1.14 g/cm^3，镀层硬度为 250 HB。镀液沉积速度快，腐蚀性小，常用作快速恢复尺寸层和填补沟槽；特别适用于铝、铸铁或锌等难镀材料上镀覆；在钢件上镀覆时，应先用特殊镍打底，以便获得更高的结合力。镀层组织细密，厚度在 0.01 mm 时，有良好的防渗碳、防渗氮能力。其操作工艺规范如下：工作电压为 10～14 V，相对运动速度为 100～200 mm/s，电源极性正接。

(2) 高速酸性铜

高速酸性铜溶液呈深蓝色，pH 为 1.5，金属铜含量为 116 g/L，密度为 1.28 g/cm^3，镀层硬度为 300 HB。高速酸性铜溶液有较高的沉积速度，主要用于大厚度快速恢复尺寸，填补凹槽。镀液腐蚀性大，镀前应将邻近的非镀覆表面保护好。镀层平滑致密，比酸性铜镀层硬，容易机械加工。高速铜在大电流密度下镀覆时晶粒易变粗，应保证镀液的连续供给。该溶液不能直接在钢(某些不锈钢除外)及少数贵金属上镀覆，镀前要用镍打底层。在铜基体上镀覆高速酸铜时，应在通电前先用该溶液湿润被镀表面。其操作工艺规范如下：工作电压为 8～14 V，相对运动速度为 160～250 mm/s，电源极性正接。

(3) 高堆积碱铜

高堆积碱铜溶液呈紫色，pH 为 8.5～9.5，金属铜含量为 82 g/L，密度为 1.28 g/cm^3，镀层硬度为 250 HB。镀液有较高的沉积速度，能获得厚镀层，镀层应力小。该镀液无腐蚀性，用途很广泛，主要用于镀覆尺寸层。特别推荐在镉或锡零件上填补凹坑，也可用于印刷电路板的修理。其操作工艺规范如下：工作电压为 8～14 V，相对运动速度为 130～200 mm/s，电源极性正接。

3. 合金镀液

合金镀层是指含两种或两种以上金属的镀层。合金镀层具有单一金属镀层所不能达到的性能，更能满足对金属制品表面提出的更高要求。合金镀层具有优异的理化性能和力学性能，如抗腐蚀、耐高温，较高的硬度和耐磨性，优质的外观和较好的钎焊性等，因此被广泛地用作防护、装饰、耐磨和其他功能性镀层。例如，镍-钨、镍-钴合金镀层，不但硬度高、耐磨损，而且耐高温，可作轴承、活塞、气缸、模具等零件的防护工作层。

1) 镍-钨合金溶液

镍-钨合金溶液呈绿色，pH 为 2～3，含镍 85 g/L，含钨 15%，镀覆层硬度为 750 HB。溶液性能很稳定。镀层硬度高，抗磨损，主要用作耐磨件镀覆工作层，镀覆层厚限制为 0.03～0.07 mm 最好。可作为其他镀层的覆盖层，对较厚的镀层可先镀一层酸性镍或低应力镍，也可以与特殊镍交替镀覆叠镀层，操作时，每层镍-钨合金都要用油石或砂纸打磨光滑，经电净与 1 号活化液处理后，再镀特殊镍。其操作工艺规范如下：工作电压为 10～15 V，相对运动速度为 60～160 mm/s，电源极性正接。

2）镍-钨(D)合金溶液

镍-钨(D)合金溶液呈深绿色，pH 为 1.4～2.4，含镍为 80 g/L，镀覆层硬度为 55 HRC。该溶液有比镍-钨合金更优良的性能，硬度和耐磨性更高；可获得较厚的镀覆层，残余应力小。在高强度钢上镀覆氢脆性很小，在某些难镀金属上镀覆都能得到较好的结合力，主要用于各种零件上镀覆工作层。其操作工艺规范与镍-钨合金溶液相同。

3）镍-钴合金溶液

镍-钴合金溶液呈浅绿色，pH 为 3.2，常温下有酸性气味。镀层沉积速度快，韧性及耐热性好，镀厚能力强，镀层硬度为 50～55 HRC。其操作工艺规范如下：工作电压为 3～8 V，相对运动速度为 160～230 mm/s，电源极性正接。

4. 钝化液与退镀液

钝化液用于镀锌、镀镉和其他一些镀层的镀后处理，目的是在镀层表面形成钝化膜，提高耐蚀性，主要有锌钝化液和镉钝化液等。退镀液用于去除材料表面镀层，主要有镍、铜、镉、铬、铜镍铬、钴铁、焊锡、铅锡退镀液等。

16.4.5 电刷镀工艺

电刷镀一般工艺过程主要包括镀前预处理、镀件刷镀和镀后处理三部分，每个部分又包含几道工序。在操作过程中，每道工序完毕后需立即将镀件冲洗干净。

1. 镀前预处理

1）表面整修

待镀件的表面必须平滑，故镀件表面存在的毛刺、锥度、不圆度和疲劳层，都要用切削机床精工修理，或用砂布、金相砂纸打磨，以获得正确的几何形状和暴露出基体金属的正常组织，一般修整后的镀件表面粗糙度在 5 μm 以下。对于镀件表面的腐蚀凹坑和划伤部位，可用油石、细锉、指状或片段状砂轮进行开槽修形，使腐蚀坑和划痕与基体表面呈圆滑过渡。通常，修形后的凹坑宽度为原腐蚀凹坑宽度的两倍以上。对于狭而深的划伤部位，应适当加宽，使镀笔可以接触沟槽、凹坑底部。

2）表面清理

表面清理是指采用化学及机械的方法对镀件表面的油污、锈斑等进行清理。当镀件表面有大量油污时，先用汽油、煤油、丙酮或乙醇等有机溶剂去除绝大部分油污，然后再用化学脱脂溶液除去残留油污，并用清水洗净。若表面有较厚的锈蚀物，可用砂布打磨、钢丝刷刷除或喷砂处理。对于表面所沾油污和锈斑很少的镀件，不必采用上述处理方法而直接用电净法和活化法清除油污和锈斑。

3）电净处理

电净处理就是槽镀工艺中的电解脱脂。电净时，一般采用正向电流（镀件接负极），对有色金属和对氢脆特别敏感的超高强度钢，采用反向电流（镀件接正极）。电净后的表面应无油迹，对水润湿良好，不挂水珠。

4）活化处理

活化处理用以去除镀件在脱脂后可能形成的氧化膜并使镀件表面受到轻微刻蚀而呈现出金属的结晶组织，确保金属离子能在新鲜的基体表面还原并与基体牢固结合，形成结合强度良好的镀层。活化时，一般采用阳极活化（镀笔接负极）。

2. 镀件刷镀

1）刷镀底层

刷镀层在不同金属上结合强度不同，有些刷镀层不能直接沉积在钢铁上，故针对一些特殊镀种要先刷镀一层底层作为过渡，厚度一般为 0.001～0.01 mm。常用的打底层镀液有以下几种。

(1) 特殊镍或钴镀液。作为一般金属，特别是不锈钢、铬、镍等材料和高熔点金属的打底层，以使基体金属与镀层有良好的结合力。酸性活化后可不经水清洗，在不通电条件下用特殊镀镍液擦拭待镀表面，然后立即刷镀。

(2) 碱铜镀液。碱铜的结合比特殊镍差，但镀液对疏松材料(如铸钢、铸铁)和软金属(如锡、铝等)的腐蚀性比特殊镍小，所以常作为铸钢、铸铁、锡、铝等材料的打底层。

(3) 低氢脆镉镀液。对氢特别敏感的超高强度钢，经阳极电净、阴极活化后，用低氢脆镉作打底层，可以提高镀层与基体的结合强度并避免渗氢的危险。

2) 刷镀工作层

工作层是一种表面最终刷镀层，其作用是满足表面的力学性能、物理性能、化学性能等特殊要求。根据镀层性能的需要选择合适的刷镀溶液，如用于耐磨的表面，工作镀层可以选用镍、镍-钨和钴-钨合金等；对于装饰表面，工作镀层可选用金、银、铬、半光亮镍等；对于要求耐腐蚀的表面，工作镀层可选用镍、锌、镉等。

3. 镀后处理

刷镀完毕要立即进行镀后处理，清除镀件表面的残积物、如水迹、残液痕迹等，采取必要的保护方法，如烘干、打磨、抛光、涂油等，以保证刷镀零件完好。

16.4.6　纳米复合电刷镀技术

纳米复合电刷镀技术利用电刷镀技术在装备维修中的技术优势，把具有特定性能的纳米颗粒加入电刷镀液中获得纳米颗粒弥散分布的复合电刷镀层，提高装备零件表面性能。纳米复合电刷镀技术涉及电化学、材料学、纳米技术、机电一体化等多领域的理论和技术。

纳米复合电刷镀技术的基本原理与普通电刷镀技术相同。纳米颗粒与金属发生共沉积，形成复合电刷镀层。

1. 纳米复合电刷镀技术的特点

纳米复合电刷镀具有普通电刷镀技术的一般特点，又具有不同于普通电刷镀技术的独特特点，这主要表现在电刷镀液、镀层组织和性能等方面。

1) 纳米复合电刷镀溶液

纳米复合电刷镀溶液以常用电刷镀溶液为基液，与纳米不溶性固体颗粒、表面活性剂、分散剂等材料复配而成，对其有如下具体要求。

(1) 溶液中要富含纳米不溶性固体颗粒，其添加比例为 20～50 g/L，纳米不溶性固体颗粒的直径通常为 30～80 nm。

(2) 纳米不溶性固体颗粒在溶液中能均匀悬浮，溶液长时间搁置后，纳米不溶性固体颗粒不团聚、不沉淀。

(3) 溶液具有良好的理化性能。使用普通的电刷镀工艺及工艺装备，就可以完成纳米复合镀，对操作者无更多的技术要求。

(4) 纳米不溶性固体颗粒容易与溶液中的金属离子共沉积，沉积速度不低于普通复合镀。纳米不溶性固体颗粒能在镀层中均匀弥散，不能出现添加纳米不溶性固体颗粒造成镀层性能下降的情况，也不能出现添加纳米不溶性固体颗粒影响镀层厚度的情况。

(5) 溶液无毒、无腐蚀、不燃烧、不爆炸，只要不污染，就可反复使用。

(6) 溶液配制成本不宜高，能配置多种纳米材料的纳米复合镀溶液，尤其要能配制廉价纳米材料的纳米复合镀溶液，以获得性价比高、宜于推广应用的效果。

2) 纳米复合镀溶液的配制工艺过程

首先，根据镀种和对镀层材料的要求选择基质镀液，同时，根据对镀层性能的要求，选择纳米颗粒的种类和粒径，并对其进行预处理。然后，将预处理的纳米颗粒，按一定比例加入基质镀液并进行充分的复合处理，直至将镀液中的纳米颗粒的团聚打开，使其保持在所需的粒径范围，并在镀液中均匀悬浮。最后，对镀液进行性能检测，获得合格的纳米复合镀溶液。纳米复合电刷镀溶液具有如下特点。

(1) 纳米复合镀溶液中纳米不溶性固体颗粒含量高，能均匀悬浮在溶液中，长时间不团聚，不沉淀。

(2) 纳米复合镀溶液仍保持普通复合镀溶

液的优点，无毒性(不含各类氰化物)、无腐蚀、不燃烧、不爆炸，便于储存和运输。

(3) 镀积速度快，容易实现纳米不溶性固体颗粒与溶液中的金属离子共沉积，形成弥散分布的金属基复合镀层。

(4) 不需增添或更换新工艺装备，使用普通复合镀工艺装备及工艺参数，即可获得性能优异的纳米复合镀层。

(5) 复合镀过程中，无须调整溶液金属离子浓度和纳米颗粒含量，当溶液消耗一定量后，只需要适量加入新溶液即可继续使用。

(6) 纳米复合镀溶液性价比高，由纳米复合镀层性能提升获得的效益远远大于溶液因添加纳米颗粒而增加的成本；由纳米复合镀层性能提升而解决的关键技术问题或拓宽应用领域带来的效益，更无法用简单的性价比来衡量。

2. 常用纳米复合电刷镀溶液体系

常用纳米复合电刷镀溶液的基质镀液主要包括镍系、铜系、铁系、钴系等单金属电刷镀溶液及镍钴、镍钨、镍铁、镍磷、镍铁钴、镍铁钨、镍钴磷等二元或三元合金电刷镀溶液。所加入的纳米颗粒可以是以下四大类：①单质金属或非金属元素，如纳米铜、石墨、纳米碳管、纳米金刚石等；②也可以是无机化合物，如金属的氧化物(n-SiO_2、n-Al_2O_3、n-TiO_2、n-ZrO_2)、碳化物(n-TiC、n-SiC、n-WC)、氮化物(n-BN、n-TiN)、硼化物(n-TiB_2)、硫化物(n-MoS_2、n-FeS)等；③还可以是有机化合物，如聚氯乙烯、聚四氟乙烯(PTFE)、尼龙粉等。纳米复合电刷镀溶液体系见表16-15。

表 16-15 纳米复合电刷镀溶液体系

基质金属	纳米不溶性固体颗粒
Ni、Ni基合金	Cu、Al_2O_3、TiO_2、ZrO_2、ThO_2、SiO_2、SiC、B_4C、Cr_3C_2、TiC、WC、BN、MoS_2、金刚石、PTFE
Cu	Al_2O_3、TiO_2、ZrO_2、SiO_2、SiC、ZrC、WC、BN、Cr_2O_3、PTFE
Fe	Cu、Al_2O_3、SiC、B_4C、ZrO_2、WC、PTFE
Co	Al_2O_3、SiC、Cr_3C_2、WC、TaC、ZrB_2、BN、Cr_3B_2、PTFE

3. 纳米复合电刷镀层组织

纳米复合镀层其表面形貌、组织和性能与基质镀液、加入的纳米颗粒以及电刷镀工艺参数的选择有关。下面以n-Al_2O_3/Ni纳米复合电刷镀层为例，介绍纳米复合电刷镀层的表面形貌和组织特征。

与单质金属电刷镀层组织相比较，纳米复合电刷镀层组织更加细小、致密，其镀层表面粗糙度小。图16-27所示为扫描电镜观察的快镍电刷镀层和两种纳米复合电刷镀层的表面形貌。其中，图16-27(a)为快镍电刷镀层，图16-27(b)和(c)分别为镀液中纳米颗粒含量为10 g/L和30 g/L的n-Al_2O_3/Ni复合镀层。可以看出，电刷镀层表面形貌为菜花状，n-Al_2O_3/Ni复合电刷镀层比快镍电刷镀层的表面颗粒细小，表面更光洁。纳米颗粒的添加量也会影响表面形貌。

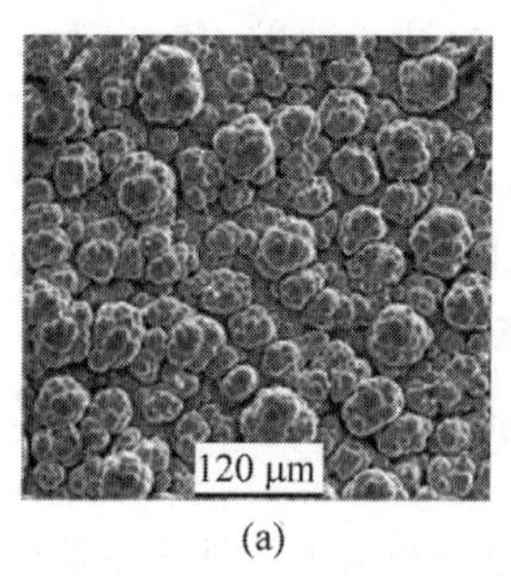

(a)

(b)

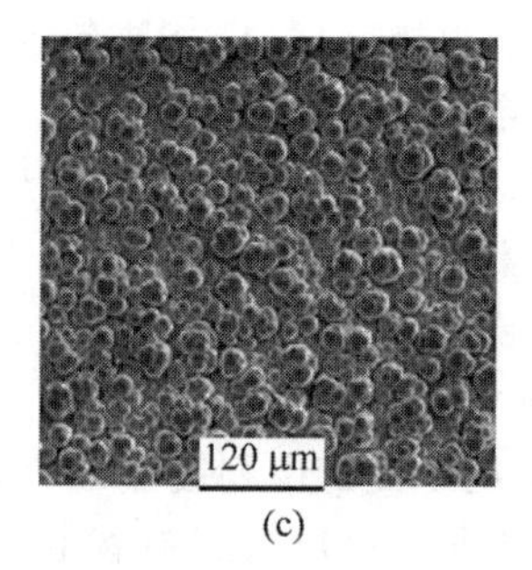

(c)

图 16-27 快镍电刷镀层和两种纳米复合电刷镀层的表面形貌

(a) 快镍电刷镀层表面形貌；(b) n-Al_2O_3/Ni复合电刷镀层表面形貌(镀液中含n-Al_2O_3 10 g/L)；(c) n-Al_2O_3/Ni复合电刷镀层表面形貌(镀液中含n-Al_2O_3 30 g/L)

由 n-Al_2O_3/Ni 复合电刷镀层的微观组织分析发现，其镀层由基质 Ni 金属和大量弥散分布的 n-Al_2O_3 颗粒构成。图 16-28 所示为透射电镜观察的镀液中纳米颗粒（含量为 20 g/L）在 n-Al_2O_3/Ni 复合电刷镀层的分布，其中，图 16-28(a)和(b)为透射电镜明场像，图 16-28(c)为(b)中 A 区域的选区电子衍射花样。图 16-28(a)和(b)中白色箭头所指颗粒及其他灰色颗粒状物为 n-Al_2O_3 颗粒，可以看出，在基质 Ni 中 n-Al_2O_3 颗粒均匀弥散分布，并且 n-Al_2O_3 颗粒与基质 Ni 之间结合紧密，界面处不存在明显缺陷。图 16-28(c)所示为非晶电子衍射花样，说明 n-Al_2O_3/Ni 复合镀层中还含有一些非晶态的镍。

(a)

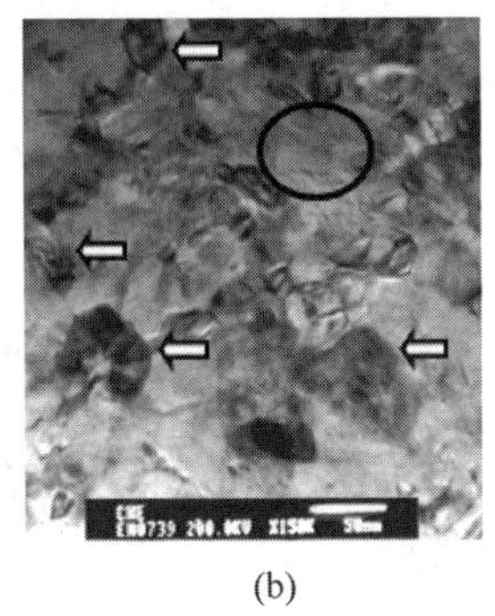
(b)

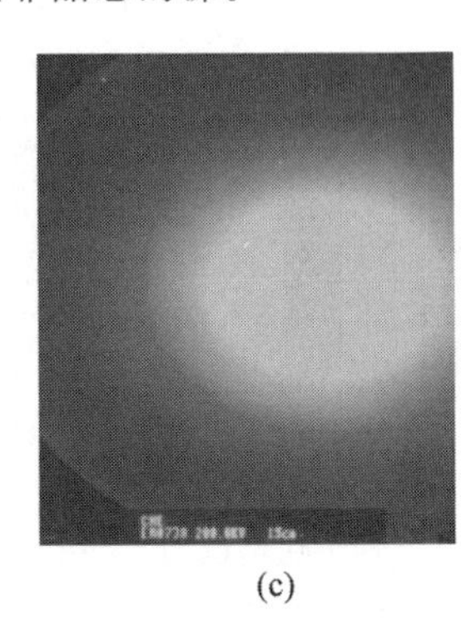
(c)

图 16-28　纳米颗粒在 n-Al_2O_3/Ni 复合电刷镀层的分布

(a) 和(b) 复合电刷镀层的透射电镜明场像；(c) A 区电子衍射花样

4. 纳米复合镀层的性能

纳米复合电刷镀层中存在大量的硬质纳米颗粒，且组织细小致密，因此其硬度、耐磨性、抗疲劳性能、耐高温性能等均比相应的金属电刷镀层好。下面对纳米复合电刷镀层的硬度、结合强度、耐磨性、抗接触疲劳性、耐高温性进行简单介绍。

1) 硬度

硬质纳米颗粒的加入可以显著提高电刷镀层的硬度。图 16-29 所示为 n-Al_2O_3/Ni 复合电刷镀层显微硬度随镀液中纳米颗粒含量变化的曲线。由图 16-29 可以看出，在镀液中，n-Al_2O_3 颗粒含量为 30 g/L 时，n-Al_2O_3/Ni 复合电刷镀层的显微硬度达到极大值，约为快镍电刷镀层的 1.5 倍。纳米颗粒含量优化条件下，几种镍基纳米复合电刷镀层的硬度见表 16-16。

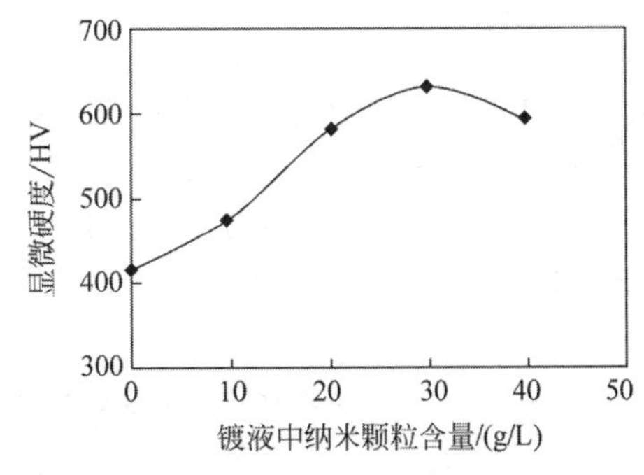

图 16-29　n-Al_2O_3/Ni 复合电镀层显微硬度随镀液中纳米颗粒含量变化的曲线

表 16-16　几种镍基纳米复合电刷镀层的硬度

镀层体系	n-Al_2O_3/Ni	n-TiO_2/Ni	n-SiO_2/Ni	n-ZrO_2/Ni	n-SiC/Ni	n-Dia/Ni(金刚石)
硬度 HV	660～700	580～640	650～690	630～680	600～640	610～650

2) 结合强度

电刷镀工作层以前一般会制备打底层以提高镀层的结合强度。试验测得，纳米复合电刷镀层的结合强度大于普通金属电刷镀层。图 16-30 所示为采用冲击法测试的不同电刷镀层的临界载荷。由图 16-30 可以看出，未打底层的电刷镀层结合强度低；经打底后，电刷镀层的结合强度大幅度提高；复合电刷镀层的结合强度明显大于普通电刷镀层；复合电刷镀层的结合强度还与加入的纳米颗粒种类有关，n-SiC/Ni 复合电刷镀层的结合强度大于 n-Al_2O_3/Ni 纳米复合电刷镀层。

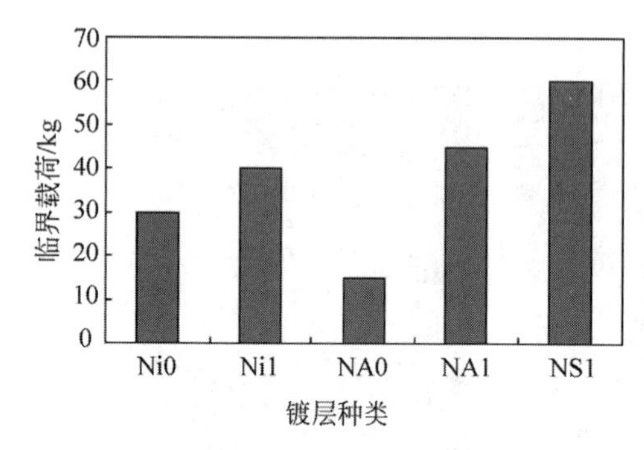

图 16-30 冲击法测试的不同电刷镀层的临界载荷

Ni0 和 Ni1—未经和经过特镍打底的快镍镀层；NA0 和 NA1—未经特殊镍和经过特镍打底的 n-Al_2O_3/Ni 纳米复合镀层；NS1—特镍打底的 n-SiC/Ni 纳米复合镀层

3）耐磨性

纳米复合电刷镀层的耐磨性能是影响复合镀层实用性的重要因素。复合电刷镀层的耐磨性除与电刷镀工艺参数（电压、电流、温度、相对运动速度等）和基质镀液种类有关外，还与所加入纳米颗粒种类及其含量等因素有关。图 16-31 所示为 n-Al_2O_3/Ni 复合电刷镀层的磨损失重与镀液中纳米颗粒含量的关系。磨损失重越小，电刷镀层的耐磨性越好。由图 16-31 可以看出，由于纳米颗粒的加入，复合电刷镀层的耐磨性明显优于快镍刷镀层。在镀液中，n-Al_2O_3 颗粒含量为 20 g/L 时，n-Al_2O_3/Ni 复合电刷镀层的耐磨性最好，比快镍电刷镀层提高约 1.5 倍。以快镍电刷镀层的相对耐磨性为 1，表 16-17 给出了几种镍基纳米复合电刷镀层的相对耐磨性。

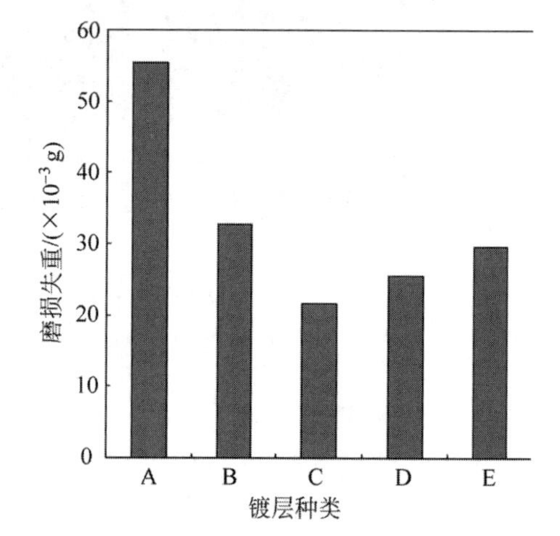

图 16-31 n-Al_2O_3/Ni 复合电刷镀层的磨损失重与镀液中纳米颗粒含量的关系

A—快镍镀层；B～E—镀液中纳米 Al_2O_3 颗粒含量为 10 g/L、20 g/L、30 g/L、40 g/L 时的复合镀层

表 16-17 几种镍基纳米复合电刷镀层的相对耐磨性

镀层体	快镍	n-Al_2O_3/Ni	n-TiO_2/Ni	n-SiO_2/Ni	n-ZrO_2/Ni	n-SiC/Ni	n-Dia/Ni
相对耐磨性	1.0	2.2～2.5	1.9～2.2	2.0～2.4	1.5～2.0	1.6～2.0	1.4～1.8

注：以快镍电刷镀层的相对耐磨性为 1.0。

4）抗接触疲劳性

电刷镀层的抗接触疲劳性能是指其抵抗循环载荷作用破坏的能力，与电刷镀层的硬度、结合强度、内聚强度、应力状态均有密切关系。图 16-32 所示为 n-Al_2O_3/Ni 复合电刷镀层的抗接触疲劳性（载荷 3 000 MPa）随镀液中纳米颗粒含量的关系。纳米颗粒含量为 0 g/L 的电刷镀层是普通快镍镀层。抗接触疲劳特征寿命越长，说明镀层的抗接触疲劳性能越好。可以看出，普通快镍电刷镀层的抗接触疲劳性能较差，其抗接触疲劳特征寿命仅为 10^5 周次，n-Al_2O_3/Ni 复合电刷镀层的抗接触疲劳性能可达 10^6 周次；在 n-Al_2O_3 纳米颗粒含量为 20 g/L 时，n-Al_2O_3/Ni 复合电刷镀层的抗接触疲劳性能最好，其抗接触疲劳特征寿命可达到 2×10^6 周次。此后随着纳米颗粒含量的增加，其抗接触疲劳性能急剧下降。表16-18给出了几种镍基纳米复合电刷镀层的抗接触疲劳特征寿命。

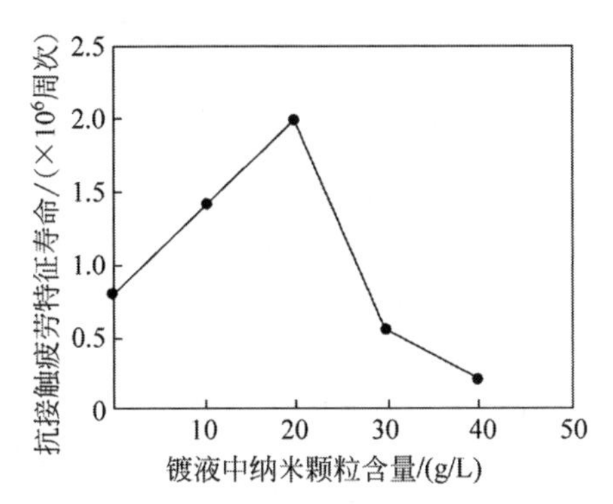

图16-32　n-Al_2O_3/Ni复合电刷镀层的抗接触疲劳性随镀液中纳米颗粒含量变化的曲线

表16-18　几种纳米复合电刷镀层的抗接触疲劳特征寿命（$\times 10^6$ 周次）

刷镀层体系	3 000 MPa 试验载荷	4 000 MPa 试验载荷
快镍	1.20	0.92
n-Al_2O_3/Ni	1.98	1.20
n-SiO_2/Ni	1.48	1.34
n-TiO_2/Ni	1.47	0.94
n-ZrO_2/Ni①	1.55	—

① 镀液中纳米颗粒含量为20 g/L。

一定种类、一定含量的纳米颗粒能有效提高复合电刷镀的抗接触疲劳性能，纳米颗粒对复合电刷镀层抗接触疲劳性能的影响可能存在如下机制：①纳米颗粒的存在使得复合电刷镀层金属组织更加细小致密，其中存在大量晶界，对镀层起到晶界强化作用；②复合电刷镀层中弥散分布着大量纳米颗粒硬质点，对复合电刷镀层起到弥散强化作用。在接触疲劳循环载荷作用下，纳米复合电刷镀层中产生疲劳裂纹，镀层金属中的大量细小晶界和弥散分布的纳米颗粒能有效阻碍疲劳裂纹的扩展，从而提高其抗接触疲劳性。但是，当镀液中纳米颗粒含量很高时，由于电刷镀液分散能力的限制，镀液中可能存在纳米颗粒团聚体，这些团聚的纳米颗粒沉积在复合电刷镀层中很可能引发初始微裂纹，从而导致复合电刷镀层性能下降。有关这些机理的推断，尚无足够的实验证据，仍需进一步深入研究分析。

5）耐高温性

复合电刷镀层中的纳米颗粒可以有效阻碍涂层中的位错运动和微裂纹扩展，因此可在一定程度上对涂层所受载荷起到支撑作用，直接表现为其高温硬度和高温耐磨性等性能的提高。图16-33所示为电刷镀层的硬度随温度变化的曲线，图中曲线表明，n-Al_2O_3/Ni、n-SiC/Ni和n-Dia/Ni（金刚石）三种复合电刷镀层的硬度在各个温度下均高于快镍电刷镀层；快镍电刷镀层的硬度在高于200℃后即快速降低，当温度为250℃时，其硬度仅为250 HV左右。几种复合电刷镀层的硬度直到温度为400℃时，才表现出下降趋势；当温度为500℃时，n-Al_2O_3/Ni复合电刷镀层的硬度仍为450 HV左右。

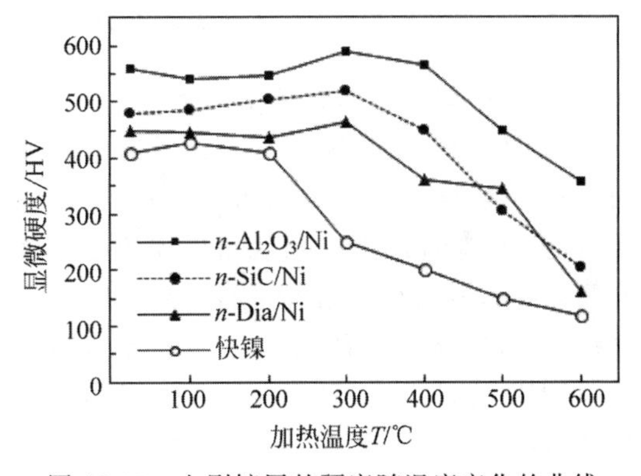

图16-33　电刷镀层的硬度随温度变化的曲线

图16-34所示为快镍电刷镀层和几种纳米复合电刷镀层的磨痕深度随温度变化的曲线。由图16-34可见，纳米复合电刷镀层的磨痕深度小于快镍电刷镀层的磨痕深度。这说明，由于纳米颗粒的加入，提高了纳米复合电刷镀层的高温耐磨性能。400℃时的复合电刷镀层的磨痕深度小于室温和200℃时的磨痕深度，这是由于复合电刷镀层在400℃条件下发生了再强化现象。同时，复合电刷镀层的高温耐磨性能与所用纳米颗粒种类有关。添加不同纳米颗粒的几种复合电刷镀层的耐磨性能由高到低的顺序排列为n-Al_2O_3/Ni、n-SiC/Ni和

n-Dia/Ni(金刚石)。一般,金属电刷镀层只适宜在常温下应用。而纳米复合电刷镀层尤其是纳米 n-Al_2O_3/Ni 复合电刷镀层在 400℃时仍具有较高硬度和良好的耐磨性,可以在400℃条件下工作。

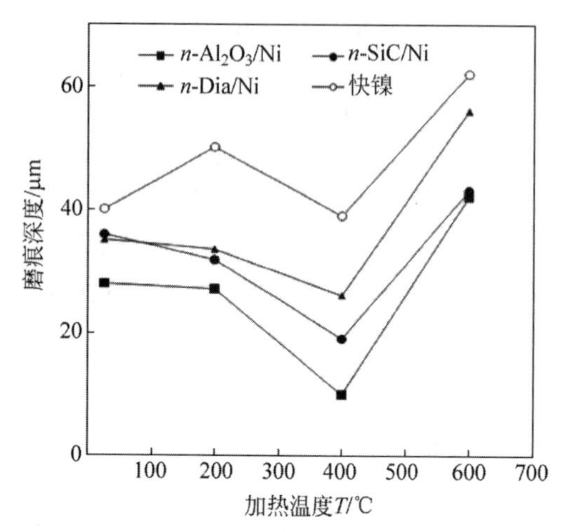

图 16-34　快镍电刷镀层和几种纳米复合电刷镀层的磨痕深度随温度变化的曲线

5. 纳米复合镀层的强化机理

纳米复合电刷镀镀层有着比普通电刷镀镀层和电镀镀层更高的硬度和耐磨性,它的强化机理可以通过采用X射线衍射和透射电镜对几种镍基镀层组织结构进行分析研究。研究结论是,镍基镀层的强化机理是超细晶强化、高密度位错强化、固溶强化和纳米颗粒效应强化。

1) 超细晶强化

用透射电镜对镀层观察,可估算出镀层的晶粒尺寸为0.01~0.07 μm,超细晶粒的获得与刷镀工艺特点密切相关(在电刷镀过程中晶粒尺寸必然会长大,要保持住超细晶结构,尤其是镀层全部保持超细晶结构较为困难)。刷镀时,局部允许比槽镀大几倍到几十倍的电流密度,这种大电流密度使过电位和双电层的电场强度很高,离子在电场中被加速打上去,形成大量的超细晶核。电刷镀工艺中的相对运动也是形成超细晶粒镀层的主要原因之一,相对运动使镀层金属在由形核到长大的完整历程中被人为打断。相对运动实质上是单位面积上电流密度的作用时间,时间的断续造成局部晶粒尚未来得及长大就暂停了连续生长。等下一次单位面积通电时,只能从头开始形核,从而使镀层晶粒细化。另外,镀液是有机络合物的水溶液,金属离子含量高,而且以络合离子的形式存在,络合剂与金属离子形成的络合离子提高了阴极极化作用,这是获得超细晶粒的原因之一。超细晶粒的存在使单位体积内的晶界增多,变形抗力增大,从而使镀层得到强化。

2) 高密度位错强化

位错是金属晶体的一种线缺陷,但是非常高的位错密度反而能收到降低晶体易动性的效果。经测算,电刷镀层的位错密度可达 $10^{11\sim12}$ 根/cm^2,位错密度增大,使镀层的晶体处于一种动态的相对稳定,变形概率减小,镀层得以强化。另外,位错缠绕和微孪晶都是电刷镀过程中高度的不平衡电结晶过程造成的,它们对造成镀层晶体点阵畸变,提高抗变形能力也能起到一定的作用,也是使镀层强化的重要因素。

3) 固溶强化

对于镍-钨合金镀层而言,X射线衍射谱线中得到的仅是单相镍组织,这表明合金元素,如钨、钴等成分已固溶于镍晶格中,形成了间隙固溶体,间隙固溶体也会引起晶体点阵的畸变,故固溶体强化的作用也能对镀层强化起到一定的作用。

4) 纳米颗粒效应强化

纳米不溶性固体颗粒弥散在镀层中,对镀层的强化在多个方面发挥作用。首先,纳米不溶性固体颗粒自身的硬度、强度对镀层起到了整体支撑作用,镀层中的这些硬质点对提高镀层的耐磨极为有利。其次,纳米不溶性固体颗粒,增加了镀层的位错阻力,能有效阻止晶体的滑移,增大了变形抗力,即提高了镀层的强度。最后,纳米不溶性固体颗粒的小尺寸效应,使镀层金属结合的更加牢固,使镀层与基体金属结合的更加紧密,有效提高了镀层的结合强度。当然,纳米颗粒对镀层的强化作用还需进一步深入研究。

6. 纳米复合电刷镀技术应用

纳米复合镀技术不仅是表面处理新技术，也是零件再制造的关键技术，还是制造金属陶瓷材料的新方法。纳米复合镀技术是在电镀、电刷镀、化学镀技术基础上发展起来的新技术，它是纳米技术与传统技术的结合，因此，纳米复合镀技术不仅保持了电镀、电刷镀、化学镀的全部功能，而且还拓宽了传统技术的应用范围，获得更广、更好、更强的应用效果。

1) 提高零件表面的耐磨性

由于纳米陶瓷颗粒弥散分布在镀层基体金属中，形成了金属陶瓷镀层，镀层的耐磨性显著提高。使用纳米复合镀层可以部分代替零件镀硬铬、渗碳、渗氮、相变硬化等工艺。

2) 降低零件表面的摩擦系数

使用具有润滑减摩作用的纳米不溶性固体颗粒制成纳米复合镀溶液，获得的纳米复合减摩镀层，镀层中弥散分布了无数个固体润滑点，能有效降低摩擦副的摩擦系数，起到固体减摩作用，因而也减少了零件表面的磨损，延长了零件使用寿命。

3) 提高零件表面的高温耐磨性

纳米复合镀使用的纳米不溶性固体颗粒多为陶瓷材料，形成的金属陶瓷镀层中的陶瓷相具有优异的耐高温性能。当镀层在较高温度下工作时，陶瓷相能保持优良的高温稳定性，对镀层整体起到支撑作用，有效提高镀层的高温耐磨性。

4) 提高零件表面的抗疲劳性能

许多表面技术获得的涂层能迅速恢复损伤零件的尺寸精度和几何精度，提高零件表面的硬度、耐磨性、防腐性，但都难以承受交变负荷，抗疲劳性能不高。纳米复合镀层有较高的抗疲劳性能，因为纳米复合镀层中无数个纳米不溶性固体颗粒沉积在镀层晶体的缺陷部位，相当于在众多的位错线上打下无数个“限制桩”，这些“限制桩”可有效阻止晶格滑移。另外，位错是晶体中的内应力源，“限制桩”的存在也改善了晶体的应力状况。因此，纳米复合镀层的抗疲劳性能明显高于普通镀层。当然，如果纳米复合镀层中的纳米不溶性固体颗粒没有打破团聚，颗粒尺寸太大或配制镀液时，颗粒表面没有被充分浸润，那么沉积在复合镀层中的这些“限制桩”很可能就是裂纹源，它不仅不能提高镀层的抗疲劳性能，反而会产生相反的结果。

5) 改善有色金属表面的使用性能

许多零件或零件表面使用有色金属制造，主要是为了发挥有色金属导电、导热、减摩、防腐等性能，但有色金属硬度较低，强度较差，造成使用寿命短，易损坏。制备有色金属纳米复合镀层，不仅能保持有色金属固有的各种优良性能，还能改善有色金属的耐磨性、减摩性、防腐性、耐热性。例如，用纳米复合镀处理电器设备的铜触点、银触点，处理各种铅青铜、锡青铜轴瓦等，都可有效改善其使用性能。

6) 实现零件的再制造并提升性能

再制造以废旧零件为毛坯，首先要恢复零件损伤的尺寸精度和几何形状精度。这可先用传统的电镀、电刷镀的方法快速恢复磨损的尺寸，然后使用纳米复合镀技术在尺寸镀层上镀纳米复合镀层作为工作层，以提升零件的表面性能，使其优于新品。这样做不仅充分利用了废旧零件的剩余价值，而且节省了资源，有利于环保。在某些备件紧缺的情况下，这种方法可能是备件的唯一来源。

纳米复合电刷镀是在传统电刷镀基础上发展起来的一项新技术，人们对它的研究还不够深入。无论是在设备、镀液和工艺方面，还是在镀层形成机理、强化机理、纳米作用机理及镀层应用等方面，都有大量工作要做。通过不断深入开发研究，纳米复合电刷镀技术的工艺、理论将更加完善，一个应用前景广阔的纳米复合电刷镀技术必将展示在人们面前。

16.5 堆焊技术

16.5.1 堆焊技术原理

堆焊是利用热源将材料熔覆在零件表面以恢复零件尺寸、提升零件表面耐磨、耐蚀或其他特殊功能的一种表面工程技术。堆焊具有效率高、节省成本、经济性好、可操作性强等优点。同时，堆焊层与基体之间为冶金结合，具有结合强度高的特点，因此越来越多地应用于各个工业部门零件的制造和修复中。

16.5.2 堆焊技术特点及其分类

堆焊技术是熔焊技术的一种，其技术基础与传统的焊接没有本质区别，因此，常用的熔焊方法均可以用于堆焊。自 20 世纪 60 年代，堆焊技术开始兴起，在焊接工作者的不懈努力下，各种各样的堆焊技术方法不断出现并被应用于各行业领域的维修和再制造中。

与其他再制造技术比较，堆焊具有效率高、节省成本、经济性好，可操作性强等优点。但不同堆焊技术方法的材料形式、保护方式及工艺过程都不尽相同，这就造成不同堆焊技术方法的具体特点也不相同，根据其热源形式、焊缝保护方式及堆焊材料形式等，常见堆焊技术方法分类如图 16-35 所示。

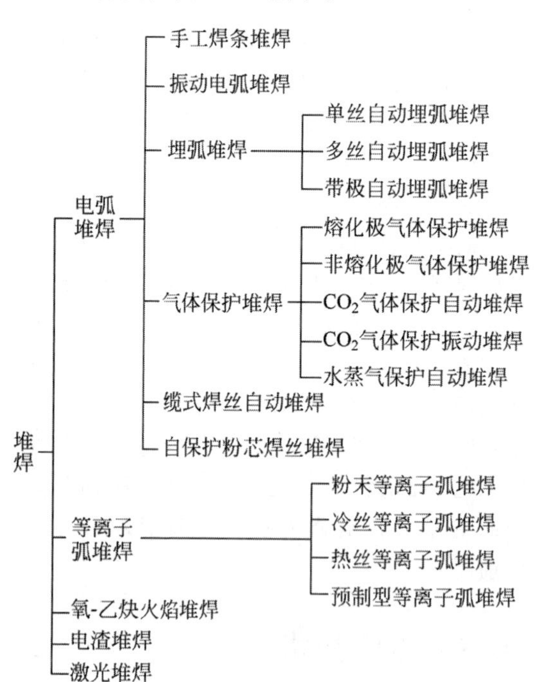

图 16-35 常见堆焊技术方法分类

以下详细介绍并分析几种典型的堆焊方法及其特点。

1. 氧-乙炔焰堆焊

氧-乙炔焰堆焊是利用乙炔燃烧产生的热量熔化材料进行堆焊层制备的一种堆焊技术方法，由于它的火焰温度较低(3 100℃左右)，而且可以调整火焰的能率，可以得到低的稀释率(1%～10%)和薄的堆焊层，堆焊时熔深浅、母材熔化量小。同时，该方法具有设备简单、操作灵活成本较低等优点，所以得到广泛使用。其缺点主要是劳动强度大、生产率低、热影响区大等。

氧-乙炔火焰堆焊方法主要用于小零件的制造和修复工作，如油井钻头牙轮、蒸汽阀门、内燃机阀门及农机具零件的堆焊。

2. 手工焊条电弧堆焊

手工焊条堆焊是采用手工操纵焊条进行堆焊层成形制备的堆焊方法，主要有如下特点。

(1) 设备简单，移动灵活，操作方便，适合现场或野外作业。

(2) 焊接时是明弧，便于焊工操作者观察和操作。

(3) 作业不受堆焊位置及工件表面形状限制，特别是对一些形状不规则和零件的可达性不好的部位进行堆焊尤为合适。

(4) 焊条电弧焊热量集中，通过选择不同的焊条能够获得几乎所有的堆焊合金成分。

(5) 熔深大，稀释率高，可为 15%～25%。

(6) 劳动强度大，生产效率低。

(7) 对工人操作技术要求较高。

手工焊条堆焊的特点决定其主要应用于小型或复杂形状零件及可达性差的部位的小批量堆焊再制造修复，也广泛应用于现场再制造修复工作。

3. 埋弧堆焊

埋弧堆焊是一种电弧在焊剂层下燃烧进行堆焊的技术方法，包含单丝埋弧堆焊、多丝埋弧堆焊、带极埋弧堆焊及电渣堆焊。埋弧堆焊的优点是焊缝质量高，可以实现自动化或半自动化堆焊，劳动条件好，能获得成分均匀的堆焊层，生产效率是现有堆焊技术方法中最高的，常用于轧辊、曲轴、化工容器和核反应堆压力容器衬里等大、中型零部件的堆焊修复。埋弧堆焊的缺点是熔深大、稀释率高，设备灵活性较差。

4. 等离子弧堆焊

等离子弧堆焊主要包含冷/热丝等离子弧堆焊，粉末等离子弧堆焊。等离子弧是压缩的电弧，因此等离子弧的温度很高，不仅能堆焊难熔材料，还能提高堆焊速度，稀释率最低可达5%。等离子弧堆焊具有效率高、材料广泛、低稀释率等优势。但设备比较复杂，成本较高，而且堆焊时有强烈的紫外线辐射及臭氧污染空间，所以堆焊时要做好防护措施。

5. 激光堆焊

激光堆焊是利用高能量密度的激光束作为热源熔化丝材或粉末材料实现堆焊层成形制备的一种堆焊方法。激光堆焊可以采用连续或脉冲激光束来实现。由于激光能量非常集中，堆焊的热影响区很小，堆焊材料种类很广。同时，由于激光堆焊属于非接触式堆焊方法，受空间限制较小，可以进行复杂工件不同部位堆焊。但是，激光设备结构复杂，价格昂贵，造成成本较高。同时，相比其他堆焊方法，激光堆焊的效率较低。因此，激光堆焊目前主要应用于价格昂贵的微、小型精密件堆焊修复。不过，随着大功率、超快激光的问世，以及激光设备价格的不断降低，未来激光堆焊的市场份额会有大幅增长。

6. 钨极氩弧焊堆焊

钨极氩弧焊堆焊是利用钨极与工件间产生电弧作热源将焊丝熔化的堆焊方法，这是一种常用的非熔化极堆焊方法。钨极氩弧焊堆焊比较容易实现机械化和自动化，具有电弧稳定，稀释率低，变形小，飞溅小，堆焊层容易控制，成本较低等优点，适合于质量要求高、形状复杂的小零件上。但这种方法的生产效率相对较低。

钨极氩弧焊堆焊的材料可以是丝状、管状、铸棒状和粉末状材料，通常采用直流正接，可通过摆动焊枪和小电流的方法得到小的稀释率。

7. 熔化极气体保护堆焊

熔化极气体保护堆焊是利用焊丝与工件间产生电弧作热源，同时将焊丝熔化的堆焊方法，保护气体可以是惰性气体氩气，也可以是活性气体。相比钨极氩弧焊堆焊，熔化极气体保护堆焊具有高效率优势，但其电弧稳定性相对较差，飞溅较大。

8. 缆式焊丝堆焊

缆式焊丝堆焊实际上是一种创新型的电弧堆焊，其与传统电弧堆焊的区别在于：传统电弧堆焊材料一般采用单根焊丝或呈一定排列方式的多根焊丝；而缆式焊丝则是由多根药芯或实芯焊丝旋转绞合而成，其中较常见的一种是7根焊丝旋转绞合，由一根丝（称为中心丝）位于中间，其余6根丝（称为外围丝）围绕中心丝绞合，如图16-36所示。

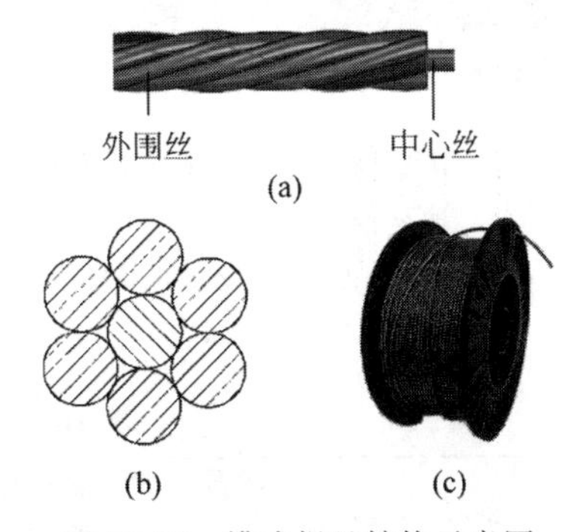

图16-36　缆式焊丝结构示意图

(a) 外围丝和中心丝；(b) 焊丝横截面；(c) 缆式焊丝

虽然在本质原理上缆式焊丝堆焊还是电弧堆焊，但由于缆式焊丝由多根细直径焊丝绞合而成，堆焊过程中，当外围丝不断被机械送进与熔化时，形成围绕中心丝逆绞合方向旋转电弧形态。同时，由于各分丝电弧间产生较强的电磁吸引力，堆焊电弧收缩形成束状电弧形态，传统熔化极气体保护电弧焊（gas metal arc welding，GMAW）与缆式焊丝堆焊电弧形态对比如图16-37所示。与传统的钟状电弧相比，束状电弧散热面积减小，热对流损失较小，弧柱内热量不易散失，热流分布密度更加集中，熔化系数增加，对伸出导电嘴的焊丝具有很好预热作用，因此提高了电弧稳定性和焊丝熔化速度。此外，在旋转电弧作用下，熔池中液体

(a)

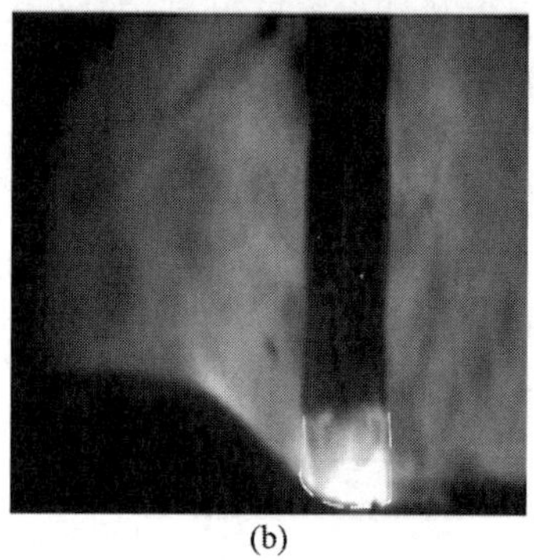

(b)

图 16-37 传统熔化极气体保护焊与缆式焊丝堆焊电弧形态对比
(a) 传统 GMAW 弧焊的钟状电弧；
(b) 缆式丝焊的束状电弧

金属呈旋涡状流动，产生强烈搅拌作用，有助于熔池内气体溢出和合金元素均匀分布及晶粒细化，提高焊缝质量。

缆式焊丝堆焊过程中的束状、旋转电弧特性，使在相同焊接条件下，缆式焊丝气体保护堆焊的热效率与埋弧焊相近。堆焊效率相比单丝气体保护堆焊大幅提高，堆焊成本相对减少。相关研究结果显示，在相同焊接规范下，缆式焊丝气体保护堆焊的熔化速度、熔化系数及每消耗一度电所熔覆的金属比埋弧焊可分别提高约 50%、48%、28%；缆式焊丝气体保护焊焊接接头强度也比埋弧焊接头强度和冲击韧性都有所提高，焊缝中心和熔合线的平均冲击韧性可分别提高 6%、7%。

由于不同堆焊方法的技术特点各不相同，其主要应用领域、范围和对象也不尽相同。堆焊方法选用要考虑以下因素：①保证较低的稀释率；②保证具有较高的生产效率和较为简单的工艺；③应用对象尺寸、复杂程度和批量大小以及材料性质特点；④尽可能低的成本。

常用堆焊技术方法的比较见表 16-19。

表 16-19 常用堆焊方法的比较

堆焊方法		稀释率/%	熔覆效率/(kg/h)	最小堆焊厚度/mm	焊材利用率/%	优点	缺点	应用对象
氧-乙炔焰堆焊	手工送丝	1～10	0.5～1.8	0.8	100	廉价，设备简单便携，操作灵活方便，不需要电源，适宜野外作业	热量分散，热影响区大，生产效率低	小批量中、薄厚度件，如铸铁焊补
	自动送丝		0.5～6.8	0.8	100			
	手工送丝		0.5～1.8	0.2	85～95			
手工焊条电弧堆焊		15～30	约 1(ϕ4)	3.2	65	设备简单，操作灵活，成本低，应用广泛，效率比氧-乙炔焰堆焊大，不受焊接位置及工件表面形状限制，适宜现场修复	生产效率低，劳动强度大，对焊工操作技术要求较高	小批量中小型部件，以及形状不规则和零件的可达性不好的部位

续表

堆焊方法	稀释率/%	熔覆效率/(kg/h)	最小堆焊厚度/mm	焊材利用率/%	优点	缺点	应用对象
钨极氩弧焊堆焊	10～20	约1(ϕ1.2)	约1.3	98～100	温度高,热影响区窄,稀释率低,变形小,电弧稳定,飞溅小,堆焊层容易控制	生产效率相对较低	适合于质量要求高、形状复杂的小零件
熔化极气体保护堆焊	10～40	约5(ϕ1.2)	约2	98～100	可见度好,可半自动或全自动,效率比钨极氩弧焊堆焊高	稀释率受工艺影响大	适合于质量要求较高、形状复杂的小零件
缆式焊丝堆焊					相比同类单丝堆焊技术,生产效率高,热量集中,稀释率小,堆焊层质量高	丝材制备工序相对复杂,成本相对较高	适宜于同类单丝的,缆式焊丝堆焊同样适用
埋弧堆焊 单丝	30～60	4.5～11.3	3.2	95～100	效率高,熔覆保护效果好,熔覆层质量高	应用场合受限制	大中型零部件修复,如轧辊、曲轴等
埋弧堆焊 多丝	15～25	11.3～27.2	4.8	95～100			
埋弧堆焊 串联电弧	10～25	11.3～15.9	4.8	95～100			
埋弧堆焊 单带极	10～20	～15(60×0.5)	3.0	95～100	生产效率极高,熔深较小,熔覆保护效果好,熔覆层质量高		大中型部件防腐蚀,如化工和原子能压力容器不锈钢衬里
埋弧堆焊 多带极	8～15	22～68	4.0	95～100			
等离子弧堆焊 自动送丝	5～10	0.5～6.8	0.25	85～95	弧柱稳定,温度高,热量集中熔深和融合比可控,效率高,零件变形小,易于实现自动化,材料广泛	设备成本高,噪声和紫外线强,产生臭氧污染	大批量相对简单件堆焊修复
等离子弧堆焊 手工送丝		0.5～3.6	2.4	98～100			
等离子弧堆焊 双热丝		13～27	2.4	98～100			
振动电弧堆焊		约1	0.5		熔深浅、堆焊层薄而均匀,工件受热小,成本低	生产效率低,堆焊层耐磨性、抗疲劳性较低	直径较小要求变形小的旋转体零件

续表

堆焊方法	稀释率/%	熔覆效率/(kg/h)	最小堆焊厚度/mm	焊材利用率/%	优点	缺点	应用对象
电渣堆焊	10～15	10～16	3	95～100	相比埋弧堆焊，熔覆效率提高(约50%)，焊剂消耗减少，堆焊层质量更高	热输入相对较大	厚壁，大面积工件
激光堆焊	约5	1～3	0.05	85～95	热量极为集中，稀释率极小，热影响区和变形小，熔覆层质量高，易于实现自动化，材料广泛	设备复杂昂贵，成本高	微、小型精密件

16.5.3 堆焊材料及其特点

堆焊过程中所用材料从功能上大体可以分为两类：填充材料和辅助材料。填充材料是熔化覆盖在工件表面来实现工件尺寸恢复及表面性能/功能恢复或提升的材料，如焊条的焊芯、实芯焊丝等；辅助材料是堆焊时能够熔化形成熔渣和(或)气体，对熔化金属起保护和冶金物理化学作用的物质，包括埋弧焊焊剂、焊条药皮，以及药芯焊丝中的造渣造气成分等。

另外，从物质形态上，堆焊材料主要有三类：焊条、焊丝和堆焊粉末(颗粒)材料。不论是焊条、焊丝，还是堆焊粉末(颗粒)材料，根据其性能特点，以及应用领域、对象等都可以进行详细分类。

1. 堆焊焊条种类及其特点

焊条实际上是涂有药皮的供焊条电弧焊使用的熔化电极，它是由药皮和焊芯两部分组成的。根据不同情况，堆焊焊条有三种分类方法：按焊条用途分类、按药皮的主要化学成分分类、按药皮熔化后熔渣的特性分类。

1) 按焊条用途分类

按焊条用途分类，我国现行的焊条主要有两种表达形式，一种是根据原机械工业部编制的《焊接材料产品样本》，将其分为十种商业牌号类型：结构钢焊条、耐热钢焊条、不锈钢焊条、堆焊焊条、低温钢焊条、铸铁焊条、镍及镍合金焊条、铜及铜合金焊条、铝及铝合金焊条及特殊用途焊条。另一种是根据国家标准规定将其分为八种型号类型：碳钢焊条、低合金焊条、不锈钢焊条、堆焊焊条、铸铁焊条、铜及铜合金焊条、铝及铝合金焊条、镍和镍合金焊条。

2) 按药皮的主要化学成分分类

如果按照焊条药皮的主要化学成分来分类，可以将电焊条分为氧化钛型焊条、氧化钛钙型焊条、钛铁矿型焊条、氧化铁型焊条、纤维素型焊条、低氢型焊条、石墨型焊条及盐基型焊条。

3) 按药皮熔化后熔渣的特性分类

这种分类方法主要是根据焊接熔渣的碱度，即按熔渣中碱性氧化物与酸性氧化物的比例来划分。按这种分类方法，可将电焊条分为酸性焊条和碱性焊条。

(1) 酸性焊条

酸性焊条药皮的主要成分为酸性氧化物，如二氧化硅、二氧化钛、三氧化二铁及一定数量的碳酸盐等。酸性焊条熔渣氧化性强，熔渣碱度系数小于1，具有工艺性好，电弧稳定，可交、直流电两用，飞溅小，熔渣流动性好，熔渣多呈玻璃状，较疏松，脱渣性能好，焊缝外表美观等优点。但酸性焊条的氧化性较强，焊缝金属中的氧含量较高，合金元素烧损较多，合金过渡系数较小，熔覆金属中含氢量也较高，因而焊缝金属塑性和韧性较低。该类型焊条一般用于焊接低碳钢和不太重要的钢结构。

(2) 碱性焊条

碱性焊条药皮的主要成分为碱性氧化物(造渣物)，如大理石、萤石等，并含有一定数量的脱氧剂和渗合金剂。碱性焊条主要靠碳酸盐(如 $CaCO_3$ 等)分解出 CO_2 作为保护气体，弧柱气氛中的氢分压较低，而且萤石中的氟化钙在高温时与氢结合成氟化氢(HF)，降低了焊缝中的含氢量，故碱性焊条又称为低氢型焊条。碱性渣中 CaO 数量多，熔渣脱硫的能力强，熔覆金属的抗热裂纹的能力较强。另外，碱性焊条由于焊缝金属中氧和氢含量低，合金元素烧损少，非金属夹杂物也较少，具有较高的塑性和冲击韧性。不过，碱性焊条由于药皮中含有较多的萤石，电弧稳定性差，一般多采用直流反接，只有当药皮中含有较多量的稳弧剂时，才可以交、直流电两用。碱性焊条一般用于合金钢和较重要的碳钢结构件，如承受动载荷或刚性较大的结构。

在实际工程应用中，堆焊工件的使用条件是很复杂的，因此，堆焊时合理选择适应工件使用条件，正确选择相应型号堆焊焊条，具有很重要的实际意义。焊条型号命名规则及其表征含义请查询相关国家标准。表16-20为不同类型焊条国家标准对照表。

表16-20 不同类型焊条国家标准对照表

焊条类型	国家标准
不锈钢焊条	《不锈钢焊条》(GB/T 983—2012)
铸铁焊条与焊丝	《铸铁焊条与焊丝》(GB/T 10044—2006)
非合金钢及细晶粒钢焊条	《非合金钢及细晶粒钢焊条》(GB/T 5117—2012)
铝及铝合金焊条	《铝及铝合金焊条》(GB/T 3669—2001)
镍及镍合金焊条	《镍及镍合金焊条》(GB/T 13814—2008)
堆焊焊条	《堆焊焊条》(GB/T 984—2001)
热强钢焊条	《热强钢焊条》(GB/T 5118—2012)
高强钢焊条	《高强钢焊条》(GB/T 32533—2016)
铜及铜合金焊条	《铜及铜合金焊条》(GB/T 3670—2021)

2. 堆焊焊丝材料种类及其特点

焊丝是作为填充金属或同时作为导电用的金属丝堆焊材料。焊丝的应用常对应于自动化堆焊技术，因此，焊丝的制备能力和水平及市场份额也可以在一定程度上反映一个国家的焊接(堆焊)发展水平。焊丝的种类很多，可以按形态、制备方法、性能特点及应用领域对象等进行分类。

1) 按形态分类

从形态上，焊丝可以分为实芯焊丝和药芯焊丝两大类，然后再细分成不同堆焊方法所用焊丝，如图16-38所示。实芯焊丝从制备方法上看，又可分为轧制类焊丝和铸造类焊丝。市面上的大多数实芯焊丝为轧制类焊丝，只有少数钴铬钨合金，由于不能锻、轧和拔丝，只能采用铸造方式制备。此外，铸铁焊丝有时也采用铸造方式制备。

2) 按用途分类

从用途上，堆焊焊丝大致可以分为热强钢药芯焊丝、埋弧焊用热强钢实心焊丝、熔化极气体保护电弧焊用非合金钢及细晶粒钢实心焊丝、不锈钢焊丝和有色金属焊丝如铜及铜合金焊丝、铝及铝合金焊丝、镍及镍合金焊丝等，不同用途类型的焊丝型号和牌号的命名规则也不尽相同，如熔化极气体保护电弧焊用非合金钢及细晶粒钢实心焊丝型号由五部分组成，表示方法为 G××××，其中第一部分字母“G”表示熔化极气体保护电弧焊用实芯焊丝；第二部分表示在焊态、焊后热处理条件下熔覆

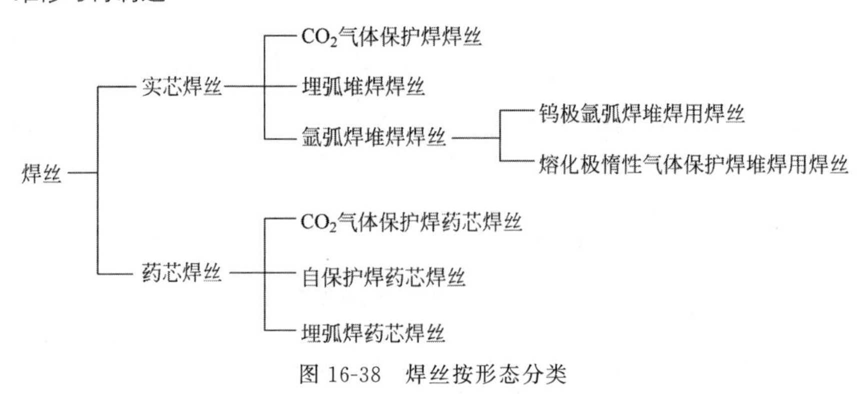

图 16-38 焊丝按形态分类

金属的抗拉强度代号；第三部分表示冲击吸收能量不小于 27J 时的试验温度代号；第四部分表示保护气体类型代号；第五部分表示焊丝化学成分分类。铜及铜合金焊丝型号由三部分组成，表示方法为 SCu××，第一部分字母"SCu"表示铜及铜合金焊丝；第二部分为四位数字，表示焊丝型号；第三部分为可选部分，表示化学成分代号。具体的焊丝型号可以查询相关的国家标准。表 16-21 为不同类型焊丝的国家标准对照表。

表 16-21 不同类型焊丝的国家标准对照表

焊丝类型	国家标准
热强钢药芯焊丝	《热强钢药芯焊丝》(GB/T 17493—2018)
不锈钢焊丝和焊带	《不锈钢焊丝和焊带》(GB/T 29713—2013)
熔化极气体保护电弧焊用非合金钢及细晶粒钢实心焊丝	《熔化极气体保护电弧焊用非合金钢及细晶粒钢实心焊丝》(GB/T 8110—2020)
铝及铝合金焊丝	《铝及铝合金焊丝》(GB/T 10858—2008)
镍及镍合金焊丝	《镍及镍合金焊丝》(GB/T 15620—2008)
熔化极气体保护电弧焊用非合金钢及细晶粒钢实心焊丝、药芯焊丝和焊丝-焊剂组合分类要求	《熔化极气体保护电弧焊用非合金钢及细晶粒钢实心焊丝、药芯焊丝和焊丝-焊剂组合分类要求》(GB/T 5293—2018)
埋弧焊用热强钢实心焊丝、药芯焊丝和焊丝-焊剂组合分类要求	《埋弧焊用热强钢实心焊丝、药芯焊丝和焊丝-焊剂组合分类要求》(GB/T 12470—2018)
埋弧焊用高强钢实心焊丝、药芯焊丝和焊丝-焊剂组合分类要求	《埋弧焊用高强钢实心焊丝、药芯焊丝和焊丝-焊剂组合分类要求》(GB/T 36034—2018)
非合金钢及细晶粒钢药芯焊丝	《非合金钢及细晶粒钢药芯焊丝》(GB/T 10045—2018)
高强钢药芯焊丝	《高强钢药芯焊丝》(GB/T 36233—2018)
不锈钢药芯焊丝	《不锈钢药芯焊丝》(GB/T 17853—2018)
铜及铜合金焊丝	《铜及铜合金焊丝》(GB/T 9460—2008)
钛及钛合金焊丝	《钛及钛合金焊丝》(GB/T 30562—2014)
铸铁焊条及焊丝	《铸铁焊条及焊丝》(GB/T 10044—2006)

3. 堆焊焊剂分类及其特点

焊剂的定义很广泛，包括熔盐、有机物、活性气体、金属蒸气等，堆焊焊剂主要是指由大理石、石英、萤石等矿石和钛白粉、纤维素等化学物质组成的，用来起保护焊缝、提高熔融堆焊材料润湿性，以及调节焊缝成分与性能作用的所有物质。堆焊焊剂主要用于埋弧堆焊和电渣堆焊。

焊剂的分类方法很多，有按用途、制造方法、化学成分、焊接冶金性能等分类，也有按焊剂的酸碱度、焊剂的颗粒度分类。按焊剂的使用用途，可将焊剂分为埋弧焊焊剂、堆焊焊剂和电渣焊焊剂；按所焊材料的种类，可分为低碳钢用焊剂、热强钢用焊剂、不锈钢用焊剂、镍及镍合金用焊剂、钛及钛合金焊剂等。

根据焊剂氧化性的强弱，焊剂可以分为氧化性焊剂、弱氧化性焊剂和惰性焊剂三种类型。氧化性焊剂主要是含有大量 SiO_2、MnO 焊剂，或是含有 FeO 较多的焊剂，对焊缝金属有较强的氧化作用。弱氧化性焊剂含 SiO_2、MnO，FeO 较少，焊剂对焊缝金属有较弱的氧化作用，焊缝金属含量较低。惰性焊剂由 Al_2O_3、CaO、MgO 等组成，基本不含 SiO_2、MnO、FeO 等氧化物，对焊缝金属也基本没有氧化作用。

焊剂分类如图 16-39 所示。焊剂使用时，必须与相应的焊丝合理配合才能获得高质量焊缝和满意的堆焊效果。因此，焊剂型号的命名往往会包含相应焊丝牌号信息。不同类型的焊剂的型号命名规则不尽相同，具体可查阅参考相应的国家标准，如《埋弧焊用非合金钢及细晶粒钢实心焊丝、药芯焊丝和焊丝-焊剂组合分类要求》(GB/T 5293—2018)《埋弧焊用热强钢实心焊丝、药芯焊丝和焊丝-焊剂组合分类要求》(GB/T 12470—2018)和《不锈钢和低碳钢 A-TIG 焊活性剂》(JB/T 11084—2011)等。

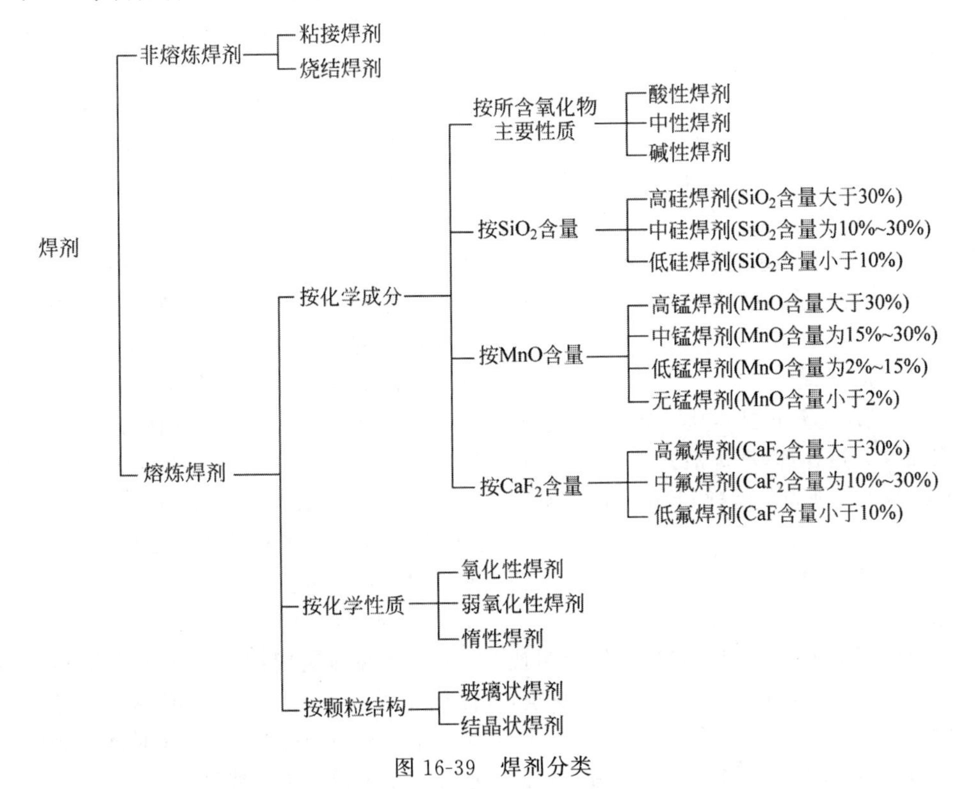

图 16-39　焊剂分类

16.5.4　堆焊工艺流程

堆焊工艺流程是指从领受堆焊再制造修复任务到堆焊后热处理和机加工并最终得到满足延寿性能指标要求的再制造修复件的整个工艺过程，大致可以分为堆焊前处理、堆焊再制造修复、堆焊后处理三个阶段。

1. 堆焊前处理

堆焊前处理主要包括堆焊再制造修复整体方案的制订、待修复面预处理、堆焊技术方法和堆焊材料选定、堆焊材料预处理，以及堆焊再制造修复辅助器材、工具以及防护工装的准备等工作。

待修复面预处理主要包括清除待堆焊修复部位表面的油污、铁锈和油漆等，去除待堆焊修复工件表面疲劳层、表面裂纹，以及根据需要对待修复件进行堆焊前的预热处理等工作。

堆焊技术方法和堆焊材料选定主要是考虑堆焊件自身特点如体积大小、复杂程度、精度等，同时考虑批量大小、劳动强度、经济成本等因素，据此来确定具体采用哪种堆焊方法和材料进行零部件的堆焊再制造修复。

堆焊材料的预处理主要是堆焊前对焊条或焊剂的烘干和保温处理。烘干温度一般为150～400℃，烘干时间为1～2 h，具体烘干温度和时间可参阅堆焊材料烘干规范。堆焊材料烘干后一般放置在100℃左右保温炉中保温待用。

2. 堆焊再制造修复

堆焊再制造修复阶段的主要功能是依据制订的修复方案，采用合适的堆焊方法和堆焊材料实现待修复零部件的尺寸恢复和性能恢复或提升。对于一些大型零部件，尤其是对表面硬度要求较高的大型零部件，在堆焊过程中根据需要会进行同步加热处理，或回炉热处理和机加工处理，以减小或消除堆焊再制造过程中的残余应力，防止裂纹及夹杂、气孔等缺陷的生成。

3. 堆焊后处理

堆焊后处理主要包括堆焊后的回火、渗碳(氮)、表面淬火热处理，堆焊后的质量检查，以及最终的插销、刨削、铣削、磨削等机加工处理。

(1) 热处理的主要作用是消除应力、提高表面硬度。

(2) 堆焊后的质量检查是采用无损检测技术手段检测堆焊层是否有裂纹、气孔的缺陷，确保堆焊层质量。

(3) 最终机加工的功能是恢复再制造零部件的最终尺寸并保证其精度。

16.5.5 典型堆焊维修与再制造工程应用

1. 焊条电弧堆焊工程应用

高压阀门门柄是高温高压装置的重要部件，门柄的工况条件差，长期受水和蒸汽的侵蚀。因此，长期使用造成的磨损会对电厂的安全运行造成影响，需要进行及时再制造修复。

考虑高压阀门门柄的结构特点、经济性及施工的灵活性等因素，决定采用焊条电弧堆焊对高压阀门门柄进行堆焊修复。

1) 堆焊前准备

(1) 焊条的选择。根据高压阀门门柄的工作情况不同，选用的堆焊材料也不尽相同。对于介质温度在450℃以下的阀门，可采用EDOM-B-15(D277)焊条；对于介质温度低于600℃的高温高压阀门，选用EDCrNi-B-15(D277)、EDCrNi-C-15(D577)焊条；对于介质温度在650℃以下的阀门，选用D817焊条。

(2) 堆焊前焊条进行250～300℃、1～1.5 h的烘干处理，并放置于保温炉中待用。

(3) 辅助工具和防护工装准备。堆焊前所需准备的辅助工具包括砂轮、尖锤、钢丝刷、平锤、扁錾，以及钢丝钳、螺丝刀、扳手等。砂轮、尖锤、钢丝刷、平锤、扁錾主要是堆焊过程中清理堆焊修复部位的熔渣、铁锈、氧化皮和锤击焊缝用；钢丝钳、螺丝刀、扳手等主要是方便及时处理堆焊设备出现意外故障。防护工装主要是面罩和防护手套、防护裙和工作服，以便保护眼睛和面部及身体各部位不受弧光的直接辐射与飞出的火星和飞溅物的伤害。

(4) 堆焊面的清理。将堆焊部位及附近10～15 mm范围内的铁锈、油污等杂质清理干净，使基体露出金属光泽。必要时，也可采用砂轮对堆焊面进行打磨处理。

2) 堆焊再制造修复

考虑高压阀门服役工况及高压阀门门柄材料特性等因素，采用"预热—打底层—堆焊—堆焊后热处理"工艺流程对高压阀门门柄进行焊条堆焊再制造修复。

对于介质温度在450℃以下的阀门，堆焊部位预热温度不低于300℃；对于介质温度低于600℃的高温高压阀门，预热温度为450℃；对于介质温度在650℃以下的阀门，预热温度为500～600℃。

堆焊过程保持在预热温度下进行，首先采用小电流、窄焊道、短弧焊方式进行打底，然后大电流进行施焊。同时，由堆焊工艺参数大致确定堆焊层厚及恢复工件尺寸所需堆焊层数，当尺寸满足设计要求时，停止堆焊。

3) 堆焊后处理

堆焊完成后，对于介质温度在450℃以下的阀门，先进行750～780℃退火，加工后经950～1 000℃加热，然后空冷或油冷，重新淬火；对于介质温度低于600℃的高温高压阀门，堆焊后采取缓冷措施，硬度不大于40 HRC；对于介质温度在650℃以下的阀门，回火温度为600～700℃，保温1 h后缓冷。

热处理完成后采用无损检测手段对再制造修复件进行检查，确认无裂纹后进行机加工达到尺寸要求和精度要求后再进行着色检查，合格后交付使用。

2. 熔化极气体保护堆焊工程应用

万向轴辊端轴套是钢材热轧生产线上的重要连接件，其材质为42CrMo(或35CrMo、34CrNi3Mo)中碳调质钢，质量约为6 t。辊端轴套扁方面在服役过程中受反复挤压作用常出现压溃和磨损失效问题。为此，企业通过科研攻关，研发出轴套修复用药芯焊丝，并考虑劳动强度、经济成本等因素，采用熔化极气体保护堆焊方法对辊端轴套进行了再制造修复，取得了满意的效果。

1) 堆焊前准备

堆焊前需准备设备及工具主要包括直流堆焊焊机系统1套(保护气为80%Ar+ 20% CO_2 保护气体)、自动堆焊机械手及轴套堆焊所需放置及吊装装置、毛刷1个、榔头1个、便携式测温装置、若干金属清洗液、若干酒精、若干丙酮、砂纸若干张、石棉覆盖保温材料、防护面罩、防护服、防护手套、插线板、手钳及堆焊过程中可能需要的维修工具。

根据轴套扁方面失效情况，采用插削机加方法去除疲劳层。对轴套进行350℃保温、8 h预热处理。同时，进行轴套堆焊再制造路径规划。对于强度要求低的，打底用堆焊材料可选用ER50-6实芯焊丝；对于强度要求较高的，选用ER80-G实芯焊丝，轴套堆焊再制造用研发的专用药芯丝材。

2) 堆焊再制造修复

(1) 根据工厂实际情况，堆积按图16-40所示分两部分进行，先堆积左半部分，完成后调整轴套工件位置再进行右半部分堆积。

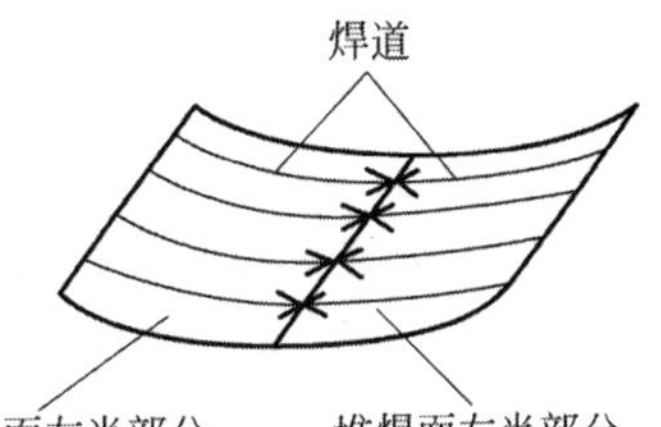

图16-40　轴套待修复面堆积方式示意图

(2) 采用打底焊丝堆积一层后，调换药芯丝材并调节工艺参数进行堆焊。打底焊主要工艺参数(焊丝直径为1.2 mm)如下：电压为22～28 V，电流为220～260 A，堆焊速度为30～40 cm/min，气体流量为15～25 L/min。药芯焊丝堆焊主要工艺参数(焊丝直径为1.6 mm)如下：电压为24.2～25 V，电流为240 A，堆焊速度为50 cm/min，气体流量为10 L/min。换丝过程中同步进行堆焊层表面清理工作。

(3) 堆焊过程中采用加热带对轴套进行同步加热，保持轴套基体温度不低于200℃。同时，堆焊过程中每隔10～15 min用焊枪清理一次，并同步采用榔头沿焊道对所堆积部分进行锤击消除应力，采用毛刷等工具对堆焊层表面进行清理。

(4) 左半部分完全堆积完成后，对轴套进行回炉回火处理，回火工艺为500℃保温8 h。

(5) 回火热处理保温8 h后，待轴套温度随炉降低到350℃时，按左半部分堆积方式重复进行右半部分堆积。

3) 堆焊后处理

轴套堆焊完成后，进行回火处理，回火工艺为500℃、保温8 h。回火处理完成后采用无损检测手段对再制造修复件进行检查，确认无裂纹后进行机加工。最后，采用中频感应淬火对堆焊表面进行淬火处理，淬火完成后进行200℃回火处理。

3. 埋弧堆焊工程应用

国产斯太尔汽车WD615发动机曲轴大多采用45钢制造。在轴颈圆度或圆柱度超过

0.05 mm或轴颈直径小于允许尺寸时分别采用“减级必氮化”和埋弧堆焊后进行渗氮处理的方法进行再制造修复。

1) 堆焊前准备

(1) 检验曲轴，测量并记录各轴颈尺寸。曲轴表面及油孔内应无残留油脂，曲轴磨削后的直线度应为±0.05 mm，圆角处应无裂纹和台阶。

(2) 用炭精棒或石墨堵塞油孔。

(3) 选择焊剂，最好用锰、硅含量高的HJ431，其颗粒直径不小于0.5 mm。为满足堆焊层碳含量要求，可在焊剂中加质量分数为1%的石墨粉，并用水玻璃将石墨粉粘在焊剂上(焊剂的颗粒在加入石墨粉前要进行筛选，加入石墨粉后要进行烘干)。

(4) 焊丝直径1.6 mm，清洗除油后绕在绕丝盘上。

(5) 预热曲轴，使曲轴温度达到300℃。在将曲轴安装到堆焊台上后，可用氧-乙炔火焰加热以防止曲轴温度降低。

2) 曲轴埋弧堆焊工艺流程

堆焊工艺参数如下：电压为21～23 V，电流为150～190 A，堆焊速度为46～56 cm/min，送丝速度为2.1～2.3 m/min，堆焊螺距为3.6～4.0 mm，焊丝伸出长度为10～12 mm，焊嘴偏置量为2～5 mm。堆焊时，由轴颈中部向两边圆角堆焊，在圆角堆焊结束后将电弧拉离圆角，这样可以使起焊和停焊均处在轴颈应力较小的部位。一次堆焊层厚度为3～5 mm。当轴颈需要堆焊2～3次时，可以连续堆焊，但要保证每次堆焊后，堆焊层的表面平整，必要时进行加工处理。

3) 堆焊后处理

曲轴堆焊后处理工作主要包括回火热处理、堆焊层组织和表面硬度检测分析、曲轴直线度检测、油孔钻通、车削和磨削机加工及渗氮处理等。

回火热处理工艺为300℃炉中保温2 h热处理，再随炉冷却。堆焊层表面硬度应为35 HRC，理想组织为均匀细小的回火索氏体，曲轴直线度公差应为-0.05～+0.05 mm。

油孔钻通后，对曲轴进行机加工处理，先车削主轴颈，然后车削连杆轴颈。车削时要注意留出0.6～0.8 mm的磨削量，以便车削结束后再磨削曲轴轴颈。同时，在车削和磨削曲轴轴颈的过程中要仔细观察堆焊表面有无裂纹，磨削结束后还要对曲轴进行探伤检验，尤其不允许轴颈圆角处有裂纹。另外，曲轴轴颈加工后的尺寸不能达到轴颈公差范围的极限值，要留一定范围给渗氮处理，否则将不能对曲轴进行渗氮处理。最后，对曲轴进行渗氮处理，并检验符合相关技术要求后交付使用。

对一批采用该方法再制造修复的曲轴进行实车检验，结果显示：汽车行驶里程最长的达到11×10^4 km，最短的也超过6×10^4 km，未出现过主轴瓦或连杆轴瓦产生异响、拉瓦或抱轴的事故。上述结果表明所采用的曲轴埋弧堆焊修复工艺能延长WD615柴油发动机曲轴的使用寿命，再制造经济效益显著。

4. 激光堆焊工程应用

链轮是煤炭行业刮板输送机传动系统的核心构件，材质为40CrNiMoA钢。链轮服役工况恶劣，长期承受交变载荷的冲击，常存在链窝磨损严重导致链轮失效报废问题，导致整个刮板输送机停工，严重影响井下煤炭开采工作。由于激光堆焊热量集中，热影响区小，可以最大限度减少链轮变形。同时，激光堆焊表面质量、精度高，不需后期加工，一次成形，而且整个过程由计算机控制，可靠性强。为此，企业采用激光堆焊技术对其进行再制造修复，取得了满意的效果。

1) 堆焊前准备

由于链轮对表面硬度及耐磨性要求较高，堆焊材料选择为Ni625+铁基复合金属粉末。使用前对堆焊粉末材料进行100℃烘干处理。同时准备石棉布、火焰枪、激光护目镜、砂轮打磨机等辅助工具和器材以备堆焊过程中使用。

2) 堆焊再制造修复

堆焊再制造修复工艺流程具体如下。

(1) 打磨：将废旧链轮装夹在回转工作台，对待修复链窝表面及周边进行打磨处理，清除锈迹等污物，直至露出金属光泽。

(2) 扫描反求：通过六自由度机器人夹持高精度激光扫描仪，获取待修复链窝轮廓数据，与机械手运动数据相耦合，形成链窝整体点云数据，通过去除冗余数据点并对稀疏数据插补，构建拓扑结构的三角形网格模型。

(3) 数模比对：将扫描链窝模型与新链轮链窝数模进行对比，获得偏差部位和偏差量，根据评估偏差结果，获得待修复链窝磨损部分的三角网格模型。

(4) 路径规划：采用自主开发的模型分层切片软件对修复链窝磨损部分的三角网格模型进行计算，配合加工路径规划软件输出修复加工路径代码程序，并将该代码程序导入机械手控制系统。

(5) 链轮预热：利用火焰枪对待修复链窝进行预热处理，温度为200～300℃，往复烘烤多遍，时间为20 min左右，降低冷却速度，防止裂纹产生。

(6) 堆焊再制造修复：通过六自由度机械手(按照路径规划所生成的代码程序运行)夹持熔覆头对磨损链窝进行再制造修复，再制造过程中熔覆头与链窝底部基本保持垂直，熔覆头光斑为3.5 mm，焦距为13 mm，机械手的移动速度为0.015 m/s，送粉器转速为1.4 r/min，功率为1 400 W。

(7) 保温：堆焊再制造修复完成后，盖上石棉布，慢慢冷却。

3) 堆焊后处理

链轮堆焊完成后，采用无损检测手段对再制造修复件进行检查，确认无裂纹后对其表面精度进行检测。若精度满足使用要求，即可交付使用，否则采用机加工处理，以达到精度要求。

16.6 热喷涂技术

16.6.1 概述

1. 热喷涂技术的定义

热喷涂技术是利用热源将喷涂材料加热至熔化或半熔化状态，并以一定的速度喷射沉积到经预处理的基体表面形成涂层的方法。热喷涂工艺过程示意图如图16-41所示。

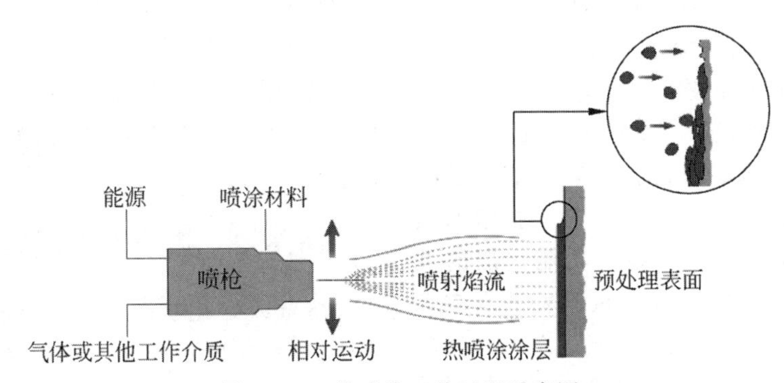

图16-41 热喷涂工艺过程示意图

2. 热喷涂技术的特点

热喷涂技术的主要特点如下。

(1) 基体温度低，工件不易变形，因而热喷涂技术广泛应用于薄壁零件的修复与强化。

(2) 涂层与基体的结合以机械结合为主，结合强度低，涂层的抗冲击、抗热震性能较差。

(3) 涂层材料广泛，金属及其合金、陶瓷、塑料及其复合材料均可作为喷涂材料使用，可以制备各种具有特殊表面性能的涂层，如耐磨涂层、耐蚀涂层、耐热涂层、装饰性涂层等。

(4) 喷涂工艺灵活，既可在工件表面进行喷涂，也可在大型构件的限定区域进行喷涂；既可在实验室或喷涂车间进行生产，也可在工件现场进行喷涂作业；涂层厚度可在较大范围内变化，由几十微米至数毫米，甚至可达数厘米。

(5) 由于喷涂技术的进步，在一定条件下已经可以应用于内孔的喷涂。

3. 热喷涂技术的发展

1909年，瑞士青年发明家M. U. Schoop将熔化的金属用压缩空气喷到基体表面，标志着热喷涂技术的正式出现。最初，这项技术仅用于低熔点的金属，而后拓展至更难熔金属及陶瓷。

1911—1922年，M. U. Schoop、G. Stolle、R. K. Morcom及I. E. Morf等研究人员及机构先后申请或发表了相关专利及论文。1921年，以电弧加热金属至熔化、压缩空气喷吹金属液滴沉积到基体形成涂层的电弧喷涂设备实现商业化生产。

20世纪20—40年代，热喷涂技术主要以氧-乙炔火焰喷涂和电弧喷涂作为金属结构的耐腐蚀防护涂层制作和机械零件修复的工艺技术应用于各工业领域，同时，热喷涂材料和热喷涂设备也得到了相应的发展。

1952年，美国的R. M. Poorman、H. B. Sargent与H. Lamprey共同提出了爆炸喷涂，并申请专利。在此基础上，美国联合碳化物公司开发出D-Gun™喷枪与涂层，其中开发的碳化物金属陶瓷涂层成功应用于航空工业与核工业。同期，苏联科学家也开发了多种爆炸喷涂设备与相应的工业技术与涂层。

20世纪50年代末，G. M. Giannini、A. C. Ducati、M. L. Thorpe等先后申请了等离子喷涂方法及设备的专利。等离子喷涂技术的出现，促进了陶瓷涂层和一系列功能涂层的发展。20世纪70年代，研究人员开发的真空等离子喷涂及低压等离子喷涂，使一系列高性能功能涂层的喷涂成为可能，等离子喷涂技术成为航空发动机热障涂层的主要制备工艺。

20世纪80—90年代，超音速火焰喷涂技术及设备逐渐被研发并应用。如今，氧气超音速火焰喷涂(high-velocity oxygen fuel，HVOF)与空气超音速火焰喷涂(high-velocity air fuel，HVAF)已广泛应用于金属合金、金属陶瓷及陶瓷涂层的喷涂。

20世纪80年代中期，苏联的理论与应用力学研究所的P. Alkchimov、A. N. Papyrin、V. P. Dosarev等发明了冷喷涂。

20世纪90年代至21世纪，高新技术的发展、环境与资源、可持续发展的需求，进一步促进了热喷涂技术的设备、材料、工艺、过程检测和控制水平的提高和基础研究的深入，热喷涂工艺的可靠性大大提高，热喷涂技术已成为航空航天、医学、新能源、电力电子等高新技术领域以及石油化工、能源动力、冶金、机械制造等传统领域用于制备特殊性能与功能涂层，以及零件修复、表面强化等不可或缺的重要工艺手段。

4. 热喷涂技术的分类

根据国际标准*Thermal spraying—Thermirology，classification*(ISO 14917：2017)，热喷涂按照喷涂材料类型可分为线材喷涂(wire spraying)、棒材喷涂(rod spraying)、粉芯丝喷涂(cord spraying)、粉末喷涂(powder spraying)及悬浮液喷涂(suspension spraying)；按照操作方式可分为手工喷涂(manual spraying)、机械喷涂(mechanized spraying)及自动化喷涂(automatic spraying)。

热喷涂技术一般按热源性质进行分类，并根据热源的种类进行命名。常用的热喷涂技术分类如图16-42所示，包括火焰喷涂、电弧喷涂、等离子喷涂及其他喷涂(如爆炸喷涂等)方法。

16.6.2 热喷涂涂层的形成机理

熔融或熔化状态的喷涂材料(粉末、线材或棒材)高速撞击经预处理的基体材料表面，然后摊平、铺展，最终形成具有层片状结构(splats)的涂层，如图16-43所示。涂层的形成时间非常短，一般在数十微秒内完成，一般包括以下三个基本过程。

(1) 热喷涂粒子的产生过程。

(2) 热喷涂粒子与热源相互作用形成熔融或半熔融状态的过程。

(3) 热喷涂粒子加热加速后，高速撞击基体，伴随横向流动扁平化后快速冷却凝固的过程。

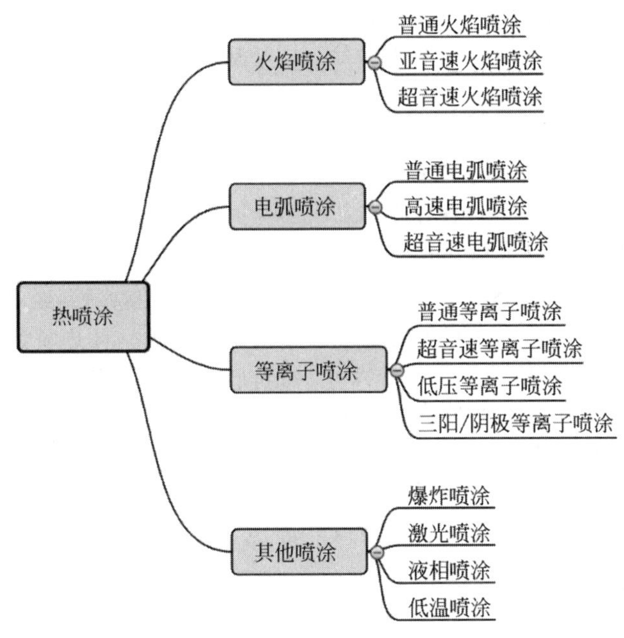

图 16-42 热喷涂技术分类

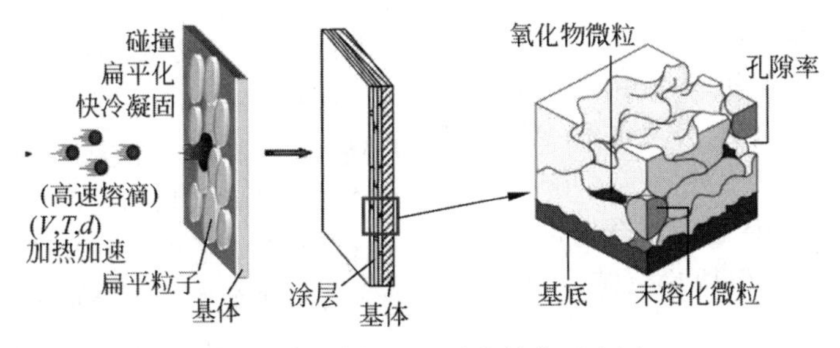

图 16-43 涂层的层片状结构示意图

1. 涂层的层片状结构成因分析

实际上具有层片状结构的涂层是一个含有微裂纹、孔隙、夹杂、存在残余应力的裂纹体，如图 16-43 所示。根据 Pfender 的试验数据，熔融颗粒撞击基体，仅经过 $10^{-7}\sim10^{-6}$ s 即凝固，因此涂层凝固是一个高速淬火过程，涂层与基体热物理性能的差异可导致飞溅层片中裂纹的产生；第一个飞溅层片形成后，第二个熔融颗粒撞击同一表面区域间隔约 0.1 s，也就是说，各层之间的凝固是互相独立的，这样飞溅层片一层一层地叠加即形成涂层的层片状结构。正是由于上述涂层形成原理，涂层之间接触不充分，据测定，涂层层片之间的真实接触面积只有 25%，因此涂层是存在孔隙的。

涂层与基体材料的热膨胀系数不一致，并且涂层的温度分布不均匀，必然在涂层内部和基体之间要产生应力、应变，因此涂层是存在残余应力的。

喷涂过程中，熔化或熔融状态的喷涂材料与喷涂工作气体及周围环境气氛进行化学反应，使得喷涂材料经喷涂后会出现氧化物，因此涂层中存在氧化物等夹杂。

2. 涂层与基体的结合机理

通常认为热喷涂涂层和基体之间的结合存在以下四种结合方式。

1) 机械结合

涂层材料颗粒以熔融状态撞击粗化的基体表面时，扁平状的薄片覆盖并紧贴基材表面的凹凸点上，在冷凝时收缩咬住凸点（或称抛锚点），形成机械结合。机械结合是热喷涂涂层与基材结合的主要形式。

2）微冶金结合

当高速熔融粒子撞击到基体表面且二者紧密接触时，若熔融粒子的热量足以使涂层粒子和基体材料产生互扩散或形成微区的冶金反应，则可形成微区冶金结合。一般产生冶金结合后，涂层与基体的结合强度会达到较高的水平。

3）物理结合

当高速的熔融粒子撞击到基体表面且紧贴的距离达到基体原子间晶格常数范围时，就会产生范德瓦尔斯力，由此引起的分子间的结合属于物理结合。一般，基材表面十分干净或进行活化后才有产生这种结合的可能性。

4）扩散结合

当熔融的喷涂材料高速撞击基材表面形成紧密接触时，由于变形、高温等作用，在涂层与基材间有可能产生微小的扩散，增加涂层与基材间的结合强度。例如，在碳钢基材上喷涂镍包铝复合粉末时，发现结合层由 Ni-Al-Fe 等元素组成，厚度为 0.5～1 μm。

总之，喷涂层与基体之间结合以机械结合为主，某些情况下会产生微冶金结合、扩散结合或物理结合。

3. 提高涂层结合强度的途径

提高涂层结合强度的途径主要从涂层的结合机理和形成良好涂层的条件两个方面考虑，具体措施如下。

（1）粒子与基材撞击时应保持熔融状态，以实现良好的接触。

（2）尽可能地提高喷涂粒子与基体碰撞时的瞬间动能。

（3）基体表面尽可能清洁（除油、除锈等）。

（4）基材表面进行粗化处理，可增加接触表面积。

（5）基体在喷涂前要进行预热处理（预热温度一般小于 150℃）

（6）喷涂过程中，不仅要及时抽走环境中的粉尘，保持喷涂层表面清洁；还要对基体进行适时冷却，防止基体过热。

（7）有些涂层喷涂后采用重熔处理，使涂层与基体形成微冶金的结合方式。

16.6.3 热喷涂工艺方法

1. 火焰喷涂技术

火焰喷涂技术以氧-燃料气体（或液体）火焰作为热源，将喷涂材料加热到熔融或半熔融状态，并以高速喷射到经过预处理的基体表面上形成涂层的一种热喷涂方法。根据喷涂的材料形状不同，火焰喷涂技术可分为线材火焰喷涂技术和粉末火焰喷涂技术。

1）线材火焰喷涂技术

线材火焰喷涂一般采用氧-燃气火焰做热源，喷涂的材料可以是丝状的金属、合金，也可以是压制棒状的陶瓷，还可以是柔性材料包覆的复合粉末丝材。目前，已在碳素结构钢储罐的长效防护，机械零部件的修复及强化等方面得到广泛应用。

（1）线材火焰喷涂原理及特点

线材火焰喷涂是利用氧-燃气（一般为乙炔气）燃烧为热源。将连续、均匀送入火焰中的喷涂丝材的端部加热至熔化状态，借助于高压气体将熔化状态的丝材雾化成微粒，喷射到经过预先处理的工件表面形成涂层的工艺方法。其原理示意图如图 16-44 所示。

线材火焰喷涂的优点：装置简单、操作方便；送丝连续均匀，喷涂质量稳定；喷涂效率高、耗能少。缺点：丝材制造受到拉丝成形工艺的要求，喷涂材料选择受限。

（2）线材火焰喷涂设备

典型线材火焰喷涂系统由喷枪、送丝装置、供气与气体控制系统等部分组成。

① 喷枪

喷枪是线材火焰喷涂设备中关键的部件，用喷涂线材的火焰喷枪，按氧-燃气的引进方式可分为射吸式和等压式两种，按送丝动力可分为气涡轮送丝和电机送丝两种。我国设计的喷枪多为射吸式。

② 送丝系统

送丝机动部分是由气动涡轮、离心调速、

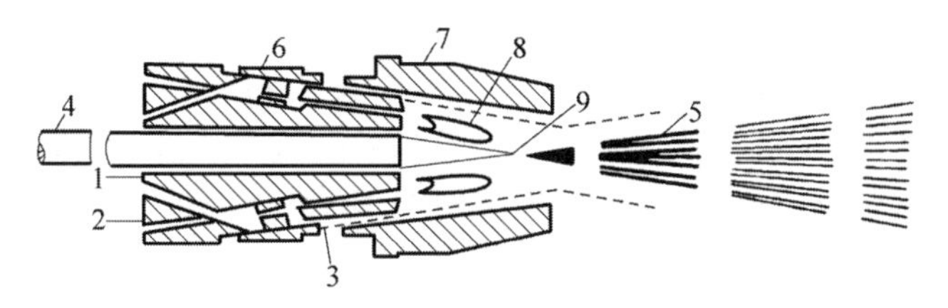

图 16-44　线材火焰喷涂基本原理示意图

1—氧气入口；2—燃气入口；3—压缩空气入口；4—丝材/棒材；5—熔化液滴流；6—工作气体喷嘴；7—压缩空气帽；8—焰流；9—丝材/棒材熔化末端

差动蜗杆组成减速装置，弹簧压紧送丝轮等零件组成机械装置。

③ 供气与气体控制系统

线材火焰喷涂必须氧气、燃气、压缩气体三气俱全。线材火焰喷枪应尽量选用瓶装氧气，乙炔气和经干燥、净化处理的压缩空气。最低限度也要用中压发生器产生的乙炔气，并且要能保证足够的供气量。压缩空气压力、流量都必须满足喷枪说明书的要求。压缩机后应接有空气换热排污器及油水分离器，以除去压缩空气中所含的水分和油。

为保证喷涂层的涂层质量，通过气体控制屏以保证喷涂所需的三气压力和流量的稳定，并对操作者指示喷涂的气体参数。

(3) 线材火焰喷涂工艺

线材火焰喷涂涂层的质量主要取决于喷枪的性能和线材的质量，合理的选择喷涂工艺方法和工艺参数也是确保涂层质量的重要因素。

① 氧-乙炔火焰的选择

目前，火焰喷涂施工中，除因喷涂材料对燃气有特别要求外，基本采用氧-乙炔火焰进行喷涂作业。这是因为氧-乙炔火焰温度高、燃烧稳定、火焰刚度强。

火焰性质对涂层质量的影响，对不同材料会得出不同的效果。只有根据喷涂材料特性、涂层工作环境选用适宜的火焰性质，才能更好地提高喷涂效率和涂层质量。

中性火焰燃烧残余物少，既能提高喷涂效率和喷涂质量，也可以节约能源，因此其是线材火焰喷涂时最常用的火焰，常用的金属线材(如锌、铝、钢、铜、不锈钢等)都采用中性火焰进行喷涂作业。

氧化焰在喷涂合金钢、不锈钢、铝之类材料时，则会增加涂层材料中的碳和合金元素的烧损，使涂层中的氧化物含量增高，耐蚀性下降，因此一般不用。但是，在使用陶瓷棒火焰喷枪喷涂氧化铝之类材料时，利用氧化焰高温(3 250℃)能够提高陶瓷材料的喷涂效率。

还原焰中若乙炔含量过高，火焰的稳定性和刚度将下降，只是在喷涂铝、不锈钢材料时使用微还原焰，可以减少涂层中氧化物含量和合金元素的烧损，提高涂层的耐蚀性能。

② 气体压力和流量的选择

若采用不同型式的喷枪，其喷涂参数可能不同，应根据每把枪的使用说明书进行调整。采用射吸式喷枪时，一般氧气压力选用 0.4～0.5 MPa；乙炔压力选用 0.04～0.08 MPa；压缩空气是氧-乙炔丝材火焰喷涂中不可缺少的气源之一，是线材熔化后形成微小粒子并喷射到工件表面动力的主要来源，在喷涂过程中，提高压缩空气的压力，既能使丝材熔滴获得高的动能，又能使熔滴保持高的温度，对提高涂层与基体的结合强度和涂层的致密度都非常有利。但是，压力和流量过大将使火焰的温度降低，造成粒子熔化不良，也会影响涂层质量，因此，压缩空气的压力与流量也要根据火焰的参数进行匹配选择。一般氧-乙炔喷涂时选用的压缩空气的压力为 0.5～0.7 MPa。

一般，增加氧乙炔流量火焰长度，焰流速度也会随之增加，这样可以增加喷涂效率，增加雾化颗粒的温度和速度，达到提高涂层的结合强度、减少涂层的孔隙率、改善涂层质量的目的。

③ 喷涂距离和喷涂角度的选择

喷涂距离是指喷枪口距工件被喷涂表面的垂直直线距离，也是喷涂粒子的飞行距离。选择合适的喷涂距离，对涂层的质量影响很大，若选用过小的喷涂距离，丝材的熔滴温度就高，动能也大，有利于提高涂层与基体表面的结合强度。但是，氧-乙炔焰传递给基体表面的温度增高，容易引起基体的热变形，而且对加热基体也会因为涂层与基体间热膨胀系数的差异而引起涂层中新的应力，严重时将产生涂层的开裂和剥落。若选用过大的喷涂距离，丝材熔滴的温度和动能下降，会降低涂层与基体的结合强度和涂层的致密度。因此，喷涂时的理想情况是在对基体几乎不产生热变形的条件下，尽可能选用较小的喷涂距离。

粒子的最高飞行速度同喷涂时所用的燃气、氧气流量，压缩气体压力的大小有非常大的关系。当三种气体都增加时，粒子的飞行速度将增加，而且最大速度的位置前移，此状态时，喷涂距离可以选择较大些。

在通常的工艺参数下，丝材熔滴的最大飞行速度在喷涂距离为 100 mm 左右处。因此，氧-乙炔焰丝材喷涂距离一般选为 100～150 mm，对于放热型复合丝材，喷涂距离可加大到 150～180 mm。

喷涂角度是指喷涂粒子射流与被喷涂工件表面之间的夹角。当喷枪轴线与基体平面的夹角小于 45°时，涂层结构将出现“遮蔽效应”，降低了涂层的质量。因此在选择喷射角时，角度越大越好。

④ 丝材直径和丝材送进速度的选择

在氧-乙炔焰丝材喷涂中，选用的丝材直径越大，越可以提高喷涂的效率和降低涂层的含氧量。但是选用大直径的丝材进行喷涂时，易受到喷枪功率的限制。

丝材送进速度取决于丝材本身的熔点和氧-乙炔焰参数的最佳条件。当氧-乙炔焰参数为最佳条件时，由于火焰能量大、稳定性好，丝材也可处于最佳的加热状态，丝材的送进速度可以偏高些。但是，当丝材的送进速度过高时，丝材熔滴易出现熔化不均匀的现象。因此，在确保涂层质量的前提下，必须选用较高的丝材送进速度，以便提高喷涂效率。当丝材的送进速度过低时，丝材熔滴出现细密状颗粒，造成涂层含有较多的氧化物，会降低涂层的性能和喷涂效率。比较合适的送丝速度，得到的金属雾化粒子的尺寸为 20～70 μm。喷涂时，每一种喷涂材料的送丝速度是不同的。

对于高熔点丝材和氧化物丝材，一般选用中速；对熔点较低的金属丝材，则一般用高速。

⑤ 喷枪与基体表面的相对移动速度的选择

喷枪与基体表面的相对移动速度，对涂层质量和基体的热变形有一定的影响。当相对移动速度过慢时，基体表面温度升高，严重时出现表面氧化和热变形。同时，基体表面出现的热膨胀与涂层出现的冷凝收缩，均发生在它们之间的接触面上，使其出现较大的拉伸应力，降低了涂层与基体表面之间的结合强度。所以，除及时冷却涂层外，正确选择喷枪与基体表面的相对移动速度是很重要的，一般选择为 5～12 m/min。

2) 粉末火焰喷涂技术

粉末火焰喷涂是利用燃气与助燃气燃烧产生的热量加热粉末态喷涂材料，使其达到熔融或软化状态，借助焰流动能或喷射加速气体，将粉末喷射到经预处理的基体表面，形成涂层的工艺方法。

根据燃烧火焰焰流速度及用途的不同，粉末火焰喷涂可分为普通粉末火焰喷涂、亚音速粉末火焰喷涂和超音速粉末火焰喷涂三类，下面主要介绍普通粉末火焰喷涂技术和超音速粉末火焰喷涂技术。

(1) 普通粉末火焰喷涂技术

① 普通粉末火焰喷涂原理和特点

普通粉末火焰喷涂时，预混助燃气及燃气在喷嘴外燃烧，以氧-乙炔火焰喷涂为例，其原理示意图如图 16-45 所示。喷涂粉末从喷枪上方的料斗通过进粉口送到枪内有送粉气流过的送粉孔道中，在喷嘴出口处受到氧-乙炔火焰迅速加热至熔融或高塑性状态后，喷射并沉积到经过预处理的基体表面，形成牢固结合的涂层。

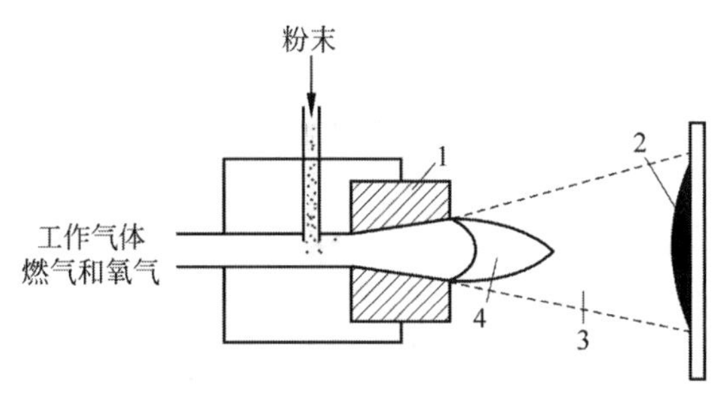

图 16-45　普通粉末火焰喷涂原理示意图
1—枪体；2—喷涂涂层；3—颗粒流；4—燃烧焰流

氧-乙炔粉末火焰喷涂具有设备简单、工艺操作简便、应用广泛灵活、适应性强、效率高、经济性好、噪声小等特点。

② 普通粉末火焰喷涂设备

氧-乙炔粉末火焰喷涂设备主要包括各种喷枪、氧气和乙炔供给装置及辅助装置。其中氧-乙炔粉末火焰喷枪是喷涂设备中的主要部件，集火焰燃烧系统和粉末供给系统于一身，其喷枪的类型有专门用于喷涂的喷枪，也有喷涂喷熔两用喷枪。

(2) 超音速火焰喷涂技术

自 1981 年 J. A. Browning 发明了高速氧-燃气火焰喷枪，超音速火焰喷涂技术快速发展，使传统的氧-乙炔火焰喷涂技术发生了深刻的变化，成为当代热喷涂工艺领域重要的技术进展之一。

① 超音速火焰喷涂原理和特点

超音速火焰喷涂是利用气体或液体燃料与氧气一起被送至燃烧室。点火器点燃了火焰，由喷嘴排出的气体通过喷枪筒，并进入开放的大气中。粉末由径向或者轴向送入火焰中，采用水冷或风冷对燃烧室、喷枪和喷枪筒进行冷却，其原理示意图如图 16-46 所示。焰流速度可达 1 500 m/s 以上，粉末流速为 300～600 m/s，甚至达到更高的速度，从而获得结合强度高、致密的高质量涂层。

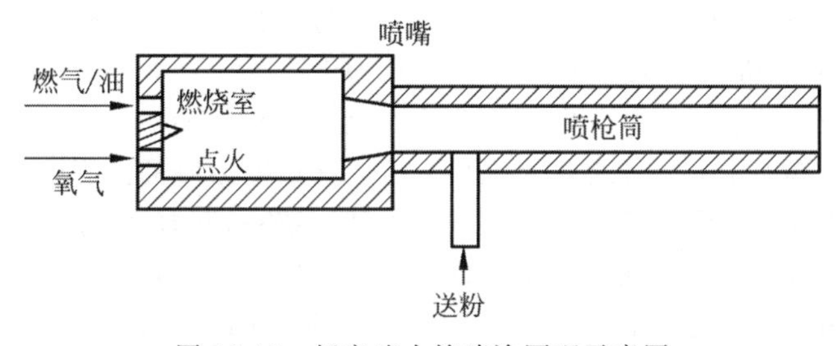

图 16-46　超音速火焰喷涂原理示意图

② 超音速火焰喷涂的特点

a. 焰流速度快；涂层致密度高，可达 98%～99%。

b. 粒子的高速飞行使涂层的结合机理更偏重于机械锚固结合，因此与基体结合强度高，可达 60～80 MPa。

c. 焰流温度适中，在喷涂碳化物陶瓷时，涂层保持了材料原有的物理性能和化学性能。与其他喷涂工艺相比，同等材料涂层硬度较高。

d. 可以喷涂高耐温及强耐磨涂层。

e. 喷涂成本较高。

③ 超音速火焰喷涂设备。

超音速火焰喷涂设备主要由喷枪、控制柜、燃烧系统、冷却系统、送粉系统及辅助装置构成。其中喷枪的设计差异主要取决于以下三大要素。

a. 超音速火焰喷涂用的燃料，有气体燃料，如氢气、丙烷、丙烯；也有液体燃料，如煤油；助燃气体多用氧气，也可使用空气。

b. 喷枪结构主要包括燃烧室结构与尺寸、拉瓦尔管的设计、枪管长度等。

c. 喷枪的冷却方式水冷或空气冷却。

(3) 粉末火焰喷涂工艺

① 喷涂粉末的选择

选择粉末的原则根据基体表面的工作条件和技术要求来选择性能合适的粉末；粉末材料的热膨胀系数尽可能与基体相近，以避免相差过大而造成涂层出现较大的收缩应力；粉末的熔点要低，流动性要好；粉末的球形要好，粒度要均匀。

粉末品种牌号选择根据被喷涂基体表面的工作条件和技术要求的不同，可分别选择与其相适应的耐磨损、耐腐蚀、耐热抗氧化、导电、绝缘等不同性能的合金粉末材料，以使基体表面获得一层具有合金粉末性能的涂层。

② 喷涂工艺参数的选择

选择恰当的喷涂距离。在该喷涂距离时，粉粒的温度最高，速度最大，其沉积效率最佳，结合强度最高。根据实践经验，喷涂距离可取为火焰总长度的 4/5，一般以 150～200 mm 为宜。

火焰一般采用中性焰。可以通过调整火焰功率和送粉量来调整粉末的加热温度。喷涂工作层粉末的火焰功率应大一点，出粉量应适当，观察火焰中的粉末颜色可以鉴别粉末加热的程度。如果火焰的末端粉末呈白亮色，则说明温度较高；如果呈暗红或红色，则说明加热不够，这时需调节送粉气流大小和火焰功率，使粉末加热到发白亮为宜，如果出粉速度太大，即送粉氧气流量开得太大，这时火焰中的粉末颜色变暗，其造成原因是粉末通过火焰区的加热时间不够，粉末温度不够高，从而使沉积效率降低、生粉多，涂层性能差。喷涂工作层粉末要分层喷，每道涂层厚度要控制在 0.1～0.15 mm，不超过 0.2 mm。工作层的总厚度一般不超过 1 mm，太厚会降低涂层的结合强度。

喷涂层的厚度可以计算，在修复零件时，喷涂层的厚度一定要考虑基体金属的热膨胀量和加工余量。

在整个喷涂过程中，工件的温度不要超过 250℃。超过此温度时，可以暂停喷涂，降温后再继续，也可用干燥清洁的冷却气流(如压缩空气)冷却喷涂点附近不喷涂的部位。

喷涂轴类零件时，喷涂面的线速度以 20～30 m/min 为宜，喷枪的横向移动速度一般为 3～7 mm/r。

喷涂完毕，应缓慢自然冷却，轴类等可转动的零件可在车床上旋转冷却。

2. 电弧喷涂技术

电弧喷涂无论是在喷涂设备上，还是在喷涂材料上较早期电弧喷涂都有了巨大进步，目前电弧喷涂已发展成为喷涂效率高、相对于普通火焰喷涂涂层质量好、成本低的一项热喷涂工艺，广泛应用于机械零部件的表面防护和修复，特别是钢结构大面积长效防腐工程中。

1) 电弧喷涂原理和特点

电弧喷涂是以电弧为热源，将连续送入的金属丝加热熔化并用高速气流雾化、加速喷射到工件表面形成涂层的一种工艺。喷涂过程中，两根丝状喷涂材料用送丝装置通过送丝轮均匀、连续地送进电弧喷涂枪中的两个导电嘴内，导电嘴分别接电源正、负极，未接触之前要保证两根丝材之间的可靠绝缘。两丝材端部互相接触时将短路并产生电弧，瞬间熔化并被压缩空气雾化呈微熔滴，以很高的速度喷射到工件表面，形成涂层。

与普通火焰喷涂相比，电弧喷涂的主要优点如下。

(1) 热效率高

火焰喷涂时的热量大部分分散到大气和冷却系统中，热能的利用率只有 5%～15%；而电弧喷涂是直接用电能转化为热能来熔化金属，热能的利用率高达 60%～70%。

(2) 生产效率高

电弧喷涂技术的生产效率高，表现在单位时间内喷涂的金属质量大，生产效率正比于喷涂电流。一般，电弧喷涂的生产效率是火焰喷涂的三倍以上。

(3) 涂层的结合强度较高

电弧喷涂可在不提高工件温度、不使用贵重底材的条件下获得相对较高的结合强度。

(4) 生产成本低

电能的价格远低于氧气和乙炔，火焰喷涂所消耗的燃料价格是电能价格的数倍，电弧喷涂的成本比火焰喷涂降低 30%以上。

(5) 操作简单、安全可靠

电弧喷涂设备没有复杂的操作机构，只要把工艺参数根据喷涂材料的不同选在规定的范围之内，均可保证喷涂的质量；而且仅使用电能和压缩空气，不用氧气和乙炔等易燃气体，安全可靠，也易于进行野外作业。

（6）可制备伪合金涂层

电弧喷涂只需两根不同成分的金属丝材就可制备出伪合金涂层，以获得独特的综合性能。

电弧喷涂的缺点是喷涂材料必须做成导电的线材，有很多材料特别是硬质合金、难熔合金很难拉拔成线材，即使做成粉芯管状线材，由于电弧送丝、电极起弧过程复杂，也很难获得高质量、高性能的超级合金涂层。另外，由于温度相对等离子弧低，不宜喷涂不导电的陶瓷材料，因而在现代技术高新材料和高性能涂层领域，电弧喷涂的应用受到限制。

2）电弧喷涂设备

电弧喷涂设备由电源、送丝系统、电弧喷枪、压缩空气供给系统等组成。电源维持电弧稳定燃烧，并提供喷涂过程所需的能量。送丝系统将丝材从丝盘中拉出，通过送丝软管进入喷枪，在喷枪内通过导电嘴接触带电而引燃电弧。供气系统提供纯净的压缩空气用来雾化与加速喷涂材料。电弧喷涂设备按送丝方式不同可分为推丝式与拉丝式，按喷枪夹持方式又可分为手持式与固定式两种。

3）电弧喷涂工艺

电弧喷涂的主要工艺参数包括电弧电压、工作电流、雾化空气压力和喷涂距离。

（1）电弧电压

电弧电压是指喷涂时两金属丝间的电弧电压。在电弧喷涂时，想要得到性能稳定和质量可靠的涂层，需要维持稳定的电弧电压。电弧电压反映了线材尖端距离的量度，有效地控制这个参数可以维持雾化区几何形状的稳定，所以电弧设备要求具有平直的电源伏安特性。每一种材料都有自己的电弧稳定燃烧的最低电弧电压值。

电弧电压越低，熔化了的粒子尺寸就越小，范围也越窄。但是如果电弧电压低于材料的临界最低电弧电压，电弧就不能稳定地燃烧，线材就会出现断续接触现象，伴随着电弧的间断和引燃，块状的未充分熔化的丝段出现，有时，甚至出现两根丝平行焊在一起的现象。

当电弧电压高于临界电弧电压值后，随着电弧电压的提高，线材尖端的距离增大，喷涂射流的角度增加，喷涂粒子的颗粒尺寸范围将会增大。图16-47所示为电弧电压对喷涂粒子雾化和分布的影响。随着电弧电压的提高，喷涂材料的元素烧损倾向增加，尤其是那些容易与氧化合的元素，其损失更严重。

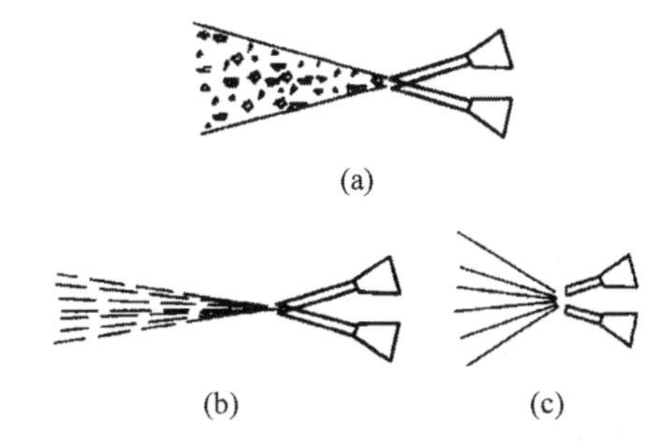

图16-47　电弧电压对喷涂粒子的影响
（a）正常电弧电压；（b）过高电弧电压；（c）过低电弧电压

（2）工作电流

喷涂时的工作电流直接受到送丝速度的控制，提高送丝速度，线材尖端的间隙减小，由于线材的间距决定于电弧电压，电源有自动维持电弧电压稳定的特性，因此，只有增加输出功率，即增加工作电流，使线材更迅速地熔化才能维持这个平衡。工作电流正比于送丝速度，也就是说工作电流是喷涂生产效率的量度。

提高工作电流，不仅可以增加喷涂生产效率，还可以提高涂层质量，但工作电流的上限往往受到电弧喷涂设备容量的限制。

（3）雾化空气

雾化空气压力很大程度决定了喷涂粒子的雾化程度和飞行速度，并影响涂层的性能。同样的雾化空气压力，对不同的喷枪设计有不同的雾化效果，好的喷枪设计应当使雾化气流集中在熔化金属丝的尖端部位，使高速气流以剪切方式将金属熔滴变成细片状脱离电弧区，并进一步将其加速和雾化。对于具体的喷涂枪而言，当喷涂某种线材时，在其他工艺参数不变的情况下，高的雾化空气压力将得到高致密的涂层。

压缩空气是较为经济的雾化气源，在钢铁结构大面积防腐蚀的喷涂施工中，主要是采用压缩空气作为雾化气体。为了避免某些材料的过分氧化，有时使用氮气作为雾化气源可得到非常致密且氧化物含量很少的涂层，涂层的力学性能也有明显改善。电弧喷涂时气体消耗量很大，大量使用瓶装氮气会造成经济上和运输上的困难，因此限制了它的应用。

(4) 喷涂距离

喷涂距离是指喷涂枪与工件表面间的距离。金属丝在电弧区被熔化后经雾化空气雾化和加速，撞击到工件表面形成涂层。在喷涂枪的喷嘴处，压缩空气的速度流动最大，熔滴的速度最低，随着喷涂距离的增加，喷涂粒子被逐渐加速。

在喷涂过程中，处于高度过热状态的喷涂粒子极易氧化，它们具有很大的比表面积。粒子尺寸越细小，单位体积的比表面积越大，与氧化合的机会就越多。在正常喷涂距离内，喷涂粒子只需 1～2 ms 时间就可达工件表面。尽管粒子在空气中的飞行时间很短，由于粒子有很大的比表面积和有充分的氧气供给，所以粒子的氧化现象往往是很严重的。对于钢铁材料而言，氧化过程会给涂层带来许多不利的影响，如碳元素烧损、氧化物含量增加和气孔率增加等，其中碳元素的含量变化直接会影响涂层的力学性能。

3. 等离子喷涂技术

等离子喷涂技术是19世纪50年代末期开始发展起来的。与其他喷涂方法(火焰喷涂、电弧喷涂)相比，它的主要特征是以等离子焰流为喷涂热源。由于等离子焰流的温度高、能量集中，是各种难熔材料的良好热源，粉末材料在焰流中的飞行速度也高，这就为获得结合良好、结构致密的喷涂层提供了条件。近年来，超音速等离子喷涂、低压等离子喷涂、水稳等离子喷涂技术的发展进一步提高了等离子喷涂层的喷涂质量，扩大了等离子喷涂的应用领域。

1) 等离子喷涂原理和特点

等离子喷涂原理示意图如图16-48所示。图示右侧是等离子发生器又称为等离子喷枪，根据工艺的需要经进气管通入氮气、氩气或混入5%～15%的氢气。这些气体进入弧柱区发生电离，成为等离子体。钨极与前枪体有一段距离，在电源的空载电压加到喷枪上以后，并不能立即产生电弧，因此需在前枪体与后枪体之间并联一个高频电源。高频电源接通使钨极端部与前枪体之间产生火花放电，引燃电弧。电弧引燃后，切断高频电路。引燃后的电弧在孔道中受到压缩，温度升高，喷射速度加大，此时往前枪体的送粉管中输送粉状材料，粉末在等离子焰流中被加热到熔融状态，并高速撞击在零件表面上。撞击零件表面时熔融状态的球形粉末发生塑性变形，黏附于零件表面，各粉粒之间也依靠塑性变形而互相堆叠起来，在零件表面获得一定厚度的喷涂层。

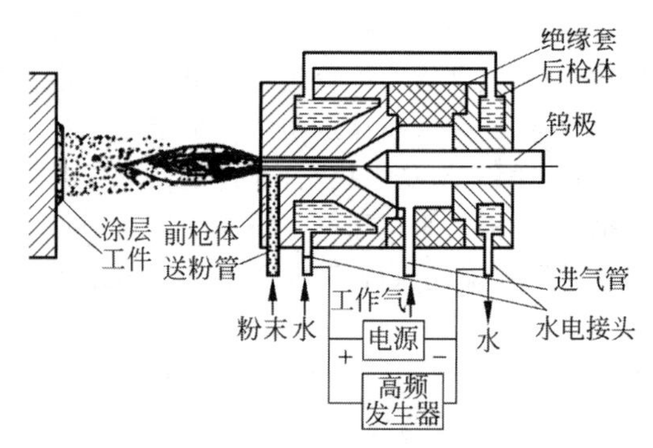

图16-48 等离子喷涂原理示意图

等离子喷涂技术作为热喷涂技术中的一种，除了具有热喷涂技术的一般特点外，由于采用的热源为等离子弧。等离子弧的特点决定了等离子喷涂技术与其他喷涂方法相比所具有以下特殊优势。

(1) 喷涂材料广泛

等离子焰流的较大特点之一是具有非常高的温度和能量密度。在距喷嘴 30 mm 处焰流的温度还可达 5 000 K。在喷涂过程中各种喷涂材料(包括陶瓷和一些高熔点的难熔金属)都能够被加热到熔融或半熔融状态，因而可供等离子喷涂使用的材料非常广泛。从而也可以得到多种性能的喷涂层，如耐磨涂层，隔热涂层、抗高温氧化涂层、绝缘涂层等。对于涂层的广泛性而言，氧-乙炔火焰喷涂、电弧喷涂、高频感应喷涂和爆炸喷涂都不及等离子喷涂。

(2) 涂层质量高

涂层的质量与很多因素有关。在等离子喷涂中，粒子的飞行速度一般为 200～300 m/s。最新开发的超音速等离子喷涂粒子速度可达 600 m/s 以上。熔融微粒在和零件碰撞时变形充分，涂层致密、表面平整、光滑，与基体的结合强度高。等离子喷涂层与基体金属的法向结合强度通常为 20～60 MPa，而氧-乙炔焰喷涂一般为 5～40 MPa。等离子喷涂时可以通过改换气体来控制气氛，因而涂层中的氧含量或氮含量可以大大减少。另外，等离子喷涂的各工艺参数都可定量控制，工艺稳定，涂层再现性好。

(3) 喷涂效率高

在等离子喷涂时，粉末粒子的熔融状态好，飞行速度高，因而喷涂材料沉积效率较高。在采用高能等离子喷涂设备时，每小时的沉积量可高达 8 kg，这在喷涂工件批量比较大的情况下，更能显示出较高的工作效率。

由于等离子弧自身的特点，等离子喷涂也具有一些缺点。

(1) 运行成本高，需要一定纯度(99.99%)的氮气或氩气等。

(2) 在小孔径内表面喷涂比较困难，这主要是因为喷枪尺寸和喷涂距离的限制。另外，孔径越小，越不利于粉尘的排出，涂层质量下降。

(3) 伴随着高温、高速的等离子焰流产生剧烈的噪声、很强的光辐射、有害气体(如臭氧、氮化物等)及金属蒸汽和粉尘等，这些对人体是极有害的。因此，在应用等离子喷涂技术时，还需要加强操作者的安全防护措施。

2) 等离子喷涂设备

等离子喷涂设备主要包括电源、控制柜、喷枪、送粉装置、循环水冷却系统、气体供给系统等，其基本组成如图 16-49 所示。另外，还有一些辅助设备，如表面预处理装置、压缩空气及净化系统、表面清洗装置、喷砂设备、喷枪和工件机械运动系统、通风装置、除尘装置等。目前，我国已能生产多种型号的成套设备。

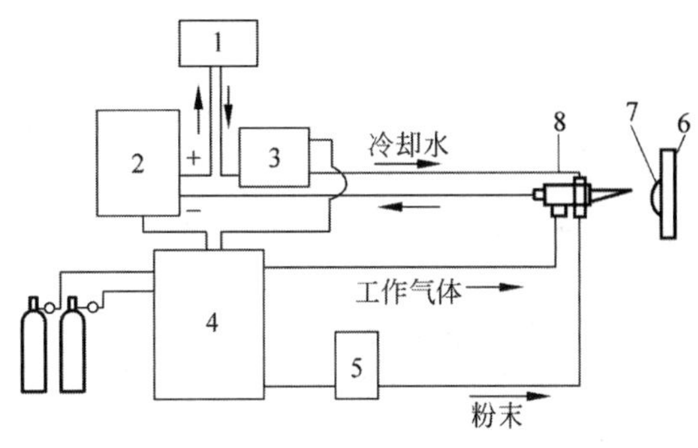

图 16-49 等离子喷涂设备的基本组成

1—冷却水循环水泵及热交换器；2—直流电源；3—高频发生器；4—控制装置；5—粉末供给装置；6—基体材料；7—涂层；8—喷枪

3) 等离子喷涂工艺

等离子喷涂和其他热喷涂技术的工艺过程相同，都包括涂层设计、基体预处理、工装卡具设计、喷涂参数优选及喷涂后处理等。常用涂层的质量来评价喷涂工艺。但实际上，从以下五点来评价喷涂工艺较为全面。

(1) 涂层具备工况需要的功能，如耐磨、隔热、防腐、导电、耐冲蚀等。涂层功能主要取决于材料，因而涂层具备何种功能由涂层设计决定。

(2) 涂层的结合强度满足工况的需要。影响涂层结合强度的因素很多，如涂层和结合层的材料品种和质量；基体的净化、粗化、预热情况；喷涂参数；涂层边缘的处理方法及涂层的后加工工艺等。

(3) 涂层中的杂质少。等离子弧由于是惰性气氛，在喷涂过程中对易氧化材料能起到保护作用。涂层中的杂质主要是由喷涂时材料的氧化物、未熔融的颗粒及过熔的颗粒组成的。

(4) 喷涂材料的利用率高，浪费少。衡量材料利用率高低的标准是材料的沉积效率。一般认为，当沉积效率最高时，粉末的熔化情况最为充分，各项综合性能测试指标最好。因而，常把沉积效率作为优化喷涂参数的标准。

(5) 工作效率高。工作效率也就是材料的沉积速率，即单位时间内涂层的沉积量，它是进行工业生产的重要指标。沉积速率的高低主要与喷涂设备、喷涂材料的质量及喷涂参数有关。

通过以上五点可见，影响喷涂工艺质量的因素很多，主要包括涂层设计、喷涂设备的选择、基体的预处理、喷涂参数的选择、涂层的后加工工艺等。

4. 爆炸喷涂技术

爆炸喷涂即气体爆燃式喷涂技术是美国联合碳化物公司林德公司（Union Carbide Corp. Lide Division）在20世纪50年代发明的专利技术（当时简称为D-Gun），主要用于喷涂航空发动机、火箭等的关键零部件用高结合强度、高耐磨涂层。20世纪60年代，苏联的乌克兰科学院材料研究所也研制出爆炸喷涂设备。现在，爆炸喷涂技术已经成为热喷涂工业领域制备高质量耐磨涂层的有效方法，得到较广泛的推广应用。

1）爆炸喷涂原理和特点

爆炸喷涂广泛采用乙炔、氢、甲烷、丙烷、丁烷、丙烯等可燃气体同空气或氧气的混合物作为爆燃气。通常，气体混合物是在一端封闭的长管中爆燃的。爆燃喷涂过程一般包括可燃气体混合物填充—送粉及惰性气体气垫保护—爆燃—清扫等循环往复的过程。

通过混合器往一端封闭的喷枪枪膛中注入一定量的可燃气体混合物，如$C_2H_2+O_2$等。通入N_2或He等惰性气体形成气垫（气垫的作用是在可燃气体混合物和爆燃产物之间形成隔离区域，防止回火）并通过送粉器将被喷涂粉末送入枪膛中。然后借助火花塞点燃枪膛中的气体混合物。可燃气体混合物最初在枪膛中发生正常燃烧，随后转入爆炸。气体混合物由燃烧转入爆炸后，产生超音速的高温爆燃产物，爆燃产物又对粉末喷涂材料加温、加速，高温（粉末颗粒被加热至塑性状态或熔融状态）、高速（最高可达1 200 m/s）的粉末颗粒飞出枪膛后与工件相撞并在工件表面上形成高度致密的优质涂层。在每次循环的最后向枪膛内送入清扫气体，为继续实现下次循环做准备。

根据所选用的喷涂材料不同，上述过程将以一定的频率（一般为每秒2～10次）重复进行。每次脉冲爆燃，可在工件表面上形成一个涂层圆斑，其厚度一般为3～20 μm，直径与枪膛内径相当，一般约为20 mm。由于工件表面与喷枪之间的相对运动，各涂层圆斑以一定的步距有序地互相错落重叠，遂在工件表面上形成一个完整、均匀的涂层。根据实际需要对工件表面可进行连续多次喷涂，最终形成高达数毫米厚的涂层。

爆炸喷涂最大的特点是以突然爆发的热能加热熔化喷涂材料，并利用爆炸冲击波产生的高压把喷涂粉末材料高速喷射到工件基本表面形成涂层。

爆炸喷涂与其他喷涂工艺相比有很多优点，具体如下。

（1）气体爆燃式喷涂涂层结合强度高、致密、孔隙率低（通常小于2%）。

（2）工件热损伤小。

（3）涂层均匀、厚度易控制。

（4）涂层硬度高、耐磨性好。

但是爆炸喷涂仍然存在以下局限。

（1）喷涂效率低。爆炸频率低，每秒不超过10次，每次爆燃喷涂的涂层厚度仅为4～6 μm，面积也只有25 mm^2的一个圆形区域。

（2）沉积效率低。喷涂WC-Co粉末的沉积率仅为30%左右。

（3）噪声大。爆炸喷涂时噪声强烈，达到或超过150 dB。

（4）粉尘多。爆炸喷涂时会产生极细的尘粒，因此需要准备专用的防尘室等。

（5）难以喷涂复杂零部件。形状复杂的工件表面和小内径内腔表面和长内腔内表面无法喷涂。

2）爆炸喷涂设备

爆炸喷涂设备主要包括如下的组成部分。

（1）爆炸喷枪。它是该系统的核心设备。

（2）气体控制装置。用以控制乙炔气和氧气的流量，控制气体混合物的比例，控制送粉气用载气，以及每一次爆炸燃烧后清洗枪膛的用气体控制。

(3) 点火器,通常为电火花塞。

(4) 送粉器。

(5) 枪体冷却装置。

(6) 控制装置。控制工艺过程程序,控制每一次脉冲爆喷循环的时间等。

(7) 喷涂机械和工作机械。

3) 爆炸喷涂工艺

爆炸喷涂工艺参数包括粉末种类与颗粒大小、燃气/氧气比率、燃气/氧气压力、载气流量、爆燃频率、喷涂距离、喷涂角度、喷枪移动速度等,典型爆炸喷涂工艺参数见表16-22。

表16-22 典型爆炸喷涂工艺参数

工作气体	丙烷-丁烷、乙炔、氧气等
工作气压力/MPa	氧气0.4、乙炔0.15、丙烷-丁烷0.4
每炮工作气消耗量/($\times10^{-5}$ m^3)	氧气27~37、乙炔23、丙烷-丁烷12.5
炮膛内径/m	0.024
每炮涂层厚度/μm	3.20
爆燃频率/Hz	1~10
粉料喷涂速度/(kg/h)	氧化铝0.9~1.5、钴-碳化钨3.6~4.2、镍铬粉1.5~2.1
冷却水流量/(m^3/h)	0.08
150 μm厚的涂层效率/(m^2/h)	0.8~3.5
外型尺寸/(m×m×m)	1.8×0.6×0.11
质量/kg	78
距喷枪口0.5~1.0 m≤处噪声水平/dB	≤150
电源参数	频率50~60 Hz、电压220 V、功率300 W

影响涂层质量的主要因素是喷涂时颗粒的温度、速度及焰流气氛。喷涂气氛对于喷涂材料极为重要。氧化性气氛适用于喷涂氧化物,如Al_2O_3;中性气氛适用于喷涂无氧高熔点化合物,如WC-Co;还原性气氛适用于喷涂低熔点金属。

当确定了喷涂材料后,通常采用以性能(耐磨性、结合强度、孔隙率、显微硬度等)为指标的正交试验或根据已有数据库和经验确定最佳工艺参数。

16.6.4 热喷涂材料

热喷涂材料的发展大体可分为四个阶段。第一阶段,以金属和合金为主要成分的粉末和线材为主要特征,主要包括铝、锌、铜、镍、钴和铁等金属及其合金;第二阶段,以自熔性合金为主要特征,20世纪50年代自熔性合金向市场发展了火焰喷涂工艺;第三阶段,是以复合材料的发展为主要特征,通过材料的成分与结构的复合,达到喷涂工艺的改进与涂层性能的提高;第四阶段,以软线材料和纳米材料为主要特征。迄今为止,已有数千种热喷涂材料投入市场。

按照材料性质,热喷涂材料可分为金属与合金、自熔性合金、氧化物陶瓷、金属陶瓷复合材料、有机高分子材料等;按照使用性能与目的,热喷涂材料可分为防腐材料、耐磨材料、耐高温热障材料、减摩材料及其他功能材料;按材料形态,热喷涂材料可以分为线材、棒材和粉末三大类,具体见表16-23和表16-24。

1. 金属与合金

常用的金属及其合金喷涂材料见表16-23。该部分仅介绍锌铝合金。

热喷涂使用的锌铝合金主要是含Al量为5%~25%的锌铝二元合金,由于锌、铝不互溶,其实际上是一种二元伪合金。当合金中的铝含量大于28%时,合金的许多化学和电化学性能与纯铝相似,如果用于热喷涂防腐,则不能很好地发挥锌的阴极保护作用。另外,合金中的含铝量增加会使合金线材加工困难,因此目前常用的是含锌85%、含铝量15%的二元锌铝合金。该合金的通用牌号为Zn-Al 15。

Zn-Al 15合金的熔点为440℃,涂层密度约为5.0 g/cm^3。Zn-Al 15锌铝合金是一种在许多方面都优于纯锌或纯铝的两相组织结构的涂层,该合金涂层在水中和大气中具有良好的耐腐蚀性能,可以对钢铁基体提供有效的保护。目前,在我国也有了商品化的Zn-Al 15合金热喷涂线材供应。

表 16-23 热喷涂粉末材料

类别	分类	品种
金属	纯金属	Sn、Pb、Zn、Al、Cu、Ni、W、Mo、Ti 等
	合金	(1) Ni 基合金：Ni-Cr、Ni、Ni-Cu、Ni-Al、NiCrAlY； (2) Co 基合金：CoCrW、CoCrMoSi、CoCrAlY； (3) Fe 基合金：Fe-Ni、FeCrBSi、FeCrAlY； (4) 不锈钢； (5) 铁合金； (6) 铜合金； (7) 铝合金； (8) 巴氏合金； (9) Triballoy 合金
	自熔合金	(1) Ni 基自熔合金：NiCrBSi、NiBSi、NiCrBSi+复合碳化物； (2) Co 基自熔合金：CoCrWB、CoCrBSi、CoCrWBNi； (3) Fe 基自熔合金：FeNiCrBSi； (4) Cu 基自熔剂合金
陶瓷	金属氧化物	(1) Al 系：Al_2O_3、$Al_2O_3 \cdot SiO_2$、$Al_2O_3 \cdot MgO$； (2) Ti 系：TiO_2； (3) Zr 系：ZrO_2、$ZrO_2 \cdot SiO_2$、Y_2O_3-ZrO_2、CaO-ZrO_2、MgO-ZrO_2； (4) Cr 系：Cr_2O_3、Cr_2O_3-TiO_2； (5) 其他氧化物：BeO、SiO_2、MgO
	金属碳化物、硼氮硅化物	(1) WC、W_2C； (2) TiC； (3) Cr_3C_2、$Cr_{23}C_6$； (4) B_4C、SiC； (5) VC
复合物	包覆粉	(1) Ni 包 Al； (2) Ni 包金属及合金； (3) Ni 包陶瓷； (4) Ni 包有机材料
	团聚粉	(1) 金属+合金； (2) 金属+自熔剂合金； (3) WC 或 WC-Co+金属及合金； (4) WC 或 WC-Co+自熔合金+包覆粉； (5) 氧化物+金属及合金； (6) 氧化物+包覆粉； (7) 氧化物+氧化物
	熔炼粉及烧结粉	碳化物+自熔合金、WC-Co
	机械混合	Ni/Al+陶瓷、Ni/Al+合金粉
塑料		(1) 热塑性粉末：聚乙烯，尼龙，聚苯硫醚； (2) 热固性粉末：环氧树脂

表 16-24 热喷涂线材和棒材

类别	材料品种
金属线材	Zn、Al、Cu、Ni、Mo、Sn、Ti、Ti-Ni、Ti-6Al-4V、Zn-Al、Al-Re、Cu-Zn、Cu-Al、Cu-Ni、Cu-Sn、Pb-Sn、Pb-Sn-Sb(巴氏合金)；Fe-Cr、不锈钢、Fe-Cr-Al；Ni-Cr-Al、Ni-Cr-Fe、Ni-Cu-Fe(蒙乃尔合金)
棒材	Al_2O_3、TiO_2、Cr_2O_3、$Al_2O_3+SiO_2$、SiO_2、ZrO_2
复合线材	铝包镍、镍包铝、金属包碳化物、金属包氧化物、塑料包金属、塑料包陶瓷、金属有机物复合软丝

Zn-Al 15 合金涂层的力学性能较好，它的强度和硬度均优于纯锌涂层和纯铝涂层；电化学性质介于锌和铝涂层之间，兼有二者的优点。因此，Zn-Al 合金涂层的综合性能优于锌涂层和铝涂层，是一种常温下高效的电化学阴极保护耐腐蚀涂层，主要应用于钢结构防腐，如水闸门、桥梁、储水容器、舰船防腐等。

2. 自熔性合金

自熔性合金可以简称为自熔合金，是指熔点较低，熔融过程中能自行脱氧、造渣，能“润湿”基材表面而呈冶金结合的一类合金。合金凝固后，在固溶体中能形成高硬度的弥散强化相，使合金的强度和硬度提高。目前，大多数自熔性合金是在铁基、镍基、钴基合金中添加适量的 B、Si 元素而制成的。B、Si 的加入使涂层形成后能够重新加热至 1 000℃以上的高温，达到熔融状态，与基体产生牢固的冶金结合。同时，可以消除涂层内的气孔，而充分发挥喷涂材料所具备的优越性能。硼、硅元素在自熔性合金中发挥着重要的作用，主要有以下几点。

1) 降低合金的熔点

硼、硅可降低合金的熔点，并能导致合金的固相和液相之间有较宽的温度区间，硼、硅元素均可与镍、钴、铁等，在高温下生成低熔点共晶，使合金熔点大幅度降低，如 Ni-B 共晶熔点为 1 095℃、Fe-B 共晶熔点为 1 070℃、Co-B 共晶熔点为 1 095℃、Fe-B 共晶熔点为 1 140℃。硅对合金熔点的影响比硼要小。

合金熔点低，但有较宽的固-液相温度区间，使合金具有优良的流动性和润湿性。因此，合金的工艺性好，涂层成形美观。

2) 脱氧还原及造渣作用

硼、硅是强还原剂。在各个温度下，它们生成的氧化物比镍、钴、铁等元素生成的氧化物都很稳定。因此硼、硅元素对镍、钴、铁等元素的氧化物都有强烈的脱氧还原作用。硼、硅与氧作用，分别生成 B_2O_3 和 SiO_2，B_2O_3 的熔点为 580℃，SiO_2 的熔点为 1 713℃。B_2O_3 虽然熔点低，但黏度较大，也难以浮出表面。但是，B_2O_3 和 SiO_2 同时存在时，就能生成低熔点的硼硅酸盐，如 73%的 SiO_2 和 27% B_2O_3 的熔点为 722℃。这种硼硅酸盐的黏度小，比重轻，流动性好，易浮出合金表面，并使焊层合金得到保护，不受氧化，防止产生气孔。

3) 提高合金的硬度

硼、硅元素对合金的金相组织有弥散强化和固溶强化作用。第二相弥散分布在合金中，使其强度和硬度增加，这种强度和硬度的增加称为弥散强化。硼的主要作用是弥散强化。硼除极少量溶于镍奥氏体中外，大部分以 Ni_3B 等金属间化合物的形式，弥散分布在合金中。当合金中含有铬时，硼与铬能生成金属间化合物 Cr_2B、CrB 等硬质颗粒。硼有时还和合金中的碳形成碳硼化合物硬颗粒，它们都弥散分布在合金中，这些硬颗粒的硬度极高。试验表明，当硼含量不高时，随着硼的增加，涂层硬度显著增加。当硼含量超过 3.5%时，其影响就不明显了。硅的作用主要是固溶强化。

在镍基自熔合金中，常温下硅在镍中的溶解度可达 6%。因此，大部分硅可固溶在镍奥氏体中，使其产生固溶强化。此外，部分硬质相还与基体相形成共晶。共晶的多少及弥散分布程度与合金冷却速度有关。焊层凝固越快，则共晶相少而弥散，反之共晶相粒大并聚集。这种共晶相使焊层硬度增高，脆性增大。

硼硅元素在铁基、钴基合金中也有类似的作用。一般合金中，硼含量不超过6%，硅含量不超过5%。硼、硅含量太高，会出现较多的脆性化合物，使涂层的塑性、韧性下降，脆性增加，易产生裂纹。

4）良好的耐蚀性

硼、硅元素在还原性酸介质中有较高的耐蚀性，但在氧化性酸介质中使合金耐蚀性降低。含Cr大于13%、B为2%～3.5%、Si为2%～4%的Ni基合金，在各种介质中的耐蚀性能显示出良好的耐蚀性。

5）改善喷焊工艺性能

硼、硅元素使合金熔点显著降低，易脱氧造渣，自熔性合金具有较宽的固液相线温度范围，液态流动性和铺展性好，对基体材料表面充分润湿，容易获得平整光洁、成形美观的焊层，具有良好的喷焊工艺性能和使用性能。B元素使合金液态的表面张力增大，适当的含硼量，雾化制粉时能获得流动性好的球形颗粒，提高沉积速率。

3．陶瓷涂层材料

陶瓷通常是各种氧化物（主要是金属氧化物）、碳化物、硼化物、硅化物、氮化物的通称。而用于热喷涂的陶瓷是指晶体陶瓷，因为它们主要用于各种工程项目中，所以称为工程陶瓷。

一般说来，凡经加热能呈熔融状态或塑性状态的材料，均可作为热喷涂的涂层材料。除金属材料外，陶瓷也可用于热喷涂防腐蚀涂层。热喷涂常用的氧化物陶瓷材料主要为Al_2O_3、TiO_2、Cr_2O_3、ZrO_2等，碳化物等非氧化物陶瓷通常采用金属合金作胶黏剂制备成金属基陶瓷复合材料使用。由于氮化物很脆，耐氧化性能又差，它的应用甚少。

陶瓷材料一般具有硬度高、熔点高、热稳定性及化学稳定性能好的特点，用作涂层可有效地提高基体材料的耐磨损、耐高温、抗高温氧化、耐热冲击、耐腐蚀等性能。通过材料的正确选择可以获得这些特性中的某种优越特性。

陶瓷材料一般熔点较高，为了使其能够完全熔化而制备其涂层，一般需要较高温度的热源。因此，常用等离子喷涂这些材料的涂层，特别是采用高效能超音速等离子喷涂技术能够制备出高质量、高性能的陶瓷涂层。而用于喷涂金属材料的燃烧火焰如氧-乙炔火焰等由于温度低，难以将其完全熔化，制备的涂层粒子间结合较弱，一般不适于喷涂陶瓷涂层。

由于陶瓷材料的价格较高，且喷涂工艺复杂，陶瓷涂层的应用范围有限，只有那些耐蚀要求很高的场合或者要求高度耐磨、耐热的场合，并且不能由其他涂层方法代替时才考虑使用陶瓷涂层。热喷涂使用的陶瓷材料以粉末形式供应，粉末的粒度和形状对喷涂时送粉影响很大，需专门生产的粉末供热喷涂使用。

热喷涂陶瓷粉末的粒度范围因其用途而异，常用的粉末粒度为10～44 μm、10～53 μm、5～25 μm及30～74 μm，一般根据实际需要选择所要求粒度范围的粉末。

4．自胶黏型复合粉末

复合材料是由两种或两种以上具有不同性能的固相材料组成的，它按材料的形状，可分为复合粉末和复合线材。采用不同的热喷涂工艺，复合材料可以制成具有各种功能的涂层，它不仅用于机械零部件的修理，而且广泛地用于产品制造，其应用范围遍及国民经济各部门。

组成复合粉末的成分，可以是金属与金属、金属（合金）与陶瓷及陶瓷与陶瓷、金属（合金）与塑料、金属（合金）与石墨等非金属等，范围十分广泛，几乎包括所有固态工程材料。

按照结构，复合粉末一般可分为包覆型、非包覆型和烧结型等。包覆型复合粉末的芯核颗粒被包覆材料完整地包覆，非包覆型粉末的芯核材料被包覆材料包覆的程度是不完整的，包覆程度取决于芯核材料和包覆材料组分的配比。烧结型复合粉末是将微细粉末烧结成形后再进行机械粉碎制成的粉末。图16-50所示为包覆/非包覆/烧结型复合粉末示意图。

按照所形成涂层的结合机理和作用，复合

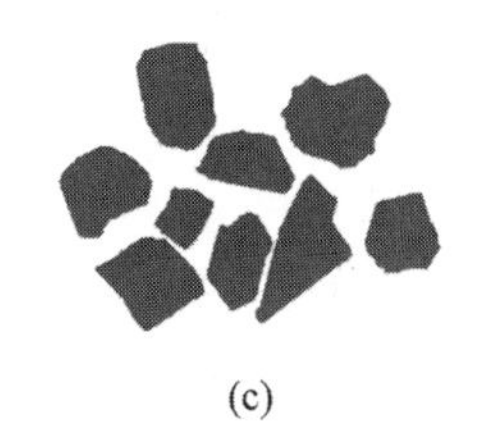

图 16-50　包覆/非包覆/烧结型复合粉末示意图

(a) 包覆型；(b) 非包覆型；(c) 烧结型

粉末可分为增效复合粉末(或称自黏结复合粉末)和工作层复合粉末。

自胶黏复合粉末是指热喷涂工艺过程中，复合粉末的不同组分发生放热反应生成化合物，反应热与火焰热相叠加，促进熔融颗粒与基体表面形成微区冶金结合的复合粉末材料。

自胶黏复合粉末主要用作阶梯涂层的打底层，提高涂层特别是陶瓷涂层与基体之间的结合强度、涂层与涂层之间的结合强度，降低涂层的孔隙率，亦可直接用作耐磨涂层。自黏结复合粉末有 Ni-Al、NiCr-Al、M(Ni、Co、Fe、Ni-Co)CrAlY、Ni-P 复合粉末等。

工作层复合粉末是指通过热喷涂所制备的涂层可实现耐磨损、耐腐蚀、抗高温、抗氧化、绝缘性、导电性或减摩自润滑等不同性能的复合粉末材料。

镍粉和铝粉复合或混合，在铝粉的熔化温度附近，会发生强烈的放热反应，形成 Ni-Al 金属间化合物。镍铝涂层与基体的结合强度高，是热喷涂领域最重要的自胶黏涂层材料。

5. 纳米涂层材料

在热喷涂领域，较为成熟的纳米涂层材料主要有两类，即氧化铝基陶瓷和碳化钨基涂层材料。

1) 氧化铝基陶瓷(纳米 Al_2O_3/TiO_2 粉末)

氧化铝基陶瓷是一种陶瓷复合材料，经过重组后，其扫描电镜图像显示粒子外观呈球形，平均直径为 30 μm 左右，流动性好。可用作要求耐高温的机械部件的耐磨、耐蚀涂层，用直流电弧等离子喷枪或超音速等离子喷枪进行喷涂，涂层气孔率仅为 2%～5%。氧化铝基陶瓷的成分及部分物理性能见表 16-25。

表 16-25　氧化铝基陶瓷的成分及部分物理性能

材料	组成(wt%)		性　能					
	Al_2O_3	TiO_2	粒子尺寸/nm	团聚粒子尺寸/μm	振实密度/(g/cm³)	气孔率/%	结合强度/MPa	显微硬度/HV
氧化铝基陶瓷	87	13	50	30	1.4	2～5	33.3	1 166

2) 碳化钨基涂层(纳米 WC/Co 粉末)

钴包碳化钨(WC/Co)属于金属陶瓷，其纳米粉末是由 WC 纳米粒子和钴金属相组成，涂层具有很高的硬度。粒子重组后直径为 5～45 μm，呈球形，流动性好。纳米结构的 WC/Co 的力学性能远优于传统 WC/Co。纳米结构 WC/Co 粉的硬度是传统 WC/Co 粉的两倍，而且在耐开裂、耐磨耗性方面也远优于传统的 WC/Co。此外，纳米结构 WC/Co 粉不仅硬而且更有韧性。

纳米钴包碳化钨粉末主要用于对断裂韧性要求高的耐磨、耐蚀场合，可使用直流电弧等离子喷枪和高速火焰喷枪进行喷涂。

16.6.5　热喷涂工艺过程

各种热喷涂工艺的工序流程是大体相同的，一般包括涂层设计、基体预处理、涂层制备、喷涂后处理等步骤。

1. 涂层设计

根据机械零部件的应用实际，合理设计热喷涂涂层，是成功解决工业领域中所面临的各种技术问题的关键所在。在涂层设计前，首先要进行零部件工况分析。在涂层设计时，主要确定喷涂底层、表层的材料，复合涂层中间过渡层材料及配比，各层厚度及涂层总厚度等因素。

1）零部件工况分析

零部件的实际工况分析是获得经济、高性能涂层的前提条件，是热喷涂涂层设计的重要组成部分和基础，主要包括零部件几何因素（尺寸、形状、装配状态等）、应力因素和环境因素（温度、工作介质、应力状态等）及其他因素等。

2）底层材料的选择

（1）胶黏底层材料的特点：①与基体结合牢固，结合强度较高；②涂层表面具有合适的粗糙度；③具有合适的热物理属性；④具有抗氧化、耐腐蚀性能。

（2）胶黏底层材料的选择方法

在进行涂层设计时，胶黏底层材料的选择要考虑以下因素：①与基材的相容性能；②工作温度；③腐蚀环境。

3）涂层结构的设计

常见的涂层结构设计有以下四种。

（1）单层结构

单层结构是在预处理的基体表面喷涂单一成分涂层，如在不锈钢基体上采用 HVOF 喷涂 WC-Co、NiCr-Cr_3C_2 涂层等，是较为常用的涂层结构之一，要求涂层材料与基体材料要有较好的相容性，根据涂层材料的特性不同可为基体提供防腐、耐磨、抗高温氧化等功能。图 16-51 所示为 45 号钢基体上制备的 NiCr-Cr_3C_2 涂层。

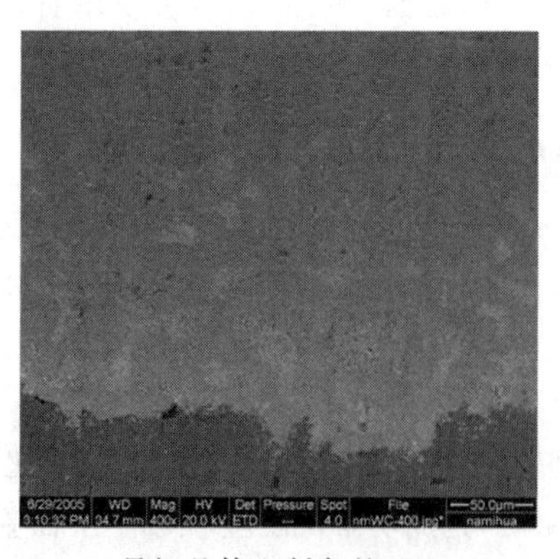

图 16-51　45 号钢基体上制备的 NiCr-Cr_3C_2 涂层

常采用的热喷涂工艺包括普通火焰喷涂、超音速火焰喷涂、电弧喷涂、爆炸喷涂、等离子喷涂等。

（2）双层结构

双层结构是指采用两种喷涂材料，在预处理的基体表面分两次制备的涂层，为底层＋工作表层结构。与基体相邻的涂层称为胶黏底层，主要是为了提高基体与涂层的结合强度，工作表层主要是为了满足零部件的使用性能。在金属及其合金基体上制备陶瓷涂层时，常采用这种结构。图 16-52 所示为超音速等离子喷涂制备的 AT40 涂层，其底层为 Ni/Al 的复合涂层。

图 16-52　超音速等离子喷涂制备的 AT40 涂层

在不锈钢基体上喷涂 Al_2O_3、Al_2O_3-TiO_2、Cr_2O_3、YSZ 涂层时，一般采用普通火焰喷涂、超音速等离子喷涂、超音速火焰喷涂 Ni-Al 系、NiCr 或 MCrAlY 胶黏底层，采用等离子喷涂、爆炸喷涂陶瓷表层的结构。

（3）多层结构

多层结构是指涂层层数为三层或三层以上的涂层结构，在实际中并不常用，在一些特殊的热障涂层体系中采用。目前，多层结构热障涂层主要有两种类型。

一种为在胶黏底层和工作表层之间，插入底层成分依次递减、陶瓷成分依次递增的混合成分涂层，称为梯度 PSZ 涂层（如图 16-53 所示）。该涂层底层材料为 IN100，表层材料为 YSZ，从底层到表层的五层成分分别是 100% IN100、75% IN100＋25% PSZ、50% NiCrAlY＋50% PSZ、25% IN100＋75% PSZ、100% PSZ，这种结构主要为了缓和涂层在高温环境中使用时的热应力，延长涂层的使用寿命。

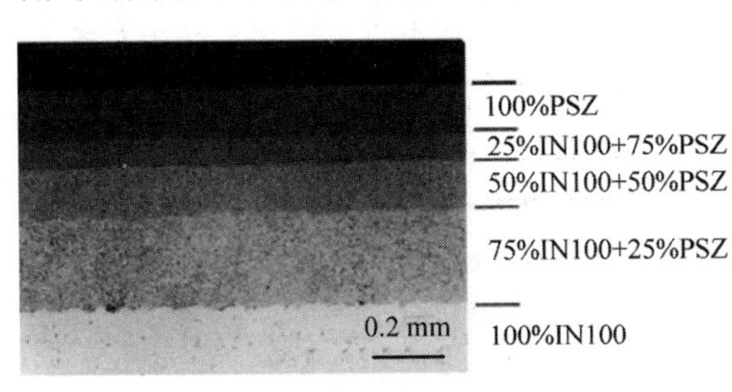

图 16-53 梯度 PSZ 涂层

另一种是设计多种成分涂层来满足一种性能要求。例如，Robert 等为了开发出能够满足柴油发动机的长寿命热障涂层，采用了四层结构（三层热膨胀系数相近的结合底层）来降低涂层热应力。

(4) 连续梯度结构

连续梯度结构是指从胶黏层到表面陶瓷层之间插入一层成分或结构呈连续变化的过渡层。由于其组分和结构由基体向表面方向呈连续变化，使涂层内部的界面缓和或消失，实现涂层系统的热应力缓和，从而可充分发挥金属和陶瓷材料各自的优点，有效解决涂层中界面热应力集中、开裂和涂层剥落等早期失效问题。

2. 基体预处理

对工件表面进行预处理是一个十分重要的环节，它往往关系到整个工艺过程的成败，必须引起高度重视。基体预处理过程主要包括表面净化处理、表面预加工、非喷涂表面的保护、表面粗化处理和基体预热。

1) 表面净化处理

表面净化处理是指去除表面污染物如锈蚀、油脂、污垢、杂质等，使基体表面达到必要的洁净度。表面净化处理主要包括表面除油处理和表面除锈处理。

(1) 表面除油处理

常用表面除油处理技术包括有机溶剂清洗除油、化学碱液清洗除油、电化学除油、加热除油、水基清洗剂除油、高压射流清洗除油、超声波清洗除油。

(2) 表面除锈处理

常用表面除锈处理技术包括化学除锈、电化学除锈、火焰除锈、手工及机动工具除锈、滚光除锈、喷砂(丸)除锈。

2) 表面预加工

表面预加工的主要目的是对工件进行表面清理，除去待修工件表面的各种损伤（如疲劳层和腐蚀层等）、原喷涂层、淬火层、渗碳层、渗氮层等，以及修正不均匀的磨损表面，使喷涂层的厚度均匀，并预留喷涂层厚度。

预加工量由设计规定的喷涂层厚度决定，对修复旧件，一般切至该零件最大磨损量以下 0.1～0.25 mm。对于新件，预加工量与工件工作条件有关，如滑动配合表面的预加工量应为 0.15～0.18 mm 或略大一些。

对于需要对喷涂涂层进行精饰加工的圆柱形零件，一般采用车削方法将基体下切至深度为最小涂层厚度的尺寸。喷涂涂层的厚度通常小于 1.0 mm，陶瓷涂层的厚度通常为 0.3～0.5 mm。

对待喷涂表面预加工时，一定要在待喷表面的两侧留出 1～2 mm 宽的保护边。这两个保护边的存在可以有效地避免涂层边缘的损伤（在零件装配过程中必要的锤击和搬运过程中不可避免的碰撞等）。喷涂外拐角处时，拐角应有倒角过渡；喷涂内拐角时，最好只喷涂拐角的一边。喷涂基体表面形状可接受与不可接受示意图如图 16-54 所示。

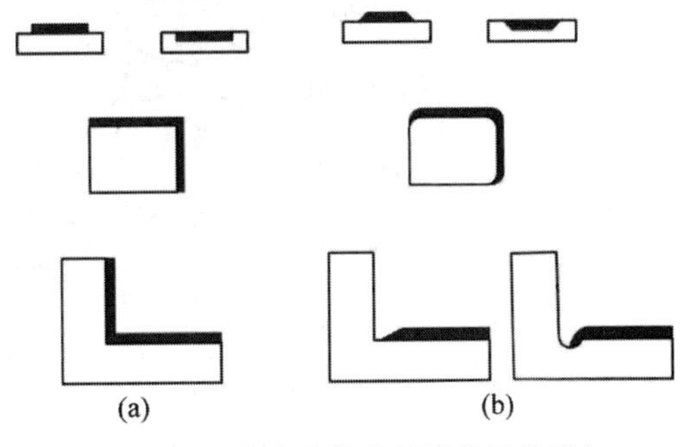

图 16-54 喷涂基体表面形状可接受与不可接受示意图

(a) 不可接受的基体表面形状；
(b) 可接受的基体表面形状

3）非喷涂表面的保护

大多数要喷涂的零件仅是局部面积，在待喷涂面上进行喷砂时，不喷砂的部分应进行遮盖，以防止砂粒溅伤或损害工件。常用的方法有胶带保护、化合物保护和机械保护，油孔、螺钉孔等可用耐热材料堵住。

4）表面粗化处理

粗化处理是使净化和预加工后的基材表面形成均匀凹凸不平的粗糙面，经过粗化处理的表面才能和涂层产生良好的机械结合，具体作用如下。

（1）实现"抛锚效应"即使涂层中变形的扁平状粒子互相交错，形成联锁的叠层。

（2）增大涂层与基材结合的面积。

（3）改善涂层的残余应力，使涂层产生压应力，减少涂层的宏观残余应力，使涂层和基体产生更强的结合。

（4）进一步净化表面，并起到使表面活化的作用。

粗化的方法包括喷砂、机械加工（车沟槽、压花等）、电拉毛等。

5）基体预热

基体预热的目的具体如下。

（1）减小涂层与基体的温度差。在喷涂过程中，喷涂粒子在基体表面凝固时，会产生不同类型的应力，这些应力会影响涂层的自身强度和结合强度。产生这种应力的主要原因是涂层与基体之间的温度差。无论喷涂何种材料，基体表面进行合理预热都有利于提高涂层的结合强度，使涂层不易产生裂纹。

（2）去潮气，并使表面活化，有利于涂层与基体的结合，以及控制基体相对涂层的热膨胀。

（3）减小应力，对于一些薄壁零件，可减小喷涂后冷却时由零件和涂层的收缩不一致性造成的应力，从而有利于涂层与基体的结合。

（4）控制基体温度，对于铁基粉末，在喷涂前控制基体温度，预热至150℃左右，可以使涂层中的碳化物相充分析出，提高涂层的耐磨性。

3. 涂层制备

1）工艺选择原则

喷涂工艺的选择通常是指选择喷涂方法。在选择喷涂方法时，主要考虑该喷涂方法的热源温度、喷涂粒子的飞行速度、喷涂气氛等。当热源温度过低时，金属陶瓷、陶瓷等高温材料就不能熔化；喷涂粒子飞行速度越高，涂层越致密，涂层性能也越好，但成本就会增加。当喷涂气氛为惰性或真空环境时，就可喷涂一些易氧化的材料。图16-55所示为几种常用喷涂方法的粒子飞行速度与焰流温度比较示意图。

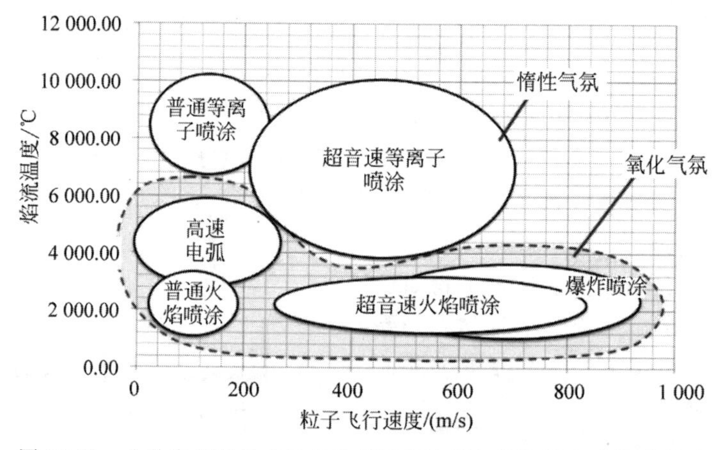

图16-55 几种常用喷涂方法的粒子飞行速度与焰流温度比较示意图

（1）以喷涂材料类型、涂层性能为出发点的原则。

① 金属陶瓷材料，如WC-Co、NiCr-Cr_3C_2等，优先选用超音速火焰喷涂。

② 氧化物陶瓷或者熔点超过3 000℃碳化物、氮化物陶瓷材料，优先采用等离子喷涂。

③ 易氧化的材料，如生物陶瓷材料等，优先采用低压等离子、真空等离子喷涂。

④ 金属及合金材料，优先选用电弧喷涂。

(2) 以涂层经济性及现场施工方便性为出发点的原则。

① 在喷涂材料差别不大的情况下，电弧喷涂的喷涂成本最低。

② 以现场施工为出发点时，选择顺序依次为电弧喷涂、火焰喷涂、便携式超音速火焰或小功率等离子喷涂设备。

2) 工艺优化

涂层制备工艺优化是以涂层的性能(结合强度、硬度、孔隙率等)为评价指标，通过优化试验来实现对喷涂涉及的各种参数的优化。优化试验一般包括传统试验法和统计试验法两种。

传统试验法是在尽可能保持其他参数不变的情况下，每次只改变一个参数，试验工作量非常大，不科学；统计试验法是同时改变几个参数，通过最少的试验次数来获得最多的信息，因此可大幅度降低试验的成本。

4. 喷涂后处理

1) 涂层后热处理

涂层后热处理包括重熔处理和扩散热处理。

(1) 重熔处理

涂层的重熔处理是针对自熔性合金材料(熔点为 1 000～1 300℃)而言，如 NiCrBSi、FeCrBSi 等，目的是进一步提高涂层与基体的结合强度。根据重熔时采用的加热方式，重熔处理包括火焰重熔、炉内重熔、感应重熔及激光重熔等方法。较为经济、常用的方法为氧-乙炔火焰重熔法。

(2) 扩散处理

扩散处理是指在一定的热处理工艺条件下，涂层中的金属成分向基体中扩散，使结合界面上形成合金化的扩散组织，提高了涂层的结合强度，同时通过热处理改善了涂层的致密性、延展性、耐腐蚀性及抗氧化性等性能。例如，在铁基体上喷纯铝(纯度在 99%以上)涂层，在涂层表面涂覆含铝的煤焦油封孔剂或水玻璃保护剂后，将工件入炉在 600℃保温 1 h，随炉冷却至 300～400℃，出炉空冷至室温，在 Al 涂层的区域内可产生 0.25～0.5 mm 厚的 Fe-Al 合金层，能有效防止工件的高温氧化。

2) 涂层后封孔处理

孔隙是热喷涂涂层的重要组成与特征之一，它有连贯和不连贯的，有的甚至从涂层的表面贯穿至基体与涂层的界面上，给涂层的使用带来较大隐患。封孔作为一种后处理方法，可以填充这种孔隙。涂层封孔的主要目的有以下几个方面：①有效阻止腐蚀介质渗透到涂层与基体的结合界面；②有效阻止氧化性物质扩散到金属(合金)基材表面；③有效保证了陶瓷涂层本身的绝缘性能；④有效防止污染物质或研磨碎片进入涂层；⑤有效延长锌、铝及合金涂层的防腐蚀寿命；等等。

3) 涂层后机械加工

热喷涂涂层表面的尺寸精度和表面粗糙度等，都远远达不到零件图所规定的质量要求，所以对它们必须进行机械加工。

热喷涂所用的材料种类很多，所得涂层的性能也各异。有的容易加工，但有许多是很难加工的，如高硬度自熔性合金粉末涂层、陶瓷涂层等，它们最大的特点是具有很高的硬度和耐磨性。其硬度 HRC 可达到 50～70，平均相对耐磨系数为 2～3(以 65 锰钢为标准试样)。因此，如果解决不好它们的切削加工就会直接影响热喷涂技术的推广与应用。对于它们进行加工，要采用特殊的刀具材料、砂轮或采用特种加工方法，如电解磨削、超声振动车削等。

5. 热喷涂安全与防护

1) 防火防爆

火焰喷涂中用到的乙炔、丙烷、丙烯、天然气等气体易燃易爆，在使用和存放中要特别小心。若这些易燃气体和氧气密封不严，会发生气体泄露。当混合气体浓度达到一定比例时，会引起燃烧和爆炸。特别是室内作业通风不好时，应事先做好密封检查，并采取通风措施。

2）设备的防护

（1）热喷涂过程中，会有合金粉末飞扬于空气中，这些合金粉末是良好的导体。应尽量将电器设备远离现场，不能远离时，应加强设备的防粉尘措施。

（2）合金粉末工作过程中很容易进入机械设备的内部，成为运动部件间的磨粒，影响其精度和寿命，因此必须采取相应的防护措施。

3）人员的劳动防护

（1）臭氧（O_3）、氮氧化物、金属粉尘及金属氧化物

① 臭氧：对人体的影响，主要是刺激呼吸系统发生病变。其浓度超过一定量时，往往引起人的口干、咳嗽、胸闷、食欲不振，疲劳无力、头晕、全身疼痛等症状。

② 氮氧化物：主要产生于等离子弧喷涂和粉末堆焊过程中，它具有特殊臭味，毒性较强。可造成头痛、咳嗽、呼吸困难、失眠、虚脱、全身软弱无力、食欲不振、上呼吸道黏膜发炎（慢性咽炎）、慢性支气管炎及皮肤过敏等症状。

③ 金属粉尘及金属氧化物：金属粉尘及其氧化物对人体的危害作用是一个比较复杂的问题。这些物质的危害还会长期积累起来，逐渐使人产生疾病，如鼻炎、呼吸道疾病、矽肺等。

④ 防护措施：工作现场应宽敞，空气流通，最好配有通风装置；安装封闭式防护通风罩，并隔离操作；采用机械化、自动化操作，使操作者远距离控制；现场工作人员应戴防尘口罩，最好是滤膜防尘口罩。

（2）火焰及弧光辐射

① 危害：灼伤眼睛；皮肤损伤；紫外线对纤维组织还有严重的破坏作用，特别是棉织品尤为严重。

② 防护措施：操作者必须戴深色防护眼镜、工作面罩、工作帽、手套，穿上工作服。

（3）噪声

① 产生及危害：由于各种不同频率和强度的声振动，毫无规律地、机械地混合在一起就产生了噪声。

一般认为，噪声高于 80 dB 时，对人体就会产生影响，而且是多方面的，表现为失眠、健忘、记忆力衰退、血压升高、心跳过速、厌倦、烦躁、易疲劳等。长时间下去，还会引起其他并发症，严重者还会产生慢性疾病，如神经衰弱、神经官能症及内脏功能紊乱和心脏病等，并可能造成典型的噪声性耳聋。

② 防护措施：佩戴隔音耳罩或在耳内塞棉花可降低 10～20 dB 噪声；采用隔音室和机械化自动化的隔离操作是防护噪声最理想的措施。尤其当使用大功率的等离子弧喷涂时，更应如此。

（4）高频电场

① 产生及危害：在热喷涂工作中，当用高频电引燃电弧或用高频电进行稳弧的工艺中都会产生高频电场。

高频电场对人体的作用是致热作用，并有可能引起中枢神经系统的某些机能障碍。轻度影响，会发生周身不适，头痛、疲劳、记忆力减退等症状。个别人有脱发现象。严重者会发生血压下降，白细胞不正常等现象。

② 防护措施：高频发生器应设有屏蔽装置；提高设备的引弧能力，缩短引弧时间。

（5）放射性

① 产生及危害：目前，少数设备的喷枪采用钍钨棒作电极。钍钨棒中含有 1%～2% 的氧化钍，这就是产生放射性因素的根源。当钍粉尘进入体内还会产生内辐射。

② 防护措施：热喷涂中放射性的防护重点是钍的放射性，主要从含有放射性电极的保管、加工、粉尘后处理及个人防护四个方面采取措施。不用钍钨电极，而改用铈钨电极或钇钨电极是最好的防护方法。

钍钨棒必须集中管理，专门保管。打磨加工钍钨棒时，应注意以下几点：第一，个人防护。应戴口罩、手套和穿工作服、工作鞋等，并经常清洗，不能同其他生活物品混放。每次工作后，必须用流动水和肥皂清洗手和脸部；第二，工作现场防护。打磨砂轮必须安装抽风机，排尘、过滤、分离处理等设备。经常进行湿式清扫，妥善处理粉尘，如进行深埋等。

16.7　激光修复技术

16.7.1　激光原理及产生历程

1. 激光原理

激光与原子能、计算机、集成电路并列为20世纪的四大发明，其理论基础为1916年美国科学家爱因斯坦提出的受激辐射理论。激光的英文全称为 light amplification by stimulated emission of radiation(简称为 Laser)，中文意思为受激辐射光放大，“激光”一词为著名科学家钱学森提出。

基于量子力学理论，原子只能稳定地存在于一系列能量不连续的定态中，原子能量的任何变化(吸收或辐射)都只能在某两个定态之间进行，从而原子之间只存在三种形态，即吸收、自发辐射、受激辐射。低能级原子吸收一定能量后跃迁到高能级。高能级原子自发辐射是独立进行的，所发光子的频率、传播方向、初相、偏振态等都不同。受激辐射则是在高能级上存在大量激发态原子，在外来光子诱发下激发态原子发生跃迁，放出与外来光子的频率、传播方向、相位、偏振态都相同的光子，形成光的放大。这种放大的光具有很大的能量，可用于机械加工，是为激光。

2. 激光的产生条件

激光产生的三个基本条件为激励源、工作物质、谐振腔。

1) 激励源

基于爱因斯坦受激辐射理论，必须使高能级的粒子数多于低能级粒子数，而按照玻尔兹曼统计定律，热平衡时单位体积内处于低能级上的粒子数多于高能级上的粒子数。为了实现粒子数反转，可以采用电激励、光激励、热激励、化学激励等手段激发低能级粒子到高能级上，各种激励方式也被形象化地称为“泵浦”或“抽运”。

2) 工作物质

激光的工作物质可以是气体、液体、固体或半导体，但有些物质的粒子被激发到高能级后短暂停留即一个一个辐射回低能级，不能形成强大的能量；有些物质则在高能级上存在亚稳态，能让通过激励源激发到高能级的粒子数停留一段时间，从而实现粒子数反转。比较常见的适合产生激光的工作物质有 He-Ne、CO_2 气体、红宝石、Nd：YAG(掺钕钇铝石榴石)、N型或P型半导体单晶、碘等。

3) 谐振腔

在激光器两端面装上两块反射率很高的镜，一块光几乎全被反射，称为全反镜；一块光大部分被反射，称为半反镜。有了合适的激励源和工作物质后，可实现粒子数反转，但这样产生的受激辐射强度很弱，无法实际应用。利用谐振腔，被反射回到工作物质的光继续诱发新的受激辐射，在谐振腔中来回振荡，造成连锁反应，雪崩似的获得放大，产生强烈的激光，最终从半反镜一端输出。谐振腔除了加强激光能量外，还能对激光的方向性进行选择，非轴向的激光经过多次反射后会离开激光器。

基于激光产生的三个基本条件，激光器的主要部件如图16-56所示。

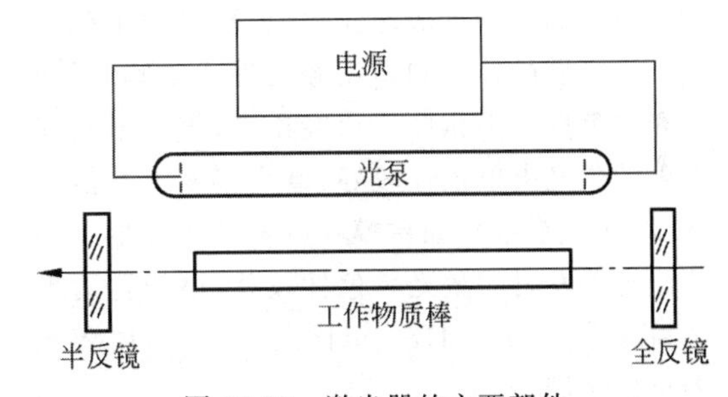

图16-56　激光器的主要部件

3. 激光产生的阈值条件

受反射镜和谐振腔的损耗，激光产生还有一个阈值条件，就是光子在谐振腔中振荡一次产生的光子数要比损耗掉的光子数多。

激光器的辅助部件还包括聚光镜和冷却系统。聚光镜是把激励源能量尽可能多的传递给工作物质。冷却系统是由于激光产生的三个环节：激励源输出光能只占外加电源施加能量的一部分，工作物质输出光能只占接受激励源光能的一部分，加工物质接受光能只占工作物质输出光能的一部分，大部分能量都耗散到激光器内部，从而需要通过水冷系统或风扇将多余的能量带走，特别是 CO_2 激光器和 YAG 固体激光器。

4. 激光光束特性及模式

从激光器中出来的光，具有四个典型的特征，即方向性强、单色性好、相干性高、亮度高。

1）方向性强

光束的方向性反映激光能量在空间集中的特性，通常以发散角来衡量。不同种类的激光器输出光束的方向性差别较大，这与工作物质的种类和光学谐振腔的形式等有关。气体激光器，由于其工作物质有良好的均匀性，而且谐振腔较长，光束方向性最强，发散角为 $10^{-4}\sim10^{-3}$ rad。固体和液体激光器因其工作物质均匀性较差，以及谐振腔较短，光束发散角较大，一般在 10^{-2} rad 范围内。半导体激光器以晶体解理面为反射镜，形成的谐振腔非常短，所以它的光束方向性最差，发散角为$(5\sim10)\times10^{-2}$ rad。

2）单色性好

受激辐射发出的光只有频率满足谐振腔共振条件的才能形成激光输出，激光的单色性受工作物质的种类和谐振腔的性能影响，不同激光单色性也不相同。一般说来，气体激光器发射的激光束单色性较好，谱线宽度半宽值小到 10^3 Hz（赫兹），如单模稳频氦氖激光器。固体激光器发射的激光单色性较差，谱线宽度半宽值为 $10^8\sim10^{11}$ Hz。相比之下，半导体激光器单色性最差。

3）相干性高

受激辐射发射的光子具有相同的频率、位相和方向，因而相干性很高。光束的相干性与单色性是一致的，气体激光的相干性优于固体激光。

4）亮度高

光源的亮度定义为单位面积的光源表面发射到其法线方向的单位立体角内的光功率。激光的亮度高是因其发光面积小，而且光束发散角也极小，如一台输出功率仅 1 mW 的氦氖激光器发出的光也比太阳表面光亮度高出 100 倍。

5）激光模式

光在激光谐振腔内存在的稳定的光波形式，用 TEM_{mnq} 表示，m 和 n 分别表征该模式在垂直于腔轴内形成驻波的节点数，称为横模数，横模代表激光束横截面的光强分布规律（全反镜和半反镜不平导致与基模方向略有差异的光也可能输出造成），分为基模和高阶模；q 表示该模式在光腔轴的平面内形成的节点数，称为纵模数，纵模代表激光器输出频率的个数（谐振腔长度越长，纵模越多），分为单纵模和多纵模。只有一个亮点的称为基模，记作 TEM_{00}，两个或两个以上亮点的称为高阶模或多横模，如图 16-57 所示。一个理想激光器的输出应该只包含单纵模和基模，但实际上大多数激光器是多模运转的，其光束的光强分布是不均匀的，呈现出多峰值现象。

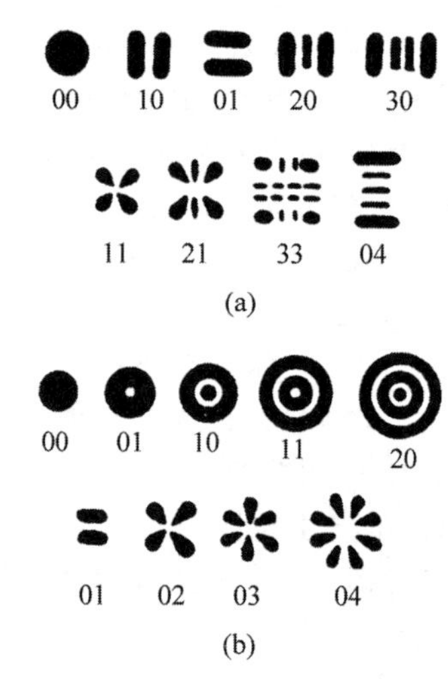

图 16-57 激光横模模式
(a) 轴对称横模；(b) 旋转对称横模

16.7.2 常见激光器

按工作物质分，激光器可分为气体激光器、固体激光器、光纤激光器、半导体激光器和液体（染料）激光器五大类。从运行方式分，激光器可分为连续激光器和脉冲激光器：连续激光器是工作物质的激励和相应的激光输出在一段较长的时间范围内以连续方式持续进行；脉冲激光器是指单个激光脉冲宽度小于 0.25 s、每间隔一定时间才工作一次的激光器，具有较大输出功率。本节按照工作物质对材料加工领域常见激光器进行介绍。

1. 气体激光器

气体激光器的工作物质为气体，其均匀性好，因此输出的光束具有较好的方向性、单色性和较高的频率稳定性，最终表现为光束模式好。但气体的密度小，不易得到高的激发粒子浓度，因此为了提高气体激光器的功率，其体积普遍比较庞大、结构复杂(多折叠腔)。

气体激光器分为原子气体激光器、离子气体激光器、分子气体激光器和准分子激光器，具体种类及特点见表16-26。

表16-26 气体激光器的种类及特点

典型代表	原子气体激光器	离子气体激光器	分子气体激光器	准分子气体激光器
	He-Ne	氩离子	CO_2	ArF
波长/nm	632.8	488.0、514.5	10 600	193
功率	0.5～100 mW	30～50 W	0.05～600 kW	
特征	功率小，单色性好、方向性强、使用简便、结构紧凑坚固	大多在紫外和可见光区域，输出激光功率较大	输出功率大，体积大，结构复杂，对金属反射率高	波长短、频率高、能量大、焦斑小、加工分辨率高
应用领域	外科医疗、激光美容、激光陀螺、精密测量等领域	光谱学、光泵染料、激光化学和医学等	打孔、切割、焊接、退火、表面改性、熔覆等	紫外光化学，激光光谱学，医学角膜屈光手术、角膜疤痕去除等

分子气体(CO_2)激光器作为工业领域应用较广泛的激光器，具有功率高，光束模式好，运行维护成本低等优点，工作物质由CO_2、氮气、氦气三种气体组成。其中CO_2是产生激光辐射的气体，氦气有利于下能级的抽空，氮气起能量传递作用，为上能级粒子数的积累与大功率高效率的激光输出起到强有力的作用。CO_2激光器发射光束的波长为10.6 μm，大部分金属对该波长的激光不能够很好地吸收，一般需要在被加工金属表面涂覆由SiO_2、稀土氧化物、稀料和增稠剂组成的吸波材料。另外，CO_2激光不能采用光纤传输，加工柔性较差。

2. 固体激光器

固体激光器的工作物质为固体，是把具有能产生受激发射作用的金属离子掺入晶体或玻璃而制成的。在固体中能产生受激发射作用的金属离子主要有三类：①过渡金属离子(如Cr^{3+})；②大多数镧系金属离子(如Nd^{3+}、Sm^{2+}、Dy^{2+}等)；③锕系金属离子(如U^{3+})。

用作晶体类基质的人工晶体主要有刚玉($NaAlSi_2O_6$)、钇铝石榴石($Y_3Al_5O_{12}$)、钨酸钙($CaWO_4$)、氟化钙(CaF_2)，以及铝酸钇($YAlO_3$)、铍酸镧($La_2Be_2O_5$)等。

用作玻璃类基质的主要是优质硅酸盐光学玻璃，如钡冕玻璃和钙冕玻璃。晶体激光器以红宝石($Al_2O_3:Cr^{3+}$)和掺钕钇铝石榴石(简写为YAG：Nd^{3+})为典型代表，梅曼发明的第一台激光器工作物质就是红宝石，掺钕钇铝石榴石激光器的简称为YAG激光器；玻璃激光器则是以钕玻璃激光器为典型代表。

图16-58所示为典型的固体激光器结构示意图，高压电源作用在氪气或氙气灯管上作为泵浦灯，发出的光照射到Nd：YAG晶体上产生激光，通过谐振腔的振荡放大和方向性选择，最终输出激光，典型波长为1 060 nm。由于工作物质的光学均匀性不如气体，固体激光器输出的光束模式为多模。

理论上固体激光器参与受激辐射的粒子密度较气体工作物质高三个量级以上，上能级的寿命长，容易获得大能量激光的输出，实际上固体激光器自从诞生之日起就一直存在输出能量不高的问题。

3. 光纤激光器

光纤激光器是一种全固体激光器，在材料

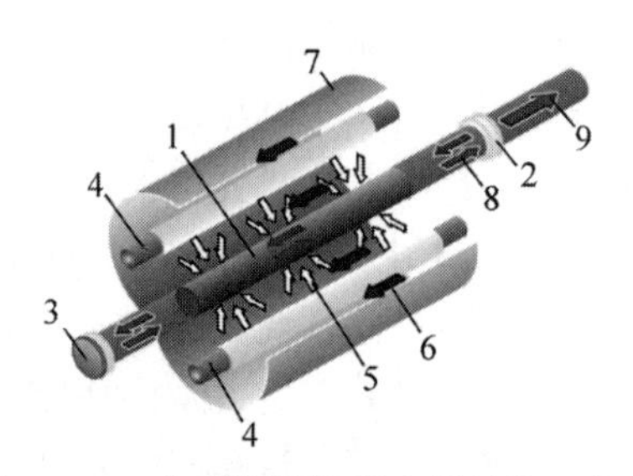

图 16-58　典型的固体激光器结构示意图

1—活性介质(晶体棒)；2—输出镜；3—后镜；4—泵浦灯；5—泵浦光；
6—冷却水；7—反射镜；8—受激发射；9—激光束

加工领域占有重要地位，光纤激光器主要由二极管泵浦源、耦合器、掺稀土元素光纤、谐振腔等部件构成，输出激光波长为 1 060 nm。

1964 年光纤就应用到激光器上，但是直到 20 世纪 80 年代，作为泵浦源的半导体激光器和网络通信的光纤快速发展，光纤激光器的技术条件才开始成熟，产业突破是美籍俄裔科学家瓦伦京·加彭切夫，其于 1990 年创立的 IPG 公司是全球最大的光纤激光器生产厂家。

光纤激光器采用的光纤为双包层光纤(如图 16-59 所示)，由光纤芯、内包层、外包层、保护层四个层次组成。光纤芯有晶体光纤芯、非线性光学型光纤芯、稀土类掺杂光纤芯、塑料光纤芯四种形式，以稀土类掺杂光纤芯为主。内包层一般采用异形结构，有椭圆形、方形、梅花形、D 形及其六边形等，光在内包层和外包层(一般设计为圆形)之间来回反射，多次穿过光纤芯被其吸收。光纤的导光原理是利用光的全反射原理，即当光以大于临界角的角度由折射率大的光密介质入射到折射率小的光疏介质时，将发生全反射，入射光全部反射到折射率大的光密介质，折射率小的光疏介质内将没有光透过。光纤内包层的折射率低于芯层，但高于外包层，因此，芯层与内包层之间的边界限制了光纤芯内激光的逸出，而内外包层之间的边界限制了内包层中泵浦光逸出，从而达到高的泵浦效率和高的输出效率，如图 16-59(b)所示。

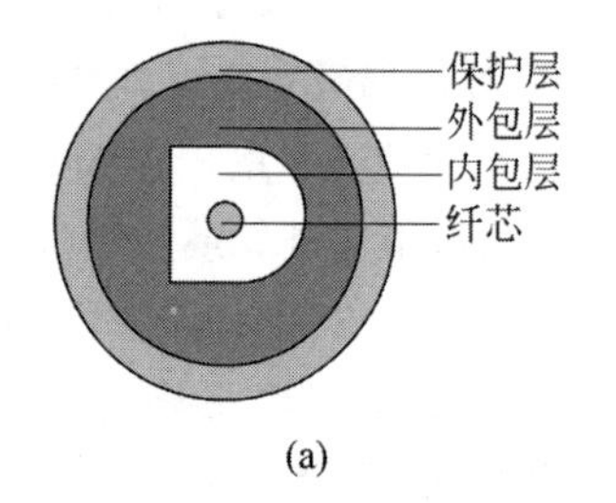

(a)

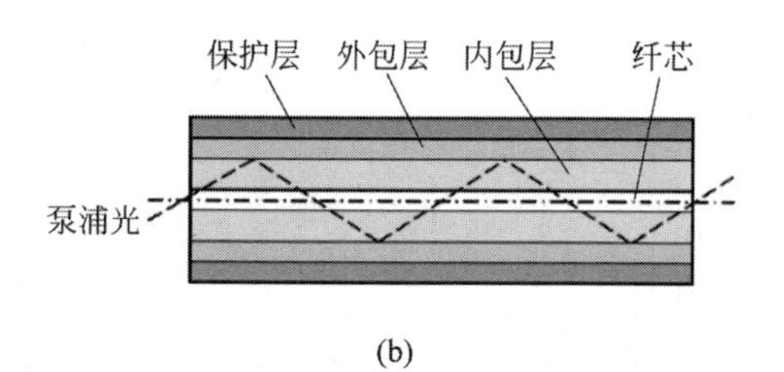

(b)

图 16-59　光纤传输原理示意图

(a) 光纤的典型结构；(b) 光纤传输的原理

光纤激光器采用大功率的多模激光二极管阵列作为泵源，将约 70%以上的泵浦能量间接地耦合到纤芯内，在光纤的全长度上进行泵浦，因此大大提高了泵浦效率。

相比于 CO_2 激光器和 YAG 激光器，光纤激光器具有如下优点。

(1) 输出功率高，商用化的光纤激光器 2017 年已经达到 2×10^4 W。

(2) 光束质量好，焦点细小。

(3) 光电转换效率为 25%～30%。

(4) 柔性高，光纤传输，高度自动化。

(5) 高稳定输出，谐振腔内无光学镜片，免调节，免维护，功率漂移为－1%～＋1%。

(6) 散热性能好、寿命可达 3×10^4 h，可靠度高。

(7) 功率衰减慢。

(8) 体积小、质量轻、便于移动和现场加工。

基于以上优点，光纤激光器近年来发展非常迅速。光纤激光器的主要生产厂家是美国IPG公司、德国TRUMPF公司(收购英国SPI公司)和中国武汉锐科光纤激光技术公司等。

4. 半导体激光器

半导体激光器是用半导体材料作为工作物质的激光器，又称激光二极管。常用工作物质有砷化镓(GaAs)、硫化镉(CdS)、磷化铟(InP)、硫化锌(ZnS)等。激励方式有电注入、电子束激励和光泵浦三种形式，其中电注入简易可行。半导体激光器将电子直接变成光子，电光转换效率高达50%以上，使用寿命长达10×10^4 h以上，具有体积小、质量轻、性价比高，材料便宜等优点。

从20世纪70年代末开始，半导体激光器向着两个方向发展：一是以传递信息为目的的信息型激光器，二是以提高激光功率为目的的功率型激光器。半导体激光器输出的激光发散度大，需要对其光束进行整形，形成小芯径、小数值孔径、高亮度的光纤耦合激光输出，早期方法是将一根光纤和半导体激光器的每一个发光区一一对应，形成一捆光纤束，后期采用微透镜阵列将半导体激光发射的光束准直成准直光束，然后进一步将光束进行整形，最后将整形光束聚焦耦合到光纤，如图16-60所示。

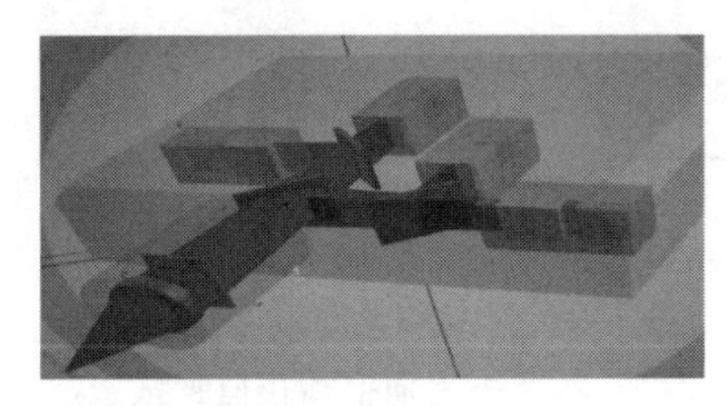

图16-60　半导体激光器光束整形

与CO_2激光器和Nd：YAG激光器相比，大功率半导体激光器(high power diode laser，HPDL)在吸收率、光电转换效率、体积及运行成本上占有显著优势。大功率半导体激光器的电-光转换效率高达50%，是CO_2激光器的2～4倍，是闪光灯泵浦的Nd：YAG激光器的20～30倍，而其体积小、质量轻，极易与机器人相匹配。

大功率半导体激光器的应用领域主要有两个方面：一方面是作为固体激光器特别是光纤激光器的泵浦源；另一方面是直接用于材料加工，如激光熔覆、激光淬火、激光焊接等。大功率半导体激光器的国外主要生产厂家有德国LaserLine公司、德国DILAS公司、德国TRUMPF公司等，国内主要生产厂家有锐科激光、凯普林、创鑫激光、长光华芯、镭宝光电等，最大功率与国外存在一定的差距。

5. 液体(染料)激光器

液体激光器的工作物质是有机染料溶解在乙醇、甲醇或水等液体中形成的溶液。液体激光器的工作物质分为两类：一类为有机化合物液体(染料)；另一类为无机化合物液体。其中染料激光器是液体激光器的典型代表。染料激光器多采用光泵浦，主要有激光泵浦和闪光灯泵浦两种形式。

液体激光器的波长覆盖范围为紫外到红外波段(321 nm～1.168 μm)，通过倍频技术还可以将波长范围扩展至真空紫外波段，激光波长连续可调。液体激光器的优点是结构简单、价格低廉；缺点是染料溶液的稳定性比较差，主要应用于科学研究、医学等领域，如激光光谱光、光化学、同位素分离、光生物学等，在材料加工领域应用较少。

6. 激光器使用安全规定

激光安全等级分为四级，具体见表16-27。

表16-27　激光安全等级

安全等级	激光功率	激光产品使用规范及防护措施
1级	小于0.4 mW	通过光学系统聚焦后也不会超过安全值，如激光教鞭、CD播放机、地质勘探设备和实验室分析仪器等

续表

安全等级	激光功率	激光产品使用规范及防护措施
2级	0.4～1 mW	不要直接在光束内观察，不要用激光直接照射别人的眼睛，避免用远望设备观察。如激光教鞭、瞄准设备和测距仪等
3级	3A 1～5 mW 3B 5～500 mW	避免用远望设备观察，最大照射时间10 s以下为安全。如应用光谱测定和娱乐灯光表演
4级	大于500 mW	容易引起火灾及人身伤害，需要佩戴保护眼镜及隔离措施，如外科手术、激光切割、激光焊接等

激光防护通常是对激光源、操作人员和工作环境分别采取相应的保护措施。具体的措施如下。

(1) 有激光的工作场所应张贴醒目的警告牌，设置危险标志。

(2) 工作人员应先接受激光防护的培训，进入工作场所应带激光防护眼镜。

(3) 激光不用时，应在输出端加防护盖。应尽量让光路封闭，避免人员暴露于激光束。

(4) 在激光运行空间内应保证足够的照明使眼睛的瞳孔保持收缩状态。

(5) 对激光操作人员进行定期体检。

(6) 建立封闭的激光加工区域。

图16-61所示为常见的激光安全防护产品。

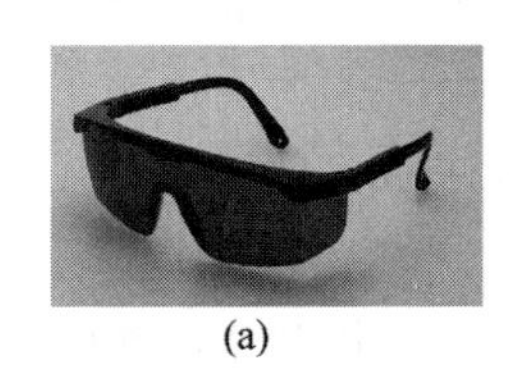
(a)

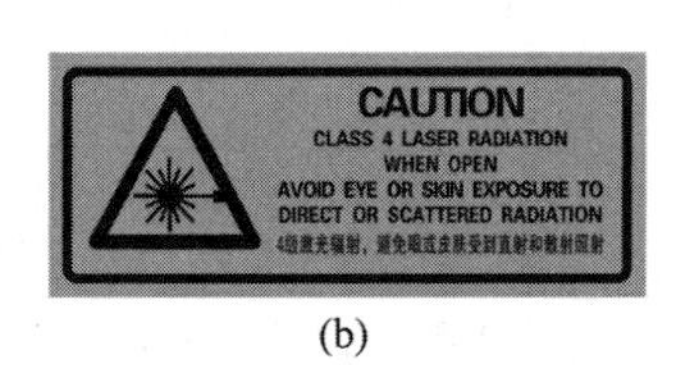

(b)

(c)

(d)

图16-61 常见的激光安全防护产品
(a) 激光防护眼镜(根据激光波长选择)；(b) 4级激光危险警示标志；
(c) 激光防护玻璃(根据激光波长选择)；(d) 激光防护帘

16.7.3 激光表面强化技术

1. 激光冲击强化

1) 激光冲击强化定义

激光冲击强化(laser shock peening，LSP)是一种先进激光表面处理技术，首先利用短脉冲(8～30 ns量级)高能量激光束辐照黏附在零件表面上的吸收层，吸收层吸收激光能量迅速发生等离子体气化，形成的等离子体团进一步快速吸收更多的激光能量，形成压强可达数十吉帕斯卡(GW/cm^2)的高温高压的等离子团、短脉冲；然后在约束层的约束下发生爆炸，产生瞬时等离子体冲击波，并向零件内部传播；最后使工件表层材料发生高速塑性应变，引起晶格畸变、位错、位错交织、位错墙、晶粒细化等微观组织构变化，在零件表面产生表面压应力，从而实现对零件的表面强化或精密成形加工，可以有效地提高金属部件的疲劳寿命。激光冲击强化原理示意图如图16-62所示。

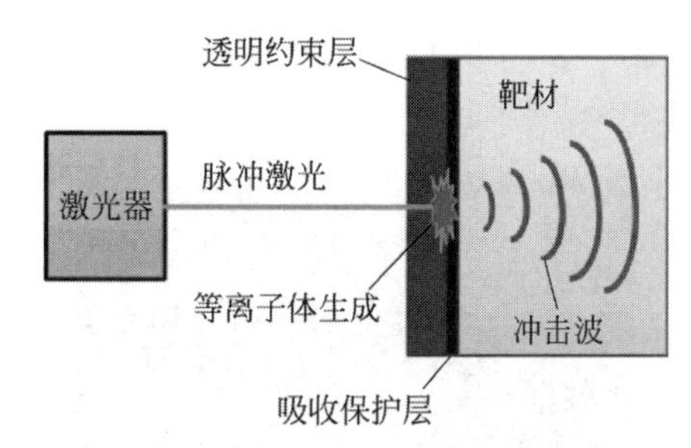

图16-62 激光冲击强化原理示意图

透明约束层材料一般为K9玻璃、硅油或流水。

常见的激光冲击强化有约束式和非约束式两种模型。非约束型作用方式：激光辐照在材料表面形成的冲击波不受外界的约束限制，冲击波压力比较低；在材料加工过程中，由高能激光产生的热影响占主导地位，金属表面受热膨胀，容易对材料进行塑性压塑，使材料表面产生残余拉应力，不利于材料疲劳寿命的提高。约束型作用方式：通过透明约束层的作用，使等离子体冲击波压力大大提高；能够使冲击波作用空间集中在微小范围之内，从而产生纯粹的机械效应。该方式能够使冲击波峰值压力达到 GPa 量级，甚至 TPa 量级，远超材料的动态屈服极限，在激光冲击强化作用结束后，材料表面硬度得到显著提高，产生均匀的残余压应力层，从而提高金属材料的服役性能。

吸收保护层(涂层)材料一般为黑胶带，采用铝箔作为吸收涂层，能够增大激光的输出脉冲，冲击波压力也会随之增大。

涂层材料的作用是吸收激光能量，产生等离子体冲击波，与约束层共同作用起到增加冲击波峰值压力的效果。此外，涂层材料在吸收激光能量产生高压冲击波的同时需要保证金属靶材不被激光烧蚀。涂层材料需要尽可能地多吸收激光能量，其对激光的吸收率是越高越好。同时，涂层材料的厚度需要适中，这是由材料表面的热效应所决定的，过厚的涂层会增加吸收层与约束层的距离，使等离子体作用空间变大，冲击波压力会在一定程度上降低；而过薄的涂层容易使金属靶材表面被激光烧蚀，反而会降低材料表面的强化效果。

激光冲击强化之所以能够提高材料疲劳寿命，与材料表层显微组织的变化有着密切的关系。在超高应变率的冲击波作用下，材料表层组织位错运动加快，产生位错增殖、晶粒细化等现象，同时形成多种强化的亚细结构，从而提高材料的疲劳抗力。江苏大学张永康等通过对镁合金激光冲击强化处理，研究发现镁合金晶粒经过强化处理后，其晶粒组织得到细化，且晶粒细化程度随激光冲击强化次数的增加而增加(图 16-63)。

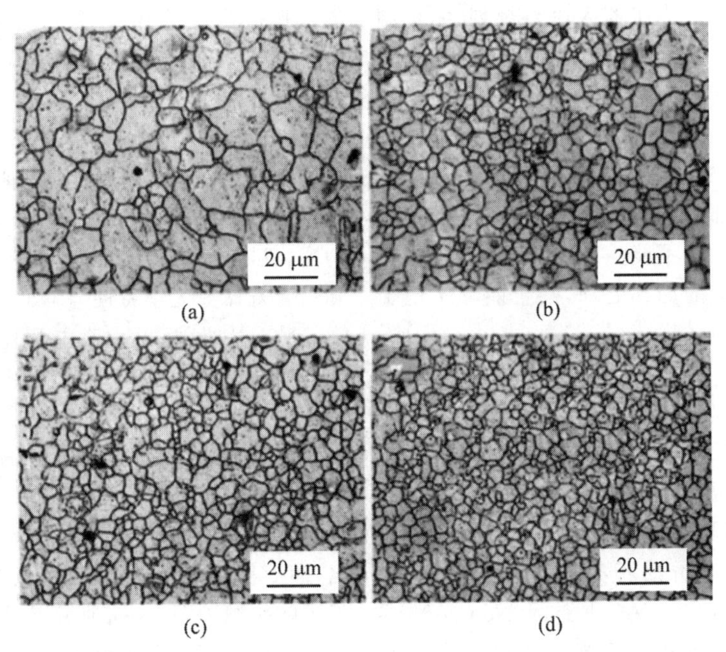

图 16-63　不同冲击次数的 AZ31B 镁合金的表层显微组织

2) 激光冲击强化特点

激光冲击强化技术自 1972 年诞生以来就受到了广泛的青睐。20 世纪 90 年代，美国为此实施了高周疲劳(high-cycle fatigue，HCF)研究国家计划，劳伦斯利弗莫尔国家实验室(Lawrence Livermore National Laboratory，LLNL)、通用公司和金属改进公司(Metal Improvement Co.，MIC)等联合深入开展了激光冲击强化技术的理论、工艺和设备研究，使其逐步走向了实用。与国外相比，我国的激光冲击强化技术应用研究起步较晚，20 世纪 90 年代江苏大学开始进行激光冲击强化技术研究；2008 年，西安空军工程大学研制成功连续脉冲激光冲击强化设备；2011 年，中科院沈阳自动化所向沈阳黎明发动机有限公司交付了我国首台整体叶盘激光冲击强化系统，填补了我国无工业应用激光冲击强化设备的空白。激光冲击强化技术的主要技术优势如下。

(1) 强化效果显著。激光冲击强化是一种低能耗的加工方式，能在材料表面产生比传统表面强化工艺(如喷丸、滚压等)残余应力更大、影响层更深的强化层，同时能够细化晶粒组织，极大地提高了材料的疲劳性能。

(2) 强化速度快。塑性动态作用时间在 ns 量级。

(3) 工艺参数精确可控。激光强化过程中，激光器工艺参数是可调可控的，且激光冲击强化路径能够依靠机器人进行规划，实现精确可控；同时可以通过参数控制和多次强化，从而得到理想的强化效果。

(4) 能实现材料表面局部处理。脉冲激光具有可达性好、光斑直径可调、可精确定位，可对复杂结构零部件的局部区域进行处理，这是传统表面强化工艺不能实现的，尤其适合飞机榫槽等复杂结构的局部处理，甚至能够实现金属材料微米级的强化。

(5) 具有良好的表面性能。无须对材料表面进行后续处理。

(6) 环境友好，无污染。

3) 激光冲击强化设备

激光冲击强化设备主要由激光器及机械手组成，按照工作介质种类可分为三种类型：Nd^{3+}：Glass、Nd^{3+}：YAG 晶体及 Nd^{3+}：YAG 陶瓷。激光冲击强化对激光器的要求为脉冲宽度纳秒级、单脉冲能量数十焦、平均功率数百瓦、重复频率数赫兹。

(1) Nd^{3+}：Glass 激光器。

由于钕玻璃能够生长出掺杂均匀的大尺寸成品，储能好，易制成多种形状(如棒状、片状、板条)。所以，长久以来激光冲击强化实验室研究所用的激光器多数为钕玻璃激光器。但是由于玻璃材料具有热导率低的致命缺点，在连续和高重复率运转场合难以胜任。因此，激光冲击强化技术发明后的近 20 年内，钕玻璃激光冲击强化装置一直停留在实验室应用阶段。

2002 年，在美国利弗莫尔国家实验室的技术支持下，美国金属改进公司首次将激光冲击强化技术用于规模性商业，并且先后在美国和英国各建成一套 LLNL-MIC 激光冲击强化系统是世界上较为成功的高能、重复频率钕玻璃激光冲击强化装置。

(2) Nd^{3+}：YAG 晶体激光器。

相对于钕玻璃激光工作介质，Nd^{3+}：YAG 晶体的显著优点如下：热导率高，传热性能好，便于散热；但是其弱势为储能效果差，无法获得足够大的光放大能量，且晶体生长困难，难以获得大尺寸晶体。因此一直以来，Nd^{3+}：YAG 晶体材料被广泛应用于高重复频率、低能量场合，早期甚少用于激光冲击强化技术的研究。

(3) Nd^{3+}：YAG 陶瓷激光器。

Nd^{3+}：YAG 陶瓷易获得大尺寸工作介质，又具备优良的导热性能，现有技术已经能够保证获得高质量的大尺寸 Nd^{3+}：YAG 透明陶瓷，且陶瓷材料形状容易控制，其吸收、发射和荧光寿命等光学特性与 Nd^{3+}：YAG 单晶几乎一致。因此，国际上高能固体激光器研发机构开始尝试将 Nd^{3+}：YAG 陶瓷用于商用高能固体激光器。

目前，激光冲击强化设备的市场价格一般为几百万元甚至上千万元。另外，因其对工作环境要求苛刻，运行成本也是一笔不菲的支出，因而目前主要集中在航空、航天、武器等军工国防领域。图 16-64 所示为中国科学院沈阳自动化研究所开发的激光冲击强化系统。

4) 激光冲击强化应用

高端装备的发展，对其零件的使役性能要求越来越高：一方面需研制具有高性能的材料；另一方面需提高现有材料的使役性能。然而传统的喷丸、滚压等材料改性技术因其引入

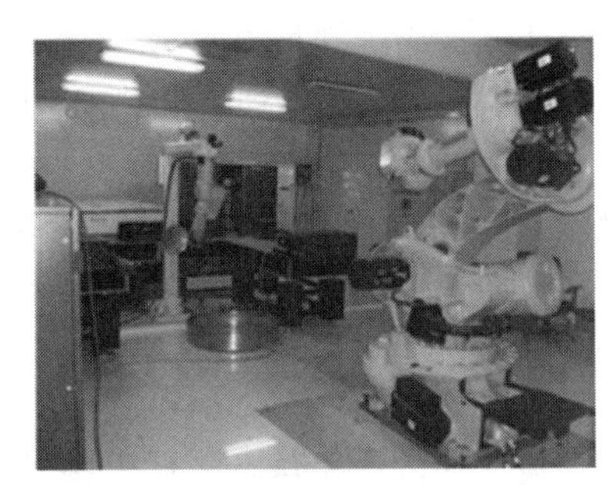

图 16-64 中国科学院沈阳自动化研究所开发的激光冲击强化系统

的压应力层最大深度仅为 75～250 μm，所以渐渐不再能满足高性能零件的生产加工需求。而激光冲击强化技术不但可产生 1 mm，甚至可产生更深的压应力层，同时因激光能量、脉冲宽度、路径轨迹等工艺参数可精确调节设定，从而对零件的表面粗糙度、硬度、残余应力分布、零件变形量等技术指标可精确调控，因而在航空、航天、运载、电力、国防等领域的应用不断得到拓展，并逐步走向成熟。

(1) 激光冲击强化在高周疲劳领域的应用

1982 年，美国联邦调查局的统计报告表明由疲劳断裂引起的事故约占机械结构失效破坏总数的 95%以上。在燃气涡轮发动机中，叶片在转子高速旋转带动及强气流的冲刷下，承受着拉伸、弯曲和振动等多种载荷，特别是位于进气端的前三级压气机叶片由高周疲劳引发的事故约占发动机失事总事故的 25%以上，且这些失效多始于表面，因而表面强化技术成为改善零部件疲劳寿命的必要手段。新兴的激光冲击强化技术不仅可在零件表层形成残余压应力，还可细化表层晶粒，从而可有效抑制裂纹萌生和扩展。

(2) 高性能零件生产

1997 年美国劳伦斯利弗莫尔国家实验室、通用公司和金属改进公司联合开始强化 F-22、Boeing 747 和 Boeing 767 发动机风扇叶片；2001 年美国激光冲击强化公司为 Rolls-Royce 公司强化发动机叶片；2004 年，美国为 F-22 战斗机整体叶盘生产建设了专用激光冲击强化生产线，并发布了 AMS-2546 激光冲击强化标准；2009 年，F-22 战斗机上约 75%的整体叶盘都要经过激光冲击强化处理。图 16-65 所示为整体叶盘激光冲击强化。

图 16-65 整体叶盘激光冲击强化

(3) 高性能零件再制造

机械零件再制造经常通过堆焊、喷涂、电镀、激光熔覆等恢复零件的几何外形，重获零件的使用功能，而使用激光冲击强化再制造技术可以抑制裂纹扩展，有效延长疲劳寿命，使高性能零件获得再生。

水轮机叶片、水泵叶片、航空发动机叶片等遭到异物撞击后，在叶片上形成缺口、形变或裂纹，直接威胁叶片的安全，使机组失效甚至酿成灾难性事故。将激光冲击强化技术大规模用于航空部件的修理可有效延长其使用寿命。

(4) 激光冲击强化在腐蚀防护领域的应用

铝镁合金等金属材料因其较低的密度、较高的强度及优异的机械加工性能，在航空、航海和汽车工业等领域的使用量逐年递增，但由于铝镁合金等轻金属材料的耐腐蚀性相对较差，受到应力和腐蚀剂的共同作用，易产生腐蚀开裂失效，从而制约了其应用范围的拓展。化学转化、阳极氧化、气相沉积、电化学镀、离子注入、金属合金化、表面喷涂等表面改性方法在特定环境中均能有效抑制腐蚀，但对于既要求兼容性强又不能引入其他外来元素的场合，该类方法并不能起作用。

激光冲击强化技术能够使金属材料表层发生剧烈的塑性变形、微观组织结构细化和产生更大(更深)的残余压应力(层)，从而可提高金属材料表面耐腐蚀性能且兼顾兼容性。国内外的研究都证明,经过激光冲击强化的试件的耐腐蚀性明显提高。

此外,激光冲击强化还可对生物医疗领域的永久性植入物进行处理,能够明显提高植入物材料的表面硬度、屈服强度和疲劳寿命。

5) 激光冲击强化发展方向

随着零件整体性能要求越来越苛刻,应用领域的迅猛扩张,激光冲击强化技术的发展面临新的挑战和发展方向。

(1) 如何在高温/低温工作环境下发挥激光冲击强化效能

航空发动机涡轮叶片、电站涡轮叶片和内燃机连杆等零件工作在高温(甚至高达 800℃以上)下,而激光冲击强化形成的残余压应力随着温度的升高或时间的延长会逐渐释放,即激光冲击强化的效果在高温下大打折扣。因而,需进一步研究激光冲击超高应变率塑性变形诱发的微结构/残余应力的形成机制及其稳定原理与技术,研究温/冷激光冲击强化技术,使激光冲击强化效果在高温/低温下都能最大可能发挥。

(2) 如何在工件上实现最优的残余应力分布

零件的狭小尺寸突变部位激光冲击强化后,可能在齿/槽内形成残余压应力,而在齿/槽边缘形成残余拉应力或应力集中。例如,舰载机尾钩的强化区域,如果激光冲击工艺参数选择不合适,很容易加速尾钩失效(疲劳寿命远低于未经激光冲击强化的工件),因而需进一步研究激光冲击强化预控时控技术,对冲击强化前、中、后的应力分布场演变进行实时掌控,通过调制应力场,最大限度发挥激光冲击强化效能并提高激光冲击强化效率。

(3) 如何降低激光冲击强化技术的应用成本

目前,激光冲击强化所用的主流激光器为 Nd:YAG 高能脉冲激光器,输出的单脉冲能量高达几十焦耳(甚至更高),达到如此高的输出能量主要通过逐级能量放大实现,进而要求激光器放大级之间的控制时序达到微秒(甚至更高)量级。另外,激光冲击强化要求输出方形/圆形的匀强平顶分布的光斑,要求晶体棒加工成方形或圆形,且无加工缺陷,因而激光器的价值不菲,也间接决定了整台激光冲击强化设备的价格居高不下,因而,需进一步开发新型低成本、高可靠度的激光冲击强化激光器。

(4) 新型激光冲击强化手段的研发

传统激光冲击强化技术还存在以下不足:第一,侧面喷水形成水膜有边沿效应,工件中间和边沿及凸起不平的地方水膜厚度很难均匀控制;第二,传统激光冲击强化要多次贴覆吸收层,错位处理,以形成均匀应力场,导致加工时间过长,工艺昂贵;第三,处理复杂曲面需要个性化编程;第四,水膜小、水溅射会对光路产生影响,降低能量耦合率;第五,采用激光器使用极限状态,稳定性差。

中国科学院宁波材料研究所张文武教授团队提出了一种随动型激光冲击强化技术,如图 16-66 所示。该技术利用同轴送水实现对约束层的稳定控制,彻底解决了侧面喷水的边沿效应;利用谐振腔大大提高了能量利用率;利用移动吸收层,彻底免除了前后处理。该工艺相对传统激光冲击强化技术提高处理速度 10 倍以上,并且可以实现任意重叠率的处理。

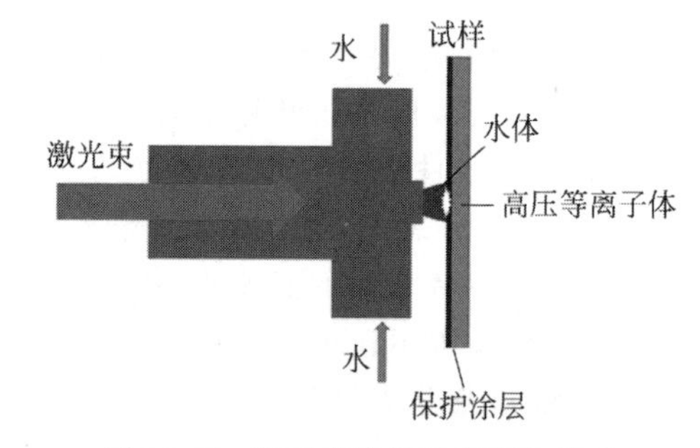

图 16-66 随动型激光冲击强化技术

(5) 移动激光冲击强化设备研发

图 16-67 所示为美国金属改进公司于 2012 年研发的移动式激光冲击强化设备,它可把激光冲击强化再制造场地带到世界的任何角落,我国目前还无工业应用的移动式激光冲击强化设备。

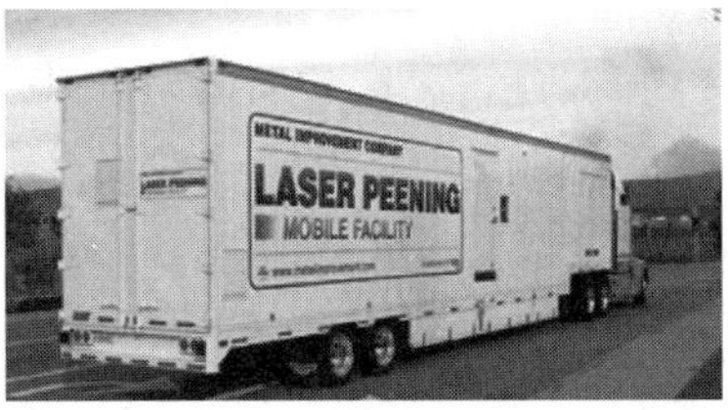

图 16-67　移动式激光冲击强化设备

2. 激光相变硬化

1）激光相变硬化定义

激光相变硬化（laser transformation hardening），也称激光淬火，是以高能量（10^4～10^5 W/cm^2）的激光束快速扫描工件，使被照射的金属表面以极快速度升到高于相变点而低于熔化温度（升温速度可达 105～106℃/s）；当激光束离开被照射部位时，由于热传导的作用，处于冷态的基体迅速冷却，进行自冷淬火（冷却速度可达 105℃/s），进而实现工件的表面相变硬化。

由于激光相变硬化是在快速加热和快速冷却下完成的，显微组织为极细的位错马氏体和孪晶马氏体组织，板条马氏体位错密度极高，且含有较多的残余奥氏体。随着晶粒细化，晶界数目增多，疲劳裂纹扩展受到阻碍；同时晶粒细化，碳化物弥散分布，使在交变应力下不均匀滑移程度减小，推迟了疲劳裂纹核心的产生，而位于马氏体板条间的残余奥氏体是一种韧性相，当扩展中的裂纹遇到韧性相时，扩展受阻，延迟了裂纹的形核及扩展速率；激光相变硬化表面可产生数百 MPa 的残余压应力，提高材料疲劳强度。因而，激光相变硬化可有效解决模具的磨损失效和疲劳失效，以及局部塑性变形等问题，延长模具使用寿命。

2）激光相变硬化特点

（1）无须使用外加材料，仅改变被处理材料表面的组织结构，处理后的改性层可根据需要调整深浅。

（2）硬度高。激光相变硬化处理的改性层和基体材料之间是致密的冶金结合，硬化层深度为 0.5～1 mm，硬度可达 800 HV 以上，比一般硬化工艺要提高 20%～40%。耐磨性提高1～3 倍。

（3）变形小。激光相变硬化是在常温常态下进行，激光辐射金属表面时，在极短的瞬间即可把材料表面层加热到 900℃，使其发生相变。由于加热时间极短，材料表面冷却速度很高，约为一般淬火冷却的 1×10^3 倍，零件变形极微，只需简单的抛光打磨即可投入使用。

（4）均匀性好。激光相变硬化可使零件表层形成均匀的超细化马氏体及碳化物金相组织。

（5）灵活性高。可根据零件使用需要，有选择地进行局部硬化处理，如镀铬、离子渗氮等传统表面硬化处理技术需要对整个模具处理，而激光相变硬化技术只需要对筋和倒角处进行处理，总面积只是传统表面硬化处理技术的一小部分，大大节约了成本。

（6）自动化程度高。激光相变硬化自动化程度高，硬化层深度和硬化面积可控性好。

3）激光相变硬化工艺

激光相变硬化处理工艺流程如下：预处理（表面清理及预置吸光涂层）—激光淬火（确定硬化模型及淬火工艺参数）—抛光打磨—质量检测（宏观及微观检测）。

（1）预处理

激光相变硬化的金属表面一般都经过机械加工，表面粗糙度较小，其对激光的反射率很高。在激光相变硬化处理前，应对其表面进行预处理，以提高其吸光率。预处理工序包括除油、除锈、清洗、干燥和预置吸光涂层。需要指出的是，预置吸光涂层主要针对长波长的 CO_2 激光器；短波长的光纤激光器、半导体激光器和 Nd：YAG 激光器一般不需要。预置吸光涂层的主要方法是磷化和喷（刷）涂料，目的是提高表面粗糙度，涂层要薄，厚度均匀，涂层不仅对激光吸收率高（90%以上），而且有良好的热传导性能，与金属附着性好，在一定温度下不分解、不蒸发，淬火后易清洗去除或不需去除就能使用。

（2）激光淬火

通过分析淬火零件的材料特性、使用条件、服役工况等因素，明确技术条件、产品质量要求，进而选择激光淬火硬化模型及确定激光淬火工艺参数。同时，也应考虑工艺的可操作性，生产效率及经济效益等。激光束模式分为多模光束、低阶模光束、基模光束，一般采用多模光束进行激光热处理。

根据单条激光淬火带宽度，激光淬火带形式有窄带和宽带之分；激光淬火带分布类型有直条型、螺旋型、正弦波型、交叉网格型、圆环型等，可根据需要选择一种或多种复合分布类型进行激光淬火。同时，应确定激光淬火带在淬火表面的分布位置以及硬化面积比率(激光淬火带总表面积与整个工作面表面积之比)。

激光淬火工艺参数是激光相变硬化处理的关键环节。工艺参数主要是激光功率、激光光束扫描速度、聚焦镜焦距、离焦量(淬火表面与光束焦点的距离)。淬火表面吸收的能量取决于激光功率；激光束对淬火表面的作用时间取决于扫描速度；光斑尺寸取决于聚焦镜焦距和离焦量；激光功率密度取决于激光功率和光斑尺寸。一般，激光功率增加，淬火层深度增加；扫描速度增加，淬火层深度减少；离焦量增加，光斑尺寸增加，在一定范围内，淬火层宽度增加。

(3) 质量检测

激光相变硬化处理过程中，激光束停止扫描后，随时用肉眼或低倍放大镜观察激光淬火带表面状态，宏观判断淬火带表面质量。微观分析应取淬火带横截面为观察面，用金相显微镜，在放大 100 倍下检测淬火硬化层深度(mm)和宽度(mm)。激光淬火硬化层深度一般在 1 mm 以下。钢铁材料激光淬火金相组织主要为马氏体。应采用显微硬度法检测淬火层硬度，根据样品的性质、厚度及淬火层深度选择负荷值。

4) 激光相变硬化应用

我国从 2016 年以后相继研制成功了千瓦级、万瓦级大功率 CO_2 多模激光器，并以此为基础，在汽车、冶金、石油、重型机械、农业机械等存在严重磨损的机器行业，以及航天、航空等高技术产品上进行了较大规模的应用。

激光相变硬化在汽车行业应用极为广泛，在许多汽车关键件上，如缸体、缸套、曲轴、凸轮轴、气门、阀座、摇臂、铝活塞环槽等几乎都可以采用激光相变硬化处理技术。例如，美国通用汽车公司用十几台千瓦级 CO_2 激光器，对换向器壳内壁局部硬化，日产 30 000 套，提高工作效率 4 倍；我国采用大功率 CO_2 激光器对汽车发动机进行缸孔强化处理，可延长发动机大修里程到 15×10^4 km 以上，一台汽缸等于 3 台不经处理的汽缸。

激光相变硬化在大型机车制造业已被采用，大大提高了机车寿命，主要是机车大型曲轴的激光热处理和机车柴油机缸套和机车主簧片。上述零部件的模具制造工艺复杂，精度要求高，形状各异，但往往因模具的寿命短而加大了成本，返修也很困难。用激光相变硬化处理对模具表面进行处理已逐渐被认识和被采用，可成倍的提高模具的寿命。大连机车车辆厂建有机车曲轴、缸套、立簧片的激光相变硬化处理生产线；西安内燃机厂柴油机建有缸套激光相变硬化处理生产线；北京内燃机及首都汽车公司建有发动机缸套激光相变硬化处理生产线。

激光相变硬化还在模具制造、弯曲零件校正方面成功应用。

5) 汽车覆盖件模具激光相变硬化处理

产品表面拉毛是汽车覆盖件冲压作业普遍出现的缺陷之一。拉毛沟痕不仅影响涂漆质量，而且易产生应力集中，进而影响车身寿命。冲压生产中，该缺陷几乎覆盖所有车身内外覆盖件。

模具在正常冲压作业环境下的主要失效形式如下：模具表面粘接形成积瘤，进而划伤冲压件表面。具体危害包括以下五个方面。

(1) 模具表面拉毛增大拉延阻力。冲压作业时，拉延表面拉毛增加了压边面进料阻力，要么频繁调整设备压力以维持最佳压力条件，要么产品棱线及危险段面产生吸颈和破裂的概率增加一至数倍。

(2) 拉毛刻痕易产生应力集中。产品表面拉毛易产生应力集中，导致覆盖件首先从划伤处出现裂纹，致使车身早期损坏。

(3) 拉毛刻痕易产生涂饰缺陷。拉毛刻痕在涂饰时，易出现细微排气不畅，导致漆膜与金属面间有气隙，因震动或碰撞，气隙处漆膜极易破裂而进气、进水，生锈由此产生。

(4) 增加人工修件工时。车身覆盖件因产品结构特点，许多产品表面拉毛必然留在产品上。手工修复拉毛，产生工时浪费。如保险杠制品周边拉毛修复，每人每天 8 h 作业，仅可修复约 50 多件。

(5) 大型压机台时浪费。冲压作业每拉延 40～50 件，需停机抛光模具表面，每抛一次约 10～15 min。频繁抛光打磨，既破坏了最初的模具形面，又降低了生产效率，最终导致冲压件精度降低，模具过早失效。

保险杠模具经过激光处理，表面硬度为 58～62 HRC，厚度为 0.5～1.2 mm，累计冲压 29 000 件，大量延长使用寿命。

3. 激光表面合金化

激光表面合金化是利用高能密度的激光束快速加热熔化特性，使基材表层和添加的合金元素熔化混合，从而形成以原基材为基的新表面合金层的过程。

与激光熔覆技术类似，两者都是采用高能量密度的激光束快速加热熔化粉末和基体表层，使粉末与基体表层形成冶金结合，进而提高基体材料的表面性能。但是，激光表面合金化与激光熔覆还是有一些区别，具体见表 16-28。

表 16-28　激光表面合金化与激光熔覆的区别

项目	激光表面合金化	激光熔覆
定义	利用高能量密度的激光束，使基体材料表层与添加的合金元素熔化混合	利用高能量密度的激光束，使熔覆层与基体材料形成冶金结合
表面改性方式	依靠合金元素的添加改善基体材料性能	依靠熔覆层改善基体材料性能
送粉方式	既可以铺设粉末，也可以同轴或旁轴送粉	以同轴或旁轴送粉为主
层厚	表面合金化层薄，10～1 000 μm	熔覆层厚，1～2 mm，一般为多层
稀释率	基体稀释率高，表层以基体材料为主	基体稀释率低，熔覆层以添加粉末成分为主
作用	表面改性，提高表面耐磨、耐腐蚀、抗高温氧化性等功能	除了表面改性以外，还可对缺损部位进行修复，恢复零件尺寸和功能

激光表面合金化所用激光器、送粉器及送粉方式都与激光熔覆修复技术相同。

16.7.4　激光熔覆修复技术

激光熔覆技术是一项重要的激光加工技术，也是一种新型的材料加工与表面改性技术，其研究历史可追溯到 20 世纪 70 年代。1974 年，Gnanamuthu 最先提出并申请了激光熔覆方法专利；80 年代，激光熔覆技术已经发展成为表面工程、摩擦学、应用激光等领域的前沿性课题，可以在低成本钢板上制备出高性能表面层，代替大量的高级合金，节约贵重、稀有的金属材料，提高材料综合性能，降低能源消耗，适用于局部易磨损、剥蚀、氧化及腐蚀等零部件，受到了国内外普遍重视；90 年代后，激光熔覆技术相关的科学研究与应用开发得到快速发展。

利用激光熔覆技术对局部损坏的机械零部件进行熔覆修复，使损坏的零件恢复原有形状尺寸和使用性能，这种先进修复技术称为激光熔覆修复技术。它集激光技术、熔覆修复技术、先进数控和计算机技术、CAD/CAM 技术、先进材料技术、光电检测控制技术为一体，形成了一类新的光、机、电、计算机、自动化、材料综合交叉的先进修复与制造技术。

激光熔覆修复技术具有广泛的理论和现实意义。我国拥有大批国外引进的高精尖装备，许多重大工程装备造价十分昂贵，这些装备一旦出现损坏，将导致整个系统无法正常运行甚至生产中断。特别是进口装备，缺少备件，临时引进不仅价格昂贵，而且时间紧迫，不能保证正常生产，将造成重大经济损失。因此，开展重要装备的修复技术研究，发展快速、高效、精密的修复技术具有巨大市场潜力，可以创造重大的经济效益和社会效益。针对这些设备关键零部件的高性能维修，采用常规修复技术往往存在许多问题，如零件基体结构变形大、修复件性能难以保证等，而激光熔覆修复可以实现性能可控的高效修复，能够解决这一问题，并成为重要发展方向。

1. 激光熔覆修复原理及装置

1）激光熔覆修复原理

激光熔覆修复技术是以局部损伤零部件作为毛坯，使用同步送粉或预置送粉作为送料方式，将熔覆粉体材料送至损伤零件待修复部位表面，使其在高能激光束作用下熔化并沉积凝固，同时与基材形成冶金结合，最终形成高性能熔覆层。激光熔覆修复技术原理图如图16-68所示。

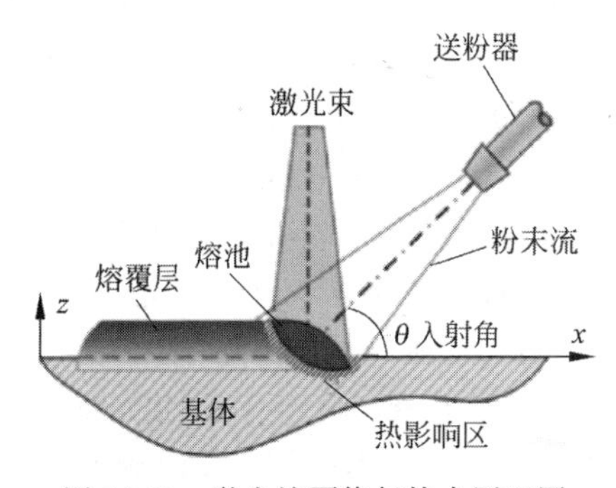

图16-68　激光熔覆修复技术原理图

激光熔覆修复可以实现规模化生产。它有利于生产自动化和产品质量在线监控，有利于降低成本、降低资源和能源消耗、减少环境污染，因而具有优质、高效、节能、环保的基本特点。激光熔覆修复技术与传统修复技术相比，修复层与基体结合力强，可以快速恢复并提高长期使用过的产品部件的性能、可靠性和寿命等，从而使产品或装备在对环境污染最小、资源利用率最高、投入费用最小的情况下重新达到最佳的性能要求。

激光熔覆修复技术是一项快速、高效、精密的修复技术，可以实现重大装备大型结构的修复。与电弧堆焊等传统修复方式相比，它具有如下技术优势。

（1）热影响区小，基本不降低基体的力学性能。

（2）变形小，一般可忽略不计。

（3）可实现选区修复，用较低成本在零件不同部位实现不同力学性能的修复。

（4）成形材料品种多，包括镍基、钴基、铁基甚至陶瓷、非金属材料。

（5）可实现较大面积和较深厚度的修复。

（6）熔覆层与基材间为冶金结合，结合强度高。

2）激光熔覆工艺设备

激光熔覆修复所用的工艺设备系统一般包含激光器、送料（送粉或送丝）系统、运动执行机构［计算机数控（computerized numerical control，CNC）机床或多自由度机器人］、冷却系统、工作台（变位机）与工装夹具、成形过程监测和控制系统等，如图16-69所示。

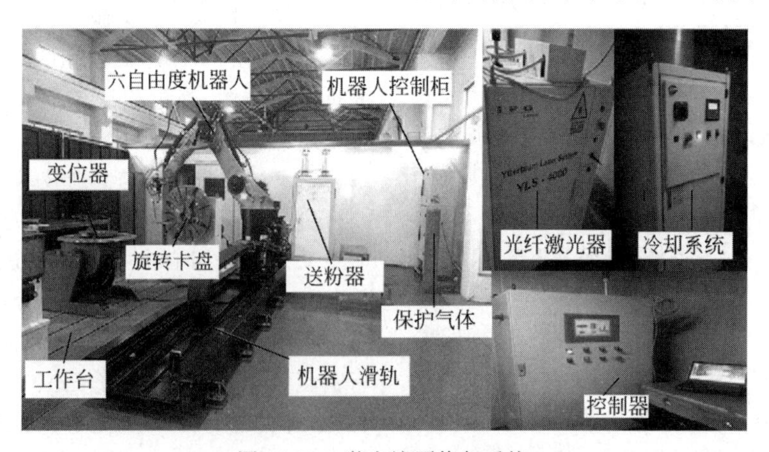

图16-69　激光熔覆修复系统

(1) 激光器

激光器是产生并输出激光的装置，激光器性能好坏直接决定激光熔覆修复成形的效率和精度。目前，激光熔覆采用的激光器主要有 CO_2 激光器、半导体激光器、全固态激光器和光纤激光器等。CO_2 激光器应用最早，但受限制于其激光波长较长和能量利用率较低，目前已逐渐退出市场；半导体激光器和光纤激光器所产生激光的波长短、能量吸收率高，在激光熔覆修复领域逐渐成为主流激光器。激光熔覆修复一般会采用大功率光纤或半导体激光器，获得高能量密度和高质量的光束；但在修复某些形状复杂，结构精密的小尺寸零件时也会选择灵活的小功率激光器。

(2) 送料系统

送料系统包含送粉器和送粉头，送粉系统的好坏能够直接影响成形质量，是激光熔覆设备系统中极为重要的一部分。激光熔覆修复所使用的材料可以是粉末状，也可以是丝状或带状，相应的送料方式称为送粉法和送丝法。送粉器可以把激光熔覆粉体材料均匀连续、稳定可控、准确地送达激光熔池，形成高质量熔覆轨迹，并很好地适应扫描方向的变化。送粉法的主要优点在于材料来源广、易于合金化、成形精度高，缺点在于粉末利用率低、粉尘对工作环境有污染。送丝法克服了送粉法上述不足，材料利用率近乎为100%，并且送料过程易于控制、送料精度高、零件成形致密度高。但是，某些材料因自身延展性差等原因，不易制成细丝/带状，该方法应用范围受到一定制约。此外，与送粉法相比，送丝法激光熔覆层的稀释率略高、成形精度较差。因此，实际应用中，大多数采用送粉法。

根据送粉原理不同，激光熔覆修复技术应用中常见的送粉器主要有重力式送粉器、机械螺旋轮式送粉器、流化床式送粉器以及振动式送粉器等。送粉头将送粉器输送的粉流转变为不同的形状并送入熔池。送粉头的类型、粉末流与轴线的角度、加工区粉末的分布及熔池区域粉末流的直径都将影响粉末颗粒与基体表面的相互作用。合适的送粉头可以减少固体颗粒和基体表面之间的冲击效应，从而增加送粉效率。送粉头的出口形状一般以圆形为主，也有矩形(适用于宽带熔覆)；送粉头的出口尺寸确定应尽可能保证流出的粉末束流的宽度不大于光斑尺寸，以提高粉末利用率。喷嘴的具体结构与其放置位置有关，当它偏置于激光束一侧时，称为旁轴送粉；当它与激光束同轴时，称为同轴送粉。同轴送粉头与旁轴送粉头的结构示意图如图16-70所示。旁轴送粉头结构简单，粉末出口因距激光束的出口较远也不会出现被阻塞现象，得到了广泛的应用。同轴送粉头将粉路与光学系统结合在一起，优点在于送粉均匀性与方向无关，但其送粉器送给的粉末与表面熔覆的粉末的比率低于旁轴送粉头。

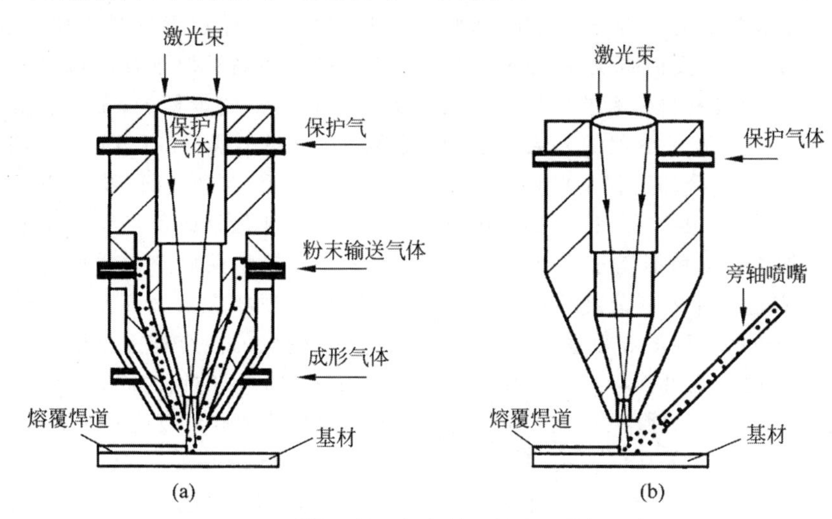

图16-70　同轴送粉头与旁轴送粉头的结构示意图

(a) 同轴送粉头；(b) 旁轴送粉头

(3) 软件系统

激光熔覆成形系统配合相应软件编程系统,其性能直接影响成形工艺的可操作性和效率。尤其是六轴机器人配合软件编程系统,对于激光熔覆修复全过程的性能提升、使用效率和精确度的提高及路径的规划都具有极大的促进作用。激光熔覆修复中的工业机器人一般是可编程的机械装置,其运动灵活性和智能性在很大程度上取决于机器人控制器的编程计算能力。由于机器人应用范围的扩大和所完成任务复杂程度不断增加,其作业任务和末端运动路径的编程是修复中的重要问题之一。目前,在国内外生产中应用的机器人系统大多为示教在线编程。示教在线编程在实际生产应用中具有安全再现示教路径的功能。但是,在线示教编程存在过程烦琐、效率低,示教精度安全取决于操作人的经验、实际目测和缺乏实时决策任务的能力等缺点。离线编程系统可以一定程度上解决以上问题,离线编程系统是机器人编程语言的拓展,通过该系统可以建立机器人和 CAD/CAM 之间的联系。编程过程完全在虚拟环境中进行,简化编程过程,提高效率,且具有碰撞检查等功能,是实现系统完全自动化集成必要的软件支持。

2. 激光熔覆修复用材料

激光熔覆修复过程是一个复杂的物理化学和熔体快速凝固过程。在此过程中,影响激光熔覆成形质量和性能的因素非常复杂,而修复使用的粉末材料是主要因素之一,自激光修复技术诞生以来,修复材料体系的研究与开发一直备受重视。由于激光熔覆的光束高能量密度、熔池极短的加热冷却过程及材料作用面积小等特点,与传统焊接过程相比,激光修复是一个反应更加不平衡和不充分的冶金过程。非平衡快速凝固过程导致其最终组织在晶粒尺寸、元素偏析、析出物种类和数量,以及气孔裂纹分布等方面均呈现出独特特征。修复材料直接决定成形熔覆层的服役性能。按熔覆材料的初始状态,其可分为粉末状、膏状、丝状、棒状和薄板状。粉末状材料应用最为广泛,国内外许多高质量粉末供应商可以提供各类金属、陶瓷和复合粉末。

1) 常用材料

(1) 钴基合金粉末

钴基合金粉末通常具有良好的高温性能和耐蚀耐磨性能,常应用于石化、电力、冶金等工业领域的耐磨、耐蚀、耐高温等场合。钴基合金粉末的润湿性好,其熔点较碳化物低,受热后 Co 元素最先处于熔化状态,而合金凝固时它最先与其他元素形成新相,有利于熔覆层的强化。钴基合金粉末的主要碳化物是富铬的碳化物 M_7C_3(M 为金属元素),这些碳化物硬度约为 2 200 HV,是使熔覆层具有高硬度的主要原因。低碳合金中含有丰富的 M_6C 和 $M_{23}C_6$ 的碳化物。为了强化熔覆层的耐磨性,可添加碳化钨,碳化钨具有极小的塑性变形,低的热胀性及与熔化金属的高润湿性,低的自由焓碳化钨呈固态,分解于液态的钴基金属中。在钴基合金粉末中,加入 Ni 可以降低合金熔覆层的热膨胀系数,减小合金的熔化温度区间,有效防止熔覆层产生裂纹,提高覆层对基体的润湿性。Co 和 Cr 生成稳定的固溶体,在基体上弥散分布的大量 Cr_7C_3 和 WC 等各类碳化物,以及 CrB 等硼化物能够提高熔覆层的耐磨性、耐蚀性和抗氧化性。常用的钴基合金粉末有 CoCrMo、CoCrW、Stellite6B、Co-50 等。

(2) 镍基合金粉末

镍基合金粉末适用于高温腐蚀性气氛的零件,如高压气体透平机叶片和注塑机螺杆,具有很高的耐高温腐蚀性和抗氧化性能。钴金属价格昂贵,储量稀少,在某些领域镍基合金能够代替钴金属,具有很好的应用前景。通常与镍混合元素有铬、硼、碳、硅和铝。添加硬的硼化物和碳化物改善了镍基粉末的硬度和耐磨性。可以将硬质点与添加的元素混合避免涂层中硬质相含量太高使涂层变脆。将钨添加到镍硼硫的混合物中以便获得细微分布的 Ni_3B 和富含镍的钨的固态溶液。向镍基合金粉末添加硼和硅可以改善其润湿行为,能够获得非常平整的表面。继续添加铝的金属中间相($NiAl_3$ 和 Ni_2Al_3)或氧化层(Al_2O_3)能够进一步提高熔覆层的硬度。

镍基合金能够在高温状态下保持好的力学性能和耐蚀性，因此对被修复材料要求承受高温腐蚀和磨损时可将镍基材料作为修复粉末材料，如制造船舶大型柴油机的排气阀，以及喷气透平机的叶片。但镍基熔覆层的耐磨性不是最优异的。向镍基粉末中添加钴基合金能够改善其耐磨性，添加氧化铬和氧化锌或添加包覆状态的合金硬质点的保护氧化层使其具有更高的耐磨性。熔覆层形成的氧化层不仅非常硬，在金属和腐蚀环境之间还可以形成热障和化学障。向镍基粉末中添加铪和钇可以改善陶瓷涂层与基材的结合力。常用于激光熔覆修复的镍基合金粉末包括 Ni35、Ni625、Ni718、Ni90、HX 等。

(3) 铁基合金粉末

以钢为代表的铁基合金材料是工程技术使用较为广泛、较重要的金属材料，来源广泛，价格较低，是激光材料加工领域研究较早、研究较深的材料体系。铁基合金粉末适用于要求局部耐磨且容易变形的零件，基体多为低碳钢和铸铁类，优点为成本低且耐磨性好。很多铁基合金粉末存在熔覆层易开裂、易氧化、气孔多等缺点，这些问题通常可以通过预热等前处理，激光工艺的调整，成形后的后热处理得到解决。目前，应用于激光熔覆修复技术的较为成熟的铁基粉体材料主要有 316L 和 304L 不锈钢、18Ni-300 马氏体时效钢、17-4PH 和 15-5PH 沉淀硬化不锈钢及 H13 工具钢等。

(4) 有色金属合金粉末

已开发研究的熔覆修复材料体系还包括 Cu 基、Al 基、Mg 基、Ti 基及金属间化合物基等，一方面，为了与修复件基体材料在性能上更好的匹配和获得更好的成形效果，激光熔覆修复会优先选择同质修复或是成分接近的粉末；另一方面，这些粉末材料是利用合金体系的某些特殊性质使粉末达到耐磨、耐蚀、导电、抗高温、抗氧化等一种或多种功能。Cu 基激光熔覆材料有 Cu-Ni-B-Si、Cu-Ni-Fe-Co-Cr-Si-B 等，Ti 基激光熔覆粉末主要有纯 Ti 粉、Ti-6Al-4V 及一些 Ti 基复合涂层。Al 基合金粉末主要有 2219、6061、AlSi7Mg(ZL101)等。

(5) 陶瓷粉末

陶瓷粉末具有优异的耐磨、耐蚀、耐高温和抗氧化性能，常用于制备耐高温、耐磨、耐蚀涂层和热障涂层。此外，生物陶瓷材料也是目前研究的热点。

陶瓷材料与基体的热膨胀系数、弹性模量及导热系数等差别较大，这些性能的不匹配通常会导致涂层中裂纹和孔洞等缺陷，在使用中将出现变形、剥落损坏等现象。为了解决纯陶瓷涂层中的裂纹及基体结合问题，通常会使用中间过渡层的三明治结构，并在陶瓷层中加入低熔点高膨胀系数的 CaO、SiO_2、TiO_2 等降低内部应力。陶瓷粉末主要包括硅化物陶瓷粉末和氧化物陶瓷粉末。其中，以氧化物陶瓷粉末(Al_2O_3 和 ZrO_2)为主。

(6) 复合粉末

复合粉末主要是指碳化物、硼化物及硅化物等各种高熔点硬质陶瓷材料与金属混合或复合而形成的粉末体系。复合粉末可以借助激光熔覆技术制备出陶瓷颗粒增强金属基复合涂层，它可以将金属的强韧性、良好的工艺性能与陶瓷材料的耐磨、耐蚀、耐高温和抗氧化特性有机结合起来，是目前激光熔覆技术领域研究的热点。复合粉末体系主要包括碳化物合金粉末(WC、SiC、TiC、Cr_3C_2 等)、氧化物合金粉末(Al_2O_3、ZrO_2、TiO_2 等)、氮化物合金粉末(TiN、Si_3N_4 等)、硼化物合金粉末、硅化物合金粉末等。

2) 粉末制备方法

激光熔覆修复粉末材料要求球形度高、粒径小、粒径窄、空心率低(少无空心粉、卫星粉和胶黏粉)及杂质含量低。球形度高的粉末能保证粉末输送，空心率低的粉末能得到致密组织，满足此类要求的粉末制备方法主要有真空感应气雾化技术(vacuum inert gas atomization, VIGA)、电极感应气雾化技术(electrode inert gas atomization, EIGA)、等离子旋转电极技术(plasma rotating electrode processing, PREP)、等离子雾化技术(plasma atomization)及等离子球化技术(plasma spheroidization)等制粉方法。

(1) 真空感应气雾化技术

真空感应气雾化技术以等离子体或感应线圈为热源，在真空度可达 4×10^{-3} Pa 的水冷铜坩埚真空炉中将棒、板、锻块、铸锭等原材料进行熔化、精炼和脱气，通过拔塞机构或中间包将熔融合金置入高压气体雾化喷嘴系统，利用惰性气进行雾化，然后采用三级旋风分级收集系统对粉末进行收集。由于水冷坩埚的使用，该方法又被称为冷壁坩埚雾化法。目前，国内多数科研院所及企业均采用真空感应气雾化法制备激光熔覆粉体，取得了良好的效果，制备的粉体材料具有粉末球形度高(85%～90%)、氧含量低(0.1%～0.15%)、松装密度高(大于其致密材料的 50%)、细粉收得率高等特点。

真空感应气雾化法设备中存在冷壁坩埚及导流管，活性材料如高温合金、钛合金等易引入陶瓷夹杂，污染粉末，因此不宜采用真空感应气雾化法生产。另外，真空感应气雾化法制备的粉末空心率高，在激光熔覆过程中不易消除，形成气隙、卷入性和析出性气孔、裂纹等缺陷。

(2) 电极感应气雾化技术

电极感应气雾化技术在无坩埚、惰性气体保护下，原材料在高频感应熔炼炉中缓慢旋转、加热、熔化成液滴自由下落(液流不需要接触水冷坩埚和导流管)，掉入液化器后被高速惰性气体冲击成细小液滴，然后小液滴在雾化塔中飞行凝固成球形粉末。由于没有与坩埚相接触，无耐火材料夹杂，有效降低了熔炼过程中杂质引入，生产产品的化学纯度高，球形度可达 90%以上，氧含量可控制在为 500～1 400 ppm，目前国内技术制得的金属粉末粒度较粗大，雾化效率及细粉收得率比真空感应气雾化法低，同时电极的偏析也会导致合金粉体材料的成分不均匀，造成粉末批次稳定性差。

(3) 等离子旋转电极法

等离子旋转电极法以钨或碳作为阴极(固定不动)，以金属棒料作为阳极(旋转)，金属棒料在阳极产热作用下熔化并被离心力甩出去碎成细小的金属液滴，撞击到充满惰性气体的容壁上后碎冷落下，在表面张力作用下形成球形度高的金属粉末。等离子旋转电极法制备的粉末不存在空心粉和卫星粉，激光熔覆过程中不会存在气隙、气孔、裂纹等缺陷；流动性好，激光熔覆得到的制品致密度更高。

(4) 等离子雾化工艺

等离子雾化(plasma atomization，PA)工艺以钛或合金丝为原料，以等离子为雾化流体，直接将丝状原料汇集至 3 个等离子枪形成的 3～4 倍于音速的等离子射流下，使材料熔融与雾化同时进行，形成的微小液滴由于表面张力的作用在下落过程中冷却固化为球形颗粒。体系在整个过程中均处于惰性气氛保护下，有助于得到高纯粉体。

等离子雾化工艺在制备高端难熔球形金属粉末方面有明显优势，如纯钛、钛合金、镍基高温合金等，在制备铁基粉末上成本偏高。

当前激光熔覆钛粉制备工艺中，等离子雾化工艺粉末品质最高，AP&C 钛粉全球市场占有率最高。由于等离子雾化工艺核心专利被 AP&C 控制，国际上采用等离子雾化工艺制备钛粉厂家较少。

(5) 等离子球化法

等离子球化法以不规则粉体为原料、热等离子体为热源，粉体表面在高温下迅速受热熔化，熔融的颗粒在表面张力作用下形成球形度很高的液滴，进而在极高的温度梯度下迅速冷却固化得到球形颗粒。

等离子球化技术所得粉体具有球形度高、致密性好、粒径可控且粒度分布均匀等优点，但目前仍存在较高的氧含量不足问题。

3) 国内外粉末

国内激光熔覆材料的研制处于起步阶段，高端粉末依赖进口。国外金属粉末生产商及其粉末见表 16-29。

近年来，国内涌现出了一大批金属粉末材料企业，但与国外公司相比，还存在一定的差距，具体表现如下。

(1) 核心制粉技术与装备被国外封锁，自主研发能力不足。

(2) 原材料制备成本过高、稳定性差，质量参差不齐。

(3) 原材料种类单一,高端金属基粉末缺乏核心竞争力。

国内粉末生产企业大多数材料是国外已经量产粉末材料的类似物,仅在同种类别内进行相应研发,无实质上的创新粉末材料推出。

国内金属粉末生产商及其粉末见表16-30。

表16-29　国外金属粉末生产商及其粉末

粉末供应商	主要粉末
瑞典山特维克(Sandvik-Osprey)	奥氏体不锈钢和双相钢粉末:304L、310S、316L、904L、329、Nitronic 60、316Ti、SAF 2507、HK-30 钴基粉末:Co212、Co502、Co90、Co49Fe2V 镍基粉末:Fe29Ni17Co、Invar36、Ni、Ni625、Ni718、Ni713C、Ni90、H-X 铁素体不锈钢粉末:430、430L、434 低合金钢粉末:SCM415、4140、4340、4365、4605、8620、SAE 52100 工具钢(马氏体不锈钢)粉末:A6、D2、H13、M2、S2、T15、410、420、440C、440B、15-5PH、17-4PH、17-7PH
瑞典赫格纳斯(Metasphere Technology, Alvier PM-Technology 和 H. C. Starck)	镍基粉末:Ni-SA 738 LC、Ni-SA 625、Ni-SA 718、Haynes 230、Ni-SA 247 LC、NiCrFeMo (HX)、Haynes 282 钴基粉末:CoCrMo、CoCrMo Sieve Code 6 铁基粉末:FeCrMoSiVCMn (1.2344)、FeCrMoSiVCMn (1.2343)、17-4PH、316L、15-5PH、FeNiCoMo (18Ni300)
英国 GKN Hoeganaes	钛基粉末:Ti6Al4V、Ti、Ti beta 21S、Ti 5-5-5-3、Ti 6-2-4-2、Nitionl 铁基粉末:17-4PH、316L、4605、IN625、IN718、1.2709
加拿大 AP&C(GE Additive 子公司)	镍基粉末:625、718 钛基粉末:Cp-Ti Grade 1、Cp-Ti Grade 2、Ti6Al4V Grade 5、Ti6Al4V Grade 23、Ti6242、Ti5553
法国 Erasteel	不锈钢粉末:316 (L,N)、420、17-4PH 高速钢粉末:2004 (AISI M4)、2009、2011 (AISI A11)、2015 (AISI T15)、2023、2030、2060 工具钢粉末:D2、D7、H13

表16-30　国内金属粉末生产商及其粉末

粉末供应商	主要粉末
中航迈特	钛基粉末:TA0、TA1、TC4、TC4 ELI、TC11、TC17、TC18、TC21、TA7、TA12、TA15、TA17、TA19、Ti40、Ti60、TiAl(Ti36Al、Ti48Al2Cr2Nb)、TiNi、TiNb、ZrTi 镍基粉末:In718(GH4169)、In 625(GH3625)、Hastelloy X (GH3536)、Waspaloy (GH738)、In713C(K418)、K465、K640、Rene125(DZ125)、DD6、FGH95、FGH96、FGH97 铁基粉末:304、316L、410L、15-5PH、17-4PH、2Cr13;A100、300M、30CrMnSiA、40CrMnSiMoVA;18Ni300、H13、M2、M35、M42、T15、2030、S390;Invar 36 铝基粉末:2219、2024、6061、AlSi7Mg(ZL101)、AlSi12(ZL102)、AlSi10Mg(ZL104)、AlSi5Cu1Mg(ZL105) 钴铬合金:CoCrMo、CoCrW

续表

粉末供应商	主要粉末
河北敬业增材制造	铁基粉末：316L、17-4PH、D2、MS1、M2；Fe25、Fe3530、Fe45A、Fe55A、304、316L、17-4PH、160、M2、H13(1.2344)、MS1(1.2709)、2Cr18Ni(DED) 钴基粉末：Co60；Co01、Co06、Co12、Co21、CoX40、T800(DED) 镍基粉末：IN625、IN718；Ni25、Ni35、Ni45、Ni55、Ni60、IN625、IN718、C276(DED)
西安铂力特	钛基粉末：Ti、TC4、TC4 DT、TC6、TC11、TC17、TC18、TC21、TA7、TA12、TA15、T40、Ti60、Ti6-2-4-2、Ti6-2-4-6、Ti6Al7Nb、TiAl 铝基粉末：AlSi12、AlSi7Mg、AlSi10Mg、AlSi9Cu3、AlMg4.5Mn0.4、6061、2024、7075 不锈钢粉末：304、316L、321、15-5PH、17-4PH、2Cr13 模具钢粉末：H13、18Ni300、Invar36 高温合金粉末：In718、In625、Hastelloy X、GH5188、GH4202 钴基粉末：CoCrW、CoCrMo 高强钢粉末：Aermet100、300M、30CrMnSiA、40CrMnSiMoVA、30Cr 铜基粉末：W25、TAW
江苏飞而康	钛基粉末：Ti6Al4V Gd5、Ti6Al4V Gd23、Ti-CP、Ti 6242、TA15、TC11 镍基粉末：IN625、I-718、IN738 LC、247LC、Waspaloy、Hastelloy X、202 钴基粉末：CoCr-2LC (MP1)、CoCrMoW (SP2) 铁基粉末：18Ni300、316L、17-4PH、15-5PH、2Cr13、A286 铝基粉末：AlSi10Mg、AlSi12、6061、7050、7075
西安赛隆	钛基粉末：Ti、Ti6Al4V、Ti-Al、Ti2AlNb、Ti-Ta、Ti-Nb(-Zr) 其他粉末：铌合金、钽合金
成都优材	钛基粉末：Cp-Ti、TC4 Grade 5、TC4 Grade 23 钴基粉末：Co28Cr6Mo 高温合金粉末：In625、In718 工具钢粉末：1.2709/18Ni300 铝基粉末：AlSi10Mg
江苏威拉里	铁基粉末：18Ni300、M2、316L、17-4PH、InVar36、440C 铝基粉末：2024、6061、7055、7075、AlSi7Mg、AlSi10Mg、AlSi12 钛基粉末：TA1、TA19、TC4、TC17 钴基粉末：CoCrMo、CoCrW 高温合金粉末：GH3533、GH3536、In625、In718、K403、GH1131(DED)
广州纳联	钴基粉末：CoCrMoW 钛基粉末：Ti、TC4 铁基合金：316L、304L、M17-4PH、Fe、1.2709、S136/420 镍基粉末：In625、In718
陕西融天	钛基粉末：Ti6Al7Nb、Ti6Al4V 铝基粉末：AlSi12、AlSi7Mg、AlSi7Mg 铁基粉末：15-5PH、304L、316L 镍基粉末：In718、In625、18Ni300、Hastelloy X 钴基粉末：CoCrMo

续表

粉末供应商	主 要 粉 末
西安欧中	钛基粉末：Ti6Al4V ELI、TA15 镍基粉末：In718、In625 铁基粉末：1.2709/18Ni300、316L 钴基粉末：CoCrWMo
南通金源	铁基粉末：MS1、GCr15、M2、304、316L、15-5PH、17-4PH 钛基粉末：TC4、TA15、TiAl 镁基合金：AZ31B、AZ91D 铝基粉末：AlSi7Mg、AlSi10Mg、7075、6061 镍基粉末：IN718、IN625、GH4099、GH3536 钴基粉末：CoCrW、CoCrMo

3. 激光熔覆修复工艺及控制

1) 激光熔覆修复方法

按照涂层材料添加方式的不同，激光熔覆修复技术分为预置粉末法和同步送粉法，其原理示意图如图16-71所示。

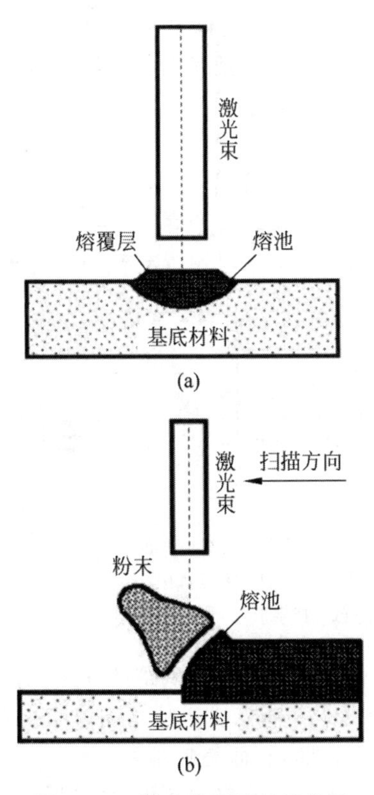

图16-71　激光熔覆原理示意图

(a) 预置粉末法；(b) 同步送粉法

预置粉末法，首先要对将要熔覆的基材进行预处理，将熔覆修复材料通过喷涂或粘接等方式预置在基材表面。然后利用激光作为热源将预置粉末进行重熔，激光熔覆后可根据涂层性能要求进行适当的热处理。简而言之，预置粉末式激光熔覆修复方法的主要工艺流程如下：基材熔覆表面预处理—预置熔覆修复所用粉末材料—基材预热—激光重熔—后热处理。

同步送粉法，首先根据需要对基材待熔覆表面进行预热处理，然后在激光束辐照零件表面的同时向激光作用区输送粉末材料，熔覆修复层一次成形。同步送粉法激光熔覆修复工艺的主要流程如下：基材熔覆表面预处理—送入粉末同步激光熔化—热处理。

预置粉末法节约材料、生产成本低，但熔覆层厚度不均匀、且不能适应复杂曲面的修复，生产效率低。同步送粉法工艺流程相对简单、操作灵活，易于实现自动化控制和复杂曲面修复，但是存在不易控制基材熔深，需要计数精确的送粉装备，熔覆层中对基材的稀释率过大，熔覆层结合强度较低，容易产生气孔等缺陷。预置对粉末粒度及流动性有特殊要求，粉末利用率低。但从整体上看，同步送粉法是激光熔覆工艺的发展趋势。

2) 激光熔覆修复工艺参数

激光熔覆修复工艺参数包括激光功率 P、光斑直径 d、激光扫描速度 v、多道搭接系数、层间停留时间和气体保护方式等。

在这些工艺参数中，激光功率是影响熔覆修复层品质的关键因素。随着功率增加，熔覆层深度增加，熔池尺寸变大，熔池中的液体可以更好地填充气孔缺陷而使气孔和裂纹的数量减少。熔覆层单位面积所需能量称为能量密度 E，计算方式为 $E=P/dv$，能量密度过低，熔覆层与基体的稀释率太小，可能会导致熔覆层与基体结合不牢，发生剥落，熔覆层表面出现局部起球、孔洞等现象。而能量密度过高，导致熔覆层与基体稀释率太大，合金粉末发生过烧、蒸发，表面呈散列状，成形高度不一；如果无法控制受热影响区域的热损伤，最终可能导致基体组织恶化和力学性能下降。

激光束的光斑通常是圆形，光斑尺寸不同，激光束的能量密度不同，会直接导致熔覆层表面能量分布不均。一般来说，当光斑直径较小时，熔覆层质量好，成形精度佳；随着光斑尺寸的增加，熔覆层成形不均匀。常见的光斑形状还有矩形，根据实际修复的要求需要对光斑的形状和尺寸进行正确选择。

扫描速度决定了粉末受热时间和熔池维持时间。扫描速度越低则粉末的加热时间和熔池处于熔融状态时间越长，熔覆层凝固后形成晶粒尺寸粗大，缺陷数量有所下降。扫描速度较快时可以直接提高熔覆修复的效率，但过快的扫描速度可能导致激光与粉末接触时间过短，熔池温度低导致合金熔化不彻底，容易在熔覆层间产生气孔和夹杂等缺陷。

随着送粉速率的提高，成形体积明显变大。通常送粉速率需要与扫描速率进行匹配，一方面激光能量密度与扫描速度和送粉速率有关；另一方面过高的送粉速率会导致粉末飞溅浪费。

搭接率是影响修复层表面质量的主要因素。熔覆层道与道之间相互搭接区域的深度与每道熔覆层中心线的高度不同，因而搭接率的提高会导致熔覆层表面粗糙度的降低。通常来说，搭接率的大小选择与熔覆速率直接相关，高速熔覆的搭接率通常大于 60%，而一般的激光熔覆修复的搭接率通常选为 45%～55%。

3）激光熔覆修复路径

激光熔覆修复成形路径规划不仅直接决定恢复尺寸的精度，更对优化基体受热变形，残余应力分布具有重要的意义。特别是对体积损伤而言，成形路径直接决定了成形质量和成形效率。

通常对于激光熔覆修复平面路径规划，选择的路径有“弓”字形、平行搭接、离心“回”字形及同心“回”字形，如图 16-72 所示。在机器人编程效率上，“弓”字形与平行搭接路径明显比离心和同心“回”字形编程简便高效，尤其在某些环境下对系统的快速修复能力、成形效率具有突出要求的时候。试验结果发现，采用侧向送粉的方式，“弓”字形与平行路径，修复层边角处易发生坍塌现象。平行路径塌陷宽度较大，塌陷坡度较陡，在大体积损伤的修复成形时试样的外形精确度将受到严重的影响。综上所述，激光熔覆修复平面内的路径规划，从编程效率和成形质量两方面综合考虑，应该选择“弓”字形路径。

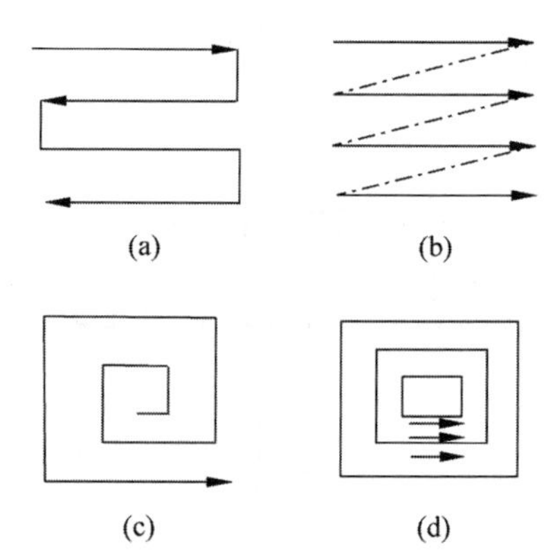

图 16-72 激光平面成形路径
(a)“弓”字形；(b) 平行搭接；(c) 离心“回”字形；(d) 同心“回”字形

垂直方向的立体沉积路径方式，主要有两种，如图 16-73 所示。一种是相邻两熔覆层中心线重合式堆积，即叠加堆积；另一种为相邻两熔覆层中心线偏移式堆积，第二层中心线位于第一层的搭接区，即交错堆积。试验结果发现，当激光能量密度较小或搭接率过小时，由于激光能量呈高斯分布，中心高边缘低，极易在两层之间的搭接区域形成孔隙，提高激光能量密度能够有效消除这种缺陷。另外，交错堆积方式由于搭接部位获得充分重熔，气孔在结合区团聚，可抑制裂纹等缺陷的产生。但是，交错式堆积方法不可避免地导致第二层与第一层的边缘处根据搭接率不同会产生小于一道尺寸偏差，当修复体积较大时，随着堆积层数的增加，交错搭接的坍塌空间会越来越大，严重影响修复层的成形精度。因此，大体积修复 Z 向最佳的成形路径是叠加堆积。

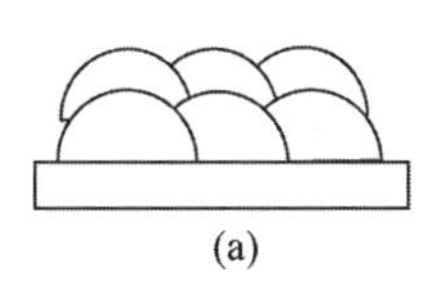

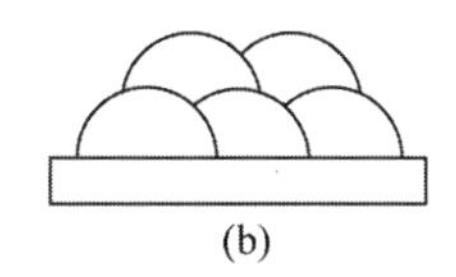

图 16-73 激光立体成形路径

(a) 叠加堆积；(b) 交错堆积

4) 激光修复过程的缺陷形成及其控制

激光熔覆修复过程中，修复层和热影响区不可避免地会形成一些不同规模，不同尺度，不同类型的缺陷。缺陷按照其类型，大致分为裂纹、气孔、残余应力和变形。

(1) 裂纹

由于激光熔覆修复层内部存在拉应力，当局部拉应力超过材料的强度极限时便会产生裂纹。裂纹萌生的位置往往在熔覆层内断裂强度较低或者易于产生应力集中的枝晶界、气孔、夹杂物等位置。

熔覆层内的裂纹按照其产生的位置可以分为三类：熔覆层裂纹、界面基材裂纹和扫描搭接区裂纹。这三种裂纹出现的概率与熔覆层和基材自身韧性和制造过程中产生的缺陷有关。总体而言，当熔覆层的抗裂性能优于基材时裂纹会在界面处靠近基材的位置萌生并扩展。反之，裂纹则易于在熔覆层内部萌生。以铸铁为例，铸铁类基材在熔覆过程中会在界面处产生较多的气孔缺陷，界面附近导热系数较低的石墨与周围基材交界处产生较大的温度梯度，进而产生极大的热应力，因此铸铁类零件的修复过程中裂纹主要萌生在界面基材处。钢铁作为基材进行修复时，基材的韧性往往高于熔覆层且基材内部气孔、夹杂等应力集中部位较少，所以裂纹主要在熔覆层内部产生。45 号钢受损零件激光熔覆修复时，H13 为修复材料，产生的裂纹缺陷如图 16-74 所示。

图 16-74 激光熔覆修复层中典型的裂纹缺陷

(2) 气孔

激光熔覆层内部的气孔缺陷一般为球形，主要分布在中、下部。因为熔覆层内的球形气孔位置易于产生应力集中从而引发微裂纹，所以要求熔覆层内部的气孔数量严格控制在一定范围内。当熔覆层中气孔数量过多时，裂纹更容易在气孔存在位置产生并沿着气孔存在的位置扩展，这会严重降低熔覆层的韧性和强度。所以，熔覆层内气孔率是保证熔覆层质量的重要因素之一。

气孔缺陷是由于激光熔化过程中产生的气体在熔覆层快速凝固条件下来不及逸出形成的，这些气体主要是溶液中的碳与氧气反应或者金属氧化物被碳还原形成的反应性气孔。虽然激光熔覆过程中的气孔难以完全消除，但可以采取某些措施降低熔覆层内部的孔隙率，在实际工程应用中常采取的方法如下：①避免熔覆修复粉末在储备和使用过程中发生的氧化和吸水行为，修复前要对粉末进行充分烘干；②修复过程要在惰性气体氛围下进行；③激光熔覆层尽量薄，必要时可针对熔池施加电磁搅拌以便熔池内气孔充分逸出；④可采取基材预热或者提高热输入量延长激光熔池存在的时间，以便熔池中的气体有足够的时间充分逸出。激光修复专用铝粉修复 2034 铝合金时激光熔覆修复层中典型的气孔缺陷，如图 16-75 所示。激光熔覆粉末成分见表 16-31。

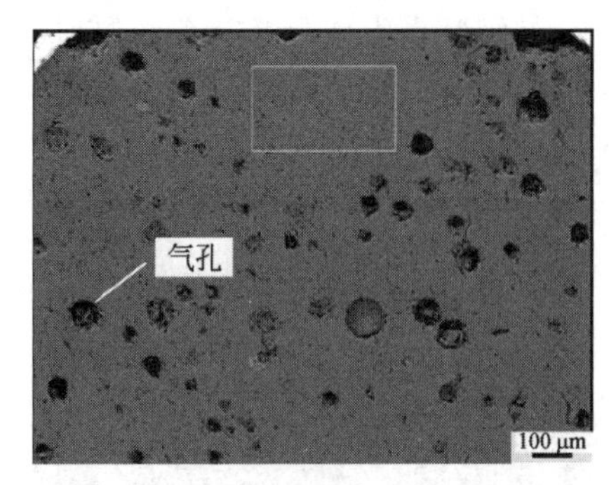

图 16-75　激光熔覆修复层中典型的气孔缺陷

表 16-31　激光熔覆粉末成分　　%

阶段	Al	Y	Ni
初始	80	10	10
熔覆后	72.86	8.00	16.85

(3) 残余应力

在激光熔覆过程中，高能密度的激光束快速加热熔化使熔覆层与基材间产生了很大的温度梯度。这种较大的温度梯度会使熔覆层与基材在随后的快速冷却至室温过程中产生不同的胀缩，使其相互牵制进而形成残余应力。一般而言，熔覆层内部的应力通常为拉应力，随着激光束远离熔池，熔池内部的溶液因凝固而产生体积收缩，由于受到熔池周围基材的限制逐渐由压应力转变为拉应力状态。

熔覆层内部的残余应力状态与自身的塑变能力和耐软化温度有关，熔覆层内部的塑变能力越强，耐软化温度越低，则其内部残余应力相对较小。此外，熔覆层内部的残余应力状态还与基材的热力学性能相关，当基材塑变能力较好时，可通过自身的塑性变形使熔覆层的应力得到松弛，而那些在快速冷却过程中生成的高碳马氏体等硬脆相会造成熔覆层的残余应力显著增加。激光熔覆修复后的零件内部的残余应力可通过热处理减少甚至消除。当熔覆层与基材的线膨胀系数相同或接近时，通过热处理可以有效地消除零件的残余应力；当熔覆层的线膨胀系数比基材大时，热处理只能使残余应力减少，不能将其完全消除。

(4) 变形

激光熔覆快速凝固过程中存在的表层拉应力是引起基材变形的根本原因。这种表层拉应力会引起基材向熔覆层表面弯曲，直到表面拉应力与基材的弯曲抗力相平衡。工件的变形程度与熔覆工艺参数密切相关，激光熔覆层厚度越大，熔覆过程中工件吸收的热输入量也大，进而引起的工件变形相应增大。对工件进行预热可以降低温度梯度引起的热应力，而后热处理可以释放工件内部的残余应力，所以两种热处理方法均可以降低工件变形量。

影响工件变形的非工艺因素主要取决于工件自身的应力状态，工件内存在内应力条件下，激光熔覆引起的变形实际是由于熔覆层的拉应力和工件内部应力综合作用的结果，有时工件内部应力会加剧工件变形量。

综上所述，在激光熔覆过程中可采取以下措施减小工件变形量：①激光熔覆前采用预热处理消除工件内部的内应力；②针对熔覆修复后的工件采用合适的热处理工艺消除残余应力；③针对工件采用预应力拉伸、预变形或夹具固定等方法减少或防止加工过程中产生的变形；④针对经过激光熔覆已经发生变形的工件可采用热校形的方法予以校正，加热温度需高于此类合金的耐软化温度，防止校形中在熔覆层中产生裂纹。采用镍基粉末针对镍铝青铜板材进行修复时，表面存在拉应力致使工件发生翘曲变形，如图 16-76 所示。

图 16-76　激光熔覆修复过程中工件的翘曲变形

4. 超高速激光熔覆制造技术

超高速熔覆技术是通过同步送粉方式，利用高能密度的激光束使粉末材料与高速运动的基体材料表面同时熔化，并快速凝固后形成稀释率极低、与基体呈冶金结合的熔覆层，极大地提高熔覆速率，显著改善基体材料表面的耐磨、耐蚀、耐热、抗氧化等工艺特性的工艺方法。超高速激光熔覆技术最早由德国弗劳恩霍夫激光技术研究所(Fraunhofer ILT)研发成功，主要是对轴类零件进行表面处理，以取代被欧盟禁止使用的电镀铬技术，其原理示意图如图16-77所示。

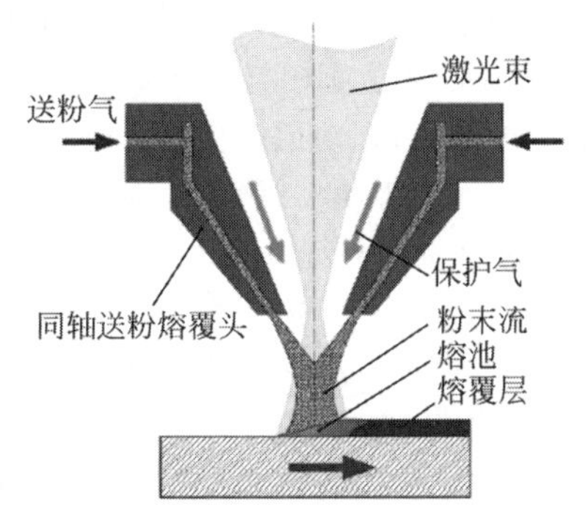

图16-77 超高速激光熔覆原理示意图

与普通激光熔覆技术相比，超高速激光熔覆技术有以下不同之处。

(1) 超高速激光熔覆技术大部分能量作用在粉末上，粉末温度高于熔点；激光熔覆技术大部分能量作用于轴类基体，粉末温度低于熔点，进入基体熔池后才熔化凝固。

(2) 超高速激光熔覆技术层厚控制为0.10～0.25 mm，表面粗糙度小于10 μm，熔覆后简单抛磨即可使用；激光熔覆技术层厚一般为0.5～2 mm，熔覆后需要机加工。

(3) 超高速激光熔覆技术速度可为50～200 m/min，激光熔覆技术速度则是0.5～2 m/min，镀层速度提高了几十到上百倍。

超高速激光熔覆技术对设备及工艺要求高，主要在精准控制激光束与粉末流的空间作用位置、液态粉末熔滴高精度沉积、激光能量的优化分配及工艺参数和粉末参数的匹配等方面。目前，超高速激光熔覆修复技术已经在各种轴类件，如车轴、液压活塞杆等的表面镀层中得到了应用(图16-78)。与普通的激光熔覆修复比较，超高速激光熔覆修复速率达到200 m/min，镀层成形速度提高了近100倍。激光熔覆修复的要求不仅是形状的恢复，还要求修复件达到甚至超过原件的力学性能，激光超高速熔覆在修复中的应用还处于快速发展中。

图16-78 超高速激光熔覆加工曲面零部件

5. 典型零件激光熔覆修复实例

1) 轴类零件激光熔覆修复

轴是激光熔覆修复的主要零部件，已在工业生产中得到广泛应用。轴类零件通过激光熔覆修复恢复尺寸和性能的工艺相对简单，主要是修复材料的选择与轴温的控制。修复材料和激光修复工艺共同决定了熔覆层的组织和性能，由于轴类件需要与其他部件进行装配，需要根据其性能，特别是硬度和疲劳性能要求选择合适的熔覆材料。另外，细长轴激光熔覆修复时，激光长时间连续输入，热积累导致温度上高，易发生弯曲变形，一般通过调整激光功率等工艺调整方法解决轴类件的变形问题。

2) 低载直齿轮断齿修复

齿轮失效形式有齿面严重磨损、剥落甚至断齿。齿牙断裂后的修复试验还未见报道。采用激光熔覆修复技术可以克服堆焊等其他技术热输入量过大、易使齿轮基体变形、成形尺寸精度不高等缺点，是修复断齿结构的理想手段。直齿轮的齿牙形状近似为一梯形体，采用立体成形几何特征控制结果和离线编程软件，可以解决梯形体的成形问题。

(1) 前处理

修复前齿轮的断齿部位需要进行机械加工。加工的目的是去除表层缺陷层，获得平整的熔覆成形基面，便于后续处理。断齿加工后的基面形貌如图16-79所示。

由图16-79可知，零件基面是一个矩形平面。界面结合层只需要考虑梯形体底部与齿

图 16-79　断齿加工后的基面形貌

轮的良好结合。成形前，采用激光薄层熔覆(送粉量少)形成低稀释率的界面结合层。

(2) 离线编程和路径规划

对梯形体进行连续激光熔覆修复，需要借助离线编程软件对每层的路径位置进行精确模拟。离线编程前，首先需要建立缺损部分的梯形体三维数字加工模型。断齿成形的模型如图 16-80 所示，模型中齿长 20 mm，宽 6.25 mm，高 6 mm。

图 16-80　断齿成形的模型

然后采用典型激光熔覆工艺参数得到的熔覆层单层厚度对模型进行切片(3D 分层切片软件)，得到每层的扫描路径(本工艺条件下熔覆层厚度为 0.7 mm，梯形体模型分为 9 层)。断齿成形最下层模型及路径如图 16-81 所示，图中黑点是扫描关键点，机器人程序记录的就是这些点的三维坐标。

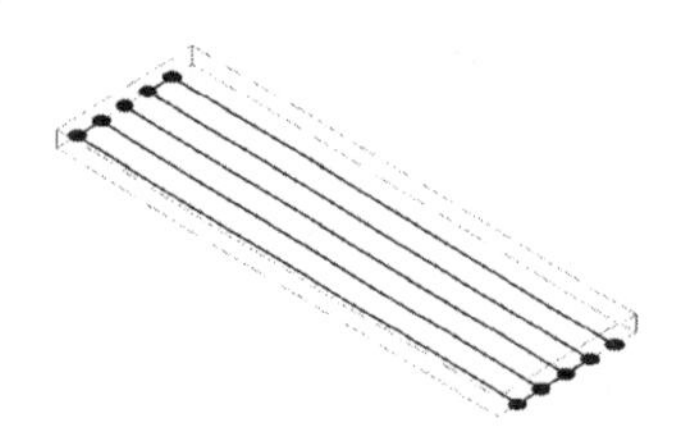

图 16-81　断齿成形最下层模型及路径

为了使每层熔覆时对基体和已成形层的热输入变得均匀，熔覆层的路径可以采用图 16-81 中的对称弓字路径。从中间往两边熔覆可以使熔覆层形状比较对称。将 9 层的成形路径通过离线编程软件自动生成机器人运动程序，并检查路径执行的准确性，之后将程序复制到机器人控制器内。

(3) 梯形体激光熔覆修复

断齿成形主体是梯形体，分层后由梯形体底部往顶部的薄层面积是递减的。根据每层路径规划的结果，自动运行机器人程序即可层层堆积成形出梯形体。也可将每层的成形路径单独编写成 9 个小程序，经一个主程序调用，完成成形过程。调用中可以设置每层成形的时间间隔，以便观察成形效果。

低载齿轮成形主体的材料选用 Fe314 粉末。成形主要工艺参数如下：激光功率 1 000 W，扫描速度 8 mm/s，送粉量 8.08 g/min。由于每层宽度的递减，熔覆搭接道次会减少。如果需要细微调整成形层的宽度，可以控制搭接率在 40%～50%范围内变化。断齿成形后的毛坯体形貌如图 16-82 所示。

图 16-82　断齿成形后的毛坯体形貌

成形后对梯形体结构进行形状测量，其结果显示，成形齿长 20.42 mm，宽 6.71 mm，高 6.28 mm。成形的梯形体结构和预期的齿牙形状基本相符，说明编程的效果和形状控制的结果是比较理想的。

(4) 后处理

首先，本案例中齿牙毛坯的成形实际上是将渐开线直齿牙的结构形状简化为一个梯形体，需要对修复成形的毛坯进行质量检测，并按齿轮的具体参数进行机械加工，以实现精确的尺寸恢复。其次，齿轮齿的表面按其使用性能要求需要达到一定的硬度和耐磨性指标，可以采用激光表面重熔或选取硬质合金粉末进行激光熔覆，以达到使用要求。

3）凸轮修复

凸轮的磨损主要发生在桃尖部位，而桃尖两侧圆弧面也存在少量磨损，因此为了提高凸轮修复的效率和减少后加工余量，同时又兼顾后加工表面的连续性，激光熔覆修复部位凸轮仅为桃尖部位和两侧圆弧面。熔覆前，对凸轮的表面进行打磨，去除氧化层和表面杂质。

图 16-83 与图 16-84 所示分别为桃尖和两侧圆弧面激光熔覆修复和机械加工后的凸轮形貌。

图 16-83 桃尖和两侧圆弧面激光熔覆修复

图 16-84 机械加工后的凸轮形貌

加工后凸轮轴可能存在的缺陷主要是微裂纹，采用渗透显影方法进行裂纹显影观察。另一个可能的缺陷处在熔覆始末端点，即凸轮桃尖的边缘，可能由于热量累积及散热差，熔覆塌陷和稀释率过高。经过制样和金相检测分析，发现熔覆层与基体结合良好，没有微裂纹及夹杂。

4）轧机牌坊修复

轧机牌坊，也称为轧机机架，如图 16-85 所示，用来安装轧辊、轧辊轴承、轧辊调整装置和导卫装置等工作机座中全部零件，同时也是轧钢设备中的重要承载部件，一般都要承受上千吨的载荷。轧机牌坊购价介于 1 500 万～3 000 万元，个别价值可达 2 亿元。

通常一台轧机的设计使用寿命为 30～40 年，而轧机牌坊的使用年限却仅为 12～15 年，其失效的主要原因是工作面的腐蚀和磨损。

图 16-85 轧机牌坊示意图

经过反复试验研究，选择抗氧化性和耐磨性最好的钴基合金粉末 Co4 进行激光熔覆修复，激光处理后的轧机牌坊使用 6 个月后，表面基本未发生腐蚀磨损。3 年后，对轧机牌坊进行检测发现：激光再制造后工作面的腐蚀磨损量为 0.01～0.02 mm/年，而原牌坊工作面腐蚀磨损量为 4 mm/年。

5）激光熔覆校轴

(1) 激光熔覆校轴原理

激光熔覆校轴实质上是基于材料的热胀冷缩特性、高能量激光束垂直照射在轴类零件特定区域，同时添加金属粉末，此处的温度迅速上升，使金属粉末与基材同时熔化。同时，轴类零件的其他部位没有受到照射，温度在这一瞬时没有发生明显的变化，使金属粉末与基材快速凝固，轴类零件的径向方向会产生温度梯度。材料温度升高的过程中要受热膨胀，使熔覆区附近温度较低的材料对其产生非均匀的压应力，材料的屈服应力随着温度的升高而降低，这时轴会产生背向激光束的弯曲。熔覆区冷却凝固以后，上表面失去热源，由于轴类零件是热的良导体，它的能量迅速向各方向扩散，温度降低。在这个冷却和热量传递的过程中，轴类零件径向方向上的温度梯度逐渐减小。熔覆表面降温，开始收缩，屈服应力增加；下表面升温，开始膨胀，屈服应力降低。最终轴类零件产生朝向激光束的弯曲变形，激光熔覆校轴正是利用这种弯曲变形达到校直作用，如图 16-86 所示。

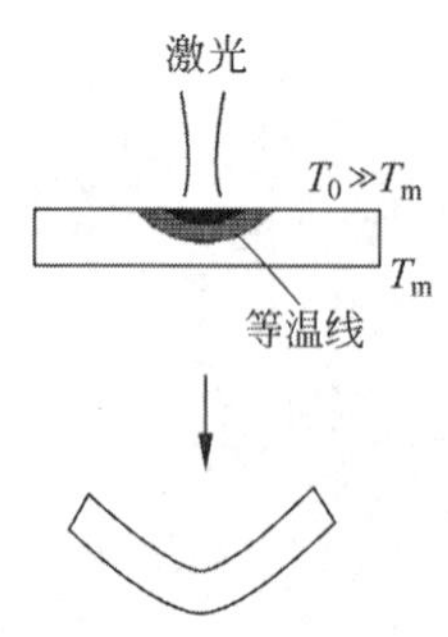

图 16-86 激光熔覆校轴原理示意图

T_0—材料熔点；T_m—激光作用下材料的实际温度

(2) 激光熔覆校轴特点

① 安全性高

在轴类件局部添加激光熔覆材料，产生的非均匀热应力与变形后的轴类件内部非均匀的残余应力进行叠加和抵消，从而对变形的轴类件进行热应力校正，可以确保在使用过程中不回弹。

② 精度高

激光熔覆校轴过程中，熔覆层分多次熔覆而成，且每熔覆一层测量一次，以确保激光校轴的精确度，目前激光校轴的精度可以控制在 0.05 mm 以内。

③ 可控性好

激光熔覆技术操作方便，容易实现自动化控制，可以提供现场服务。

高炉煤气余压透平发电转子叶片回转直径 1 400 mm，轴长 4 500 mm，最大弯曲量为 3.4 mm。轴各部位磨损严重。采用双侧大区域激光熔覆方法校轴，经具体分析确定激光熔覆部位，如图 16-87 所示。

图 16-87 激光熔覆校轴部位

图 16-88 所示为激光熔覆校轴前后跳动值，轴基本校直，激光熔覆校轴效果明显。只要确定弯曲量大小和弯曲类型，经具体周密的热力学分析并合理安排激光熔覆工艺，激光熔覆校轴是切实可行的，效果是明显的。

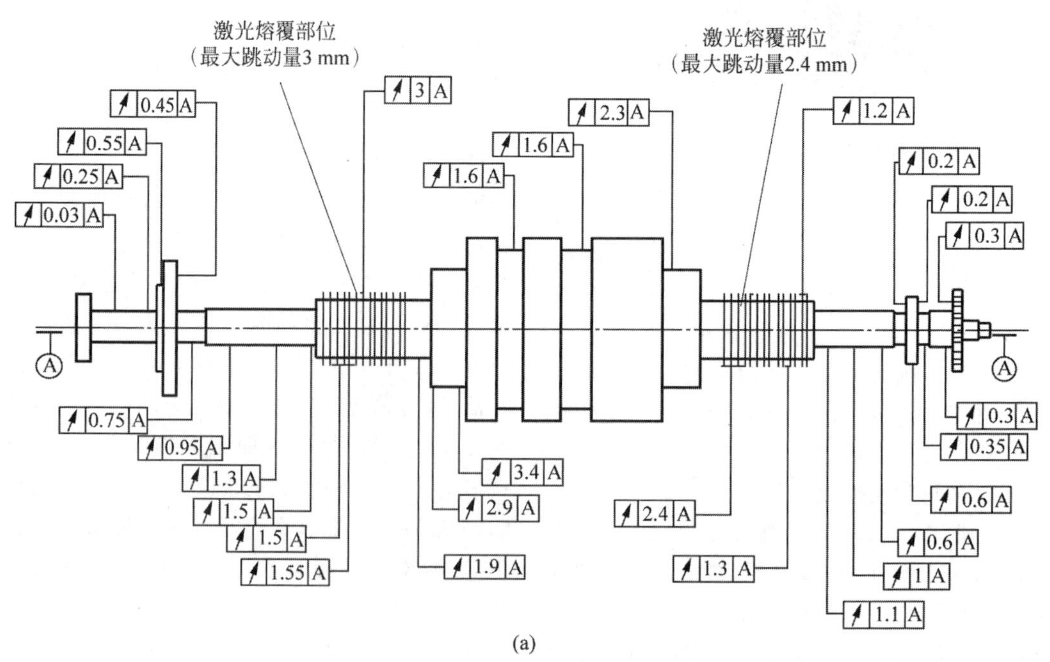

图 16-88 激光熔覆校轴前后跳动值(沈阳)

(a) 激光熔覆校轴前；(b) 激光熔覆校轴后

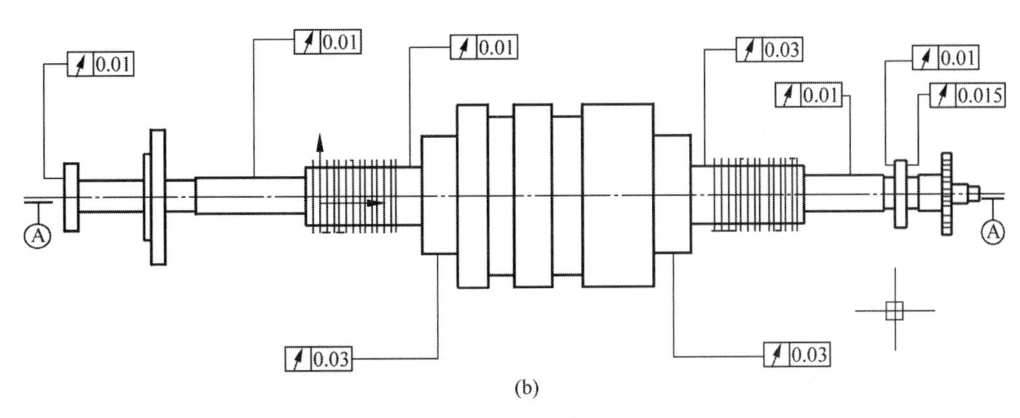

(b)

图 16-88 (续)

16.7.5 激光清洗技术

表面清洗是工业产品再制造工程中的重要工序,传统的表面清洗通常采用机械清洗、化学清洗、超声清洗、高压水柱清洗等方法。随着绿色环保越来越受到人们的重视,传统方式由于其耗能高、污染大等缺陷,急需寻求改变或替代。激光清洗技术应运而生。

1. 激光清洗原理、分类及特点

1) 激光清洗工作原理

高能量密度的激光辐照材料表面,使表面污染物产生烧蚀、分解、电离、降解、熔化、燃烧、气化、振动、飞溅、膨胀、收缩、爆炸、剥离、脱落等复杂的物理、化学效应,并最终脱离材料表面。材料表面的激光清洗存在多种机理共同作用,过程分析较为复杂,通常用激光与金属材料、表面污染物相互作用机制描述。由于金属基体和表面污染物特性的不同,激光清洗的过程存在差异。

2) 激光清洗分类

目前,根据激光清洗工作机理与加工方式的不同,激光清洗可区分为干式激光清洗、湿式激光清洗、斜入射激光清洗、激光冲击波清洗及激光辅助射流清洗(基于流体动力学)。

(1) 干式激光清洗

清洗过程中激光直接照射于清洗对象表面。该方法已经在学术界中进行了长期研究,并已经在工业中得到了广泛应用。它通常基于入射激光束和基板/污染物之间的快速热传导,污染物颗粒受热快速膨胀,提供了对污染物的清洗力(图 16-89)。这项技术中遇到的一个常见问题是随着分解产物逐渐堆积并遮盖待清洗的表面,清洗效果逐渐丧失。目前常用的解决方法是使用保护气或添加污染物回收装置。

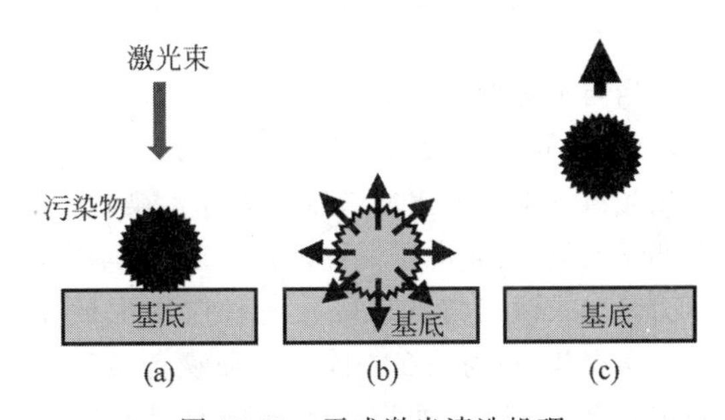

图 16-89 干式激光清洗机理
(a) 吸收激光束能量;(b) 微粒受热膨胀;
(c) 微粒弹离表面

(2) 湿式激光清洗

通过使用能够强烈吸收所用激光波长的液体层,达到清洗目的。如图 16-90(a)所示,清洗前在工件表面覆盖合适的液体层,激光照射可使液体迅速加热汽化,从而迫使颗粒从表面逸出。如图 16-90(b)所示,蒸汽激光清洗是湿式激光清洗的另一种应用,将工件保持在湿度增加的环境中,通过冷凝作用,在基底与污染物之间凝结出一层很薄的液体层;之后通过激光照射,液体层被加热并汽化,在固-液界面处引起气泡的产生与增大，从而导致污染物下侧产生足够大的作用力，将其从表面除去。

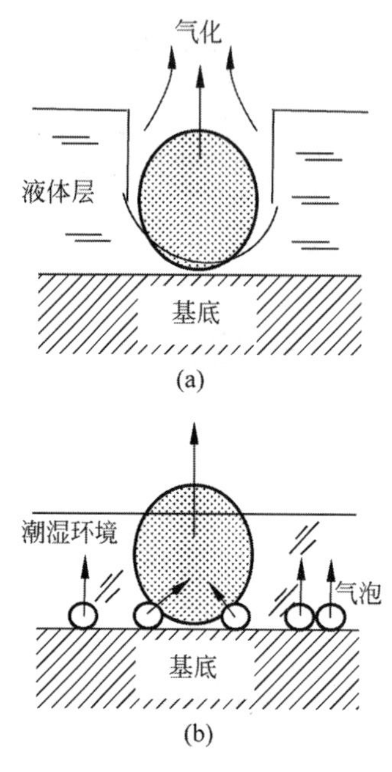

图 16-90 湿式激光清洗机理
(a) 湿式激光清洗；(b) 蒸汽激光清洗

当与不透明表面接触的透明水膜快速蒸发时，会在固-液界面处产生冲击压力脉冲。湿式激光清洗工艺采用冲击压力去除污染物，在某些情况下，其冲击压力可能高于热力学临界压力。湿式激光清洗已经在各种应用中被证明确实有效，特别是在去除较大面积污染物微粒中有突出表现。试验结果表明，红外和紫外激光脉冲均可用于以相对低的能量密度从镍合金基板上去除直径为 0.3 μm 的颗粒，而不会引起基板的损伤。湿式和蒸汽激光清洗相对于干式激光清洗需要的激光能量较低，但是由于部分工件的使用环境不便于覆盖液体层，对湿式激光清洗的应用条件有所限制。

(3) 斜入射激光清洗

斜入射激光清洗中激光以倾斜的角度照射污染物表面(图 16-91)，其作用位置集中于污染物与基底的分界面。相较于干式激光清洗中以烧蚀为主的作用机理，斜入射激光清洗中振动、膨胀、爆炸、剥离等作用机理成为更为主要的因素。据研究表明，与采用垂直照射的典型激光清洗相比，该方法可显著提高清洗效率 10 倍。然而，该方法的有效性受表面特征和污染物颗粒大小的影响较大。

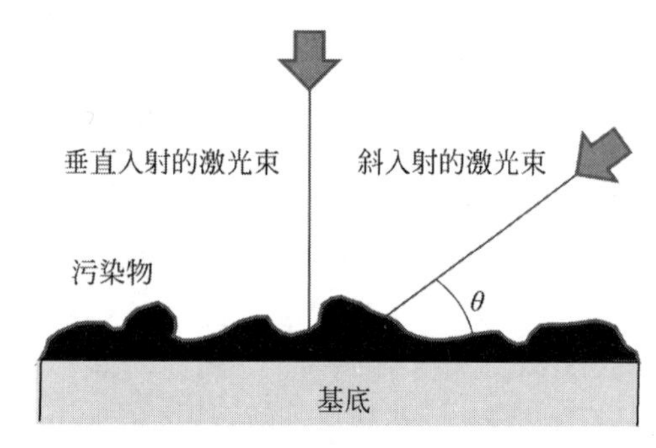

图 16-91 斜入射激光清洗机理

(4) 激光冲击波清洗

在激光冲击波清洗中，高强度激光聚焦于稍高于待清洗样品表面的一个点上，如图 16-92 所示。样品表面气体经激光诱导击穿产生强烈的冲击波，冲击待清洗的表面，通过其产生的振动去除表面的污染物。研究表明，激光冲击波清洗对于去除纳米级颗粒是有效的。

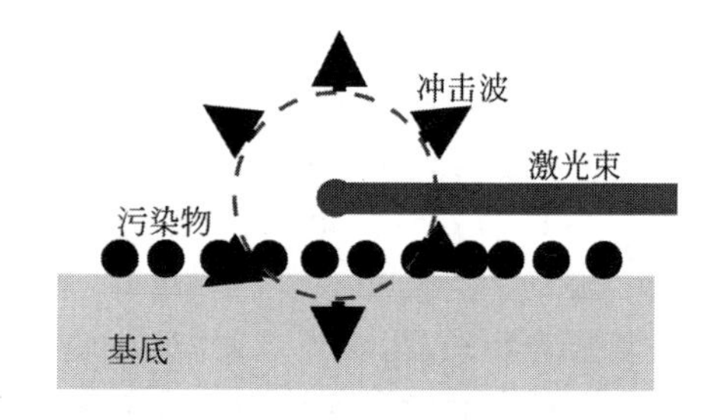

图 16-92 激光冲击波清洗机理

激光冲击波清洗技术也可与液相化学清洗相结合。在改进的方法中，激光诱导击穿发生在液体溶液中，液体中产生的冲击压力显著加速了清洗过程。通过激光闪光摄影和光束偏转过程，可以研究不同气体条件下激光诱导冲击波的影响。冲击波传播的实验结果表明，纳秒级脉冲 Nd：YAG 激光对气体(空气、He、N_2、Ar)的光学击穿可以产生速度为 1 000 m/s 左右、压力强度为 1 MPa 左右的冲击波。

(5) 激光辅助射流清洗。

亚微米级污染物的清洗始终是一项具有挑战性的任务。激光辅助射流清洗示意图如

图 16-93 所示，激光击穿微米尺寸的液滴会产生高速射流（速度可达 1 600 m/s），利用射流从基底上去除颗粒污染物。该过程的性能取决于多种因素，包括激光能量、液滴的相对位置、液滴与表面的间隙距离及每个位置的脉冲数。使用 355 nm 调 Q 开关 Nd：YAG 激光器来汽化液滴，能够在感兴趣的对象表面产生冲击波，产生的冲击波可用于各种材料加工应用，包括亚微米颗粒污染物的清洗。

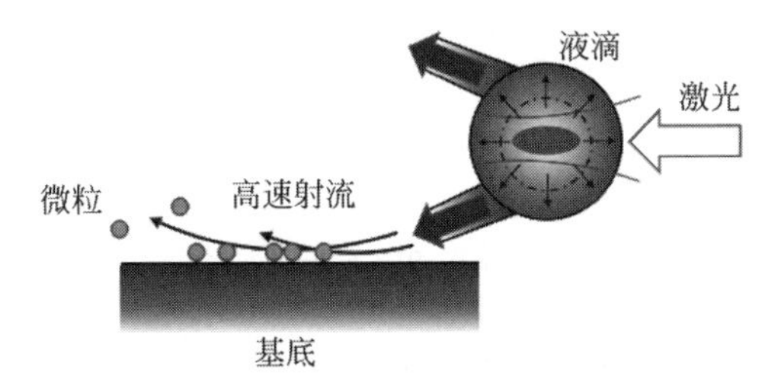

图 16-93 激光辅助射流清洗示意图

3）激光清洗特点

不同清洗方法的比较见表 16-32。

表 16-32 不同清洗方法的比较

方法	优点	缺点	局限性
机械刮削	操作简单	清洗效率低、质量差	劳动强度大
化学清洗	清洗质量好	工序复杂	污染环境
激光清洗	效率高、便于自动化	设备成本高	表面对激光反射

（1）无机械接触

传统清洗方法必须使清洗剂和清洗对象接触，而机械摩擦方法则更是直接通过机械接触清洗污物。这种接触很有可能损伤基底材料，而且对于体积较大或者外形复杂的对象，难以做到直接全面地接触，使这些传统清洗方法很难奏效或者成本太高。例如，清洗较高的建筑物外墙，一般是采用吊车，人站在车上进行清洗作业。激光清洗以光的形式传递能量，而不需要机械接触。只要激光能够照射到的地方，就可以进行清洗。光在大气中可以直接传输，也可以采用光纤来改变激光照射方向，这样激光可以到达几乎所有的地方，从而进行清洗，如很高的楼房或雕塑，人可以在地面上操作控制，调整激光焦距，达到远距离清洗。同时，由于没有机械接触，激光更适宜于清洗硅片和文物等脆弱的材料的表面。

（2）可以准确定位

将激光头或者传导激光的光纤安装在可移动的三维平台上，使激光束定位在欲清洗的材料表面上。采用计算机控制，能够使这种定位更加精确和自动化。清洗用激光的光斑大小、光斑形状及光斑内能量分布都可以根据实际情况进行调整，清洗不规则或者比较隐蔽的表面。

（3）可以实时控制和反馈

通过 CCD 相机（charge coupled device，CCD）和探测光实时监测材料表面反射率或者激光引起的表面声波，可以方便地判断清洗效果。根据清洗的效果，在清洗过程中，可以随时关闭激光电源，终止清洗，实现智能化操作。

（4）对清洗对象具有可选择性

对于物体表面不同的脏物，可以通过设定激光参数（光斑大小、单脉冲能量、脉冲宽度、重复频率等）有选择地清洗脏物，而不会破坏原物。

（5）对环境无污染，对人安全

激光清洗不需要额外的化学清洗剂，有些清洗方法（激光湿式清洗法）或许需要添加一些液体，但只是水或酒精等对环境没有污染的物质。在清洗中只会产生很少的废物（如对于石灰石上黏附的 0.1 mm 厚的均匀黑色污染物，产生大约 100 g/m^2 的废物），不会像采用化学清洗那样，会产生大量难处理的液体污染物。工作时只需要普通的防护衣和面罩。

（6）能有效清除微米级及更小尺寸的污染微粒

有些污染物的尺度可能达到微米甚至亚微米量级，如电子印刷线路板在蚀刻和喷镀工艺中的尘埃粒子。一般方法很难把这种污染物清除掉。目前，已成功地采用短脉冲紫外激光器来清除物体表面尺寸在 0.1 μm 左右的微小颗粒，并已经在工业生产中应用。

(7) 多用途和可靠性

激光清洗已成功地用于清洗大理石、石灰石、沙岩、陶器、雪花石膏、熟石膏、铝、骨头、犊皮纸和有机物等多种材料上的不同污染物,污染物的种类包括灰尘、泥污、锈蚀、油漆、油污等。与化学清洗方法对不同的材料和不同的污染需要采用不同配方的清洁剂不同,很多不同的清洗要求可用同一台激光清洗机来完成,只需适当调整激光参数就可以。

(8) 运行成本低

购买激光清洗系统虽然前期一次性投入较高,但清洗系统可以长期稳定使用,需要人工少,运行成本低。

(9) 激光清洗效率高,节省时间

采用激光清洗,可以提高效率、节省时间。例如,在用激光清洗对飞机蒙皮表面脱漆时,可在 1 h 内快速脱掉厚度为 1 mm、面积为 36 m^2 的漆层,2 d之内可将一架波音 737 飞机表面的漆层完全除掉。又如,激光清洗外墙时,无需要搭脚手架或者装吊车,这无疑会节省不少时间。

2. 激光清洗设备

激光清洗设备系统通常由激光器、准直系统、扫描振镜、聚焦装置、控制系统、检测系统及辅助气源组成(图 16-94)。激光器产生的激光,经准直系统进行优化。

目前,激光清洗常用的清洗头分为单振镜和双振镜,单振镜系统中通过一个振镜将单束的激光扫描成为线状光斑,之后通过控制清洗头的运动,使线光斑扫过整个清洗面;双振镜系统则直接通过两个振镜的相互配合,使单束的逐点激光扫描变成面扫描扫过整个清洗面。

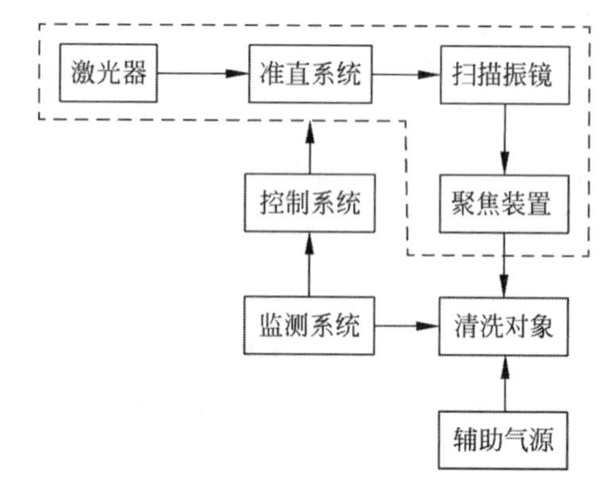

图 16-94 激光清洗系统结构示意图

聚焦系统保证激光束能够根据需要改变激光点光斑的尺寸,从而调整激光功率密度。监测系统负责清洗过程的监测,对清洗效果进行评价,并且可以将监测结果反馈到控制系统。控制系统根据人工控制或分析监测系统的反馈信号控制各部分,调整激光清洗的工艺参数。辅助气源通过吹送保护气,防止污染物残渣对清洗后表面造成污染,同时避免清洗后表面发生氧化。实际应用过程中,可以配合辅助气源安装残渣回收装置,进一步降低对环境的污染。

1) 清洗常用激光器

根据材料、污染物类型以及应用场景选择不同的激光源进行清洗。用于清洗的常用激光系统见表 16-33。

表 16-33 用于清洗的常用激光系统

激　光	波　长	要去除的典型污染物
ArF 准分子	193 nm	SiO_2颗粒、聚合物
KrF 准分子	248 nm	氧化物、聚合物、油脂、Al_2O_3、陶瓷涂层
XeCl	308 nm	氧化铝、氧化铁、硅
XeF 准分子	351 nm	氧化铝、氧化铜
调 Q 开关泵浦或二极管泵浦 Nd:YAG	355 nm	氧化物、污渍、污染物、金属粉末
纳秒光纤激光器		

续表

激　　光	波　　长	要去除的典型污染物
调 Q 开关泵浦或二极管泵浦 Nd：YAG	532 nm	氧化物、污渍、污染物、金属粉末、铁锈、油和油脂
纳秒光纤激光器		
调 Q 开关泵浦或二极管泵浦 Nd：YAG	1.06 μm	氧化物、污渍、污染物、金属粉末、铁锈、油和油脂、表面剥离、表面处理
纳秒光纤激光器		
TEA CO_2	9.6 μm	氧化物、油和油脂、表面剥离
TEA CO_2	10.6 μm	氧化物、油和油脂、Al_2O_3、SiC、污垢、树脂、铁、硅、颗粒

2) 运动方式

目前，激光清洗器有手持式和机械手式两种。手持式操作简单，但聚焦距离不易保证；机械手式操作复杂，价格贵，聚焦及定位精度高，适合工业大规模清洗。

3. 激光清洗工艺

激光清洗是一个复杂的物理化学过程，材料在高能量、高频率、短脉冲激光辐照下发生固态、液态、气态和等离子态之间的相变，并伴随光能、热能和动能之间的传递。为保证激光清洗质量，需要对激光清洗工艺进行优化。

影响金属表面激光清洗质量的因素有很多，主要包括三大类：材料相关因素，如金属基体和表面污染物的熔沸点、热膨胀系数、可燃性、对激光吸收率等物理、化学、光学特性；激光相关因素，如激光波长、脉冲频率、脉冲宽度、激光光斑、能量(功率)密度等；工艺相关因素，如光斑搭接量、光斑移动速度、保护气种类和气流量等。激光清洗工艺优化主要针对的是激光和工艺相关的参数。

1) 激光波长

激光波长主要影响材料对激光的吸收率，根据激光器工作介质的不同，激光波长范围为193 nm～10.6 μm。波长的选择主要取决于清洗对象基底及污染物对不同波长的吸收系数。激光清洗波长的选择标准需要满足基底对该波长激光的吸收程度远远小于污染物的吸收程度，使激光能量大部分作用于污染物及污染物和基底的界面处(包括湿式激光清洗时的液体层)，避免基底产生损伤。北京工业大学季凌飞等采用激光清洗去除3M金属正畸托槽底板的丙烯酸类胶黏剂时发现，采用1 064 nm波长的红外光纤激光清洗时，由于热效应较大，托槽基底出现了图16-95(b)所示的烧焦和碳化现象，清洗效果并不理想；采用248 nm波长的KrF紫外准分子激光进行清洗时，产生的热效应很小，托槽基底并未出现明显损伤，清洗效果良好，如图16-95(c)所示。

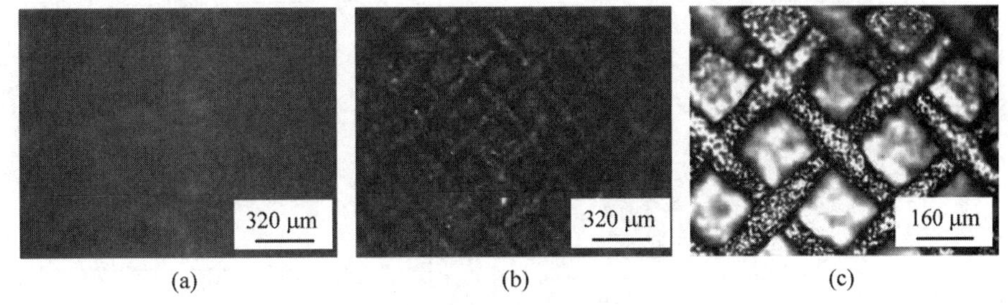

(a)　(b)　(c)

图16-95　正畸托槽底板表面形貌

(a) 未清洗前；(b) 光纤激光清洗后；(c) KrF激光清洗后

2）脉冲宽度

激光的脉冲宽度通常用图 16-96 所示的半高宽度（full width at half maximum，FWHM）表示。激光清洗主要采用脉冲宽度为 1 ns～1 μs 的短脉冲激光或脉冲宽度小于 10 ps 的超短脉冲激光。与短脉冲激光相比，超短脉冲激光的峰值功率更高，脉冲持续时间更短，用于金属表面激光清洗时，基体损伤更小、清洗质量更好、清洗精度更高，但清洗效率通常低于短脉冲激光，且设备成本更高。

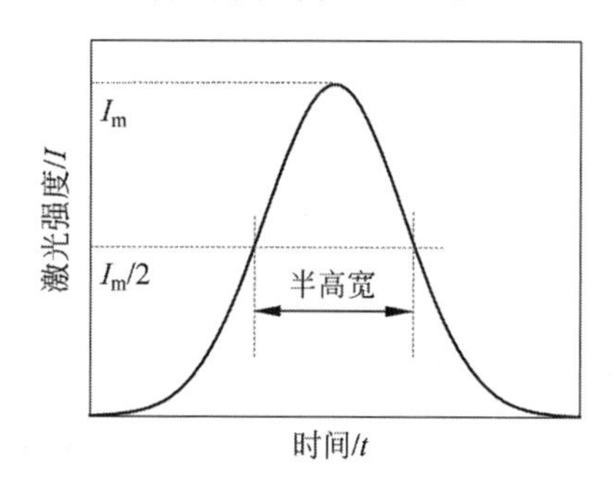

图 16-96　脉冲宽度示意图

短脉冲和超短脉冲激光与金属材料的作用机理存在明显差异。短脉冲激光辐照金属表面时，金属内部自由电子吸收光子能量，并有足够多的时间将能量传递给晶格，使电子与晶格系统达到热平衡，该过程可用傅里叶热传导模型描述；而超短脉冲激光由于脉冲持续时间极短，电子吸收的大量光能来不及转移给晶格，电子和晶格系统之间存在较高的温度差，无法达到热平衡状态，此时的传热过程需采用双温模型描述。

3）激光光斑能量分布

激光器输出的激光通常为图 16-97(a)所示高斯光束（Gaussian Beam），其横截面激光能量的时空分布特征符合高斯分布。采用光束整形技术可将高斯光束转变为图 16-97(b)所示的平顶光束（flat-top beam），使激光能量在圆形光斑内均匀分布。此外，通过柱透镜还可将圆形光斑转变为图 16-97(c)所示的矩形光斑。

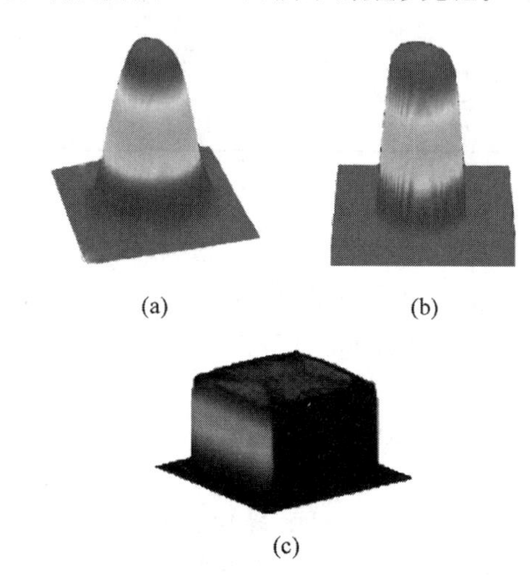

图 16-97　激光能量时空分布特征

(a) 圆形高斯光斑；(b) 圆形平顶光斑；(c) 矩形光斑

激光光斑的形状和能量分布直接影响激光的烧蚀形貌。以圆形高斯激光束为例，采用单个脉冲的激光辐照铝合金表面将形成图 16-98 所示的钟罩型烧蚀坑，其截面轮廓曲线符合高斯分布，说明激光烧蚀形貌与激光能量分布相一致。

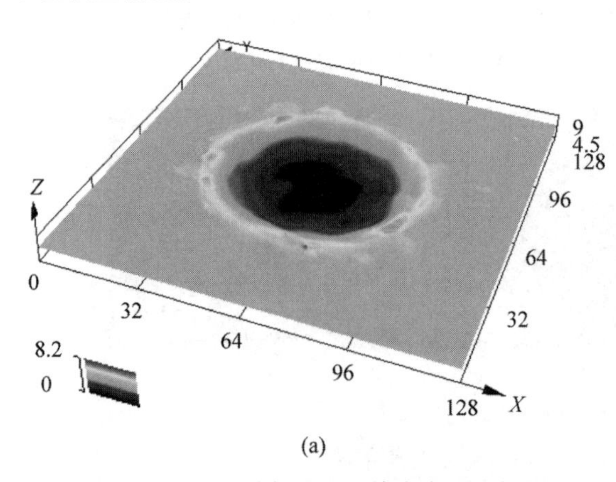

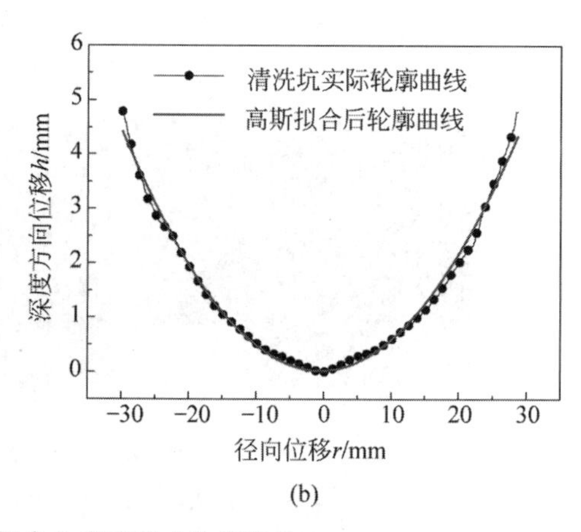

图 16-98　单脉冲圆形高斯激光在铝合金表面形成的烧蚀坑

(a) 烧蚀坑三维形貌；(b) 烧蚀坑横截面轮廓曲线

4）激光能量密度

单个脉冲激光的能量密度 I 与其峰值功率 P_m、脉冲宽度 T 和光斑直径 D 有关，可表示为

$$I=\frac{4P_mT}{\pi D^2}$$

激光能量密度的大小直接决定了激光对材料的烧蚀程度。如图 16-99 所示，采用不同能量密度的单脉冲激光辐照铝合金表面时，随着激光能量密度的增大，烧蚀坑的外径由 34 μm 增加至 80 μm，深度由 3.5 μm 增加至 5.6 μm 均显著增加，说明激光烧蚀程度与激光能量密度呈正比。

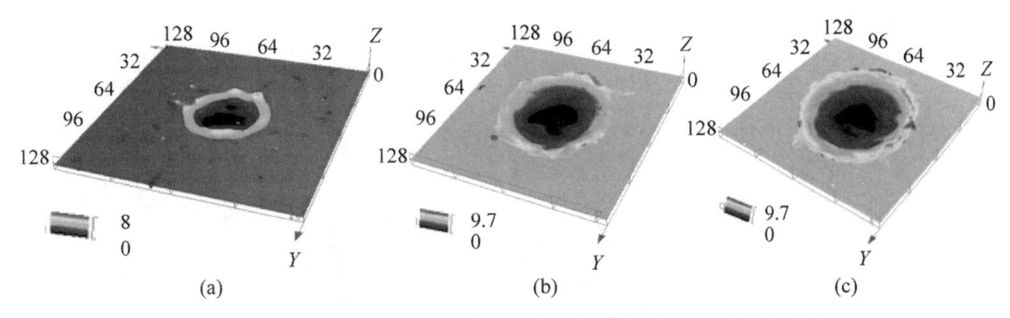

图 16-99　不同能量密度单脉冲激光在铝合金表面形成的烧蚀坑

(a) $I=10\ \text{J/cm}^2$；(b) $I=15\ \text{J/cm}^2$；(c) $I=20\ \text{J/cm}^2$

金属表面的激光清洗存在两个能量密度阈值，即清洗阈值（cleaning threshold）和损伤阈值（damage threshold）。清洗阈值和损伤阈值的大小由金属基体和表面污染物共同决定。只有当激光能量密度高于清洗阈值时，激光束才可有效去除金属表面的污染物，而当激光能量密度高于损伤阈值时，激光辐照在去除污染物的同时，也将显著损伤金属基体。因此，为避免金属基体的显著烧损，激光能量密度应介于两个阈值之间。

5）光斑移动速度（清洗速度）

目前，常用的激光器产生的激光多为单束的激光束，照射到物体表面则表现为点光斑，清洗过程可看作移动的点状激光光斑在材料表面的逐点辐照过程。激光清洗速度也即激光光斑的扫描速度，通常分解为 X、Y 两个方向。对于单振镜的清洗头，在扫描方向上，点光斑在扫描振镜作用下高速偏移形成线光斑时的偏移速度被称为扫描速度；激光清洗速度则特指清洗方向上，线光斑在材料表面的移动速度。对于双振镜的清洗头，清洗速度需要说明清洗方向。

激光点光斑两个方向的移动速度共同决定了激光清洗的效率。激光清洗过程中，空间相邻四个激光辐照点的分布存在图 16-100 所示的四种可能。图 16-100 中，圆圈表示单个激光辐照点的清洗有效区域，d 为清洗有效区域的直径，Δx 和 Δy 分别表示相邻激光辐照点在扫描方向和清洗方向的偏移量，Δl 分别对角激光辐照点的中心距。由图 16-100 可知，与后两种情况相比，前两种情况均存在未被清洗的区域，不符合激光清洗的要求；若金属表面污染物的厚度可忽略不计，图 16-100(c)所示的情况

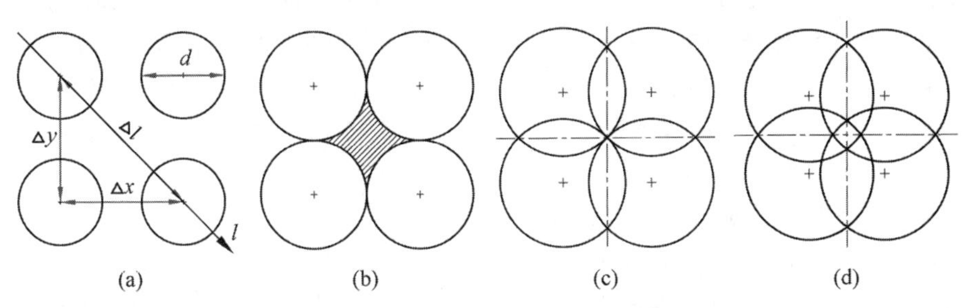

图 16-100　空间相邻四个激光辐照点的分布示意图

对应的激光清洗效率最大，需调整扫描速度和移动速度使相邻四个激光清洗有效区域共交于一点，此时几何关系满足 $\Delta x=\Delta y=\sqrt{2}/2d$，$\Delta l=d$；当需要考虑金属表面污染物的厚度时，激光辐照点的分布则需满足图 16-100(d)所示的情况。

清洗速度对激光清洗质量也有很大影响。图 16-101 所示为采用不同清洗速度对铝合金表面进行激光清洗后的宏观形貌。对比可知，当清洗速度较大时，铝合金表面存在一些未被去除的小颗粒，表面清洁度较差；而当清洗速度过小时，激光热作用不断累积，铝合金表面变暗，局部出现亮白色条纹，说明表面出现氧化和过烧现象。

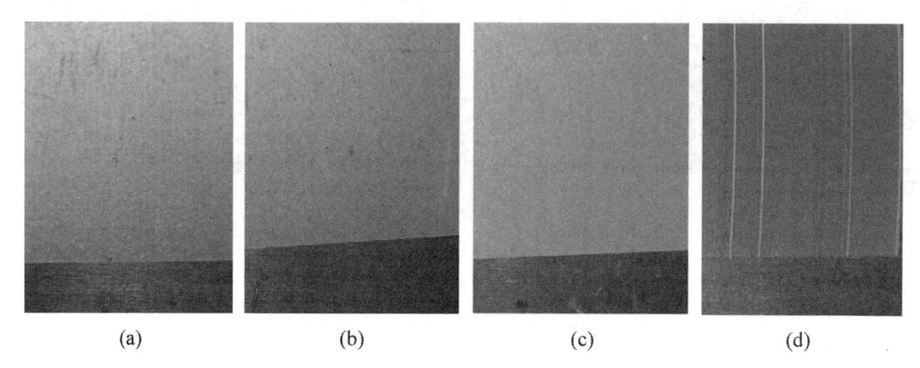

(a) (b) (c) (d)

图 16-101 不同清洗速度对应铝合金表面进行激光清洗后的宏观形貌
(a) $v=1.5$ mm/s；(b) $v=1.0$ mm/s；(c) $v=0.5$ mm/s；(d) $v=0.1$ mm/s

4. 激光清洗质量评价方法

激光清洗技术的优异性能使其得到了广泛的应用。由于激光清洗主要依赖于激光和清洗对象表面与污染物的相互作用，不同材料的激光清洗过程最优工艺参数普遍存在差异。为了更好地判断激光清洗效果，优化激光清洗工艺参数和完善工艺细节，对激光清洗后表面质量进行评估就显出重要性。激光清洗后表面的质量评价方法按照工作环境通常分为离线和在线两种。

1）清洗质量离线评价

（1）表面外观状态

材料表面的外观状态较简单直接的判断方法是用肉眼观察。如金属材料表面去除干净后呈现的是金属本色，船用钢铁表面是亮白色，因此肉眼观察表面呈亮白色表示去除干净。出现红棕色、淡黄色、黑色基体表面，则表明基体表面被重新氧化或未去除干净。

表面外观状态也可采用图像处理的方法以自动方式判断。国内有研究人员利用 Matlab 图像处理工具箱，对清洗前后硅片表面光学显微镜照片进行处理，编写硅片表面干式激光清洗率的评价程序，统计清洗前后硅片表面评价区域的污染颗粒个数，对清洗效果进行定量评价，图 16-102 所示为清洗率评价程序流程图。研究结果表明，利用此方法统计的颗粒数准确度达 97.6%，得到的激光清洗率准确度为 99.2%，因此借助图像处理技术评定清洗效果是一种高效、快速、准确的新方法。

（2）表面形貌

清洗对象在经激光清洗后表面发生永久性变化，直接反映在表面形貌上。根据不同的需求，对清洗对象表面粗糙度的要求也不尽相同。对于将激光清洗作为表面清洁抛光的手段时，要求得到光滑的平面；而对于需要将激光清洗作为镀膜前预处理手段时，要求基体表面既有合理的表面粗糙度，同时避免基体表面形成深而尖的形状。一般采用轮廓算术平均偏差 Ra 和轮廓最大高度 Rz 表示表面粗糙度。表面形貌的检测方法有三维形貌仪、扫描电镜等(图 16-103)。

（3）显微观察

利用显微设备，可直接观察清洗对象表面状态及金相组织，以此评价激光清洗效果

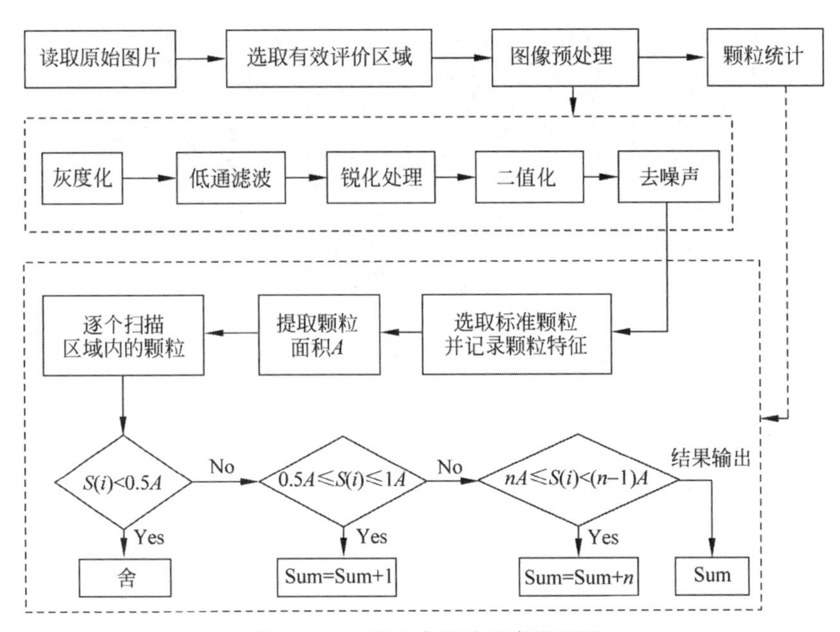

图 16-102　清洗率评价程序流程图

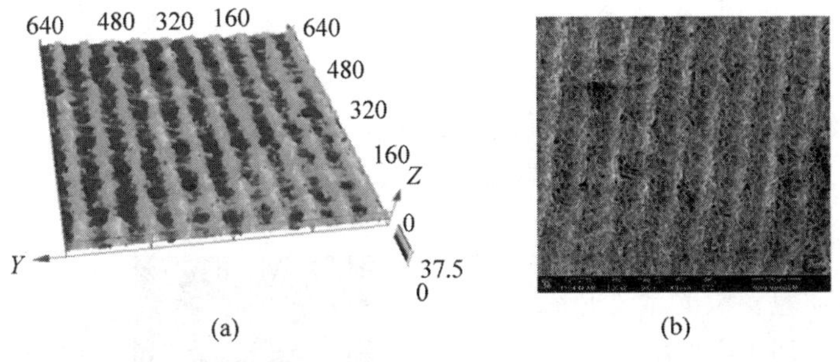

图 16-103　7A52 铝合金激光清洗后的三维形貌及扫描电镜形貌

(a) 三维形貌；(b) 扫描电镜形貌

(图 16-104 和图 16-105)。

图 16-104　TC11 激光清洗前后界面处的扫描电镜照片

(4) 元素组分分析

通常而言，清洗对象的表面污物与基底的元素组分存在差异。通过对比激光清洗前后表面元素组分的变化，可以判断表面污物是否被清除干净。常用的元素组分分析方法有 EDS、XPS、XRD 等，激光清洗前后钛合金试样表面元素 EDS 结果如图 16-106 所示。

(5) 其他方法

对于具有特殊性质的材料，可以根据其材料特性进行清洗效果的评价，如光学元件，可以利用清洗后通过率或反射率曲线评价清洗效果。K9 玻璃样品在清洗前后的透过率曲线如图 16-107 所示。对于采用激光清洗作为预处理手段的应用场景，也可以根据清洗对象后续质量评价清洗质量，如作为焊接前预处理的

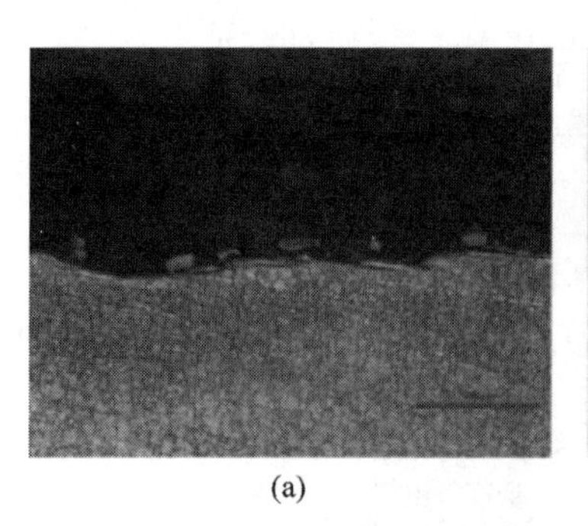
(a)

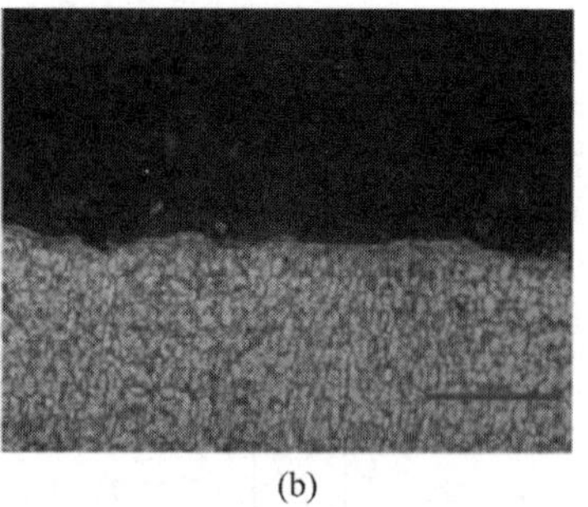
(b)

图 16-105　激光清洗前后钛合金基底的显微组织
(a) 激光清洗前；(b) 激光清洗后

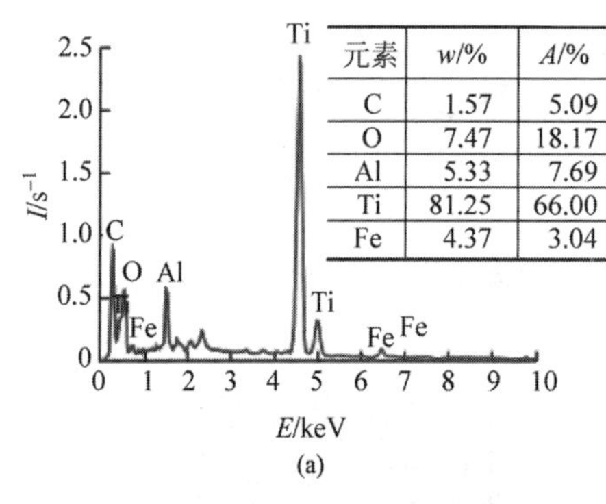

元素	w/%	A/%
C	1.57	5.09
O	7.47	18.17
Al	5.33	7.69
Ti	81.25	66.00
Fe	4.37	3.04

(a)

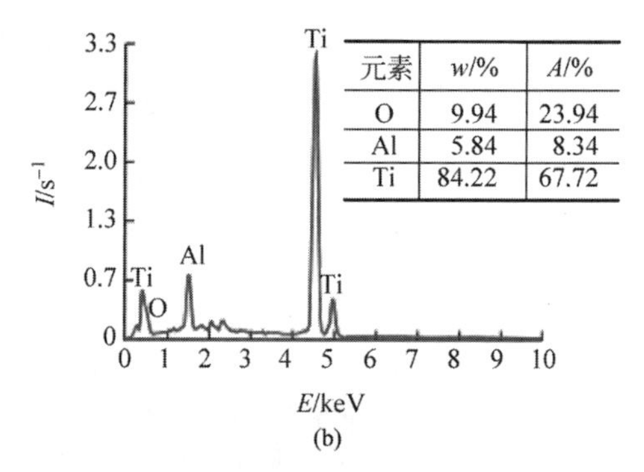

元素	w/%	A/%
O	9.94	23.94
Al	5.84	8.34
Ti	84.22	67.72

(b)

图 16-106　激光清洗前后钛合金试样表面元素 EDS 结果
(a) 激光清洗前；(b) 激光清洗后

激光清洗效果,可以通过清洗后焊接质量的评价间接评价清洗质量。激光清洗后钛合金电子束焊接形貌如图 16-108 所示。

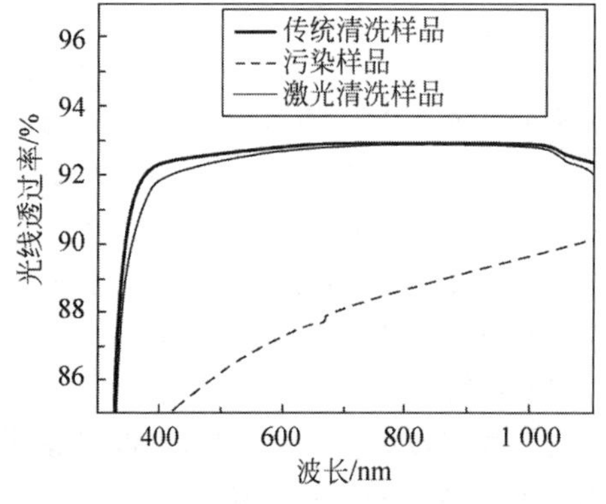

图 16-107　K9 玻璃样品在清洗前后的透过率曲线

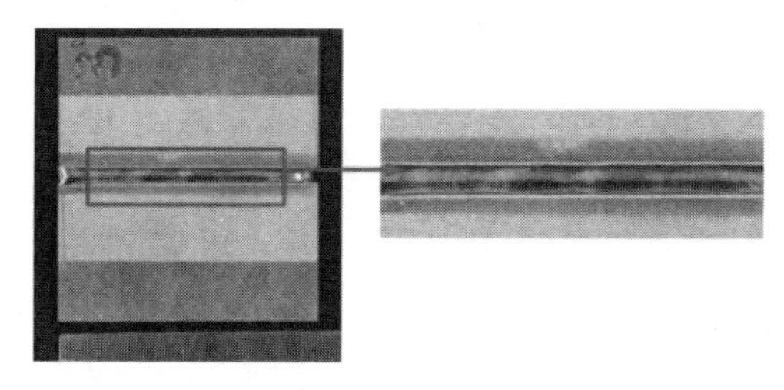

图 16-108　激光清洗后钛合金电子束焊接形貌

2) 清洗过程在线监测

(1) 声信号

当激光束辐射至清洗材料表面时,表面物质吸收激光能量的一部分,从而转变成了振动波,产生了声波或超声波,部分试验中能直接用人耳听到明显的爆裂声。由于振动波在空气和基体的分界面、基体和表面污染物的分界面等不同界面间反射,声波信号会发生改变,可以通过采集声波信号,在线监测控制激光清洗过程。激光清洗除锈过程中不同脉冲作用下产生的声波信号如图 16-109 所示,其包含大量的激光除锈信息。当大量的氧化物被去除时,声波信号的强度高;当激光功率低于激光清洗阈值时,没有采集到声波信号。声波信号

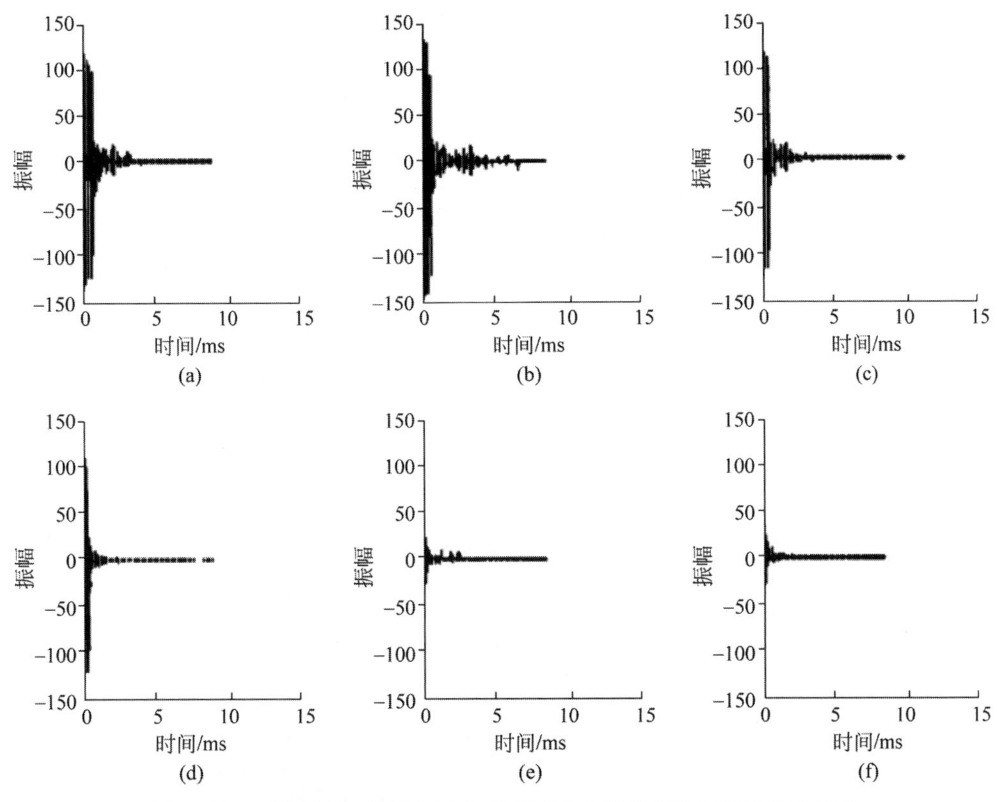

图 16-109 激光清洗除锈过程中不同脉冲作用下产生的声波信号图像

的振幅最大值与表面形貌、脉冲数目等因素有关。分析声波频谱,结果表明集中在音频区域频谱,在激光清洗度高时,往高频方向偏移,但偏移量比较小。

(2) 光谱信号

激光清洗过程中,在脉冲激光辐照下,材料表面迅速形成一个很小的局部高温区,表面污染物发生熔化汽化并形成等离子体,微观上反映为光谱信号。激光诱导等离子体(laser induced breakdown spectroscopy,LIBS)的光谱信号包含较为丰富的信息。研究人员已经成功将激光诱导等离子体技术应用于被污染的砂岩和中世纪的彩色玻璃的在线清洗过程控制(图 16-110),其中关键元素发射谱的相对强度变化表明了表面材料成分的变化。

(3) 高速摄像

激光清洗过程中,由于激光与污染物的相互作用,会产生较为明显的发光现象,通过高速摄像机拍摄清洗部位图像,可以直接观察激光清洗过程,评价清洗质量,高速摄像分析激光不同入射角度对清洗质量的影响如图 16-111 所示。

5. 激光表面清洗实例

1) 橡胶生产行业

轮胎模具由于长时间的服役,表面沉积了大量污染物,对生产精度产生了巨大影响。传统的清洗方法包括喷砂、超声波或二氧化碳清洗等,但这些方法通常必须在高热的模具经数小时冷却后,再移往清洗设备进行清洁,清洁所需的时间长,并容易损害模具的精度,化学溶剂及噪声还会产生安全和环保等问题。

图 16-112 所示为轮胎模具花纹处在激光清洗前后的照片。因为激光可达性好,能到达模具的死角或不易清除部位,所以采用激光清洗具有清洗全面且不会使残留在模具的橡胶气化产生有毒气体的优点,因而得到广泛应用。

激光清洗轮胎模具的技术已经大量在欧

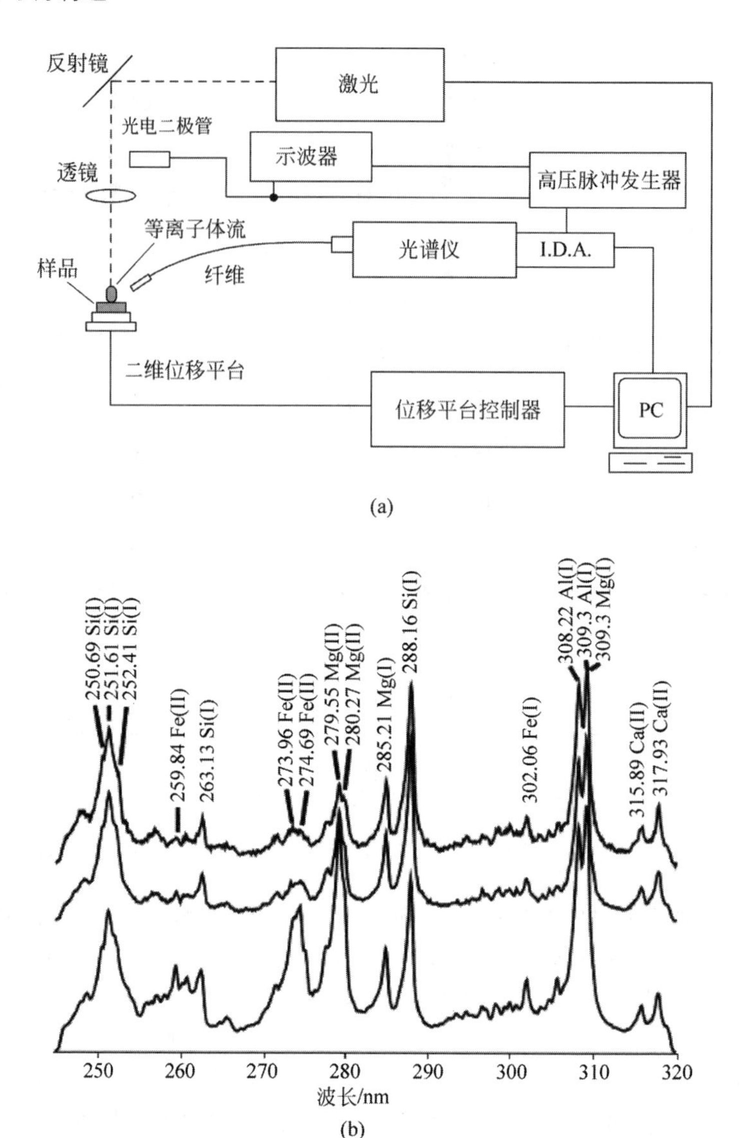

图 16-110　光谱信号监测中世纪彩色玻璃样品的激光清洗过程

(a) 监测及控制系统结构；(b) 中世纪彩色玻璃样品的激光诱导等离子体光谱

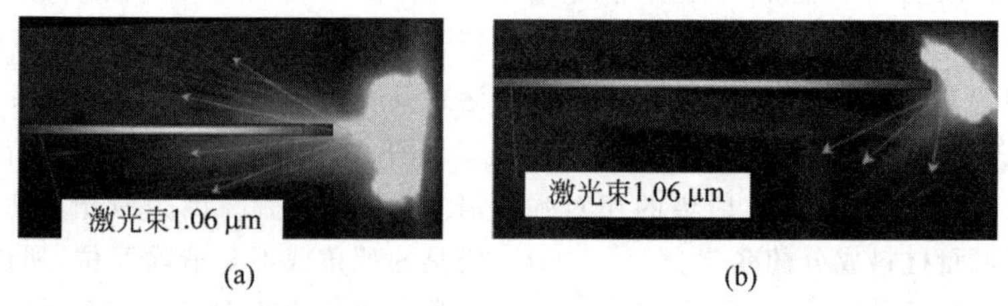

图 16-111　高速摄像分析激光不同入射角度对清洗质量的影响

(a) 激光垂直入射清洗；(b) 激光倾斜入射清洗

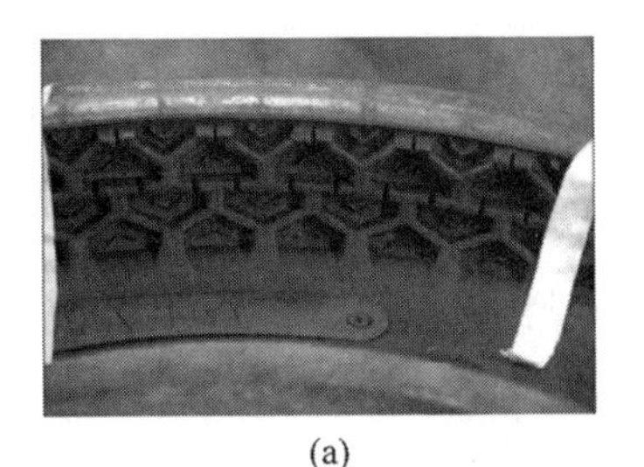
(a)

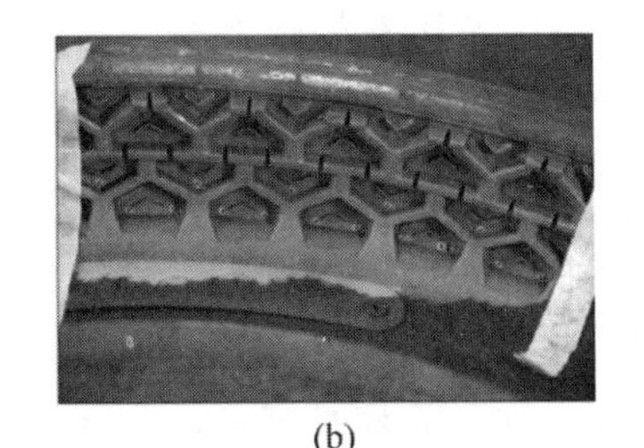
(b)

图 16-112　轮胎模具花纹处在激光清洗前后的照片
(a) 清洗前；(b) 清洗后

美的轮胎工业中被采用，虽然初期投资成本较高，但在节省待机时间、避免模具损坏、工作安全及节省原材料上所获得的经济收益可使投资成本迅速得到回收。根据英国宽泰(Quantel)公司的 LASERLASTE 激光清洗系统在上海双钱载重轮胎公司生产线上进行的清洗试验表明，仅需 2 h 就可以在线清洗一套大型载重轮胎的模具。与常规清洗方法相比，其经济效益是显而易见的。

2) 军工领域

在军用装备的维护与制造中，激光清洗可提升装备维修的效率，减少武器弹药表面的氧化，为军用装备、军队战斗力提供有力保障。

国内研究人员利用 CO_2 激光器清洗军用装备表面霉菌，根据激光照射过程中使菌体燃烧或微量爆炸而气化分解的原理，研制出了军用小型激光清洗设备，有效地防止了霉菌对武器装备的腐蚀和氧化，消除了菌丝形成的生物电桥对设备电路的影响，大大减少了武器装备清洗的人力、物力。针对弹药修理面临的除锈除漆技术难题，研究人员利用 20 W 光纤激光器对弹药开展了除锈除漆试验，激光清洗某炮弹铜质药筒表面如图 16-113 所示，结果表明，激光辐照扫描的部位锈蚀、残余油漆均被清除，并露出基体材料的金属光泽，且基体组织均匀、无损伤；材料的表面温度几乎没有变化，表明激光能够用于危爆装置表面处理，不会因热效应而发生燃爆，只需要处理好激光特征参数与表面处理质量、作业效率的关系。

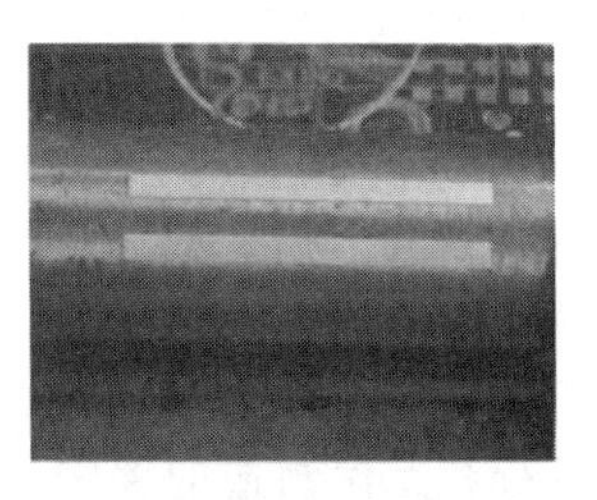

图 16-113　激光清洗某炮弹铜质药筒表面

3) 飞机蒙皮脱漆

飞机经过一定的飞行时间后其机身外表面需要重新喷漆，但是喷漆之前需要将原来的旧漆完全除去。传统的机械清除油漆法容易对飞机的金属表面造成损伤，给安全飞行带来隐患。德国研究人员采用高功率 TEA CO_2 激光器实现了飞机表面的除漆工作，使用 3 台激光器，在 3 d 内将一架表面积为 1 600 m^2 的飞机漆层去除，没有造成任何损伤。2015 年 6 月，由 Concurrent Technologies 公司和美国国家机器人工程中心开发的两套先进的机器人激光涂层去除系统(advanced robot laser coating removal system，ARLCRS)被运送到犹他州空军基地用于 F-16 战斗机和 C-130 货机除漆，如图 16-114 所示。与以往的除漆系统相比，机器人激光涂层去除系统是半自动的，每

图 16-114　ARLCRS 对 F-16 战斗机进行激光除漆过程

个机器人都配有IPG光纤激光器,使除漆时间缩短了50%。

4）楼宇外墙

随着我国经济的飞速发展,越来越多的摩天大楼被建立起来,大楼外墙的清洁问题日益凸现,传统人工清洁方式不仅危险,而且效率低。激光通过光纤引导可以对建筑物外墙的清洗提供很好的解决方法,不仅可以对多种石材、金属、玻璃上的各种污染物进行有效清洗,而且比常规清洗效率高很多倍。此外,激光清洗还可以对建筑物石材上的黑斑、色斑进行清除。

5）电子工业

随着半导体、微电子行业的发展,元器件的尺寸越来越小,其亚微米尺寸的微污染成为影响设备运行和元件制造的关键问题。传统的清洗方法,如机械清洗法、化学清洗法、超声清洗法等根本无法达到清洗要求,同时还会引入其他杂质。激光清洗技术能清除精细物体表面的微米量级尺寸的颗粒,使精细物体在无损前提下达到很高的洁净度。

在电路板焊接前,元件针脚必须彻底去氧化物以保证良好的电接触,在去污过程中还不能损坏针脚,激光清洗可一个针脚只需照射一次激光。

聚酰亚胺是电子元器件封装薄膜内部连接结构的介质材料,利用波长为248 nm和193 nm的准分子激光可以有效地剥离有机聚合物,防止其他元素对聚酰亚胺的污染。

电路板清洗方面被广泛应用的激光器是KrF激光器,采用波长为248 nm、脉宽20 ns的KrF准分子激光清洗硅晶体表面,当能量密度为800 mJ/cm^{2}时,15个激光脉冲就可以去除表面氧化层。通过电镜扫描分析,表面层中的F、C、O成分完全消失,并且没有任何表面损伤。

6）精密仪器工业

精密机械工业领域常常需采取化学方法对零件上用来润滑和抗腐蚀酯类及矿物油加以清除。化学清洗往往仍有残留物,激光清洗可以将酯类及矿物油完全去除,不损伤零件表面。激光清洗上述污染物是由冲击波完成的,零件表面氧化物薄层爆炸性气化形成了冲击波,导致污物去除。

7）核工业中的激光清洗

核电为世界的能源需求作出了重要而坚实的贡献,核工业中新技术的发展促使人们需要创新的清洁技术来保障核电设备的清洁和退役。目前,核工业中使用的清洗方法包括化学清洗、湿磨清洗、蒸汽清洗和湿式超声波清洗,这些传统清洁技术的主要问题如下：一是产生液体和颗粒形式的二次废物,需要进一步处理；二是化学清洗中使用的化学品会影响核反应堆中使用材料的耐腐蚀性。激光清洗由于其自动化、远程处理和减少二次废物的优点,可以有效替代现有的清洗方法,图16-115所示为激光清洗前后100个燃料棒的放射性活度(Bq/cm^2)对比图,激光将燃料棒表面松散结合的污染物去除,激光清洗后燃料棒的放射性活度显著降低。

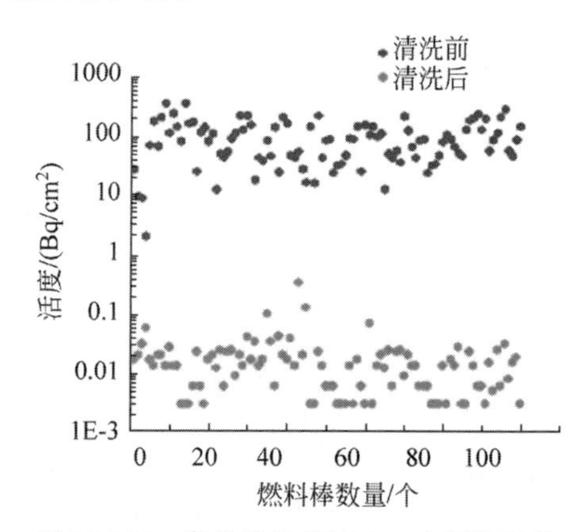

图16-115　激光清洗前后100个燃料棒的放射性活度

同时,激光清洗为干燥和非接触式,减少了固体废物的产生和对操作人员的辐射。图16-116显示了3种不同方法对10个典型燃料棒进行清洗时,单个操作人员接收到的辐射剂量的比较,可以看到,使用激光清洗操作人员受到的辐射剂量最少。

8）文物、艺术品修护

年代久远的历史文物及高档艺术品,由于其精细、易损的表面结构及极高的价值,成为

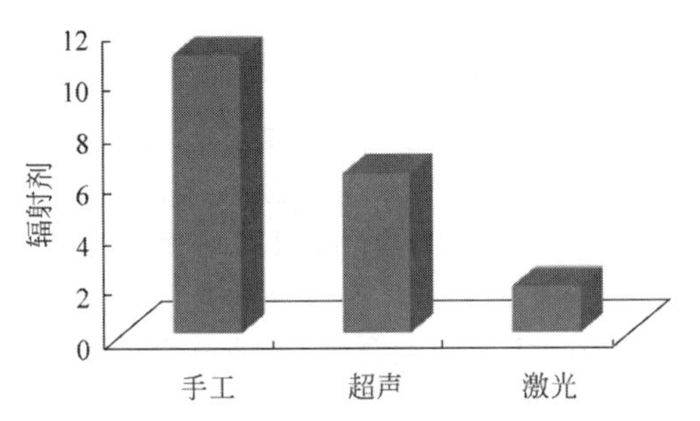

图 16-116 不同清洗方法的辐射暴露比较

激光清洗技术应用较早的领域之一。早在20世纪70年代，就有科学家提出使用激光清洗历史建筑和艺术品的可行性，后来经过相关人员的研究和试验后得到肯定并广泛应用。1992年9月，联合国教科文组织利用激光清洗技术成功地对英国大教堂进行了表面除污处理。根据相关报道，法国的亚眠(Amiens)大教堂、奥地利维也纳的圣斯特凡(St. Stephan)大教堂及波兰华沙的无名烈士墓都成功地利用激光清洗技术进行了修护。法国巴黎卢浮宫中的油画因为年代久远表面遭到严重腐蚀，工作人员采用激光清洗后已基本恢复了原貌。

激光清洗同样适于清洗古老的房屋建筑。德国撒克逊镇上的一所中世纪古木屋，由于年代久远木板表面覆满各种污垢，且泥浆、黏合剂都已老化，科研人员采用激光清洗技术将古屋恢复了原貌，且木板基体未受到任何损伤。

激光清洗技术已经较为成熟地应用在石雕石刻等石质文物以及油画的保护中。希腊克利特电子结构和激光器研究所对雅典的贝纳基(Benaki)博物馆中被灰尘污染的玻璃窗进行了清洗保护，图16-117为清洗前后的细节对比。

图 16-117 被灰泥污染褪色的玻璃窗清洗前后对比

9) 汽车工业

由于其质量轻，铝合金广泛用于汽车工业中，铝合金的连接通常通过铆接、电弧焊、钎焊、搅拌摩擦焊、激光焊和激光-电弧复合焊接来进行。然而，铝合金焊接性差，易产生气孔和热裂纹，这些缺陷与焊接前的表面清洁度密切相关。目前工业上通常使用化学腐蚀、喷砂和机械刮削对表面进行清洗，这些方法除了对环境的影响和操作复杂之外，还可能对基底产生损伤。图16-118所示为激光填丝焊焊缝外观及横截面形貌。焊前是否进行激光清洗对铝合金激光填丝焊会产生影响，由图16-118可以看到采用合适的激光清洗工艺可以有效避免焊缝内气孔的产生，提高铝合金焊缝质量。

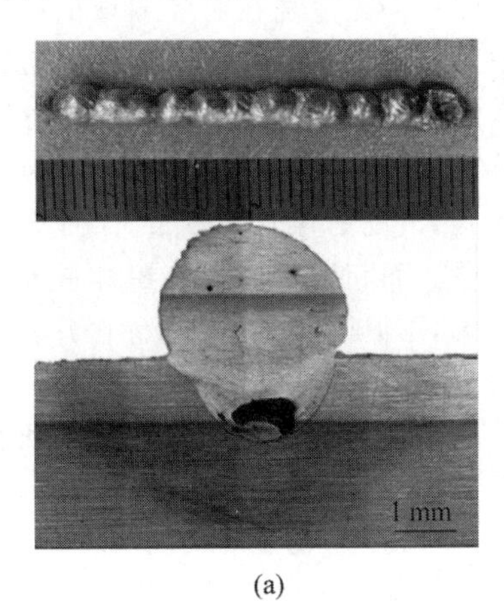

(a)

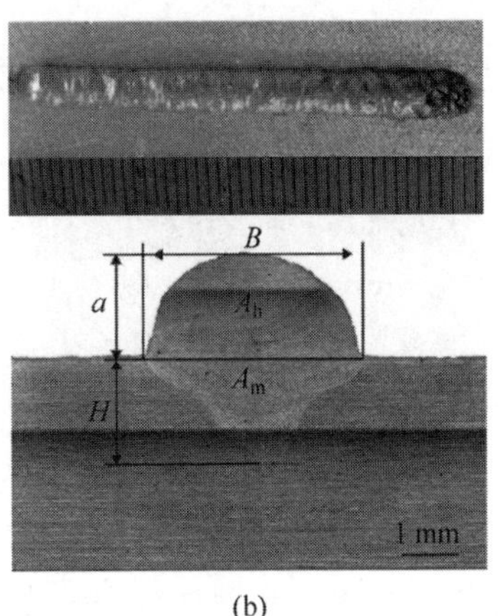

(b)

图 16-118 激光填丝焊焊缝外观及横截面形貌

(a) 焊前未预处理；(b) 焊前激光清洗

图 16-119 所示为 Adapt Laser 公司提供奥迪 TT 汽车生产线的光纤激光清洗装备,用于清洗铝合金车门框表面的氧化膜。

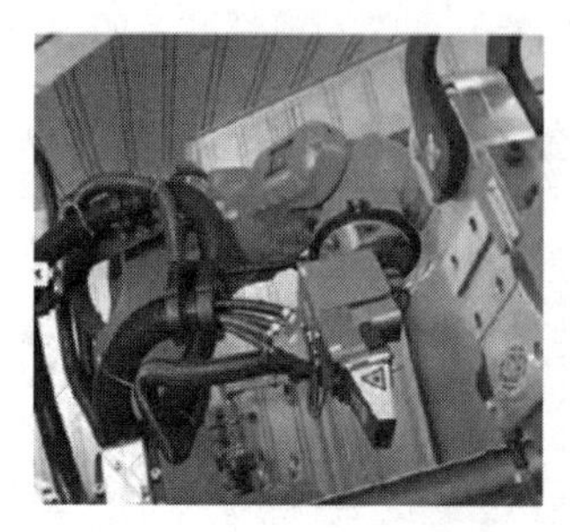

图 16-119 Adapt Laser 公司激光清洗铝合金车门框表面的氧化膜

10) 航空航天

涡轮叶片和压缩机转子之类的航空航天部件需要在制造、使用中和再制造期间进行清洗。与传统清洗方法相比,激光清洗可以更加环保、高效地去除航空航天部件表面的污染物。国内外研究人员已经对激光清洗在航空航天材料(主要是钛合金)上的应用进行了大量的研究。图 16-120 所示为两种不同航空航天材料的清洗效果,图 16-120(a)所示为航空用 AMS4911 钛合金经激光清洗前后的扫描电镜图片,图 16-120(b)所示为涡轮机叶片经激光清洗前后的扫描电镜照片,表明激光可有效地去除航空材料表面的附着物。

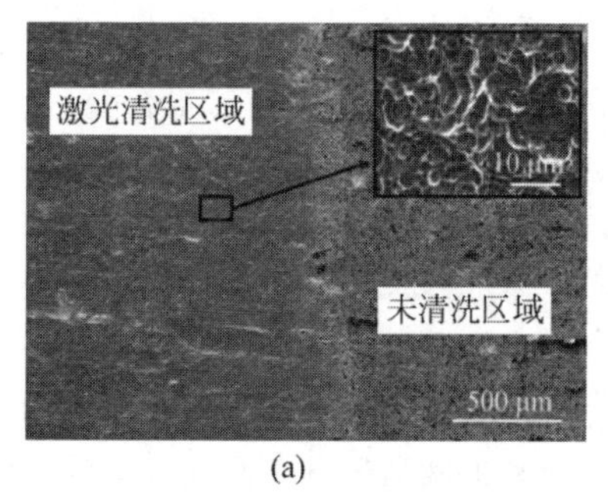

(a)

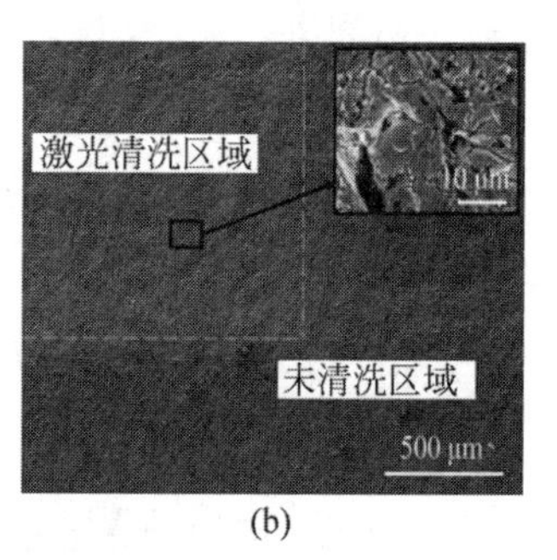

(b)

图 16-120 两种航空材料激光清洗前后的扫描电镜照片
(a) AMS4911 钛合金激光清洗前后;(b) 涡轮机叶片激光清洗前后

图 16-121 所示为经激光清洗的航空滤网,经飞秒(femto second)激光清洗后,航空过滤片透过率达到新产品的 90%,而传统的超声清洗后透过率只能达到 60%。

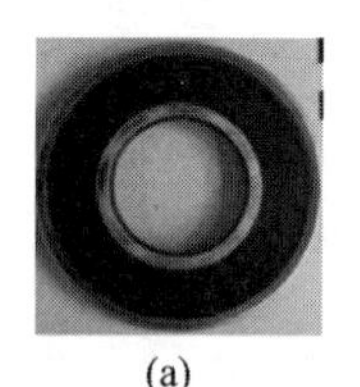

(a)

(b)

(c)

图 16-121 经激光清洗的航空滤网
(a) 清洗前;(b) 超声清洗;(c) 激光清洗

11) 医疗领域

在医疗领域,激光已被用于纹身、纹眉清洗。以往利用化学药物清洗或者进行进一步纹涂掩盖,不但不能完全清洗掉色素,还会留下疤痕,甚至危害健康;将激光作用于患处,利用激光传递的能量将色素颗粒快速击碎,通过皮肤退皮及细胞吞噬等代谢方式去除纹身色素,清洗效果良好,且对患者的皮肤无伤害。

激光清洗在医疗领域的另一个应用是医疗器械清洗。一般的清洗消毒过程是先用水或其他溶液清洗之后,再用高温高压消毒灭菌。由于中间环节多,增加了疾病传染的可能性,清洗消毒时间较长,而且产生大量污水污物。而利用脉冲激光在材料表面产生局部高温,不但可以快速地清除医疗器件上的各种污迹,而且也可以杀死各种细菌与病毒,同时达到清洗和消毒的双重目的,大大减少了中间环节,节约了清洗时间。

12) 食品工业

利用激光可对食品加工的模具设备等进行清洗。试验证明,利用纳秒脉冲激光器,在不同的加工条件下,可以将 304 不锈钢板上的食品加工残留物清洗干净。激光清洗食品用具过程可以缩短清洗时间,减少有毒废物的使用,并在此过程中降低操作人员的职业风险。

16.7.6 激光焊接

激光焊接(laser beam welding,LBW)是利用高能量密度激光束作为热源进行焊接的一种先进焊接方法。20 世纪 70 年代,激光技术开始在焊接领域应用。激光焊接具有焊接质量好、焊接精度高、焊接柔性好、焊接效率高、焊接过程易于自动化等优点,被认为是 21 世纪最先进的焊接方法之一,被广泛应用于航空航天、交通车辆、机械制造、石油化工、微电子、核工业等领域。

1. 激光焊接优缺点

与传统弧焊技术相比,激光焊接具有以下优点。

(1) 焊接对象广。激光束能量密度高,不仅能够焊接铝合金、铜合金等导热系数高的金属,还可焊接高温合金、陶瓷等难熔材料,可实现异种材料的焊接。

(2) 焊接质量好。激光束能量集中,焊接热输入低,热影响区窄,焊接变形小,可实现精密器件的微型焊接。

(3) 焊接效率高。激光束能量密度高,焊接速度快,焊接可靠性好,可实现工件的高速焊接。

(4) 焊接柔性好。固体激光可通过光纤传输,灵活度大,可实现复杂零部件、复杂曲面的远距离焊接。

(5) 焊接自动化程度高。激光器设备稳定性好,便于与机器人、数控机床等设备集成,可实现零部件批量化焊接。

(6) 绿色环保。焊接过程污染少,工况环境好。

激光焊的主要缺点如下。

(1) 激光束光斑尺寸小,对工件装配、夹持和激光束位置精度要求高。

(2) 铝合金、铜合金等金属表面对激光的反射率高,激光利用率相对较低。

(3) 激光设备价格昂贵,一次性投入大,焊接成本相对较高。

2. 激光焊接分类

激光焊接技术分类见表 16-34。

表 16-34 激光焊接技术分类

分类依据	工艺名称	英文名称	工艺特点
激光器类型	CO_2 激光焊	CO_2 laser welding	(1) 设备价格低,可实现大功率激光输出,焊接成本相对较低; (2) 激光波长大(10.6 μm),焊接铝合金、铜合金等材料时反射率高; (3) 设备体积大,不能利用光纤传输激光,焊接灵活性差
	YAG 激光焊	YAG laser welding	(1) 焊接柔性好,易于与机器人、数控机床等设备集成,焊接灵活性好; (2) 设备价格相对高,光电转换效率低,光束质量差,焊接成本高; (3) 激光波长短(1.06 μm),焊接铝合金、铜合金等材料时反射率相对低
	光纤激光焊	fiber laser welding	(1) 焊接柔性好,易于与机器人、数控机床等设备集成,焊接灵活性好; (2) 设备稳定性好,光电转换表效率高,光束质量高,焊接接头质量好; (3) 激光波长短(1.07 μm),焊接铝合金、铜合金等材料时反射率相对低

续表

分类依据	工艺名称	英文名称	工艺特点
激光器工作方式	连续激光焊	continuous laser welding	(1) 激光器输出连续稳定的激光束，对被焊材料进行连续激光辐照，形成连续均匀焊缝； (2) 采用高功率 CO_2、Nd：YAG、半导体和光纤激光器； (3) 主要用于金属零部件的高功率激光焊接，工业应用更广泛
	脉冲激光焊	impulsed laser welding	(1) 通过调Q技术或锁模技术输出脉冲激光束，对被焊材料进行不连续激光辐照，每个脉冲激光在材料表面形成一个焊点，焊接以点焊或焊点重叠形成焊缝方式进行； (2) 采用中小功率红宝石、铷玻璃和YAG激光器； (3) 主要用于精密零部件和电子元器件的微型点焊和缝焊
焊接模式	激光热导焊	laser thermal conduction welding	(1) 激光功率密度在 $10^4 \sim 10^6$ W/cm^2； (2) 仅材料表层受激光辐照熔化，形成图16-122(a)所示较浅熔池； (3) 热量通过热传递向工件内部扩散，只在焊缝表面产生熔化现象，工件内部没有完全熔透，基本不产生汽化现象； (4) 主要用于电子元器件和薄壁零部件的微型焊接
	激光深熔焊	laser deep penetration welding	(1) 激光功率超过 10^6 W/cm^2 数量级； (2) 激光辐照使材料表面迅速熔化并强烈汽化，在蒸汽反冲力作用下，液态熔池表面不断向下凹陷形成匙孔，匙孔内充满光致等离子体，如图16-122(b)所示； (3) 大多数情况下，激光焊接采用激光深熔焊模式

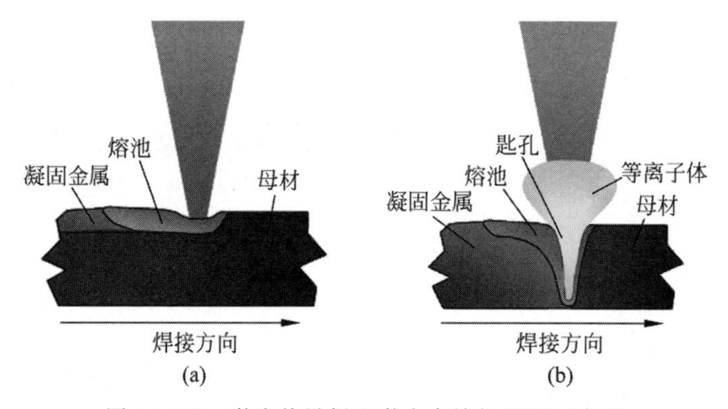

图16-122　激光热导焊和激光自熔焊原理示意图

(a) 激光热导焊；(b) 激光自熔焊

3. 激光焊接方法

1) 激光自熔焊

一般情况下，激光焊接不添加焊接材料，完全靠被焊材料自身的熔化形成焊接接头，如图16-123(a)所示，称为激光自熔焊。虽然激光自熔焊在航空航天、汽车、微电子等领域应用广泛，但存在以下局限性。

(1) 对工件装配、夹持和激光束位置精度要求高，激光束与待焊缝隙需严格对中，否则易引起未熔合、未焊透、咬边等焊接缺陷。

(2) 激光对铝合金、铜合金等材料表面的反射率高，激光能量利用率低，被反射激光还有可能烧损焊接头和光纤。

(3) 激光焊接过程中，Mg、Zn 等低熔点元素易烧损，导致接头力学性能降低。

(4) 激光深熔焊时，受材料表面状态影响，匙孔易发生失稳形成工艺型气孔，导致焊接质量下降。

(5) 目前超大功率激光器价格较高，在不开坡口不填充材料情况下，采用普通大功率激光器无法实现中厚板和大厚板的焊接。

2) 激光填料焊

激光填料焊是通过添加粉末状、丝状焊接材料，使被焊母材和添加焊材同时熔化形成焊接接头，主要分为激光填丝焊和激光填粉焊两种，如图 16-123(b)和(c)所示。与粉末材料相比，目前市场上焊丝材料种类更多、价格更低、材料体系更完整，因此，激光填丝焊应用较激光填粉焊更广泛。

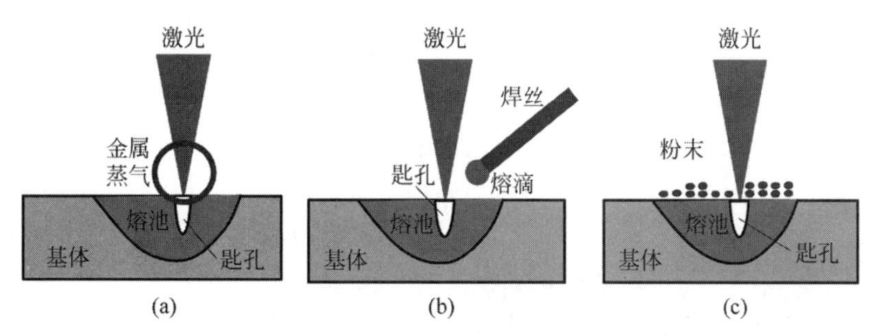

图 16-123　三种激光焊接方法原理示意图

(a) 激光自熔焊；(b) 激光填丝焊；(c) 激光填粉焊

与激光自熔焊相比，激光填丝焊具有以下优点。

(1) 降低了对工件装配精度要求，提高了激光焊接的适应性，满足工业化生产需求。

(2) 可通过设计焊材成分改善焊接冶金、调控焊缝成分，抑制热裂纹、气孔等焊接缺陷的形成。

(3) 通过添加材料弥补焊缝中 Mg、Zn 等低熔点元素的烧损，改善焊缝成形，提高焊接接头的性能。

(4) 采用多层激光填料焊方式，利用千瓦级激光器便可实现中厚板和大厚板的焊接，显著提高厚板激光焊接的可行性。

根据送丝方向不同，激光填丝焊可分为前送丝和后送丝两种方式，对应的焊丝熔化特性如图 16-124 所示。

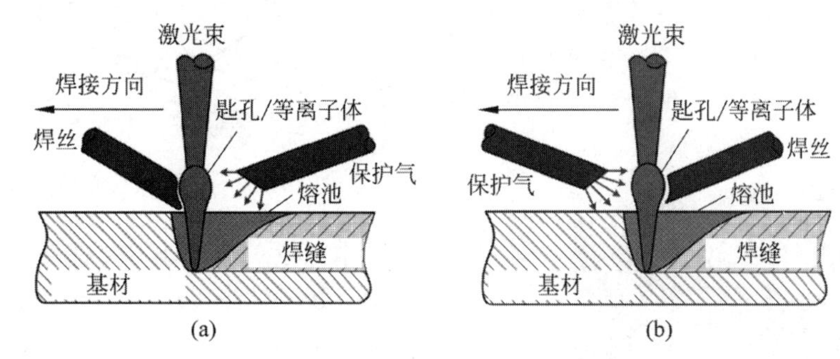

图 16-124　激光填丝焊不同送丝方式示意图

(a) 前置送丝；(b) 后置送丝

3) 激光-电弧复合焊

激光-电弧复合焊于 20 世纪 70 年代末首先提出，将激光和电弧这两种物理机制、能量传输机制不同的热源复合在一起，同时作用于工件的同一位置，既充分发挥了两种热源各自的优势，又互相弥补了各自的不足，从而产生

“1+1>2”的协同作用。

激光-电弧复合焊时，激光和电弧相互作用、相互影响，具体表现如下：电弧的引入使金属对激光的反射大大降低，可提高被焊材料对激光的吸收率；高速电弧焊时电弧易发生失稳现象，激光的引入将使电弧指向激光作用区域，起到稳定电弧的作用，使电弧的能量更加集中。因此，与单纯激光焊和电弧焊相比，激光-电弧复合焊接具有效率更高、焊接过程更稳定、熔深更大、搭桥能力更强等特点。

图16-125所示为采用激光焊缝和激光-电弧复合焊焊缝横截面宏观形貌。通过对比可以看出，激光-电弧复合焊可以改善焊缝成形质量。

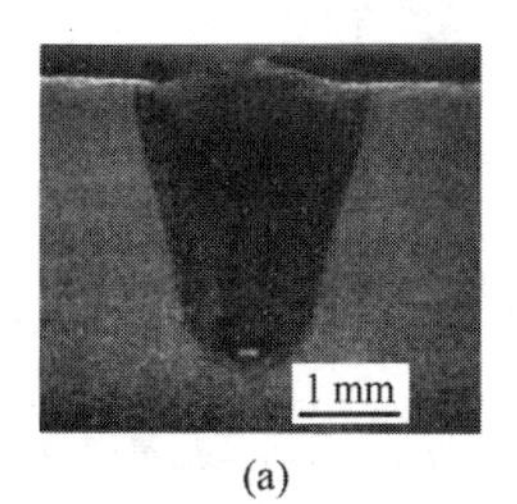

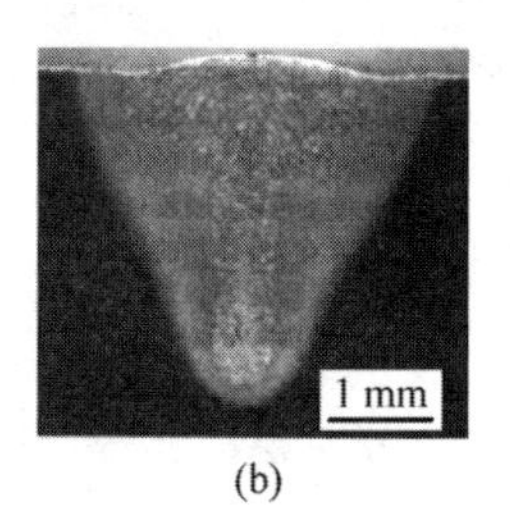

(a) (b)

图16-125 激光焊缝和激光-电弧复合焊缝横截面宏观形貌

(a) 激光焊；(b) 激光-电弧复合焊

4) 激光钎焊

激光钎焊是以激光作为热源加热钎料熔化的一种钎焊技术。被焊材料在激光束直接辐照下，在很短时间内形成一个能量密度集中的局部加热区，使钎焊丝受热熔化并与母材润湿，形成钎焊焊缝，从而实现局部或微小区域材料的连接，如图16-126所示。

图16-126 激光钎焊

根据加热温度不同，激光钎焊可分为软钎焊和硬钎焊两种。钎料液相线温度低于450℃时，称为激光软钎焊，主要用于微电子元器件的焊接、组装、电子封装等；钎料液相线温度高于450℃且低于母材金属熔点时，称为激光硬钎焊，主要用于镀锌钢板的焊接。

与传统钎焊方法相比，激光钎焊具有以下优点：激光束尺寸小，光斑直径可达到100 μm左右，可实现电子元器件的高精度焊接；激光束能量密度高，钎料加热和冷却速度快，热影响区小，不易损伤相邻元器件，适用于热敏元器件的焊接；激光钎焊柔性好，焊接热输入、激光辐照时间和光斑尺寸等参数便于调节，可实现复杂结构、微小空间的非接触式焊接；激光钎焊铝合金、铜合金等有色金属时，由于焊接过程母材不需要熔化，可有效避免材料表面对激光的反射问题，在有色金属的连接上具有很大的优越性。

5) 窄间隙激光焊

窄间隙激光焊是在窄间隙焊和激光填丝焊基础上发展而成的一种新型焊接方法，其原理示意图如图16-127所示。焊前在试板内加工窄间隙坡口，焊接过程采用惰性气体保护，焊接方式为多层单道焊接，焊丝和部分母材在高能密度激光辐照下形成熔池，最终凝固形成焊缝。

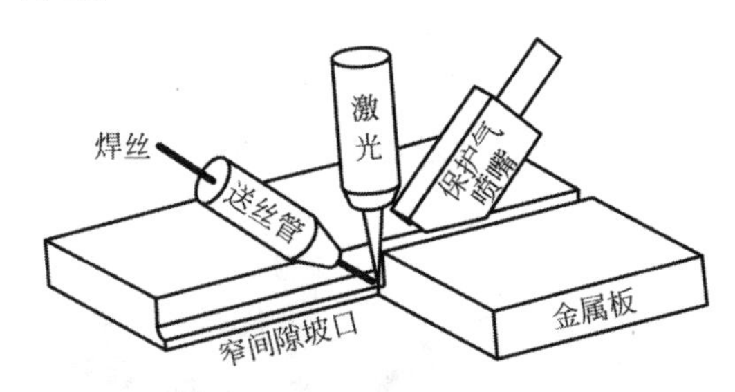

图16-127 窄间隙激光焊原理示意图

窄间隙激光焊兼有窄间隙焊和激光填丝焊两种技术优势，与传统窄间隙弧焊方法相比具有以下优点。

(1) 采用高能密度激光作为焊接热源，焊接热输入低，热影响区窄，焊接应力和变形小，焊接质量好。

(2) 通过单层多道焊接方式，利用较小功率激光器，便可实现中厚板和大厚板的焊接。

(3) 采用窄间隙坡口，节省焊材，提高焊接效率。

4. **激光焊接设备和工艺**

1) 激光焊接设备

激光焊接系统一般由激光器、焊接头、电源系统、冷却系统、光学系统、运动控制系统、保护气输送系统(含熔池保护气和防飞溅压缩空气)、控制与检测系统等组成。激光填丝焊和激光填粉焊设备还包括送丝机和送粉器，激光-电弧复合焊还需弧焊电源、复合焊接头等。

图16-128所示为激光填丝焊系统的主要组成部分实物图，包括YLR-4000连续掺镱光纤激光器(德国IPG)、YW52激光焊接头(德国Precitec)、KD-4010送丝机(奥地利福尼斯)、数控机床(沈阳新松)和水冷机(深圳东露阳)等。激光填丝焊接时，激光器产生的激光经光纤传输到激光焊接头内，经准直镜和聚焦镜到达工件表面，数控机床和送丝机分别实现激光束的移动和焊丝的输送。

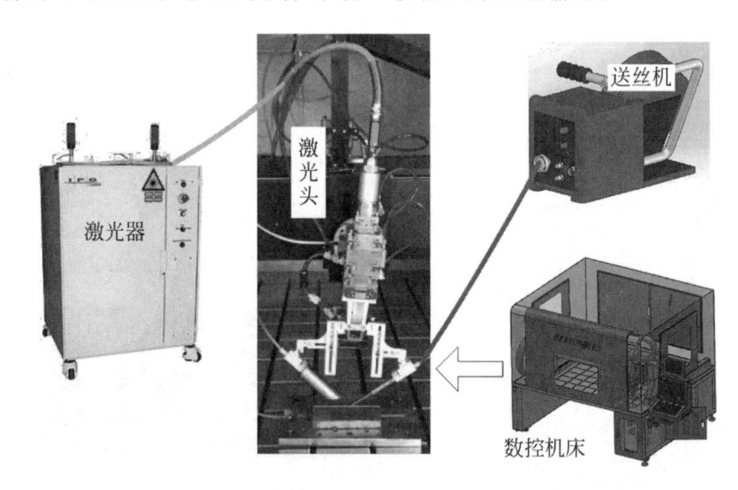

图16-128　激光填丝焊系统的主要组成部分实物图

激光器是整个焊接系统的核心，可用于焊接的激光器主要有CO_2激光器、Nd：YAG激光器、半导体激光器和光纤激光器。激光焊接头是激光焊接系统的关键组成部分，由准直透镜、聚焦透镜、保护镜、保护气模块、水冷模块等组成，用于传输激光束、调整焦距和改变光斑尺寸等，有些激光焊接头还具有摄像、监测和反馈控制等模块，如图16-129所示。

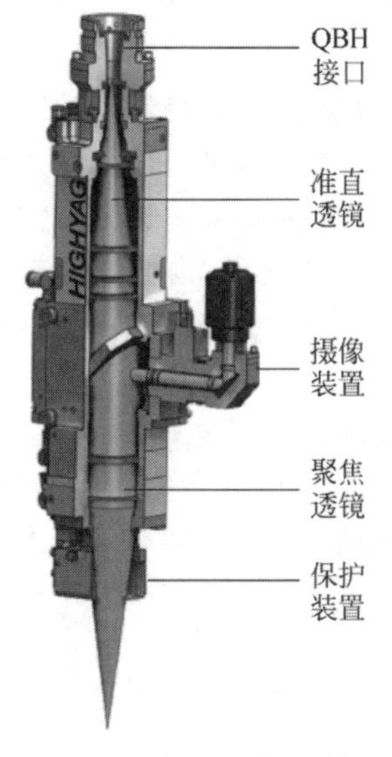

图16-129　激光焊接头结构图

一般，采用机器人或数控机床作为运动控制部分，实现激光焊接运动轨迹。机器人具有高效、灵活等优点，可实现复杂空间轨迹的焊接，但设备价格较高。数控机床成本相对较低，但灵活性较机器人差。

2) 激光焊接工艺

激光焊接工艺参数较多，主要分为激光参数、焊接参数和材料参数等，如图16-130所示。

激光功率密度决定了激光与材料相互作用

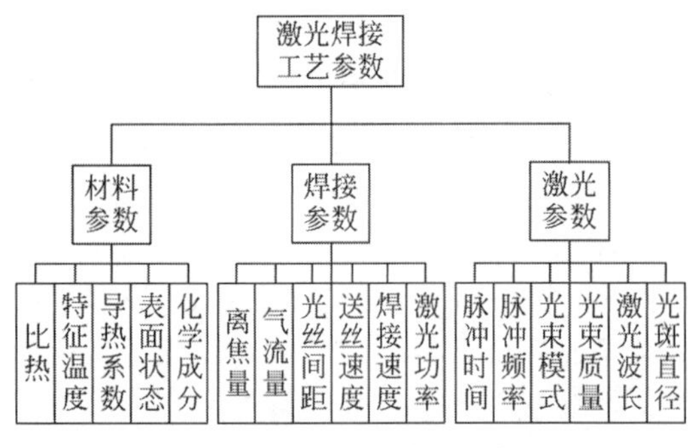

图 16-130 激光焊接工艺参数

机制，由激光功率和光斑直径共同决定，其空间域分布如图 16-131 所示。三者之间的关系式为

$$D=2\omega_0\sqrt{1+\left(\frac{Z}{Z_R}\right)^2}\tag{16-1}$$

$$I=\frac{4P}{\pi D^2}=\frac{P}{\omega_0\left(1+\left(\frac{Z}{Z_R}\right)^2\right)}\tag{16-2}$$

式中：I——功率密度；

P——激光功率；

Z——离焦量；

D——光斑直径；

ω_0——束腰半径；

Z_R——瑞利长度。

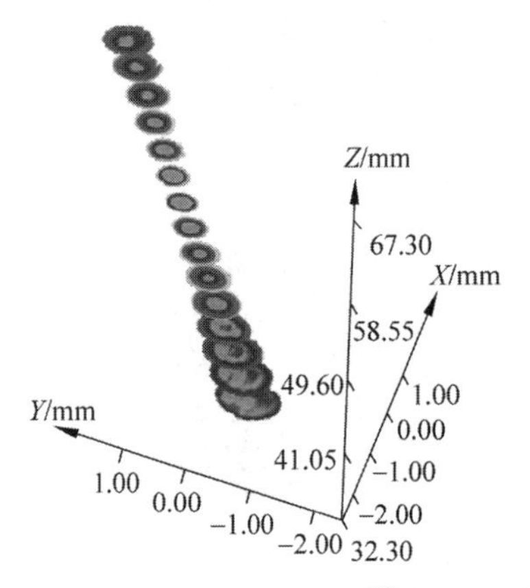

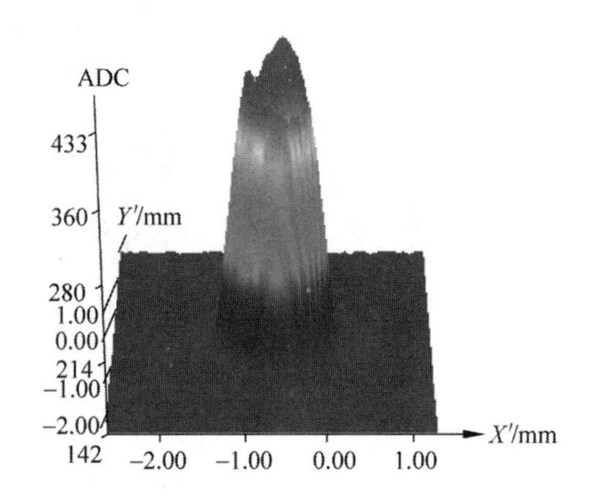

图 16-131 激光功率密度时空域分布

激光功率是影响焊接质量和接头性能的主要因素。图 16-132 所示为离焦量和焊接速度一定时，激光焊缝熔深随激光功率变化的曲线。当激光功率较低时，焊接模式为热导焊，焊缝较浅；当激光功率增加到一定值时，材料表面发生剧烈蒸发，焊接熔池内产生匙孔，焊接模式由热导焊转变为深熔焊，焊缝熔深显著增加。

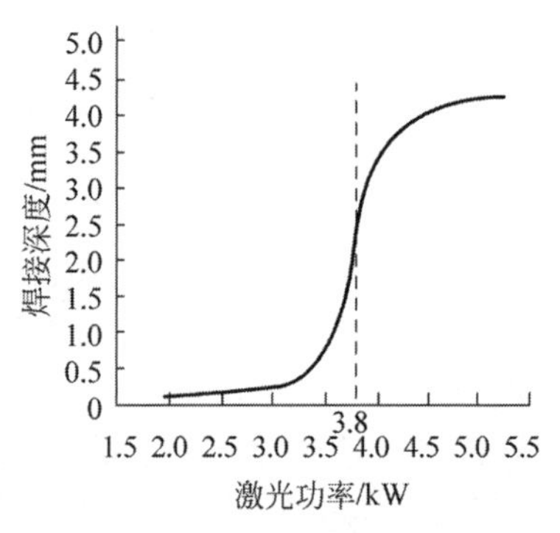

图 16-132 激光焊缝熔深随激光功率变化的曲线

焊接速度也是激光焊接的一个重要工艺参数。图 16-133 所示为不同激光功率下，304 不锈钢激光焊缝熔深随焊接速度变化的曲线。由图 16-133 可知，激光焊缝熔深与焊接速度呈负相关。

焊接速度可直接影响焊接熔池流动，进而影响焊缝的成形质量。图 16-134 所示为不同的焊接速度对激光焊缝成形的影响。当焊接速度过大时，熔池内部存在剧烈马兰戈尼流动，由于冷却速度大，由熔池底部流向熔池中间的液态金属来不及向熔池外边缘流动，便开始凝固结晶，在焊缝两侧边缘形成如图 16-134(b)所示的咬边缺陷，同时在焊缝中心出现如图 16-134(c)所示的凸起；当焊接速度过小时，

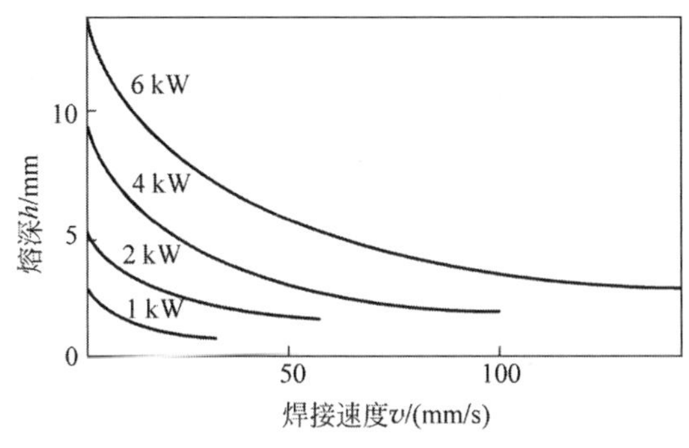

图 16-133 激光焊缝熔深随焊接速度变化的曲线

线能量大，形成的液态熔池大而宽，易出现下塌现象，形成如图 16-134(d)所示的下塌缺陷。只有使焊接速度保持在一个合适的工艺窗口内，才能获得如图 16-134(a)所示的良好焊缝成形。

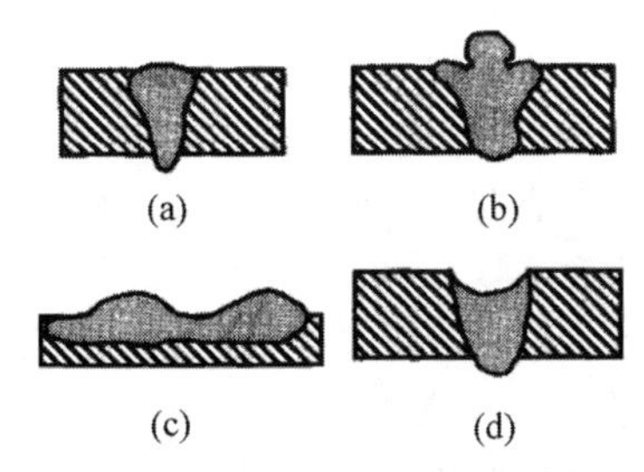

图 16-134 不同的焊接速度对激光焊缝成形的影响

(a) 焊缝良好；(b) 咬边；(c) 凸起；(d) 下塌

离焦量是指激光焦点到焊接工作面的竖直距离，焦点位于焊接工件表面外部称为正离焦，焦点位于焊接工件表面内部称为负离焦。离焦量直接决定了光斑尺寸大小(图 16-135)，进而影响激光功率密度，是激光焊接重要的工艺参数之一。

理论上，当正负离焦量相等时，对应焦平面的激光功率密度也相同，获得的焊缝成形应相同，但实际上采用负离焦时，材料内部功率密度比表面高，熔化和气化更剧烈，可以获得更大的熔深。实际焊接时，可通过改变离焦量控制激光功率密度。为提高焊接热源效率，焦点位置一般位于焊接工件表面下方所需熔深1/4处。但焊接薄板时，宜采用正离焦，可有效

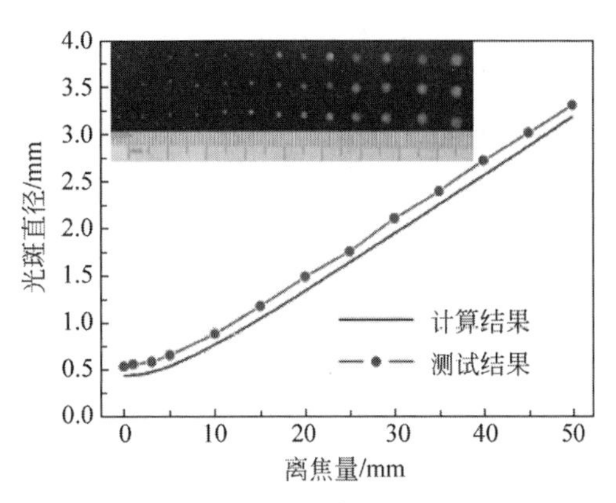

图 16-135 激光光斑直径随离焦量变化

避免出现下塌、焊穿、飞溅过大等问题。激光填丝焊时，为防止激光光斑偏离焊丝，可适当增大离焦量以增加光斑尺寸。

为保证良好的焊缝成形质量，选择激光焊接工艺参数时，激光功率、焊接速度、光斑直径、离焦量等参数值应相匹配。例如，当激光功率过小时，焊缝易出未焊透、未熔合等缺陷，适当降低焊接速度可增加焊接线能量，有助于减少上述缺陷，提高焊接质量；当激光功率过大时，易导致匙孔内气体强烈喷溅，易产生飞溅、咬边、下塌、烧穿等焊接缺陷，应适当降低焊接速度、减小焊接线能量。

激光填丝焊时，还需考虑焊丝材料选择、送丝速度、送丝倾角、光丝间距、干伸长度等工艺参数，其中焊丝材料的选择至关重要，主要选择依据如下。

(1) 综合考虑母材和焊材化学成分、力学性能和焊接性能的匹配性，并结合焊接工件的结构特点、使用条件及焊接标准等选用焊接材料。

(2) 应保证焊缝金属的力学性能高于或等于母材标准规定值的下限或满足图样规定的技术条件要求，且不应超过母材标准规定的抗拉强度上限。

(3) 焊缝金属与母材力学性能匹配应综合考虑强度匹配、塑性匹配和韧性匹配。强度匹配应采用“等强匹配”或“低强匹配”原则，对于淬硬倾向较大的材料，采用“超强匹配”会增加接头脆断性，可以选用金属强度略低于母材的

焊接材料。

(4) 对于焊接裂纹倾向较大或者耐蚀性要求较高的母材，还需考虑接头抗裂性、耐蚀性等性能。

5. 激光焊接缺陷及调控

虽然与钨极氩弧焊、熔化极惰性气体保护焊等传统弧焊方法相比，激光焊接更易获得更高的焊接质量，但激光焊接过程中，仍可能出现气孔、裂纹、未熔合、接头软化、咬边、未焊透、下塌等焊接缺陷。以铝合金激光焊为例，介绍几种常见的激光焊接缺陷及其调控方法。

1) 焊接气孔

气孔是铝合金焊接较常见的一种缺陷。根据气孔形态不同，焊接气孔可分为氢气孔、氧化膜气孔和工艺气孔三种，不同激光焊接气孔形貌如图 16-136 所示。

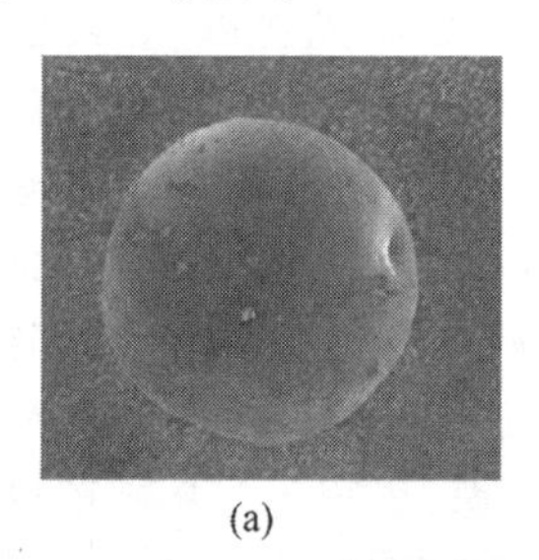

(a)

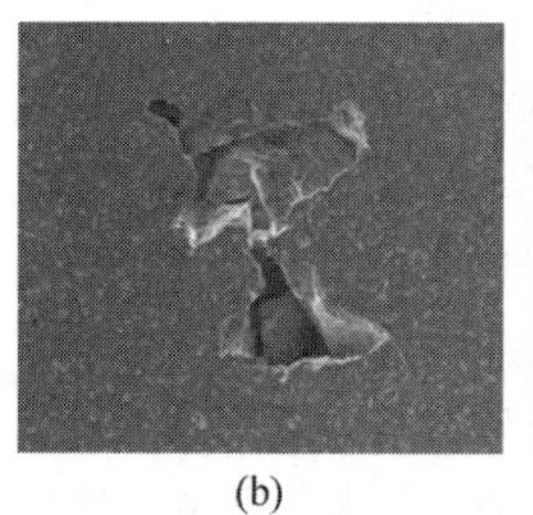

(b)

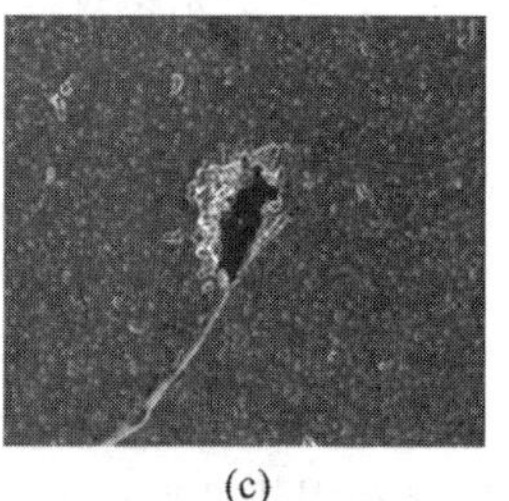

(c)

图 16-136 不同激光焊接气孔形貌

(a) 氢气孔；(b) 氧化膜气孔；(c) 工艺气孔

氢气孔形状规则，呈圆球形[图 16-136(a)]，大小在几微米到几百微米之间，气孔内壁光滑。氢气孔的形成与氢在铝合金中的溶解度有关。氢在液态铝中的溶解度很高，液态熔池可吸入大量氢；当激光焊接熔池冷却到凝固点时，氢的溶解度由 0.69 mL/100 g 突降为 0.036 mL/100 g，大量氢将从熔池内析出，形成气泡并长大、上浮；由于铝合金密度小，气泡上浮速度慢，铝合金导热系数大，熔池凝固速度快，激光焊接冷却速度快，熔池深宽比大，气泡上浮时间短，导致部分气泡来不及逸出熔池表面，滞留在焊缝内形成氢气孔。

防止氢气孔的主要途径为减少氢的来源，具体控制措施如下：焊接前通过刮削打磨、化学清洗、激光清洗等方法彻底去除坡口表面氧化膜及油污，焊接时采用表面抛光焊丝和干燥的惰性保护气体。

氧化膜气孔形状大都不规则，大小在几十微米到几毫米之间，气孔内壁粗糙有褶皱，内部夹杂着如图 16-136(b)所示颗粒状物质。产生氧化膜气孔的主要原因如下：铝合金易在空气中氧化，激光焊接前铝合金表面的氧化膜、焊接过程中液态铝合金氧化产生的氧化膜都有可能进入焊接熔池，并以夹杂形式存在于焊缝内。

防止氧化膜气孔的主要途径为焊前去除氧化膜和焊接过程中加强气体保护，具体控制措施如下：焊接前通过刮削打磨、化学清洗、激光清洗等方法彻底去除铝合金表面氧化膜，通过合理选择喷嘴、保护气类型、气流量、送气角度等参数，增加惰性气体对焊接熔池和熔滴的保护，避免焊接熔池氧化。

工艺气孔形状不规则，气孔边缘通常带有图 16-136(c)所示的尖端或裂纹，尺寸较大，在几百微米到几毫米左右。工艺气孔出现与激光焊接工艺有关，当焊接工艺参数选择不匹配时，匙孔的稳定性较差，匙孔根部容易失稳发生非正常闭合，将匙孔内部金属蒸气、保护气体或周围空气等卷入熔池内部成为工艺气孔，如图 16-137 所示。

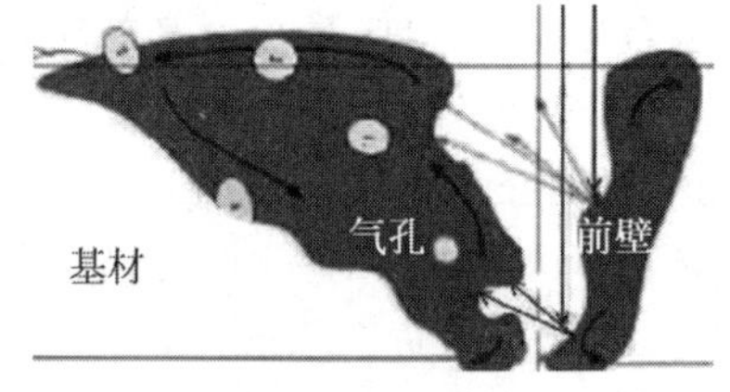

图 16-137 激光焊接过程工艺气孔形成原理示意图

防止工艺气孔的主要途径为优化激光焊接工艺，具体措施如下：合理选择激光功率、离焦量、光斑直径、焊接速度、送丝速度等工艺参数，保证焊接熔池流动的稳定性和熔滴过渡（激光填丝焊时）连续性，增加焊接过程中匙孔的稳定性。

2）焊接裂纹

铝合金具有较宽的脆性温度区间和较大的线膨胀系数，激光焊接时裂纹敏感性较高。根据裂纹产生位置的不同，焊接裂纹可分为焊缝区结晶裂纹、热影响区液化裂纹、熔合线裂纹和气孔诱导型裂纹等，其中前三种裂纹属于热裂纹，裂纹形貌如图 16-138 所示。

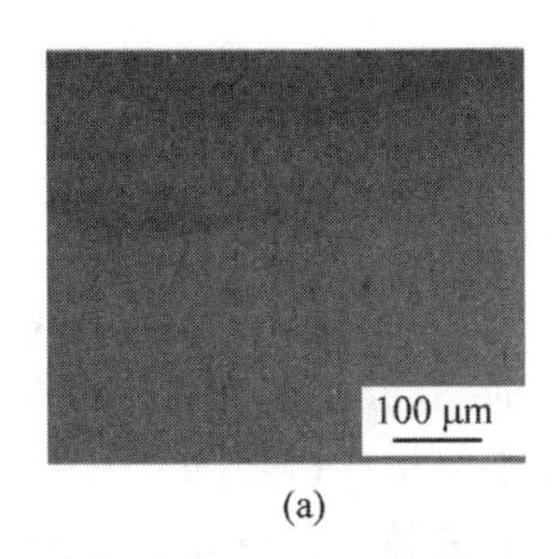

(a)

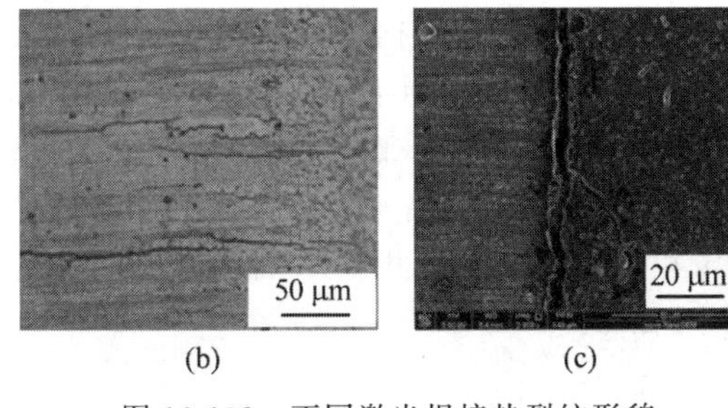

(b)　(c)

图 16-138　不同激光焊接热裂纹形貌

(a) 焊缝区结晶裂纹；(b) 热影响区液化裂纹；(c) 熔合线裂纹

焊缝区结晶裂纹呈纵向分布在焊缝区域内，裂纹沿熔池结晶方向扩展[图 16-138(a)]。结晶裂纹的形成机理如下：熔池结晶过程中，熔池内低熔点共晶易在晶界上偏析形成液态薄膜，当结晶快结束时，低熔点共晶仍以液态薄膜形式存在，焊缝交界处存在较大的残余拉应力，将使液态薄膜受拉开裂形成结晶裂纹。

热影响区液化裂纹出现在靠近焊缝的热影响区内，也被称为近缝区液化裂纹，如图 16-138(b)所示，裂纹沿细长轧制晶的晶界扩展。焊接过程中晶界上低熔点共晶在热作用下发生熔化（晶界液化），形成液态薄膜，由于热影响区与焊缝交界处存在较大残余拉应力，液态薄膜将在拉应力作用下发生开裂，形成晶间裂纹。

熔合线裂纹位于熔合线附近区域，如图 16-138(c)所示，裂纹沿熔合线扩展。熔合线裂纹产生原因如下：熔合区仅有一层或几层很薄的胞状晶粒，但该区域存在较突出的拉应力集中，较少的晶粒承受着较大的拉应力，导致胞状晶粒层出现开裂形成熔合线裂纹。

气孔诱导型裂纹形貌如图 16-139 所示。能诱发裂纹的气孔主要为带有尖端的工艺气孔或氧化膜气孔，裂纹萌生于气孔的尖端处，并逐渐向焊缝内部扩展。

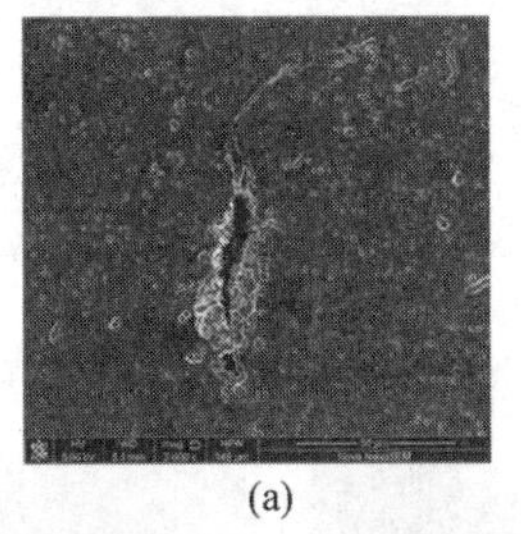

(a)

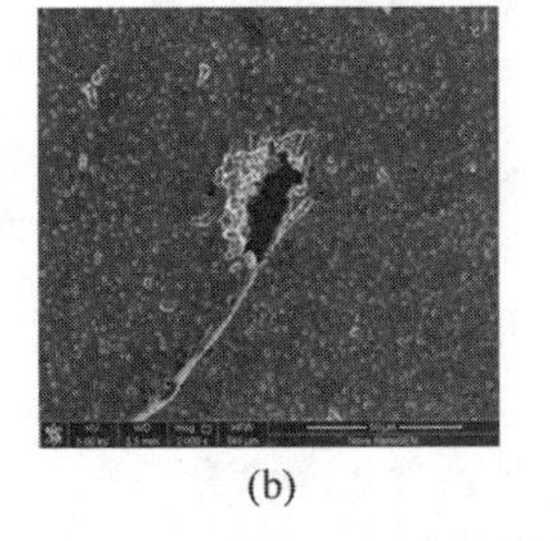

(b)

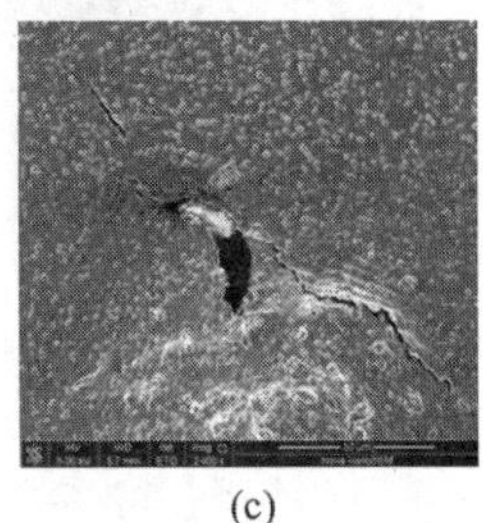

(c)

图 16-139　气孔诱导型裂纹形貌

气孔诱导型裂纹的产生原因如下：焊接熔池凝固过程中，焊缝内部气孔尖端处或气孔聚集区域往往存在较大的残余拉应力集中，在拉应力作用下易萌生裂纹源，随着多层焊接过程中残余拉应力的不断累积，裂纹源将沿着拉应力方向不断扩展，在气孔缺陷周围形成一条或多条裂纹。

与气孔缺陷相比，焊接裂纹危害性更大，即使很小的裂纹在使用过程中也会不断扩展，最终可能造成严重的断裂破坏，因此，激光焊缝中必须避免裂纹的出现。防止焊接裂纹的主要方法如下：优化焊接工艺参数，合理选择焊接材料，可降低热裂纹敏感性；通过焊前预热、焊后去应力回火、降低热输入等方法改善焊接应力和变形；采取随焊碾压、随焊锤击、局部加热或冷却等方法给接头施加压应力，抵消接头冷却过程中形成的拉应力。

3）未熔合缺陷

未熔合缺陷也是激光焊接时的主要缺陷之一，常出现在焊缝边缘熔合线附近或焊缝中心区域，多层激光焊接时层间交界处也常出现未熔合缺陷。图16-140所示为几种常见的激光焊接未熔合缺陷的形貌。

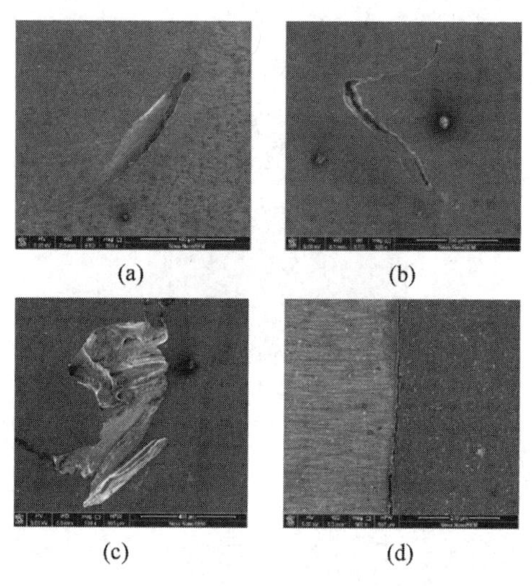

图16-140　几种常见的激光焊接未熔合缺陷的形貌

(a) 焊缝边缘未熔合；(b) 焊缝中心未熔合；(c) 层间未熔合；(d) 侧壁未熔合

未熔合缺陷的产生原因可能主要如下：熔池底部边缘的液态金属流动性较差；焊前或者层间清理不够彻底，导致熔池内出现难熔氧化膜；焊接坡口侧壁受热不足，导致侧壁母材与焊缝金属无法实现冶金结合。

4）接头软化

接头软化主要发生在焊缝区和热影响区，表现为接头强度和硬度出现不同程度的降低，7A52铝合金激光填丝焊缝显微硬度分布如图16-141所示。激光焊接2×××(Al-Cu系)、6×××(Al-Mg-Si系)和7×××(Al-Zn-Mg-Cu系)可热处理强化铝合金时，热影响区会易发生软化现象。

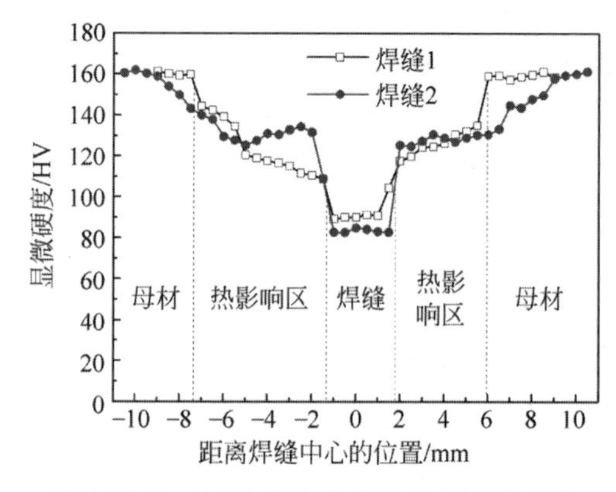

图16-141　7A52铝合金激光填丝焊缝显微硬度分布（焊丝ER 5356）

接头软化的产生原因主要与铝合金基体内沉淀相有关。以7A52铝合金为例，该材料主要通过沉淀相析出强化，析出顺序如下：G.P.区→非平衡相η'($MgZn_2$)→平衡相η，其中η'相与α-Al基体呈共格关系，强化作用高于η相（图16-142）。采用激光焊接7A52铝合金时，在不同热输入作用下，基体中原有η'相可能发生溶解和长大，导致奥罗万(Orowan)强化作用降低；基体中原有η'相还可能过时效转变为η相，η'相与基体的共格关系被破坏，共格强化作用消失。

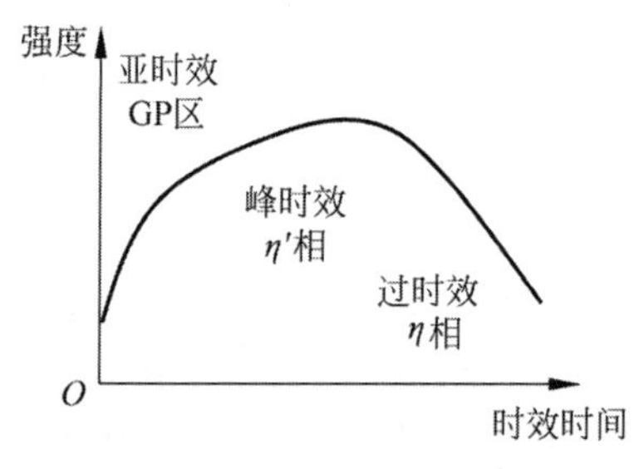

图16-142　7A52铝合金沉淀相与析出强度关系

接头软化产生除了与强化相和热输入有关外，还与元素烧损、晶粒尺寸等因素有关。激光焊接铝合金时，由于存在Mg、Zn等低熔点元素的烧损，同样会引起接头软化。

焊后热处理或填充焊材弥补Mg、Zn元素烧损可显著改善接头软化。为降低接头软化，应尽量减少焊接热输入，厚板多层焊时，需合理控制预热温度和层间温度。

6. **激光焊接在设备再制造中应用**

与传统钨极氩弧焊、熔化极惰性气体保护焊、等离子等电弧焊接修复方法相比，激光焊接修复具有热输入低、修复变形小、修复精度高、修复质量好、修复速度快、修复柔性高等优点，已被用于航空航天、高铁、船舶、武器装备等领域损伤零部件的高性能修复。

航空发动机零部件在服役过程中常出现外物打伤、磨损、裂纹、烧蚀和加工缺陷等损伤，利用激光焊接技术对其进行再制造具有显著的经济效益。美国霍尼韦尔公司已经成功将激光焊接技术应用于 Avro RJ 支线喷气系列飞机发动机 LF507 的叶片修理。加拿大 Liburdi 公司采用自动送丝激光焊接设备进行叶片修理，已实现了图 16-143 所示 RB211 发动机高、中、低压涡轮叶片修理。

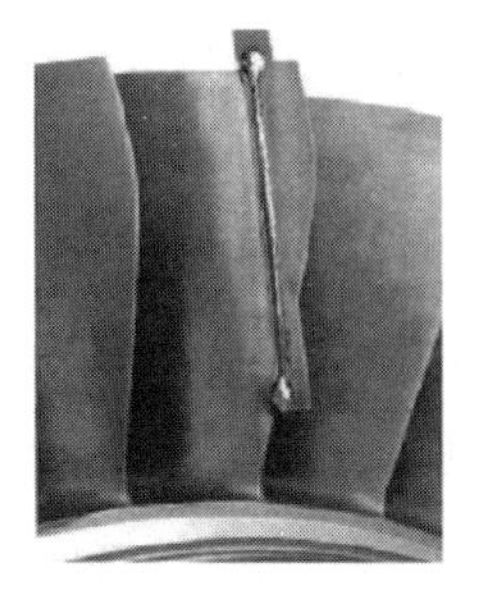

图 16-143 航空发动机钛合金叶片的激光焊接修复

飞机蒙皮表面由于腐蚀、磨损、外力冲击等，易出现点蚀坑、剥落坑、挤压坑等凹坑型体损伤，降低装备的服役安全和使用寿命，需要对损伤部位进行修复。图 16-144 所示为铝合金蒙皮的激光填丝焊修复原理示意图，对比凹坑型损伤修复前后形貌，可发现激光填丝焊修复效果良好。

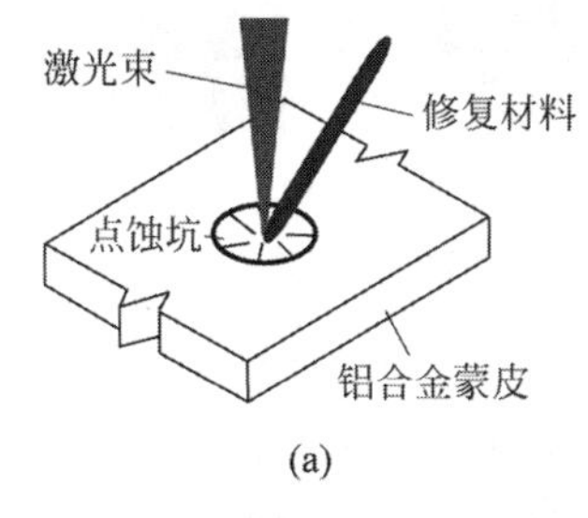

(a)

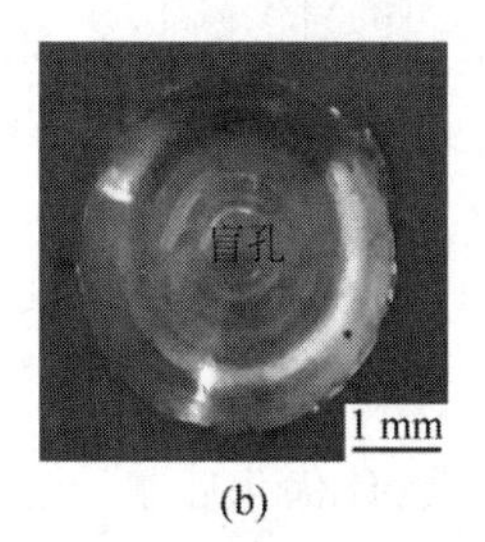

(b)

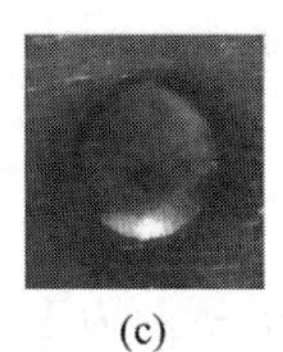

(c)

图 16-144 铝合金蒙皮的激光填丝焊修复原理示意图

(a) 激光修复原理；(b) 凹坑修复前；(c) 凹坑修复后

16.7.7 3D 打印技术

随着再制造工程的发展，设备的寿命大大延长，在维修与再制造时、往往遇到零配件原生产厂已不再生产供应；也有时遇到配件供应周期太长、而生产不能停顿的情况，采用 3D 打印可以快速制造出损坏或缺失零件，不仅可以保障设备运转，还可以减少零部件储备，降低生产成本。

3D 打印的基本过程是通过三坐标测量、三维扫描、工业 CT 扫描、层析等反求工程和计算机三维绘图，完成被加工件的计算机三维数字 CAD 模型立体光固化数据；然后根据技术要求，按照一定的规律将该模型离散为一系列有序的单元，把原 CAD 三维模型或 STL 数据变成一系列层片的有序叠加，得到通用层片接口信息；再根据每个层片的轮廓信息，输入加工参数，自动生成数控代码；最后由成形机完成一系列层片制造并实时、自动将它们连接起来，得到一个三维物理实体，增材制造原理示意图如图 16-145 所示。

图 16-146 所示为河北敬业增材制造科技

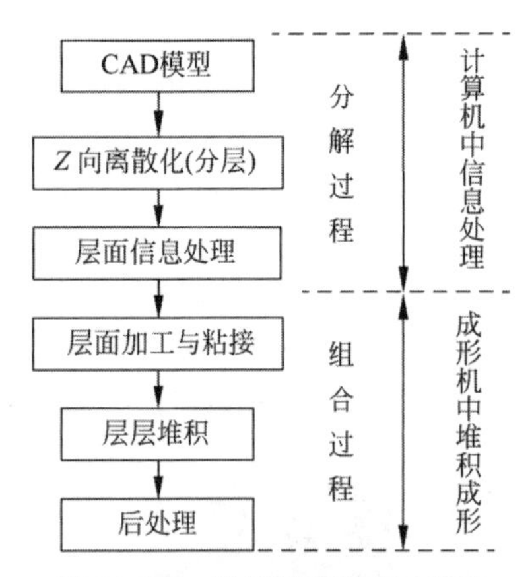

图 16-145　增材制造原理示意图

有限公司缩小比例打印的飞机发动机，共有 35 个零件，总费时 267 h，材料为 IN718。

图 16-146　飞机发动机选择性激光熔化(selective laser melting，SLM)制造(河北敬业增材提供)

图 16-147 所示为欧洲空客防务和航天公司采用 SLM 技术制造的卫星上安装遥测和遥控天线的支架，经过多次结构设计优化迭代后，去掉了 44 个铆钉成为一体化结构，质量减轻了 35%，刚性提高了 40%，减少了材料浪费。

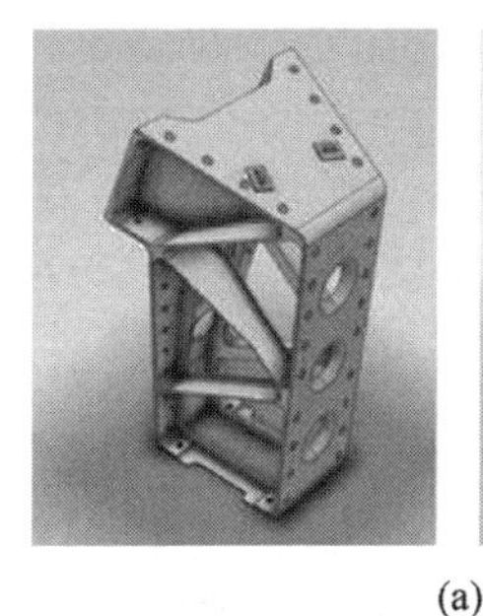
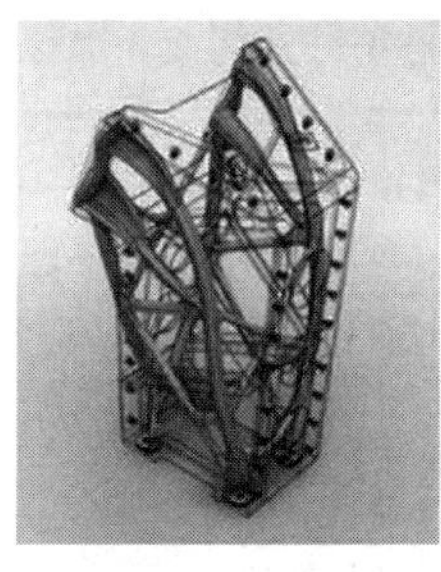

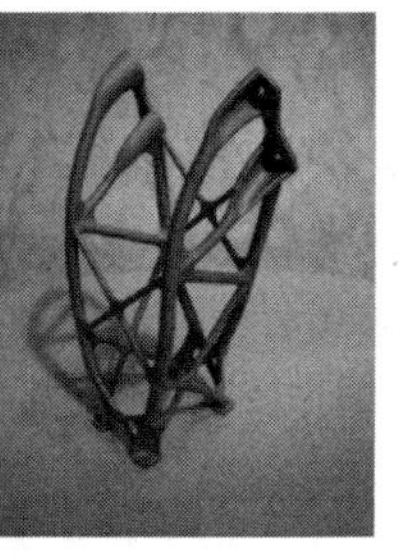

(a)　　(b)

图 16-147　卫星支架结构优化及采用 SLM 技术制造
(a) 设计过程；(b) SLM 成形

图 16-148 所示为采用结构设计优化后制造的另一典型零件。根据有限元分析，在受力较少部分去掉冗余质量，在受力较大部分增加支撑，实现按需设计与制造的一体化。

图 16-148　采用 SLM 技术制造的轻量化结构件

图 16-149(a)所示为北京航空航天大学采用激光熔覆沉积技术制备的 TA15 钛合金飞机角盒，缺口疲劳极限超过钛合金模锻件 32%～53%、高温持久寿命较模锻件提高 4 倍(500℃/480 MPa，持久寿命由锻件不足 50 h 提高到激光成形件 230 h 以上)，经后续特种热处理新工艺获得“特种双态组织”后，其综合力学性能进一步显著提高，疲劳力纹扩展速率降低一个数量级以上。图 16-149(b)所示为 C919 飞机钛合金主风挡整体双曲面窗框，尺寸大、形状复杂，传统方法需要昂贵的模具费，交货周期长，北京航空航天大学采用激光熔覆沉积技术用 55 d 制备了 4 个框，所有费用加起来仅为欧洲公司模具费的 1/10。图 16-149(c)所示为采用 LENS 技术打印的飞机钛合金框架，传统工艺需要采用大型模锻压机辅以多套模具锻造，不仅需要昂贵的模锻压机(目前全世界 60 000 t

压机有 3 台，法国 60 000 t、俄罗斯 75 000 t、我国 80 000 t）和多套模具，而且材料利用率不到 5%，浪费大量的宝贵钛材料。2019 年，该团队已成功研制具有原创核心技术、世界最大的激光增材制造设备（成形能力达 7 m×4 m×3.5 m），以及世界最大的 $16m^2$ 3D 打印（某大型轰炸机）某发动机钛合金加强框。

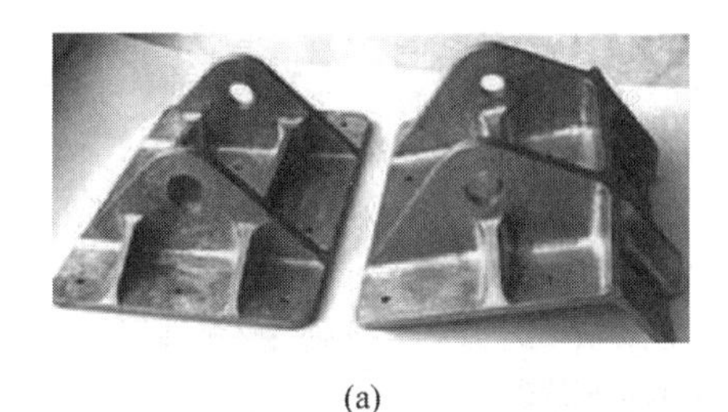

(a)

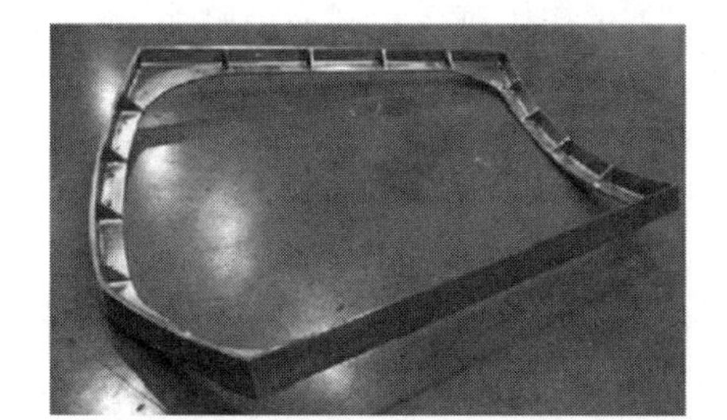

(b)

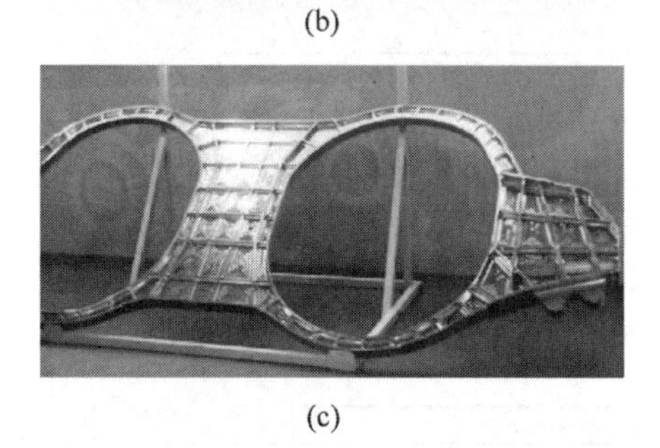

(c)

图 16-149　北京航空航天大学采用激光熔覆沉积技术制备的零件

(a) TA15 钛合金角盒；(b) C919 飞机钛合金主风挡整体窗框；(c) 飞机钛合金框架

图 16-150 所示为西北工业大学制备的 C919 大飞机翼肋 TC4 上缘条构件，最大尺寸为 3 070 mm，最大质量为 196 kg，仅用 25 d 即完成交付，成形后长时间放置后的最大变形量小于 1 mm，静载力学性能的稳定性优于 1%，疲劳性能也优于同类锻件的性能。

图 16-151 所示为采用 DMG 公司 LaserTec 65 设备加工的发动机整体叶片。

图 16-150　西北工业大学制备的 C919 大飞机翼肋 TC4 上缘条构件

图 16-151　采用 DMG 公司 LaserTec65 设备加工的发动机整体叶片

视频：激光修复技术

16.8　维修与再制造装备

本节主要介绍的是成熟的、可供选用的维修与再制造装备。

16.8.1　超音速冷喷涂设备

1. 技术原理

超音速冷喷涂又称低压冷喷涂，是一种新的金属喷涂工艺，它不同于传统热喷涂（超音速火焰喷涂、等离子喷涂、爆炸喷涂等），不需要将喷涂的金属粒子融化，喷涂基体表面产生的温度一般不会超过 150℃。

超音速冷喷涂技术原理是利用压缩气体、通过缩放型拉瓦管产生超音速气流，将粉末沿轴向送入超音速气流中，形成气-固双相流，经加速后在完全固态下撞击基体，发生较大的塑性变形而沉积在基体表面上形成涂层，如图 16-152 所示。

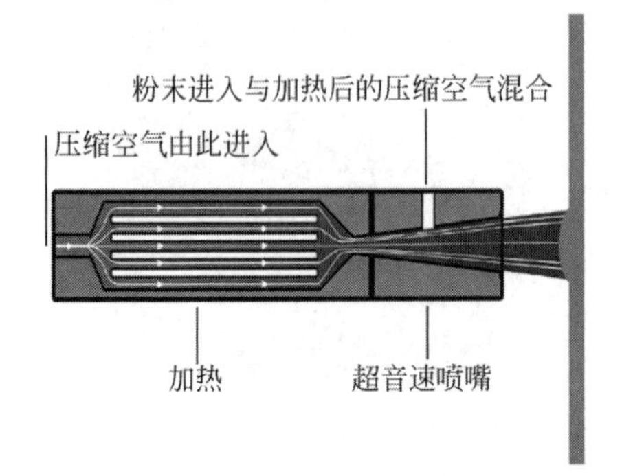

图 16-152　超音速冷喷涂技术原理示意图

2. 技术特点

超音速冷喷涂具有以下技术特点，其与传统喷涂工艺的特点对比示意图如图 16-153 所示。

(1) 冷喷涂基体表面的温度低于 150℃，不会使基体产生内应力，无变形和相变。

(2) 涂层无热应力，可以喷涂厚涂层，厚度达到 10 mm。

(3) 涂层结合强度高，为 30～100 MPa；内聚力大，为 30～100 MPa。

(4) 涂层致密，孔隙率低(＜5%)；导热导电率高(90%以上)。

(5) 涂层均匀性好，表面质量高，Rz 为 20～40。

(6) 冷喷涂喷出的粒子流截面小而狭窄，且定向性好，可以喷涂局部表面。

(7) 一台设备可以喷涂多种粉材(铝、铜、锌、镍、铅、锡和巴比特合金等)，并可制备多种功能性涂层(抗磨损、耐腐蚀、减摩、耐热、密封、导电、防黏着等)。

(8) 可在任何金属制品上喷涂，也可以在陶瓷、玻璃和水泥面上喷涂。

(9) 冷喷涂无高温，无危险气体和辐射，对环境无害。

(10) 设备结构紧凑，便于携带，可在固定场合使用，也可以在野外条件使用。

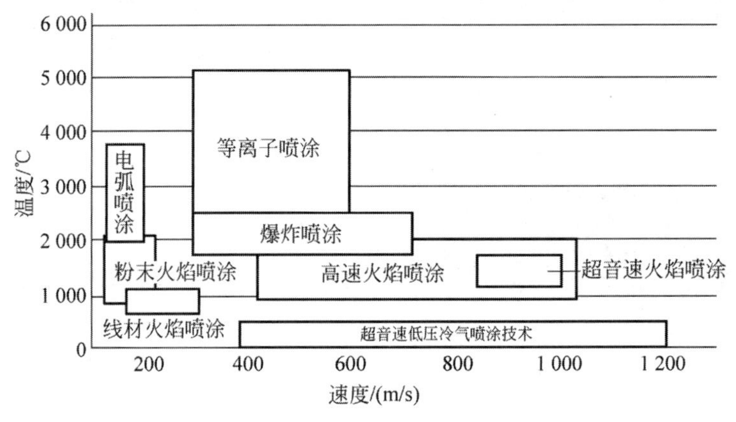

图 16-153　超音速冷喷涂与传统喷涂工艺的特点对比示意图

3. 技术参数

超音速冷喷涂技术参数见表 16-35。

表 16-35　超音速冷喷涂技术参数

技术指标	参数值
输入电源	220(1±10%)V 50 Hz
最大消耗功率/kW	3.3
压缩空气工作压力/MPa	0.5～0.8(5～8 个大气压)
空气消耗量/(m^3/min)	0.3～0.5

续表

技术指标	参数值
压缩空气工作温度/℃	200～600
空气质量要求	无水、无油，＜40℃
送粉流量/(g/min)	6～50
产品外形尺寸(长×宽×高)/(mm×mm×mm)	750×520×1 080

4. 应用领域

按喷涂层功能分类冷喷涂技术应用领域如下。

1) 耐腐蚀涂层

在钢材上制备阳极性防腐层(Zn、Al 及其合金),或喷涂阴极金属(如 N 及其合金等)。

2) 耐磨、减摩涂层

在机械制造与维修领域中喷涂金属陶瓷和减磨合金涂层。

3) 功能涂层

在科学研究和电子技术领域中制备非晶涂层、生物材料涂层、纳米结构涂层等。

4) 喷涂成形

在许多机械制造和电子工业领域中直接喷涂 Al、Cu、Ni 及其合金制造成形部件。

5) 零件修复

在汽车维修中,喷涂 Al、Cu、Ni 及其合金修复发动机缸体和气门;在修复航天飞机火箭推进器时喷涂 Al 及其合金涂层。

16.8.2 多功能喷涂、超音速喷砂设备

多功能喷涂、超音速喷砂机如图 16-154 所示。

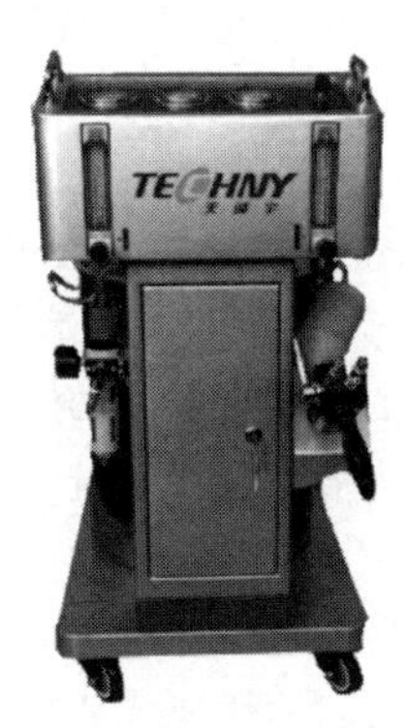

图 16-154 多功能喷涂、超音速喷砂机

1. 工作原理

将乙炔-氧气以一定的压力和流量输送给喷枪,通过特殊的射吸式-螺旋式混气结构,最大限度地提高燃烧效率和功率,喷涂材料在火焰中被加热到熔融状态后,在气流或焰流的作用下高速喷射到基体表面,从而形成一层致密的结合强度高的涂层。

超音速喷砂原理是利用压缩空气通过缩放型拉瓦管产生超音速气流,将金刚砂沿轴向送入超音速气流中,形成气固双相流,经加速后在完全固态下撞击基体,达到了定向线性喷砂,噪声小、粉尘少、飞溅少。

2. 技术原理

利用特殊的气体加速和冷却结构,使热能得到充分的利用,能将粒子的飞行速度提高到 150~300 m/s,比常规火焰喷涂的粒子飞行速度(40~50 m/s)高 4~6 倍,其未超过临界速度,因此也称为亚音速喷涂。

3. 技术特点

(1) 多功能喷涂。超音速喷砂技术对零部件工况无特殊要求,凡是在有乙炔、氧气和压缩空气的场合均可使用,可同时在固定场合或野外条件下使用,设备集成了不同材料的多功能喷涂技术及操作简便的超音速喷砂功能,可以解决维修与再制造一体化喷涂喷砂的需求。

(2) 可喷涂合金粉末、碳化钨复合粉、陶瓷粉末,以及铝、铜、巴氏合金等各种金属粉末,以制备耐磨、耐腐蚀、耐热抗氧化保护涂层,修复已磨损、腐蚀及误加工的机械零部件。

(3) 喷涂不受基体材料的限制,可在金属和非金属材料上喷涂各种金属粉末、陶瓷涂层,只要控制基体温度不超过 200℃,工件不会产生热变形和组织变化。

(4) 工艺灵活,施工方便,不仅能对大型工件做现场不解体修复,还可以实现局部喷涂,涂层厚度控制在几十微米到几毫米之间。

(5) 涂层硬度为 15~65 HRC,喷涂后涂层表面粗糙度 Rz 为 25~50。

(6) 涂层与基体为机械+微冶金结合,喷涂层与基体结合强度约为 65 MPa。

4. 应用范围

多功能喷涂涂层由于其优越的性能,已广泛应用于航空航天(发动机压缩机叶片、轴承套等基本实现标准化)、钢铁冶金、石油化工、电力行业、造纸及生物医学等领域,不仅用于磨损件的修复,而且更多作为新品零部件的性

能强化,如曲轴、凸轮轴、凹槽、内角等特形表面的修复。

通常实施喷涂作业前都要做喷砂,其目的是清洁表面,同时在表面形成微型的小坑,以改善喷涂层与基体的结合。本设备可以一机两用,可以先做喷砂、然后再做喷涂。

(1) 热电厂锅炉四管的抗高温氧化、耐磨涂层。

(2) 大面积防腐涂层。

(3) 机械密封件耐磨耐蚀涂层,主要喷涂NiCrBSi系列高硬度合金、Cr_2O_3、Al_2O_3 及 WC 合金等。

(4) 各种拉丝轮的耐磨涂层。

(5) 各种风机叶片的耐磨、耐蚀涂层。

(6) 各种机械零件的磨损腐蚀修复。

16.8.3 逆变电刷镀机

逆变电刷镀机如图 16-155 所示。

图 16-155 逆变电刷镀机

逆变电刷镀机是依靠一个与阳极连接的垫或刷提供电镀需要的电解液,电镀时,垫或刷在被镀的阴极上移动的一种电镀设备。

电刷镀使用专门研制的系列电刷镀溶液、各种形式的镀笔和阳极及专用的直流电源。工作时,工件接电源负极,镀笔接电源正极,靠包裹着浸满溶液的阳极在工件表面擦拭,溶液中金属离子在工件表面与阳极相接触的各点上发生放电结晶,并随着时间的增长,镀层逐渐加厚。由于工件与镀笔有一定的相对运动速度,因而对镀层上的各点来说,是一个断续结晶过程。

电刷镀最主要的设备是电源,逆变电源的电刷镀机比整流电源的电刷镀机、重量减少一半,体积减小 1/3,更便于携带。

16.8.4 多功能金属表面强化冷补设备

多功能金属表面强化冷补设备如图 16-156 所示。

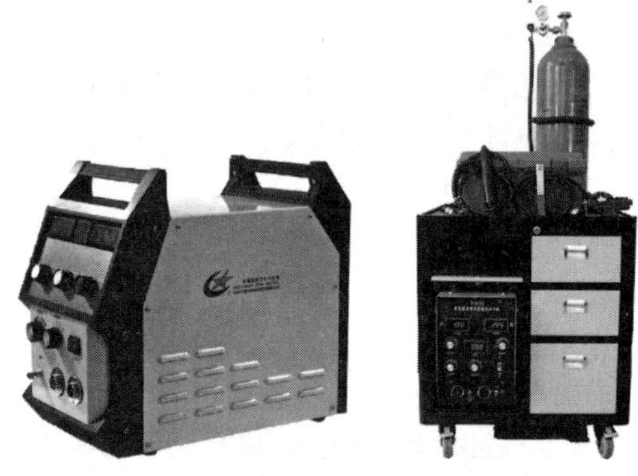

图 16-156 多功能金属表面强化冷补设备

1. 技术原理

多功能金属表面强化冷补设备是一种金属零件表面修复与强化新工艺,利用正、负电极尖端放电原理将电极材料(镍基合金)以离子化形态转移并扩散至工件待修复表面,从而赋予零件表面更加优异的力学性能。

首先,待修复工件接电源负极,输出端接电源正极,工作时,冷补机输出端与工件接触瞬间产生的高频放电使输出端(极棒)部分熔融;然后,熔融的金属液滴在离心力(极棒旋转产生)作用下,从极棒转移到工件待修复表面;最后,保护气体(氩气)的存在,使得熔融金属液滴在转移和凝固过程中不被外界气体污染,从而实现工件表面的快速优质修复与强化。

2. 技术特点

多功能金属表面强化冷补设备的技术特点如下。

(1) 工艺简单,操作简便,培训时间短。

(2) 可实现对大型设备局部和现场不解体修补。

(3) 修补层与基材结合强度高，呈冶金结合。

(4) 热输入量小，无热硬化和热应力集中。

(5) 适用范围广，可根据不同零件基材灵活选用修补材料。

(6) 可实现对损伤表面的修补和强化。

3. 设备用途

多功能金属表面强化冷补设备的用途如下。

(1) 多种金属材质(钢、铁、铝、铜)零件表面缺损的现场修复。

(2) 模具刃口缺角的修补及强化。

(3) 铝合金、铜铸件中的砂眼修补。

(4) 铸铝模具、汽车引申模、冲压模和压塑模等各种材质模具的压伤、碰伤、划伤的修补和耐磨、耐蚀强化。

(5) 大型油缸刮伤、漏油的现场不解体修补。

16.8.5 类激光高能脉冲精密冷补设备

类激光高能脉冲精密冷补设备如图 16-157 所示。

图 16-157 类激光高能脉冲精密冷补设备

1. 设备原理

类激光高能脉冲精密冷补是指修补效果类似于激光焊的一种新型金属零件表面修补技术，其原理是采用断续的高能电脉冲，在电极和工件之间形成瞬时电弧，使修补材料和工件迅速熔结在一起，达到冶金结合(图 16-158)。其中，每个瞬时电弧的产生都是由起弧、维弧、熄弧三个过程组成，这个过程持续时间为几十毫秒，而两个电弧之间有几秒到十几秒的间隔时间。

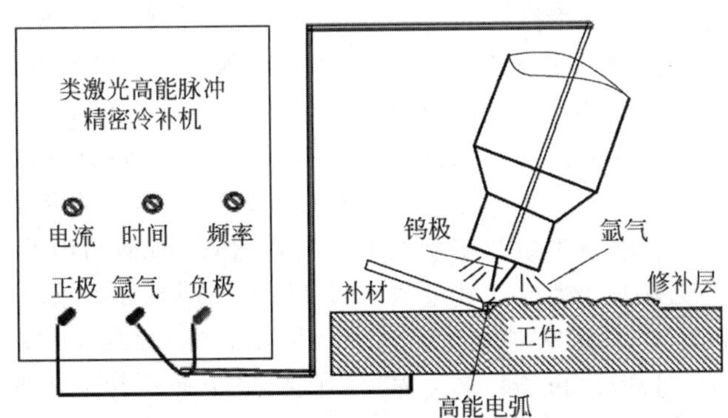

图 16-158 类激光高能脉冲精密冷补设备工作原理示意图

类激光高能脉冲精密冷补设备采用的高能脉冲能量集中、作用时间短，产生的瞬时电弧使热影响区金属过热比较小，实现了失效表面的“冷补”修复，有效地避免了薄壁类零件在其他焊修时产生的形变。同时在修补过程中有氩气在电弧周围形成气体保护层，防止了空气对钨极、熔池及邻近热影响区的有害影响。利用该技术得到的修补层致密，结合强度高，修复成形好，其修复效果可与电子束焊、激光焊相媲美。

2. 技术特点

类激光高能脉冲精密冷补设备的技术特点如下。

(1) 具有较高的焊补精度。通过对输出电流、时间的精确控制，最小修复量达 0.2 mm。

(2) 具有较小的焊补冲击。采用脉冲电流，能量集中，作用时间短，可进行薄壁件的修补，焊补应力和焊后变形小。

(3) 具有较小的热影响区。对基体热输入量小，基材性能无退化，无宏观热变形。

(4) 具有较高的结合强度。基体与补材为冶金结合，适用各种加工方式，不会出现结合不牢固、脱落等现象。从图 16-158 可以看出基材和补材结合良好，焊点连续，无裂缝。

(5) 具有较广的焊补材料。对焊补材料没有特殊的要求，普通氩弧焊焊条均可用作焊补材料。

(6) 具有简单的操作工艺。工艺简便，可实现手工操作及自动化控制，只需简单培训即可。

(7) 具有较宽的应用范围。可实现精密修复、磨损、裂纹及缺损焊补、特形表面修复、局部不解体现场修复。

3. 应用领域及范围

类激光高能脉冲精密冷补设备的应用领域及范围如下。

(1) 汽车、机车等各类机动车的凸轮、曲轴、齿轮、传动轴、盘类、杆类等传动零部件修复，以及车体的表面焊道缺陷补平修正。

(2) 军舰、大型拖船、舰船等船舶发动机缸体、曲轴、连杆轴颈的磨损、线性裂纹与沟痕等损伤，以及各类传动轴、齿轮等传动零部件的修复。

(3) 飞机高强度结构钢、沉淀硬化不锈钢的表面腐蚀、划伤、裂纹等表面失效与缺陷修复、飞机起落架、外板部件、发动机零件等修复。

(4) 曲轴、凸轮轴、凹槽、内角等特形表面的修复。

(5) 各类模具划伤、磨损、局部凹陷、型腔点蚀等缺陷的修复。

(6) 钻井等大型装备磨损、腐蚀的现场修复。

(7) 镀铬表面拉伤的修复。零件(如油缸杆)镀铬表面拉伤、采用钎焊、电刷镀、气焊等工艺都不能达到理想的效果，为此，目前都只能采用全部退铬、重新镀铬的工艺，既费工、费时，又不符合环保。而采用类激光高能脉冲精密冷补，既快捷、修复质量又好，甚至可以在不解体的状态下修复，所以被认为是修复镀铬表面拉伤的最佳工艺。

16.8.6 铸造缺陷熔融填充修补机

铸造缺陷熔融填充修补机如图 16-159 所示。

图 16-159 铸造缺陷熔融填充修补机

1. 技术原理

铸造缺陷熔融填充修补技术是国内首创的一种金属设备表面缺损修复的新工艺，本工艺是利用可调的大电流在设定的短时间内将不同规格的金属球熔化并压焊填充到缺损处(图 16-160)，使补材与基材达到冶金结合。修补时的电流最小为 1 900 A，最大可达到 4 200 A，时间为 0.5～2.5 s。由公式 $Q=0.24I_2R_t$ 可知，根据一定直径的钢球熔化并与基体熔合所需的热量大小，就可确定所需的电流 I 和时间 t。因此所研制设备给出了 6 挡规范，适用于不同材质和不同直径的钢球用于表面缺损的修补，并实现了补材与基材属冶金结合、母材的热影响很小而不影响基体性能又不变形的目的。

2. 技术特点

铸造缺陷熔融填充修补机的技术特点如下。

(1) 可用于各类结构钢、不锈钢、铸铁、铸钢、镍等材质的表面缺陷进行修补。

(2) 补材与基体金属间的结合强度高，属冶金结合。

(3) 修补工艺简单而完整，无须特殊技术。

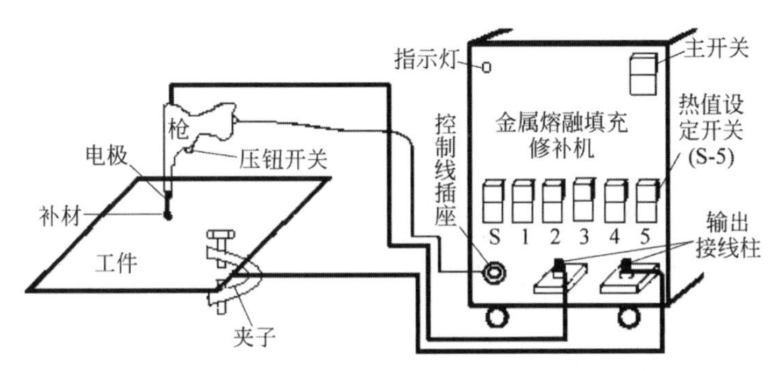

图 16-160　铸造缺陷熔融填充修补机工作原理示意图

(4) 修补后加工余量小，用磨具、油石、锉刀打磨即可。

(5) 设备体积小，质量轻，携带方便。

3. 应用范围

铸造缺陷熔融填充修补机的应用范围如下。

(1) 可对各类滚筒、轴类、平面及特殊零部件进行快速修补。

(2) 可对各类大中型机器设备及其零部件进行现场或野外不解体修理。

16.8.7　微脉冲修补机

微脉冲修补机如图 16-161 所示。

图 16-161　微脉冲修补机

1. 工作原理及其特点

微脉冲修补机是一种对被加工件不施加大量热量的"冷焊"修复工艺设备，可以为成形模具、热压模具、压铸模具、冷作模具和拉伸模具及其他精密金属零件提供一种基体与焊补材料之间为冶金结合的修复方法。

微脉冲修补机采用可控序列微脉冲电能，逐层将被补材料"点焊"在零件的修补部位，以形成修补涂层，可以修复零件的剥落性损伤、棱角崩损、划沟、冶金缺陷等。本设备操作方便，可现场修复，修复速度快，无热变性、无软化区，修补层与基体的结合强度高，设备体积小、质量轻，便于携带。

2. 应用范围

微脉冲修补机的应用范围如下。

(1) 修复大、中、小型机械设备零部件的磨损表面。

(2) 恢复大、中、小型机械设备零部件的尺寸精度。

(3) 修复零部件及模具的表面划伤、受冲击损伤的凹坑、棱角缺损、黑色金属在冶金铸造中产生的气孔和少量缺陷等。

视频：维修与再制造设备

参 考 文 献

[1]　徐滨士. 表面工程与维修[M]. 北京：机械工业出版社，1996.

[2]　徐滨士，易新乾，石来德. 大力推广绿色再制造工程[N]. 光明日报，2000-11-18(1).

[3]　李国英. 表面工程手册[M]. 北京：机械工业出版社，1997.

[4]　王向阳，孙学锋. 装备的绿色维修[C]//中国

兵工学会第二届维修专业学术年会论文集，威海，2004.
[5] 张耀辉. 装备维修技术[M]. 北京：国防工业出版社，2008.
[6] 吴先文. 机械设备维修技术. 北京：人民邮电出版社，2008.
[7] 陈冠国. 机械设备维修[M]. 北京：机械工业出版社，2005.
[8] 刘晓山，郑立胜. 飞机修理新技术[M]. 北京：国防工业出版社，2006.
[9] 张琦. 现代机电设备维修质量管理概论[M]. 北京：清华大学出版社，2004.
[10] 贾继赏. 机械设备维修工艺[M]. 北京：机械工业出版社，2007.
[11] 高来阳. 机械设备修理学[M]. 北京：中国铁道出版社，2000.
[12] 吕钊钦. 柴油机快速维修技术[M]. 济南：山东科学技术出版社，2001.
[13] 姜秀华. 机械设备修理工艺[M]. 北京：机械工业出版社，2002.
[14] 赵文轸，刘琦云. 机械零件修复新技术[M]. 北京：中国轻工业出版社，2000.
[15] 刘庶民. 实用机械维修技术[M]. 北京：机械工业出版社，2000.
[16] 马世宁，刘谦，范世东，等. 现代设备维修技术[M]. 北京：中国计划出版社，2006.
[17] 蔺国民，孙秦，李艳华. 绿色维修与绿色维修性探讨[J]. 航空维修与工程，2004(2)：51-53.
[18] 马世宁，刘谦，孙晓峰. 装备应急维修技术研究[J]. 中国表面工程，2003(3)：7-11.
[19] 马世宁，游光荣，孙晓峰. 装备维修技术的发展及表面工程技术的应用[J]. 中国表面工程，2005，18(4)：1-5.
[20] 张杰彬，甘茂治. 资产维修-环境保护-可持续发展[J]. 工业工程与管理，2000，5(2)：1-4.
[21] 周红. 绿色维修理论与技术研究[D]. 合肥：中国人民解放军军械工程学院，2003.
[22] 徐滨士. 再制造与循环经济[M]. 北京：科学出版社，2007.
[23] ZHANG J B, GAN M Z. Asset maintenance environmental protection-sustainable development[J]. International journal of plant engineering management，1999，4 (2)：65-71.
[24] 徐滨士. 面向二十一世纪的表面工程[M]. 北京：机械工业出版社，1997.
[25] 徐滨士，马世宁，刘世参，等. 表面工程的应用和再制造工程[J]. 材料保护，2000，33 (1)：1-4.
[26] XU B S，ZHU S. Advanced remanufacturing technologies based on nano-surface engineering[C]//Proc. 3rd Int. Conf. on Advances in Production Eng，Guangzhou，1999：35-43.
[27] 姚巨坤，崔培枝. 再制造加工及其机械加工方法[J]. 新技术新工艺，2009(5)：1-3.
[28] 陈冠国. 机械设备维修[M]. 2 版，北京：机械工业出版社，2005.
[29] 朱胜，姚巨坤. 再制造技术与工艺[M]. 北京：机械工业出版社，2011.
[30] 吴志远，王淑卉，贾少军，等. 再制造高硬堆焊层切削加工研究[J]. 现代制造工程，2011(4)：63-65.
[31] 田欣利. 再制造与先进制造的融合及其相关技术[M]. 北京：国防工业出版社，2010.
[32] 田欣利，黄燕滨，张其勇，等. 装备零件制造与再制造加工技术[M]. 北京：国防工业出版社，2010.
[33] 徐滨士，等. 装备再制造工程的理论和技术[M]. 北京：国防工业出版社，1999.
[34] 刘勇，罗义辉，魏子栋. 脉冲电镀的研究现状[J]. 电镀与精饰，2005，27(5)：25-29.
[35] 郭鹤桐，陈建勋，刘淑兰. 电镀工艺学[M]. 天津：天津科学技术出版社，1985.
[36] 章葆澄. 电镀工艺学[M]. 北京：北京航空航天大学出版社，1993.
[37] YUNG K C，YUE T M，CHAN K C，et al. The effects of pulse plating parameterson copper plating distribution of mi-crovia in PCB manufacture[J]. Electronics packaging manufacturing，IEEE transactionson，2003，26(2)：106-110.
[38] 川崎元雄，小西三郎. 实用电镀[M]. 徐清发，李国英，潘晓燕，译. 北京：机械工业出版社，1985.
[39] 朱瑞安，郭振常. 脉冲电镀[M]. 北京：电子工业出版社，1986.
[40] 黄新民，吴玉程，张勇. 电镀 Sn-Pb-In 合金研究[J]. 电镀与涂饰，1999，18(3)：37-39.
[41] 赖柳锋. 浅谈电镀工艺的发展[J]. 工艺与设

备,2017(5):101-102.

[42] 钱苗根,姚寿山,张少宗.现代表面技术[M].北京:机械工业出版社,2008.

[43] 高海桓,卜路霞,王为.浅谈电镀技术的发展及应用[J].电镀与精饰,2016,38(5):29-30.

[44] 董文仲.表面工程应用实例:[例20]铁基合金镀铁在船舶曲轴再制造中的应用[J].中国表面工程,2011,24(1):2.

[45] 董文仲,董文胜,董文波,等.船机曲轴无刻蚀镀铁新工艺研究[J].中国修船,1995(6):15-19.

[46] 吴琳.大连海事大学:董氏镀铁推进再制造工程纪实[J].表面工程资讯,2010,10(5):7,28-29.

[47] 阎军,刘勇,杨术亮,等.合金镀铁技术在内燃机曲轴再制造的应用[J].内燃机与配件,2015(5):22-25.

[48] 赵恩蕊,朱志杰,董文仲,等.铁基SiC复合镀层的制备与性能研究[J].大连海事大学学报,2015,41(3):104-108.

[49] 刘仁志.再制造中的电镀技术[J].表面工程与再制造,2018,18(1):19-22.

[50] 董文仲,阎军,贾珊中,等.合金镀铁层的结合和强化机理研究[J].中国表面工程,2011,24(1):1-5.

[51] 魏子栋,董海文.电沉积Zn-Ni合金的耐蚀性研究[J].腐蚀与防护,1996,(5):207-209.

[52] 王琳,姬少龙,李云东,等.农业装备零部件表面镀层性能研究[J].中国农学通报,2011,27(24):133-136.

[53] 李亚江,张永喜,王娟,等.焊接修复技术[M].北京:化学工业出版社,2005.

[54] 唐景富.堆焊技术及实例[M].北京:机械工业出版社,2015.

[55] 方臣富,陈志伟,胥国祥,等.缆式焊丝CO_2气体保护焊工艺研究[J].金属学报,2012,48(11):1299-1305.

[56] 中华人民共和国国家质量监督检验检疫总局.热喷涂 术语、分类:GB/T 18719—2002[S].北京:中国标准出版社,2002.

[57] International Organization for Standardization. Thermal spraying-technology, classification: ISO 14917: 2017[S]. Geneva: International Organization for Standardization, 2017.

[58] PAWLOWSKI L,热喷涂科学与工程[M].李辉,贺定勇,译.北京:机械工业出版社,2010.

[59] 孙家枢,郝荣亮,钟志勇,等.热喷涂科学与技术[M].北京:冶金工业出版社,2013.

第16章彩图

第17章

应急维修技术

17.1 概述

17.1.1 应急维修技术内涵

应急维修技术一般是指工程机械设备或装备突发故障时，迅速地对设备或装备进行评估，并根据需要快速地修复损伤部位，使设备或装备能够恢复全部或部分使用功能的方法、技能、工艺和手段的统称。其旨在通过开展有效应急维修，快速恢复工程机械装备、设备等的使用功能或正常状态，使其重新投入生产或施工活动中。

应急维修技术是维修技术中不可或缺和极为重要的组成部分，同时也是在长期维修实践过程中逐步形成的一门新学科。应急维修技术是科学技术发展应用于应急维修领域的一项综合性工程技术，它涵盖了机械工程、材料工程、表面工程、纳米表面工程及再制造工程等诸多领域的知识。

从应急维修本身属性和修复对象角度分析，应急维修活动具有突发性、复杂性、不确定性的特点，应急抢修技术通常是针对基础设施或设备、装备进行快速有效的抢修作业，通常要求具有时效性、便携性、可行性、有效性等特点：

(1) 时效性。应急维修时间紧迫、抢修环境恶劣，要求选用的应急维修技术必须要在短时间内恢复装备全部或部分功能，使其能够投入使用。

(2) 便携性。应急维修技术所需要的设备、材料、工具等可随身、随装备携带，出现故障可及时抢修。

(3) 可行性。应急维修技术的工艺方法要简单，操作便捷，不需要或少需要外界能源及辅助条件。

(4) 有效性。应急维修技术要具有较高的故障修复率，以保证装备能够完成相应的任务。

17.1.2 应急维修技术体系

应急维修的目的是以尽量短的时间恢复损伤装备基本性能。在条件允许和在时间允许的限度内尽量采用标准或常规的修复技术。紧急情况下，采用应急的维修方法修复装备，可在装备损伤现场采用就便器材、简易工具，放宽技术条件等措施恢复装备基本功能。常见的应急维修技术包括切换、剪除、拆换、替代(置代)、原件修复、制配、重构等方法。此外，还有换件修理、拆拼修理技术、快速堵漏技术、快速粘接技术、快速修补技术、快速成形技术、原位加工技术及快速维护保养技术等(图 17-1)。

17.1.3 应急维修技术分类

按抢修技术开展的地域和所应用的技术手段不同，可以分为原位应急维修技术、伴随应急维修技术、定点应急维修技术和远程信息

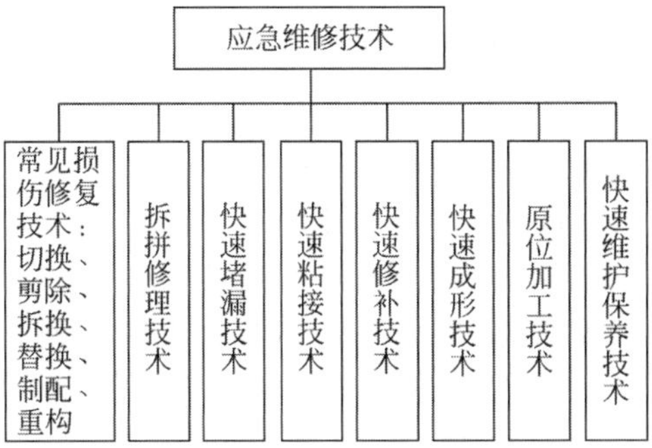

应急维修技术

常见损伤修复技术：切换、剪除、拆换、替换、制配、重构
拆拼修理技术
快速堵漏技术
快速粘接技术
快速修补技术
快速成形技术
原位加工技术
快速维护保养技术

图 17-1 应急维修技术体系框图

化应急维修技术。

1. 原位应急维修技术

利用搭载式应急维修方舱、机动便携式维修设备，对装备实施原位、原件应急抢修，使其性能能够部分或全部恢复。原位应急维修技术要求材料和设备尽量简单轻便，实现无需外界人工能源，携带和操作简单，可就地对装备进行快速维修，或对损伤部位进行不解体的原件修复，做到实用高效，时间短，见效快，工作可靠。

2. 伴随应急维修技术

利用应急维修工程车、直升机、快艇等机动维修装备对装备实施伴随维修，实现机动支援，在较短时间内恢复装备的使用性能。具体可采用换件修理、拆拼修理和零件维修等多种维修方式。

3. 定点应急维修技术

定点应急维修的任务是对运回的故障装备利用较完善的工艺装备和各种应急维修技术高质量地恢复装备性能。定点应急维修的环境和条件优于现场原位抢修的环境和条件，可以使用更加先进、复杂的表面技术和工艺装备，也能进行高精度的机械加工。因此，维修范围、维修质量都高于原位抢修，基本上能够完整地恢复装备的初始技术性能。

4. 远程信息化应急维修技术

远程信息化应急维修技术是指在应急维修中，充分利用信息技术，借助各种信息平台，对维修资源实现现代化管理与共享，对维修技术实现远程信息支援。

17.2 快速拆装与现场加工技术

工程机械设备的零部件出现变形、卡死、折断、锈蚀、磨损等故障时，为实施故障零部件拆卸、安装、切割和破拆作业，常采用一些常规拆装方法，如更换、切换、剪除、拆换、替代、重构、原件修理、制配等，以及由此衍生的快速加热拆装技术、快速拉拔拆装技术、快速现场加工技术等先进的快速拆装与现场加工技术，以恢复工程机械设备的部分基本功能，达到应急维修目的。

17.2.1 常规拆装技术

1. 标准修理

维修时间及修理条件适宜的情况下，首选标准修理；维修时间及修理条件不适宜的情况下，可采取应急修理，快速恢复工程机械设备的部分使用性能。如换件修理就是标准维修方法之一，如果标准维修过程中备件充足，采用更换备件的方法组织实施维修，既节省时间，又能保证工程机械设备的原有性能。

2. 切换

切换是指通过电、液、气路转换或改接通道，接通冗余部分或改自动工作为人工操作，以隔离故障部分；或将原来担负非基本功能的完好部分转换到故障的基本功能的电、液、气路中。

(1) 在电气系统中，可接通冗余电路，若无冗余设计，可将担负非基本功能的线路移植到基本功能电路中，从而恢复基本功能。

(2) 在液、气系统中，可通过转换开关或改接管道，实现功能切换，如供给系统中右油箱损坏，可以通过柴油分配开关切换到左油箱，反之亦然。

(3) 在机械系统中，可通过改变操作方式等方法实现切换。例如，电动操作失灵时，可用人工操作代替。

3. 剪除

剪除又称旁路，是指将故障部分去掉，以使其不影响工程机械安全使用和基本功能的发挥。例如,当散热器的某些散热管损坏造成漏油或漏水时,可以利用钎焊或堵管的方式,解决其漏油或漏水的问题,保证其散热功能。

4. 拆换

拆换是指拆卸同型机械设备或异型机械设备上的相同部件来替换故障部件。拆换是一种特殊情况下的换件修理,即当备件不足时,对故障部件可以实施拆换,具体方法如下。

(1) 拆次保重。在本设备上拆卸下非基本功能部件单元,替换故障设备的基本功能部件单元。

(2) 同型拆换。用同型设备的相同部件单元替换损坏的单元,使机械设备恢复运转。

(3) 异型拆换。在不同型机械设备上拆卸下相同部件单元,替换损坏的单元,使机械设备恢复运转。

5. 替代

替代是指用功能相似的单元或原材料、油液、仪器仪表、工具等代替故障或缺少的备件或资源,以恢复机械设备的基本功能。

替代是指非标准的、应急性的,可以是“以高代低”,即使用性能好的物资、器材替代性能较差的物资、器材;也可以是“以低代高”,即只要没有安全上的威胁即可。例如,用小功率发动机代替大功率的发动机工作,虽然载重量和运转速度等性能下降,但此替代方法可作为应急方法之一。

6. 重构

重构是指系统故障后,采取重新构成系统的方式,使新的系统能够完成其基本功能。

7. 制配

制配是指自制元器件、零部件以替换故障件。修理中的制配有多种形式。

(1) 按图制配。根据零部件的设计图样加工所需备件。

(2) 按样制配。根据样品,确定尺寸和原材料。若情况紧急,次要部位或不受力部位的形状和尺寸可以不予保证。

(3) 无样制配。当零件丢失且无样品、图样时,可根据故障零件所在机构的工作原理,自行设计、制作零件,以保证机构恢复工作。

17.2.2 快速拆装技术

应急维修中的快速拆装技术包括加热拆装技术、机械拆装技术等。当外部环境恶劣,工程机械设备零件出现变形、锈蚀、卡死等问题,可采用快速拆装技术和手段,利用有限修理资源,实现高效拆装。选择合适的快速拆装方法,可有效避免零件受损后无法修理的弊端,以及引起的资源和成本浪费等问题,从而快速精准恢复机械设备的正常运转功能,高效恢复技术性能指标,保障机械零部件装配质量和效率,延长使用寿命。因此,需要工程机械使用与维修人员熟悉各种快速拆装技术的应用范围和操作方法。

1. 常用快速拆装方法

1) 热膨胀法

热膨胀法是指利用金属材质机械零部件热胀冷缩的特性,通过增加工装装配结合面间隙量,实现零件拆卸与安装的方法。热膨胀法实施设备工具一般需要电、热等外部供给能源,实施对象材质有一定的要求。适用于解决装配过盈量较大、变形或卡死较严重类修理问题。

2) 破拆法

破拆法是指利用机械、液压、热能等动力源,采用切割等破坏性方式,依据保护主要零部件、舍弃或更换次要零部件原则,实现的零件拆卸与安装的方法。应急维修时多选用体积小、重量轻、操作简单类型的便携式破拆设备及工具。适用于解决配合结构变形卡死或锈蚀严重类故障修理问题。

2. 加热拆装技术

加热拆装技术隶属于常用快速拆装技术中热膨胀法技术之一,主要是利用材料热胀冷缩原理,通过增加零部件配合面之间的间隙,有效降低现场拆装的难度,提高应急维修效能。

1) 加热拆装技术基本原理

以加热装配为例,采用热源对配合零部件中的孔类零件进行加热,使孔径膨胀到一定数值,随后将其与轴件进行自由安装。当孔件冷却后内径收缩，与轴件之间产生很大的压力，将轴件抱紧，达到装配的目的。

加热温度是加热拆装工艺的重要参数。常采用的计算式如下：

$$t=\frac{(2\sim3)i}{k_a d}+t_0 \tag{17-1}$$

式中：t——加热温度，℃；

t_0——室温，℃；

i——实测过盈量，mm；

k_a——孔件材料的线膨胀系数，1/℃；

d——孔的名义直径，mm。

2）加热拆装技术分类

加热拆装技术根据热源的不同，可以分为液体热浸加热法、火焰加热法、电阻加热法、电磁感应加热法四种方法。

（1）液体热浸加热法

液体热浸加热法是将零件放入盛有一定温度的机油等液体的容器中实现对零件加热的方法，机械设备零件通常保温一段时间后，膨胀变形，易于拆装。该方法具有加热均匀、时间短等优点；但受热浸容器和机油等液体沸点限制，仅适用于加热温度不高、尺寸较小、装配过盈量较小的机械零件。

（2）火焰加热法

火焰加热法是指采用氧-乙炔火焰、酒精喷灯等方式实现对零件加热的方法。该方法具有加热温度较高、操作简单灵活等特点；但容易因加热温度不易控制、受热不均而发生零件变形、轴承表面组织结构改变等问题，造成零件故障或报废。

（3）电阻加热法

电阻加热法通常是利用电流通过镍-铬等材料产生电阻热作为热源，实现对零件局部加热的方法。该方法加热温度高、零件受热均匀、安全性可控。

（4）电磁感应加热法

电磁感应加热法是通过对零件外缘感应线圈施加交变电场，当零件内部磁通量发生变化时，产生涡流，零件自身电阻在涡流作用下生热，实现电能—磁能—热能转化，从而对零件加热的方法。该方法操作简单便捷、温度可控、加热均匀、安全性好，可实现对零件整体加热，以及大型零件局部加热，如轴承、联轴器、齿轮等零件。

电磁感应加热的能量利用率通常大于80%，零件升温速度很快，轴承加热温度通常不超过150℃，温度过高时，可导致轴承材料性能退化；经感应加热后的轴承存在残磁，需要再进行退磁处理。应急维修中选用的电磁感应加热设备便携性好，功率小于3 kW，适于野外现场使用。下面以轴承电磁感应加热设备为例，介绍采用加热拆装技术工艺特点。

按照加热零部件的种类，电磁感应加热拆装设备分为内圈感应加热和外圈感应加热两种。

① 内圈感应加热设备通常根据加热工件内径选择相近的轭铁（一般采用硒钢片制成）穿套工件，放于主机铁芯端面上；确保轭铁与铁芯端面紧密吻合，启动加热器，零件开始被加热；当工件升温膨胀达到装配要求时，停止工作，移开轭铁，拆卸零件，以待下一步装配。

② 外圈感应加热设备主要由导磁体、感应线圈、支撑盘、径向调环、手柄、夹紧杆等组成。其径向调环内侧面开有一定升角的螺旋槽，穿过径向导磁体的销轴与螺旋槽配合，当通过夹紧杆带动径向调环旋转时，与螺旋槽配合的销轴径向移动，从而带动径向导磁体沿径向滑动，实现对不同尺寸的轴承环的夹紧。径向导磁体、周向导磁体和被加热工件形成完整的闭合磁路。当感应线圈通以对称三相交流电时，在被加热件、导磁体内部形成交变磁场，产生涡流，进而产生涡流热使被加热件受热膨胀。例如，轴承外圈加热设备利用外圈感应加热原理可实现轴承外圈的快速加热，满足角接触轴承的装配要求。

感应加热按工作频率可分为工频（如50 Hz、60 Hz、150 Hz）、中频（1～10 kHz）和高频（10 kHz以上）。工频感应加热主要用于穿透加热。以50 Hz频率为例，室温下加热钢铁时的集肤深度约2 mm，加热铜时集肤深度约10 mm。工频加热系统不需要变频电源，系统大大简化，往往只需变压器和开关装置，故适用于大、中型轴承的装配和拆卸。中频感应加热适用于加热直径在100 mm以下的小型轴承。如果仍以工频加热，热量容易传导至轴，轴与轴承共同受热，不利于膨胀间隙的产生。若采用中频加热，加热器外形尺寸可大幅度减小，但需有一套变频电源，电路比较复杂。高频感应加热通常不用于轴承的加热。

表17-1为室温30℃、加热温度100℃条件下，轴承内径尺寸与膨胀量的关系。

表17-1 不同轴承内径加热的直径膨胀量

mm

序号	轴承内径	内径膨胀量	序号	轴承内径	内径膨胀量
1	40	0.047 6	10	160	0.190 4
2	50	0.059 5	11	180	0.214 2
3	60	0.071 4	12	200	0.238 0
4	70	0.083 3	13	220	0.261 8
5	80	0.095 2	14	240	0.285 6
6	90	0.107 1	15	260	0.309 4
7	100	0.119 0	16	280	0.333 2
8	120	0.142 8	17	300	0.357 0
9	140	0.166 6			

3. 机械拆装技术

1）机械拉拔拆装

机械拉拔拆装是指采用专用拉拔工具，借助液压动力或省力结构，分离零部件的方法。机械拉拔拆装工具通过丝杠、液压等加载机构，可提供拉力较大；与加热拆装相比，机械拉拔方法选用的应急维修设备小巧、操作方法简单。适用于过盈量大、变形卡死现象严重、易出现二次故障等拉拔难度大的零部件，以及由于锈蚀、轻度变形卡死、较小过盈配合等轻损零部件的现场快速拆卸作业，在工程机械设备维修与应急维修中应用广泛。

按照加载方式不同，机械拉拔拆装工具可分为手动拉拔、气动拉拔、液压拉拔三种。手动拉拔又称手动拉马，由三个钩爪、顶压螺杆、钩爪固定盘、加力杆等部件组成。图17-2所示为以液压为动力的液压拉马。

工程机械设备维修与应急维修中应用的快速拆装设备及工具包括车轴类液压拔具、断开管路连接器、拉杆快速连接器等。

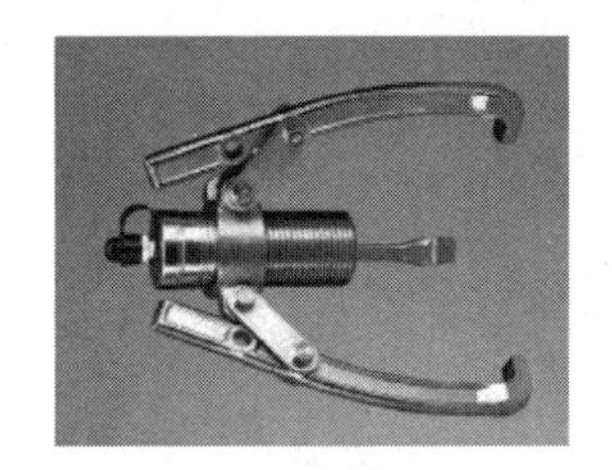

图17-2 液压拉马

外场应急维修时，零部件配合面发生锈蚀是导致拆卸和安装困难的重要因素。维修过程中，单纯的机械拉拔，由于拉拔力过大，可能导致零件和拉拔工具发生故障，造成拆装工作难以顺利完成。因此，针对配合面出现腐蚀的现象，可预先涂抹松动剂等材料，利用其物理化学作用，去除配合面间腐蚀产物，并起到一定的润滑作用，显著降低拆装的难度。

2）机械连接拆装修理

（1）拉杆快速连接器

拉杆快速连接安装作业是指采用机械紧固连接的方法，将断裂的拉杆连接在一起，并具有一定的拉伸承载能力，通常分为焊接和机械连接两类拉杆连接方式。

机械类拉杆快速连接器由夹紧套、衬套、拉杆和连接螺栓组成，操作简便快捷、连接可靠，无需水、电、燃气等资源，承受的拉力大于500 N，可有效满足拉杆的使用要求。主要应用于对不同尺寸拉杆断裂后进行快速连接。连接拉杆时，首先依据折断拉杆的直径选择对应的衬套，将衬套分开套在需连接的拉杆上，将夹紧套套在衬套的外圆面上；然后将拉板的位置调正后，用螺栓固定并拧紧。

（2）断开管路连接器

机械设备的润滑油系统、液压系统、水循环系统、压缩空气系统等，采用大量的管路用于气体、液体等介质的传输。这些管路中，有的要承受一定的温度，有的要承受一定的压力，极易出现断裂、破损等问题，必须进行快速修理。断裂或故障管路的快速连接方法可包括焊接、粘接、机械连接等。

断开管路连接器隶属于机械连接方法，具有简单便携、修补效果好等特点，作业时无需外加能源，使用一把扳手即可快速完成连接修理作业，断管修理后可承受压力大于 2.5 MPa。适用于快速连接机械设备中各种断开的水管、油管、气管，快速修补连接管路断裂、孔洞等故障。断裂管路连接器主要由外壳、密封橡胶圈、外壳拉杆销、拉杆等部分组成。维修时，根据待修理管路直径不同，选择合适规格的管路连接器；将被连接的两端管路一端插入连接器内，旋紧拉杆上的螺栓，实现连接器与管路牢固连接。

17.2.3　现场机械加工技术

大中型零部件的维修需立足故障现场，通过现场机械加工等先进的维修技术开展原位原件快速修理。

现场机械加工技术是外场大型机械设备修理常用且必要的手段。该技术在维修资源不足的条件下，利用便携或可移动式机械加工设备，对待修设备的零部件进行机械加工，使其恢复装配精度或使用要求，从而达到快速修理的目的。

1. 大型零件现场加工技术

大型零件现场加工技术的设备主要是便携式机床，可以分为便携式车床、便携式铣床、便携式镗孔机、便携式钻床和便携式阀门研磨机等。便携式机床是针对现场作业修理需求而开发的一种小型机械加工专用设备，具有体积小、质量轻，运输方便、安装快捷等特点，适用于完成工程机械设备故障零部件在外场狭小空间等现场复杂条件下的机械加工作业。

便携式现场加工技术在国外开发应用较早，发展较成熟的公司有雷蒙赛博机电技术公司、ENERPAC 公司、德国爱孚机械制造公司、英国弗曼奈特公司等。德国爱孚机械制造公司开发的 TD 系列现场加工机床，可现场加工维修大型阀门、法兰、泵体和汽轮机外壳等，特别适用于车削高压阀门内的柱形内孔密封面或车削除需更换的损坏阀座，同时也可车削截止阀类的平面和锥面密封面。我国便携式现场加工设备研发也较快，如便携式车镗一体化机床。在维修过程中，现场机械加工常用到车削加工和镗削加工，便携式车镗一体化机床采用更换不同组件方式，实现一体机床车削和镗削多功能配置。加工过程中，零件保持不动，而机床实现刀具的进给和切削运动，从而实现大中型零部件的现场加工。便携式一体化机床的车削、镗削一体化设计原理示意图如图 17-3 所示。

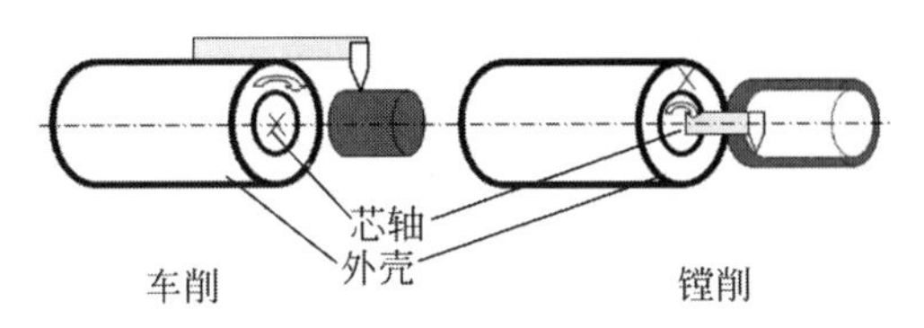

图 17-3　便携式一体化机床的车削、镗削一体化设计原理示意图

便携式一体化机床分为车削和镗削两个功能模块，包括心轴和外壳两个部分，当外壳不动时，芯轴相对外壳转动，一端安装镗刀，实现孔类零件的镗削加工；当芯轴不动时，外壳相对芯轴旋转，固定车刀与外壳，实现轴类零件的车削加工。

与普通机床的主旋转运动不同（普通机床是主轴带动零件旋转形成主旋转运动），由于加工零件太大，便携式一体化机床质量轻、体积小、惯量小，因此采用相反的旋转方式。采用连接头和涨紧锥体和涨紧套的整套夹具，使零件和便携式一体化机床连接固定在一起，在现场对机械零件进行车削加工时拟依托固定装置。

便携式一体化机床全重不超过 150 kg，体积小，便于携带，操作简便，可靠性高，可现场对大中型零部件进行车削和镗削加工，恢复应急状态下机动性能。其设计技术指标见表 17-2。

2. 连接件快速加工技术

螺纹连接在机械设备中使用量大、尺寸规格繁杂。对于标准螺纹连接件和小型螺栓、螺母，可以通过预先制备或现场通过车载的多功能组合机床进行加工制备；对于大型零件外螺纹、螺纹孔，由于零部件尺寸大、形状不规则，现场的维修加工难度大，如大型箱体上的螺栓孔故障，大型轴类零件端部的大尺寸外螺纹故障等。螺纹快速加工修理技术设备及工具有

表 17-2 便携式一体化机床设计技术指标

车削加工		镗削加工	
零件加工范围/mm	ϕ90～280	镗孔尺寸/mm	ϕ90～300
最大车削行程/mm	400	最大镗孔深度/mm	500
车削、镗削加工精度	被加工的轴、孔尺寸精度达到 IT7 级，形位公差达到 7 级精度，表面粗糙度达到 Ra3.2		
电机转速/(r/min)	0～3 000(可调)		
伺服电机功率/kW	≤2		

便携式磁座钻孔机、螺纹护套修理工具、大直径外螺纹修理工具等。

1）便携式磁座钻孔机

便携式磁座钻孔机又称为磁力钻、磁座钻，可以吸附在钢铁结构上，实现大型机械设备零部件钻孔作业。便携式磁座钻孔机的钻孔作业精度高，不易导致被修理材料发生变形，适用于外场维修时发动机、传动箱、变速箱等大部件的底座钻、铣、攻丝加工。

便携式磁座钻孔机由主机、焊接立柱、磁座底板、加长钻柄、钻头、铣刀、攻丝卡头、钻卡头及附件组成，如图 17-4 所示。磁座设于主机下部黑色长方体部位，主要功能是起到固定支撑作用。使用时，接通电源，磁力钻通过电磁效应产生垂直到磁座底面数千千克的磁吸力，使其牢牢吸附在钢板或结构件加工表面上，从而起到固定机器的作用。磁吸力越强，磁座钻在工作时的机身越稳定，钻孔的精度也越高。钻机由固定部分和移动部分两部分组成：①固定部分，在钻孔时固定不动，主要作用是对电机起控制作用，如开关、调速、挡位等；②移动部分，包括电机、钻头等，通过三星架旋转实现上下移动。通过安装不同的钻头，磁座钻孔机可实现不同的功能。常用的钻头种类有麻花钻头、取芯钻头、沉头钻头、丝锥、铰刀等，可以实现钻孔、取断栓、铰(扩)孔、攻丝、铣削等功能。操作时，首先打开电机启动开关，机器电机内的转子高速旋转，通过传动齿轮组带动传动轴旋转，带动钻头回旋，在需要钻孔的部位通过钻头实现切削钻孔作业。

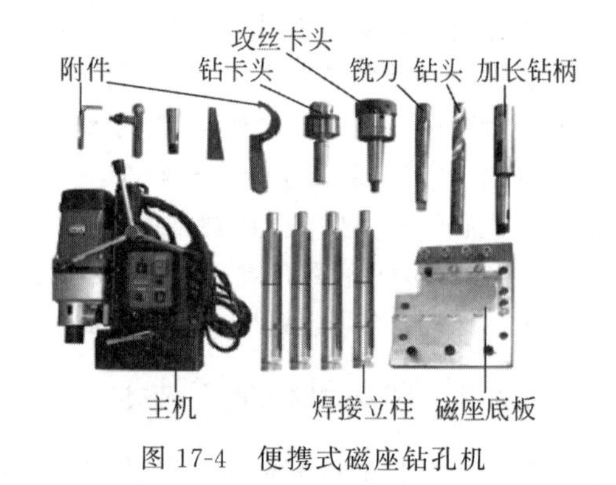

图 17-4 便携式磁座钻孔机

2）螺纹护套修理工具

螺纹护套修理专用工具主要用于修理损坏的螺纹孔。修理过程中无需弹簧垫圈、弹性垫圈、双螺母防松等防松零件，具有操作简单、修理速度快、修理质量可靠等优点。螺纹护套修理专用工具适用于嵌入钢、铸铁、铜、铝、镁合金、尼龙、塑料、木器等高、低强度材料基体的内螺纹中，形成的螺套内螺纹为 6H 级的标准螺纹；取代螺柱上的过渡配合螺纹和过盈配合螺纹；解决螺纹脱扣、烂牙等故障。

螺纹护套修理专用工具包括安装工具、铰手、钻头、螺纹护套、导向螺头、丝锥等，如图 17-5 所示。

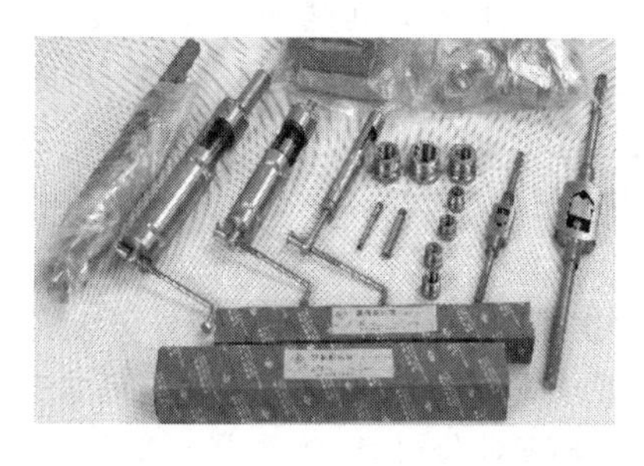

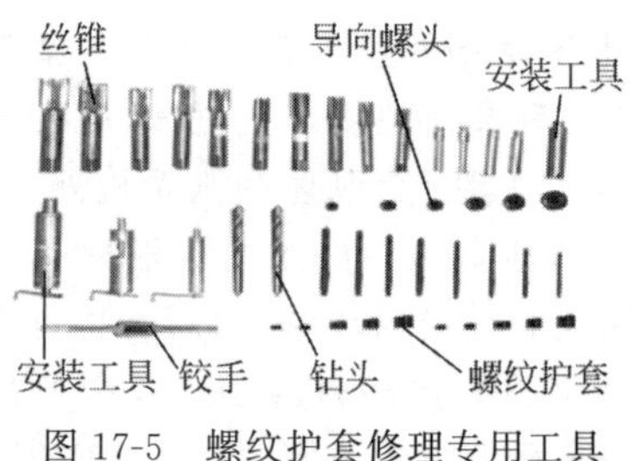

图 17-5 螺纹护套修理专用工具

操作时，首先根据待修理的螺纹孔径尺寸，选择丝锥，攻制内螺纹；然后拉出螺纹护套安装工具的旋转手柄，组装螺纹护套，推回旋转手柄；接着将螺纹护套上的卡销与旋转手柄上的卡槽对正，将螺纹护套旋入安装工具的导向螺纹内；最后将螺纹护套安装工具对正待修理内螺纹后，旋入最底端，确保螺纹护套低于内螺纹座孔顶面，折断螺纹护套上的卡销即可。

3）大直径外螺纹修理工具

大直径外螺纹修理工具（图 17-6）也称螺纹梳刀、螺纹梳新器，可以快速修理大直径螺栓的受损螺纹，恢复其正常使用功能。螺纹梳新器主要应用于大直径螺栓的受损螺纹，如侧减速器固定螺塞螺纹、侧减速器齿轮箱盖固定螺栓的螺纹、平衡轴支座固定螺栓的螺纹、制动带支架固定螺栓的螺纹、负重轮轴端螺纹等。大直径外螺纹修理器由螺纹修理器体、调整刀架、直径调整转把、可更换螺纹刀头组成，可修理螺纹直径 M20～M70 mm，可修理螺纹的螺距为 1 mm、1.25 mm、1.5 mm、1.75 mm、2 mm。

图 17-6　大直径外螺纹修理工具

17.2.4　快速切割技术

快速切割技术主要有两个用途：一是提高焊接的配套性，切割作为焊接的第一道工序，切割的效率、质量直接影响整体焊接结构的效率和质量；二是保证分离切割的独立性，包括故障工程机械维修中涉及的解体、拆拼等。

维修中需考虑维修对象、维修质量、维修效率、维修成本等多种因素，选用适当的快速切割技术解决机械设备零部件应急维修故障。维修对象包括被切割材料（碳钢、低合金钢、不锈钢、有色金属等）、零部件形状和尺寸、材料厚度及批量等；维修质量包括切割面质量、热影响区材质的变化、尺寸精度要求等；维修效率包括切割速度、切割后下一道工艺的作业量、多个设备同时作业的可能性；维修成本包括易损零部件的寿命、必须消耗的特种气体、液体及各种所需能源的各项指标。

机械设备应急维修中快速切割技术主要用于解决金属材质零部件切割问题，通常可分为冷切割和热切割两种类型。

1. 冷切割技术

冷切割技术是指利用机械方式在运动中通过冲击、刮切及摩擦将被切割物体切割开的方法。其实质是用硬的物质来磨削软的材料，如剪切、锯切、砂片锯、铣切等，也包括近年来发展的水射流切割等。一般来说，该类设备是由动力部分和切割部分组成。冷切割的优点在于操作简单、成本较低。常用的冷切割技术见表 17-3。

表 17-3　常用的冷切割技术

能源	切割方法	第二层次分类	适用材料
动能	气射流切割		薄板金属、塑料
	水射流切割	纯水射流切割	金属、塑料、陶瓷
		加磨料水射流切割	
机械能	剪切		金属、塑料、陶瓷
	锯切	条锯、圆片锯、砂轮锯	
	铣切		

应急维修中常用的冷切割设备有便携式无齿锯、液压剪、锈蚀螺母破拆器等。

1）便携式无齿锯

便携式无齿锯主要由高速马达等液压元件和通用切割片组成。由液压泵站提供液压源，驱动叶片式高速液压马达完成切割破拆工作。与常用的汽油机驱动无齿锯相比，便携式无齿锯轻便灵活、操作空间良好，非常适用于野外修理，且由于使用液压动力，能适应各种恶劣工作环境，可以在水下工作。适用于维修作业中尺寸较大的金属和非金属故障零部件的切割破拆，最大切割厚度可达 90 mm。

2）液压剪

液压剪是一种以剪切圆钢、型材及线缆为

主的专用抢险救援工具。通过快速接口连接液压泵站或手动液压泵供油。通过液压推动活塞，连杆将活塞的推力转换为刀具的转动，从而对破拆对象实施剪切作业。手控换向阀控制刀具的张开和闭合，手控换向阀处于中位时，刀具不运动。液压剪质量轻，最高压力可达 63 MPa，主要由手柄、工作油缸、手控换向阀、剪刀等组成，其专用剪切刀头具有高强度、高硬度和高韧性的特点，超高压剪断机构设计可提供最高达 30 t 的剪断力。适用于破拆金属或非金属结构，以及解救被困于危险环境中的人员。

3）锈蚀螺母破拆器

锈蚀螺母破拆器重 7 kg，破拆螺母尺寸为 M8～24，由剪切支架、剪刃、液压油管、液压泵等组成，如图 17-7 所示。锈蚀螺母破拆器动力源包括液压、气动多种形式，具有操作简单、携带方便等特点，适用于各种锈死、卡死螺栓螺母的拆卸工作，在螺栓无法正常拆卸时，将螺母破开，使设备能够正常拆卸。

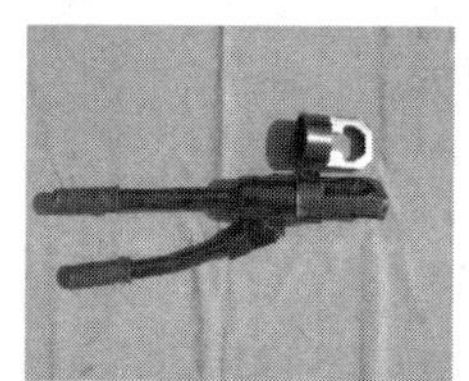
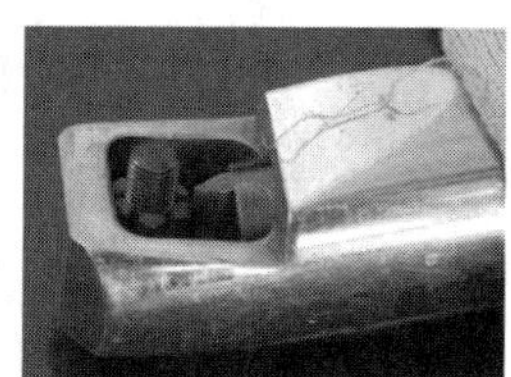

图 17-7　锈蚀螺母破拆器

2. 热切割技术

热切割是利用热能使材料分离的方法，按物理现象可分为燃烧切割、熔化切割和升华切割三类。燃烧切割是材料在切口处采用加热燃烧、产生的氧化物被切割氧吹出而形成切口；熔化切割是材料在切口处主要采用加热熔化、熔化产物被高速及高温气体射流吹出而形成切口；升华切割是材料在切口处主要采用加热汽化、汽化产物通过膨胀或被一种气体射流吹出而形成切口。

随着现代工业的迅速发展，热切割技术已从单一的火焰切割发展到等离子弧切割、激光切割等现代切割技术。使用的气体从单一的乙炔和瓶装气态氧发展到丙烷、丙烯、天然气、煤气、混合燃气、液态气等多结构气体。从简单的手工切割发展到机械化自动化切割。切割工艺从简单的分离切割发展到精密快速优质切割，切割面质量达到了机械加工的 $Ra12.5$ μm 和 $Ra6.3$ μm。可切割的材料已由原来的碳钢、低合金钢发展到高合金钢、不锈钢、铜、铝等各种有色金属和陶瓷、玻璃、塑料、布匹、纸张、橡胶、皮革及其他材料。常用的热切割技术见表 17-4。

表 17-4　常用的热切割技术

所用能源	切割方法	分类	适用材料
光能	激光切割		金属材料、塑料、陶瓷
	氧气-激光切割		最适用于金属材料
化学反应能	氧气切割		碳钢、低合金钢
	氧-溶剂切割		金属材料，不适用于塑料、陶瓷
电能	电弧-氧切割		金属材料，不适用于塑料、陶瓷
	等离子弧切割	Ar 等离子弧切割	适用于金属，可以切割塑料等，不适用于陶瓷
		N_2 等离子弧切割	
		O_2 等离子弧切割	
		空气等离子弧切割	
		水压缩等离子弧切割	
	钨极电弧切割		金属材料
	熔化极电弧切割		金属材料
	碳弧切割		金属材料
	电弧锯切割		金属材料
	电火花切割（线切割）		金属材料（模具加工）
	阳极切割		高硬度淬火钢、硬质合金等

应急维修中常用的热切割技术设备有背负式汽油-氧气快速切割器、金属合金-氧气极速切割器等。

1）背负式汽油-氧气快速切割器

背负式汽油-氧气快速切割器采用射吸式结构原理，由高压氧气流把汽油吸入射吸管的混合室内，形成氧气、汽油混合气，喷到割嘴内进行雾化燃烧。操作方法与传统乙炔割炬相同，具有结构简单、操作简便、安全可靠等特点，适用于在野外应急维修中，切割 100 mm 以内的低碳钢和低合金钢材，最大切割厚度为 100 mm，0.4 MPa 时，可切割厚度不大于 50 mm 的碳钢、厚度不大于 30 mm 的合金钢；0.6～0.8 MPa 时，可切割厚度不大于 100 mm 的合金钢。

背负式汽油-氧气快速切割器由主机、割炬及附件等部件组成，如图 17-8 所示。主机包括 6.8 L 氧气瓶与减压器、1 L 储油罐及其连接装置。汽油切割机专用割炬包括割嘴、切割氧阀、调节氧阀、汽油调节阀、氧气输入接口、汽油输入接口、握把。

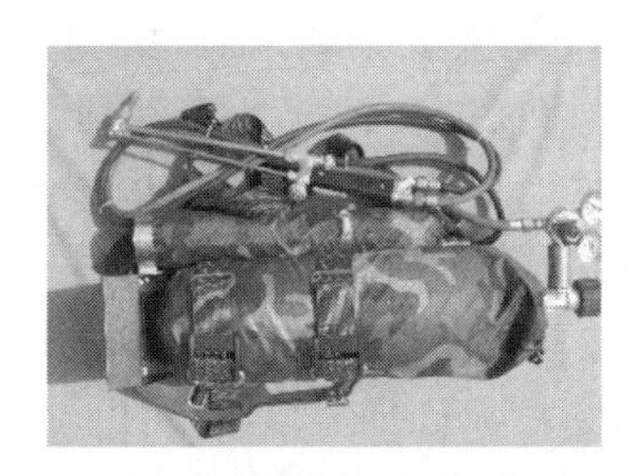

图 17-8 背负式汽油-氧气快速切割器

2）金属合金-氧气极速切割器

金属合金-氧气极速切割器利用合金在纯氧中燃烧放出大量热熔化金属材料，由于金属燃烧热容量大(约 10 000℃，是乙炔热容量的 3 倍)，同时释放的高速气流可吹除熔渣，实现母材的快速分离。金属合金-氧气切割器使用金属燃烧作为热源，平时存储安全，且金属割条体积小，燃烧热容量大，切割效率高，采用高压氧气瓶，体积小，携带方便(可单人携带)，操作简单，无回火爆炸的安全问题。适用于机械设备零部件中铸铁、不锈钢等各种金属、玻璃材料的打孔、切割作业。

金属合金-氧气极速切割器由碳纤维氧气瓶、割枪、点火器、合金割条、点火电源、点火电源充电器、氧气过桥组成，如图 17-9 所示。

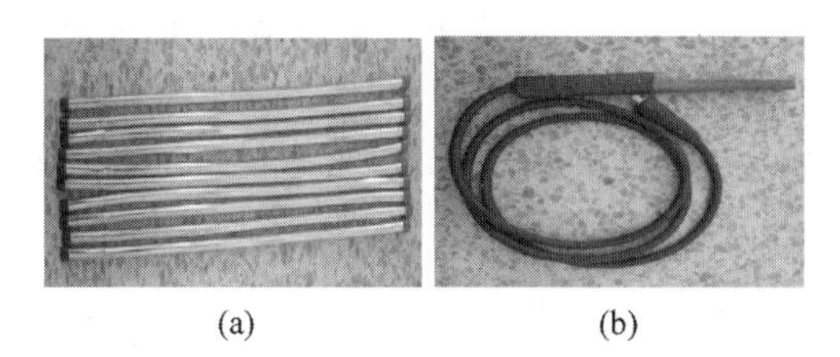

(a) (b)

图 17-9 金属合金-氧气极速切割器

(a) 金属分割条；(b) 割枪

17.3 快速粘接堵漏技术

粘接技术是一门应用极其广泛，具有独特功能，经济效益与社会效益显著且设备简单、工艺简便、实用性很强的技术。粘接技术是指利用适宜的胶黏剂作为修复工艺材料，采用适当的接头形式和合理的粘接工艺而达到连接目的，将待修零部件进行修复的技术。粘接技术除了具有简便、快捷、高效、价廉等特点外，还可以粘接一些其他连接方式无法连接的材料或结构，如实现金属与非金属的粘接，克服铸铁、铝焊接时易裂和铝不能与铸铁、钢焊接等问题，并且能在有些场合有效地代替焊接、铆接、螺纹连接和其他机械连接。目前，胶黏剂的应用已渗入到国民经济中的各个部门，成为工业生产中不可缺少的技术。

快速粘接堵漏技术是指利用粘接堵漏材料及辅助工具将泄漏强行止住，待胶黏剂完全固化后达到密封堵漏目的。粘接堵漏技术的机理可定义如下：在大于泄漏介质压力的人为外力作用下，切断泄漏通道，实现再密封。大于泄漏介质压力的外力可以是机械力、粘接力、气体压力等；传递外力至泄漏通道的机构可以是刚性体、弹性体或塑性流体等。

20 世纪 70 年代中期，西方发达国家在工业生产领域开始应用粘接堵漏技术，即现场堵漏(on line sealing leaks)，它已被列为应急维修的重要手段之一，甚至与“消防”并重，是对传统维修技术的补充和突破。泄漏轻则会造成设备工作性能严重下降，重则会造成设备的报废。因此，快速粘接堵漏技术在工业生产的快速抢修中具有重要作用。针对由于密封不严或密封材料损坏而产生的泄漏问题，通常采用更换密封材料的方法进行止漏。本节介绍的快速粘接堵漏技术主要用于修复结构破损造成的泄漏问题。

17.3.1 粘接技术基础

1. 粘接技术概念及特点

1）粘接技术概念

能够把两个或两个以上固体材料的表面通过界面作用（化学力或物理力）连接在一起的物质，统称为胶黏剂，也称为胶黏剂或黏合剂。通过胶黏剂的这种粘接力使固体材料表面连接的方法称为粘接，被粘接的固体材料称为被粘物。与常用的焊接、铆接、螺栓连接等传统的连接方法相比，采用粘接技术所制备的结构件不仅具有成本低、质量轻、外形美观等优点，而且其应力传递更为均匀，密封性和防腐性均可得到显著改善。此外，粘接设备及工艺简单，操作方便易行，生产效率高。

2）粘接技术优点

与铆接、焊接、螺栓连接等传统的连接方法相比，采用胶黏剂进行粘接有自身独特的优点，是其他方法所无法代替的，主要表现在以下几个方面。

（1）粘接范围广。粘接可用于金属之间或非金属之间，也可用于金属与非金属之间。

（2）提高粘接接头的疲劳寿命。由于胶黏剂是均匀分布在粘接面上的，无螺孔或焊缝，因此不会形成应力集中，将明显减慢疲劳裂纹在粘接接头中的扩展速度。

（3）能够最大限度地保持被粘材料的强度。粘接接头中不会出现铆接或螺栓连接所产生的孔洞，因此不会减小被粘材料的有效横截面积。

（4）有效地减轻结构件的质量。由于不用铆钉和螺栓，极大地减轻了接头质量。

（5）各向异性材料的强度与尺寸稳定性能够通过交叉粘接而提高。

（6）施工温度低。在焊接工艺中，构件需要承受很高的温度，而粘接在常温下即可进行，能够避免产生热应力、热裂纹等缺陷。

（7）生产工艺简单，生产效率高，生产成本低。

（8）密封性能好。可以减少密封结构或采用其他密封措施，有效提高产品结构内部器件的耐介质性能。

3）粘接技术的缺陷

胶黏剂及其粘接技术也存在一些不足之处，主要有以下几点。

（1）大部分胶黏剂是有机高分子胶黏剂，其粘接强度较低，与金属材料相比还有较大差距。此外，它们的使用温度也较低，一般为−50～150℃，只有耐高温胶黏剂才可长期在250℃的环境中工作，或者短期在350～400℃的环境中工作。

（2）粘接接头的强度所受到的影响因素较多，对材料、工艺条件和环境应力极为敏感。接头性能的重复性差，使用寿命相对较短。

（3）某些种类胶黏剂的粘接过程较为复杂。在粘接前，需要细致地对材料进行表面处理和清洁，粘接过程需要加温和加压固化，夹具和设备较为复杂，因而大型和复杂构件的粘接受到限制。

（4）热固性胶黏剂的剥离力较低，热塑性胶黏剂在受力情况下有蠕变倾向。

（5）多数胶黏剂的导热和导电性能较差，某些种类的有机高分子胶黏剂易燃、有毒，在冷热、高温、高湿、生化、日光、化学等外界作用下会逐渐发生老化。

2. 影响粘接强度的主要因素

1）胶黏剂组分对粘接强度的影响

合理的粘接体系在受到外力作用而被破坏时，大多数会出现胶黏剂的内聚破坏或者内聚破坏与界面破坏共存的混合破坏。因此，粘接强度在很大程度上取决于胶黏剂的内聚力，而胶黏剂的内聚力与其组分的分子结构密切相关。

2）被粘物材质对粘接强度的影响

为了获得粘接强度高、耐久性好的粘接接

头,要求被粘材料的表面与胶黏剂之间必须结合牢固,并且这种结合不受环境介质的影响。一般认为,就被粘材料的表面特性而言,其表面粗糙度、清洁度和表面化学结构是影响接头粘接强度的主要因素。

(1) 粗糙度

被粘物的表面粗糙度是产生机械粘接力的源泉。机械粘接是通过加强浸润和吸附作用而形成的。被粘物表面的粗糙度增加,等于实际的粘接表面积增大。但液体在粗糙表面的接触角有别于其在光滑表面的接触角。在粘接体系呈良好浸润状态的前提下,用砂布或喷砂等机械打磨的方法处理被粘材料的表面,适当地将表面粗糙化,可增大实际粘接面积,有利于粘接强度的提高。如果被粘物呈"毛羽"状态,则可显著地提高粘接强度。但是过大的表面粗糙度,会使被粘材料表面不能被胶黏剂完全润湿,特别是凹处残留的空气对粘接更为不利,导致粘接强度下降。

(2) 清洁度

要获得良好的粘接性能,胶黏剂必须完全浸润被粘材料表面。当被粘物是具有高表面自由能的纯金属时,由于有机胶黏剂大多是具有低表面自由能的高聚物,根据热力学原理,它们之间能够很好地浸润。但是,我们实际使用的金属被粘材料的表面上经常会有一层锈垢或氧化物。此外,在金属的制造、切削、成形加工、热处理、运输、储存等过程中,其表面又会不同程度地吸附一层有机和无机的污染物。这些氧化物或污染物均会影响胶黏剂对金属表面的浸润,而且这一污染层的内聚强度很低,它的存在一般会降低粘接强度。因此,必须采用物理和化学方法对被粘材料表面进行处理,使其洁净。

3) 表面化学基团

很多被粘材料经不同方法进行表面处理之后,虽然都得到清洁的表面,能被胶黏剂完全浸润,但粘接强度却相差很大。这是因为表面的化学基团对界面粘接强度也有很大的影响。表面化学基团的存在:一方面,可为表面的极性增加作出贡献,提高表面能,改善浸润性;另一方面,增加粘接界面化学键结合的概率,显著地提高粘接强度和抗介质腐蚀的能力。

如果根据被粘物所含基团的类型,选择可与其发生化学反应的胶黏剂,则可在粘接界面形成一定数量的化学键,这样接头的粘接强度和耐久性会大大提高。

通常,极性相近的聚合物之间容易形成粘接,即两者都是极性或非极性时的粘接强度较高;当一种为极性、另一种为非极性时,粘接强度就相对较差。例如,聚乙烯为低表面能材料,很难用胶黏剂进行粘接,而将其表面改性使其具有羟基、醚基等极性基团后,可使粘接强度得到明显提高。

4) 应力对粘接强度的影响

应力的存在是引起粘接接头强度下降的重要因素之一。粘接体系的应力分为内应力和外应力。内应力主要来自三个方面:其一,在胶层的固化过程中,由于气泡、杂质、胶黏剂的固化收缩,以及胶层与被粘物膨胀系数不同而产生的胶层或界面应力;其二,当粘接接头的环境温度变化时,因胶层与被粘物的模量不同、膨胀系数不同而引起的热应力;其三,在接头的使用过程中,因胶层吸水溶胀而被粘物不溶胀所引起的粘接界面上的内应力。除了内应力外,外应力对粘接接头强度也会产生一定的影响。

大量事实证明,内应力和外应力的存在,必然会引起粘接界面以及胶层中部分聚合物分子链的断裂,使材料内部产生裂缝。随着时间的延长,裂缝不断增大,最终使粘接接头发生破坏,这就是蠕变破坏。如果此时环境中的水也进入裂缝,二者互相影响,互相促进,必然会进一步加速粘接接头的破坏,这种现象称为应力腐蚀开裂。

5) 环境对粘接强度的影响

在周围环境中,光、热、氧、水分等都会对粘接接头产生较大的影响。例如,在光、热、氧的长期作用下,聚合物分子链会部分发生断裂或交联,甚至生成过氧化物并经分解为自由基后,进一步引发自由基的连锁反应,导致粘接强度下降,因此,适量的抗氧剂、光稳定剂的加入是很有必要的。

水分对粘接接头的作用具有普遍性，并且是较为复杂的。由于水分子的体积很小，极性大，很容易进入粘接接头。大量的试验证明，水是通过扩散过程进入粘接接头的，进入的途径有三条：其一，是从树脂的宏观裂缝处进入，这种裂缝是树脂固化过程中所产生的化学应力和热应力引起的；其二，是从树脂相互之间的间隙中扩散进入；其三，是通过胶层与树脂间界面的微毛细孔进入，这种微毛细孔是粘接过程留有的微气泡发展而成的。事实表明，水对粘接接头的强度影响很大。例如，随着老化时间的延长，粘接接头在饱和水蒸气中的强度会迅速下降。

3. 粘接堵漏材料的组成及性能

1）粘接堵漏材料组成

粘接型堵漏材料的组成与胶黏剂组成类似，主要由主体材料和辅助材料组成。

（1）主体材料

主体材料是粘接型堵漏材料的主要组分，也称为基体材料，要求对被粘物具有良好的粘附性和润湿性，在胶黏剂中起粘接作用并赋予胶层一定的机械强度。其中基料常用的有弹性胶、热熔胶和厌氧胶。

（2）辅助材料

辅助材料包括固化剂、增塑剂、增韧剂、填料、稀释剂等，能够起到改善胶黏剂的粘接性能、提高流动性、降低成本等作用。

① 固化剂

固化剂也称交联剂、硫化剂、熟化剂、硬化剂等，其主要作用是使作为基料的线型高分子化合物通过化学交联，成为不溶、不熔的体型网状结构，从而提高胶层的机械强度和耐热性能。

② 增塑剂

增塑剂是一种高沸点的液体或者低熔点的固体化合物，能够在一定程度上隔离高分子化合物的活性基团，减小分子之间的相互作用力，从而降低胶黏剂基料的玻璃化转变温度和熔融温度，改善胶层脆性，提高施工流动性。

③ 填料

按照化学组成分类，填料可分为无机填料和有机填料。前者主要是矿物质，加入后虽然会使胶黏剂的密度和脆性增加，但耐热性、耐介质性、抗收缩性等得到提高；后者加入后可以改善胶黏剂的脆性，但其耐热性较差。

④ 稀释剂

在胶黏剂中，使用溶剂作为分散介质：一方面，是为了降低体系的黏度，改善胶层的流平性，便于施工；另一方面，主要是增加胶黏剂的分子活动能力，以及对被粘物的润湿性，提高粘接性能。

⑤ 偶联剂

偶联剂是一类在分子结构上具有两种不同性质官能团的物质，它们分子中的一种官能团可与有机化合物反应；另一种官能团可与无机物表面的吸附水反应，形成牢固的化学键连接。将偶联剂用于胶黏剂中，可以显著改善填料在基料中的分散性，提高胶黏剂对无机被粘物的粘接强度。

⑥ 其他辅助材料

为了改善胶黏剂某些方面的性能，通常还需要加入防老剂、引发剂、阻聚剂、增稠剂、增韧剂、活性稀释剂、阻燃剂、乳化剂、防腐剂等辅助材料。

2）粘接堵漏材料性能

粘接型堵漏材料的性能包括以下几个方面。

（1）耐介质性能

堵漏材料的耐介质性能是堵漏剂较为重要的性能之一。在带压堵漏过程中，堵漏剂自始至终都与泄漏介质接触，如果堵漏剂与泄漏介质发生化学反应或被介质熔化、溶解，堵漏剂的许多性能，特别是密封性能将会丧失，也不能维持其所需要的密封比压，在这种情况下堵漏是很难成功的。因此，堵漏剂必须具有优良的耐介质性能。

（2）耐温度性能

堵漏材料的耐温度性能是堵漏剂又一个重要的性能之一。从堵漏剂被注入密封腔后，温度对堵漏剂性能便产生重大的影响。它使堵漏剂由硬变软，流动阻力由大变小。在经过一段时间以后，塑性由大变小，堵漏剂由塑性体变成弹性体，这就是固化过程。在许多情况下，这时温度对堵漏剂的影响已基本结束。但如果温度继续升高，堵漏剂的弹性体由大弹性变成小弹性，最后变成了较坚硬的固体。温度再升高，坚硬的固体由密实变成疏松，由块状变成颗粒，最后变成松散粉末或毫无黏性的糊状物，它很容易被泄漏介质从夹具的缝隙中吹喷出来。堵漏剂最理想的密封段是弹性体阶段，在较硬的固体段也能有较好的密封效果。

各种堵漏剂受温度作用的过程大致是相同的，但同一过程的温度值是不一样的。所以不同类型的堵漏剂有着不同耐温度范围。

(3) 固化性能

固化性能在带压堵漏中的作用：一是提高堵漏剂的耐介质性能；二是有效的提高堵漏剂的比压，防止堵漏剂注入泄漏系统中，保证了密封的稳定性和可靠性。对于热固型堵漏剂，温度是其热固的条件，而时间则是衡量过程的长短。温度高，所需固化的时间短；温度低，所需固化的时间长。在带压堵漏过程中，一般情况下，在注入堵漏剂结束前，不希望堵漏剂固化，否则容易影响堵漏剂的正常流动，会使某些部位出现没有堵漏剂的死角。但在另一些情况下，例如在重大严重的泄漏场合，又希望注入的堵漏剂能迅速固化，给堵漏操作减少一些困难。在一些高温的场合，固化速度过快，会给注入堵漏剂带来困难，某个部分还没有注满便固化了，甚至在注射通道或注射枪内都可能固化，为此确定在一定温度下的固化时间就成为堵漏剂比较重要的性能之一。

(4) 注射性能

注射性能就是堵漏剂在一定温度条件下用专用注射工具对堵漏剂施加一定的压力，即可把其注入密封腔内，它包括堵漏剂的塑性、流动性和自黏性能。温度和注射压力对堵漏剂的注射性能影响很大。温度高，塑性和流动性都很好；温度低，塑性和流动性都很差。

(5) 不透气性

堵漏剂在一定压力的作用下，在密封腔内形成密实的弹性体，固化以后，不透气性能更加提高。因此只要达到一定的密封比压，即能封堵各种泄漏介质。

带压堵漏技术主要是伴随着粘接堵漏剂和堵漏工具的发展而不断提高的，特别是堵漏用粘接堵漏剂的发展迅速，极大地拓宽了带压堵漏技术的应用范围。表17-5给出了国内外一些粘接堵漏剂的性能特点。

表17-5　国内外一些粘接堵漏剂的性能特点

粘接堵漏剂	性能特点
速成钢 (fast steel)	用于钢质修补，如修补发动机缸体裂纹、填充铸造砂眼、管道堵漏、缺损件修复和样件制作
快补胶棒 (repairit quik)	多用途、固化快，初固化时间3～5 min，可粘接金属、木材、玻璃、陶瓷等多种材料，可作电气绝缘封固
水中修补胶棒 (auqumend)	综合性能优异，可在潮湿表面甚至水下直接修补、固定；尤其适用于玻璃钢船体、浴缸和PVC管道的堵漏密封
速成铜 (quik copper)	对铜质管路、阀门、喷嘴、水龙头、散热器等的跑、冒、滴、漏最有效，也可在表面潮湿条件下修补
速成铝 (quik aluminum)	适于铝及铝合金设备、容器、铸件、门窗等的修理和堵漏
TS518紧急修补剂	5℃时，10 min固化，适用于抢修管路，密封端盖、暖水片、水箱、齿轮箱裂纹、穿孔腐蚀、泄漏的紧急修补
TS528油面紧急修补剂	25℃时，5 min固化定位，可带油粘接，适用于油箱、油罐、油管、法兰盘、变压器散热片等由于裂纹、疏松、砂眼、焊接缺陷而引起的渗漏、泄漏修补(需要注意的是，本品不适合铜质管路的堵漏)
TS626湿面修补剂	可在低温潮湿环境下甚至水中进行修补施工，用于潮湿环境或水下工作的管道、阀门、泵壳、箱体等紧急修补及船舶修造、建筑堵漏等
TS568超低温紧急修补剂	0℃时，5 min固化定位，适合于冬季户外施工及紧急抢修各类管路、箱体、法兰等设备的渗漏和泄漏，是一种不受温度限制的“全天候”维修材料

续表

粘接堵漏剂	性能特点
带压堵漏胶棒	是一种用手糅合的耐蚀紧急修补胶棒,揉匀后,填入修补缝隙和孔洞中,可在压力低于0.3 MPa工况下带压堵漏
万能补(syntho-glass)	浸透特殊树脂的用水活化的玻璃纤维布,常温30 min即可固化,瞬时耐温310℃,用于管路泄漏及电缆修补

17.3.2 带压粘接堵漏技术

泄漏的形式多样,造成泄漏的原因也各异。因此,带压粘接堵漏方法根据技术特点不同,可分为填塞粘接堵漏法、顶压粘接堵漏法、引流粘接堵漏法等,下面对常用的粘接堵漏技术进行简要的介绍。

1. 填塞粘接堵漏法

1) 基本原理

填塞粘接堵漏法的基本原理为依靠人手产生的外力,将事先调配好的胶黏剂压在泄漏缺陷部位,形成填塞效应,将泄漏强行止住,待胶黏剂完全固化后,达到动态密封堵漏的目的。

2) 主要特点

填塞粘接堵漏法的主要特点包括:施工简单,堵漏时不需专用工器具及复杂的工艺过程,借助专用的胶黏剂的特性,就可达到堵漏的目的;应用范围广,只要有适用于各种泄漏介质的专用胶黏剂,就可进行堵漏;安全有效,可拆性好,借助注射工具可处理较高压力的介质泄漏。例如,正光牌系列瞬间堵漏胶,可完成设备、容器、管道等的紧急粘接堵漏修补。不需要其他特殊设备和工具,利用人手即可完成堵漏工作,具有操作简单、常温下瞬间固化的特点,且对施工面无严格要求,可带油、带水、带压进行操作。

3) 分类

根据泄漏介质压力、温度及物化参数的不同,可以选择不同的填塞粘接堵漏法。常用的填塞粘接堵漏法有楔入堵漏法、热熔胶填塞法、堵漏胶填塞法和注胶填塞法。

(1) 楔入堵漏法

楔入堵漏法的工艺过程如图17-10所示。在泄漏孔较小的情况下,用与泄漏孔径相配合的铜针等耐腐蚀材料强行打入泄漏孔,如图17-10(a)~(c)所示。然后将泄漏点表面处理干净,如图17-10(d)所示。涂覆配制好的胶黏剂或混合胶黏剂的纤维布进行补强,也可用专业堵漏卡箍进一步补强如图17-10(e)和(f)所示。待胶黏剂完全固化后,进行适当的后处理。

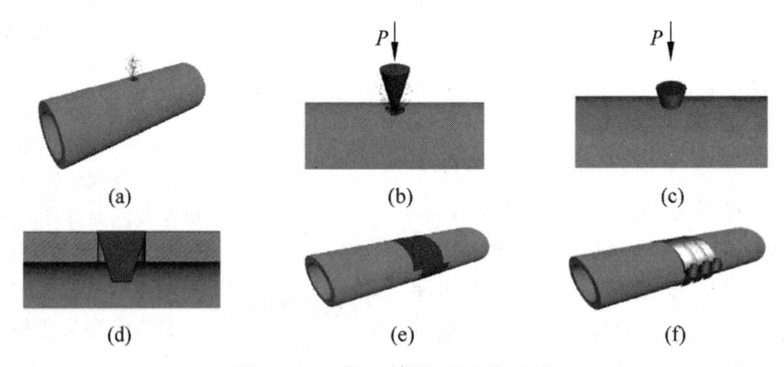

图17-10 楔入堵漏法工艺过程

(2) 热熔胶填塞法

热熔胶胶黏剂是一种室温下呈固态,加热到一定温度就熔化成液态流体的热塑性胶黏剂。热熔胶填塞法正是利用热熔胶的这一特性达到止住泄漏的目的。

热熔胶填塞法的工艺过程如图17-11所示。

① 根据泄漏介质物化参数选择相应的热

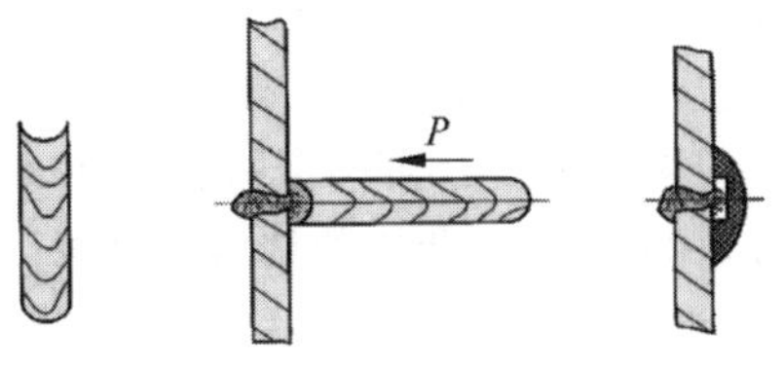

(a)　(b)　(c)

图 17-11　热熔胶填塞法工艺过程

(a) 顶压棒；(b) 堵漏；(c) 补强修整

熔胶品种。

② 用木材制作一个顶压棒，接触泄漏点的一端做成圆凹形，如图 17-11(a)所示。

③ 清理泄漏点上除泄漏介质外的一切污物，应露出金属本体或物体本色，这样有利于热熔胶与泄漏本体形成良好的填塞效应，产生平衡相。

④ 在木棒的凹处贴一防粘纸。按泄漏缺陷的形状选择一块大小合适的热熔胶，并放在木棒的凹处，用电热风将热熔胶吹化，迅速将木棒前端熔化的热熔胶压向泄漏缺陷上，如图 17-11(b)所示，这时熔融的热熔胶就会在外力的作用下挤入泄漏缺陷中，由于泄漏缺陷与热熔胶之间存在较大的温差，热熔胶迅速固化。

⑤ 泄漏停止后，撤出顶压棒，对泄漏缺陷周围按粘接技术要求进行二次清理，并修整圆滑，然后再在其上用结构胶黏剂及玻璃布进行粘接补强，如图 17-11(c)所示，以保证新的密封结构有较长的使用寿命。

操作时的注意事项具体如下。

① 所选用的热熔胶品种的熔融点温度一定要高于泄漏介质的温度。

② 所选用的热熔胶品种绝对不能被泄漏介质溶解或破坏。

③ 泄漏介质压力一般应小于 0.2 MPa，主要是用于常压或静压设备及管道的堵漏密封作业。

(3) 堵漏胶填塞法

堵漏胶是专供带压粘接密封条件下封闭各种泄漏介质使用的特殊胶黏剂。显然，堵漏胶应具有良好的粘接性能，但它的作用并不是将两种或两种以上的固体材料粘接在一起，形成牢固粘接接头的胶黏剂，而是专门用于填塞泄漏缺陷，在泄漏缺陷部位上形成一个新的封闭密封结构，堵漏胶填塞法的工艺过程如图 17-12 所示。

① 根据泄漏介质物化参数选择相应的堵漏胶品种。

② 清理泄漏点上除泄漏介质外的一切污物及铁锈，应露出金属本体或物体本色，这样有利于堵漏胶与泄漏本体形成良好的填塞效应，产生平衡相。

③ 按堵漏胶使用说明调配好堵漏胶(双组分而言)，在堵漏胶的最佳状态下，将堵漏胶迅速压在泄漏缺陷部位上，如图 17-12(b)所示。待堵漏胶充分固化后，撤出外力，如图 17-12(c)所示。单组分的堵漏胶则压在泄漏部位上，止住泄漏即可。

④ 对泄漏缺陷周围按粘接技术要求进行二次清理，并修整圆滑，然后再在其上用结构胶黏剂及玻璃布进行粘接补强，也可用专用堵漏卡箍进一步补强，如图 17-12(d)和(e)所示，以保证新的密封结构有较长的使用寿命。

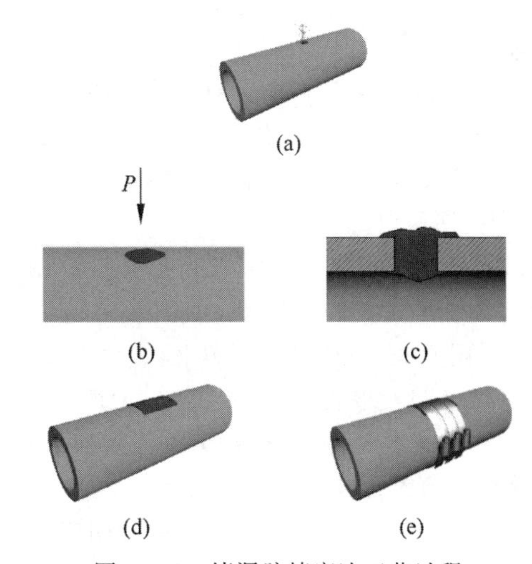

图 17-12　堵漏胶填塞法工艺过程

(4) 注胶填塞法

利用注胶器螺杆产生的大于泄漏介质压力的外力，强行将配制好的胶黏剂注射到一个特殊的密封空腔内，在注胶压力远远大于泄漏介质压力的情况下，泄漏被强行堵住，达到注胶堵漏的目的。

注胶填塞堵漏法的工艺过程如图 17-13 所示。

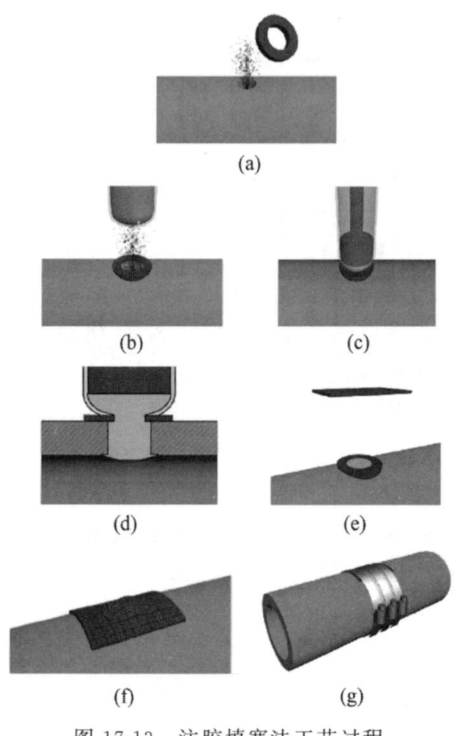

图 17-13 注胶填塞法工艺过程

① 清理泄漏点上除泄漏介质外的一切污物及铁锈，应露出金属本体或物体本色，这样有利于堵漏胶与泄漏本体形成良好的填塞效应，产生平衡相。

② 根据泄漏部位表面几何形状设计制作一个设有密封槽的封闭环，如图 17-13(a)所示。封闭环的内径比泄漏缺陷长度大 10～20 mm，并将盘根装好，如图 17-13(b)所示。

③ 选择合适的注胶器，定位注胶器，检查各接触面的密封情况。

④ 按胶黏剂或堵漏胶的使用说明将其调配成腻状。

⑤ 旋转定位工具，使注胶器处在合适位置，将胶黏剂装入注胶器内，旋转注胶器把手，使注胶器、封闭环、盘根紧紧地压在泄漏缺陷位置上，如图 17-13(c)所示。

⑥ 旋转注胶器的注胶螺杆，这时胶黏剂或堵漏胶就会在螺杆的作用下，向泄漏缺陷上充填，直到泄漏停止，如图 17-13(d)所示。

⑦ 再次清理封闭环周围的表面，使之达到粘接技术的要求，用相应的堵漏胶将封闭环黏牢，如图 17-13(e)所示。

⑧ 待注射的胶黏剂或堵漏胶充分固化后，撤出注胶器及定位工具，再用堵漏胶及玻璃布进行粘接加固，如图 17-13(f)和(g)所示。

2. 顶压粘接堵漏法

顶压粘接堵漏法的基本原理是，首先借助大于泄漏介质的外力，止住泄漏，然后再利用胶黏剂的特性进行修补加固。一般的胶黏剂有一个从流体转变成固体的过程，在这个过程没有完成之前或是正在进行过程中，胶黏剂本身是没有强度的。如果把调配好的胶黏剂直接涂在泄漏压力较高的部位上，马上就会被喷出的泄漏介质带走，无法达到堵漏的目的。因此，要想达到一个理想的堵漏效果，最好的方法是让胶黏剂在没有泄漏介质干扰的情况下完成固化过程，即粘接过程是在泄漏介质止住之后进行的。通过这种方法建立起来的新的密封结构则具有很好的再密封效果和较长的使用寿命。

顶压粘接堵漏法的基本原理：顶压块在外力作用下发生形变，并与泄漏缺陷的表面形成初始比压，强行将泄漏初步堵住，然后利用粘接技术进行粘接补强，从而达到粘接堵漏的目的。

顶压粘接堵漏法的主要特点：应用领域广泛，施工比较简单迅速，安全可靠，机动灵活，经济实用。

顶压粘接堵漏法的工艺过程如图 17-14 所示。

(1) 利用大于泄漏介质压力的外力机构，首先迫使泄漏止住，然后对泄漏区域按粘接技术的要求进行必要的处理，如除锈、去污、打毛、脱脂等工序。

(2) 利用胶黏剂的特性将外力机构的止漏部件牢固地粘在泄漏部位上，待胶黏剂充分固化后，撤出外力机构，完成堵漏作业。

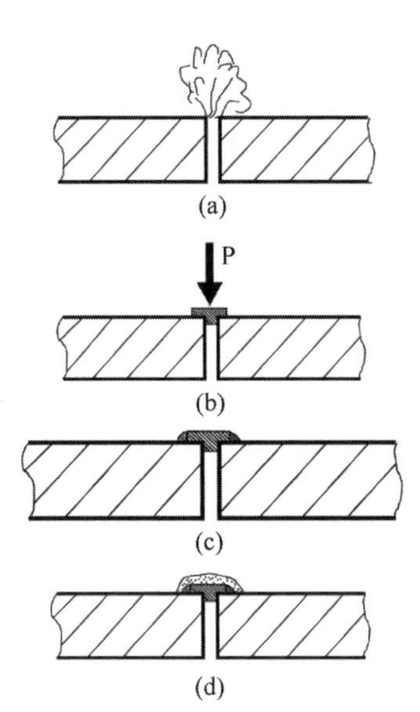

图 17-14　顶压粘接堵漏法工艺过程
(a) 泄漏点；(b) 顶压堵漏；(c) 粘接固定顶压块；(d) 补强修整

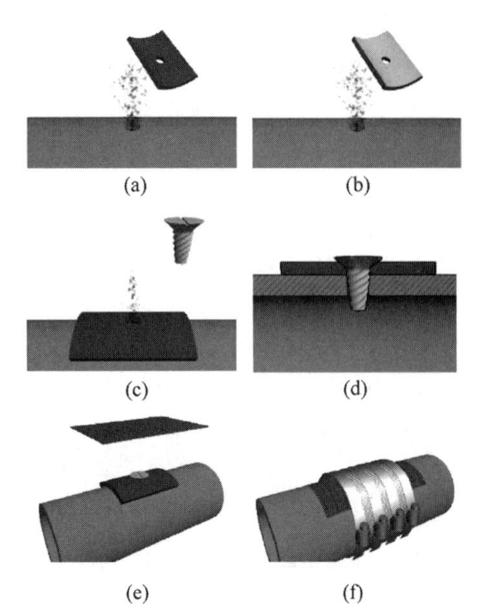

图 17-15　引流粘接堵漏法工艺流程
(a) 制备引流板；(b) 引流板内侧涂抹胶黏剂；(c) 粘接固定引流板；(d) 螺钉封堵引流孔；(e) 补强修整；(f) 堵漏卡箍加固

3. 引流粘接堵漏法

引流粘接堵漏法的基本思路是，应用胶黏剂或堵漏胶把某种特制的机构——引流器粘于泄漏点上，在粘接及胶黏剂的固化过程中，泄漏介质通过引流通道及排出孔被排放到作业点以外，这样可以有效地实现降低胶黏剂或堵漏胶承受泄漏介质压力的目的，待胶黏剂充分固化后，再封堵引流孔，实现堵漏的目的。

引流粘接法的基本原理：利用胶黏剂的特性，首先将具有极好降压、排放泄漏介质作用的引流器粘在泄漏点上，待胶黏剂充分固化后，封堵引流孔，实现堵漏目的。

引流粘接堵漏法的特点具体如下。

(1) 实现堵漏的过程比较容易，只要能设计出相应的引流器及粘接牢固，就能达到堵漏目的。

(2) 经济实用，采用引流粘接堵漏法进行堵漏作业花费较少，引流器的制作相对也比较简单。

(3) 作业简单，采用引流粘接堵漏法进行堵漏作业，除引流器、胶黏剂、清理表面工具外，不用任何专业工具，施工简单。

引流粘接堵漏法的工艺过程如图 17-15 所示。

(1) 针对泄漏孔的大小，设计引流板，根据泄漏介质选用金属、塑料、木材、橡胶等。

(2) 清除泄漏孔周围的污物。

(3) 将引流器粘在泄漏孔处，泄露孔对准引流器，泄漏介质沿着引流通道及引流孔排出作业面外。

(4) 待胶固化后，用结构胶及玻璃布对引流器加固，待完全固化后，封堵引流孔，实现堵漏目的。

17.3.3　复合贴片快速修复技术

铝合金、镁合金和钛合金及非金属复合材料等轻质材料制成的结构件在撞击、弹伤，以及维护或操作不当等情况下，非常容易发生以冲击损伤为主的结构破坏，如裂纹、缺口、破孔、分层和断裂等。这些损伤会显著降低轻质材料的静、动态承载性能，严重时会直接威胁装备的使用安全。在应急情况下，快速修复损伤对于安全生产意义重大。传统的机械修理方法需要把受损部件拆卸修理，存在修理时间长、结构增重较多、修理部位应力较大等缺点，不能满足快速抢修的需要。

复合贴片快速修复技术是指用高性能的纤维增强复合材料粘接于缺陷或损伤结构件表面，以加强缺陷区域，或使受损伤结构件的功能和传递载荷特性得以最大限度地恢复，以达到延长结构件使用寿命的目的。利用该技术修复装备零部件损伤部位的示意图如图 17-16 所示。复合贴片快速修复技术能有效延缓装备零部件损伤的加剧，甚至大幅度恢复受损件的使用功能，有效地延长其使用寿命。

图 17-16　损伤部位复合贴片修复示意图

复合贴片修复技术是一种优质、高效、低成本的结构修复技术，与传统的机械修复方法相比，该技术具有以下优点。

(1) 在原结构上不钻孔，完全避免二次损伤，可改善应力集中和承载情况，提高修理部位疲劳性能和损伤容限能力。

(2) 可有效恢复原结构的强度和刚度，胶接修理省去了通常机械修理必须的紧固件，补片质量轻，修理后结构增重小。

(3) 特别适于结构局部裂纹、损伤和腐蚀等多发性故障的修理。修理后可有效地阻止裂纹和破坏的进一步发展，满足可靠性和耐久性的要求。复合材料的耐腐蚀性极好，因此采用复合贴片修理后可提高结构的耐腐蚀性能。

(4) 修理所需时间短，修理成本低，经济性好，适合外场修理。

(5) 成形性能好，通过改变贴片的表面形状，对于复杂外形曲面，这种技术更容易实施，修补之后与原结构贴合较好，具有恢复原有结构形状和保持光滑气动外形的能力。

(6) 无损检测简单，不管是硼/环氧复合材料，还是碳/环氧复合材料，采用涡流探伤方法都可以有效检出贴片下裂纹、孔洞、脱粘等损伤的扩展情况，还有超声波探伤也能很有效地检测存在的损伤，并能检测胶层的粘接质量，两种方法在外场使用都是非常合适而方便的。

复合贴片快速修复技术采用的复合贴片可以是已固化的复合材料，也可以是半固化或者未固化的复合材料预浸料，因此，损伤结构件经过复合贴片粘接修复后能够满足以下要求：修复后结构的强度和刚度达到设计许用值，同时恢复结构件的耐久性要求；恢复到结构件在使用条件下的功能，或者使功能降低最小；结构件修复后质量增加最少，尤其对于飞机控制面，修复后结构件的质量分布满足气动平衡要求；能够满足在应急环境下的修复效率和修复方法的可操作性要求。

1. 复合贴片组成

复合贴片主要由高强度、高模量、低脆性的增强材料（纤维增强、薄片增强及颗粒增强等）和高性能胶黏剂基体材料复合组成。复合贴片的成分、结构及各组成部分的相互作用等因素决定了其修复的效果。

1) 基体材料

基体材料主要指复合贴片使用的各类胶黏剂。贴片的横向拉伸性能、压缩性能、剪切性能、耐热性能和耐介质性能等，与基体性能关系更为密切。常用的基体材料按固化方式和固化后性能不同可分为加热固化胶黏剂、室温固化胶黏剂及光固化胶黏剂等。

(1) 加热固化胶黏剂

加热固化胶黏剂一般是指固化条件在40℃以上才能固化的胶黏剂。加热固化又分为次中温固化（40～99℃）、中温固化（100～120℃）和高温固化（大于 150℃）。加热固化胶黏剂一般具有较好的耐温性能和力学性能，有些胶黏剂的工作温度可达 300℃，在 300℃时，剪切强度为 6.8 MPa。

(2) 室温固化胶黏剂

室温固化胶黏剂一般指固化条件在 15～40℃、常压且无需加热就能固化的胶黏剂，可达到的拉伸剪切强度值根据使用需要为 10～20 MPa。有些室温固化胶黏剂一般几十秒或十几分钟便可固化，定位时间可快达十几秒。通常，固化时间越短，则胶黏剂拉伸剪切值相应降低。

(3) 光固化胶黏剂

光固化胶黏剂中的光敏物质可通过光化学反应产生活性粒子或基团,从而引发体系中的活性树脂进行交联聚合。常用的紫外光固化体系按照引发体系的不同,可分为自由基光固化体系和阳离子光固化体系。自由基光固化体系反应速度快、性能易于调节,但对氧气敏感,光固化收缩率大,附着力差,且难于彻底固化三维部件;阳离子光固化体系则是既可发生光自由基聚合,又可发生阳离子聚合的混杂光固化体系。

2) 增强纤维材料

贴片组分之一是增强材料或称增强剂,其主要功能是显著提高胶黏剂基体材料的机械性能,即赋予贴片的高强度和高模量等力学性能。特别是连续长纤维做增强材料效果很好,如E-玻璃纤维的拉伸强度约为3 450 MPa,尼龙纤维的拉伸强度为827 MPa,硼纤维的拉伸强度为3 254 MPa。在基体中,有效地使用这些高强度纤维时,贴片材料的机械性能将大大增强。目前,已广泛应用的增强纤维品种有玻璃纤维、碳纤维、氧化铝纤维、碳化硅纤维等无机纤维,还有芳酰胺[如凯芙拉(Kevlar)芳纶]、超高相对分子质量聚乙烯纤维等有机纤维。

(1) 玻璃纤维是将熔融的玻璃液,以极快的速度拉成细丝而成。它是一种性能优异的无机非金属材料,具有不燃、耐高温、电绝缘、拉伸强度高、化学稳定性好等优良性能。玻璃纤维已被越来越广泛地用于交通运输、建筑、环境保护、石油化工、电子电器、机械、航空航天、核能、兵器等传统产业部门和国防、高技术部门。

(2) 碳纤维是由有机纤维如黏胶纤维、聚丙烯腈纤维或沥青纤维在保护气氛(N_2或Ar)下热处理碳化成为含碳量为90%~99%的纤维。经过40年的不懈努力,碳纤维已经在力学性能,工业化生产、品种、应用等方面,技术日趋成熟。

(3) 氧化铝纤维是一种主要成分为氧化铝的多晶质无机纤维,通常含有5%左右的二氧化硅,用以稳定晶相,抑制高温下晶粒的长大,是当今国内外最新型的超轻质高温绝热材料之一。通常采用"溶胶-凝胶"法,将可溶性铝、硅盐制成胶体溶液,再经高速离心甩丝成纤维胚体,经脱水、干燥和中高温热处理析晶等工艺过程制备而成。外观呈白色,光滑、柔软、富有弹性,它集晶体材料和纤维材料特性于一体,使用温度达1 450~1 600℃,熔点达1 840℃,具有较好的耐热稳定性和化学稳定性。氧化铝纤维与树脂基体结合良好,比玻璃纤维的弹性大,比碳纤维的压缩强度高,氧化铝树脂复合材料正逐步在一些领域取代玻璃纤维和碳纤维。

(4) 碳化硅纤维是以有机硅化合物为原料经纺丝、碳化或气相沉积而制得的无机纤维,最高使用温度达到1 200℃,其耐热性和耐氧化性均优于碳纤维,强度达1 960~4 410 MPa,模量为176~294 GPa。从形态上分为晶须和连续纤维。碳化硅纤维主要用作耐高温材料和增强材料。用做增强材料时,常与碳纤维和玻璃纤维合用,以增强金属和陶瓷为主。

(5) 芳纶纤维高强、高模、韧性好。以杜邦公司首先推出的凯芙拉纤维为典型代表。凯芙拉纤维是一种低密度、高强度、高模量和耐腐的有机纤维,是目前复合材料应用较广的高模量有机纤维。在航空、航天、船舶等方面广泛应用,质量减轻28%~40%,燃料节省35%。作为防护材料,其他可用于坦克、装甲车、飞机、艇的防护板,以及头盔和防弹衣等。

(6) 超高分子量聚乙烯纤维,又称高强高模量聚乙烯纤维,是目前世界上比强度和比模量最高的纤维。比强度是同等截面钢丝的10多倍,比模量仅次于特级碳纤维。通常用齐格勒催化剂制备树脂后,以十氢萘或石蜡油、灯油为溶剂进行凝胶纺丝,或以石蜡烃为溶剂进行"半熔纺"而得。超高分子量聚乙烯纤维耐化学腐蚀、耐磨,有较长的挠曲寿命,具有突出的抗冲击性和抗切割性。由于超高分子量聚乙烯纤维具有众多的优异性能,在高性能轻质复合材料方面显示出极大的优势,在国防、航空以及民用领域发挥着举足轻重的作用。

2. 复合贴片制备及修补工艺

1) 复合贴片的制备

复合贴片通常采用层贴法(手糊法)制备。其工艺流程如图17-17所示。

表面处理 → 裁剪 → 成型 → 固化 → 修整 → 检验
配置胶液 → 成型
加热、辐射 → 固化

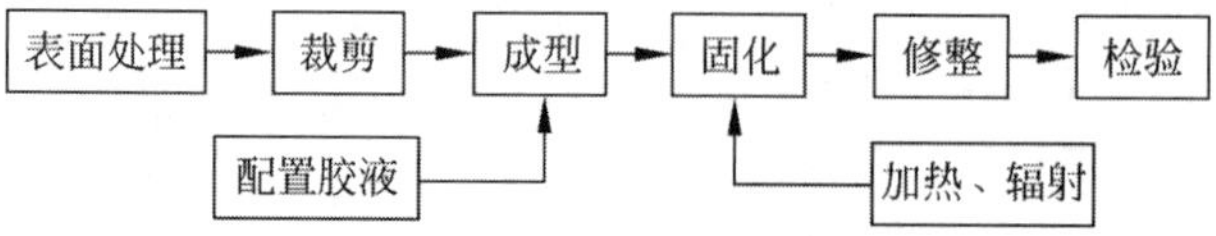

图17-17 层贴法工艺流程

2) 修补的主要参数

通过对贴片尺寸、铺层及外形等细节的设计,被修补结构在载荷、环境等因素的综合作用下具有良好的使用功能和较长的使用寿命。从设计角度而言,胶接修补的参数主要包括贴片的形状、尺寸和铺层。

(1) 贴片的形状

确定贴片的形状时,考虑损伤结构的具体特点,并注意贴片的形状不能太特殊。修补中心带裂纹的金属板,贴片的最佳形状是设计成菱形,确保板内应力不超过许用应力。矩形的贴片次之,但比椭圆形、圆形和正方形的更有效,垂直于裂纹方向的最佳长度等于裂纹的长度,平行于裂纹方向的长度等于板长的最有效。对于相同体积的贴片而言,增加厚度与增加面积相比,前者可使应力强度因子下降。贴片边缘应设计成具有一定锥度的楔形。

(2) 贴片的尺寸

对于贴补式修补而言,与贴片尺寸直接相关的参数是搭接长度(贴片长度)。对于双面搭接,存在一个与最大可用强度相对应的临界搭接长度,通常为20~30 mm,采用更长的搭接长度不会增加承载能力。由于贴补修补可作为双面搭接的一半来处理,在贴片材料与母板材料的弹性模量相同的情况下,最佳的贴片厚度应该是母板厚度的一半。理论计算结果表明,当裂纹长度恒定时,适当增加贴片的宽度,可以提高结构的修补效果。

(3) 贴片的铺层

为获得最佳的胶接修补效果,复合材料贴片的纤维方向(主轴方向)应尽量同损伤结构中的最大受力方向保持一致。如设定主受力方向为0°方向,则贴片的0°、45°和90°方向所铺纤维层数的比例一般约为30∶55∶15。

3) 金属表面预处理

金属表面的预处理方式对复合贴片与金属构件受损部位之间的粘接修复效果影响很大。金属构件在粘接前,表面可能有油漆、油脂等,在粘接前均应用化学溶剂(丙酮、三氯乙烯等)进行脱脂处理。对于碳钢件,采用机械方法(如喷砂强化)可使其表面具有一定的粗糙度,增大粘接的有效面积,以提高粘接强度。对于铝合金件,除了采用打磨等机械方法,常采用磷酸阳极化处理方法,但因其受极化电压、槽液温度等因素的制约,不适合应用于现场抢修。

17.3.4 胶黏剂快速固化技术

复合材料贴片是由胶黏剂和高强度纤维组成,无论是二次胶接的预浸料,还是现场固化的复合材料贴片,均需要有一个恒定的温度场,使复合材料贴片和胶黏剂完全固化。因此,选择合适的固化方式是实现复合材料贴片修复技术快速、有效的关键因素之一。

胶黏剂固化是指胶黏剂在固化剂和催化剂的作用下,分子间发生交联反应,逐步由液态转变为固态,并获得粘接强度等机械性能的过程。表现在具体现象上也称为硬化。固化是获得良好粘接性能的关键过程,只有完全固化,强度才会最大。

复合材料固化成形的方法有很多,但用于装备维修,特别是战场抢修的方法却少之又少,目前较为常用的方法是热补法、光固化法和微波固化法。

1. 热补法

热补法主要是在真空条件下,利用加热设

备使复合材料贴片固化，牢固粘贴于损伤部位表面。利用热补法固化复合材料贴片修复零部件损伤，在国内外已得到广泛研究和应用。图 17-18 所示为热补法修复材料损伤示意图。热补法以热补仪为核心，集成了除尘、干燥、真空加压、加热等功能于一体，修补质量比较好。

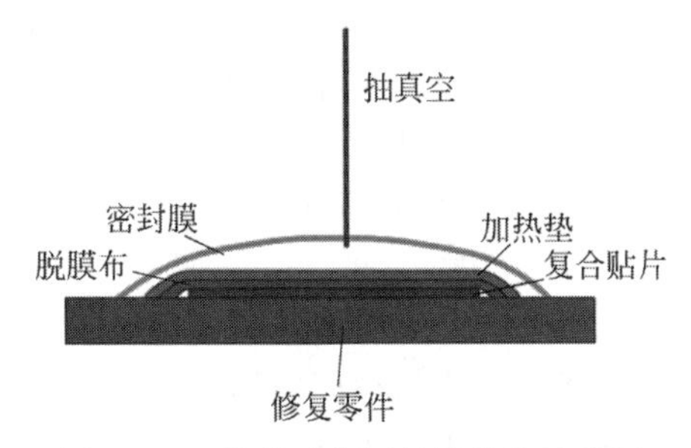

图 17-18　热补法修复材料损伤示意图

热补仪设备如图 17-19 所示，主要由主机、加热垫和测温热电偶组成，主机主要用于温度设定和温度控制，其内置一真空泵，在复合贴片固化过程中，可对复合贴片进行加压固化。在复合贴片上方利用密封膜制备密封袋，利用真空泵对其抽真空，通过产生负压对复合贴片进行加压固化。

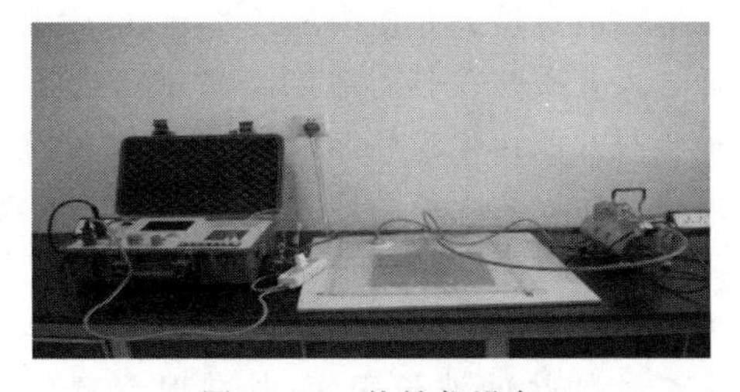

图 17-19　热补仪设备

2. 光固化法

光固化法是利用光敏胶固化速度快的特点，以光敏胶作为基体树脂，以高强纤维作为增强材料，制成预浸料修理补片，根据修复对象的需求，选用合适的修理补片，在光的辐照下而迅速固化，以达到对裂纹、孔洞、腐蚀等损伤形式进行快速修复的方法。从理论上讲，各种波长的光段都可以引发固化反应，目前主要以紫外光固化修理为主。

紫外光固化是辐射固化的一类，辐射固化是利用电磁辐射，如紫外线或电子束照射涂层，产生辐射聚合、辐射交联和辐射接枝等反应。迅速将低分子量物质转变成高分子量产物的化学过程，固化是直接在不加热的底材上进行的，体系中不含溶剂或含极少量溶剂，辐照后液膜几乎 100% 固化，因而挥发性有机化合物（volatile organic compounds，VOC）排放量很低。因此，自 20 世纪 60 年代末以来，这一技术在国际上得到飞速发展，其产品在许多行业得到广泛应用。

1）固化特点

（1）紫外光固化的优点具体如下。

① 无须混合单组分体系，使用方便。

② 固化速度快，几秒至几十秒即可完成固化，有利于自动化生产线，提高劳动生产率。

③ 固化温度低，节省能源，室温即可固化，可用于不宜高温固化的材料，紫外光固化所消耗的能量与热固化树脂相比可节约能耗约 90%。

④ 无污染，可采用低挥发性单体和共聚物，不使用溶剂，100% 固化，故基本上无大气污染，也没有废水污染问题。

⑤ 性能优良，耐磨、抗溶剂、抗冲击、强度高。

（2）紫外光固化的缺点具体如下。

① 设备投资较大，特别是电子束固化设备，辐射固化胶黏剂的价格高于常规胶黏剂的价格，这部分可由能耗低，生产效率高得到补偿。

② 由于紫外光穿透力较弱，固化深度有限，因而可固化产品的几何形状受到限制，不透光的部位及紫外光照射不到的死角不易固化。

③ 紫外光能产生臭氧，需要排风系统。

2）固化装置

用于紫外线胶固化的辐射装置通称光固化机，可分为履带式、箱式、点光源系列。它的构造比较简单，主要由光源、反射器、冷却系统（风冷或水冷）和传动装置（传送带）组成。

紫外线由紫外灯产生，常用的紫外灯源有低压汞灯、中压汞灯、高压汞灯、氙灯、金属卤化物灯及最新式的无极灯。其中中压汞灯相对便宜、易于安装和维护，且在 340～380 nm 范围波长的强烈辐射峰，正好落在许多光引发体系的吸收谱。因此，中压汞灯获得广泛的应用。

3. 微波固化法

微波固化法是一种依靠物体吸收微波能将其转换成热能，使自身整体同时升温的加热方式而完全区别于其他常规加热方式。传统加热方式是根据热传导、对流和辐射原理使热量从外部传至物料热量，热量总是由表及里传递加热物料，物料中不可避免地存在温度梯度，加热的物料不均匀，致使物料出现局部过热。微波加热技术与传统加热方式不同，它是通过被加热体内部偶极分子高频往复运动，产生内摩擦热，从而使被加热物料温度升高，不需要任何热传导过程，就能使物料内外部同时加热、同时升温，加热速度快且均匀，仅需传统加热方式能耗的几分之一或几十分之一就可达到加热目的。

1) 微波加热主要特点

采用微波加热具有加热速度快、热量损失小、操作方便等特点，既可以缩短工艺时间、提高生产率、降低成本，又可以提高产品质量。与传统加热方式相比，微波加热有以下特点。

(1) 加热均匀、速度快

一般的加热方法凭借加热周围的环境，以热量的辐射或通过热空气对流的方式使物体的表面先得到加热，然后通过热传导传到物体的内部。这种方法效率低，加热时间长。微波加热的最大特点是，微波是在被加热物内部产生的，热源来自物体内部，加热均匀，不会造成“外焦里不熟”的夹生现象，有利于提高产品质量，同时由于“里外同时加热”大大缩短了加热时间，加热效率高，有利于提高产品产量。微波加热的惯性很小，可以实现温度升降的快速控制，有利于连续生产的自动控制。

(2) 选择性加热

微波加热所产生的热量和被加热物的损耗有着密切关系。各种介质的介电常数为 0.000 1～0.5，所以各种物体吸收微波的能力有很大的差异。一般，介电常数大的介质很容易用微波加热，介电常数小的介质很难用微波加热。这就是微波对物体具有选择性加热的特点。

(3) 控制及时、反应灵敏

常规的加热方法，如蒸汽加热、电热、红外加热等，要达到一定的温度，需要一定的时间，在发生故障或停止加热时，温度的下降又要较长时间。而微波加热可在几秒的时间内迅速地将微波功率调到所需的数值，加热到适当的温度，便于自动化和连续化生产。

(4) 强场高温

介质中单位体积内吸收的微波功率正比于电场强度的平方，这样就可以在很高的场强下使加工物件在极短的时间内上升到需要的加工温度。强场高温还能在产品的质量不受影响下，产生杀菌作用。

(5) 穿透能力强

远红外加热的频率比微波加热的频率更高，照理加热效率要更好，但其实不然，这里面还存在一个穿透能力的概念。远红外加热虽有许多优点，应用也比较广泛，但从对物体的穿透能力看，远红外就远不如微波。穿透能力就是电磁波穿透到介质内部的本领，电磁波从表面进入介质并在其内部传播时，由于能量不断被吸收并能转化为热能，它所携带热量就随着深入介质表面距离的增大以指数形式衰减。电磁波的穿透深度和波长是同一数量级，除了较大的物体外，一般可以做到表里一起加热。而远红外加热的波长很短，加热时穿透能力差，在远红外线照射下，只有物体一薄层发热，而热量要到内部主要靠传导，这样不仅加热时间长，而且容易造成加热不均匀。根据对比，微波加热的穿透能力比远红外加热强得多。

(6) 清洁卫生、无污染

一般工业加热设备比较大，占地多，周围环境温度也比较高，操作工人劳动条件差，强度大。而微波加热占地面积小，避免了环境高温，工人的劳动条件得到大幅改善。

2) 便携式微波快速修复设备

微波快速固化技术是将微波技术与粘接技术综合集成，利用微波选择性加热与场强高温、高频高温的致热特点，对粘贴于装备零部件损伤部位的粘接复合材料进行微波固化，快速修复损伤，达到使用要求。微波快速修复损伤零部件示意图如图17-20所示。

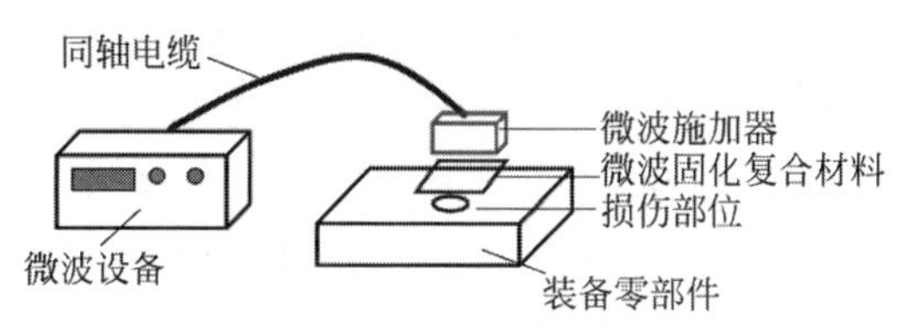

图17-20 微波快速修复损伤零部件示意图

传统的微波加热装置多采用箱式结构，箱体过大，不便携带，箱体过小，不能处理大型零件。此外，对于装备大型零部件及不便于拆卸的零部件而言，必须将微波从箱内引出到箱外，才能实现原位和现场快速维修，大大提高修复效率。

便携式微波修复设备主要由微波源、激励器、波导同轴转换器、同轴电缆及微波施加器五个关键器件组成。微波源主要是产生微波和控制微波输出的装置。转换器主要是转换微波传输波形，确保微波在不同元器件中顺利传输。同轴线是一种由内、外导体构成的双导体传输线，也称为同轴波导，主要是用来传输微波的。微波施加器是将微波源产生的微波能通过一定的转换装置，向外部辐射。根据装备损伤修复快速固化的特点，将施加器设计成喇叭形状。因为由喇叭天线组成的加热器，它可以把微波能量辐射到装备及零部件损伤表面，然后再穿透到物质的内部。

便携式BMR-01型微波修复设备如图17-21所示，其主要技术参数见表17-6。

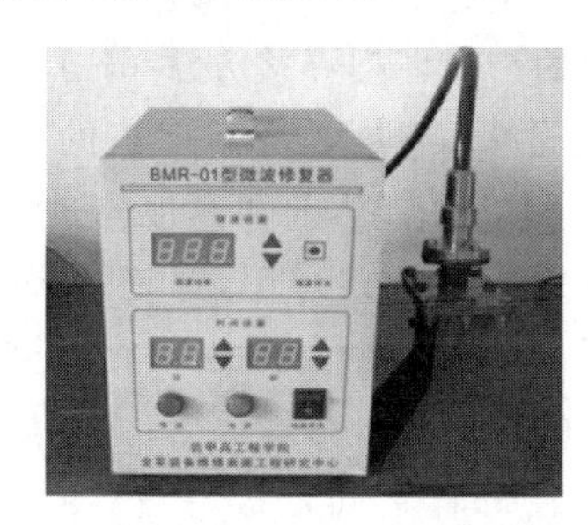

图17-21 便携式BMR-01型微波修复设备

表17-6 BMR-01型微波修复设备的主要技术参数

频率/MHz	功率/W	工作时间/s	质量/kg	外形尺寸(长×宽×高)/(mm×mm×mm)
2 450	0～500	0～3 600	17	400×200×300

17.4 快速焊接修复技术

焊接是指通过加热、加压，或两者并用，使两工件之间产生冶金结合的一种连接加工工艺，利用该方法可对工地或战场上出现裂纹、贯穿、断裂损伤的装备结构零部件或发生"跑、冒、滴、漏"的管路进行快速修复，能迅速、有效地恢复装备的工作能力，是装备快速修复应用频率较高的技术之一，也是装备抢修技术的主要研究内容。装备损伤快速焊接修复技术与传统的焊接没有本质区别，主要是通过焊接方法，使断裂的零件重新连接起来，使磨损失效的零件快速恢复原有的尺寸。

快速焊接修复技术也有别于其他焊接：首先，装备损伤快速焊接修复技术除保证焊接质量优良可靠外，要求使用的设备体积小、质量轻、易使用；其次，焊接对象各不相同，针对不同材料、不同类型的损坏装备零部件，要根据不同的修理对象来选定适宜的焊接方法和工艺。本节主要介绍可用于装备抢修的无电焊接和水蒸气等离子焊割技术。

17.4.1 无电焊接技术

目前，国内外装备抢修焊接方法是工程车伴随方式的手工电弧焊和气焊，沉重的设备、严格的工艺及有限的伴随装备，严重制约了装备抢修的快速。无电焊接技术因焊笔携带使用方便、操作工艺简单灵活，克服了传统焊接电源、气瓶笨重，影响快速抢修的难题，成为装备抢修中的关键技术，受到越来越广泛的关注，近年来获得了较快发展。

1. 无电焊接技术原理

1) 自蔓延焊接技术

(1) 自蔓延高温合成

自蔓延高温合成是利用化学反应原料自

身燃烧反应放出的热量使化学反应过程自发持续进行，以获得具有指定成分与结构产物的一种新型材料合成手段。很多元素粉末之间能发生自蔓延高温合成反应，可以在固-固之间进行，也可以在固-气之间进行，形成的产物则是有用的陶瓷、金属间化合物、复合材料等。自蔓延高温合成与传统材料制备技术相比具有以下优点：节能效果明显，能耗和原材料消耗低；反应温度为2 000～3 000℃或更高，能促进低沸点杂质挥发，使产品纯度高；反应过程很快，可以在几分钟或几秒完成；高的温度梯度和较快的冷却速度，容易获得常规技术难以获得的复杂相及亚稳相；能够充分利用原位复合的优势，在合适的温度下，借助于基材之间的物理化学反应，原位生成分布均匀的第二相；技术、工艺、设备简单，成本低。在应用方面，根据工艺、目的不同将自蔓延高温合成技术的研究分为自蔓延直接制备粉料、自蔓延烧结、自蔓延致密化、自蔓延冶金、自蔓延焊接和自蔓延涂层等几个方向。图17-22所示为自蔓延高温合成技术原理。

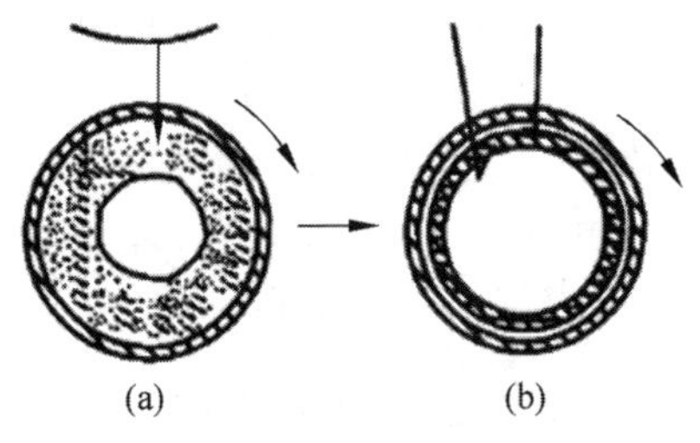

图17-22　自蔓延高温合成技术原理
(a) 元素粉末；(b) 合金涂层

(2) 自蔓延焊接

自蔓延焊接是利用自蔓延高温合成反应的热量，将焊件的连接处加热到熔化状态，以自蔓延高温合成产物为填充材料，冷凝后连接在一起的焊接方法。自蔓延焊接技术是自蔓延高温合成技术的重要组成部分，也是近些年发展较快的重要焊接方法，特别是在特种材料、特殊条件下的焊接中发挥着越来越重要的作用。自蔓延焊接技术也可称为自蔓延压焊技术，其设备如图17-23所示。焊接材料的待焊表面需清洗干净，将反应粉末生坯放置于其中间，组成一体后放置到带夹紧装置的上下铜电极中间，锁紧夹紧装置，接好点火系统，使制品在大气或密封气氛中完成反应焊接。在焊接中，可给需焊接的材料通电预热。点火系统通电，使生坯达到点燃温度，发生自蔓延反应时，施加压力，使两个待焊件焊接到一起。自蔓延焊接应用最早可追溯到利用铝热反应的放热来焊接铁轨，主要是进行钢轨铺设过程中的无缝焊接，使用的材料包括热剂、型砂和铸型、封箱材料及高温火柴等，热剂主要由铝粉、氧化铁、铁屑和铁合金、石墨等组成。

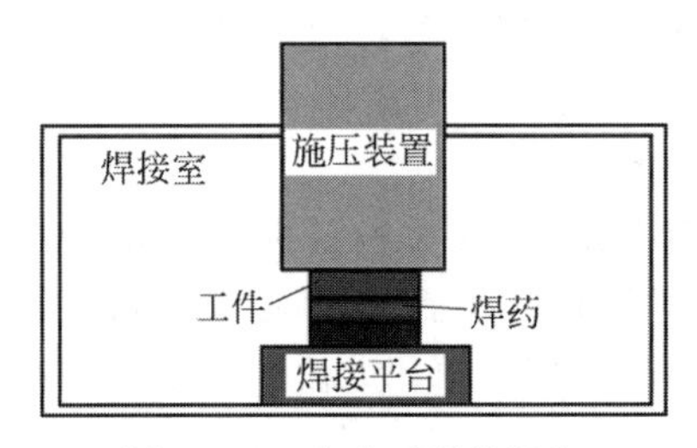

图17-23　自蔓延焊接设备

2) 无电焊接

自蔓延压焊的引燃方式多为热爆方式，在焊接过程中要加压处理；铝热焊或称铸焊需用耐火坩埚和模具等，工艺复杂，均难以满足战场抢修和抢险救灾的要求。因此，利用自蔓延焊接独特的工艺特点，研究无需外界能源和设备，携带使用方便、操作简单的快速应急焊接技术，对完成快速抢修任务，具有十分重要的意义。

无电焊接是自蔓延高温合成与焊接技术有机结合的一种新型焊接方法，该工艺通常选用燃烧热量大、绝热燃烧温度高的CuO＋Al系、Fe_2O_3＋Al系铝热剂和其他先进的焊接材料制成专用的手持式焊笔，焊笔一经点燃，不需要电源，也不需要气源，仅依靠铝热剂燃烧反应放出的热量将母材局部熔化，生成的合金产物填充在母材之间形成焊缝，凝固后形成牢固的焊接接头，反应过程中出现的非金属产物浮于焊缝金属表面形成熔渣，起到保护作用，无电焊接反应过程及原理如图 17-24 所示。

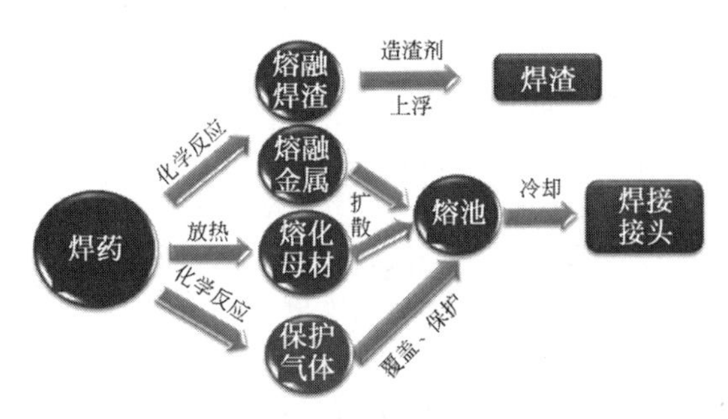

图 17-24 无电焊接反应过程及原理

无电焊接熔化母材和焊接材料所需热量通常来自铝热剂的燃烧合成反应，其反应过程分别为

$$Fe_2O_3 + 2Al = 2Fe + Al_2O_3 + 836(kJ/mol)$$

和

$$CuO + 2Al = 3Cu + Al_2O_3 + 1519(kJ/mol)$$

以上两个反应的绝热燃烧温度分别为 1 994℃和 2 844℃，可以使绝大多数钢质金属构件发生熔化，而且反应的生成物 Fe 和 Cu 能够满足母材焊接的需要。无电焊接以化学反应放出的热为高温热源，以反应产物为焊料，在焊接件间形成牢固连接，简称无电焊接。

(1) 无电焊接焊笔及焊缝组织性能

① 焊笔结构

无电焊接技术是自蔓延焊接技术中的一种，它克服了传统自蔓延焊接点火模式和真空压力等工艺参数对焊接过程的限制，使焊接过程大大简化。无电焊接是将发生铝热化学反应，形成焊缝金属的焊接材料制成手持式无电焊笔，其结构组成如图 17-25 所示。无电焊接笔由焊药、包裹焊药的纸管、分别装于焊笔前端和末端的引火帽和堵头、外套管五部分组成。焊笔外径通常为 ϕ16～30 mm，焊笔长度为 150～600 mm，以满足不同使用要求为准。堵头是焊接夹持的部位，一般长度为 15～25 mm 的金属圆棒，其作用是供焊接时夹持焊笔并防止粉状焊药溢出。套管为类似笔帽的塑料管，平时起保护、封装焊笔的作用，焊接时将其摘下固定于焊笔尾部的夹持端。焊笔的外壳为圆柱筒形，可以为纸制的，也可由金属制成，主要用于焊笔的成形。引火帽用以引燃焊药发生自蔓延反应，一般由易点燃的药品通过胶黏剂成形为直径与焊笔直径相同、长度大约 10 mm 的短圆柱状，自然风干后安装于焊笔头部的引燃端，引火帽上装有引线，用来引燃引火帽，可直接由明火点燃。

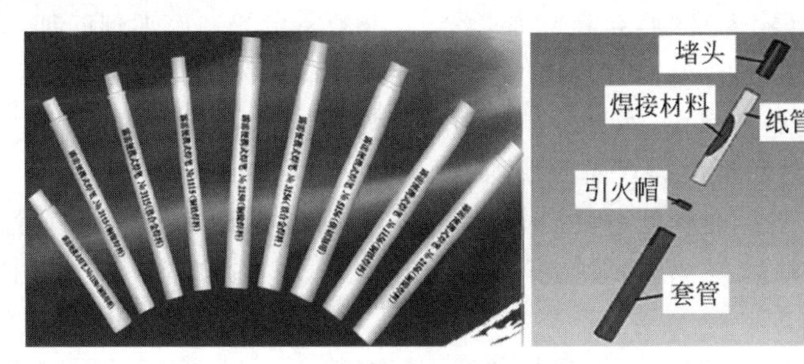

图 17-25 无电焊接笔及其结构组成

目前，俄罗斯、美国、日本、西班牙和印度等许多国家在进行无电焊接技术的研究与开发，俄罗斯由于在自蔓延领域起步较早，无电焊接技术及其焊接材料的研究也相对较早，产品的生产相对成熟，生产已成规模化，其无电焊接笔主要有 Cu-Fe 类和 Cu-Fe-Ni 类两种，其中每类中各有三个不同型号的焊接笔，分别对应着不同的可焊接物体与焊接厚度(表 17-7)，能够满足厚度为 1～4 mm 母材的快速焊接。

② 焊药组成

无电焊接焊药包括铝热剂、合金剂、造渣剂、造气剂、脱氧剂、稀释剂等成分，是该技术的核心部分，其化学成分及含量直接影响焊接过程中放出的热量与反应速度、焊渣的形态及保护作用等，进而影响焊笔的工艺性和焊缝金属的组织性能，是焊接质量的决定因素。其中，

表 17-7 俄罗斯自蔓延焊接材料的分类

类别	型号	焊接笔尺寸	可焊接物体	焊接厚度/mm
Cu-Fe 类	1115	焊接笔的直径为 11 mm，长度为 150 mm	钢材、有色金属之间的焊接	1.0～2.0
	1150	焊接笔的直径为 15 mm，长度为 100 mm	钢材、有色金属之间的焊接及铜导线焊接	2.0～3.5
	1156	焊接笔的直径为 15 mm，长度为 160 mm	钢材、有色金属之间的焊接及铜导线焊接	2.0～4.0
Cu-Fe-Ni 类	2115	焊接笔的直径为 11 mm，长度为 150 mm	钢材、不锈钢之间的焊接及铜导线与钢材之间的焊接	1.0～1.7
	2150	焊接笔的直径为 15 mm，长度为 100 mm	钢材焊接、有色金属之间的焊接及不锈钢焊接	2.0～3.5
	2156	焊接笔的直径为 15 mm，长度为 160 mm	钢材、不锈钢之间的焊接及有铜导线与钢材之间的焊接	2.0～4.0

铝热剂通过发生燃烧合成反应，提供焊接所需热量和焊缝金属成分，是待焊母材厚度和焊缝质量的决定因素。

a. 铝热剂。能发生燃烧合成反应以提供焊接所需热量的材料，可选用燃烧热大、燃烧温度高的铝热剂，如 CuO＋Al、Fe_2O_3＋Al 等，这类铝热剂发生自蔓延反应放出大量热量的同时，还生成一定的金属，作为焊缝金属，充填于母材焊缝之中。CuO＋Al 含量对焊接质量和焊笔燃烧速度影响较大，随其含量增加，焊笔燃烧速度加快；当 CuO＋Al 含量高于 50%，焊笔燃烧可以产生足够的热量，实现低碳钢试板的牢固连接，且能达到单面焊双面成形的效果，其含量为 50%～60% 的焊笔，焊接时焊笔燃烧速度适中，可控性较好，且焊缝抗拉强度可达到 420 MPa 以上。

b. 合金剂。向焊缝金属中添加适量的合金元素，能够补充母材焊接过程中合金元素的烧损，改善焊缝金属成分，保证焊缝具有较好的力学性能或耐蚀、耐热、耐磨等特殊性能。例如，在对 H62 铜合金进行的无电焊接试验中添加了锌粉，可提高铜合金无电焊接接头的抗拉强度和硬度；在对 45 号钢无电焊接过程中添加 Cr 和 W 时，当 Cr 含量小于 3%时，焊接接头力学性能提高，当 Cr 含量大于 4%时，焊缝易出现微裂纹，焊接接头力学性能降低。W 可以起到细化焊缝组织的作用，当 W 含量小于 3%时，熔合区晶粒组织明显细化，接头强度、韧性增强；当 W 含量大于 3%时，易发生 W 在晶界处偏聚，影响接头的力学性能。

c. 造渣剂。铝热剂反应放出大量热生成金属产物的同时也生成了非金属产物 Al_2O_3，该产物熔点高，容易夹杂于焊缝金属中形成夹渣缺陷，影响焊缝金属的强度和韧性，在焊药制备过程中需添加适当的造渣剂，使其与金属产物有效分离。添加剂的加入，可使无电焊接熔渣中 Al_2O_3 含量明显降低，从而使焊缝成形和焊接质量得到明显改善。常用的造渣剂有 CaO、SiO_2、V_2O_5 等。

d. 造气剂。造气剂用以造成一定量气体，排除大气对熔池的有害作用，防止大气中的 O_2、N_2 等进入熔池，保护熔化金属，使焊接时金属焊缝中不出现气孔，同时有助于熔滴过渡。可选用有机物和碳酸盐，如木粉、大理石、菱苦土等。有机物造成的气体主要是 CO 和 H_2，碳酸盐析出的气体为 CO_2，在高温时进一步分解为 CO。选取适当的造气剂，可实现自保护焊。

e. 脱氧剂。脱氧剂用以降低熔渣的氧化性并脱除金属中的氧。空气中的氧同熔融金属进行反应生成金属氧化物（氧化铁等），而各种结构钢总是含有一定量的碳，碳同氧化铁进行反应，生成的 CO 在焊缝金属结晶时来不及逸出便产生了气孔。因此，在焊药中需加入一定量的脱氧剂，如 Mn、Si、Ti 等，阻止熔融金属同氧结合，同时防止气孔的产生。

f. 稀释剂。高燃烧速率无电焊接焊缝组织易出现缩松和夹杂缺陷，低燃烧速率无电焊接焊缝组织中易出现气孔缺陷，只有合适燃烧速率的焊笔才能获得较好的焊缝组织。稀释剂是不参加燃烧合成反应的惰性添加剂，主要用于降低焊笔的燃烧速度，使焊笔具有较好的可控性，便于操作；同时，防止反应温度过高，以减小对焊接母材的热损伤。通过添加不同数量的微硅粉和硅灰石作为稀释剂对无电焊接过程进行控制，可获得不同燃烧速率的焊笔。

③ 无电焊接焊缝组织性能

研究表明：无电焊接技术属于熔化焊，其焊缝由焊接材料燃烧合成反应产物和熔化的母材形成，形成过程经历了加热熔化、凝固结晶和固态相变等几个重要阶段，焊缝金属为冶金结合，焊缝强度较高，能够满足野外应急抢修的需要。使用铁基无电焊接笔，采用 5～7 mm/s 的焊接速度、5°～10°的焊接角度、2～4 mm 焊接距离对厚度 10 mm 的 45 号钢板进行对焊，图 17-26 所示为无电焊接接头显微组织形貌和元素分布图。

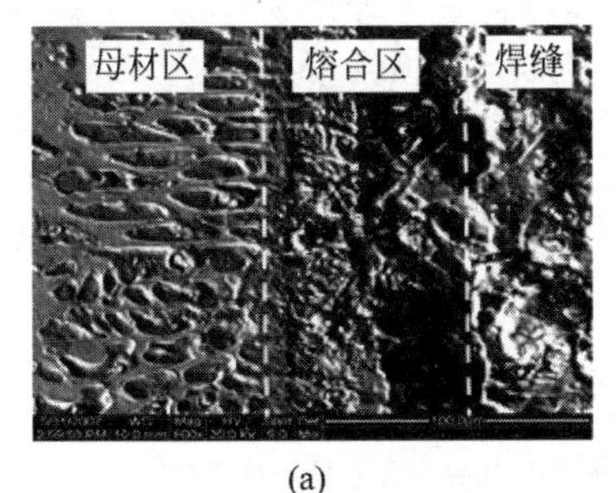

(a)

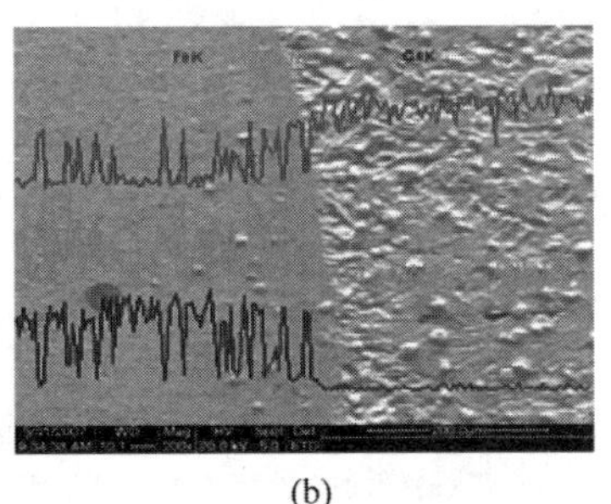

(b)

图 17-26　无电焊接接头显微组织形貌和元素分布图

(a) 无电焊接焊缝微观组织形貌；(b) 无电焊接焊缝区元素分布

从图 17-26 中可以看出：焊缝金属组织不是很均匀，为粗大的铸造组织，焊缝合金主要由 Cu、Fe、Ni 等形成的固溶体组成，基体与焊缝之间存在着明显的过渡区，宽为 10～30 μm，这主要是焊接时焊接笔通过放热反应放出大量的热量，使基材熔化，熔化的基材与焊料金属液互溶，冷却后，在焊缝与基体之间形成了明显的过渡区，即熔合区；同时还可以发现，Fe 的含量从基体到焊缝逐渐减少，而 Cu、Ni 的含量则从基体到焊缝逐渐增大，而减少和增大的过程正好体现在过渡区里，这说明焊接时，Fe、Cu 和 Ni 在过渡区内进行了相互扩散，该过渡区就是焊接熔合区，这主要是由于焊缝在进行结晶过程中，由于冷却速度很快，化学成分来不及充分扩散，元素分布不均匀，出现偏析现象，这也正说明无电焊接为熔焊焊接，焊缝属冶金结合。熔合区成分复杂、组织不均匀，是焊接接头的薄弱环节。

图 17-27 所示为无电焊接焊缝基体和热影响区组织。从图中可以看出：靠近焊缝基体晶粒尺寸比远离焊缝基体晶粒粗大。在热影响区内，靠近焊缝的基体接受的热量多，温度升高快，在高温下晶粒相互吞并、晶界迁移导致晶粒粗化。对于 45 号钢，晶粒超过 1 000℃ 就能显著长大，这充分说明无电焊接材料混合粉末化学反应释放的热量足以使 45 号钢基材熔化。

合金元素可对焊缝的组织起到细化的作用，研究表明，通过向焊药中添加镍、硅、钛等合金元素，可起到细化无电焊接焊缝组织，提高其焊缝金属力学性能的作用。图 17-28 所示为添加合金元素前后焊缝组织形貌图。从图中可以看出，焊缝的组织形貌在合金元素添加前后是完全不一样的，焊缝晶粒明显细化。

通过分析可知，合金元素的作用可归纳如

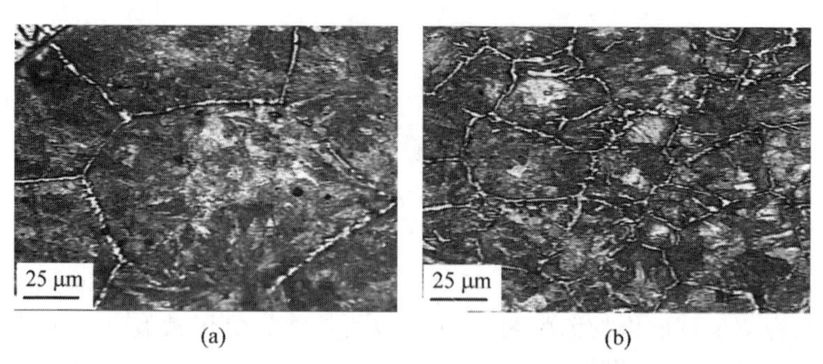

图 17-27 无电焊接焊缝基体和热影响区组织
(a) 热影响区近缝区组织；(b) 热影响区远缝区组织

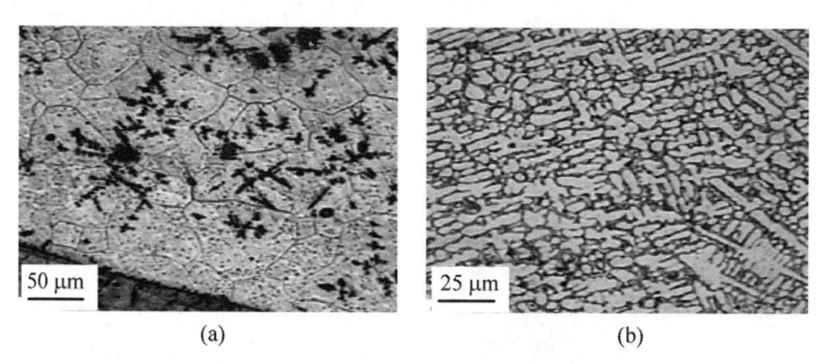

图 17-28 添加合金元素前后焊缝组织
(a) 添加合金元素前焊缝组织；(b) 添加合金元素后焊缝组织

下：①固溶强化：Ni 与 Cu、Fe 均可形成固溶体，造成 Cu、Fe 晶格畸变，增加了晶格畸变能，实现强化；②析出强化：加入微量元素，如 Si、Ti 等，在焊缝中析出铜硅合金及铜钛合金，实现沉淀强化的作用。这克服了钢铁与铜的物理性能和化学性能相差极大，熔点、导热系数、线膨胀系数、冶金性能等都有很大不同，容易产生焊缝热裂纹、热影响区铜的渗透裂纹，以及焊缝力学性能下降等问题。

对合金元素添加前后焊缝的强度进行试验可以发现，未添加合金元素的焊缝的拉伸强度为 196.3 MPa，弯曲强度为 428.6 MPa；而添加合金元素的焊缝的拉伸强度为 283.2 MPa，弯曲强度为 628.8 MPa。合金元素添加后，焊缝的强度基本上提高 50%，这充分说明合金元素对焊缝的影响是非常大的。

无电焊接技术是一种为满足应急抢修任务而发展起来的新型快速焊接方法，关于焊缝金属的力学性能与微观组织、焊接工艺、焊接材料等之间对应关系的研究较少，是扩大无电焊接技术应用领域的一个重要研究方向。近几年，国内许多单位也在进行无电焊接技术的开发与研究工作。2004 年，中国人民解放军陆军装甲兵学院引进了俄罗斯的无电焊笔，并对其焊接工艺、焊缝性能及其在武器装备上的应用进行了系统的研究，随后完成了厚度为 1～6 mm 的钢结构件无电焊接笔的研制开发，其焊缝的拉伸强度大于 200 MPa，弯曲强度接近 600 MPa，表面硬度可达 120 HRB，满足了常用钢材快速焊接的需要。李宝峰等以厚度为 5 mm 的 Q235 低碳钢板为母材，使用无电焊接笔进行了焊接试验，实现了该钢板的单面焊双面成形，焊接接头抗拉强度达到 350 MPa 以上，与母材强度相当。辛文彤等研制的燃烧型无电焊接材料，可实现厚度为 5 mm 的 Q235 钢板材的焊接，焊缝冶金结合良好，焊接接头抗拉强度可达 350 MPa、抗弯强度可达 1 000 MPa。

无电焊接焊缝及 Q235 钢、45 号钢性能的比较见表17-8。从表中可以看出，无电焊接焊缝的强度和Q235钢接近，但是要低于45号钢，这表明焊接焊缝的强度较高，这是由于无电焊接属于熔化焊，焊缝与基体以冶金结合方式进行结合。这也说明该种无电焊接焊缝的强度比较高，能够满足装备抢修的使用要求。

表17-8　无电焊接焊缝及Q235钢、45号钢性能的比较

名称	拉伸强度/MPa	弯曲强度/MPa	冲击韧性/(J/cm^2)	材料硬度/HRB	焊缝显微硬度/HV	熔合区显微硬度/HV	热影响区显微硬度/HV
焊缝	≤300	≤628	≤47	≤80	≤230	≤263	≤195
Q235钢	279.5	659.8	88.2	222.5			
45号钢	476.8	706.33	85.8	287.7			

不同材料无电焊接接头强度不同，以厚度为5 mm的45号钢作为母材，通过无电焊接技术实现了该钢的冶金结合，获得的焊接接头抗拉强度可达400 MPa。辛文彤等针对无电焊接接头力学性能低的问题，以CuO＋Al和Fe_2O_3＋Al等铝热剂反应为放热源，通过添加铁合金材料，开发的新型Fe基无电焊接材料，可获得成形良好、性能优良的焊接接头，接头的抗拉强度达520 MPa，冲击韧度为32.1 J/cm^2，表面硬度可达360 HB，满足装备金属零部件野外抢修的需要。部分装备零件无电焊接接头弯曲强度试验结果见表17-9。

表17-9　部分装备零件无电焊接接头弯曲强度试验结果

装备名称	零件名称	弯曲强度/MPa	冲击韧性 a_K/(J/cm^2)
某型坦克1	柴油箱	485	16.5
	排水管	362	23
某型坦克2	传动杆	674	37
	裙板	378.2	28.5
某型坦克3	浮箱	409	22.5

2. 无电焊接工艺、技术特点、应用及发展方向

1）焊接工艺

无电焊接是一种全新的焊接方法，其焊接工艺对焊接质量有较大影响，且不同于传统焊接方法。无电焊接材料燃烧反应剧烈，反应过程难以控制，而母材的加热熔化又需要一定的热量传递时间，焊接速度过快，会导致熔不透、焊不牢；焊接速度过慢，容易导致母材烧穿、焊缝出孔，影响焊接质量。为此，研究人员针对不同待焊材料、待焊零件结构、待焊母材厚度等问题，通过进行工艺试验、焊接热循环测试分析等方法对焊接速度、焊接距离、焊接倾角等工艺参数进行了优化。

徐锦飞等根据无电焊接工艺特点，研究了焊接工艺参数对焊缝成形和焊接效果的影响，获得了厚度为3 mm的Q235钢板无电焊接的最佳工艺参数，即焊接时焊笔后倾，焊接倾角约为70°，焊接距离为5 mm，焊接速度为7～9 mm/s。

无电焊接方法的缺点是焊缝金属为较粗大的铸造组织，韧性、塑性较差。但若对焊接接头进行焊前、焊后处理，则可使其组织有所改进，从而可改善焊接接头性能。吴永胜等研究了焊前预热对40Cr钢无电焊接宏观过程、微观组织和力学性能的影响，研究表明焊前预热可增大无电焊接焊缝熔池熔深，减少焊缝缺陷、提高接头力学性能，有利于实现母材的单面焊双面成形。研究人员研究了焊后热处理对无电焊接接头组织性能的影响，研究表明一定温度的热处理可以增加无电焊接焊缝元素的扩散激活能，使熔合区的组织成分更加均匀，从而提高了熔合区的连接强度，增加了接头的抗拉强度和冲击韧性。

吴永胜等介绍了无电焊接技术的特点，从焊笔制备、焊接机理、焊接应用和焊接工艺等方面综述了无电焊接技术的研究现状。研究现状表明，无电焊接技术中焊笔制作工艺、焊

接工艺及焊笔成分的变化对焊接接头组织性能具有重要影响，在一定的工艺参数下可获得力学性能良好的接头，并从机理上解释了焊接接头的形成。此外，他们指出了该技术的不足和尚需进一步研究的发展方向。

传统的无电焊接技术只能进行平焊或较小倾角的焊接，不能实现立焊或仰焊，这就限制了该技术的应用，实现无电焊接技术的立焊或仰焊是该技术的发展趋势之一。针对特殊部位的装备损伤，刘浩东等通过对Q235钢进行立焊无电焊接试验，根据无电焊接焊缝倾角为90°时的焊接熔池形态、熔融金属及焊后试件焊缝宏观形态和熔渣等试验现象，分析了应用Fe基燃烧型无电焊接笔进行立焊作业时存在的问题，利用均匀设计软件进行回归分析，获得了具有不同焊接材料成分的燃烧型焊笔优化配方，研制了适用于立焊作业的无电焊笔。同时，该课题组的吴永胜等采用研制的无电焊笔对Q235钢进行了立焊作业，所得焊接接头抗拉强度可达367 MPa，冲击韧度约为11.29 J/cm²，满足装备抢修需求，使无电焊接技术的应用领域得到进一步推广。

装备中厚度为中、厚的钢结构零部件，如采用焊接厚度小于10 mm的无电焊接笔进行焊接，会出现焊接裂纹、夹杂、气孔、成形不良，甚至焊不上等一些问题。刘吉延等对其进行了较深入的研究，研制的无电焊接材料可实现厚度为10 mm的45号钢的焊接，焊缝组织及接头力学性能较好，焊接接头拉伸强度达280 MPa以上。通过增加焊接笔直径、减小焊接材料粉末粒径、增加压坯密度等措施，制备了适合中厚度钢板焊接的无电焊接笔，并对厚度为12 mm的钢板进行了焊接，制备的焊接接头抗拉强度高达357 MPa；同时采用“开坡口、多道焊”的焊接工艺，实现了厚度为16 mm的45号钢板的无电焊接，接头的抗拉强度达到314 MPa。通过提高焊接材料质量制备较大直径的焊笔，并对其工艺进行优化，能够实现较厚钢结构的无电焊接。

2）技术特点

无电焊接技术焊接时不需要任何电源和其他设备，只要用明火点燃焊笔，仅仅依靠混合粉末燃烧反应放出的热量就能进行焊接，小巧轻便，操作简单，单人即可完成。在紧急条件下，可快速简便地对装备零部件损伤进行修理；无电焊接是一种熔焊焊接，使用不同的焊接材料，焊缝抗拉伸强度介于200～300 MPa，弯曲强度介于300～700 MPa，冲击韧性介于16～55 J/cm²，硬度介于120～180 HRB，能有效满足装备抢修需要；无电焊接技术可对装备上的多种零部件进行焊接修理，已经在多个装备零部件上进行了应用，焊接效果良好，能够满足使用要求；俄罗斯研制的焊笔只能焊接厚度在5 mm以下的结构件，而国产的焊接技术目前已可焊接厚度在10 mm内的结构件。焊接的金属材料尚不广泛，目前主要焊接钢、铜等结构件，还不能焊接铝、钛等结构件。

3）主要应用

无电焊接技术可用在装备水箱、油箱、浮箱等箱体，水管、水道、油管、排尘管、排气管等管路、管道，电瓶连接线、导线等线路，传动杆、拉杆、操纵杆等杆件，裙板、前后挡泥板、发动机检查窗盖、加水口盖等车体防护零部件上，无电焊接技术典型应用如图17-29所示。

4）发展方向

目前，无电焊接技术仍处于发展中，还有许多理论和技术问题需要研究和解决。无电焊接笔存在反应过程难以控制的缺点，应深入研究焊接材料的化学成分及配比、焊接材料燃烧体系颗粒度、颗粒密度及混料均匀性等制备工艺与焊笔燃烧过程的确切关系，寻求一种能够有效控制反应速度的办法，提高无电焊接反应过程的可控性。在机理方面，需深入探讨无电焊接燃烧反应与排渣机理，分析可焊母材厚度的最大物理极限，揭示焊接材料成分、配比与焊缝微观组织和力学性能之间的对应关系；在工艺方面，探索焊接接头力学性能与无电焊接工艺之间的关系，可利用有限元仿真分析对无电焊接燃烧过程进行仿真模拟，通过对反应过程中各项工艺参数的优化，获得较佳的焊接质量；在应用方面，设计、开发适合不同焊接结构的无电焊接材料，解决目前无电焊接笔在狭

图 17-29　无电焊接技术典型应用

小空间可达性差的问题,使其能够满足更宽范围的应用。

17.4.2　水蒸气等离子焊接技术

传统的焊接方法有氩弧焊、电阻焊、电子束焊等,新型的焊接方法有搅拌摩擦焊、激光焊等。但是,从氩弧焊和搅拌摩擦焊所应用的设备不难看出,这些技术手段所使用的设备都比较笨重,如气瓶、机床等,不能满足装备抢修的需要。水蒸气等离子弧焊接技术是等离子弧焊技术的新发展,使用的是一种便携式的设备,直接依靠日常的 220 V 电源即可进行焊割作业,可以切割各类材料,熔焊、钎焊各类黑色及有色金属材料,包括不锈钢、铸铁、铝和铜等。采用水蒸气等离子弧焊技术进行焊割作业时不需要使用惰性气体保护,工艺简单,能够满足装备抢修的需要。

水蒸气等离子弧焊割技术是等离子弧技术的新发展,俄罗斯对该技术的发展和应用进行了积极的研究,开发了一种便携式水蒸气等离子弧焊割设备。目前,除俄罗斯外,进行水蒸气等离子弧焊接与切割方面研究的国家并不多见。在 21 世纪初,我国开始进行水蒸气等离子弧焊割技术的研究,其中北京有色金属研究总院和天津大学在该技术的基础研究方面开展了较多的工作,主要集中在切割方面。采用水蒸气等离子焊割技术可以获得组织性能良好的铝合金焊接接头,满足野外应急抢修焊接的要求。目前,关于水蒸气等离子焊接技术的研究主要集中在力学性能测试和显微组织观察方面,而对其焊接成形的微观机理研究较少。

1. 水蒸气等离子焊接技术原理

1) 焊接电弧

物质有固态、液态和气态,固体加热达到熔点成为液态,液态加热到沸点成为气态,气体通常是不导电的,但如果气体被加热到足够高的温度就会导电。根据物理学的基本知识,导电的必要条件是导电介质有带电粒子的存在,而气体中物质是以原子或分子的形式存在的,所以不导电。但如果对气体施加足够高的能量,可以使气体原子中的电子脱离原子核的束缚,形成带负电荷的电子和因失去电子而带正电荷的正离子。这时候的气体已经失去原有的物理特性,而存在相等数量的电子和正离子,称为等离子态,也是物质的第四态。

电弧内部就是一个充满等离子体的导电区域。电弧是气体放电现象中的一部分,具有低电压、大电流特性,主要用于工业加热和强光源。最初在物理学研究中观察电弧是在两个水平的电极之间引燃一个电弧。电弧具有很高的温度,电弧区域的温度远高于室温,其电弧气氛的密度自然会比周围空气低很多,密度差别产生的浮力作用会使这部分导电的区域呈弧形上浮，所以称为电弧。普通手工电弧焊、钨极氩弧焊、熔化极氩弧焊、等离子弧焊等焊接方法都是通过电弧热来实现两个工件之间的连接或修复。焊接电弧由阴极区、弧柱区和阳极区组成，在三个区域分别进行不同形式的能量转换，表现出不同的温度，电弧的构造和电位分布如图 17-30 所示。

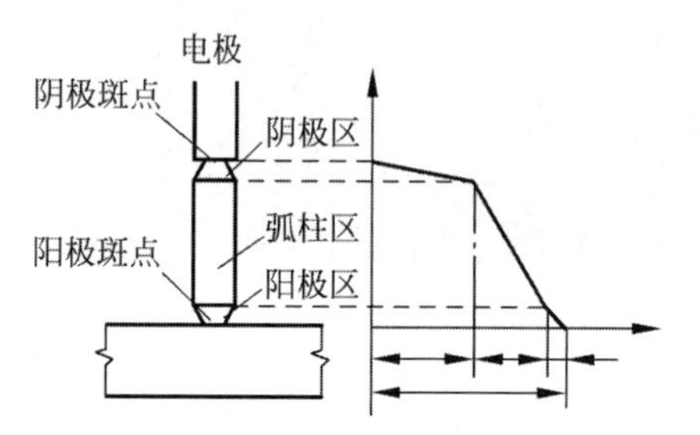

图 17-30　电弧的构造和电位降分布

2）等离子弧

等离子弧是一种压缩电弧。通常可将产生钨极氩弧的钨电极缩入喷嘴内部，在喷嘴内通以等离子气，强迫电弧通过喷嘴的孔道，借助水冷喷嘴的外部拘束条件，使电弧的弧柱横截面受到限制，电弧的温度、能量密度、等离子流速都显著增大，从而形成了等离子弧。

从本质上讲，等离子弧与一般自由电弧相同，其原理是基于气体的电离导电现象。普通钨极氩弧的最高温度为 5 538～13 316℃，能量密度小于 104 W/cm^2。等离子弧温度为 13 316～27 760℃，能量密度可为 105～106 W/cm^2。等离子弧温度和能量密度提高的原因如下。

（1）水冷喷嘴孔径限定了电弧的弧柱横截面积，使其不能自由扩大，这种拘束作用称为机械压缩作用。

（2）冷气流和喷嘴水冷作用，使靠近喷嘴内壁的气体受到强烈的冷却作用，其温度和电离度迅速下降，迫使电流集中到弧柱中心的高温、高电离度区。这样，与喷嘴冷壁接触的弧柱四周就产生一层电离度趋于零的气膜，从而使弧柱导电横截面积进一步减小，电流密度进一步提高。对电弧的这种压缩作用，称为热压缩作用。

（3）弧柱电流线之间的电磁压缩作用，称为磁压缩作用，也进一步压缩弧柱导电截面，使弧柱温度及能量密度进一步提高。以上三个因素中，喷嘴的机械拘束是前提条件，而热压缩则是本质、重要的原因。

等离子弧的挺度：等离子弧温度和能量密度的显著提高，使等离子弧的稳定性和挺度得以改善，对母材的冲击力增大。自由电弧的扩散角约为 45°，等离子弧约为 5°。这是因为，压缩后从喷嘴孔喷射出的等离子弧带电质点运动的速度明显提高，其速度最高可达 300 m/s，它与喷嘴结构、等离子气体种类、流量等有关。图 17-31 所示为 TIG 电弧和微束等离子电弧温度分布图。

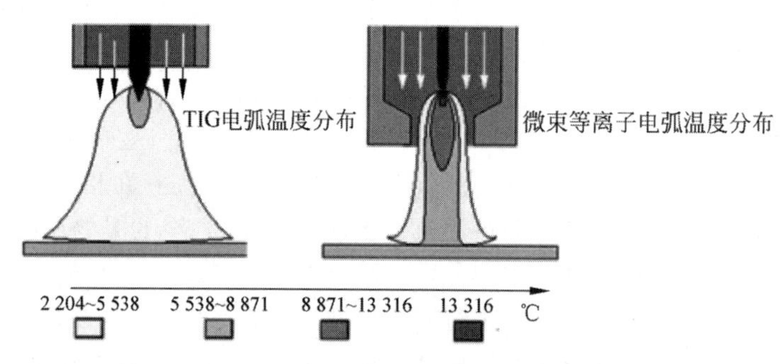

图 17-31　TIG 电弧和微束等离子电弧温度分布图

等离子弧按电源供电方式不同，分为非转移型等离子弧、转移型等离子弧、联合型等离子弧三种形式。

（1）非转移型等离子弧（简称为非转移弧）的电极接电源负极，喷嘴接正极，而工件不参与导电。电弧在电极和喷嘴之间产生，等离子弧在喷嘴内部不延伸出来，但从喷嘴中射出高温焰流，温度较低，能量密度较低。因此，非转移弧常用于喷涂、表面处理，以及焊接或切割较薄的金属或非金属。

(2) 转移型等离子弧电极接电源负极，母材接正极，等离子弧在母材与电极之间产生，又称为直接电弧。它难以直接形成，必须先引燃非转移弧，然后使电弧另一极从喷嘴转移到工件上。这种等离子弧有良好的压缩性，电流密度、温度和能量密度较同样功率、同样结构的非转移弧高。

(3) 联合型等离子弧是转移型弧和非转移型弧同时存在，需要两个电源同时供电。电极接两个电源的负极，喷嘴及母材分别接各电源的正极。它主要用于电流在100 A以下的微弧等离子焊接，以提高电弧的稳定性，联合型等离子弧可以提高熔化速率而减少熔深和热影响区。

3) 等离子弧焊接

等离子弧焊(plasma arc welding，PAW)是利用建立在钨极与金属工件之间的压缩电弧来加热、熔化金属，进而形成焊缝的一种焊接方法，等离子弧焊接技术原理如图17-32所示。它与钨极气体保护焊很相似，不同的等离子弧焊除了需要保护气体外，还有一个等离子气。另外，钨极气体保护焊中钨极是从保护气喷嘴中伸出来，而等离子弧焊的钨极是缩到等离子气喷嘴中，由于等离子气喷嘴孔径的压缩作用，等离子焊的电弧是收缩的，即使弧长增加，电弧也仅仅产生轻微的扩展。等离子弧是一种经压缩强化了的电弧，因此，它比普通电弧的温度高，能量更为集中，稳定性好，调节方便。与钨极气体保护焊相比，等离子弧焊优点明显。手工焊接时，笔直的压缩等离子弧对弧长变化不敏感，降低了对焊工操作技术的要求。钨极气体保护焊的弧长短，焊工操作时易导致钨极尖端与熔池意外接触，产生钨污染。然而，等离子弧焊的钨极是缩进喷嘴中的，不存在这个问题。如前所述，穿孔意味着全熔透，等离子弧焊可以具有更高的焊接速度。

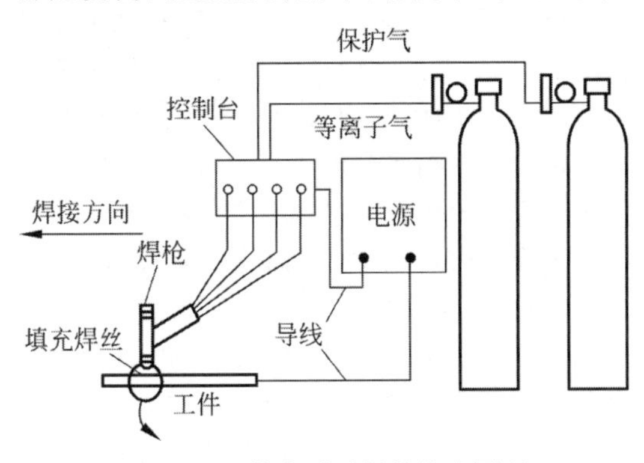

图17-32　等离子弧焊接技术原理

近年来，等离子弧焊接能够得到迅速的发展，与其他高密焊方法相比除了设备简单，容易制造外，主要是等离子弧还具备下述的一些特点。

(1) 温度高能量密度集中

等离子弧焊接的弧柱被压缩，气体达到高度的电离，因而产生很高的温度，而且能量集中于较小的柱体，作用工件上高温区的宽度较窄。因此，可以用它作为各种用途的高温热源。若用于切割，可以切割任何金属，如导热性高的铜、铝、熔点高的钨、钼及各种合金钢、不锈钢、低碳钢或铸铁等金属。若用于焊接，则焊接速度快，生产效率高，热影响区小，质量好。这是等离子弧的主要特点，也是它能够得到广泛应用的主要原因。

(2) 有高的导热和导电性能

由于等离子弧弧柱内的带电粒子经常处于加速的电场中，具有高的导电和导热性能，较小的断面能通过较大电流，传导较大的热量。因此，与一般的电弧相比，等离子弧焊接的焊缝窄，熔深较大。

(3) 具有较大的冲击力

等离子弧通过喷孔，在热、磁收缩效应的作用下，断面缩小，温度升高，内部具有很大的膨胀力，迫使带电粒子高速从喷嘴射出，产生很大的冲击力，焊接时可以增加熔深。

(4) 比一般的电弧稳定

等离子弧电离度高，导电性能好，电弧长，挺度好，弧柱发散角度小，因而等离子弧比一般的电弧有较好的稳定性，具有弧长变化敏感性小、焊接规范稳定可靠、操作技术比较容易掌握等优点。

(5) 各项有关参数的调节范围广

等离子弧的温度、冲击力、弧长、弧柱直径的数值可根据需要调节。焊接时可以减少气流,改成柔性弧,用于减少冲击力。

4) 水蒸气等离子弧形成过程

目前,等离子弧主要以氩气、氮气和空气等作为离子弧的工作介质和保护气体,还需要用水对喷嘴进行冷却。水蒸气等离子弧焊割技术把水同时作为冷却剂和等离子气体,利用等离子弧焊割枪内部的蒸发器将液态水蒸发产生气体介质,气体介质在喷嘴内强电场的作用下发生电离,形成电弧,电弧受到喷嘴的机械压缩作用,形成等离子弧。进行焊割工作时,主机电源阴极与喷枪钨极连接,阳极与工件连接,形成转移型等离子弧,熔化母材,完成焊割作业,水蒸气等离子弧焊接技术原理及其产生原理示意图如图 17-33 和图 17-34 所示。

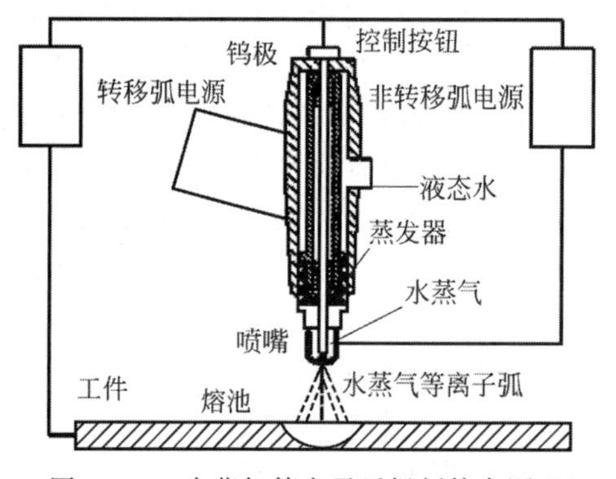

图 17-33 水蒸气等离子弧焊割技术原理

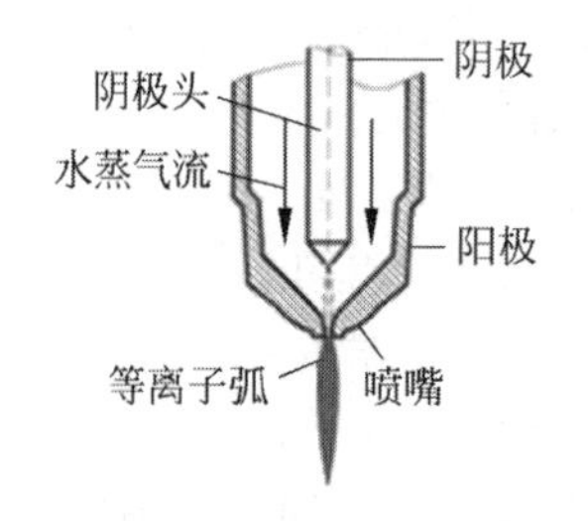

图 17-34 水蒸气等离子弧产生原理示意图

5) 水蒸气等离子焊接机理

水蒸气等离子弧焊割技术的工作介质是以水蒸气为主,由于气体介质不同,其电弧形态、离子种类、电弧温度及由电弧气流形成的吹力等均不相同,而这些特性又影响着水蒸气等离子焊割技术的切割和焊接性能。水蒸气等离子弧主要由氢离子、氢原子、氧离子、氧原子和自由电子组成,该等离子弧具有高温、高焓和强氧化特性;如果向水中加入乙醇、丙酮等不同介质,水蒸气等离子弧的温度和性能会发生较大变化,纯水介质的水蒸气等离子弧温度最高,水+乙醇介质电弧温度最低;随着乙醇或丙酮浓度的增加,电弧温度下降。水蒸气等离子弧气流形态及电弧力与其电弧形态、电弧特性等密切相关,纯水介质的水蒸气等离子弧气流的扩展率最大、电弧力最小;水+丙酮介质的水蒸气等离子弧气流的扩展率最小、电弧力最大;水蒸气等离子弧气流的扩展率和电弧力都随着乙醇或丙酮浓度的增加而增大。电弧与气流的温度、形态和电弧力决定了电弧的焊接与切割性能,相同情况下,纯水介质的水蒸气等离子弧切割速度最慢;而水+丙酮介质的切割速度最快,当介质浓度为 20%~30% 的乙醇或丙酮时,水蒸气等离子弧具有较好的切割性能。

7A52 铝合金具有易氧化、导热快及高温强度低等特点,易在工件表面形成 Al_2O_3 膜,给其焊接工艺带来一系列困难。水蒸气等离子焊割技术电弧介质中丙酮介质的加入,使电弧空间中的碳在高温下与 Al_2O_3 膜发生还原反应;同时,焊剂中氟离子对 Al_2O_3 膜的化学作用及由脉冲电源控制的电弧力对焊件表面 Al_2O_3 膜的冲击,导致其胀裂、脱落的主要原因是 7A52 铝合金水蒸气等离子弧焊接时其表面 Al_2O_3 膜消除,实现良好成形。水蒸气等离子弧主要由氢离子、氢原子、氧离子、氧原子和自由电子组成,电弧空间中的氧使水蒸气等离子弧具有强氧化性,对焊接十分不利。但当水中添加适量的丙酮作为电弧介质时,电弧空间引入了一定量的碳粒子,使氧在电弧空间的比例有所下降,导致水蒸气等离子弧氧化性降低;同时,电弧空间中的碳在 2 000℃以上,能夺取 Al_2O_3 膜中的氧,还原出金属铝;加入丙酮后,电弧介质的沸点降低,在相同加热条件下,其溶液蒸发加快,产气量增加,气流流速增大,水蒸气等离子弧弧柱受到的机械压缩作用增强,使弧柱截面减小，电流密度增大，其对焊缝熔池的冲击作用和搅拌作用增强，有利于焊缝熔池中气体的逸出，减少焊缝气孔的形成，同时也增强了对 Al_2O_3 膜的冲击破坏作用。另外，加入丙酮后，由于丙酮的解离能远高于水的解离能，其解离反应的吸热更多，电弧受到的压缩变大，轴向电弧力增加，电弧传热能力增强，也有利于熔池搅拌和冲击作用，增加焊缝熔池的熔深和熔宽，同时也对消除铝合金表面的氧化膜具有一定积极作用。

采用水蒸气等离子弧焊割技术对铝合金进行焊接时，需使用熔点约为 560℃ 的 QJ401 铝合金焊剂，在焊接过程中起到助熔作用。铝合金焊剂起到两方面的作用：一方面，7A52 铝合金基体和 Al_2O_3 膜的热膨胀系数相差很大，相同加热条件下，铝合金表面氧化膜首先产生龟裂，此时因熔点较低而激烈沸腾的焊剂气体会浸入龟裂处，靠气体压力剥离氧化膜是物理作用；另一方面，铝合金焊剂为 LiCl、KCl、NaCl 和 NaF 等碱金属氯化物的混合溶盐，焊剂中的 F^- 被 Al_2O_3 膜中的 Al^{3+} 吸附并生成 AlF_3，从而使氧化膜溶胀、起皱而产生破损，焊剂由此渗入，在适当的氧化剂参与下，氧化膜与铝合金界面上产生了抬高铝价态的氧化反应，该反应破坏了二者原有的结合，导致氧化膜的松脱而将其去除。

装甲兵工程学院研制的数字控制直流脉冲水蒸气等离子焊割系统，采用数字控制电路对焊接电流和电压进行调制，使焊接电流以较高频率脉冲输出，致使焊接电流和电压按照一定的频率作周期性变化。该变化的结果造成焊接弧长周期变化：一方面影响 7A52 铝合金母材和 Al_2O_3 的受热，进而影响焊缝的熔深、熔宽和 Al_2O_3 膜胀裂、破碎速度；另一方面焊接电压电流的周期变化也会影响到熔池受力，使熔池搅动增强，有利于溶解在液态熔池中的气体溢出，减少气孔，从而使焊缝晶粒细化，减少裂纹倾向。除电源脉冲频率、电弧介质及焊剂因素外，焊接前需对待焊部位进行的有效打磨，对去除 Al_2O_3 膜也起一定积极作用。

上述因素的共同作用，保证 7A52 铝合金水蒸气等离子弧焊接过程中工件表面 Al_2O_3 膜的有效去除，使焊接过程顺利进行，焊接质量得到有效保证。

2. 水蒸气等离子焊接设备

水蒸气等离子弧焊割枪结构比普通等离子弧焊割枪更为复杂，除包括枪体、喷嘴等构件外，还包括加热管、蒸发器等，但整个水蒸气等离子弧焊割系统设备简单便携，只包括焊割枪和主机电源，总质量只有 8 kg。近年来，随着电子技术的进步和数字模拟技术的发展，水蒸气等离子弧焊技术也获得了较快发展，更多的研究机构、企业和高校研发或购置了设备，并在其理论、工艺及焊缝的组织性能等方面开展了研究工作。

装甲兵工程学院针对高强度装甲铝合金 7A52 焊接的特点及存在的问题，对水蒸气等离子弧焊割设备的模拟直流逆变电源进行改进，使用数字控制电路代替了原来的模拟控制电路，研制了数字控制的直流脉冲电源；同时通过计算分析对水蒸气等离子弧焊枪的喷嘴、蒸发器及枪体等主要结构部件进行优化设计，获得了适合铝合金装备战场抢修要求的水蒸气等离子弧焊割系统，如图 17-35 所示。

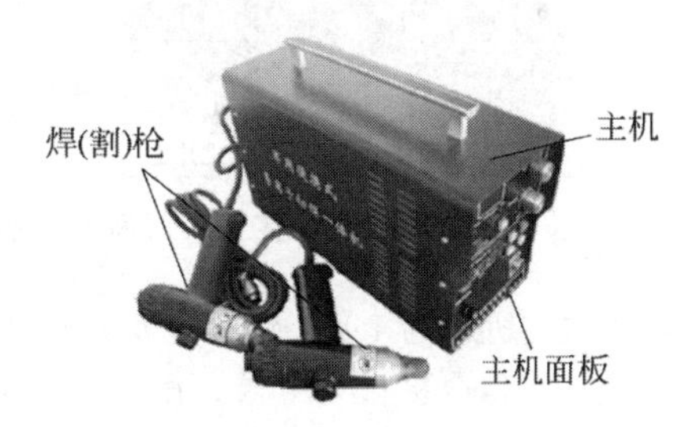

图 17-35　水蒸气等离子弧焊割设备

水蒸气等离子弧焊割设备采用双回路设计，高度集成，能够在非转移弧模式和转移弧模式之间随意切换，从而实现了一机多能，可用于切割各类不燃材料，熔焊、钎焊各类黑色及有色金属材料，包括不锈钢、铸铁、铜等。同时，还具有焊接铝合金材料的功能，解决了装备铝合金材料野外抢修焊接手段缺乏的难题。该设备轻便小巧，整机总质量仅 8 kg，工作时仅需电(220 V/50 Hz)和水，且操作工艺简单，适用于各种移动作业场所，克服了氧乙炔和空气等离子焊切等技术设备笨重的难题，满足装备抢修便携性的要求。该设备产生的热源能量集中，切割、焊接速度快，2.2 kW 的电源可产生 10 000℃的高温束流，单次焊接厚度为 12 mm 的金属零件，切割厚度为 20 mm 的金属零件，且以水为焊切热源介质，安全无污染。

3. 铝合金水蒸气等离子焊接接头组织性能

7A52 铝合金(配用 ER5356 焊丝)水蒸气等离子弧焊接接头表面宏观形貌如图 17-36 所示。由图 17-36 可以看出，焊道均匀，焊缝表面平整，有一定余高，表面无明显焊接缺陷。

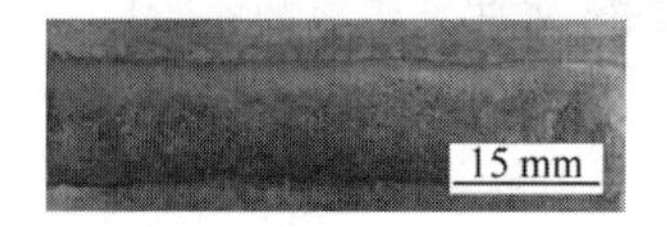

图 17-36　水蒸气等离子弧焊接接头表面宏观形貌

图 17-37 所示为 7A52 铝合金水蒸气等离子弧焊接接头截面宏观形貌，主要包括基体区、热影响区、熔合区及焊缝区四部分，具有熔化焊的典型特征。

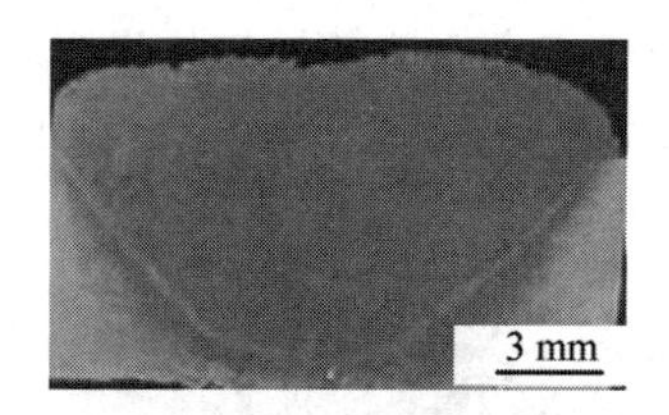

图 17-37　水蒸气等离子弧焊接接头截面宏观形貌

图 17-38 所示为 7A52 铝合金水蒸气等离子弧焊接接头熔合区微观形貌。由图 17-38 可以看出，右侧为热影响区，左侧为焊缝。焊接接头熔合良好，在熔合线附近存在相对细小的细晶层组织，在细晶层上出现体积较大且垂直于熔合线的枝状晶，并向焊缝内部生长，没有明显的气孔、夹渣、裂纹等焊接缺陷。

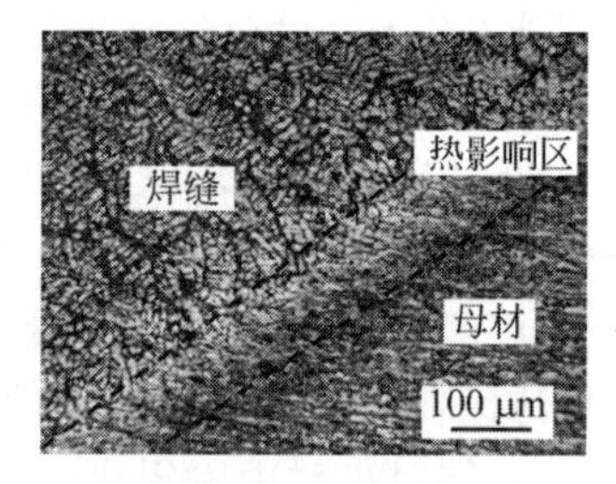

图 17-38　7A52 铝合金水蒸气等离子弧焊接接头熔合区微观形貌

17.5　快速成形技术

应急维修技术中的快速成形技术是指采用现代快速成形技术在现场快速修复零部件的缺损尺寸或者制造其功能替代品，从而恢复装备的必要性能。

17.5.1　快速成形基本原理

1. 快速成形基本原理及特点

快速成形(rapid prototyping，RP)是一种快速生成模型或者零件的制造技术，其技术范畴与增材制造技术、3D 打印技术基本相同。尽管快速成形有多种不同工艺技术，但基本原理都是以数字模型为基础，将材料逐层堆积制造出实体物品。

图 17-39 所示为快速成形的基本过程，首先由计算机生成需要制造的零部件三维数字模型，而后由计算机对零件数字模型进行分层处理，最后由快速成形设备按照计算机给定的线路，由点堆积成线，由线堆积成面，面层层堆叠，最终生成实体。

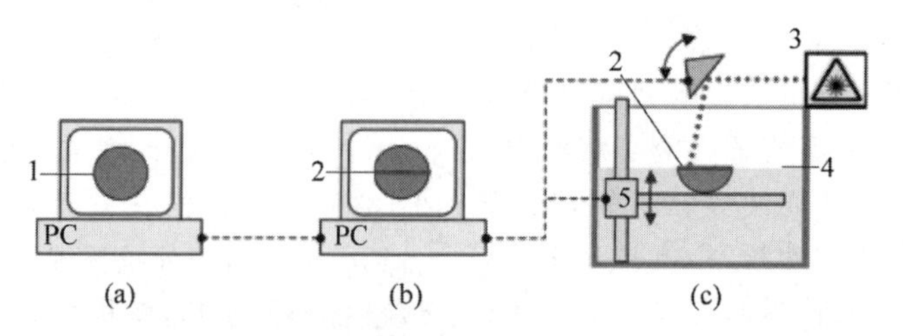

图 17-39　快速成形的基本过程

(a) 建立三维数字模型；(b) 数字模型分层；(c) 堆积制造成实体

1—数字模型；2—数字模型分层剖面；3—激光光源；4—光敏树脂；5—成形设备运动机构

将快速成形技术应用于应急维修领域与传统维修技术相比,具有如下特点。

1) 高度柔性

快速成形技术不受专用工具的限制,也不受零件形状复杂程度限制,能够制造复杂形状与结构的零件,极大地提升了应急维修的应用范围。

2) 从"无中生有"到"快速修好"

快速成形技术能够快速制造损伤零件的复制替代品,实现"无中生有",也能对损伤零件进行针对性的构造修复。

3) 突出的经济效益

使用快速成形技术:一方面,可以大幅度降低备件的储备和供应成本;另一方面,对于复杂形状和高成本的零部件修复可以降低时间和经济成本。

2. 快速成形工艺过程

装备应急维修中的快速成形工艺分为两类:第一类是制造损伤零件的应急替代品;第二类是对损伤零部件元件进行修复,恢复其形状尺寸。

(1) 第一类过程与通用的快速成形技术类似,先获得零部件的数字化模型,而后进行分层-堆积制造。

(2) 第二类对原件进行修复的过程如下:首先,利用三维扫描仪对损伤零件进行扫描,获取损伤零件的数字点云模型;然后,对数字模型进行简化、修补处理;最后,通过与标准模型进行比对生成需修复模型,而后进行分层堆积修复制造。

17.5.2 快速成形的技术种类

目前,快速成形已有十余种不同方法,如光固化立体造型(stereo lithography apparatus, SLA)、层片叠加制造(laminated object modelling, LOM)、熔融沉积造型(fused deposition modeling, FDM)、三维印刷法(3D Printing, 3DP)、选择性激光烧结(selected laser sintering, SLS)、激光熔覆成形(laser engineering net shaping, LENS)等。每种方法工作过程原理和适用材料有所不同。主要快速成形技术见表17-10。

表 17-10 主要快速成形技术

技术种类	加工方法	适用材料	应急维修应用
光固化立体造型	液态树脂化学固化	光敏树脂	
层片叠加制造	逐层切割片状材料	纸质、木质、塑料	
熔融沉积造型	热塑性材料融化挤压堆积	热塑性塑料	应急替代
三维印刷法	粉末材料粘接成形	塑料、陶瓷、金属	应急替代
选择性激光烧结	粉末材料层铺激光束选择性烧结	热塑性塑料、陶瓷、金属	应急替代
激光熔覆成形	粉末材料表面选择性填充后熔化堆积成形	金属	原件修复

快速成形技术中,可用于应急维修领域的主要是熔融沉积造型、三维印刷法、选择性激光烧结、激光熔覆成形,具体如下。

1. 熔融沉积成形

熔融沉积成形是以热塑性塑料为成形材料,具有一定的强度,同时可以在制造过程中添加增强纤维等强化材料,适合于应急替代。

熔融沉积成形的制造过程示意图如图17-40所示,加热头把热熔性材料(PLA塑料、ABS塑料、尼龙、蜡等)加热到熔化状态,喷头按照分层软件给定的运动路线在当前平面上进行运动,将熔化的材料挤出涂抹在平面上形成轮廓,而后平台向下移动一个剖面的距离,再次形成该平面对应的轮廓,这样层层堆积形成三维实体。

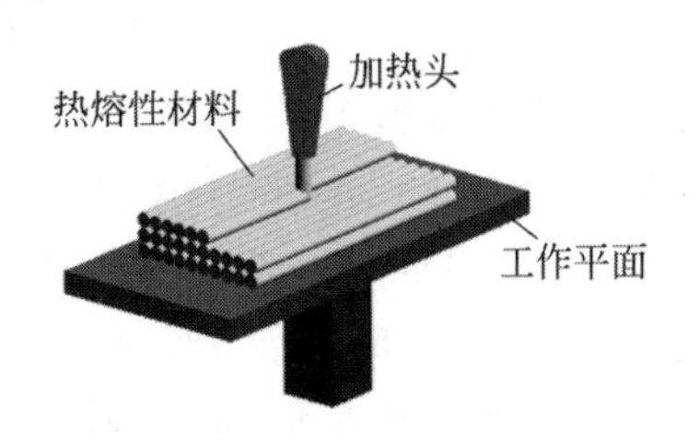

图17-40 熔融沉积成形的制造过程示意图

2. 三维印刷法

三维印刷法,使用胶黏剂粘接粉末材料成形,其直接制造的零件强度一般,但是金属粉末成形后可以进行烧结从而获得高强度零件,还可以使用该方法制造砂模,进行快速铸造,因此也可以用于应急替代。

3. 选择性激光烧结

选择性激光烧结是目前能够直接快速制造金属零部件的常用快速成形方法,可以直接制造出用于应急替代的零件。

选择性激光烧结工艺是以激光器为能量源,通过激光束使塑料、蜡、陶瓷、金属或其复合物的粉末均匀地烧结在加工平面上(图 17-41)。在工作台上均匀铺上一层很薄(亚毫米级)的粉末作为原料,激光束在计算机的控制下,通过扫描器以一定的速度和能量密度按分层面的二维数据扫描。经过激光束扫描后,相应位置的粉末就烧结成一定厚度的实体片层,未扫描的地方仍然保持松散的粉末状。这一层扫描完毕,随后需要对下一层进行扫描。先根据物体截层厚度而升降工作台,铺粉滚筒再次将粉末铺平,可以开始新一层的扫描。如此反复,直至扫描完所有层面。去掉多余粉末,并经过打磨、烘干等适当的后处理,即可获得零件。

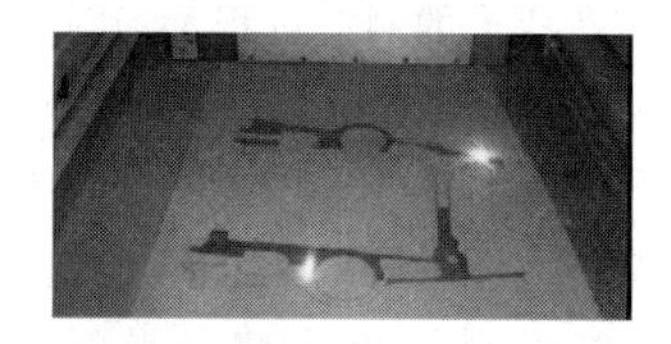

图 17-41 使用选择性激光烧结工艺制造中的零件

4. 激光熔覆成形

激光熔覆成形是目前主要的能够原件恢复损伤零件形状尺寸的快速成形技术。

激光熔覆快速成形技术也称近形技术(laser engineering net shaping, LENS),是在激光熔覆技术和快速成形技术基础上发展起来的一种技术。激光熔覆原理示意图如图 17-42 所示。成形时,有一束高功率激光会照射到基材表面形成熔池,与此同时粉末通过同轴喷嘴被同轴地喷入熔池形成熔覆层,喷嘴根据计算机辅助设计给定的各层截面的轨迹信息,在数字计算机的控制下将材料逐层扫描堆积,最终制造出实体零件,使用激光熔覆成形工艺进行修复中的结构件如图 17-43 所示。

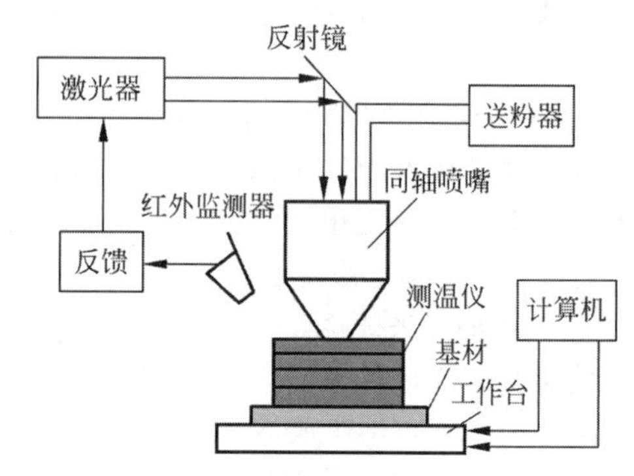

图 17-42 激光熔覆原理示意图

图 17-43 使用激光熔覆成形工艺进行修复中的结构件

17.5.3 快速成形应用

损伤零部件的修复或者应急替换,首先要建立损伤零部件的三维数字模型,应急替代时,直接对模型进行分层,原件修复时需要对损伤零部件进行对比确定损伤部位的三维模型,并且以损伤零部件建立坐标系进行分层。然后通过成形设备进行制造。

1. 快速成形零件的前处理

应急维修中的快速成形的前处理主要包括两部分:一是确定三维模型;二是模型的切片。

1)确定三维模型

正常零件的三维模型,通常需要根据设计图纸获得,在原件修复的应用中,还需要通过三维扫描设备获取损伤零部件的实际三维模型,从而与正常模型求解出损伤部分模型。损伤零件的模型一般通过激光扫描设备获得三维点云数据，数据量一般比较大，还存在部分缺陷，因此对数字点云通常还要进行简化、修补、矢量化处理。

2）模型的切片

三维模型确定后，通过数据交换格式转入切片软件中，由切片软件对三维模型按照设定的厚度切片，并且确定每个切片平面的二维加工路径，模型的切片数据实际是三维坐标点的数据串，快速成形设备按照该三维点依次移动，最终由点生成线再生成面最终生成实体零件。

2. 快速成形零件的后处理

快速成形技术生产的零件，一般会存在一些缺陷，主要包括：①表面不够光滑；②部分区域存在一定尺寸误差或者缺陷；③存在部分支撑结构。因此，一般需要进行后处理，通过剥离、修补、打磨的方式，使零部件恢复其必要的尺寸，完成装配使用。

1）剥离

剥离是将成形过程中产生的废料、支撑结构与工件分离。虽然快速成形基本无废料，但是有时会有支撑结构，必须在成形后剥离。剥离有三种方法：一是手工剥离。手工剥离是操作者用手和一些简单的工具使废料、支撑结构与工件分离。二是化学剥离。当某种化学溶液能溶解支撑结构而又不会损伤制件时，可用此种化学溶液使支撑结构与工件分离。例如，可用溶液来溶解蜡，从而使工件（热塑性塑料）与支撑结构（蜡）、基底（蜡）分离。这种方法剥离效率高，工件表面较清洁。三是加热剥离。当支撑结构为蜡，而成形材料为熔点较蜡高的材料时，可用热水或适当温度的热蒸汽使支撑结构熔化与工件分离。这种方法的剥离效率高，工件表面较清洁。

2）修补、打磨和抛光

当工件表面有较明显的局部凹坑时，可以用同种材料或者胶黏剂进行填补，如果有突出、毛刺、拉丝等缺陷时，需要用砂纸、气动或者电动打磨机进行打磨、抛光。

3. 主要应用

快速成形技术可以应用于维修成本较高、备件获取困难场合的应急替代或者修复。例如，2014年9月，SpaceX公司将首批零重力3D打印机交付到国际空间站（International Space Station，ISS）。2014年12月19日，NASA通过电子邮件把套筒扳手的CAD图纸发送给了国际空间站上的宇航员，然后他们用3D打印机打印了该工具。太空中的应用使宇航员可以就地打印破损的零件或工具。

2015年美国“杜鲁门”航母配备了小型快速成形设备，以便提供应急替换零部件（图17-44）。

图17-44　美海军应用快速成形设备制备小型零件

中国人民解放军陆军装甲兵学院装备再制造技术国防科技重点实验室利用激光熔覆技术实现了薄筒零件的修复（图17-45）。

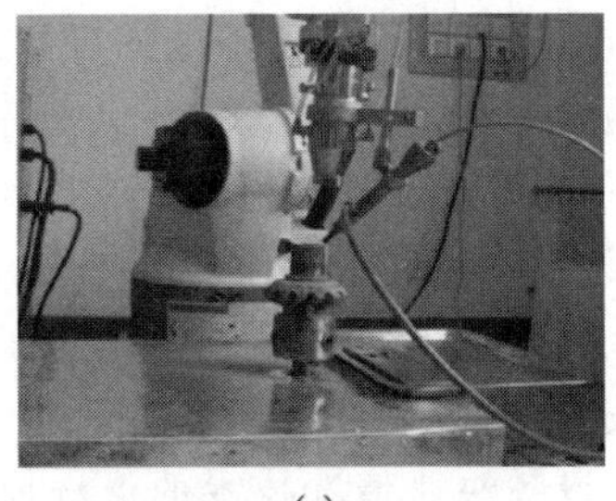

(a)

(b)

图17-45　利用激光熔覆设备修复的薄筒零件
(a) 激光熔覆工艺修复中的薄筒零件；
(b) 初步熔覆完成的薄筒零件

17.6 快速维护保养技术

17.6.1 电子设备快速清洗技术

大气中的尘土、盐雾、二氧化硫、氮氧化物、悬浮粒子等，都有可能在电子设备表面形成有害的沉积物。特别是，电子设备在室内相对湿度低于80%的条件下，容易积累静电荷，在设备的元器件表面形成静电离子沉积，这些沉积物的存在，随着时间的推移，严重影响电子设备的正常使用。主要表现在以下方面：①容易造成元器件保护膜的老化、龟裂、破损、洞穿和脱落；②在电场效应下产生复杂的附加电容，影响设备正常效能的发挥；③沉积物的长期存在容易产生电化学腐蚀，加速元器件的损坏；④沉积物的不断积累加厚影响元器件散热，导致设备寿命降低；⑤沉积物中含有的带电离子是导致电子设备短路、自激等故障的根源之一。

1. 电子设备快速清洗技术基础

1）清洗原理

电子设备快速清洗技术是指对电子、电气、电力设备在不停机、不停电运行的前提下，利用高绝缘、不燃烧、易挥发、环保型等特性的清洗剂，使用专业设备、工具，迅速彻底清除电器部件表面及深层的各种静电、灰尘、油污、潮气、盐分、炭渍、酸碱气体等污垢的电子设备维护保养技术。

电子设备快速清洗技术的清洗原理可分两部分：一方面，所使用的清洗剂可以起到融解污物及降低污物与基体结合力的作用，利用清洗剂的洗涤功能和极低的表面张力，对电子设备元器件表面进行润湿、渗透、展布。在这个过程中，清洗剂先将电子设备元器件表面沉积污染物进行溶解，然后以极低的表面张力，渗透到电子设备元器件表面各个部位和缝隙中，通过毛细作用接触沉积物，在展布时裹住污垢。另一方面，雾化后的射流起到冲刷、剥离作用，将电子设备表面及元器件缝隙中的污垢去除。因此，对于电子设备的清洗，选用良好的清洗剂，并结合快速清洗技术，才能获得良好的清洗效果。

2）清洗特点

电子设备快速清洗特点具体如下。

（1）清洗效率高、效果好，特别是可以清理手工难以擦拭的狭窄空间和缝隙。

（2）清洗剂无毒、无污染，清洗剂挥发速度快，清洗后不留残液。

（3）无须拆解，不引发二次故障，无牵连工程，节约维护保养经费。

（4）清洗剂闪点高，不燃烧，便于储运。

（5）适用范围广，清洗剂为中性溶剂可以清洗目前大部分电子设备，对贵重电气设备也可进行清洗。

（6）清洗剂耐高电压，清洗保养操作时无须停机，可带电操作。这对于通信设备、电力设备、指挥设备、监测设备等不允许停机、停电的电子设备的维护具有重要意义。

电子设备快速清洗技术针对不同的清洗对象，其操作都有专门要求和规定。除此之外，选择合格的带电清洗剂也至关重要。

2. 电子设备清洗剂

新型电子设备清洗剂具有高闪点、低表面张力、易挥发、无腐蚀、绝缘性能好，耐压值高和稳定的分子电结构，使用时能分解和包裹污染物，并迅速挥发（或被清洗液带走），从而使设备达到清洁效果，并在设备表面形成无极性的保护膜，使电力设备在较长时间内保持无污染的良好状态，其性能指标见表17-11。

表17-11 电子设备清洗剂几个重要的性能指标

序号	指标	数　值
1	沸点	50～90℃（易挥发），过高或过低均影响清洗效果
2	密度	1.05～1.65 g/cm^3；必须大于1；清洗剂能深入线路板各细小缝隙，深度彻底地清洗并排出水分
3	pH	无水溶性酸或碱
4	闪点	高，不燃烧，有良好的安全性能

续表

序号	指标	数　　值
5	ODP 值（臭氧消耗指数）	0，对设备及人员无伤害
6	耐压值	25～60 kV
7	体积电阻率	$1\times10^{13}\ \Omega\cdot cm$，不导电，有良好的电气性能
8	腐蚀性	对铜、锌、铝、铁等均无腐蚀；对聚酯、橡胶、塑料、玻璃、陶瓷等材料无害

1）动态绝缘值

清洗剂的绝缘值是保证带电清洗安全的重要指标。绝缘值分为两种，即静态绝缘值和动态绝缘值。静态绝缘值是指清洗剂静止状态时本身的绝缘值；动态绝缘值是指带电清洗施工时，清洗对象的污染物与之发生作用，同时喷射压力及清洗剂挥发时带走大量热量形成凝露的共同作用，会使被清洗部位绝缘值迅速降低，降低后的绝缘值称动态绝缘值（又称工作绝缘值），所以动态绝缘值是评定带电清洗剂的重要指标。

一般采用高效隔离剂复配技术彻底解决产品动态绝缘性下降的问题。

（1）隔离剂本身有高绝缘性和疏水性，能有效隔离水分和盐分的接触。

（2）隔离剂本身具有惰性，对电路板各种材料有良好清洗性和环保性。

（3）挥发度适中（且慢于其他清洗成分）。

（4）其密度必须大于水，且与其他成分有良好的相容性。

2）闪点

闪点又称为闪燃点，是指可燃性液体表面上的蒸汽和空气的混合物与火接触而初次发生闪光时的温度。闪点温度比着火点温度低些，可通过标准仪器测定。

闪点高低决定清洗剂的易燃性能，它是除了动态绝缘值外的又一个重要指标，该值越高，储存、运输和使用的安全性越好。对带电清洗剂安全性能的要求是不燃烧或是高闪点的（闪点的数值应大于实际带电清洗对象发热点的最高可能温度，且留有足够的富余量）。

3）沸点和汽化热

沸点是指液体发生沸腾时的温度。当液体沸腾时，在其内部所形成的气泡中的饱和蒸汽压必须与外界施予的压强相等，气泡才有可能长大并上升，所以，沸点也就是液体的饱和蒸汽压等于外界压强的温度。

沸点关系着清洗剂在清洗过程中挥发速度，沸点越低，挥发速度越快，清洗速度也越快。但清洗剂挥发带走大量热量，使被清洗部位迅速降温，特别是一些高温工作器件（如大功率管、电源接头等）极易出现凝露现象，甚至出现冰晶场效应，从而导致电路短路、击穿故障。

挥发带走热量的另一个重要因素就是汽化热，汽化热是一种物质的物理特性，是指使 1 mol 物质在其沸点蒸发所需要的热量。该值越高，带走的热量就越多，越容易出现凝露现象。

实际上，影响被清洗部位降温梯度的因素除了清洗剂的沸点和汽化热指标外，还与清洗剂的喷射量、环境温度、相对湿度等诸多因素有关，因此对于清洗剂的指标测定时，要综合考虑这几项指标的共同作用结果。

4）表面张力和相对密度

促使液体表面收缩的力称为表面张力。表面张力是分子力的一种表现。它发生在液体和气体接触的边界部分，是由表面层的液体分子处于特殊情况决定的。比值 σ 称为表面张力系数，它的单位常用 mN/m。在数值上，表面张力系数就等于液体表面相邻两部分间单位长度的相互牵引力。表面张力低的清洗剂渗透力强，清洗效果好。

带电清洗剂的密度与 4℃纯水（1 g/cm^3）的密度比称为带电清洗剂的相对密度。带电清洗剂的相对密度要求大于 1，相对密度大于水，有利于把水从细小的缝隙中排出来。

5）环保指标

带电清洗剂应具有良好的相容性，不应对被清洗对象或清洗部位造成腐蚀，成分中不应含有消耗臭氧层物质（ozone-depleting substances,ODS),应不含磷酸盐助剂,符合环境保护指标。

电子设备快速清洗技术使用GF-1电子设备清洗剂时,其性能指标见表17-12。

表 17-12　GF-1 电子设备清洗剂的性能指标

项目	技术性能	检测结果	试验方法	仪器
外观	无色透明液体	无色透明液体	目测	100 mL 无色玻璃杯
气味	无臭味	微溶剂气味	嗅觉鉴定	8 mm 表面皿
燃烧性	非燃烧性	不被点燃	用明火点燃	8 mm 表面皿
腐蚀性	对铜、铁、铝等金属无腐蚀现象	对铜、铁、铝等金属无腐蚀现象	《石油产品铜片腐蚀试验法》(GB/T 5096—2017)	100 mL 不锈钢密封杯(45℃浸泡 48h)
闪点	≥60℃	>60℃	《闪点的测定　宾斯基-马丁闭口杯法》(GB/T 261—2021)	英国 Foster oiltest 测试仪
工频击穿电压	≥22 kV	>22 kV	《绝缘油　击穿电压测定法》(GB/T 507—2002)	英国 Foster oiltest 测试仪
残渣(wt)	≤0.001%	0.000 4%	《化学试剂　蒸发残渣测定通用方法》(GB/T 9740—2008)	分析天平精度 0.1 mg
酸碱性	不得检出	未检出	《化学试剂　酸度和碱度测定通用方法》(GB/T 9736—2008)	滴定管精度 0.01 mL
凝点	≤−25℃	<−28℃	《石油产品凝点测定法》(GB/T 510—2018)	ZLK 半导体制冷仪、30 水银温度计
三氯乙烷含量	不得检出	未检出	《工业用四氯化碳》(GB/T 4119—2008)	103 型气相色谱仪
四氯化碳含量	不得检出	未检出	《工业用四氯化碳》(GB/T 4119—2008)	103 型气相色谱仪

3. 电子设备快速清洗应用

电子设备快速清洗技术使用的设备简单,它由小型空气压缩机、高效除油过滤器、清洗枪等部件组成。设备体积较小,可做成便携式清洗箱。其中,小型空气压缩机起到提供连续气源的作用,可根据清洗对象的需要调节气压;高效空气过滤器起到净化气源作用,它可去除气源中的水、油及其他杂质,这在“带电”清洗中十分重要,过滤器的滤芯使用一段时间后需要更换;清洗枪可根据被清洗设备的具体情况(清洗面积、污染程度、电路板排列方式等)需要调节清洗剂与压缩空气的比例,达到不同的雾化效果。整套设备操作简单,容易掌握,操作人员经简单培训就能使用。便携式清洗设备如图17-46所示。

图 17-46　便携式清洗设备

应用电子设备快速清洗技术仅6小时就完成了整条舰船上电子设备的清洗,而过去人工擦拭该艇的电子设备约需10天的时间,大大降低了舰员的劳动强度,也避免了拆装擦拭可能引起的二次故障。应用该技术带电清洗通信交换机是非常合适的,该技术无须停机,不影响通话质量,符合通信部门的要求,清洗实例如图17-47和图17-48所示。

图 17-47　带电清洗舰载电气设备

图 17-48　带电清洗服务器集群

17.6.2　快速贴体封存技术

快速贴体封存技术(又称可剥离防腐封存技术)是20世纪40年代开始的防锈技术,它是以高分子聚合物为基材的一种保护涂层。由成膜物、增塑剂、缓蚀剂、溶剂及其他功能的添加剂配制而成。最初,英国、美国等国家为了寻求长期有效的防锈方法储存设备及其零部件,研制成功了“茧式”包装,并用于野外储存武器装备和机械零部件,效果良好。除用于军事装备外,还可用于钢铁、铝合金等金属材料及其制品的长期封存和短期防护;也可用于某些既需防锈、又怕碰伤划伤的精密零件,如齿轮、主轴、模具、量具、刀具及大型铝板等;由于它具有可剥性,还可用于一些非防锈场合,如喷漆或喷砂时可作为遮蔽材料、冲压成形时可用于保护已抛光的金属表面、电镀中用作绝缘保护材料等。快速贴体封存技术设备简单,工艺便捷,使用方便。

1. 快速贴体封存技术原理及特点

1) 技术原理

贴体封存就是将液体封存材料用涂覆、浸沾、喷涂等方法紧贴零件表面形成膜层,固化后实现封存作用。封存材料是将成膜物、增塑剂、缓蚀剂等组分溶解在溶剂中,搅拌均匀。当封存材料涂敷在被保护表面上时,由于溶剂的挥发速率不同,以及各组分在溶剂中溶解度的差异,封存材料的各组分会先后析出,在微观上形成多层薄膜,该薄膜紧贴零件表面,起到隔离腐蚀介质,保护零件的作用。控制封存材料各组分的配比、浓度(黏度)、涂覆次数,可控制膜层的厚度与成膜质量;控制封存材料在涂覆后的固化速度,即可实现快速贴体封存。

2) 技术特点

(1) 快速贴体封存技术的优点具体如下。

① 有良好的屏蔽作用,在不同大气条件下能经得起气候变化的侵袭;耐候性(经受恶劣气候的性能)好,在−40～60℃都不破坏,防锈封存期较长。

② 膜层力学性能好,柔韧性好,能承受搬运和运输过程中的机械碰击和摩擦;有缓冲功效,可保护精加工表面免受损坏。

③ 有些封存膜层能渗出防锈油,使其与金属表面相隔,膜层容易剥除,启封时不需要借助溶剂,去膜方便。

④ 包装简便,使用方便,膜层无毒性,剥下后可以回收复用。

⑤ 与有色金属有较好的适应性,特别适应于钢、铁、铝等金属。

⑥ 膜层一般是透明的,便于直接观察金属表面状态或识别各种标记及辨认检查等。

(2) 快速贴体封存技术的缺点具体如下。

① 溶剂挥发性较大,必须在良好的通风条件下操作,喷涂的膜层易生气泡。

② 膜层经长时间使用后会失去韧性而变脆。

2. 贴体封存材料

贴体封存材料是一种以高分子聚合物为基体的复合材料。它主要由成膜物、溶剂、缓蚀剂、增塑剂、稳定剂、防霉剂及其他助剂组成。

1）成膜物

成膜物的选择主要有两个依据，即成膜性和阻隔性。透气系数和透湿系数是衡量可剥离涂层阻隔性优劣的重要参数。成膜物质主要是根据原料的水蒸气、氧气和二氧化碳的透过量的大小来选择，要求涂膜具有优良的阻隔性能、流平性好、透明、光滑、无针孔现象。

成膜物大多使用聚氯乙烯、聚苯乙烯、过氯乙烯、聚偏二氯乙烯和氯乙烯-醋酸乙烯-顺丁烯二酸酐三元共聚物等高分子聚合物。

2）溶剂

溶剂一般选用酮、酯、苯类溶剂复配作为成膜物的溶剂。通过调整各溶剂的配比，使其具有适宜的沸点和适当的流平性，从而保证涂膜光滑均匀并且避免针孔现象的出现。美国军用标准 MIL-B-12121C 推荐配方中使用的溶剂为甲基乙基酮或其与甲苯的混合物，但甲苯在溶剂中含量不得超过 20%。

选择溶剂的基本原理如下。

(1) 相似相溶原理。各种溶剂都具有独特的非极性、极性及氢键三个参数，而各种聚合物也都具有这三个参数，这三个参数越接近的物质，其溶解性及相溶性就越好，即相似相溶原理。

(2) 溶解度参数相近相溶原理。聚合物和溶剂都是靠分子间作用，使其聚集成固体或液体的，这种作用称为内聚能(ΔE)。溶解度参数(δ)与内聚能之间有下列关系：

$$\delta = \frac{\Delta E / V}{2}$$

式中：ΔE——摩尔内聚能，J；

V——摩尔体积，m^3；

δ——溶解度参数，J/m^3。

聚合物和溶剂的溶解度参数越接近，互溶性越好。

(3) 混合溶剂混溶原理。混合溶剂往往比单一溶剂的溶解能力强，混合溶剂具有溶解作用的协同效应和综合效果。选择混合溶剂的种类和比例时，应使混合溶剂的溶解度参数尽量与聚合物的溶解度参数相近，混合溶剂的溶解度参数(δ_m)是各纯溶剂溶解度参数的体积分数加权值，即

$$\delta_m = V_1\delta_1 + V_2\delta_2 + \cdots + V_n\delta_n$$

式中：V_1、V_2、…、V_n——纯溶剂的体积分数。

3）缓蚀剂

为了提高设备金属零件表面的防锈能力，在贴体封存材料体系中加入缓蚀剂，借助缓蚀剂在油和溶剂中溶解度的不同，以及它与封存溶液相对密度的差异，使其能在封存膜与金属基体表面之间析出，从而达到最佳的复合封存效果。选用的缓蚀剂主要是有机缓蚀剂，如羊毛脂、苯并三氮唑、硬脂酸铝、石油磺酸钡等。

4）增塑剂

增塑剂广泛使用的是邻苯二甲酸二辛酯或它与邻苯二甲酸二丁酯的混合物。

5）稳定剂

稳定剂用以防止因光、热而导致成膜材料的分解和析氢。常用的稳定剂有金属皂类、环氧化合物、胺类、金属有机化合物等。

6）防霉剂

防霉剂为防止在高湿热地区金属零件表面滋生霉菌，在封存材料中加入防霉剂。

7）其他助剂

为改善贴体封存膜的综合防护性能，贴体封存材料中还加入了一些其他助剂，如加入增塑剂以增加其柔韧性，加入润滑剂来提高膜的可剥性，加入稳定剂来降低封存膜在光、热作用下的老化、分解，延长封存膜的封存寿命，用微球石蜡封孔，降低封存膜的透气及透水性。

贴体封存材料的典型配方和配制工艺见表 17-13。

3. 快速贴体封存技术应用

某仓库对十多种工程车辆变速箱被动轴、主离合器分离弹子盘等进行贴体封存，经三年后启封，器材保存情况良好，无一锈蚀(图 17-49)。

表 17-13　贴体封存材料的典型配方和配制工艺

配方组成	配制工艺
过氯乙烯树脂100 g、邻苯二甲酸二丁酯 30 g、蓖麻油 10 g、硬脂酸钙 0.5 g、无水羊毛脂 7 g、环氧树脂 10 g、变压器油 2 g、二甲苯 250～350 g、丙酮 250～350 g、聚苯乙烯树脂 100 g、邻苯二甲酸二丁酯 40 g、过氯乙烯稀料 235 mL(用于溶解过氯乙烯)	(1) 先将邻苯二甲酸二丁酯、硬脂酸钙、蓖麻油和变压器油混合于容器中，在 100℃ 加热溶解； (2) 用部分二甲苯将羊毛脂和环氧树脂溶解，然后加入过氯乙烯树脂和其余的溶剂； (3) 将上述两部分混合，于 55℃的水浴中加热，搅拌直至全溶，最后在室温静置冷却，待气泡消失后使用； (4) 先将聚苯乙烯树脂浸泡于过氯乙烯稀料中，不时搅拌，待一段时间后树脂即可溶解，然后加入邻苯二甲酸二丁酯搅均匀，静止待气泡消失，即可使用

图 17-49　部分设备零件封存

17.6.3　电磁感应高效除漆技术

漆层涂装是保护大型装备、舰船、飞机、航天器、汽车、钢架、桥梁等钢制产品的重要手段。装备或设备在服役的过程中，由于机械刮擦和不同的服役环境，常会出现漆层氧化脱落的现象。这就要求我们必须根据服役环境的不同来定期地进行重新涂装，其中除漆是重新涂装前重要的一道工序，基体的清洁度程度会严重影响新漆层的质量，甚至会严重地影响钢制产品的服役寿命。因此，国内外该领域的专家学者进行了大量的理论和试验研究，开发了多种有效的除漆方法。

1. 常用的除漆方法

(1) 化学试剂脱漆法。通过脱漆剂的渗透、溶胀、溶解、剥离和反应等一系列物理化学过程，来解除漆膜对基材的附着力，从而达到有效去除漆层的目的；但化学除漆工艺消耗了大量的水资源和化学药品，产生的废水、废液严重地威胁着人们的生活环境。

(2) 以电动工具或高压水射流等技术为基础，利用机械摩擦或高压喷嘴喷射巨大压力的水射流，将金属外表面的漆层迅速清除干净；但高压水射流法设备庞大、工艺复杂，易对设备零件造成伤害，引起新的问题。

(3) 利用激光的烧蚀效应达到去除设备表面漆层的目的。但激光清洗存在设备昂贵、效率较低、使用维护困难等问题。

2. 电磁感应除漆技术的原理及特点

电磁除漆技术是近年来发展起来的去除表面漆层的新方法，相对来说，该方法执行机构轻巧，可控性好、使用灵活方便、成本较低，应用时受限少，适用于设备的不同部位，是一种理想的除漆措施。最近几年，电磁除漆技术显示出了广阔的应用前景，成为较具有竞争力的方法之一。

1) 技术原理

电磁感应加热除漆的原理是依据涡流集肤效应在钢铁表面产生热量：一方面，涂层与钢板热膨胀系数的差别，导致涂层翘起和脱落；另一方面，高分子涂层与基体之间的范德瓦耳斯力因温度过高导致分子改性而失去。电磁除漆主要作用机理包括剪切效应和热效应，剪切效应是指除漆过程中因涂层与基体材料的热膨胀系数不同，结合面处会产生热应力引起剪切效应，使涂层从基体表面剥落；热效应是指涂层吸收电磁感应的热能后发生老化，范德华力降低，使漆层易于从基体表面脱离。

根据对各种涂层与钢铁表面剥离所需温度的测试，要达到除去钢铁表面涂层的效果，须在钢铁表面产生 150～300℃ 的温度。虽然高温下去除效果会好些，但过高的温度会影响基体的金属特性及连接部件的稳定。为达到此目的，首先需要选用特殊材质，类似国内中频淬火感应头材质的感应头与钢铁表面进行接触，通过感应头内部的感应线圈产生高频，通过大电流(约1 000 A)在钢铁表面中产生一个磁场涡流，再通过这种磁场涡流将钢铁表面中的欧姆损耗转化为热量，温度控制在200℃左右。涂层和钢铁受热膨胀系数的差别使其将钢铁表面的油漆层或涂层翘起、脱落。而为了避免过热导致油漆、涂层烧焦产生难闻有毒气体，必须精确控制所提供的热量。该技术一般使用的频率为2～4 MHz，加热深度0.05～1 mm。图17-50所示为整体设备运行概念图。

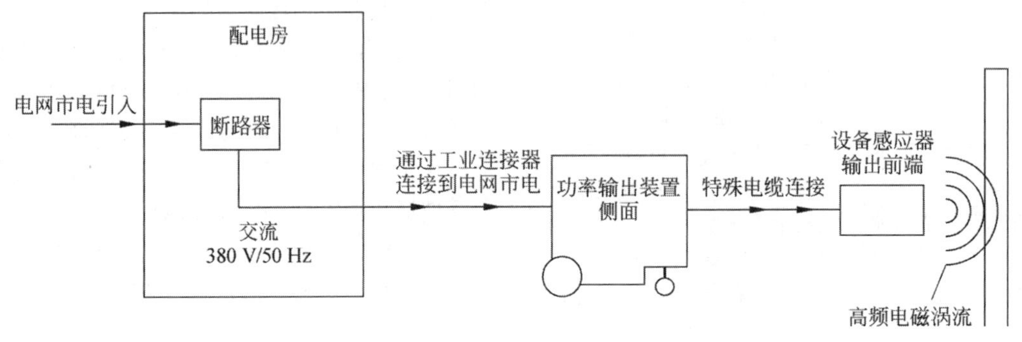

图17-50 整体设备运行概念图

2) 技术特点

(1) 使用安全。该技术经基体金属材料测试分析、正面背面涂层理化性能检测，设备环境测试和设备电磁兼容性测试等多项权威检测，在规范的操作下该设备对基体金属材料、周边涂层及背板涂层结合力无影响，对人员以及使用电网及周边电子设备均无影响。

(2) 工作高效。设备体积、重量小，展开作业快，工作条件低(50 kW交流电、淡水)，对操作人员专业技能要求不高，技术适用涂层处理种类多(普通防滑涂层、舰船水线下聚脲涂层、普通防腐漆涂层、阻尼橡胶板)，去除涂层厚度范围大(200～2 000 μm)，设备体积小，展开迅速，操作简单，前端探头可达性好，可实现精确去除，涂层最大去除厚度为30 mm。主机尺寸为800 mm×800 mm×600 mm，整机质量为220 kg，交流电源供应为380 V、50～60 Hz；主机中电流和功率为125 A、50 kW(工作20 kW)，感应电缆为20 m/根(最高连接5根)，工作温度为170～240℃，12 mm板水冷除漆后背板温度为不大于80℃。电磁除漆设备主机如图17-51所示。

(3) 绿色环保。该技术涂层去除过程中灰尘、废水及噪声微量释放，是传统高污染涂层去除技术所不能比拟的，且能源消耗量远远低于传统涂层技术手段，施工时对周边防护要求低，不影响周边施工作业。

图17-51 电磁除漆设备主机

3. 电磁感应除漆技术应用

在工厂试应用中发现，现有舰艇维修中船体表面除漆主要采用喷砂处理，对舰船甲板环氧金刚石厚涂层等特殊部位采用人工铲除的方法，存在污染大、效率低等缺点。采用电磁除漆设备对舰船的船体水线以下、水线以上及甲板等典型部位进行了除漆试验，能够实现各类涂层的快速去除，设备使用过程中无噪声无排放，对人体和环境无污染。图17-52～图17-55所示分别为在不同舰船上的应用实例图。

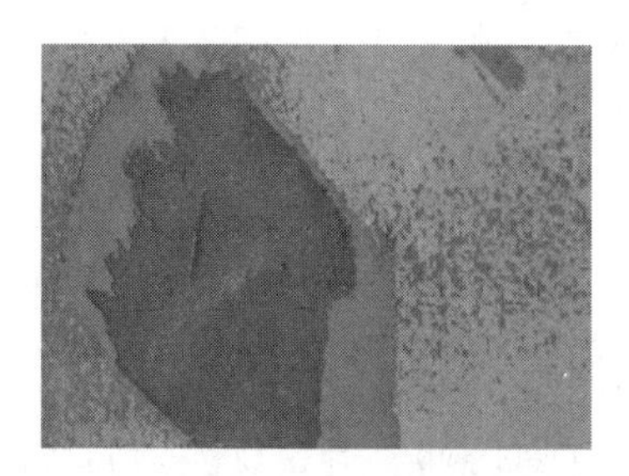

图 17-52 船体水线以下电磁除漆效果

图 17-53 船体水线以上电磁除漆效果

图 17-54 船体甲板电磁除漆效果

图 17-55 舰船防滑涂层电磁除漆效果

参考文献

[1] 蔡宏文. 美军车辆装备战场抢修技术发展现状及趋势[J]. 汽车运用,2012,(11):51-53.

[2] 李传梁. 装备的战场抢修[J]. 四川兵工学报,2008,29(4):102-104.

[3] 马世宁. 装备战场应急维修技术[M]. 北京:国防工业出版社,2009.

[4] 马世宁,刘谦,李长青. 工程机械维修技术研究与发展[J]. 中国工程机械学报,2004,2(4):452-456.

[5] 胡军志,马世宁,陈学荣,等. 三种Cu基自蔓延焊接材料焊接接头性能的研究[J]. 材料热处理学报,2007,28(3):81-84.

[6] 李宝峰,辛文彤,李志尊,等. 一种用于应急抢修的焊接新技术[J]. 现代制造工程,2008(5):108-109.

[7] 姚军刚,辛文彤,李志尊,等. 45钢手工自蔓延焊接熔合区组织和性能分析[J]. 热加工工艺,2008,37(17):108-110.

[8] 辛文彤,马世宁,李志尊,等. 手工自蔓延焊接技术[J]. 热加工工艺,2007,36(23):18-20.

[9] 武斌,辛文彤,王建江,等. 手工自蔓延焊接焊缝组织性能研究[J]. 热加工工艺,2006,35(23):21-23.

[10] 李志尊,辛文彤,李宝峰,等. 手工自蔓延高温合成焊接[C]. 第六届全国表面工程学术会议,兰州,2006:121-124.

[11] 张保元,辛文彤,李志尊. 手工自蔓延焊接接头组织与性能分析[J]. 热加工工艺,2007,36(15):16-18.

[12] 李志尊,辛文彤,武斌,等. 高热剂对低碳钢手工自蔓延焊接的影响[J]. 焊接学报,2007,28(2):79-81.

[13] 曲利峰,辛文彤,李志尊,等. Zn含量对铜合金手工自蔓延焊接Cu-Zn焊缝金属凝固组织的影响[J]. 热加工工艺,2012,41(3):137-141.

[14] 辛文彤,马世宁,李志尊,等. 元素Cr对手工自蔓延焊接接头组织性能的影响[J]. 热加工工艺,2009,38(17):5-7.

[15] 辛文彤,马世宁,李志尊,等. Fe基手工自蔓延焊接接头的组织和性能[J]. 焊接学报,2009,30(10):73-75.

[16] 刘吉延,马世宁,刘宏伟,等. 添加剂对无电焊接脱渣性及焊缝成形的影响[J]. 装甲兵工程学院学报,2010,24(4):77-79.

[17] 李志尊,辛文彤,胡仁喜,等. 手工自蔓延焊接 Al_2O_3-SiO_2-CaO 渣系研究[J]. 稀有金属材料与工程,2011,40(S1):627-630.

[18] 袁轩一,陆华飞,陈克新,等. 不同燃烧速率对热剂焊接焊缝显微组织的影响[J]. 稀有金属材料与工程,2011,40(s1):440-442.

[19] 刘吉延,黄鑫,邱骥,等. 无电焊接材料的燃烧速度和燃烧温度研究[J]. 装甲兵工程学院学报,2009,23(3):81-94.

[20] 李志尊,辛文彤,胡仁喜,等. 焊条成形工艺对手工自蔓延焊接的影响[J]. 焊接学报,2010,31(12):81-84.

[21] 曲利峰,辛文彤,吴永胜,等. 铜及铜合金焊接研究现状和手工自蔓延焊接铜问题探讨[J]. 电焊机,2011,41(3):55-59.

[22] 曲利峰,辛文彤,吴永胜,等. 焊药混合时间对铜及铜合金手工自蔓延焊接的影响[J]. 电焊机,2011,41(10):6-8.

[23] 吴永胜,王建江,辛文彤,等. 手工自蔓延焊接技术研究进展[J]. 热加工工艺,2012,41(3):119-121.

[24] 徐锦飞,张国栋,张新佳,等. 手工自蔓延焊条的焊接工艺性[J]. 电焊机,2013,43(1):42-45.

[25] 吴永胜,辛文彤,姚军刚,等. 焊前预热对40Cr钢手工自蔓延焊接接头质量的影响[J]. 热加工工艺,2009,38(5):116-117.

[26] 辛文彤,马世宁,李志尊,等. 焊后热处理对手工自蔓延焊接接头组织性能的影响[J]. 焊接学报,2009,30(6):83-86.

[27] 刘浩东,张龙,王建江,等. 立焊工艺研究现状及手工自蔓延焊接立焊工艺探讨[J]. 热加工工艺,2011,40(7):166-170.

[28] 刘浩东,张龙,王建江,等. 基于普通Fe基燃烧型焊条立焊的试验分析[J]. 焊接技术,2011,40(9):21-23.

[29] 刘浩东,张龙,辛文彤,等. 基于均匀设计法的燃烧型焊条立焊配方优化[J]. 材料导报,2012,26(4):125-128.

[30] 吴永胜,王建江,辛文彤,等. 手工自蔓延立焊Q235钢接头冲击韧性与断口微观形貌[J]. 热加工工艺,2014,43(1):219-220.

[31] 吴永胜,王建江,辛文彤,等. 脉冲燃烧型焊条立焊焊接热裂纹及控制方法[J]. 焊接技术,2013,42(12):68-70.

[32] 刘吉延,马世宁,孙晓峰,等. 应急维修中的无电焊接接头微观组织研究[J]. 热加工工艺,2010,39(23):172-174.

[33] 刘宏伟,马世宁,刘吉延,等. 无电焊接中厚度钢板焊接接头的组织结构与性能研究[J]. 装甲兵工程学院学报,2010,24(2):74-78.

[34] 刘宏伟,马世宁,朱胜,等. 多道焊工艺实现大厚度钢板手工自蔓延焊接的研究[J]. 热加工工艺,2013,42(23):36-40.

[35] 刘宏伟,刘吉延,马世宁,等. 无电焊接热循环测试研究[J]. 装甲兵工程学院学报,2011,25(5):88-90.

[36] 胡军志,马世宁,辛文彤,等. 用于应急抢修的无电焊接技术及其应用[J]. 中国表面工程,2006,19(3):47-50.

第17章彩图

水蒸气等离子切割技术

无电焊接技术

水蒸气等离子焊接技术

电子装备清洗技术

视频:应急抢修技术

第18章

智能维修与再制造技术

18.1 综述

18.1.1 智能制造国内外现状

1. 智能制造的内涵与意义

我国古代将智与能看作两个相对独立的概念，智能即是智力与能力的总和。智能包括了感觉、记录、回忆、思维、语言、行为等整个过程。近代以来，为了研究、开发用于模拟、延伸和扩展智能的理论、方法、技术及应用系统，人工智能学科应运而生。将人工智能运用于特定的行业或某一方面的应用，汇集包括现代通信与信息技术、计算机网络技术、行业技术、智能控制技术等先进技术，则称为智能化。智能化一般具有以下特点：具有感知能力，即能够感知外部世界、获取外部信息的能力；具有记忆和思维能力，即能够存储感知到的外部信息及由思维产生的知识并以此进行分析、计算、比较、判断、联想、决策的能力；具有学习能力和自适应能力，即通过与环境的相互作用，不断学习积累知识从而适应环境的能力。

智能制造（intelligent manufacturing，IM）的概念在20世纪90年代就已经提出，其基本思想是利用人工智能的相关技术来辅助制造过程中的推理、判断和决策，从而提高制造业的技术水平和工作效率。其中的关键技术是机器学习、智能决策和智能优化算法。特别是近十年来，蚁群算法、粒子群算法、支持向量机等智能算法和自学习算法得到了蓬勃发展，在社会发展的各个领域中都得到了可行的应用，因此，为智能制造的进一步发展提供了理论和技术支撑。智能制造是指将物联网、大数据、云计算等新一代信息技术与设计、生产、管理、服务等制造活动的各个环节融合，具有信息深度自感知、智慧优化自决策、精准控制自执行等功能的先进制造过程、系统与模式的总称，具备以智能工厂为载体，以关键制造环节智能化为核心，以端到端数据流为基础、以网通互联为支撑的四大特征，可有效缩短产品研制周期、提高生产效率、提升产品质量、降低资源能源消耗，对推动制造业转型升级具有重要意义。

2. 国外智能制造发展现状

智能制造产业链涵盖智能装备（机器人、数控机床、服务机器人、其他自动化装备）、工业互联网[机器视觉、传感器、无线射频识别（radio frequency identification，RFID）、工业以太网]、工业软件、3D打印及将上述环节有机结合的自动化系统集成及生产线集成等。全球范围来看，除了德国、美国和日本走在全球智能制造前端，其他国家也在积极布局智能制造发展，图18-1所示为2017—2018年全球主要国家人工智能（artificial intelligence，AI）战略。欧盟在整体上开始加大制造业科技创新扶持力度，美国国家科学技术委员会于2012年2月

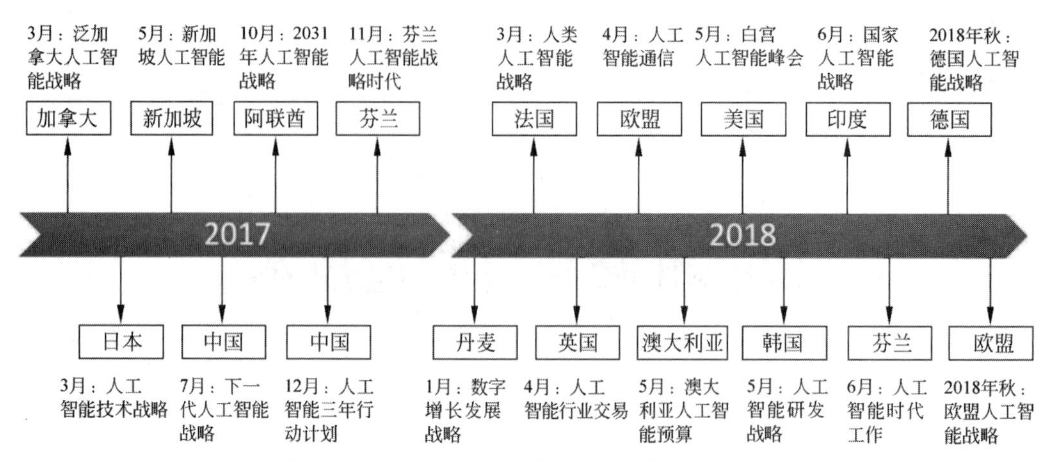

图 18-1　2017—2018 年全球主要国家 AI 战略

正式发布了《先进制造业国家战略计划》，德国政府在 2013 年 4 月推出了《德国工业 4.0 战略》，2015 年 1 月日本政府公布了《机器人新战略》。

德国"工业 4.0"在德国工程院、弗劳恩霍夫协会等德国学术界和产业界的建议和推动下形成，由德国联邦教研部与联邦经济和能源部联手支持，在 2013 年 4 月的汉诺威工业博览会上正式推出并逐步上升为国家战略，其目的是提高德国工业的竞争力，在新一轮工业革命中占领先机。德国"工业 4.0"的核心内容可以总结如下：建设一个网络（信息物理系统），研究两大主题（智能工厂、智能生产），实现三大集成（纵向集成、横向集成与端到端集成），推进三大转变（生产由集中向分散转变、产品由趋同向个性转变、用户由部分参与向全程参与转变）。"工业 4.0"将在第三次工业革命的基础上，从自动化向智能化、网络化和集成化方向发展。"工业 4.0"在一定程度上将促进发达国家的制造业技术升级，也将导致部分制造企业的回流，从而对我国制造业产生间接影响。

美国工业互联网的目的是在产品生命周期的整个价值链中将人、数据和机器连接起来，形成开放的全球化工业网络。实施的方式是通过通信、控制和计算技术的交叉应用，建造一个信息物理系统，促进物理系统和数字系统的融合。2014 年 4 月，美国工业互联网联盟（industrial internet consortium，IIC）成立，IIC 作为一个开放性的会员组织，致力于打破技术壁垒，通过促进物理世界和数字世界的融合，实现不同厂商设备之间的数据共享。IIC 于 2015 年 6 月发布了《工业互联网参考体系结构》，从商业视角、使用视角、功能视角和技术实现视角对工业互联网进行了定义，同时着手开发用例和测试床，助力软硬件厂商开发与工业互联网兼容的产品，实现企业、云计算系统、计算机、网络、仪表、传感器等不同类型的物理实体互联，提升工业生产效率。

3. 我国智能制造发展现状

当前，我国制造业已建成了门类齐全、独立完整的产业体系，规模跃居世界第一。然而，与世界先进水平相比，我国制造业仍然大而不强，在自主创新能力、资源利用效率、信息化程度、质量效益等方面差距明显，转型升级和跨越发展的任务紧迫而艰巨。在新一轮科技革命和产业革命与我国加快转变经济发展方式形成历史性交汇的战略机遇期，以智能制造为主攻方向，推进我国信息化和工业化深度融合，成为实施制造强国战略的必然选择。

2015 年，在由 50 多位院士和 100 多位专家历时两年多完成的研究成果——中国工程院"制造强国战略研究"重大咨询项目中提出，我国制造业实现又大又强必须要经历五个转型升级，即由技术跟随战略向自主开发战略和技术超越战略转型；由传统制造向数字化、网络化、智能化制造转型；由粗放型制造向质量效益型制造转型；由资源消耗型、环境污染型制造向绿色制造转型；由生产型制造向生产+服务型制造转型。2015年，《中国制造2025》发布，提出了我国制造业“三步走”的强国发展战略及2025年的奋斗目标、指导方针和战略路线，制定了九大战略任务，十大重点发展领域和五项重大工程。2016年4月，工业和信息化部、国家发展与改革委员会、科学技术部和财政部联合发布了《智能制造工程实施指南（2016—2020年）》，提出我国“十三五”期间同步实施数字化制造普及、智能化制造示范，攻克高档数控机床与工业机器人、增材制造装备、智能传感与控制装备、智能检测与装配装备、智能物流与仓储装备五类关键技术装备，构建国家智能制造标准体系，提升智能制造软件支撑能力，建设工业互联网基础和信息安全系统，夯实智能制造三大基础，培育推广离散型智能制造、流程型智能制造、网络协同制造、大规模个性化定制、远程运维服务五种智能制造新模式，推进电子信息领域、高档数控机床和机器人领域、航空航天装备领域、海洋工程装备及高技术船舶领域、先进轨道交通装备领域、节能与新能源汽车领域、电力装备领域、农业装备领域、新材料领域和生物医药及高性能医疗器械领域十大重点领域智能制造成套装备集成应用，持续推动传统制造业智能转型，为构建我国制造业竞争新优势、建设制造强国奠定扎实的基础。

2016年12月，工业和信息化部和财政部联合发布了《智能制造发展规划（2016—2020年）》，作为指导“十三五”时期全国智能制造发展的纲领性文件，明确了“十三五”期间推进我国智能制造发展实施“两步走”战略：第一步，到2020年，智能制造发展基础和支撑能力明显增强，传统制造业重点领域基本实现数字化制造，有条件、有基础的重点产业智能转型取得明显进展；第二步，到2025年，智能制造支撑体系基本建立，重点产业初步实现智能转型。重点任务是加快智能制造装备发展、加强关键共性技术创新、建设智能制造标准体系、构筑工业互联网基础、加大智能制造试点示范推广力度、推动重点领域智能转型、促进中小企业智能化改造、培育智能制造生态体系、推进区域智能制造协同发展、打造智能制造人才队伍。2016—2017年，工业和信息化部开展了智能制造试点示范项目，160余家企业入选智能制造试点示范名单。

2021年7月，工业和信息化部、国家标准化管理委员会组织编制了《国家智能制造标准体系建设指南（2021版）》（征求意见稿），提出到2023年，制修订100项以上国家标准、行业标准，不断完善先进适用的智能制造标准体系。加快制定人机协作系统、工艺装备、检验检测装备等智能装备标准，智能工厂设计、集成优化等智能工厂标准，供应链协同、供应链评估等智慧供应链标准，网络协同制造等智能服务标准，数字孪生、人工智能应用等智能赋能技术标准，工业网络融合等工业网络标准，支撑智能制造发展迈上新台阶。

对比中国、德国、美国三个国家可以看出，德国基于其强大的工业基础，自下而上积极推动“工业4.0”战略，希望通过新一代信息技术在制造业中的应用，保卫其制造业的优势地位；美国则基于其领先的互联网创新能力，强调软件、网络和数据，注重互联互通和互操作，自上而下打造工业互联网，期望重新夺回制造业霸主地位；而我国工业正处于由大变强、转型升级的关键时期，不同规模、行业和区域的企业水平差异巨大，应基于我国工业的实际情况，借鉴别国经验，制定出适合我国国情的标准化战略。德国和美国对我国的启示可以归纳如下。

（1）各国发展工业均离不开本国企业的通力协作。我国应充分吸收借鉴发达国家产学研用联合推进的模式，形成以企业为核心的发展模式，推动智能制造迅速发展。

（2）各国均瞄准广泛互联的工业网络、贯穿产品全生命周期的信息数据链和具备感知、控制与联网功能的智能装备等重点技术领域。

（3）各国均注重结合本国优势，战略重点略有差异又相互学习借鉴。美国近期的行动更加注重对“硬制造”的部署，德国也更加关注互联网所带来的产业生态系统和新模式。

(4) 各国均强调建立创新基础设施，推动统一标准的制定，为智能制造的发展提供保障。

18.1.2 智能再制造的概念及体系

1. 智能再制造工程的概念

智能再制造工程是以装备全寿命周期设计及管理为指导，将物联网、大数据、云计算等新一代信息技术与回收、生产、管理、服务等再制造活动的各个环节融合，通过人技结合、人机交互等集成方式，为再制造开展分析、策划、控制、决策等先进再制造过程、系统与模式的总称。智能再制造工程以智能再制造技术为手段，以关键再制造环节智能化为核心，以网通互联为支撑，可有效缩短再制造产品生产周期，提高生产效率，提升产品质量，降低资源能源消耗，对推动再制造业转型升级具有重要意义。

2. 智能再制造工程体系

智能再制造工程体系涵盖了再制造的全过程和全系统，广义的智能再制造工程体系包括再制造物流、再制造关键技术、再制造生产、再制造营销、再制造售后服务等，概括起来为智能再制造逆向物流、智能再制造生产、智能再制造关键技术与装备及智能再制造产品营销四个方面。智能再制造工程是再制造产业链与信息技术、自动化技术、智能技术的深度融合，涵盖再制造的全过程及再制造企业的所有部门，是一项系统工程，包含硬件和软件两个部分。硬件是指高度柔性化的可用于再制造的关键技术与装备，包括成形装备、传感与控制装备、数控机床与机器人、智能物流与仓储等；软件是指与硬件配套的信息化与智能化技术，包括监测反馈技术、自动化控制技术、传感技术、数字化互联技术、机器学习等。硬件和软件相结合，实现再制造全过程的智能化，推动智能再制造技术在航空航天、机械、冶金、汽车、轨道交通、船舶等典型行业的应用，缩短再制造产品生产周期、提高再制造生产效率、提升再制造产品质量、降低资源能源消耗。智能再制造工程体系如图18-2所示。

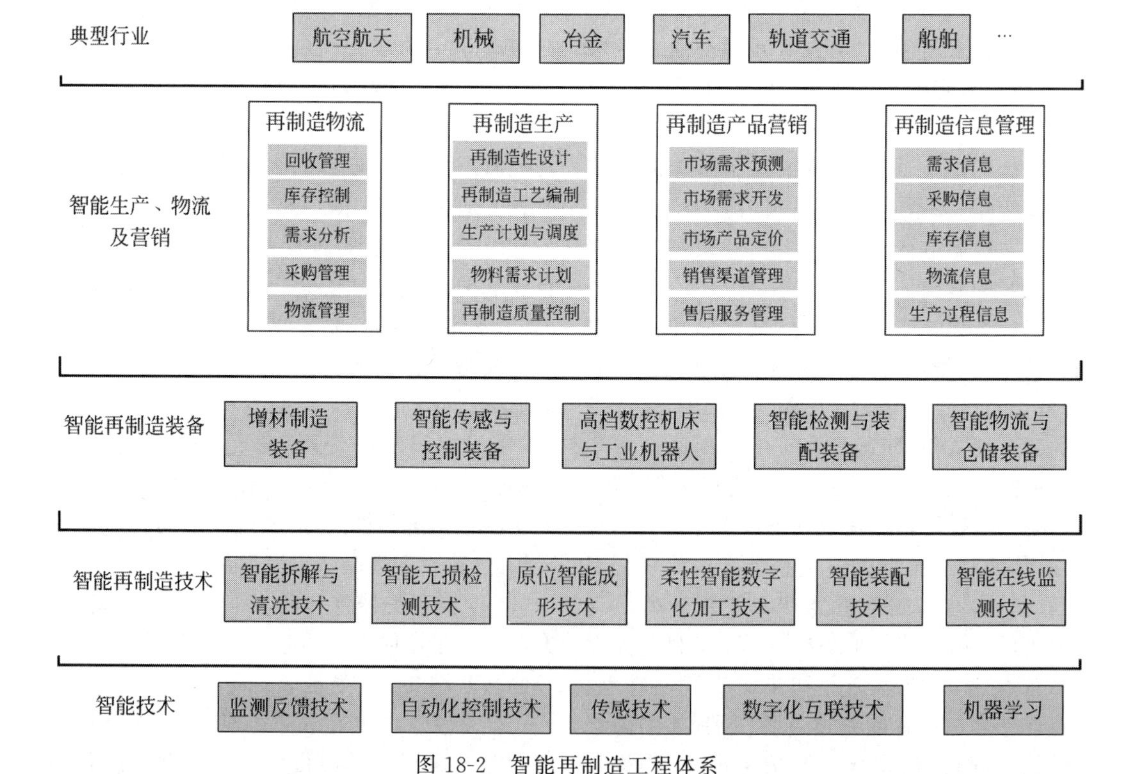

图18-2 智能再制造工程体系

1）智能再制造物流

再制造物流包含两个方向：一是用于再制造毛坯回收的逆向物流；二是用于再制造产品销售的前向物流。二者相辅相成，构成再制造物流体系。目前，关于再制造物流体系的主要研究热点在于再制造逆向物流的构建，以及包含了销售物流的再制造物流体系构建及优化，主要有再制造回收决策、再制造毛坯回收量预测及库存控制、再制造逆向物流的成本优化、再制造物流网络的设计及优化等。

智能再制造物流体系应是一个网络拓扑结构，主要利用互联网技术及各类信息通信技术，回收中心在信息平台上发布旧件信息，再制造企业可以在信息平台上进行信息浏览、检索旧件资源的品种、数量及质量状况，确定所需物品的信息，并向信息平台提出需求请求，回收中心浏览到信息后，将再制造企业所需的废旧产品通过物流供应商提供给再制造企业。再制造企业和回收中心通过自身的物料需求计划（material requirement planning，MRP）系统或企业资源计划（enterprise resource planning，ERP）系统与信息平台实现接口互通，再制造企业根据客户关系管理（customer relationship management，CRM）系统制定的再制造产品生产计划（master production schedule，MPS），由此所确定的再制造毛坯回收量可直接向回收中心提出采购请求。另外，回收中心可根据所覆盖区域的再制造企业的需求信息，利用数据挖掘、智能预测等技术，规划自身的产品回收种类、数量，可增加定向提供等服务，以降低运营成本并提高服务水平。在获得授权的前提下，回收中心也可开展废旧产品拆解、清洗、检测等服务，直接向再制造企业提供再制造加工所需的各种废旧产品或其零部件，以提高再制造企业的生产加工效率。

2）智能再制造生产

再制造生产过程不同于新品生产，面临着众多的问题。目前关于再制造生产的主要研究热点在于再制造生产影响因素及模式的分析、针对原始设备制造商（original equipment manufacturer，OEM）再制造商的再制造生产决策、再制造生产需求预测、再制造生产最优批量、再制造生产系统的设计、再制造生产计划制订、再制造生产调度、再制造库存控制策略及优化、再制造质量水平决策及控制策略等。

智能再制造生产要解决的问题是提高再制造生产系统的柔性，主要从硬件和软件两个角度开展。硬件角度是指提高再制造生产设备的柔性，多采用数控设备及柔性制造系统，增加生产设备可加工工艺、产品或零件的种类，同时缩短产品或零件生产加工的转换时间。软件角度是指管理方面，可多采用成组技术和并行工程，利用某些特征的相似性对待加工零件进行归类，组织同类加工。开展智能再制造生产可以利用物联网、云计算等技术构建再制造虚拟企业。为了节约成本，一家再制造企业不会购买拥有所有的再制造生产加工设备，而是会根据自身的技术优势及市场空间选择对自己最有利的设备及加工方式。在产业集聚化发展的形式及前提下，再制造产业园区（或其他集聚方式）可以被看成是一个再制造虚拟企业，各家再制造企业提供自己的设备，构建再制造设备物联网，搭建信息集成平台，实现信息共享。平台供应商可以通过与再制造企业、再制造回收企业等企业的信息系统接口读取相关再制造信息，利用云计算等技术对再制造生产加工进行设备选择及任务分配，提供优先权调度、工艺多样化选择及调整等功能，信息平台具有自学习、自适应功能，拥有较强的自组织能力。

3）智能再制造技术及装备

再制造产品的质量特性不低于原型新品，先进、智能的再制造工程技术体系是确保再制造产品质量的重要保障。再制造工程技术体系是指废旧装备及其零部件尺寸恢复、性能提升直至重新装配和应用的整个再制造过程中采用的技术手段的集成。智能再制造工程技术体系包括智能拆解与清洗技术、智能无损检测技术、原位智能成形技术、柔性智能数字化加工技术、智能装配技术、智能在线检测技术等。智能再制造装备主要包括增材制造装备、智能传感与控制装备、高档数控机床与工业机器人、智能检测与装配装备、智能物流与仓储装备等。

拆解和清洗是再制造过程中的重要工序，是对废旧机电产品及其零部件进行再制造的前提，也是影响再制造产品质量和效益的重要因素。再制造无损拆解是通过产品可拆解性设计、无损拆解工具和软件开发，实现废旧零部件无损、高效、绿色拆解。通过可拆解性设计、计算机仿真建模、产品结构干涉分析等方法，进行面向再制造的废旧复杂机电产品深度拆解工艺规划，开发针对大型、复杂和高端装备大规模再制造生产的高效、深度拆解技术与自动化装备是未来发展方向。再制造清洗是指借助清洗设备或清洗介质，采用机械、物理、化学或电化学方法，去除废旧零部件表面附着的污染物，使零部件表面达到检测分析、再制造加工及装配所要求的清洁度的过程。目前，广泛应用的再制造清洗技术主要包括有机溶剂清洗技术、喷射清洗技术、高温清洗技术、超声波清洗技术等。通过绿色清洗新材料与智能装备的研究，提高清洗效率，降低清洗成本，减少清洗过程中化学试剂和有毒物质的使用，实现再制造清洗过程的绿色、高效与技术及装备自动化。

由于再制造生产对象的特殊性，为保证再制造产品质量，针对再制造生产流程中再制造毛坯筛选、再制造过程控制和再制造产品评价三个关键环节，以先进的无损检测技术为支撑，评估再制造毛坯的损伤程度并预测剩余寿命，控制再制造成形工艺获得满意的涂覆层，评价再制造产品性能及服役寿命，保障再制造产品性能不低于新品。多参量多信息融合的智能无损检测技术及设备、多传感器智能监控技术、表面涂覆层残余应力状态及与基体的结合强度快速无损检测技术、高效智能化再制造成形设备，是对再制造毛坯剩余寿命进行评估、保证再制造过程质量的关键。

再制造成形技术是再制造工程的核心，先进、智能的再制造成形技术是保障再制造产品质量、推动再制造生产活动的基础，也是再制造产业发展的技术支撑。近年来我国再制造成形技术体系已初步形成，并在三维体积损伤机械零部件的再制造成形技术、自动化及智能化再制造成形技术、再制造成形材料的集约化等方面取得突破性进展。先进、智能的再制造成形技术主要包括纳米复合再制造成形技术、能束能场再制造成形技术、自动化再制造成形技术等。智能化、自动化纳米复合再制造设备可实现高稳定性、高精度、高效率的装备零件批量、现场可再制造。运用 CAD、CAM 技术与高精度的能束成形技术相结合，可实现装备零部件的快速仿形制造与近净成形，实现机械装备与工程机械的现场快速再制造。自动化、智能化再制造成形加工系统，可实现装备再制造过程(再制造成形、后续机械加工)的一体化，具备完成表面再制造与三维立体再制造的能力。

4) 智能再制造营销

再制造产品营销包括再制造产品市场需求分析及预测、再制造产品定位及定价、再制造产品销售及渠道管理、再制造产品售后服务等内容。目前，关于再制造产品营销的研究热点主要在于再制造毛坯回收量预测、再制造产品最优定价策略、再制造产品销售策略等。

智能再制造产品营销应结合现代网络信息技术和电子商务的发展，构建再制造产品电子商务和信息平台，积极宣传再制造产品，为再制造产品营销提供各种有用信息。首先，建立再制造产品电子商务平台，对再制造产品进行宣传、销售；其次，在电子商务平台的基础上建立客户管理系统，再制造企业可与顾客实现实时互动，开展顾客满意度测评，及时了解顾客对再制造产品的需求以及再制造产品的使用状况；再次，利用大数据、数据挖掘等技术，对再制造产品市场进行分析了解，准确把握顾客群体及市场所在，确定目标市场；最后，结合智能再制造物流体系进行回收量预测，并结合再制造企业的发展策略及盈利目标对再制造产品进行最优定价，及时向目标市场推送有关产品信息。当用户在使用中出现质量问题时，信息平台可准确收集相关信息，并利用后台的数据库、知识库、专家系统等功能进行智能决策，提供相关解决方案。同时，将利用各类平台收集到的信息反馈给再制造企业，对产品的失效过程进行动态追溯，确定失效的原因及改进方法，用于再制造企业的质量改进。

3．**智能再制造技术体系**

再制造产品的质量特性不低于原型新品，先进智能的再制造流程与装备是确保再制造产品质量的重要保障。智能再制造技术体系包括再制造智能拆解与清洗技术、智能无损检测技术、原位智能成形技术、柔性智能数字化加工技术、智能装配技术、智能在线监测技术等交叉融合、相互协作的综合技术体系，如图 18-3 所示。

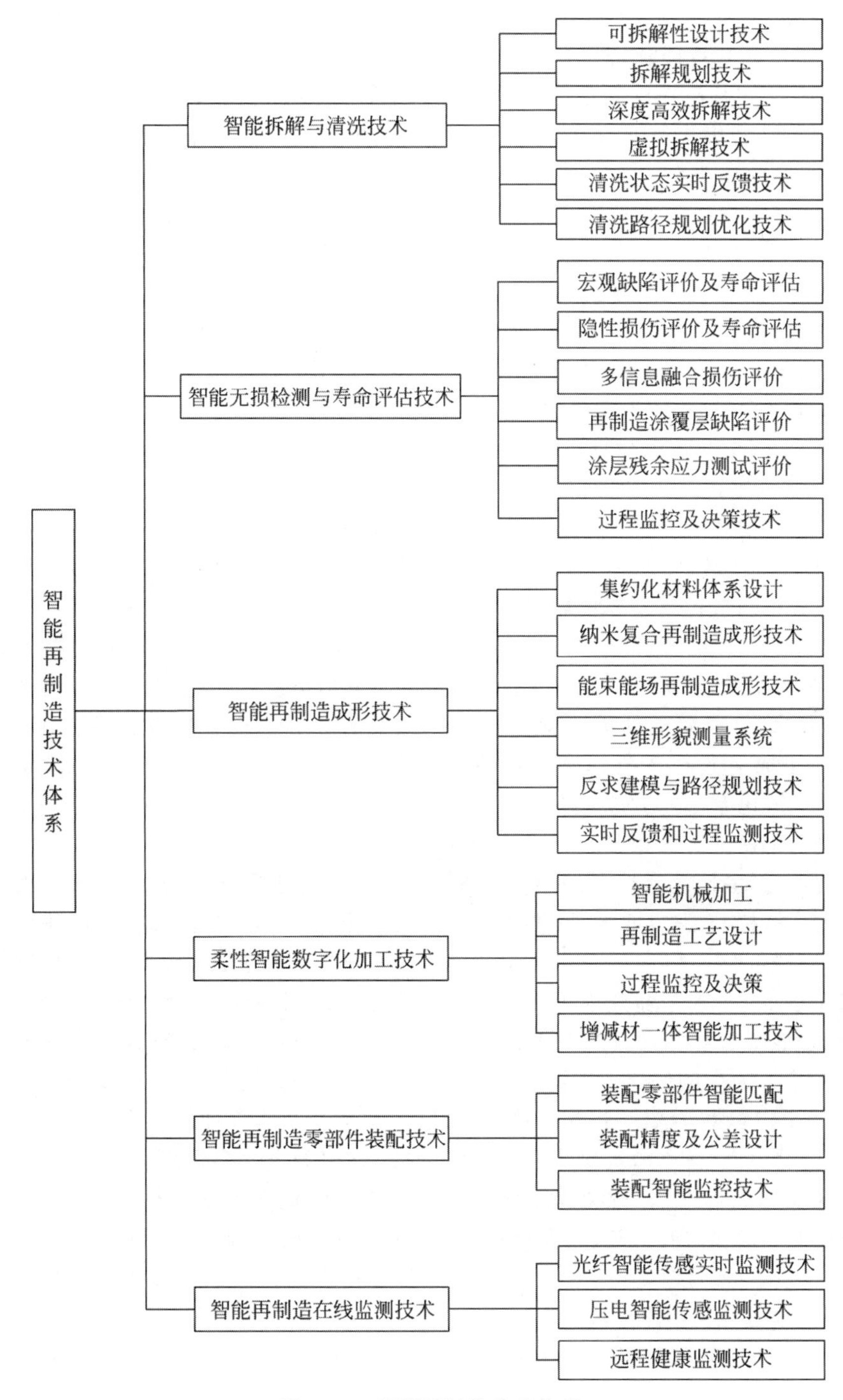

图 18-3　智能再制造技术体系

再制造的智能化，最终将实现智能再制造。智能再制造是面向产品全生命周期，实现泛在感知条件下的信息化再制造，是在现代传感技术、网络技术、自动化技术、拟人化智能技术等先进技术的基础上，通过智能化的感知、人机交互、决策和执行技术，实现再制造过程智能化和再制造装备智能化等。智能再制造的基础理论研究，包括泛在感知条件下的新型感知理论与技术、智能控制与优化理论、设计过程可再制造性设计理论、再制造过程智能化理论与技术。重点解决未来智能再制造所需的理论框架和未来共性技术，最终实现拟人化智能再制造。智能再制造具有鲜明的时代特征，内涵也不断完善和丰富。一方面，智能再制造是再制造业自动化、信息化的高级阶段和必然结果，体现在再制造过程可视化、智能人机交互、柔性自动化、自组织与自适应等特征；另一方面，智能再制造是一种可持续制造、高效能制造，并且是实现绿色制造的重要途径。

1）智能再制造拆解与清洗技术

目前，我国再制造拆解主要依靠工具和设备进行手工拆解，耗费大量时间、人力、费用，严重制约再制造自动化发展。将新一代人工智能加入拆解过程，研制自动拆解设备，建立可拆解性智能评测和设计系统、零部件拆解工艺智能选择和优化系统，是实现再制造智能化、深度自动化拆解的有效途径。智能再制造拆解技术包括可拆解性设计技术、拆解规划技术、深度高效拆解技术、虚拟拆解技术等。

再制造清洗可分为物理清洗和化学清洗两种：对于化学清洗，未来需建立再制造多组分化学清洗智能平台和零部件清洗溶液智能选择系统，去除人为影响因素，实现端到端的化学清洗过程；对于物理清洗，搭建多自由度、高自动化清洗设备搭载平台，实现清洗状态实时反馈、路径规划优化，随着清洗智能化平台的建设，将使清洗过程向着低耗、环保、高效的方向发展。

2）智能再制造无损检测技术

再制造毛坯在上一使用周期的服役情况各不相同，因此对其进行检测、分析，准确获取其前一生命周期服役情况的综合信息，是对后续的再制造加工过程实现的基础和保障。目前，通过对再制造毛坯的检测主要通过视觉图像获取其3D轮廓信息、图像信息及各种无损检测手段获得的毛坯内部组织、结构信息。这些信息蕴含着大量的服役过程信息，并与再制造毛坯服役前的原始状态相关，具有巨大的使用价值。把这些信息通过图像、无损检测等方式获取，并通过人工智能方法进行信息的回溯、筛选及分析，是未来人工智能在机械再制造领域必须解决的基础性问题。无损检测过程（包括非线性超声、超声衍射时差法、金属磁记忆、巴克豪森噪声法、增量磁导率、切向磁场强度、磁滞损耗、矫顽力、多频涡流等方法）探寻零部件在不同力、磁、电、热等物理场耦合作用下的信号变化机制，是对零部件原始信息的有损转化。因此，联合多种无损检测手段，通过不同的信息源，联合获取再制造毛坯的综合服役信息，是提高无损检测效果和能力的重要途径。其中，无损检测与各种微观组织结构的对应关系，如晶粒大小，晶体结构类型与分布，内部杂质含量、硬度、拉压强度等参数都有一定的对应关系；图像信息可以获得再制造毛坯表面的实际特征，包括表面颜色、粗糙度、形貌等信息；使用多摄像头可以获得零部件的外部3D信息，通过转化可以获取再制造毛坯的零件实际服役后尺寸与形状。

在一个服役周期内，每一次使用过程都是对零件的一次信息写入，大量的使用过程最终的共同作用使零部件转变为废旧零件（再制造毛坯）。与此同时，反复的信息写入会导致大量信息被覆盖和重叠，导致最终的再制造毛坯仅剩残余部分信息，但这些残余信息的信息量巨大，使分析零部件的整体使役过程保留了可能。未来设备、零部件结构更加复杂，材质更加多样化，使役环境恶劣，失效形式复杂，因此在进行零部件再制造前，对其进行无损检测和性能评估是必须的，并且将面临巨大挑战。

无损检测过程是在不损害或不影响被检测对象使用性能的前提下，采用射线、超声、红外、电磁等原理技术并结合仪器对材料、零件、设备进行缺陷、化学、物理参数检测的技术，其特点包括非破坏性、互容性、动态性、严格性以及检测结果的分歧性。因此，提高无损检测的可靠性和检测能力，需要探寻零部件在不同力、磁、电、热等物理场耦合作用下的变化机制，研究提取出各个物理参数的特征量，建立起此物理特征量与损伤信息的映射关系，并相应研发各种不同无损检测技术所需的先进传感、激发、接收等设备及损伤关系数据库，实现装备、零部件的智能定量无损检测和性能评估。

常见的无损检测方法众多，如超声检测、磁记忆检测、磁巴克豪森检测、多频涡流检测、激光全息检测等，目前在缺陷监测、寿命评估等领域大量应用。然而传统的无损检测手段信号单一，检测信号只能表征材料特征的部分状态，同时无损检测对信号的标定困难，因而信号反映的材料特征一般多为定性分析，无法达到定量表征的要求。未来采用深度学习等智能算法对各个特征值进行智能整合或优化选择，提取最佳特征值进行标定试验，建立零部件性能参量与特征值的复杂映射关系，将大大提高无损检测的可靠性，获得更多的服役信息。

总之，依靠前期所建立大量各种参量信息数据库，构建智能综合无损检测平台，将各种检测信号或特征值整合，探寻它们之间关系的同时，对被测零件进行联合无损检测，将大大提高无损检测精度和实用性，为智能再制造工艺过程提供可靠的数据保障。

3）智能再制造原位成形技术

现有的再制造成形技术主要以手工操作、自动化为主，智能再制造成形技术是再制造技术发展的主流方向，是实现工业化进程中的必要环节。当前，计算技术、传感技术、人工智能技术等飞速发展，这为再制造成形技术实现智能化提供了技术基础。

基于电弧喷涂、等离子熔覆、电刷镀等再制造成形技术，实现了汽车发动机缸体、飞机发动机叶片、采矿设备关键零部件等的再制造，推动了再制造产业化发展。但是，目前再制造生产大多以手工作业或半自动化为主，部分技术虽已实现了自动化作业，但自动化程度不高，急需提升自动化及智能化水平。实际再制造中，构件损伤部位和损伤形式多种多样，很多损伤部位在构件内部，如桶状零部件内壁损伤、叶轮叶片根部损伤等，图 18-4 所示为受损叶轮片，在狭小的尺寸范围内进行再制造成形较为困难。由此需要解决两大问题：一是对受损部位的三维形貌进行测量并据此构建缺省部位的几何模型；二是根据所构建的几何模型，使再制造设备能够自动按照几何模型进行再制造成形加工。这涉及三维形貌测量系统、三维模型构建、再制造路径规划系统及再制造成形加工控制系统。实现多个系统的耦合及匹配是智能再制造的关键所在。

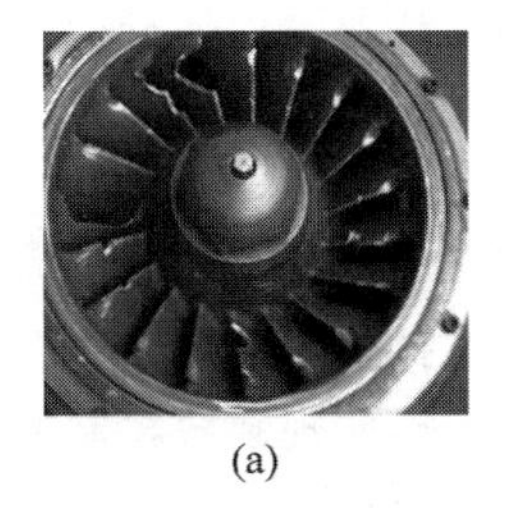
(a)

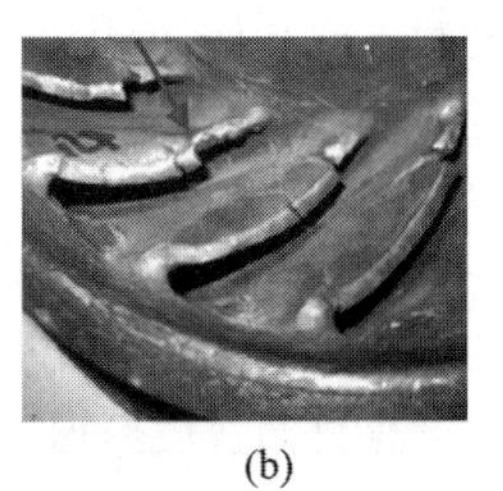
(b)

图 18-4　受损叶轮片
(a) 受损叶轮；(b) 受损叶轮片(局部放大)

图 18-5 所示为智能再制造的主要工艺流程图。与增材制造相比，再制造之前，需对损伤零部件进行扫描，以确定其缺省部分的几何形状，这需要复杂的几何数据采集和模型构建，同时再制造技术是在原有的构件上进行立体成形，还涉及到材料匹配性、界面相容性等系列问题，因而再制造过程相比增材制造更加复杂。

智能再制造成形技术的未来发展将主要围绕开发智能化软件、研制智能化工艺设备、拓宽智能再制造的应用领域、智能再制造零件装配技术及智能再制造在线监测技术等。

(1) 开发智能化软件

智能化软件是智能化系统的重要组成部分，再制造成形过程的高精确控制、高响应反馈和高质量成形等均需要智能化软件的支持。下一步应加强软件算法的速度、精度和可靠

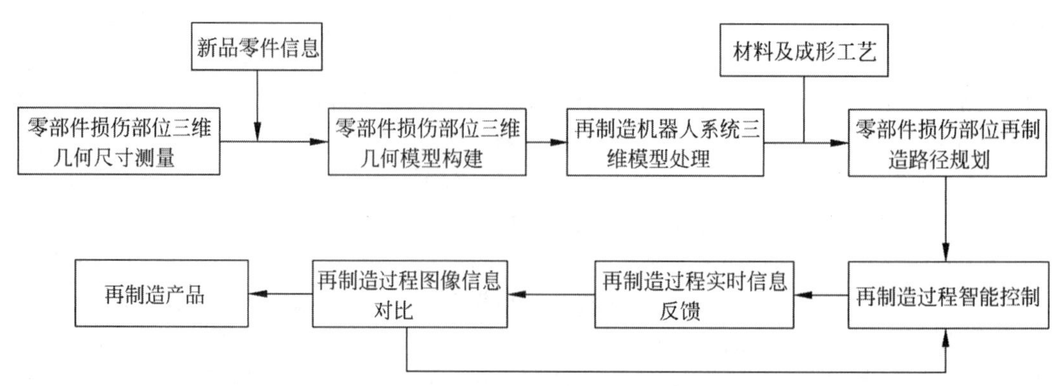

图 18-5 智能再制造的主要工艺流程图

性，并重点解决"如何将再制造过程中检测的信号更好地反馈到控制系统"和"如何根据反馈信号作出最合理的调整"两个难题。此外，应建立自动加工系统的材料与工艺专家库，实现对不同基体材料、不同性能要求零部件的快速再制造。

(2) 研制智能化工艺设备

智能化是工艺设备的主要方向，下一步应不断改进工艺设备，研发零件损伤反演系统和自动化再制造成形加工系统，实现装备再制造加工过程(再制造成形、后续机械加工)的一体化，具备完成表面再制造与三维立体再制造的能力。

(3) 拓宽智能再制造的应用领域

智能再制造是再制造领域的发展趋势，目前很多再制造成形技术(如激光再制造成形技术)已借助机器人控制成形路径，实现了智能化控制。要实现智能再制造的进一步推广应用，需要不断降低智能化设备的生产成本，并逐步提高智能化软件的功能性和可靠性。智能再制造在国内甚至是国际上仍然处于起步发展阶段，学科交叉性带来的技术难度使智能再制造技术的发展非常困难，但随着技术的不断革新的快速发展，智能再制造技术会经过全面的发展和蜕变。目前，很多关于增材制造的技术方法可以被再制造技术所借鉴，在智能化方面两种技术具有很大的关联性，基于增材制造技术的闭环控制系统实际上也是增材制造智能化的一部分，对于再制造技术而言，闭环控制技术仍然可以转化为再制造技术智能化的一部分。

(4) 智能再制造零部件装配技术

装配直接影响再制造产品质量和使用寿命，基于智能机器人控制和信息化管理的智能再制造装配可实现再制造零部件的高效、高精密装配，满足复杂零部件的位置精度、尺寸公差等装配要求。

(5) 智能再制造在线监测技术

再制造产品的结构健康监测是对关键再制造结构损伤从产生、扩展直至破坏全过程进行监控，并根据监控数据判断再制造产品"健康状态"的监测技术。其依托于传感器技术、物联网技术的发展而发展。通过一定工艺将传感元件与驱动元件植入结构表面或内部，来感知结构的损伤累积、缺陷发展，采集结构损伤与缺陷的变化信息并处理，提取表征因子，利用损伤诊断算法对结构的"健康状态"进行在线监测、综合决策、安全评估和及时预警，并自动采取防范措施，将结构调整至最佳工作状态，保证再制造产品的服役安全。

健康监测技术涉及多学科的交叉融合，通常包括传感器子系统、驱动元件系统、数据采集处理系统、数据传输系统、损伤评价模型、安全评价预警系统、数据管理控制系统等。尽管经过多年发展已经取得不少进展，但真正的实际工程结构健康监测方面仍存在许多实际问题没有解决。美国、日本、英国等较早开展结构健康监测的国家，仍然停留在局部和小范围的测试层次上，监测结果的可靠性和准确性面临很多技术瓶颈需要解决。图 18-6 所示为安装于装备表面的智能层，对装备的健康状态进行监测。

贝尔直升机
疲劳裂纹监测

F-16粘接维修
健康监测

空客起落架
裂纹监测

空客复合材料
机身损伤监测

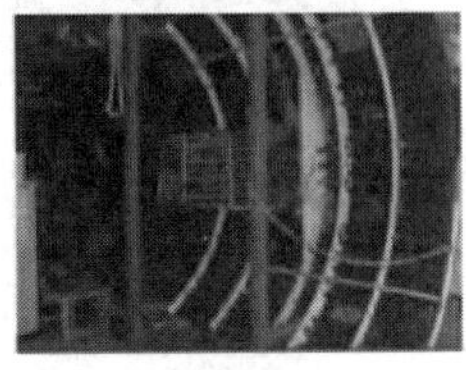

图 18-6　安装于设备表面的智能层

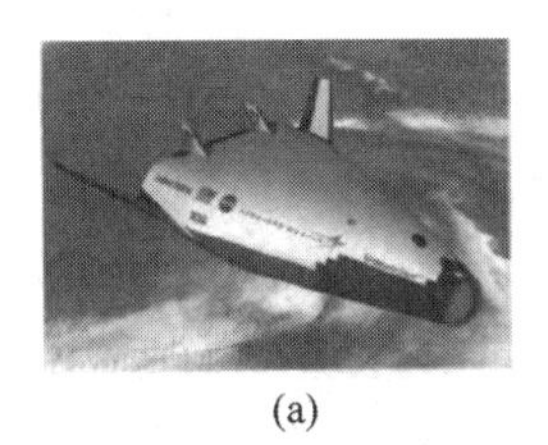

(a)

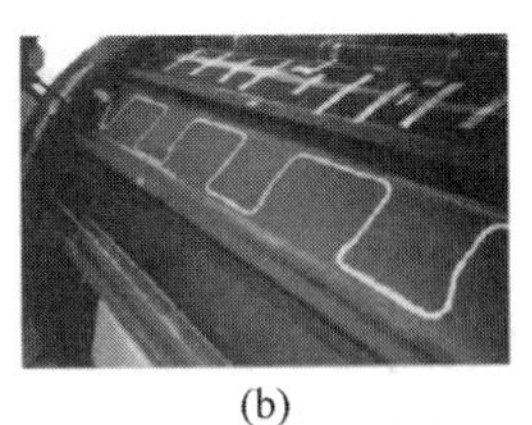

(b)

图 18-7　安装在 X33 型航天飞机及其上面的光纤传感系统

(a) X33 型航天飞机；(b) X33 型航天飞机上的光纤传感系统

① 光纤智能传感实时监测技术

光纤智能传感器是光纤和通信技术结合的产物，与电测类传感器有本质区别。它具有体积小、损耗低、灵敏度高、抗电磁干扰、电绝缘、耐腐蚀以及易于分布式传感的特性，可进行应力应变、温度、力、加速度等多种参量的测量，是进行结构健康监测最具潜力的智能传感器件。基于光纤传感的监测正成为结构健康监测技术的重要发展方向。根据光纤传感机理可以将光纤传感器分为强度型、干涉型和光纤光栅型三种：与强度型或干涉型光纤传感器比较，光纤光栅是近年来发展最为迅速的光纤传感元件。它对应变及温度非常敏感，能方便地使用复用技术，可实现单根光纤对几十个应变节点的测量，并能将多路光纤光栅传感器集合成空间分布的传感网络系统，被认为最具发展前途的光纤传感器。图 18-7 所示为安装在 X33 型航天飞机及其上面的光纤传感系统。

② 压电智能传感监测技术

压电元件具有灵敏度高、工作频带宽、动态范围大的优点，已在结构健康监测研究中得到广泛应用。压电传感元件是利用压电材料的压电效应制成的传感元件。压电材料利用正压电效应实现传感功能，利用逆压电效应实现驱动功能。常用的压电材料包括压电陶瓷、压电聚合物和压电复合材料等。基于压电元件损伤诊断方法按照工作模式分为被动监测方法和主动监测方法两种。主动监测方法利用压电元件在结构中产生主动激励，再通过分析结构的响应推断结构的健康状态。被动监测方法直接利用压电元件获取的结构响应参数，实现结构损伤诊断。图 18-8 所示为“三明治”结构压电传感器结构。

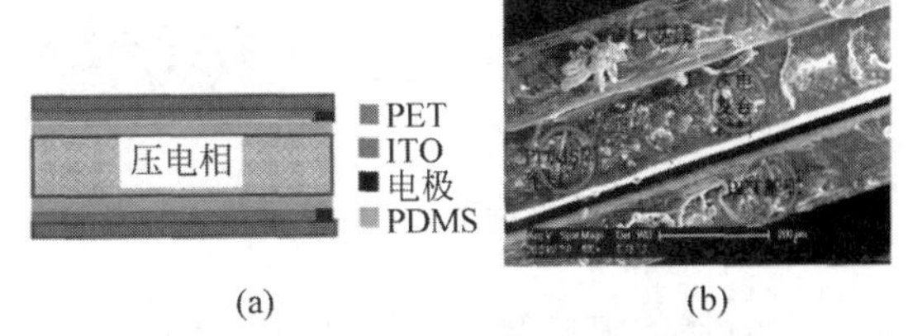

(a)　(b)

图 18-8　“三明治”结构压电传感器结构

(a) 示意图；(b) 界面扫描图

在工程损伤检测中，压电材料通常用不同的制备工艺制成片状、薄膜或涂层，以外贴式、埋入式及表面涂覆式等形式布置在结构表面或内部，用以定位、定量地识别和监测结构内外的损伤和裂纹，或应用于微型电子结构及微型机械装置的监测和智能传感。相比常规的无损检测技术，压电智能传感监测技术利用集成在结构内部或表面的特定驱动/传感元件网络，在线实时获取与结构健康状态相关的信息（如结构因受载而产生的应变、在结构表面传播的主动被动应力波等），再结合特定的信息处理方法和结构力学建模方法，提取与损伤相关特征参数，达到识别结构损伤状态，实现健康诊断，保证结构安全和降低维修费用的目的。

③ 远程健康监测技术

远程健康监测技术是随着计算机技术、通信技术、传感技术的发展而逐渐兴起的一项新兴技术。它由信息采集子系统、工控机及相关软件组成。以若干台中心计算机作为服务器，在重要结构装备上建立监测点，采集结构或设备健康状态数据，建立远程诊断分析中心，利用网络通信提供远程健康监测的诊断评价支持。远程健康监测不同于传统的监测模式，是一种多元信息传输、监测、管理一体化的集成技术，信息、资源和任务共享，与其他计算机网络互联，可实现实时、快速和有效监测。图18-9所示为结构健康监测系统的组成。

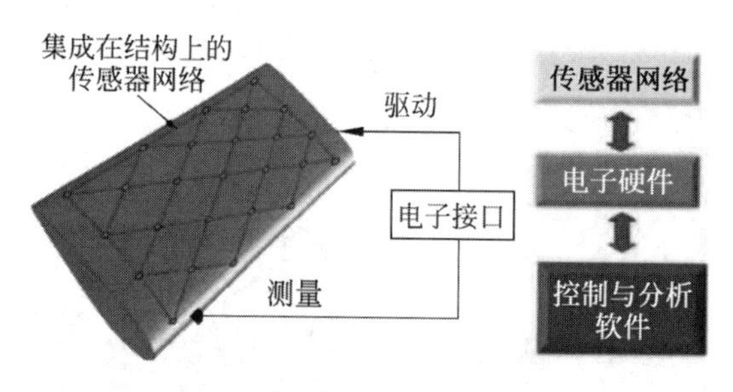

图18-9　结构健康监测系统的组成

飞行器的结构健康监测是确保飞行器安全的重要手段，为维护飞行器性能提供依据，图18-10所示为民机综合健康管理系统。以空客为例，其结构健康监测已经包含结构应力、微裂纹、湿度等的远程监测；在土木工程领域，针对大坝、桥梁开展远程结构健康监测的研究工作较多，采集位移、振动等特征信号。汽车远程监测方面的研究在国外起步较早，英国帝国理工学院进行了汽车运行和排放在状态远程监测系统研究，通过采用嵌入式数据采集技术、全球定位系统（global positoning system，GPS）、信息技术和数据仓储技术实现准确可靠的汽车运行状态及尾气排放远程监测，系统监控中心对车辆传输数据进行存储、分析及显示。目前，国内新能源汽车正在大力发展，为保证其长期高效运行，需要构建基于云平台的新能源汽车电控系统，其监控标定通信系统总体结构如图18-9所示。由于汽车远程监测与故障诊断系统涉及车辆电控技术、汽车通信协议、电子技术和无线通信技术等诸多领域，存在一定的开发难度，是当前研究的热点问题。经过近三十年的发展，远程健康监测虽然取得了很大的成就，但尚不能很好地满足工程实践需求。远程监测系统的概念体系、知识获取、评价方法、网络传输、可靠性等许多方面还有待于系统、深入地研究。

图18-10　民机综合健康管理系统

18.1.3　我国智能再制造发展展望

随着我国工业化产业升级的不断推进，以及外部环境要求的不断苛刻，未来的工业智能要求不断提高。将聚焦再制造过程智能化理论与技术，在再制造工程领域，实现数字化-网络化-智能化并行发展进程。目前，我国正在积极倡导信息化与制造业深度融合，推进制造业加速向数字化、网络化、智能化发展，作为制造业的后续环节，具有绿色、环保、可持续特色的再制造产业的智能化发展需求十分迫切。

1. 加强智能再制造的政策引导和支持

逐步建立起具有中国特色的智能再制造资源化政策法规体系，从财税政策上加大对智能再制造生产性企业、智能再制造服务性企业的扶持力度，探索建立明确的智能再制造行业管理政策体系。加强智能再制造知识产权保护，对智能再制造升级可能涉及的知识产权问题提供保护和支持。同时，尽快出台促进废旧物资回收与再制造相衔接的相关制度，明确逆向物流智能化系统设计，建立相关配套监管和数据收集体系。加快出台有利于智能再制造产业发展的财税激励政策，加强部门协调沟通力度，促进规范经营企业的产业升级积极性。

2. 加强智能再制造关键技术、关键设备的攻关和推广应用

未来我国依托智能再制造体系大力发展全寿命周期中的再制造先进技术，结合再制造信息分析、管理技术与人工智能的深度融合，需着力构建完整智能再制造技术体系。智能再制造体系是先进再制造技术与人工智能技术通过数据深度融合发展的产物，因而从技术体系来看，主要包括再制造技术群与人工智能技术群。因此，要加强再制造信息管理及识别技术、再制造成形加工技术、再制造拆解清洗技术、再制造在线监测技术、再制造无损检测等关键技术和设备的攻关，基于物联网技术，研究远程智能在线监测与状态评估技术，加强智能再制造关键技术、设备的攻关和推广应用，为我国智能再制造产业的发展提供技术支撑和质量保障

3. 积极运用“互联网＋”，建立基于大数据的智能再制造信息平台

积极利用“互联网＋”，建立基于大数据的智能再制造信息平台。智能再制造信息平台应涵盖市场需求分析、废旧产品回收、再制造加工、再制造产品销售、再制造产品售后服务的全过程，包含电子商务功能，应是再制造企业、再制造服务企业、顾客三者实现信息共享、需求发布、任务分配等功能的平台，企业应将自身的信息系统与信息平台建立接口互通。智能再制造信息平台的建设主体可以是再制造企业，也可以是再制造服务企业，应融合人工智能技术、数据库/知识库技术、计算机技术，具有友好的操作使用界面。

4. 加快智能再制造人才培养

未来需要在相关交叉学科人才培养上加大力度，设立相关交叉学科专业，把机械相关基础学科教学与智能领域相关学科教学相互融合，加强人才的视野和系统性思维，提高人才对智能化社会的适应能力。同时发展人才的后教育模式，借鉴国际通行做法，设立高水平资格认证模式及培训机构，为后期人才的继续成长助力，为我国智能再制造产业发展提供智力支持。

5. 制定智能再制造标准和规范，完善市场监管机制和手段

《高端智能再制造行动计划》提出加快高端智能再制造标准研制的任务，构建我国智能再制造标准体系框架，加快智能再制造术语、通用技术要求、毛坯检测与损伤评估、关键技术、产品质量和生产管理标准等亟需再制造标准的制定工作，确保再制造产品的质量特性不低于原型新品。探索智能再制造的生产者责任延伸制度和强制回收制度，促使生产者的延伸责任向前延伸到产品设计考虑可再制造性，促使生产者在设计和生产新产品时，积极采用更多的有利于再制造或再生利用的材料、工艺和制造技术，向后延伸到废旧产品回收和再制造的体系建设，打通制造与再制造间的融合关系，推进智能再制造产业链的形成。

6. 深化宣传引导，提高智能再制造的社会认知

未来将是我国的机械制造业由生产型制造转变为服务型制造的战略机遇期，服务型制造将成为一种新的产业形态，因而提供产品“后半生”服务的再制造技术将会引起人们更大的关注。社会认知与产业行业是智能再制造发展的原生动力源。因而，消除公众和社会对再制造产品的认识误区，建立明确的产品、生产工艺标准与监督监察机制将是智能再制造发展的一大助力。推动智能再制造产业社会宣传、标准规范制修订和人才培养发展，创新商业模式，开拓市场空间。

7. 推进智能再制造服务企业发展，提高企业现代管理水平

智能再制造服务企业包括再制造毛坯回收企业、物流提供商、各级库存提供商、废旧产品拆解企业、废旧产品及其零部件清洗企业、废旧产品及再制造产品质量检测企业、再制造生产技术提供商、再制造装备生产企业、再制造加工材料提供商、再制造产品销售商等，努力做到再制造企业与再制造服务企业合作发展，构建完善的再制造供应链网络，实现共赢。

智能再制造工程大量使用智能技术，但仍应体现人的根本作用。企业应根据智能再制造工程体系的要求，运用现代企业管理方法，改革组织结构体系、改善运营秩序、整合企业元素，实现人机协调，顺应智能化管理要求。

18.2 智能运维中的远程监测技术

18.2.1 盾构远程监测技术的发展与现状

早在20世纪90年代，国内的隧道盾构施工现场就萌生出通过专用光缆及通用无线分组业务(general packet radio service，GPRS)做一体化数据采集与在线监测，系统性地记录整个隧道施工过程中的可编程逻辑控制器(programmable logic controller，PLC)运行数据、施工档案数据、耗材使用数据、地质数据等。具有代表性的系统有德国VMT公司的风险与信息综合管理系统(integrated risk information system，IRIS)，该系统包含掘进展示模块、隧道掘进机(tunnel boring machine，TBM)机器数据模块、报表模块、地质模块、管片衬砌模块、刀具管理模块、物资耗材监控模块、施工进度监控模块等十三个模块。整个系统能够实现盾构机控制系统数据的采集与储存，沉降监控、施工效率分析等，众多信息统一化展示为整个隧道施工及盾构运用与维护做风险管控与信息综合管理。

随着物联网、大数据、云计算、人工智能的快速发展，通过把传感器、处理器、存储器、通信模块融入到装备产品中，对盾构施工数据进行挖掘、分析与展现，实现施工风险可预见；同时，融合地图地质展示、参数监控、智能预警、智能掘进指令表等信息，可实现产品全生命周期各环节、各业务、各要素的协同规划与决策优化管理，不仅可以有效提高企业的市场反应速度，还可以大幅度提高制造效益、降低产品成本和资源消耗，从而实现深度技术革新与管理模式创新，有效提高企业竞争力。

远程监测系统反映在国内市场上，关于盾构施工的各种状态监测、远程监控、隧道状态监测等主要由各隧道施工企业、生产厂商联合软件开发商共同落地。目前主要应用范围大多在地铁盾构中，整体采用多项信息化、智能化控制技术，建立面向设计人员的盾构智能决策系统、面向施工人员的盾构施工数据分析系统、面向操作人员的盾构测控系统、面向测量人员的盾构姿态自动测量系统、面向管理人员的管片拼装纠偏预测系统等一体化监测平台。

现阶段因传感器及现场物联环境受限，导致数据监测预采集阶段困难重重，维护工作量繁重且无意义。究其根源，主要由各生产厂商PLC点位不标准、PLC厂家不统一等因素造成。在数据采集困难的同时对刀盘磨损、油液监测、地面沉降预警、盾前地质勘测等方面困难重重。刀盘磨损方面，2015年香港屯门至赤鱲角的隧道掘进机的刀头上装有一个名为Mobydic的系统，用于实时监测磨损及记录工作进展，其他在刀盘磨损方面相对较少且不成熟。在地质超前探测方面，国内国外基本采用聚焦电流激发极化方法进行测量，但现阶段想实时不停机测量和自动测量还存在困难。

综上所述，盾构机的远程监测技术经历种种发展，已经由最为原始的简单可编程逻辑控制器监测，发展为刀盘、地质、人员、物料等多形态多种类的实时监测系统，虽然有不尽人意之处，但伴随科技及信息技术的发展，相信在不久的未来监测技术会更加成熟，培育出更多的优秀应用业务系统。

18.2.2 盾构远程监测技术

1. 监测平台系统架构

系统架构使用六层架构，分别是采集层、数据预处理层、数据存储与计算层、数据分析层、能力层和应用层(图18-11)。

(1) 采集层的主要功能是采集相关的监测数据，包括PLC数据、设备档案数据、地质数据和施工数据等。

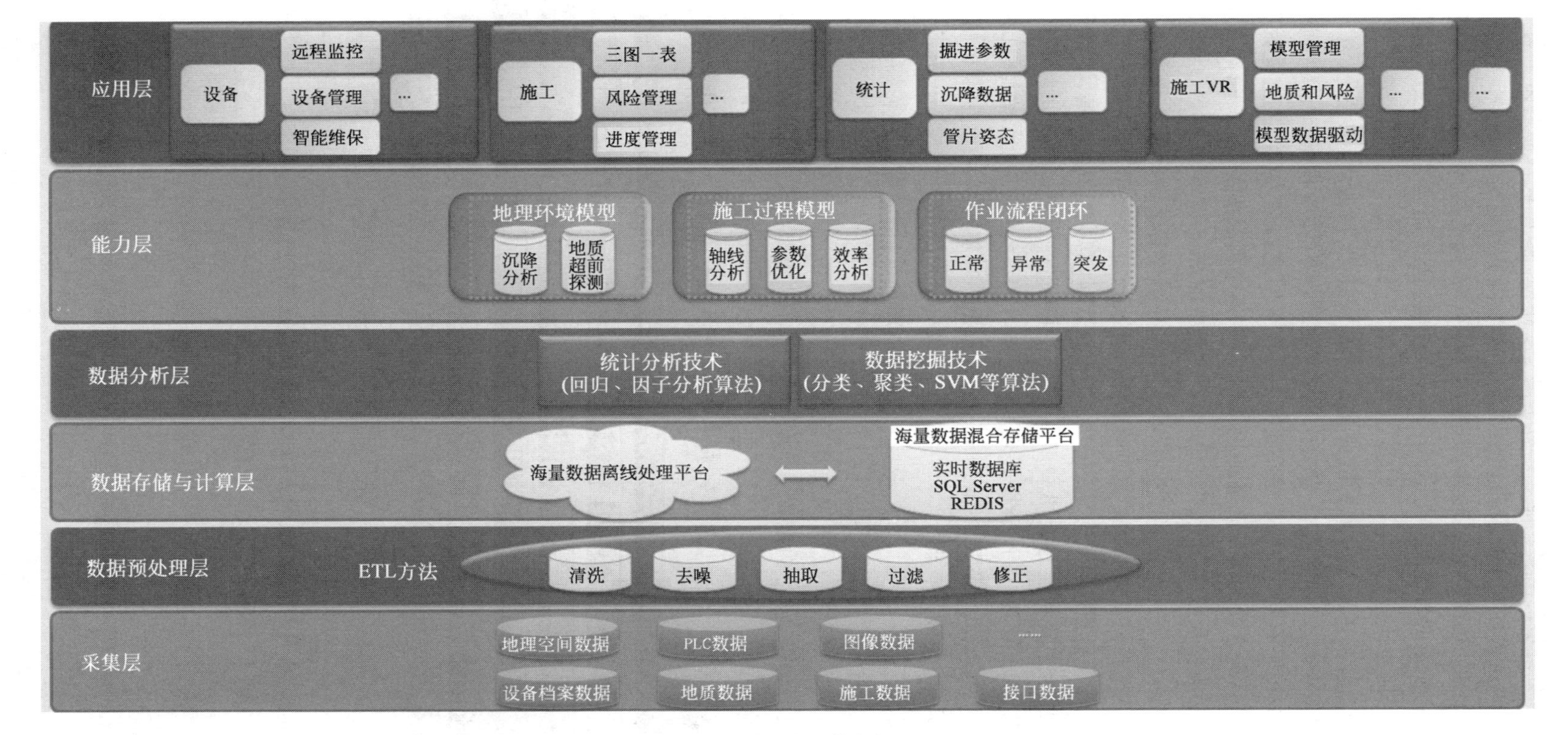

图 18-11　系统总体架构图

（2）数据预处理层的主要功能是针对采集到的原始数据的异构性和不完备性进行适当的清洗、去噪、修正、过滤、抽取、转换，以便为后续流程提供高质量的数据集。

（3）数据存储与计算层的主要功能是把相关数据以及经过计算的数据存储到业务数据库和实时数据库中。

（4）数据分析层的主要功能是提取数据中隐藏的信息，提供有意义的建议及辅助决策制定。其主要目标有给决策制定合理建议、诊断或推断错误原因。

（5）能力层的主要功能是根据不同的业务进行建模，并且匹配相关数据形成特定的功能。

（6）应用层的主要功能是上层应用，主要分为设备管理、施工管理、统计分析管理和施工虚拟现实（virtual reality，VR）展示。

2. 数据采集、传输与存储

1）数据采集

数据采集平台主要用于隧道施工过程中，底层物联感知数据的采集、存储、数据的传输、不同通信协议的切换、设备的配置、可视化监控等，为上层应用提供底层数据支持。面向盾构施工过程数字化、网络化和智能化需求，构建精准、实时、高效的数据采集互联体系，构建基于海量数据采集、汇聚、轻量化分析的服务体系，支撑盾构施工相关资源泛在连接、弹性供给，建立面向工业大数据的采集、存储、访问、分析和管理的环境，实现技术、经验、知识的模型化、标准化、软件化、复用化，不断优化设计、运营管理等资源配置效率。数据采集平台采用组态开发方法，创建数据采集应用工程，通过模型技术、组态技术，采集盾构施工过程中的 PLC 设备、传感器、环境等的信息，并实时存储或者传输。系统采集的数据有简单类型数据，也有视频、地质等高密度数据，有时序性数据，也有关系型数据，类型复杂，各种类型数据采集、发送频率不同。而受网络带宽等影响，以及考虑到流量，对实时、并发、大量传送数据影响较大。因此，传输机制设计的优劣直接决定系统的可用性。现有的数据采集采用数据批量、压缩的方式传输，即采集和清洗后的数据，每隔固定时间（如 3 ms）或固定数量，批量压缩后上传到数据中心。

伴随现有盾构采集系统的推进，专有数据采集平台的推出也只是时间问题，专有数据采集平台整体工作示意图如图 18-12 所示。

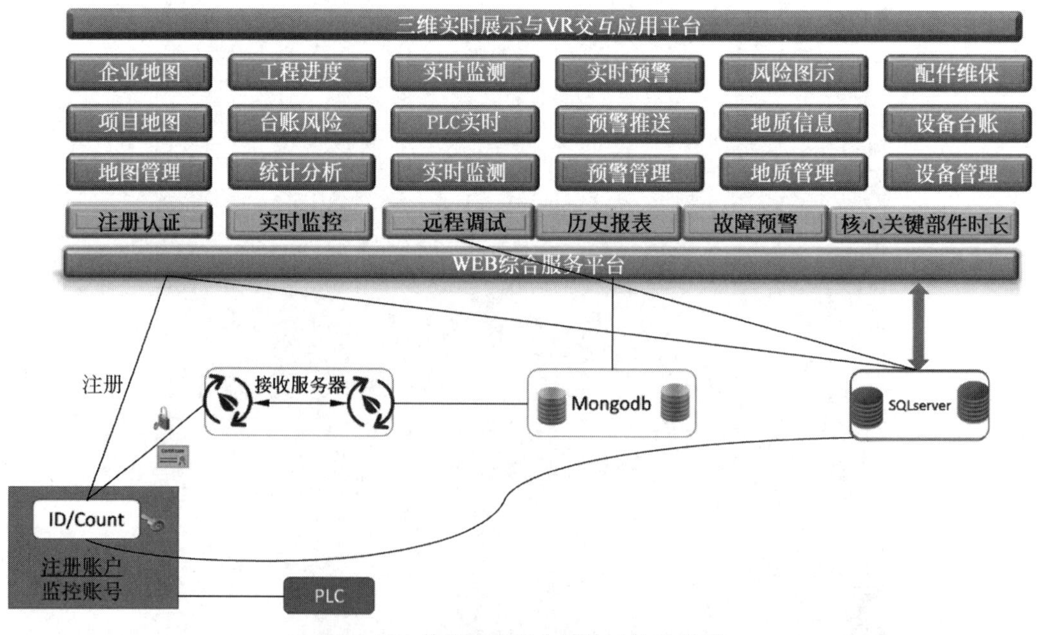

图 18-12　数据采集平台整体工作示意图

2）数据传输

数据传输的主要功能是把数据按指定的协议发送到服务器端。本系统使用socket通信方式（图18-13）把数据从客户端传递到服务器端。

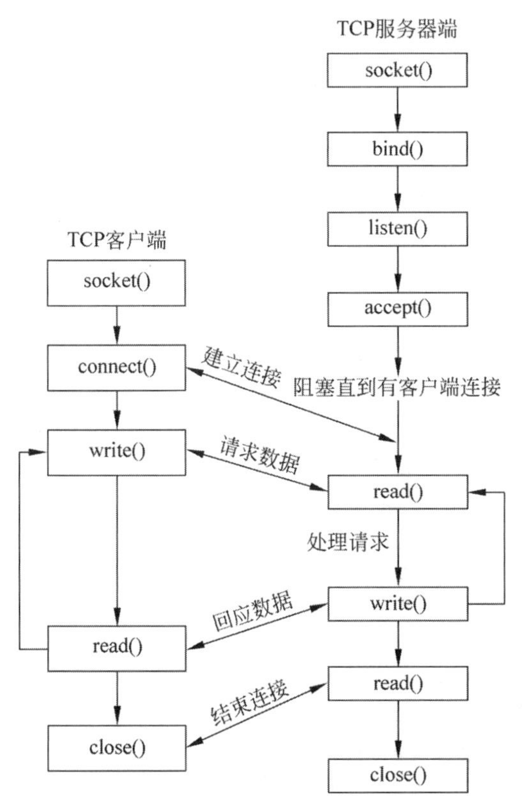

图18-13　socket通信方式

网络上的两个程序通过一个双向的通信连接实现数据的交换，这个连接的一端称为一个socket。

建立网络通信连接至少要一对端口号（socket）。socket本质是应用程序接口（application programming interface，API），对TCP/IP的封装，TCP/IP也要提供可供程序员做网络开发所用的接口，这就是socket编程接口；超文本传输协议（hyper text transfer protocol，HTTP）是“轿车”，提供了封装或者显示数据的具体形式；socket是“发动机”，提供了网络通信的能力。

3）数据存储

采集系统对进行数据实时、持续、安全、高效传输，传输过程数据加密，权限认证等有效保障数据传输过程稳定、可靠、安全。所有回归的数据综合可分为三大类，结构化数据、非结构化数据及半结构化数据。

（1）结构化数据

结构化数据是指各种业务系统中的数据，将这些专业数据作为数据源的一种进行数据的集中抽取和加工。

（2）非结构化数据

非结构化数据是不方便用固定结构来表现的数据，非结构化数据一般只有数据填充而没有数据结构，典型的非结构化数据包括各种图形、图像、音频、视频信息。此类数据可使用文本传输协议（file transfer protocol，FTP）、Webservice等方式，在开放读取权限后以一次性导入或增量更新等方式存入本地非结构化资源库中。

大数据平台通过语义分析、分词等挖掘算法，把非结构化数据转化为结构化数据存储在数据共享交换资源池中，供大数据分析平台和数据管理进行分析和管理。

（3）半结构化数据

半结构化数据是指结构隐含或无规则、不严谨的自我描述型数据，介于严格结构化数据（如关系数据库和对象数据库中的数据）和完全无结构的数据（如声音、图像文件）之间，典型的半结构化数据包括可扩展标记语言（extensible markup language，XML）文档，它一般是自描述的，数据的结构和内容混在一起。大数据平台在处理该类数据时，有相应的算法进行支撑，对半结构化数据进行建模和解读。

结合以上三大类不同数据类型在数据进行存储过程中主要采用如Hadoop分布式文件系统（Hadoop distributed file system，HDFS）、Hbase、MongoDB、MySQL、Redis等数据库进行一体化存储。对于非必要性的文件也有采用网络附属存储（network attached storage，NAS）、直连式存储（direct attached storage，DAS）、存储区域网络（storage area network，SAN）或者存储虚拟化的方式进行存储的情况。无论采用哪种，保障整个存储数据的稳定性、持久性、易用性、安全性才是较为重要的。

4）数字安全

数据安全存在多个层次，如制度安全、技术安全、运算安全、存储安全、传输安全、产品和服务安全等。对于计算机数据安全而言，制度安全治标，技术安全治本，其他安全也是必不可少的环节。数据安全是计算机及网络等学科的重要研究课题之一。它不仅关系到个人隐私、企业商业隐私，而且数据安全技术直接影响国家安全。目前，网络信息安全已经是一个国家国防的重要研究项目之一。

数据安全贯穿在整个系统的架构设计之中，从数据的采集、传输、接收、存储，最后到数据的访问。图 18-14 所示为数据流的安全策略。

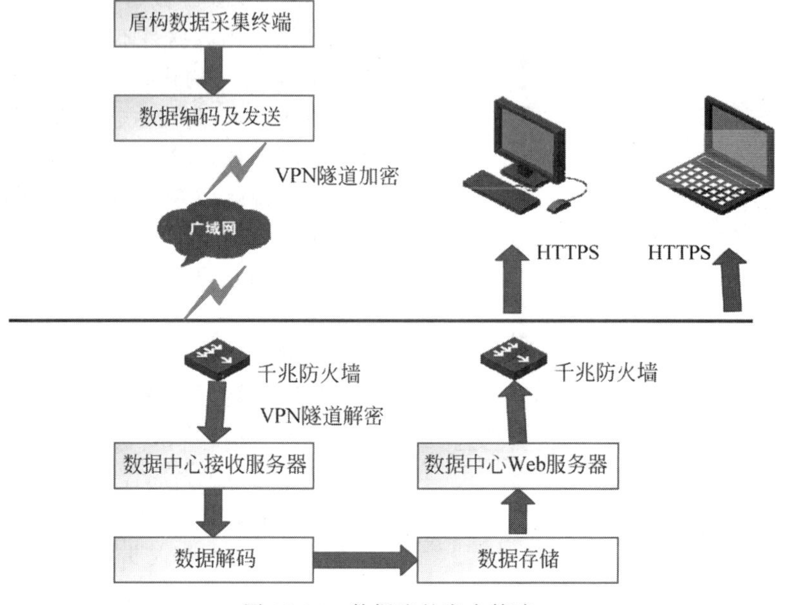

图 18-14　数据流的安全策略

5）数据处理与应用

（1）设备运行实时分析功能

执行设备参数数据指标实时分析功能，可实时分析采集到的数据并做实时汇总分析，目前主要分析设备的小时运行指标综合状态，包括最大、最小、参考值等。

（2）设备性能离线分析功能

对实时分析结果自动排期日分析任务、7 天分析任务、月分析任务，按周期和用户关心的设备数据组合生成各类指标分析结果数据，方便业务应用系统通过数据开放访问平台随时提取。

（3）业务数据字典同步功能

定时增量更新业务数据中设置的字典数据，包括设备数据、项目数据、企业数据、施工数据、地质数据等。不同的数据可安排不同的同步周期。

3. 实时数据展示与盾构状态监测

盾构施工参数实时监控可远程实时监控盾构运行参数，参数上传间隔 5 s，包括盾构机的所有 PLC 点位信息和导向信息，如图 18-15～图 18-17 所示。

可同时在线监测多个工点、不同城市项目的多台盾构。

行业地图监测所有接入项目，如图 18-18 所示。

设备地图监测所有接入的设备，如图 18-19 所示。

项目地图实时显示盾构机所处位置（平面位置、剖面位置及地层信息）及其状况信息，如图 18-20 所示。在地图上根据进度实时显示盾构机/TBM 的平面位置。

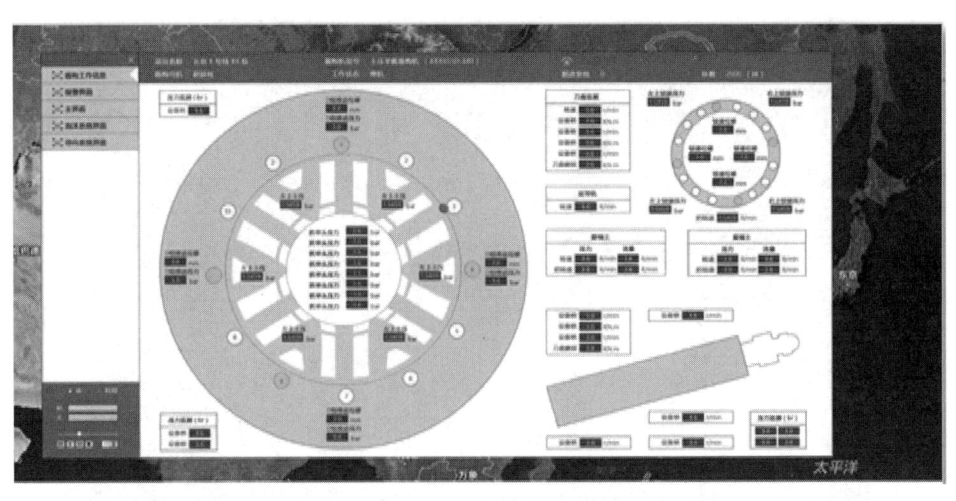

图 18-15　刀盘、螺旋机界面

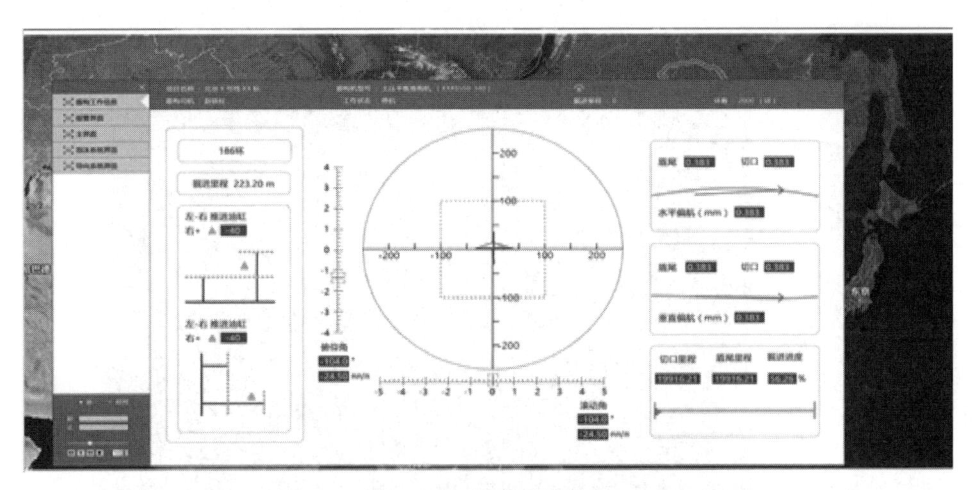

图 18-16　导向系统界面

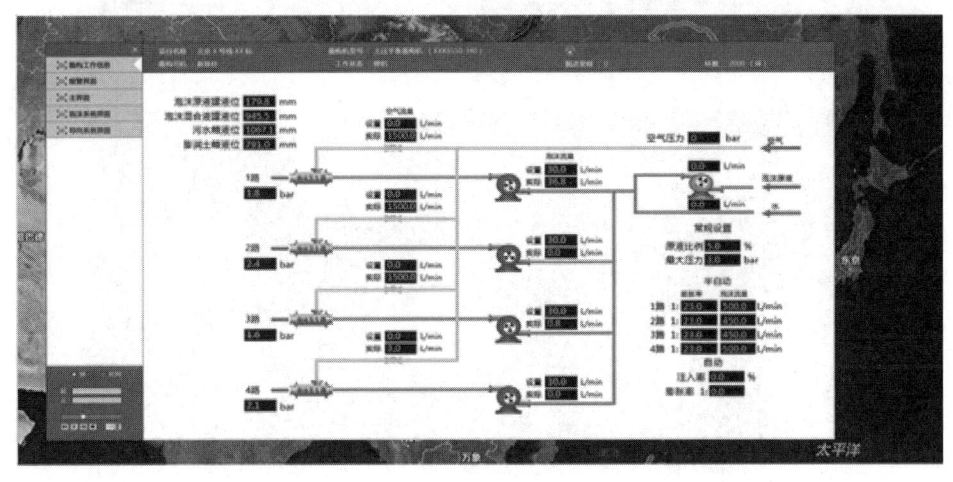

图 18-17　泡沫系统界面

图 18-18　行业地图

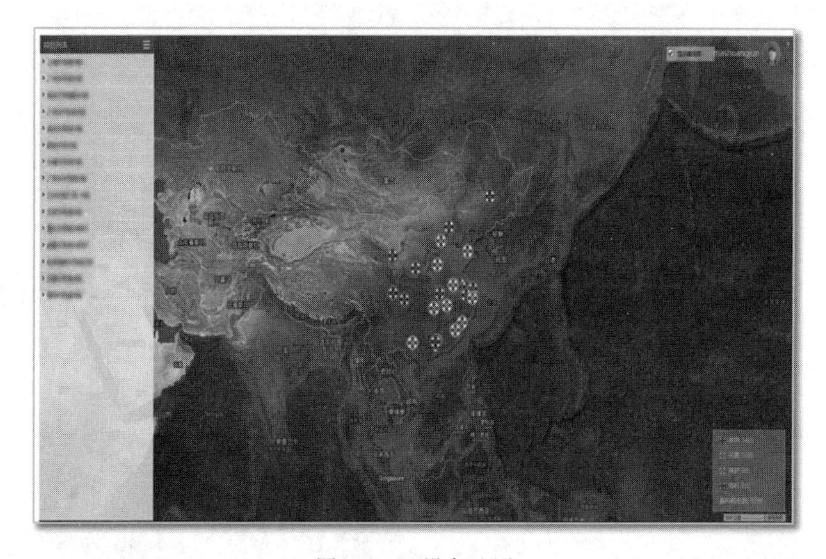

图 18-19　设备地图

图 18-20　项目地图

平面图上根据进度实时显示盾构机/TBM的平面位置，如图18-21所示。

纵断面图实时显示盾构机所处剖面位置、地层信息及其状况信息，如图18-22所示。

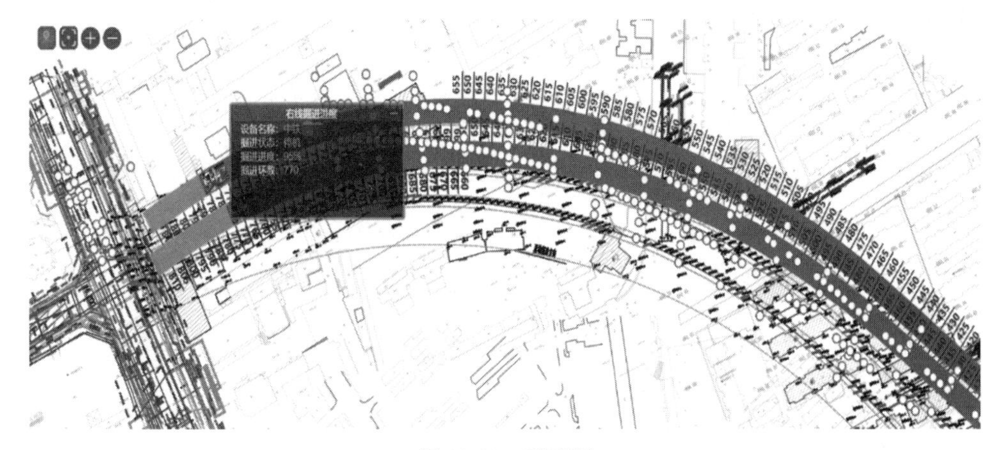

图18-21　平面图

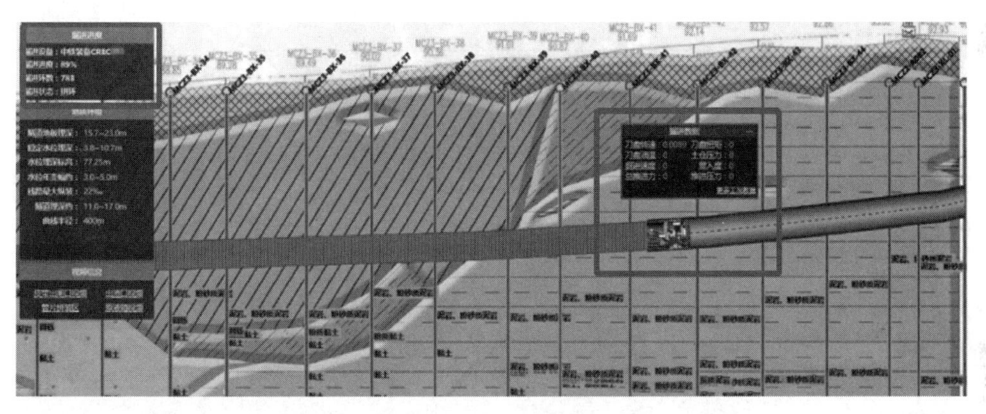

图18-22　纵断面图

4．数据分析与盾构健康状态评估

盾构机健康指数计算模型是从多个维度切入，对盾构机的整机健康状态进行研究，最终输出一个综合的盾构机健康指数评估。

1）研究方法

盾构机健康指数计算模型在分析盾构机健康状态时需要输入多个维度的参数。后期逐渐引入维保完成情况和掘进参数这两个维度。

2）盾构机故障报警

盾构机的故障报警信息(图18-23)根据不同类型的盾构区别很大，且故障报警信息又分为了多个级别。以中交天和机械设备制造有限公司的盾构机为例故障类型主要分为以下几种。

(1) 发生时会引发强制停机的故障，如皮带机过载、刀盘扭矩异常等。

(2) 发生时建议停机但仍可继续施工的故障，如油箱液温度高、外周密封温度高等。

(3) 发生时通常会被忽略，继续施工的预警，如泡沫混合箱液位高等。

3）维保完成情况

在盾构机健康指数评估中引入维保完成情况这个维度，需要结合计划维保系统。该系统会定期向维保人员推送维保任务，并统计维保任务的完成情况。通过每天实时的维保任务完成情况和历史维保完成率来评估盾构机健康指数。维保记录如图18-24所示。

点位报警

设备故障报警

导出列表

序号	点位名称	盾构机编号	报警开始时间	报警等级	详情
1	NO.1盾尾油脂量不足	THDG17173	2019-06-19 12:25:38	红色警报	详情
2	No.7刀盘变频器电源切断	THDG17173	2019-06-19 07:23:22	红色警报	详情
3	螺旋机旋转连锁解除	THDG17173	2019-06-19 07:23:22	红色警报	详情
4	No.14刀盘变频器电源切断	THDG17173	2019-06-19 07:23:22	红色警报	详情

显示第 1 到第 4 条记录，总共 4 条记录

关闭

图 18-23 盾构机的故障报警信息

查看

计划名称	任务编号	设备名称	维保类型	系统类型	部件名称	任务状态	本次任务开始时间	维保内容	维保结果	维保结果描述	操作
2019-06-15上传的任务	DG1560568063625	海瑞克795	巡检	电气组	主驱动电机	已处理	2019-06-15	设备日常保养	正常	正常	查看
2019-06-15上传的任务	DG1560568063721	海瑞克795	巡检	电气组	水管卷盘电气系统	已处理	2019-06-15	设备日常保养	正常	正常	查看
2019-06-15上传的任务	DG1560568063809	海瑞克795	巡检	电气组	3#变压器	已处理	2019-06-15	设备日常保养	正常	正常	查看
2019-06-15上传的任务	DG1560568063899	海瑞克795	巡检	电气组	喷播电气系统	已处理	2019-06-15	设备日常保养	正常	正常	查看
2019-06-15上传的任务	DG1560568063977	海瑞克795	巡检	电气组	空压机电气系统	已处理	2019-06-15	设备日常保养	正常	正常	查看

图 18-24 维保记录

4）盾构机掘进参数

盾构机掘进参数需要通过大数据积累来确定扣分项和权重。初步可以从地质信息结合刀盘扭矩、刀盘转速、掘进速度、总推进力这四个核心参数入手进行研究。

将盾构机掘进参数作为盾构机健康指数的一个参考维度，需要利用大数据平台统计分析出盾构机核心参数在不同工况下的合理阈值。其中，报警等级是一个初步分类，可靠的等级划分需要结合大数据来进行标定。在研究初期可以使用这个表格中的报警等级来对应扣分项，并直接产生一个盾构机健康指数的评估维度。

总体而言，从研究的实际角度出发，应该先从盾构机故障报警这个维度入手，先建立一个较为直观的盾构机健康指数计算模型，而且中交天和机械设备制造有限公司的“THDG16125”号盾构机目前已经具备了研究和开发条件，可以结合中交天和机械设备制造有限公司现有系统和数据，开发一个初版的盾构机健康指数计算模型，实现一个基础的打分功能。然后随着项目推进和系统的完善，逐渐引入维保数据和盾构机掘进参数等其他维度，由浅入深逐渐完成该模型。

5. 盾构部件智能维保与整机智能推进

1) 设备信息模块

设备信息模块可以浏览设备的基本信息(图 18-25)。可以通过设备编号、设备名称、安装位置和设备状态等条件对设备进行查询或者筛选。帮助巡检人员时刻了解设备的状态。该模块的内容是通过通信管理模块从电脑端获取。

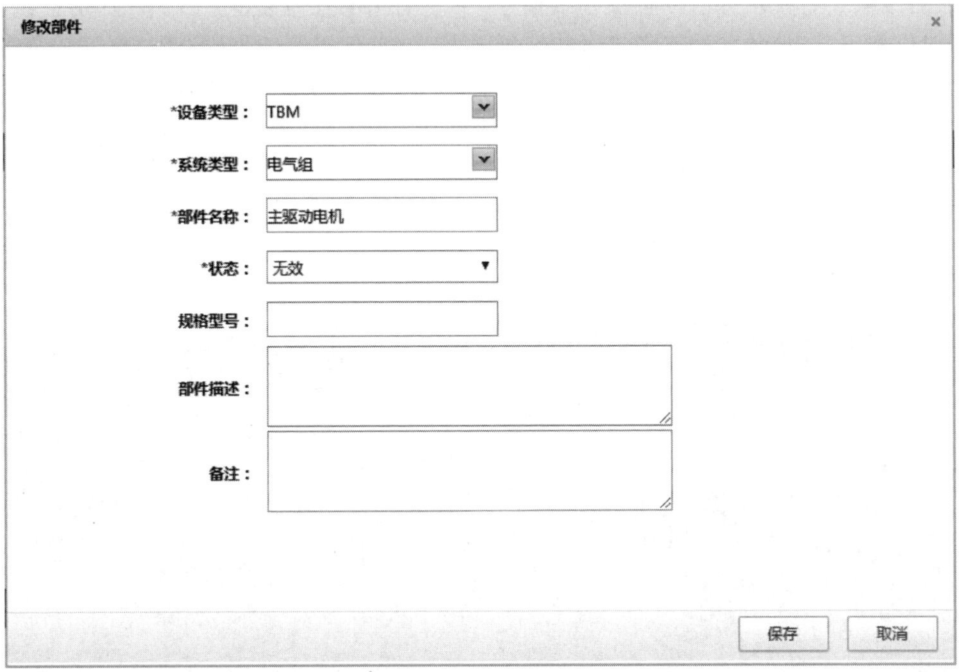

修改部件

*设备类型：TBM

*系统类型：电气组

*部件名称：主驱动电机

*状态：无效

规格型号：

部件描述：

备注：

保存　取消

图 18-25　设备信息

2) 设备巡检管理

设备巡检管理模块分为设备巡检计划和设备巡检记录两部分(图 18-26)。

(1) 设备巡检计划

设备巡检计划模块是在电脑端人工录入生成，设备巡检记录是根据每日的设备巡检计划在电脑端自动生成。然后通过通信管理模块将设备巡检计划和设备巡检记录发送到手机端。

计划名称	任务开始时间	项目	设备名称
2019-06-19上传的任务	2019-06-19	引汉济渭岭北施工段	海瑞克795
2019-06-15上传的任务	2019-06-15	引汉济渭岭北施工段	海瑞克795
2019-06-14上传的任务	2019-06-14	引汉济渭岭北施工段	海瑞克795
2019-06-13上传的任务	2019-06-13	引汉济渭岭北施工段	海瑞克795
2019-06-12上传的任务	2019-06-12	引汉济渭岭北施工段	海瑞克795
2019-06-11上传的任务	2019-06-11	引汉济渭岭北施工段	海瑞克795
2019-06-10上传的任务	2019-06-10	引汉济渭岭北施工段	海瑞克795
2019-06-09上传的任务	2019-06-09	引汉济渭岭北施工段	海瑞克795
2019-06-08上传的任务	2019-06-08	引汉济渭岭北施工段	海瑞克795
2019-06-07上传的任务	2019-06-07	引汉济渭岭北施工段	海瑞克795

图 18-26　设备巡检管理

(2) 设备巡检记录

设备巡检记录模块可以浏览并操作设备巡检记录，通过设备编号、设备名称或者巡检状态对巡检记录进行查询或者筛选。可以通过近场通信(near field communication,NFC)数据读取模块自动修改对应的巡检状态。可以实现手动填写和修改巡检状态、巡检结果、巡检状况描述等操作。

3) 设备维保计划

设备维保计划模块可以浏览设备维保计划,通过设备编号、设备名称或者执行状态等对维保计划进行查询或者筛选。

4) 设备维保记录

设备维保记录模块可以浏览并操作设备维保记录,通过设备编号、设备名称或者维保状态对维保记录进行查询或者筛选。可以通过NFC数据读取模块自动修改对应的维保状态,也可以实现手动填写和修改维保状态等操作。

18.2.3 盾构远程监测技术在盾构运维中的应用案例

1. 中铁工程装备集团有限公司的“装备云”

中铁工程装备集团有限公司的“装备云”是一个隧道掘进机群的远程实时监控的综合业务管理平台,深度融合数字传感技术、工业互联网、大数据分析等新一代信息技术,主要包括综合管理、实时监控、预警管理、项目信息、设备管理、施工数据、综合分析等功能模块,如图18-27~图18-36所示。

图18-27 “装备云”登录页面

图18-28 项目列表及分布(1)

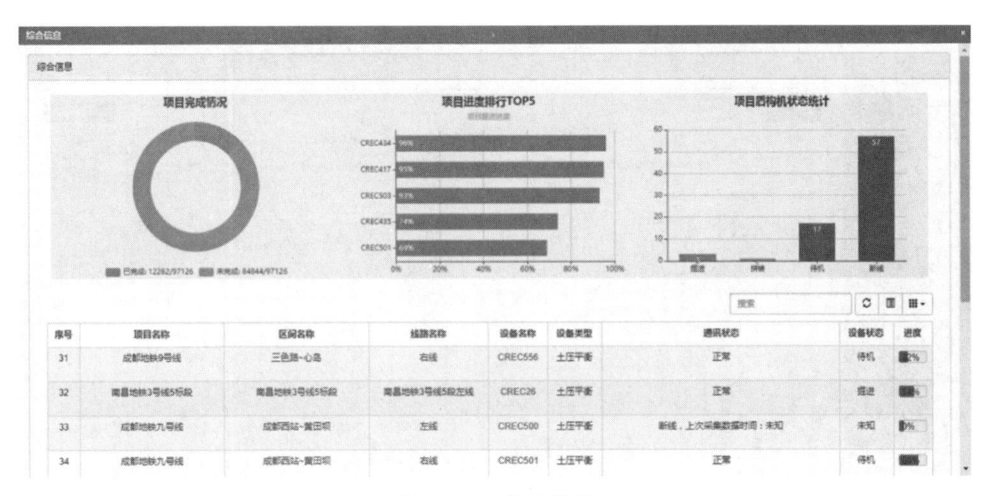

图 18-29　综合信息

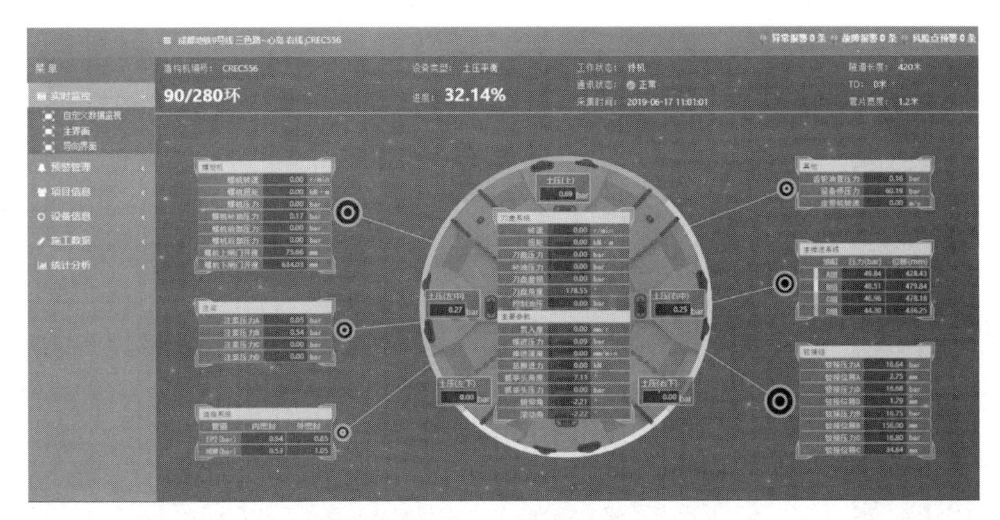

图 18-30　土压主界面

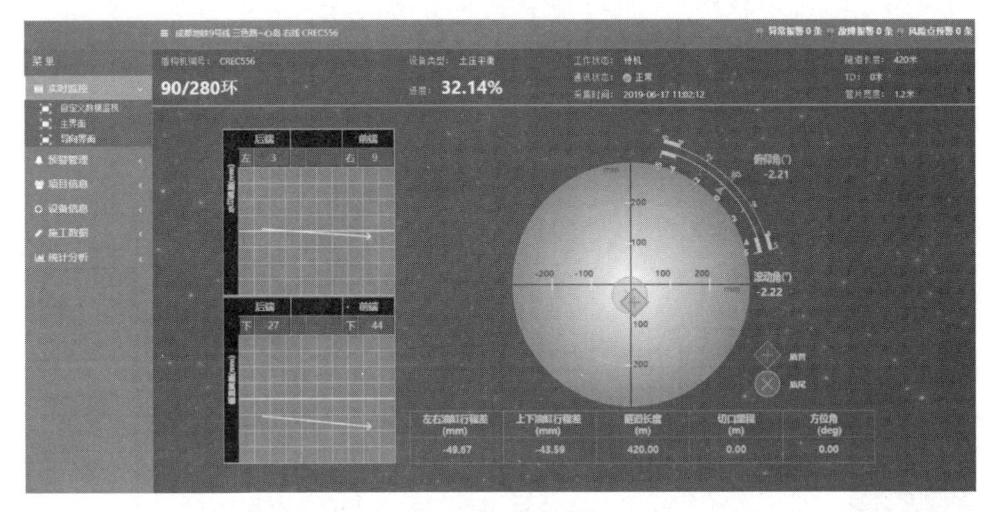

图 18-31　导向系统

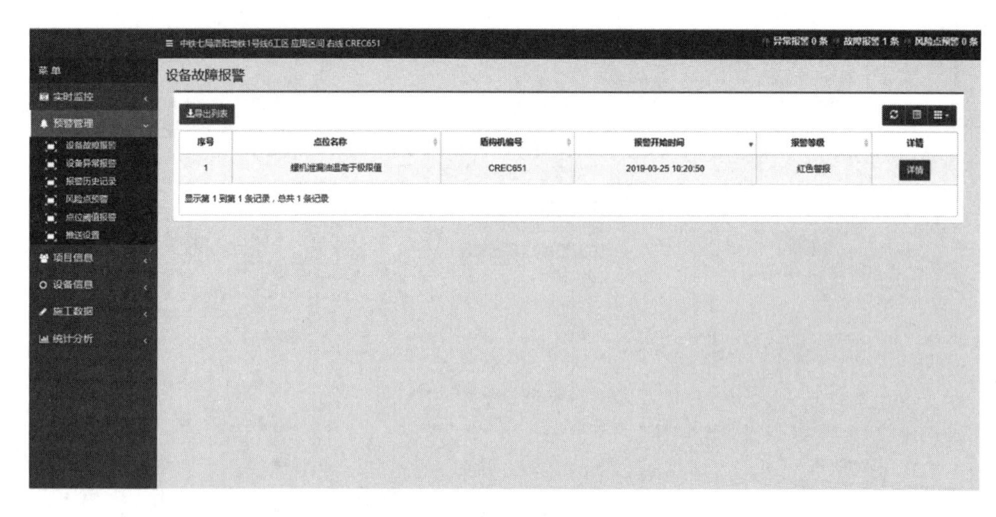

图 18-32 预警管理

图 18-33 材料消耗(1)

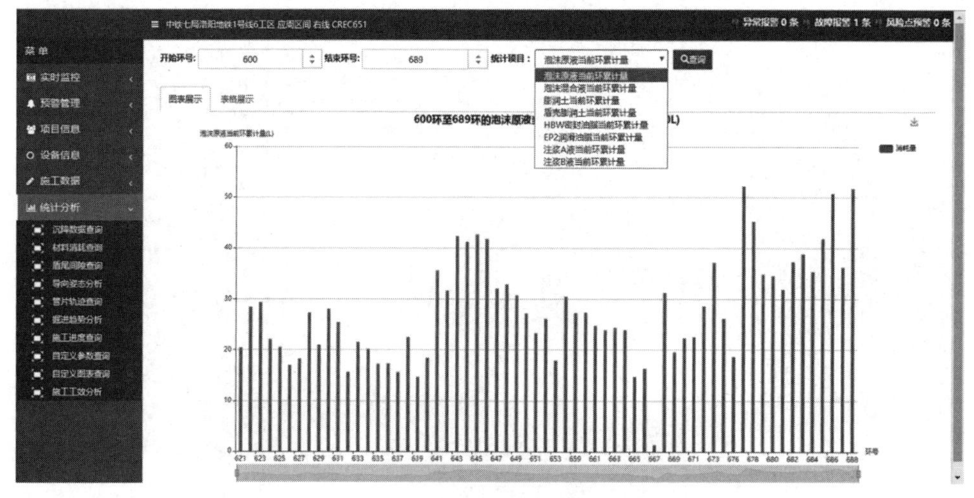

图 18-34 材料消耗(2)

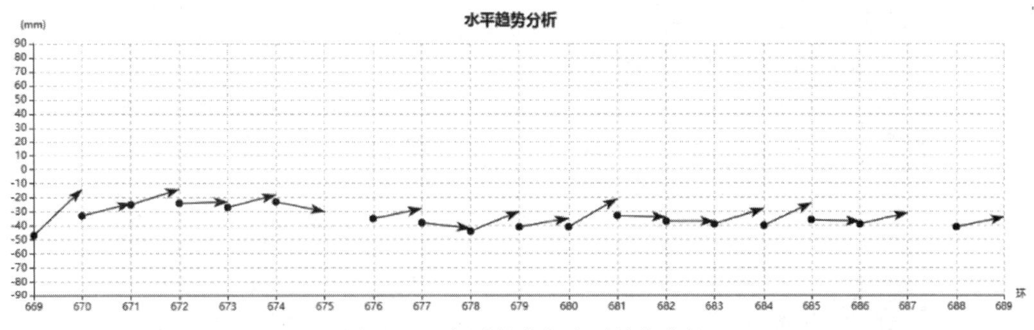

图 18-35　掘进趋势与水平趋势分析

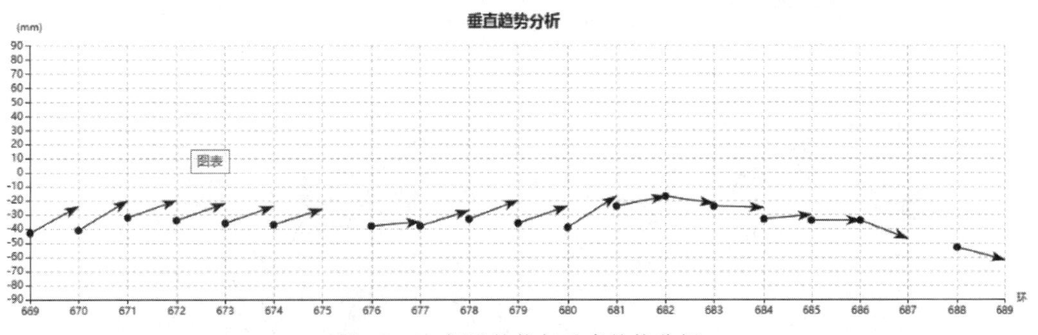

图 18-36　掘进趋势与垂直趋势分析

2. 中国交通建设股份有限公司的“盾构施工安全监控系统”

中国交通建设股份有限公司的盾构施工安全监控中心从安全生产管理信息化角度出发，以服务项目为目的，以风险管理为主线，以专业化盾构为目标；通过集成创新，建设专业化、集约化、透明化的管理平台，规范现场施工，防范安全风险；确立风险预警标准，针对风险预警进行提醒并推送。主要功能有综合看板、地图监控、实时监控、综合分析、预警信息等，如图 18-37～图 18-45 所示。

图 18-37　“盾构施工安全监控系统”登录页面

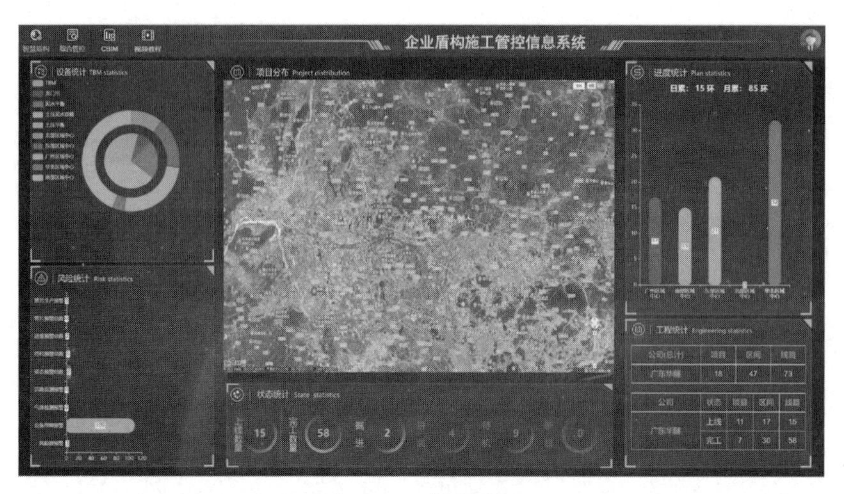

图 18-38　综合看板

图 18-39　地图监控

图 18-40　查询与分析

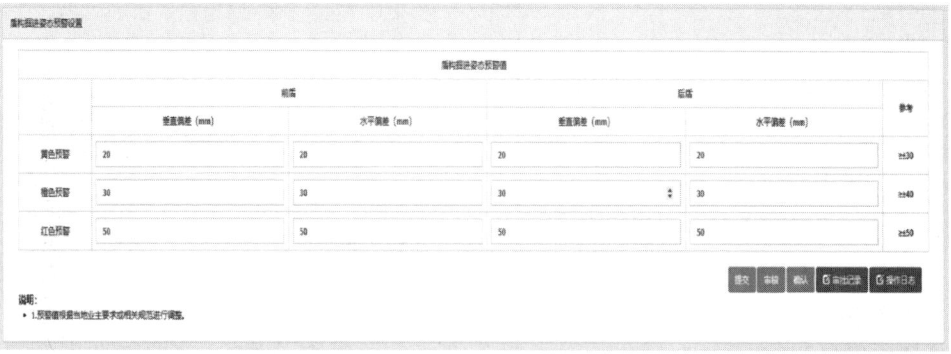

盾构掘进姿态预警设置

盾构掘进姿态预警值					
	前盾		后盾		参考
	垂直偏差（mm）	水平偏差（mm）	垂直偏差（mm）	水平偏差（mm）	
黄色预警	20	20	20	20	≥±30
橙色预警	30	30	30	30	≥±40
红色预警	50	50	50	50	≥±50

提交　审核　确认　审批记录　操作日志

说明：
- 1.预警值根据当地业主要求或相关规范进行调整。

图 18-41　姿态预警设置

盾构隧道监测等级划分及预警设置

盾构隧道监测等级划分及预警设置																
监测等级	控制值				黄色预警值				橙色预警值				红色预警值			
	累计值（mm）		变化速率（mm/d）		☑累计值（mm）		☐变化速率（mm/d）		☐累计值（mm）		☑变化速率（mm/d）		☑累计值（mm）		☐变化速率（mm/d）	
	地表沉降	地表隆起	沉降	隆起	地表沉降	地表隆起	沉降	隆起	地表沉降	地表隆起	沉降	隆起	地表沉降	地表隆起	沉降	隆起
一级	0	0	0	0	5	5	5	5	15	15	15	15	25	25	25	25
二级	0	0	0	0	8	8	8	8	18	18	18	18	28	28	28	28
三级	0	0	0	0	10	10	10	10	20	20	20	20	30	30	30	30

提交　审核　确认　审批记录　操作日志

说明：
- 1.在不违反标准规范的情况下，根据当地具体管理办法或特殊环境所新增的监测等级，特殊等级可根据项目需要自行添加。
- 2.选中预警值累计值后复选框则以累计值达到相关设置值进行预警，变化速率复选框选中则以变化速率达到相关设置值进行预警，如果两种全选，则使用双控预警（其中一种控制值达到相关设置值则进行预警）。
- 3.地表沉降参考值：

监测项目及岩土类型		工程监测等级					
		一级		二级		三级	
		累计值（mm）	变化速率（mm/d）	累计值（mm）	变化速率（mm/d）	累计值（mm）	变化速率（mm/d）
地表沉降	坚硬~中硬土	10~20	3	20~30	4	30~40	4
	中软~软土层	15~25	3	25~36	4	36~45	5
地标隆起		10	3	10	3	18	3

图 18-42　沉降监测预警设置

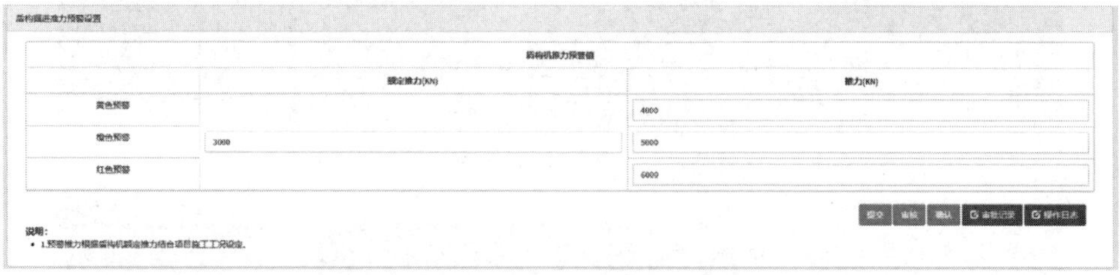

盾构掘进推力预警设置

盾构机推力预警值		
	额定推力(KN)	推力(KN)
黄色预警		4000
橙色预警	3000	5000
红色预警		6000

提交　审核　确认　审批记录　操作日志

说明：
- 1.预警推力根据盾构机额定推力结合项目施工工况设定。

图 18-43　推力预警设置

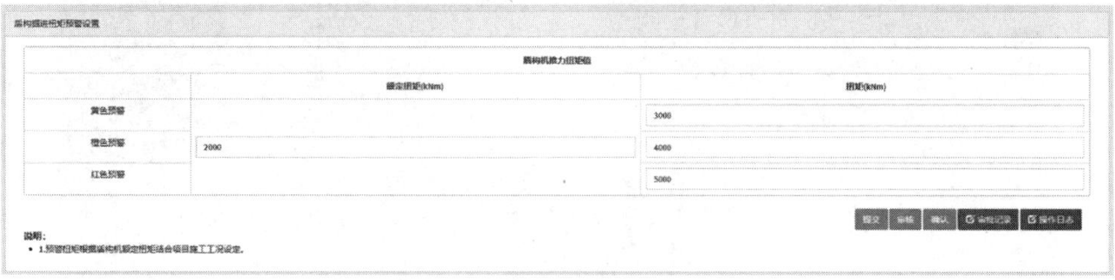

盾构掘进扭矩预警设置

盾构机推力扭矩值		
	额定扭矩(kNm)	扭矩(kNm)
黄色预警		3000
橙色预警	2000	4000
红色预警		5000

提交　审核　确认　审批记录　操作日志

说明：
- 1.预警扭矩根据盾构机额定扭矩结合项目施工工况设定。

图 18-44　扭矩预警设置

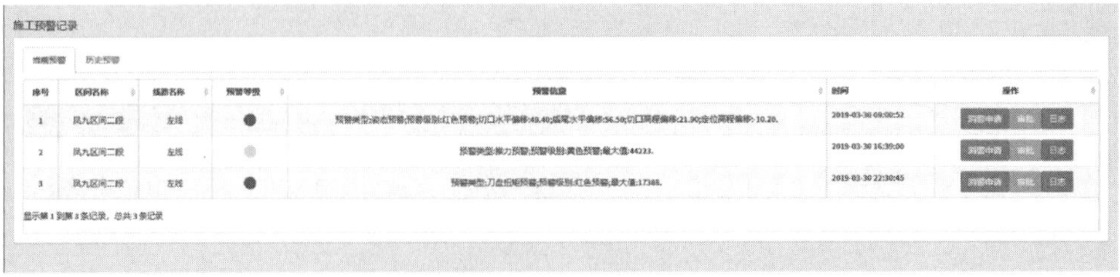

图 18-45　预警记录与预警消除审批

3. 中铁隧道局集团有限公司的“智慧盾构TBM工程大数据平台”

盾构TBM施工大数据应用平台是在有效采集、存储盾构各个关键部件的重要参数(如推力、扭矩、刀盘转速等),盾构施工经验数据,以及周围环境地质参数数据的基础上,利用深度学习等人工智能技术,对获取的盾构TBM工程大数据进行适当处理和分析,实现对各个分散盾构设备的实时监控、故障预测,并提供科学高效的施工方案。通过对状态监测大数据的集中存储和管理,用户不仅可以直接在数据中心获得监测设备的历史与当前状态,而且通过对已有的经验数据进行分析,可以实现复杂事件与规律的感知。主要功能有智能监控、综合分析、工程分布、风险管理、综合台账、参数预警等,如图18-46～图18-53所示。

图 18-46　“智慧盾构TBM工程大数据平台系统”登录页面

图 18-47　项目列表及分布(2)

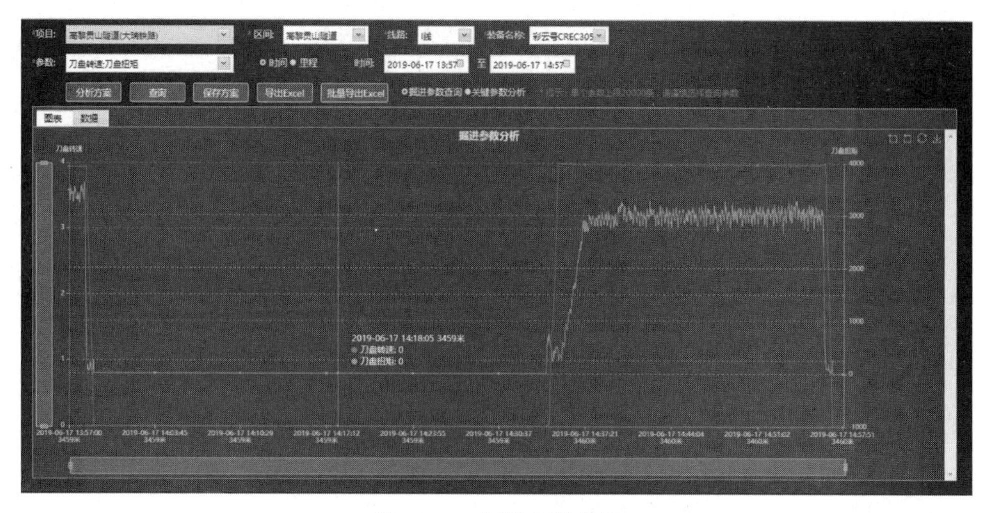

图 18-48　掘进参数分析

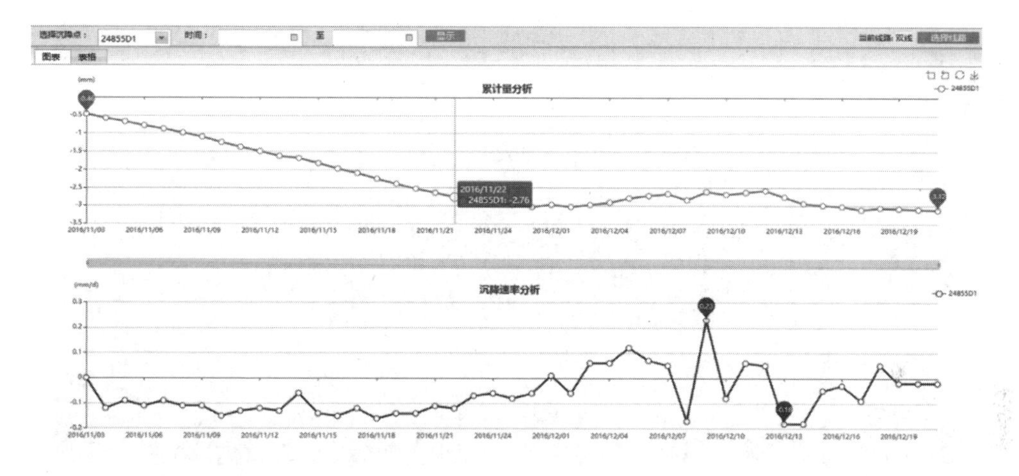

图 18-49　沉降分析

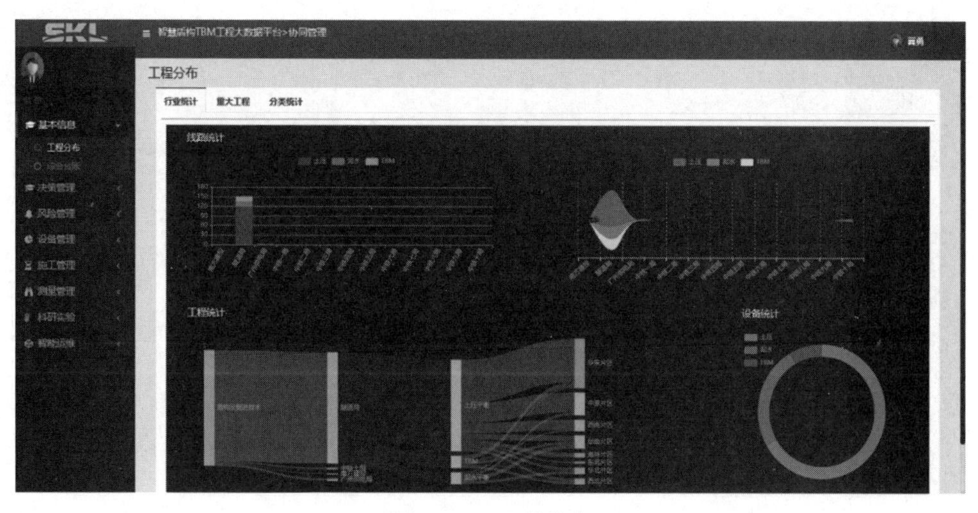

图 18-50　工程分布

图 18-51　工程风险

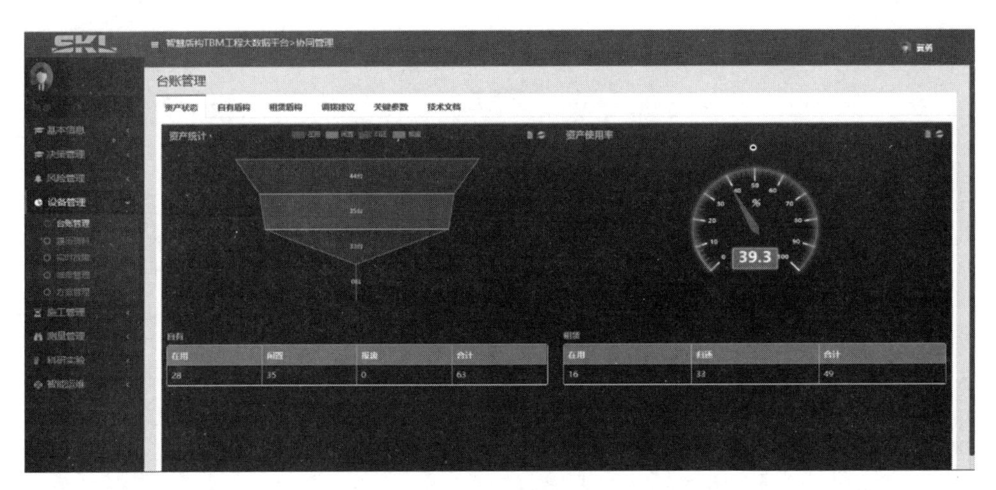

图 18-52　台账管理

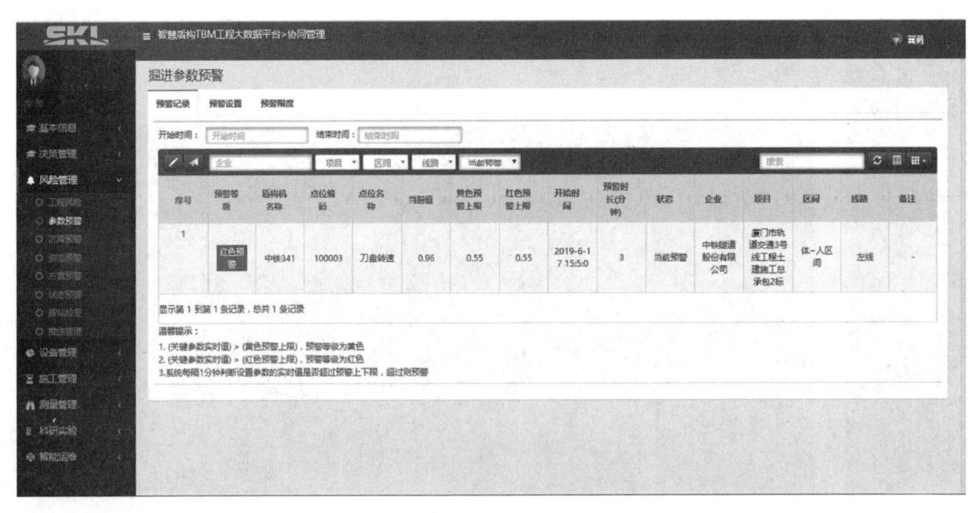

图 18-53　参数预警

4. 中铁六局集团有限公司的施工信息模型

由建筑信息模型（building information modeling，BIM）、地理信息系统（geographic information system，GIS）和工业物联网（internet of things，IoT）技术相融合而诞生的技术称为施工信息模型（construction building information modeling，CBIM）。该技术可建立盾构施工数字孪生体，以动静结合的方式建立全新盾构施工信息模型，实时反映现场施工状态，直观分析盾构施工中的工程管理、风险管理和管片成形、沉降风险、盾构姿态等问题，为盾构施工提供一种全新、有效、直观的解决方案，减少传统盾构施工出现管理、安全等方面风险问题，如图 18-54～图 18-68 所示。

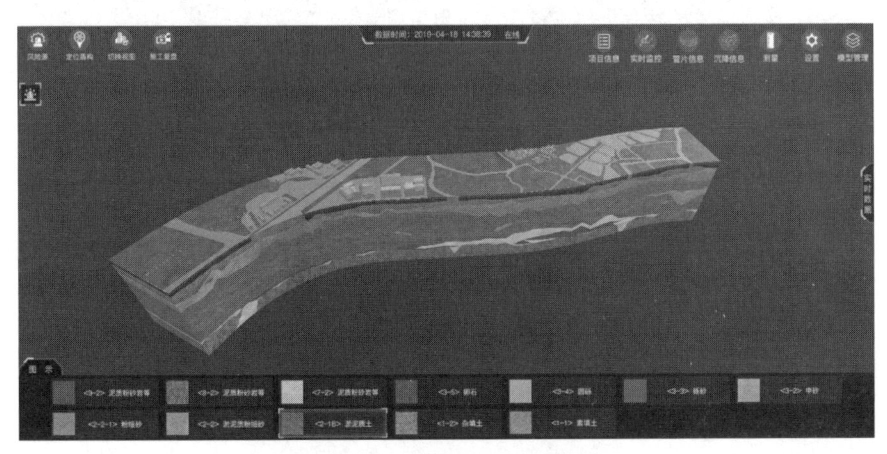

图 18-54　盾构施工信息模型主界面

图 18-55　盾构机三维模型

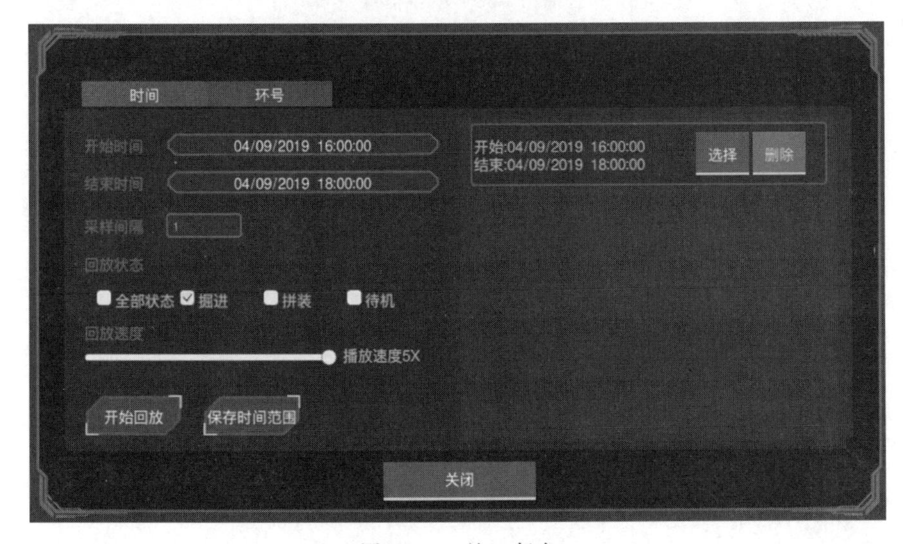

图 18-56　施工复盘

管片信息管理
环号 94 水平偏差 -28.7821 垂直偏差: 34.36451 更新时间: 2018/11/1 0:00:00
环号 95 水平偏差 -5.79323 垂直偏差: 25.21751 更新时间: 2018/11/1 0:00:00
环号 96 水平偏差 -24.6047 垂直偏差: 27.85122 更新时间: 2018/11/1 0:00:00
环号 97 水平偏差 -23.6820 垂直偏差: 18.38556 更新时间: 2018/11/1 0:00:00
环号 98 水平偏差 -27.6664 垂直偏差: 13.18323 更新时间: 2018/11/1 0:00:00
环号 99 水平偏差 -24.0203 垂直偏差: 3.983476 更新时间: 2018/11/1 0:00:00
环号 100 水平偏差 -18.8078 垂直偏差: -3.8862 更新时间: 2018/11/1 0:00:00
环号 101 水平偏差 -18.9088 垂直偏差: -4.5525 更新时间: 2018/11/1 0:00:00
环号 102 水平偏差 -19.0359 垂直偏差: -5.7448 更新时间: 2018/11/1 0:00:00
环号 103 水平偏差 -13.6396 垂直偏差: -19.229 更新时间: 2018/11/1 0:00:00
关 闭

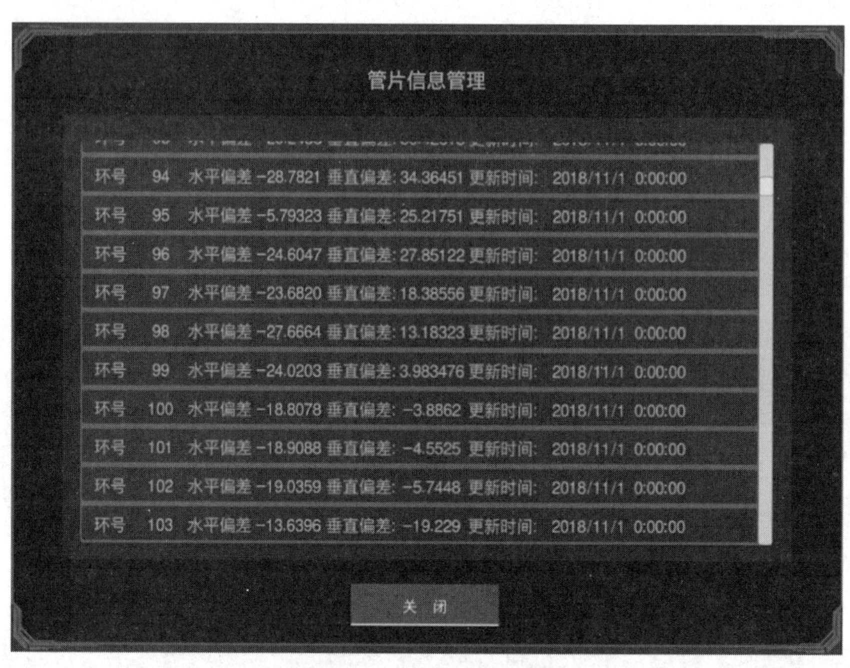

图 18-57　管片信息管理

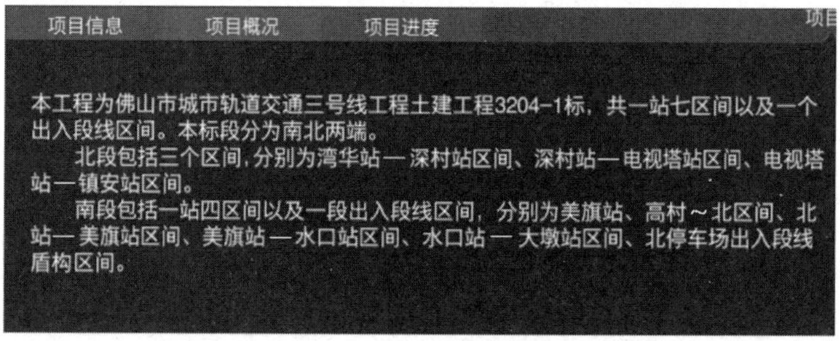

项目信息
项目概况
项目进度
本工程为佛山市城市轨道交通三号线工程土建工程3204-1标，共一站七区间以及一个出入段线区间。本标段分为南北两端。
北段包括三个区间，分别为湾华站—深村站区间、深村站—电视塔站区间、电视塔站—镇安站区间。
南段包括一站四区间以及一段出入段线区间，分别为美旗站、高村～北区间、北站—美旗站区间、美旗站—水口站区间、水口站—大墩站区间、北停车场出入段线盾构区间。

图 18-58　项目信息

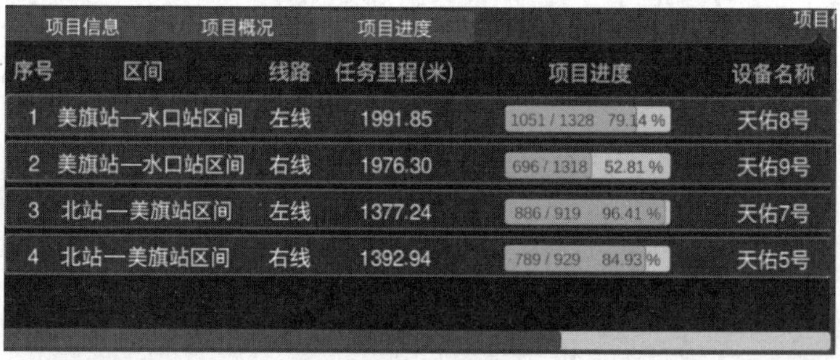

项目信息
项目概况
项目进度
序号 区间 线路 任务里程(米) 项目进度 设备名称
1 美旗站—水口站区间 左线 1991.85 1051 / 1328 79.14 % 天佑8号
2 美旗站—水口站区间 右线 1976.30 696 / 1318 52.81 % 天佑9号
3 北站—美旗站区间 左线 1377.24 886 / 919 96.41 % 天佑7号
4 北站—美旗站区间 右线 1392.94 789 / 929 84.93 % 天佑5号

图 18-59　项目进度

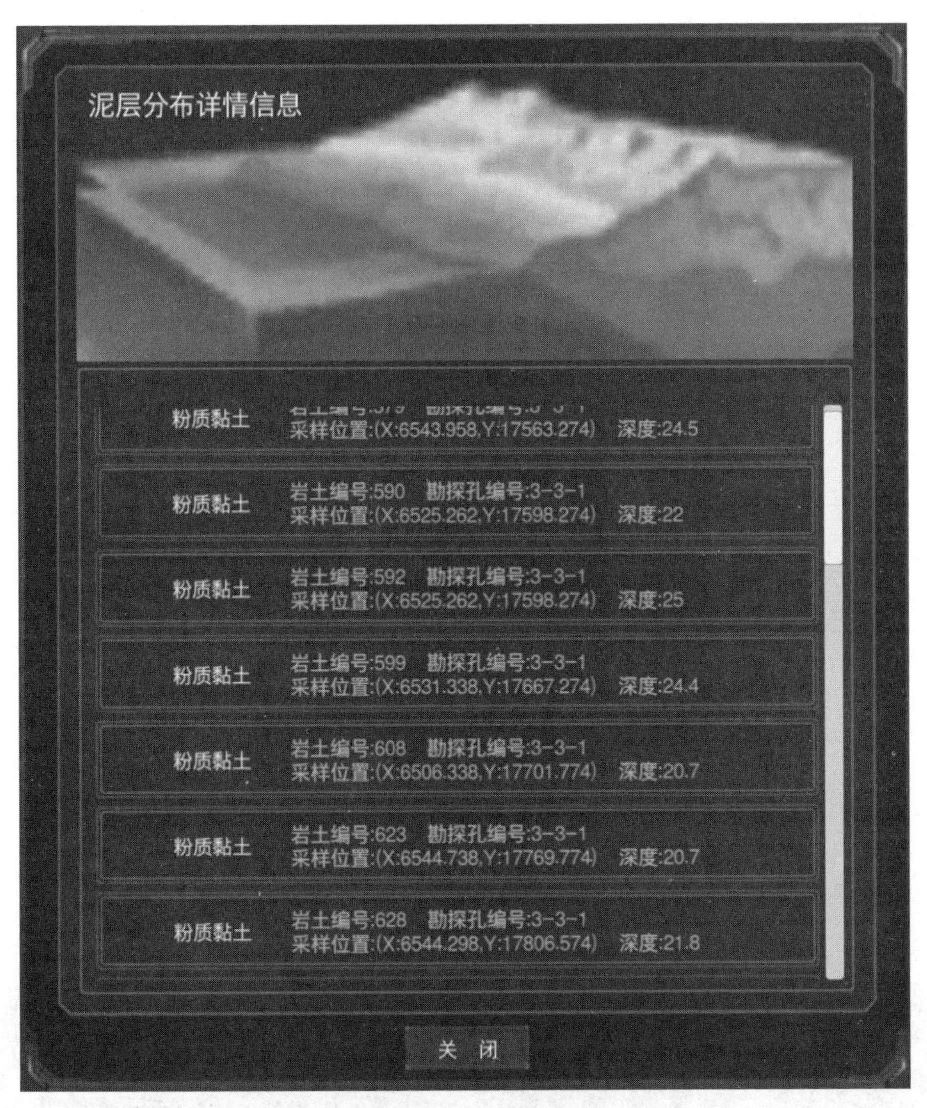

图 18-60　地质信息

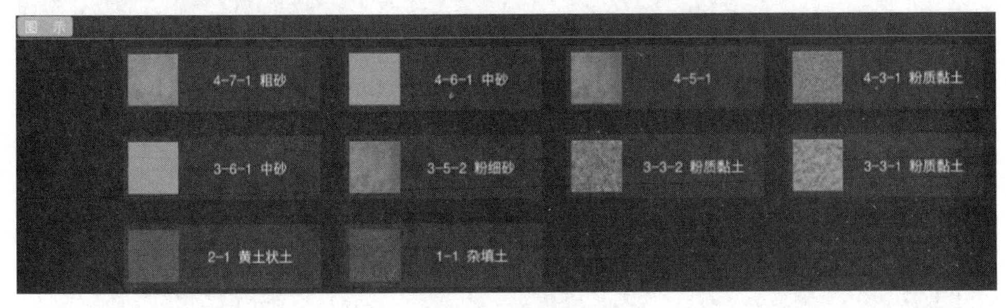

图 18-61　地质图例

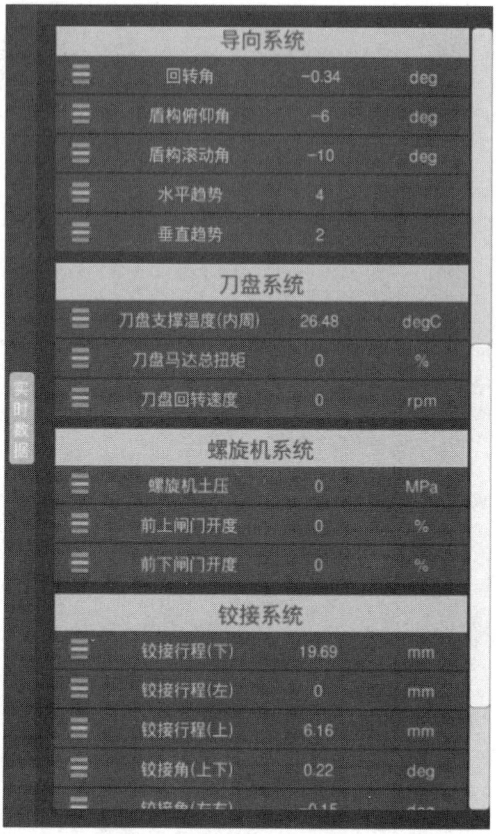

实时数据

导向系统		
回转角	-0.34	deg
盾构俯仰角	-6	deg
盾构滚动角	-10	deg
水平趋势	4	
垂直趋势	2	

刀盘系统		
刀盘支撑温度(内周)	26.48	degC
刀盘马达总扭矩	0	%
刀盘回转速度	0	rpm

螺旋机系统		
螺旋机土压	0	MPa
前上闸门开度	0	%
前下闸门开度	0	%

铰接系统		
铰接行程(下)	19.69	mm
铰接行程(左)	0	mm
铰接行程(上)	6.16	mm
铰接角(上下)	0.22	deg

图 18-62　实时数据

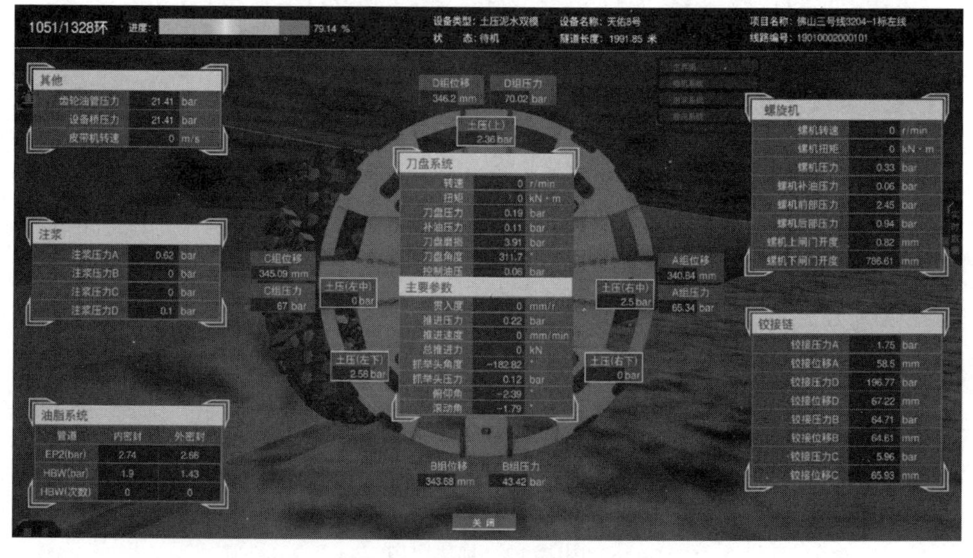

图 18-63　“实时监控”主界面

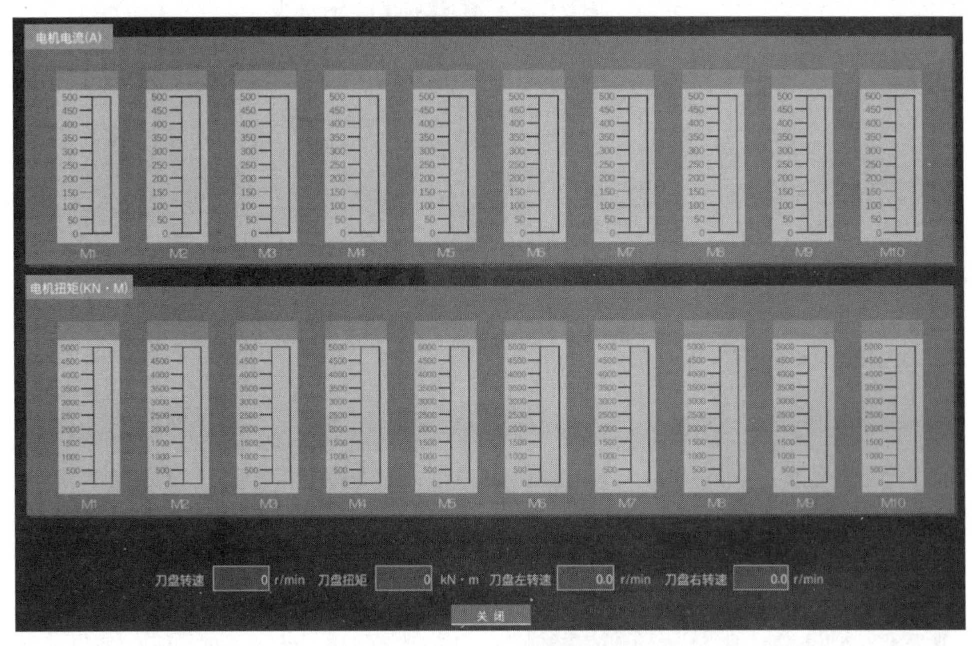

图 18-64　电机系统

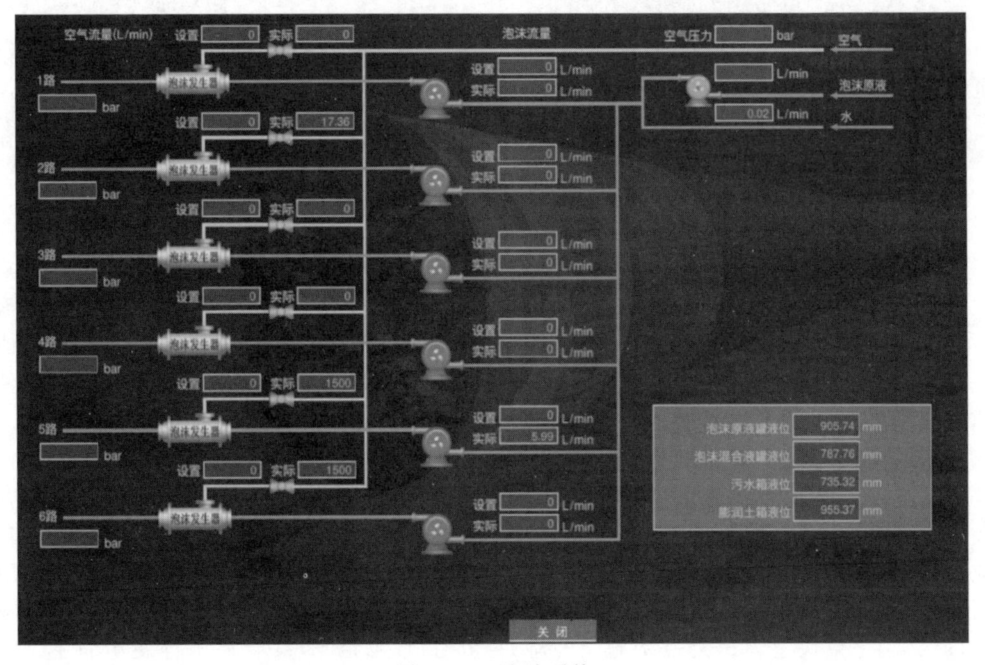

图 18-65　泡沫系统

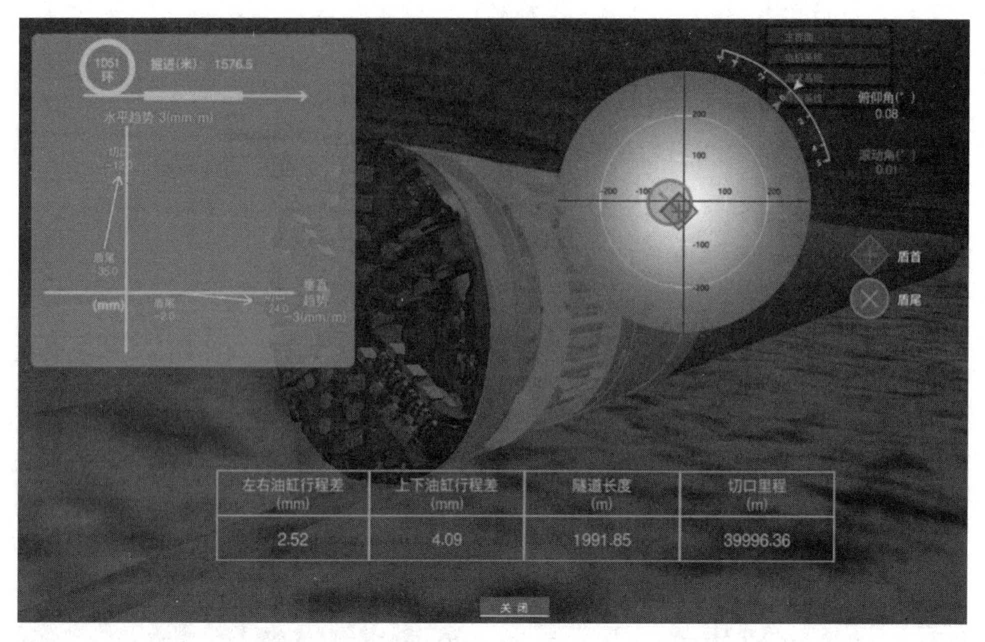

图 18-66 导向系统

图 18-67 管片管理及偏差

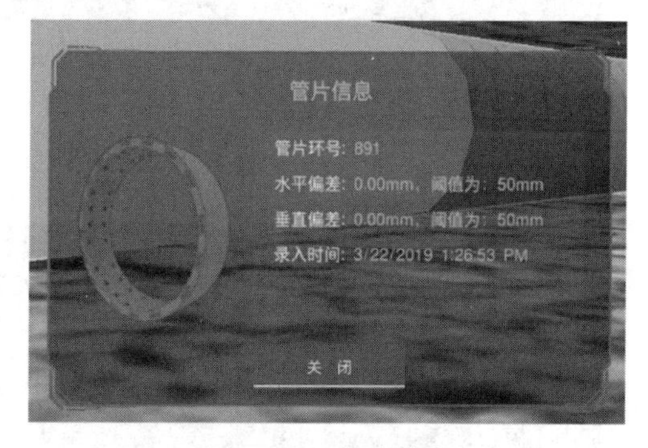

图 18-68 管片信息

18.2.4 盾构远程监测技术发展展望

伴随信息化、人工智能的快速发展，智慧隧道被逐步提出，快速推动隧道建设行业远程检测技术的提升，催生智慧隧道的发展。

智慧隧道的实现离不开采集监测技术的支撑，伴随盾构远程检测技术的逐步成熟与快速应用，将会倒逼盾构机设计生产厂商将数据采集器标准随机标配，向不同客户提供统一服务接口，物联化将快速渗透进盾构施工行业。如今智能终端、智能厨具、智慧家具等名词的兴起带动了整个数据采集物联行业的快速兴起。传感器、软件定义一切（software defined anything，SDX）、边缘计算、雾计算、5G 等技术的快速发展使得用户在数据采集的速率、流量密度、时延、移动性和峰值速率上有较好体验和应用，SDX 的出现将现实逐步反馈进软件并进行模拟仿真。

目前，盾构机的远程数据监测与采集仍属于半自动状态，真实的数据采集因不同厂家的标准规范不同，PLC 点位标准值序列亦有较大差别，因为采集数据的困难凸显，实际应用效果不佳，所有采集后的数据以设备报警、施工分析、日志记录、综合展示等使用为主。但隧道施工行业中的盾构机设备系统具有复杂性，其故障的发生呈现出突发性、随机性、无序性，这给预警维修带来极大挑战，因排障时间较长，定位故障困难直接影响生产效益和工程进度，造成巨大损失。因此数据采集技术的易用性亟待提高，伴随各盾构生产厂家的采集终端标配化，将能够快速解决数据采集现阶段面临的困难。同时，为打通整个隧道建设环节中的所有数据，现阶段的数据采集技术已不足以支撑隧道施工的全生命周期。未来，多功能、综合化、智能化的数据采集适配器将会推动数据采集技术的迭代提升，整个适配器将会融合国内各家 PLC 数据底层适配标准化 PLC 点位序列，将数据采集的范围快速扩大同时加大盾构机环境及人员信息的采集。通过采集感知施工现场的“人、机、料、法、环”等信息融合传感技术、通信技术、自动控制技术、物联网技术、智能监测技术和分析技术实现掘进、衬砌、排土等施工工艺的全机械化和自动化，辅助自动检测、自动纠偏、故障预警、刀盘磨损、油液监测、地面沉降预警、盾前地质勘测等技术推动掘进及隧道施工的智慧化。未来盾构机施工效果图如图 18-69 所示。

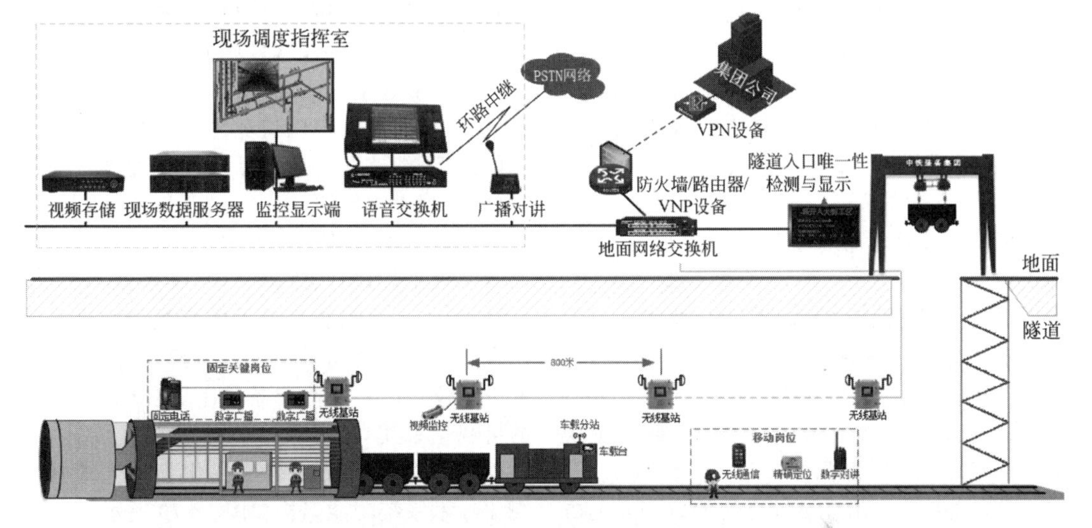

图 18-69　未来盾构机施工效果图

视频：盾构远程监测

18.3　智能维修中的虚拟技术

18.3.1　概述

1. 概念

1) 虚拟维修技术

随着数字样机和虚拟现实等技术的发展，综合这些技术形成了虚拟维修技术。虚拟维修技术可以使设计者在机械设计时“看到、修到和用到”未来的产品，并通过虚拟操作和维修过程仿真进行维修性分析评估，在方案阶段就能发现维修性设计缺陷，并为维修保障分析、维修资料编写、维修培训等工作提供基础信息。

(1) 虚拟维修中的“虚拟”主要体现在以下

三个方面。

① 虚拟的维修对象和维修资源,即研究对象(被维修产品以及维修资源),如工具和人不是物理存在,而是数字化模型。

② 虚拟的维修环境,即工作环境不是现实的维修环境,而是在一定程度上反映现实环境特征的计算机仿真环境。

③ 虚拟的维修过程,即维修过程不是实际维修过程,而是实际维修过程在虚拟环境中的映射。

(2) 虚拟维修是一种人机交互过程的仿真,强调"形式不是真实的,但事实上能够存在、产生真实的效果"。因此,可将虚拟维修中的"虚拟"分为计算机仿真和虚拟现实两个层次,后者是前者发展的更高阶段。

2) 可视化技术

可视化技术是融合了计算机图形技术、计算机辅助设计与交互设计、信息处理技术、网络通信技术等多领域的新兴综合技术。可视化技术作为知识发现过程中的重要支撑技术对表现数据信息和挖掘隐含知识具有重要的作用,可视化技术被大量应用在设备维修的决策支持系统中。可视化具有以下主要特点。

(1) 交互性。用户可以方便地以交互的方式管理和开发数据。

(2) 多维性。可以看到表示对象或事件的数据的多个属性和变量,而数据可以按其每一维的值,将其分类、排序、组合和显示。

(3) 可视性。数据可以用图像、曲线、二维图形、三维模型和动画来显示,并可对其模式和相互关系进行可视化分析。

维修性可视化技术是利用三维模拟,以三维模型方式对产品维修性的一些定性特征进行分析。采用三维模型方式显示分析过程与分析结果,能为分析人员提供相对逼真的分析效果。三维模型设计软件的广泛使用,使维修性可视化利用各设计阶段的三维模型设计数据成为可能,从而可以避免维修性分析在时间上的滞后,能够及时对产品的维修性进行分析评估,发现潜在问题。

维修可视化可以实现技术手册的智能化,同时实现维修任务、维修资源、维修技术、维修决策、维修人才和维修效果的可视化。设备使用人员可以对使用设备进行自检、诊断和必要的维护修理。在智能化条件下,建立目标导向的可视化系统,将有利于构建新的运维体系,实现维修全生命周期的可视化管理。维修可视化技术系统功能架构如图 18-70 所示。

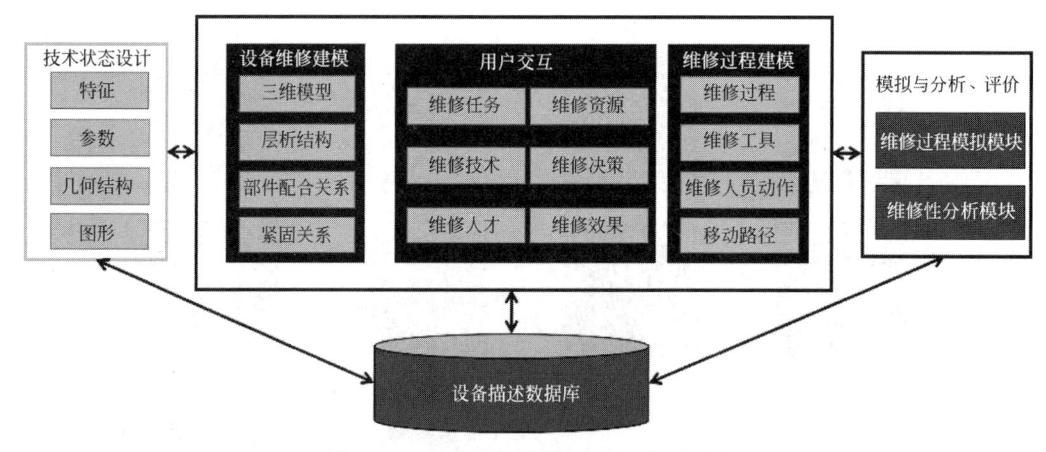

图 18-70 维修可视化技术系统功能架构

维修可视化技术以日益完善和逼真的三维模拟图形作为分析对象,克服传统做法的不足,对传统的设备维修具有重大效益:减少对设备的要求,有利于降低产品维修费用,缩短产品维修周期,改善产品的维修性。

3) 远程支援技术

远程支援技术是协同技术服务保障的重要形式,通信技术在远程支援技术中发挥着主要的作用。维修远程支援技术是技术服务信息化、一体化建设的热点之一。

维修远程支援技术是维修人员与远方人员或信息源之间的资料或信息的电子传输，以便现场维修人员根据设备远程实时传送的信息在现场完成维修任务。维修远程支援技术主要实现日常业务培训和远程维修指导两大功能。

2. 虚拟维修、可视化、远程支援的关系

虚拟维修是基础、可视化是手段、远程支援是目的，虚拟维修可视化远程支援技术是指将虚拟维修技术、可视化技术及远程支援技术三大技术融合。该项技术在大型复杂机械设备从设计至报废的整个生命周期内提供支持，实现对设备设计的指导、远程监控、远程维修支援等服务。

3. 虚拟维修与可视化远程支援技术意义

由于现代化大型设备复杂性的提高，众多设备都面临着保障费用高和设备完好保障性差两大难题。复杂设备的维修保障工作引起了工业界的普遍重视。同时，设备的迭代速度加快也无法使设备使用商投入大量新设备用于维修人员培训，设备使用人员及现场维修人员对新设备故障诊断的了解和学习只能依靠设备说明书，设备研发者及相关专家无法跟随设备整个完整生命周期，也就无法确保可以及时进行设备维修高质量的作业。

传统修理技术文件的编写及修理专用工具的设计是结合物理样机的实际拆装过程进行的，只有结合物理样机的拆装才能保证编写的修理技术文件科学合理，设计的修理专用工具可靠实用。目前，设备的维修保障工作要随同新设备的定型、生产同步进行，基于传统方法的维修保障工作的开展面临的问题是时间滞后、不能及时反馈影响设计、维修训练手段单一等。这些问题影响新设备配备到现场以后维修人员对设备的使用和维修，增加了维修保障工作的难度。

计算机辅助技术、仿真技术的发展日渐成熟，已被广泛应用于设计、制造阶段，仅依靠修理指南、使用和修理挂图等静态手段对设备维修工作进行软件支持的局面，滞后于设备维修保障工作的需求，设备维修可视化研究变得迫切和必要。高质量的维修基于对设备故障有清晰了解，现场维修人员无法对设备故障排除，需要远程求助设备研发者和相关设备故障专家，为保证对设备故障有较为完好的判断和后续高质量的维修服务，现场人员需要将设备向远程设备研发者及专家进行全方位、可视化的展示，以便研发者和专家可以提供高质量的建议，从而提高维修工作质量。现代化大型复杂设备的设计均已采用三维建模手段。在此基础上，结合虚拟维修、仿真技术、数据库技术，建立可视化支持系统，提供有效手段让维修人员熟悉了解新设备的使用，将设备的修理问题尽可能多地解决在企业的各级修理单位，是解决上述问题的有效办法。该可视化支持系统的研究在提供维修训练手段后，可以进一步对设备的维修性进行可视化分析，从设备的设计阶段就以使用方名义介入，参与设备并行设计，尽可能降低设备的维修保障难度。

虚拟维修可以说是通过数字化、智能化手段，将传统的、大型的、复杂的、难以操作的维修工作移植在计算机上，以实际维修操作为基准，在不违背现实规律的前提下，虚拟维修相对实际维修有以下优点。

1）更少的维修资源，更低的维修成本

无须使用专业厂房，节省了土地占用、电力使用、各类建材；无需对原型设备操作，减少了设备损耗、工具损耗、备件损耗；将虚拟维修场景、设备、工具整合到计算机系统中，只需使用一台计算机和少量电力。

2）设计维修过程，验证维修预案

一般设备的维修过程都是在实物生产后，对已有对象进行操作，维修过程势必在生产之后才能确定；通过虚拟维修，在产品设计完成后便可进行维修方案的设计，改善维修的时效性。同时，对新设计或修正的维修预案也可先进行虚拟操作，从而验证其安全性、可靠性和正确性。

3）预测维修风险，防止设备损坏

通过在虚拟环境中完成维修过程，可以发现原有维修过程的不足和缺陷，降低实际操作风险，及时修正维修方案。同时可以防止人为误操作对设备、工具的损坏，对经常出错的环节可以在实际维修中特别注意或进行更改。

4）提高人员技能，保证维修质量

虚拟维修可作为一种培训方式，帮助维修人员提高维修技能，熟练维修过程。传统的培训方式一般分为理论教学和实操训练，理论教学比较笼统抽象，不利于理解，实操训练缺乏资源，不能满足所有维修人员的教学。虚拟维修的方式很好地解决了这个问题，通过计算机辅助教学，使理论和实操可以同时进行，让维修人员用较短的时间、较少的资源、较高的效率掌握高水平的维修技能，保证维修质量。

可视化技术是专家和设备研发者提供远程支援服务的基础。远程服务支援是现场维修人员与远方专家或信息源之间的资料或信息的电子传输，以便现场维修人员实时接受维修培训与指导。现场维修的下一代就是远程维修，无论维修人员身处何方，都能通过网络将设备的状况信息数据传送给维修支援中心，远程维修支援中心可为维修人员提供所需的信息及必要的指导。维修远程支援通过无线连接建立高速网络，建设一个以维修现场为中心，具备远程、实时、交互功能。维修远程支援系统能提高现场维修效率、加强技术指导能力、应对各种紧急突发技术问题，以及为现场提供高清晰度的、流畅的设备实时现场维修支援。

将可视化技术与远程支援服务相结合，打造可视化远程服务支援技术，可在有效时间内提高维修人员技术熟练水平，完成设备的高质量修理，从而显著减少设备在现场或返厂后的修理时间及停用时间，创造巨大的社会与经济效益。

4. 国内外发展现状

目前，国内外对虚拟维修可视化的研究基本的方法是，通过在计算机上的仿真，发现产品潜在的问题，提前解决，从而提高效率，降低成本。

20世纪80年代中期，美国开始进行计算机辅助维修性技术研究，而且将研究重点放在已有维修性技术的计算机化上，尤其是维修性大纲生成及维修性预计软件的开发。但他们很快就认识到，仅有这些工具还不足以解决产品设计中的维修性问题，必须提供更加直观的维修性定性分析工具，这就是维修性可视化设计分析技术的最初需求。

美国华盛顿州立大学与美国国家标准与技术研究院（national Institute of Standards and technology，NIST）共同开发出一套VADE系统。该系统结合了CAD虚拟环境，能够直观地显示模型数据，对模型进行拆卸、装配等操作，形成整体的装配模型，并对结果进行验证。目前已经开发出第二套系统，相关基础基本成熟。该系统可以应用于产品验证、设备训练等方面，前景良好。

另一个著名的例子就是美国国家航空航天局的哈勃望远镜项目。美国国家航空航天局将虚拟现实技术应用到了空间站操作的虚拟仿真上。为了对哈勃太空望远镜进行在轨维修，美国开发了哈勃望远镜虚拟维修装配的系统。系统能够在地面上模拟望远镜在太空中的运行情况，使航天员能够在地面上对实际的维修环境、操作任务有较好的了解，并在虚拟环境下完成维修，达到训练的目的。该系统培训出多批航天员，并完成四次哈勃望远镜的在轨维修任务，对其进行了修正和升级。

美国宾夕法尼亚大学建立了一个人体建模与仿真中心（HMS），维修仿真是其主要的几大研究方向之一。在他们的努力之下，开发出了一个AVIS-MS系统，能够向用户提供可视化的维修仿真服务。该系统具备的实时援助功能将技术规程和机场保养知识传达给使用人员，使用者可以在不具备多学科专业技能的情况下，通过系统展示的图像和动作指示就能够完成设备的维修。目前，该系统已经在美国的空军中得到应用。由此可以看出美国在虚拟装配、虚拟维修技术等方面位于世界的领先行列。

在国内，一些高校也开始着手维修可视化技术的研究。清华大学CIMS研究中心在面向装配设计、装配规划、装配建模等方面做了深入的研究。在商用CAD平台Pro/Engineer的基础上开发出了一款虚拟装配支持系统。该系统能够实现拆卸仿真、装配工艺规划、生成工艺文件等功能，并在多家企业的产品开发中得到应用。

北京航空航天大学在虚拟现实技术方面的研究是国内开展较早的科研单位，也是国内非常有权威的单位。他们在虚拟装配基础技术、虚拟原型机等方面开展了研究，并在虚拟现实视觉方面取得了较好的成果。

浙江大学的CAD&CG国家重点实验室对虚拟装配的研究在国内开展的也比较早。目前开发出了虚拟装配设计系统(VDVAS),该系统设计了通用模型数据转换接口,通过该接口可以将通用的模型导入系统中,读取其中的模型信息、装配信息。通过语义实现了用户的装配动作的捕捉以及用户的交互意图的判断,并依此对装配零部件的空间位置和姿态进行引导,使装配更加准确、过程更加简单,提高了零部件装配的效率。该系统经过了实际的装配过程的验证,已经在汽车发动机的虚拟装配中得到应用。目前,它们正在进行基于碰撞提示和语义相结合的装配运动导航研究及虚拟装配中的装配顺序分析。

在远程支援技术方面,从20世纪开始,世界各国在民用飞机远程支援服务技术方面都进行了大量的研究并取得较好的研究成果与巨大的效益。美国GE发动机服务公司率先研制成故障远程监测与诊断系统并最先投入使用,这家设备制造商已为三千余台发动机和一千多架飞机进行过故障远程监测与诊断服务。

2001年,GE发动机服务公司的分析报告指出,由于发动机远程支援服务技术的应用,当前大飞机维修事件数量减少了35%。现阶段,我国的中国南方航空有限公司与中国民航大学航空工程学院合作,应用国外先进技术并自主开发创新,建立了一套发动机远程支援服务系统,已验收通过并投入使用。

2011年7月,中国南方航空有限公司研制成功的大飞机远程支援服务系统正式上线投入使用。该系统能够对大飞机当前状态进行实时监测与在线诊断,能够提前发现机载设备故障,提供远程技术支援,按需调配必要的人力、物力资源来安排维修工作,为大飞机的抢修争取到了宝贵的时间,有效提高大飞机的维护效率,从而避免了大量资源的浪费。

20世纪以来,美国、德国等发达国家在现代信息技术快速发展的背景下,提出并发展了许多新颖、有效的设备远程支援服务保障理论和技术,如强化全寿命全系统保障思想、实现设备优生概念等,并在某些局部战争中进行实践。近年来,美国基于当前先进的网络技术、人工智能技术和计算机技术,不断开拓发展设备的新途径,形成了“以网络为中心的维修”“智能维修技术”“基于状态的维修”等先进的设备保障策略与思想。“以网络为中心的维修”策略的本质是运用先进的通信技术最大限度地利用互联网与军用网络实现真正意义上的远程直接诊断与维修,它是美国在2002年提出的,并于2008年在潜艇上成功实现,并且已投入使用。目前,美国远程健康诊断与支援系统已有四种原型系统,其中大多数已经投入使用,包括士兵支援网络、视频辅助修理系统、佩戴式电子系统和现场诊断的智能通信一体化维修系统。

18.3.2　虚拟维修与可视化远程支援系统

1. 系统组成

1) 系统架构图

虚拟维修与可视化远程支援系统包括应用层、处理层、中间层和数据层,如图18-71所示。

(1) 应用层

应用层用于人机交互的直接对话,是系统功能的最终实现。该层体现了系统界面人机交互的过程,在该层由虚拟维修系统、维修可视化系统、远程支援系统三大模块组成。

(2) 处理层

处理层包括设备维修定位、虚拟拆装、仿真视频制作、维修指导模块,是系统的核心。首先,通过获得的维修信息,解析出设备的维修部位,在设备模型中进行定位,并对零部件进行相关性分析,得到设备拆卸、装配相关的零部件及对应步骤;其次,通过对设备中零部件模型的运动控制、装配约束,实现设备的拆卸、装配;再次,运用动画技术将设备的每一步拆装操作变成仿真动画。最后,通过模型展示和视频播放的方式对维修人员进行作业指导,帮助其高效完成工作。

(3) 中间层

中间层是处理层实现功能必不可少的要素。中间层提供各种插件、工具、接口等,保证

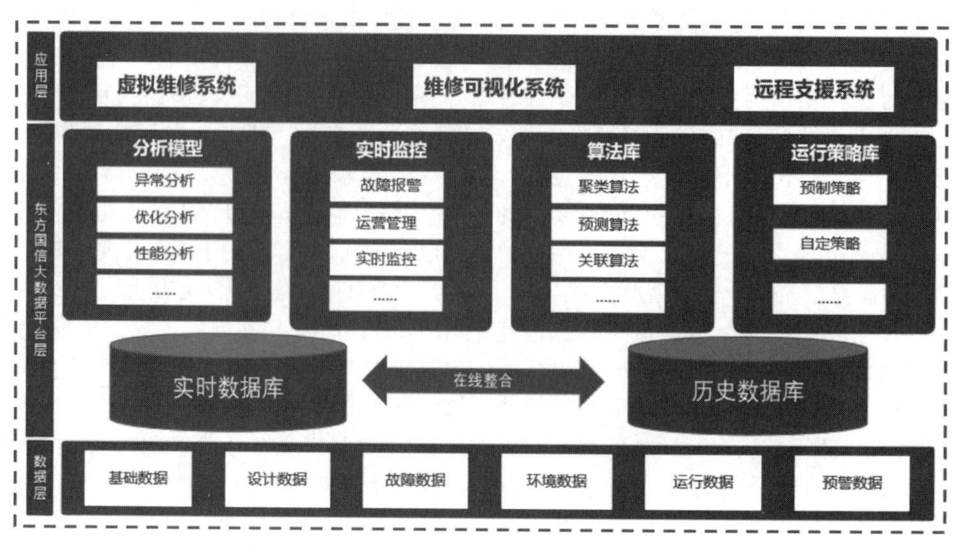

图 18-71 系统架构图

处理层能够实现对数据、文档等的访问和操作,保证各个模块的信息能够成功传递等。

(4) 数据层

数据层为系统提供基础的数据。数据层包括设备零部件模型库、拆装仿真视频库、零部件信息文件等。

系统人员主要包括负责构建设备模型的建模人员、负责现场维修的操作人员、负责视频动画管理的人员、负责系统管理的人员等。

2) 系统功能图

虚拟维修与可视化远程支援系统主要由虚拟维修系统、维修可视化系统、远程支援系统三大子系统组成。各系统可实现的功能图如图 18-72 所示。

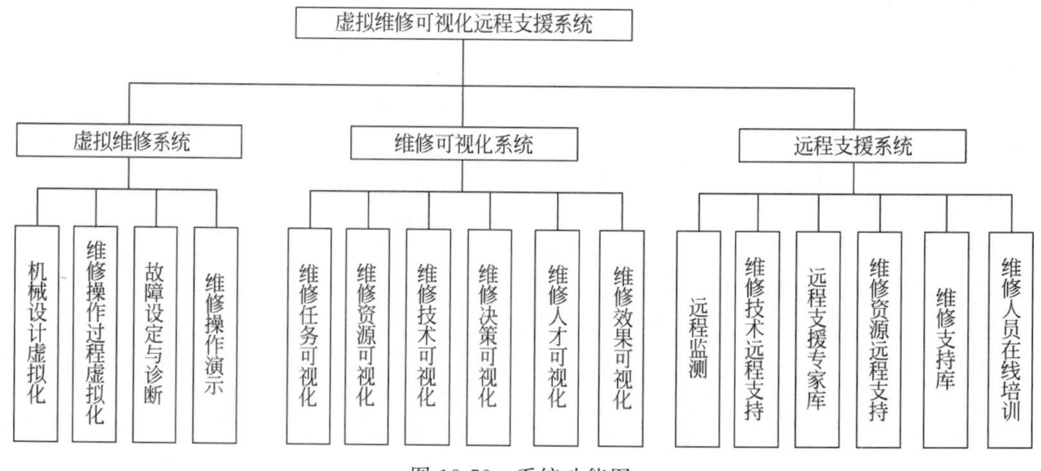

图 18-72 系统功能图

3) 系统拓扑图

本系统主要由三大部分组成,如图 18-73 所示,包括:①前端图像摄取和图像采集压缩硬件(摄像机,网络视频服务器);②网络运营平台(服务器集群部分包括服务器管理软件,服务器主机);③终端管理部分(客户端软件、平台管理软件——集中监控管理系统)。

远程维修中心提供对维修网络及终端用户的各项管理与服务,以及专家在线支援系统等。通过远程维修中心,可以实现远程监控,

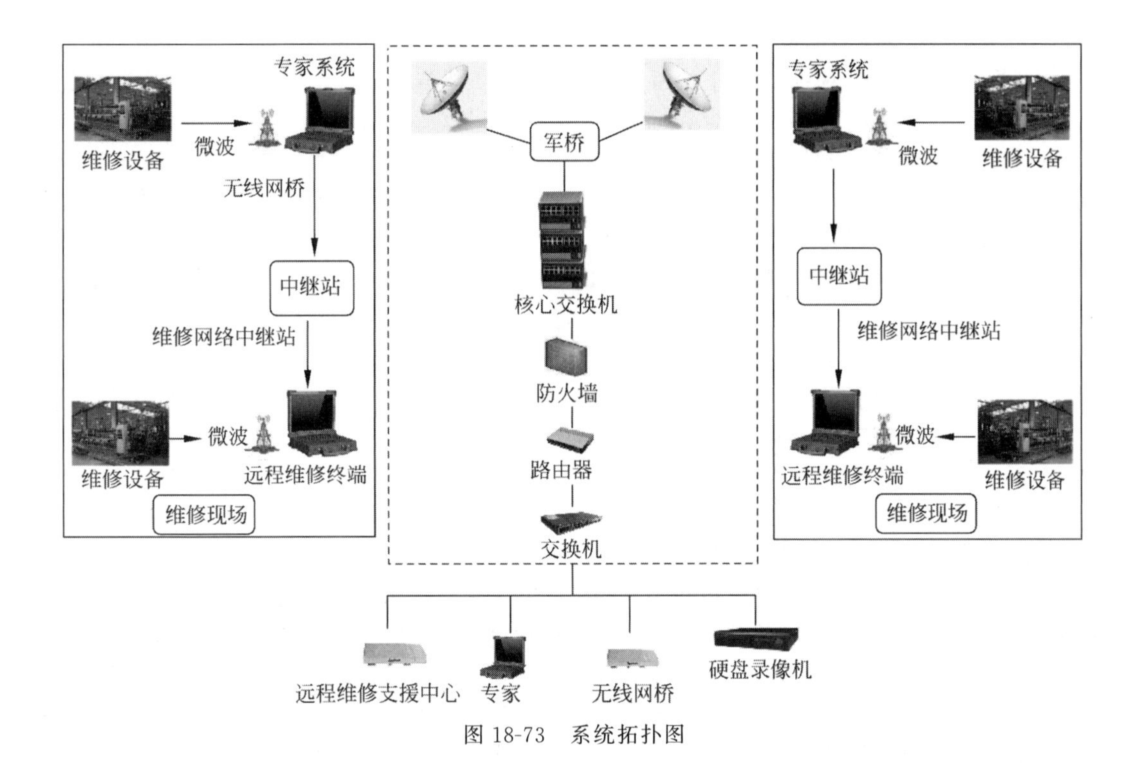

图 18-73　系统拓扑图

数据分享、文件传输、应用程序共享等，并能够为终端用户提供简单易用的操作界面。维修网络中继站通过无线网桥或其他方式与远程监控中心连接，维修网络中继站通过微波与采集设备相连接。远程支援终端包含故障诊断子系统，维修技术资料数据库、零备件数据库、在线教程等，完成信号采集任务，并对视频、音频信号进行编解码，实现实时双向的视频、音频和数据的传输。这三部分在软件上以数据仓库为基础，在硬件上以视频会议系统、监控系统和网络为基础，通过全面、系统、密不可分的结合，构成一个完整的系统。

2. 系统功能

1）虚拟维修系统

目前，新设备的设计均已采用三维建模手段。在此基础上，结合虚拟维修、仿真技术、计算机图像识别技术，采用设备设计虚拟化手段，让设计人员在设计过程中通过系统，对设计流程进行模拟化仿真，了解设计中存在的故障。使用虚拟现实技术，在计算机等硬件上复现维修场景，通过交互技术实现对设备设计过程的仿真。通过研究故障，系统可将故障解决办法反馈至设计人员。

设备虚拟化设计需要多种技术的复杂结合才能实现：通过三维建模技术实现虚拟场景、设计对象、工具及为设计人员的复现；使用计算机语言对虚拟设计系统进行开发；使用多通道交互技术实现人-机交互，数据传输；利用数据处理对模型数据、维修数据、行为数据等进行记录和读取。通过以上种种技术，便可以将现实中的设计工作转移至计算机上，虽然缺少了真实的触碰感，但对设计对象的实际尺寸、结构、操作过程、设计结果等都可做到虚拟重现。

虚拟维修人员熟悉新设备的使用和维修，将设备的维修问题尽可能多地解决在现场维修工作人员。

虚拟维修系统具备以下基本功能。

（1）模型显示：能够将虚拟环境、对象、工具、设备和虚拟人在计算机上显示，复现出逼真还原的真实维修场景，用户可以沉浸其中进行观察。同时要符合客观现实规律，零部件之间有必要的约束关系，正确的位置关系，防止发生穿越的碰撞处理等。

(2) 维修过程操作：能够实现用户在虚拟环境中对工具的选取，对维修对象的基本检查、拆卸、安装等操作。保证其符合正确的维修知识理论，做到以正确的工具、正确的操作步骤、合理的操作位置才能拆装对象。

(3) 数据管理：能够完善地管理好虚拟维修系统的基础数据，做到条理清晰，便于维护和修改，记录完整。系统所包含的信息复杂繁多，同类信息通常存在大量子类信息，与其他类别信息之间又会存在关联，将这些信息完整的记录的同时，还要考虑到日后的维护修改工作，既要做到系统使用人员操作过程中不会改变已有信息，也要便于系统维护人员的数据维护。

(4) 故障设定与诊断：在设备的检测与维修实践中，虚拟维修系统能够对设备故障进行设置，方便维修人员掌握排除故障的技术。同时，虚拟维修系统具备设备诊断功能，可以对设备的运行状态进行实时诊断，实现故障报警，并对突发故障进行修复。

(5) 维修过程考核：在维修人员修复设备故障过程中，虚拟维修系统可以对维修人员维修步骤、技术、使用工具等进行记录并考核，以检测维修人员对某一故障维修的掌握情况，考核通过的维修人员才可建立登入维修人才库中，方便调取。

(6) 维修操作演示：虚拟维修系统自备维修操作录像，方便维修人员进行调取学习，维修操作演示中配备有文字说明，文字说明包括设备故障拆卸步骤、维修使用工具、维修顺序等。

(7) 基础维修知识学习：虚拟维修系统存储有设备结构、三维模型、维修手册、维修工具、维修技术等。操作人员可从系统中调取基础维修知识进行学习。同时，基础维修知识学习功能还可对系统中未录入故障进行记录，形成虚拟维修系统的自学习功能。

2) 维修可视化系统

维修可视化系统主要包括维修任务可视化、维修技术可视化、维修资源可视化、维修人才可视化、维修决策可视化及维修效果可视化六个子系统，各子系统又拥有各自的硬件及软件模块，具体功能如下。

(1) 维修任务可视化

① 数据采集：数据是维修的基础。维修任务可视化可以将待修单元中的获取数据、设备故障探测和初级诊断进行安全的数据采集。

② 自动发现：维修可视化模块中可以实现对设备故障的预测，并且将该设备巡检人员、维修人员及时上报至任务可视化模块，操作人员对设备故障可以及时掌握。

③ 监控告警：系统实现对机房所有设备的集中监控和告警，包括网络设备、服务器、视频等。在集中监控视图中显示所有被管数据中心整体情况，包括告警、运行故障、备件故障等。

④ 报警联动：该系统的硬件设备，如网络摄像机、网络视频服务器等均带有报警输入输出接口，可以连接其报警设备，并可在系统管理软件中布防，设置报警联动，一旦触发报警，可以实时联动相关设备。

⑤ 报表生成：设备发生故障后，可视化系统自动生成故障设备台账。可以使操作人员对设备的详细信息有清晰的了解、掌握，并展示维修设备编号、设备名称、维修事项、维修目的、维修所需耗材等。

⑥ 远程可视化管理：当可视化系统使用人员需要对某个监控点实行远程查看时，只需要添加相关设备即可，可实现远程查看，远程存储功能，远程录像备份功能，根据带宽条件，可查看多路视频，也可实现实时抓拍、实时录像等功能。若前端摄像机安装了云台或网络高速球，也可以实现远程操作，如控制摄像机转向、镜头变焦变倍等功能。

⑦ 前端存储：网络视频服务器自带前端存储功能。

(2) 维修技术可视化

① 服务器定时录像：管理员可以在专家远程指导和维修人员修理过程中设置指定录像时间，形成全过程维修录像文件。

② 技术库管理：针对维修录像，技术可视化还具有将维修方式、维修工具、维修拆装顺序等形成技术库。方便之后相似案例的调用。

③ 权限管理：系统提供权限管理功能。不同权限的用户登录会呈现出不同的操作内容，允许用户自行定义用户级别，分配权限。用户的权限分配可以细化到指定某个用户只能查看或操作某一个设备。权限不同，通过系统查看的维修技术的细致程度不同。权限越高越细致。

④ 文档管理：维修技术可视化系统文档管理模块允许用户储存技术文档、用户向导、过程文档、竣工图、试运行报告。此外，还储存设备运行日志、专家库、维修人员信息库、岗位匹配度、维修档案管理、维修日志管理等文档。

(3) 维修资源可视化

① 资源信息可视化：可分为静态信息和动态信息可视化。静态信息可视化是指保障资源的“数、质、时、空”等静态参数的可视化。动态信息可视化是指保障资源流通和变化参数的可视化。

② 物流控制可视化：是实现设备器材实时合理调整的手段。以文字、图形和图像不间断地向管理人员展示设备在储存、运输、使用中可视化控制。

③ 保障环境可视化：设备保障环境包括工厂、仓库、交通运输线路、可动员资源和保障力量等；还包括现场信息和现场地理环境。

④ 资产管理可视化：设备资产数量庞大、种类众多，传统的表格式管理方式效率低下、实用性差，资产可视化管理功能采用了创新的三维互动技术手段，实现对数据中心资产配置信息的可视化管理，可以与各种 IT 资产配置管理数据库集成，也可以将各种资产台账表格直接导入，提供以可视化方式进行分级信息浏览和高级信息搜索的能力，让呆板的资产和配置数据变得鲜活易用，大大提升了资产数据的可用性、实用性和使用效率。

(4) 维修决策可视化

① 数据库系统：数据库系统由数据仓库和其管理系统组成，其功能是存放数据和对数据进行管理。数据主要有两方面的内容：一是维修器材管理、维修设备管理、维修经费管理、维修计划管理、维修人员管理、现场维修保障等业务信息；二是利用自动识别技术和交互式电子技术手册采集的各种复杂的测试数据，如当前设备状态信息和故障信息等。

通过数据集成提取维修智能决策系统数据仓库中的数据进行集成、转化和综合分析，组成面向全局的数据视图，为维修智能决策支持系统提供数据存储和组织的基础。

② 模型库系统：该系统由模型库和模型库管理系统组成，用于存储数据预处理、数据变换和数据挖掘算法和用户决策支持的各种模型，包括规范模型和通过专家信息形成的综合评价知识推理模型，如故障分析模型、维修方案评价模型和预测模型等。

模型库管理系统可根据需要提供交互式的动态建模手段，利用可视化技术模拟专家思路，使专家系统推理过程能以形象、清晰的形式展示出来，让用户充分利用专家的知识经验，根据需要创建自己的模型，同时还支持模型的各种分析、维护和运算。

③ 知识库系统：该系统是由知识库、推理机和知识库管理模块组成。知识库的功能是储存有关知识，包括维修专业知识、决策知识和专家的决策经验和科学数据，以及维修智能决策支持系统在决策运行中积累的经验。推理机是推理类别、目标的识别，推理命令的发配及规则的激活机制，其功能是激活规则库后在知识库的规则库中进行。

利用数据仓库对大量具体的业务信息进行综合和系统分析，结合数据挖掘对数据仓库中蕴含的未知的、有潜在应用价值的内在规律(决策知识)的提取，形成维修设备知识库，并将数据与知识库中的知识交互，发现新知识并扩充到知识库中。

可视化维修智能决策支持系统利用数据仓库和数据挖掘技术对维修业务信息和故障诊断数据进行综合，专家系统对上述信息进行分析判断，构建相应的模型库和决策知识库，支持维修计划，并进行维修分析预测，为维修人员提供智能决策支持信息。

(5) 维修效果可视化

① 三维可视化建模：实现并建立导航树、

构建设备的三维模型、把生成的三维模型放置在可视化模型的适当位置、调整准确的高度。

② 在线自检：设备维修完毕，可进行自检、自评测。通过模拟仿真软件对设备进行一系列评测试验，展示现有设备的效果。

3）远程支援系统

该系统从功能上分为信息收集和预处理模块、故障诊断和维修引导模块、监控模块、视频和信息交互模块、培训模块、远程数据更新模块和数据支持系统等模块。完成对现场数据的采集、清洗、统计分析、计算、处理功能，并将结果通过网络和视频交互系统反馈给现场，以实现排故和维修技术支持、在线培训、监控和知识库、信息库管理与分享功能。

远程支援系统具备设备远程监测、维修技术远程支援、维修资源远程支持、专家库、维修知识库、维修人员在线培训等功能。

(1) 设备远程监测

大型复杂设备投入现场生产环境中后，远程支援系统可对设备进行 24 h 不间断监测，实现设备的故障预测、故障告警等功能，第一时间上报告警信息至维修中心，防止设备非计划停机造成巨大损失。

(2) 维修技术远程支援

远程技术支援通过计算机网络将前方的保障人员与后方的技术专家紧密联系起来，为前方设备的使用、维护、修理及设备抢修提供及时、准确的技术指导和决策支持。远程支援技术可使许多故障设备不必逐级送修或等待派人修理便可得到修理，因而提高设备的完好率，节省大量维修经费。

(3) 维修资源远程支持

在保障维修工作所必须的物资条件和维修工作完成的其他条件(如人员、物资、环境、规程等)的前提下，维修资源提供远程支持。设备维修资源配置是指各类用于维修的资源有机优化和组合，使设备的运营可靠性能够满足运营安全需求，从而使各类资源能够达到最大化，产生最佳的社会效益和经济效益。

(4) 维修知识库

维修知识库包括设备运行日志、专家库、维修人员信息库、岗位匹配度、维修档案管理、维修日志管理等文档。

(5) 维修人员在线培训

培训管理模块可以对专家业务、维修人员岗位匹配度进行考核，考核不通过者剔除专家库。同时，培训管理模块设置培训课程，有权限人员可以进行在线学习，学习完毕，可以参加专家库的资格考试。

18.3.3 虚拟维修与可视化远程支援系统硬件

虚拟维修与可视化远程支援系统硬件见表 18-1。

表 18-1 虚拟维修与可视化远程支援系统硬件

硬件	设备名称	备　注
传感器类	超声磨损测量仪	运用于刀盘内部等
	温度感应器	运用于温控区域，主电机等
	液压感应器	运用于液压传动系统
	振动感应器	运用于核心旋转机械
	微型摄像头	用于头部，尾部和核心部位监控
	流量控制器	泥浆等流量控制
	加装仪表	水电气等电子仪表
前端所需硬件(方案一)	高端监控摄像机	监控视频图像的采集
	8 路存储型网络视频编码器	远程平台网络视频接入设备
	企业级监控专用硬盘	录像文件的存储
	视频云台控制器	—
	企业级高清分配器	—
	HDMI 高清线材	—
	国标超五类网线	—
	企业级交换机	—
	专用机柜	—
	光纤终端收发器	—

续表

硬件	设备名称	备　注
前端所需硬件（方案二）	D1红外防水网络摄像机	监控视频图像的采集及网传
	集中管理录像机	录像存储、控制与管理
总控室搭建	总控室搭建	包括总控室建设，拼接屏幕，控制柜等
	布局建设	包括网线接入，强弱电改造，监控等设备投入
	操作终端	包括工业级计算机，移动终端等
	服务器	需要投入服务器4台：应用服务器，数据服务器，备份服务器，监控服务器
	不间断电源	建议保证总控室服务器和相关应用可在停电情况下正常运行8 h以上
其他	路由器、计算机	—
	辅助材料	—
	安装、施工	—

18.3.4 虚拟维修与可视化远程支援系统关键技术

1. 交互拆装

为使虚拟维修系统有较好的现实感，人机交互功能开发至关重要。通过使用者对输入设备的操作，在系统内以第一人称视角进行观察、操作，这是虚拟维修系统的一大特色。维修是由连续有效的动作联系而成，其中一个主要动作就是拆装动作，虚拟维修系统的核心功能之一也就是交互式拆装功能。主要包括：①虚拟场景中的沉浸式漫游功能；②对维修工具的选取；③对维修对象的拆卸和装配。

2. 模型运动控制技术

根据模型的空间位置和姿态，以及装配约束情况或者用户交互需求，经过计算得到模型的空间变换矩阵。通过对模型施加矩阵，从而控制模型的运动。模型的运动有多种形式，通过模型的平动和转动能够组合出任意的运动。

3. 装配约束技术

装配约束技术主要是为机床的零部件模型提供装配约束服务，使其从一个单一的零部件到由多个零部件模型组成的装配整体。装配约束技术的实现主要有装配的定义、识别、施加及自由度求解等功能。

4. 数据挖掘与信息融合技术

在系统采集到各种数据后，就要对数据进行相应的处理以获取有用的信息，为后续的健康评估和故障预测提供可靠的数据支持。数据挖掘是指从数据库中抽取隐含的、以前未知的、具有潜在应用价值的信息过程。用于系统数据挖掘的信息源主要是各种传感器采集的数据，在对数据进行预处理的基础上利用各种算法挖掘其隐藏的信息，并利用可视化和知识表达技术，向系统用户展示所挖掘出的相关知识。

信息融合是指在一定准则下对多传感器的信息进行自动分析和综合，从而完成所需的决策和评估的信息处理过程。在系统中信息融合的过程，就是以最高效的融合方式把尽可能多的信息（包括传感器采集的数据、环境信息、历史数据和维修记录等）通过各种智能算法融合到一起，得到综合的评价结果。与传统数据处理方法相比，信息融合技术考虑问题更全面，得到的结果更可靠。

5. 健康评估与故障预测技术

健康评估的过程则是根据状态监测所获得的信息，结合设备的结构特性和运行信息及历次维修记录，对已经发生或者可能发生的故障进行诊断、分析和预报，以确定故障的类别、部位、程度和原因，提出维修对策，最终使设备恢复到正常状态。应用先进的状态监测和故障诊断技术，不仅可以发现早期故障，避免恶性事故的发生，还可以从根本上解决设备定期维修中的维修不足和过剩维修的问题。这种健康评估方法既包括简单的阈值判断方法，也包括基于规则、案例和模型等的推理算法。

18.3.5 虚拟维修与可视化远程支援系统在盾构及盾构施工领域的应用

（1）随着城市规模不断扩大，地下交通发展迅速，盾构机使用越来越频繁，盾构机施工过程中的故障问题不容忽视。盾构机体积庞大，出现故障若超出现场维修人员能力，将造成盾构机停机，造成巨大的经济损失。针对盾构机，建造盾构可视化远程支援服务系统，采取必要的防治措施，减少故障停机时间，提高设备的完好率与使用率十分必要。

（2）在盾构设计院所已经采用三维建模手段、虚拟化手段，让设计人员在设计过程中通过系统，对设计的产品优化。但通过虚拟维修技术进行维修性设计还未见报道。

（3）盾构远程监测已经广泛应用，但对监测信息的挖掘与融合还有较大差距。

（4）盾构维修可视化远程支援系统还未见应用。

18.3.6 虚拟维修与可视化远程支援系统服务效益分析

虚拟维修与可视化远程支援服务系统可以提升盾构机运营管理水平和智能化程度，确保盾构机在恶劣环境下的安全稳定运行，为企业带来巨大的经济效益和安全效益。

1. 提高盾构机运行的安全性、连续性

提高盾构机运行的安全性、连续性，减少非必要停机。通过状态监测与早期预警，能及时、准确地对设备各种故障状态作出诊断，识别机器运行中是否存在故障和缺陷，以及较早地制订机组的检修计划和调整机组的运行方式，对盾构机运行进行必要的指导，可避免故障进一步扩大和重大事故发生，提高设备运行的可靠性、安全性、有效性、连续性，把故障损失降到最低水平。

2. 提高盾构机的利用率

提高盾构机的利用率，保证盾构机发挥最大的设计能力，在允许条件下充分挖掘盾构机的潜力，延长服役期限和使用寿命，从而降低盾构机全寿命周期费用。

3. 减少维修时间和维修费用

减少盾构机的重大故障及由此产生的维修费用，推迟盾构机的大修时间，减少维修时所需的人力、物力，提高维修效率，从而达到降低成本，增加效益的目的。

4. 提高盾构机寿命

减少不必要的检修，避免过度维修，从而大大提高设备的寿命。

远程维修支持技术

5. 为盾构机改造提供参考

通过状态监测、故障分析，为设备结构修改，优化设计、合理制造及生产过程控制等提供信息和参数。

18.4 盾构信息技术的应用

为提升盾构施工服务智能化水平，一种基于互联网平台的管理方法在行业内被广泛使用，盾构机远程监控系统平台、基于虚拟现实技术盾构培训应用、基于增强现实（augmented reality，AR）远程专家协助系统、盾构模拟操作系统、盾构租赁平台、盾构交易平台等。

18.4.1 盾构远程监控系统平台

盾构远程监控系统平台主要包括掘进参数远程监控、风险管理、设备管理、分析报告、进度管理等功能，通过这些功能，可以实现对盾构机施工过程的全方位管理。

1. 掘进参数远程监控

掘进参数远程监控是对盾构机施工过程进行实时远程监控，实现盾构机数据的动态管理、实时监控、汇总归纳等功能，同时通过数据分析功能，管理人员可对所有施工数据信息全面把控，及时、准确、全面地掌握盾构机施工情况。

盾构远程监控系统在很大程度上能够减少工作人员的工作强度，同时还能够更好地提高工作效率及工作精度，对于施工的顺利有序推进具有非常重要的作用。

优秀的企业可以承载更多的施工任务，拥

有更多的盾构设备，但与此同时也面临着盾构分布区域广、管理空间跨度大、命令执行时效低等问题，如何更好地进行盾构施工管理、及时掌握盾构机的运行状态、分析盾构机的掘进效率，以及对项目施工中的安全风险、质量风险、工期风险、成本风险等进行管控，已成为企业管理人员急需解决的问题。鉴于此，盾构远程监控系统对保证施工过程有着重要的意义。

1）盾构参数实时显示

施工参数实时显示及预警功能，能够实时显示盾构施工参数，并可以对盾构施工参数设置预警范围，当施工参数超过范围时，会自动报警。

2）导向系统参数显示

导向系统实时显示及预警功能，能够实时显示盾构姿态及纠偏量，并且对盾构偏差和纠偏量进行自动实时预警。

3）数据分析功能

通过远程监控能够对所有盾构施工数据、导向系统数据进行分析，并自动生成曲线，还可以提供参数的相关性分析，便于管理人员分析施工中的主要问题。

2. 风险管理

风险管理可实现对盾构施工过程中的关键参数预警、沉降超限预警、过程参数预警，协助管理人员及时了解施工风险、盾构机存在的报警信息、盾构机姿态信息以及监控测量数据。

1）关键参数预警

通过关键参数预警可以对施工过程中设备的关键参数进行指标化管理，从而降低设备施工控制管理难度，如对盾构施工过程中的盾构姿态等进行指标化管理，可设定合格、预警、报警等指标。

2）沉降超限预警

通过施工现场及时录入沉降监测数据，协助管理人员结合盾构施工参数、地质信息等及时调整施工方案，保证施工安全。

3）过程参数预警

可将盾构施工过程中PLC产生的报警信息进行提取，提醒管理人员及时处理，同时可进行报警历史查询，为管理人员分析设备使用情况提供依据。

3. 设备管理

通过设备管理功能可实现盾构机信息管理和设备部件保养管理。将盾构机部件维修保养信息录入系统，在录入信息同时设定部件保养规则，系统自动提醒设备管理人员对盾构机部件进行维护保养并上传保养记录。

1）盾构机信息管理

盾构机信息管理可对所有盾构机信息记录和查询，管理人员可通过盾构机信息管理功能查询所有录入系统的盾构机的详细信息，包括盾构机的使用历史、状态、位置等，通过盾构机信息管理功能可对盾构机情况进行统一的掌控。

2）设备保养管理

通过保养管理功能，管理人员能够了解设备的维护保养情况。保养管理包括大部件管理、保养计划、保养记录及盾构机部件管理。

3）分析报告

通过分析报告，管理人员可以了解设备的运行效率，不同的地层下的材料分析，以此为依据对设备的使用效率、材料的消耗等进行改善。

（1）运行效率分析

通过对盾构机实时数据的采集分析，可协助管理人员计算出盾构机当前的使用率，协助管理人员及时发现盾构机的使用问题，提高盾构施工效率。同时，可汇总盾构机停机原因，分析影响盾构施工的主要因素，从而协助管理人员调整工序，提高盾构机工作效率。

（2）材料消耗分析

盾构施工过程中需要大量的砂浆、膨润土、泡沫、油脂等消耗材料，而大量的材料消耗是否合理、科学，必须有量化的指标进行统计与分析，通过录入材料的消耗量，分析出不同地层下的耗材平均消耗指标，对后续施工有重要的指导意义。

4. 进度管理

用统计学图表的方式将盾构当前施工进度展示给管理人员，同时可根据管理人员下达的每天推进目标统计项目的均衡施工率，提高施工质量。

18.4.2 基于虚拟现实技术盾构培训应用

随着盾构施工工程量的不断增加，盾构司机的需求量不断增加，优质的盾构司机是隧道成形质量和工期进度的重要保障，但国内市场上的合格盾构司机数量完全无法满足工程项目的需要。目前，盾构司机的培训方式仍然是传统的师傅带徒弟，面面相传，观看教学视频，导致盾构司机培训的理论学习不系统、培养周期长、累计成本高、无法实现批量培训。

信息技术培训从看录像与视频发展到计算机与网络介入的在线培训，至现在基于网络的远程培训模式。虚拟现实技术现在被广泛应用于建筑、航天、医学、军事等各个领域，可以在有限的空间模拟无限的环境，还可以还原密闭、危险作业环境，使体验者进行沉浸式交互体验，且可以反复进行培训。

盾构行业可以采用虚拟现实技术，设定特定的施工环境，协助具备丰富施工经验的技术人员进行教学，使学员可以通过计算机、从外观了解盾构机的构成及局部细节，对准盾构机的任意部件进行扫描，就能够了解每个部件的构成及相关信息。还可以层层递进，了解其内部组成情况。对于重要组成部分，可通过增强现实、虚拟现实(AR/VR)技术提供的标注点，进行音视频、图文等方式进行扩展阅读。同时，建立教学知识库，不断积累，也可以成为盾构施工人员在实际施工时查阅和解决疑难问题的地方。在知识库数据积累到足够量的时候，可以创建一套标准化的盾构施工和盾构培训课程，对服务队伍的服务水平做到有效验证和促进，并为盾构施工领域相关的标准化培训及标准化考评奠定基础。

18.4.3 基于增强现实远程专家协助系统

盾构施工工况多样，设备运行关联关系复杂，现场工作人员无法提前预知可能发生的故障，定位不准确、原因难分析、故障难排除等情况也常有出现。而设备厂家、技术专家、施工专家多与现场相距较远，无法及时进行解决，所以远程专家协助系统的采用对指导施工有很重要的意义。

增强现实技术能够通过全息投影，现场操作人员可以在显示屏幕中把虚拟世界叠加在现实世界，直观接受远距离专家的指导。近年来，我国政府和科学界都给予高度重视，并制订了相应的推进计划。但在盾构行业的应用甚少，能作出成形产品的更是寥寥无几。基于增强现实的远程专家协助系统应具有如下功能。

(1) 盾构施工业务的全流程展示，可以从不同角度，不同方位对盾构施工过程中各个部件运行时的工作情景进行3D还原。

(2) 盾构机组装与拆卸时的细节展示，可以按照已有施工经验，将盾构机组装和拆卸过程中所需注意的细节进行完整展示。

(3) 盾构机部件细节展示与参数展示，可以根据实际业务场景的需求对盾构机部件进行拆分，对拆分后的部件进行全息展示。

(4) 通过前后端分离的方式，通过本系统可以根据展示需要，在后端云平台上传所需使用的模型资源和需要展示的音视图文信息等，提高增强展示系统的利用率和灵活性。

(5) 对盾构施工现场利用增强现实技术辅助现场施工。

18.4.4 盾构模拟操作系统

盾构机集机、电、液、传感、信息技能于一体，具有开挖切削土体、运送土碴、拼装隧道衬砌、测量导向纠偏等功能的大型设备。但盾构设备结构复杂、自动化程度高，而且常常根据不同的要求进行专门设计制造。因此，如何保障施工过程的质量和安全是广大隧道施工单位优先考虑的问题。为了保障对建设质量以及人员和设备的安全，在隧道开工前必须对相关人员进行专业培训。

目前，盾构主要采用传统的培训方式，即通过集中上课的方式。出于安全考虑，学员不能进入施工现场观看设备内部结构和运转操作情况，师傅带徒弟的模式培养太过依靠师傅水平；随着盾构技术资料的增多，原有的资料管理和员工培训方法逐渐暴露出信息表达不直观、资料共享度不高等问题。在竞争日益激烈的今天，如何弥补传统培训的缺点，提高培训效率，降低培训成本，快速培养出合格的工作人员，是众多企业需要解决的一个重要问题。

使用线下1∶1盾构操作器，培训效果会有较大幅度提升。但这样的教具数量有限，不能满足盾构司机培训的需要。模拟操作是提升盾构司机培训效率的有效途径；为保证培训过程的逼真性，界面布局与功能操作及现场上位机要保持一致，结合盾构机上位机软件、盾构机三维模型整合研制，将盾构机主要部件进行三维仿真，让学员可以通过与盾构机操作台上的上位机软件与物理按钮进行各项控制。结合现场采集的典型数据，获得各类复杂地况下掘进方法的模拟操作演练，创建一个虚拟的盾构机工作环境，构造一个高效、逼真的交互操作环境，让学员感受真实的操作环境，可以更好地了解盾构设备及其施工流程，更好更快地培训出高水平的盾构司机。盾构机模拟操控系统不仅可以让员工在安全环境中模拟各种盾构操作，降低真实操作带来的人员或设备损坏，真正做到零风险，并且可加入极端条件下的工况模拟，让学员快速掌握专业技能，这也极大降低了盾构学员培训成本，提高了经济效益。

18.4.5　盾构租赁平台

互联网、大数据、人工智能和实体经济深度融合，共享经济在各领域应用扩展性提升。而盾构属于大型设备、重资产，全国盾构资源数量有限，但盘活率低，设备闲置率高。共享理念与盾构行业的融合是时代发展的必然趋势。

盾构设备资源共享是利用转租赁和代租赁等手段，消除产品与市场之间的隔阂，平衡施工单位与盾构所有单位信息，减小盾构机的数量与实际施工量之间存在差距。通过盾构租赁平台将行业内在用盾构机的各项参数统计收集，与盾构信息化建设平台互联互通，得到盾构机状态情况和施工记录，当有精确的需求时，有针对性地向各施工单位需求进行匹配和推荐。面向盾构施工企业、配件企业、金融企业及个人等不同用户群体提供盾构租赁、盾构施工一体化服务、商业服务等内容。

可采取以盾构租赁为核心业务，以吊装运输、监测评估等为辅助业务模式，让所有与盾构行业相关的企业都能在平台上找到相应的商机和价值。最终形成“盾构池”，让行业内企业有任何需求的都能在其中找到符合的盾构机。池中交易能提高设备使用率，消化设备的闲置时间，降低整个行业资产过剩、投资过热的风险，借助共享经济的模式，打破大型设备产权的限制、打破传统盾构租赁的配比模式，将不同公司、不同地区的资源实现实时共享。真正构造了盾构上下游全产业链的生态圈，也能为国家和有关部门对行业的宏观调控提供数据参考，有效防范重资产的金融风险。

18.4.6　盾构交易平台

电子商务是当今世界贸易中速度较快、应用前景较广、内容不断创新的一个领域。它从某种程度上突破了商务活动在时空上的限制，从而使商贸业务的运行和发展更加趋于灵活性、实时性和国际性。国务院《关于加快发展生产性服务业促进产业结构调整升级的指导意见》(国发〔2014〕26号)指出，电子商务是我国现阶段重点发展的生产性服务行业，国家将给予相应的政策扶持。同时，“互联网＋”国家战略的提出，以及国务院《关于积极推进“互联网＋”行动的指导意见》(国发〔2015〕40号)出台，从国家层面促进电子商务、工业互联网和互联网金融健康发展，引导互联网企业拓展国际市场。国务院《关于积极推进“互联网＋”行动的指导意见》(国发〔2015〕40号)指出“大力发展行业电子商务。鼓励能源、制造、钢铁、电子、轻纺、医药等行业企业，积极利用电子商务平台优化采购、分销体系，提升企业经营效率。推动各类专业市场线上转型”，引导传统商贸流通企业与电子商务企业整合资源。

盾构机作为隧道工程领域中重要的机械设备，其零配件性能的优劣对盾构机的稳定运行起着决定性的作用。盾构零配件市场存在诸多问题，对于采购方来说，市场普遍存在采购渠道单一、品类繁杂不集中、质量参差不齐、专业技术要求高、需求响应不及时等问题；对于供应方来说，市场营销成本高、资金周转慢、渠道不通畅、假冒伪劣产品冲击正品市场等诸多运营问题一直存在。因此，从盾构机售后服务市场主要问题出发，结合市场实际情况和"互联网＋"思维，建立适合盾构机零配件的BTB(business-to-business)业务模式、仓储管理模式，做到线下流量线上化，线上流量精细化，建立垂直行业的盾构交易平台有重要的经济价值和现实意义。

参考文献

[1] 张恒.三维可视化技术在基建维修中的应用研究[J].科技创新与应用，2019(9)：176-177.

[2] 王俊龙，袁伟，管旭军.舶设备远程维修技术支援知识库系统研究[J].软件导刊，2018，17(10)：137-140.

[3] 宋乐.基于BIM的可视化消防设备运维管理系统研究与应用[D].西安：西安建筑科技大学，2018.

[4] 梅学远.军用汽车维修保障可视化系统的分析[J].南方农机，2018，49(3)：147，151.

[5] 赵小锋.飞机维修保障远程技术支援系统建设方案研究[J].科学咨询(科技·管理)，2018(6)：39.

[6] 刘刚，黄昊.军地一体化维修保障信息系统可视化框架[J].通信技术，2017，50(9)：2130-2136.

[7] 方雄兵，陈颖，李涛涛，等.舰船虚拟维修仿真应用系统的设计与实现[J].中国舰船研究，2016，11(6)：136-144.

[8] 方雄兵，田正东，林锐，等.维修工具使用的可达域计算及可视化方法[J].中国舰船研究，2016，11(5)：14-18，41.

[9] 牛余朋，高强，霍文彪，等.基于虚拟现实的装备可视化维修训练系统[J].电脑与电信，2016(9)：59-61.

[10] 张志实.面向机床维修维护的拆卸装配可视化平台技术研究[D].重庆：重庆大学，2016.

[11] 翟晓沛，史永胜.飞机维修计划制定过程的协同可视化方法研究[J].飞机设计，2016，36(2)：70-73，77.

[12] 邵欣桐，魏晓飞.虚拟现实下的飞机部件维修建模技术研究[J].设备制造技术，2015(7)：74-77.

[13] 胡迎刚.维修系统拆卸可视化建模[J].计算机仿真，2015，32(6)：412-415.

[14] 张道平.雷达维修保障远程技术支援信息系统设计与实现[J].电子技术与软件工程，2015(10)：263.

[15] 王艳新.民用飞机维修保障过程的可视化方法研究[D].天津：中国民航大学，2015.

[16] 祖以慧.直升机虚拟维修可视化平台研究[D].天津：中国民航大学，2015.

[17] 张立成，张鸽，程鑫.可视化Web控件开发及在设备管理系统中的应用[J].实验室研究与探索，2014，33(6)：259-262.

[18] 沈浩浩，刘庆华，刘庆，等.基于物联网的雷达设备远程维修支援系统研究[J].空军预警学院学报，2013，27(6)：435-439.

[19] 张红林.用于远程健康诊断的音视频传输系统研究与实现[D].天津：天津大学，2014.

[20] 姚文增，吴超，安磊.飞机维修保障远程技术支援系统建设方案初探[J].飞机设计，2012，32(4)：74-80.

[21] 丁立群，赵锡溱，董文雷.雷达维修保障远程技术支援信息系统设计与实现[J].仪器仪表用户，2011，18(1)：14-16.

第18章彩图

第19章

微观再制造与维修技术

19.1 背景

19.1.1 微观再制造技术发展回顾

20 世纪 90 年代，一种以润滑油等液态工作介质为载体、将以功能材料为主要成分的金属减摩修复剂介入运行中的机械摩擦副，以达到在线工作环境下减少磨损和修复表面之目的的工程理念和技术问世。经过 20 多年的理论研究、科学试验和工程应用，其科学性和实践性得到学术界和工业界的认可。这是一项融合润滑工程和表面工程原理的新技术。10 余年的理论研究、科学试验正在逐步揭示这个物质介入条件下的摩擦学过程。而与其几乎同步展开的工程应用，在达到“减磨延寿”预期目标的同时，也采集了大量实测评估数据。这两方面成果的综合分析与评估，证明了运用这项技术，可以使工作中的机械零部件摩擦表面的物理结构、化学成分、机械特性得到微观优化，甚至在如热能动力机械的摩擦副上，检测出十微米级几何尺寸的宏观修复。正因如此，“微观再制造技术”的概念和命名，在 2012 年再制造国际论坛上首次提出，相关论文在大会上发表。

目前，我国高科技企业与国内高校、国家重点实验室与工业企业联手，研发成功拥有自主知识产权、应不同再制造对象而各具形态的“微观再制造技术”系列产品已批量生产。包括工程机械领域在内的多类工业一线已经予以应用，并获得经济和社会效益。随着我国材料、化工、机械等学科领域的科技和工业的发展，微观再制造技术将会有更多的创新成果和产品出现，其应用范围也会逐步扩大。

19.1.2 微观再制造机理与特点

微观再制造的机理可以简述如下：利用机械设备液态工作介质的循环系统，例如润滑油系统，将以功能材料为主要成分的微观再制造产品介入工作中的机械摩擦副。在摩擦副表面相对运动的过程中，既有的载荷、相对速度、表面温度等摩擦学环境促使微观再制造功能材料与摩擦副金属表面发生机械、物理、化学等方面的综合作用。经过一段时间的动态过程，原摩擦表面的金相结构、化学成分、表面形貌等发生了变化，而被再制造为一个新的表面。其宏观机械特性，如表面粗糙度、摩擦系数、显微硬度等都因此得到优化。在至今为止的热能动力机械的多项案例中，还可以大概率地检测到零部件零磨损乃至负磨损数据，即在经历了一个表面磨损与优化共存的动态微观再制造过程后，恢复原始尺寸的现象。

1. 微观

微观再制造的过程进行在微米级的机械摩擦副表面和空间之内。除磨损表面的物化性质发生优化外，其几何尺寸在特定机械中也会几乎达到公差限级的修复。它对机械磨损失效再制造的针对性极强，但不适用于断裂、变形、腐蚀、大尺度超限等破坏性的机械失效形式。

2. 在线

微观再制造的工艺更多地在机器正常工作期内同时实施。它将齿轮、轴承等零部件的表面强化、延寿再制造目标实现的起始点，从机械零部件已经破损拆卸之后，提前到新造机械装备启用的初始。这意味着，若与经典的在机器解体后对报废零部件的“离线”式再制造有机结合，就可以获得一个贯通设备全寿命期的再制造全过程。另外，在特定条件下，也可经过专门设计的“离线”式微观修复实施方案和工装，实现 10 微米级的表面优化和修复。

3. 表面

微观再制造的标的物是机械零部件的原始表面，而不是传统的在其上“镀层”“覆膜”概念。因此，它的优势来自表面自我更新所带来的机械性能的优化，而不存在因“镀层”或“覆膜”材料特性、附着力等因素所带来的更多负面考虑和新的风险。

4. 自适应

在对零部件几何尺寸的微量修复方面，微观再制造具有近似智能化的自适应特点，即摩擦副在接近或达到最佳配合间隙时，它不会无限制地继续加大其中之一表面的尺寸而使摩擦状态恶化。这是因为，微观再制造是一个表面再生与磨损脱失同时并存的在线动态过程。当摩擦副尺寸被修复至接近或达到最佳配合间隙时，其表面再造率与磨损率在这个极限水平下实现动态平衡，从而保持在最佳尺寸上。因此，微观再制造也可以称为微观领域中的智能维修。

5. 一次性操作

传统的以改善摩擦副润滑状态的减磨技术，依据的是润滑工程原理，即在润滑剂中介入一定比例的改善润滑功能物质。随着润滑剂的消耗、遗漏乃至更换，需要多次补加甚至复加，以满足恢复所规定的比例。有的产品的该比例会高达两位百分数。而基于表面工程的微观再制造技术，改造的是表面，润滑剂只是介入载体和再制造环境的第三方，故不受润滑剂的减量和更换影响。通常是一次主操作即可，从而简化工程应用现场再制造技术的实施和管理。

19.2 技术基础

显而易见，实现微观再制造技术的关键，是功能材料的研制，在此，以近 30 年来国内外首先发现和研制，并被工程实际应用所验证的功能材料为例，加以说明。

19.2.1 功能材料的基本特性

取自天然矿石的功能材料，在地质学中称其为蛇纹石。蛇纹石的主要化学成分是羟基硅酸镁，其化学式为 $Mg_6(Si_4O_{10})(OH)_8$。为能使其成为功能材料的原料，首先需要用专业方法将其加工为化学纯度高达 98%以上的粉体。图 19-1 所示为超细蛇纹石粉体的扫描电子显微镜照片。其粒度分布范围在纳米至微米级之间。

图 19-1　超细蛇纹石粉体扫描电子显微镜照片

粉体颗粒呈长形叶片状。蛇纹石是 1∶1 型的三八面体层状硅酸盐。其特殊结构导致其断面上存在 Si—O—Si、O—Si—O、羟基等五种不饱和键。这些不饱和键构成了活性基团，具有极高的化学活性。

图 19-2 所示为单粒蛇纹石粉体的纳米层状结构透射电子显微镜照片。其内部的平行

纳米结构，决定了其具有纳米材料的活性特征。同时，在剪切力作用下，结构层可沿边界方向发生塑性滑动，有助于改善液体工作介质的润滑性能。

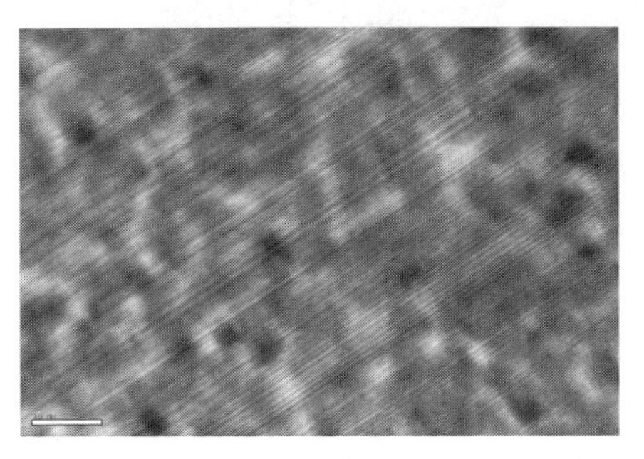

图 19-2 单粒蛇纹石粉体的纳米层状结构透射电子显微镜照片

材料学方面的 X 射线衍射分析、差热分析、氮吸附-脱附分析也表明，蛇纹石具有比表面积大、高温下可出现类陶瓷晶相相变现象的热反应物理特性。

基于蛇纹石晶体以上特性，它极易吸附在摩擦副金属表面上，继而在载荷、温度、相对运动速度的环境条件下，与表面发生充分的物理及化学的相互作用，使其机械特性得到改性优化。

19.2.2 摩擦学试验检测评估

中国地质大学和某装备再制造重点实验室，在摩擦磨损试验机上进行环盘摩擦磨损试验的结果表明，基础润滑油加入功能材料后可以发生以下变化。

(1) 摩擦系数，试样间的摩擦系数由 0.11 降低到 0.04。

(2) 显微硬度，试样表面硬度比实施前增加了约 30%。

(3) 表面形貌，试样表面由粗糙变为光滑(图 19-3)。

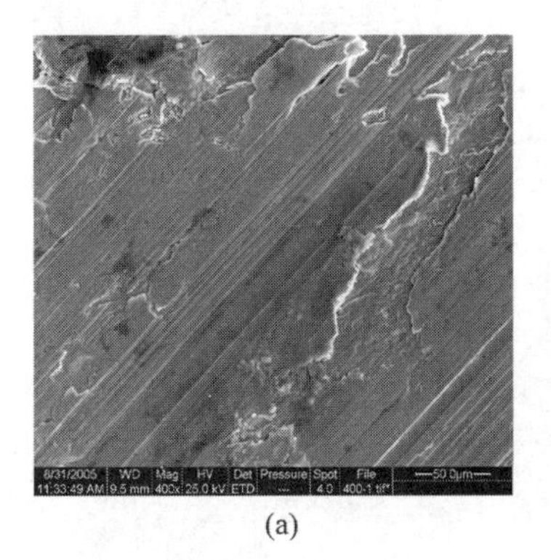

(a)

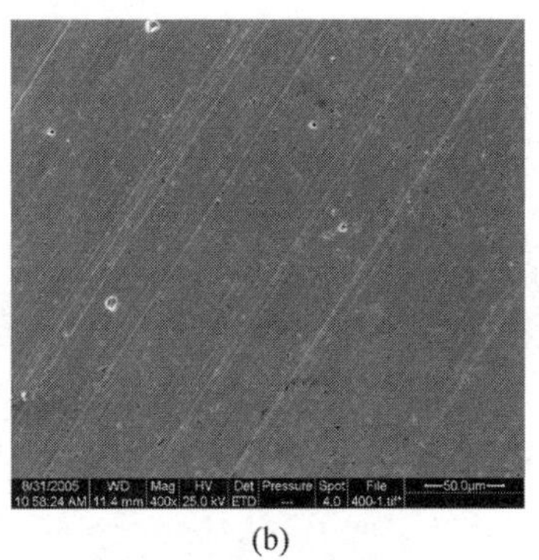

(b)

图 19-3 润滑剂加入功能材料前后试样表面形貌比较

(a) 加入前；(b) 加入后

19.3 微观再制造技术的工程应用

微观再制造技术出现伊始，便很快进入各种工程应用一线，并取得效果。

19.3.1 微观再制造技术的产品

本节介绍以蛇纹石为功能材料的微观再制造技术，已形成“摩安(MORUN)金属减摩修复技术”系列成熟产品，由北京天捷优越科技开发有限公司研发和批量生产。它的实施既可委托公司的专业技术团队，也可在经过专业培训、熟练掌握技术要点之后，由设备使用者自己独立操作，如图 19-4 和图 19-5 所示。

19.3.2 微观再制造实施工艺编制的必选项

是否能达到微观再制造的预期效果，除了产品本身质量优劣是决定因素之外，它的实施工艺是紧排其后的必要前提。

微观再制造技术的实施工艺细节因不同

图 19-4　中国工程院徐滨士院士主持微观再制造产品的鉴定

图 19-5　摩安(MORUN)微观再制造系列产品

机械装备、不同工作环境而异。但概括其共性原则，实施前，必须考虑以下几个方面的选项。

(1) 设备状态：处于磨合期后，正常运转期内，或异常磨损发生初始阶段。

(2) 润滑油牌号：所选微观再制造产品型号必须与润滑油牌号大类吻合，如齿轮油、发动机油应选择与其对应的微观再制造产品的各自型号。

(3) 润滑油(或其他液体工作介质)状态：新油。

(4) 润滑油滤器状态和参数：新更换或新更换不久，工作正常，过滤粒度不小于 10 μm。

(5) 实施部位：实施之前必须详细了解机器润滑系统的全貌。在掌握润滑油循环路线和所实施零部件的节点位置基础上，选择合理的入口，将微观再制造产品加入润滑系统。

① 按润滑油循环方向，滤清器之后、摩擦副之前。

② 尽量接近润滑剂紊流部位，使其易于快速均匀分散于作为载体的润滑剂整体之中。

(6) 实施数量：以与润滑油总量的比例为单位定量。比例值因设备种类、状态等而异。操作时，视现场允许条件，多次分批介入。

(7) 润滑剂管理：基于微观再制造技术的原理，实施该技术之后的机械装备在一段时间内不能更换润滑剂(突发机械故障紧急处理情况当然除外)，为完成表面改性提供时间条件。一次性实施，原则上与换油补油无关。特殊情况除外。

(8) 状态跟踪监测：实施操作后，要特别关注机器设备各运行参数的显示，以监测实施后初期的机器状态。建议采用油液监测、振动监测、参数监测等技术手段对初次实施微观再制造技术的机器装备进行全程监测，以掌握规律和评估效果，为扩大应用积累经验。

19.4 工程机械——盾构主轴承齿轮微观再制造案例

19.4.1 案例简介

中国中铁隧道局集团有限公司专用设备中心为了实现为盾构机安全、长效运用提供保障新技术的目标，决定将微观再制造技术应用于掘进中的盾构机主刀盘驱动齿轮箱、减速齿轮箱和螺旋输送机齿轮箱。图 19-6 和图 19-7 所示为实施微观再制造技术现场。

图 19-6 主刀盘驱动齿轮箱实施现场

(1) 施工地点：长—株—潭城际铁路综合Ⅰ标，五工区。

(2) 应用设备：海瑞克土压平衡盾构机；编号为 S657(应用)、S658(对比)。

图 19-7 螺旋输送机齿轮箱实施现场

(3) 应用部件：①主驱动齿轮箱；②减速齿轮箱(S657 中同机，5 台实施，序号为 2、4、6、8、10；6 台对比，序号为 1、3、5、7、9、11)；③螺旋输送机齿轮箱。

项目历时 3 年，共采集了 22 560 余条数据。经统计对比分析，验证了应用取得成功。以主刀盘齿轮箱为例，能量输出效率提高了 18.6%，油温降低了 5.0%，润滑系统故障报警频次降低了 42.5%。

19.4.2 数据分析

以主刀盘驱动齿轮箱为例。数据采集自在同标段同时掘进的以上两台设备状态、地质条件、掘进进度相近、具有可比性的 S657 和 S658 两台海瑞克盾构机。前者实施了微观再制造技术，后者作为对比机，采用参数监测、油液监测、故障报警等实测数据大样本的统计分析方法进行对比评估。

由表 19-1 可见，S657(实施)的能量输出效率高于 S658(对比)18.6%。这是因为齿轮的表面得到改性优化，摩擦系数降低，减少了因摩擦产生的能量损失，齿轮副的能量传递效率得到提高。

同时，施用微观再制造技术的盾构机主驱动齿轮箱润滑油温较对比机的低 5.0%；在与润滑剂和润滑系统相关的故障报警总数上，是实施前本机和对比机的 1/2；在油过滤和监测报警数量上不但低于对比机，且低于实施前近 1～2 个数量级。

表 19-1 主驱动齿轮箱机电工作参数评价

盾构机	刀盘扭矩均值/(MN·m)	刀盘转速均值/(r/min)	驱动电流均值/%	能量输出效率参数*
S657(实施)	7.246 36	1.742 15	60.233 7	0.209 59
S658(对比)	7.493 41	1.560 48	66.179 6	0.176 69

注：*表示有关"能量输出效率"的释义，请参考有关文献。

19.5 动力机械——内燃机车柴油发动机微观再制造案例

19.5.1 案例简介

将微观再制造技术实施于铁路内燃机车柴油机，是我国研究应用该技术的第一纪录。铁路系统的机务、工务等部门对它的研发和应用工作，至今已有十七余年的历史。

我国铁路内燃机车柴油机维修规程规定，每 30 万 km 行程为一中修、累计到达 90 万 km 时返厂大修。多年以来，作为主要摩擦副的缸套和活塞在每个中修解体检测后，16 套缸套和活塞基本需要全部更换。它们的"减磨延寿"成为铁路运输节支提效的重大课题。

因此，在原铁道部运输局装备部主持下，进行了微观再制造技术的大规模专项应用试验。试验动用了 6 台新造 DF_{8B} 货运主型机车(图 19-8)、与常规运输生产同步进行。其中，4 台实施了微观再制造技术，2 台作为对比、未实施再制造技术。机车柴油机型号为 16V280ZJA，功率为 3 680 kW，最高转速为 1 000 r/min。

试验历时 5 年，累计行程近 120 万 km，跟踪运用、检修等各个运输生产环节，采集了这 6 台车、每台 3 个中修、1 个大修修程的机车柴油机的全部解体检测数据(图 19-9)。收集了各台车 5 年的日常运输生产维护、保养、检测记录。经统计分析，完成总结报告。报告表明，经历微观再制造机车的柴油机气缸套，连续使

图 19-8 实施微观再制造技术的机车

用 115 万 km，寿命延长近 3 倍；活塞连续使用 90 万 km，寿命延长 2 倍。燃油单耗下降 2.2%。试验取得预期效果，原铁道部运输局发文全路机务系统推广应用。

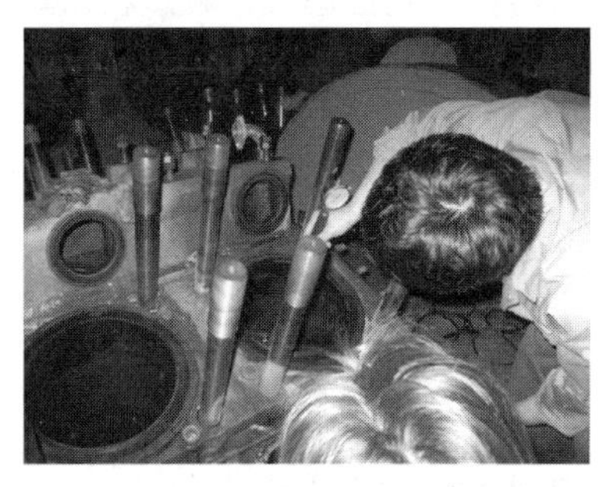

图 19-9 检测柴油机气缸套磨损量

原广铁集团龙川机务段，在累计 120 余台机车上推广应用微观再制造技术的统计报告中表明，柴油机主要运动件的平均磨损率大幅下降。其中，气缸套下降了 86.2%，有约 50% 的气缸套出现负磨损的修复情况；活塞裙部磨损下降了 67.2%；曲轴主轴颈磨损下降了 61.1%。全段柴油机的临修率减少了 67%，燃油消耗减少了 2.5%。由此得到运输生产的综合效益即机车运用效率，即机车运用效率提高了 4.7%。

19.5.2 数据分析

根据原铁道部收档的 65 页专项试验技术报告，以试验机车柴油机主要摩擦副气缸套和活塞环的磨损量检测数据为例，统计对比分析结果如下。

(1) 缸套在 60 万 km、87 万 km、115 万 km 的平均磨损量，分别仅为修程规定更换到限值

的 23.0%、19.0%和 0.24%，缸套寿命可延长 3 倍。

(2) 活塞环槽侧隙在 60 万 km、87 万 km 的平均增值，分别仅为修程规定更换到限值的 27.0%和 1.9%；活塞寿命可延长 2 倍。

考察以上试验柴油机在运行 60 万 km、87 万 km 和 115 万 km 的缸套内径、活塞环槽侧隙磨损量与到限值相比之百分比逐渐下降的趋势，可确认缸套内表面和活塞环槽存在明显的被微观再造修复效果。

(3) 已经达到大修修程、行程为 115 万 km 的试验机车柴油机进行了返厂大修。对跟踪了全行程的 15 个缸套进行检测(其中 1 个留样未参与)。缸套内径与履历簿记载新车出厂数据相比对，几乎是出厂原尺寸，其中最大累计磨损为 0.024 mm，最小为 −0.020 mm，即出现还原原尺寸的修复结果。

该案例说明，微观再制造技术对热能动力机械的主要摩擦副具有十分明显的减磨修复效果。

19.6 热电设备——发电厂空冷岛齿轮箱微观再制造案例

19.6.1 案例简介

神华集团神东电力热电公司和大唐国际托克托发电有限责任公司，为减少进口设备的破损率和延长使用寿命，在电厂空冷岛风机减速齿轮箱应用了微观再制造技术。

空冷岛风机减速齿轮箱是实现先进的发单机组循环水风力冷却技术的关键设备，当时全部是进口产品。神华集团神东电力热电公司在 1 号发电机组的 12 台空冷岛齿轮箱、4 组二次风机轴承、1 台给水泵上实施了微观再制造技术的应用及评估。图 19-10 和图 19-11 所示为空冷岛的风扇群和在风扇驱动变速齿轮箱实施微观再制造技术操作的场景。

图 19-10 热力发电厂空冷岛

图 19-11 在风扇驱动变速箱的添加操作

为评估微观再制造技术的应用效果，同样采取比对方法进行考核。综合应用了以驱动电流、温度为主的参数监测、以光谱分析为主的油液监测和以振动位移为参量的振动监测等技术。整个工作历时两年，覆盖一个机组的大修检修周期，在 29 118 个大样本实测数据基础上，进行统计分析，得到积极肯定的评价。

19.6.2 数据分析

图 19-12 和图 19-13 所示为单台设备在微观再制造技术实施前后的齿轮箱驱动电流曲线的比较。前者是在大唐国际托克托发电有限责任公司实施的结果，电机驱动电流降低了 2.0%，电流波动下降了 29%。后者是在神华

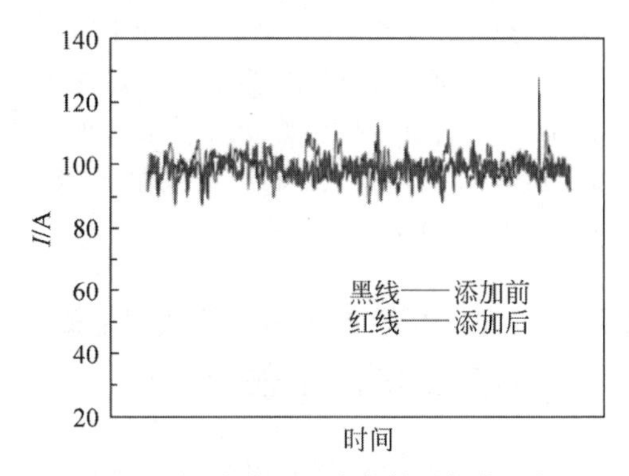

图 19-12 大唐国际齿轮箱添加前后的电流曲线

集团神东电力热电公司实施的结果，电机驱动电流降低了2.1%。电流值的下降是因摩擦系数降低、能量损失减少；而电流平稳则是齿轮齿面改性、啮合状态改善的反映。

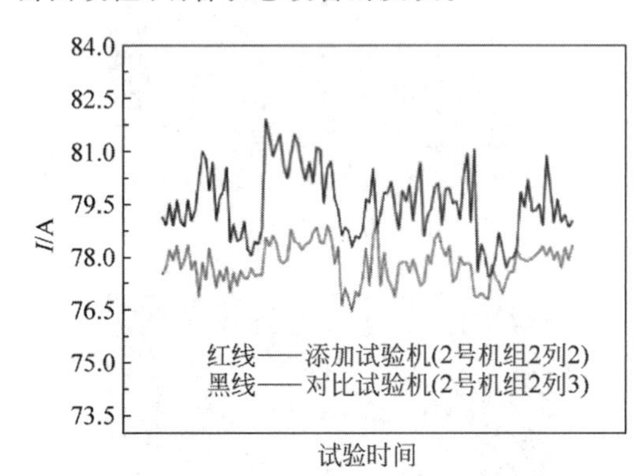

图 19-13 神华集团齿轮箱添加前后的电流曲线
(f=40.55%±0.1%)

据此，神华集团神东电力热电公司又对6台实施微观再制造技术齿轮箱与6台对比齿轮箱，在同时段进行了比对考核。通过发电机组的计算机控制系统和人工检测，采集了8 658个驱动电流、4 476个油温、4 427个振动值的齿轮箱运行实时参数数据。利用油液监测，获取相关油质和磨损的运动黏度、光谱检测等756个数据。在此基础上，采用针对大样本数据的数学统计分析方法，得到如下结果。

实施微观再制造技术的齿轮箱，相对未实施者：

(1) 驱动电流降低了1.7%。

(2) 油温降低了0.2%。

(3) 振动位移下降了1.4%。

(4) 磨损元素铁含量的降低速率快于约8倍。

前两项表明，因齿轮摩擦产生的热能消耗降低，齿轮箱变速转换效率增加。第三项表明齿面、轴承摩擦降低，无用机械能损耗减少。第四项表明磨损状态改善明显。

19.7 轨道交通——铁路机车轮缘微观再制造案例

当铁路机车车轮轮缘因与钢轨侧面间的摩擦导致轮缘磨损到限时，必须进行旨在恢复轮缘厚度和原始廓形的镟轮维修，以保证行车安全。在山区小半径曲线密集线路运行的机车，其车轮轮缘磨损更为严重，已成为关系行车效率和安全的瓶颈问题。而因此造成的更加频繁的镟轮，必然造成材料、工时和扣车成本的提高和机车利用率的下降。

为此，原北京铁路局丰台机务段采用了一种固态微观再制造技术产品，将其顶压在行进中机车轮子的轮缘部分(图19-14和图19-15)，以通过在线式的润滑和表面改性优化，达到减磨效果。

图 19-14 铁路机车轮缘干式减磨装置

图 19-15 微观再制造减磨棒压在轮缘部位

在机车行进的同时，减磨功能材料被涂敷在轮缘上。当轮缘转到与钢轨侧面相接触时，轮轨间就存在一层润滑改性膜。而机车轴重的垂直重力载荷、车过弯道时的离心力载荷、轮轨间滑滚复合摩擦产生的高温等，就形成了轮缘表面微观再制造的条件。

轮缘表面微观再制造技术的应用，使在轮缘磨损极为严重的山区线路(如京原线)值机的“和谐内5”型机车的轮缘平均磨损率减少了44%，最大磨损率减少了41%(图19-16)。轮缘表面的硬度提高了1.9%(图19-17)。

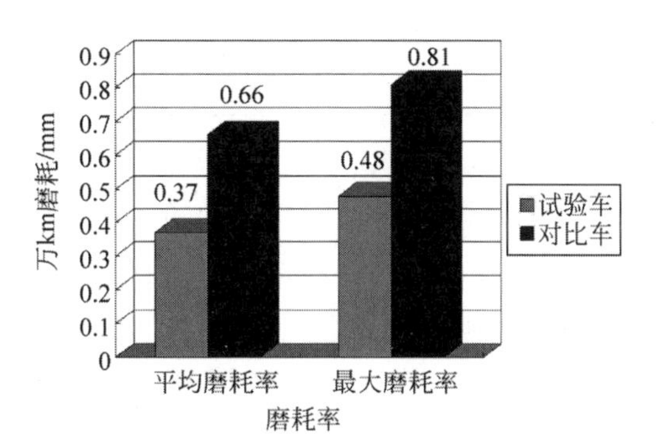

图 19-16 轮缘磨损率之比较

图 19-17 测试轮缘表面显微硬度

同样的减磨效果在广铁集团广州机务段、龙川机务段也得到了验证。以轮对镟修里程作为评估依据，机车轮对使用寿命提高了 30%以上。

轮轨关系概指铁路运输基础设施（钢轨）和行车装备（车轮）这一对重要摩擦副的摩擦学行为。轮与轨的磨损问题一直是铁路技术创新和运输生产的重大关注问题。在推广应用机车轮缘微观修复技术的同时，针对钢轨与轮缘相对摩擦部分的轨侧微观再造技术和产品也已开发成功，并投入运用。可以说，微观再制造技术和产品在缓解铁路钢轨与车轮这一对重要摩擦副的磨损问题上已经发挥了作用，并以其工程应用的成功实践，为推动轮轨关系专题领域里的科技进步提供了一个新的思路。

参考文献

[1] 杨其明. 超细蛇纹石粉体的材料特性、摩擦学介入行为及其工业应用[J]. 润滑与密封，2010，35(9)：98-101.

[2] 欧忠文，徐滨士，马世宁，等. 磨损部件自修复原理与纳米润滑材料的自修复设计构思[J]. 表面技术，2001，30(6)：47-50.

[3] 杨鹤，张正业，李生华，等. 金属磨损自修复层的 X 光电子能谱研究[J]. 光谱学与光谱分析，2005，25(6)：945-948.

[4] 杨其明. 金属减磨修复技术及其在铁路内燃机车柴油机上的应用[J]. 中国设备工程，2007(9)：59-61.

[5] 康宝生，陈义得，陈馈. 应用减磨修复技术延长盾构/TBM 使用寿命研究[J]. 隧道建设，2015(9)：861-866.

[6] 杨其明 康宝生，易新乾. 盾构主轴承箱应用参数监测技术的可行性研究[J]. 隧道建设，2017(5)：637-640.

第 19 章彩图

作者按

MATechnology 技术起源

MATechnology 作用机理

自修复技术与微观再制造

第20章

工程机械设备维护技术

20.1 设备维护

20.1.1 概述

设备维护通常也称为设备保养，是对设备在使用中或使用后的护理，其目的在于维持设备经常处于良好的技术状态。设备维护是设备在使用过程中的客观要求，做好设备的维护工作，及时地检查、处理发现的问题，消除设备故障隐患，可以把故障消灭在萌芽状态。设备维护工作的好坏，很大程度上决定了设备的自然寿命。

以地铁施工企业为例，在完成一个标段施工、盾构提升到地面后，为了准备接受下一个标段的施工任务，要对盾构做一次维保。有时，行业内的这种维保根据需要也做一些简单的修理。

20.1.2 维护制式

目前，通用的工程机械设备维护制式是三级保养制，但是除三级保养制外，各行业、各企业针对自身需求还制定了一些其他辅助保养制，如煤炭企业的设备四检制、烟草行业的三级点检制等、盾构行业的辅助保养制，具体如下。

1. 三级保养制

我国的三级保养制是20世纪60年代中期开始，在总结苏联计划预防修理制，并结合我国实践的基础上，逐步完善和发展起来的一种保养制。它体现了我国设备维修管理的重心由修理向保养的转变，也体现了我国以预防为主的维修管理方针。

三级保养制内容包括设备的日常保养、一级保养、二级保养和三级保养。三级保养制是以操作者为主对设备进行以保为主、保修并重的强制性维护制度。三级保养制是依靠群众、充分发挥群众的积极性，实行群管群修，专群结合，搞好设备维护保养的有效办法。

(1) 日常保养，又称为例行保养。其主要内容是进行清洁、润滑、紧固易松动的零件，检查零件、部件的完整性。这类保养的项目和部位较少，大多数在设备的外部。

(2) 一级保养。其主要内容是普遍地进行拧紧、清洁、润滑、紧固，还要部分地进行调整。

日常保养和一级保养一般由操作工人承担。

(3) 二级保养。其主要内容包括内部清洁、润滑、局部解体检查和调整。

(4) 三级保养。其主要是对设备主体部分进行解体检查和调整工作，必要时对达到规定磨损限度的零件加以更换。此外，还要对主要零部件的磨损情况进行测量、鉴定和记录。

二级保养、三级保养在操作工人参加下，一般由专职保养维修工人承担。在各类维护保养中，日常保养是基础。保养的类别和内容要针对不同设备的特点予以规定，不仅要考虑到设备的生产工艺、结构复杂程度、规模大小等具体情况和特点，同时要考虑到企业内部长期形成的维修习惯。

2. 设备四检制

设备四检制度是煤炭生产企业按照矿井生产特点和机电设备维修方式采用的一种设备保养制度，它是矿井设备预防检修制的重要组成部分。四检指班检、日检、周检和月检，班检和日检相当于日常保养，周检和月检相当于定期保养。

3. 三级点检制

一般的设备三级点检是指生产点检、专业点检和精密点检，有的按岗位性质定义为岗位点检、维修点检、精密点检；有的则按人员层次定义为实施班组点检、车间点检、设备管理室点检等。目前，对设备三级点检的定义与做法，依所要求的内容、周期、人员等因素的不同而各不相同。

4. 辅助保养制

以中铁工程服务有限公司为例，其根据全断面硬岩隧道掘进机(tunnel boring machine，TBM)施工的周期性，按“月份”制订保养计划，并形成了其机电设备维修保养管理系统(图 20-1)。

图 20-1　TBM 机电设备维修保养管理系统界面

根据不同行业设备维护的具体要求，往往是以上几种基本维护制式在最优化搭配原则下的综合运用。

20.1.3　设备保养制度化

设备的日常保养是设备维护的基础工作，必须做到制度化和规范化。对设备的定期保养工作要制定工时定额和物资消耗定额，并按定额进行考核，设备定期保养工作应纳入车间承包责任制的考核内容。

设备定期检查是一种有计划的预防性检查，检查手段除人的感官以外，还要有一定的检查工具和仪器，按定期检查卡执行，其中定期检查也称为定期点检。对机械设备还应进行精度检查，以确定设备实际精度的优劣程度。

设备保养应按保养规程进行。设备保养规程是设备日常保养方面的要求和规定。坚持执行设备保养规程，可以延长设备使用寿命。主要包括以下内容。

(1) 设备要达到整齐、清洁、坚固、润滑、防腐、安全等的作业内容、作业方法、使用的工器具及材料、达到的标准及注意事项。

(2) 日常检查保养及定期检查的部位、方法和标准。

(3) 检查和评定操作工人维护设备程度的

内容和方法等。

20.1.4 设备保养的发展

设备管理保养模式研究与发展的本质就是探索运营管理的市场化运作模式，在国内传统的运营管理模式中引入市场机制，以社会化手段进行设备的日常保养、集中保养和应急维修。保养模式研究时需遵循如下“五化”原则。

1. 最优化

最优化是指以最小的投入实现最大的产出，实现综合效益最优。任何保养模式的选择，都将以安全前提下的效益追求作为首要目标。

2. 市场化

市场化是指在市场化的运作模式下，实现资源的优化配置，尽量安排服务外包，让专业化的机构来承担设备维护。

3. 动态化

动态化是指最佳的保养模式并不是一成不变的，它随着外部环境(政策、市场机制等)和内部因素(技术水平、管理体制等)的变化而变化。这种变化往往有规律可循，可以通过合理的预测，在一定的时间和空间范围内探索不同阶段的最佳的运行模式。同时充分利用传感技术、信号分析技术掌握设备实时的状态，及时安排维护。

4. 综合化

综合化是指不能仅仅依据单一设备决定保养模式，而应全面考虑成套设备的情况，从整体的角度实现资源的综合优化。

5. 信息化

随着信息技术的不断发展，科学、现代、规范的设备设施信息管理已成为主流趋势，信息化管理模式可以完美的应用到设备管理中。在研究与发展设备保养技术时必须充分利用信息化手段。

20.1.5 盾构保养规定

为保证盾构机安全高效工作，使盾构机的完好率和使用率达到较高的水平，一般根据盾构机类型，有针对性地制定相应维护保养规程，具体要求如下。

(1) 盾构机的保养通常采用日常巡检保养和定期停机保养，原则上每周停机 24 h 进行强制性集中保养，以日常保养为主，定期停机保养为辅的方式进行。

(2) 保养工作必须制订保养计划，并且应严格按计划执行。盾构机的保养计划一般分为日保养、周保养、月保养、季保养、半年保养、年度保养计划。每类保养计划的工作内容都是针对盾构机的各部件和各系统进行制定的。

(3) 盾构值班工程师每日进行巡检，并填写盾构值班工程师每日巡检表。

(4) 保养采取责任工程师签认制度，所有保养工作内容都要有书面记录，并且由责任工程师检查签认。

(5) 对电气和液压系统的任何修改(包括临时接线等)都要做详细记录、签字并存档。

(6) 维保工作必须遵循以下安全说明：只有当机器停止操作时才能进行保养工作；断开要保养的电气部件的开关，并确保保养期间不会工作；在液压系统保养之前必须关闭相关阀门和降压，必须防止液压油缸的缩回和液压马达的意外运行，意外泄漏的高压油会造成人员的伤亡和液压设备的损坏；液压系统的维护保养必须注意清洁，严禁使用棉纱等易起毛的物品清洁管接头内壁、油桶、油管等。

20.2 设备的油水管理

根据现代工业摩擦学的观点，设备中的液体工作介质与机械零部件同属设备的一部分，在设备保养中占有同样重要位置。

20.2.1 油料的合理选用

磨损是工业机械报废的主要原因，其中磨料磨损、疲劳磨损、黏着磨损等与润滑相关的机械磨损又占了大部分，这些机械磨损大多是油品的不合理使用和不合理管理造成的。图 20-2 和图 20-3 所示为铁谱显微镜下不同形态的磨粒图。

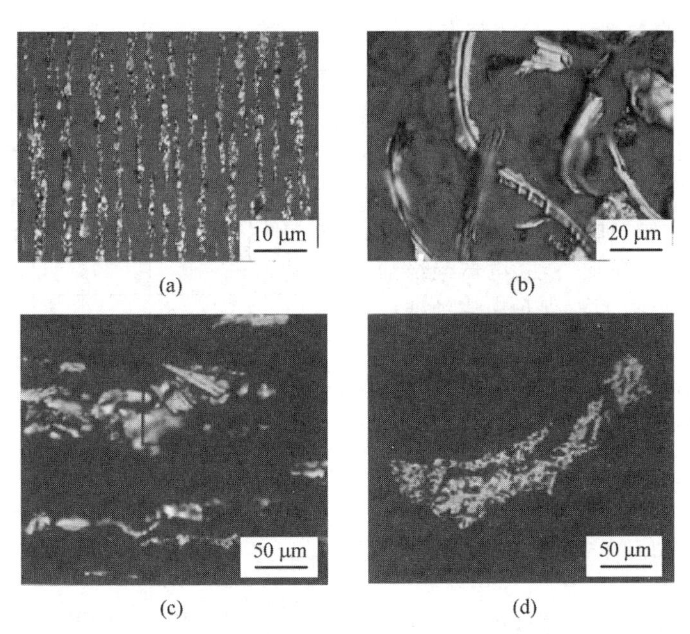

图 20-2 铁谱显微镜下不同形态的磨粒(1)

(a) 正常磨粒；(b) 切削磨粒；(c) 严重滑动磨粒；(d) 疲劳磨粒

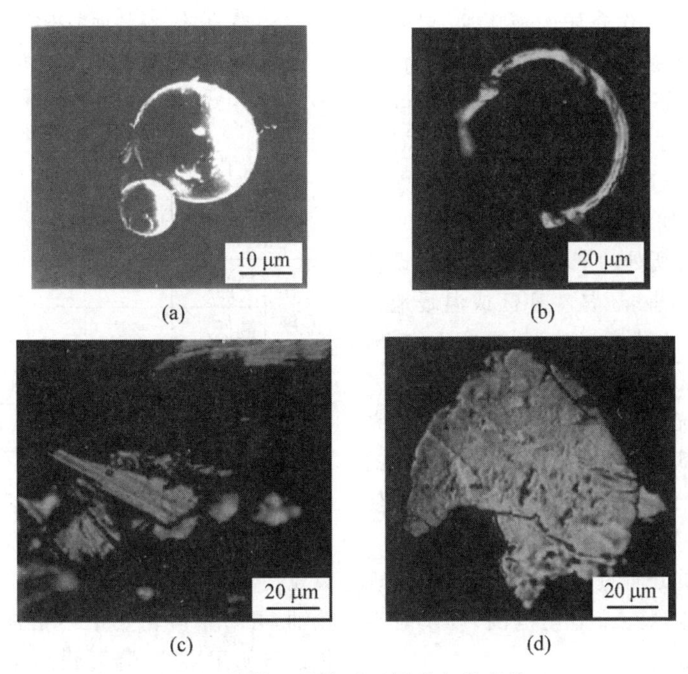

图 20-3 铁谱显微镜下不同形态的磨粒(2)

(a) 球形磨粒；(b) 切削磨粒；(c) 严重滑动磨粒；(d) 疲劳磨粒

科学合理地使用油料，不仅可以保护设备，提高设备的可靠性，而且可以延长设备的使用寿命。因此有必要建立一套完整的油料管理体系，对设备在制造、运行以及维护过程中所涉及的各类油料进行严格管理。

润滑油可分为发动机油和工业润滑油。目前，工业润滑油的用量占润滑油生产量的55%～60%。

1. 工业润滑油的品种和应用特点

工业润滑油应用范围很广，品种较多。按《润滑剂、工业用油和有关产品(L类)的分类 第1部分：总分组》(GB/T 7631.1—2008)，工业润滑油包括全损耗系统油、脱模油、工业齿轮油、压缩机油、主轴、轴承和离合器油、导轨油、液压系统用油、金属加工油、电器绝缘油、风动工具油、热传导油、暂时保护防腐蚀油、汽轮机油等品种。

工业润滑油在应用中有以下特点。

(1) 工业润滑油一次加入量一般较多。

(2) 工业润滑油所要求的使用寿命较长。

(3) 工业润滑油的使用性能要求千变万化。

(4) 工业润滑油有许多特殊性能需要专门的评定方法。

(5) 工业润滑油的产品规格更新较慢，但专用产品发展较快。

2. 液压油的品种选择

正确选用作为工作介质的液压油，对液压系统适应各种环境条件和工作状况的能力，延长系统和元件的寿命，提高设备运转的可靠性，防止事故发生方面都有重要的影响。对各种类型的液压系统选用液压油时需要考虑的因素很多，通常有如下几个方面。

(1) 液压系统所处的工作环境。液压设备是在室内或户外作业，还是在寒区或温暖地带工作，周围有无明火或高温热源，对防火安全、保持环境清洁、防止污染等有无特殊要求。

(2) 液压系统的工况。液压泵的类型，系统的工作温度和工作压力，设备结构或动作的精密程度，系统的运转时间，工作特点、元件使用的金属、密封件和涂料的性质等。

(3) 液压介质方面的情况。货源、质量、理化指标、性能、使用特点、适用范围，以及对系统和元件材料的相容性等。

(4) 经济性。考虑液压工作介质的价格，更换周期，维护使用是否方便，对设备寿命的影响等。

液压油品种的选用依据是液压系统所处的工作环境和系统的工况条件，按照液压油各品种具备的各自的性能综合考虑确定。按环境、工作压力和温度选择液压油见表20-1，液压油的选择和适用范围见表20-2。

表20-1 按环境、工作压力和温度选择液压油

环境	压力<7 MPa、温度<50℃	压力7~14 MPa、温度<50℃	压力7~14 MPa、温度50~80℃	压力>14 MPa、温度80~100℃
室内/固定液压设备	HL	HL或HM	HM	HM
寒天/寒区或严寒区	HR	HV或HS	HV或HS	HV或HS
地下/水上	HL	HL或HM	HM	HM
高温热源/明火附近	HFAE/HFAS	HFB/HFC	HFDR	HFDR

表20-2 液压油的选择和适用范围

项目		HL抗氧防锈油	HM抗磨液压油	HV低温液压油	HS合成烃液压油
最高工作压力/MPa		7.0	35.0	35.0	350
工作温度	最高/℃	100	100	100	100
	最低/℃	−5	−5	−20	−40
工作环境		潮湿	耐负荷	寒区	严寒区
不适用的橡胶		天然胶、丁基胶、乙丙胶			

3. 齿轮油的品种选择

齿轮油是保证齿轮传动工作效率和延长齿轮使用寿命的重要润滑材料。正确选择齿轮油，可防止齿轮发生不正常磨损或腐蚀，延长设备使用寿命，降低设备运行成本，提高经济效益。

齿轮油分为闭式齿轮油和开式齿轮油两大类。在开式或半封闭式齿轮箱和齿轮装置及低速重负荷齿轮装置(齿轮和轴承分开的润滑系统)应选用开式齿轮油。闭式齿轮装置，无论是油浴润滑、喷油润滑，还是循环润滑，都要选用闭式工业齿轮油。

齿轮油的质量档次主要是根据设备的工况(温度、压力、转速、负荷等)、工作环境(环境温度、湿度、接触介质等)及油品要求的使用寿命来确定。

首先,齿轮的类型不同,形状和啮合方式不同,润滑油膜的形成有明显的差异。一般正齿轮、伞齿轮、斜齿轮、人字齿轮及螺旋伞齿轮容易在齿面上形成油膜,因此,相应工作条件比较缓和。双曲线齿轮体积小、传递动力大、齿面相对滑动速度大,齿面上难以形成油膜,工作条件比较苛刻,要选用极压工业齿轮油。

其次,考虑设备运行工况。齿轮的工况是指齿轮工作时的温度、运转速度、传动的功率、承受的负荷及是否受冲击负荷等。一般,工作温度较高的要选用耐高温的齿轮油。齿轮传递功率小、负荷低,没有冲击负荷时可选用抗氧防锈型齿轮油。齿轮传递功率大,且有冲击负荷时,要采用极压工业齿轮油。如果齿面的接触应力大于 1 100 N/mm^2 时一定要采用重负荷工业齿轮油。

齿轮油的生产和使用技术正在不断进步。新一代齿轮油与传统齿轮油相比,其研发目标更多指向其抗磨性能。使用传统油品发生异常磨损较快,摩擦副接触表面的工作状态很快变坏。使用新型、高效油品,能使摩擦副表面更长时间处在正常磨损机理下、齿轮啮合保持稳定的正常工作状态。

齿轮油品现在的发展的主流方向是高性能的通用化。因此,现在的齿轮油的选择也有一种简单的工程方法,即选择最高性能的工业齿轮油。

4. 液压油的黏度选择

对于多数液压工作介质来说,黏度选择就是介质牌号的选择。黏度选择适当,不仅可以提高液压系统的工作效率、灵敏度和可靠性,还可以减少温升,降低磨损,从而延长系统元件的使用寿命。

液压系统的元件中,液压泵的负荷不但最重而且具有交变性。因此,所有液压部件中液压介质黏度的选择,通常以满足液压泵的要求来确定(表 20-3)。

表 20-3　工作介质黏度选择(供参考)

液压设备类型		工作温度下适宜运动黏度范围和最佳运动黏度/(mm^2/s)			推荐选用运动黏度(37.8℃)/(mm^2/s)		适用工作介质品种及黏度等级
		最低	最高	最佳	工作温度/℃ 5～40	工作温度/℃ 40～85	
叶片泵	<7 MPa	20	400～800	25	30～49	43～77	HM 油:32、46、68
叶片泵	≥7 MPa	20	400～800	25	54～70	65～95	HM 油:46、68、100
齿轮泵		16～25	850	70～250	30～70	110～154	HL 油(中高压用 HM):32、46、68、100、150
柱塞泵	轴向	12	200	20	30～70	110～220	HL 油(高压用 HM):32、46、68、100、150
柱塞泵	径向	16	500	30	30～70	110～200	HL 油(高压用 HM):32、46、68、100、150
螺杆泵		7～25	500～4 000	75	30～50	40～80	HL 油:32、46、68

对执行机构运动速度较高的系统,工作介质的黏度要适当选小些,以提高动作的灵敏度,减少流动阻力和系统发热。

5. 工业齿轮油的黏度选择

工业齿轮油要按节线速度大小、使用温度等因素选定黏度。一般说来,齿轮节线速度高的选用低黏度齿轮油,节线速度低的选用高黏度齿轮油,工作温度较高的要选用较高黏度的齿轮油。表 20-4 列出了闭式工业齿轮油黏度的选用等级。

表 20-4　闭式工业齿轮油黏度的选用等级

齿轮种类	齿轮运转线速度/(m/s)	黏度级别(40℃)/(mm^2/s)
直齿轮	0.5	460～1 000
斜齿轮	1.3	320～680
锥齿轮	2.5	220～460
	5.0	150～320
	12.5	100～220
	25.0	68～150
	50.0	46～100

齿轮油黏度现在的主流是低黏化。因此，现在的齿轮油黏度的选择也有一种简单的方法：黏度要求低的用 N46，要求高的用 N150。

20.2.2　油液污染与污染控制

统计数据表明，工业设备磨损故障与油液污染密切相关。当油液中混入污染物后，一般情况下，可以通过油液的理化检测发现。这些污染物的存在将对工程机械设备产生巨大的危害，主要包括：①设备润滑不良，性能下降；②设备磨损加剧，使用寿命缩短；③油品报废加快，换油周期缩短；④系统散热不良。油温上升也会导致油品自身氧化衰变加速。

油液污染控制是确保设备实现全优润滑的重要措施。

1. 污染物来源

1）加注新油带来的污染

新油在制造、储藏、运输，以及向系统加注过程中产生的。

2）系统中原有残留的污染物

元件加工和系统组装过程中残留的金属切削、沙粒及清洗溶剂等。

3）设备使用过程中由外界侵入的污染物

通过通气孔或密封从外界侵入的各种污染物，以及注油和维修过程中带入的污染物。

4）使用过程中系统内部生成的污染物

设备工作过程中的元件磨损、腐蚀产生的颗粒物，以及油液氧化分解产生的有害化合物等。

2. 污染物类型

油液中主要的污染物是固体颗粒，此外还有易黏附在金属表面形成棕色漆膜的细小“软颗粒”及水分和空气等。

在所有污染物中，固体污染物的危害最大。油液中固体颗粒污染物主要来源于设备生产装配过程中的残留物、运转中产生的磨损颗粒及从外界进入的固体颗粒，一般为金属颗粒、粉尘、灰沙、氧化物、橡胶碎末、纤维毛、脱落的油漆皮等。油品由于氧化和微燃烧等原因生成的细小软颗粒约占液压系统或汽轮机油液中颗粒总数的 80% 以上。这类颗粒有极性，易黏附在金属表面形成棕色的漆膜，漆膜的危害如下：①减少间隙，增加摩擦，严重时导致元件粘连与卡紧从而引起操作失灵；②堵塞过滤器造成设备润滑不良；③冷却器上沉积的漆膜导致散热不良、油温上升、油品氧化加速；④漆膜会附着固体颗粒，造成设备磨粒磨损。

油液中水分主要来源于冷却液泄漏、空气中水分凝结和外界经呼吸器或密封系统进入的水分。水分以溶解水、乳化或游离水三种形式存在油液中。油品溶解水分能力有限，当油品外观乳化后，表明油中水分含量已超出该油品的溶解能力。油液中过量水分主要危害如下：①导致添加剂水解、加速基础油氧化，形成漆膜和油泥；②水分与酸共同作用，导致设备腐蚀；③降低油膜强度，加速磨损，缩短设备寿命。

油液中空气主要来源于油泵吸空或吸油管路密封不严。一般情况油液会溶解一定量的空气，当超过溶解极限后，进入油液的空气以小气泡形式悬浮在油液中。油液中空气含量高主要危害如下：①系统刚度降低，导致系统反应慢或不稳定；②造成设备气蚀磨损；③对于压力高的系统会导致油液微区温度迅速升高，造成微区绝热“微燃烧”，生成极小尺寸的“软颗粒”。

3. 油液净化方法

当油液中固体颗粒、细小“软颗粒”及水分和空气含量超过油液污染控制目标时，将会对设备工作可靠性和元件的寿命产生严重影响。为了保证设备的正常工作，必须采取有效的净化措施及时清除油液中的各种污染物，以保持油液必要的清洁度。目前，油液净化方法主要有过滤、静电、磁性、离心、聚结、真空、吸附等，具体见表20-5。

表20-5 油液净化方法

净化方法	原理	应用特点
过滤	利用多孔可透性介质滤除油液中不溶物	分离固体颗粒（>1 μm），纸质纤维可吸收少量水分
静电	利用静电场力使油液中的非溶性污染物吸附在静电场内的集尘体上	分离固体颗粒，油泥和<1 μm的软颗粒
磁性	利用磁场力吸附油液中的铁磁性颗粒	分离铁磁性颗粒
离心	通过机械能使油液做环形运动，利用产生的径向加速度分离与油液密度不同的不溶物	分离较大尺寸的固体颗粒、游离水和少量乳化水
聚结	利用两种液体对某一多孔隙介质湿润性（或亲和作用）的差异，分离两种不溶性液体的混合液	分离游离水和少量乳化水
真空	利用在负压下饱和蒸气压的差别，从油液中分离其他液体或气体	分离油中各种形式存在的水分和空气等
吸附	利用分子附着力分离油液中可溶性和不溶性物质	分离固体颗粒、游离水和乳化水

在选择净化方法时，必须注意以下几点。

（1）根据油液污染物的类型，选择对应有效的净化方法。如果油液中主要污染物为细小软颗粒时，则静电净化是最有效的清除方法。

（2）如果油液中水分含量高，则先采用真空或聚结法将水分去除后，再选用过滤或静电方法将固体颗粒清除。

（3）如果油液中固体颗粒含量高且尺寸分布范围大，则应先用过滤精度低的过滤器净化后再使用精密过滤，否则会严重堵塞精密滤芯。

（4）油液黏度高会导致过滤效果差，因此如需净化黏度高的油品则应采取适当措施提高油温以降低油品黏度。

4. 污染控制措施

除了选择对应有效的净化方法外，为实现设备全优润滑，还必须从使用管理角度出发，强化油液污染控制措施，主要包括以下内容。

1）源头控制

（1）针对运行中的系统，统计和整理存在哪些污染源及污染程度等。

（2）有针对性寻找问题源头，根据污染来源加以控制，并制定可操作的整治与预防措施。

（3）编制现场污染源控制管理制度，培训维护与维修人员。

（4）使员工养成以污染控制为主的维护习惯，并能长期坚持。

2）颗粒污染防范

（1）使用过滤精度为10 μm的加油小车进行加油，平常不用时封堵加油软管的两头。

（2）液压泵、阀、缸、液压马达、齿轮箱、轴承、齿轮等必须在使用前才开封，避免受到灰尘、粉尘、杂质等污染物的污染。

（3）软管、密封件或密封圈、钢管件应储存在相对封闭的干净空间，使用前要清洗干净。

（4）液压缸活塞杆要安装防尘罩。

（5）空气呼吸器要选择适合过滤精度的滤芯，油箱及齿轮箱等不能敞口或者有吸入空气的缝隙。

（6）更换滤芯时要先排掉过滤器中的残余油品，并清洗过滤器内部，防止底部污染物沉淀污染系统。

（7）维修时，所有需要安装的备件及密封面都要清洗干净，不得用抹布等物品擦拭部件。

（8）定期检查油品清洁度，如果清洁度超标，需先找到污染源，并采取辅助过滤等措施及时提高其清洁度。

3）水污染防范

（1）定期通过油品外观观察，如果呈现轻微雾状，意味着油品含水量超标，需及时提取油样送检，并寻找进水点，排除污染源头。

(2) 对于油膜轴承末端进水，首先在保证密封合格的情况下，尽量减少水进入密封区的机会，也可采取加挡水胶圈等措施。

(3) 空气呼吸器是重要的液压附件，是隔绝空气中的颗粒并保证密封腔空气顺利进出的途径。由于空气中的湿气难以阻拦，特别是对于空气湿度较大的南方，应尽量选择树脂型呼吸器，既能吸附空气中的水分，又可保证密封腔油品的干燥。

(4) 循环润滑系统的齿轮箱一般都设在高处，靠近末端设备，所以对防尘和防水问题要更加注意，特别是空气中含尘量超标的现场，要勤换滤芯或加装护罩。

(5) 如果油品中的含水量超标，需要采取脱水措施及时处理。目前常用的有静置沉淀法、真空脱水法、离心法、聚合物吸收法、聚结法等，都可以有效除掉油中的水分。

20.2.3 油料变质与变质油料的更换

1. 影响润滑油料变质的主要因素

润滑油料从投入使用到油料变质以致报废，是多方面因素影响的结果。不同设备、不同外界条件，对润滑油料的变质过程及变质速度有不同程度的影响。在一般设备中，影响润滑油料变质的主要因素有以下几方面。

1) 时间

油料的使用超过规定的使用周期。

2) 温度

氧化是润滑油变质的原因之一，而氧化速度的快慢与润滑油的温度有关，油温越高，油料的氧化过程越快。而油料温度的高低与运行速度、负荷大小、系统结构、环境温度等条件直接相关。而这些条件，每台设备都是不完全相同的。所以，每台设备油料氧化变质速度不会完全相同。

3) 材料

机械加工设备所加工的零件的材质和硬度不同，对润滑油的变质影响也不同。一般加工铸铁零件时，铁粉飞扬，容易污染油质，因此润滑油的换油周期要短些；而加工钢材或铜、铝等有色金属时，油质不易污染，换油周期要长些。硬度高的材料在切削过程中，机床设备的传动机件磨损的微粒增加，换油周期应短些，对加工硬度低的材料，换油周期可长些。

4) 密封

设备各润滑部位及储油箱等的密封好坏，直接关系到润滑油料在工作中受外界影响的大小，密封性能越差，空气、粉尘、切削液等就容易进入润滑油液，使油料越易变质。

5) 油料性能的优劣

设备的润滑应按设备的特定要求，选用适当的润滑油料。但在某些情况下，可能采用一些代用油品，其效果会与原油品有所出入。此外，即使同一油品，不同厂家的产品也有质量高低之分。这些因素对油料的使用寿命都有影响。

除了以上因素外，还有不少因素同样影响着润滑油料的老化变质，决定它的使用寿命的长短。

2. 润滑油性能指标及对设备润滑的影响

润滑介质的性能包括常规理化性能指标和润滑介质的减摩耐磨性能。常规理化性能指标包括黏度、水分、机械杂质、闪点、黏度指数、酸(或碱)值等。润滑介质的减摩耐磨性能与其理化性能指标有一定的关系，润滑介质的理化性能指标不合格，则其减摩耐磨性能一定不会好，但润滑介质的理化性能指标合格，其减摩耐磨性能也不一定就好。决定是否需要换油的根本依据是润滑介质的实际减摩耐磨性能，而不是常规的理化性能指标。

1) 黏度

黏度是润滑油重要的使用性能指标之一，设备的工作效率、压力损失、启动性能、磨损状况等都与黏度有密切的关系。在用油的黏度若超过规定使用范围，摩擦副不能建立正常油膜，会加速机件磨损。

2) 水分

水分会破坏油膜的连续性及强度，降低黏度，恶化润滑性能，会使油中的添加剂分解沉淀失效，会使油液中的酸类物质腐蚀金属零件，还能使润滑油产生泡沫或乳化变质，加速油品的氧化变质和报废。

3）机械杂质

主要是摩擦副的金属微粒、油品的氧化产物及外来混杂物。机械杂质过多，会加速设备的磨损及过滤器的失效。

4）酸（或碱）值

酸（或碱）值是衡量润滑油氧化程度的重要指标，酸（或碱）值过大会强烈腐蚀金属零部件且增加结垢现象。

3．润滑油换油

润滑油在使用过程中，由于内在因素变化和外界因素影响，逐渐发生物理和化学变化而变质，使用性能降低，最终不能满足设备的使用需求，因此需要换油。严格来说，设备的油料更换理应在油料变质的情况下进行。目前，常用的换油方式有经验换油、定期换油和按质换油。

1）经验换油

经验换油是由鉴定者进行色泽、气味、手感等外观检查比较，凭经验来鉴别是否需要换油的方法。这种方法由于全凭经验判断，一般不易掌握、科学性差，所以多用于小设备或不重要设备。

2）定期换油

定期换油是按设备使用说明规定换油时间、不考虑油质好坏就换油的方法。例如在盾构机中，压缩机油正常使用应间隔4 000 h更换一次，刀盘驱动行星齿轮油工作2 500 h后更换油一次，刀盘驱动箱齿轮油工作100 h后更换油一次。但各个作业现场工作条件、使用情况、机器的技术状态和操作人员的技术水平等各有差异，油料的劣化速度会有很大差异，定期换油不能确保良好的润滑，还往往造成油料浪费。

3）按质换油

按质换油是根据对油质的检测，掌握油料的质量变化，根据油料劣化的指标、及时、科学的换油。

按质换油是以油液监测技术的数据为依据，不是靠经验评估，实现合理用油、节约能源、降低维护费用、延长设备使用寿命的有效手段，也是目前设备润滑管理的发展趋势。按质换油有三个要素：检测周期、润滑油的换油指标和检测方法。

（1）检测周期

油液的检测在于及时和准确，但检测节点和检测周期的确定，目前国内外没有明确的结论和标准，需参照生产厂家设备维保手册、影响油液变质的因素、设备油液循环系统参数等综合考虑。

（2）润滑油的换油指标

石油产品的出厂指标和在用油品的报废指标是两个不同的技术概念。建议企业在大量使用润滑油经验的基础上，组织科研、生产部门的专家和工程师，建立适合本行业的换油指标。

对于换油指标的确定，可参考、比对已有的国家标准、各企业针对具体产品给出的参考换油指标。国家标准换油指标有《柴油机油换油指标》（GB/T 7607—2010）、《工业闭式齿轮油换油指标》（NB/SH/T 0586—2010）、《普通开式齿轮油》（SH/T 0363—1992）、《蜗轮蜗杆油》（SH/T 0094—1991）、《L-HM液压油换油指标》（NB/SH/T 0599—2013）等。其中，L-HM液压油具体检测指标及试验方法见表20-6。

表20-6　L-HM液压油换油指标的技术要求和试验方法（摘自NB/SH/T 0599—2013）

项　　目		换油指标	试 验 方 法
40℃运动黏度变化率/%	超过	±10	GB/T 265及本标准3.2条
水分（质量分数）/%	大于	0.1	GB/T 260
色度增加/号	大于	2	GB/T 6540
酸值增加[a]/（mgKOH/g）	大于	0.3	GB/T 264、GB/T 7304
正戊烷不溶物[b]/%	大于	0.10	GB/T 8926A法
铜片腐蚀（100℃，3h）/级	大于	2a	GB/T 5096

续表

项　　目	换油指标	试验方法
泡沫特性(24℃)(泡沫倾向 泡沫稳定性)/(mL/mL)　大于	450/10	GB/T 12579
清洁度[c]　大于	—/18/15 或 NAS9	GB/T 14039 或 NAS 1638

[a]结果有争议时以 GB/T 7304 为仲裁方法。
[b]允许采用 GB/T 511 方法,使用 60～90℃石油醚作溶剂,测定试样机械杂质。
[c]根据设备制造商的要求适当调整。

(3) 检测方法

实施按质换油,需根据标准规定的检测方法和检测仪器、采用所指定的油料常规理化性能指标检测仪器进行检测。

① 运动黏度测定仪(图 20-4)。可以定量检测油液的运动黏度,通常为 40℃及 100℃,单位为 m^2/s。该设备优点是,能定量测量出油液的黏度,符合国家标准及国际标准。

黏度是油液质量最重要的指标,只要掌握油液黏度的变化,基本上可以判断油液质量,是按质换油的参照指标之一。黏度计最适合干净油(即新油)的质量分析,适用于各种牌号的油品。

使用标准:《石油产品运动黏度测定法和动力黏度计算法》(GB/T 265—1988)。

图 20-4　运动黏度测定仪

② 酸值测定仪(图 20-5)。可以实现石油产品中酸碱值的测定,适合于石化产品中多种浅色、深色油的酸值分析,滴定结果及数据存储,并能提供完整的滴定数据供分析研究用。

使用标准:《石油产品酸值的测定 电位滴定法》(GB/T 7304—2014)。

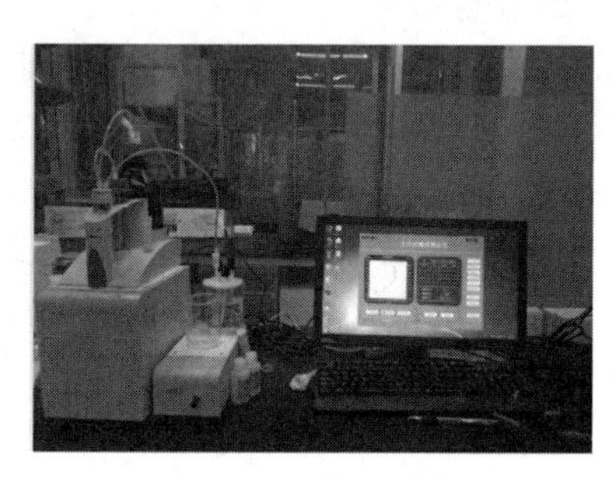

图 20-5　酸值测定仪

③ 机械杂质测定仪(图 20-6)。用于测定石油产品中的各类轻、重质油、润滑油及添加剂的机械杂质的含量。

使用标准:《石油和石油产品及添加剂机械杂质测定法》(GB/T 511—2010)。

图 20-6　机械杂质测定仪

④ 水分测定仪(图 20-7)。基于卡尔-费休库仑法原理,精确测定液体、固体、气体中的微量水分,用于电力、石油、化工、制药、食品等行业。可快速测定醇类、油类、脂类、醚类、酯类、酸类、烷类、苯类、胺类、有机溶剂、农药、酚类、药原料等化工、石油、制药、农药等产品的水分含量。

使用标准：《石油产品、润滑油和添加剂中水含量的测定 卡尔费休库仑滴定法》(GB/T 11133—2015)。

图 20-7　水分测定仪图

⑤ 油液清洁度测定仪(图 20-8)，即颗粒计数器。可广泛用于对液压油、润滑油、变压器油(绝缘油)、TP791 汽轮机油(透平油)、齿轮油、发动机油、航空煤油、水基液压油等油液清洁度的评定，以及对有机液体、聚合物溶液进行不溶性微粒的检测。它精度高，测量速度快，可以定量测出油液中各种微粒的粒度分布，是评定，如液压油、变压器油等对纯净度要求较高油液清洁度的必备仪器。出于设备的颗粒计数工作原理，对污染过度严重、颜色太深太黑的油样，测试有些困难。故常用于液压油的清洁度评定。

使用标准：《液压系统用零件的清洁度要求》(NAS 1638—2011)。

图 20-8　油液清洁度测定仪

⑥ 分析式铁谱仪系统(图 20-9)。铁谱分析是一种借助高梯度强磁场将油液中的金属颗粒按其大小有序分离出来、并对这些颗粒进行直接观察分析的技术。借助高分辨率铁谱显微镜可观测磨损颗粒的尺寸、形态特征和合金成分(颜色不同)，从而分析零件的磨损状态。磨粒分析是一种深度依赖个人经验的技术，结论的正确与否与分析者的个人经验关系极大。缺点是无法测量各种元素的准确含量，只能定性、不能定量。

使用标准：《在用润滑油磨损颗粒试验法(分析式铁谱法)》(SHT 0573—1993)。

(a)

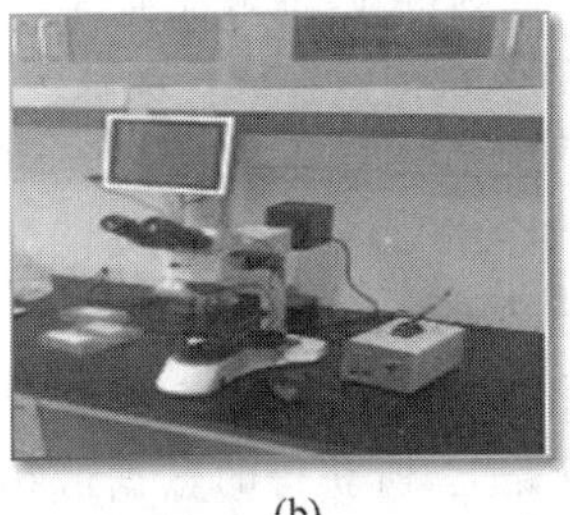

(b)

图 20-9　分析式铁谱仪系统
(a) 主机；(b) 辅助显微镜

⑦ 光谱分析仪。采用圆盘电极电弧(RDE)激发光谱技术，测定油液中各种微量元素含量。操作简单、可靠性高、经久耐用，可快速测出润滑油中金属磨粒、污染物和添加剂标识元素的浓度。

使用标准：《用旋转盘电极原子发射光谱法测定在用润滑油或液压液中磨损金属和污染物》(ASTM D6595)。

⑧ 便携式油液质量综合检测套件。可测油液中的水分含量，测量范围宽(可以测量干净油及污染很严重的油)；可判断油液中是否含有 60 μm 以上的金属大颗粒等，并进行综合判断。携带方便、现场作业、测量速度快、检测成本低、操作简单易学。缺点是不能定量，需

有同牌号的干净油及污染油样品比对和要有一定样本量的数据作分析基础。

4. 在线油品管理

油料管理的新发展是在线油品管理，在用润滑油是设备的血液，通过对在用润滑油的实时在线监测，能及时了解设备在用润滑油的劣化状况、污染状态和设备的磨损状态。目前市面上常用的润滑油在线检测仪器有以下几种。

1）齿轮箱油液在线检测仪

齿轮箱是工业动力传递的重要部件，也是磨损失效故障发生率较高的机械设备。良好的润滑是保证齿轮箱安全运行的重要条件。

齿轮箱油液在线监测一般安装在齿轮箱外循环回路上，所获得的数据可通过无线发射方式或有线传输方式送到维护人员操作室，维护工程师无须到现场便可及时发现各个齿轮箱潜在润滑磨损故障。可测量的参数主要有黏度、水分、磨损颗粒、油液品质等。

2）液压系统油液在线检测仪

液压系统是各行业机械装备动作的主要控制部件，对液压油品质与污染情况进行状态监控是十分必要的。

液压油液在线监测系统一般安装在液压系统回油管路上，所获得的数据可在液压系统控制台仪表上实时显示，或通过有线传输方式送到维护人员操作室，使维护工程师无须亲临现场便可及时发现液压系统的运行异常。可测量的参数主要有黏度、水分、油液污染、油液品质等。

3）柴油机组油液在线监测仪

柴油机组是工程机械的主要动力来源，一旦发生故障将导致很多机械失去动力源，而且其润滑系统工况恶劣。柴油机的油液在线监测可测量的参数有黏度、磨损颗粒、油液品质。

20.2.4 盾构机油水管理

随着铁路、水利工程长大隧道施工及地铁施工项目的日渐增多，盾构机的应用也日渐广泛。盾构机集机、电、液于一体，施工工序环环相扣，某一系统部件的损坏即有可能造成整个设备的停机瘫痪，从而导致项目停工。作为盾构机“血液”的油与水对整个设备的运行起着至关重要的作用。

1. 盾构机油料管理

盾构机主要用油有以下三种：液压油、压缩机油(含冷冻机和真空泵油)、齿轮油。大多数盾构机普遍采用的是定期换油与按质换油相结合的换油方式。

1）液压油

盾构始发 200 m 后，应检查并更换循环过滤器及回油过滤器滤芯，并对油品进行检测，对于超过 NAS8 级的油进行更换。同时盾构要加强油品检测。正常情况每两个月进行油品检测。发现过滤器压差检测装置报警，应及时更换滤芯。

2）压缩机油

冷却润滑油首次保养更换时间 500 h，正常使用应间隔 4 000 h 更换一次。放油前先将机器运行 30 min，使油温达到 70℃，然后停机，将内外压力完全释放，以保证油的流动性。

3）刀盘驱动箱齿轮油

工作 100 h 后更换油一次。

4）刀盘驱动行星齿轮油

工作 2 500 h 后更换油一次。

2. 盾构机油水管理

盾构行业在盾构机油水管理方面也作创新与尝试，在盾构在线状态监测的同时，也在做油液质量在线监测。下面是由中铁工程服务有限公司开发的掘进机主轴承在线监测系统、盾构机移动式检测服务站、优盾宝在线净油机。

1）掘进机主轴承状态在线监测系统

对盾构机主轴承振动信号、轴承轴向位移、润滑油液状态进行采集，可以通过互联网技术将主轴承监测数据上传至盾构云平台和中心服务器，远程实时监控和故障诊断，以便及时采取措施避免主轴承在施工中发生故障。该系统信号传输路线如图 20-10 所示。

2）盾构机移动式检测服务站

盾构机移动式检测服务站(图 20-11)是集盾构机检测设备于一体的综合式移动检测实验台。该服务站可实现整体移动服务，可提供

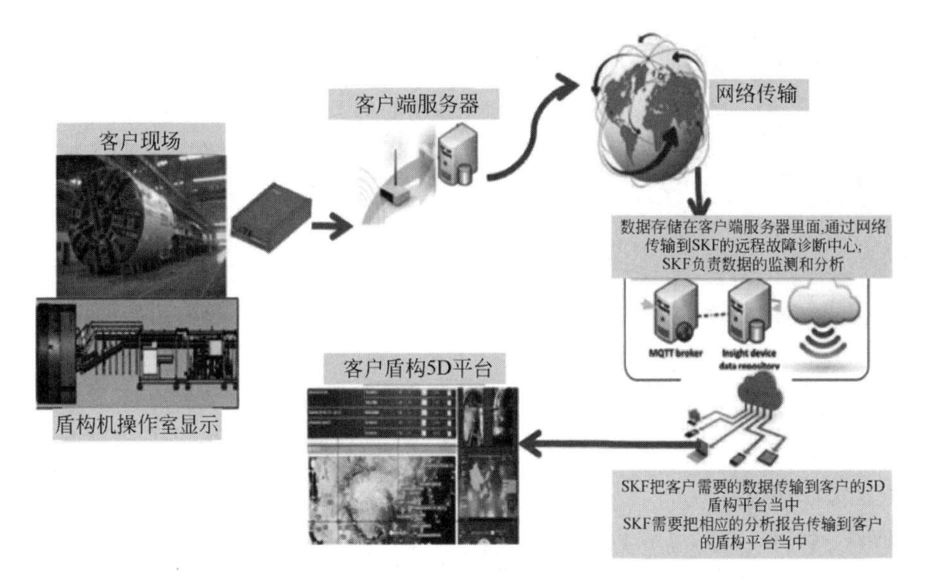

图 20-10　主轴承状态在线监测系统信号传输路线示意图

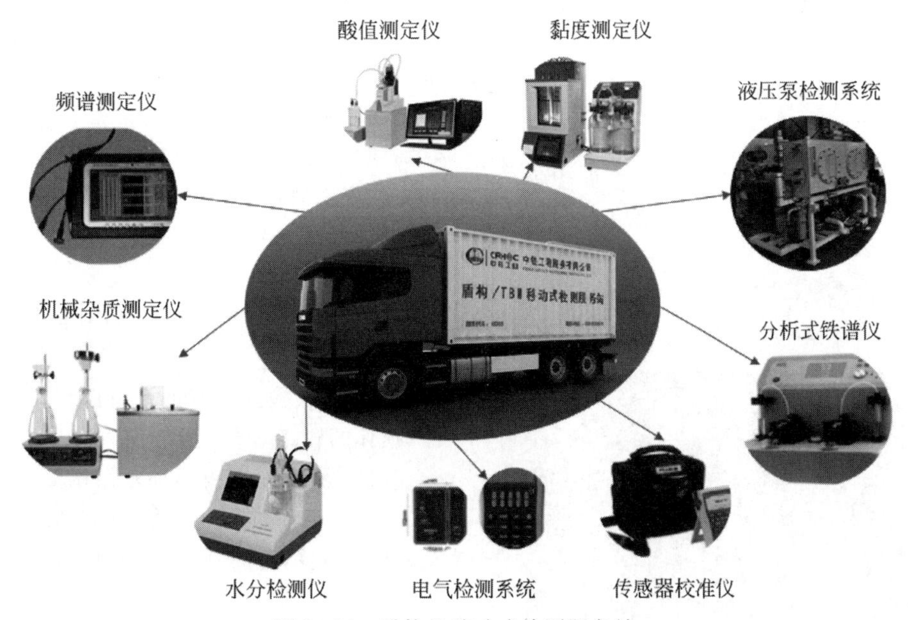

图 20-11　盾构机移动式检测服务站

传动系统的检测分析、油液检测分析、传感器检测分析、电气系统检测分析。

3）"优盾宝"在线净油机

"优盾宝"是盾构机油液在线过滤、油水分离设备，能够在线显示污染物等级及水含量数据，能够对污染程度进行报警。该设备可直接放置在现有盾构机的液压系统上，无须对现有盾构机的液压系统进行变更，使用方便，可同时进行本地操作和远程操作。图 20-12 所示为安装在盾构机上的"优盾宝"在线净油机。

3. 盾构机水管理

水在工程机械中以前主要用作内燃机的冷却剂，储存在水散热器中。随着工程机械技术的不断进步，水在工程机械领域有了许多新的应用。而相比其他工程机械，水在盾构机的运用量更多，用途更广。

图 20-12 “优盾宝”在线净油机

1）盾构机水循环系统的组成及其作用

（1）外循环部分。带走盾构机工作时产生的热量，为盾构机提供水源。

（2）内循环部分。盾构机水系统内循环的主要用途是各种关键部件的冷却，如空压机、液压油、齿轮油、主驱动电机、减速机、变频器等。需严格按照盾构机维护保养手册上的要求进行维保。

（3）清洗水部分：适用于设备上的分散用水及各种清洗作业。

（4）污水处理部分：适用于分散用水及管片清洗、注浆管清洗和设备清洗等产生的工业污水。图 20-13 所示为盾构机三号台车循环水系统布置图，其主要原器件有热交换器、隔膜泵、水管卷筒、过滤器、增压泵和内循环水泵。

图 20-13 盾构机三号台车循环水系统布置图

2）盾构水系统常见问题

（1）滤芯堵塞。主要产生原因是进水清洁度不够，可通过高压水和空气清洗后继续使用。

（2）水管卷筒收缩扭矩不够。通常处理方法是拆下电机，调节扭矩弹簧。

（3）温度过高停机。处理方法包括增加冷却水塔和加大进水量。另外，目前国外使用的一般有盾构专用空调或用制冰机制冰加冰块降温。

3）盾构机水系统的检查和维护

做好水系统的日常的维护保养是水系统运行良好的重要保障，具体维护保养要求如下。

（1）检查进水口压力（一般为 0.6～1 MPa）和温度（不高于 25℃），如压力过低或温度过高，应检查隧道内的进水管路的闸阀、水泵及冷却器工作是否正常。

（2）检查水过滤器，定期清洗滤芯，定期清理自动排污阀门。

（3）检查水管路上的压力和温度指示器，如有损坏及时更换。

（4）检查水管卷筒、软管如有损坏应及时修理。并对易损坏的软管作防护处理。

（5）检查水管卷筒的电机、变速箱及传动部分。如有必要，加注齿轮油，并为传动部分加注润滑脂。

（6）定期检查主驱动马达变速箱、冷却器和温度传感器，清除传感器上的污物。

（7）定期检查热交换器，并清除上面的污物。

（8）每天检查排水泵，如有故障应及时修理。

（9）每天检查所有的水管路，修理更换泄漏、损坏的管路球阀。

（10）经常检查内循环水泵的压力是否为 0.5～0.6 MPa，如果压力低于 0.5 MPa，需要调整泵出口球阀开度将压力调整到允许范围内。

20.3 盾构保养指南

20.3.1 施工保养

1. 编制说明

1）适用范围

适用于海瑞克、中铁装备盾构机机型在施工过程中的维保。

2）编制依据

（1）海瑞克盾构机随机资料第 1～5 章。

(2) 中铁装备盾构机操作说明书。

2. 作业前准备

1) 原则上专职盾构设备保养人员2人/台,机械、液压1人,电气1人。

2) 编制盾构定期保养计划,主要包括初始维保、日常维保、周维保、月度维保、季度维保、半年度维保、年度维保等。

3) 主要工具及材料

主要工具及材料见表20-7。

表20-7 主要工具材料

序号	名称	单位	数量	备注
1	活塞式手动黄油枪	把	1	—
2	数字万用表	台	1	—
3	手电筒	把	1	—
4	梅花、开口扳手	套	1	公英制
5	内六角扳手	套	1	公英制
6	螺丝刀	把	1	一字、十字
7	3号锂基脂(15 L)	桶	1	—
8	EP2	桶	1	项目用油自取
9	220号/320号齿轮油	桶	1	项目用油自取
10	无尘布(200 mm×200 mm)	件	1	—

3. 作业实施方案

按照盾构设备定期保养计划,对盾构设备主机及后配套进行维修保养、常见故障预防及排除、润滑保养,并填写保养记录表(初始维保、日常维保、周维保、月度维保、季度维保、半年度维保、年度维保)。

1) 维修保养内容

(1) 刀盘刀具、回转接头、超挖刀

① 刀盘。

a. 定期进入开挖仓检查刀盘各部分的磨损情况,检查耐磨条和耐磨格栅是否过度磨损,必要时可进行补焊。

b. 检查刀盘内搅拌棒的磨损情况,以及搅拌棒上的泡沫孔是否堵塞。

c. 在有条件的情况下检查刀盘面板、各焊接部位是否有裂纹。

② 刀具。

a. 根据地质不同可采用不同的刀具。对不同的刀具的磨损情况进行检验时须使用专用的磨损量检验工具。

b. 定期进入开挖仓检查刀具的磨损情况,根据地质情况决定是否换刀。

c. 检查滚刀的滚动情况和刀圈的磨损量。

d. 在换装刀具过程中检查滚刀紧固螺栓的扭矩。

e. 检查刮刀的数量和磨损情况,如有丢失、脱落须立即补齐。

f. 检查齿刀的切削齿是否有剥落或过度磨损,必要时更换。

g. 安装刀具为齿刀时,检查齿刀有否刃口蹦刃,刃口磨损,当刃口磨损至刀具基体时则必须更换。检查刮刀磨损情况,对于掉齿或刃齿磨损至基体的刀具必须更换。对掉落的刮刀必须安装新刮刀。检查所有安装刀具螺栓紧固情况,松动时紧固。安装刀具为滚刀时,同样执行以上标准,内环刀具也在磨损值达到35 mm时更换(具体以滚刀与刮刀刀高差作为更换依据)。在间隔一个月的刀盘检查中,所有螺栓必须用风动扳手紧固一次。

h. 所有刀具安装件必须清洁,用水,钢刷清洁后,用毛巾抹干后才可安装。

③ 回转接头。

a. 经常检查回转接头的泡沫管是否有渗漏,并及时进行处理。

b. 每天对回转接头部分的灰尘进行清理,防止灰尘进入主轴承内圈密封(此处是主轴承密封的薄弱环节应特别注意)。

c. 检查回转接头润滑脂的注入情况,如有堵塞应及时处理。

d. 经常检查回转接头的转动情况,如有异常须立即停机并进行处理。

回转接头共计14个润滑点,分别对2个轴承、9组夹布油封及1条唇形密封加注EP2润滑,对2条唇形密封加注HBW润滑,润滑点如图20-14和图20-15所示。

(2) 盾体铰接密封、铰接油缸、推进油缸

① 及时清理盾壳内的污泥和砂浆。

② 检查铰接密封有无漏气和漏浆情况,必要时调整铰接密封的调节螺钉缩小间隙。

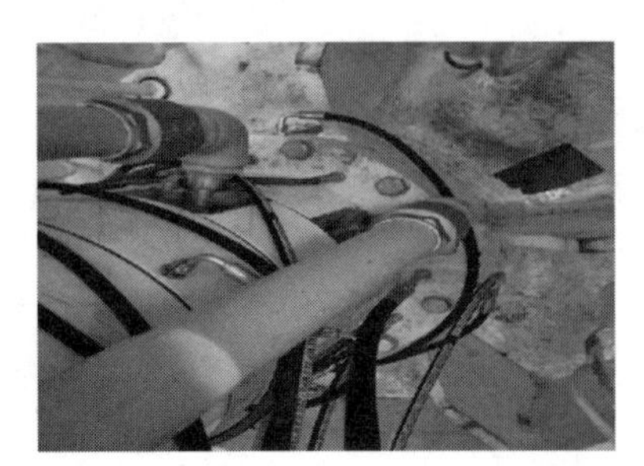

图 20-14 轴承

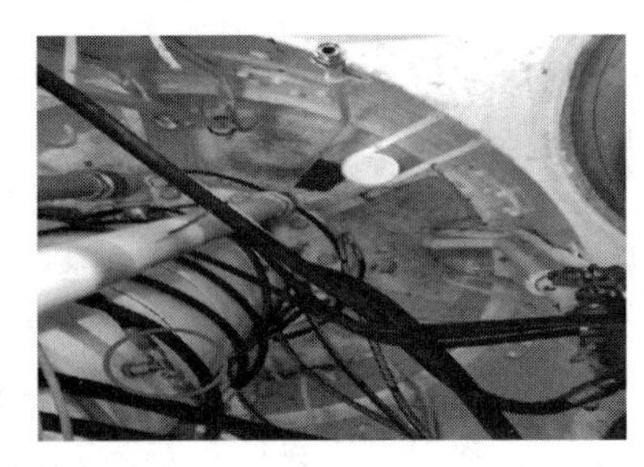

图 20-15 夹布油封及唇形密封

③ 铰接密封注脂，推进油缸与铰接油缸的球头部分加注润滑脂。

④ 检查推进油缸靴板与管片的接触情况(正常时二者边缘平齐)。

⑤ 检查盾尾密封情况，如有漏水和漏浆要及时处理，并检查盾尾油脂密封系统的工作情况。

⑥ 在每环管片安装之前必须清理管片的外表面，防止残留的杂物损坏铰接密封。

⑦ 盾体铰接密封共计 8 个润滑点，分布在盾尾铰接环内侧圆周上(图 20-16)，铰接油缸共计 28 个润滑点，分布在油缸两端耳朵位置对关节轴承润滑。推进油缸共计 32 个润滑点，分布在油缸活塞杆端头球铰接位置，如图 20-17 所示。

图 20-16 铰接密封

图 20-17 推进油缸

(3) 螺旋输送机

① 检查螺旋输送机油泵有无漏油现象，如漏油则须停机并进行处理。

② 检查螺旋输送机驱动及液压管路有无漏油现象，如漏油即进行处理，并注意清洁。

③ 检查螺旋输送机油泵电机温度是否过高，如果温度过高立即查明原因进行处理。

④ 检查变速箱油位，如果变速箱油位过低，须添加齿轮油。

⑤ 检查轴承，闸门的润滑情况，及时清理杂物并添加润滑脂。

⑥ 检查螺旋片磨损情况，如果磨损严重，应补焊耐磨层。

⑦ 用超声探测仪检查螺旋输送机管壁厚度，记录检测数据向物设部汇报。

⑧ 清洁传感器电路灰尘，检查电路接线端子有无松动，如松动立即紧固。

⑨ 螺旋机前后闸门油缸、前闸门门板、伸缩油缸、伸缩筒体共计 26 个润滑点，通过手动添加 EP2 润滑脂润滑，如图 20-18～图 20-21 所示；

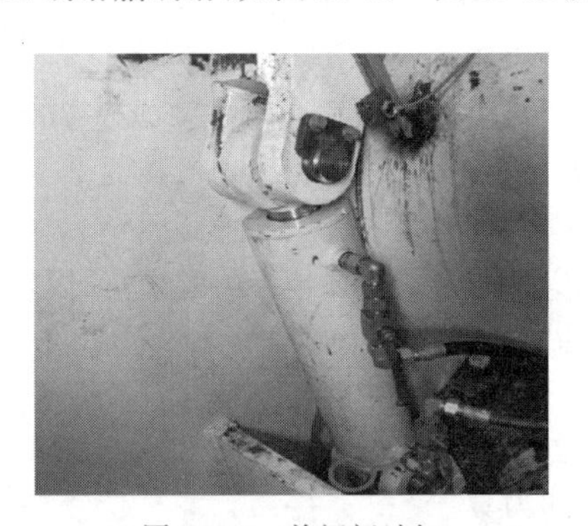

图 20-18 前闸门油缸

螺旋回转支承密封 8 个润滑点，通过一个 8 路递进式分流器添加 EP2 自动润滑，如图 20-22 所示；螺旋后双闸门 T 形密封各润滑点油管串联，由多点泵补给 EP2 润滑脂润滑，如图 20-23 所示；螺旋减速箱油位如图 20-24 所示。

图 20-19　后闸门油缸

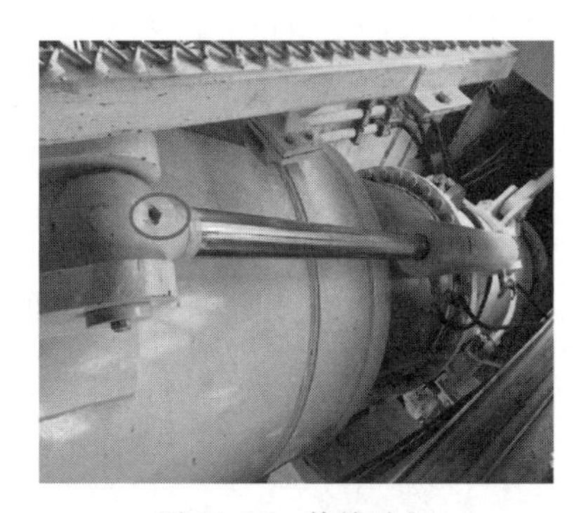

图 20-20　伸缩油缸

图 20-21　伸缩筒体

(4) 管片系统管片拼装机、管片输送车、管片吊机

① 管片吊机。

a. 检查控制盒按钮、开关动作是否灵活正常。必要时检修或更换。

b. 检查高压电缆和控制盒电缆线滑环，防

图 20-22　螺旋回转支承密封

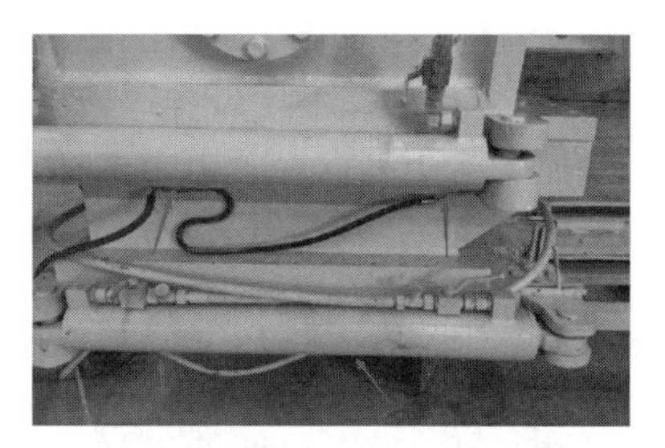

图 20-23　螺旋后双闸门

图 20-24　螺旋减速箱油位

止电缆卡住、拉断。

c. 定期检查管片吊具的磨损情况，必要时进行修理和更换。

d. 经常清理管片吊机行走轨道，并定期对吊链涂抹润滑油，如图 20-25 所示。

② 管片输送小车。

a. 及时清理盾构底部的杂物和泥土。

b. 每天给需润滑部位加注润滑脂。

c. 定期检查和调整同轴同步齿轮马达的工作情况。如果输送机顶升机构在空载时出现四个油缸起升速度不均的情况，则表明同轴

图 20-25　双轨梁吊链

齿轮马达有可能内部有密封损坏，应拆下清洗检查，更换损坏密封件。

喂片机共计 8 个润滑点，需手动分别对喂片机胶轮轴、喂片机行走铁轮轴、喂片机行走油缸关节轴承、喂片机拖拉油缸关节轴承添加 EP2 润滑脂，如图 20-26～图 20-29 所示。

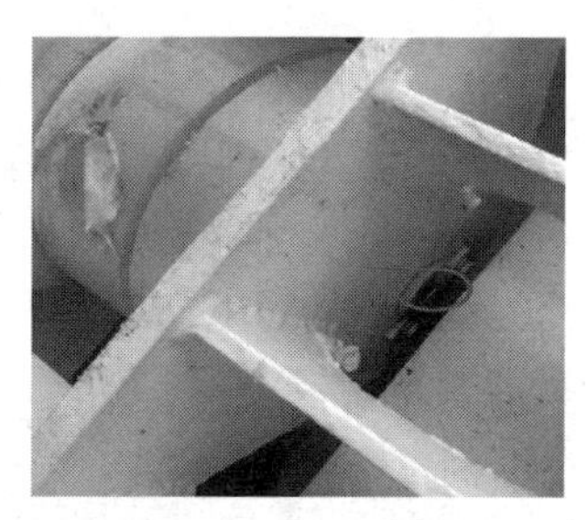

图 20-26　喂片机胶轮

图 20-27　喂片机铁轮

图 20-28　喂片机行走油缸

图 20-29　喂片机拖拉油缸

③ 管片拼装机。

a. 清理工作现场杂物、污泥和砂浆。

b. 检查油缸和管路有无损坏或漏油现象，如有故障应及时处理。

c. 检查电缆、油管的活动托架。如有松动或破损要及时修理和更换。

d. 定期(每周)给液压油缸铰接轴承，旋转轴承，伸缩滑板等需要润滑的部位加润滑脂并检查公差和破损情况(旋转轴承注油脂时应加注一部分油脂旋转一定角度，充分润滑轴承的各个部分)。

e. 定期检查管片安装机旋转角度限位开关。

f. 检查抓取机构和定位螺栓，是否有破裂或损坏，若有必须立即更换。

g. 定期检测抓取机构的抓紧压力，必要时进行调整。

h. 检查油箱油位和润滑油液的油位。

i. 检查各按钮、继电器、接触器有无卡死、粘连现象，测试遥控操作盒。如有故障及时处理。

j. 检查充电器和电池，电池应及时充电以备下次使用。

k. 检查控制箱、配电箱是否清洁、干燥，无杂物。

拼装机系统共计有 33 个润滑点，通过手动加注 EP2 分别对拼装机红蓝油缸、行走油缸、调整油缸、抓举梁、抓举盘、回转支承、行走滚轮、行走梁进行润滑，如图 20-30～图 20-36 所示；对两个行走梁需定期涂抹 EP2 润滑，如图 20-37 所示。

图 20-30　红蓝油缸

图 20-31　行走油缸

图 20-32　调整油缸

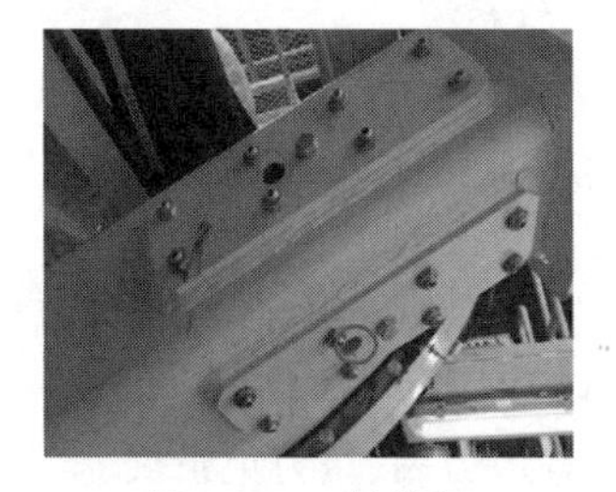

图 20-33　抓举梁

图 20-34　抓举盘

图 20-35　回转支承

图 20-36　行走轮

图 20-37　行走梁

(5) 注浆系统

① 每次注浆前应检查管路的畅通情况，注浆后应及时将管道清理干净。防止残留的浆液不断累积堵塞管道。

② 每次注浆前必须对注浆口的压力传感器进行检查，紧固其插头和连线。

③ 注浆前要注意整理疏导注浆管，防止管道缠绕或扭转，从而增大注浆压力。

④ 定期检查注浆管的使用情况，如发现泄漏或磨损严重应及时修理或更换。

⑤ 经常对砂浆罐及其砂浆出口进行清理，防止堵塞。

⑥ 定期对注浆系统的各阀门和管接头进行检查，修理或更换有故障的设备。

⑦ 定期对注浆系统的各运动部分进行润滑。

⑧ 经常检查注浆机水冷池的水位和水温，

必要时加水或换水。注意防止砂浆或其他杂物进入冷却水池。

浆罐端头有4个润滑点，一般都是通过自动润滑的方式(图20-38)，每个注浆球阀都有1个润滑点需要手动加注EP2润滑。

图20-38 浆罐端头

(6) 压缩空气系统空压机、气体保压、工业用气、空气管路

① 空压机。

a. 空压机的所有维护保养工作必须在停机并卸压的状态下进行。

b. 检查空压机管路的泄漏和出气口的温度，如有异常应及时排除。

c. 保持机器的清洁，防止杂物堵塞顶部的散热风扇。

d. 每天检查一次润滑油液位，确保空压机的润滑。

e. 不定期的检查皮带及各部位螺丝的松紧程度。如发现松动则进行调整。

f. 润滑油最初运转50 h或一周后更换新油，以后每300 h更换一次润滑油(使用环境较差者应150 h换一次油)。

g. 使用500 h(或半年)后须将气阀拆出清洗干净。

h. 工作4000 h后，更换空气滤清器(空气滤清器应按使用说明书正常清理或更换，滤芯为消耗品)、润滑油、油过滤器及油水分离器和安全阀。

i. 定期对空压机的电机轴承进行润滑，根据电动机的保养规程操作。

j. 应定期检查承受高温的零(部)件，如阀、气缸盖、制冷器及排气管道，去除附着内壁上的积炭。

k. 在任何情况下，都不应使用易燃液体清洗阀、冷却器的气道、气腔、空气管道以及正常情况下与压缩空气接触的其他零件。在用氯化烃类的非可燃液体清洗零部件时，应注意将残液清理干净。防止开机后排出有毒蒸气，不允许使用四氯化碳作为清洗剂。

l. 空压机前面板上的液晶显示屏能显示一些常规故障和故障提示信息，一般情况应按其提示的内容进行维保工作(详见空压机操作说明书)。

m. 机器各部件的总体保养为每年一次。具体保养要求详见空压机的维保说明书。

② 气体保压、工业用气、气管路。

a. 用于气体保压的储气罐是压力设备，要经常检查其泄漏情况并及时维修。

b. 储气罐的泄水阀每日打开一次排除油水。在湿气较重的地方，每4 h打开一次。

c. 经常检查管路和阀门有无泄漏，并及时进行修复。

d. 定期对保压系统作功能性检测，确保其正常工作。

e. 经常检查空气管路上的油水分离器，清洗并加油。

(7) 人舱系统

由于人舱的特殊工作性质，人舱分为使用前保养和使用后日常保养两种情况。

① 使用前保养。

a. 检查测试气动电话和有线电话。如有故障和损坏要及时修理和更换。

b. 检查压力表、压力记录仪、空气流量计、加热器、照明灯工作是否正常。

c. 检查舱门的密封情况，首先清洁密封的接触面，如有必要可更换密封条。

d. 清洁整个密封舱。

e. 检查刀盘操作盒操作是否正常。

f. 清洗消声器和水喷头。

② 使用后日常保养。

a. 人舱使用后如近期不再使用，可将人舱外部的压力表、记录仪拆除，并清洗干净。妥善保管以备下次使用。

b. 将人舱清洗干净，并将人舱门关紧。

③ 对人舱门耳座润滑点应手动加注 EP2 润滑，如图 20-39 所示。

图 20-39　人舱门耳座

(8) 主驱动系统主轴承、减速机、主驱动马达

① 主轴承。

a. 每天检查主轴承齿轮油油位，并进行记录。

b. 检查主轴承齿轮油温度，如温度不正常须立即停机并查找原因。

c. 检查主轴承专用密封脂(HBW)分配器动作是否正常，在检查刀盘时，进入开挖仓实际检查主轴承密封油脂的溢出情况(正常应有黑色 HBW 油脂从密封处溢出)。

d. 检查主轴承齿轮油分配器工作是否正常。

e. 检查主轴承外圈润滑脂注入情况(观察油脂分配器工作是否正常，溢流阀是否有油脂溢出。如有油脂溢出表明管路堵塞，要及时检查清理)。

f. 每天给主轴承内圈密封注润滑脂，并检查内圈密封的工作情况。

g. 定期提取主轴承齿轮油油样送检，根据检查报告决定是否要更换齿轮油或滤芯。更换齿轮油同时必须更换滤芯。

h. 定期检查齿轮油滤芯，并根据压差开关反映的情况判断是否更换滤芯。

i. 定期检查主轴承与刀盘螺栓连接的紧固情况。

② 减速机。

a. 检查减速机油位，如油位过低应先找出漏油故障，解决故障后补充齿轮油。

b. 检查减速机温度是否在正常范围。

c. 检查减速机的温度开关，定期清除上面的污垢。

③ 主驱动马达。

a. 检查马达的工作温度和泄漏油温度。

b. 定期检测马达的工作压力。

c. 定期检查马达的转速传感器和移动传感器，紧固其插头和连线。

④ 主驱动作为盾构机核心部件，润滑状况应作为重点检查项目，主驱动内密封第一道密封腔室(迷宫密封)通过一个 4 路分配马达填充 HBW 油脂，如图 20-40 所示；第二道密封腔室通过一个 6 路递进式分流器加注 EP2 润滑，如图 20-41 所示。

图 20-40　HBW 分配马达

图 20-41　递进式分流器

⑤ 主驱动外密封第一道密封腔室(迷宫密封)通过一个 8 路分配马达填充 HBW 油脂，如图 20-42 所示；第二道密封腔室通过一个 8 路递进式分流器加注 EP2 润滑，如图 20-43 所示；第三道密封通过一个 4 路分配马达加注齿轮油润滑，如图 20-44 所示。

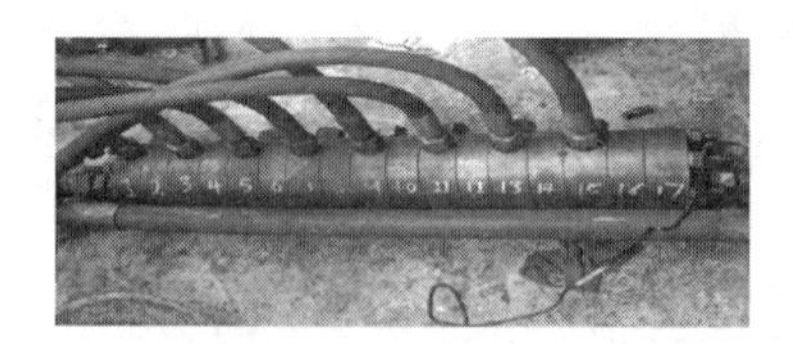
图 20-42 HBW 分配马达

图 20-43 递进式分配阀

图 20-44 齿轮油分配马达

⑥ 主驱动齿轮箱液位应作为维保的重点检查项目，液位检查如图 20-45 所示。

图 20-45 主驱动齿轮箱液位

⑦ 主驱动刀盘减速机液位应作为日常重点检查项目，液位检查如图 20-46 和图 20-47 所示。

图 20-46 刀盘减速机

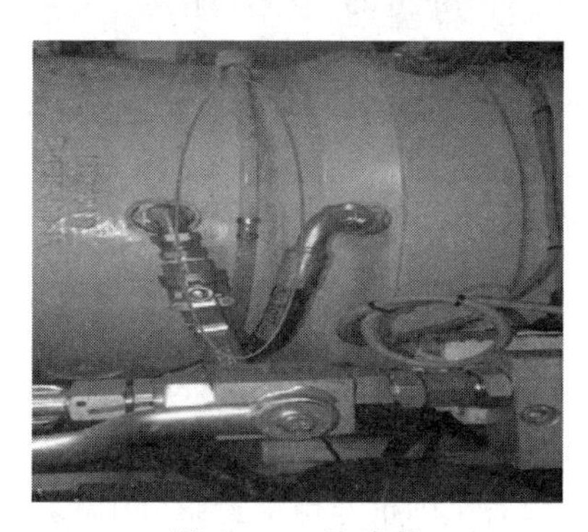
图 20-47 液位管

(9) 液压系统

① 日常维修。

a. 检查油箱油位，必要时加注液压油。

b. 检查阀组、管路和油缸有无损坏或渗漏油现象，如有要及时处理。

c. 定期检查所有过滤器工作情况，并根据检查结果和压差传感器的指示更换滤芯。

d. 定期取油样送检。

e. 经常监听泵的工作声音，发现异常应及时停机检查。

f. 经常检查泵、马达和油箱的温度，发现异常要及时检查处理。

g. 经常检查液压油管的弯管接头，发现松动要及时拧紧。

h. 经常检查冷却器的冷却水进/出水口的温度和油液的温度，必要时清洗冷却器的热交换器。

i. 定期检查液压系统的压力，并与控制室面板显示值相比较。

j. 在对液压系统维修前，必须确保液压系统已停用并已经卸压。

k. 液压系统的加油和换油必须严格按照盾构说明书规定的程序执行。尽量采用厂家推荐的品种，禁止将不同规格品牌的油混合使用。每次加油前必须对所选用的油品进行抽样检测，检测合格方可使用。

② 液压系统的维修。

a. 液压系统一旦发现泄漏必须立即维修，维修过程中应采取适当的方式避免污染油液，必须保持液压系统的清洁（在松开任何管道连接时，必须彻底清洁接头和其周围的环境）。

b. 维修工作结束后，在重新开动机器前必须确定所有的阀门已打开，特别是某些特定的蓄能器的阀门。

c. 液压管被碾压或过度弯曲都可能造成保护外皮的损坏。如果其保护外皮受损就有可能影响其最大工作压力，而致使危险的发生（碾压和过度弯曲液压管还可能造成压力损失和回油压力过高）。

d. 所有液压管线的拆卸必须做到随时拆卸，随时封口，防止异物进入液压系统。各维修工必须随身携带一条干净纯棉毛巾及干净绸布如图 20-48 所示。

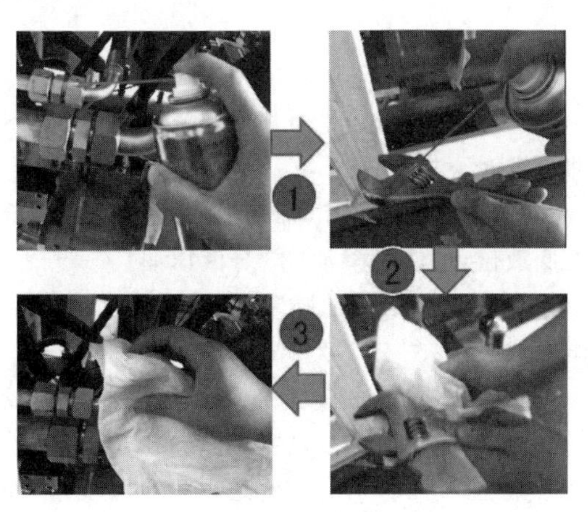

图 20-48　液压系统管路拆卸

③ 液压油箱。

液压油箱液位分为高、中、低，应每天进行检查，如图 20-49 和图 20-50 所示。

图 20-49　液压油箱

图 20-50　油箱液位

(10) 泡沫系统

① 定期清洗泡沫箱和管路，清洗时要将箱内沉淀物和杂质彻底清洗干净。

② 检查泡沫泵的磨损情况，必要时更换磨损的组件。

③ 检查泡沫水泵的工作情况，给需要润滑的部分加注润滑油或润滑脂。

④ 检查压缩空气管路情况，必要时清洗管路。

⑤ 检查电动阀和流量传感器的工作情况，电动阀开闭动作是否正常，流量显示是否正确，如有必要进行维修或更换。

⑥ 定期检查旋转接头处的泡沫管路有无堵塞，如发生堵塞要及时清理。

(11) 膨润土系统

① 检查膨润土泵工作是否正常。润滑轴承和传动部件。

② 检查气动泵动作是否正常。

③ 检查油水分离器和气管路，定期给油水分离器加油。

④ 检查膨润土管路，清理管路的弯道和阀门部位，防止堵塞。

⑤ 检查流量调节阀和压力传感器。

⑥ 定期清理膨润土箱和液位传感器。

⑦ 每班要求对膨润土泵软管涂抹硅脂。

(12) 通风系统风机、风管卷筒、风管

① 检查洞内外风机工作是否正常，有无异常声响。

② 定期检查叶片固定螺栓有无疲劳裂纹和磨损。

③ 定期检查、润滑电机轴承(按保养要求时间和方法进行)。

④ 检查风筒吊机电机减速箱的运行情况。

⑤ 根据掘进情况及时延伸和更换风管。

⑥ 检查风管有无破损现象，及时修补或更换。

⑦ 二次风机有两个润滑点，需要定期手动加注 EP2 润滑，如图 20-51 所示；风筒吊机有两个润滑点，需要定期手动加注 EP2 润滑脂，如图 20-52 所示。

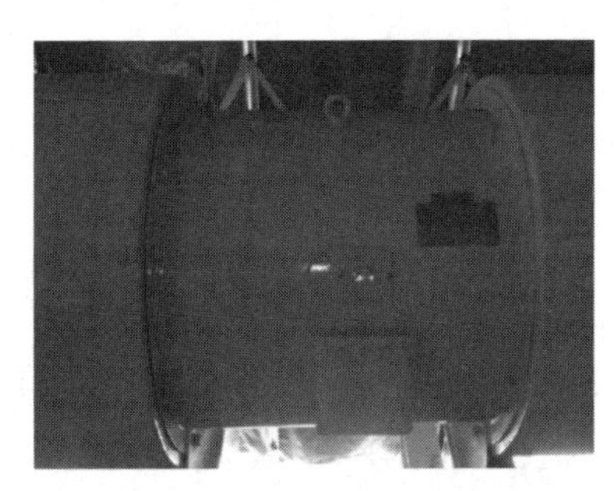

图 20-51 二次风机

图 20-52 风筒吊机

(13) 水系统冷却循环水、排水系统

① 检查进水口压力(一般为 0.4～0.8 MPa)和温度(不高于 28℃)，如压力过低或温度过高，应检查隧道内的进水管路的闸阀、水泵及冷却器工作是否正常。

② 检查水过滤器，定期清洗滤芯。定期清理自动排污阀门。

③ 检查水管路上的压力和温度指示器，如有损坏及时更换。

④ 检查水管卷筒、软管如有损坏应及时修理，并对易损坏的软管做防护处理。

⑤ 检查水管卷筒的电机、变速箱及传动部分。如有必要加注齿轮油，并为传动部分加注润滑脂。

⑥ 定期检查主驱动马达变速箱、冷却器和温度传感器。清除传感器上的污物。

⑦ 定期检查热交换器，并清除上面的污物。

⑧ 每天检查排水泵，如有故障应及时修理。

⑨ 每天检查所有的水管路，修理更换泄漏、损坏的管路闸阀。

⑩ 经常检查内循环水泵的压力是否为 0.3～0.5 MPa，如果压力低于 0.3 MPa，需要调整泵出口球阀开度将压力调整到允许范围内。

⑪ 增压泵及内循环水泵在停机时间较长后，启动前需要将泵出口手动球阀关闭，启动泵后待出口压力表达到设计压力时再打开手动球阀，并打开排气阀排气。

(14) 油脂泵

① 检查油脂桶是否还有足够的油脂，如不够应及时更换。

② 经常检查油脂泵站的油雾器液位，如低于低液位，加注润滑油(32 号液压油)。

③ 检查 HBW 油脂泵的工作情况，将其动作次数控制在 1～2 次/min。

④ 检查盾尾油脂泵的工作压力，将压力控制在要求值，动作次数设定为 5 次(1.1 L/min)。

⑤ 检查油脂泵的气管是否有泄漏现象，如有泄漏应及时修理或更换。

⑥ 更换油脂桶时应对油脂量位置开关进行测试。

⑦ 检查盾尾密封注脂次数或压力是否正常，否则应检查油脂管路是否堵塞。特别是重

点检查气动阀是否正常工作。

⑧ 经常检查主驱动润滑油脂泵工作是否正常，是否正常泄压，检查油脂溢流阀。

⑨ 定期清洗马达分配器，定期疏通马达分配器到主驱动的管路。

(15) 油脂系统

① 每天检查主轴承齿轮油液位是否低于中位，检查齿轮油过滤器是否需要清洗滤芯，压差变送器是否损坏。

② 每周检查齿轮油脉冲数是否正常。

③ 每天经常检查主驱动递进式分配阀是否正常动作，光电开关是否正常工作。

④ 每天经常检查螺旋机递进式分配阀是否正常动作。

⑤ 不得随意调整多点泵调整螺杆，改变注入量。

⑥ 油脂桶吊机有一个润滑点，应定期手动加注 EP2 润滑脂，如图 20-53 所示。

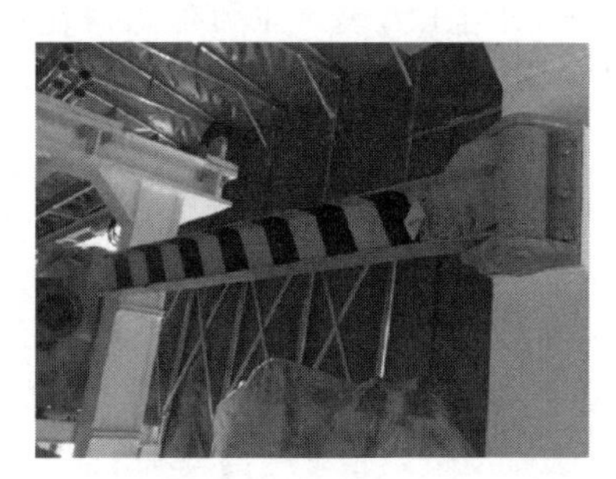

图 20-53 油脂吊机

(16) 供电系统电缆卷筒、开关柜、变压器、应急发电机

供电系统主要包括高压电缆、电缆卷筒、高压开关柜、变压器、配电柜等。

① 高压电缆。

a. 检查高压电缆有无破损，如有破损要及时处理。

b. 检查高压电缆铺设范围内有无可能对电缆造成损坏的因素，如果有要及时采取防范措施。

c. 定期对高压电缆进行绝缘检查和耐压试验(做电缆延伸时进行试验)。

② 电缆卷筒。

a. 高压电缆长时间存放再次启用时，应先进行绝缘耐压检测高压开关柜。

b. 定期进行高压开关柜的分断、闭合动作试验。检查其动作的可靠性。

c. 检查六氟化硫气体压力是否正常(压力表指针在绿色区域为正常)。

d. 检查高压接头的紧固情况。

③ 变压器。

a. 变压器应有专人维护保养，并定期进行维护、检修。

b. 检查变压器散热情况和变压器的温升情况。

c. 定期对变压器进行除尘。

d. 监视变压器是否运行于额定状况，电压、电流是否显示正常。

e. 注意监听变压器的运行声音是否正常。

f. 检查接地线是否正常。

④ 配电柜。

a. 检查配电柜电压和电流指示是否正常。

b. 检查电容补偿控制器工作是否正常。

c. 检查补偿电容工作时的温升情况，温度是否在允许的正常范围内。

d. 检查补偿电容有无炸裂现象，如有需要更换。

e. 检查补偿电容控制接触器的放电线圈有无烧熔现象，接线端子应定期检查紧固(建议每三个月紧固一次)，如有松动或烧熔要尽快更换。

f. 检查配电柜内的温度是否正常，检查配电柜制冷机是否正常工作，检查制冷机的冷却水流量是否正常。

g. 检查低压断路器过载保护和短路保护是否正常。

h. 检查大容量断路器和接触器工作时的温升情况，如温度较高说明触点接触电阻较大，需要进行检修或更换。

i. 检查柜内软启动器，变频器显示是否正常。

j. 对主开关定期进行 ON/OFF 动作试验，检查其动作可靠性。

k. 经常对配电柜及元件进行除尘。

l. 定期对电缆接线和柜内接线进行检查，

必要时进行紧固。

⑤ 应急发电机。

a. 检查 PT 供油系统油位是否正常。

b. 检查冷却水位是否正常。

c. 检查各连接部分是否牢靠,电刷是否正常、压力是否符合要求,接地线是否良好。

d. 检查有无机械杂声,异常振动等情况。

⑥ 电机润滑。

电机润滑主要指液压系统电机,电机转速高,应定期加注专用润滑脂对电机轴承进行润滑,如图 20-54 所示。

图 20-54 电机润滑点

(17) 主机控制系统控制柜、PLC、上位机

① PLC 系统。

a. 检查 PLC 插板是否松动。

b. 检查 PLC 连接线是否松动,紧固接线端子。

c. 检查 PLC 通信口插头连接是否正常。

d. 定期清洁 PLC 及控制柜内的灰尘。

e. 定期进行 PLC 的冷启动。

f. 备份 PLC 程序。

② 上位机。

a. 检查上位机与 PLC 的通信线连接是否可靠。

b. 定期清洁上位机和控制柜内的灰尘。

c. 备份上位机的程序。

③ 控制面板。

a. 检查面板内接线的安装状况,必要时进行紧固。

b. 定期清洁灰尘(注意防水)。

c. 定期检查按钮和旋钮的工作情况,如有损坏及时更换。

d. 检查控制面板上的发光二极管(light emitting diode,LED)显示是否正常。

e. 定期对控制面板上的 LED 显示进行校正。校正时要使用标准信号发生器,先校正零点再校正范围,二者要反复校正。

f. 定期对推进油缸和铰接油缸行程显示与油缸实际行程进行测量校对,如有误差应及时校准(校准方法详见维保操作说明)。

④ 传感器。

a. 检查各种传感器的接线情况,如有必要紧固接线、插头、插座。

b. 清洁传感器,特别是接线处或插头处要清洁干净。防止水和污物造成故障。

c. 检查传感器的防护情况,如有必要须采取防护措施。防止损坏传感器。

d. 定期用压力表对压力传感器在控制面板上的显示情况进行检查和校准。

(18) 皮带输送机

① 检查各滚子和边缘引导装置的滚动情况,如滚动不好,即清洗并润滑。

② 检查皮带的磨损情况,如皮带磨损严重,即更换皮带。

③ 检查皮带是否有跑偏现象,如皮带跑偏需进行校正。

④ 检查驱动装置变速箱油位,如果变速箱油位过低需添加齿轮油。

⑤ 检查各轴承润滑,添加润滑脂。

⑥ 检查皮带松紧情况,必要时调整皮带张力。

⑦ 清洁电路、电机。

⑧ 检查电路接线端子有无松动,如松动则需紧固。

⑨ 检查断路器、接触器、继电器触点烧蚀情况,如烧蚀明显则用细砂纸打磨平;如严重烧蚀,则需更换触点。

⑩ 定期检查和清洁所有零件。

⑪ 皮带系统主、从动滚筒运转频率较高,应定期手动加注 EP2 进行润滑,如图 20-55 所示。

图 20-55　皮带出土口

图 20-56　台车轮

(19) 后配套平台拖车

① 经常检查拖车行走机构的工作情况,必要时加注润滑脂。

② 定期检查各拖车间的连接销、连接板,防止意外断裂或脱开。

③ 经常检查拖车走行机构的跨度与钢轨的轨距是否合适,不合适应及时调整。

④ 台车轮承重较大,应定期手动加注 EP2 润滑脂,保证充分润滑,如图 20-56 所示。

⑤ 桥架拖拉油缸关节轴承应定期手动加注 EP2 润滑脂,如图 20-57 所示。

图 20-57　桥架牵引油缸

2) 盾构设备常见故障及说明

盾构设备常见故障预防及排除见表 20-8。

表 20-8　盾构设备常见故障预防及排除

故障现象	故障原因分析	故障预防及排除
泵不供油	泵吸油口蝶阀未打开	打开阀
	油箱油量不足,会导致泵吸空并产生噪声	立刻关闭泵。补充适量液压油
	电机泵联轴器松动或折断	检查、修理或更换联轴器
	电机转向不对	立即停泵,将电机接线调相
	液压油黏度过高	通常这种情况下是由于环境温度太低,黏度大引起的。启动补油泵使油温达到正常状态
	吸油管或滤网堵塞	拆下吸油管检查是否通畅,如果通畅,排油,彻底清洗油箱,更换新油,更换滤芯,注入新油
	变量斜盘未动作	检查控制油、调整泵的设置
	泵内部损坏	解体检查、更换损坏件
液压油系统漏油或渗油	管接头没有安装好	更换接头或密封,重新安装
	密封老化,致使密封失效	
	油温过高,致使液压油黏度过小,造成漏油	检查冷却器是否正常工作
	阀与阀块或各阀之间的结合面处密封损坏或加工密封槽不标准	更换密封圈,或更换阀块
	系统压力持续增高致使密封圈损坏失效	更换接头或密封,重新安装
	系统的回油背压太高使不受压力的回油管产生泄漏	检查液压系统回油管路
	处于压力油路中的溢流阀、换向阀内泄严重	检查液压系统压力是否正常

续表

故障现象	故障原因分析	故障预防及排除
系统无压力	加载阀未启动	加载阀得电
	泵压力设置太低	调节泵压力
	输出管路未接好或破损	检查软管,更换破损件
	系统中有一个或多个换向阀接通油箱	确定各换向阀位置、置中位,直至正常工作
	溢流压力设置太低或失效	确定影响系统的溢流阀,正确设置,如有必要,进行修理或更换
	泵内部损坏	拆下分解,更换损坏零件
泵运行噪声	油量不够,造成泵吸空	立即停泵,补油
	吸油管渗漏导致泵吸空	立即停泵。检查吸油管连接,夹紧,修理或更换
	进口堵塞	确认进口截止阀是否打开,确保进口油路畅通
	呼吸器堵塞	更换呼吸器
	泵转向不对	停泵、电机调相
	泵内部损坏	解体分解,更换损坏件
执行元件速度太慢	系统有空气	排气
	控制阀阀芯未完全打开使部分旁路油回油箱	检查影响系统的操作阀工作情况,必要时修理或更换
	由于控制油路压力过低,先导控制阀没有完全移动到位	检查控制油路压力
	泵没有达到标称流量	见故障泵不供油栏
	执行元件内部由于磨损、密封损坏或内壁拉毛,造成旁通	拆卸检查、更换密封,如果内壁拉毛,更换执行元件
油温过高	流经溢流阀的流量过大	调整溢流阀压力
	冷却水流量不够或进水温度高	检查进水流量,设置冷却塔
	水冷却器堵塞或结垢	拆检冷却器
	高压泵额外漏损	用测试仪检查泵输出流量
	泵出口安全阀压力	调高泵出口安全阀压力,应高于泵设置的恒压值 2.5 MPa 以上
液压系统压力失常	检查阀芯是否卡死	更换滤芯
	泵转向不对	检查泵的转向
	泵的功率不足或者内泄漏严重	检查电机输出是否正常,检查泵是否老化
	泵体内泄漏	更换阀体
	密封圈老化造成泄漏	更换密封圈
	压力开关失灵或压力传感器损坏	更换压力开关或传感器
刀盘驱动电机不启动	电气故障原因	参照上位机启动页面与报警指示
	润滑油流量或压力低	校准流量、压力
	润滑油流量开关设置不当或故障	检查开关和连接
	补油压力低于设定值	检查补油系统
	支撑压力开关设置不当或故障	检查压力设置,否则检查电路
液压系统和润滑系统驱动电机不启动	电气故障原因	参照上位机报警指示
	油量不足	补油到合适油位
	电机启动过载、跳闸	检查电机供电主回路
	密封润滑泵回路不循环	

续表

故障现象	故障原因分析	故障预防及排除
密封润滑指示灯不指示	油路分配阀故障	解决油路分配阀功能故障
	油路分配阀开关不工作	在此情况下不要连续运转，否则缺油润滑损坏设备，立即检查开关和电路
	水阀未打开	打开供水系统球阀
刀盘运转时缺水或水量不足	水过滤器故障	解体清洗、重装
	电磁控制阀故障	检查阀和电路
	喷水嘴堵塞	清洗喷嘴
零部件转动声音异常或振动异常	检查轴承齿轮是否润滑	如没有进行润滑
	检查啮合齿轮是否正常	若损坏更换齿轮
	检查轴承是否损坏	若损坏更换轴承
设备及各装置不动作（通用）	控制电源灯是否亮	未接通控制电源，请接通电源
	主电源的“反相”灯是否亮	若是反相，将相序调整过来
	电缆是否断线	更换
	液压回路有无压力（查看主压及油缸、马达的压力	泵未启动 吸入管关闭 液压软管、接头处漏油 油箱内无液压油 回路上的球阀等关闭 电磁阀无切换动作 在优先回路中的其他装置在运作
	“电磁阀电源”灯不亮	检查电磁阀得电条件，PLC开关量输出通道状态及相应中间继电器是否正常
	推进模式油脂灯不亮	参照上位机启动页面与报警指示
切削刀盘不启动或者掘进中停止	齿轮油“堵塞”灯是否点亮	更换过滤器滤芯
	齿轮油“下限”灯是否点亮	齿轮油不足，补充
	“注油脂电源”灯是否点亮	未接通电源，接通
	循环泵是否过载	启动时过载，则切削刀盘不转动，排除原因
	“注脂异常”是否显示	油脂泵未启动 管路漏油 润滑脂用尽 空打 堵塞

3）维修保养计划表

维修保养计划表分为日、周、月、季、半年、年度，见表20-9～表20-15。

表20-9　初始维保

序号	系　　统	部　　位	作业方法及措施	油　　品	备注
1	液压系统	滤清器	更换所有滤清器滤芯		
2	刀盘驱动系统	行星减速机	新机工作50 h后更换油品	Shell OMALA320	
3	工业空气系统	空压机	启动前检测旋转传感器和油位；启动后检测泄漏和空压机温度；一周后检测泄漏和空压机温度，紧固各电气接头	UDD37W-8	

表 20-10　日常保养

序号	系　　统	部　　位	作业方法及措施	油　　品	备注
1	盾尾	盾尾	清除盾尾底部注浆的残余物、其他异物、石块、水、金属部件		
2	盾尾油脂系统	控制阀	控制阀的操作测试		
3	泡沫系统	中心回转	检查是否有液体泄漏，存在泄漏时停机		
4	刀盘驱动系统	主齿轮箱	检查油位，必要时加注；检查泄漏箱是否有液体，发现异常停机	Shell OMALA320	
5	刀盘驱动系统	主密封及润滑点	检测所有润滑点，手动加注润滑脂；清除内密封区域异物和液体		
6	螺旋机系统	驱动减速机	检查是否有液体泄漏，发现异常停机，检查油位	Shell OMALA320	
7	拼装系统	拼装机行走	检查拼装机行走轮，清理行走轨道，检查刮泥板状态		
8	双轨梁及拼装系统	警示灯和警示喇叭	操作测试		
9	工业空气系统	油水分离器	排水、清洁过滤器；油雾器加油		
10	工业空气系统	空压机	检查压缩机油液位和储气罐压力		
11	喂片机系统	喂片机	清洁喂片机区域，检查防护板状态		
12	注浆系统	注浆机	检查注浆管快速管夹密封性，存在泄漏时更换橡胶密封；目测注浆泵清洗水箱污染情况		
13	注浆系统	浆罐及搅拌装置	检查浆罐驱动电机、减速机外观状态，是否存在漏油，检查减速机油位；检查主、被动端自动润滑泵、储油罐状态	EP2	
14	膨润土系统	挤压泵	检查泵的出口压力		
15	液压系统	管路	检查管路接头是否存在泄漏，发现问题应停机卸压处理		
16	液压系统	液压驱动泵及马达	检查泵体高压接头、进油接头、泄油管接头是否存在泄漏，发现问题是应停机卸压处理；检查声音、壳体温度和轴封情况		
17	电气系统	电动机	检查声音、壳体温度情况		

表 20-11　周保养

序号	系　统	部　位	作业方法及措施	油　品	备注
1	泡沫系统	中心回转	按照标准加注定量润滑脂	EP2	
2	推进系统	推进油缸	油缸撑靴球面加注润滑脂，重点检查底部油缸弹簧及尼龙板	EP2	
3	SAMSON系统	SAMSON	打开进气管球阀，启动气压控制器及气压调节器，每周启动一次		
4	螺旋系统	螺旋机	检查递进式分配阀是否动作，打开手动球阀按要求持续时间润滑各润滑点，同时使用黄油枪往闸门、控制油缸关节轴承注入油脂	EP2	
5	拼装系统	拼装机	使用手动黄油枪或打开手动球阀按要求持续时间给拼装机回转支承径向黄油嘴加注润滑脂	EP2	
6	双轨梁系统	链条、链条箱、刹车	检查双轨梁刹车性能，必要时调整刹车片间隙；清理链条及链条箱泥沙，涂抹润滑油		
7	喂片机系统	行走轮、油缸	清理行走铁轮泥沙，给轴承加注润滑脂；给行走脚轮轮轴加注润滑脂；给行走油缸关节轴承加注润滑油脂	EP2	
8	铰接系统	铰接油缸	关节轴承加注润滑脂	EP2	
9	液压系统	滤清器	检查滤清器压差开关状态		
10	皮带系统	驱动装置、传动机构、托辊、刮泥板等	检查减速机油位，停机清理传动链条泥沙，涂抹润滑油；检查托辊、皮带及刮泥板磨损情况		

表 20-12　月度维保

序号	系　统	部　位	作业方法及措施	油　品	备注
1	人舱系统	舱门铰链	铰链润滑，闸阀定期转动	EP2	
2	主机	连接螺栓	具备条件时检查并复紧刀盘连接螺栓、保护帽、中前盾连接螺栓等		
3	刀盘驱动系统	刀盘行星减速机	拆卸冷却水软管接头，检查管路及减速机接口，清理水垢及异物，恢复安装		
4	螺旋系统	螺旋机	使用测厚仪取点测量筒体壁厚		
5	工业空气系统	空压机	检查传动皮带松紧，必要时更换		

续表

序号	系　　统	部　　位	作业方法及措施	油　　品	备注
6	后配套	台车轮	台车轮连接螺栓紧固，轮轴加注润滑油	EP2	
7	液压系统	蓄能器	检查氮压力，必要时添加		
8	皮带系统	皮带	检查皮带情况，必要时调整皮带张紧力		
9	工业水系统	滤清器	检查滤网，必要时更换		

表 20-13　季度维保

序号	系　　统	部　　位	作业方法及措施	油　　品	备注
1	刀盘驱动系统	主齿轮箱	齿轮油取样，检测油品金属含量、清洁度及含水量	Shell OMALA320	
2	刀盘驱动系统	刀盘行星减速机	齿轮油取样，检测油品金属含量、清洁度及含水量	Shell OMALA320	
3	双轨梁系统	行走轨道链	检查轨道链的张力变形和磨损；检查悬挂卸扣破裂和变形		
4	油脂系统	递进式分配阀	检查递进式分配阀的动作并检查压力传感器显示数值是否与压力表数值接近，清洗 EP2 油脂过滤器		
5	液压系统	油箱	液压油取样，检测油品金属含量、清洁度及含水量		
6	工业空气系统	空压机	紧固电气接头，更换空气过滤器和油过滤器		
7	膨润土系统	挤压泵	在不使用的情况下，每季度从电机后盘动螺杆泵 90°		

表 20-14　半年度维保

序号	系　　统	部　　位	作业方法及措施	油　　品	备注
1	刀盘驱动系统	主齿轮箱	更换齿轮油	Shell OMALA320	
2	刀盘驱动系统	刀盘行星减速机	更换齿轮油(运转 2 500 h)	Shell OMALA320	
3	刀盘驱动系统	电机	加注润滑脂	KE2R-40	
4	液压系统	滤芯	更换所有液压系统高压滤芯		
5	皮带系统	驱动减速机	更换齿轮油(运转 2 500 h)	Shell OMALA220	
6	工业空气系统	安全阀	吹气法清洁安全阀		
7	电气系统	模块、电柜	清洁除尘，更换硅胶干燥剂，断电紧固所有接线柱		

表 20-15　年度维保

序号	系　统	部　位	作业方法及措施	油　品	备注
1	液压系统	油箱	更换液压油	Shell46/68	
2	注浆系统	浆罐	检查主、被动端密封、轴承，必要时更换		
3	工业空气系统	空压机	更换油水、油气分离滤芯，更换空压机油	UDD37W-8	
4	电器系统	变压器	检查各接头和阀连接处的紧固情况；采用干燥压缩空气或氮将变压器上的灰尘吹掉		
5	工业水系统	滤清器	更换滤网，清洗金属滤网		

4）油脂润滑

盾构设备施工期间油脂润滑，见表 20-16。

表 20-16　油脂润滑

序号	系统	润滑方式	润滑部位	数量	润滑点位	润滑量	润滑周期	油品	备注
1	前盾	手动	前闸门	4	密封	20 mL	每周	EP2	
2			前闸门油缸	6	衬套	20 mL			
3			人舱门	2	耳座	见新油	3 个月		
4	中心回转	手动	轴承	2	球轴承	30 mL	每周	EP2	
5		自动	密封	9	密封	30 mL/h	连续润滑	EP2	
6			密封	1	第一道	6.8 mL/min		HBW	
7			密封	1	第二道	60 mL/h		EP2	
8			密封	1	第三道	30 mL/h			
9	主驱动	自动	内密封	4	第一道	6.8 mL/min	连续润滑	HBW	
10			内密封	6	第二道	120 mL/h		EP2	
11			外密封	8	第一道	6.8 mL/min		HBW	
12			外密封	8	第二道	180 mL/h		EP2	
13			外密封	4	第三道			EP2	
14	中盾	手动	推进油缸	32	推力球面	20 mL	每周	EP2	
15	盾尾	手动	盾尾铰接	8	铰接密封	50 mL	每天		
16			注浆球阀	12	注浆口	见新油	清洗后		
17	拼装机	手动	红蓝油缸	2	关节轴承	20 mL	每周	EP2	
18			行走油缸	4	关节轴承	20 mL			
19			调整油缸	4	关节轴承	20 mL			
20			抓举梁	4	伸缩衬套	100 mL			
21			抓举盘	1	关节轴承	20 mL			

续表

序号	系统	润滑方式	润滑部位	数量	润滑点位	润滑量	润滑周期	油品	备注
22	拼装机	手动	回转支承	10	回转支承	见新油	10天	EP2	
23	拼装机	手动	前滚轮	4	左右滚轮	100 mL	每周	EP2	
24	拼装机	手动	后滚轮	4	左右滚轮	100 mL	每周	EP2	
25	拼装机	手动	行走梁	2	左右轨道	涂抹均匀	每周	EP2	
26	螺旋机	手动	伸缩油缸	4	关节轴承	20 mL	每周	EP2	
27	螺旋机	手动	伸缩筒体	4	伸缩筒体	200 mL	伸缩后	EP2	
28	螺旋机	自动	回转支承	8	密封	50 mL/h	连续润滑	EP2	
29	螺旋机	手动	后闸门油缸	8	关节轴承	20 mL	每周	EP2	
30	螺旋机	自动	闸门密封	1	第一道	100 mL/h	连续润滑	EP2	
31	螺旋机	自动	闸门密封	1	第二道	100 mL/h	连续润滑	EP2	
32	螺旋机	手动	减速机轴承	4	轴承	油浴润滑	油浴润滑	320	
33	螺旋机	手动	减速机	1	齿轮箱	油浴润滑	油浴润滑	320	
34	喂片机	手动	拖拉油缸	2	关节轴承	20 mL	每周	EP2	
35	喂片机	手动	行走油缸	2	关节轴承	20 mL	每周	EP2	
36	喂片机	手动	行走胶轮	2	轴承	见新油	每周	EP2	
37	喂片机	手动	行走铁轮	2	轴承	20 mL	每周	EP2	
38	桥架	手动	拖拉油缸	4	关节轴承	20 mL	每周	EP2	
39	一号台车	自动	浆罐主动端	2	轴承密封	80 mL/h	每周	EP2	
40	一号台车	自动	浆罐被动端	2	轴承密封	80 mL/h	每周	EP2	
41	一号台车	手动	双轨梁链条	2	链条	涂抹均匀	每周	EP2	
42	一号台车	手动	油脂吊机	1	轴承	见新油	每周	EP2	
43	一号台车	手动	轮对	56	轴承	见新油	每月		
44	二号台车	手动	推进泵电机	1	轴承	35 mL	4 500 h	EP2	
45	二号台车	手动	拼装泵电机	1	轴承	35 mL	4 500 h	EP2	
46	二号台车	手动	控制泵电机	1	轴承	30 mL	5 000 h	EP2	
47	二号台车	手动	螺旋泵电机	2	轴承	60 mL	5 000 h	EP2	
48	二号台车	手动	注浆泵电机	1	轴承	30 mL	5 000 h	EP2	
49	二号台车	手动	辅助泵电机	1	轴承	30 mL	5 000 h	EP2	
50	二号台车	手动	循环泵电机	1	轴承	30 mL	5 000 h	EP2	
51	二号台车	手动	刀盘泵电机	1	轴承	60 mL	5 000 h	EP2	
52	三号台车	手动	二次风机	2	轴承	100 mL	12个月	EP2	
53	皮带	手动	辊筒支撑座	4	轴承	见新油	每周	EP2	
54	尾架	手动	风筒吊机	2	轴承	见新油	每周	EP2	
55	尾架	手动	材料吊机	1	轴承	见新油	每周	EP2	

5）日常巡检

盾构设备施工期间日常巡检，见表 20-17。

表 20-17　盾构设备施工期间日常巡检表

检查人员		内　容	班次	
序号	系统名		工作状况	检查情况
1	推进系统	各处有无油液泄漏		
		油泵压力与操作室显示压力是否一致		
		回油滤清器		
		高压滤清器		
		油缸推进靴板检查		
		油缸球头黄油润滑(下部 BP 润滑脂，上部普通润滑脂)		
		推进系统油箱油位检查(标识记录有无变化)		
2	主驱动	主轴承齿轮油位检查(标识记录有无变化)		
		主轴承冷却水状况检查		
		主轴承润滑油泵检查		
		主轴承润滑油滤清器检查		
		主轴承外密封注脂		
		主轴承与盾体间注脂		
		主轴承润滑脂油位检查		
		主轴承润滑脂有无泄漏		
		主驱动液压系统制动压力检查(约 6 MPa)		
		主驱动液压系统有无外泄漏		
		主驱动液压马达冷却水检查		
		主驱动液压马达声音、温度状况		
		油箱油位检查(标识记录有无变化)		
		泵站部分有无泄漏		
		泵站部分电机清洁		
3	管片系统	安装机清洁		
		安装机油管检查并相应保护		
		安装机内侧管线保护		
		安装机注脂		
		管片吊机轨道清洁		
		管片吊机状况检查		
		管片小车清洁		
4	拖车	拖车清洁		
		拖车上油管、水管、设备清洁		
5	皮带输送机	皮带输送机清洁		
		托辊检查(有无失落，不转，磨损)		
		皮带检查		
		刮板检查并适当调整		
6	注浆机	注浆机润滑		
		注浆机清洁(包括砂浆罐)		
		清洗箱保持水位		
		注浆管路清洁		
7	盾体	铰接部分注脂		
		盾体内污物清洁		
8	水系统	滤清器检查(压差不超过 1bar)		
		压力检查(不可关小回水口)		
		泄漏检查		
		水管卷筒检查		
9	压缩空气	管路有无泄漏		
		空压机冷却水路检查		
10	砂浆转运	砂浆将空时必须在进料口加水防空转		
		砂浆车润滑、清洁		
11	泡沫系统	泡沫剂罐检查液位(勿使泵空转)		
		管路检查有无泄漏		
		水泵检查(勿空转)		
12	通风	洞外风机、储风筒起升装置及风管状况		

续表

检查人员		内　容	班次	
序号	系统名		工作状况	检查情况
13	电气部分	传感器		
		变压器		
		电机		
		控制盒		
		应急发电机		

4. 作业保证措施

1）组织保证措施

（1）日常保养工作必须制订维保计划，并且应严格按计划执行。

（2）日常保养采取责任签认制度，所有维修保养工作内容都要有书面记录，并且由责任人检查签认。对电器和液压系统的任何修改（包括临时接线等）都要做详细记录、签字并存档。

2）安全保证措施

维保工作必须遵循以下安全说明。

（1）只有当机器停止操作时才能进行维保工作。

（2）断开要维护的电气部件的开关，并确保维护期间不会工作。

（3）在液压系统维护之前必须关闭相关阀门和降压，必须防止液压油缸的缩回和液压马达的意外运行。意外泄漏的高压油会造成人员伤亡和液压设备损坏。

（4）液压系统维护保养必须注意清洁，严禁使用棉纱等易起毛的物品清洁管接头内壁、油桶、油管等。

3）技术保证措施

（1）盾构始发 200 m 后，应检查并更换循环过滤器及回油过滤器滤芯，并对油品进行检测，对于超过 NAS9 级的油进行更换，以后每 1 000 h(纯掘进时间)或一年更换一次液压油。同时盾构要加强油品检测，正常情况每两个月进行一次油品检测。发现过滤器压差检测装置报警，应及时更换滤芯。盾构液压系统的油温不得超过 70°否则会对元件造成损坏。

（2）盾构在曲线段推进时，由于密封材料（橡胶）的特性，铰接密封的能力会出现下降，从而产生漏浆现象，影响施工的进度和管片拼装质量，对盾构设备本身也是一个风险，为了预防和减轻曲线推进对盾构的铰接密封的损伤就必须适时根据盾构机姿态对铰接密封进行调整，以适应不断变化的水文地质和线型等情况。

盾构机的铰接密封由一道橡胶密封、两道挡块、调节螺栓、压紧块及一道紧急密封气囊组成。紧急密封气囊平时处于无气状态，不起密封作用。只有当盾构的前道密封出现问题需要更换时，才会充气将盾构铰接部位的缝隙暂时封闭起来，以防止在更换前道橡胶密封时发生漏液现象。紧急密封的材料是橡胶，它不能承受很大的摩擦，过于剧烈的摩擦和挤压会使气囊发生破裂和泄漏，又由于其特殊的安装位置一旦发生损坏将无法更换和修补，紧急密封的损坏将会为前道密封的更换造成很大的困难。鉴于其特殊用途的重要性，平时绝对不能将其用于正常掘进状态下的密封使用。只有在盾构停机状态更换前道密封时才可充气使用。

当盾构在曲线段掘进时，应根据其掘进的转向趋势相应的调节铰接密封。先将密封压紧块的紧固螺栓松开，将转弯方向内侧密封的压紧块调节螺栓向外调节，使橡胶密封与盾体间的间隙加大；相反地将转弯方向外侧密封的压紧块调节螺栓向里调节，压紧橡胶使其间隙缩小。调整的范围以密封情况的改善为标准。调整完毕后将压紧块的紧固螺栓上紧即可。虽然调节盾构的铰接密封可以改善其密封状况，但因为橡胶密封的弹性有限，所以调解范围不会很大，否则会产生漏浆现象。只有在施工中不断累积经验依据盾构姿态及时调节铰接密封状态改进施工的掘进曲线，拟合线型才能更好的保证施工质量，保证盾构设备安全。

（3）主驱动油脂系统采用多线式注脂系统，采用两个泵注入油脂，电动多点泵和气动柱塞泵。安装在后配套拖车上的气动泵作为耦合油泵，当多点泵(30 L)油脂桶处于低液位时,气动泵开始动作往多点泵油桶内补油,当油脂到达高液位时停止注入。电动多点泵直接往外密封内注脂,同时通过递进式分配阀往螺旋机密封和中心回转接头的密封内持续注入。多点泵的油脂注入量每路单独可调,出厂时已按需调好,请不要随意调整。

20.3.2 仓储保养

1. 编制说明

1) 适用范围

适用于海瑞克、中铁装备、维尔特、小松等盾构机机型。

2) 编制依据

根据盾构机转场维修方案会议纪要、维修工期、机容机貌,对盾构机整体进行防护,防止盾构机在存放过程中造成机械、电气、液压、流体等系统中各零部件的损坏。

2. 作业前准备

方木、钢支撑、篷布、钢支架、防锈剂、防锈漆、干燥剂、润滑油脂、PE膜、扎带等。

3. 作业实施方案

1) 方案概述

盾构设备仓储保养措施主要包括支护放置、表面清理、喷涂工艺防护、表面覆盖及定期检查维护等。

2) 工艺流程

盾构设备进场前合理规划放置区域,设备进场按序吊装放置,重点对电气系统、流体管路等进行清理、防护,展开维修工作后采用边清理、边喷涂、边覆盖方式,定期检查维护,具体作业流程如图20-58所示。

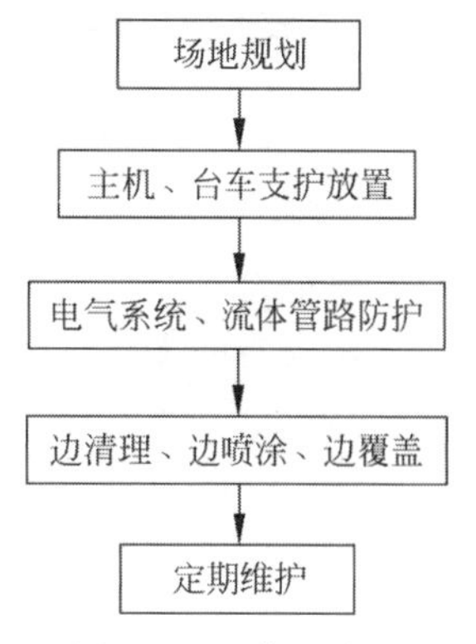

图 20-58 作业流程

3) 主要作业方法及技术措施

(1) 机械系统

① 刀盘

刀盘使用4个钢支撑支护放置,钢支撑高度1~1.2 m为宜,法兰面向下,方便刀盘维修及刀具更换。刀盘放置后整体进行清理,清理完毕喷涂防锈漆进行防锈,刀盘与前盾连接法兰面、螺栓孔、定位销等部位需涂抹EP2进行防护,整体覆盖篷布,刀盘篷布覆盖前后如图20-59所示。

(a)

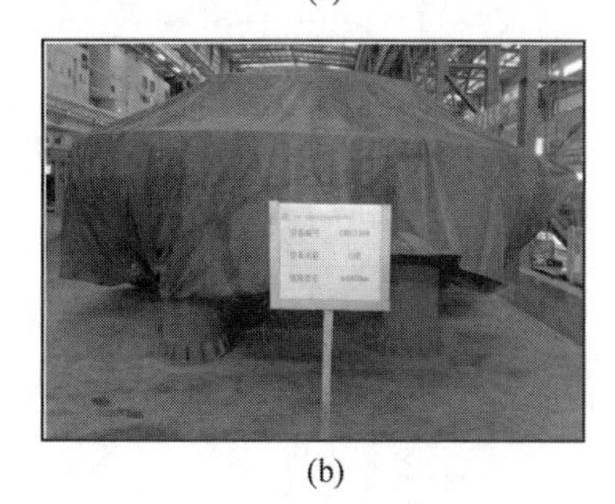
(b)

图 20-59 刀盘篷布覆盖前后
(a) 覆盖前;(b) 覆盖后

② 前盾

前盾使用4个钢支撑支护放置,钢支撑高度1~1.2 m为宜,拆卸土压传感器,前盾驱动盘、螺栓孔等涂抹EP2,土仓内壁及盾体外侧泥土进行清理,清理完毕后喷涂防锈漆,对螺旋前闸门及筒壁内部泥土进行清理,清理完毕后活动前闸门,并在前闸门门板上涂抹EP2防护,防止长时间不用造成闸门锈死。室外温度低于零度时,需对刀盘减速机、齿轮油散热器等部位水道进行排水处理防止冻裂,整体覆盖篷布,篷布中间搭接支撑杆,防止中间积水,前盾篷布覆盖前后如图20-60所示。

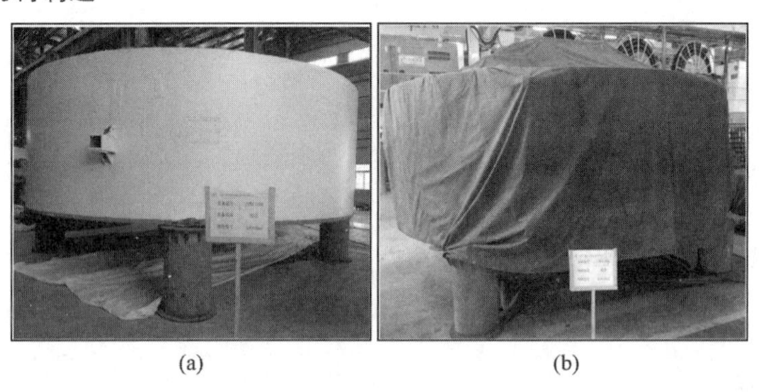

(a) (b)

图 20-60 前盾篷布覆盖前后

(a) 覆盖前；(b) 覆盖后

③ 中盾

中盾使用4个钢支撑支护放置，钢支撑高度1～1.2 m为宜。盾体清理，喷涂防锈漆，使用PE膜对电气元件进行包裹。中盾与前盾连接法兰面、密封及螺栓孔等位置涂抹EP2进行防护。整体覆盖篷布，中间搭接支撑杆将篷布撑起，防止中间积水。中盾篷布覆盖前后如图20-61所示。

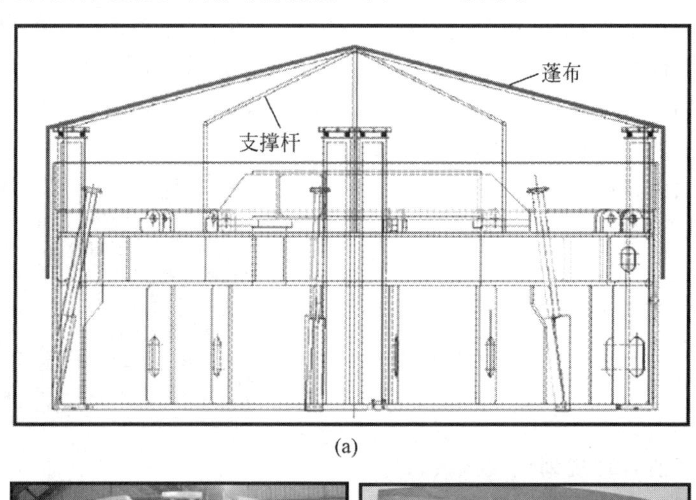

(a)

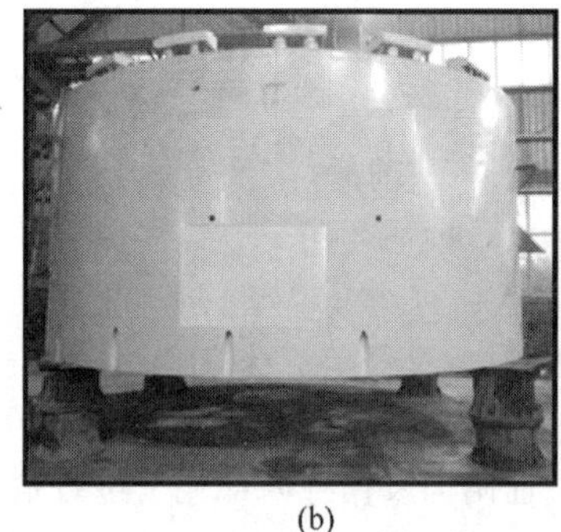

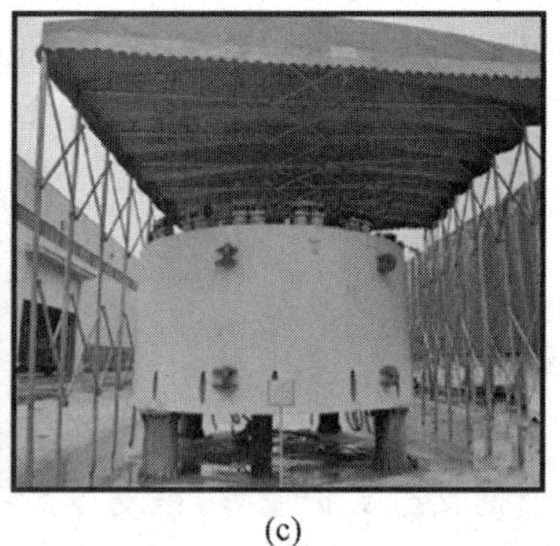

(b) (c)

图 20-61 中盾篷布覆盖前后

(a) 覆盖示意；(b) 覆盖前；(c) 覆盖后

④ 盾尾

盾尾使用4个钢支撑支护放置，钢支撑高度1～1.2 m为宜，内部焊接米字形支撑杆防止盾尾变形。盾体清理，喷涂防锈漆，铰接密封及紧急气囊清理后表面涂抹EP2，利用PE膜整圈进行包裹。盾尾存放如图20-62所示。

图 20-62 盾尾存放

(a) 清理及涂抹 EP2；(b) PE 膜包裹；(c)、(d) 内部米字梁；(e) 喷涂防锈漆

⑤ 拼装机

管片拼装机使用专用支撑支护放置，行走梁前端支撑高度 1.8～2.0 m 为宜，后端（法兰）支撑高度 0.6～0.8 m 为宜。拼装机法兰、螺栓孔等涂抹 EP2，红蓝油缸活塞杆进行固定防止掉落，其余电气部件利用 PE 膜进行包裹防护，整体覆盖篷布，拼装机篷布覆盖前后如图 20-63 所示。

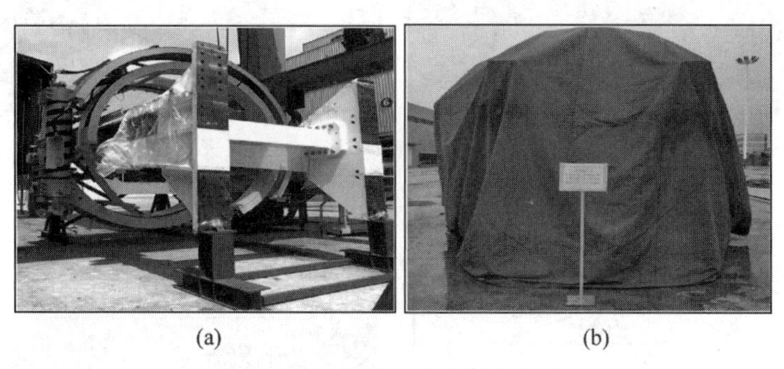

图 20-63 拼装机篷布覆盖前后

(a) 覆盖前；(b) 覆盖后

⑥ 螺旋机

螺旋机使用专用支撑支护放置，高度 0.8～1 m 为宜，表面清理喷涂防锈漆，拆卸土压传感器入库存放，整体覆盖篷布，螺旋机篷布覆盖前后如图 20-64 所示。螺旋解体后存放期间，输入端法兰涂抹 EP2，表面 PE 膜防护，拆解存放如图 20-65 所示。

⑦ 桥架

桥架使用4个钢支撑支护放置，钢支撑高度0.2～0.3 m为宜，桥架清理，喷涂防锈漆。双轨梁及电气元件使用PE膜包裹。桥架整体覆盖篷布，顶部搭接支撑杆撑起篷布防止积水，桥架存放如图20-66所示。

⑧ 台车

每节台车使用4个钢支撑支护放置，钢支撑高度0.2～0.3 m为宜。整体清理，喷涂防锈漆，篷布覆盖，顶部搭接支撑杆撑起篷布防止积水，存放如图20-67所示。

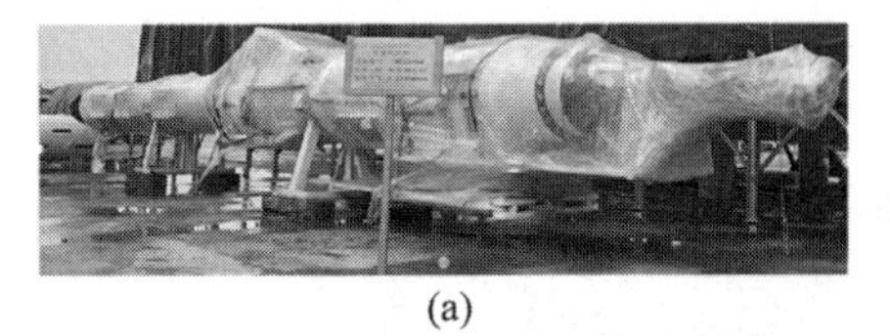
(a)

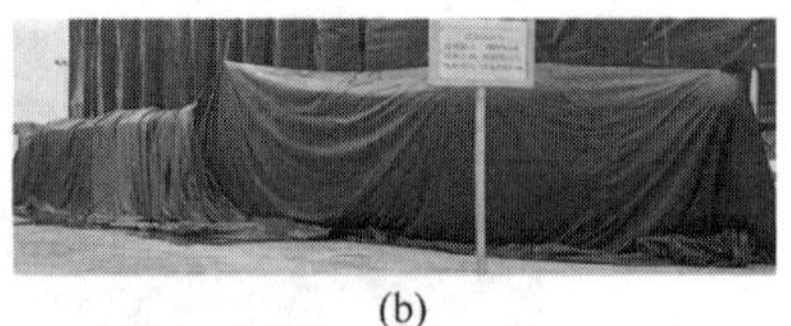
(b)

图20-64 螺旋机篷布覆盖前后

(a) 覆盖前；(b) 覆盖后

(a)

(b)

图20-65 螺旋拆解存放

(a) PE膜准备；(b) 法兰PE膜防护

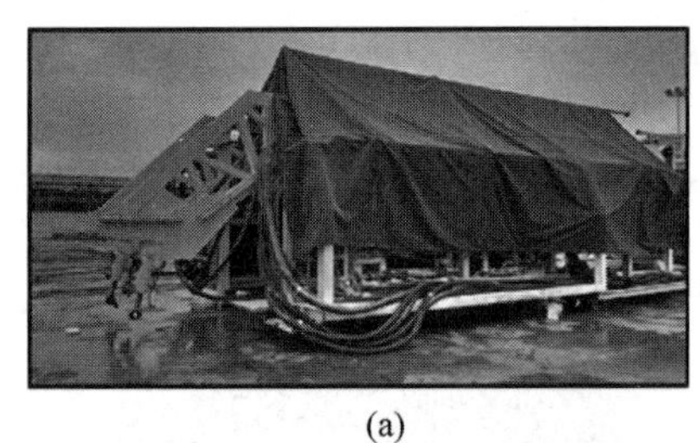
(a)

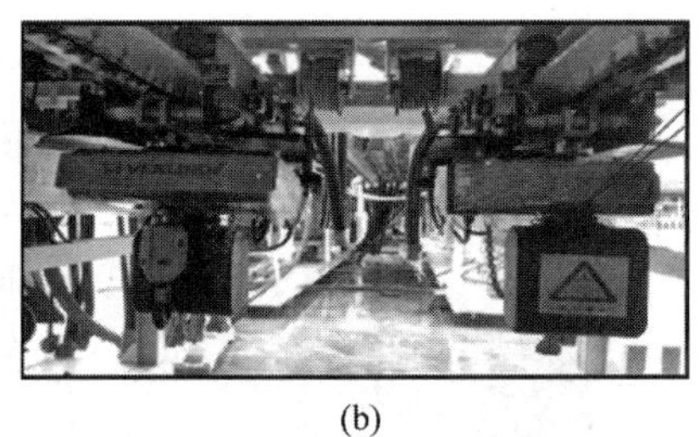
(b)

图20-66 桥架存放

(a) 桥架覆盖；(b) 双轨梁防护

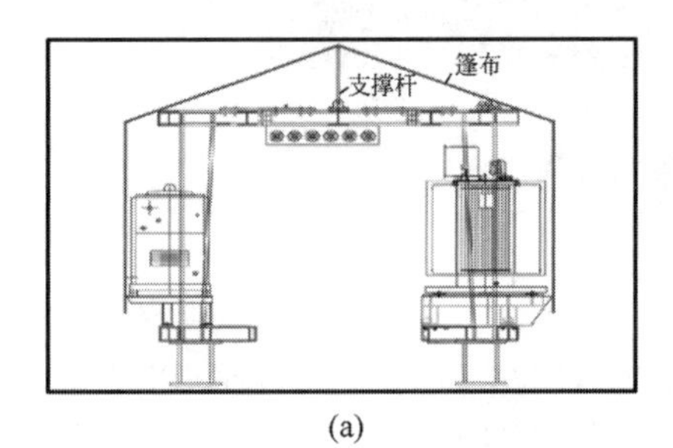

(a)

(b)

图20-67 现场存放

(a) 覆盖示意；(b) 覆盖后

⑨ 连接件

除刀盘连接销、螺旋机拉杆、销(中盾处)、台车连接三角架连接销、中心回转泡沫管接头外,拆装机各类连接螺栓、保护帽、管卡、橡胶圈、三通、单向阀、托辊等,清理后涂抹防锈剂,装箱存放;列举 CREC202 号盾构机装箱清单见表 20-18,装箱照片如图 20-68 所示。

表 20-18 CREC202 号盾构机装箱清单

序号	名称	规格(*d*—内径;*D*—外径;*ϕ*—直径;*M*—螺纹直径)	数量	备注
1	刀盘连接螺栓(双头)	*M*42×350—10.9	66 套	含 66 个螺帽、66 个垫片
2	刀盘螺栓保护帽(铁)	*M*42	72 个	
3	中前盾连接螺栓(长)	*M*36×180—10.9	121 套	含 121 个螺帽、242 个垫片
4	中前盾连接螺栓(短)	*M*36×130—10.9	63 条	
5	密封钢垫片(带倒角)	*d*37×*D*50×15	24 个	
6	密封钢垫片 O 形圈	*d*34.3×5.33	24 个	
7	中前盾定位销子	*ϕ*59×110	2 个	
8	拼装机行走主梁连接螺栓	*M*36×140—10.9	72 套	含 72 个垫片
9	拼装机 U 型梁连接螺栓	*M*30×100	24 条	带 20 个垫片(箱 5 机 19)
10	螺旋与前盾连接螺栓	*M*30×150	36 套	含 36 个垫片
11	螺旋机支撑梁销子	*ϕ*100×200	2 个	1 个装箱、1 个在盾构机上
12	螺旋机支撑梁销子挡板	*ϕ*120×10	4 个	
13	螺旋机支撑梁销子挡板螺栓	*M*20×40	4 条	
14	人舱连接螺栓	*M*30×150	28 套	含螺帽、56 个垫片
15	铰接油缸销子	*ϕ*80×180	14 个	
16	铰接油缸销子挡板	*D*110×10	28 个	
17	铰接油缸销子挡板螺栓	*M*20×40	28 条	包含螺旋拉杆销子挡板螺栓
18	桥架牵引油缸销子	*ϕ*69×140	4 个	2 个装箱、2 个在盾构机上
19	皮带机接土口连接销子	*ϕ*39×82	2 个	
20	皮带机出土口连接销子	*ϕ*49×160	1 个	
21	中心回转泡沫管接头	标配	8 套	在盾构机上
22	中心回转泡沫管接头螺栓	*M*12×40	32 条	在盾构机上
23	泡沫管接头 O 形圈	*d*56×4	8 个	在盾构机上
24	中心回转与刀盘连接螺栓	*M*24×105—8.8	12 套	含 12 个垫片(在盾构机上)
25	前盾人员舱门连接螺栓	*M*30×80	10 条	含 10 个垫片
26	台车轮连接螺栓	*M*24×100	168 套	含 168 个螺帽、336 个垫片
27	台车三脚架连接销(中间)	*ϕ*80×140	4 个	
28	三脚架与台车连接销子	*ϕ*60×200	16 个	含隔套(在盾构机上)
29	台车连接销子	*ϕ*80×240	4 个	含锁片(3 个装箱、1 个在盾构机上)
30	中心回转抱箍(两半扣)	标配	1 套	
31	抱箍螺丝	*M*20×60	6 条	

续表

序号	名　　称	规格（d—内径；D—外径；ϕ—直径；M—螺纹直径）	数量	备　　注
32	皮带架固定销子	ϕ40×140	14 个	
33	刀盘定位销		6 个	在盾构机上
34	弧形压块螺栓	外六角 M16×55—10.9	50 条	
35	弧形压块螺栓	方头 M16×70—10.9	50 条	
36	保护帽 O 形圈	d86×3.53	72 个	
37	桥架牵引油缸销子卡簧	轴卡 ϕ70	8 个	
38	开口销	ϕ5×L80	2 个	
39	开口销	ϕ5×L60	1 个	
40	人舱连接密封	ϕ8	4 m	
41	螺旋机与前盾密封	ϕ10	4 m	
42	刀盘连接密封	ϕ8×L8 m	2 m	
43	中前盾密封	ϕ15	21 m	
44	人舱门连接螺栓 O 形圈	d30×3.55	10 个	
45	开口销	ϕ8×L100	4 个	
46	注浆管卡	3 寸	40 套	含胶圈
47	注浆球阀	2 寸	12 个	带手柄
48	尾架钢丝绳	ϕ8×20 m	2 条	在盾构机上
49	U 形卡	ϕ8 钢丝绳用	8 个	在盾构机上
50	皮带架钢丝绳	ϕ4×56 m(带保护套)	2 条	
51	U 形卡	ϕ4 钢丝绳用	8 个	
52	手拉葫芦	2t×1 500	4 套	
53	开口销	ϕ3×L50	28 个	
54	风筒软连接	ϕ600×L1 500 mm	5 节	
55	风筒软连接	ϕ600×L3 500 mm	1 节	
56	软连接卡箍	ϕ600	12 个	
57	人舱压力表	0-6 bar	1 块	
58	皮带架上托辊	ϕ108×310	180 个	
59	皮带架上挡轮	ϕ63.5×120　腰型	50 个	
60	皮带架下挡轮	ϕ63.5×100	50 个	
61	皮带机下托辊	ϕ108×845	5 个	
62	皮带机下托辊	ϕ108×950	3 个	
63	接土口胶皮托辊	ϕ159×310	24 个	
64	接土口胶皮托辊	ϕ133×315	3 个	
65	皮带架下托辊	ϕ108×465	65 个	
66	注浆压力传感器	0310	6 个	
67	注浆压力传感器插头线	7/8 寸	6 条	
68	注浆三通(含卡子)	2 寸	6 套	
69	土压/螺旋传感器	EESK7	8 个	连接螺栓、O 形圈、已安装在前盾压板在前盾、螺旋机上

续表

序号	名　　称	规格(*d*—内径；*D*—外径；*ϕ*—直径；*M*—螺纹直径)	数量	备　　注
70	土压/螺旋传感器插头线	标配	8 条	1 条在箱子、7 条已安装在盾构机上
71	摄像头	标配	3 个	含 4 个同轴电缆插头
72	摄像头线	标配	100 m	
73	接近开关	标配	5 个	
74	电磁阀插头	穆尔 3 孔	1 个	
75	传感器插头线	$M12\times4$ 孔	3 条	
76	紫色通信线	标配	100 m	
77	拼装机遥控器	海希	1 套	接收器在盾构机上
78	拼装机充电器	海希	1 套	
79	拼装机电池	海希	2 块	
80	双轨梁遥控器	标配	1 个	接收器在盾构机上

图 20-68　现场装箱

(2) 流体系统

① 管路

管路接头使用金属专用堵头封堵，接头侧不得直接放置地面，高度不小于 0.2 m，其他流体系统管路接头可使用专用防护膜(厚 1 mm)包裹，如图 20-69 所示。

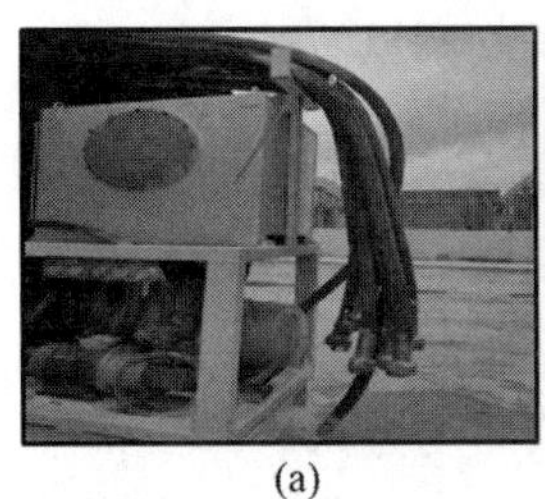

(a)　(b)

图 20-69　管路存放

(a) 支架示意；(b) 防护示意

② 油箱、液压泵及马达

油箱加注满液压油或惰性气体存放，液压泵、马达存放时间超过 6 个月时，除壳体中加注满液压油外，还需添加 VPCI329 防锈剂，如图 20-70 所示。

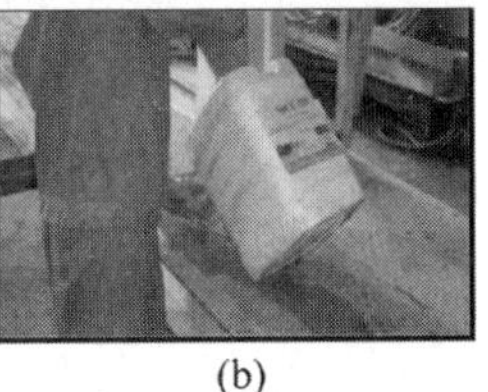

(a)　(b)

图 20-70　防锈剂添加

(a) 加注液压油；(b) 添加防锈剂

(3) 电气系统

① 电缆线

电缆线清理，喷洒滑石粉，表面覆盖 PE 膜，存放如图 20-71 所示。

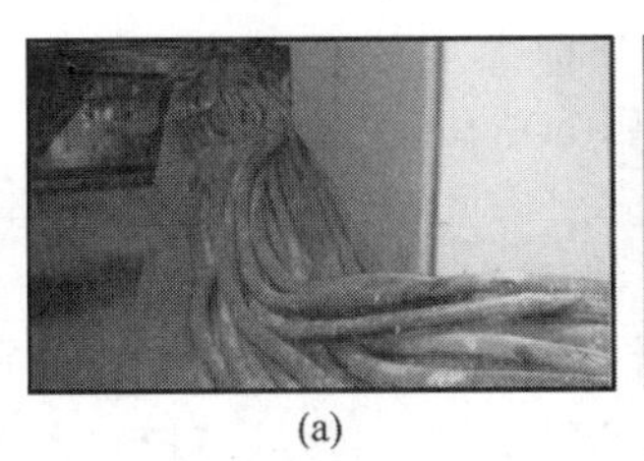

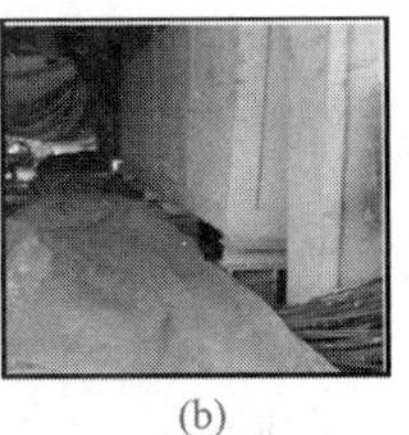

(a)　(b)

图 20-71　电缆存放

(a) 喷洒滑石粉；(b) 覆盖 PE 膜

② 操作室及电柜

在配电柜、控制箱、操作室等关键部位放置工业硅胶干燥剂，按照 1 cm^3 范围放置 2 kg 干燥剂执行；定期通电操作室控制模块、上位机、导向系统、空调，周期为 5～7 d，单次通电运转时间为 15 min。对电机接线盒、配电柜、操作室等关键电气元件定期使用热风机进行除湿处理，周期 15 d。对所有电磁阀、小型控制箱使用密封薄膜进行缠裹防护，如图 20-72 所示。

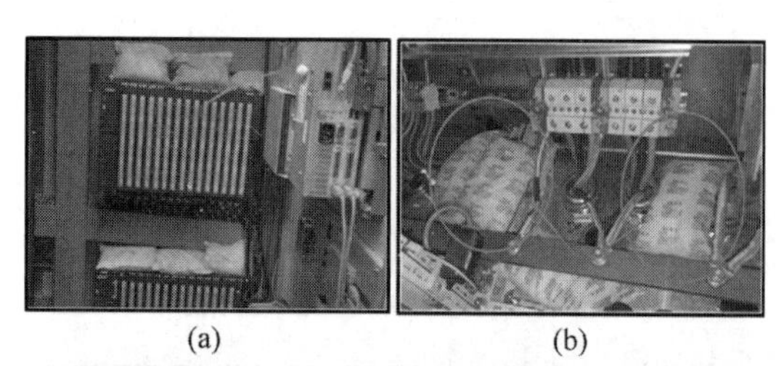

(a)　　(b)

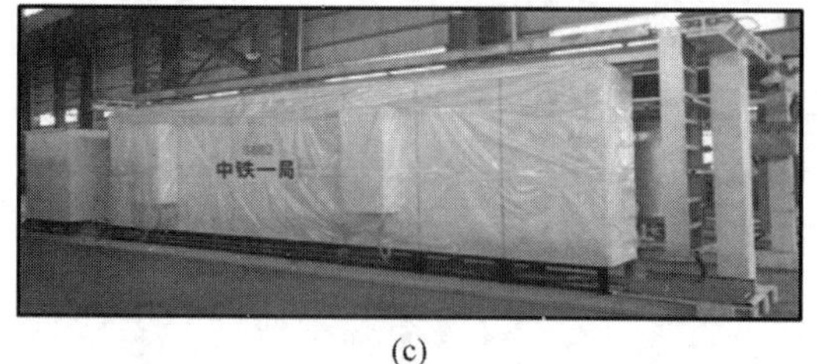

(c)

图 20-72　电柜存放

(a) 操作室放置干燥剂；(b) 电柜放置干燥剂；(c) 电柜外部防护

4) 喷涂

盾构机表面清理一般采用高压清洗机冲洗，冲洗前对电气元器件、管路等进行包裹防护；采用喷砂、局部打磨方式除去表面漆皮及锈迹，喷涂、局部滚刷结合方式完成底漆与面漆涂装工作。

(1) 喷枪选型

按喷枪输送涂料的主要方式，基本可以把喷枪分为三种类型，分别是重力式(上壶)、虹吸式(下壶)和压送式。其中，重力式喷枪的涂料壶设计在喷枪上部，涂料是依靠自身重力加上压缩空气在通过喷嘴及风帽时形成的文丘里效应产生真空令涂料喷出；虹吸式喷枪则主要依靠文丘里效应将涂料从虹吸杯中抽取出来，因此在同样的条件及涂料流量要求下，虹吸式喷枪的喷嘴口径要比重力式喷枪的大；压送式喷枪的涂料输送则是依靠涂料输送设备加压来进行的，一般通过涂料压力罐或隔膜泵来进行，由于涂料是压送出来的，而且可通过施加不同的压力调节涂料流量，一般选用的喷嘴口径较上述两类喷枪更小。重力式和虹吸式喷枪适用于小范围喷涂及小型部件和结构较为复杂的零部件，如皮带架、台车轮、拼装机、喂片机等机械部件和各部件的补漆部位应选用重力式和虹吸式喷枪。压送式喷枪适用于喷涂表面平整且范围广的机械部件，如盾构机刀盘、螺旋、盾体及台车应选用压送式喷枪，重力式和虹吸式喷枪适用于喷涂范围小及结构复杂的零部件和补漆如图 20-73 所示。

(2) 涂装前的准备

涂装前应先确认油漆型号，查看所用油漆、固化剂及稀料是否都在有效期限内，检查使用的工具是否齐全完备。穿戴好工作服和口罩、手套，并用压缩空气将全身上下吹扫一遍。涂装前要清除涂装物件表面的油污、杂质及水分。使用稀料清洗喷枪、调漆桶、调漆棒，涂装前喷枪与调漆桶内清洁干净，无杂质。为使得所用油漆均匀无沉淀，可在未开桶之前将油漆桶倒置一段时间，如是圆桶包装，可将其放倒来回滚动几次，以减少沉淀。

喷涂前使用空气枪先将工件表面吹扫一遍，用稀料将工件表面的油污擦掉，自然风干；所用稀料的型号与所喷底漆稀料的型号一致。将不需要喷漆的地方做好防护，重点防护系统管路及电缆线号。

(3) 技术要求

① 涂装部件清理

涂装前清除部件表面油污、杂质及水分；磷化之后的薄板($T=0.8$ mm)表面要用 80 号砂纸打磨去毛面后再涂装底漆。

② 喷涂

通常情况下，底漆 1 遍，面漆 2 遍；喷枪距被喷工件表面保持 200～250 mm，枪速以 5～6 m/min 匀速移动；压缩空气的压力控制在 4.5～5 kg/cm^2；底漆膜厚度为 30～40 μm，油漆涂层总厚度不小于 130 μm；漆的黏度，底漆为 22～25 s，面漆为 18～22 s；检测温度为 5～35℃；漆膜外观为湿膜不得缩边、缩水、起泡、发白、失光，涂料流挂。干膜不得有龟裂、剥膜等现象。面漆应均匀，平整、色泽一致，不得有漏漆、流挂、开裂、针孔、脱层、橘皮等缺陷。

③ 调漆

调漆前应查询所用油漆的配比说明，按规

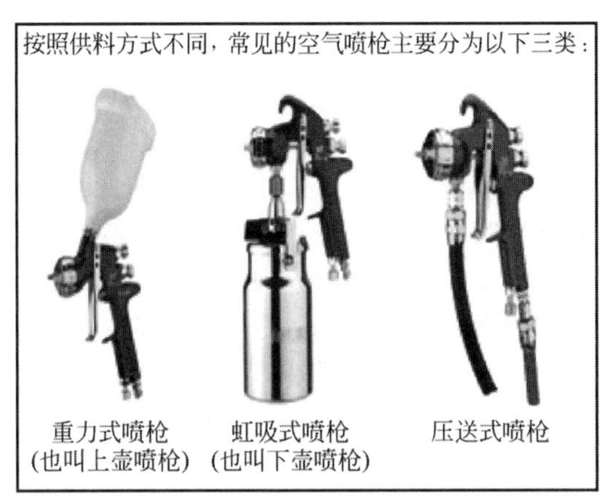

(a)

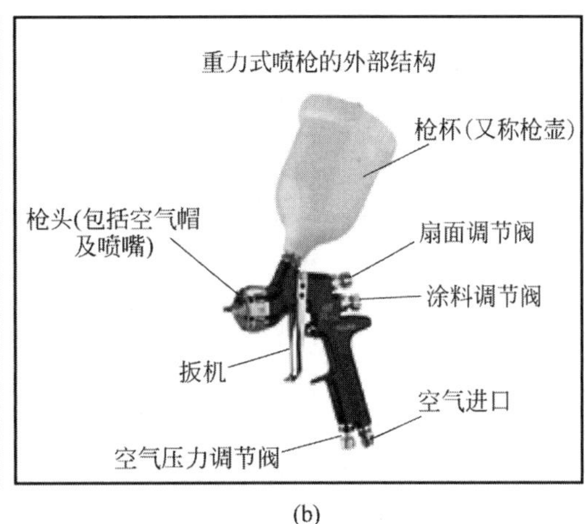

(b)

(c)

(d)

图 20-73　喷枪类型

(a) 三种常用喷枪；(b) 重力式喷枪；(c) 虹吸式喷枪；(d) 压送式喷枪

彩表 20-19

定的比例调配。将清洗干净的调漆桶放置在电子秤上置零。将所喷油漆根据所喷物件的大小适量倒入清洗干净后的调漆桶。根据油漆配比使用计算器计算应加入固化剂的重量并加入调漆桶内。填写《调漆记录表》，以确保二次喷涂时不会造成色差。根据所配油漆的质量加稀释剂，一般情况加入稀释剂质量为所配油漆质量的 10%～15%，如油漆使用说明中有明确稀释剂所加百分比，应以说明为准。先将底漆和固化剂倒入喷漆桶中用喷漆棒搅拌 3～5 min，搅拌均匀后，再将稀料倒入喷漆桶中搅拌 3～5 min，搅拌均匀待气泡消失后，调节好气压在取样钢板上试喷几下，达到所要求的效果后，开始对喷涂部件进行喷涂，盾构机各部件色卡见表 20-19。

表 20-19　盾构机各部件色卡

序号	喷涂部位	颜色	RAL 色卡对照表	用量	备注
1	刀盘	信号红	RAL 3001		
2	盾体	信号白	RAL 9003		
3	螺旋轴	信号红	RAL 3001		
4	螺旋筒壁	信号白	RAL 9003		
5	拼装机	信号白	RAL 9003		主体部位
		信号红	RAL 3001		红缸及抓举盘
		天青蓝	RAL 5009		蓝缸及抓举盘

续表

序号	喷涂部位	颜色	RAL 色卡对照表	用量	备注
6	喂片机	信号白	RAL 9003		
7	台车	信号白	RAL 9003		
8	皮带架	鼠灰色	RAL 7005		出土口及接土口
9	水管	黄绿色	RAL 6018		
10	油脂管路	灰黄色	RAL 1007		
11	注浆管	棕色	RAL 8017		
12	气路	天青蓝	RAL 5009		
13	高压气路	火焰红	RAL 3000		
14	液压回路	赭石棕色	RAL 8001		

④ 喷涂技巧。

调节喷雾调节按钮、气压调节按钮、流量调节按钮，将喷幅调节至距喷嘴 15 cm 处，漆雾宽度为 15～20 cm，宽度应该根据不同工件来调节，对于大物件不宜宽过 25 cm。气压大小调节至手握喷枪感觉不到明显的后冲力，而且喷雾距喷嘴 25～30 cm 处出现絮状雾为最佳。喷涂时手握喷枪使喷雾的对称中心线保持与待喷涂面垂直，喷嘴距离待喷涂面 20～25 cm。如喷涂曲面工件，应当配合手腕的转动，始终保持距离及垂直方向。一般选择工件长度方向起枪，在工件边缘 1～2 cm 处扣动扳机，在工件另一边边缘 1～2 cm 处返回，如果在工件内返回点放松扳机，不能只晃动手腕而不移动手臂。每一道漆膜在物件上留有一定的宽度，当喷涂第二遍时，要覆盖第一道漆膜宽度的 50%，并且每一道漆膜的搭接宽度要保持恒定，否则整个漆膜会出现不均匀现象，应根据工件要求的漆膜厚度来确定喷漆次数。喷枪实喷操作技巧如图 20-74 所示。

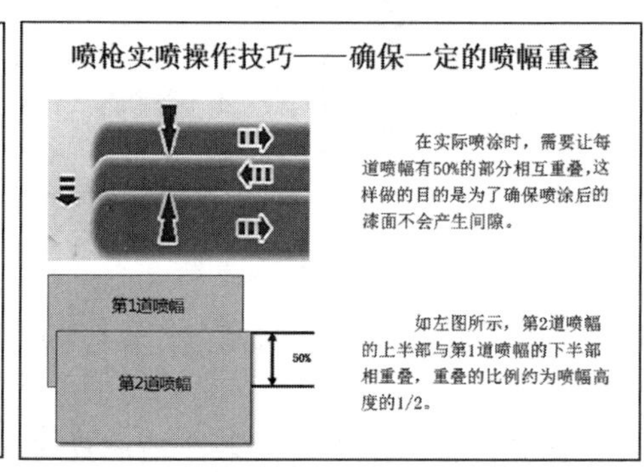

图 20-74 喷枪实喷操作技巧

⑤ 喷涂后的工作

将喷枪的喷油壶拆卸下，剩余喷枪吸油管内的油漆应该持续通气直至排净，喷油壶可使用稀料或清洗剂清洗干净，将喷油壶内加入少量稀料或清洗剂并与枪头组装，调节流量调节按钮，直至喷嘴喷出的气雾颜色接近无色为止。

各类工具放入指定位置。油漆、固化剂、稀料用完后要分别密封好，防止挥发或凝固。

4. 作业保证措施

1）组织保证措施

（1）成立以技术部、生产管理部、质量工艺部及安质部为机构的环控组织，制定技术、质量及安全措施，指导现场作业。

（2）实行车间主任带班制度，定期对防护状态进行复检。

（3）建立信息反馈制度，现场解决不了的问题及时反馈到领导层，及时处理、协调。

2）安全质量保证措施

（1）生产管理部应对设备的放置区域进行合理规划。

（2）对相应的电气设备进行防护，生产管理部应对整机进行检查。

（3）组织专员定期对整机进行检查，及时发现问题进行反馈，相应的采取整改措施。

（4）使用机械除锈工具，如电动钢丝刷、电动砂轮等清除被涂物件表面锈层、粉尘及旧漆层时，必须戴好防护眼镜、防尘口罩，以及防止沙粒损伤眼睛或粉尘感染呼吸道。使用喷漆机械及其他机械设备时，应熟知保养规则、安全操作规程及措施。使用前必须认真进行检查，确认其可靠性。空气压缩机的安全阀不能随意调节，以使空气压缩机的压力在允许范围内，在任何情况下，喷枪口不能朝向人体。在室内施工时应有适当的通风措施，每小时至少有两次更换空气，施工时应穿戴好防护用品。工作场所应有"严禁烟火"的醒目标志，并应隔绝火源、配备相应的消防用品。施工完后，应封闭油漆和稀释剂罐（桶），清理工具、油漆和揩拭材料等易燃物。

（5）高于地面 2 m 以上的场所涂刷，最大的危险是坠落和触电。因此高空喷涂时要注意高空作业用脚手架、梯子等设备，涂刷使用前应检查是否坚固可靠，操作人员应系好安全带，并应经常检查绳索和安全带的牢靠强度。不准在同一垂直线的上下场所几人同时进行涂刷作业。不得随便使用桶、箱子等物架在实心的铺板上进行操作、谨防坠物伤人。严防触电事故，在高空作业场所附近的电路应断电。

（6）所用的油漆和常用的溶剂大多数是易燃物质，在涂刷场所的高温、明火、电火花、静电等都可能引起易燃物质燃烧，涂刷工作场所严禁烟火，禁止携带火种（如香烟、打火机），严禁任意使用明火和易于燃烧的用具及装置。涂刷工作场所禁止进行各种可以产生火花的工作和活动。谨防静电火花产生，禁止工作人员穿化纤衣服工作。工作场所的门窗应一律向窗外开启。禁止向下水道倾倒溶剂或油漆。油漆和各种溶剂大多数有一定的毒性，毒性大小与溶剂种类及其浓度和作用时间长短等因素有关。要充分使用防护用具，加强自然通风及局部的机械通风。

3）技术保证措施

（1）质量部应对所需喷涂部件进行鉴定并给予结论。

（2）技术部应对特殊部位喷涂时的防护进行技术指导。

参考文献

[1] 唐俊杰．工业润滑油的应用及使用中的故障分析[C]//中国机械工程学会设备润滑管理与润滑技术经验交流会，桂林，2005．

[2] 朱新河，严志军，严立．设备润滑管理模式及其决策方法研究[C]//第五届全国设备管理学术会议、第八届全国设备润滑与液压学术会议，成都，2004．

[3] 周文新．工业润滑油应用中的污染控制[C]//中国机械工程学会摩擦学分会润滑技术专业委员会第十二届年会，宜昌，2010．

[4] 李海军，董伍杰．污染控制与设备润滑管理[J]．设备管理与维修，2016(2)：14-15．

[5] 李学源，张钢柱．设备润滑管理[J]．设备管理与维修，2007(11)：7-8．

[6] 吴仲麟．以"定质换油"取代"定期换油"[J]．中国设备工程，1989，5：35-36．

[7] 高殿荣，王益群．液压工程师技术手册[M]．北京：化学工业出版社，2015．

[8] 成大先．机械设计手册(第 5 卷)[M]．北京：化学工业出版社，2016．

[9] 莫蔚然．广州地铁运营管理的探讨与实践[D]．广州：广东工业大学，2007．

[10] 何旭．交通枢纽设备管理信息系统设计与实现[D]．济南：山东大学，2013．

[11] 刘振亚．设备三级保养制与设备三级点检制发展概论[J]．中国设备工程，2013(12)：41-43．

[12] 徐长发．谈机电设备的维护保养[J]．科技风，2011(8)：30．

[13] 马先贵，丁津原，杨文通，等．再论设备润滑的发展方向：性能化、低粘化、通用化[J]．设备管理与维修，2000(9)：29-30．

[14] 马先贵，丁津原，杨景培，等．从齿轮油的发展史看齿轮油的发展方向[C]//第七届全国设备润滑与液压学术会议，马鞍山，2001．

第 20 章彩图

第21章

软件运行维护

维修性是设备(包含硬件和软件)是否便于维护和修理的性能,是一项设计性能,也是设计时赋予设备的性能。本章主要论述软件运行维护应该包含软件设计时如何赋予软件良好的维护性能和软件运行中如何开展合理的维护。因为本书的读者对象是工程机械使用、管理人员,所以本章内容限于设备运行中的软件维护。

21.1 概述

21.1.1 软件的定义

软件是与计算机系统操作有关的计算机程序、规程、规则,以及可能有的文件、文档及数据。一般来讲,软件被划分为系统软件、应用软件和介于这两者之间的中间软件。软件并不只是包括可以在计算机上运行的计算机程序,而且还包括能运行在工业设备上的软件,具体如下。

(1) 系统软件是负责管理计算机系统中各种独立的硬件,使它们可以协调工作。系统软件使计算机使用者和其他软件将计算机当作一个整体,而不需要顾及底层每个硬件是如何工作的。

(2) 应用软件是为了某种特定的用途而被开发的软件。它可以是一个特定的程序,如一个图像浏览器;也可以是一个由众多独立程序组成的庞大的软件系统,如数据库管理系统、CAD软件。

(3) 工业软件是指在工业领域里应用的软件,是以工业知识为核心,能为工业品带来高附加值的可用于工业目的的所有软件的总称。工业软件可以分为以下几类。

① 研发设计软件,如计算机辅助设计(computer aided design,CAD)、计算机辅助工程(computer aided engineering,CAE)、计算机辅助制造(computer aided manufacturing,CAM)、计算机辅助工艺过程设计(computer aided process planning,CAPP)等。

② 信息管理软件,如企业资源计划(enterprise resource planning,ERP)、客户关系管理(customer relationship management,CRM)、人力资源管理(human resource management,HRM)等。

③ 生产控制软件,如制造执行系统(manufacturing execution system,MES)、过程控制系统(process control system,PCS)、可编程逻辑控制器(programmable logic controller,PLC)等。

④ 嵌入式软件,如嵌入式操作系统Windows CE、中软Linux等,嵌入式支撑软件Oracle、OpenBASE Mini等,嵌入式应用软件包括文字处理软件、通信软件、智能人机交互软件、各种行业应用软件等。

21.1.2　软件的特点

软件作为一种逻辑产品，它的故障机理、故障修复方法和现有保障模式都和硬件装备存在较大差别，具体如下。

(1) 软件是无形的，没有物理形态。它只能通过运行状况来了解功能、特性和质量。硬件故障的形成一般都有物理原因，失效部件的物理参数常常发生明显变化，所以其故障能够定位；而软件故障难以定位，失效现象往往不在失效部件显现。

(2) 软件渗透了大量的脑力劳动，一般人的逻辑思维、智能活动和技术水平是软件产品的关键。

(3) 软件还具有可复用性，软件开发出来很容易被复制，从而形成多个副本。如果发现一个软件出现了某个故障，那么该版本的所有软件都可能发生该故障。

(4) 软件的开发和运行必须依赖特定的计算机系统环境，对于硬件有依赖性。

(5) 因为软件无形，所以软件不会像硬件一样疲劳和磨损，因此它不存在损耗故障，但存在缺陷维护和技术更新。

(6) 大多数软件故障没有渐变过程，没有前兆，故障是突发的。

21.1.3　软件故障的成因

软件故障的成因主要有以下几个方面。

(1) 软件的故障是在软件的设计和开发过程中引入的缺陷。

(2) 软件运行外部依赖环境配置不正确。

(3) 软件系统都是依附硬件而存在的，而所依附的硬件会因为外力、震动发热等引起故障，从而引发软件故障。

(4) 黑客入侵。

从故障修复方法来看，传统上针对硬件的备件并替换故障件的修复策略对软件故障无法适用，软件故障的修复必须是针对故障原因的某种纠正。例如，对于开发过程中引入的缺陷造成的软件故障来说，其修复过程需要编写软件故障报告并将其反馈给开发方，开发方然后依据软件故障报告修改程序、进行回归测试，最后通过发布新版软件来永久性地修复故障；对于外部依赖环境配置不正确造成的软件故障来说，可通过重新启动、重新安装和重新配置来进行暂时性的故障修复。

21.2　软件维护

软件维护(software maintenance)是一个软件工程名词，用户购买了软件系统之后，通常会发现些许错误，或者产生新的需求，这就需要软件开发商对软件进行修改。一个中等规模的软件，如果其开发过程需要一两年时间，运行维护阶段可能持续5年甚至更久。持续有效地做好软件维护工作，不仅能够排除软件中存在的错误，使它能够正常工作，还可以不断地使它扩充功能，提高性能，为用户带来新的效益。

为了避免软件突发故障造成的重大损失，需要对软件实施定期点检。另外，也可以在软件设计时设置设备自动巡检。

21.2.1　软件维护分类

软件维护活动类型总体可以概括为如下四种：改正性维护(纠错性维护)、适应性维护、完善性维护、预防性维护。除该四类维护活动外，还有一些其他类型的维护活动，如支援性维护(如用户的培训等)。针对以上几种类型的维护，可以采取一些维护策略，以控制维护成本。

1. 改正性维护

开发商对软件的测试不彻底时，会导致软件交付后遗留一些隐藏的错误。这些隐藏错误将在某些特定的使用情况下暴露。为了发现和纠正软件错误，纠正软件性能缺陷，消除在实施中的错误使用，诊断和纠正错误的过程应称为改正性维护。

2. 适应性维护

在使用过程中，外部环境(新的硬、软件配置)、数据环境(数据库、数据格式、数据输入/输出方式、数据存储介质)可能发生变化。

3. 完善性维护

在软件的使用过程中，用户往往会对软件提出新的功能与性能要求。为了满足这些要求，需要修改或再开发软件，以扩充软件功能、增强软件性能、改进加工效率、提高软件的可维护性。

4. 预防性维护

采用先进的软件工程方法对需要维护的软件或软件中的某一部分(重新)进行设计、编制和测试。

21.2.2 软件维护难易程度

软件维护活动所花费的工作量占软件整个生存期工作量的70%以上。影响软件维护工作量的因素有很多，对于软件系统本身而言，有以下几个方面。

1. 系统的大小

系统的大小由可用源程序语句数、模块数、输入/输出文件数，数据库所占字节数及预定义的用户报表数等来度量。系统越大，功能就越复杂，理解、掌握起来就越困难，因此维护工作量也就越大。

2. 程序设计语言

语言的功能越强，生成程序所需的指令或语句数就越少，程序的可读性也就越好。一般，语言越高级则越容易被人们所理解和掌握。因此，程序设计语言越高级，相应维护工作量也就减少。

3. 系统年龄

系统越老，修改维护经历的次数就越多，从而结构也就越来越乱，而且老系统会存在没有文档或文档较少，甚至文档与程序代码不一致等现象。同时，有可能老系统的开发人员已经离开，维护人员又经常更换等问题。这些问题使老系统比新系统需要更多的维护工作量。

4. 数据库技术的应用

使用数据库，不仅可以简单而有效地管理和存储用户程序中的数据，还可减少生成用户报表应用软件的维护工作量。

5. 软件开发新技术的运用

在软件开发时，使用能使软件结构比较稳定的分析与设计技术，以及程序设计技术，如面向对象技术、构件技术、可视化程序设计技术等，可以减少大量的工作量。除此之外，应用的类型、任务的难度等对维护工作量都有影响。

软件维护是软件生存周期的最后一个阶段，也是成本最高的阶段。软件维护阶段越长，软件的生存周期也就越长。软件维护要有正式专业的组织，制定规范化的过程和评价体系。

21.2.3 运行维护的必要性

运行维护的必要性主要包括以下几个方面。

(1) 所有的电子产品(硬件设备)都有寿命问题，而信息系统包含大量不同种类、不同功能、不同性能的设备，每种设备的寿命各不相同，长的5～10年、短的3～5年。对于信息系统而言，几乎在项目建设完成后即需进入项目运行维护期。而对于某些建设周期需要很多年的信息系统而言，在项目建设后期，便要对前期建设的项目进行运行维护。这里还没有考虑设备发生故障的情况，而设备发生故障是一定的，只是发生的概率大小而已。对于单台设备而言，也许几年不发生一次故障，但对于包含数百、数千甚至数万台(套)设备的信息系统而言，故障发生的概率要高很多。

(2) 硬件设备更换、升级导致被动运行维护。硬件寿命及技术进步，硬件产品不断升级，会导致原来使用的各种软件需被动升级，而系统软件升级也会导致应用软件必须进行升级改造以适应新环境。

(3) 系统软件、开发软件、工具软件等由于自身存在各种缺陷(业内称为bug，在编程中不可能完全没有bug)，需要主动修正和完善。

(4) 除上面所提到的由于运行环境改变而需要被动升级应用软件外，还有自己主动升级。主要是随着时间的推移，对系统功能有新要求，或者是政策变化，需要系统功能跟着改变，所有这些问题都需要对系统进行运行维护，或者说需要升级、改造，不断完善。

（5）应用软件同系统软件一样，其本身也存在各种缺陷需修正和完善，而且应用软件是面向直接目的用户，而硬件和系统软件对用户是“透明”的，是在后台发挥作用，有时仅是使用人员因对使用界面不习惯，都需进行修正、完善。

21.3　案例与反思

1. 事件一

2019年3月10日，埃塞俄比亚航空班机ET320从亚的斯亚贝巴博莱国际机场起飞，前往肯尼亚首都内罗毕，但仅仅6 min后就与塔台失去联系并坠毁，机上157人全部遇难（149名乘客和8名机组人员）。

失事客机是一架波音737 MAX8，注册号为ET-AVJ，于2018年11月15—17日交付，而且这并非个例，此前印尼狮航集团（Lion Air）的一架波音737 MAX8客机在印尼爪哇岛海域坠毁，机上189人全部死亡。

事后分析，两起空难都与波音的失速控制系统（maneuvering characteristics augmentation system，MCAS）有关。失速控制系统是一种应用于737 MAX飞机的自动安全软件，其设计初衷是如果机身上的传感器检测到高速失速的状态，即使在没有飞行员输入信号的情况下，该系统也将强制将飞机的机头向下推。波音这套系统存在严重逻辑缺陷，检测迎角依靠机头两侧两个迎角传感器，但两个传感器信号之间没有交叉可行性检测，任意一个迎角传感器出问题都会造成系统误动作，飞机自动压机头保命，而且系统触发后，飞机会不管飞行员的指令“自己动起来”，在驾驶舱根本没有明显的显示或者语音警告，机组人员不容易发现问题。

2. 事件二

某世界500强企业，系统的一个审批流程突然中断，而且也没有在系统中触发邮件和短信等提示消息，相关的审批人员和发起人也没有在意。直到流程发起后在采购物品即将要使用的前两天才查看了系统。经询问相关仓库的同事是否收到货物，才发现根本没有收到过要采购这笔货的采购单。问题严重的是，没有这批货的话，生产线三天后就要停工待料。于是业务部门不得不发起空运采购，要求通过空运紧急采购一批货物应急使用，这才暂时解了燃眉之急。

事后组织互联网技术和开发人员进行调查，发现由于某知名软件在发起该单据时并发工作量过大，导致业务丢包且未记录，所以可以判断是bug导致了这次事故。相关人员给出的解决措施如下：①增加一台并行处理的服务器，使问题表象得以缓解；②与某软件公司联系，要求其修改bug。

事后分析，这次事故完全可以避免，运行维护人员在运行维护的过程中是可以发现这个现象的，若及时提出，是可以避免此次事故发生的。随着企业信息化的不断推进，日常工作对信息化系统的依赖不断增加，也就需要信息化的建设和维护的投入不断增加和关注，否则信息化系统就有可能成为日常工作的掣肘。

21.4　一般性运行维护

信息中心机房是各类服务器、存储硬件、交换器、中间件集中的地方，运行着各种操作系统、数据库以及各类应用，是信息化运行的中枢，存储并处理95%以上的数据和信息，因此也被称为信息系统的“大脑”。无论用户使用服务器的方式是租用、托管，还是自建机房，机房的维护都是保证各类软硬件正常运行的重要途径。

21.4.1　运行维护服务的对象

运行维护服务包括信息系统相关的网络设备、服务器设备、存储设备、操作系统、数据库等。其作用在于保证用户现有的信息系统的正常运行、降低整体管理成本和提高网络信息系统整体服务水平。同时，根据日常维护的数据和记录，提供信息系统的整体建议和规划，更好地为信息化发展提供有力的保障。

信息系统的组成主要分成两大类：硬件设

备和软件系统。硬件设备包括机房环境、服务器设备、存储设备、网络及安全设备；软件系统主要为操作系统、数据库软件、集群软件和业务应用软件等。

21.4.2 日常巡检工作

日常巡检工作是对企业单位中运行的信息化设备在运行一定时限后进行定期的检查。巡检服务的优点有以下几点：首先，日常巡检可以提前发现设备运行中存在的隐患，提出预案或进行合理整改，做到预防为先；其次，日常巡检能够对整体的网络环境进行拓扑分析，进行文件归档，建立设备信息表（表 21-1～表 21-8），以便设备出现故障时降低处理时间；再次，日常巡检将新加入的信息化设备进行合理的备案，也可方便其与现在最新的信息化系统进行对比，作出合理的系统更新建议；最后，日常巡检可以对现有运行的设备进行合理评测，提供设备更新依据。

表 21-1　现场硬件运行维护点检表

检查内容		检查数值	检查结论	巡检方法	巡检周期
机房环境	温度		□正常　□异常		
	湿度		□正常　□异常		
	门禁		□正常　□异常		
	消防设施及设备状态		□正常　□异常		
服务器	电源状态检查		□正常　□异常		
	风扇状态检查		□正常　□异常		
	CPU 状态		□正常　□异常		
	硬盘状态检查		□正常　□异常		
	MEN 状态检查		□正常　□异常		
	网络状态检查		□正常　□异常		
	系统日志检查（错误数量）		□正常　□异常		
存储	消防设施及设备状态		□正常　□异常		
	电源状态检查		□正常　□异常		
	风扇状态检查		□正常　□异常		
	CPU 状态		□正常　□异常		
	硬盘状态检查		□正常　□异常		
	MEN 状态检查		□正常　□异常		
	网络状态检查		□正常　□异常		
	系统日志检查（错误数量）		□正常　□异常		
网络及安全设备	电源状态检查		□正常　□异常		
	端口指示灯状态检查		□正常　□异常		
	风扇状态检查		□正常　□异常		
	日志检查（重要和严重等级以上）		□正常　□异常		
	VLAN 状态检查		□正常　□异常		
	CPU 状态检查		□正常　□异常		
	MEM 状态检查		□正常　□异常		
	流量状态检查		□正常　□异常		
本次巡检存在问题及解决时间：					
巡检总结及建议：					
巡检时间：			巡检工程师：		

表 21-2 数据库运行维护点检表

<table>
<tr><td>服务器名称</td><td></td><td>型号</td><td></td></tr>
<tr><td>操作系统</td><td></td><td>序列号</td><td></td></tr>
<tr><td>口令强度</td><td></td><td>系统日志</td><td></td></tr>
<tr><td>应用服务</td><td></td><td>其他疑似非法软件</td><td></td></tr>
<tr><td>硬件配置</td><td colspan="3"></td></tr>
<tr><td>IP 地址</td><td colspan="3"></td></tr>
<tr><td>集群 IP</td><td colspan="3"></td></tr>
<tr><td>存储空间</td><td></td><td>存储方式</td><td></td></tr>
<tr><td>数据库占用空间</td><td></td><td>实例状态</td><td></td></tr>
<tr><td>SGA 大小</td><td colspan="3"></td></tr>
<tr><td>表空间个数</td><td></td><td>数据文件个数</td><td></td></tr>
<tr><td>并发用户量</td><td></td><td>DB_BLOCK 大小</td><td></td></tr>
<tr><td>日志切换频率是否与业务高峰期及备份任务执行时间相符</td><td></td><td>归档日志</td><td></td></tr>
<tr><td colspan="4">本次巡检存在问题及解决时间：</td></tr>
<tr><td colspan="4">巡检总结及建议：</td></tr>
<tr><td colspan="4">巡检工程师：</td></tr>
</table>

表 21-3 WOC[①] 巡检表

<table>
<tr><th>编号</th><th></th><th>生产厂商/型号</th><th></th></tr>
<tr><th>设备 SN 号</th><th></th><th>部署方式</th><th></th></tr>
<tr><th>版本号</th><th></th><th>管理 IP 地址</th><th></th></tr>
<tr><th>编号</th><th>检查项目</th><th>检查内容</th><th>结果</th></tr>
<tr><td rowspan="3">1</td><td rowspan="3">外观检查</td><td>系统指示灯</td><td>□ 正常 □ 不正常</td></tr>
<tr><td>电源指示灯</td><td>□ 正常 □ 不正常</td></tr>
<tr><td>网口指示灯</td><td>□ 正常 □ 不正常</td></tr>
<tr><td rowspan="8">2</td><td rowspan="8">系统检查</td><td>CPU 利用率</td><td>________%，□正常 □不正常</td></tr>
<tr><td>内存利用率</td><td>________%，□正常 □不正常</td></tr>
<tr><td>热备份状态</td><td>□正常 □不正常</td></tr>
<tr><td>系统日志报错</td><td>□无 □有</td></tr>
<tr><td>DLAN 运行状态</td><td>□是 □否</td></tr>
<tr><td>加速运行状态</td><td>□是 □否</td></tr>
<tr><td>默认密码是否修改</td><td>□是 □否</td></tr>
<tr><td>配置有无备份</td><td>□有 □无</td></tr>
</table>

续表

编号	检查项目	检查内容	结果
3	功能检查	网络连通性是否正常	□是　□否
		加速功能是否正常	□是　□否
		防 ARP 功能是否正常	□是　□否
		防火墙功能是否正常	□是　□否
		策略封堵功能是否正常	□是　□否
		网页过滤功能是否正常	□是　□否
本次巡检存在问题及解决时间：			
巡检总结及建议：			
巡检时间：		巡检工程师：	

① WOC(WLAN over CATV)是利用有线广播电视网络传送的一种巡检表。

表 21-4　负载均衡设备巡检表

编号		生产厂商/型号	
设备 SN 号		部署方式	
版本号		管理 IP 地址	
编号	检查项目	检查内容	结果
1	外观检查	系统指示灯	□正常　□不正常
		电源指示灯	□正常　□不正常
		网口指示灯	□正常　□不正常
2	系统检查	CPU 利用率	________%，□正常　□不正常
		热备份状态	□正常　□不正常
		系统日志报错	□无　□有
		默认密码是否修改	□是　□否
		配置有无备份	□有　□无
3	功能检查	服务器负载是否均衡负载	□是　□否
		出站负载是否正常	□正常　□不正常
		入站负载是否正常	□正常　□不正常
		端口映射功能是否正常	□正常　□不正常
		双机热备功能是否正常	□正常　□不正常
本次巡检存在问题及解决时间：			
巡检总结及建议：			
巡检时间：		巡检工程师：	

表 21-5　防火墙设备巡检表

编号		生产厂商/型号	
设备 SN 号		部署方式	
版本号		管理 IP 地址	
编号	检查项目	检查内容	结果
1	外观检查	系统指示灯	□正常　□不正常
		电源指示灯	□正常　□不正常
		网口指示灯	□正常　□不正常
2	系统检查	CPU 利用率	______%，□正常　□不正常
		内存利用率	______%，□正常　□不正常
		热备份状态	□正常　□不正常
		系统日志报错	□无　□有
		规则库是否是更新	□是　□否
		默认密码是否修改	□是　□否
		配置有无备份	□有　□无
3	功能检查	是否实施了配置管理，必要时可将路由配置恢复到原先状态	□是　□否
		防 DOS 功能是否正常	□是　□否
		防 ARP 功能是否正常	□是　□否
		防火墙功能是否正常	□是　□否
		IPS 防护功能是否开启	□是　□否
		WAF 防护是否开启	□是　□否
		其他防护是否正常	□是　□否
		策略封堵功能是否正常	□是　□否
		网页过滤功能是否正常	□是　□否
		内置数据中心数据查询是否正常	□是　□否
本次巡检存在问题及解决时间：			
巡检总结及建议：			
巡检时间：		巡检工程师：	

表 21-6　SSL 设备巡检表

编号		生产厂商/型号	
设备 SN 号		部署方式	
版本号		管理 IP 地址	
编号	检查项目	检查内容	结果
1	外观检查	系统指示灯	□正常　□不正常
		电源指示灯	□正常　□不正常
		网口指示灯	□正常　□不正常

续表

编号	检查项目	检查内容	结果
2	系统检查	CPU 利用率	________%，□正常　□不正常
		内存利用率	________%，□正常　□不正常
		热备、集群状态	□正常　□不正常
		系统日志报错	□无　□有
		默认密码是否修改	□是　□否
		配置有无备份	□有　□无
3	功能检查	移动用户访问是否正常	□是　□否
		终端服务器运行是否正常	□是　□否
本次巡检存在问题解决情况：			
巡检总结及建议：			
巡检时间：		巡检工程师：	

表 21-7　日志审计设备巡检表

编号		生产厂商/型号	
设备 SN 号		部署方式	
版本号		管理 IP 地址	
编号	检查项目	检查内容	结果
1	外观检查	系统指示灯	□正常　□不正常
		电源指示灯	□正常　□不正常
		网口指示灯	□正常　□不正常
2	系统检查	CPU 利用率	________%，□正常　□不正常
		内存利用率	________%，□正常　□不正常
		热备份状态	□正常　□不正常
		系统日志报错	□无　□有
		规则库是否是更新	□是　□否
		默认密码是否修改	□是　□否
		配置有无备份	□有　□无
		日志接收是否正常	□是　□否
本次巡检存在问题及解决时间：			
巡检总结及建议：			
巡检时间：		巡检工程师：	

表 21-8 数据库审计设备巡检表

编号		生产厂商/型号	
设备 SN 号		部署方式	
版本号		管理 IP 地址	
编号	检查项目	检查内容	结果
1	外观检查	系统指示灯	□正常 □不正常
		电源指示灯	□正常 □不正常
		网口指示灯	□正常 □不正常
2	系统检查	CPU 利用率	________%，□正常 □不正常
		内存利用率	________%，□正常 □不正常
		热备份状态	□正常 □不正常
		系统日志报错	□无 □有
		规则库是否是更新	□是 □否
		默认密码是否修改	□是 □否
		配置有无备份	□有 □无
		日志接收是否正常	□是 □否
本次巡检存在问题及解决时间：			
巡检总结及建议：			
巡检时间：		巡检工程师：	

21.5 软件变更管理

软件变更工作可以分为以下三种类型：功能完善维护、软件缺陷修改、统计报表生成。功能完善维护指根据业务部门的需求，对系统进行的功能完善性或适应性维护；软件缺陷修改指对一些软件功能或使用上的问题所进行的修复，这些问题是由于软件设计和实现上的缺陷而引发的；统计报表生成指为了满足业务部门统计报表数据生成的需要。

变更工作以任务形式由需求方(一般为业务部门)和维护方(一般为信息部门或软件开发组织，还包括合作厂商)协作完成。变更过程类似软件开发，大致可分为四个阶段：任务提交和接受、任务实现、任务测试验收和软件上线。其中，软件变更审批单见表 21-9。

表 21-9 软件变更审批单

变更请求类型	□用户方变更 □开发方变更 □需求增加 □需求修改 □需求缩减 □其他：请说明________		
变更申请人		申请日期	
原需求内容描述			
变更内容描述			
变更影响			
需求提出部门负责人意见			
业务部门测试人员测试结果			
信息部门领导上线审批意见			
信息部门分管领导上线审批意见		业务部门分管领导上线审批意见	
备注：			

21.6 信息系统灾难恢复

随着信息技术的发展和信息化的不断深入，人们对信息化系统的依赖程度越来越高，信息系统出现灾难性事件对企业的影响越来越大，信息系统灾难备份和恢复已经成为企业迫切需要解决的问题之一。日常的备份工作、数据备份的测试，是一项基础工作，也是一项重要工作，企业应通过要求相关人员识别所有需要备份的数据项，使用双活、热备、本地冷备和异地冷备等技术相结合的方式，制定不同的备份策略，编制诸如《备份策略和恢复步骤》的文档等手段，在费用可控的情况下，使复原时间目标（recovery time objective，RTO）和复原点目标（recovery point objective，RPO）实现最优化。

21.7 信息安全保障

信息安全问题的复杂性和广泛性决定了开展信息安全保障工作需要有科学的方法。信息安全保障可以划分为确定信息安全需求、设计并实施信息安全方案、信息系统等级保护评测和改进、持续监测几个方面。

21.7.1 确定信息安全需求

信息安全需求是安全方案设计和安全措施实施的依据。准确地提取安全需求：一方面，可以保证安全措施全面覆盖信息系统面临的风险，使安全防护能力达到业务目标和法规政策要求；另一方面，可以提高安全措施的针对性，避免不必要的安全投入，防止浪费。

21.7.2 设计并实施信息安全方案

信息安全保障解决方案是一个动态的风险管理过程，通过对信息系统全生命周期的风险控制，企业能够解决在运行环境中信息系统安全建设所面临的各种问题，从而有效保障业务系统及应用的持续发展。

21.7.3 信息系统等级保护评测和持续改进

信息系统安全等级测评是验证信息系统是否满足相应安全保护等级的评估过程。信息安全等级保护要求不同安全等级的信息系统应具有不同的安全保护能力：一方面，通过在安全技术和安全管理上选用与安全等级相适应的安全控制来实现；另一方面，分布在信息系统中的安全技术和安全管理上不同的安全控制，通过连接、交互、依赖、协调、协同等相互关联关系，共同作用于信息系统的安全功能。

信息系统安全等级测评能发现信息化建设中的不足，持续进行整改，时刻监控信息系统安全风险的变化，同时，变化的风险也产生了系统的新的安全需求，也是安全决策的重要依据。

21.7.4 持续监测

只有加强系统内部风险和攻击事件的监测，保证持续改进的信息系统安全保障能力，才能有效保障系统的安全。以风险管理为基础的信息安全维护工作包括对安全漏洞和隐患的消除和防控，保持有效事件管理与应急响应机制，实现强大的信息系统灾难恢复能力。

21.8 专业运行维护

随着企业的不断发展，员工数量日益增多，企业对信息化依赖程度不断提高，对信息化维护人员要求的知识面不断扩大，对业务连续性的要求更加苛刻，这些问题都给信息化管理和服务加大了难度，因此信息化服务逐渐成为企业自身很难完成的工作。信息化服务外包能使企业用最低成本使用最优秀的人才，从而达到降低成本、提高效率、充分发挥自身核心竞争力和增强客户对外环境的应变能力的一种服务模式。因此，信息化外包服务也就成为多数企业的最终选择。

公司信息化服务外包之所以必不可少，其

主要原因是企业的管理难以满足需求，企业发展的早期对于信息化服务的需求程度相对较低，大部分企业没有意识到它的重要性；随着规模的扩大，信息化服务不健全的问题就逐渐地暴露出来。例如，各种各样的运维难题涌现出来，很多企业都是在出现问题之后才想办法去补救，无疑是亡羊补牢，正确的做法应该是防患于未然。在没有出现问题前，人们就应该对日常的办公和运营环境进行检查和维护，防止问题的发生，信息化服务不应该被当作是消防员，企业只有防微杜渐，才可持续发展。

参考文献

[1] 吴世忠，江常青，孙成昊，等. 信息安全保障[M]. 北京：机械工业出版社，2014.

第4篇

维修与再制造案例

第22章

盾构机、TBM维修与再制造

22.1 盾构机再制造

盾构机作为一种隧道掘进的大型专用工程机械,需要根据不同地质情况量身定做,造价极高,其设计寿命按隧道掘进里程统计一般为6～10 km。随着盾构机“老龄化”现象的不断加剧,很多盾构机施工里程已超过其设计寿命,性能下降严重、使用成本增加,如果报废处理,将会造成巨大的浪费。盾构机再制造能够盘活固定资产,提高资产利用率,节省固定资产投资,降低设备使用费,能够让工程项目和施工企业共同受益。本章以中铁隧道局集团海瑞克S261土压平衡盾构机再制造项目为案例,进行详细剖析,可为相关企业从事盾构机再制造工作提供借鉴。

22.1.1 盾构机原型机基本情况

1. 原型机技术参数

海瑞克S261土压平衡盾构机主要技术参数见表22-1。

表22-1 S261盾构机主要技术参数

序号	系 统	项 目	参 数
1	刀盘	开挖直径/mm	6 280
2		开口率/%	28
3	主驱动系统	额定扭矩/(kN·m)	4 500
4		脱困扭矩/(kN·m)	5 400
5		驱动功率/kW	3×315(液驱)
6		刀盘转速/(r/min)	0～6
7	推进系统	推进油缸规格/mm	30×ϕ220/180～2 000
8		适应管片规格	ϕ6 000/5 400～1 500 mm×36°
9		总推力/t	3 420
10		最大推进速度/(mm/min)	80
11	铰接系统	铰接形式	被动铰接
12		铰接油缸规格/mm	14×ϕ160/80～150
13		总拉力/t	734

2. 原型机施工履历

海瑞克 S261 土压平衡盾构机新机于 2004 年 4 月开始首次掘进，截至 2015 年 11 月累计掘进里程 11 558.5 m，历经 9 个施工项目，其掘进里程见表 22-2。

表 22-2 海瑞克 S261 盾构掘进里程表

序号	项目名称	区间隧道	掘进里程/m
1	广州地铁 4 号线	小新区间	2 034
2	广州地铁 5 号线	大文区间	844.5
3	广州地铁 5 号线	猎潭区间	1 198.5
4	广州地铁 5 号线	三渔区间	984
5	深圳地铁 1 号线 7 标	宝坪区间	1 879
6	长沙地铁 2 号线 13 标	体育西路—长沙大道	885
7	长沙地铁 2 号线 10 标	长沙大道—人民东路	1 243.5
8	深圳地铁 9 号线	车公庙—香梅区间	1 368.5
9	广州 4 号线南延 5 标	资讯园—中间风井区间	1 121.5
累计掘进里程			11 558.5

3. 原型机再制造前机况评估

在完成广州地铁 4 号线南延 5 标项目后，中铁隧道局集团设备检测中心对 S261 盾构机进行了整机机况评估，存在的主要隐患及问题如下。

(1) 2 号刀盘泵电机振动较大，驱动泵振动数值达到报警值；主驱动减速箱 1 号、3 号、5 号、6 号润滑油杂质含量超标；刀盘本地控制功能缺失。

(2) 推进系统阀组老化，导致推进油缸回收异常；推进系统 A、C、D、E 组油缸行程传感器损坏；铰接压力传感器不能正常显示；铰接油缸 10 号、13 号油缸行程显示不准确。

(3) 管片安装机旋转齿轮有异响；液压系统老化渗漏油严重；防护拖链和护壳缺失。

(4) 管片吊机无行走和提升限位功能；左侧吊机电缆卷筒锈蚀严重。

(5) 皮带机系统刮渣板磨损严重；部分滚筒安装支座变形严重；皮带机拉线急停功能缺失。

(6) 渣土改良系统老化严重，泡沫泵、流量计、电动阀和传感器等均存在老化和损坏情况，部分配件缺失。

(7) 液压系统老化严重，推进油缸、阀组、泵站及各系统管接头处存在漏油现象。

(8) 电气系统老化严重，配电柜内接触器、控制开关均存在老化，使用过程中常出现断电跳停；高低压配电箱防护门损坏变形；部分控制电缆破损严重。

(9) 盾尾和部分车架均存在变形；部分照明灯具丢失；主控室控制面板部分按钮和显示模块损坏。

22.1.2 新项目工程概况

新中标项目为合肥地铁 3 号线 2 标方兴大道站—紫云路站区间、紫云路站—锦绣大道站区间，区间长度分别为 1 130 m、1 239 m，隧道埋深 8.8～19.2 m，区间最小曲线半径为 450 m，最大坡度为 26.1‰，盾构机隧道管片规格 ϕ6 000/5 400～1 500 mm×22.5°。

主要穿越地层为黏土层，局部穿越粉质黏土、全风化泥质砂岩、强风化泥质砂岩、中风化泥质砂岩。区间地下水主要为第四系孔隙水及基岩裂隙水，地下水位埋深 1.7～4.9 m，主要存于透水能力微至弱的黏土层及强风化泥质砂岩裂隙中，含水量较小，地下水总体不发育。

22.1.3 盾构机再制造设计

盾构机再制造设计的目标是从待再制造盾构评估的结论出发，对存在问题的零部件进行修复和性能提升，确保再制造后的盾构机能够胜任下一个标段的施工任务。

1. 盾构机适应性分析

1）盾构机选型

合肥地铁3号线2标段以黏土和全、强风化泥质砂岩为主，含水量较少，根据《地层渗透系数、颗粒级别与盾构机选型关系》（图22-1）及类似项目施工经验，宜选择土压平衡盾构机。S261原型机类型为土压平衡盾构机，满足该标段盾构机选型需求。

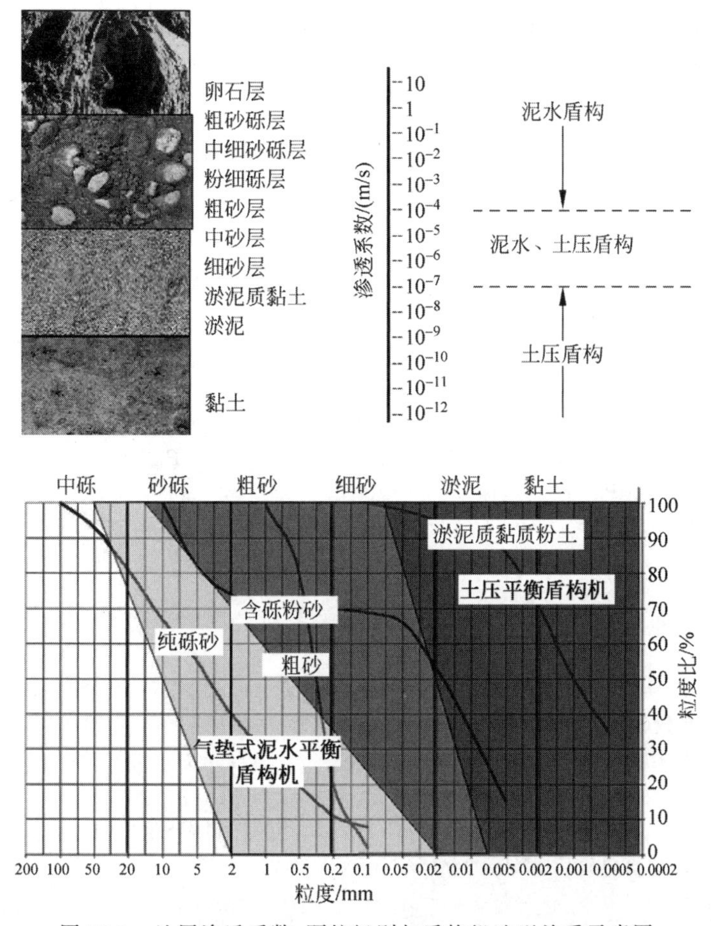

图22-1　地层渗透系数、颗粒级别与盾构机选型关系示意图

2）关键参数核算

根据合肥地铁3号线2标项目水文地质边界条件，通过相关计算公式进行盾构机关键参数（总扭矩、总推力）理论核算，计算过程见表22-3。结合盾构机大数据平台及类似项目施工经验，ϕ6.28 m级土压平衡盾构机在黏土段和全、强风化泥质砂岩段实际掘进参数一般刀盘扭矩为1 000～2 500 kN·m、总推力为1 000～2 000 t、推进速度为10～60 mm/min。

经理论计算与经验分析，S261土压平衡盾构机原型机主驱动和推进能力配置能够满足合肥地铁3号线2标项目施工需求，不需再进行改造升级，可显著节约盾构机再制造成本。

3）明确再制造盾构机来源

根据合肥地铁3号线2标段项目水文地质情况、业主方需求、设备原始技术参数、施工履历、设备适应性分析、设备进场工期要求及设备检测中心机况评估等因素综合评估，明确了海瑞克S261土压平衡盾构机为再制造设备来源。

表 22-3　合肥地铁 3 号线 2 标项目所需盾构机总扭矩与总推力核算

总扭矩核算说明过程

总扭矩 T

$$T=T_1+T_2+T_3+T_4$$

式中：T——刀盘最大扭矩，(kN·m)；

T_1——渣土切削扭矩，(kN·m)；

T_2——刀盘面板和圆周部分与土摩擦产生的扭矩，(kN·m)；

T_3——刀盘尾部与土体摩擦产生的扭矩，(kN·m)；

T_4——刀盘连接结构与土体摩擦产生的扭矩，(kN·m)。

扭矩 T_1 的计算：

$$T_1=n\times 1.8\times D/4\times e_s\times L\times p^2\times 10^{(-0.56\times\alpha\times 3.14\div 180)}\div 106=749(\text{kN}\cdot\text{m})$$

式中：e_s——摩擦系数(200 kN/m^3)；

L——刀具宽度(150 mm)；

α——刀具角度(～35°)；

p——贯入度，$p=v/N/k(v=60\ \text{mm/min}, N=1.2\ \text{r/min}, k=3\ \text{tools/track})=16.7\ \text{mm/(r/min)}$；

n——刀具数量(36+8+17+8=69)；

D——开挖直径(6.28 m)。

扭矩 T_2 的计算：

$$T_2=\mu\times(1-A_s/100)\times 2/3\times\pi\times(D/2)^3\times P_f+1/2\times\mu\times\pi\times D^2\times L\times P_c=1\,490(\text{kN}\cdot\text{m})$$

式中：P_f——面板上的压力比，$P_f=K\times[(\gamma-10)\times(H+D/2)+P_0]=31$(kPa)(式中 K 为系数；$P_0=0.1$ MPa；H 为埋深)；

P_c——圆周向的压力比，$P_c=[2\times(1+K)\times(P_1-10\times H_w)+K\times(\gamma-10)\times D]/4=48$(kPa)；

μ——摩擦系数；

A_s——开口率(40%)；

L——刀盘宽度。

扭矩 T_3 的计算：

$$T_3=(1-A_s/100)\times 2/3\times\pi\times\mu\times 0.3\times\gamma_c\times(D/2)^4=156(\text{kN}\cdot\text{m})$$

式中：μ——摩擦系数(0.3)；

γ_c——土体的比重(14.17 kN/m^3)。

扭矩 T_4 的计算：

$$T_4=D/2/K\times K_a\times\gamma_c\times R\times A_a\times N_a=268(\text{kN}\cdot\text{m})$$

式中：γ_c——土体的比重(14.17 kN/m^3)；

K——系数；

K_a——搅拌棒几何系数；

R——搅拌棒平均半径(1.5)

A_a——交叉区域；

N_a——搅拌棒数量(4)。

总扭矩 T_5 的计算：

设备总扭矩如下：

1) 在软土地层中

$$T_{max}=T_1+T_2+T_3+T_4=2\,663(\text{kN}\cdot\text{m})$$

2) 在硬岩地层中

在稳定地层和硬岩地层中，刀盘的扭矩主要是由滚刀决定的，最大扭矩是由滚刀的数量、滚刀和土体的摩擦系数、单个滚刀允许的负载决定的；正滚刀是满负载作用在滚刀上，边滚刀只有 70%的负载。

因此，要求的扭矩为

$$C=\mu\times k\times D/2\times F(N_1+0.7\times N_2)=1\,632(\text{kN}\cdot\text{m})$$

式中：N_1——正滚刀数量；

N_2——边滚刀数量；

续表

总扭矩核算说明过程

F——滚刀的最大负载力(250 kN)；

k——滚刀的重心(0.42)；

D——刀盘开挖直径(6.28 m)；

μ——滚刀摩擦系数(最大 0.15)。

在本台设备上，刀盘配置了 46 把滚刀(其中正滚刀 32+4 把，边滚刀 10 把)。

3) 刀盘配备的扭矩计算

$$T=9.55\times P\times \eta/n$$

式中：P——刀盘系统配备功率，kW；

η——驱动系统传递总效率 0.7；

n——刀盘转速，r/min。

通过计算刀盘在恒扭矩段的扭矩为 4 500 kN·m，脱困扭矩为 5 500 kN·m，刀盘转速 2 r/min 时的扭矩大约为 3 000 kN·m。

根据以上计算刀盘在软土地层中最大实际扭矩 2 663 kN·m，配备的额定扭矩 4 500 kN·m，计算安全系数为 1.69；在硬岩地层中的最大实际扭矩 1 632 kN·m，硬岩地层中按照转速 2 r/min，对应的扭矩 3 000 r/min，计算安全系数为 1.84；所以无论在软土地层还是硬岩地层中刀盘配备的实际扭矩都能够满足掘进需要，并有一定的安全余量。

总推力核算说明过程

盾体摩擦力 W_M：

$$W_M=\mu\times[2\pi\times r\times L\times(P_V+P_H)\times 0.5+G_s]=9\,981(\text{kN})$$

式中：μ——摩擦系数 0.25；

r——盾体半径 3 m；

L——盾体长度；

P_V——垂直载荷 290 kN/m^2；

P_H——水平载荷 200 kN/m^2；

G_s——盾构自重 3 000 kN。

刀盘推力 W_{BA}：W_{BA}=刮刀数量×5.6=308(kN)

刮刀数量：40；边刮刀数量：8；焊接撕裂刀数量：17

等效刮刀数量：55 把。

盾尾在管片上的拉力 F_s：

$$F_s=10\text{ kN/m}\times\text{管片外周长}=10\times 3.14\times 6=188.4(\text{kN})$$

后配套系统拉力 F_{N_L}：

$$F_{N_L}=750(\text{kN})$$

开挖面支撑力 F_{sp}：

$$F_{sp}=300\text{ kN/m}^2\times 6.28\times 6.28\times 3.14/4=9\,288(\text{kN})\text{(按照掌子面最大 0.3 MPa 压力计算)}$$

理论总推力 $F_{总}$：

$$F_{总}=W_M+W_{BA}+F_s+F_{N_L}+F_{sp}=9\,981+308+188.4+750+9\,288=20\,515.4(\text{kN})$$

根据计算情况来看设备配备的总推力为 34 212 kN，理论需要的最大推力为 20 515.4 kN，设备配备的推力能够满足最困难地层掘进并预留一定的安全余量。

2. 再制造总体设计

1) 恢复性再制造设计

海瑞克 S261 土压平衡盾构机累计掘进已经超过 10 km，历经 9 个施工项目，进行了十多次组装、拆机、转场、平移调头，对设备影响较大，并且一直在广州、深圳和长沙等硬岩和软硬不均地层施工，其主轴承、主驱动减速机、液压系统和电气系统等元器件严重老化，又经历了盾构机脱困、刀盘磨损等艰难施工，盾构机刀盘扭矩和推进压力长时间超负荷运转，导致设备的综合性能下降严重，使用过程中故障频发。

此次再制造对盾构机整机进行“全拆全检”，其中对于核心精密部件委托原厂家或国内知名优质企业进行全面、系统检测，根据实际检测结果制定盾构机恢复性再制造专项方案，经专家会评审通过后实施，确保 S261 再制造盾构机整机性能能够恢复到新机标准。

2）改造升级性再制造设计

为确保再制造盾构机的施工能力充分适应合肥地铁 3 号线 2 标项目施工需求，此次 S261 土压平衡盾构机再制造计划在原型机基础上进行相应的适应性改造及性能提升。具体的改造升级内容包括刀盘适应性新制、推进油缸分度适应性改造、皮带机出渣系统适应性改造、泡沫系统性能提升、膨润土系统性能提升、铰接系统性能提升、油脂系统性能提升、上位机性能提升、管片吊机操作性能提升及增加在线监测功能。

22.1.4 盾构机再制造实施过程

1. 关键部件性能恢复

1）盾体

使用 3D 扫描仪及测厚仪对前、中盾体、盾尾进行圆度、厚度检测，使用着色探伤方法对盾体焊缝进行探测，发现前中体无变形，最大磨损量为 2.3 mm，底部存在部分划痕；盾尾右侧距离铰接密封 300 mm 处局部出现凹陷，凹陷部位直径为 400 mm，最大深度为 30 mm，盾尾变形量上下为 20 mm、左右为 17.6 mm，最大磨损量为 3 mm。

对盾体划痕部位进行堆焊、打磨平整，完成后对堆焊部位做探伤检测；盾尾变形处加焊反向顶撑支座，使用烤枪对变形部位进行加热后使用液压千斤顶进行校正，使变形量控制在 0.2%以内。盾体检测及恢复过程如图 22-2 所示。

图 22-2 盾体检测与变形恢复

(a) 盾体 3D 扫描变形检测；(b) 盾体壁厚检测；(c) 盾体焊缝着色探伤；(d) 盾尾校正

2）主轴承

委托洛阳 LYC 轴承有限公司使用硬度计、跳动指示表和显微镜等对主轴承进行硬度、游隙、表面淬火厚度、表面硬度及表面情况等检测，使用超声波和着色探伤方法对主轴承进行表面和内部缺陷探伤。

根据检测发现所有滚道上均有不同程度的锈蚀，其中以主推力滚道锈蚀最为严重，在主推力滚道软带附近，以主推力滚道软带为中心左右各 1 m 距离有大面积严重锈蚀，锈蚀深度约为 0.2 mm；内、外圈推力滚道上有多处压坑，压坑最大直径约为 2 mm，最深约为 0.10 mm；对轴承滚道、挡边和齿面进行超声波探伤检测，在上半外圈软带正下方，距离滚道约 40 mm 处有一条形缺陷。主轴承检测情况如图 22-3 所示。

对 S261 原主轴承滚道进行减材修磨及径

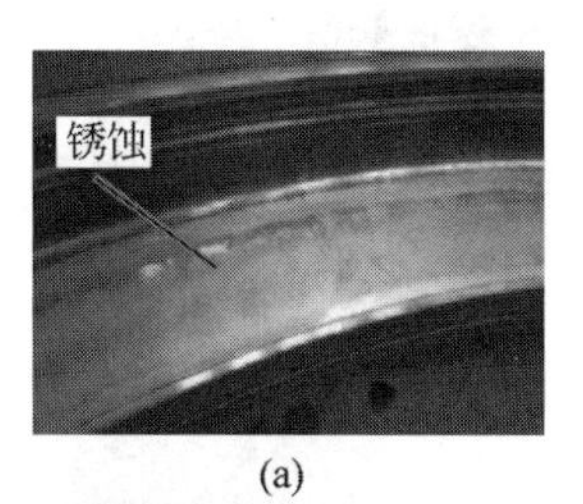

(a)

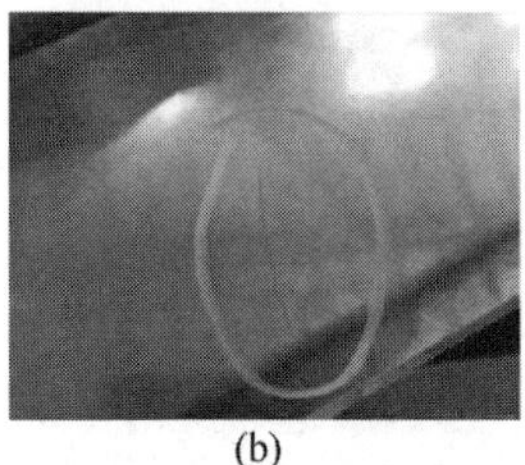

(b)

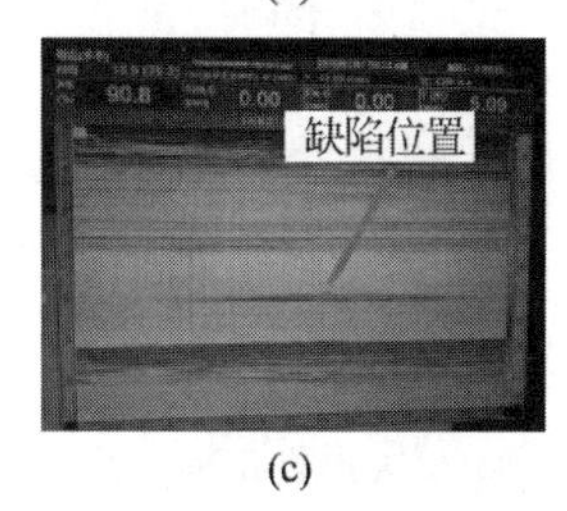

(c)

图 22-3　主轴承检测情况

(a) 主推力滚道锈蚀；(b) 主推力滚道划痕；(c) 外圈软带缺陷位置

向滚子定制，按标准装配后备用，另与洛轴联合研制了 1 台直径为 2.6 m 国产盾构机主轴承(图 22-4)，用于合肥地铁 3 号线 2 标。

图 22-4　国产自主研发 ϕ2.6 m 盾构机主轴承

3）主驱动减速机

委托专业厂家使用塞尺、测振仪、噪声仪和减速机试验台等对主驱动减速机进行外观尺寸、探伤、轴承及密封件检查、温升实验、振动测试、全工况模拟实验等专业检测，发现所有轴承存在不同程度的磨损，输入输出骨架油封老化，8 号制动器活塞、制动器齿圈点蚀(图 22-5)，根据检测结果更换磨损的减速机轴承及所有骨架密封，使用数控磨床修磨 8 号制动器活塞，找正精度 0.03 mm，更换制动器齿圈。

(a)

(b)

图 22-5　主驱动减速机检测问题

(a) 制动器活塞点蚀；(b) 制动器齿圈点蚀

4）推进油缸

委托专业厂家对所有推进油缸进行拆解、检测，发现所有油缸活塞杆均存在点状锈蚀，其中 28 根推进油缸锈蚀严重，锈蚀深度为 4～5 mm；部分油缸活塞位置存在划伤现象；所有油缸密封件老化，如图 22-6 所示。

根据推进油缸拆检结果，更换油缸所有密封件；活塞杆表面拉伤、腐蚀部位采用激光冷焊或仿激光焊技术结合表面研磨技术进行修复；油缸缸体表面进行抛丸除锈、喷漆处理；修复完成后采用油缸综合试验台对挠度、耐压、泄漏量等全工况试验进行综合检测，如图 22-7 所示。

5）液压件

委托中铁隧道局集团有限公司设备检测中心使用液压综合试验台对液压泵、阀、马达进行全拆全检，发现主驱动 2 号泵配油盘表面划痕、缸体孔磨痕明显、结合面磨痕明显(图 22-8)；安装机主泵球脚表面有明显压痕；推进泵轴瓦表面压痕较明显；其他液压泵和马达存在配流盘、柱塞轻微划伤。根据液压件拆检结果，更换存在划痕、压痕严重的零部件及所有密封件，对表面轻微磨损的零部件进行修磨，重新装配后上液压试验台进行模拟工况测

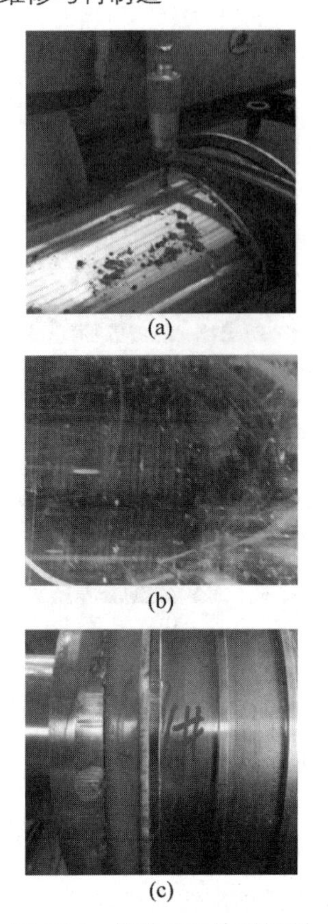

(a)

(b)

(c)

图 22-6　推进油缸检测问题

(a) 活塞杆表面锈蚀；(b) 油缸镀铬层拉伤划痕；(c) 油缸密封磨损

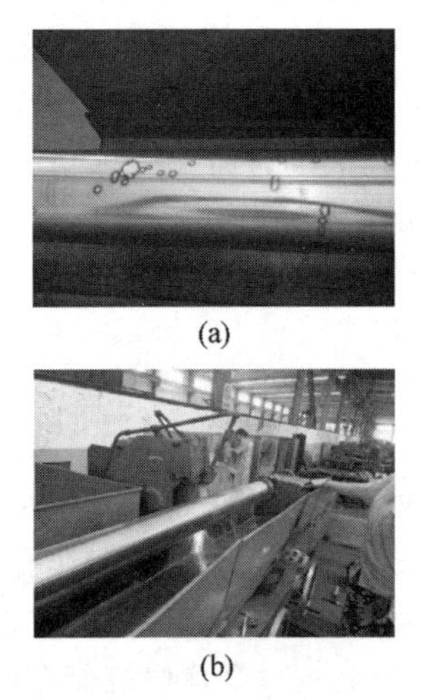

(a)

(b)

图 22-7　推进油缸活塞杆激光焊、研磨

(a) 补焊；(b) 修磨

试，包括 P-Q 曲线和泄漏量测试等，最后按照 S261 盾构机液压原理图纸参数技术要求标定液压泵、阀组的额定压力和额定流量。

(a)

(b)

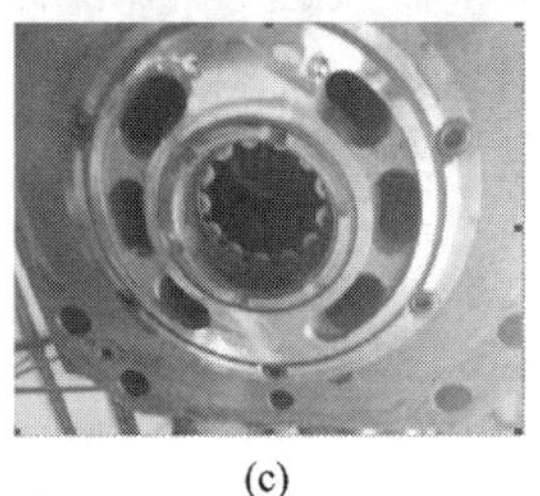

(c)

图 22-8　主驱动 2 号液压泵检测问题

(a) 配油盘结合面磨损；(b) 配油盘结合面划痕；(c) 缸体孔划痕、表面锈蚀

6) 螺旋输送机

螺旋输送机组成部件全部解体，对螺旋输送机轴及叶片、减速机轴承进行着色探伤，对筒壁壁厚和舱门厚度进行测量(图 22-9)，发现螺旋输送机叶片磨损严重，最大磨损量约为 70 mm；螺旋输送机第二节筒壁已多处磨穿，外表补焊有钢板；其他筒壁磨损严重，最大磨损量约为 14.63 mm；减速机唇形密封及螺旋输送机伸缩密封等密封老化。

根据螺旋输送机拆检结果，对磨损的叶片和筒壁进行堆焊或加焊耐磨复合板，恢复到原尺寸(图 22-10)；第二节筒壁因磨损严重，重新按照原图纸加工更换，并于底部增加耐磨钢板；更换减速机前后端密封、隔环及舱门尼龙密封。

7) 管片安装机

对管片安装机旋转轴承拆除后进行探伤检测(图 22-11)，发现轴承跑道锈蚀、保持架磨损，对锈蚀的跑道面进行研磨处理，更换旋转环轴承滚子、保持架及防尘密封。

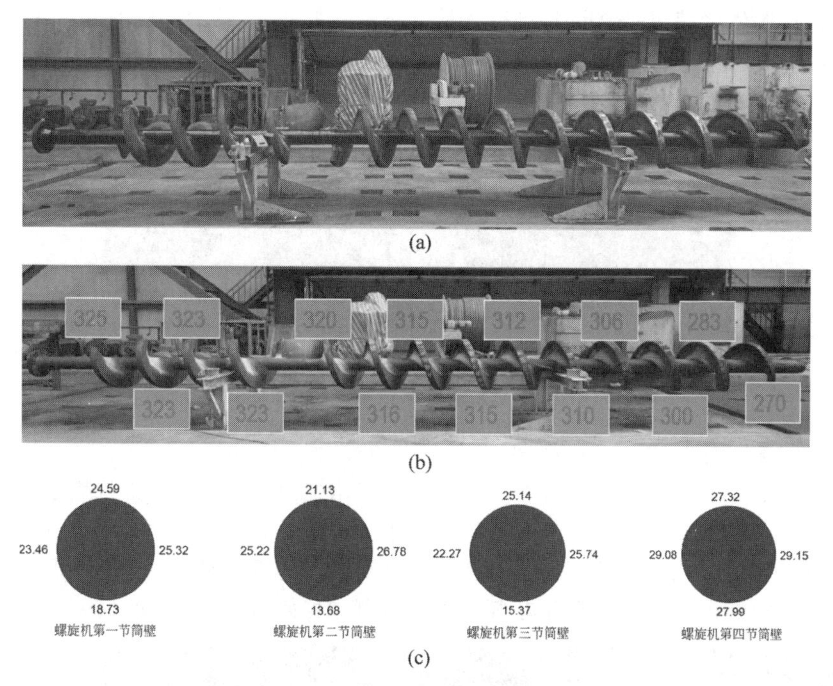

图 22-9　螺旋输送机本体检测

(a) 螺旋输送机轴探伤情况；(b) 螺旋输送机叶片磨损情况；(c) 螺旋输送机筒壁磨损情况

图 22-10　螺旋输送机补焊修复

(a) 伸缩套筒壁堆焊修复；(b) 补焊叶片耐磨块

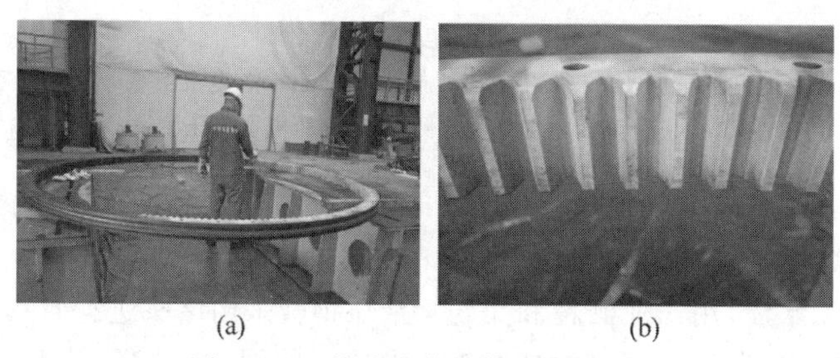

图 22-11　管片安装机轴承探伤检测

(a) 管片安装机轴承外圈着色探伤；(b) 管片安装机轴承齿面着色探伤

8) 人舱及保压系统

委托专业厂家对人舱及保压系统进行检测，发现人舱所有部件均破损或缺失，管路内部存在锈蚀和泥污；保压系统压力调节阀及压力变送器等存在锈蚀，如图 22-12 所示。根据拆检结果，检修所有仪器仪表、恢复系统管路、更换舱门密封、舱体涂装、检修舱门，进行人舱气密性泄漏量测试；清理更换保压系统损坏的精密零部件，出具专业检测报告。

(a)

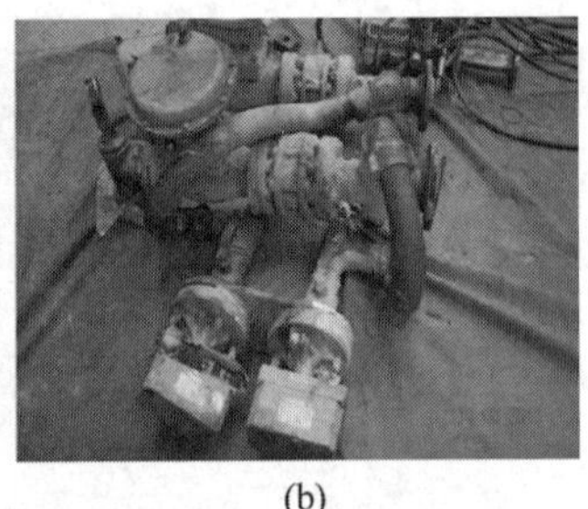

(b)

图 22-12　人舱及保压系统拆检旧况

(a) 人舱旧况；(b) SAMSON 保压系统旧况

9) 电气部件

对电机进行拆检、绝缘检测，对电机输出轴外圆面进行径向跳动量检测；对各类型传感器/检测开关、变频器及软启动器等电气元器件采用工况模拟检测法进行检测；委托有承装电力设施资质的单位对高压变压器、高压电缆进行高压耐压测试，出具电试报告。电气部件检测过程如图 22-13 所示。

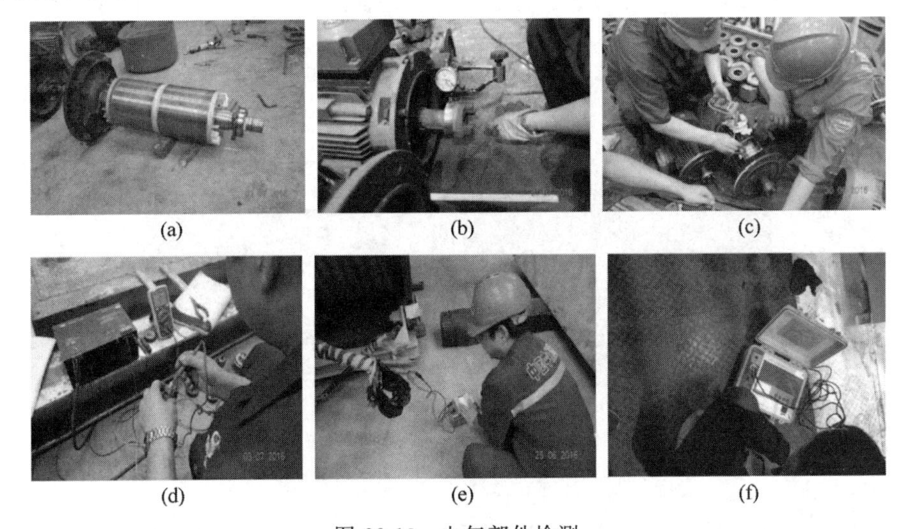

图 22-13　电气部件检测

(a) 拆检电机转子；(b) 电机输出轴径向跳动检测；(c) 电机绝缘电阻值检测；(d) 传感器检测；(e) 高压电缆绝缘检测；(f) 高压电缆耐压测试

根据检测结果，更换受损严重的电机轴承；更换变压器内部所有油液；用钨灯烘烤直至电机定子绕组上无水渍，用工业酒精和无纺布清洗绕组上的油污泥，在其表面上涂抹绝缘漆；待电机组装完成后，通工业用电检查电机空转是否正常，如图 22-14 所示。

10) 结构件涂装

盾构机主要结构件表面存在油漆脱落、表面锈蚀等情况，对其外观进行喷砂、喷漆处理，恢复至新机外形标准。搭建配备除尘器的喷砂房，喷砂前将设备上的所有部件进行拆除，液压钢管采用堵头进行封堵，用铁铲等工具将设备上的泥土、砂浆、油泥、油脂等清除干净，确保结构件钢材表面无泥土、锈蚀、酸、碱、油脂等污物，对于结构件上的凹坑部位喷漆前先打腻子补平，喷漆过程喷涂三道(底漆＋中间漆＋面漆)，喷砂完成后在 12 h 内喷涂防锈漆，防止结构件表面锈蚀，如图 22-15 所示。

(a)

(b)

图 22-14　电机性能恢复
(a) 电机定子绕组烘烤；(b) 检查电机运转情况

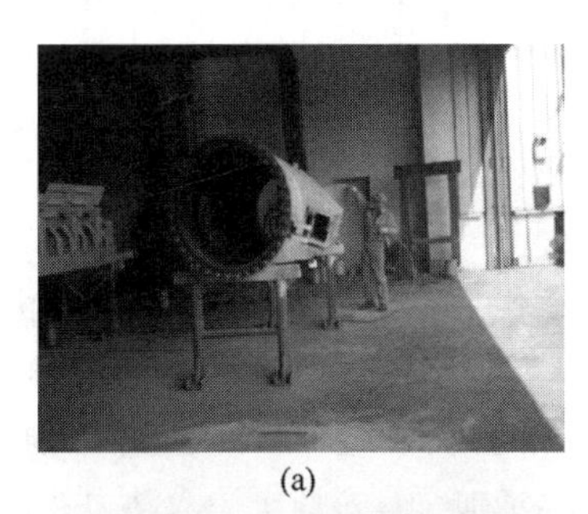

(a)

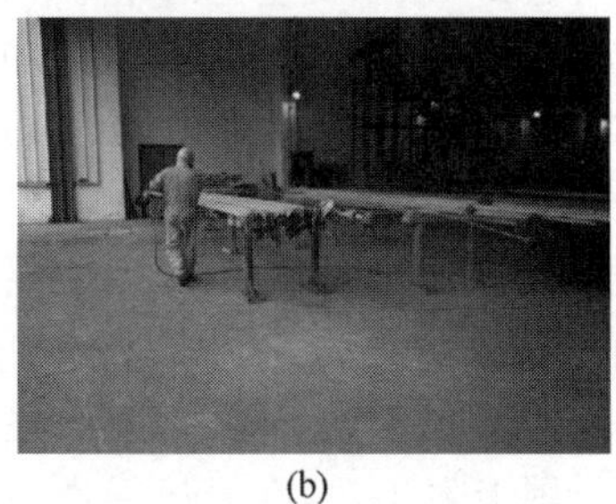

(b)

图 22-15　结构件、管路表面喷漆
(a) 螺机筒体外表喷漆；(b) 注浆管路表面喷漆

2. 系统改造及性能提升

1) 刀盘适应性新制

原型机刀盘是针对华南地区广州砂质黏性土、混合岩全风化、混合岩强风化、混合岩中风化、混合岩微风化地层所配置的开口率 28% 的复合式刀盘。合肥地铁 3 号线 2 标地层主要为黏土层，局部穿越粉质黏土及强风化泥质砂岩，在此类地层掘进时易结泥饼、出渣不畅，原刀盘开口率偏小，刀盘很容易结泥饼，导致掘进效率低下。为满足合肥地层掘进需求，新制开口率达到 40% 的复合式刀盘，撕裂刀与滚刀可互换，如图 22-16 所示。

图 22-16　新制刀盘

2) 推进油缸分度适应性改造

原推进系统油缸位置对应的管片规格是 6 000/5 400～1 500 mm×36°，合肥管片标准为 6 000/5 400～1 500 mm×22.5°，为了完全适应合肥 22.5°管片 16 个 K 块安装点位，需对油缸分度进行如下改造，此改造方案兼顾 22.5°和 36°管片分度的安装要求，如图 22-17 所示。

原 5 号、10 号、15 号、20 号推进油缸撑靴形式保持不变，将推进油缸 4 组双缸撑靴尺寸加大(原 4 号、6 号、14 号、16 号)，重新制作推进油缸撑靴和尼龙板，剩余 4 组双缸和 8 组单缸重新分组，改成 8 组双缸；由于推进油缸分组改变，分区控制液压阀组至油缸管路需重新布置连接；更新上位机程序和拼装机遥控器控制键位。

3) 皮带机出渣系统适应性改造

原设计后配套拖车为 4 节，总长度为 42.47 m，无法满足合肥项目“4 节渣车＋2 节管片车＋1 节砂浆车”水平运输编组施工要求。设计增加 1 节拖车，皮带相应延长 10 m，采用 37 kW 变频电机替代原 30 kW 普通电机进行皮带驱动，相对应的皮带驱动减速机、电气控制元件及线路、PLC 程序及上位机界面进行相应的改造，以满足皮带加长后渣土的正常运输作业，如图 22-18 所示。

4) 泡沫系统性能提升

原泡沫系统为“多管单泵”形式，泡沫流量

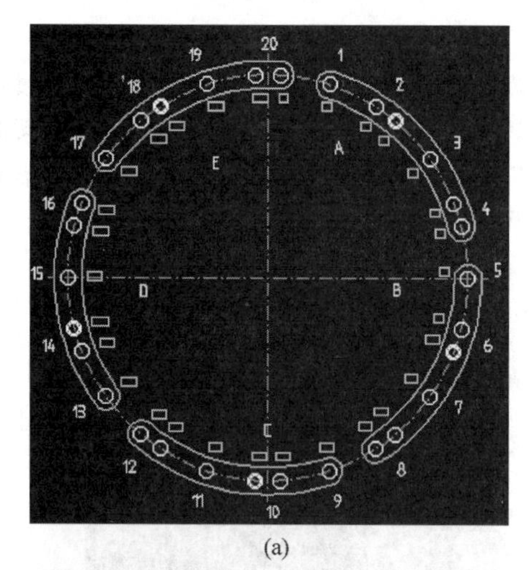

(a)

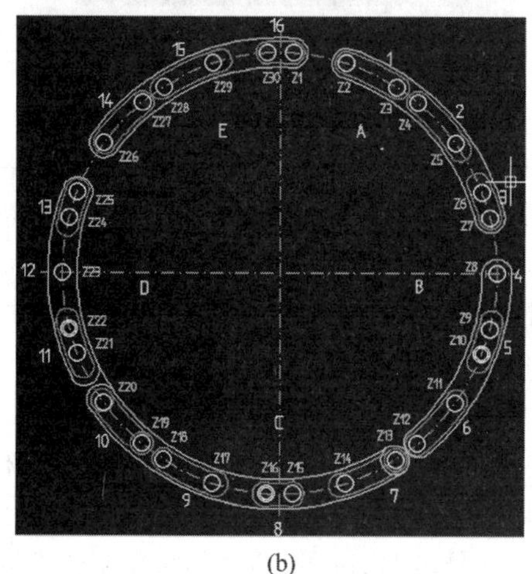

(b)

图 22-17 推进油缸位置分布对比
(a) 原油缸分布；(b) 改造后油缸分布

小、管路流量不均衡、泡沫喷嘴易堵塞，不利于预防刀盘结泥饼和渣土改良。针对合肥黏土、粉质黏土的地质特点，将泡沫系统升级为目前的主流配置“单管单泵”形式，由原来的“1台泡沫原液泵+1台泡沫水泵”升级为“1台泡沫原液泵+4台泡沫混合液泵”，其中3台泡沫混合液泵一一对应刀盘上3个泡沫注入口，1台泡沫泵对应土仓和螺旋输送机，刀盘单个改良剂喷口直接对应一个泵，当各路泡沫管道与喷口阻力不同时，泡沫仍能按其设定量喷注、流量可调，可减缓喷口堵塞；控制方式由原来通过调节每一路上的电动调节阀来控制流量改为通过调节4台泡沫混合液泵的频率来调节每一路泡沫的流量。泡沫单管单泵注入系统原理如图22-19所示。

图 22-18 皮带机变频驱动

经过改造升级，泡沫系统注入能力显著提高，有效实现了合肥黏土地层渣土改良效果。

5）膨润土系统性能提升

原膨润土注入系统为30 m^3/h离心泵注入形式，设备陈旧且故障率高，配件采购困难，无法满足合肥地区渣土改良需求，将原离心泵升级为目前主流配置的软管挤压泵（$2\times 20\ m^3/h$），增加一套膨润土注入动力系统、控制系统和管道，两台挤压泵可实现单独和联合工作，以增加膨润土注入能力，如图22-20所示。

6）铰接系统性能提升

原铰接系统配置为14根ϕ160/80～150 mm铰接油缸，最大铰接拉力为734 t(系统压力35 MPa时)，在小半径转弯或砂层掘进时盾尾易抱死，脱困能力不足，有时还需增加辅助油缸来脱困，效率低下。将原有的铰接座子全部割除，新制铰接座，对耳座材料和焊缝进行强度核算及无损探伤检测，原14根铰接油缸全部更换为ϕ180/80～150 mm，铰接总拉力提高至1 000 t(系统压力35 MPa时)，以提高盾尾抱死后的脱困能力及效率，如图22-21所示。

7）油脂系统性能提升

原盾尾油脂泵、HBW、EP2润滑油脂泵型号为IST，设备陈旧且故障率高，配件采购困

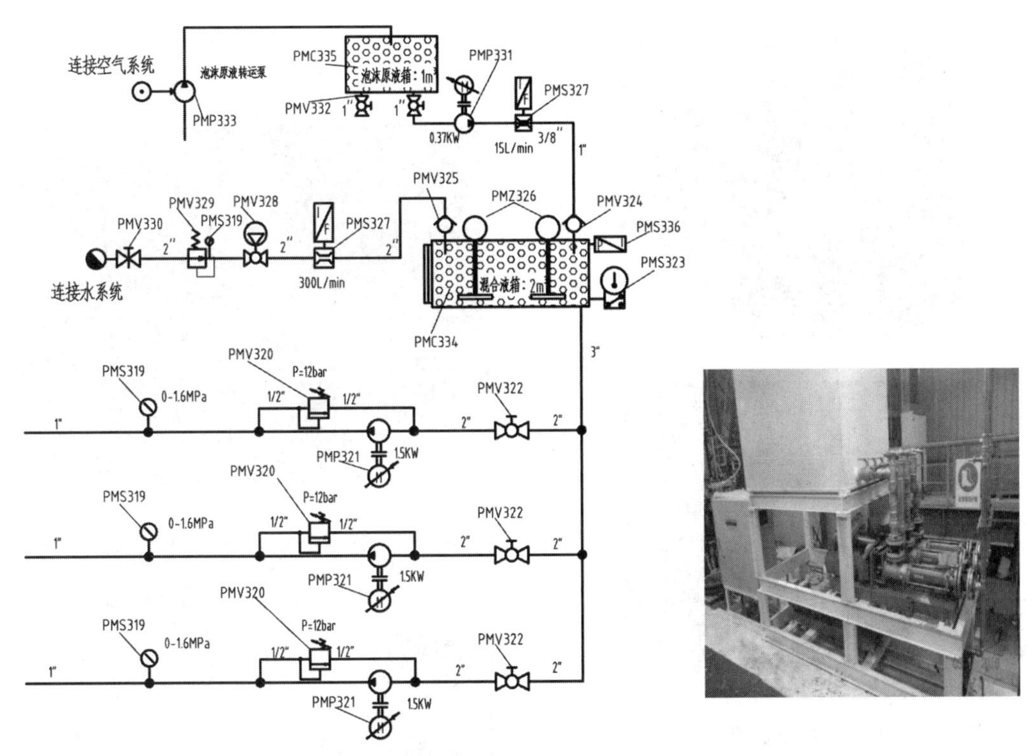

图 22-19 “单管单泵”泡沫注入系统

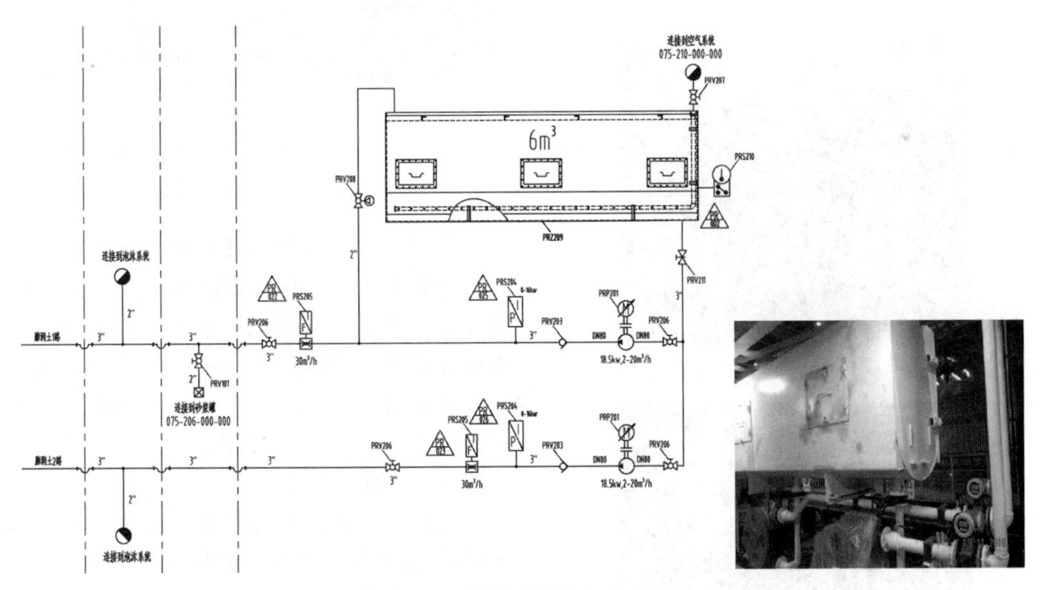

图 22-20 挤压式膨润土注入系统

难，现场使用维修、保养不方便。将 3 台油脂泵全部升级更换为目前主流配置的 LINCOLN 油脂泵，提高设备使用性能，如图 22-22 所示。

8）上位机性能提升

原系统上位机为英文操作界面，系统老旧、卡顿，程序复杂、繁琐，键盘、鼠标为 USB 1.0 接口，部分损坏硬件已无配件采购渠道。将原上位机进行升级换代，更新为目前主流配置的通用型触摸屏工控机并汉化系统界面，增加主驱动累计运转时间，重新设计上位机和 PLC 程

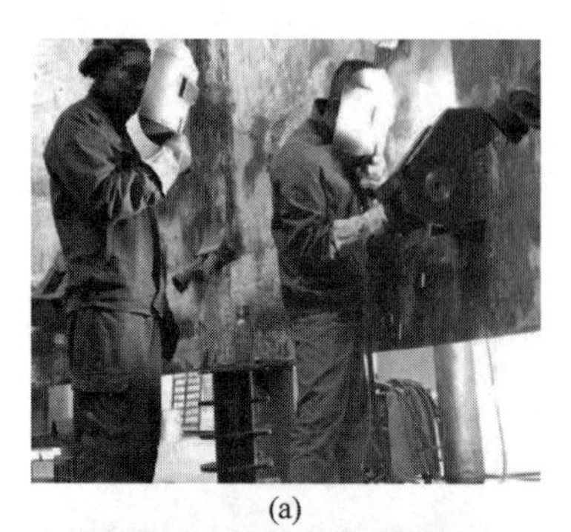

(a)

(b)

图 22-21　盾尾铰接油缸耳座焊接、探伤
(a) 焊接；(b) 探伤

(a)

(b)

图 22-22　油脂泵站更新前、后对比
(a) 更新前；(b) 更新后

序，全方位提高上位机工作性能，以方便盾构机主司机操作，如图 22-23 所示。

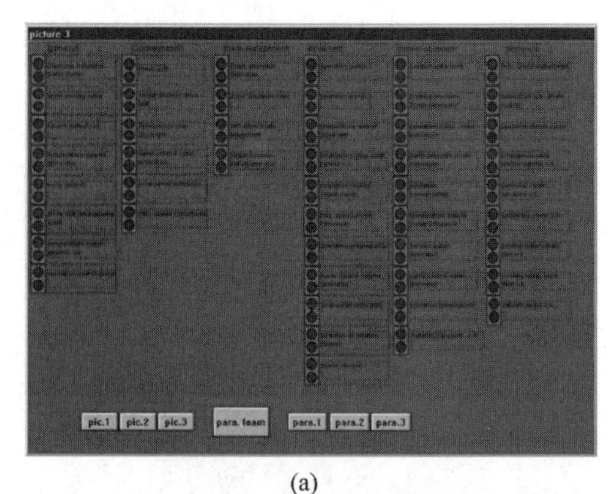

(a)

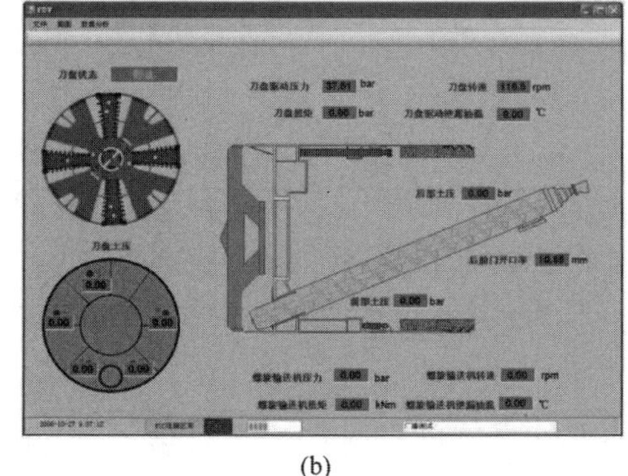

(b)

图 22-23　上位机界面更新前、后对比
(a) 更新前；(b) 更新后

9) 管片吊机操作性能提升

原管片吊机为有线手柄和控制面板操作，管片小车和管片安装模式推进油缸控制均为控制面板操作，现场工人操作不便，且存在一定的安全隐患，为提高施工便捷性和安全性，提高管片拼装效率，对其增加无线遥控功能。

10) 增加在线监测功能

创新开发盾构机在线监测系统并将其投入应用，包括状态在线监测模块和油液在线监测模块。将传感器布置在盾构机待测点位置，数据通过采集器、通信管理器传输至主控室工控机，实时采集和存储监测数据，并对采集到的数据（振动、压力、温度、流量、电流、刀盘扭矩、主轴承运转时间及油液状态等）进行汇总分析，实现报警提示等功能。盾构机在线监测系统如图 22-24 所示。

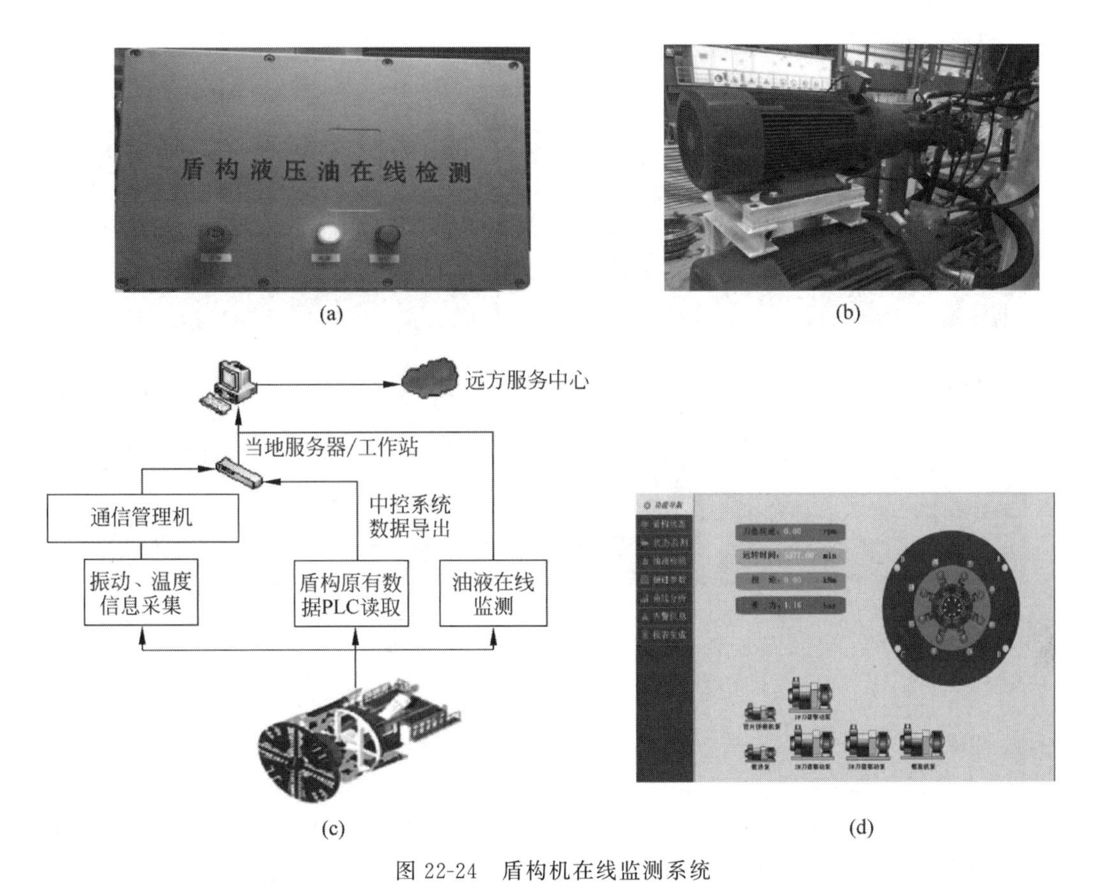

图 22-24　盾构机在线监测系统

(a) 液压油状态实时监测；(b) 电机振动实时监测；(c) 在线监测总体架构示意图；(d) 在线状态监测界面

3. 装机、调试及出厂验收

1) 装机

盾构机整机摆放位置确定后，进行主机安装，安装顺序依次如下：主机工装—前盾—中盾—管片安装机—螺旋输送机—刀盘，如图 22-25 所示。

图 22-25　盾构机主机安装过程

(a) 安装前盾；(b) 安装中盾；(c) 安装管片安装机；(d) 安装螺旋输送机；(e) 安装刀盘；(f) 主机安装完成

主机位置确定后，进行盾构机后配套安装，安装顺序依次如下：1号拖车—2号拖车—3号拖车—4号拖车—设备桥，如图22-26所示。

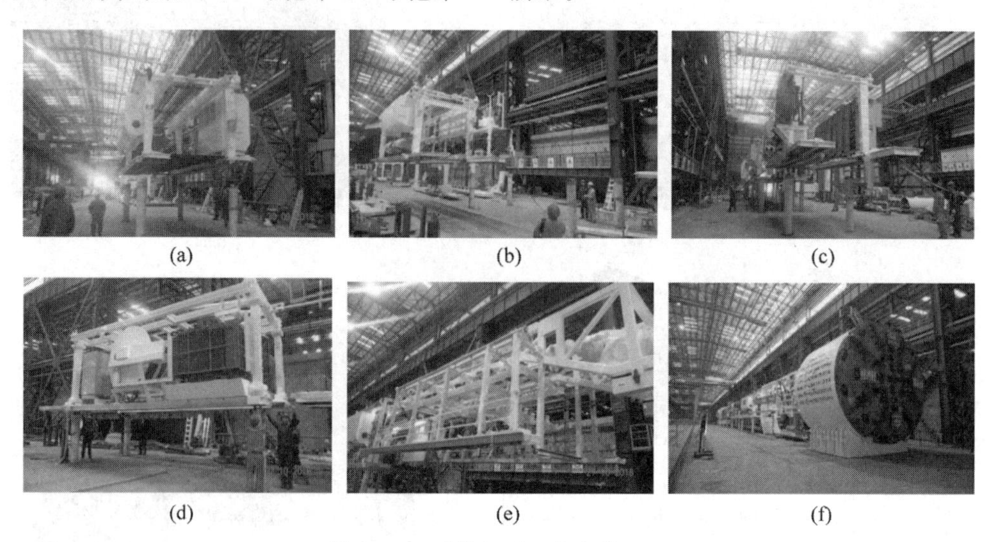

图22-26 盾构机后配套安装过程
(a) 安装1号拖车；(b) 安装2号拖车；(c) 安装3号拖车；(d) 安装4号拖车；(e) 安装设备桥；(f) 整机安装完成

2）调试

(1) 电气部分运行调试

检查送电：检查主供电线路，看线路是否接错、是否有不安全因素，确认无误后，逐级向下送电：配电站10 kV配电盘—盾构机10 kV开关柜—盾构机低压主断路器。

检查电机：送电后，检查电机能否运转正常，启动电机之前检查线路是否接错，注意电机是否反转。

分系统参数设置与试运行：完成第二步后进入各个分系统参数设置与试运行阶段，主要是各种控制器的参数设置与调整显示仪表校正、控制电路板校准、PLC程序调整等。盾构机管片安装、管片运输、出渣系统、油脂系统、注浆系统、刀盘驱动系统、推进及盾尾铰接等系统，除管片运输外，其他系统之间都存在逻辑互锁关系，如刀盘驱动系统调试前必须先调试好油脂润滑系统。另外，调试之前要注意相关必要条件是否具备，如刀盘在始发台时，不可进行刀盘驱动系统调试。

整机试运行：完成分系统调试后，整机试运行。

(2) 液压部分运行调试

运行调试前应注意事项：油箱油位正常，所有油泵进油口均处于开启状态，所有控制阀门处于正常状态，液压泵驱动电机转向正确，冷却系统正常工作。

运行调试：分系统检查各系统运行是否按要求运转，速度是否满足要求；推进系统，检查推进油缸的伸缩情况，管路有无泄漏油现象，及其动力泵站的运转；检查管片安装机各机构运转及自由度情况，查看布管情况，有无泄漏油现象，及其泵站的运转情况；管片吊机和管片拖拉小车，操作遥控手柄检查其运转情况；注浆系统，检查注浆泵运转和管路连接情况；螺机、皮带机出渣系统，查看有无泄漏油现象，及其泵站的运转情况。

管片安装机、推进系统、油脂泵站调试过程如图22-27所示。

3）出厂验收

(1) 再制造盾构机出厂前状态评估

由中铁隧道局集团有限公司设备检测中心牵头组织，盾构机再制造项目部、监理部及用户代表共同组成了设备机况评估小组，依据

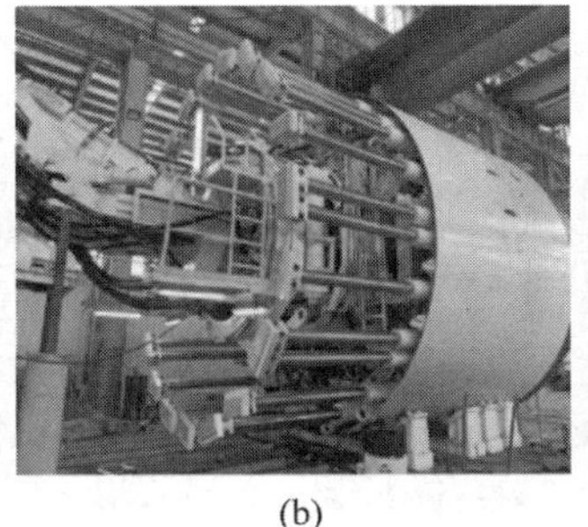

(a)　(b)　(c)

图 22-27　盾构机调试过程

(a) 管片安装机动作调试；(b) 推进油缸动作调试；(c) 油脂泵站动作调试

《CT006H(S261 再制造出厂编号)盾构机再制造出厂验收大纲》，通过外观目测、试运行各个系统、仪表数据等手段对再制造盾构机所有系统进行了全面检验、评估，形成《中铁隧道局集团设备检测中心 CT006H 盾构机出厂状态评估报告》，如图 22-28 所示。

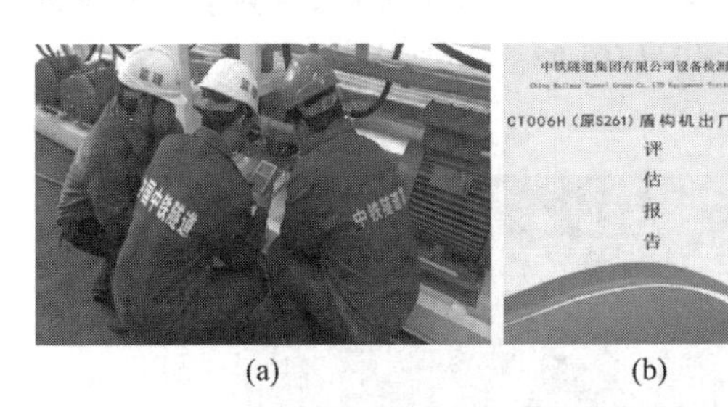

中铁隧道集团有限公司设备检测中心

CT006H（原S261）盾构机出厂状态

评

估

报

告

(a)　(b)

图 22-28　再制造盾构机出厂状态评估

(a) 评估小组测试主泵站运转；

(b) 再制造盾构机状态评估报告

(2) 再制造盾构机出厂验收

由建设单位、设计单位、监理单位、施工单位、设备监理单位和设备再制造单位组成专家组，对用于合肥地铁 3 号线 2 标项目的 CT006H(S261 再制造出厂编号)土压平衡盾构机进行工厂验收，再制造项目部、再制造监理部和设备检测中心分别对 S261 盾构机再制造实施过程和质量管控等情况进行专项汇报，如图 22-29 所示。

(3) 再制造盾构机竣工资料验收

编制《CT006H 盾构机再制造竣工报告》，内容共包含五部分：依据及背景介绍、过程文件与方法、委外件质检资料与产品合格证、再制造实施过程与验收报告、再制造项目成本。更新完成 CT006H 盾构机全套随机技术资料，包含机械图纸、电气图纸、流体图纸、整机使用说明书及部件说明书，所有图纸均为中文版，主机及后配套机械图纸、电气、流体图纸为电子(CAD)版本，交付用户使用，如图 22-30 所示。

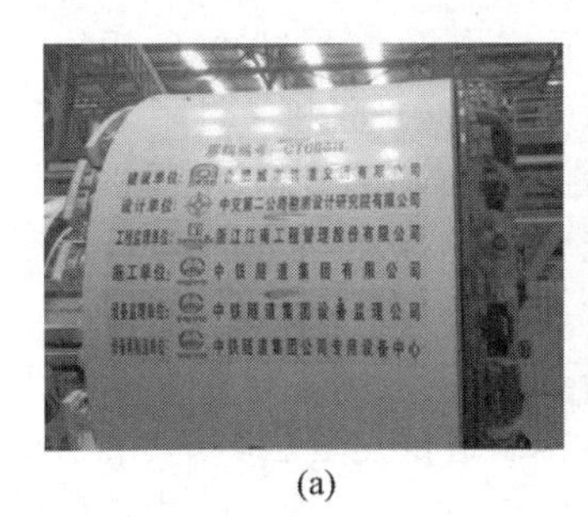

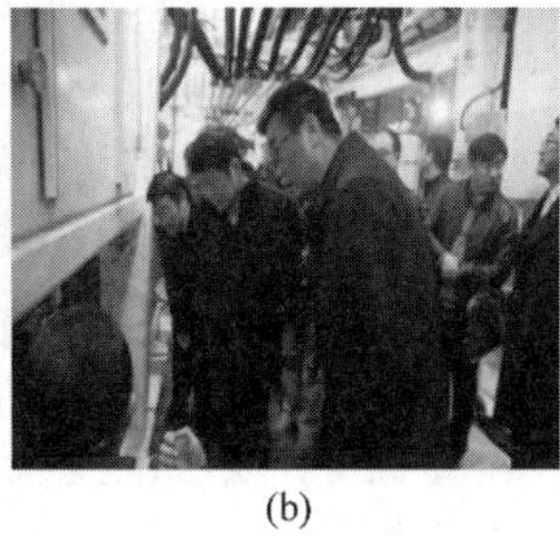

(a)　(b)　(c)

图 22-29　再制造盾构机出厂验收

(a) 专家组成员单位；(b) 专家组现场验收；(c) 再制造盾构机下线仪式

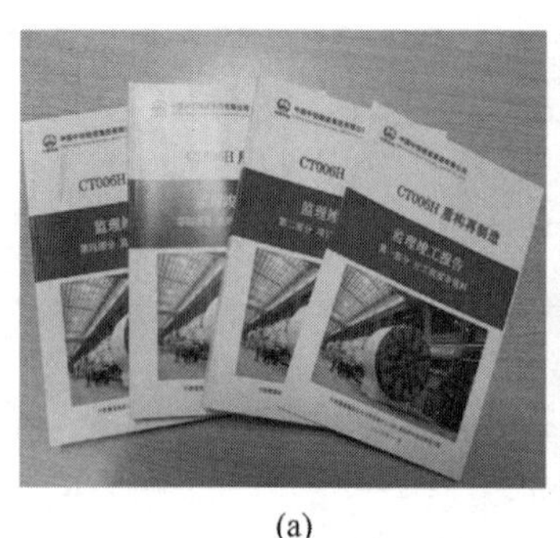
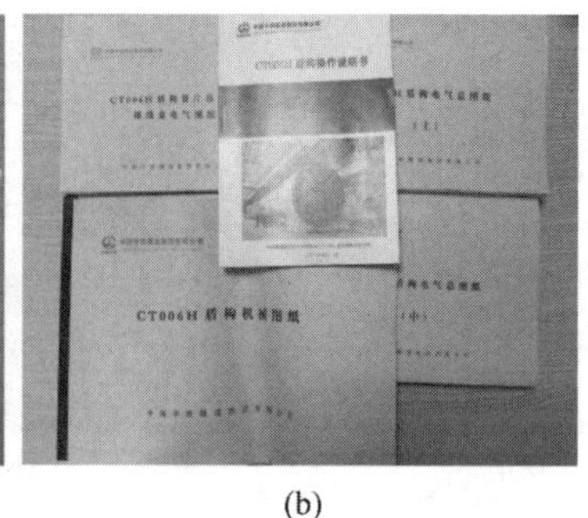

(a) (b)

图 22-30 再制造盾构机竣工资料验收

(a) CT006H 盾构机再制造竣工报告；(b) CT006H 盾构机使用说明书及机电液图纸

22.1.5 盾构机再制造售后服务

S261 盾构机再制造完成后的新编号为 CT006H，并按照新机标准提供掘进段 200 m 现场售后服务及整个标段的质保，派驻专业技术人员进行跟机服务。CT006H 再制造盾构机按期顺利完成了合肥地铁 3 号线 2 标项目共 2 370 m 的掘进任务，设备完好率和施工进度指标在地铁 3 号线名列前茅，得到了项目用户及合肥业主的认可。

中铁隧道局集团有限公司与洛阳 LYC 轴承有限公司联合研制的国产主轴承在 CT006H 盾构机全线贯通后进行了拆检，状况良好，并顺利通过了工业性试验验收，得到了央视的大力宣传，如图 22-31 所示。

图 22-31 盾构机再制造突破主轴承瓶颈

22.1.6 再制造盾构机产品认定

盾构机作为大型成套设备，原先无再制造产品认定先例，中铁隧道局集团有限公司根据《再制造产品认定管理暂行办法》(工信部节〔2010〕303 号)、《再制造产品认定实施指南》(工信厅节〔2010〕192 号)和《进一步做好机电产品再制造试点示范工作的通知》(工信厅节函〔2014〕825 号)等文件，经多次与相关部门和单位沟通，摸索出了盾构机再制造产品认定的方法，并先后编制了《土压平衡盾构机再制造》《再制造产品认定申报书》《CT006H 盾构机性能验收大纲》等文件，并顺利通过了工业和信息化部认可的第三方检测机构(中国检验认证集团)的性能验收，被认可为全国首台再制造盾构机。

2016 年国家工业和信息化部发布关于印发《机电产品再制造试点单位名单(第二批)》的通知(工信部节〔2016〕53 号)中，中铁隧道局集团有限公司是唯一一家施工企业被列入盾构再制造的试点单位。2018 年国家工业和信息化部发布《中华人民共和国工业和信息化部公告-再制造产品目录(第七批)》(工信部节〔2018〕3号)中,中铁隧道局集团有限公司经过工业和信息化部组织的现场审核、产品检验和综合技术评定,并经专家论证、公示等程序,6 m≤ϕ<7 m 土压平衡盾构机符合再制造产品认定相关要求,被列入再制造产品目录,如图 22-32 所示。

机电产品再制造试点单位名单（第二批）

领域	试点单位	地区/央企
工程机械（14家）	山东临工工程机械有限公司	山东
	安徽博一流体传动股份有限公司	安徽
	芜湖鼎恒材料技术有限公司	安徽
	山河智能装备股份有限公司	湖南
	北京南车时代机车车辆机械有限公司	央企
	宁波广天赛克思液压有限公司	宁波
	中铁工程装备集团有限公司	央企
	中铁隧道集团有限公司	央企
	蚌埠市行星工程机械有限公司	安徽
	安徽省泰源工程机械有限责任公司	安徽
	中国铁建重工集团有限公司	湖南
	利星行机械（扬州）有限公司	江苏
	南京钢加工程机械科技发展有限公司	江苏
	青岛迈动工程机械制造有限公司	青岛

(a)

再制造产品目录（第七批）

一、工程机械及其零部件

制造商	产品名称	产品型号
秦皇岛天业通联重工股份有限公司	土压平衡盾构机	4m≤ϕ<6m
		6m≤ϕ<7m
	泥水平衡盾构机	6m≤ϕ<7m
	硬岩掘进机	4m≤ϕ<8m
国机重工（常州）机械再制造科技有限公司	液压挖掘机	ZG3225LC-9R
中铁隧道局集团有限公司	土压平衡盾构机	6m≤ϕ<7m

(b)

图 22-32　再制造盾构机单位及产品认定

(a) 盾构机再制造试点单位；(b) 再制造盾构机产品认定

22.1.7　盾构机再制造项目法管理

1. 建立管理体系

成立海瑞克 S261 盾构机再制造项目部,建立相关规章制度和管理组织机构,如图 22-33 所示。

2. 监理全程监督

引进独立于 S261 盾构机再制造项目部外的第三方专业设备监理机构,成立海瑞克 S261 盾构机再制造监理部,对盾构机再制造进行全程监控,切实保证 S261 盾构机再制造的各个过程按照既定流程和标准进行。

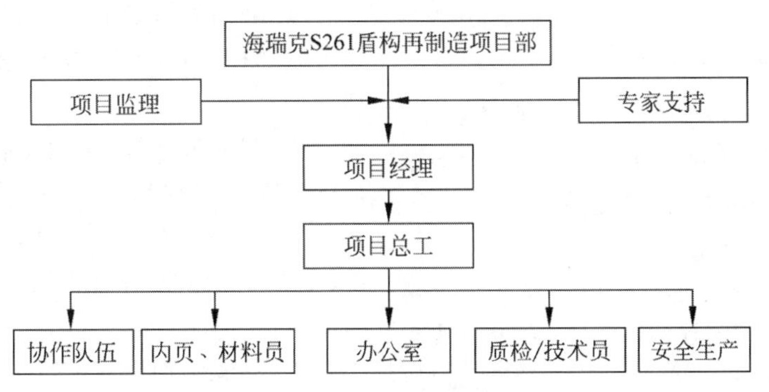

图 22-33　S261 盾构机再制造项目组织机构

3. 工期管控

制订了详细的海瑞克 S261 盾构机再制造工期计划,具体实施过程中制订详细的周计划和日计划,每周召开生产交班会议,总结上周工作完成情况,安排下周工作,过程中根据实际进展情况动态调整相关工作,确保工期可控。

4. 安全管控

成立"安全生产领导小组",落实安全生产责任制,使安全生产责任到人,层层负责。制定危险源清单并下发安全技术交底,建立并执行班前安全生产讲话制度,每周召开"安全生产会议”,定期组织安全培训及安全检查,确保了 S261 盾构机再制造工作安全可控。

5. 质量管控

S261 盾构机整机进行“全拆全检”,根据检测结果制定再制造方案,通过专家评审后准予实施,如图 22-34 所示;实行三级检验及监理报审制度;委外检修件定期巡检,核心部件驻厂监督;盾构机主轴承、减速机、液压件、油缸、变压器、高压开关柜等精密部件委托专业厂家进行再制造,再制造完成后出具加盖厂家公章的质量证明文件,再制造项目部视情况组织相应规格的验收。

盾构机再制造案例

图 22-34 S261 盾构机再制造方案专家评审

22.2 盾构维修

22.2.1 盾构维修流程

盾构机基本维修流程包括设备状态评估、设备维修前防护、编制设备维修方案、设备维修一般规定、设备维修后的维护要求。

1. 设备状态评估

每台盾构工程贯通前或维修前必须对整机技术状态进行检测评估,评估原则上在盾构机掘进剩余 50 环或 100 m 时进行,特殊情况应根据盾构机历史掘进情况及存放现状进行分析、评估。

评估小组由公司设备物资部、分公司设备部和设备使用项目部的人员组成,油水检测工程师和盾构主司机要参与评估工作。

评估报告由分公司设备部负责编制,内容须包括:性能测试报告、油水检测报告、存在问题、重要焊缝和部件(关键销轴、吊杆等)的探伤记录及验收要求等内容。

2. 设备维修前防护

设备维修前的防护应达到满足以下要求。

(1) 存放的设备应全面清洁。

(2) 应对各润滑点注入锂基脂,直至新油脂溢出。

(3) 加工面涂抹锂基脂覆盖。

(4) 配电柜内放入干燥剂,封闭好柜门。

(5) 电气、液压设备应使用防雨布包裹。

3. 编制设备维修方案

设备使用项目部根据评估报告编制设备维修方案,报送公司设备物资部,维修方案经公司批准后实施。维修工作完成后,由分公司设备部邀请公司设备物资部、使用单位及相关管理部门进行验收。

4. 设备维修一般规定

(1) 依据设备在工程贯通评估的内容,修复设备故障,重点检查历史故障部位。

(2) 设备上的管路(液压、水、气、添加剂)要使用配套的堵头和法兰封堵,不允许使用塑料袋或布条绑扎封堵。

(3) 泡沫箱(土压盾构)、水箱、砂浆罐、膨润土罐等清理干净。

(4) 检查螺栓连接状况,更换损坏和不合要求的螺栓,按照标准扭矩值紧固所有连接螺栓。

(5) 检查液压管路破损、元器件有无渗油、损坏等情况,并修复。

(6) 检查所有电气元件,更换损坏的传感器、接触器等部件,保证电气系统无短接、损坏的部件。

(7) 检查结构件有无裂纹、磨损等情况,并修复。

(8) 调整各部件、摩擦副之间的间隙,更换和修复易损件。

(9) 维修完成后,要对设备进行全面喷漆。

(10) 设备维修工作,原则上要在存放后两个月内完成。

(11) 设备如需改造,应及时报告公司设备物资部,报告应包含改造的原因说明和方案。

5. 设备维修后的维护要求

(1) 按照说明书要求，定期润滑设备上的润滑点。

(2) 链条、钢丝绳等使用黄油涂抹或油浸。

(3) 重要系统部件如导向系统、刀盘连接螺栓等，须包装后装箱存放。

(4) 按照要求对维修后的设备进行防护。

(5) 公司设备物资部负责检查维修和存放情况。

22.2.2　盾构维修验收

不论是维修还是再制造，修复完成的盾构应满足必要的技术标准，保证设备完好。

1. 检修验收

(1) 资料验收：包含状态评估报告、维修方案、维修报告、性能检测报告等资料的验收。

(2) 现场验收：组装调试后，按照总体方案验收标准进行空载条件下工作性能验收。

2. 大修验收

(1) 资料验收：包含性能检测资料、维修评估资料、维修设计方案、维修总体方案、维修合规性资料、维修过程、新购主要部件质量证明文件、监理记录资料等。

(2) 现场验收：组装调试后，按照总体方案验收标准进行空载条件维修设备工作性能验收。

(3) 试掘进验收：按照总体方案验收标准进行负载条件下维修设备工作性能、可靠性验收。

3. 具体验收要求

具体验收要求主要包括结构外观、尺寸、强度等，以盾构机刀盘为例，具体如下。

(1) 刀盘本体材料、结构形式、结构强度、直径及开口率等基本尺寸及性能应符合改造、再制造设计要求，否则根据使用项目水文地质等情况进行重新设计制造，并符合改造、再制造设计规定。

(2) 拆卸检查刀具，如刀具及螺栓存在磨损或损坏，则进行更换，并符合改造、维修设计规定。

(3) 检查刀盘基本尺寸。若刀盘直径存在磨损，则通过补焊耐磨层或耐磨钢板恢复至原尺寸；若面板、牛腿等结构件厚度磨损量不小于6%，则通过补焊耐磨层或耐磨钢板恢复至原尺寸；刀盘本体耐磨网格补焊至原尺寸；若刀盘存在变形，视情况进行校正或重新设计制造。

(4) 内部管路应进行密闭性试验及壁厚检测，若存在泄漏，则进行更换。

(5) 超挖刀、仿形刀油缸应由权威机构按《炭素生产安全卫生规程》(GB 15600—2008)进行试验，符合《液压缸》(JB/T 10205—2010)的要求。若活塞杆、筒出现划痕、锈蚀或压痕等情况，可视情况进行焊接、刷镀或更换。

(6) 检查刀盘、刀座等焊接质量，否则刨除重新焊接，焊接质量应符合《金属材料熔焊质量要求　第1部分：质量要求相应等级的选择准则》(GB/T 12467.1—2009)～《金属材料熔焊质量要求　第5部分：满足质量要求应依据的标准文件》(GB/T 12467.5—2009)的规定。

(7) 刀盘螺栓应抽样由权威机构进行抗拉强度、屈服强度、断后伸长率、断面收缩率、常温冲击及疲劳试验等检测，抽样率不低于3%，检测报告应符合《紧固件机械性能　螺栓、螺钉和螺柱》(GB/T 3098.1—2010)的规定，若合格率不大于95%，则对刀盘螺栓进行整体更换，螺栓性能参数应符合原设计要求。

(8) 刀盘最大转速、扭矩应符合改造、维修设计要求，否则对主驱动系统进行更换并符合改造、维修设计要求。

22.2.3　盾构维修案例

1. 刀盘维修

中铁X号刀盘磨损较严重，整体包括对大圆环、刀箱、刀座、刀座保护刀、泡沫喷射孔、中心磨损区域、磨损检测装置、搅拌棒、超挖刀进行检修(图22-35～图22-50)。

(1) 整体表面清洁。

(2) 拆卸刀具，更换损坏的刀具、螺栓，并按照盾构出洞时的状况，配齐可用的没有超过磨损极限的刀具，磨损极限的认定依据盾构使用说明书中关于刀具磨损的规定。

(3) 检查刀盘泡沫管路、单向阀疏通或修复。

图 22-35　刀盘整修前

图 22-36　更换刮刀刀座保护刀

图 22-37　中心磨损区域修复前

图 22-38　中心磨损区域修复后

(4) 刀盘面板、背部、刀座、搅拌棒、磨损检测、耐磨条网格视磨损情况进行修复或更换。

(5) 刀盘大圆环、切口环用耐磨钢板补焊恢复至原尺寸。

图 22-39　磨损严重刀箱刨除

图 22-40　刀盘刀箱定位焊接

图 22-41　新增中心区域磨损检测桩

图 22-42　缺失搅拌棒焊接

(6) 对关键焊接部位(牛腿、主梁、大圆环等)进行探伤检测(着色、磁粉、超声波)，检查有无裂纹、脱焊并对问题部位进行修复直至探伤合格，对存在磨损焊缝进行补焊，并对补焊

图 22-43　泡沫喷孔检修完成后

图 22-44　管路更换前

图 22-45　管路更换后

部位进行探伤检测，确保补焊质量合格，所有的检测必须由专业检测机构出具探伤检测报告。

（7）检查超挖刀功能。

（8）按照设备出厂标准对刀盘进行涂装。

2. 螺旋输送机维修

整修前螺旋输送机整体卫生差，被油污、泥渍覆盖，各喷水孔堵塞，整修过程中对其进行清洁，打磨喷漆，疏通堵塞管路，更换损坏的元器件，各磨损部位进行检修并清洁防护，减

图 22-46　维修完成后刀盘

图 22-47　刀盘大圆环整修前

图 22-48　对凹陷区域堆焊

图 22-49　大圆环耐磨块焊接

图 22-50　大圆环修复完成后

速机、马达整体送检维修，对驱动系统拆解清洗维修(图 22-51～图 22-60)。

图 22-51　螺旋输送机维修前

图 22-52　拆解筒体

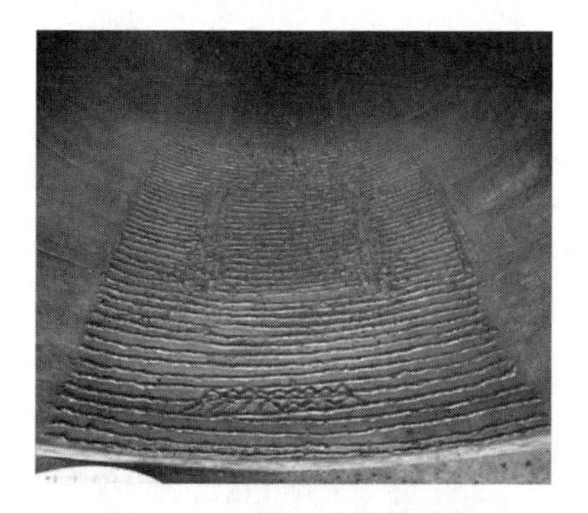

图 22-53　第一节筒体堆焊

图 22-54　更换螺旋轴合金耐磨块

图 22-55　螺旋机轴叶片焊接耐磨钢板

图 22-56　刨除螺旋机轴套

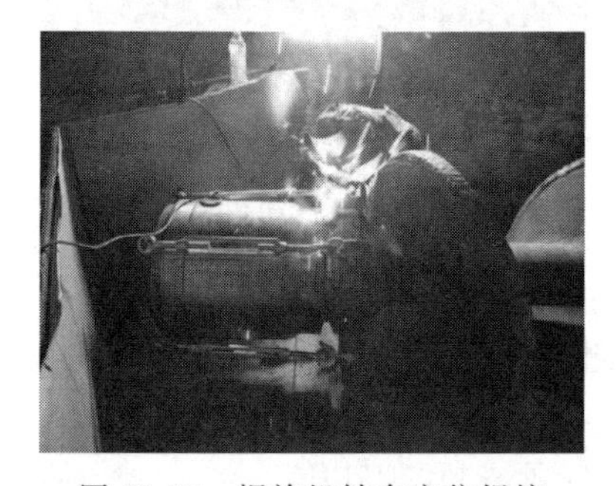

图 22-57　螺旋机轴套定位焊接

(1) 螺旋机减速箱齿轮油取样检测。

(2) 检查螺旋机前、后舱门行程传感器和限位开关工作是否正常。

(3) 检查螺旋叶片磨损情况，补焊耐磨层至原尺寸。

图 22-58　检修完成后

图 22-59　螺旋机闸门拆解检修、更换尼龙板

图 22-60　螺旋机后闸门检修完成

(4) 测量螺旋输送机筒壁厚度，必要时修复。

(5) 检查螺旋输送机驱动密封，必要时更换。

3. 管片拼装机

管片拼装机整体卫生较差，对表面泥土、油污进行全面清理及整体拆解；包括拼装机行走梁、行走轮、大齿圈轴承、抓举头进行拆解检修；拼装机马达、减速机拆解委外检修；行走油缸、红蓝油缸进行现场保压测试；检修过程如图 22-61～图 22-66 所示。

(1) 检查旋转齿圈、旋转马达和旋转限位。

图 22-61　原拼装机情况(1)

图 22-62　原拼装机情况(2)

图 22-63　行走梁上阀块清洗

图 22-64　拼装机大齿圈检测

(2) 检查抓取头，更换防护尼龙板。

(3) 检查红蓝大臂油缸活塞杆，有无凹槽等，若有须修复平整。

图 22-65 维修后抓举头

图 22-66 维修后拼装机

(4) 检查抓举头抓紧报警功能,吸盘密封条(若有)有损坏的须更换。

(5) 检查真空泵(若有)压力是否满足管片提升需求,管路有无损坏和堵塞。

(6) 检查安装机有线、无线遥控器。

22.3 TBM 再制造案例

敞开式 TBM(以下简称 TBM)具有灵敏度高、易调向、不易卡机、围岩支护及时灵活、掘进效率高等优点,已广泛应用于我国长大铁路隧道施工,在国家"一带一路"倡议基础建设中发挥着越来越重要的作用。目前,国内长大铁路隧道大多采用"TBM 法+钻爆法"施工,单项工程 TBM 累计掘进距离一般也不超过 15 km,而 TBM 新机设计使用寿命通常按 25~30 km 考虑,单台 TBM 的实际使用寿命远小于其设计寿命,且普遍缺乏后续工程,导致设备长期闲置,存放保养成本高,自然老化等带来的损失较大,甚至报废,造成企业固定资产严重浪费。在满足地质适应性的前提下,实施再制造以满足新工程的施工,与购买新机相比,交货周期至少减少 30%以上,造价比例大约仅为新机的 50%甚至更少。本章节以中铁隧道局集团罗宾斯 TBM337 再制造项目为案例,进行详细剖析,可为相关企业从事 TBM 再制造工作提供借鉴。

22.3.1 TBM 原型机基本情况

1. 原型机技术参数

TBM337 原型机主要技术参数见表 22-4。

表 22-4 TBM337 原型机主要技术参数

序号	系统	项　　目	参数
1	刀盘	开挖直径/mm	ϕ6 390 (新边滚刀)
2		滚刀配置/把	4 把 17″中心刀
			23 把 19″正滚刀
			9 把 19″边滚刀
3		刮渣口数量/个	8
4		喷水嘴数量/个	7
5	主驱动系统	额定扭矩/(kN·m)	4 054 (5.44 r/min)
6		脱困扭矩/(kN·m)	6 080
7		驱动功率/kW	7×330 (变频电驱)
8		刀盘转速/(r/min)	0~11.97
9	推进系统	推进油缸规格/mm	4×ϕ400/ 230~1 529
10		推进油缸与隧道轴向最大夹角/(°)	19
11		总推力/t	1 515(32.4 MPa)
12		最大伸出速度/(mm/min)	150
13		最大回缩速度/(mm/min)	750
14	水平支撑系统	撑靴油缸规格/mm	2×ϕ820/ 610~280
15		总有效支撑力/t	3 327
16		最大接地比压	2.92
17		撑靴凹槽间距/槽宽/槽深/(mm/mm/mm)	750/188/300

2. 原型机施工履历

TBM337 新机于 2009 年 12 月在重庆轨道

交通六号线1期项目投入使用，区间地质为砂岩、砂岩夹泥质砂岩、泥质砂岩夹砂岩，2011年8月完成掘进施工任务，累计掘进6 652 m。TBM337贯通拆机后，整机运至重庆工厂存放，部分系统场外露天存放，存放时间近5年。

3. 原型机再制造前机况评估

2011年6月，中铁隧道局集团有限公司对TBM337进行了重庆轨道交通六号线1期项目贯通前状态评估工作，并出具贯通评估报告，存在如下主要隐患及问题。

(1) 刀盘驱动系统：4号主电机安全锁损坏，主电机水冷却系统流量开关损坏，刀盘闭合制动功能效果不好，7号主电机驱动变频器烧毁。

(2) 护盾系统：护盾内挂网装置变形，部分螺栓及焊接存在脱落情况。

(3) 主轴承齿轮泵振动大，回油少；钻机行走轮及凯式导向柱油脂润滑部位防护及润滑效果能力不强，部分有异常磨损。

(4) 钢拱架安装器：提升功能上部拱架有变形，钢拱架有时顶不到位易掉拱架，换向阀手柄已断。

(5) 推进系统及撑靴系统：推进油缸、扭矩油缸位移传感器损坏，前撑靴夹紧缸失效没有使用，弹簧钢板变形，后支撑撑靴提升、下降时有机械爬行，接触面未加注润滑脂，推进油缸、后支撑油缸关节轴承破损。

(6) 锚杆钻机：水平移动受限同步不好，行走轮有磨损；左侧钻机上顶无力，打钻时易卡；盘形齿条有磨损，润滑也不到位需处理。

(7) 材料转运及材料吊机：折臂吊机的行走条形齿轮有断齿及行走轮有异常磨损，阀块漏油。

(8) 液压系统：高、低压油管混放，爆管后不易更换，液压油缸、油泵及阀件部分防护不到位，主轴承齿轮泵振动异常。

(9) 皮带机运输系统：2号皮带磨损较严重，托架部分磨损，有跑偏情况发生，测速传感器缺失。

(10) 水系统：主驱动电机冷却效果不好，水温偏高，最高时达50℃左右。

(11) 砂泵车驱动装置及辅助横移平台倒罐困难需改进。

(12) 后支承位移传感器、推进油缸行程传感器、拖拉油缸行程测量系统损坏。

(13) 各传感器及导向控制系统功能故障，CO_2、甲烷、CO监测显示故障。

(14) 电容补偿柜损坏。

22.3.2 新项目工程概况

新中标项目为云南省大瑞铁路高黎贡山隧道项目，隧道全长34.538 km，是目前国内在建第一特长单线铁路隧道。高黎贡山隧道出口段拟采用“正洞大直径TBM＋平导小直径TBM”施工，正洞TBM开挖直径9.03 m，掘进全长12.37 km；平导小TBM开挖直径6.39 m，掘进全长10.18 km，最大坡度9%，最大埋深为1 155 m。高黎贡山隧道出口段施工范围如图22-67所示。

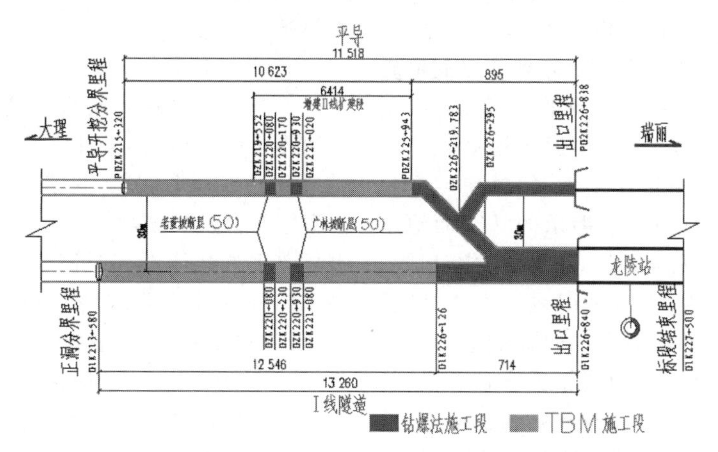

图22-67 高黎贡山隧道出口段施工范围图(单位：m)

设计小直径TBM施工平导的目的首先是利用其超前作用，为正洞大直径TBM探明地质实际条件；其次能快速达到并采用钻爆法处理老董坡和广林坡两大断层，以保障正洞大直径TBM到达时能步进通过，减少TBM施工风险，缩短TBM停机等待时间；最后能与2号竖井出口方向平导尽快接应，降低竖井施工难度。

TBM施工穿越地层主要为燕山期花岗岩(8.81 km，73%)，片岩、板岩、千枚岩夹石英岩、变质砂岩(1.44 km，22%)。围岩等级以Ⅲ类为主，但Ⅳ、Ⅴ级围岩占比高达40%。预测隧洞正洞正常涌水量为12.77万 m^3/d，最大涌水量为19.2万 m^3/d。TBM掘进段围岩岩性及主要参数见表22-5。高黎贡山隧道TBM段的不良地质条件主要包括高地应力、软岩大变形、地层破碎、高地温、高地震烈度及突涌水等。

表22-5 TBM掘进段围岩岩性及主要参数表

序号	地层岩性及地质构造	长度/m	岩石耐磨性 $A_b/(1/10\ mm)$	岩石单轴饱和抗压强度 R_C/MPa	岩石完整性系数	备注
1	燕山期花岗岩	8 810	3.34～3.59	46～65	0.25～0.85	
2	白云岩、灰岩夹石英砂岩	290	3.34	65	0.69	
3	物探Ⅴ级异常带	840	3.34～5.18	8～40	含2处断层带	
	灰岩、白云岩夹石英砂岩	460	3.34	40	0.45～0.85	
4	片岩、板岩、千枚岩夹石英岩、变质砂岩	1 440	3.34	20～40	0.45～0.85	
5	蚀变岩	140	3.34	4.6～15	即扩挖段	

22.3.3 TBM再制造设计

1. TBM适应性分析

1) TBM选型

TBM主要分为敞开式、双护盾式、单护盾式三种类型，分别适用于不同的地质。其中敞开式TBM主要适用于岩体较完整、有较好自稳性的硬岩地层，支护工作量小，掘进效率高、速度快，掘进过程中可直接观测到围岩洞壁岩性变化，便于地质图描绘；当采取有效支护手段后，也可适用于软岩隧道，但当地质较差时需要超前加固，支护工作量大，掘进速度受到限制。根据高黎贡山隧道揭示的掌子面地质及地勘设计资料，围岩等级以Ⅲ类为主，但Ⅳ、Ⅴ级围岩占比高达40%，采用敞开式TBM施工能够在较硬的Ⅲ类围岩中快速掘进，在Ⅳ、Ⅴ类软弱围岩中也可通过灵活的支护手段(初喷＋钢筋排＋钢拱架＋锚杆＋喷射混凝土)进行及时、有效支护，以保证TBM在软岩中连续稳步掘进，这在类似的TBM施工项目中已经得到实践验证。此外，考虑到高黎贡山隧道软岩破碎带占比较多，而敞开式TBM护盾长度设计较短，当围岩收敛或垮塌严重时不易卡机，且容易调向。综上所述，采用敞开式TBM能够较好地适应高黎贡山隧道地质条件，相比传统钻爆法施工，可显著提高施工效率，缩短整体施工工期。

2) 关键参数核算

根据大瑞铁路高黎贡山隧道项目水文地质边界条件，通过相关计算公式进行TBM关键参数理论核算，具体见表22-6。结合TBM大数据平台及类似项目施工经验，TBM337原型机关键参数能够满足高黎贡山隧道地质条件下的掘进施工要求，不用再进行适应性改造，可节省TBM再制造成本。

3) 明确再制造TBM来源

根据高黎贡山隧道项目水文地质情况、业主方需求、设备原始技术参数、施工履历、设备

表 22-6 TBM337 原型机关键参数核算

序号	项 目	TBM337原型机设计参数	高黎贡山隧道平导TBM所需参数
1	总推力/t	1 515	1 160(每把滚刀承载 26)
2	刀盘额定扭矩/(kN·m)	4 054	2 500(按照 SELI 公司公式)
3	撑靴支撑压力/t	3 327	2 900

适应性分析、设备进场工期要求及设备检测中心机况评估等因素综合评估,明确了原用于重庆轨道交通 6 号线使用的敞开式 TBM337(开挖直径 6.39 m)为再制造 TBM 来源。

2. TBM 再制造总体策划

1) 恢复性再制造策划

TBM337 购置时间较早,掘进里程超过 6 km,施工完成后在重庆存放时间较长(近 5 年),对设备影响较大,其主轴承、主驱动减速机、液压系统和电气系统等元器件已严重老化、生锈,设备的综合性能下降严重,TBM 各系统也存在配件缺失、损坏情况,无法满足高黎贡山平导隧道至少 10 km 的掘进施工任务。

对 TBM 设备进行全拆全检,整机结构件进行喷砂喷漆;更换主驱动密封、更换整机液压油管及电缆;对 TBM 的关键零部件,如主轴承、减速箱、变频电机、变频器、液压元件等委托原厂家或国内知名优质企业进行全面拆检及性能恢复;对主要钢结构进行探伤、补焊、彻底修复,确保高黎贡山平导隧道再制造 TBM 整机性能恢复到原型新机标准。

2) 改造升级性再制造策划

TBM337 再制造前已经历了重庆轨道交通 6 号线项目实践的检验,发现了一些设计或者制造方面的缺陷和不足,同时由于高黎贡山隧道工程的地质水文条件、支护方式和支护强度、编组运输方式等方面的新要求,再制造时在 TBM337 原型机基础上进行部分系统的适应性改造及性能提升,以更好地适应新工程施工需求。

改造升级内容包括:刀盘适应性改造、护盾系统适应性改造、撑靴及推进系统适应性改造、桥架与拖车适应性改造、皮带机适应性改造、主驱动系统性能提升、拱架安装机性能提升、锚杆钻机性能提升、L2 区喷混系统性能提升、吊机系统性能提升、通风系统性能提升、冷却水系统性能提升、电气及控制系统性能提升。

22.3.4 TBM 再制造实施过程

1. 关键部件性能恢复

1) 刀盘

刀盘锥面耐磨板、耐磨钉、外圈耐磨条磨损严重,全部更换,其中耐磨板材料由 hardox450 升级为耐磨复合钢板,提高其耐磨性。对定位尺寸磨损超限、淬硬层探伤发现裂纹的刀箱进行整体更换。刀盘本体部分焊缝裂纹较深,采取“缺陷焊缝刨除—补焊—修磨”修复方式,直至探伤复测没有裂纹。整体结构件进行喷砂喷漆处理。刀盘性能恢复情况如图 22-68 所示。

2) 主轴承、大齿圈、转接座及其附件

委托洛阳 LYC 轴承有限公司对主轴承和大齿圈进行检测,内容包括外观检查、主要尺寸检测、滚道硬度及硬化层深度检测、探伤检测、滚子检测及保持架检测、齿圈外观检查、齿圈主要尺寸检测、齿面磨损量检测、硬度检测、齿面硬化层深度检测及着色渗透探伤检测等。

根据检测结果,使用齿形板对大齿圈齿面锈蚀进行打磨除锈,为避免影响有效啮合面积,大齿圈齿面局部压痕不做处理,后续组装时大齿圈 180°翻面使用。考虑到高黎贡山隧道地质复杂性及后续施工方案变更可能性,平导 TBM 可能会需要接应 2 号竖井施工或掘进通过断层破碎带,掘进距离可能会超过 10 km,为确保 TBM 关键部件主轴承的可靠性、耐久性,计划使用新主轴承,旧主轴承修复后作为备件。

转接座耐油油漆表面坑点较多,打磨清除后重新喷涂耐油油漆(铁红色)。对转接座本体所有焊缝进行无损探伤检测。更换老化失效的主轴承内外密封及 O 形圈、磨损的耐磨钢带及高强度螺栓,部分连接紧固件清洗、防护后作为备件使用。主轴承、大齿圈、转接座及其附件性能恢复情况如图 22-69 所示。

(a) (b) (c)

(d) (e) (f)

图 22-68 刀盘性能恢复情况

(a) 锥面耐磨板更换；(b) 外圈耐磨条更换；(c) 耐磨钉更换；(d) 新刀箱定位；(e) 新刀箱焊接；(f) 刀盘喷漆

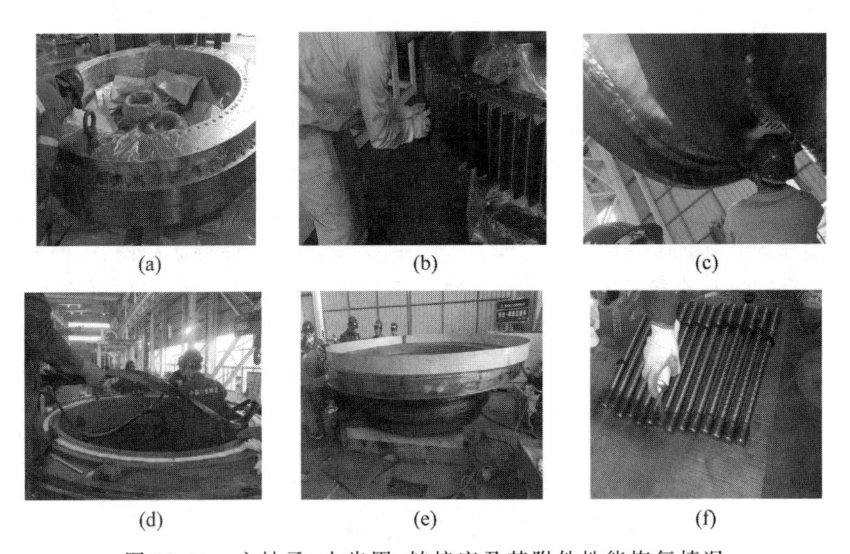

(a) (b) (c)

(d) (e) (f)

图 22-69 主轴承、大齿圈、转接座及其附件性能恢复情况

(a) 新主轴承；(b) 大齿圈齿面打磨除锈；(c) 转接座焊缝探伤；
(d) 主轴承密封更换；(e) 耐磨钢带更换；(f) 高强度螺栓更换

3）机头架

根据图纸技术要求，对机头架本体结构主电机法兰连接孔直径、驱动小齿轮前后轴承座内孔直径、所有螺纹孔、护盾油缸支座内孔直径等进行尺寸检测。对机头架本体所有焊缝进行无损探伤检测。机头架油腔面原耐油油漆(铁红色)局部已脱落，加之后续还要做焊缝探伤检测，清除原耐油油漆后重新喷涂耐油油漆(铁红色)。重新加工并焊接防尘盾并更换密封。机头架性能恢复情况如图 22-70 所示。

4）主驱动系统

委托重庆齿轮箱有限责任公司对 TBM 主驱动减速机(含电机传动轴、输出齿轮部件)进行全面检测，检测内容包括外观、尺寸、游隙、齿面硬度、密封情况、齿面淬火层厚度测量、超声波/磁粉无损探伤检测。根据检测结果，对

(a)

(b)

(c)

图 22-70 机头架性能恢复情况

(a) 机头架轴承座尺寸检测；(b) 机头架焊缝磁粉探伤；(c) 机头架油腔面喷涂耐油油漆

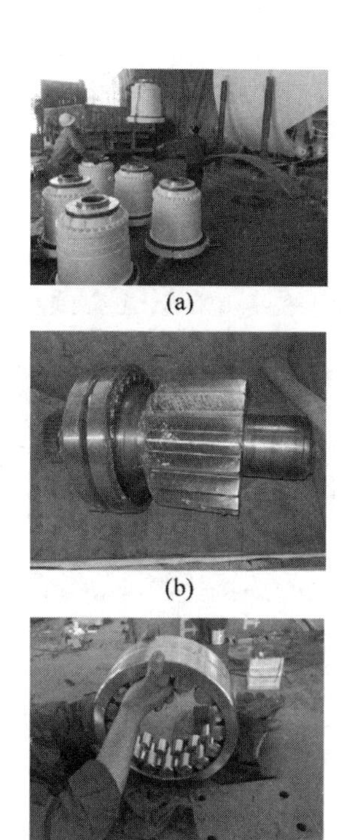

(a)

(b)

(c)

图 22-71 主驱动系统性能恢复情况

(a) 主驱动减速机；(b) 小齿轮后端调心轴承；(c) 小齿轮前端无内圈滚子轴承

主减速机冷却水腔清理除锈、涂防锈漆并进行密封渗透试验；主驱动减速机花键轴、一级和二级内齿圈/行星轮/行星架/行星轴清理锈蚀、花键去毛刺、修磨齿面及配合面；主驱动减速机内深沟球轴承、一级和二级行星轮轴承磨损及游隙超标，更换原装轴承；内部油封等配件全部更换为进口骨架油封、O形密封圈；重新装配完成后进行主驱动减速机负载测试。

主电机传动轴花键、主驱动小齿轮轴清理锈蚀，部件组装后涂防锈油保养。主驱动小齿轮轴后端双列调心滚子轴承、前端无内圈圆柱滚子轴承磨损及游隙超标，更换原装轴承。主驱动系统性能恢复过程如图 22-71 所示。

5) 护盾

根据图纸技术要求，对侧支撑、顶支撑和底部支撑重要配合尺寸进行检测，发现底部支撑、左侧支撑和右侧支撑之间的连接内孔尺寸超差，进行销孔扩孔修复。左、右侧支撑部分焊缝探伤检测不合格，采取“缺陷焊缝刨除—补焊—修磨”修复方式，直至探伤复测合格。楔块表面存在裂纹且硬度不达标，根据图纸重新加工制造；左、右侧支撑外圆弧面均存在明显磨槽，进行补焊、修磨；更换底部支撑与机头架之间的密封垫及螺栓紧固件。护盾本体结构喷砂喷漆。护盾系统性能恢复情况如图 22-72 所示。

6) 主梁、鞍架及水平支撑油缸附件

根据图纸技术要求，对主梁、鞍架、鞍架前后连接梁、撑靴油缸导向轴及其支座等重要配合尺寸进行检测，用螺纹规检测所有的螺纹孔。主梁本体部分焊缝探伤检测不合格，采取“缺陷焊缝刨除—补焊—修磨”修复方式，直至探伤复测合格；主梁本体上的主推缸耳板变形压弯，开挡平面、内孔表面磨损及内孔直径超差，重新加工耳座；主梁左、右两侧连接导轨磨损、锈蚀严重，局部有裂纹，根据图纸重新加工。

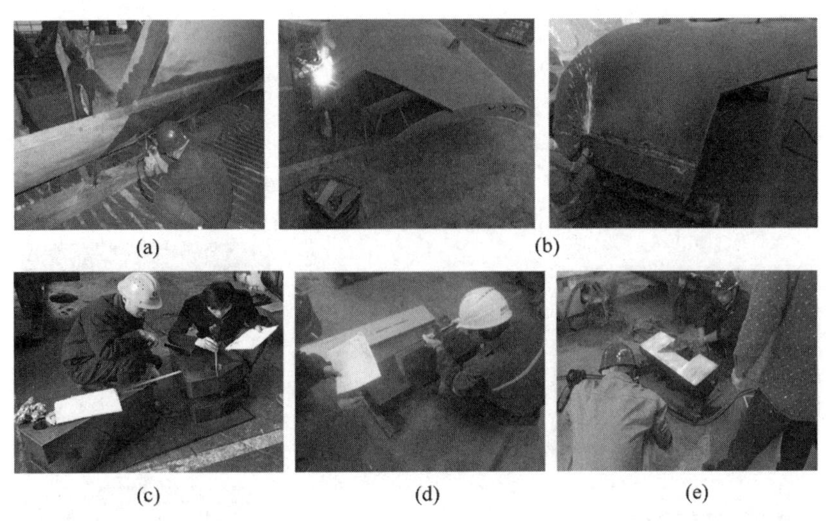

图 22-72 护盾性能恢复性情况

(a) 侧护盾焊缝磁粉探伤；(b) 侧护盾表面磨槽部位补焊、打磨修平；(c) 新制侧护盾楔块出厂验收；(d) 侧护盾摇块尺寸检测；(e) 侧护盾摇块磁粉探伤

鞍架V形槽定位面尺寸磨损超限、锈蚀及局部变形严重，上机床修复处理；鞍架刮板清扫器磨损、锈蚀严重，更换新件；鞍架V形槽滑移耐磨板局部已脱落，更换新件；撑靴水平支撑油缸导向轴表面腐蚀严重、硬度不达标，按图纸重新加工制造；撑靴水平支撑油缸导向轴上、下位置支座轴套尺寸超差，更换新件；十字销轴中间位置支座球套磨损、局部破裂，更换新件；十字销轴底部连杆轴套磨损，更换新件；撑靴水平支撑油缸与撑靴之间的连接球座及压环磨损严重，重新配合研磨加工制造；主梁、鞍架本体结构喷砂喷漆处理。

主梁、鞍架及水平支撑油缸附件性能恢复情况如图22-73所示。

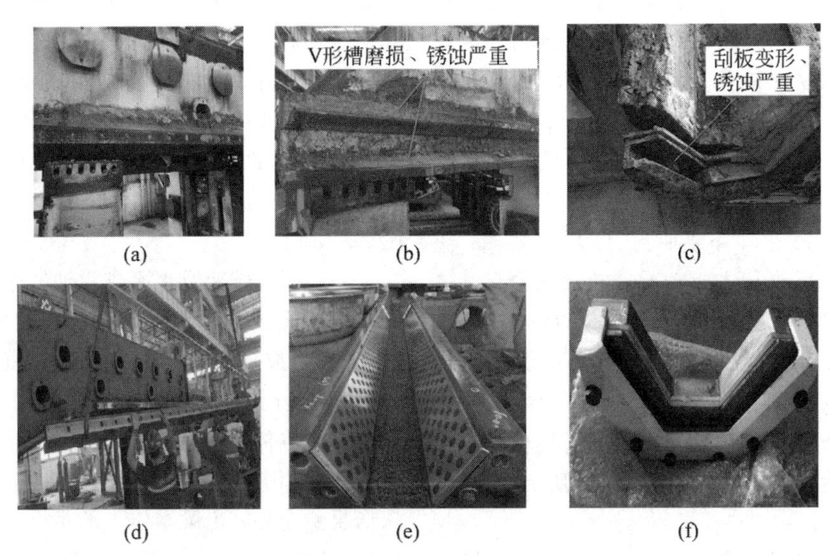

图 22-73 主梁、鞍架及水平支撑油缸附件性能恢复情况

(a) 鞍架导轨磨损、锈蚀；(b) 鞍架V形槽定位面磨损、锈蚀；(c) 鞍架刮板清扫器磨损、锈蚀；(d) 更换鞍架导轨；(e) 更换鞍架V形槽滑移耐磨板；(f) 更换鞍架刮板清扫器

7）后支撑

根据图纸技术要求，对后支撑及其平台拉杆重要配合尺寸进行检测，用螺纹规检测所有的螺纹孔。左、右后支腿中间位置表面磨损严重且已局部凹陷，根据图纸重新加工制造。后支撑拖拉平台1号桥架行走滑槽磨损严重，局部已变形，需恢复处理。后支撑本体部分焊缝探伤检测不合格，采取“缺陷焊缝刨除—补焊—修磨”修复方式，直至探伤复测合格。后支撑本体结构进行喷砂喷漆。后支撑系统性能恢复情况如图22-74所示。

图22-74 后支撑性能恢复情况

(a) 左、右后支腿；(b) 后支腿局部凹陷变形；(c) 后支撑拖拉滑槽磨损；(d) 后支腿重新加工；(e) 后支撑结构喷砂；(f) 后支撑结构喷漆

8）皮带机

梳理主机皮带机系统、桥架皮带机系统及后配套皮带机系统缺损件，对缺损部件进行修复或重新加工。检查皮带支架并对变形部位进行矫正处理并恢复尺寸，易变形部位进行加固处理，对可继续使用的皮带机支架进行喷砂、喷防锈漆处理。更换皮带机刮渣器及缺损严重的主机皮带机液驱总成，重新加工皮带硬托辊，皮带机驱动及从动滚筒更换包胶层，对桥架、后配套皮带机电驱总成进行拆检修复。

皮带机系统性能恢复情况如图22-75所示。

9）支护设备附属件

对磨损变形严重的锚杆钻机前后行走轨梁、水平移动轮组部件（轮子、密封、铜套及销轴）进行重新加工。更换超前钻机液压凿岩机部分，对推进器部分进行修复。对混凝土输送泵总成进行拆检，修复相关机械、液压及电气部件，更换易损件，装机后带载测试。支护设备性能恢复情况如图22-76所示。

10）液压部件（含润滑）

委托中铁隧道局集团有限公司设备检测中心对液压泵、马达及阀组进行拆检及性能恢复，重新装配后上液压试验平台加载试验，根据TBM液压系统图纸技术要求进行额定压力、流量等参数标定。委托常州海驰液压设备有限公司对液压油缸进行拆检及性能恢复，重新装配后加载保压测试。对油箱内部进行清洁处理，重新喷涂耐油油漆（铁红色），外表面喷砂喷漆；逐个检查液压泵和电机的联轴器齿轮磨损情况，磨损较轻的进行修复，磨损超过极限的更换处理；更换老化破损严重的压力表、冷却器、滤芯、呼吸器及液压软管（含接头）。液压系统性能恢复情况如图22-77所示。

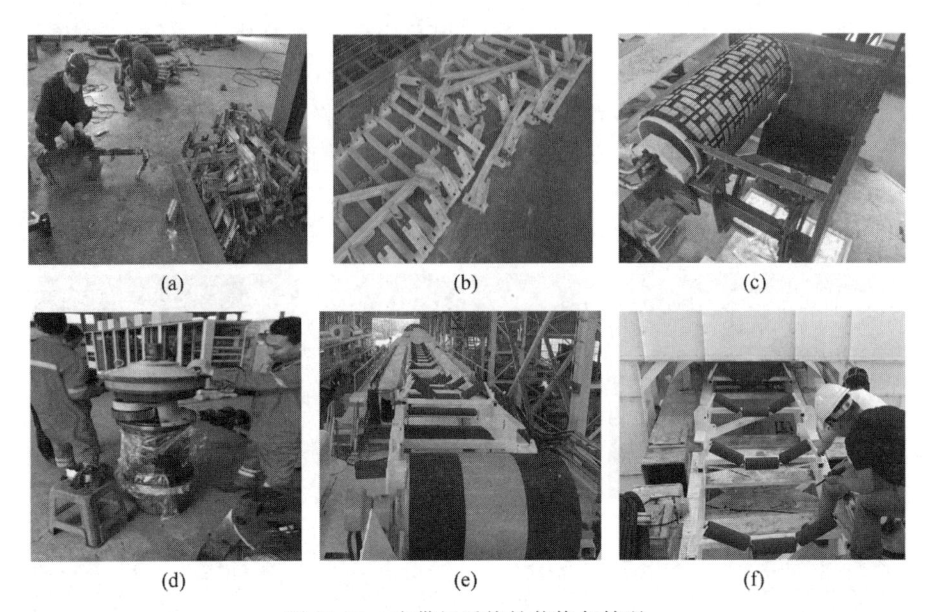

图 22-75　皮带机系统性能恢复情况

(a) 皮带支架除锈；(b) 皮带支架喷漆；(c) 更换皮带液驱总成刮渣器；(d) 皮带电驱总成拆检；(e) 皮带驱动滚筒包胶处理；(f) 皮带硬托辊加工

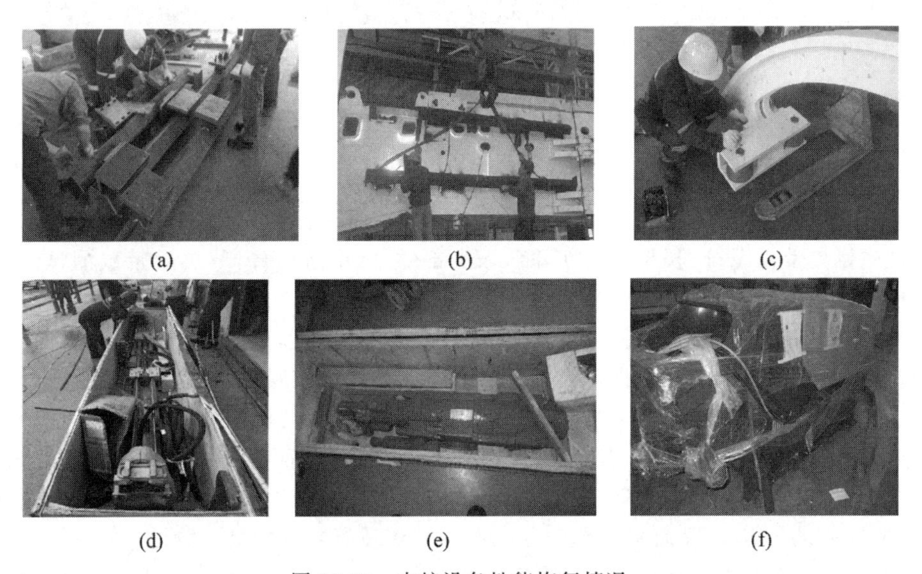

图 22-76　支护设备性能恢复情况

(a) 锚杆钻机行走轨梁重新加工；(b) 锚杆钻机行走轨梁定位、焊接；(c) 更换锚杆钻机水平移动轮组；(d) 超前钻机推进器；(e) 超前钻机凿岩机；(f) 混凝土输送泵总成

11) 电气部件

对电机、变频器、高低压电气设备、配电控制柜、高压电缆及动力电缆进行绝缘检测及缺损电气配件梳理，对老化、电气性能下降严重的元器件(存放时间较久，保养不完善)进行更换，委托有承装电力资质的单位对高压电缆、变压器进行耐压测试，出具电试报告。更换部分动力电缆及全部控制电缆、通信电缆、电磁阀/传感器/检测开关信号电缆。因存放时间较长且过程中保养防护不到位，导致 TBM 主

图 22-77　液压系统性能恢复情况

(a) 水平支撑油缸出厂测试；(b) 推进油缸返厂；(c) 液压阀组性能恢复；(d) 油箱耐油油漆重新喷涂；(e) 油箱外表面喷漆；(f) 压制液压软管接头

机及后配套各系统的压力、流量及温度等传感器及对应检测开关的电气性能老化、失效，缺失现象也存在，需进行相应更换。电气系统性能恢复情况如图 22-78 所示。

图 22-78　电气系统性能恢复情况

(a) 电机性能恢复；(b) 配电控制柜性能恢复；(c) 泵站动力电缆更换；(d) 主电机动力电缆绝缘测试；(e) 动力电缆接头制作；(f) 高压电缆耐压测试

12）结构件涂装

TBM主机、桥架与拖车结构件表面存在油漆脱落、表面锈蚀等情况，对其外观进行喷砂、喷漆处理，恢复至新机外形标准。搭建配备除尘器的喷砂房，喷砂前拆除设备上的所有部件，用铁铲等工具将设备上的泥土、砂浆、油泥、油脂等清除干净，确保结构件钢材表面无泥土、锈蚀、酸、碱、油脂等污物，对于结构件上的凹坑部位喷漆前先打腻子补平，喷漆过程喷涂三道，防锈底漆＋中间漆＋面漆，喷砂完成后在12 h内喷涂防锈漆，防止结构件表面锈蚀。刀盘喷砂喷漆过程如图22-79所示。

(a) (b) (c) (d) (e) (f)

图22-79　刀盘喷砂喷漆过程

2. 系统改造及性能提升

1）刀盘适应性改造

原刀盘原铲斗齿设计为3颗螺栓连接紧固，铲斗齿连接部分母材较薄弱、易被渣石磨损，从而损坏螺纹，导致铲斗齿拆卸不方便。针对高黎贡山隧道石英含量高的围岩段，对刀盘铲斗齿、铲斗座进行适应性改造，以提高其耐磨性和强度。新铲斗齿设计为4颗螺栓连接紧固，增加铲斗齿母材的厚度和强度，磨损容量更大，螺栓不易损伤，拆装铲斗齿更方便，增加铲斗座基板厚度，设置筋板，提高应力释放。

刀盘铲斗齿、铲斗座改造前后对比情况如图22-80所示。

2）护盾系统适应性改造

在原有护盾壳体外侧焊接拼装钢筋排预装腔室即McNally系统（焊接过程对护盾本体结构进行有效辅助支撑，避免护盾本体发生焊接变形），可提前安装钢筋排等支护材料，一旦顶部围岩出现垮塌、掉块现象，可及时对露出护盾的软弱围岩进行有效支护，减轻中等以下岩爆对TBM施工安全与效率的影响，更好地应对高黎贡山隧道软岩地质条件。McNally系统改造情况如图22-81所示。

原顶护盾最大伸缩距离为129.4 mm，通过增加顶护盾油缸行程，降低机头顶部耳座位置，增大了顶护盾伸缩距离，达到204.7 mm，以更好地应对软弱围岩垮塌情况。增大顶护盾伸缩距离如图22-82所示。

3）水平支撑系统适应性改造

调整原水平支撑油缸内部活塞杆限位挡块位置，使活塞杆行程适当增大，加强撑靴在软弱破碎围岩上的支撑效果，如图22-83所示。

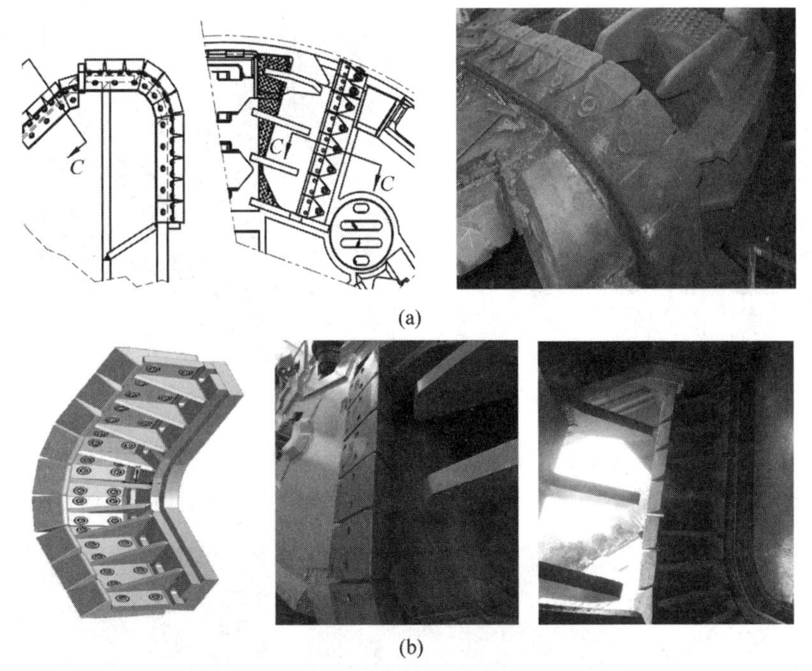

图 22-80 刀盘铲斗齿、铲斗座改造前后对比情况

(a) 刀盘铲斗齿、铲斗座改造前；(b) 刀盘铲斗齿、铲斗座改造后

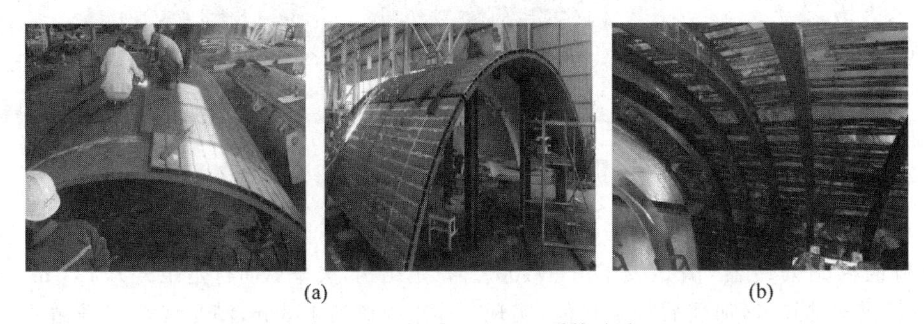

图 22-81 护盾 McNally 系统改造

(a) 护盾钢筋排预装结构焊接、拼装过程；(b) 护盾钢筋排支护效果

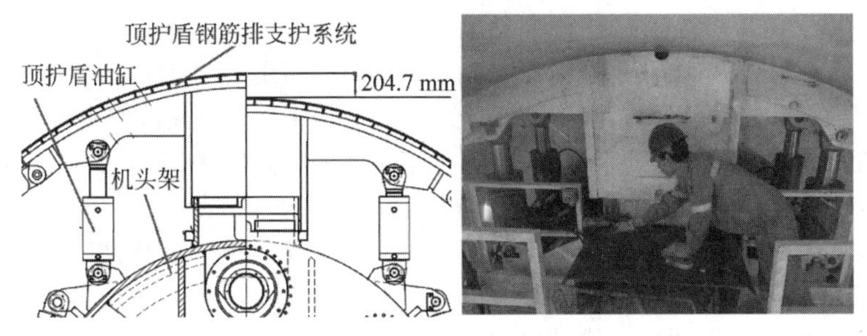

图 22-82 增加顶护盾伸缩距离

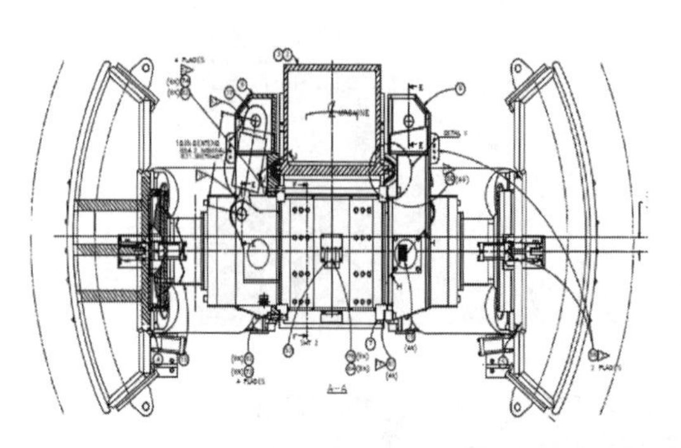

图 22-83　增加水平支撑油缸行程

新制水平撑靴，改进撑靴姿态调整机构为外置式，方便维保与故障处理。适当增大撑靴开槽尺寸，提高撑靴在软弱破碎围岩段通过密集拱架区的效率。新制水平撑靴结构如图 22-84 所示。

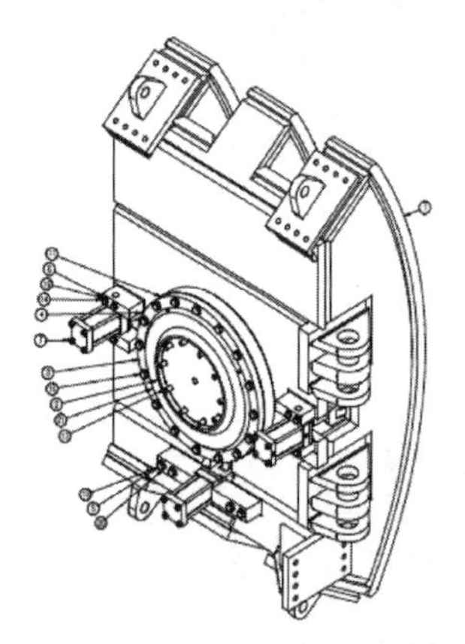

图 22-84　新制水平撑靴结构

4）支护设备适应性改造

新制钢拱架安装器，满足安装 HW100、HW150 钢拱架，同时增加前后行走功能，实现主动、快速立拱作业。新制钢拱架安装器如图 22-85 所示。

锚杆钻机系统整体优化升级，其中液压凿岩机升级为 Atlas COP1838HD，提高打钻功率；推进器升级为 BMH6000 系列，提高打钻深度；配套全新的液压动力泵站、润滑系统及附属液压管路，泵站位置迁移至后支撑附近，缩短与锚杆钻机执行机构之间的距离，有效降低压力损失和管路磨损影响；锚杆钻机操控方式由无线遥控式改为液压直控式操作平台，易操作，故障排查方便。锚杆钻机总成升级改造情况如图 22-86 所示。

重新设计喷混机械手结构，采用新型大车行走结构，大车纵向行走距离为 4.5 m、伸缩臂伸出距离为 1.5 m，满足 4 个掘进循环的喷浆需求；配置两套完全独立的喷混系统，可单独操作，也可以两台同时工作；喷头至围岩距离调整至 1.0～1.2 m，以减小喷浆回弹料；喷混机械手适应性改造情况如图 22-87 所示。

5）主梁适应性改造

为给主驱动双速减速机、L1 区支护作业留下足够的空间位置，主梁本体结构件进行适当延长，如图 22-88 所示。

6）桥架与拖车适应性改造

为适应满足高黎贡山隧道项目双循环出渣及仰拱块轨面设计高度增加的施工要求，新增加 2 节拖车，1 号～3 号桥架本体结构适当延

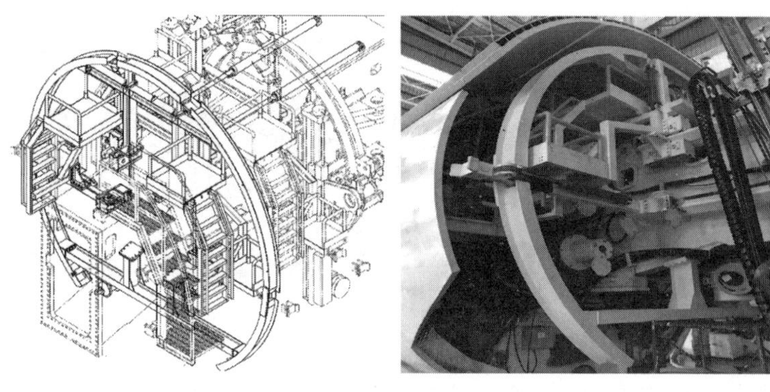

图 22-85　新制钢拱架安装器

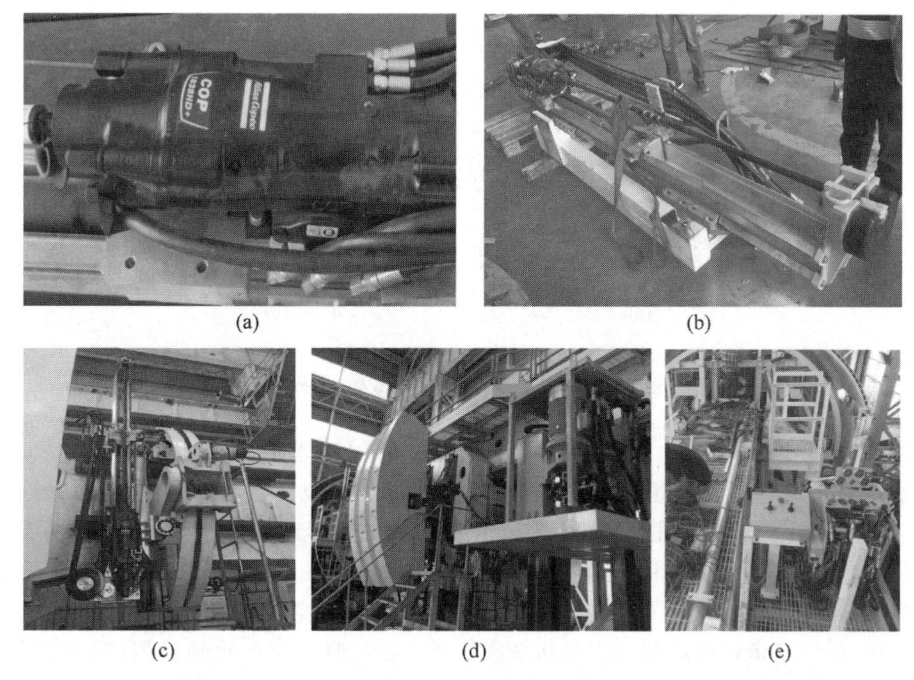

图 22-86　锚杆钻机总成升级改造

(a) 液压凿岩机；(b) 推进器；(c) 锚杆钻机执行机构；(d) 锚杆钻机液压泵站；(e) 锚杆钻机操作平台

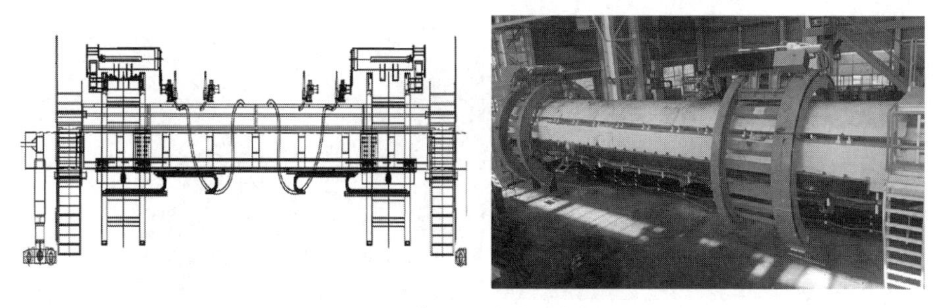

图 22-87　喷混机械手适应性改造

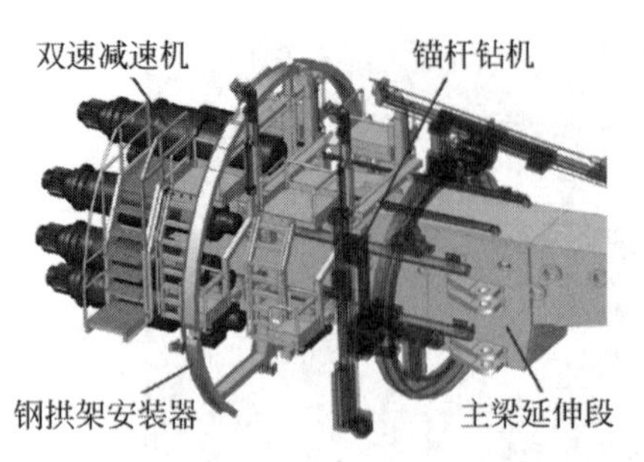

图 22-88　主梁延伸改造情况

伸，桥架与拖车轮对支座高度相应降低。为避免水平运输编组在 TBM 后配套拖车位置往复爬坡，对所有拖车底部加装浮动平台。桥架与拖车适应性改造情况如图 22-89 所示。

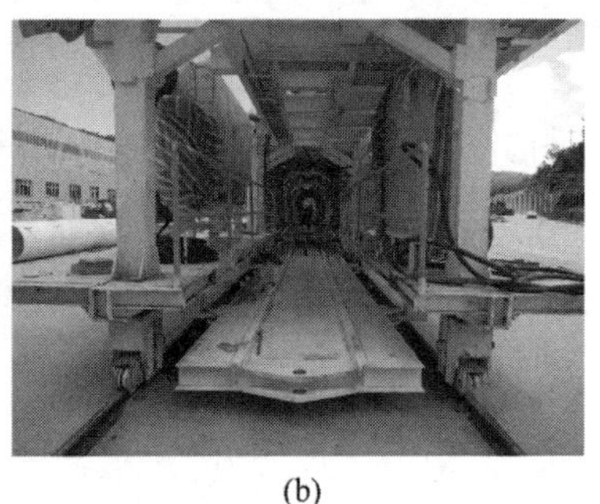

(a)　(b)

图 22-89　桥架与拖车适应改造情况

(a) 桥架长度增加、高度降低；(b) 拖车加装浮动平台

7) 皮带机适应性改造

为适应满足高黎贡山隧道项目双循环出渣的施工要求，桥架与拖车主体结构相应延长，布置在桥架、拖车上的皮带机支架结构等进行相应调整，皮带卸渣口位置相应后移。在主机皮带机、桥架皮带机和后配套皮带机驱动滚筒附近增设本地手动控制功能，以便于就近进行皮带机维保及故障检查。皮带机适应性改造情况如图 22-90 所示。

8) 主驱动系统性能提升

在主驱动传动强度核算足够的情况下，原主驱动电机与原主减速机之间加装双速减速箱，可显著提高 TBM 刀盘瞬时扭矩，增加软弱、大变形围岩中刀盘被卡后脱困的效率及方式。在主驱动小齿轮轴前端轴套端面加装限位挡板，避免轴套轴向窜动。主驱动系统性能提升情况如图 22-91 所示。

(a)　(b)

图 22-90　皮带机适应性改造情况

(a) 皮带机支架相应延长、调整；(b) 皮带机驱动位置本体控制

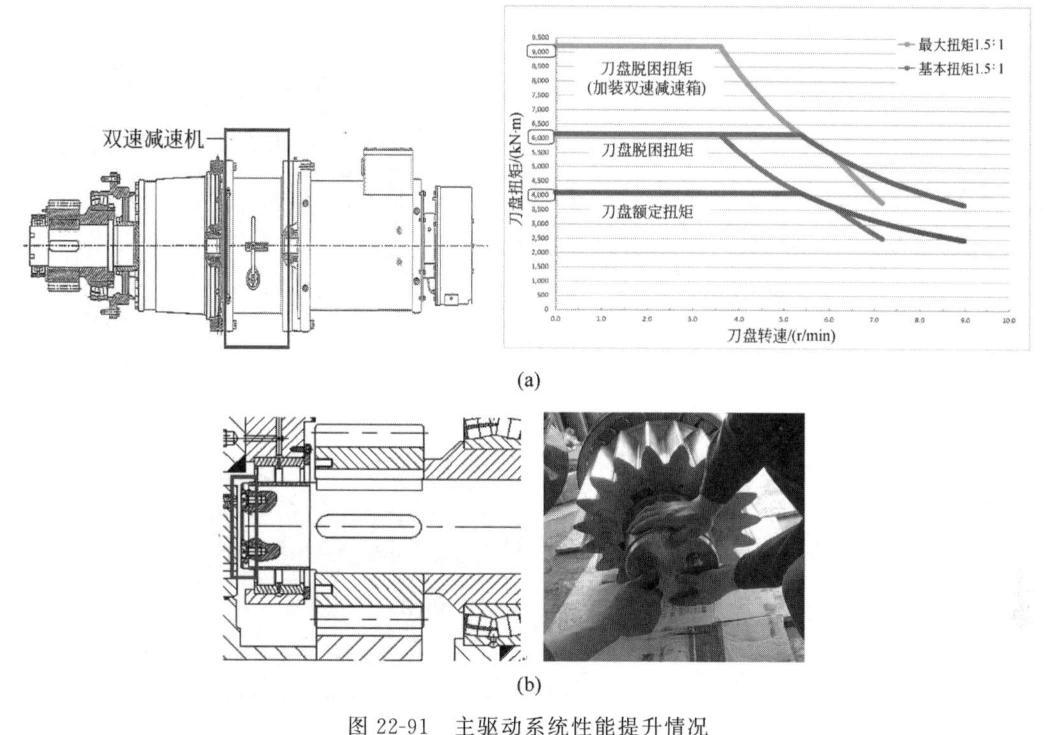

(a)

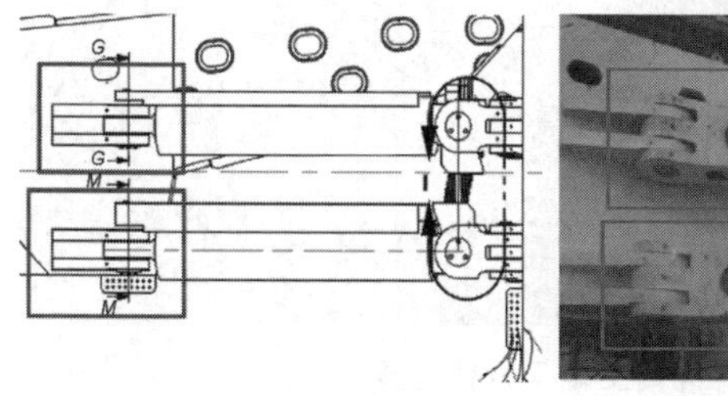

(b)

图 22-91 主驱动系统性能提升情况

(a) 加装主驱动双速减速机，提高刀盘脱困扭矩；(b) 加装主驱动小齿轮轴前端轴套轴向限位挡板

9) 优化推进油缸连接方式

原先推进油缸与主梁之间连接只用 1 个销轴，现改为 2 个销轴“十字形”连接，改善此位置的集中受力状态，如图 22-92 所示。

图 22-92 推进油缸与主梁连接方式改进前、后对比

10) 物料转运设备性能提升

配备全新的折臂吊机(移动行程 7 m，起重 5 t)，为 TBM 桥架前方作业区及时转运支护材料，如图 22-93 所示。

根据高黎贡山平导隧道仰拱块设计尺寸，配备全新的仰拱吊机，如图 22-94 所示。

原混凝土罐转运方式为卷扬机横移转运，据以往施工经验，使用不便，效率不高；改为吊机转运方式，提高了转运效率，降低了劳动强度，如图 22-95 所示。

11) 通风制冷系统性能提升

风筒储存仓存储直径由 1.2 m 提高至 1.6 m，以增加隧道内单位时间的送风量。考虑到高黎贡山隧道高地温的影响，配备新的空气制冷系统，送冷却风到主机区域，风口增加手控阀门，以便在停机时新鲜冷却风能送到前方作业区域。储风筒及空气制冷机组如图 22-96 所示。

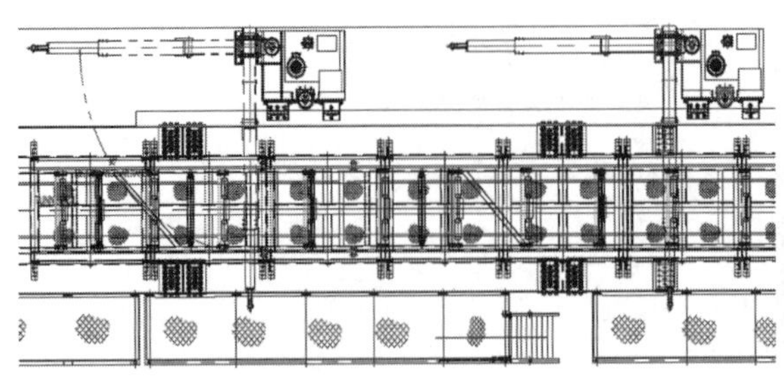

图 22-93 折臂吊机

仰拱吊机横移小车移动行程	120 mm
仰拱吊机最大有效提升行程	2 500 mm
仰拱吊机旋转装置最大摆动范围	0°～+95° （±5°）
仰拱吊机前、后行走最大距离	31.557 m

图 22-94 仰拱吊机

图 22-95 混凝土罐吊机转运装置

图 22-96 储风筒及空气制冷机组

12）冷却水系统性能提升

考虑到高黎贡山平导TBM隧道高地温影响，为保证TBM设备自身的冷却效果，将主驱动电机、液压及润滑泵站的冷却方式由原来的开式系统改为闭式独立水循环系统。

13）电气及控制系统性能提升

TBM主机室上位机升级为触屏式工业一体机计算机，PLC系统由原来的GE5.9升级为GE7.5，PLC模块采用最新穆尔模块，较其他模块对比，功能更全面，稳定性更强，对应接口的其他电气柜内的PLC控制模块等电气元器件也需进行相应的更新替换。新增一台干式变压器(规格为20 kV/400 V、500 kVA)，用于加装的空气制冷系统及应急排水系统(预留200 kW)。主机操作室原位置在撑靴附近，震动、噪声、污染等影响较大，现将主机操作室转移至2号拖车位置。电气及控制系统性能提升情况如图22-97所示。

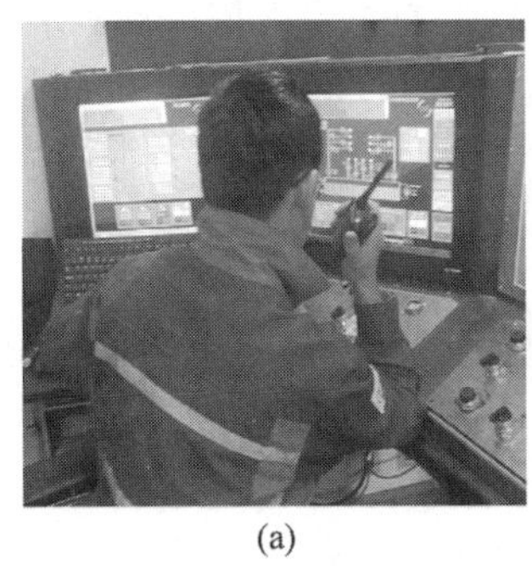
(a)

(b)

(c)

图22-97 电气及控制系统性能提升
(a) 上位机升级换代；(b) PLC模块升级换代；(c) 增加变压器扩容

3. 装机、调试及出厂验收

1）装机

TBM车间摆放位置确定后，进行整机结构、设备及管线安装，安装顺序一般如下：工装—底护盾—机头架—主梁(预装：鞍架＋扭矩油缸＋水平支撑油缸)—后支撑—水平撑靴—推进油缸—左、右侧护盾—主电机＋减速机—锚杆钻机—钢拱架安装器—刀盘—顶护盾—1号～3号桥架及附属设备—1号～14号拖车及附属设备—管线连接，装机完成后的TBM整机情况如图22-98所示。

图22-98 TBM整机安装完成

2）调试

在车间内进行高压通电前，对TBM机械、液压及电气系统进行重点排查，确保无误后方可通电进行TBM分系统调试、整机联调。

(1) 机械方面：检查TBM主机部分、桥架部分及后配套拖车部分核心部件的装配情况，确保装配精度达标且核心运动部件之间无干涉。

(2) 液压方面：设备加油注意事项见表22-7。为防止液压系统部件的损坏，整个液压系统的管线布置和连接都需根据图纸进行复查，确保管路连接正确、无误；液压系统压力阀的工作压力是厂家预设的，禁止随意进行压力参数调整。

(3) 电气方面：委托有承装电力设施资质的单位对TBM高压变压器、20 kV高压电缆进行高压电试，测试合格并出具试验报告后，方可进行高压电送电作业；根据TBM设备调试用电容量及电压等级选择合适的供电设备，TBM总装车间应具备合适的开关断路器与调试电缆，若车间配电室不能提供所需容量的电量，可租借符合调试用电的发电机及变压器，

表 22-7 TBM 加油注意事项

名称	型号	单位	数量	用油部位
液压油	壳牌(得力士) S2 M68	209 L/桶	24 桶	主机液压泵站
齿轮油	壳牌(Omala) S2 G220	209 L/桶	8 桶	主机润滑系统
	壳牌(Omala) S2 G320	209 L/桶	3 桶	主驱动减速机
备注	(1) 检查液压、润滑油箱内部的清洁程度; (2) 所加油料必须经过严格过滤,向油箱注油应通过规定的滤油器,在加注过程中应注意清洁,防止污染; (3) 在加油完成后,应全面检查,要确认是否已加油和加够油,并做好记录; (4) 用液压油、齿轮油填充相应的液压泵和液压马达的机壳内部,以防止内部轴承等部件干转			

保证整机设备调试供电正常;专业电气工程师根据电气图纸进行复查,确保 TBM 上所有配电柜、控制盒、变压器的接线端子接线正确且连接牢固,无虚接、没接线现象,确保所有配电柜的开关处于断开状态;TBM 系统通电后,根据《再制造 TBM 各系统调试大纲》进行整机动作及性能参数调试工作。

3) 出厂验收

(1) 再制造 TBM 出厂前状态评估

由中铁隧道局集团有限公司设备检测中心牵头组织,TBM 再制造项目部、监理部及用户代表共同组成了设备机况评估小组,依据《CT007R(TBM337 再制造出厂编号)TBM 再制造出厂验收大纲》,通过外观目测、试运行各个系统、仪表数据等手段对再制造 TBM 所有系统进行了全面检验、评估,形成《中铁隧道局集团有限公司设备检测中心 CT007R TBM 出厂状态评估报告》,如图 22-99 所示。

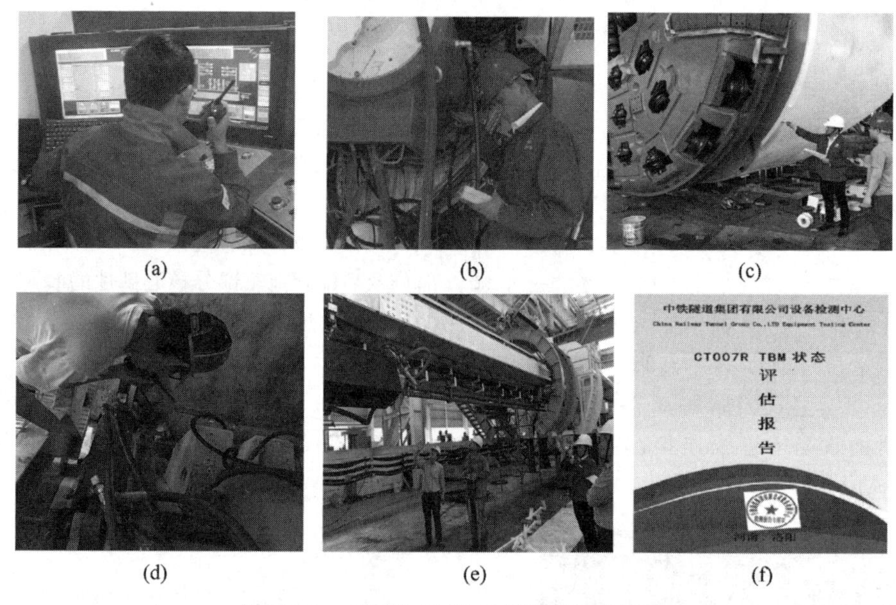

图 22-99 再制造 TBM 出厂设备状态评估

(a) 上位机各类参数测试;(b) 主电机振动测试;(c) 刀盘运转测试;(d) 护盾油缸测试;(e) 喷浆机械手测试;(f) 再制造 TBM 评估报告

(2) 再制造 TBM 出厂验收

由建设单位、设计单位、监理单位、施工单位、设备监理单位和设备再制造单位组成专家验收小组,对用于大瑞铁路高黎贡山平导隧道项目的 CT007R(TBM337 再制造出厂编号)敞开式 TBM 进行工厂验收,再制造项目部、再制造监理部和设备检测中心分别对 TBM337 盾构机再制造实施过程和质量管控等情况进行了专项汇报，如图 22-100 所示。

(a)

(b)

(c)

图 22-100　再制造盾构机出厂验收
(a) 专家组现场检验；(b) 出厂验收汇报；
(c) 再制造 TBM 下线仪式

(3) 再制造 TBM 竣工资料验收

编制《CT007R TBM 再制造竣工报告》，内容共包含五部分：依据及背景介绍、过程文件与方法、委外件质检资料与产品合格证、再制造实施过程与验收报告、再制造项目成本。更新完成 CT007R TBM 全套随机技术资料，包括机械图纸、电气图纸、流体图纸、整机使用说明书及附属设备说明书，部分图纸进行中文翻译标注，交付用户使用。

22.3.5　TBM 再制造售后服务

TBM337 再制造完成后的新编号为 CT007R，并按照新机标准提供掘进段 500 m 现场售后服务及整个标段的质保，派驻专业技术人员和技能人员进行跟机服务。

自 2017 年 11 月 26 日始发掘进以来，CT007R 再制造 TBM 克服了节理密集切割破碎带、软弱富水断层破碎带、岩性接触带、涌水流沙、破碎坍塌等地质难题，经历了 8 次卡机脱困。TBM 再制造售后服务团队协助施工项目一起研究分析了 TBM 护盾延伸“戴帽”的必要性与可行性，共同制定了护盾延伸方案，即将护盾与刀盘的间距由原来的 360 mm 缩减为 50 mm，在Ⅳ、Ⅴ级围岩实际占比达到 67%的情况下，继续掘进 1 500 m，未再发生卡机事故，大大提高了 TBM 掘进效率，如图 22-101 所示。截至 2019 年 6 月，CT007R TBM 已累计掘进 4 151 m，在高黎贡山隧道复杂地质条件下也取得了月进尺最高 629 m 的佳绩。

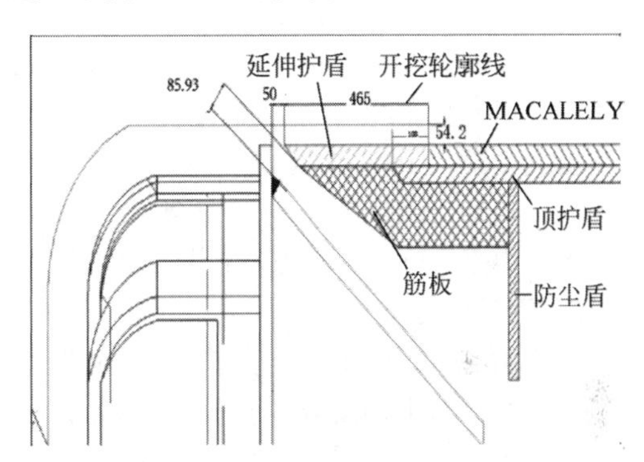

图 22-101　TBM 顶护盾延伸示意图

22.3.6　TBM 再制造项目法管理

1. 建立管理体系

成立高黎贡山平导 TBM 再制造项目部，建立相关规章制度和管理组织机构，如图 22-102 所示。

2. 监理全程监督

引进独立于高黎贡山平导 TBM 再制造项目部外的第三方专业设备监理机构，成立高黎贡山平导 TBM 再制造监理部，对 TBM 再制造进行全程监控，切实保证高黎贡山平导 TBM 再制造的各个过程按照既定流程和标准进行。

3. 工期管控

制订了详细的高黎贡山平导 TBM 再制造

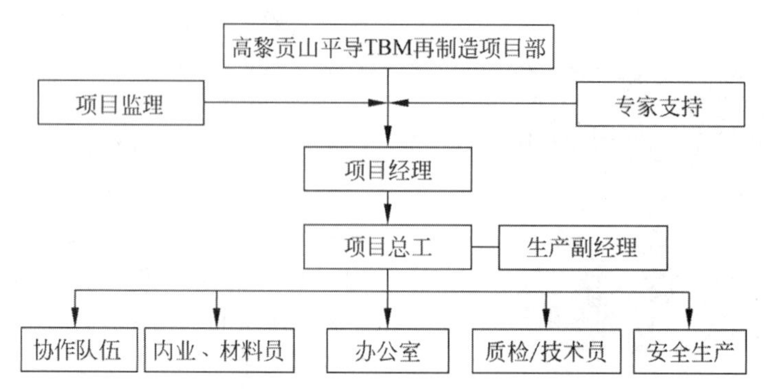

图 22-102　高黎贡山平导 TBM 再制造项目组织机构图

工期计划，具体实施过程中制定详细的周计划和日计划，每周召开生产交办会议总结上周工作完成情况、安排下周工作，根据实际进展情况动态调整相关工作，确保工期可控。

4. 安全管控

成立“安全生产领导小组”，落实安全生产责任制，使安全生产责任到人，层层负责。制定危险源清单并下发安全技术交底，建立并执行班前安全生产讲话制度，每周召开“安全生产会议”，定期组织安全培训及安全检查，确保了高黎贡山平导 TBM 再制造工作安全可控。

5. 质量管控

高黎贡山平导 TBM 整机进行“全拆全检”，根据拆检结果制定性能恢复及改造方案，通过专家评审后准予实施，如图 22-103 所示；实行三级检验及监理报审制度；委外检修件定期巡检，核心部件驻厂监督；TBM 主轴承、减速机、液压件、油缸、变压器、高压开关柜等精密部件委托专业厂家进行性能恢复，并出具加盖厂家公章的质量证明文件，高黎贡山平导 TBM 再制造项目部视情况组织相应规格的验收。

图 22-103　高黎贡山平导 TBM 再制造方案专家评审会

参 考 文 献

[1] 康宝生. 绿色环保经济发展与隧道掘进机再制造探析[J]. 隧道建设，2013，33(4)：259-265.

[2] 易新乾. 盾构/工程机械再制造推进中 14 个问题探讨[J]. 隧道建设，2018，38(7)：1079-1086.

TBM 再制造案例

第 22 章彩图

第23章

工程起重机维修与再制造

23.1 工程起重机的分类及其特点

23.1.1 轮式起重机的分类与特点

1. 汽车起重机

汽车起重机(truck-mounted 或者 truck crane)是安装在普通汽车底盘或专用汽车底盘上的一种起重机,汽车起重机的概念是把汽车和起重机相结合,汽车起重机可以自行行驶,大多数不用组装可直接工作。其行驶驾驶室与操作室分开设置,臂架系统分为箱形伸缩臂架和桁架式臂架两种。

汽车起重机中轴荷、外形尺寸、总重和行驶速度等都满足公路行驶规范,可以在公路上行驶,转场方便,被广泛应用于工程建设之中。

汽车起重机的特点如下。

(1) 机动性好,转移迅速,但工作时须支腿,不能负荷行驶,也不适合在松软或泥泞的场地上作业。

(2) 采用专用或通用底盘承载、适宜于公路行驶。

(3) 作业性能较高、结构相对简单。

(4) 最大起重能力主要集中在300 t以下。

(5) 作业臂长和幅度可通过液压油缸快速实现。

2. 轮胎起重机

轮胎起重机(rubber tired crane)是将起重机构安装在由重型轮胎和轮轴组成的特制底盘上的一种移动式起重机,可以进行物料起吊、运输、装卸和安装等作业。轮胎起重机由上车和下车两部分组成。上车为起重作业部分,设有动臂、起升机构、变幅机构、平衡配重和转台等;下车为支承和行走部分。

轮胎起重机的特点如下。

(1) 轮距较宽、稳定性好、车身短、转弯半径小,可在360°范围内工作。

(2) 越野行驶性能较好,但行驶速度较慢,不适于在松软泥泞的地面上工作。

(3) 作业性能较高但结构较复杂。

(4) 一般吨位区间为200 t。

(5) 作业臂长和幅度可通过液压油缸快速实现。

3. 全路面起重机

全路面起重机(all-terrain crane)是将起重系统安装在特制轮式底盘上的起重设备,是一种兼有汽车起重机和越野起重机特点的高性能产品。它既能像汽车起重机一样快速转移、长距离行驶,又可满足在狭小和崎岖不平或泥泞场地上作业的要求,具有行驶速度快,多桥驱动,全轮转向,离地间隙大,爬坡能力强等功能。

全路面起重机的特点如下。

(1) 行驶速度较高,机动灵活性好,行驶舒适性好。

(2) 具有油气悬架、多轴转向、蟹行和多轴驱动等特点，对狭小和崎岖不平或泥泞场地具有很好的适应性。

(3) 作业性能高，结构较复杂，价格昂贵。

(4) 吨位区间为 100～2 000 t。

(5) 作业臂长和幅度可通过液压油缸快速实现。

23.1.2 履带起重机的分类与特点

履带起重机(crawler crane)是由动力装置、工作机构以及臂架系统、转台系统、下车系统等组成，是将起重作业部分装设在履带底盘上，依靠履带装置完成行走的起重机。履带起重机根据上车臂架结构的不同可分为桁架臂履带起重机和伸缩臂履带起重机。

履带起重机的特点如下。

(1) 具有接地比压小、转弯半径小、爬坡能力强、起重性能高、可带载行走等优点。

(2) 需要辅助运输设备进行转运然后现场安装，安装时需要较大的安装空间和起吊设备协助。

(3) 单台价格较高。

(4) 吨位区间为 50～4 000 t。

(5) 作业辅助时间较长，撤离现场及转运时间长。

23.1.3 随车起重机的分类与特点

随车起重机(lorry-mounted crane)是由基座转台和固定在转台顶端的臂架系统组成起重机主要功能部分，并将起重功能部分安装在汽车(或拖车)上的一种起重机。主要用于货物的装卸，随车起重机集起重和运输功能为一体，既能实现起重作业，又不影响汽车底盘的载货运输。

随车起重机的特点如下。

(1) 行驶速度高，机动灵活。

(2) 将作业装置安装在重型卡车上，集装载、运输、卸载三大功能于一体。

(3) 作业性能较差，价格较低。

(4) 吨位区间主要集中在 3.2～25 t。

23.2 工程起重机概念与标准

23.2.1 起重机再制造的概念

起重机和起重机关键部件再制造是利用新技术对废旧起重机和起重机零部件进行修复加工，使其复旧如新，性能和质量均达到或超过其原型新机。这种低成本、可循环的制造模式可以用于所有的可再制造零部件。目前再制造产业作为循环经济“再利用”的高级形式已成为我国重要的战略性新兴产业。

起重机再制造的主要内容包括以下几方面。

(1) 修复。通过测试、拆修、换件、局部加工等，恢复产品的规定状态或完成规定功能的能力。

(2) 改装。通过局部修改产品设计或连接、局部制造等，使产品适合于不同的使用环境或条件。

(3) 改进或改型。通过局部修改和制造特别是引进新技术等，使产品使用性能与技术性能得到提高，适应使用或技术发展的需要，延长其使用寿命。

(4) 回收利用。通过对废旧产品进行测试、分类、拆卸、加工等使产品或其零部件、原材料得到再利用。

传统的产品寿命周期是“从研制到坟墓”，即产品使用到报废为止，其物流是一个开环系统。而理想的绿色产品寿命周期是“从研究到再生”，其物流是一个闭环系统。

废旧产品经分解、鉴定后可分为四类：①可继续使用的；②通过再制造加工可修复或改进的；③因目前无法修复或经济上不合算而通过再循环变成原材料的；④目前只能做环保处理的。

维修与再制造的目标是要尽量加大前两者的比例，即尽量加大废旧零部件的回用次数和回用率，尽量减少再循环和环保处理部分的比例，以便最大限度地利用废旧产品中可利用的资源，延长产品的生命周期，减少对环境的污染。

23.2.2 起重机制造的分类

起重机制造许可按起重机产品类型可分为十六大类,每类起重机按起重量分为A级/B级/C级等不同的等级。

其中,工程起重机制造许可分级具体如下。

(1) 桥式起重机,分为A级、B级和C级。

(2) 门式起重机,分为A级、B级和C级。

(3) 塔式起重机,分为A级、B级和C级。

(4) 流动式起重机,分为A级和B级,其中汽车起重机、随车起重机不分级,采用型式试验方式许可。

(5) 铁路起重机,分为A级和B级。

(6) 门座起重机,分为A级和B级。

(7) 升降机,分为A级和B级,其中高处作业车不分级,采用型式试验方式许可。

(8) 缆索起重机,A级。

(9) 桅杆起重机,B级。

(10) 旋臂式起重机,C级。

(11) 轻小型起重设备,A级、B级和C级。

(12) 机械式停车设备,A级。

(13) 安全保护装置,不分级。

(14) 超大型起重机械,不分级。

(15) 特殊类型起重机械,不分级。

(16) 进口各类起重机械,不分级。

上述十六大类许可产品类型中,安全保护装置、超大型起重机械、特殊类型起重机械和进口各类起重机械需采用型式试验的方式进行许可。

23.2.3 起重机制造的标准

起重机的设计加工、制造采用的主要标准见表23-1。

23.2.4 起重机验收的标准

起重机主要零部件检查、验收采用的主要标准见表23-2。

表23-1 起重机制造标准

标准名称	标准编号	标准级别
起重机设计手册	—	—
起重机设计规范	GB/T 3811—2008	国家标准
起重机械安全规程 第1部分:总则	GB/T 6067.1—2010	国家标准
标准化工作导则 第1部分:标准化文件的结构和起草规则	GB/T 1.1—2020	国家标准
起重机械电控设备	JB/T 4315—2020	机械行业标准
通用桥式起重机	GB/T 14405—2011	国家标准
电动单梁起重机	JB/T 1306—2008	机械行业标准
电动悬挂起重机	JB/T 2603—2008	机械行业标准
钢丝绳电动葫芦 第1部分:型式与基本参数、技术条件	JB/T 9008.1—2014	机械行业标准
防爆电动葫芦	JB/T 10222—2011	机械行业标准
电动葫芦桥式起重机	JB/T 3695—2008	机械行业标准

表23-2 起重机验收标准

标准名称	标准编号	标准级别
优质碳素结构钢	GB/T 699—2015	国家标准
碳素结构钢	GB/T 700—2006	国家标准
球墨铸铁件	GB/T 1348—2019	国家标准

续表

标准名称	标准编号	标准级别
低合金高强度结构钢	GB/T 1591—2018	国家标准
可锻铸铁件	GB/T 9440—2010	国家标准
起重机　钢丝绳　保养、维护、检验和报废	GB/T 5972—2016	国家标准
重要用途钢丝绳	GB 8918—2006	国家标准
YZ系列起重及冶金用三相异步电动机　技术条件	JB/T 10104—2018	机械行业标准
YZR系列起重及冶金用绕线转子三相异步电动机　技术条件	JB/T 10105—2017	机械行业标准
起重机用三支点减速器	JB/T 8905—2018	机械行业标准
起重机用底座式减速器	JB/T 12477—2018	机械行业标准
起重机　试验规范和程序	GB/T 5905—2011	国家标准
电力液压鼓式制动器	JB/T 6406—2006	机械行业标准
承压设备无损检测　第1部分:通用要求	NB/T 47013.1—2015	能源行业标准
色漆和清漆　划格试验	GB/T 9286—2021	国家标准
涂覆涂料前钢材表面处理　表面清洁度的目视评定　第1部分：未涂覆过的钢材表面和全面清除原有涂层后的钢材表面的锈蚀等级和处理等级	GB 8923.1—2011	国家标准
起重机　试验规范和程序	GB/T 5905—2011	国家标准
钢丝绳电动葫芦　第2部分：试验方法	JB/T 9008.2—2015	机械行业标准
起重吊钩	GB/T 10051.1～10051.15—2010	国家标准
起重机　车轮及大车和小车轨道公差　第1部分：总则	GB/T 10183.1—2018	国家标准
调速电气传动系统　第2部分：一般要求低压交流变频电气传动系统额定值的规定	GB/T 12668.2—2002	国家标准
机电产品包装通用技术条件	GB/T 13384—2008	国家标准
起重机　司机室　第5部分：桥式和门式起重机	GB/T 20303.5—2006	国家标准
气焊、焊条电弧焊、气体保护焊和高能束焊的推荐坡口	GB/T 985.1—2008	国家标准
埋弧焊的推荐坡口	GB/T 985.2—2008	国家标准
压力容器	GB 150.1～150.4—2011	国家标准
承压设备无损检测[合订本]	NB/T 47013.1～47013.13—2015	能源行业标准
产品几何技术规范(GPS)表面结构　轮廓法　表面粗糙度参数及其数值	GB/T 1031—2009	国家标准
圆柱齿轮　精度制　第1部分：轮齿同侧齿面偏差的定义和允许值	GB/T 10095.1—2008	国家标准
机械设备安装工程施工及验收通用规范	GB 50231—2009	国家标准
电气装置安装工程　电气设备交接试验标准	GB 50150—2016	国家标准
产品几何技术规范(GPS)线性尺寸公差ISO代号体系　第1部分：公差、偏差和配合的基础	GB/T 1800.1—2020	国家标准

续表

标准名称	标准编号	标准级别
产品几何技术规范(GPS)线性尺寸公差ISO代号体系　第2部分：标准公差带代号和孔、轴的极限偏差表	GB/T 1800.2—2020	国家标准
包装储运图示标志	GB/T 191—2008	国家标准
钢结构用高强度大六角头螺栓	GB/T 1228—2006	国家标准
起重机车轮	JB/T 6392—2008	行业标准
一般工程用铸造碳钢件	GB/T 11352—2009	国家标准
合金结构钢	GB/T 3077—2015	国家标准

生产制造起重机必须按照国家规定或行业规定的起重机标准进行，但是在众多的起重机生产制造标准中主要有两种：①俄罗斯起重机标准(20世纪90年代前称为苏式起重机标准)；②欧洲起重机标准(主要是根据英国、法国、芬兰、德国等国家的标准及技术生产，所以也称为欧式起重机)，这是目前我国最主要的两种起重机生产标准及依据，也是起重机再制造需执行的参考标准。

23.3 工程起重机维修与再制造工艺及技术

23.3.1 工程起重机维修与再制造工艺流程

一个完整的工程起重机维修与再制造工艺流程大致可划分为五个阶段。

1. 工程起重机的拆解

工程起重机的拆解即是将起重机拆卸成单一的零部件。拆解作为再制造的头道工序，直接影响再制造的加工效率和旧件再利用率。传统的拆解方法缺乏科学和综合评估，盲目性和随意性大，造成拆解过程耗时、耗能、耗力，效果不佳。

目前，比较科学的方法是根据拆解对象的设计图纸及装配工艺，结合相对应的拆解工具和拆解方法，应用高效无损拆解技术和分类回收技术，可有效提高废旧零部件的回收利用率，达到无损、高效、节能的目的，提高工程机械再制造企业的规模化和自动化水平。

2. 起重机零部件清洗

起重机零部件的清洗工作是起重机再制造过程的重要环节。起重机在使用过程中零部件会产生各种污垢，如外表面沾染灰尘、油泥，漆层的老化变质，机械润滑及燃油系统残留的润滑油和燃油污垢，金属表面产生的腐蚀物等。因此，将已拆卸的零部件进行清洗很有必要。通常，使用烘焙炉进行保温烘焙、表面抛丸、喷砂、高压水射流、超声波等清理技术可实现无损清洗，同时可减少清洗过程中的环境影响，避免二次污染。

目前，国外先进再制造企业已能做到清洗物理化(完全取消化学清洗)，拆洗水平已完全达到零排放。应用无污染、高效率、适用范围广、对零件无损害的自动化超声清洗技术、热膨胀不变形高温除垢技术、无损喷丸清洗技术与设备，可以显著提高再制造生产过程的排污标准。

3. 起重机零部件的检测和寿命评估

再制造的寿命评估包含两方面内容。

(1) 废旧零件的剩余寿命评估。通过它回答废旧零件能否再制造，能再制造几次(剩余疲劳寿命是否足够)的问题。

(2) 再制造零件(即再制造之后的零件)的服役寿命预测。通过它判定再制造零件是否具有足以维持下一个服役周期的使用寿命。

4. 起重机零部件的修复和再制造

起重机零部件的修复和再制造是工程机械再制造的核心阶段，将废旧零部件进行修复和再制造，并进行相关的测试、升级，使其性能能够满足使用要求。

5. **起重机零部件的组装**

将维修好的零部件进行重新组装，在装配过程中出现不匹配现象，需进行二次优化。装配好的产品还要经过测试、检验，确保质量达到实用标准后才算装配完成。

在工程起重机维修与再制造过程中，这五个阶段的每一个阶段与其他两个阶段都紧密相连并互相制约，再制造的工艺流程也表明了再制造过程与传统的制造过程的区别所在。

工程起重机再制造的最大优势，是能够以先进成形技术制造出优于零部件原来性能的零部件，如采用金属材料的表面硬化处理、热喷涂、激光表面强化等修复和强化零件表面，赋予零件耐高温、防腐蚀、耐磨损、抗疲劳、防辐射等性能，该层表面材料与制作部件的整体材料相比，厚度薄，面积小，但却承担着工作部件的主要功能。

23.3.2 工程起重机电气系统再制造

早期起重机电气系统大多采用整体线束，线束数量庞大，出故障时现场服务无法准确查找并解决问题。因此，采用分布式布线技术进行起重机电气系统的再制造可以大幅提高起重机电气系统的可靠性。

分布式布线技术是先在转台处增加主电控箱，在操纵室增加辅助电控箱，将操纵室电控箱与转台主电控箱通过过渡线束连接，在转台上再增加功能控制分线盒，分线盒与转台主电控箱也通过过渡线束连接。这种模块化的布线方式通过调整连接线数，减少连接复杂度后，大幅提高了整体可靠性和后期维护方便性。

在传统布线时，一个传感器需要一根参考电源线、一根电源参考地线、一根信号线，线束量十分庞大。通过整体式布线和分布式布线的对比，可以看到分布式线束增加了过渡分线盒，用于区域元件的集中分布。

分布式布线优点是当分布式布线出现故障时，可以将线束分为两段进行故障快速定位，结合电气原理图，对出现故障的线束进行快速更换处理；分布式布线通常采用的是成套电缆，因此其在抗干扰、抗拉、耐油等方面，相对于整体布线具有更大的优势。

23.3.3 履带起重机桅杆再制造

大型履带式起重机臂架变幅普遍采用桅杆变幅形式，在实际使用过程中，吊装作业时的环境十分复杂，再加上人为因素经常导致桅杆变形受损。

由于桅杆前端通过销轴与转台相连，后端通过拉板与主臂相连，桅杆上变幅滑轮组通过钢丝绳与转台尾部相连。桅杆通常采用片状H型架结构，两侧为箱形，中间通过横梁连接。所以为保证维修与再制造后的桅杆承载能力满足原来设计的使用要求，综合性能不低于原先的新品。一般是通过冷作工艺火焰矫正法对变形桅杆进行再制造。

火焰矫正是利用金属局部加热后所产生的塑性形变，抵消原有的变形，而达到矫正的目的。火焰矫正时，应对变形钢材或构件纤维较长处的金属，进行有规律的火焰集中加热，并达到一定的温度，使该部分金属获得不可逆的压缩塑性变形。冷却后，对周围的材料产生拉应力，使形变得到矫正。经火焰局部加热，产生塑性变形的部分金属，冷却后都趋于收缩，引起新的变形，此为火焰矫正的基本规律。

23.3.4 工程起重机泵类元件再制造

对于工程起重机液压泵类的传统维修方式是更换零部件。

而工程起重机液压泵再制造的做法则不同，再制造首先是将泵的所有零件解体并检测，如果发现缸体柱塞孔超标则更换全新的缸体，如果发现泵的先导(所谓提升器)有零件磨损或部分失效，按照再制造的原则进行返修、检测或部分更换，经过再制造后上台架进行完整的出厂试验，所有指标均满足“新泵”的要求后准许出厂。

零部件的再制造为整机再制造创造了必

要的条件，所以只有制订合理、严格的装配工艺，把合格的再制造零部件装配成合格的整机才能成为可能。

当起重机在进入再制造时都已经经历过很长的服役阶段，在服役期内起重机的技术与工艺都有了长足的发展，将这些新技术、新工艺应用到再制造过程中，能够使再制造产品的性能、质量有所提高甚至有可能高于原型的起重机，即属于“性能提高型再制造”，这也是中国再制造的特点之一。

23.4　工程起重机再制造的质量管理体系

23.4.1　起重机再制造质量管理

1. 典型零件几何量检测技术

零件的几何量是影响零件质量的重要参数，在再制造过程中，必须借助于测量工具和仪器，对拆解后的旧零件进行较为精确的几何量检测，鉴定其可用性和可再制造性。

2. 零件力学性能检测技术

产品再制造过程中，拆解后的这些零部件是否能够再制造后使用，不仅取决于其几何量，还与其力学性能有关。根据产品性能劣化规律，废旧产品零部件除磨损和断裂外，主要的力学性能变化有硬度下降、材料的老化等。

3. 零件缺陷检测技术

零部件内部损伤或缺陷，从外观上很难进行定量的检测，主要使用无损检测技术来鉴定。无损检测在再制造生产领域获得了广泛应用，成为控制再制造产品生产质量的重要技术手段，常见的有超声波检测、渗透检测、磁粉检测、涡流检测和射线检测等。

使用频率高的超声波具有指向性好、缺陷的分辨率高等特点。超声波检测可应用于厚板、圆钢、锻件、铸件、管子、焊缝、薄板等型材和工件；可对大部分被测工件的腐蚀厚度和内部缺损等缺陷进行检测。

4. 技术文件审查

根据使用单位提供的技术文件，审查上次检验报告，以及使用单位的设备使用记录，包括日常使用状况记录、日常维护保养记录、自检记录、运行故障和事故记录等。

5. 金属结构检测

（1）检测主要受力构件（如车架、转台、臂架等）是否有明显变形，发现不能满足安全技术规范及其相应标准等要求时，应当予以报废。

（2）检测金属结构的连接焊缝是否有明显可见的焊接缺陷，螺栓和销轴等连接是否有松动、缺件、损坏等缺陷。

（3）检测箱型起重臂（伸缩式）侧向单面调整间隙是否符合相关标准规定。

6. 钢丝绳出厂检验

（1）钢丝绳与滑轮和卷筒匹配符合《起重机械安全规程　第1部分：总则》（GB 6067.1—2010）的要求。

（2）吊运炽热和熔融金属的起重机械钢丝绳应选用适用于高温场合的钢丝绳，必要时检查其生产许可证。

（3）防爆起重机应当有防止钢丝绳脱槽的无火花材料制造的装置。

（4）卷筒上的绳端固定装置应有防松或者自紧的性能。

（5）用金属压制接头固定时，接头应无裂纹。

（6）用楔块固定时，楔套应无裂纹，楔块应无松动。

（7）用绳卡固定时，绳卡安装正确，绳卡数满足表23-3的要求。

表23-3　绳卡数

钢丝绳直径/mm	≤19	19～32	32～38	38～44	44～60
绳卡数量/个	3	4	5	6	7

7. 出厂性能测试

性能试验包括空载试验、额定载荷试验、静载荷试验、动载荷试验和有特殊要求时的试验。

（1）空载试验。按照起升（升降）、回转、变幅、行走顺序对各类起重机进行空载运行试验，并且进行如下检查：检查各机构运转是否正常，制动是否可靠；检查操纵系统、电气控制系统、液压系统工作是否正常；检查各种安全装置工作是否可靠有效。

(2) 额定载荷试验。检查各运行机构是否运转正常；检查主要受力结构件是否无明显裂纹、连接松动，是否无构件损坏等影响起重机性能和安全的缺陷；低定位精度要求的起重机，或者具有无级调速控制特性的起重机，采用低起升速度和低加速度能达到可接受定位精度的起重机，挠度要求不大于 $S/500$；使用简单控制系统就能达到中等定位精度的起重机，挠度要求不大于 $S/750$；需要高定位精度的起重机，挠度要求不大于 $S/1\,000$。

(3) 产品技术文件检查。根据产品使用要求检查产品总图、主要受力结构件图、电气原理图、液压(气动)系统原理图齐全；检查产品制造单位的有效资格证明、产品质量合格证明、安装使用维护说明书等随机资料以及安全保护装置等相关资料是否齐备。

23.4.2 起重机再制造质量体系

自“十二五”以来，再制造标准化推进力度不断增强，技术标准制订取得重大进展，再制造标准空白得到填补，标准覆盖范围不断扩展，政策措施逐步完善，标准对再制造产业的支撑效果显著提升。在起重机再制造过程中可参照的项目标准虽不算非常完备，但覆盖还是比较全面(见表 23-4～表 23-7)。

表 23-4 已发布再制造国家标准

标准名称	标准编号	备注
机械产品再制造　通用技术要求	GB/T 28618—2012	推荐性标准
绿色制造　金属切削机床再制造技术导则	GB/T 28615—2012	推荐性标准
机械产品再制造质量管理要求	GB/T 31207—2014	推荐性标准
再制造内燃机　通用技术条件	GB/T 32222—2015	推荐性标准
再制造毛坯质量检验方法	GB/T 31208—2014	推荐性标准
再制造　术语	GB/T 28619—2012	推荐性标准
再制造率的计算方法	GB/T 28620—2012	推荐性标准

表 23-5 已发布再制造产业标准

序号	项目编号	中文标准名称	归口单位
1	20091238-T-469	再制造、再利用品评价指标体系	全国产品回收利用基础与管理标准化技术委员会
2	20120362-T-469	再制造机电产品拆解技术规范	全国绿色制造技术标准化技术委员会
3	20120358-T-469	机械产品再制造性评价技术规范	全国绿色制造技术标准化技术委员会
4	20120357-T-469	机械产品再制造企业技术规范	全国绿色制造技术标准化技术委员会
5	20120360-T-469	零部件再制造加工技术通则	全国绿色制造技术标准化技术委员会
6	20131650-T-469	再制造 机械产品检测技术导则	全国绿色制造技术标准化技术委员会
7	20131649-T-469	再制造 机械产品表面修复处理技术导则	全国绿色制造技术标准化技术委员会
8	20131652-T-469	再制造 机械产品零件剩余寿命评估方法	全国绿色制造技术标准化技术委员会
9	20131651-T-469	再制造 机械产品零部件物理清洗技术导则	全国绿色制造技术标准化技术委员会
10	20131624-T-469	再制造 基于谱分析轴类零件检测评定规范	全国机器轴与附件标准化技术委员会

表 23-6　定性指标要求

<table>
<tr><th>评价内容</th><th>评价指标</th><th>指标要求</th></tr>
<tr><td rowspan="14">再制造过程评价指标</td><td>技术文件制定</td><td>应收集和制定再制造过程和产品的技术规范,确定再制造产品执行的标准,确保和证明再制造产品不低于原型新品的性能</td></tr>
<tr><td>再制造毛坯收集</td><td>再制造过程应首先确定产品的再制造毛坯收集来源</td></tr>
<tr><td rowspan="3">初步检查</td><td>在获取再制造毛坯后,应根据规定的验收标准进行初步检查,以确定其是否适用于再制造,验收标准可包括经济因素和实际条件</td></tr>
<tr><td>检查应借助几何测量及性能测定的方式进行,测试和检查之前可进行一些必要的清理工作,清理工作应在检查之前进行,以确保挑选的零件合格</td></tr>
<tr><td>检查不合格的再制造毛坯应进行回收利用</td></tr>
<tr><td>拆解</td><td>再制造毛坯件应被拆解成相应零部件,拆解程度应随着产品和过程的不同而不同</td></tr>
<tr><td>清洗</td><td>应对拆解后的零部件进行清洗,包括灰尘、油脂、油渍、锈蚀及沉积物等。根据零部件的用途、材料等不同,清洗方法不同,可包括化学清洗、机械清洗、高温清洗、超声波清洗、震动研磨、整体喷砂、干式喷砂等</td></tr>
<tr><td rowspan="2">检测与分类</td><td>对清洗后的零部件进行检测,包括几何参数、力学性能检测和潜在的缺陷评价,对零部件的质量和性能水平进行辨识,评估剩余寿命</td></tr>
<tr><td>根据检测结果确定零部件的技术状况,并将零部件分为可直接使用件、可再制造件和弃用件三类</td></tr>
<tr><td rowspan="2">零部件再制造</td><td>应采用先进适用的再制造成形与加工技术对可再制造的零部件进行修复,以确保其达到新品性能标准的要求</td></tr>
<tr><td>修复后的零部件应重新进行检测,必要时,可进行功能性测试和潜在缺陷评估/测试,以确保其符合质量性能要求。功能性测试可包括在正常状态下,修复后的零部件与更大的组装件组合后进行运行操作,并将其与新产品的相关部分进行比较</td></tr>
<tr><td>再制造装配</td><td>应将合格的零部件进行组装,组装过程中可使用必要的更新件</td></tr>
<tr><td rowspan="6">再制造产品性能指标</td><td rowspan="4">质量可靠性</td><td>再制造产品应按照原型新品标准或者相适用的高于原型新品的标准进行装配、检测和型式试验</td></tr>
<tr><td>再制造产品应附有证明其性能不低于原型新品的保证书及出厂合格证书</td></tr>
<tr><td>再制造产品使用信息应包括使用说明书、三包凭证、操作标记和产品标牌,使用说明书内容应全面、准确,且通俗易懂,便于使用者掌握</td></tr>
<tr><td>在产品说明书或包装物明显位置上明示其为再制造产品</td></tr>
<tr><td rowspan="2">产品安全性</td><td>应确保再制造产品的机械和电气安全</td></tr>
<tr><td>应在再制造产品明显位置标注安全警示标志、安全操作装置的提示以及其他必要的安全提示和要求等</td></tr>
<tr><td rowspan="5">再制造管理指标</td><td rowspan="2">技术管理</td><td>零部件的再制造应采用先进适用、成熟可靠的再制造技术及装备,再制造核心生产工艺应独立运行管理,实现产业化生产</td></tr>
<tr><td>应配备检测设备和仪器,且先进可靠</td></tr>
<tr><td>环境管理</td><td>拆解、清洗、加工及装配、废料处理等再制造过程中应采取措施,避免造成二次污染</td></tr>
<tr><td rowspan="2">其他装配</td><td>再制造产品的保修期应与同类新品相同</td></tr>
<tr><td>再制造企业应采用自有商标或授权商标</td></tr>
</table>

注:① 再制造成形与加工技术包括超音速火焰喷涂技术、纳米复合电刷镀技术、铁基合金镀铁再制造技术、激光熔覆成形技术、等离子熔覆成形技术、堆焊熔覆成形技术、高速电弧喷涂技术、高效能超音速等离子喷涂技术、金属表面强化减摩自修复技术、类激光高能脉冲精密冷补技术、金属零部件表面黏涂修复技术、再制造零部件表面喷丸强化技术等;

② 潜在缺陷评估/测试是指对再制造工艺可能引发的潜在产品质量缺陷的评估/测试。

表 23-7　定量指标要求

一级指标	二级指标	单　　位
环境友好性指标	再制造率(重量计)	%
	节能量	吨标准煤(tce)
	节水量	吨(t)
	节材量	吨(t)
	再制造毛坯回收利用率	%
	单位产品取水量	吨/产品单位(t/产品单位)
	单位产品废气排放量	吨/产品单位(t/产品单位)
	单位产品废水排放量	吨/产品单位(t/产品单位)
	单位产品废渣排放量	吨/产品单位(t/产品单位)
	单位产品综合能耗	吨标准煤/产品单位(tce/产品单位)
经济可行性指标	再制造产品产值	万元
	再制造产品销售净利率	%
	再制造产品投资回报率	%
	再制造企业固定资产产值率	%
质量可靠性指标	再制造产品合格率	%
	首次无故障时间	小时(h)

23.4.3　生产过程质量控制

1. 建立质量控制体系

再制造单位需通过ISO9001质量管理体系认证。认证范围应包含再制造单位，对象是再制造产品，或在原质量控制体系的基础上增加再制造产品范围。

2. 编制生产标准

再制造单位应采用试验对产品设计、产品设计更改、制造过程(工艺)设计进行确认，确保再制造产品的性能特性符合原型新品相关标准的要求。

3. 制订标准改进计划

再制造单位如果对授权企业或本企业提供的产品图样中的尺寸技术要求进行更改，再制造单位应进行设计、评审、确认，并承担相关的产品设计责任。

4. 编制作业指导书

再制造单位应为再制造的全过程编制检验规程或检验作业指导书，制订工艺卡片，明确工艺要求和控制方法，供影响产品质量的过程操作人员使用，规范操作，实施过程监控和测量。

5. 形成生产一致性保证

企业生产一致性保证能力(包括人员能力、生产/检验设备、采购/回收的原材料及其供方生产工艺、工作环境、管理体系等)发生重大变化时，须提供充分的证据表明产品仍能满足原要求。

6. 培养专业操作人员

再制造单位技术部门的人员应掌握再制造产品的相关工艺规范要求，能从事再制造产品工艺设计，掌握再制造产品从零部件检验，过程检验到成品检验的要求。

7. 执行性能检测

再制造单位应具有再制造产品的性能检验能力包括使用性、经济性(能量消耗)等方面的测试能力，明确对再制造成品的性能检验项目应结合型式试验的要求规定例行检验和型式试验的频次。再制造单位生产的再制造产品必须依据原型新品国家标准检验合格，方可出厂销售。

8. 形成设备保障

再制造单位应具备必要的清洗、检测、加

工和装配等设备。再制造单位应根据设备使用说明书明确设备的保养计划和保养项目,并按规定实施保养,以确保设备完好,保证正常生产。

9. 控制环境及管理

再制造单位应具备适应相关产品再制造的制造和环保等设施设备。再制造单位应跟随再制造产品范围和制造工艺变化,在完成技改项目的同时,完善相关设施设备改造。

23.5 工程起重机逆向物流体系

23.5.1 建立逆向物流体系

再制造工程中的逆向物流是指以再制造生产为目的,为重新获取产品的价值,产品从其消费地至再制造加工地并重新回到销售市场的流动过程。对于再制造企业来说,通过完善的逆向物流体系获得足够的生产"毛坯",是再制造企业实施再制造的生命线。

与传统的制造活动相比较,再制造工程中的逆向物流有其一定的特点,可以总结为六个不确定性:①回收产品到达的时间和数量不确定;②维持回收与需求间的平衡有困难,有相当的不确定性;③产品的可拆卸性及拆卸时间的不确定性;④回收产品的可再制造率是不确定的;⑤再制造加工路线和加工时间不确定;⑥对再制造产品的销售需求同样具有不确定性。

23.5.2 稳定再制造起重机整机来源

通过建立二手机回购、二手零部件回购、客户委托整机再制造等多种方式稳定获取整机或整机再制造过程所需二手零部件。

对回收整机产品的评估,大致可分为以下三类:①产品整机可再制造;②产品整机不可再制造;③产品核心部件可再制造。

对整机可再制造的回收产品,要进行拆卸,取出可再制造部件。然后将可再制造的回收产品、不可再制造的回收产品和回收产品中拆卸的部件分开储存。

23.5.3 多渠道获取再制造起重机部件

将维修服务点、维修服务人员作为废旧起重机和起重机零部件的主要渠道,对客户将所持有的废旧产品,通过有偿或无偿的方式购入,再由收集中心运送到再制造工厂。

对回收废旧起重机和起重机零部件进行测试分析,评估其可再制造性。大致可分为以下三类:①没有使用价值的;②经过再制造技术加工可以恢复原状的;③清洗之后就可以再次使用而不需要翻新或修复的。

23.5.4 再制造起重机销售管理

再制造产品的销售与服务是将再制造产品送到有此需求的用户手中并提供相应售后服务。一般包括销售、运输、仓储等步骤。影响再制造产品销售的主要因素是顾客对再制造产品的接纳程度,因此在销售时必须强调再制造产品的高质量,并在价格上予以优惠。

(1) 报价管理:提供管理销售报价的系统,以方便查询价格历史。

(2) 利润分析:即时进行成本利润分析,以对销售价格进行评估。

(3) 信用管理:有效控制客户收款情况。

(4) 出货管理:提供多种出货方式,适应不同销货模式。

(5) 收款管理:销货直接与收款进行关联,方便查询收款情况。

(6) 售后服务:利于保持可预见的废旧产品的回收物流。

参 考 文 献

[1] 李恩重,史佩京,徐滨士,等.我国汽车零/部件再制造产业现状及其发展对策研究[J].现代制造工程,2016(3):151-156.

[2] 胡桂平,王树炎,徐滨士.绿色再制造工程及其在我国应用的前景[J].水利电力机械,2001(6):33-35.

[3] 柏明国,马华斌.汽车再制造逆向物流网络优化设计[J].物流技术,2012,31(1).

[4] 宋明俐,刘龙全,王东.工程机械再制造的绿色清洗技术[J].工程机械与维修,2015(2):4.

[5] 姜兴宇.网络化制造模式下面向产品全生命周期质量管理[M].北京:冶金工业出版社,2011.

[6] 马士华.供应链管理[M].北京:机械工业出版社,2000.

[7] 刘赟,徐滨士,史佩京,等.再制造逆向物流网络关键设施选址问题的研究[J].新技术新工艺,2011(7):4.

[8] 徐滨士.再制造工程的现状与前沿[J].材料热处理学报,2010(1):10-14.

[9] 王雅璨.再制造生态闭环供应链物流网络设计研究[D].北京:北京交通大学,2010.

[10] 王玉鑫,李晓海,李杰,等.工程机械再制造产业化发展方向的研究[J].机械工业标准化与质量,2017(8):5.

[11] 田国富,张国胜,陈宝庆,等.工程机械的损伤形式与再制造技术分析[J].筑路机械与施工机械化,2007,24(10):3.

第24章

煤矿液压支架使用激光熔覆再制造

24.1 液压支架工作原理、失效形式与激光熔覆修复

24.1.1 液压支架

液压支架是煤矿井下开采的主要支护设备，如图24-1所示，立柱是支架的核心部件。目前我国煤炭开采行业主要采用单伸缩立柱、双伸缩立柱、单伸缩配机械加长杆立柱三种形式。双伸缩立柱、单伸缩配机械加长杆立柱在液压支架中的作用相似，都是为了扩大支架的支护高度，满足回采高度的要求。在现实使用的过程中，由于单伸缩配机械加长杆立柱操作较为麻烦，于是逐渐被双伸缩立柱所取代。矿井中所用的液压支架，除去部分端头、过渡架外，多采用两柱和四柱式，位于顶梁与底座之间。

图24-1 煤矿用液压支架

24.1.2 液压支架的失效形式

液压支架是在重载、振动、冲击、摩擦和润滑不良的工况下工作，处在一个无处不在的粉尘、噪声、水汽、液体和有害气体等的矿井内，照明条件极差，工作环境十分恶劣。这些情况导致其故障频繁，镀铬立柱的使用寿命一般为7～8个月。若出现失效不能进行井下现场维修，必须拉出井外进行维修，而拆卸工艺非常复杂。

液压支架立柱在使用过程中的失效型式主要为鼓泡和脱铬，是由矿井特殊环境所致。工作面放炮时，如未对立柱进行保护，会使立柱面向煤壁的半面被矸石或煤块击伤；有时受机械或其他工具的碰伤，会造成基体小部分裸露。

井下工作环境十分复杂，液体多呈弱酸性，弱酸离子通过碰伤表面极易渗透到钢铁基体上，产生电化学反应，使反应生成物在镀铬层下方逐渐膨胀，造成“鼓泡”现象，伴随“鼓泡”现象的逐渐恶化，严重时会造成立柱表面整片脱铬，从而影响立柱的正常使用。若发现

有“鼓泡”、脱铬现象不及时返镀，脱铬的立柱表面将会对缸体密封件造成严重损害，造成窜液、漏液、不承载、不保压等故障。

失效形式主要有如下几种。

(1) 局部涨缸现象，多发生在外缸与中缸，涨缸会导致立柱窜缸，立柱出现故障。

(2) 中缸或活柱弯曲，无法进行正常的伸缩活动。

(3) 缸体密封性故障，多发生在外缸或中缸的内壁。

(4) 导向索连接密封的故障。

(5) 电镀面损伤。

以上主要失效形式中，电镀面损伤是较为常见的一种。

24.1.3 激光熔覆修复

在煤矿行业，液压支架立柱多采用27SiMn钢为基材，在立柱的表面主要采用电镀铬或者喷涂不锈钢处理，国内外的生产厂家均采用此方法生产，包括德国DBT公司。

随着日趋严格的环保要求，电镀铬产品已开始在欧洲、美国等地禁止使用，国内也开始步入去电镀铬化，煤矿液压支架作为电镀铬用量非常大的领域，已开始进入电镀铬替代阶段，最先实现的就是液压支架表面激光熔覆不锈钢材料，实现液压支架的再制造修复与电镀替代。

激光熔覆不锈钢立柱的特点如下。

1) 运行周期长

激光熔覆工艺结合专用的合金粉末材料，代替传统的电镀硬铬工艺，配套优质的无模加工密封件，经过精密装配，正常情况下可以实现5年以上连续运行，运行周期与综采液压支架相当。

2) 易于维护保养

该激光熔覆不锈钢立柱，实现了表层的不锈钢层与基体冶金结合，如果发生表面磕碰或划伤，可以在煤矿现场进行免拆解维护保养。

3) 绿色生产，可再制造循环使用

激光熔覆不锈钢立柱取消了传统电镀工艺，消除了污染工序，实现了绿色生产；当综采液压支架主体报废时，激光熔覆不锈钢立柱经过再制造可以配套应用于新的液压支架，可循环使用，符合国家循环经济产业政策。

4) 可替代进口产品

激光熔覆不锈钢立柱各项指标性能先进，可以替代进口产品。

从2009年3月起，激光熔覆不锈钢立柱工艺及技术已开始应用于山东新巨龙煤矿1301工作面，已累计为新巨龙煤矿提供5种型号产品192件，使用状况良好，在综采液压支架上应用效果显著，2017年年底从井下把激光熔覆不锈钢立柱取出后，发现表面光洁如新，还能继续使用。

24.1.4 推广激光熔覆取代镀铬对煤炭生产的价值

中煤集团、郑煤集团、太原煤机、北京煤机、佳木斯煤机等大型煤机企业每年生产液压支架10万～15万套(台)，配套的立柱数量在15万～20万支(直径200～500 mm不等)，目前几乎还是采用传统的镀硬铬的处理方式。因此，推广激光熔覆取代镀铬对煤炭生产具有重要意义。

1) 液压支架品质显著提升

表现在液压系统稳定性提高，基本消除密封件漏液、串液现象，可以适应各种酸碱水质环境，可以连续在井下使用。

2) 液压支架维修显著简化

由于立柱不需要维修，保证了液压支架不再需要解体维修，维修流程显著简化，一般在井下或煤矿现场就可以完成维修。

3) 工作面搬迁更加方便

液压支架品质的显著提升，使液压支架搬迁工作面可以直接进行，无需升井检修。

4) 有利于偏远矿井降低成本

对于偏远矿井，可以节约大量维修、运输费用，从而降低成本。

5) 可适当延长支架服务年限

安装了激光熔覆不锈钢立柱的综采液压支架，由于较少拆解运输，可适当延长服务年限。

6）减少液压支架投入

鉴于以上优势，对于集团公司来说，将会大幅度减少液压支架总体投入。

24.2　液压支架激光再制造装备

液压支架激光再制造装备经历了从 CO_2 液压支架激光再制造装备到半导体直接输出液压支架激光再制造装备，再到光纤耦合输出液压支架激光再制造装备的发展，现在第三代光纤耦合输出液压支架激光再制造装备已经投入使用，其生产效率和经济效益大幅提高。

24.2.1　半导体直接输出液压支架激光再制造装备

半导体直接输出液压支架激光再制造装备具备半闭环控制功能，操作灵活，工艺适应性强，加工效率高，成品一致性好，可降低对工人技术熟练程度的要求，编程容易，操作简单，属于第二代液压支架激光再制造装备，也是能实现 24 h 连续不停机生产的激光再制造装备，如图 24-2 所示。

图 24-2　半导体直接输出液压支架激光再制造装备

与 CO_2 液压支架激光再制造装备相比，其体积明显变小，加工过程处于封闭状态，避免了激光再制造液压支架过程中产生的少量烟或合金粉飞溅，使得整个车间环境变得更加干净整洁，对操作人员也起到了良好的保护作用。

半导体直接输出液压支架激光再制造装备主要由激光器、冷水机组、数控机床三部分组成，和传统 CO_2 激光装置相比，系统组成更加模块化及简单。由于激光器直接挂在机床工作位置，这样减少了光路传输环节，大幅度节省了相关费用及使用维护环节，激光器质量只有 17～40 kg，特别方便维护维修，激光器出故障后可立即更换、继续开展生产。

半导体激光器波长一般为 918 nm，而 CO_2 激光波长为 10 640 nm，激光波长越短，金属材料吸光效率越高，1 kW 半导体激光器理论效率可达到近 3 kW 的 CO_2 激光加工效率，实际使用中，以早期 3 kW 半导体直接输出激光为例，其效率超过了 6 kW CO_2 激光熔覆液压支架效率，能耗大幅度降低，每小时耗电仅 10～30 kW·h，是 CO_2 激光能耗的 1/10～1/5，大大降低了运营能耗成本。

24.2.2　光纤耦合输出液压支架激光再制造装备

随着光纤激光器及半导体耦合光纤输出激光器技术的成熟，万瓦级光纤耦合输出激光熔覆液压支架装备开始投入使用，其熔覆效率 0.5～0.7 m^2/h，使得液压支架的激光熔覆效率提升 3～4 倍，大幅度降低了液压支架的生产成本，如图 24-3 所示，配上液压支架的自动上下料装置，实现液压支架高效率生产。

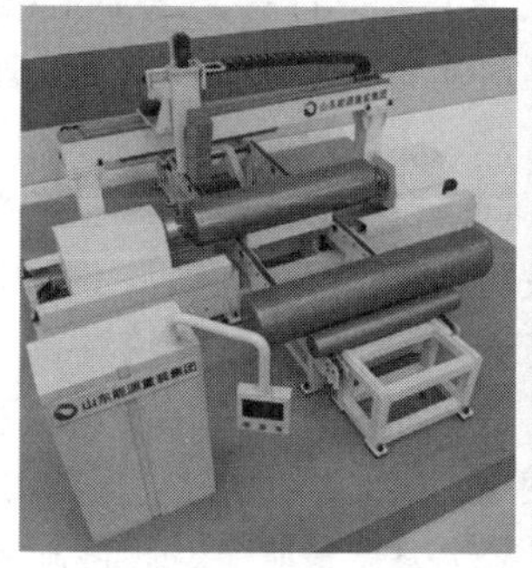

图 24-3　万瓦级光纤耦合输出激光熔覆液压支架装备

24.3 液压支架激光再制造材料

液压支架立柱材料比较单一，多为27SiMn，其再制造材料：一方面要能满足与27SiMn形成良好冶金结合；另一方面其熔层满足防腐蚀要求，主要考虑以下因素。

1. 成本问题

液压支架是以吨计价，也需要考虑其使用寿命，综合其使用年限与实际市场价格，尽量降低再制造材料成本。

2. 无裂纹

液压支架激光再制造为批量再制造方式，对材料的要求为大批量使用情况下，不能出现任何裂纹。

3. 无缺陷

液压支架再制造表面积大，在批量激光熔覆过程中，哪怕一个小缺陷，也会导致液压支架返工，故需严格控制材料稳定性，保证无任何缺陷。

4. 耐腐蚀性能良好

液压支架工作环境比较恶劣，南北方也会有较大差异。在井下温度较高场合(如河南某些地区煤矿井下温度可达35℃以上，常年潮湿)，则需加强再制造材料的耐腐蚀性能。

通常情况下，液压支架耐腐蚀要求越高，其再制造粉末材料熔覆后硬度越低，基本分为35～42 HRC、43～48 HRC、49～52 HRC三个类别，其熔覆层表面耐腐蚀性能由高到低。

典型的液压支架粉末材料成分为15.0%～17.0%的铬，1.0%～1.5%的硅，0.10%～0.15%的碳，0.3%～0.7%的锰，3.5%～4.0%的镍，1.5%～1.9%的钼，其余含量为铁。

24.4 液压支架激光再制造工艺

液压支架立柱再制造所需设备、仪器主要包括抛丸机、拆装机、清洗机、车床、外圆磨床、激光熔覆设备、电镀设备、镀层测厚仪、检具量具等，其工艺流程如图24-4所示。

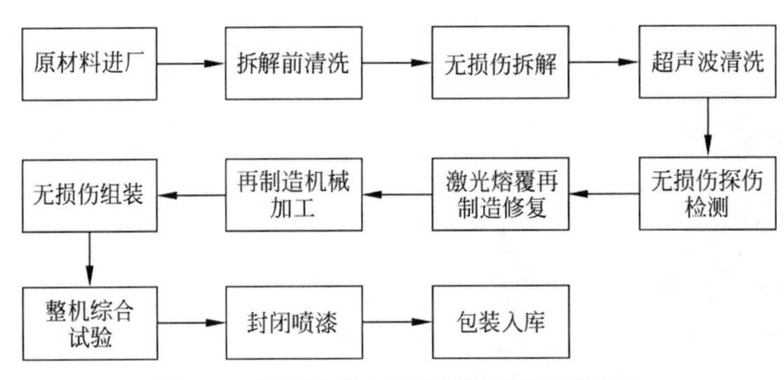

图24-4 液压支架立柱激光再制造工艺流程

液压支架激光再制造工艺流程的步骤具体如下。

(1) 对立柱缸体外表面喷丸处理(依据图纸、技术文件执行)。

(2) 按立柱图样结构，拆解立柱各零部件(依据图纸、技术文件执行)。

(3) 对立柱各零部件进行清洗(依据《液压支架立柱再制造工艺文件》执行)。

(4) 检测各零部件，据其质量状况对各件按回用、修复加工、报废三类分类放置并标识(依据《液压支架立柱再制造拆解体零部件检验规程》执行)。

(5) 对回用及修复加工的零部件按其再制造加工工艺进行再制造加工(依据《液压支架立柱再制造工艺文件》及《机加工检验规程》执行)。

(6) 利用清洗机对各零部件进行装配前的清洗(依据《液压支架立柱再制造工艺文件》执行)。

(7) 对再制造液压支架立柱进行装配(依据图纸、技术文件执行)。

(8) 整体检验(依据《再制造液压支架立柱

性能检验通用规程》执行)。

(9) 装堵(依据《液压支架立柱再制造工艺文件》执行)。

(10) 刷漆(依据《液压支架立柱再制造工艺文件》执行)。

(11) 包装、存放及出厂检验(依据《液压支架立柱再制造工艺文件》执行)。

24.5 液压支架激光再制造性能检测及评价

24.5.1 液压支架激光再制造宏微观质量评判依据

1. 熔覆层宏观形貌

液压支架激光再制造工艺参数的设置会影响熔覆层几何形状,功率密度太低、扫描速率过大或预置熔覆层太厚,熔覆层不仅与基材结合不牢,也不能用于大面积多道搭接。能量过高,会造成熔覆层成分的过度稀释,导致熔覆层性能达不到设计的要求。通过调整功率,激光扫描速度及预置粉末厚度可以得到理想的熔覆层。

2. 熔覆层表面平整度

液压支架激光熔覆表面平整度影响因素主要有两个:一是大面积多道搭接时各搭接道之间不平;二是激光熔覆时熔池内的对流及表面张力等造成的皱褶。

前者一般可通过调整搭接率得到优化。后者可通过调整材料成分或调整工艺参数来消除熔覆层表面皱褶。然而从总的来看,目前激光熔覆表面不可能达到十分平整,最终必须进行一定的后处理(如精密磨削)方能满足使用要求。

3. 气孔与裂纹

气孔在激光熔覆层中也是一种非常有害的缺陷,它不仅易成为熔覆层中的裂纹源,并且对要求气密性很高的熔覆层危害极大。另外,它还将直接影响液压支架熔覆层的耐磨、耐蚀性能。气孔产生的原因主要如下:激光熔覆时,由于加热和冷却都极快,熔池存在的时间极短,其中少量的氧化物、硫化物、水分和其他杂质迅速释放出来,而周围的金属液在凝固前又来不及补充,从而在熔覆层产生气孔,如图 24-5 所示。

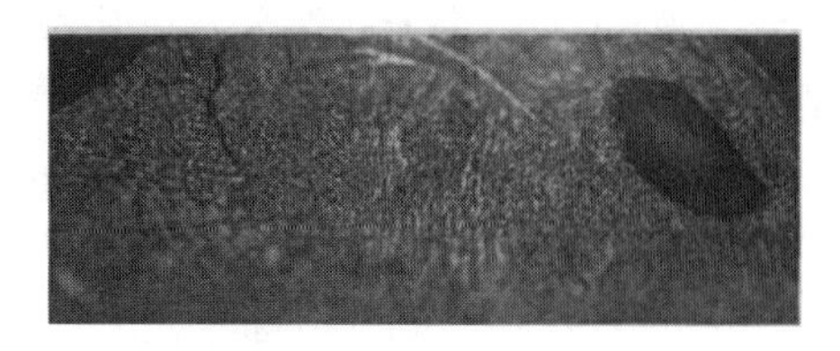

图 24-5 熔覆层中的气孔

当单道激光熔覆不充分,进行多道搭接熔覆时,两搭接道之间在基材表面处将会形成一个孔洞,即搭接气孔。此时只要增加功率密度,使单道时能熔覆充分,就可避免此类气孔。凝固气孔往往是产生于熔覆层与基材交界处,这主要是因为覆材的熔点显著高于基材的熔点,从而覆层与基材的界面最后凝固,并在此处形成收缩气孔。

4. 稀释率

稀释率是指在激光熔覆过程中,由于熔化的基材的混入而引起的熔覆合金成分变化的程度,用基材合金在熔覆层中所占的百分率表示。稀释率的计算方法主要有两种——成分分析法和面积法。成分分析法即按熔覆层的成分实测值计算稀释率,面积法即按熔覆层横截面积的测量值计算。用面积法计算的稀释率又称几何稀释率,是一种简单而又较为通用的稀释率表示方法。

基材对熔覆层的稀释度决定着改性层性能的优劣。基材对熔覆合金的稀释是不可避免的,为了获得冶金结合的熔覆层,必须使基材表面熔化,但为保持熔覆合金的高性能,又必须尽量避免基材稀释的有害影响,将稀释率控制在适当的程度。在实际生产中,熔覆层的高度和稀释率的大小是熔覆工艺和性能设计的期望值,在保证熔覆层与基体实现冶金结合的条件下,应尽量采用较低的稀释率,以保证充分发挥熔覆材料的优异性能;但如果稀释率过小,则结合力不足,熔覆层易于剥落,增大开裂倾向。一般稀释率保持在 8%~15%为宜。

5. 偏析

激光熔覆过程中往往会产生成分不均匀，即成分偏析及由此带来的组织不均匀。产生成分偏析的原因较多，具体如下。

首先，作为热源，激光在熔覆修复时，其加热速度极快从而会带来从基体到熔覆层或者从被搭接区到搭接区的垂直方向上的极大的温度梯度，这一温度梯度的存在必然导致冷却时熔覆层的定向先后凝固，根据金属学知识，先后凝固的熔覆层中必然成分不同。凝固后，冷却速度也极快，元素来不及均匀化热扩散，自然导致成分不均匀，即出现成分偏析，也就引起了组织的不均匀以及熔覆层性能的不均匀。为了要保证激光作热源，充分利用激光熔覆的一些特点，这种成分偏析在激光熔覆中目前尚无法解决。

其次，由于激光辐射能量的分布不均匀，熔覆时必然要引起熔池对流，这种熔池对流往往造成熔覆层中合金元素宏观均匀化，同时也将带来成分的微观偏析。这是因为对流易使氧化物等夹杂上返。同时对流也会冲断生长不牢的高次枝状晶并带动其运动，它们的位置变化将不可避免带来不同位置的异质或同质形核、长大，从而带来不同位置的先后凝固，导致成分微观偏析。另外，合金的性质，如黏度、表面张力及合金元素间的相互作用都将对熔池的对流产生影响，故它们也必将对成分偏析造成影响。因此，要完全消除激光熔覆修复中成分偏析是不可能的。但是，可以通过调整激光与金属粉末的相互作用时间、激光束类型，改变熔池整体对流为多微区对流等工艺手段来达到适当抑制激光熔覆层的成分偏析，以便得到组织较为均匀的熔覆层，以满足熔覆层设计性能要求。

6. 多道搭接激光熔覆修复中组织不均匀

由于激光光束尺寸有限，对大尺寸工件表面进行激光熔覆修复时，必须采用多道搭接的方式增大熔覆面积，以满足使用要求。在多道搭接熔覆修复时，由于搭接区冷却速率及被搭接处有非均质结晶形核，故搭接区出现组织与非搭接区不同的组织结构。另外，成分偏析也会造成组织不均匀。

24.5.2 激光熔覆材料的若干问题研究

图 24-6 所示为两种不同型号液压支架熔覆粉末材料的外观形貌照片，图 24-6(a)所示粉末通用性比较好，价格较为便宜，性价比高，但对于一些对耐腐蚀环境要求高的矿井则不适用；图 24-6(b)则为耐腐蚀性较高的液压支架粉末，适合国内所有矿井，但不足之处是车削性能差，同一尺寸液压支架熔覆后，图 24-6(b)熔覆层所需要机加工时间将近是图 24-6(a)的一倍。

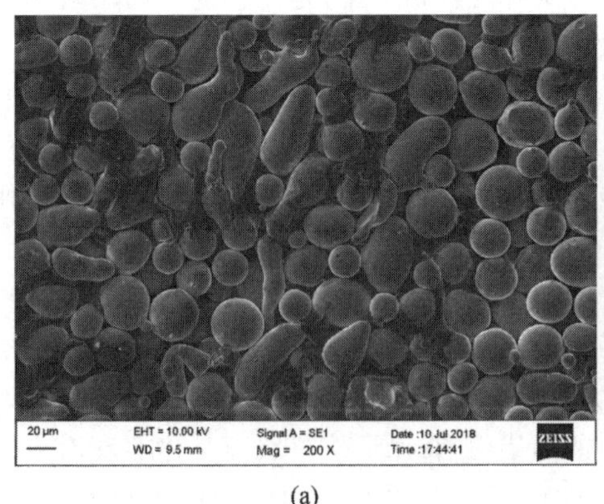

(a)

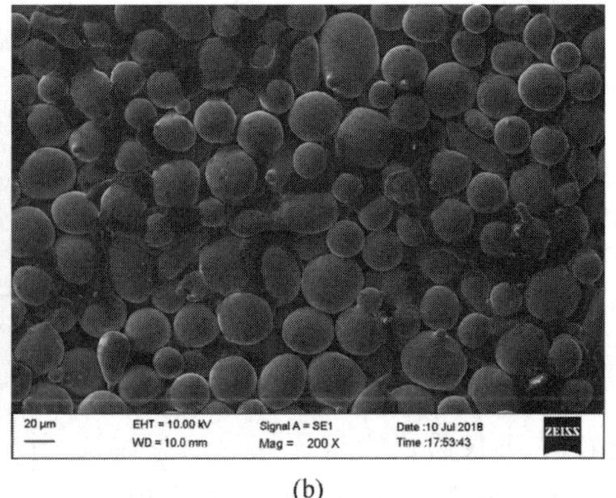

(b)

图 24-6 不同型号液压支架熔覆粉末

(a) 液压支架粉末 1；(b) 液压支架粉末 2

针对实际液压支架适用情况，在液压支架激光熔覆粉末中后续要考虑的问题总结如下。

（1）粉末球形度对液压支架表面熔覆质量的影响。

粉末球形度越好，熔覆层表面质量一般会越好，但对制粉工艺要求高，价格一般也会高许多。

（2）粉末尺寸对液压支架表面熔覆质量的影响。

粉末尺寸一般越小，激光熔覆液压支架表面会越平整，但粉末细了后，容易受潮，且容易堵送粉器或送粉头。

（3）粉末干燥对液压支架表面熔覆质量的影响。

南、北方激光熔覆液压支架情况比较大的差异在于粉末的干燥程度，南方容易受潮，特别是晚上停机后，送粉器及相关通路的粉末容易受潮成块，导致堵塞故障发生。

（4）制粉工艺对液压支架表面熔覆质量的影响。

液压支架激光再制造粉末制粉一般为水雾制粉法和气雾制粉法两种，理论上气雾制粉法制粉质量会比水雾制粉法要好，但在实际使用过程中，最终考核的是耐腐蚀性、硬度、耐磨性等指标，水雾制粉法制粉一般也能达到要求，性价比明显更优异，实际生产使用中水雾制粉法居多。

24.5.3　激光熔覆层裂纹的形成机理及控制措施

由于液压支架激光再制造过程存在急热、急冷的特点，再加上熔覆层材料与基材在物理性能（如热膨胀系数，弹性模量和导热系数等）的差异，极易在熔覆层产生较大的拉应力，这种内应力是激光熔覆过程中组织应力、热应力和拘束应力综合作用的结果。当此残余应力大于熔覆层的抗拉强度时，易在气孔、夹杂、尖端等处产生应力集中，从而导致熔覆层开裂；当残余应力值超过材料的极限时，将产生裂纹。

系统分析裂纹产生的机制及其扩展原理是控制熔覆层质量的关键。

通过液压支架激光再制造实际使用情况表明，如果采用新粉末，对于已清除表面缺陷和裂纹的液压支架，基本上不存在裂纹问题。如使用回收后的粉末，则会有一定的熔渣混入其中，且粉末球形度变差，将此类粉混合进新粉后开展液压支架激光熔覆再制造，容易导致裂纹的产生。

参考文献

[1]　范淑娜. 液压支架立柱常见故障分析及检修工艺介绍[J]. 山东工业技术，2016(23)：9.

关于推动用激光熔覆取代镀铬工作的阶段性总结

第 24 章彩图

第25章

沥青摊铺机再制造

25.1 摊铺机再制造背景

摊铺机是一种技术含量较高的筑路机械，也是修建高等级公路必不可少的施工设备。

20世纪80年代末，摊铺机作为机电液一体化的现代化施工装备，市场与后市场皆为国外厂商垄断，如VOGELE、ABG、DYNAPAC等。然而，服务响应非常缓慢，配件需提前几个月订货进口，常因延迟供应导致停工，客户损失极大，而且价格昂贵，令人难以承受。

1980—2000年，我国出现从事摊铺机维修企业，开始自主研发国产零配件。随着国内摊铺机配件的迅速发展与崛起，扭转了摊铺机配件和服务依赖进口的局面，终结了外国品牌摊铺机在中国的暴利时代。

2000—2011年，是我国高等级公路建设跨越式大发展的黄金时期，国内摊铺机厂商如雨后春笋般涌现出来，但大多依靠技术引进，而且质量下降、技术滞后，成为低端产品代名词，难以满足高等级公路的摊铺要求。因此，进口品牌摊铺机在我国市场高价畅销的格局仍未改变。

2010年至今，国产摊铺机技术水平有了很大的提升，国产基础配件品质也大幅提高，施工企业逐渐热衷购买国产摊铺机，主要原因是国产摊铺机性能可靠、价格适中，回收成本快。

2008年以来，在国家相关法规、政策的推动下，摊铺机再制造进入产业发展的快车道。据中国工程机械工业协会统计，截至2017年年底，中国摊铺机保有量为2.12万～2.30万台，其中2006年年底以前生产的摊铺机为1.0万～1.1万台，其工作年限已超过10年，大多累计工作1.2万小时以上，已达到或接近报废条件。因此，探索和实施摊铺机再制造十分必要。

25.2 摊铺机再制造的意义

公路交通事业的迅猛发展对路面的使用性能提出了更高的要求，摊铺机性能的优劣会直接影响到路面的施工质量。

摊铺机作业性能和可靠性，会随着作业量的增加发生不可逆转的劣化(图25-1)。当工作性能无法满足要求时，只能通过大修提高设

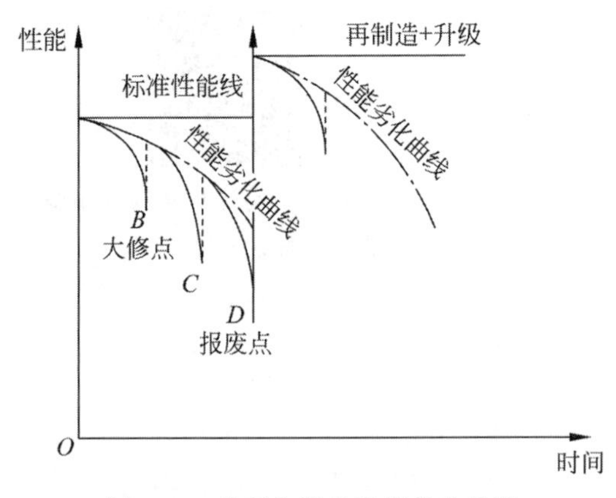

图25-1 修理与设备性能劣化曲线

备自身性能，但大修后的摊铺机只能恢复部分性能，再也无法恢复到标准性能，而且维修费用随每轮大修逐次递增。此时，摊铺机再制造技术提供了一种更加合理的设备更新方案。再制造的模式就是以报废的摊铺机为毛坯，通过再制造、零部件更新和系统升级等措施，使再制造的摊铺机达到新摊铺机的性能水平。既可降低成本、又节能环保，还能使用户获得“再造如新”的设备。

25.3　摊铺机再制造的目标

摊铺机再制造的目标如下。

(1) 赋予设备全新的外观。

(2) 先进的产品性能。

(3) 随着摊铺机设计理念的不断优化升级，新推出每一代摊铺机的性能都有所提升。对老旧摊铺机不能仅以恢复其原始性能为目标，需要在再制造的过程中，应用最新的设计理念和先进技术，使其基本达到当今摊铺机的技术水平。

(4) 修复设备各项有形老化的指标。机械设备及零部件在使用或保管、闲置过程中，因摩擦磨损、变形、冲击、振动、疲劳、断裂、腐蚀等使其实物形态变化、精度降低、性能变坏，这种现象称为有形老化。通过再制造应该修复设备各零部件的有形老化，达到降低设备的故障率，提高经济性。

(5) 纠正设备设计时的各种缺陷，提升设备的排放标准，保障对施工任务的适应性。

25.4　摊铺机升级再制造方案

再制造按性质可分为恢复性再制造和升级性再制造，前者为恢复旧机器原有质量特性的再制造模式，而后者则指机器经过再制造的技术改造、局部更新后，高于原有新品性能的再制造模式。

再制造过程包括旧产品回收、拆解、清洗、分类、检测、修复、加工、新件补充与升级、再装配、检测、标识及包装等。

摊铺机的升级与再制造，取决于施工技术要求、技术现实性和经济可行性。因此，在再制造过程中，不同零部件的处置必须依据上述原则加以区别。将老旧摊铺机完全拆解、清洗、检验后将零件分为报废件、可再制造件和可用件，并补充新件和技术升级改造件。而再制造摊铺机的装配和调试，则执行与新机相同的生产流程和标准(图25-2)。

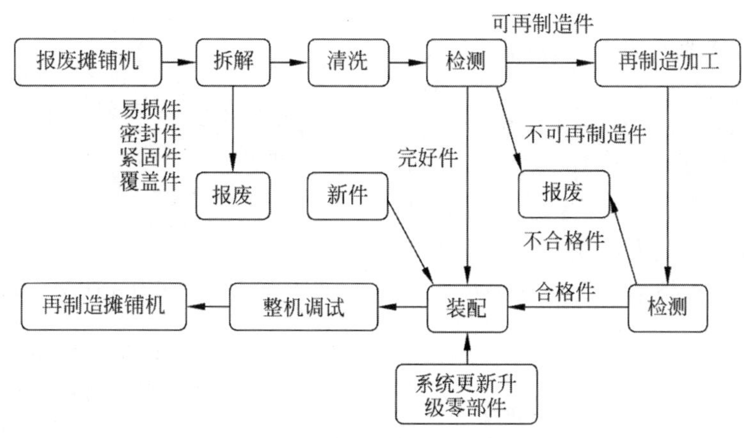

图25-2　再制造方案流程图

1. 报废件

摊铺机在施工作业时，除行走系统的履带板与地面作用产生磨损外，还有许多部件与各种物料接触而产生磨损，如输、分料系统及熨平底板。这些零部件经长期使用后，不但磨损不均匀(如输料刮板和熨平底板)，而且还会产生塑性变形(如各种链轮)。因此该类零部件已经没有再制造价值,可按报废件处理。

摊铺机上大量采用的紧固件,属于低值易耗品。许多螺栓和螺母由于锈蚀很难拆卸,拆卸后又常常出现断裂和螺纹损坏,因此该类件应按报废件处理。

液压胶管长期在高温、高压下工作,容易老化渗漏和爆裂。在国际上,许多工程机械和农业机械制造商建议,即使胶管没有损坏,也应每隔六年更换一次,以确保机器的可靠性。因此,胶管也按报废件处理。

2. 可再制造件

实践证明,多数轴类和轴承座经过检测后,可以直接使用。磨损的轴和轴承座采用成熟的表面技术加以修复,即可重新使用。橡胶履带板和轮胎,经过除胶、钢背处理和挂胶后,也可以继续使用。此外,许多在升级改造后不可直接使用的钣金件,也可用作原料加工成其他零件。

3. 可用件

可用件是指拆解、清洗和检验后没有任何缺陷,可以直接使用的零件。摊铺机上可以直接利用的零件,主要是指在作业中既不接触摊铺材料,也无相对运动,而且从未承受强烈外力撞击的零部件,如主机架、台车架和熨平装置机架等。

据美国卡特彼勒公司的经验,报废机器上的轴承仍有95%的残余寿命。摊铺机上使用的大量轴承,只要在工作过程中得到足够的润滑,多数可以继续使用。目前,还没有一种有效估计轴承残余寿命的方法,为防止旧轴承失效,使用前必须对其进行清洗、检验。在实际应用时,一般将此类轴承用于相对次要、易于更换的部位。

4. 技术改造

与其他工程机械产品一样,摊铺机上采用的配套件种类繁多,如发动机、液压件(泵、马达、阀和液压缸)、分动箱、减速机和电控系统等。该类配套件往往存在一些问题,不能够完全适用新机型。为了满足摊铺机的作业性能和可靠性要求,需要对上述系统配套件进行升级改造。

25.4.1 机架再制造

下面以ABG423摊铺机再制造为例,详细介绍再制造过程。

1. 机架再制造流程

(1) 拆解、清理(图25-3)。首先对老旧摊铺机进行全面的拆解,清理机架上附着的油泥和杂物。

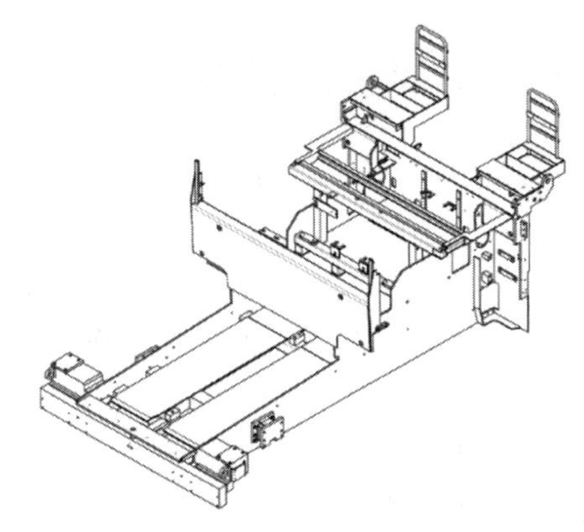

图25-3 ABG423机架

(2) 切割(图25-4)。根据改造需要,对老旧机架进行切割,去除前面板、后面板及相关附件,修改机架侧板形状。

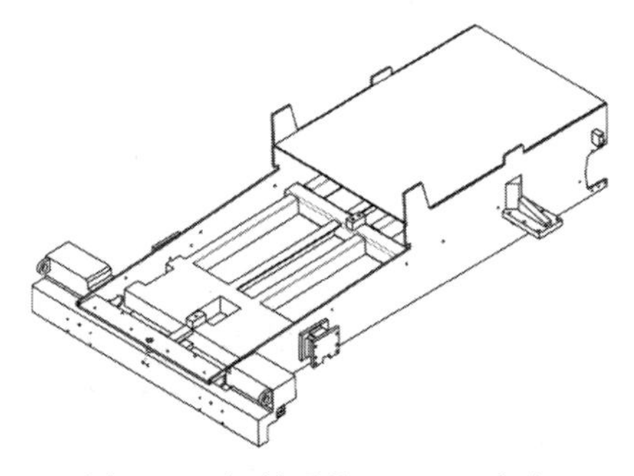

图25-4 切割后的ABG423机架

(3) 焊接(图25-5)。焊接新的前面板、后面板及相关附件;根据再制造后摊铺机结构,增加相应配重,调整重心位置;对严重磨损部位,如料仓两侧,料仓顶部需进行加固,一般视磨损情况,可在磨损表面焊接适当厚度的耐磨钢板。

(4) 表面喷砂、喷漆,等待装配。

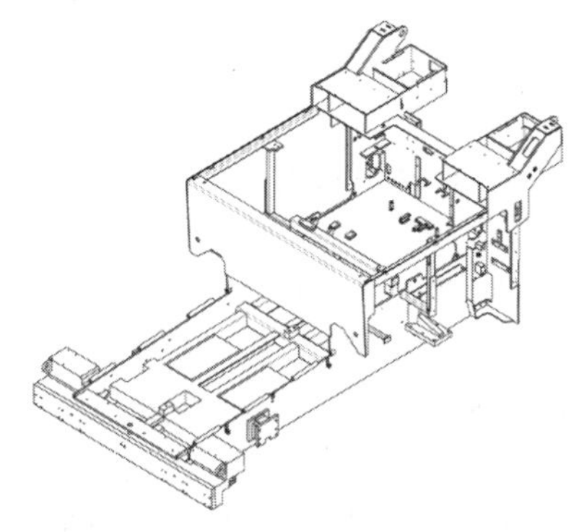

图 25-5　再制造后的 ABG423 机架

2. 机架再制造注意事项

(1) 再制造过程中,应对机架焊缝进行全面的检查,是否存在磨损、开焊现象,并及时予以补焊。

(2) 切割时,需使用工装保证关键位置(如刮板驱动轴两侧安装孔位)不变形、不错位。

(3) 台车架安装座无需切割,可继续使用。

(4) 尽量避免切除料仓底板,否则会导致机架侧板严重变形。

25.4.2　台车架再制造

(1) 拆解、清理(图 25-6)。

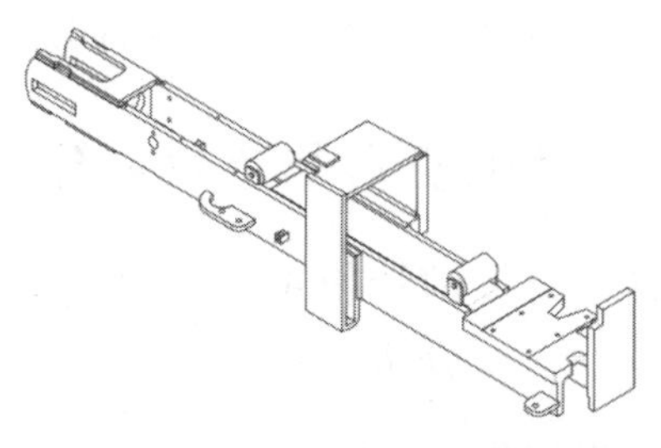

图 25-6　ABG423 台车架

(2) 切割(图 25-7)。将减速机安装座、牵引架、托链轮、支撑杆固定板切除。

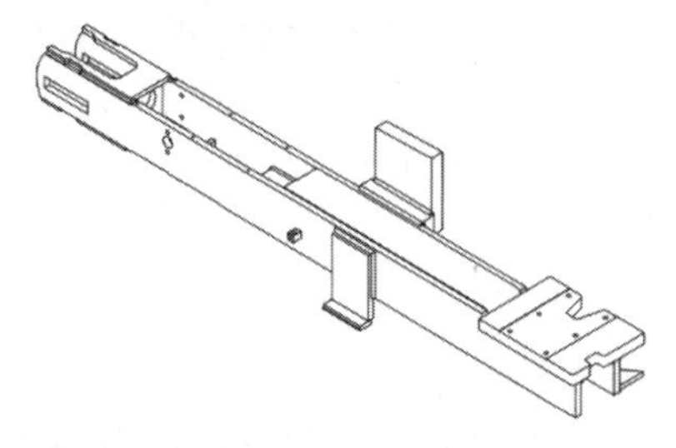

图 25-7　切割后的 ABG423 台车架

(3) 焊接、加工(图 25-8)。按新减速机尺寸要求,重新焊接安装座;以原支重轮安装孔位置为基准,重新加工减速机安装孔位,保证支重轮与驱动链轮的中心线在同一平面内;重新焊接拖链轮、牵引架、支撑杆固定板等零件。

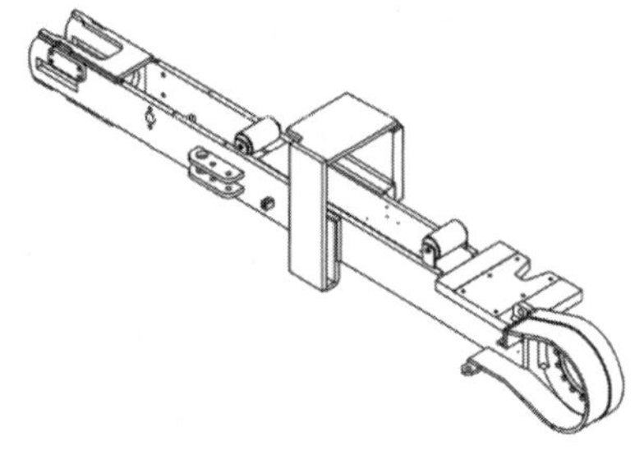

图 25-8　再制造后的 ABG423 台车架

(4) 表面喷砂、喷漆,等待装配。

25.4.3　前推辊总成再制造

(1) 拆解、清理。

(2) 推辊修复(图 25-9)。由于推辊两侧关节轴承处最容易出现磨损,可用氩弧焊补焊后,重新加工。

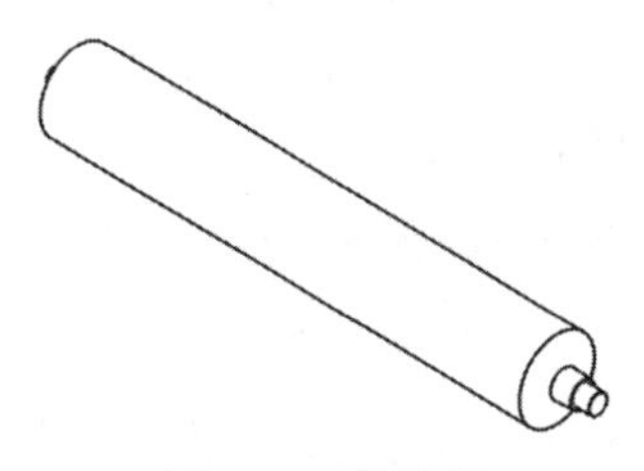

图 25-9　前推辊

(3) 推辊座加长(图 25-10)。由于 ABG423 料斗短,无法适应当前大型料车卸料,应加长推辊座,使料车远离摊铺机,增加料车后门打开角度,提高卸料效率。

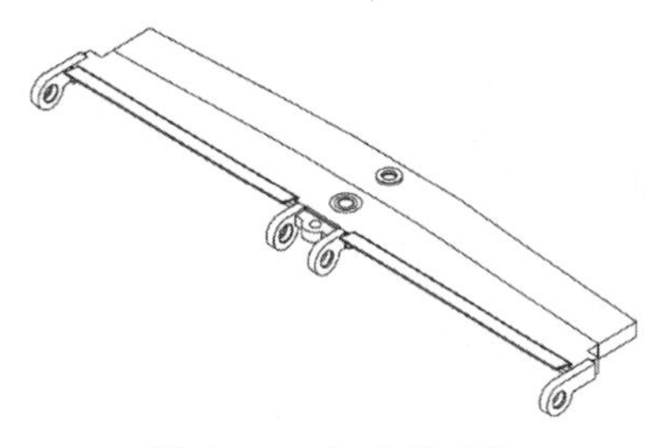

图 25-10　加长推辊座

(4) 更换新的轴承,重新装配,保证两侧辊子转动顺畅。

25.4.4 动力系统、液压系统、传动系统、电控系统和外观升级

(1) 更换大功率涡轮增压水冷柴油发动机,同时更换散热器,保证散热功率。

(2) 更换全新的分动箱、液压泵、液压马达、减速机、液压管。其中符合再制造要求的配件,建议转入具有专业再制造资质的企业进行再制造。同时,搅龙液压泵、搅龙减速机、搅龙马达、刮板减速机,均需增大功率,以满足大厚度、宽幅摊铺供料需求。

(3) 更换全新的双层料斗,增加强度,减小料车撞击变形。

(4) 搅龙系统结构升级。升级后的搅龙箱和前挡板可实现高度同步、无级液压升降,操作方便、快捷,降低劳动强度。

(5) 更换全新的刮板系统。包括输料底板、刮料板、驱动轴总成、导向轮总成、输料链条、护链罩、传动链条等。

(6) 电控系统升级为CAN通信系统。

(7) 更换全新的覆盖件。

25.4.5 熨平装置机架再制造

(1) 拆解、清理。

(2) 熨平装置机架再制造(图25-11)。

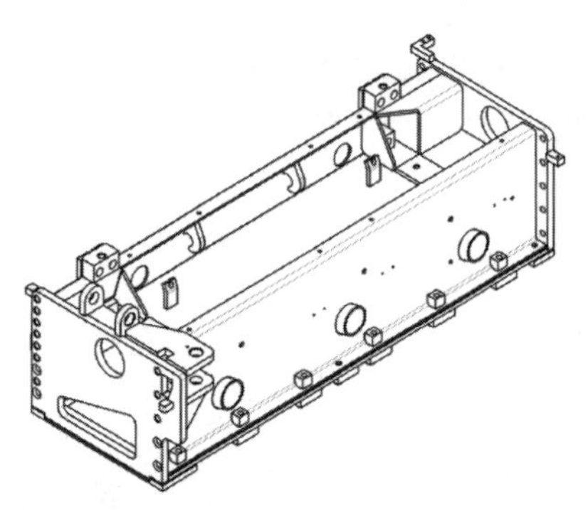

图25-11 熨平装置机架

再制造中常见的问题具体如下。

① 机架主体变形。在施工中发生过碰撞或操作不当,极易导致熨平装置机架变形。再制造前可在专用平台检验熨平装置机架底面平整度,一般认为平整度误差不大于0.3 mm为合格。若大于该数值,应对熨平装置机架进行整形、调平后使用。若变形量过大无法整形,做报废处理(需要注意的是,左右主机熨平装置机架除分别检查外,还应拼装成对再次进行检验)。

② 挂钩变形或丢失、撑杠安装座变形。针对此类问题应切除变形部位后重新焊接。

③ 加焊后支撑点。原老旧熨平装置机架上缺少后支撑点位,应按新机架标准进行焊接。从而增加撑拉杠数量,提高熨平装置刚性。

(3) 振捣和振动系统元件再制造。按技术要求检验振捣轴、振动轴、夯锤架、轴承座、偏心套等部件是否出现磨损,变形。若不符合使用标准,则使用再制造技术修复,达到使用标准后继续使用。若无法修复,做报废处理。

(4) 对于磨损件,如底板、磨损条、夯锤此类易损件,需全部进行更换。

(5) 工作平台上对熨平装置进行重新组装。

25.5 摊铺机再制造效益分析

25.5.1 摊铺机再制造经济效益分析

1. 直接节省成本

ABG423摊铺机再制造中,如机架、台车架、前推辊、后熨平装置,这些部件中大部分结构修复后可使用,有的甚至可以直接使用;部分拆解件,如销轴、撑拉杠、活塞杆,可作为原材料,加工成其他配件后,继续使用。在这一过程中比新机制造可节约钢材约15 t/台,节约直接制造成本15万~20万元/台。

2. 二手市场

还有一些配件,如发动机、履带板、减速机、液压泵、马达、电器元件等,该类配件有些早已停产,可修复后投入二手配件市场,有些

配件可由第三方再制造等方式获利 5 万～10 万元/台。

3. **节省资金**

以上所节约的大部分成本最终让利于用户。用户通过再制造更新摊铺机比购置同样性能进口摊铺机节省购置资金 150 万～200 万元/台。

25.5.2　摊铺机再制造社会效益分析

在我国政府大力倡导绿色环保和可持续发展理念的今天，整个经济社会发展已经进入“新常态”。随着时间的推移和国家大力倡导创新的理念，绿色再制造在我们国家一定会有广阔的市场前景而成为一个朝阳产业。

以再制造一台摊铺机节省 15 t 钢材为例，具体计算如下。

(1) 少开采矿石 4～5 t/t(粗钢)×15 t=60～75 t。

(2) 节约综合能耗 0.761 t 标准煤/t 钢×15 t=11.415 t 标准煤。

(3) 节约新水 11.15 m^3/t 钢×15 t=167.25 t。

(4) 减少二氧化碳排放 2.2 t/t 钢×15 t=33 t。

(5) 减少有毒物质排放(SO_2、CO、可吸入颗粒物等)。

(6) 减少运输能耗、排放。

(7) 减少加工能耗、排放。

再制造节省社会资源投入、保护环境，为企业创造新的竞争优势，是我国社会经济发展的需要。

25.6　摊铺机再制造的注意事项

1. **再制造之前需要对摊铺机的技术状况认真评估**

再制造前需要对旧摊铺机的技术状况做全面的评估，包括设备的使用历史、维护保养情况、磨损情况等。不同技术状况设备的残余价值是不同的，能否准确评估回购设备的技术状况，关系到再制造工艺、生产计划、生产准备、甚至销售价格的制订。如果评估不准，将给再制造的生产过程带来诸多不可预见的困难，即便再制造生产出来成品，也可能会给企业带来亏损。

2. **再制造应以确保产品性能为原则**

再制造不是简单的翻新，再制造的重要特征是再制造后的产品质量和性能不低于新品。

3. **再制造厂家必须具备良好的信誉和技术能力**

再制造是一个系统性工程，再制造厂家需要有雄厚、全面的技术实力作为依托。并且需要具备从设计、制造到维修、服务多方面的能力，从而使再制产品的品质得到有效的保障。

参考文献

[1]　袁京生. 浅谈老旧摊铺机的再制造技术[J]. 工程机械与维修，2012(7)：116-117.

[2]　陈彤. 绿色再制造在工程机械领域中的运用[J]. 工程机械，2015，46(9)：53-56.

[3]　梁兆文. 沥青摊铺机大变迁及未来发展趋势[J]. 工程机械与维修，2018(4)：54-55.

第26章

盾构主轴承使用尺寸修理法再制造

26.1 概述

主轴承是盾构机的关键部件，支承并传递刀盘回转运动及载荷，在隧道掘进过程中具有非常重要的作用，其性能、寿命和可靠性直接影响盾构机的施工和安全，在既定的掘进期间内不允许出现任何影响轴承正常使用的故障或失效。

主轴承在工作过程中主要承受较大的轴向力、倾覆力矩、径向力和扭矩。常见的损伤形式是压痕、锈蚀、磨损等，故主轴承大多具有比较好的修复价值。通过尺寸修理法对主轴承进行修复，去除工作表面的损伤，恢复轴承的旋转精度和合理的游隙值，轴承性能可以得到恢复，达到再制造的要求。但尺寸修理法再制造的次数是有限的，研究增材制造方式的再制造已迫在眉睫。

26.2 盾构主轴承主要失效形式及存在的问题

洛阳 LYC 轴承有限公司根据十几年盾构主轴承拆解、检测、评估的数据汇总，目前盾构主轴承主要失效形式及存在的问题如下。

1. 滚道软带疲劳剥落

滚道软带疲劳剥落是指由滚动体和滚道上接触处产生的重复应力引起的组织变化，表现为颗粒从滚道表面上剥离，如图 26-1 所示。

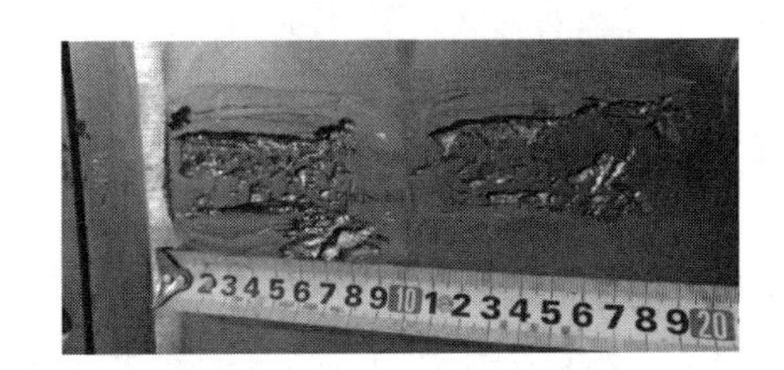

图 26-1　滚道软带疲劳剥落

2. 滚子裂纹

滚子裂纹可分为过载裂纹、疲劳裂纹、热裂纹、原始热处理淬火裂纹及加工过程中的磨削裂纹，根据滚子裂纹的不同特征加以分析确定，如图 26-2 所示。

图 26-2　滚子裂纹

3. 过电流失效

由于绝缘不适当或绝缘不良，当电流通过滚动体和润滑油膜从轴承的一个套圈传递到另一套圈时，在接触区内会发生击穿放电。在套圈和滚动体之间的接触区，电流强度增大，造成在非常短的时间间隔内局部受热，使接触区发生熔化并焊合在一起。当轴承继续运行，焊合在一起的滚子、滚道分离，滚子和滚道接触表面形成电蚀坑，如图 26-3 所示。电蚀坑造成应力集中，引起滚子和滚道表面出现疲劳剥落、疲劳裂纹，从而导致轴承失效，如图 26-4 所示。

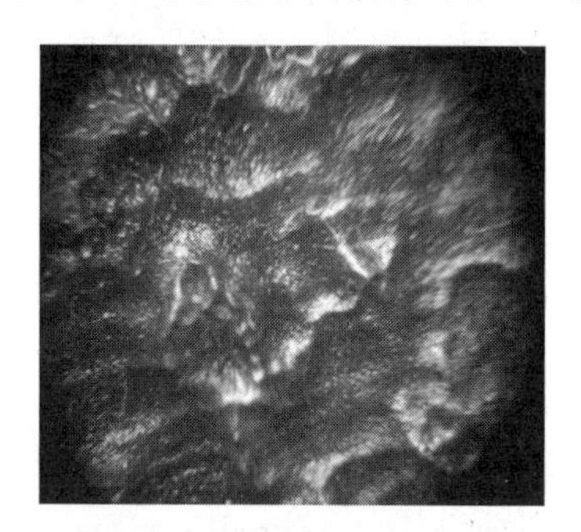

图 26-3 滚道表面电蚀坑

图 26-4 过电流失效

4. 齿端折断和裂纹

盾构主轴承齿折断和裂纹多数发生在齿端部位。齿端折断、裂纹分为齿端疲劳折断、裂纹和齿端过载折断、裂纹。

齿端疲劳折断、裂纹是指驱动齿和轴承齿啮合接触斑点不均匀，偏移至齿端部位，形成齿端接触应力集中，齿端循环接触应力超过齿弯曲疲劳极限，一般在齿根的受拉侧应力集中处出现折断、裂纹(图 26-5)。

齿端过载折断、裂纹是指齿面承受严重过载、冲击或异物进入啮合区而引起瞬间折断、裂纹(图 26-6)。

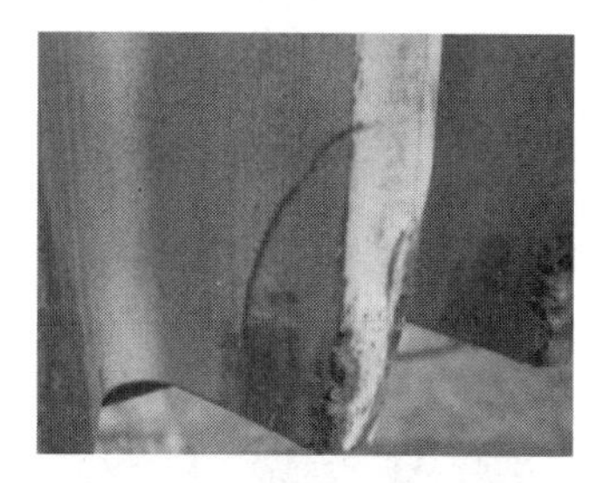

图 26-5 齿端疲劳裂纹

图 26-6 齿端过载折断

5. 轴承锈蚀

轴承锈蚀是指当钢制滚动轴承零件与湿气（如水或酸）接触时，表面发生氧化，随后出现腐蚀麻点，最后表面出现剥落(图 26-7)。在深度锈蚀阶段，接触区在对应于滚子或滚子节距的滚道位置将会变黑，最终产生腐蚀斑(图 26-8)。

图 26-7 轴承滚道锈蚀

6. 压痕

轴承外部异物侵入到轴承内部(图 26-9)，当异物颗粒被滚辗时，在滚道和滚动体上将形成压痕(图 26-10)，压痕形状和尺寸取决于异物颗粒的性质，一般压痕的类型可分为软质颗粒、淬硬钢颗粒、硬质矿物颗粒三种异物颗粒造成的压痕。

图 26-8　滚道等节距锈蚀斑

图 26-9　轴承内部异物侵入

图 26-10　异物颗粒压痕

26.3　盾构主轴承的检测

盾构主轴承在修复前，需要通过检测来判断轴承目前的状态，通过对主轴承全面的检测，可以较为准确的判断轴承是否具有维修价值以及修复后能达到的性能水平。

盾构主轴承检测主要包括轴承旋转精度检测、游隙检测、各零件工作表面损伤形式检测、工作表面硬度及硬化层深度检测、表面裂纹检测、滚子直径相互差检测等方面。

盾构主轴承的检测分为成品检测和拆解检测两个部分，在对轴承拆解检测前，需要对轴承成品总体的状态做检测及判断，通过检测轴承的接触痕迹、回转灵活性、回转精度、轴承游隙、密封圈状态来判断轴承目前的状态，通过对主轴承全面的检测，可以较为准确地判断轴承是否具有维修价值以及修复后能达到的性能水平。

盾构主轴承目前结构形式以三排圆柱滚子组合轴承为主，根据地质情况及盾构机的应用特点，主轴承又分为常规三排圆柱滚子组合及预紧式三排圆柱滚子组合结构，常规轴承结构如图 26-11 所示。

轴承回转精度和游隙的检测应将轴承从主驱动内拆出至图示状态后进行。

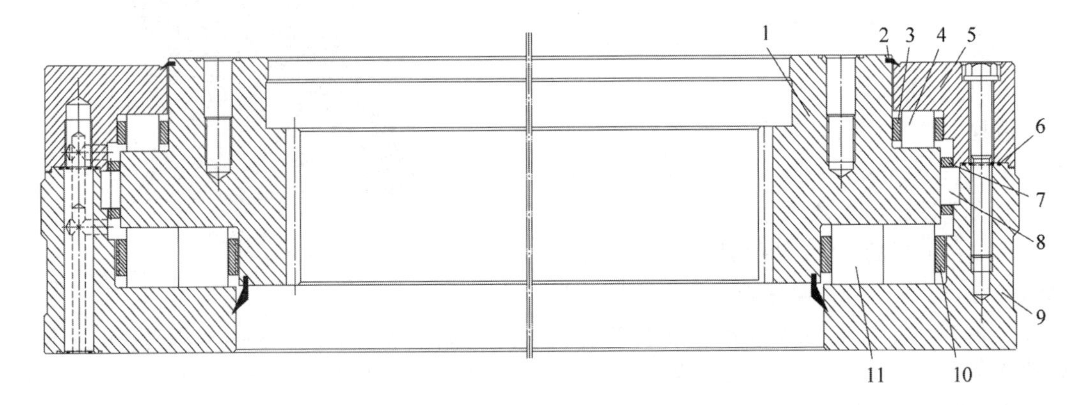

图 26-11　三排圆柱滚子组合轴承

1—内圈；2—唇形密封；3—第二保持架；4—反推力滚子；5—第二外圈；6—O 形圈；7—第三保持架；8—径向滚子；9—第一外圈；10—保持架；11—主推力滚子

26.3.1　旋转精度的检测

盾构主轴承旋转精度的检测主要包括旋转套圈端面轴向跳动、旋转套圈定位面径向跳动的测量以及齿圈齿的径向综合跳动。

图 26-11 所示结构的旋转精度的检测方法如下：将轴承外圈基准端面水平置于三个均布等高的固定支点或一平台上，一指示仪置于内圈基准端面上，另一个指示仪置于内圈定位配合的内径上，内圈转动一周，各指示仪最大读数与最小读数之差，即为内圈端面轴向跳动和内圈定位面径向跳动，操作如图 26-12 所示。对外齿结构轴承可固定内圈，旋转外圈进行测量。

26.3.2　轴承游隙的检测

轴承游隙检测分为轴向游隙和径向游隙检测两个方面。

轴向游隙的测量方法如图 26-13 所示。将轴承一套圈的基准端面置于三个均布等高的固定支点或一平台上，沿圆周均布三个指示仪，测头指在另一套圈上。测量时，使下部圆周等距的三个可调支承缓慢的接触非支承套圈端面并逐渐向上顶起，使原支承的套圈基准端面离开固定支点或平台，此时指示仪最大读数和最小读数之差的算术平均值，即为轴承轴向游隙值。

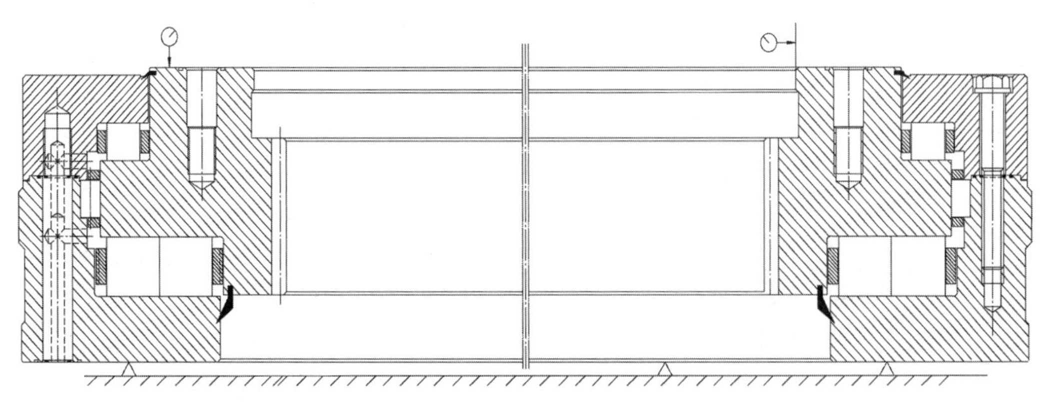

图 26-12　内圈旋转精度的测量

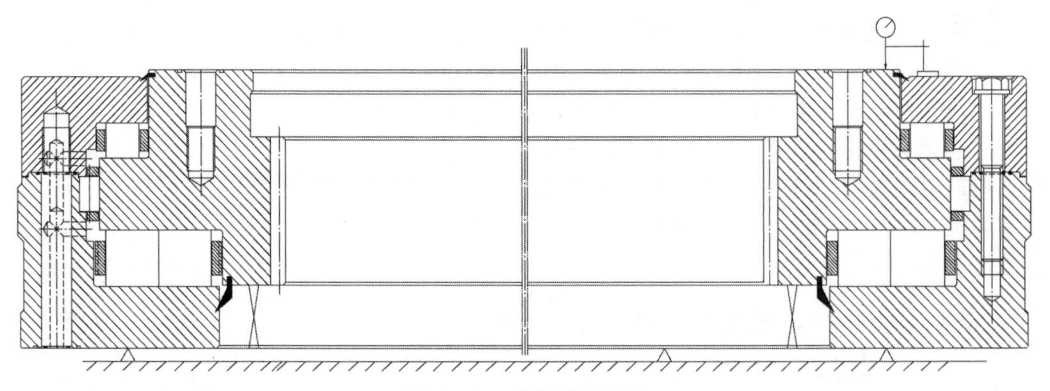

图 26-13　轴承游隙检测

径向游隙为轴承一套圈相对于另一个套圈从一个径向偏心极限位置移动至相反的极限位置的径向距离的算术平均值。径向游隙可以拆套后用塞尺进行检测，塞尺测量时应至少等分测量圆周六个点，每个点塞尺至少通过三个径向滚子和内外圈径向滚道之间的间隙，最后计算得出。

26.3.3　工作表面缺陷的显微观察及尺寸检测

对工作表面常见的压痕、划伤、擦伤、锈蚀等缺陷，需要进行显微观察，以判断缺陷的性质及成因，显微镜可采用 40～60X 放大倍数。工作表面显微缺陷的定性可对照《滚动轴承　损伤和失效术语、特征及原因》(GB 24611—2009)标准，需要重点说明的是，其缺陷性质的正确判断需要依靠轴承专业失效分析人员进行。

在对缺陷损伤程度的测定方面，通常缺陷面积比较容易测量，其缺陷深度对修复的效果有较大的影响，但不易测量。洛阳 LYC 轴承有限公司发明有便携式零件表面微小尺寸缺陷测量仪，可以对金属平面上直径大于 0.2 mm 的小凹坑(压痕、压坑、锈蚀坑等)、浮锈凸起之类的表面缺陷进行较精确的深度或高度测量，测量精度 0.01 mm。微小尺寸缺陷测量仪如图 26-14 所示。

图 26-14　微小尺寸缺陷测量仪

测量时，利用十字滑台工作台面测量仪能够在竖直平面内做上下、左右直线运动，调整固定在十字滑台工作台面上的基准针及指示表尖形测针接触到被测表面缺陷附近平面平整区域，同时调整指示表示数至零，通过十字滑台水平调整百分表尖形测针至表面缺陷最低点或最高点，同时保证基准针接触被测平面平整区域，则指示表指针偏离零刻度的示数就是表面缺陷的深度或高度。

26.3.4　工作表面硬度及硬化层深度的检测

为保证轴承的承载能力，轴承滚道表面和保持架引导面、齿面均进行了表面淬火处理，滚子采用了全淬火工艺，可采用里氏硬度计对淬火面进行检测，测量时应选择光滑表面，不应有油污，避开有划痕、锈蚀及磕碰伤、凹坑等粗糙部位，测量方法应符合《金属材料　里氏硬度试验　第 1 部分：试验方法》(GB/T 17394.1—2014)的要求，同时避免在小范围内多次密集反复测量。

滚道表面及保持架引导面硬化层深度的检测可采用感应淬火硬化层深度无损检测技术，目前有淬硬层测厚仪可对范围在 0.7～15 mm 的表面硬化层进行深度检测，测量方法可对照《钢的感应淬火或火焰淬火后有效硬化层深度的测定》(GB/T 5617—2005)的要求执行。

26.3.5　裂纹缺陷无损检测

滚道、滚子及齿面承载了盾构主轴承的主要载荷，对这些主要受力面，需进行 100%无损检测，判断表面是否存在裂纹缺陷。检测方法应采用磁粉探伤的方法，但由于磁粉探伤需采用磁粉探伤机，不具备条件时，可以采用着色渗透探伤的方法进行替代。

磁粉探伤应符合《滚动轴承　无损检测　磁粉检测》(GB/T 24606—2009)的标准要求，着色渗透探伤检测应符合《重型机械通用技术条件　第 15 部分：锻钢件无损检测》(JB/T 5000.15—2007)的规定。

26.3.6　滚子直径相互差及凸度的检测

主推力滚子、反推力滚子、径向滚子需要进行滚子分组差和凸度的检测，检测方法按《滚动轴承　圆柱滚子》(GB/T 4661—2015)的标准要求执行。

26.3.7　齿轮磨损量的检测

齿轮磨损量在未知原齿厚公差的情况下比较难测量和判断，根据驱动齿轮单侧支撑时主轴承齿圈一侧磨损较轻和两端支撑时主轴承齿圈两端磨损较轻的实际情况，可通过检测齿厚相互差的方法来替代测量。检测时先根据齿轮实际接触区域确定测量时的测齿高，固定测齿高后测量齿的厚度，在避开齿端面倒角的齿宽方向上、中、下三处测量，计算实际测量值的差值。

实际应用中往往增加对齿形轮廓的磨损变化情况的检测，检测时采用相同齿模数的齿形样板通过光隙法对比检测，并用塞尺测量齿形样板同齿面轮廓线的实际间隙值得到齿形的实际变化量。

齿轮失效判据可参考《重载齿轮　失效判据》(JB/T 5664—2007)的标准要求执行。

26.3.8　需更换件的检测

在盾构主轴承的实际修复中，经常需要更换密封圈、套圈和滚子等零件，对于直接影响主轴承承载和可靠性的套圈和滚子，需要对零件的材料、热处理指标、形位公差和未替换件的匹配性做详细、全面的检测和分析，按照轴承相关标准进行控制和验收。

26.3.9　零件尺寸及形位公差的检测

对照主轴承图纸和装配部位图纸，明确轴承相关配合表面，检测轴承各径向定位面的直径及直径变动量，轴承平面的弯曲度、平面度，判断是否存在变形现象。检测各工作表面的形位公差，判断是否需要修复。

26.4　盾构主轴承的修复

26.4.1　盾构主轴承修复流程

目前，盾构主轴承的修复主要采用6尺寸修理法，通过对轴承套圈、滚子等零件的修磨或者替代对轴承的功能进行恢复，修复后的轴承仍应满足盾构机主轴承的标准要求。盾构主轴承修复流程如图26-15所示。

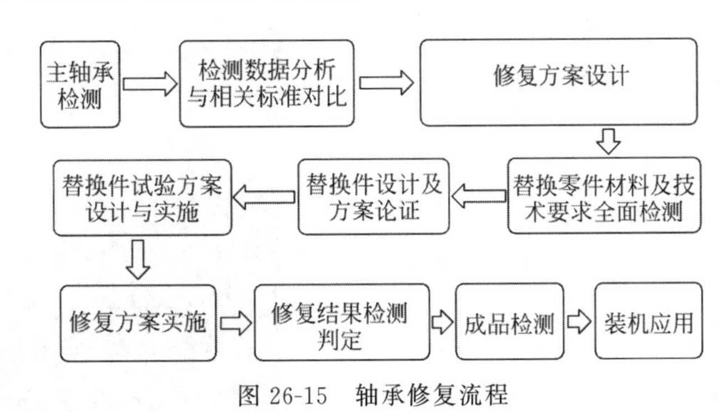

图26-15　轴承修复流程

26.4.2　盾构主轴承修复方案设计

盾构主轴承的修复，按照不低于新品的技术要求及标准进行维修，对于目标工段较短、地质情况较好的工段的情况，允许在评审后按大修处理，质量接近新品要求。其关键项的修复设计如下。

1. 轴承成套指标的修复设计

设计盾构主轴承的修复方案时，其成套轴承的旋转精度和游隙指标均不应低于原轴承新品要求。盾构主轴承的旋转精度和游隙值可参照《滚动轴承　转盘轴承》(JB/T 10471—2017)的标准中P5级要求。

2. 滚道及引导面的修复设计

滚道及引导面的形位公差，关键控制轴向滚道的平行度、垂直度，径向滚道的直径、圆度及与基准端面的垂直度，保持架引导面的圆度等指标，可按照成套轴承的旋转精度要求进行公差分配。

滚道表面的压痕、划伤、锈蚀、擦伤、磕碰伤等非开口性缺陷，深度在0.5 mm以内的，原则上予以去除，深度超过0.5 mm以上的，可根据分布位置和面积进行判断，缺陷集中在非载荷区或者非承载位置，对轴承受力影响轻微，可以留存。滚道表面不允许有剥落或裂纹缺陷。

引导面锈蚀需去除干净，压痕、划伤等缺陷可以少量留存，引导面不允许有剥落或裂纹等缺陷。

滚道表面经修复后，需保证足够的硬度及硬化层深度，其硬度及硬化层深度不低于《滚

动轴承 转盘轴承》(JB/T 10471—2017)的标准要求。

3. 圆柱滚子的修复设计

滚子母线表面的压痕、划伤、锈蚀、擦伤、磕碰伤等非开口性缺陷应予以去除,修磨量需要联合保持架兜孔值共同设计确定,端面允许留有少量的压痕或划痕,缺陷无法去除的滚子应予以更换,同时保证同组滚子的分组差要求应符合《滚动轴承 圆柱滚子》(GB/T 4661—2015)的规定,其替换滚子的凸度值和凸度形状应与原设计保持一致。

26.4.3 盾构主轴承修复工艺

盾构主轴承滚道及引导面目前的修复均采用磨削的方法进行加工,修复过程中的实际磨削量需要多次少量磨削并进行检测确定。

滚子的修复方法有超精和磨削两种方法,对于磨损轻微的滚子可以直接超精处理,径向滚子更换时通过定制尺寸的方法来保证设计的径向游隙。

保持架、齿面等由于受力及磨损引起的凸起和尖角等缺陷采用手工打磨的方式去除。

26.5 盾构主轴承修复案例

26.5.1 检测案例

2018 年对某公司盾构机进行检测,轴承累计运行 5 km。

1. 轴承整体状况检测

轴承平放于三个支点上,外圈外径面有轻微锈蚀斑现象;外圈端面有粉红色凝固胶残留及锈蚀变色;外圈内径面有一段圆周长约 1 m 的锈蚀带,主推力滚道侧内外圈之间的密封有一段长约 10 cm 的破损,反推力滚道侧内外圈之间没有密封;轴承回转正常,如图 26-16 所示。

轴承型号打印标示在外圈 01 内径面,轴承下半外圈(01)、上半外圈(21)软带位置标志“OBEN”均位于外径面,对应位置外径面均刷有红漆,两外圈软带位置对应一致;内圈软带位置标志“OBEN”位于主推力滚道侧端面,如图 26-17 所示。

图 26-16 密封圈破损

图 26-17 外圈软带重合一处

2. 轴承旋转精度及游隙检测

检测内圈轴向跳动、径向跳动、轴向游隙和径向游隙值见表 26-1,检测参照图 26-18～图 26-21 所示。

表 26-1 轴承游隙及旋转精度 mm

检测项目	测量值
轴向游隙	0.35
径向游隙	0.22
内圈轴向跳动	0.12
内圈径向跳动	0.26

3. 轴承滚道表面缺陷显微观察及尺寸检测

轴承内齿圈主推力滚道面外侧沿圆周方向有三处挤压起皮,位置分别在软带左侧约 50°,软带右侧约 40°、120°处,圆周长度分别为

图 26-18　内圈轴向跳动检测

图 26-19　内圈径向跳动测量

图 26-20　内圈轴向游隙检测

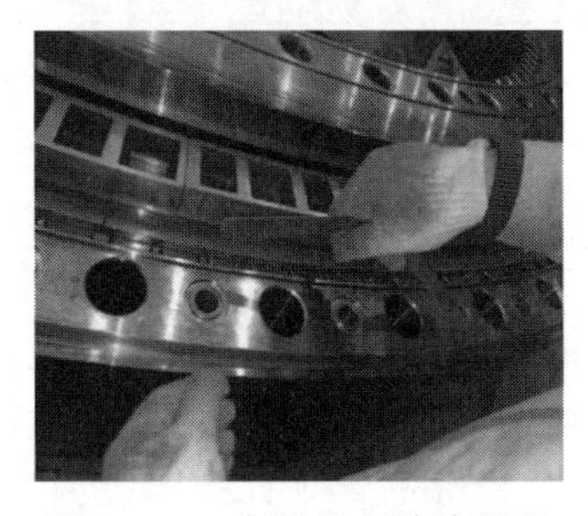

图 26-21　内圈径向游隙测量

50 cm、70 cm、90 cm，另有约九处较明显的异物压痕及较多的细小颗粒状压痕，压痕深度 0.08 mm，如图 26-22 和图 26-23 所示。

图 26-22　压痕深度检测

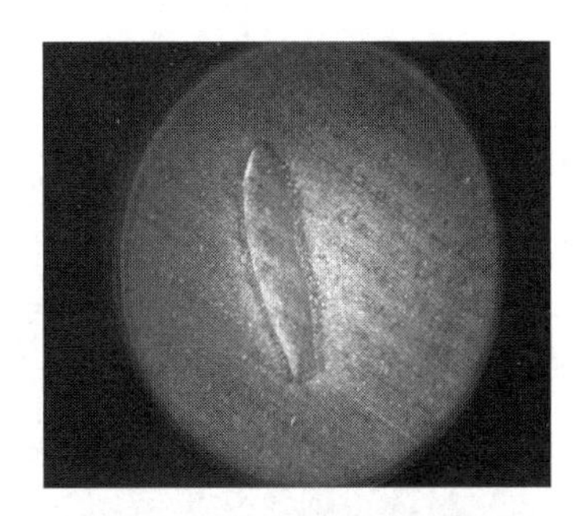

图 26-23　缺陷显微观察

4. 淬火面硬度及有效硬化层深度的检测

分别对滚道、保持架引导面、齿面及齿根进行表面硬度及有效硬化层深度检测，其硬度值在 55 HRC 以上，滚道有效硬化层深度 5.0 mm 以上，检测结果未发现硬度及硬化层深度异常值，如图 26-24 和图 26-25 所示。

图 26-24　硬化层深度检测

5. 淬火面裂纹缺陷的检测

分别对滚道、保持架引导面、齿面及齿根、滚子进行磁粉探伤检测和着色探伤检测，确认表面无开口性缺陷，如图 26-26 和图 26-27 所示。

图 26-25 硬度检测

图 26-26 磁粉探伤

图 26-27 着色探伤

6. 滚子直径相互差及凸度的检测

主推力滚子、反推力滚子、径向滚子进行滚子分组差的检测，其检测结果见表 26-2，符合标准的要求。

表 26-2 滚子直径相互差 μm

项目	滚子直径(任取一粒为标准值)		直径相互差
	最大	最小	
主推力滚子	0	−5	5
反推力滚子	0	−5	5
径向滚子	+4	+1	3

7. 齿轮磨损量的检测

圆周抽取 20 个齿，固定齿高后进行齿厚检测，单齿最大齿厚差 0.28 mm，磨损轻微，如图 26-28 所示。

图 26-28 齿厚检测

26.5.2 盾构主轴承修复案例

针对上述检测案例，轴承滚道表面、轴承内齿圈主推力滚道面外侧沿圆周方向有三处明显的挤压伤，圆周其他部位通过显微观察也可看到挤压伤，若轴承在此状态下继续使用，挤压伤部位在受力时会持续加速产生剥落。轴承游隙及旋转精度超标，径向滚子及径向滚道均存在较多的压痕，轴承应进行修复处理。

1. 维修方案总体设计

(1) 成套轴承旋转精度及游隙设计指标，见表 26-3。

表 26-3 成套轴承旋转精度和游隙设计值

mm

检测项目	设计值
轴向游隙	0.05～0.20
径向游隙	0.05～0.20
内圈轴向跳动	≤0.1
内圈径向跳动	≤0.2

(2) 修磨内圈及外圈主推力滚道、反推力滚道及径向滚道的挤压伤、压痕等缺陷，修磨量不大于 0.3 mm，保证修磨后表面硬度不低于 55 HRC，记录实际修磨尺寸和淬硬层深度、硬度，修磨后对滚道进行 100%磁粉探伤，不允许有裂纹存在。

(3) 修磨主推力滚子及反推力滚子，允许修磨量 0.20 mm，径向滚子重新投料加工。

2. 维修方案实施

1）径向滚子全面检测、验证及加工

对径向滚子的化学成分、显微组织、晶粒度、硬度、凸度等指标进行检测。经对比，现有材料及工艺能够满足检测指标要求，径向滚子试验验证已通过，工艺成熟。

滚子加工精度达《滚动轴承 圆柱滚子》(GB/T 4661—2015)的Ⅱ级水平，凸度及凸度形状符合要求，经磁粉探伤无裂纹。

2）主推力滚子及反推力滚子修磨

主推力及反推力滚子修磨滚子两端面、外径面及凸度形状，修磨量0.10 mm，凸度形状及凸度值保持与原滚子一致(图26-29)，经磁粉探伤无裂纹(图26-30)，加工精度符合设计要求。

图26-29 滚子超精

图26-30 滚子磁粉探伤

3）套圈磨削加工

修磨基准端面及非基准端面，修磨轴向滚道面及径向滚道面的锈蚀、压痕等缺陷，实际修磨量0.4 mm后缺陷去除，滚道平行差和里外差为0.03 mm，径向滚道垂直差0.02 mm，滚道表面硬度55 HRC以上，经磁粉探伤无裂纹，如图26-31～图26-34所示。

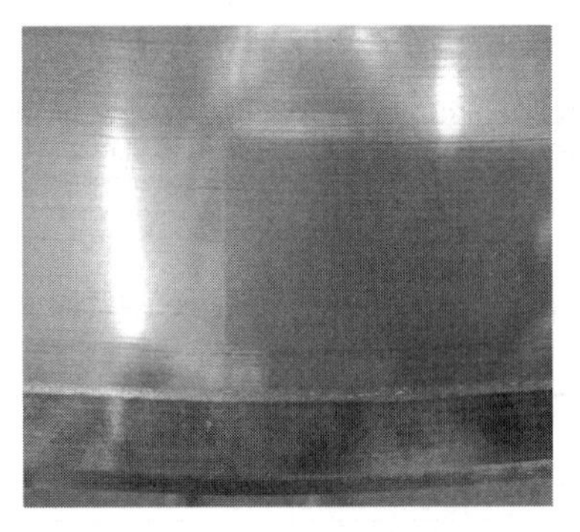

图26-31 轴承滚道修磨前

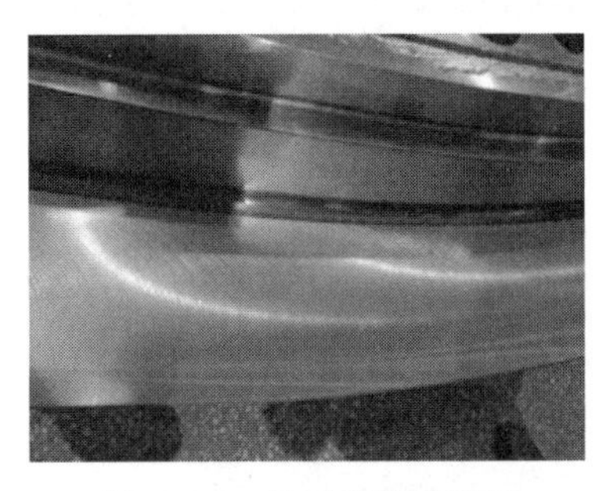

图26-32 轴承滚道修磨后

图26-33 外圈端面磨加工

图26-34 内圈端面磁粉探伤

4）轴承组配

将修复后的轴承零件进行组装，组装现场

环境应保持干净整洁、干燥、无浮尘，组装后的轴承应对旋转精度及轴承游隙进行检测，各项测量值见表26-4，检测结果应达到修复方案设计要求。

表 26-4 成套轴承旋转精度和游隙值

mm

检测项目	测量值
轴向游隙	0.18
径向游隙	0.18
内圈轴向跳动	0.05
内圈径向跳动	0.2

参考文献

[1] 张佳兴.盾构主轴承再制造技术[J].建筑机械化 2018(7)：56-58.
[2] 赵新合.盾构再制造技术与实践[J].建筑机械化，2014(3)：94-96.
[3] 陆豪杰.盾构主轴承再制造技术应用[J].建筑机械化，2017(3)：58-62.

第26章彩图

第27章

液压件维修与再制造

27.1 概述

27.1.1 液压件再制造工艺流程图

为保证液压件再制造产品的质量，提高生产效率，回收入场的废旧液压零部件，必须要按照再制造的标准工序，制定合理的工艺流程图。通过对液压件再制造各工序的研究，设计了如图 27-1 所示的再制造工艺流程图，主要包括拆解、清洗、分选、检测判断、再制造修复加工、装配及出厂试验等工序。

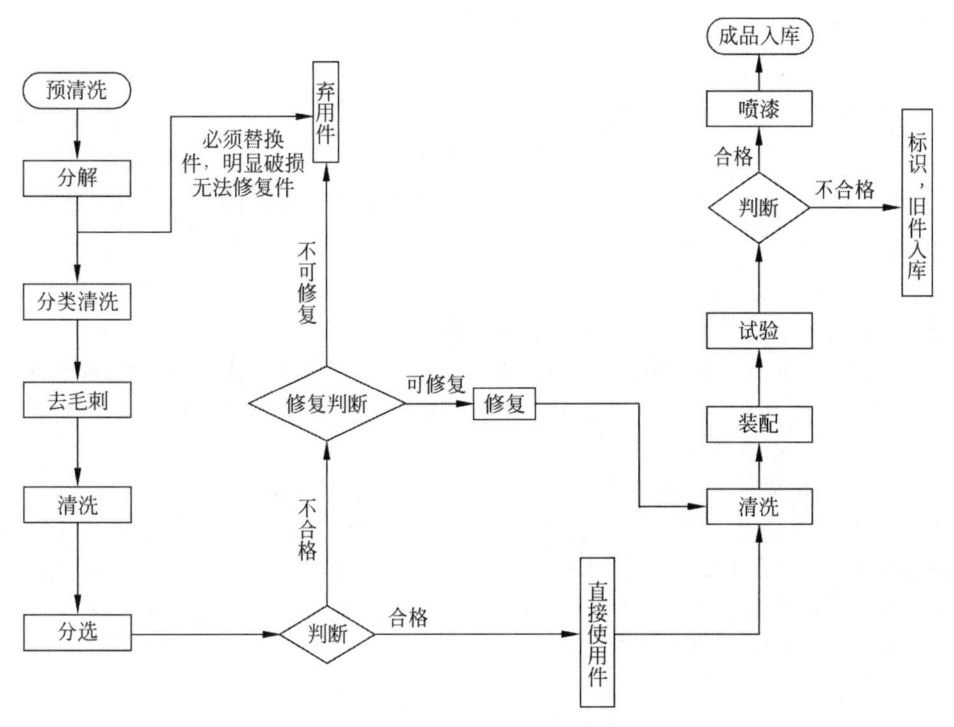

图 27-1　再制造工艺流程图

27.1.2 液压件再制造质量控制流程图

液压元件再制造是在回收的废旧液压零部件的基础上，采用再制造技术，使其恢复尺寸、形状和性能，在对环境污染最小，资源利用最高，投入的资金最少的情况下，重新恢复液压元件的性能并不低于原有指标。这对液压元件再制造质量控制提出了更高要求，生产过程中必须严格按照再制造质量控制流程图(图27-2)进行质量把关。

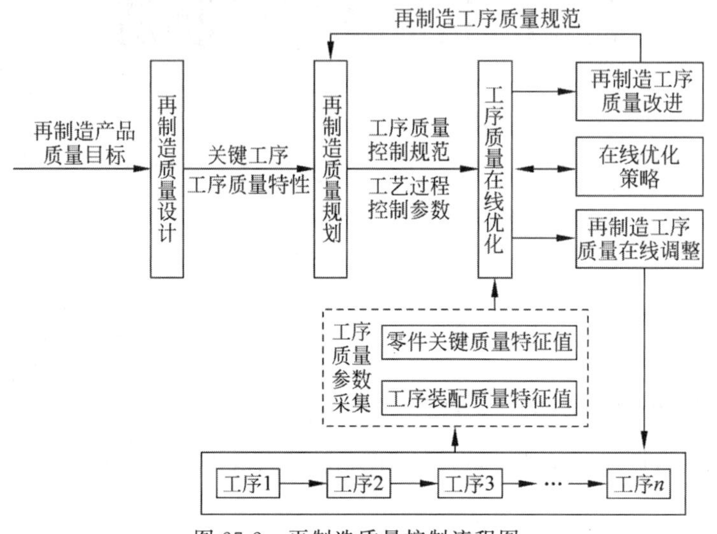

图27-2 再制造质量控制流程图

27.2 液压泵、马达维修与再制造

27.2.1 概述

液压马达一般可分为高速和低速两种。近年来，随着液压技术不断向高压、大功率方向发展及人们对环境保护的日益重视，要求液压执行元件具有噪声低、污染小、运转平稳等特点，因此，高速马达成为发展趋势之一。从能量转换的观点来看，液压泵与液压马达是可逆工作的液压元件，向任何一种液压泵输入工作液体，都可使其变化成液压马达工况；反之，当液压马达的主轴由外力矩驱动旋转时，也可变为液压泵工况；因为它们结构基本相同，都靠密封容积变化来工作，但因用途不同结构上有些差别：马达要求正反转，其结构具有对称性；而泵为了保证其自吸性能，结构上采取了某些措施。

1. 液压泵维修与再制造相关知识

1）液压泵的分类、选用及符号

（1）分类

按运动部件的形状和运动方式分为齿轮泵、叶片泵、柱塞泵、螺杆泵等。齿轮泵又分为外啮合齿轮泵和内啮合齿轮泵。叶片泵又分为双作用叶片泵、单作用叶片泵和凸轮转子泵。柱塞泵又分为径向柱塞泵和轴向柱塞泵。

按排量能否变化分为定量泵和变量泵。单作用叶片泵、径向柱塞泵和轴向柱塞泵可以作变量泵。

（2）选用原则

① 是否要求变量，要求变量选用变量泵。

② 工作压力，柱塞泵的额定压力最高。

③ 工作环境，齿轮泵的抗污能力最好。

④ 噪声指标，双作用叶片泵和螺杆泵属低噪声泵。

⑤ 效率，轴向柱塞泵的总效率最高。

（3）液压泵的图形符号

液压泵的图形符号如图27-3所示。

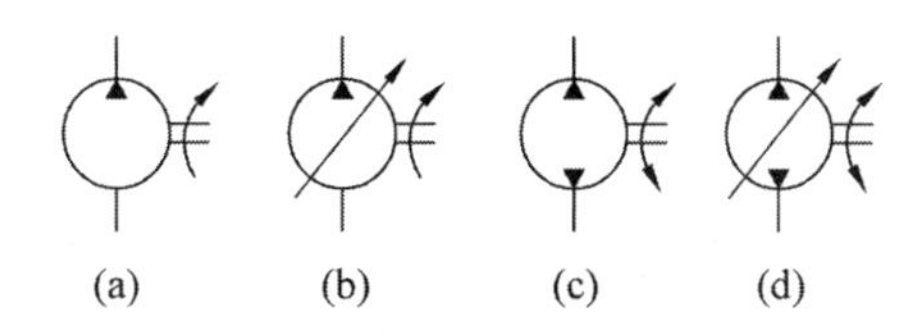

图 27-3 液压泵的图形符号

(a) 单向定量液压泵；(b) 单向变量液压泵；(c) 双向定量液压泵；(d) 双向变量液压泵

2）液压泵正常工作的必备条件

液压泵原理如图 27-4 所示，液压泵正常工作需三个必备条件。

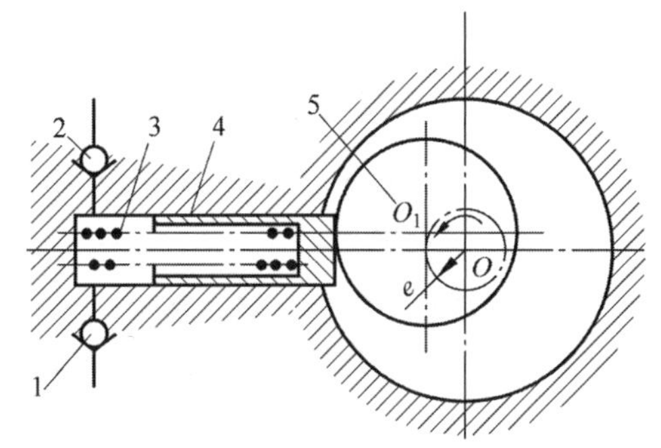

图 27-4 液压泵原理图

1—吸入阀；2—压出阀；3—栓塞回程弹簧；4—柱塞；5—偏心轮

(1) 必须有一个由运动件和非运动件所构成的密闭容积(图 27-4 中 4 与壳体形成的空腔)。

(2) 密闭容积的大小随运动件的运动做周期性的变化，密闭容积由小变大则吸油，由大变小则压油。图 27-4 中，偏心轮 5 旋转推动活塞 4 左右移动。活塞右移，容积变大，泵经吸入阀 1 从油箱吸油；活塞左移，容积变小，油经压出阀 2 压入系统。

(3) 密闭容积增大到极限时，先要与吸油腔隔开，然后才转为排油；密闭容积减小到极限时，先要与排油腔隔开，然后才转为吸油。

3）液压泵的主要性能参数

(1) 液压泵的压力。

① 工作压力 p。泵工作时的出口压力，大小取决于负载。

② 额定压力 p_s。正常工作条件下按试验标准连续运转的最高压力。

③ 吸入压力。泵进口处的压力。

(2) 液压泵的排量、流量和容积效率。

① 排量 V。液压泵每转一转理论上应排出的油液体积，又称为理论排量或集合排量。常用单位为 cm^3/r。排量的大小仅与泵的几何尺寸有关。

② 平均理论流量 q_t。泵在单位时间内理论上排出的油液体积，$q_t=nv$，单位为 m^3/s 或 L/min。

③ 实际流量 q。泵在单位时间内实际排出的油液体积。在泵的出口压力不等于 0 时，因存在泄漏量 Δq，因此 $q=q_t-\Delta q$。

④ 瞬时理论流量 q_{sh}。任一瞬时理论输出的流量，一般泵的瞬时理论流量是脉动的，即 $q_{sh}\neq q_t$。

⑤ 额定流量 q_s。泵在额定压力，额定转速下允许连续运转的流量。

⑥ 容积效率 η_v。

$$\eta_v=q/q_t=(q_t-\Delta q)/q_t$$
$$=1-\Delta q/q_t=1-kp/nV$$

式中：k——泄漏系数。

(3) 泵的功率和效率。

① 输入功率 P_r。驱动泵轴的机械功率，$P_r=T\omega$。

② 输出功率 P。泵输出液压功率，$P=pq$。

③ 总效率 η_p。

$$\eta_p=P/P_r=pq/T\omega=\eta_v\eta_m$$

式中：η_m——机械效率。

(4) 泵的转速。

① 额定转速 n_s。额定压力下能连续长时间正常运转的最高转速。

② 最高转速 n_{max}。额定压力下允许短时

间运行的最高转速。

③ 最低转速 n_{min}。正常运转允许的最低转速。

(5) 转速范围：最低转速和最高转速之间的转速。

2. 液压马达维修与再制造相关知识

液压马达是将液体压力能转换为机械能的装置，输出转矩和转速，是液压系统的执行元件。马达与泵在原理上有可逆性，因用途不同结构上有些差别。液压马达的使用维护及修理方法，在很多方面与液压泵相同。

1) 液压马达的分类

按转速分，当 $n>500$ r/min 时，为高速液压马达；当 $n<500$ r/min 时，为低速液压马达。

按是否变向与变量分，可分为单向定量液压马达、单向变量液压马达、双向定量液压马达、双向变量液压马达等，如图 27-5 所示。

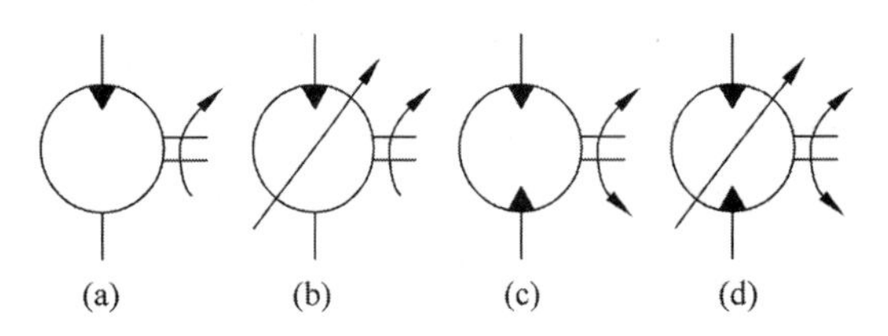

图 27-5 液压马达分类

(a) 单向定量液压马达；(b) 单向变量液压马达；(c) 双向定量液压马达；(d) 双向变量液压马达

2) 液压马达的特性参数

(1) 工作压力与额定压力

工作压力 p 大小取决于马达负载，马达进出口压力的差值称为马达的压差 Δp。额定压力 p_s 能使马达连续正常运转的最高压力。

(2) 流量与容积效率

输入马达的实际流量

$$q_M = q_{M_t} + \Delta q$$

式中：q_{M_t}——理论流量，马达在没有泄露时，达到要求转速所需进口流量。

容积效率为 $\eta_{M_v} = q_{M_t}/q_M = 1 - \Delta q/q_M$

(3) 排量与转速

排量 V 为 η_{M_v} 等于 1 时输出轴旋转一周所需油液体积。转速为

$$n = q_{M_t}/V = q_M \eta_{M_v}/V$$

(4) 转矩与机械效率

实际输出转矩

$$T = T_t - \Delta T$$

理论输出转矩

$$T_t = \Delta p V \eta_{M_m}/2\pi$$

机械效率

$$\eta_{M_m} = T_M/T_{M_t}$$

式中：ΔT——马达的转矩损失。

(5) 功率与总效率

$$\eta_M = P_{M_o}/P_{m_i} = T2\pi n/\Delta p q_M = \eta_{M_v}\eta_M$$

式中：P_{M_o}——马达输出功率；

P_{m_i}——马达输入功率。

27.2.2 液压泵、马达故障分析与维修

1. 液压泵常见故障分析与维修

液压泵故障产生的原因及维修方法见表 27-1。

2. 液压马达常见故障分析与维修

液压马达故障产生的原因及维修方法见表 27-2。

27.2.3 液压泵、马达失效模式分析

在工程实践中，液压泵、马达主要失效模式有磨损、疲劳、老化等。

1. 磨损

液压柱塞泵的磨损主要涉及柱塞副、滑靴副、配油盘副，不同运动副的主要磨损形式不同，但主要是弹性流体动力润滑情况下的磨粒磨损和黏着磨损。泵的磨损过程是典型的多场、多因素耦合作用的结果，影响因素很多。对于液压柱塞泵主要运动副的磨损来说，其中最重要的影响参数是摩擦副的油膜厚度。但油膜厚度的影响因素很多，包括泵的压力、流量、温度、转速等工况参数，也包括结构摩擦副的结构形式、尺寸参数、材料属性等。

2. 疲劳

疲劳涉及柱塞泵所有的运动部件和壳体(壳体部位承受交变应力)。具体到液压泵相关部件，疲劳导致的失效主要包括壳体开裂，调压弹簧折断、斜盘、主轴、缸体等结构件的开

表 27-1　液压泵常见故障分析与维修

现象	产生原因	维修方法
流量不够	(1) 箱油面过低,油管及滤油器堵塞或阻力太大及漏气等; (2) 泵壳体内预先没有充好油,留有空气; (3) 液压泵中心弹簧折断,使柱塞回程不够或不能回程,引起缸体和配油盘之间失去密封性能; (4) 配油盘及缸体或柱塞与缸体之间磨损; (5) 对于变量泵有两种可能,如为低压,可能是液压泵内部摩擦等原因,使变量机构不能达到极限位置造成偏角小所致;如为高压,可能是调整误差所致; (6) 油温太高或太低	(1) 检查储油量,把油加至油标规定线,排除油管堵塞,清洗滤油器,紧固各连接处螺钉,排除漏气; (2) 排除泵内空气; (3) 更换中心弹簧; (4) 配油盘和缸体对研,更换柱塞; (5) 低压时,使变量活塞及变量头活动自如;高压时,纠正调整误差,另外先导控制压力过低导致; (6) 根据温升选用合适的油液,查找漏气点
噪声	(1) 油箱油面过低,吸油管堵塞及阻力大,以及漏气等; (2) 泵体内留有空气; (3) 泵和电动机不同心,使泵和传动轴受径向力; (4) 滤芯堵塞	(1) 按规定加足油液,疏通进油管,清洗滤油器,紧固进油螺钉; (2) 排除泵内的空气; (3) 重新调整,使电动机与泵同心; (4) 更换滤芯
压力脉动	(1) 配油盘与缸体或柱塞与缸体之间磨损,内泄或外漏过大; (2) 对于变量泵,可能由于变量机构的偏角太小,使流量过小,内泄相对增大,因此不能连续对外供油; (3) 伺服活塞与变量活塞运动不协调,出现偶尔或经常性的脉动; (4) 进油管堵塞,阻力大及漏气; (5) 柱塞滑靴脱落; (6) 缸体铜层脱落; (7) 柱塞环损坏	(1) 修磨配油盘与缸体接触面,单缸研配,更换柱塞,紧固各连接处螺钉,排除漏损; (2) 适当加大变量机构的偏角,排除内部漏损; (3) 偶尔脉动,多因油脏,可更换新油,经常脉动,可能是配合件研伤或憋劲,应拆下修研; (4) 疏通进油管及清洗进口滤油器,紧固进油管段的连接螺钉; (5) 更换柱塞部件; (6) 更换缸体部件; (7) 更换柱塞环
发热	(1) 内部漏损过大; (2) 运动件磨损; (3) 散热冷却系统损坏	(1) 修研各密封配合面; (2) 修研或更换磨损件; (3) 更换散热冷却系统
漏损	(1) 轴承回转密封圈损坏; (2) 各结合处O形密封圈损坏; (3) 配油盘和缸体或柱塞与缸体之间磨损(会引起回油管外漏增加,也会引起高低腔之间内漏); (4) 变量活塞或伺服活塞磨损	(1) 检查密封圈及各密封环节,排除内漏; (2) 更换O形密封圈; (3) 修磨接触面,配研缸体,单配柱塞; (4) 严重时更换

续表

现象	产生原因	维修方法
变量机构失灵	(1) 控制油道上的单向阀弹簧折断； (2) 变量头与变量壳体磨损； (3) 伺服活塞、变量活塞及弹簧心轴卡死； (4) 个别通油道堵死； (5) 变量伺服磨损严重	(1) 更换弹簧； (2) 配研两者的圆弧配合面； (3) 机械卡死时，用研磨的方法使各运动件灵活； (4) 油脏时，疏通油道及时更换新油； (5) 更换变量伺服
泵不能转动(卡死)	(1) 柱塞与液压缸卡死(可能是油脏或油温变化)； (2) 滑靴脱落(可能是柱塞卡死，或有负载引起的)； (3) 柱塞球头折断； (4) 轴承烧死	(1) 油脏时，更换新油，油温太低时，更换黏度合适的机械油； (2) 更换； (3) 更换零件； (4) 更换轴承

表 27-2 液压马达常见故障分析与维修

故障现象	产生原因	维修方法
液压马达泄漏	(1) 液压马达结合面没有拧紧或密封不好，有泄漏； (2) 液压马达内部零件磨损，泄漏严重	(1) 拧紧接合面检查密封情况或更换密封圈； (2) 检查其损伤部位，并修磨或更换零件
内部泄漏	(1) 柱塞与缸体孔磨损，配合间隙大； (2) 弹簧疲劳，缸体与配油盘的配油贴合面磨损	(1) 更换零件； (2) 更换弹簧或零件
外部泄漏	(1) 输出轴的骨架油封损坏； (2) 液压马达各管连接未拧紧或因振动而松动； (3) 螺塞未拧紧或密封失效等	(1) 更换骨架油封； (2) 检查、清除并拧紧螺栓； (3) 更换油塞或密封
噪声过大	(1) 液压马达输出轴的联轴器、齿轮等安装不同心与别劲等； (2) 油管各连接处松动有油液中空气进入； (3) 推杆头部磨损严重，输出轴两端轴承处的轴颈磨损严重； (4) 外界振动影响，甚至产生共振，或者液压马达未安装牢固等	(1) 校正各连接件的同心度； (2) 排出空气； (3) 更换损坏零部件； (4) 消除外界振源影响或紧固安装螺栓

裂，轴承损坏和断裂等故障模式。结构件疲劳属于典型的失效模式，柱塞泵结构件疲劳失效模式的敏感应力主要包括转速(交变应力频率)、压力和排量(交变应力幅值)柱塞个数(压力脉动频率)、流量切换频率(流量切换结构的疲劳特性相关)等。

3. 老化

老化失效与橡胶密封件相关。液压柱塞泵中的橡胶密封件，主要是用于静密封结构，其老化失效会引起外部泄漏。

27.2.4 柱塞泵、马达再制造技术及工艺

1. 柱塞泵、马达旧件回收及判断标准

柱塞泵、马达回收旧件首先要进行初步的判断，以确定其是否还具有再制造的价值。主要观察其外表面是否有严重损伤缺陷，如裂纹、断裂等。若旧件存在上述修复技术难度大或修复成本高的损坏情况，则直接淘汰。综合分析柱塞泵、马达的各项关键参数特性，结合可再制造性及经济性等指标，制定如下回收判断标准。

1）回收基本要求

（1）回收的柱塞泵、马达必须是铭牌完整或查清规格型号及厂家信息。

（2）柱塞泵、马达主体零件无缺失。

2）回收基本检验步骤

（1）产品真伪辨别：检查整体外观，检查出厂编号（见铭牌）。

（2）产品回收要求：检查壳体、控制阀体及安装座等主体零件应完好无缺失、无锈蚀。检查壳体、控制阀体、安装座应无裂纹、无焊接修补现象。

2. 柱塞泵、马达拆解技术及工艺

对废旧泵、马达拆解为零部件，拆解到不能拆解为止。

拆解过程中进行初步判断，对于明显无法再制造或再利用的零部件，直接进行材料的再循环或环保处理，避免进入清洗等再制造环节，减少工艺费用。这类明显无法再制造的零部件主要包括老化的高分子材料、严重变形的零部件以及一次性的密封元器件等。对于高附加值的零部件判断要谨慎，一般要利用后续工艺中专用的仪器设备来检测判断。

拆解前用高压水进行冲洗，并用物理或化学方法把旧漆清除。拆解过程中进行初步判断，直接淘汰掉明显无法再制造或再利用的零部件。这些淘汰的零件包括磨损或老化的密封圈、弹簧、调整垫片，以及严重变形的零部件等，装配时直接用新品替换。拆解过程中尤其要注意的是最大限度地保证零件不被进一步损坏，也就是尽量做到无损拆解。

3. 柱塞泵、马达零部件清洗技术及工艺

柱塞泵、马达清洗多数采用超声波清洗机。

根据物质容易溶解在与其结构相似的溶剂中的原理，用煤油清洗泵体各内孔、表面及螺栓孔的油污，在不损伤工作表面的前提下，用毛刷进行清理。清洗过程中仔细检查各孔是否相通，并用绸布绕在钩子上伸进孔内清理各挡位表面，用油石打磨配合面的凸起和划痕。

柱塞泵、马达壳体的清洗大多先刷洗或刮去泵、马达壳体内外表面及密封环和轴承等处所积存的油污及铁锈等物，再用水或压缩空气清洗、吹净；清洗泵、马达各接合表面，清洗配流盘及轴承，除去油垢，再清洗密封沟槽等。

4. 柱塞泵、马达零件分选检测鉴定

柱塞泵、马达所包含的零件结构比较精密复杂，在分选检测过程中尤其要注意对零部件尺寸、外表面磨损及变形情况的检查，按损坏程度对零部件进行可再制造性评估，以保证旧件的充分利用和尽可能的降低再制造成本。

采用量具测量检验法或经验检验法对拆解清洗后的零件进行检测鉴定，并根据损伤情况及可修复的情况对零部件进行分类。产生爆裂、砂眼和漏油的阀体，由于修复成本较高，技术难度较大，一般选择直接回炉。密封件为易损件，直接更换。

1）配流盘的检验

（1）目测：配流盘上配油孔的内环和外环分别为油封环，一般的磨损都发生在内环和外环上，检查时，首先需要检查内环和外环的磨损情况，见表27-3。

（2）测量：配流盘测量，以获得配流盘的平面度和平行度，见表27-4。

表 27-3 内环与外环的磨损情况及原因

序号	内环和外环的磨损现象	磨损原因
1	光滑明亮	正常磨损，长期使用造成
2	细微划痕	液压油略微脏，杂质含量高。但颗粒比较细微
3	不规则蜂窝状	空气含量高，有气蚀
4	硬拉伤，划痕重	杂质含量高，并有较大颗粒
5	缺口	里面有较大、硬质的颗粒，如金属颗粒

表 27-4 配流盘的平面度和平行度及粗糙度的测量

第一步，使用刀口尺先查看盘的平面度和平行度的测量	
	刀口尺用于检查平面的变形程度，如检查配流盘的衬板、止退板及缸体配油面的平面。检查时，使用刀口压住平面，对着亮处观察刀口与盘面的间隙，如果有不均匀的间隙，说明盘面是不平整的。无须进入下一步检验
第二步，使用千分尺测量周向多点	
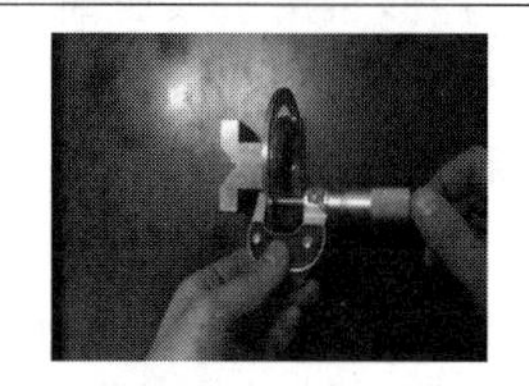	测量平面度：测量盘的内侧和外侧至少 8 点，尽量均匀测量，用最大值减去最小值； 测量平行度：在盘的外侧至少测量 4 点，对称测量，用测得的最大值减去最小值，得到平行度
第三步，使用三坐标验平面度和平行度	
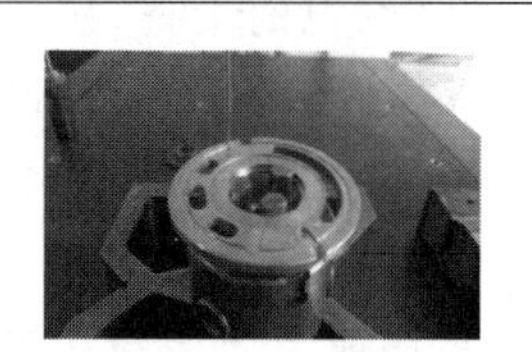	将配流盘三爪上，用三坐标指针采点进行测量平面度和平行度
第四步，使用粗糙度仪检测粗糙度	
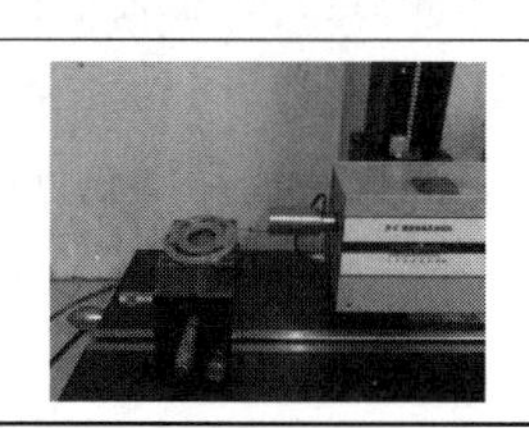	将配流盘放在工作台上，用粗糙度仪检测配流盘粗糙度

2）泵轴的检验

（1）目测：检查主轴的键连接，包括缸体花键和补油泵花键连接；检查主轴密封处的磨损情况，是否出现沟槽，确定是否需要修复或者更换。

（2）测量：主轴表面的直径两处（图 27-6），主轴密封处的外径。

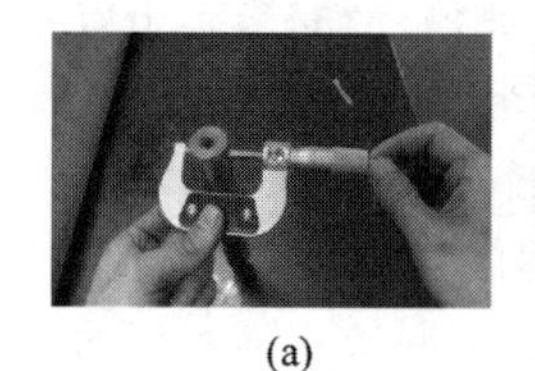
(a)

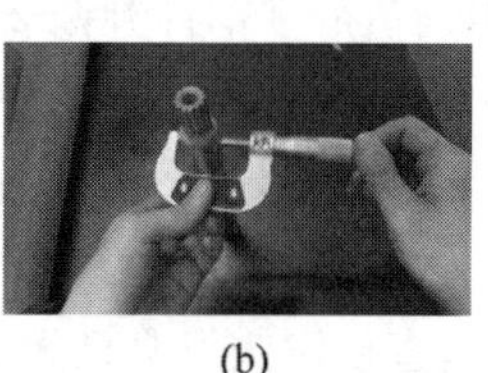
(b)

图 27-6 主轴轴承面直径的测量
(a) 测量前轴承的位置；(b) 测量后轴承位置

3）止退板（斜盘）的检验

（1）目测：平面的划痕和磨痕。

（2）测量：止退板的易磨损面为与滑靴的接触面，可以使用厚度千分尺，多点测量，用最大值减最小值，获得平面度和平行度，如图 27-7 所示。

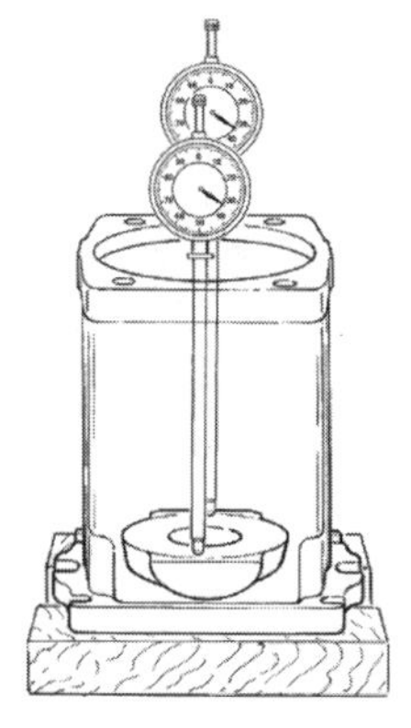

图 27-7　斜盘检查

（3）圆形止退板：为了降低成本，有的液压泵设计有圆形止退板，安装于斜盘的上表面，磨损后可以更换或者修复比较方便。

4）回程盘的检验

（1）目测：检查回程盘时首先需要检查内环和外环的磨损情况，可以对回程盘三处（图 27-8）进行鉴别：①检查回程盘内缘；②检查回程盘每个孔；③外缘 5 mm 内。

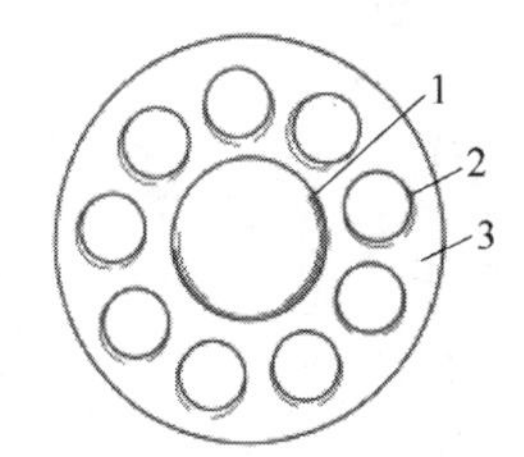

图 27-8　回程盘检查位置

1—回程盘内缘；2—回程盘孔；3—外缘 5 mm 处

（2）回程盘测量，可以使用厚度千分尺，多点测量，用最大值减最小值，获得平面度和平行度。

5）柱塞的检验

（1）目测：柱塞的三处需要目测。①柱塞的滑靴端面，即柱塞与止退板滑动配合的表面，其磨损的状况代表了滑靴端面与止退板之间的润滑状况；②滑靴端面的反面，即滑靴的后肩面，也是与回程盘接触表面，磨损的程度代表了滑靴与回程盘之间的配合关系；③柱塞圆柱表面的磨损，其磨损程度代表了柱塞与缸孔之间的磨损程度。

（2）测量：①测量柱塞。测量柱塞的外径（图 27-9），其实测量柱塞的直径包括三方面的测量；②测量柱塞滑靴的拉松间隙，测量方法（图 27-10）；③测量滑靴的厚度（图 27-11）。

图 27-9　测量柱塞外径

图 27-10　柱塞和滑靴的拉松间隙

图 27-11　测量滑靴厚度

6）变量活塞（伺服活塞）的检验

（1）变量伺服活塞分开式和闭式泵，因为二者的结构和磨损状况不相同。

（2）测量：变量活塞一般难以磨损，而且，其属于滑动配合，在低压下工作，内泄造成的损失不是很大。因为是圆柱面的元件，所以测量方法和柱塞的测量方法是一样的。应检查滑块和伺服活塞的槽，如图 27-12 所示（与之相配的孔偶尔会出现磨损，高压端泄漏严重）。

7）装配关系尺寸的测量

对液压泵、马达的运转元件、定位元件尺寸、调节元件尺寸都需要测量，但是，对于不同品牌的液压泵、马达，可能会有不同的设计，因此需要对形状和位置公差及累计尺寸公差进行测量，下面举出几个例子说明。

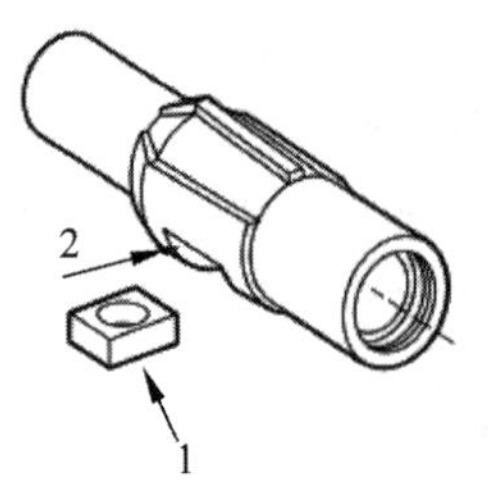

图 27-12 滑块 1 和伺服活塞槽 2 的检查

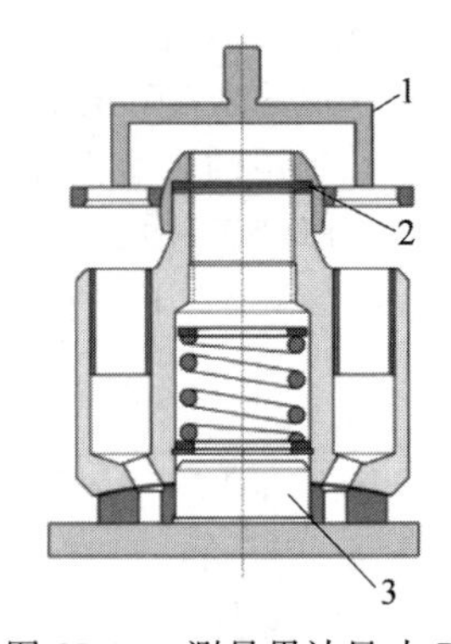

图 27-13 测量累计尺寸 D

1—测量工装压板；2—模拟测量垫片；3—测量缸体支撑

(1) 博一流体产品需要测量的尺寸是配流盘＋缸体＋弹簧＋球铰＋回程盘装配的累计尺寸链。测量累计尺寸 D 的目的是为了控制回转体的轴向尺寸，这个轴向尺寸是影响回程盘和球铰预紧力的关键尺寸(图 27-13)。需要注意的是，用碟形弹簧预紧的缸体，尺寸 D 测量精度要求非常高。

(2) 力士乐产品需要测量的尺寸是配流盘＋缸体＋碟簧＋球铰＋回程盘装配的累计尺寸链。测量累计尺寸 D 的目的是控制回转体的轴向尺寸，这个轴向尺寸是影响回程盘和球铰预紧的关键尺寸(图 27-14)。尺寸 A 是蝶形弹簧的等效垫片厚度。

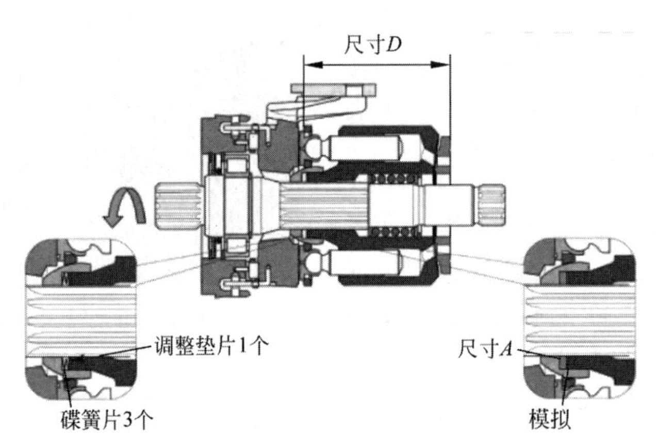

图 27-14 A4VG 系列测量累计尺寸 D

(3) 有些产品需要测量球铰和回程盘配合的程度，测量方法是检查回程盘和球铰之间的磨损(图 27-15)。

(4) 测量柱塞和缸体孔径的间隙。首先使用千分尺测量柱塞的直径(一般为平均直径)，将千分尺锁定，利用这个尺寸调节百分表的指针为零位，然后将百分表的触头放入缸体孔中(图 27-16)，这时，百分表的指针偏离零位的尺寸就是柱塞和缸体孔之间的总间隙。若测量条件允许，用气动量仪对缸体孔进行上、中、下三处测量，这样可以更好、更准确地判断柱塞孔的磨损程度。

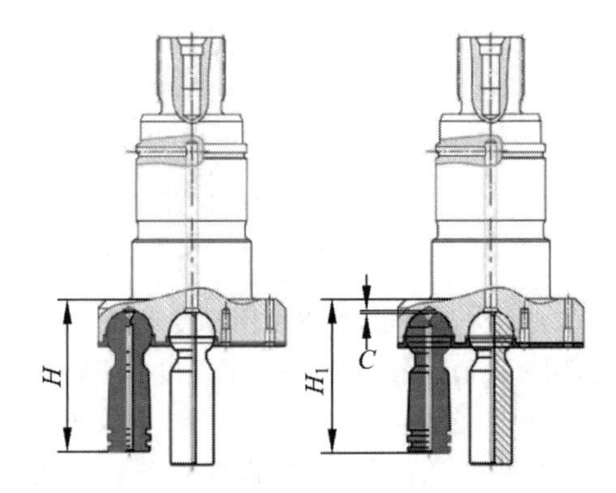

图 27-15 测量回程盘与球铰之间的磨损

H—柱塞和传动轴压合在一起的尺寸；H_1—柱塞和传动轴拉开时的尺寸；C—柱塞和传动轴的间隙，$C=H_1-H$

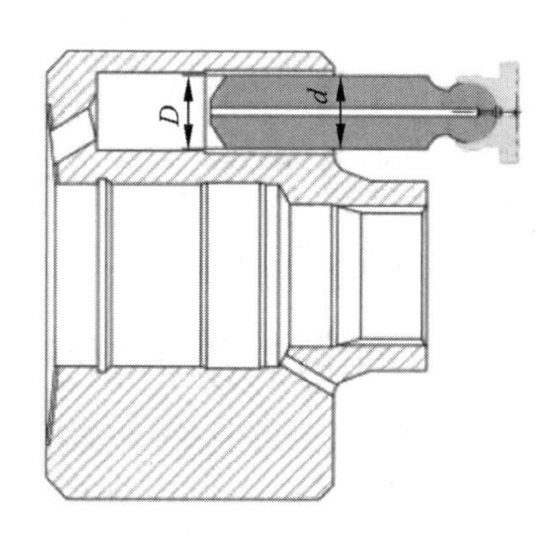

图 27-16　柱塞和缸体孔径的间隙测量

5. 柱塞泵、马达再制造修复技术及工艺

1）柱塞泵、马达再制造修复工艺及可行性分析

泵、马达的社会保有量巨大，每年退役数量大，为进行批量再制造生产提供了广阔的市场。

泵、马达的技术发展相对稳定，设备更新换代较慢，所以技术淘汰类报废较少，这为再制造提供了技术基础。

泵、马达结构相对简单，报废退役产品的零部件失效原因主要包括腐蚀、磨损、变形等，而这些泵零件大多可以通过再制造中的表面技术等方法进行性能和尺寸恢复，而且经过表面强化后往往都会提高零件的耐磨性能，进而提高再制造产品的质量。

在泵、马达的使用过程中，其性能劣化后会因漏油、噪声等对环境及工作场所、人员造成危害，对柱塞泵、马达进行再制造具有明显的环境效益，而且再制造泵的价格相对较低，经济效益显著，促进了柱塞泵、马达再制造的开展。

柱塞泵、马达再制造加工主要是对废旧泵的核心件进行再制造修复，恢复其几何尺寸及性能，满足再制造装配质量要求。核心件是指附加值高、对产品价格影响大的零件。对产品核心零部件的再制造加工修复，是获取再制造最大利润的关键，也是产品能够再制造的基础。

2）主轴修复工艺

泵主轴是转子的主要部件，借助轴承支撑在泵壳体中做高速旋转，以传递转矩。泵主轴需经热处理制成，附加值高，对再制造的价格影响较大。泵主轴主要损坏有骨架油封处磨损和弯曲等。在清洗后，要进行裂纹、表面缺陷、轴颈尺寸及弯曲度的检查。磨损常用的再制造方法有电刷镀、热喷涂、冷补焊、镀铬等，弯曲可通过热校直法和冷压法进行加工，但一般只对弯曲程度较小的主轴进行再制造。若弯曲较大无法校直、产生裂纹以及影响主轴强度而无法修复的，需要进行更换。

3）壳体修复工艺

壳体一般是用灰铸铁铸造，其主要损坏有锈蚀、气蚀、磨损、裂纹或局部损坏等，主要再制造修复方法有热补焊法，冷补焊法、环氧树脂玻璃丝布粘贴法及柔软陶瓷复合材料修复法等。例如，壳体经常会出现严重的气蚀，对此缺陷，可采用柔软陶瓷复合材料对气蚀部位进行再制造修复，方法简单，修复速度快、工作效率高且费用低。柔软陶瓷复合材料是高分子聚合物、陶瓷粉末和弹性材料等的复合物。高分子聚合物与金属表面经物理与化学键的结合，表现为粘接强度高、收缩力小，并可常温完全固化，收缩小，线胀系数受温度变化影响很小，因此粘接尺寸稳定性好。

4）柱塞修复工艺

柱塞的磨损主要有腐蚀、气蚀、冲蚀磨损等。常采用补焊、电镀等表面技术来进行再制造修复。当柱塞产生裂纹或影响强度的缺陷时，无修复价值，则进行更换。

6. 柱塞泵、马达装配工艺

修复完成后的柱塞泵、马达零部件与需要更换的零部件应严格按照新件标准进行装配。

按照柱塞泵、马达装配顺序是在装配之前进行各部件组装，包括缸体组件、控制阀体组件及壳体组件等相关组件的装配。

装配前需用煤油对各零部件进行清洗，避免装配过程中产生磕碰和刮伤。

装配过程中需检查各种密封圈有无破损，各配合零部件之间应符合《工程机械　装配通用技术条件》(JB/T 5945—2018)的规定。一定要注意装配过程中的密封性要求，保证寿命周期内正常使用情况下无泄漏。

7. 柱塞泵、马达试验技术及工艺装配

柱塞泵、马达试验技术及工艺装配完成后，需对再制造柱塞泵、马达按照新件标准进行各项性能指标测试，以验证其是否满足达到或者超过新件性能的技术要求。根据企业在多年的生产实践中已制定了成熟可靠的各型柱塞泵、马达出厂试验工艺，再制造柱塞泵、马达分别根据《液压轴向柱塞泵》(JB/T 7043—2006)、《液压马达》(JB/T 10829—2008)的试验方法和标准来验证其各项性能。

27.3 液压阀维修与再制造

27.3.1 概述

液压阀是液压系统的重要组成元件，通过控制阀口开口或阀口的通断，可以实现液压系统中油液的流动方向、压力和流量等参数的控制和调节，从而满足工作机械性能的要求。

1. 液压阀的基本性能要求

(1) 动作灵敏、可靠，工作时冲击、振动小，使用寿命长。

(2) 油液流经阀时压力损失小，密封性好，内泄漏小，无外泄漏。

(3) 结构简单紧凑，安装、维护、调整方便，通用性能好。

2. 液压阀的性能参数

(1) 公称通径：代表阀的通流能力的大小，对应于阀的额定流量。与阀的进出油口连接的油管应与阀的通径相一致。阀工作时实际流量应小于或等于其额定流量，最大不得大于额定流量的1.1倍。

(2) 额定压力：阀长期工作所允许的最高压力。对压力控制阀，实际最高压力有时还与阀的调压范围有关；对换向阀，实际最高压力还可能受它的功率极限的限制。

27.3.2 液压阀故障分析与维修

液压阀的故障或失效主要是因磨损、气蚀等因素造成的配合间隙过大、液压阀泄漏，以及因液压油污染物沉积造成的液压阀阀芯动作失常或卡紧。当液压阀等元件出现故障时，应请专业人员进行维修，必要时需更换损坏件，以确保设备正常作业；若液压油滤油器的过滤精度比较低，或滤油器损坏，应清洗液压系统，换用干净的液压油和高精度的滤油器。

当液压出现故障或失效后，多数企业采用更换新元件的方式恢复液压系统功能，失效的液压阀则成为废品。事实上，这些液压阀的多数部位尚处于完好状态经局部维修即可恢复功能。液压阀维修的意义不仅仅是节省元件购置费用，当失效的液压阀没有备件或订购需要很长时间，而设备可能因此长期停机时通过维修可以暂时维持设备乃至整个生产线的运行其经济效益则相当可观。

液压阀的故障产生的原因及维修方法见表27-5。

表27-5 液压阀常见故障分析与维修

故障现象	产生原因	维修方法
系统压力波动	液压油不清洁，螺钉松动，阀芯移动不畅	定时清洗油箱，紧固螺钉
系统压力完全加不上	阀芯阻尼孔堵死，装配质量差，弹簧损坏阀芯不复位	清洗阻尼孔，更换弹簧
系统压力升不高	阀芯磨损，有泄漏	更换阀芯
压力突然升高或压力突然降低	阀芯动作不灵敏，阀芯阻尼孔堵死	清洗阀体和阻尼孔
阀芯不能移动	(1) 阀芯表面划伤，阀芯堵塞； (2) 阀芯和阀体内部孔配合间隙不当，间隙大阀芯易歪斜，阀芯卡死，间隙小阀芯阻力大； (3) 弹簧太软，推不动阀芯；弹簧太硬，阀芯推不倒位； (4) 电磁铁损坏	(1) 修复阀芯或更换阀芯； (2) 检查配合间隙； (3) 更换弹簧； (4) 更换电磁铁

续表

故障现象	产生原因	维修方法
电磁铁线圈烧坏	电磁铁损坏；油液黏度过大；外接线圈裸露，短路烧毁；电压过高	更换电磁铁；过滤油或更换液压油；包扎好外部线圈，更换电磁线圈；调整电压
外泄漏	密封圈损坏；螺钉松动	更换密封圈；紧固螺钉
压力不稳定	(1) 油中混有空气； (2) 弹簧刚性差； (3) 油液污染、堵塞阀阻尼孔	(1) 堵漏、加油、排气； (2) 更换弹簧； (3) 清洗、换油

27.3.3 液压阀失效模式分析

液压阀主要失效模式有磨损、变形、疲劳、腐蚀、气蚀等。

1. 磨损

液压元件运动副之间，如阀杆和阀孔，因工作过程中产生相对运动而不断产生摩擦，如固体磨粒进入运动副间隙内，对零件表面产生磨粒磨损；由于油液过滤不净，其中的固体颗粒对零件表面不断冲击引起疲劳磨损。同时，磨损产生的金属颗粒又会加剧磨损程度，且易在节流口处造成堵塞。

2. 变形

在工作过程中，当液压阀所承受的外载荷有可能会超过液压阀零件材料的屈服强度时，液压阀零部件会产生变形。

3. 疲劳

承受工作过程中的交变载荷，液压阀的各个零部件会产生疲劳和裂纹，而使其无法完成预定工作或达到工作要求，从而发生失效。

4. 腐蚀

油液中的酸碱度不平衡，经长期使用工作后会造成液压阀零部件的腐蚀，从而使其失去精度而导致失效。例如，溢流阀的阀芯或阀孔的精度不好，就会造成系统的压力不稳定。

5. 气蚀

从液压阀气蚀的形成来看，气蚀的产生主要与液压油产生气泡及液压阀的频繁动作有关。

27.3.4 多路阀再制造技术及工艺

1. 多路阀旧件回收及判断标准

对于从整机上拆卸下来的液压阀总成，首先要对其进行初步的外观和性能评估，淘汰掉已明显不适宜作为再制造毛坯的旧件。综合考虑液压阀各项关键性能，结合经济性及可再制造性，拟定以下回收判断标准。

1) 回收基本要求

(1) 回收多路阀必须是铭牌完整或查清规格型号及厂家信息。

(2) 多路阀主体零件无缺失。

2) 回收基本检测步骤

(1) 产品真伪辨别：检选产品外观，检查铭牌，是否为某企业产品，检查出厂编号(见铭牌)。

(2) 产品回收要求：检查阀体、阀杆、盖及端盖等主体零件完好无缺失、无锈蚀现象。检查阀体、盖无裂纹、无焊接修补现象。检查外观是否有裂纹，螺栓允许存在裂纹及轻微损伤。

2. 多路阀拆解技术及工艺

多路阀主要由阀类总成和阀类组件两个部分组成，在拆解过程中对这两个组件要逐一进行拆解，阀类总成主要包括阀体、端盖等外观零部件，阀类组件主要包括多路阀内部的阀杆、螺塞及阀座组件，拆解过程中要严格遵循制定的工艺顺序，以实现对阀体的完全拆解及旧件的最大限度完好保存。

由于多路阀各零部件或通过螺栓连接或通过过盈配合装配以形成良好的密封性，拆解过程中需要使用风扳机、套筒等工具；为避免拆解过程中对紧密配合的零部件造成损伤，可采用压卸法进行拆解。在进行拆解工序前要用高温高压水枪进行冲洗。拆解过程中要注意对零部件进行保护，避免二次伤害。

3. 多路阀零部件清洗技术及工艺

多路阀旧件表面通常附着有油脂、锈蚀、泥垢等污物，仅采用高温水射流的清洗方式难以使旧件达到所要求的清洁程度，还需借助于专用清洗设备，采用机械、物理等方法，对旧件进一步清洗。

多路阀尺寸小，重量轻，且表面附着污垢主要为油污、锈蚀等，使用超声波清洗能达到较好的清洁效果及较高的效率。对于超声波清洗机难以处理的边角及空洞缝隙里的污垢，需采用流液清洗法进一步清洗。

根据旧件的污浊情况，拟将阀体清洗工艺分为超声波清洗和流液清洗两部分。

1）超声波清洗

用超声波清洗机对阀体进行清洗，通过超声波在洗液中释放的能量与搅拌作用，清洗掉附着在零件表面的污垢。

需进行超声波清洗的零部件为各类螺塞、端盖、阀座、挡板、阀杆组件等，清洗液工作温度为(60±5)℃。

2）流液清洗

超声波清洗对阀体内孔及其微小间隙内的污物清洗效果不明显，因而还需采取流液清洗的方式对其进行深入清洗。以煤油作为清洗液，使用毛刷、布条等辅助清洗，提高清洗效果，毛刺可选择油石进行打磨。

4. 多路阀零件分选检测鉴定

多路阀所包含的零部件较多，零件结构也比较精密复杂，在分选检测过程中尤其要注意对零部件尺寸、磨损及变形情况的检查，按损坏程度对零部件进行可再制造性评估，以保证旧件的充分利用和尽可能的降低再制造成本。

分选检测过程要严格按照零部件制造时的尺寸要求，采用量具测量检验法或经验检验法对拆解清洗后的零件进行检测鉴定，并根据损伤情况及可修复的情况对零部件进行分类。产生爆裂、砂眼和漏油的阀体，由于修复成本较高，技术难度较大，一般选择直接回炉。密封件为易损件，直接更换。

1）阀体的检验

(1) 目测：检查多路阀阀孔的划伤和拉伤，各螺塞螺栓孔有无滑牙(图 27-17)，各油路有无堵塞，阀体内有无异物，管路接头安装面无磕碰和严重磨痕、阀体有无裂缝。

图 27-17 阀体孔检查

(2) 测量：测量阀孔的内径，内孔直线度和圆柱度，检查阀体各结合平面的变形程度。

2）阀杆的检验

(1) 目测：检查表面是否有拉伤和磨痕，油路是否有堵塞，各圆弧槽及小孔与外圆表面相交边缘保持尖角。

(2) 测量：测量阀杆的外径(图 27-18)。

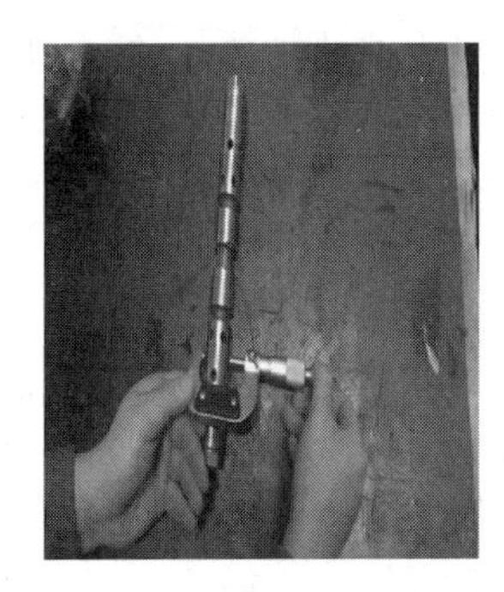

图 27-18 测量阀杆的外径

3）阀座的检验

(1) 目测：阀表面有无锈蚀、污垢，配合面有无磨损拉伤，外表面光滑，指甲划过没有感受到磨痕，阀螺纹有无滑牙(图 27-19)。

图 27-19 阀座检查

(2) 测量：检查阀座结合平面的变形程度。

4) 端盖的检验

(1) 目测：端盖表面无裂缝，密封圈槽无变形磨损，配合面有无磕碰和划痕情况，螺纹是否有烂牙(图 27-20)。

(2) 测量：检查端盖结合平面的变形程度。

图 27-20　端盖检查

5) 导杆的检验

(1) 目测：检查表面是否有拉伤和磨痕、损坏，螺纹是否有烂牙(图 27-21)。

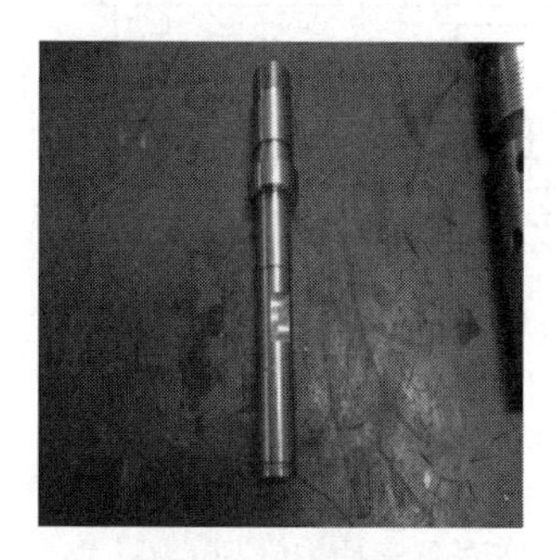

图 27-21　导杆检查

(2) 测量：用卡尺测量导杆外径。

5. 多路阀再制造修复技术及工艺

1) 应用修理尺寸法进行阀孔、阀杆再制造可行性分析

异物进入阀孔与阀杆的配合间隙内而引起两者的磨损拉伤、是阀孔和阀杆的主要失效模式，这种情况下的划痕深度或磨损量一般较小，修复可能性大。为了保证阀孔与阀杆的紧密配合，可采取修理尺寸法，去除阀孔和阀杆的受伤表面，根据修理尺寸重新配制配合件，就能够达到较好的修复效果。

根据生产需要，阀孔及阀杆的再制造技术要求见表 27-6。

表 27-6　阀孔及阀杆再制造技术要求

名称	间隙要求/mm	表面粗糙度要求/μm	形状精度要求/mm	其他要求
阀孔	0.007～0.013	$Ra\,0.4$	0.002	阀孔无纵向磨痕
阀杆		$Ra\,0.2$	0.002	电镀硬铬层

在设备要求方面，具备液压阀生产加工的设备，如珩磨机床、外圆磨床、外径千分尺等，就能进行阀类旧件修复。

2) 阀孔修复工艺

阀孔修复要求去除掉损伤表面，并要求其满足装配需要的尺寸和精度要求。阀体孔再制造修复可选用珩磨加工工艺修复阀孔或附加套筒来进行修复。附加套筒修复法在初期设备投入较大，且工艺复杂，不适用于大量生产。

在综合比较并进行试验验证修复效果后，决定采用珩磨修复工艺。首先，可以通过去除较小的材料，获得较好的修复效果，珩磨修复工艺去除材料一般小于 0.1 mm，珩磨头在加工过程中会出现浮动，因而不需要配合专用工装；其次，珩磨加工会在阀孔内表面留下交叉网纹，有利于润滑油的储存，形成良好的润滑条件，提高润滑效率。珩磨修复过程分为粗珩、精珩、抛光三个工步，粗珩可迅速去除损坏表面，消除拉伤划痕，提高加工效率；精珩可对粗珩后的表面进行平整修复，同时细化珩磨交叉网纹；而抛光则能够进一步的提高阀体孔内表面质量，有利于与选配阀杆形成较好的配合精度。

3) 阀杆修复工艺

阀杆表面为电镀硬铬层，盐酸溶液能够高效溶解金属铬，因而可首先将阀杆浸入适当浓度的盐酸溶液内，去除损坏铬层，然后磨光处理并重新镀铬，以保证所需加工余量。

6. 多路阀装配工艺

修复完成后的多路阀零部件与需要更换

的零部件应严格按照新件标准进行装配。按照多路阀装配顺序在阀总成装配之前应进行各螺塞组件、阀座组件、端盖组件及阀杆组件等相关组件的装配。装配前需用煤油对各零部件进行清洗，严格按照工艺标准进行装配，避免装配过程中产生磕碰和刮伤。装配过程中需检查各密封件有无破损，各配合零部件之间应符合《工程机械　装配通用技术条件》(JB/T 5945—2018)的规定。

7. 多路阀试验技术及工艺

装配完成后，需对再制造多路阀按照新件标准进行各项性能指标测试，以验证其是否满足达到或者超过新件性能的技术要求。再制造多路阀根据《液压多路换向阀》(JB/T 8729—2013)的试验方法和标准来验证其各项性能。

27.4 液压油缸维修与制造

27.4.1 概述

图 27-22 所示为单杆活塞式液压缸结构图，它由缸筒、活塞杆、缸底、活塞杆导向环等主要零件组成。从图 27-22 中可以看到，液压缸的结构可以分为缸筒和缸盖、活塞和活塞杆、密封装置、缓冲装置和排气装置部分。

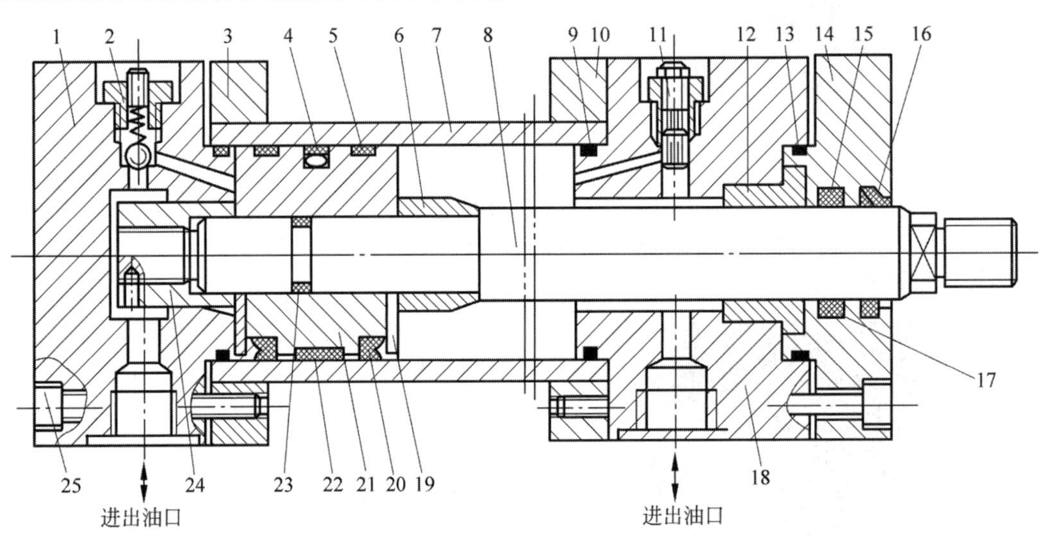

图 27-22　单杆活塞式液压缸结构图

1—缸底；2—带放气孔的单向阀；3、10—法兰；4—格来圈密封；5—导向环；6—缓冲套；7—缸筒；8—活塞杆；9、13、23—O 形密封圈；11—缓冲节流阀；12—导向套；14—缸盖；15—斯特圈密封；16—防尘圈；17—Y 形密封圈；18—缸头；19—护环；20—密封圈；21—活塞；22—导向环；24—无杆端缓冲套；25—连接螺钉液压缸安装形式有脚架式、耳环式和铰轴式

27.4.2 液压油缸故障分析与维修

液压油缸是液压系统中将液压能转换为机械能的执行元件。其故障可基本归纳为液压缸误动作、无力推动负载以及活塞滑移或爬行等。由于液压油缸出现故障而导致设备停机的现象屡见不鲜，因此，应重视液压油缸的故障诊断与使用维护工作。

1. 误动作或动作失灵的原因和处理方法

误动作或动作失灵的原因和处理方法有以下几种。

1) 阀芯卡住或阀孔堵塞

当流量阀或方向阀阀芯卡住或阀孔堵塞时，液压油缸易发生误动作或动作失灵。此时应检查油液的污染情况；检查脏物或胶质沉淀物是否卡住阀芯或堵塞阀孔；检查阀体的磨损情况，清洗、更换系统过滤器，清洗油箱，更换液压介质。

2）活塞杆与缸筒卡住或液压缸堵塞

当活塞杆与缸筒卡住或液压缸堵塞时，无论如何操纵，液压缸都不动作或动作甚微。这是应检查活塞及活塞杆密封是否太紧，是否进入赃物及胶质沉淀物；活塞杆与缸筒轴心线是否对中，易损件和密封件是否失效，所带负载是否太大。

3）液压系统控制压力太低

控制管路中节流阻力可能过大，流量阀调节不当，控制压力不适合，压力源受到干扰。此时，应检查控制压力源，保证压力调节到系统的规定值。

4）液压系统中进入空气

液压系统中进入空气主要是因为系统中有泄漏发生。此时应检查液压油箱的液位，液压泵吸油侧的密封件和管接头，吸油过滤器是否太脏。若如此，应补充液压油，处理密封及管接头，清洗或更换滤芯。

5）液压缸初始动作缓慢

在温度较低的情况下，液压油黏度大，流动性差，导致液压缸动作缓慢。改善方法是，更换黏温性能较好的液压油，在低温下可借助加热器或用机器自身加热以提升启动时的油温，系统正常工作油温应保持在40℃左右。

2. 工作时不能驱动负载的原因和处理方法

工作时不能驱动负载的原因和处理方法有以下几种。

1）液压缸内部泄漏

液压缸内部泄露包括液压缸体密封、活塞杆与密封盖密封及活塞磨损过量等引起的泄漏。密封件折皱、挤压、撕裂、磨损、老化、变质、变形等，此时应更换新的密封件。活塞密封过量磨损的主要原因是，速度控制阀调节不当造成过高的背压及密封件安装不当或液压油污染。其次，装配时有异物进入及密封材料质量不好。其后果是动作缓慢、无力，严重时还会造成活塞及缸筒的损坏，出现“拉缸”现象。处理方法是调整速度控制阀，对照安装说明应做必要的操作和改进。

2）液压回路泄漏

包括阀及液压管路的泄漏。检查方法是通过操纵换向阀检查并消除液压连接管路的泄漏。

3）液压油经溢流阀旁通回油箱

若溢流阀进入赃物卡住阀芯，使溢流阀常开，液压油会经溢流阀旁通直接流回油箱，导致液压油缸没油进入。若负载过大，溢流阀的调节压力虽已达到最大额定值，但液压缸仍得不到连续动作所需的推力而不动作。若调节压力较低，则因压力不足达不到负载所需的推力，表现为推力不够。此时应检查并调整溢流阀。

3. 活塞滑移或爬行的原因和处理方法

活塞滑移或爬行的原因和处理方法有以下几种。

1）液压缸内部涩滞

液压缸内部零件装配不当、零件变形、磨损或形位公差超限，动作阻力过大，使液压缸活塞速度随着行程位置的不同而变化，出现滑移或爬行。原因大多是由于零件装配质量差，表面有伤痕或铁屑，使阻力增大，速度下降。

2）润滑不良或液压缸孔径加工超差

活塞与缸筒、导轨与活塞杆等均有相对运动，如果润滑不良或液压缸孔径超差，就会加剧磨损，使缸筒中心线直线性降低。这样，活塞在液压缸内工作时，摩擦阻力会时大时小，产生滑移或爬行。排除办法是先修磨液压缸，再按配合要求配置活塞，修磨活塞杆，配置导向套。

3）液压泵或液压缸进入空气

空气压缩或膨胀会造成活塞滑移或爬行。排除措施是检查液压泵，设置专门的排气装置快速操作全行程往返数次排气。

4）密封件质量与滑移或爬行有直接关系

O形密封圈在低压下使用时，与U形密封圈比较，由于面压较高、动静摩擦阻力之差较大，容易产生滑移或爬行；U形密封圈的面压随着压力的提高而增大，虽然密封效果也相应提高，但动静摩擦阻力之差也变大，内压增加，影响橡胶弹性，由于唇缘的接触阻力增大，密封圈将会倾翻及唇缘伸长，也容易引起滑移或爬行，为防止倾翻，可采用支撑环保持其稳定。

27.4.3 液压油缸失效模式分析

液压油缸与液压阀虽然工作条件和适用环境基本相同，但相比之下液压油缸具有不同的特点。液压油缸属于薄壁承压型零部件，工作时需承受极大的载荷，对表面质量、形位公差、配合精度和密封性要求更高，且由于活塞杆行程较长，不断的往复运动容易产生磨损，导致油液内漏、外泄。液压油缸的主要失效模式包括缸筒焊缝漏油和缸筒内壁拉伤。

1. 缸筒焊缝漏油

油缸多为焊接件，但由于在生产过程中有可能存在焊接异常的因素，且油缸在工作过程中承受着极大的油压，在焊缝出现缺陷后液压油就会向外泄漏，进而导致油缸失效。导致焊缝出现问题的因素有很多，如焊接工艺参数异常、工人技能不足、焊缝坡口尺寸超差、焊接前未有效清理焊接区域等。

2. 缸筒内壁拉伤

拉伤是油缸发生内漏失效的主要原因，发生拉伤的油缸内壁会形成较明显的深度划痕，产生的凸起边缘会将密封圈划伤，使液压缸内部油液从高压区域向低压区域泄漏，液压缸两腔相通，从而导致液压油缸输出能力降低。引起拉伤的原因主要有两个：一是由于硬质杂质进入油缸与活塞之间并随之移动挤伤内壁，产生划痕；二是受到突然的冲击载荷，从而使活塞杆与油缸缸筒同轴度出现误差，无法完成正常动作而产生拉缸现象。

27.4.4 活塞缸再制造技术及工艺

1. 活塞缸旧件回收及判断标准

油缸回收旧件在复杂恶劣的环境中使用，表面往往附着有较多黏砂和油污，难以对其损伤情况进行准确分辨，因而需要对油缸旧件进行初步的回收判断，以确定其是否还具有再制造的价值。对油缸的回收判断主要观察其外表面是否有严重损伤缺陷，如裂纹、断裂等，其次是观察缸筒及活塞杆有无严重弯曲变形。若旧件存在上述问题，修复技术难度大或修复成本高的损坏，则直接淘汰避免其进入再制造过程，降低生产成本，提高再制造效率。

综合分析油缸的各项关键参数特性，结合可再制造性及经济性等指标，制定如下回收判断标准。

1）回收基本要求

（1）回收的油缸必须是铭牌完整或查清规格型号及厂家信息。

（2）油缸主体零件无缺失。

2）回收基本检验步骤

（1）产品真伪辨别：检查整体外观，检查出厂编号（见铭牌）。

（2）产品回收要求：检查缸筒、缸盖及活塞杆等主体零件完好无缺失、无锈蚀。检查缸盖无裂纹、断裂等损伤，缸筒无炸裂现象、活塞杆无严重弯曲变形等。

2. 活塞缸拆解技术及工艺

活塞缸总成主要由油缸缸筒和活塞组件两部分组成，活塞缸工作过程中活塞杆行程较大，因而缸筒与活塞杆具备很高的同轴度，将两者分离时，需注意避免受力不均而导致的拉缸损伤。在拆解过程中，应使用专用的油缸拆解台，保证活塞杆组件与缸筒的良好分离，同时应严格按照制定的工艺顺序进行拆解，确保各零部件的完好无损。

进行活塞缸总成拆解前，首先要对油缸总成进行清洗，可采用高压水枪清除掉缸筒表明的油污。操作时要注意保护好各个拆解下来的零部件，避免二次受损，同时也要对油缸进行封口处理，保持其内部清洁度，同时进行防锈处理。

3. 活塞缸清洗技术及工艺

拆解完成后的各油缸零件需要分类进行清洗。活塞杆组件表面光洁，只需去除附着油污便可达到要求，可采用超声波清洗；而油缸缸筒外表面在工作过程中会附着黏砂和油污，也易形成划伤和氧化皮，需进行除漆处理，可采用抛丸工艺进行清理，既能清除表面旧漆和氧化皮，同时还能消除划痕，改善缸体外表面质量。

4. 活塞缸检测分选工艺

活塞缸需承受极大的油压,因而各零部件及各端面之间的连接极其紧密,在零部件检测分选过程中,应重点检查各零部件是否存在漏油裂纹或拉伤,支撑环是否存在破损。此外,活塞缸对活塞组件和缸筒的同轴度要求较高,分选时要注意检查活塞杆或缸筒是否存在严重变形,对于修复难度大或修复成本较高的零部件应采取直接淘汰,避免其进入再制造的流程。

活塞缸的检测分选工艺分为油缸活塞杆分选和油缸缸筒分选两部分。油缸活塞杆的具体检测内容包括外观有无磕碰、划伤等缺陷,以及内壁镀层有无损伤,尺寸、公差是否符合设计标准等;油缸缸筒的具体检测内容包括缸筒外壁及内壁有无磕碰拉伤等缺陷,焊接部位有无裂缝及螺纹部分是否有烂牙等。对于检测合格可直接利用零件和需进行再制造修复零件要进行分类标记,发生严重破坏失效或修复成本较高的零部件则采取报废处理。密封O形圈、支撑环等易损件可直接报废。

1) 缸筒的检验

(1) 目测:检查缸筒外表面焊接部位无裂缝及砂眼,缸筒内表面无严重拉伤磨损,螺纹是否有烂牙(图 27-23)。

(2) 测量:用内径百分表测量缸筒内径(图 27-24)。

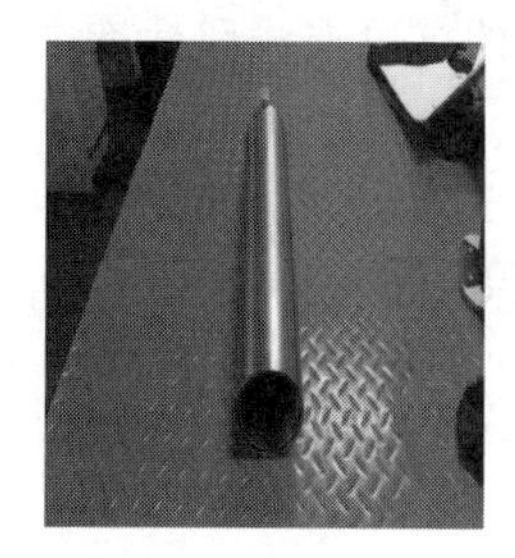

图 27-23 缸筒检查

图 27-24 测量缸筒内径

2) 活塞杆的检验

(1) 目测:检查活塞杆表面无磕碰拉伤,整体不变形弯曲,螺纹是否有烂牙(图 27-25)。

(2) 测量:用外径千分尺测量活塞杆杆径及各密封槽尺寸(图 27-26 和图 27-27)。

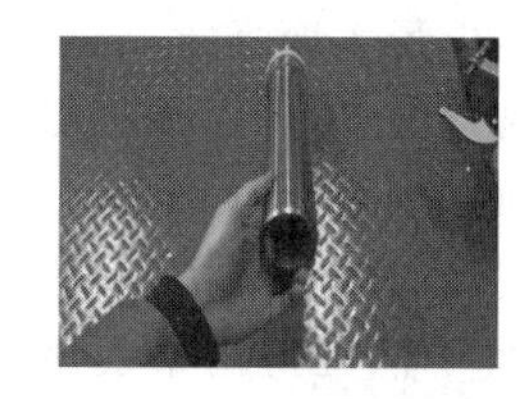

图 27-25 活塞杆检查

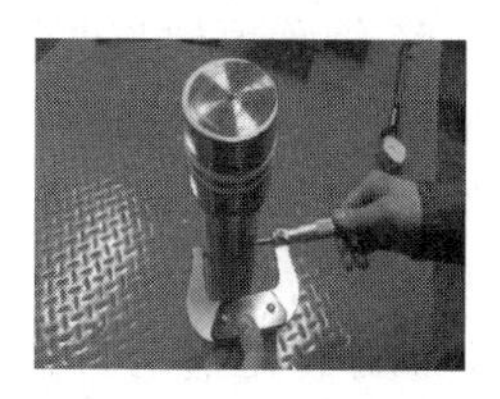

图 27-26 测量活塞杆杆径

3) 支撑环的检验

(1) 目测:检查支撑环配合表面无磕碰、无凹凸、无磨损和锈蚀(图 27-28)。

图 27-27 测量活塞杆密封槽

图 27-28 支撑环检查

(2) 测量:用外内径百分表测量支撑环内径,卡尺测量密封槽尺寸(图 27-29 和图 27-30)。

图 27-29 测量支撑环内径

图 27-30 测量支撑环密封槽

5. 活塞缸再制造修复技术及工艺

1) 活塞缸再制造修复工艺及可行性分析

针对活塞缸焊缝漏油和内壁拉伤两种主要失效模式要采取不同的再制造加工修复方法。焊缝漏油失效的动臂油缸缸体旧件的焊缝存在缺陷,需将缸筒焊缝漏油处使用乙炔焰切割出焊接坡口或使用铣床加工焊接坡口,经打磨平整后重新进行焊接。为保证焊接质量,加工前应对焊接区域进行有效清理,去除有可能影响焊接质量的黏砂、油污等,焊接过程中应严格按照工艺标准操作,合理设计焊接坡口尺寸,避免因操作人员技能等人为因素对焊缝质量造成的不利影响。

内壁拉伤失效的活塞缸内表面存在划伤缺陷，且伤痕的长度较长，内径大而尺寸长，可采用修复尺寸法进行再制造加工，即通过机械加工的方式切除拉伤表面，再进行抛光处理，使其恢复原来的形位公差和表面粗糙度，以达到油缸再制造的目的。由于油缸对内壁表面质量和精度要求较高，且加工余量较小，而珩磨加工的表面粗糙度可达 0.4，加工精度较高，且形成的交叉网纹有利于储油润滑，因而采用珩磨加工的方式，分粗珩、精珩、抛光三次珩磨对油缸进行再制造。

2）活塞杆修复工艺

活塞杆是油缸的支承部分，承受较大的外力，大部分活塞杆报废是由于产生弯曲变形。拆解、清洗完的活塞杆对其进行直线度的测量，达不到技术要求的活塞杆需进行冷压校直。校直时，先将活塞杆放在压力机工作台的 V 形装置上，用压块压向弯曲的地方，对每个弯曲的地方进行校直，然后用外圆百分表测量校直后的活塞杆是否满足要求。校直时，需要根据弯曲的范围随时调整支撑点的位置，慢慢地向下施加压力；同时要保证活塞杆的弯曲量不能够大于其弯曲变形量的 2.5 倍。校直合格后的活塞杆进行测量，然后分类，表面划痕比较深或镀层大面积脱落的活塞杆进行退铬、镀铬处理恢复其尺寸和表面精度。由于镀铬对环境的影响，国家严格限制镀铬，用激光熔覆取代镀铬正在逐渐推广中。

3）缸筒修复工艺

缸筒是油缸的重要组成部分，它的可修复比例较大，且经过拆解、检测发现，缸筒的内壁划痕占比例较大，导致漏油工作压力达不到要求而报废，因此对缸筒内壁划痕的修复为其主要的工作。目前，利用镗床对缸筒内壁进行镗削加工来消除内壁划痕，同时保证其尺寸精度和形位公差等是较为常用的方法，但是在实际的生产中发现利用镗削加工缸筒存在很多不足之处，主要如下：①缸筒的中心很难定位，使用过的油缸原来的基准面都有磨损和划伤，不能保障其定位精度；②油缸的缸筒比较深，需要加长杆来实现深度加工，很难保证镗削时在夹紧力的作用下杆不会发生微变形，影响它的直线度误差；③镗削加工的表面粗糙度不能达到要求，因此，可以选用珩磨的方法进行加工修复，加工过程分为粗珩、精珩、抛光三步。粗珩时由于缸筒孔壁有划痕或者剥落，且珩磨头油石也有棱角和毛刺，因此冲程速度和主轴负载要小一些，运行平稳后逐步增加；精珩时，主轴转速相应提高约 10%，主轴负载也相应地增加；抛光时，主轴转速和主轴负载保持和精珩时一样，在油石下面加垫专用的抛光纱布涨紧继续进行珩磨，主轴转速提高，提高缸筒内壁的表面质量。

6. 活塞缸装配工艺

装配前需保证各零部件清洁度，用煤油对各零部件外表面、内孔及油道进行清洗并吹干，并检查螺纹是否完好，各密封部件是否有磨损，按照严格的工艺要求和顺序进行装配，以保证再制造活塞缸能达到新件质量要求。

为保证活塞缸总成装配质量，操作开始前应检查各零部件表面应无磕碰、毛刺，配合表面应无凸凹，镀层无起皮，螺纹孔应无铁屑、杂质，O 形圈、支撑环、挡圈等密封件应完好无破损。

7. 活塞缸试验技术及工艺

对装配完成后的再制造活塞缸，需进行出厂性能测试，以验证再制造工艺的修复效果是否能达到出厂要求。再制造活塞缸根据《液压缸》(JB/T 10205—2010)的试验方法和标准来验证其各项性能。

参考文献

[1] 徐绳武. 柱塞式液压泵[M]. 北京：机械工业出版社，1985.

[2] 夏志新. 液压系统污染控制[M]. 北京：机械工业出版社，1992.

[3] 刘震北. 液压元件制造工艺学[M]. 哈尔滨：哈尔滨工业大学出版社，1992.

[4] 张海平，姚静，艾超. 实用液压测试技术[M].

北京：机械工业出版社，2018.

[5] 陈强业，苗甄先. 工程机械[M]. 北京：机械工业出版社，1993.

[6] 官忠范. 液压传动系统[M]. 北京：机械工业出版社，1987.

[7] 周恒，是勋刚. 现代流体力学进展[M]. 北京：机械工业出版社，1990.

[8] 苏尔皇. 液压流体力学[M]. 北京：机械工业出版社，1979.

第 27 章彩图

第28章

行星减速机维修与再制造

28.1 概述

行星减速机因其具有体积小、质量轻、结构紧凑、速比大、承载力强和运转平稳的传动特性，在机械传动各个领域有着广泛的运用。在工程机械上使用的极为普遍，其维修与再制造也越来越受到相关行业和企业的重视。行星减速机再制造要求达到的质量标准是不低于原型新机，其关键是基于对所有零部件的检测和模拟工况的负载分析计算，从而判定零部件是否可以再制造，进而确定具体的工艺手段。

行星减速机根据其输入和输出的转向和形式通常可以分为回转减速机和卷扬减速机；根据其结构形式可以分为简单行星减速机构减速机、差动行星机构减速机、准行星结构减速机，以及由上述三种组合而成的行星减速机，后面所说的行星减速机都是运用较为普遍的简单行星结构减速机。

28.2 行星减速机的维修

行星减速机的失效模式通常包括：①渗、漏油；②异响；③制动器失灵；④温升异常；⑤磨损。各种失效模式又会有不同的表现形式和产生原因，只有正确查找失效点，判定失效原因，制订维修方案，才能具体实施维修。

28.2.1 渗、漏油

1. 渗、漏油通常发生的位置

渗、漏油通常发生在以下几处：①通气塞处渗、漏油；②油塞处渗、漏油；③接合面处渗、漏油；④骨架油封处渗、漏油；⑤制动器处渗、漏油等。

2. 渗、漏油发生的原因

行星减速机渗、漏油的原因多种多样，但可以归纳为以下几个方面。

(1) 体内压力升高。

(2) 行星减速机结构设计不合理引起漏油。

(3) 密封件失效或者压缩量不合理。

(4) 加油量过多。

(5) 检修操作不当。

3. 渗、漏油的修理与改善性修理

明确具体渗、漏油点，分析渗、漏油原因，是针对性的实施排除的前提；在维修行星减速机渗、漏油过程中输出端油封失效更换是维修过程的一个工作难点，通常需要将减速机拆下甚至解体，所以在维修过程中可以根据具体情况进行改进。

(1) 输出轴为半轴的行星减速机轴封改进：带式输送机、螺旋卸车机、叶轮给煤机等大多数设备的行星减速机输出轴为半轴，改造时比较方便。可以将行星减速机解体，拆下联轴器，再进一步取出行星减速机轴封端盖，依照配套的骨架油封尺寸，进行原端盖外侧再车加工油封安装槽，装上骨架油封。拆卸完成后回装时，如果机器的端盖距离机器联轴器内侧的端面35 mm以上，那么就可以在端盖的外侧的轴上安装上一个备用油封，因为如果一旦油封失效的话，还可以立即取出损坏的油封，顺带着可以将备用油封推入端盖，从而可以省去拆解行星减速机、拆连轴器等费时费力的工作工序。

(2) 输出轴为整轴的行星减速机轴封改进：整轴传动的行星减速机输出轴无联轴器，为了减少庞大的工作量需要简化装置顺序，所以就设计了一种可以剖解分开式的端盖，并且对开口式油封进行了多次的尝试。可剖分式端盖可以让外侧车增加工槽，如装油封时可以先将弹簧取出，再将油封锯断让其呈开口状，然后再从开口处将油封套在轴上，再用强力胶黏剂将开口对接上，并且使机器的开口向上，再装上弹簧，最后推入端盖就可以了。

(3) 采用新型密封材料：对于行星减速机静密封点泄漏可采用新型高分子修复材料粘堵。如果行星减速机在运转中静密封状态点漏油，可用表面工程技术的油面紧急修补剂粘复合修复材料来堵，从而达到消除漏油的目的。

油封处一定不可装反，唇口不要损伤，外缘绝对不能变形，弹簧切记不可脱落，结合面必须要清理的干干净净，密封胶涂抹均匀，加油量不可逾越油标尺刻度。

28.2.2　异响

由于承受重载荷、工作环境恶劣等，行星减速机发生异响是一个较常见、多发的问题。行星减速机异响的原因主要如下：腔内有异物、零部件损坏脱落、轴承游隙大、齿轮齿侧间隙偏大及零件之间的不同心等。可以归纳为两大原因：一是由于轴承配合异常、齿轮啮合异常产生的响声，这种响声通常是连续的，并且随着转速增高而增大；二是由于行星减速机零件之间连接松动、零件损坏产生响声，此种异响多属零件间异常的摩擦与碰撞，响声比较清晰。

异响通常会伴随行星减速机的振动加速度的变化，可以通过检查行星减速机的不同部位的振动加速度，对比检测结果，初步判断具体故障点，也可以通过监测行星减速机使用中的振动加速度的数值变化来分析判定，进行提前预诊断，可以有效防范行星减速机零部件失效的扩大。

28.2.3　制动器失灵

制动器失灵的原因很多，但是其主要表现形式是制动器不能正常开启、闭合。

(1) 制动器不能正常开启、闭合：多数是由于密封件磨损失效，制动油外泄引起的，排除密封件失效原因外，可以检测制动器弹簧是否正常及制动器油路是否正常，注意检测是否存在背压和油路压力是否在规定范围内。

(2) 制动器失灵的主要原因如下：密封件磨损、弹簧预紧力不足、摩擦片磨损、烧结、活塞磨损，或者活塞开启延时不达标等。

(3) 在维修过程中要强调注意的是：制动器上所用摩擦材料的性能直接影响制动过程，而影响摩擦材料性能的主要因素为工作温度和温升速度。

28.2.4　温升异常

衡量行星减速机发热程度应用温升而不是温度，当温升突然增大或超过最高工作温度时，说明行星减速机已经发生了故障。温升异常一般是由以下几个方面引起的：①加油量过多或者过少；②润滑油问题；③零部件损坏；④冷却不充分等。

温升异常不及时排除，会很快导致其他零部件磨损加剧，甚至引起零部件损坏。发现行星减速机温升异常时，须及时排查并修复。根据实际情况可以考虑在行星减速机上增加一个温控开关或温控报警装置。对于工作场所温度过高或者不良散热的，行星减速机频繁发生温升异常，可以增加水冷或风冷装置。

28.2.5　磨损

磨损是行星减速机失效的主要因素，可以分为正常磨损和非正常磨损两种。

1. 正常磨损

正常磨损是行星减速机正常运行中必然产生的，只要磨损量在允许范围内，不影响使用性能，可以继续使用。对于回转减速机输出齿轮和驱动齿盘间由于磨损啮合间隙会逐渐变大时，可以在安装定位止口处增加一个偏心套，利用偏心来弥补磨损后齿轮啮合间隙。

2. 非正常磨损

非正常磨损失效是指在额定载荷下，设计使用寿命周期内引起的行星减速机零部件失效的磨损，其产生的原因主要有以下几方面。

1) 齿轮非正常磨损

齿轮失效在行星减速机失效中的所占比重最大，较常见的表现形式有断齿、齿面点蚀、齿面胶合、腐蚀磨损、颗粒磨损、齿面塑性变形等。

齿轮非正常磨损失效的形式多种多样，产生原因也不尽相同，但可以归纳为以下几个方面：①过载；②材料、硬度和缺陷；③精度较差；④润滑油不符合要求；⑤油位过高或过低等。

齿轮非正常磨损的现象和传统的维修方法通常如下。

(1) 齿轮折断：堆焊、局部更换、栽齿、镶齿。

(2) 疲劳触点：堆焊、更换齿轮、变位切削。

(3) 齿面剥落：堆焊、更换齿轮、变位切削。

(4) 齿面胶合：更换齿轮、变位切削、加强润滑。

(5) 齿面磨损：堆焊、调整换位、更换齿轮、换向、塑性变形、变位切削、加强润滑。

(6) 塑性变形：更换齿轮、变位切削、加强润滑。

2) 轴类零件的非正常磨损

行星减速机的轴类零件的失效主要有扭曲及折断、密封失效、花键磨损严重及轴承位磨损。其主要原因有材料、热处理工艺不当、过载运行、润滑不足。

轴类零件的传统维修方案通常有补焊、刷镀及镶套。

传统的磨损修复工艺通常会伴随维修周期长、拆解工作量大、容易脱落等缺陷，随着新材料、新工艺的不断发展成熟，碳纳米集合物复合材料、合金涂料及激光修复技术在磨损失效修复上使用的也逐渐增多，根据具体零件和零件的磨损程度可以选择合适的修复方法。

3) 轴承非正常磨损

关于轴承磨损和是否需要更换是维修过程中比较难把握的问题。

(1) 轴承的失效通常是表现为运转状况的逐渐恶化，由于轴承自身失效而导致的立即停机很少见，在很多情况下，尽管轴承已经出现损坏，行星减速机仍然可以正常继续运行，但是可以运行多久与轴承的载荷、速度、润滑及润滑油的清洁度有关，通过大量试验和实际使用案例分析得出：①在中等负荷下，疲劳扩散的很慢；②随着载荷的增加，疲劳发展很快；③疲劳处开始扩展很慢，但是随着疲劳面积的增大，疲劳加速；

(2) 判定轴承是否再次使用，要考虑轴承的损伤程度，结合行星减速机的性能、重要性、运行条件、检查周期等综合因素再来决定是否更换。但是有下列几种缺陷时，轴承就必须更换：①内外圈、滚动体或保持架其中一个有裂纹和出碎片的；②内外圈、滚动体其中任何一个有剥离的；③滚道面、挡边、滚动体有显著卡伤的；④保持架磨损严重或铆钉松动厉害的；⑤滚道面、滚动体生锈或有伤痕的；⑥滚动面、滚动体上有明显压痕或打痕的；⑦内圈内径面或外圈外径面上有蠕变的；⑧过热变色明显的；⑨润滑脂密封轴承的密封圈和防尘盖破损严重的。

机械设备都存在润滑和磨损问题，研究资料表明大约有70%的设备失效是因润滑故障导致异常磨损所引起。设备润滑与磨损状态的许多信息都会在其所使用的润滑油品中以各种指标的变化反映出来，这如同人体身体状况会通过血液中病理指标反映出来一样。可通过对润滑油中磨损金属颗粒和污染杂质颗粒等项目的跟踪监测分析，来获得有关设备摩擦副润滑磨损状态的各种信息。通过对行星减速机在用润滑油的分析检测：一方面能有效地分析设备在用润滑油的质量状态，判别油品是否可继续使用以及何时换油，从而确保设备的可靠润滑；另一方面通过对设备在用润滑油中磨损金属颗粒的定量、定性分析，则能有效地分析评判设备的磨损状态及磨损故障的原因，指导设备的视情维护，确保行星减速机安全运行。

28.3　行星减速机的再制造

28.3.1　再制造流程

1. 行星减速机再制造流程

行星减速机再制造为了确保整体性能不低于原型机新品的要求，应遵照《机械产品再制造　通用技术要求》(GB/T 28618—2012)的标准执行。再制造流程包括废旧行星减速机性能检测及再制造性能评估、行星减速机再制造总体方案的制订、拆卸、分类、检测、行星减速机再制造设计、机械零部件再制造工艺方案的制订、电气控制系统及液压控制系统等再制造技术方案制定、再制造加工方案实施、装配与调试、测试与检验、随机技术文件准备、再制造标志、包装发货等(图28-1)。

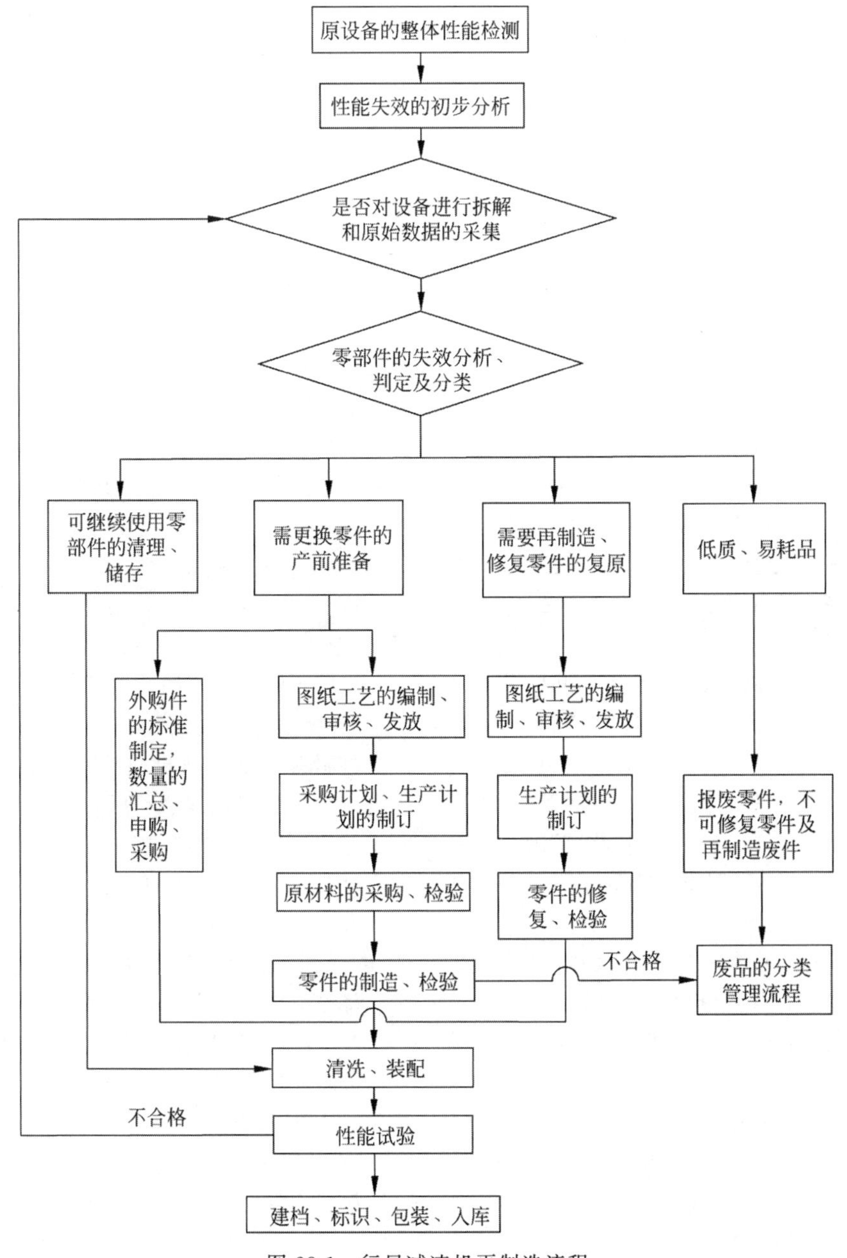

图28-1　行星减速机再制造流程

2. 废旧行星减速机性能检测及再制造性评估

对废旧行星减速机整体进行性能测试，结合行星减速机的实际使用履历及性能指标，并在综合考虑技术、经济、环境、资源等因素的基础上，进行废旧行星减速机的再制造评估。再制造性评估应按照《机械产品再制造性评价技术规范》(GB/T 32811—2016)的标准执行。

3. 行星减速机再制造总体方案的制定

依据行星减速机再制造性能评估结果及再制造要求，制定行星减速机再制造总体方案，首先应明确再制造行星减速机的总体技术指标。

根据行星减速机再制造总体方案要求，对再制造行星减速机零部件进行设计，形成技术文件。再根据废旧零部件检测结果及再制造行星减速机对零部件的技术要求，确定零部件再制造工艺技术、工艺设备、工艺参数等，制定再制造工艺规程。

4. 拆解、分类

要求将待再制造的行星减速机拆解成基本零件和部件，并按照可使用(A类件)、可再制造利用(B类件)及报废弃用(C类件)等类别对零部件进行分类，拆解应参照《再制造　机械产品拆解技术规范》(GB/T 32810—2016)的标准执行。

A类件通过简单的技术处理和防锈处理后即可包装定置存放待用；这类零部件一定要做好清洗、防锈和相应的标识，同一产品的零部件应放置于一处，防止遗失或混乱，方便最后的装配；B类件的修复是关键，要通过进一步的技术鉴定，并根据不同情况采取相应的再制造修复方法进行修复及性能提升。若经过无损探伤，发现壳体零件存在裂纹，可采用铸铁冷焊工艺进行焊接修复；个别部位的局部磨损，则可通过电刷镀等涂覆方法进行尺寸修复；局部的损坏和变形可以进行激光熔覆或堆焊后重新加工等；对于此类零部件的修复部位的检验和新加工件的检验验收须标准一致；C类件直接进行报废，报废标识要清晰明显，放入固定库房或指定区域，防止误装误用。

采用新技术、新工艺对废旧行星减速机零部件进行技术升级是再制造工程的核心，不仅可以确保再制造行星减速机的性能不低于原型机新品，甚至还可以提升性能和延长再制造行星减速机的使用寿命。

零部件的拆解是再制造的关键阶段，拆解不当直接影响零部件的可以再使用的比例和数量。目前拆解还多数是手工和半自动化拆解为主，无损拆解率和拆解效率低，这样的拆解对零部件的损坏较大，使较多的可用零部件在拆解过程中损坏不可继续使用，所以尽可能制定合理的拆解工艺，制作一定的拆解工装，提高拆解效率及零部件再使用的比例，达到无损、高效和节能的目的。

5. 清洗、检测

设备使用过程中有很多正常使用产生的磨损物、损坏件的碎屑、污垢以及脱落的涂装层进入设备内部和一些精密零部件中，直接影响设备的使用寿命和性能，为此，拆解后的零部件及系统必须进行认真的清洗。清洗需要根据零部件的不同特性选择合适的清洗手段，主要是包括但不限于化学清洗和物理清洗按照《再制造　机械产品清洗技术规范》(GB/T 32809—2016)的标准执行。

清洗洁净后还要安排检测以确定其失效、磨损、老化情况，从经济、技术、资源、环境等方面分析其再利用或再制造的可行性。

6. 装配与调试

再制造行星减速机应按图纸和再装配工艺规程进行装配，装配到再制造行星减速机上的零部件(包括再制造零部件、更新件)均应符合质量要求，特别注意窜动间隙、齿轮侧隙及轴承游隙的调整，在装配过程中须注意更新零件、再制造零件、可使用零件的分组选配。

装配前齿轮应做退磁处理。

7. 再制造行星减速机的检验与验收

再制造行星减速机的试验与检验项目应符合《NGW行星齿轮减速器》(JB/T 6502—2015)中的有关规定。

圆柱齿轮行星减速机加载试验方法应符合《减(增)速器试验方法》(JB/T 5585—2015)

的规定。

在试验与检验过程中，通常会检测行星减速机的噪声、温升、异响及渗漏等常规项目，宜根据不同的使用工况增加行星减速机的振动加速度、功率损耗等相关指标的检测。

28.3.2　行星减速机的零部件再制造

(1) 零部件是否适合再制造需考虑以下几点。

① 经济性：再制造的加工成本要低于新件制造成本。

② 再制造件各项参数要能达到原件的配合精度、表面粗糙度、强度、硬度、刚度等技术条件。

③ 再制造后的零件的寿命不低于原机该零件的使用寿命。

④ 其他节能环保等相关要求。

(2) 零部件的再制造是再制造的核心，在方案设计中要充分考虑以下内容。

① 利用新技术、新工艺对损坏零部件进行尺寸和性能的复原，以较少的投入获得较多的产出，如复合材料的利用、表面涂覆工艺、激光技术的运用等。

② 宜对原有行星减速机进行模拟工况性能分析，排查出原型机的薄弱点，进行针对性的强化。

③ 在使用维修更换的部位增设过载保护装置和机构，防止行星减速机过载运行。

④ 可对原行星减速机的结构进行必要优化，如增加相关报警装置和在线监测预留接口，可实现行星减速机运行过程中的在线远程监测。

(3) 零件再制造过程中应注意以下几点。

① 再制造后的机械零部件，其基本尺寸及公差应尽量恢复到设计要求或符合国家标准规定的互换性技术要求。

② 不满足互换性技术要求的再制造加工件，可以对其进行尺寸修复再制造，但是要求将其图纸及技术文件建立相应的永久档案并作为随机资料提供给用户。

③ 对再制造行星减速机重要的且可能产生磨损的齿轮、齿圈及销轴等关键零件宜采取新材料、新工艺，提高其工作寿命，满足不低于原型机的标准要求。

28.3.3　再制造产品的质量控制

为了实现再制造后的产品性能和质量达到或超过同型号新产品这一目标，必须构建完善的质量控制体系，具有与生产新品等同的技术指标约束。再制造产品的质量控制技术主要包括毛坯(废旧行星减速机)的质量检测技术、加工过程的质量控制技术、成品的检测技术等。

行星减速机再制造过程中，应严格把好A类件、B类件及新购配件的质量关。A类件在装配前应由负责检测的技术性员工进行以下严格的质量鉴定：检验标准应按照零件入库检验的标准执行；检验频次为全检；对于关键承载零件还要全部增加探伤检查。对检测合格的进行登记，达不到标准的配件不能装机。A类零件、B类零件、新购件和性能升级的配件在几何尺寸及技术要求方面要按原设计标准进行检测、配组，确定合格、登记后，方可使用。为了保证再制造行星减速机在性能上达到新品性能水平和质量升级的要求，允许对原型机部件进行技术改造，但改造件的功能应超过原始设计。

再制造产品的质量主要是通过再制造过程来保证的，因此加强针对再制造过程的质量控制管理，搭建再制造过程的质量控制管理体系平台，将质量管理注入到全员、全过程中。

28.4　典型零部件的维修和再制造

28.4.1　行星架的维修和再制造

整体失效不严重可以整体修复使用时，针对该种行星架的维修和再制造主要是采用抛丸消除表面的腐蚀缺陷、利用抛光改善表面粗糙度、使用刷镀、堆焊或覆膜等方法增量修复局部磨损。

28.4.2 立轴的维修和再制造

立轴的维修和再制造主要是消除表面锈蚀、局部损伤,改善表面粗糙度,减小密封件的磨损,延长密封件使用寿命,保证密封件的密封效果。采用的工艺手段为立轴的化学清洗、表面抛光、硬化层的修复、局部缺陷的覆膜或堆焊修复。

28.4.3 壳体、连接盘的维修和再制造

壳体、连接盘的失效形式多数是内孔的磨损和锈蚀。根据实际损坏情况可以采用除锈、局部堆焊修复和内孔整体堆焊修复,也可以采用整体堆焊再加工的方法修复。

(1) 对于这类零件的锈蚀:在实际修复中,多数是对局部防护后进行抛丸除锈。

(2) 对于相关配合尺寸的磨损:根据磨损量的不同可使用电刷镀和焊接增材后再加工的修复工艺,如磨损量较小的时候会直接刷镀耐磨涂层恢复到尺寸、对于磨损量较大的需要利用焊接增材后再加工的工艺修复。通常由于这类零件形状较复杂,尺寸较大可选用冷焊增材。

28.4.4 齿轮的修复和再制造

对于高速、模数较小的齿轮,当表面出现明显的点蚀、断裂和裂纹时、通常更换新件;对于大模数、转速较低的齿轮,一般是局部损坏或者磨损,可以利用堆焊,等离子表面淬火和磨齿或手工修复。

参考文献

[1] 陈强业. 工程机械[M]. 北京:机械工业出版社,1993.
[2] 中国再制造技术国家重点实验室. 2012 再制造国际论坛报告集[C]. 2012.
[3] 徐滨士,董世运,朱胜,等. 再制造成形技术发展及展望[J]. 机械工程学报,2012,48(15):10.
[4] 李宇鹏. 关于再制造的公差优化模型研究[J]. 中国新技术新产品,2013(1):2.
[5] 闫玉鑫,王璐. 工程机械的再制造与关键技术探讨[J]. 中国科技博览,2014(1):1.
[6] 徐滨士,朱胜,史佩京. 绿色再制造技术的创新发展[J]. 焊接技术,2016,45(5):4.
[7] 王洪申,杨馥宁. 废旧轴类零件改型再制造加工成本评估算法[J]. 机械设计与研究,2019,35(1):5.

第29章

发动机再制造

汽车发动机再制造是再制造工程中典型的应用实例。汽车发动机再制造从社会的需求性、技术的先进性、效益的明显性等几个方面为废旧机电产品的再制造树立了榜样。

根据商务部统计，2019 年上半年，全国机动车回收数量为 106.5 万辆。这些报废汽车中的发动机大多数有再制造的价值。发动机再制造比发动机大修在性能价格方面占据明显的优势，因而以发动机再制造取代发动机大修是今后的必然趋势。

国外发动机再制造已有 50 年的历史，在人口、资源、环境协调发展的科学发展观指导下，汽车发动机再制造的内涵更加丰富，意义更显重大，尤其是把先进的表面工程技术应用到汽车发动机再制造后，构成了具有中国特色的再制造技术，对节约能源、节省材料、保护环境的贡献更加突出。

发动机再制造的主要工序包括拆解、分类清洗、再制造加工和组装，如图 29-1 所示。

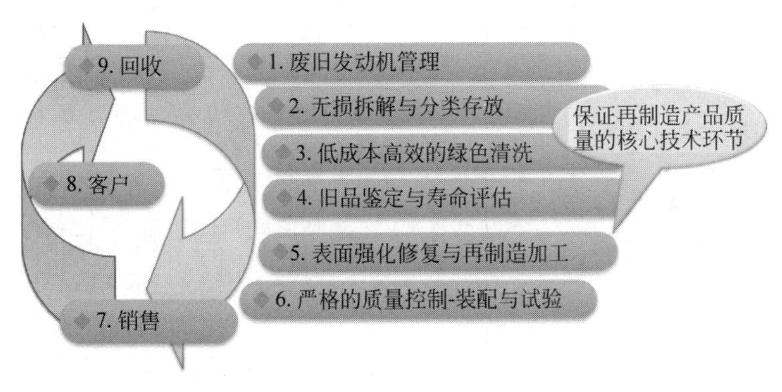

图 29-1　发动机再制造的工艺流程图

29.1　旧发动机的拆解

拆解是指采用一定的工具和手段，解除对零部件造成约束的各种连接，将产品零部件逐个分离的过程。高效、无损与低成本的拆解是发展目标。拆解过程中直接淘汰发动机中的活塞总成、主轴瓦、油封、橡胶管、气缸垫等易损零件，一般这些零件因磨损、老化等原因不可再制造或者没有再制造价值，装配时直接用新品替换。再制造发动机拆解流程如图 29-2 所示。拆解后的发动机主要零件如图 29-3 所示，无修复价值的发动机易损件如图 29-4 所示。

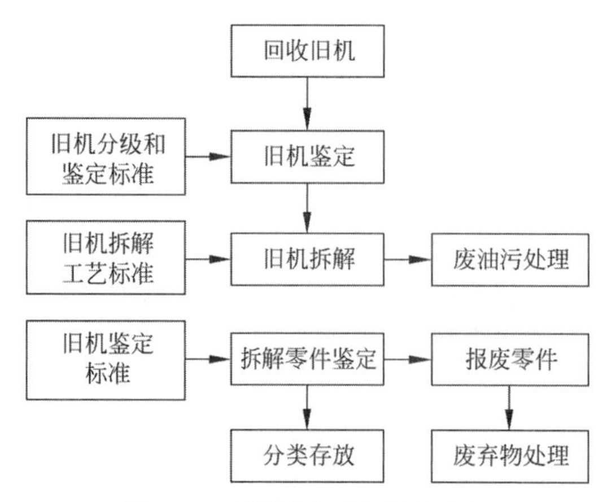

图 29-2 再制造发动机拆解流程

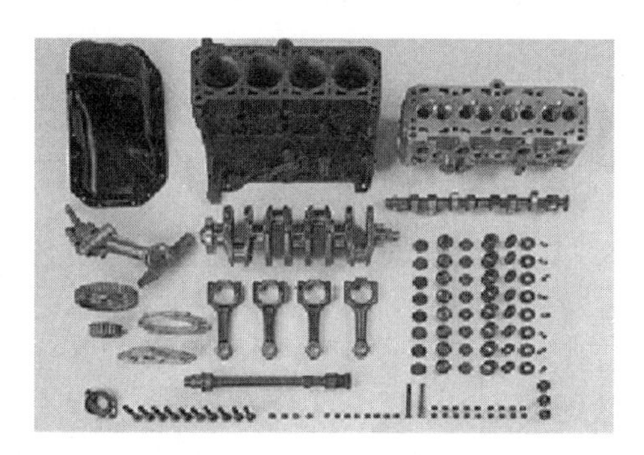

图 29-3 拆解后的发动机主要零件

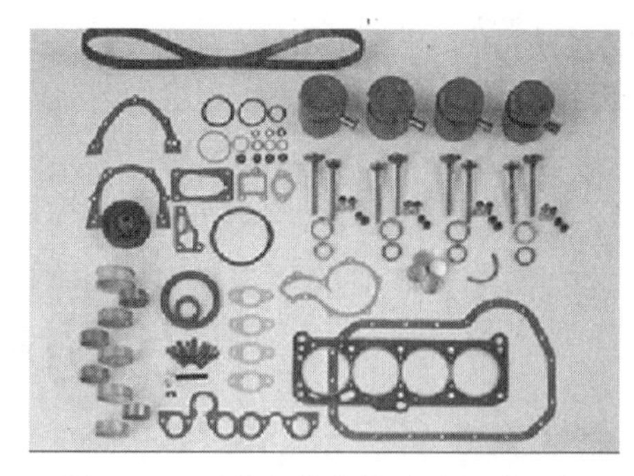

图 29-4 无修复价值的发动机易损件

29.2 再制造清洗工艺与技术

29.2.1 再制造清洗的基本概念

清洗是借助于清洗设备将清洗液作用于工件表面，采用机械、物理、化学或电化学方法，去除装备及其零部件表面附着的油脂、锈蚀、泥垢、水垢、积炭等污物，并使工件表面达到所要求清洁度的过程。表 29-1 为汽车产品使用中产生的污垢。

表 29-1 汽车产品使用中产生的污垢

污垢种类		存在位置	主要成分	特性
外部沉积物		零件外表面	尘埃、油腻	容易清除，难以除净
润滑残留物		与润滑介质接触的各零件	老化的黏质油、水、盐分、零件表面腐蚀变质产物	成分复杂，呈垢状，需针对其成分进行清除
炭化沉积物	积炭	燃烧室表面、气门、活塞顶部、活塞环、火花塞	炭质沥青和炭化物、润滑油和焦油，少量的含氧酸、灰分等	大部分是不溶或难溶成分，难以清除
	类漆薄膜	活塞裙部、连杆	炭	强度低，易清除
	沉淀物	壳体壁、曲轴颈、机油泵、滤清器、润滑油道	润滑油、焦油，少量炭质沥青、炭化物及灰分	大部分是不溶或难溶成分，不易清除
水垢		冷却系	钙盐和镁盐	可溶于酸
锈蚀物质		零件表面	氧化铁、氧化铝	可溶于酸
检测残余物		零件各部位	金属碎屑、检测工具上的碎屑；汗渍、指纹	附着力小，容易清除
机加工残留物		零件各部位	金属碎屑，抛光膏、研磨膏的残留物，加工后残留的润滑液、冷却液等	附着力不是很大，但需要清洗的较干净

对产品的零部件表面清洗是零件再制造过程中的重要工序，是检测零件表面尺寸精度、几何形状精度、粗糙度、表面性能、磨蚀磨损及黏着情况等的前提，是零件进行再制造的基础。零件表面清洗的质量，直接影响零件表面分析、表面检测、再制造加工、装配质量，进而影响再制造产品的质量。

29.2.2　再制造清洗的基本要素

待清洗的废旧零部件大都存在于特定的介质环境中，一个清洗体系包括三个要素，即清洗对象与零件污垢、清洗介质及清洗力。

1. 清洗对象与零件污垢

清洗对象与零件污垢是指待清洗的物体，如组成机器及各种设备的零件、电子元件等。而制造这些零件和电子元件等的材料主要有金属材料、陶瓷（含硅化合物）、塑料等，针对不同清洗对象要采取不同的清洗方法。图 29-5 所示为汽车退役零件的主要污垢及清理后表面状态。

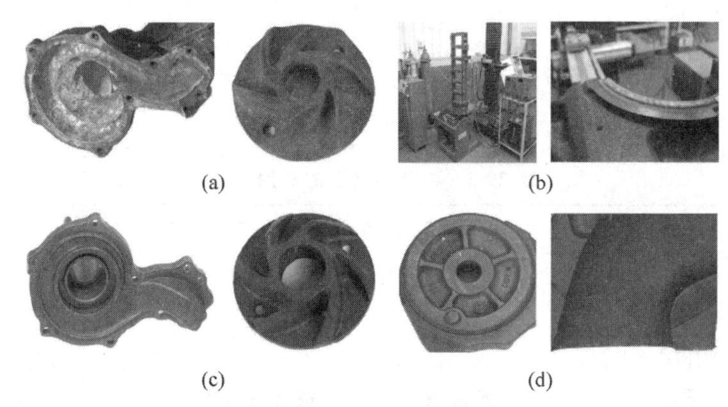

图 29-5　汽车退役零件的主要污垢及清理后表面状态
(a) 水垢；(b) 锈蚀；(c) 油污；(d) 积炭

2. 清洗介质

清洗过程中，提供清洗环境的物质称为清洗介质，又称为清洗媒体。清洗介质在清洗过程中起着重要的作用：一是对清洗力起传输作用；二是防止解离下来的污垢再吸附。

3. 清洗力

清洗对象、污垢及清洗介质三者间必须存在一种作用力，才能使污垢从清洗对象的表面清除，并将它们稳定地分散在清洗介质中，从而完成清洗过程，这个作用力即是清洗力。在不同的清洗过程中，起作用的清洗力也有所不同，大致可分为以下六种力，即溶解力和分散力、表面活性力、化学反应力、吸附力、物理力、酶力。

图 29-6 和图 29-7 所示分别为高温分解清洗系统和高压水射流清洗系统。

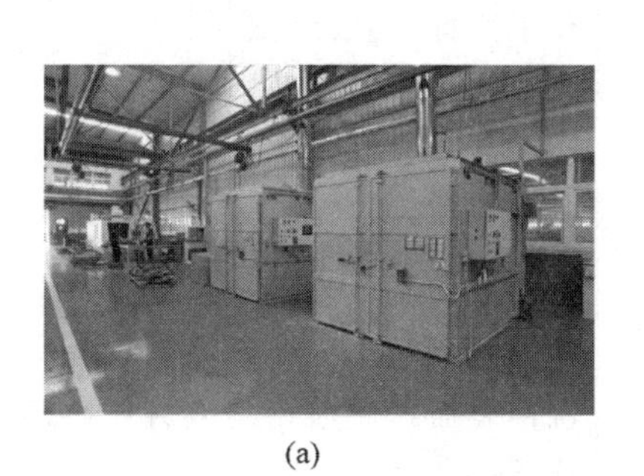

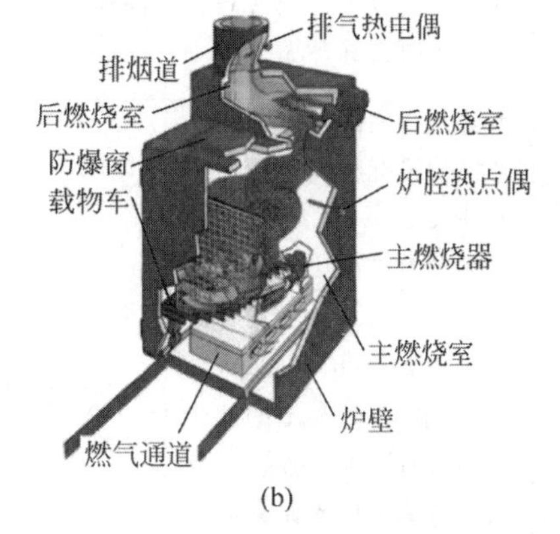

(a)　(b)

图 29-6　高温分解清洗系统
(a) 实物图；(b) 结构图

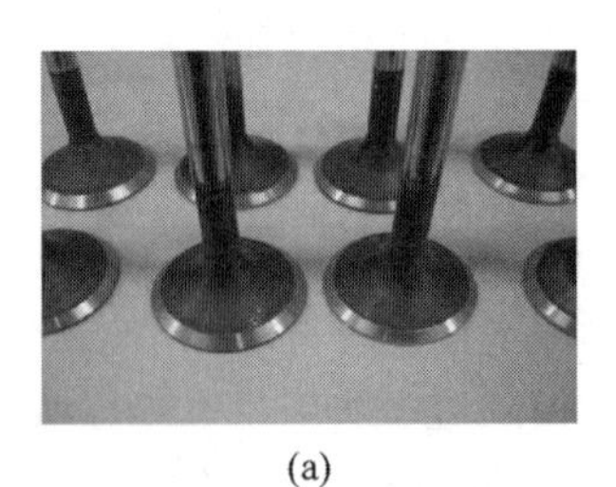
(a)

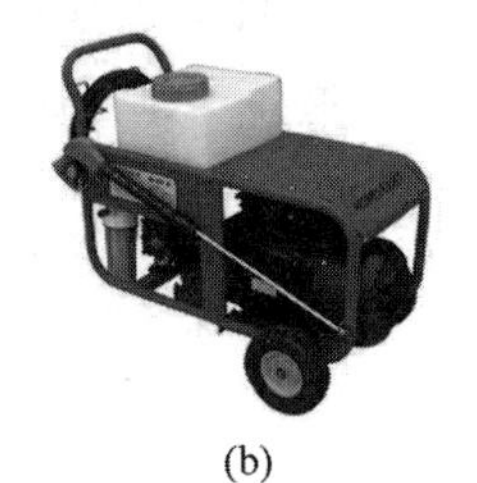
(b)

图 29-7　高压水射流清洗系统
(a) 实物图；(b) 高压水射流清洗机

29.2.3　再制造清洗的实用方法

拆解后保留的零件，根据零件的用途、材料，选择不同的清洗方法。清洗方法可以粗略分为物理和化学两类，然而在实际的清洗中，往往兼有物理、化学作用。汽车产品的再制造主要针对金属制品，表 29-2 列出了再制造清洗的实用方法。

表 29-2　再制造清洗的实用方法

方法	工作原理	清洗介质	优　点	缺　点
浸泡清洗	将工件在清洗液中浸泡、湿润而洗净	溶剂、化学溶液、水基清洗液	适合小型件大批量；多次浸泡清洁度高	时间长；废水、废气对环境污染严重
淋洗	利用液流下落时的重力作用进行清洗	水、纯水、水基清洗液等	能量消耗小，一般用于清洗后的冲洗	不适合清洗附着力较强的污垢
喷射清洗	喷嘴喷出中低压的水或清洗液清洗工件表面	水、热水、酸或碱溶液、水基清洗液	适合清洗大型、难以移动、外形不适合浸泡的工件	清洗液在工件表面停留时间短，清洗能力不能完全发生作用
高压水射流清洗	用高压泵产生高压水经管道到达喷嘴，喷嘴把低速水流转化成低压高流速的射流，冲击工件表面	水	清洗效果好、速度快；能清洗形状和结构复杂的工件，能在狭窄空间下进行；节能、节水；污染小；反冲击力小	清洗液在工件表面停留时间短，清洗能力不能完全发生作用
喷丸清洗	用压缩空气推动一股固体颗粒料流对工件表面进行冲击从而去除污垢	固体颗粒	清洗彻底、适应性强、应用广泛、成本低；可以达到规定的表面粗糙度	粉尘污染严重；产生固体废弃物；噪声大
抛丸清洗	用抛丸器内高速旋转的叶轮将金属丸粒高速地抛向工件表面，利用冲击作用去除表面污垢层	金属颗粒	便于控制；适合大批量清洗；节约能源、人力、成本低；粉尘影响小	噪声较大
超声波清洗	清洗液中存在的微小气泡在超声波作用下瞬间破裂，产生高温、高压的冲击波，此种超声空化效应导致污垢从工件表面剥离	水基清洗液、酸或碱的水溶液	清洗效果彻底，剩余残留物很少；对被清洗件表面无损；不受清洗件表面形状限制；成本低，污染小	设备造价昂贵；对质地较软、声吸收强的材料清洗效果差

续表

方法	工作原理	清洗介质	优　点	缺　点
热分解清洗	高温加热工件使其表面污垢分解为气体、烟气离开工件表面		成本低、效率高,能耗低,污染小	不能清洗熔点低或易燃的金属件
电解清洗	电极上逸出的气泡的机械作用剥离工件表面粘附污垢	电解液	清洗速度快,适合批量清洗;电解液使用寿命长	能耗大、不适合清洗形状复杂的工件

29.3　再制造毛坯的性能和质量检测

再制造毛坯的质量检测是再制造质量控制的第一个环节。再制造的毛坯通常都是在恶劣条件下长期使用过的零件,这些零件的损伤情况,对再制造零件的最终质量有相当重要的影响。不管是内在的质量问题还是外观发生变形,零件的损伤都要经过仔细的检测。根据检测结果,并结合再制造性能综合评价,决定该零件在技术上和经济上进行再制造的可行性。

再制造毛坯的内在质量主要指零件上产生的微裂纹、微空隙、强应力集中点等影响零件使用性能的缺陷,外观质量主要指零件变形、磨损、腐蚀、氧化、表面层变质(疲劳层)等影响零件使用性能的外观质量缺陷。

再制造毛坯的内在质量检测主要是采用一些无损检测技术,检查再制造毛坯中是否存在裂纹、空隙、强应力集中点等影响再制造后零件使用性能的缺陷,如可以采用超声检测技术、涡流无损检测技术、金属磁记忆检测技术等对再制造毛坯进行综合质量检测及评定。

29.3.1　超声检测技术

超声检测技术是无损检测中应用较为广泛的方法之一。发动机曲轴 R 角是应力集中部位,也是曲轴疲劳断裂的起始位置。针对不存在表面可见裂纹的旧曲轴,利用数字超声检测仪检测 R 角部位应力集中情况、评估疲劳裂纹萌生的可能性,判断曲轴是否可再制造,确保有质量隐患的曲轴不进入生产现场。图 29-8 所示为 XZU-1 型数字超声检测仪,图 29-9 所示为利用手动超声方式检测发动机曲轴。

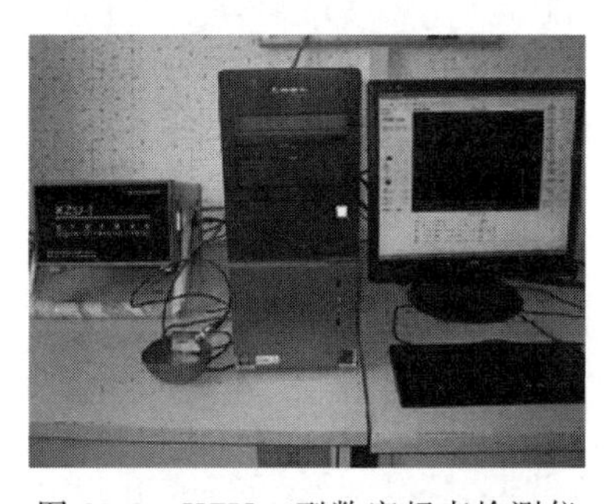

图 29-8　XZU-1 型数字超声检测仪

图 29-9　曲轴手动超声检测方式

29.3.2　涡流无损检测技术

涡流无损检测是以电磁感应为基础的无损检测技术,只适用于导电材料,因而,主要应用于金属材料和少数非金属材料的无损检测。

图 29-10 所示为发动机缸盖的鼻裂,采用多功能涡流检测仪对其进行质量检测,定量检测裂纹深度,确保裂纹深度大于 5 mm 的缸盖

不进入再制造生产流程，严格监测再制造产品质量。图 29-11 所示为 XZE-1 型多功能涡流检测仪。

图 29-10　发动机缸盖鼻裂现象

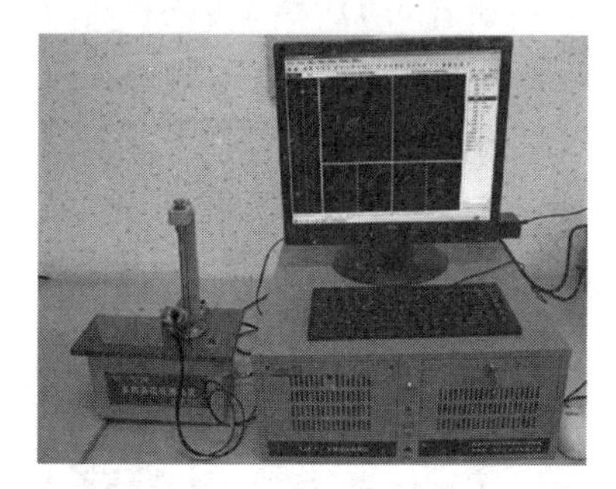

图 29-11　XZE-1 型多功能涡流检测仪

29.3.3　金属磁记忆检测技术

在机械零部件的应力集中区域，腐蚀、疲劳和蠕变过程的发展较为激烈。同时机械应力与铁磁材料表面的磁场分布有一定的对应关系，因而可通过检测部件表面的磁场分布状况间接地对部件缺陷和应力集中位置进行诊断，这就是金属磁记忆效应检测的基本原理。图 29-12 所示为金属磁记忆离线检测过程示意图，图 29-13 所示为 EMS-2003 型智能磁记忆检测仪。

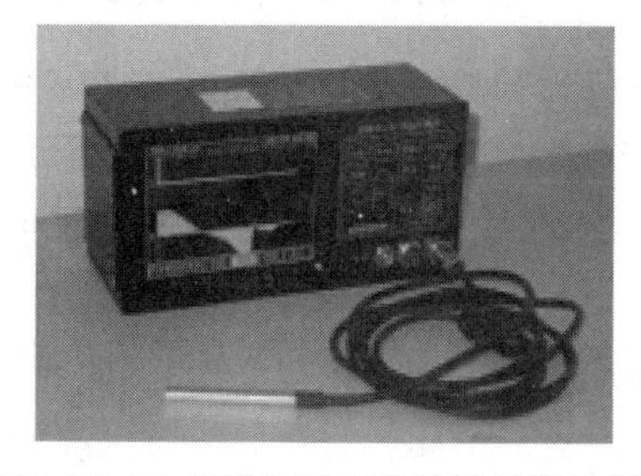

图 29-12　金属磁记忆离线检测过程示意图

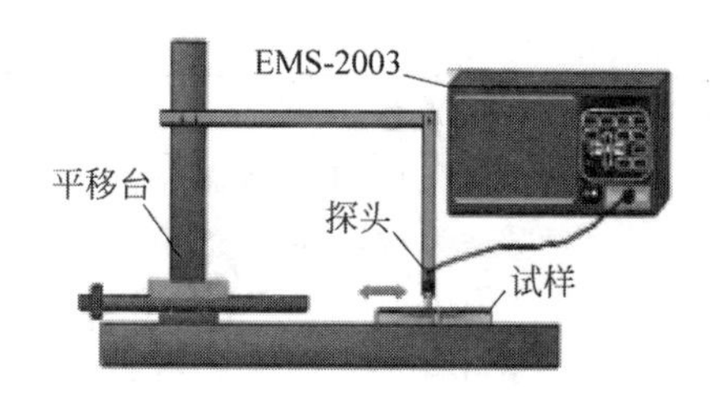

图 29-13　EMS-2003 型智能磁记忆检测仪

29.4　发动机再制造修复技术

1. 发动机连杆、缸体自动纳米电刷镀再制造技术

针对电刷镀工艺技术特点，结合手工电刷镀存在的技术问题，主要通过集成计算机技术、测试技术、控制技术、纳米科学与技术内容，开发可以对工件与镀笔运动、镀液供给、工艺过程、质量监控均实现自动控制的再制造专用设备。

1）内孔类零部件自动化纳米电刷镀技术方法

在分析内孔类零部件损伤特点的基础上，创造性地研发了内孔类零件自动化纳米电刷镀技术方法。该方法充分利用了内孔类零部件待修复表面为规则的内圆柱形的特点，并重点解决了传统刷镀技术在自动化刷镀过程中镀笔寿命短、镀层质量不稳定、镀液浪费严重以及需多次更换镀笔等局限性，有效解决了内孔类零部件再制造的自动化和产业化难题。

2）自动化纳米电刷镀专用设备

利用内孔类零部件自动化纳米电刷镀技术，开发了斯太尔再制造发动机连杆和缸体自动化纳米电刷镀专用设备。连杆刷镀工艺展示如图 29-14 所示。

斯太尔发动机连杆再制造自动化电刷镀设备解决了再制造工业化生产中零件定位精度控制、镀液供给均匀性、再制造质量控制、连续作业、生产节奏调整等重大难题，实现了再制造生产过程的自动化，建立了连杆自动化纳米电刷镀再制造技术工艺规范。一次性完成 4～6 件发动机连杆的电刷镀再制造，并使一次作业时间由 60 min/件缩短为 5～10 min/件，

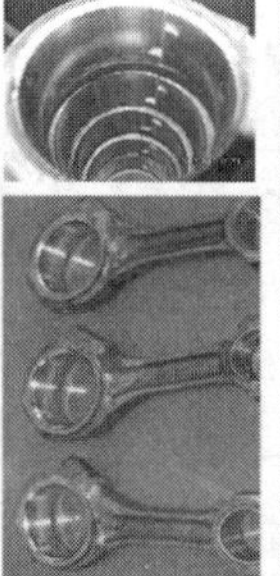

(a)　(b)　(c)　(d)

图 29-14　连杆刷镀工艺展示

(a) 连杆自动化纳米电刷镀专机；(b) 刷镀中的连杆；(c) 刷镀后的连杆；(d) 正在珩磨和珩磨后的连杆

达到年产 30 000 件的再制造能力。相比手工刷镀效率提高了 10 倍，成本降低了 80%，成品率由 50%左右提高到了 90%以上，显著提高了生产效率，大幅降低了工人劳动强度，节约资源、能源效果十分显著。纳米颗粒复合镀层保证了再制造产品性能超过原型机新品。

2. 发动机缸体、曲轴快速机器人智能电弧喷涂再制造技术与装备

(1) 汽车发动机缸体主轴承孔及连杆轴承座孔等部位因承受交变应力及瞬间冲击而发生变形，并且因润滑油中硫化物等的腐蚀和摩擦磨损而造成座孔尺寸超差和严重划伤。为此，研究采用自动化高速电弧喷涂技术对废旧斯太尔汽车发动机缸体进行再制造(图 29-15)。在该系统中，操作机的操作臂夹持喷枪在控制单元控制下运行。利用信息反馈与实时参数调整，喷枪能按照设定的路径自行完成喷涂任务。

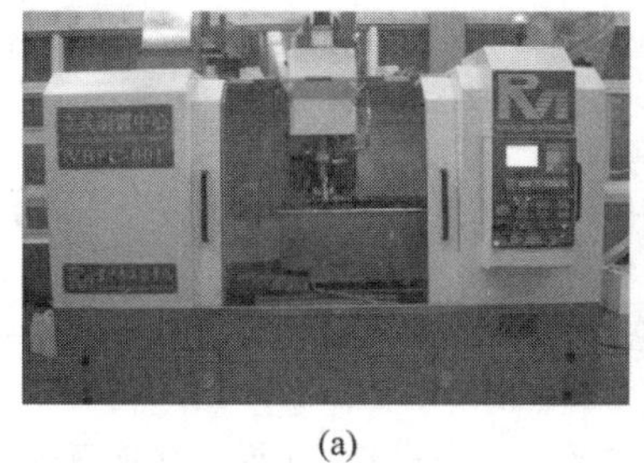

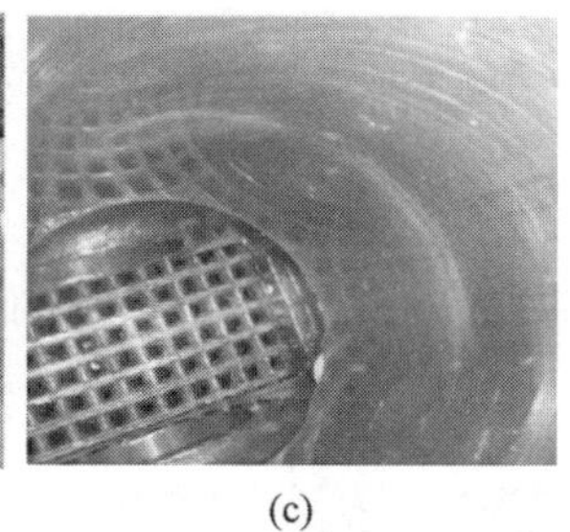

(a)　(b)　(c)

图 29-15　缸孔刷镀工艺展示(1)

(a) 缸体自动化纳米电刷镀专机；(b) 刷镀后的缸孔；(c) 珩磨后的缸孔

利用此系统再制造 STEYR 汽车发动机缸体，有七个轴承孔需要修复，其轴承孔的划痕、喷砂后和喷涂后的形貌如图 29-16 所示。

自动化高速电弧喷涂技术用于重载汽车发动机缸体、曲轴等重要零件的再制造。单件箱体再制造时间由手工的 1.5 h 缩短为 20 min，喷涂效率提高 4.5 倍。曲轴再制造时间为每件 8～10 min。曲轴、缸体等零件的再制造，其材料消耗为零件本体重量的 0.5%，费用投入不超过新品价格的 1/10，资源节约与节能降耗效果十分显著。

(2) 气门、缸体止推面机械化微弧等离子再制造技术与装备

针对气门和缸体止推面失效特点，进行了气门、缸体止推面机械化微弧等离子再制造系统的总体设计，建立了等离子熔覆系统，包括等离子电源、等离子喷枪、送粉器、冷却系统、运动控制模块等部分。其中等离子电源、等离子喷枪和运动控制模块为再制造重点实验室完全自主研发，达到并超过国内先进水平。

对经等离子熔覆后的气门进行了机床初步加工，然后再用专用气门磨床进行磨削加

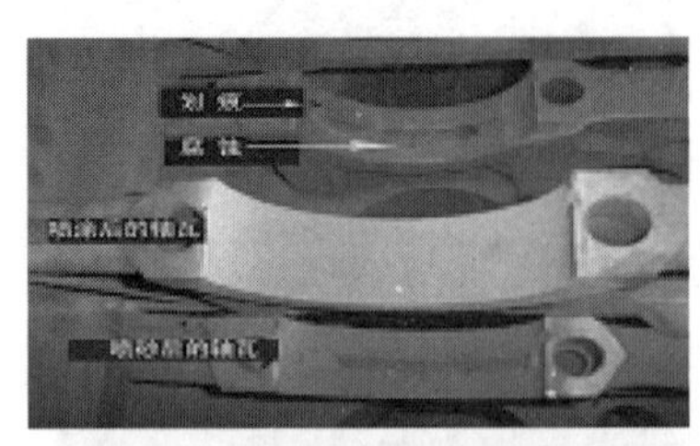

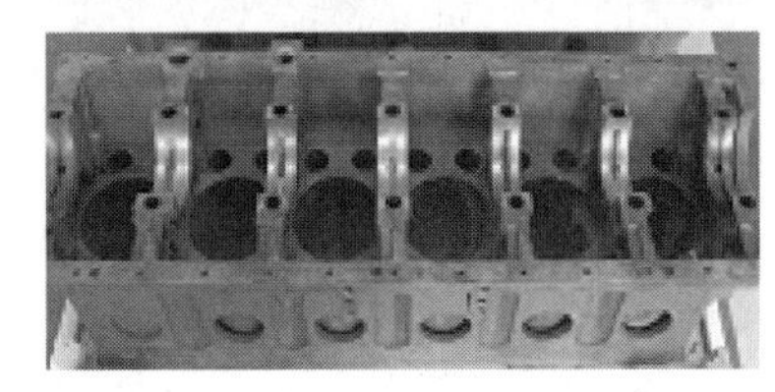

图 29-16 缸孔刷镀工艺展示(2)

工,直至规定尺寸;最后经过专用量具检验排气门的锥面跳动。试验检测再制造的气门零部件达到了原始尺寸和质量要求。

29.5 装配

将全部检验合格的零件与加入的新零件,严格按照新发动机技术标准装配成再制造发动机,图 29-17 所示为再制造发动机装配线。

图 29-17 再制造发动机装配线

29.6 测试与包装

对再制造发动机按照新机的标准进行整机性能指标测试,图 29-18 所示为再制造发动机台架试验车间。

图 29-18 再制造发动机台架试验车间

对发动机外表喷漆和包装入库,或发送至用户处,图 29-19 所示为再制造发动机涂装线。

图 29-19 再制造发动机涂装线

参考文献

[1] 徐滨士.装备再制造工程[M].北京:国防工业出版社,2013.
[2] 梁秀兵.汽车零部件再制造设计与工程[M].北京:科学出版社,2017.
[3] 徐滨士.装备再制造工程的理论与技术[M].北京:国防工业出版社,2007.
[4] 张伟,徐滨士,张纾.再制造研究应用现状及发展策略[J].装甲兵工程学院学报,2009,23(5):1-5.
[5] 崔培枝,姚巨坤.再制造生产的工艺步骤及费用分析[J].新技术新工艺,2004(2):18-20.
[6] 朱胜,姚巨坤.再制造技术与工艺[M].北京:机械工业出版社,2011.

第 29 章彩图

第30章

工程机械柴油机的排放控制

30.1 概述

2014 年环境保护部发布了《非道路移动机械用柴油机排气污染物排放限值及测量方法(中国第三、四阶段)》(GB 20891—2014)标准(下文简称为 GB 20891—2014)。该标准中对非道路移动机械第四阶段排放标准提出了预告性要求,同时规定了发动机台架试验排放限值和台架的循环试验方法。从 2015 年 10 月开始执行第三阶段排放标准起,高排放在用工程机械逐步退出市场。随着环境保护及排放法规日益严格,国家势必会对在役的工程机械有更严格的要求,因此所有工程机械的从业者都需要对工程机械的排放原理、尾气净化技术及国家法规有明确的认识。

30.1.1 柴油机燃烧过程的排放物

与汽油发动机相比,柴油发动机的优点在于扭矩大、热效率高、经济性能好、可靠性高,所以柴油发动机广泛应用于大型非道路工程机械。柴油机的做功燃烧过程受到燃油品质、缸内工质状态、喷油定时、柴油雾化质量、气缸换气质量、发动机转速和负荷等影响,其尾气排放中含有多种有害成分,包括一氧化碳(CO)、氮氧化物(NO_x)、碳氢化合物(THC)、微粒(炭烟和油雾 PM)、硫化物等。

一氧化碳是无色、无臭、无味的气体,主要由发动机中空气量不足、柴油燃烧不完全导致燃烧室内局部缺氧局部低温造成的。一氧化碳是一种活性较高的气体,具有毒性,被吸入人体后,在人体血液中形成不能携带氧气的碳氧血红蛋白,影响人的循环系统,对人的感官系统造成影响,长时间一定量浓度吸入将直接导致死亡。

氮氧化物的生成主要在柴油机内燃烧开始至最高燃烧压力这一段时间内,氮氧化物简称为 NO_x,包括多种化合物,氮氧化物均极不稳定,遇光、湿或热都会变成伴随着刺激性气味、同时对人体呼吸道和眼睛都有强烈伤害的红棕色气体二氧化氮。同时,氮氧化物在大气中溶入水汽中形成酸雨。

氮氧化物(NO_x)和碳氢化合物(THC)在大气环境中受强烈太阳光紫外线照射后,发生复杂的光化学反应,形成光化学烟雾,会导致支气管炎、冠心病、肺结核和心脏衰弱患者死亡事件显著增加。

柴油机所排放的颗粒物大多为 2.5 μm 以下的细微颗粒,主要是由柴油不完全燃烧造成的炭微粒和柴油中的硫燃烧生成的硫化物结晶组成,由于颗粒细小可以深入人体的肺泡之中成为许多有毒物或致癌物的载体,对人体的寿命造成很大影响。

30.1.2 国内工程机械柴油机排放的现状

我国工程机械保有量大，据《机动车环境管理年报(2017)》统计，2016年年末，工程机械保有量突破690万辆，NO_x 排放量达到225.6万t，PM排放量达到20.8万t，接近全国机动车排放量的40%。2015年，国家首次对国内所有登记在册的在役工程机械统计并按照排放阶段划分，发现2007年发布、2009年废止的国Ⅰ标准、国Ⅱ标准及国Ⅰ前标准的工程机占绝大多数，国Ⅲ排放的工程机械占比仅1.4%，详细构成比例如图30-1所示。

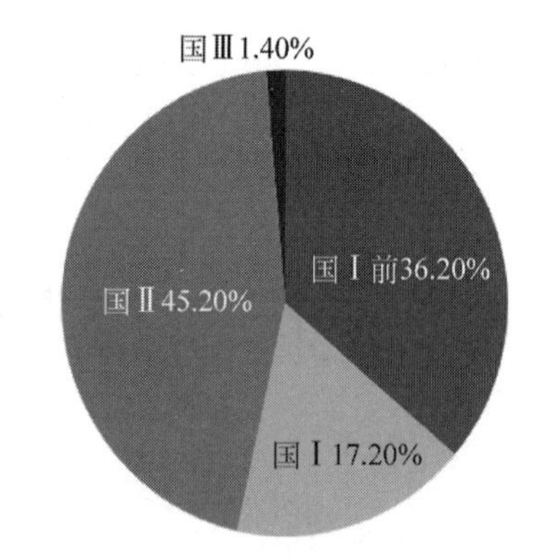

图30-1 2015年工程机械按照排放阶段构成比例图

表30-1 进口二手挖掘机与国内新生产挖掘机销售量对比

年　　度	2015	2016	2017	2018	2019	2020	2021
进口旧挖掘机销售量/台	10 100	13 522	18 837	15 641	10 625	4 600	2 900
新挖掘机销售量/台	59 080	70 300	140 325	203 412	235 735	327 619	173 520
旧机和新机销量比/%	17	19	13	8	5	1	2

注：2021年所有统计数据皆为1～4月。2015年后数据来源于广州工程机械市场的非官方统计。

由于我国经济的高速增长，国外(主要是日本)大量二手工程机械(主要是国Ⅰ和国Ⅱ排放标准)涌入我国(近几年来，年进口旧挖掘机与国内新生产挖掘机销售量对比见表30-1)。进口二手工程机械在2018年左右达到一个顶峰，随着国内生产量的增加而逐年减少，但现在市面上的二手工程机械存量还是一个巨大的数字。根据《进口二手挖掘机验收规范》(JB/T 10694—2007)，针对二手机械的发动机尾气排放方面规定：2015年10月1日后，应符合中国非道路移动机械用柴油机第三阶段排放标准要求。其监管的治理工作量很大。

30.2 工程机械柴油机排放标准

30.2.1 国外标准

1. ISO标准

国际标准化组织(International Standard Organization，ISO)是由各国标准化团体组成的世界性的联合会。ISO标准一般涉及试验方法、术语、规格、性能要求等。ISO 8178《往复式内燃机排放测量》系列标准目前共有11部分(表30-2)，每一部分对往复式内燃机排放测量技术做了相应规定。全球各国的非道路用柴油机的试验方法基本均按照ISO 8178《往复式内燃机排放测量》再结合本国国情制定。ISO 8178标准作为一项国际通用试验准则，适用范围较宽，但没有制订排放限值。

2. 欧盟法规

2016—2017年欧盟相继发布了非道路移动机械用最新的污染物排放标准，即EU 2016/1628号法规，及其配套法规EU 2017/654技术要求法规、EU 2017/655在用车管理要求法规和EU 2017/656文件管理要求法规。这一系列法规统称为欧Ⅴ标准。欧Ⅴ标准的内容如下。

1) 排放限值及实施日期

排放限值及实施日期见表30-3。

表 30-2　ISO 8178 系列标准

标　准　号	标准名称
ISO 8178-1：2009	往复式内燃机排放测量　第 1 部分：气体和颗粒排放物的试验台测量
ISO 8178-2：2008	往复式内燃机排放测量　第 2 部分：气体和颗粒排放物的现场测量
ISO 8178-3：1996	往复式内燃机排放测量　第 3 部分：稳态条件下排气烟度的定义和测量方法
ISO 8178-4：2009	往复式内燃机排放测量　第 4 部分：不同用途发动机的试验循环
ISO 8178-5：2008	往复式内燃机排放测量　第 5 部分：测试燃油
ISO 8178-6：2001	往复式内燃机排放测量　第 6 部分：测量结果和检测报告
ISO 8178-7：1997	往复式内燃机排放测量　第 7 部分：发动机系族定义
ISO 8178-8：1997	往复式内燃机排放测量　第 8 部分：发动机系组定义
ISO 8178-9：2001	往复式内燃机排放测量　第 9 部分：在瞬态条件下工作的压燃式发动机排气烟度排放物的试验台测试循环和测试程序
ISO 8178-10：2003	往复式内燃机排放测量　第 10 部分：在瞬态条件下工作的压燃式发动机排气烟度排放物的现场测试循环和测试程序
ISO 8178-11：2006	往复式内燃机排放测量　第 11 部分：非道路移动机械用发动机瞬态工况下气体和颗粒排放物的试验台测量

表 30-3　欧盟非道路Ⅴ阶段限制要求

功率段划分/kW	CO/(g/(kW·h))	HC/(g/(kW·h))	NO_x/(g/(kW·h))	HC+NO_x/(g/(kW·h))	PM/(g/(kW·h))	PN/(g/(kW·h))	实施日期
$P_{max}>560$	3.5	0.19	3.5，0.67	—	0.045	—	2019.1.1
$130\leqslant P_{max}\leqslant 560$	3.5	0.19	0.40	—	0.015	1×10^{12}	
$56\leqslant P_{max}<130$	5.0	0.19	0.40	—	0.015	1×10^{12}	2020.1.1
$37\leqslant P_{max}<56$	5.0	—	—	4.7	0.015	1×10^{12}	2019.1.1
$19\leqslant P_{max}<37$	5.0	—	—	4.7	0.015	1×10^{12}	
$P_{max}<19$	5.5	—	—	7.5	0.40	1×10^{12}	

2）试验循环

欧Ⅴ标准规定工程机械等非恒定转速的非道路移动机械用柴油机排放试验时，除了要按表 30-4 所示 8 个工况测取排放值、并按规定加权系数计算值通过标准外，又增加了非道路瞬态循环(non-road test cycle，NRTC)实验，即在不同工况间随机变化测取的排放值也低于标准限值。

表 30-4　非恒定转速柴油机试验循环

工况号	转速	负荷/%	加权系数
1	额定转速	100	0.15
2	额定转速	75	0.15
3	额定转速	50	0.15
4	额定转速	10	0.1

续表

工况号	转速	负荷/%	加权系数
5	中间转速	100	0.1
6	中间转速	75	0.1
7	中间转速	50	0.1
8	怠速	—	0.15

3）耐久性要求

欧Ⅴ标准增加了有效寿命的概念，有效寿命指的是发动机在规定的时间内，各污染物排放结果都要满足标准限值的要求。不同功率段的发动机，其有效寿命是不一样的，各功率段发动机的有效寿命见表 30-5。该标准要求至少选择发动机有效寿命的 1/4 来进行耐久性试验，制造厂应以良好的工程方法为基础，采用能够代表在用发动机排放性能劣化的试验循环，运行耐久性试验。试验可以在认证机构进行，也可以在型式认证机构的有效监督下由发动机制造厂进行。在整个耐久性试验过程中，至少测试 3 次排放，分别在磨合期结束时、耐久性试验结束时、耐久性试验期间选择的几个间隔点进行排放测试。测试数据均应在限值以内。

表 30-5　有效寿命要求

柴油机类型	有效寿命/h
≤37 kW(恒转速)	3 000
≤37 kW(非恒转速)	5 000
>37 kW	8 000

4）试验燃油要求

柴油硫含量过高会严重影响排气后处理系统的正常工作，造成硫中毒等。因此，要求燃油硫含量不大于 10 ppm。

5）NO_x 的控制要求

NO_x 的控制要求是考察柴油机在主要的工作区域内 NO_x 的变化情况。

6）曲轴箱排放的控制要求

相对其他控制要求，曲轴箱排放测量要求更为专业，一般交由专业测试实验室进行测量。

7）CO_2 的监控要求

CO_2 污染物排放没有规定限值，但要求稳态的试验循环 CO_2 排放量要高于瞬态试验循环的 CO_2 排放量。

8）PEMS 的测试要求

便携式排放测试系统，也称为车载尾气检测设备(portable emission measurement system, PEMS)。PEMS 由车载气态污染物测量仪 OBS-2200 和车载微粒物测量仪，即电子低压冲击仪(electrical low pressure impactor, ELPI)组成，可以实时测试车辆的排放特性。该设备通过与汽车尾气管道相连的探针采集污染物的浓度，包括一氧化碳(CO)、碳氢化合物(THC)、氮氧化物(NO_x)、颗粒物(PM)等，同时通过与车辆车载自动诊断(on board diagnostics, OBD)接口，得到发动机及车辆的相关技术参数，如发动机转速、进气管压力、进气管温度以及车辆速度等。对于没有内嵌 OBD 接口的车辆，可以在发动机的相应位置使用传感器得到发动机转速、进气管压力和进气管温度等参数，通过这些车辆参数就可以计算出机动车的尾气排放量。PEMS 测试的增加是“大众门”事件后，欧洲意识到了，只是源头控制是无法保证机械在有效寿命期内稳定达标的。同时，近年来，PEMS 测试技术取得了很大进步，具备了在非道路移动机械上的应用的可能。但是，由于 PEMS 测试设备还是比较大的，在一些较小的机械上还无法安装，因此欧Ⅴ标准 PEMS 的使用范围为 56～560 kW 的非道路移动机械。同时，因为欧Ⅴ制定过程中，并没有大量 PEMS 非道路移动机械的测量数据，限值的制定缺少数据支持，因此现阶段标准要求企业分 4 年，每年提供 9 台机械的测试数据，为未来非道路 PEMS 制定限值提供数据支持。

9）颗粒数量(PN)的测试要求

颗粒数量(particle number, PN)是表示汽车尾气排放中固体悬浮微粒质量/颗粒数量的值，欧Ⅴ标准也是全球第一个对 PN 提出要求的非道路移动机械标准。柴油机行业发展到目前阶段，柴油机排气污染物中颗粒物的质量越来越小，对设备的测量精度提出了更高的要求，同时人们也逐渐认识到对人体有害的颗粒物主要是可吸入颗粒物，通常是指粒径在 10 μm 以下的颗粒物，即人们常说的 PM10。增加 PN 的要求，对柴油机的颗粒物排放有了更准确的控制方向。

欧洲跟我国一样各地区经济、各类环境以及管理水平差异巨大，因此欧盟在制定法规时相对考虑得更为全面，适用范围也较广，是我国各类排放法规制定时的主要参照对象，因此了解和熟悉欧盟法规就能进一步理解我国的非道路机械法规。

3. 美国法规

美国是世界上控制非道路用柴油机尾气排放最早的国家。美国国家环保局从 1990 年开始着手研究和限制非道路用柴油机的尾气排放。2014年以后，正式实施第四阶段限值要求，该法规适用于所有非道路移动机械用柴油机。

1）发动机排放限值

发动机排放限值见表30-6。

表30-6　2014年及其之后的发动机排放限值

功率/kW	范　围	排放限值/(g/(kW·h))				
		CO	NMHC	NMHC+NO_x	NO_x	PM
$P<19$	全部	6.6	—	7.5	—	0.40
$19\leqslant P<56$	全部	5.0	—	4.7	—	0.03
$56\leqslant P<130$	全部	5.0	0.19	—	0.40	0.02
$130\leqslant P\leqslant 560$	全部	3.5	0.19	—	0.40	0.02
$P>560$	发电机组	3.5	0.19	—	0.67	0.03
	非发电机组	3.5	0.19	—	3.5	0.04

2）试验循环

美国试验循环规定与欧盟一致。

3）有效寿命的规定

有效寿命与欧盟基本是一样的，只是因为控制范围的不同，增加了19 kW以下发动机的有效寿命规定。同时，有效寿命还有年限的规定，小时数和年限以先到为准。耐久试验时间选取柴油机有效寿命的20%～30%，一般选取25%来进行耐久性试验。并且在整个试验过程中至少测试3次排放，即0小时，中间小时、耐久试验结束时，三次实验数据都必须小于限值。有效寿命的规定见表30-7。

表30-7　有效寿命的规定

功率/kW	工作特性	额定转速	有效寿命	
			时间/h	年限/年
$19\leqslant P<37$	恒速	≥3 000	3 000	—
	恒速	<3 000	5 000	7
	非恒速	任何转速		
$P\geqslant 37$	恒速/非恒速	任何转速	8 000	10

4）召回期

召回期(recall)标准中规定，根据发动机的额定功率和额定转速确定需要召回检测的周期。不需要考虑发动机实际使用的年限或工作时间。

(1) 对于额定功率小于37 kW并且额定转速大于或等于3 000 r/min的恒速发动机，需要召回检测的周期是2 250 h或4年，以先到者为准。

(2) 对于额定功率大于或等于19 kW并小于37 kW的所有其他发动机，需要召回检测的周期是3 750 h或5年，以先到者为准。

(3) 对于额定功率大于或等于37 kW的所有发动机，需要召回检测的周期是6 000 h或7年，以先到者为准。关于召回期的规定见表30-8。

表30-8　召回期的规定

功率/kW	工作特性	额定转速/(r/min)	召回期	
			时间/h	年限/年
$19\leqslant P<37$	恒速	≥3 000	2 250	4
	恒速/非恒速	任何转速	3 750	5
$P\geqslant 37$	恒速/非恒速	任何转速	6 000	7

5）质保期

根据美国《空气清洁法》规定，生产企业对其产品应提供相应的质保期；对于额定功率小于37 kW、额定转速超过3 000 r/min的恒速发动机是1 500 h或2年，以先到者为准；对于其他发动机是 3 000 h 或 5 年，以先到者为准。如果生产企业对一些部件有较长质保期（收费或免费），则对这些部件的排放相关保证也应延长该质保期。质保期的规定见表 30-9。

表 30-9　质保期的规定

功率/kW	工作特性	额定转速/(r/min)	召回期	
			时间/h	年限/年
19≤P<37	恒速	≥3 000	1 500	4
	恒速/非恒速	任何转速	3 000	5
P≥37	恒速/非恒速	任何转速		

6）对燃油中硫含量的规定

对燃油中的硫含量作出了规定。2010 年 6 月开始，不同功率段非道路用柴油机陆续使用硫含量不得超过 15 ppm 的柴油。

我国进口二手工程机械的两大来源国韩国和日本，其非道路机械排放法规基本参照美国法规来制定。因此对美国法规的了解和熟悉有利于对二手工程机械的后处理改造。

4．全球统一的非道路法规

全球统一的非道路移动机械（non-road mobile machinery，NRMM）排放法规规定了排气污染物的测量方法，该方法直接与欧美第四阶段测量方法要求相对应，没有制定统一的排放限值要求，也没有统一的实施日期。该法规适用于净功率不小于 19 kW 且不大于 560 kW 的农用车、拖拉机和非道路移动机械用柴油机。

30.2.2　国内标准

我国于 2015 年底开始实施 GB 20891—2014 中的第三阶段标准（表 30-10 国Ⅰ至国Ⅲ阶段排放限值比较），当时对未来评估过于保守，法规中排气污染物排放限值已不能满足我国当前的环保需求。同时由于国内工程机械来源极为复杂，现行标准缺失对机械排放的监管。

表 30-10　国Ⅰ至国Ⅲ阶段排放限值比较

额定功率 P_{max}/kW	CO/(g/(kW·h))			THC/(g/(kW·h))			NO_x/(g/(kW·h))			THC+NO_x/(g/(kW·h))			PM/(g/(kW·h))		
	Ⅰ	Ⅱ	Ⅲ	Ⅰ	Ⅱ	Ⅲ	Ⅰ	Ⅱ	Ⅲ	Ⅰ	Ⅱ	Ⅲ	Ⅰ	Ⅱ	Ⅲ
130≤P_{max}≤560	5	3.5	3.5	1.3	1.0	—	9.2	6	—	—	—	4	0.54	0.2	0.2
75≤P_{max}<130	5	5	5	1.3	1.0	—	9.2	6	—	—	—	4	0.7	0.3	0.3
37≤P_{max}<75	6.5	5	5	1.3	1.3	—	10.8	7	—	—	—	4.7	0.85	0.4	0.4
19≤P_{max}<37	8.4	5.5	5.5	2.1	1.5	—	—	8	—	—	—	7.5	1.0	0.8	0.6
8≤P_{max}<19	8.4	6.6	6.6	—	—	—	—	—	—	12.9	9.5	7.5	—	0.8	0.8
P_{max}<8	12.3	8	8	—	—	—	—	—	—	18.4	10.5	7.5	—	1	0.8

2018 年初环境保护部大气环境管理司发布了最新的意见征求稿，对 GB 20891—2014 的第四阶段的要求进行了 8 处修改和扩充。

1．瞬态测试循环的试验程序

GB 20891—2014 中对于第四阶段的要求仅有试验循环和排放限值要求，瞬态测试循环过程中的技术要求并没有提出；因此参考欧盟 EU 2012/46 指令，提出了增加瞬态测试循环的具体要求，包括基准试验循环的形成、排放试验的运行、测量和取样规程及数据评估和计算。

2．柴油颗粒物捕集器（DPF）技术路线要求和 PN 排放限值要求

近年来，我国 PM2.5 浓度居高不下，严重影响了社会公众生活和身体健康。非道路移动机械污染排放是影响大气环境质量的重要因素。为进一步加严柴油机颗粒物排放要求，GB 20891—2014 对装用 37～560 kW 柴油机的非道路移动机械增加了加装颗粒物捕集器的要求，同时提出了颗粒物数量应小于 5×10^{12} g/(kW·h)，且要求颗粒物捕集器再生时不能有可见烟。

3．车载法排放要求

为确保非道路移动机械监管效果，参照欧盟法规增加了PEMS测试要求，要求测量的90%有效功基窗口的NO_x排放量小于限值的1/5，同时要求进行PEMS测试时，不能有可见烟。

4．鼓励性提出了更高的目标性要求

为引导企业进行新产品开发，GB 20891—2014提出了鼓励性目标要求（表30-11），以引导企业提早规划非道路移动机械新产品的技术路线。同时也鼓励企业在第四阶段就采用更加节能环保的先进技术，该技术要求和欧盟规定的第五阶段要求基本相同。

5．37 kW以上机械需要定位的要求

由于我国非道路移动机械没有挂牌和注册登记制度，为了更好地实现对机械的监管，GB 20891—2014对装用37～560 kW柴油机的非道路移动机械增加了精准定位要求。为实现非道路移动机械监管远程监控奠定了良好的基础。

表30-11　目标性要求

功率段划分/kW	CO/(g/(kW·h))	HC/(g/(kW·h))	NO_x/(g/(kW·h))	HC+NO_x/(g/(kW·h))	PM/(g/(kW·h))	PN/(g/(kW·h))
$P_{max}>560$	3.5	0.19	3.5、0.67	—	0.045	—
$130\leqslant P_{max}\leqslant 560$	3.5	0.19	0.40	—	0.015	1×1012
$56\leqslant P_{max}<130$	5.0	0.19	0.40	—	0.015	1×1012
$37\leqslant P_{max}<56$	5.0	—	—	4.7	0.015	1×1012
$19\leqslant P_{max}<37$	5.0	—	—	4.7	0.015	1×1012
$P_{max}<19$	5.5	—	—	7.5	0.40	—

注：适用于可移动式发电机组用$P_{max}>900$ kW的柴油机。

6．控制区的要求

随着电控发动机技术的发展，典型的点工况法进行的排放测试已经不能满足管理的需要。为了能够更好地对发动机进行监管，提高管理的水平，GB 20891—2014采用了欧盟EU 2016/1628法规关于控制区部分的要求，从而使得发动机的排放控制从几个点到整个面的控制转化。柴油机控制区是由柴油机的四条特性曲线确定的一个区域，分别为柴油机功率曲线、转速A、最大扭矩30%、功率30%对应的扭矩曲线围成的最小区域，即为控制区（图30-2），这个区域基本包括了柴油机日常的运转区间。柴油机控制区的要求，适用于所有非道路移动机械用柴油机。一般来说对控制区排放的测量需要交由专业的排放机构或实验室来处理。

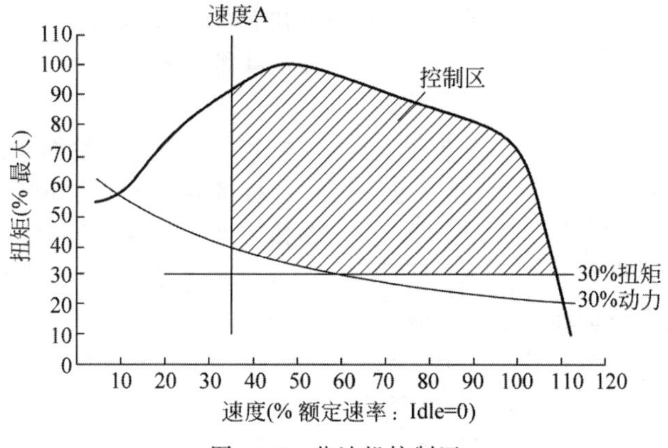

图30-2　柴油机控制区

7. **排气后处理系统的控制要求**

根据未来非道路移动机械第四阶段的限值要求，电控发动机、柴油机后处理技术会在未来得到广泛应用，其排放的控制策略势必会发生改变，因此标准针对未来技术路线提出了新的控制要求。控制要求规定在发动机出气端安装监测器，通过报警、限制扭矩等措施提醒用户维护或正当使用发动机，防止因为不合理使用选择性催化还原（selective catalytic reduction，SCR）系统造成的污染物排放量的增加，确保 NO_x 控制措施能够正常运行。该条内容不仅对尾气净化催化剂的特性进行了详细要求，而且对柴油机尾气氨排放量也提出了要求，并且对发动机的保养维护及报警要求也进行了详细的规定。同时在标准中也增加了柴油机及催化剂的一些相关参数，来支持本部分的技术内容。

8. **质保期的要求**

长期以来，机械的质保期只保证机械的正常运转和技术性能，而对机械的排放指标和排放零部件的正常功能却从不涉及，GB 20891—2014 规定了排放质保期的要求。排放相关零部件如果在质保期内出现故障或损坏，导致排放控制系统失效，或车辆排放超过本标准限值要求，制造商应当承担相关维修责任。GB 20891—2014 根据柴油机的有效寿命，规定了排放质保期最短要满足表 30-12 的要求。

表 30-12　最短质保期的要求

<table>
<tr><th>额定净功率/kW</th><th>转速/(r/min)</th><th>有效寿命/h</th><th>允许最短试验时间/h</th></tr>
<tr><td>$P_{max} \geqslant 37$</td><td>任何转速</td><td>8 000</td><td>2 000</td></tr>
<tr><td rowspan="3">$P_{max} < 37$</td><td>非恒速</td><td rowspan="2">5 000</td><td rowspan="2">1 250</td></tr>
<tr><td>恒速<3 000</td></tr>
<tr><td>恒速≥3 000</td><td rowspan="2">3 000</td><td rowspan="2">750</td></tr>
<tr><td>$P_{max} < 19$</td><td>任何转速</td></tr>
</table>

9. **新生产机械排放达标要求及检查**

《中华人民共和国大气污染防治法》第五十二条规定：机动车、非道路移动机械生产企业应当对新生产的机动车和非道路移动机械进行排放检验。经检验合格的，方可出厂销售。检验信息应当向社会公开。因此，增加对新生产机械排放达标要求及检查是非常必要的，同时随着 PEMS 测试设备的发展，也已经具备了对机械实现监管的能力。

1) 新生产机械的达标自查

生产企业应自行制定自查规程，选择有足够代表性的机械按系族进行排放达标自查，并将自查计划和自查结果进行信息公开。自查按照 GB 20891—2014 中附录 E 规定的车载法检测规程和要求来进行。在进行车载法测试时，应同时按照有关标准要求进行林格曼黑度等级的测试，黑度等级应小于 1 级。对于自查试验做详细记录并存档，该记录文档应至少保存 5 年。环境保护主管部门可根据需要检查试验记录。

2) 新生产机械的达标抽查

环境保护主管部门可以对新生产机械进行排放基本配置核查、下线检查计划和自查结果审查和污染物排放检查各个环节进行达标抽查。对排放基本配置进行核查，如被检查的机械排放控制关键部件或排放控制策略与信息公开的内容不一致，则视为该型号机械检查不通过。污染物排放检查，是从批量生产的机械中随机抽取 3 台，若 2 台及以上机械的测试结果满足标准的要求，则判定合格，否则不合格。对于柴油机的抽查，参照 GB 20891—2014 中“第 6 章”的规定。

3) 新生产机械的下线检查

同时 GB 20891—2014 还要求，新生产机械在下线、入库及出厂前应满足非道路移动机械烟度排放相关标准的要求，并将结果信息公开。

10. **在用符合性要求及检查**

机械能否在使用环节持续达标，这是非道路移动机械污染防治的重点，因此 GB 20891—2014 增加了在用符合性的要求。

1) 柴油机企业的在用符合性自查

GB 20891—2014 要求，柴油机生产企业应同时制定在用符合性自查计划，在用符合性自查应以柴油机系族为基础进行。柴油机生产企业按自查计划进行在用符合性自查,应尽量选择不同生产企业的机械进行试验,柴油机系族的在用符合性自查报告,由柴油机所安装机械的生产企业进行信息公开(可作为机械生产企业在用符合性自查报告的一部分),并向环境保护主管部门报备。

2) 机械企业的在用符合性自查

要求机械企业的在用符合性自查应以机械系族为基础进行。机械生产企业按自查计划进行在用符合性自查,机械的在用符合性自查报告由机械生产企业进行信息公开。GB 20891—2014 规定了详细的在用符合性自查的抽样和判定程序。

3) 在用符合性不合格的整改措施

如果环境保护主管部门根据生产企业提供的自查报告,判断该款机械在用符合性不满足本标准要求,或者主管部门抽查后判定该款机械的在用符合性不满足 GB 20891—2014 要求,应通知机械生产企业,采取整改措施,提交改正不符合项的整改措施计划。

4) 在用符合性的抽查

用符合性抽查应按车载法进行机械的 PEMS 排放测试,由环境保护主管部门负责实施。抽查的机械应为具有代表性的机械,并保证机械状态正常。随机抽取 3 台机械,若 2 台及以上机械的测试结果满足标准的要求,则判定为合格,否则为不合格。

30.2.3 国内标准与欧美相关标准的差异

新的征求意见稿是在欧盟指令 EU 2012/46ⅢB 的基础上,根据我国新大气法的要求,同时考虑适用于我国环境保护主管部门的管理要求,对标准进行了补充。与欧盟指令 EU 2012/46ⅢB 比较。主要差异见表 30-13。

表 30-13 国内新标准与欧美地区非道路标准的主要差异

控制要求	中国	欧盟			美国	
	第四阶段	ⅢB	Ⅳ	Ⅴ	Tier4-Ⅰ	Tier4-F
稳态实验	√	√	√	√	√	√
瞬态实验	√	√	√	√	√	√
NO_x Control 报警系统	√	√	√	√		发文规定
NO_x Control 限扭策略	√		√	√		
控制区要求	√		√	√	NTE	NTE
曲轴箱污染物要求			√	√	√	√
CO_2 排放量要求			√	√		
耐久要求	√	√	√	√	√	√
烟度要求	√				√	√
DPF 控制要求	√			√		
PEMS 要求	√			√		

近年来,我国雾霾严重,从多方研究成果显示雾霾的形成与机动车、非道路机械工作排放中形成的颗粒物有着直接联系,所以新的意见征求稿除了进一步要求主要排放污染物量降低外还另外加严了 PM 污染物的限值,同时灵活性地根据机动车和非道路机械功率段的不同,PM 限值的变化也有所差别。560 kW 以上 PM 限值是原限值的 1/2; 37~560 kW,PM 限值是原限值的 1/10 左右; 37 kW 以下,PM 限值没有变化。这项限值要求的提出,对整个柴油发动机研发及生产单位、尾气后处理生产单位、甚至终端用户都提出了挑战。

30.3 工程机械柴油机排放检测技术

30.3.1 工程机械柴油机排放检测的一般规定

柴油机排放检测是研究柴油机燃烧过程的一个重要手段，也是研究和防治发动机排气污染所必不可少的重要内容。因此需要依照法规完成对柴油机废气排放的测试，并对柴油机排放水平做出合理的评估。柴油机排放检测也用于非道路移动机械装用的、在恒定转速下工作的柴油机的型式核准、生产一致性检查和耐久性试验。

用于各种发动机性能评估的实验台架及检测仪器的费用昂贵，同时也需要专业人员进行操作，因此建议将检测工作均交给专业机构的实验室进行。但专业实验室收费高昂，并且实验周期长，有实力且实验需求量大的企业可自行建立实验室，根据国标要求进行柴油机的实验检测。企业自建的柴油机排放实验室需要通过国家认证机构认证。

柴油机排放检测的依据是 GB 20891—2014。另外 GB 20891—2014 引用的下列文件或其中的条款，也均作为柴油机排放检测的依据，如《车用柴油》(GB 19147—2016)、《往复式内燃机：性能第 3 部分：试验测量》(GB/T 6072.3—2008)、《测量方法与结果的准确度(正确度与精密度)第 2 部分：确定标准测量方法重复性与再现性的基本方法》(GB/T 6379.2—2004)、《重型柴油车污染物排放限值及测量方法(中国第六阶段)》(GB 17691—2018)、《汽车用发动机净功率测试方法》(GB/T 17692—1999)、《车用陶瓷催化转化器中铂、钯、铑的测定电感耦合等离子体发射光谱法和电感耦合等离子体质谱法》(HJ 509—2009)等。

GB 20891—2014 标准规定了非道路移动机械用柴油机(含额定净功率不超过 37 kW 的船用柴油机)和在道路上用于载人(货)的车辆装用的第二台柴油机排气污染物排放限值及测量方法。“第二台柴油机”指的是道路车辆装用的、不为车辆提供行驶驱动力而为车载专用设施提供动力的柴油机。

GB 20891—2014 标准适用于非道路移动机械装用的柴油机。“非道路移动机械”包括但不限于工业钻探设备、工程机械(装载机，推土机，压路机，沥青摊铺机，非公路用卡车，挖掘机、叉车等)、农业机械(大型拖拉机、联合收割机等)、林业机械、材料装卸机械、雪犁装备和机场地勤设备、空气压缩机、发电机组、渔业机械(增氧机、池塘挖掘机等)和水泵。

排放检测的柴油机必须在正常的工作状态下，在有效寿命期内。

委托专业机构通过技术成熟的工程方法在试验台架上对柴油机进行多工况稳态实验循环和瞬态试验循环测试。其中瞬态试验循环适用于第三阶段非恒定转速的柴油机和第四阶段小于 560 kW 非恒定转速柴油机和排气污染物的测量。

30.3.2 工程机械柴油机排放检测的项目和程序

工程机械柴油机排放检测包含三个部分：实验外部条件、试验前准备、试验程序。

1. 试验外部条件

实验的外部自然环境需要进行控制，保证温度和湿度在 GB 20891—2014 引用条款中说明的稳定范围内，同时实验室粉尘含量和试验用的发动机状态需要符合 GB 20891—2014 引用条款的标准要求。

2. 试验前准备

做好采样设备和检测设备的热机工作。其中包括按照标准 GB 20891—2014 中引用条款 GB 17691—2018 的规定，对 PM 取样滤纸、测量设备仪器、被检测柴油机等做好预处理。

3. 试验程序

1) 稳态试验循环

工程机械所使用的柴油机基本为非恒定转速下工作的柴油机，按表 30-14 八工况试验循环进行试验。该试验循环与欧盟法规和美国法规基本一致。

表 30-14　非恒定转速柴油机试验循环

工况号	转速	负荷/%	加权系数
1	额定转速	100	0.15
2	额定转速	75	0.15
3	额定转速	50	0.15
4	额定转速	10	0.1
5	中间转速	100	0.1
6	中间转速	75	0.1
7	中间转速	50	0.1
8	怠速	0	0.15

2）瞬态试验循环

对于第四阶段的柴油机，应采用 GB 17691—2018 和 GB 20891—2014 规定的 NRTC 试验循环最新的试验规程进行试验。

3）颗粒物取样试验

使用 PM 取样滤纸在发动机出气口进行 30 s 取样，当取样量明显较少时可以适当延长取样时间，一般情况下延长 10 s。

4）柴油机状态验证试验

试验的柴油机需要进行状态验证，确保其能够正常工作，所以当每个工况稳定后，应该对柴油机的速度和负荷、进气温度、燃油流量、进气或排气流量进行测量和记录，然后进行比对。

5）分析仪的检查试验

排放试验后，应该重新检查分析仪准确性，如果试验前、后的检查结果相差不到±1%，则认为试验有效。

30.3.3　测试仪器介绍

标准 GB 20891—2014 规定了尾气分析仪的一般技术要求及大致型号要求。

1. 分析仪的一般技术规格

GB 20891—2014 的最新意见征求稿中建议，首先分析仪应该有适合用来测量排气组分浓度所需精度的量程，同时测量的气体浓度应该位于在分析仪测试满量程的 20%～80%内。分析仪的电磁兼容性也应达到使附加误差最小的水平。

分析仪器对其他气体的交叉响应不应该超过读数的±2%或满量程的 0.3%，具体实验过程中误差必须取其中较小值。

分析仪在进行重复性实验时使用标准气体重复测试 10 次，10 次实验结果的平均误差应该小于标准误差。分析仪在所有的量程里对零气、标准气体在 10 s 间的响应值应不超过满量程的±2%。

所选用的分析仪在进行 1 h 检测后，仪器的零点漂移和标准气体浓度偏移不应该超过±2%。其中零点漂移指的是在 30 s 的时间间隔内对零气(包括响应值在内)的平均响应数值差异；标准气体浓度偏移指的是在 30 s 的时间间隔内对标准气体的平均响应数值差异。

最后分析仪所使用的气体干燥装置必须对所测气体的浓度影响小，即只能是通过物质物理特性对气体进行干燥；不可采用化学干燥剂除去样品气中的水汽。

2. 分析仪

尽量采用标准中规定的设备进行分析。其中一氧化碳(CO)和二氧化碳(CO_2)分析建议采用不分光红外线吸收型分析仪。测量碳氢化合物(THC)的分析仪应是加热型氢离子火焰分析仪。氮氧化物(NO_x)分析应该选用带 NO_2/NO 转化器的化学发光检测器。

上述仪器因为零部件耗材昂贵，检测器易损，同时需要使用危险性气体作为实验媒介或背景气，因此在实际运用中都需要专业的实验人员经过大量培训后才能进行操作，否则很容易发生实验事故，造成数据失真甚至危害实验人员的生命安全。因此近几年越来越多企业和试验机构采用傅里叶变换红外光谱分析仪(Fourier transform infrared，FTIR)进行气体采样。

FTIR 的检测原理是通过红外光照射向不同气体时波长的变化来对气体物质进行定性和定量。相对其他仪器有检测信号，数据重现性更好，自动化程度高，操作简单。同时 FTIR 完成一次完整的数据采集只需要 0.1～1 s，采集频率高。现代傅里叶红外光谱仪运用模块化设计和全自动信息化采集，人机交互很好，任何实验员经过两三天学习即可进行操作，所以未来势必成为尾气检测使用分析仪的首选。

30.4 在役工程机械柴油机排放改造

我国非道路移动机械保有数量庞大、种类繁多,且都正工作于建设的第一线,如果将未能排放达标的非道路移动机械一次性全部淘汰显然不妥,因此应优先采用在役机械柴油机后处理改造,改善排放。

30.4.1 在役工程机械柴油机排放改造技术

在役工程机械柴油机排放改造最有效的方法是根据实际需求在柴油机上选择性加装4个专用单元:颗粒物捕集器、催化型颗粒捕集器(catalyzed diesel particulate filter, CDPF)与氧化型催化转化器(diesel oxidation catalyst, DOC)和在线监控系统。对于一般柴油机可将颗粒物捕集器与氧化型催化转化器包装在同一个壳体内,并且安装在排气系统中,用以治理排放污染;对于颗粒物很多但尾气排放比较好的柴油机则采用催化型颗粒捕集器(CDPF)取代普通颗粒物捕集器与氧化型催化转化器(DOC)治理排放污染。每台发动机都需要安装在线监控系统,该监控系统应连接发动机的控制单元,并将传感器插入发动机出口,实时监测柴油机排气污染程度。这些改造能够大幅度地降低颗粒物排放。从欧洲目前的情况来看,将颗粒物捕集器与氧化型催化转化器(DOC)方案引入柴油车排放后处理是非常成功的。未来随着我国排放法规的日益严格,通过这个方案能将老旧柴油机排放达到国Ⅳ及国Ⅴ标准。

1. **颗粒捕集器**

颗粒捕集器是安装在柴油车发动机尾气排放系统中的陶瓷过滤器,它可以通过过滤将发动机排放的微粒进行捕捉。颗粒捕集器多为壁流式结构设计,相邻的蜂窝孔道两端交替堵孔,迫使气流通过孔壁的表面及内部,从而使颗粒物被捕集在孔壁表面及内部,其对颗粒物捕集效率可达90%以上,实现尾气颗粒的净化,颗粒捕集原理示意图如图30-3所示。

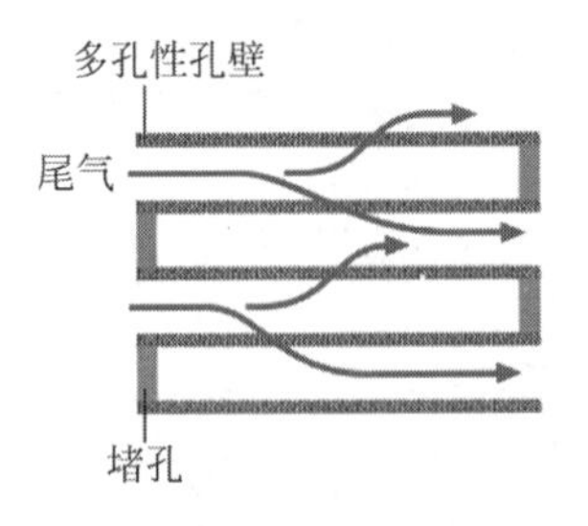

图30-3 颗粒捕集器原理示意图

2. **催化型颗粒捕集器(CDPF)**

催化型颗粒捕集器(CDPF)是涂覆了贵金属催化剂的陶瓷或金属壁流式载体,在颗粒捕集器上涂上一层贵金属催化剂,可以使颗粒捕集器中被捕获的颗粒在较低温度下氧化达到颗粒捕集器的持续再生(图30-4、图30-5)。一般情况下配合氧化型催化转化器(DOC)共同作用达到更好的治理效果。

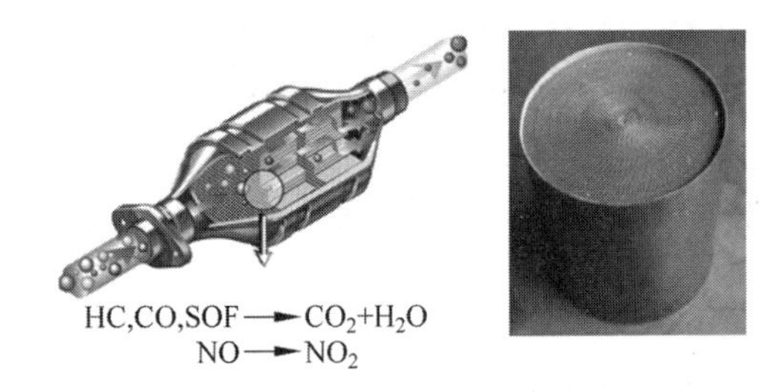

图30-4 催化型颗粒捕集器(CDPF)

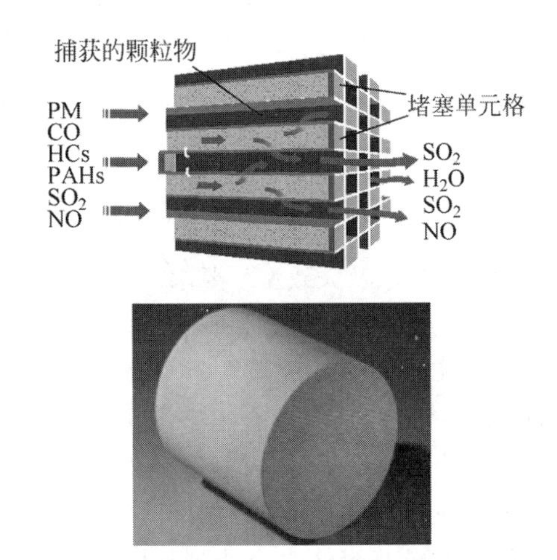

图30-5 颗粒捕集器原理图及实物图

3. 氧化型催化转化器(DOC)

氧化型催化转化器可以氧化排气中的CO、HC,同时通过化学作用降解颗粒中的可溶有机成分(soluble organic fraction, SOF),降低颗粒排放。

氧化型催化转化器可以和催化型颗粒捕集器(CDPF)组成新的一类尾气净化装置(图30-6),利用连续被动再生方式对尾气污染物和颗粒物进行净化,同时不断对颗粒捕集器进行恢复、再生,提高使用寿命。

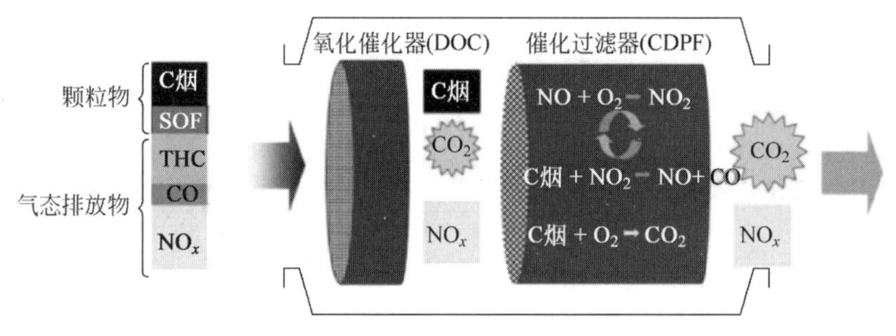

图30-6　氧化型催化转化器和催化型颗粒捕集器工作原理

4. 监控系统

在线监控系统主要由显示模块、采集模块、GPS＋GPRS模块及传感器组成。其能够将车辆各参数如车辆运行速度、里程、颗粒捕集器出入口温度、压力、颗粒捕集器系统运行报警信号等无线发送至相关在线监控平台,实现数据无线传输对接。同时还能实现从监控平台上远程操作在线监控模块,如远程更新固件程序、远程更改数据采集频率等设备设置信息,便于企业及政府相关部门对加装的净化装置实时监管。安装系统后,会根据发动机的运行状态进行自动调整,从而使发动机运行达到最好的费效比,同时在不新增有害物质情况下可以有效降低尾气中颗粒物(90%以上)、碳氢化合物和一氧化碳(60%以上)的含量,并且对发动机性能和燃油消耗率几乎没有影响。

安装监控系统不用改动车辆的油路、电路、气路和系统配置,也不用在车载电源及电路线路、油路上外接其他的设备,所以该套系统安装简单,维护方便。

5. 再生

当颗粒捕集器等处理器中储存的颗粒累积到一定程度后,发动机出气口的压力会升高,从而影响到柴油机的动力输出及油耗,因此需要通过氧化消除颗粒才能达到使颗粒捕集器重复使用的效果。

再生分为两种方式:一种是利用外部能量,如喷油或加热,提高颗粒捕集器入口温度至600℃以上,让炭粉颗粒与氧气发生反应消除,这种方式称为主动再生;另一种则是直接在发动机排气口提前安装一个效果较弱的氧化型催化转化器,将尾气中的NO转变为可以消除颗粒物的NO_2,这种方式则称为被动再生。如果DPF进气端温度持续保持在250～400℃,那么被动再生可以持续快速进行,颗粒一边过滤沉积,一边化学消除,运行一段时间后当温度与NO_x/PM达到一定数值时,DPF就可以保持动态平衡,这样颗粒捕集器可以在发动机背压较低情况下长期运行,达到延长再生周期和提高使用寿命的目的。

车用尾气净化系统中除了监测系统都需要用到大量的贵金属材料,成本比较高,也建议向专门制造催化剂的厂商购买,但用于包裹催化剂并连接发动机出气端的净化器外壳则可以根据实际使用机型自己进行专门设计制造。

30.4.2　在役工程机械柴油机排放改造的几个说明

1. 工程机械柴油机改造要求

工程机械工作环境恶劣、震动强度大,设计时需要考虑总成及零部件的强度设计,以及防水、隔热、防尘等,另外颗粒捕集器的排气朝向也要与整车外观相协调。所以在没有特殊情况下，一般整套系统的改造尽量交由专门的厂家和机构。

2. 与燃油水平的关系

根据我国普通燃油标准《B5 柴油》(GB 25199—2017)和《车用柴油》(GB 19147—2016)要求，2017 年 11 月 1 日开始全面供应硫含量不超过 10 ppm 的柴油。需进行改造的非道路移动机械尽量采用符合国家最新标准的燃油。

3. 与车用柴油机的关系

37～560 kW 功率段的非道路移动机械柴油机第四阶段需要的电控燃油系统、DPF 系统等已经成熟运用在车用柴油机上多年，因此基本可以直接应用到非道路柴油机上。

4. 适合进行改装的车辆和机械

并不是所有的机型都适合改装，很多国Ⅰ乃至国Ⅰ前的工程机械，其改装成本过高，改装性价比太低，则必须按照法规要求到时进行报废。以下为适合改装的设备：

(1) 非危险品运输车辆和机械，车辆机械工作正常，无安全性故障。

(2) 国Ⅱ或国Ⅲ柴油发动机，且发动机柴油喷射系统为电子喷射系统。

(3) 车辆至少还有 1 年以上的使用时间，2017 年年底前未达到报废年限。

(4) 车辆行驶中无明显黑烟，并且其烟度(现场测量)满足下列条件：① 车辆排放在国Ⅱ标准限值以内。② 尾气净化装置改装要求原车烟度值尽量小于 1.0；如果原车辆烟度值 1.0～1.5，也可以改装，但改装后维护周期会大幅缩短；烟度值大于 1.5 情况下，需要对发动机进行维修，使烟度值修正到小于或接近 1.0 后方可改装。

(5) 发动机运行状态良好，没有烧机油、漏油、失火等现象等。

(6) 车辆改装前使用国Ⅳ及以上石油或石化成品柴油。

(7) 发动机至消声器间的排气管/波纹管内壁光滑，无破损，且处于非加载状态。

(8) 车辆的消音器安装固定支架完整无变形、零部件齐全。

(9) 车辆能够提供稳定的 24 V 直流电源输出。

5. 改装后车辆使用规范

(1) 改装后车辆加注成品柴油需要满足国Ⅴ标准。

(2) 道路或非道路车辆运行要求：车辆运行时，保证排气温度大于 300℃ 的累积运行时间不小于总运行时间的 40%，建议道路车辆载货运行时，保证每天车辆行驶大于 40 km/h 运行累积时间不少于 1 h，非道路移动机械排气温度大于 300℃的累积时间不少于 1 h(含有电子控制单元的车辆 ECU 内会自动累积数值，如果达不到，会直接传输信息提醒用户，用户收到信息后，请主动在 4 h 内进行 1 次时速达 40 km/h 以上或排气温度 300℃ 以上的连续运行)。

(3) 建议使用《CJ-4 标准机油》(T/CSAE 107—2019)进行日常维护，如果级别低于该标准，改装后维护周期会缩短。

6. 改装装置的保养

改装了可拆卸 DPF+CDPF 的处理系统的车辆，其处理器中前段 DOC 一般不需要拆卸进行保养，只需将后半段中的 CDPF 中催化剂载体进行定时保养，并将其中无法再生的灰分处理掉。CDPF 装置质保期内车辆每行驶 1 年至少维护保养 1 次，同时需要根据排气背压监控表显示报警来进行维护保养。

其保养方法是：每次都需要将 DPF 的封装单元从整车上拆卸下来，然后将取出的带有 DPF 的封装单元装入高温马弗炉中，以 2℃/min 的升温速度，将高温马弗炉膛内温度从室温升至 600℃，并在 600℃下保持 3 h，而后从 600℃自然降温至室温，取出封装单元。将取出的封装单元用不小于 0.6 MPa 的压缩空气从两端分别进行吹扫，将 DPF 孔道内不可降解的灰分除净。DPF 封装单元维护完成后，需用检测设备进行观察，确认 DPF 的内部是否存在破损：若有破损，则必须更换新的 DPF 净化单元；若没有，则不必更换。

将 DPF 封装单元按照前述拆卸时相反的顺序，重新装配至整车上。整个装配完成后，启动车辆，检查车辆的运行情况、OBD 和远程在线监控模块的工作状况。只有在确保所有零部件全部正常工作的情况下，才算是完成了维护保养工作。

7. 在役工程机械柴油机排放改造的费用

在役工程机械柴油机排放改造占新机成本比例见表 30-15。

表 30-15　各功率段成本增加情况统计表

额定净功率/kW	可采用的技术	成本增加/元	占机械成本比例/%
$37 \leqslant P < 56$	DOC+DPF	3 500	10～20
$56 \leqslant P < 130$	DOC+DPF/SCR	10 000/8 000	5～15
$130 \leqslant P < 560$	SCR/DPF	8 000/12 000	15 左右

参考文献

[1] 生态环保部. 机动车环境管理年报(2017)[R]. 北京：生态环保部，2018.

[2] 生态环保部. 非道路移动机械及其装用的柴油机污染物排放控制技术要求(征求意见稿)[S]. 北京：生态环保部，2018.

[3] BOSCH. BOSCH 汽车工程手册[M]. 3 版. 魏春源，译. 北京：北京理工大学出版社，2009.

[4] 埃里克·奥伯格，等. 美国机械工程手册[M]. 陈爽，等译. 北京：机械工业出版社，2020.

[5] 任雯，刘宁，樣玉群. 柴油发动机试车台架尾气治理技术及案例解析[M]. 北京：化学工业出版社，2021.

[6] 郭刚，徐立峰，张少君. 汽车尾气净化处理技术[M]. 北京：机械工业出版社，2017.

[7] 刘瑞林，等. 柴油机先进技术[M]. 北京：化学工业出版社，2020.

[8] 严健，杨贵恒，邓志明，等. 内燃机构造和维修[M]. 北京：化学工业出版社，2018.

[9] 克劳斯·莫伦豪尔，赫尔穆特·乔克. 柴油机手册[M]. 3 版. 于京诺，宋进桂，杨占鹏，译. 北京：机械工业出版社，2017.

[10] 徐滨士，朱胜，等. 2012 再制造国际论坛报告集[C]. 北京：中国再制造技术国家重点实验室编，2012.

附录A

工程机械维修与再制造标准

A.1 工程机械维修与再制造标准化背景

A.1.1 我国标准化工作的现状

党中央、国务院高度重视标准化工作，2001年成立国家标准化管理委员会，强化标准化工作的统一管理。在各部门、各地方共同努力下，我国标准化事业得到快速发展。截至目前，国家标准、行业标准和地方标准总数达到10万项，覆盖第一、二、三产业和社会事业各领域的标准体系基本形成。我国相继成为国际标准化组织、国际电工委员会（International Electrotechnical Commission，IEC）常任理事国及国际电信联盟（International Telecommunication Union，ITU）理事国，我国专家担任国际标准化组织主席、国际电工委员会副主席、国际电信联盟秘书长等一系列重要职务，主导制定国际标准的数量逐年增加。标准化在保障产品质量安全、促进产业转型升级和经济提质增效、服务外交外贸等方面起着越来越重要的作用。

但是，从我国经济社会发展日益增长的需求来看，现行标准体系和标准化管理体制已不能适应社会主义市场经济发展的需要，甚至在一定程度上影响了经济社会发展：一是标准缺失、老化滞后，难以满足经济提质增效升级的需求；二是标准交叉重复矛盾，不利于统一市场体系的建立；三是标准体系不够合理，不适应社会主义市场经济发展的要求；四是标准化协调推进机制不完善，制约了标准化管理效能提升。造成这些问题的根本原因是现行标准体系和标准化管理体制是20世纪80年代确立的，政府与市场的角色错位，市场主体活力未能充分发挥，既阻碍了标准化工作的有效开展，又影响了标准化作用的发挥，必须切实转变政府标准化管理职能，深化标准化工作改革。

标准化工作改革，要紧紧围绕使市场在资源配置中起决定性作用和更好发挥政府作用，着力解决标准体系不完善、管理体制不顺畅、与社会主义市场经济发展不适应等问题，改革标准体系和标准化管理体制，改进标准制定工作机制，强化标准的实施与监督，更好发挥标准化在推进国家治理体系和治理能力现代化中的基础性、战略性作用，促进经济持续健康发展和社会全面进步。

标准化工作改革的主要措施是强化“放、管、治”。“放”主要是指简政放权、激发市场主体的活力，用政府权力的减法换取市场活力的加法，换句话说，政府标准不再是无所不包，而是主要解决基础、通用、公益和重点领域的标准问题，其他标准则主要由市场标准解决，同时取消企业标准备案，发展社会团体标准。“管”主要是指发挥强制性标准的技术法规作用，做到“一个市场、一条底线、一个标准”。优化完善推荐性标准，逐步缩减数量和规模，进一步突出公益属性。“治”主要是指形成由各级政府、社会团体和企业共同参与的标准化治理新格局。

综合以上标准化改革要求，工程机械维修与再制造标准化工作重点需要关注以下两点：一是构建新型的工程机械维修与再制造标准体系，基础、通用、重点产品、强制性要求等以制定政府标准为主，竞争性、先导性等技术与产品标准以市场标准（团体标准和企业标准）为主，提高标准技术水平。二是工程机械领域相关行业协会、学会、联合会等社会团体（包括国家和地方的社会团体）应积极参与团体标准化工作，组织制定满足市场需要的团体标准。

A.1.2　工业和信息化部关于标准化工作的要求

工业和信息化部高度重视团体标准化工作，2017年出台了《工业和信息化部关于培育发展工业通信业团体标准的实施意见》，对团体标准化工作提出了以下要求。

（1）明确团体标准的发展定位。鼓励学会、协会、商会、联合会、产业技术联盟等社会团体开展团体标准化工作。制定技术指标全面超越或严于国家标准、行业标准的团体标准，推动产品质量和服务水平提升。在没有国家标准、行业标准的情况下，制定团体标准填补空白，快速响应市场需求。支持将相关科技成果融入团体标准，促进创新技术的产业化和市场化。社会团体需根据相关法律法规的要求，制定团体标准中涉及专利的处置政策并对外公布。

（2）规范团体标准的制定行为。社会团体需遵守相关国际规则、地区协定和标准中关于制定、采用和实施标准的良好行为规范，按照开放、公平、透明和充分协商的原则，制定形成广泛认可、规范可行的团体标准制定工作程序和基本规则并向社会公布，有效规范和指导团体标准的制定行为。社会团体要进一步提升适应市场竞争环境、把握市场主体需求的能力和水平。

（3）打造团体标准高品质形象。积极培育团体标准的知名品牌，支持基础条件较好、市场影响力较大、代表性较强的社会团体围绕提升产品质量、创建区域品牌和推动技术创新等方面的需求，开展团体标准制定与实施，强化团体标准与行业标准、国家标准的协调配套，不断提升团体标准的公信力和社会认知度，赢得市场和产业界的认可。

A.1.3　工业和信息化部关于培育团体标准的要求

《工业和信息化部关于培育发展工业通信业团体标准的实施意见》还明确了营造团体标准发展良好环境的要求。

（1）树立团体标准应用示范标杆。鼓励地方行业主管部门、社会团体等申报团体标准应用示范项目。按照“自愿申报、行业或地方推荐、专家评审、社会公示”等工作程序，定期遴选出应用效果好、技术水平高、市场竞争力强、社会影响力大的团体标准应用示范项目并向社会公布，支持其在全行业范围内的推广应用，使团体标准应用示范项目成为高水平、高质量的代名词，引领相关产业发展。

（2）探索建立团体标准采信机制。推动在产业政策、产业规划等方面采用团体标准，鼓励在国家标准、行业标准中吸纳和引用团体标准，扩大团体标准的社会影响力。探索建立团体标准转化为行业标准的机制，明确转化条件和程序要求，支持将技术水平高、实施效果好，属于产业发展重点领域的团体标准转化为行业标准。畅通社会团体参与国际标准化活动的渠道，鼓励借鉴团体标准提出国际标准提案，参与国际标准制定。

（3）优化完善现有标准体系结构。进一步厘清行业标准和团体标准之间的界限和关系。将行业标准主要界定在重点技术、产品和服务，以及基础公益性领域，逐步减少一般性技术、产品和服务类标准。对技术变化快、发展方向尚不明确的重点领域，支持相关社会团体先期开展团体标准的制定与实施，为行业标准的制定探索道路、积累经验。

(4) 支持团体标准的社会监督。团体标准不得违反相关法律法规和强制性标准要求，不得损害人身健康和生命财产安全、国家安全、生态环境安全等。鼓励社会团体在团体标准化工作中自觉接受社会监督，支持相关专业机构从合法性、合规性、先进性、国际性和影响力等角度，自主开展团体标准技术水平和实施效果评价，供市场参考。

A.2 工程机械维修与再制造标准化现状

A.2.1 工程机械维修与再制造标准化现状

截至2021年6月30日，从国家标准化委员会相关平台搜集到的与工程机械维修与再制造有关的国家标准、行业标准、地方标准和团体标准统计情况见表A-1。

表A-1 工程机械维修与再制造标准统计表

标准级别	维修	再制造
国家标准	13	37
行业标准	1	31
地方标准	9	14
团体标准	0	94
合　计	23	176

根据表A-1可以看出，比较而言，维修标准发展较早(第一项维修标准是发布于1998年的《土方机械　操作和维修空间棱角倒钝》(GB/T 17301—1998)，第一项再制造标准是发布于2011年的《再生利用品和再制造产品通用要求及标识》(GB/T 27611—2011))，但是再制造标准发展较快(维修标准共计23项，再制造标准共计86项)。另外，社会团体标准方面，维修标准为0项，而再制造标准为26项，说明当前再制造工作更受到社会重视，发展更加活跃。

再制造属于维修的高级形式，更加有利于节能、节材与环保，符合国家产业政策调整方向。

A.2.2 工程机械维修与再制造标准分布情况

从工程机械维修与再制造标准分布情况来看，主要集中在以下方面。

(1) 基础标准，主要包括维修与再制造的术语、标识、标准编写要求等方面标准。

(2) 管理标准，主要包括再制造企业和产品认定、再制造企业诚信评价、再制造质量追溯等方面。

(3) 通用技术标准，主要包括拆解、清洗、检验、加工、寿命评估等方面标准。

(4) 产品再制造技术标准，目前主要集中在起重机械、内燃机、通用零部件(如液压装置)等方面。

A.3 工程机械维修与再制造标准化发展思路

A.3.1 强化以标准应用为导向的标准化工作

目前，在工程机械维修与再制造标准化领域，标准制定速度快、数量多的主要是安徽合肥再制造团体标准，两年时间内制定了25项，其根本原因是合肥市政府高度重视合肥再制造集聚区建设，针对再制造企业以中小企业为主，再制造产品质量良莠不齐的现状，通过标准来规范再制造企业和产品认定、实现再制造产品质量可追溯性、提高再制造产品质量。另外，工业和信息化部开展再制造企业和产品认定，促进了一批再制造国家和行业标准制定。以上成为再制造标准快速发展的根本原因。因此，工程机械维修与再制造标准制定只有与国家产业政策结合、与地方发展结合、与再制造企业和产品认定结合，突出标准化成效，标准制定工作才能科学推进。

A.3.2 强化维修与再制造信息化与质量信用管理标准制定

从工程机械用户角度，实现对工程施工全

过程的信息化管理、强化对施工机械的实时信息监控，才能提高施工效率、降低施工成本，成为当前工程建设领域的发展趋势，而提高工程机械的信息化程度是提高工程建设信息化程度的基础。

另外，目前工程机械维修与再制造标准侧重于技术标准制定，而技术标准对产品质量的影响是局部的，难以引起相关企业的重视。而建立在国家、地方和行业协会质量信用评价制度基础上的质量信用标准，才是影响工程机械维修与再制造企业发展的制约性标准。

A.4　工程机械维修标准

A.4.1　工程机械维修国家标准

工程机械维修国家标准见表 A-2。

表 A-2　工程机械维修国家标准

序号	标准编号	标准名称
1	GB/T 25621—2010	土方机械　操作和维修　技工培训
2	GB/T 25620—2010	土方机械　操作和维修　可维修性指南
3	GB/T 17301—1998	土方机械　操作和维修空间　棱角倒钝
4	GB/T 14917—2008	土方机械　维修服务用仪器
5	GB/T 25688.1—2010	土方机械　维修工具　第 1 部分：通用维修和调整工具
6	GB/T 25688.2—2010	土方机械　维修工具　第 2 部分：机械式拉拔器和推拔器
7	GB/T 1883.2—2005	往复式内燃机　词汇　第 2 部分：发动机维修术语
8	GB/T 9414.1—2012	维修性　第 1 部分：应用指南
9	GB/T 9414.2—2012	维修性　第 2 部分：设计和开发阶段维修性要求与研究
10	GB/T 9414.3—2012	维修性　第 3 部分：验证和数据的收集、分析与表示
11	GB/T 9414.5—2018	维修性　第 5 部分：测试性和诊断测试
12	GB/T 9414.9—2017	维修性　第 9 部分：维修和维修保障
13	GB/T 32829—2016	装备检维修过程射频识别技术应用规范

A.4.2　工程机械维修行业标准

工程机械维修行业标准见表 A-3。

表 A-3　工程机械维修行业标准

标准编号	标准名称	行业
JT/T 1074—2016	港口起重机金属结构裂纹检测与维修规范	交通

A.4.3　工程机械维修地方标准

工程机械维修地方标准见表 A-4。

表 A-4　工程机械维修地方标准清单

序号	标准编号	标准名称	地方
1	DB37/T 1649—2010	特种设备制造、安装、改造、维修质量保证/质量管理体系要求	山东省
2	DB41/T 618—2010	超重机械安装改造重大维修工程质量计划通用要求	河南省
3	DB41/T 619—2010	超重机械安装改造重大维修工程施工方案通用要求	河南省
4	DB42/T 1147—2016	起重机械安装改造重大维修技术文件要求	湖北省
5	DB46/T 218—2012	起重机械维修保养规范	海南省
6	DB51/T 967—2009	流动式起重机维修保养安全技术规范	四川省

续表

序号	标准编号	标准名称	地方
7	DB51/T 968—2009	桥、门式起重机维修保养安全技术规范	四川省
8	DB51/T 969—2009	塔式起重机维修保养安全技术规范	四川省
9	DB51/T 589—2006	机电类特种设备起重机械安装改造维修施工方案的编制规范	四川省

A.5 工程机械再制造标准

A.5.1 工程机械再制造国家标准

工程机械再制造国家标准见表 A-5。

表 A-5 工程机械维修国家标准

序号	标准编号	标准名称	备注
1	GB/T 28618—2012	机械产品再制造　通用技术要求	
2	GB/T 35980—2018	机械产品再制造　工程设计　导则	
3	GB/T 32811—2016	机械产品再制造性评价技术规范	
4	GB/T 31207—2014	机械产品再制造质量管理要求	
5	GB/T 37887—2019	破碎设备再制造技术导则	
6	GB/T 37432—2019	全断面隧道掘进机再制造	
7	GB/T 41101.2—2021	土方机械　可持续性　第2部分：再制造	
8	GB/T 32804—2016	土方机械　零部件再制造　拆解技术规范	
9	GB/T 32803—2016	土方机械　零部件再制造　分类技术规范	
10	GB/T 32805—2016	土方机械　零部件再制造　清洗技术规范	
11	GB/T 32806—2016	土方机械　零部件再制造　通用技术规范	
12	GB/T 32802—2016	土方机械　再制造零部件　出厂验收技术规范	
13	GB/T 32801—2016	土方机械　再制造零部件　装配技术规范	
14	GB/T 27611—2011	再生利用品和再制造品通用要求及标识	
15	GB/T 37672—2019	再制造　等离子熔覆技术规范	
16	GB/T 37654—2019	再制造　电弧喷涂技术规范	
17	GB/T 37674—2019	再制造　电刷镀技术规范	
18	GB/T 35977—2018	再制造　机械产品表面修复技术规范	
19	GB/T 32810—2016	再制造　机械产品拆解技术规范	
20	GB/T 35978—2018	再制造　机械产品检验技术导则	
21	GB/T 32809—2016	再制造　机械产品清洗技术规范	
22	GB/T 41353—2022	再制造　机械产品寿命周期费用分析导则	
23	GB/T 40728—2021	再制造　机械产品修复层质量检测方法	
24	GB/T 41352—2022	再制造　机械产品质量评价通则	
25	GB/T 40727—2021	再制造　机械产品装配技术规范	
26	GB/T 33947—2017	再制造　机械加工技术规范	
27	GB/T 34631—2017	再制造　机械零件剩余寿命评估指南	
28	GB/T 33518—2017	再制造　基于谱分析轴系零部件检测评定规范	
29	GB/T 40737—2021	再制造　激光熔覆层性能试验方法	
30	GB/T 41350—2022	再制造　节能减排评价指标及计算方法	
31	GB/T 33221—2016	再制造　企业技术规范	
32	GB/T 28619—2012	再制造　术语	

续表

序号	标准编号	标准名称	备注
33	20091238—T—469	再制造产品评价技术导则	计划
34	GB/T 28620—2012	再制造率的计算方法	
35	GB/T 31208—2014	再制造毛坯质量检验方法	
36	GB/T 32222—2015	再制造内燃机　通用技术条件	
37	20214043—T—604	铸造机械　再制造　通用技术规范	计划

A.5.2　工程机械再制造行业标准

工程机械再制造行业标准见表 A-6。

表 A-6　工程机械维修行业标准

序号	标准号	标准名称	行业领域
1	JB/T 12265—2015	激光再制造　轴流风机　技术条件	机械
2	JB/T 12266—2015	激光再制造　螺杆压缩机　技术条件	机械
3	JB/T 12267—2015	激光再制造　高炉煤气余压透平发电装置动叶片技术条件	机械
4	JB/T 12268—2015	激光再制造　高炉煤气余压透平发电装置静叶片技术条件	机械
5	JB/T 12269—2015	激光再制造　烟气轮机叶片　技术条件	机械
6	JB/T 12272—2015	激光再制造　烟气轮机轮盘　技术条件	机械
7	JB/T 12732—2016	再制造内燃机　发电机工艺规范	机械
8	JB/T 12733—2016	再制造内燃机　飞轮工艺规范	机械
9	JB/T 12734—2016	再制造内燃机　连杆工艺规范	机械
10	JB/T 12735—2016	再制造内燃机　零部件表面修复工艺规范	机械
11	JB/T 12736—2016	再制造内燃机　喷油泵总成工艺规范	机械
12	JB/T 12737—2016	再制造内燃机　喷油器总成工艺规范	机械
13	JB/T 12738—2016	再制造内燃机　气缸套工艺规范	机械
14	JB/T 12739—2016	再制造内燃机　气门工艺规范	机械
15	JB/T 12740—2016	再制造内燃机　曲轴工艺规范	机械
16	JB/T 12741—2016	再制造内燃机　凸轮轴工艺规范	机械
17	JB/T 12742—2016	再制造内燃机　压气机工艺规范	机械
18	JB/T 12743—2016	再制造内燃机　增压器工艺规范	机械
19	JB/T 12744—2016	再制造内燃机　起动机工艺规范	机械
20	JB/T 12993—2018	三相异步电动机再制造技术规范	机械
21	JB/T 13326—2018	再制造内燃机　机油泵工艺规范	机械
22	JB/T 13327—2018	再制造内燃机　水泵工艺规范	机械
23	JB/T 13339—2018	再制造内燃机　机体工艺规范	机械
24	JB/T 13340—2018	再制造内燃机　缸盖工艺规范	机械
25	JB/T 13788—2020	土方机械　液压泵再制造　技术规范	机械
26	JB/T 13789—2020	土方机械　液压马达再制造　技术规范	机械
27	JB/T 13790—2020	土方机械　液压油缸再制造　技术规范	机械
28	JB/T 13791—2020	土方机械　液压元件再制造　通用技术规范	机械

续表

序号	标　准　号	标 准 名 称	行业领域
29	JB/T 13792—2020	土方机械再制造　零部件表面修复技术规范	机械
30	JB/T 14203—2021	土方机械　再制造振动压路机	机械
31	JB/T 14204—2021	土方机械　再制造履带式液压挖掘机	机械

A.5.3　工程机械再制造地方标准

工程机械再制造地方标准见表 A-7。

表 A-7　工程机械维修地方标准清单

序号	标　准　号	标 准 名 称	地　　区
1	DB31/T 716—2013	三相异步电动机高效再制造技术规范	上海市
2	DB34/T 2053—2014	再制造履带式液压挖掘机技术条件	安徽省
3	DB3401/T 212—2020	合肥再制造生态圈构建指南	合肥市
4	DB37/T 2688.1—2015	再制造煤矿机械技术要求　第 1 部分：刮板输送机中部槽	山东省
5	DB37/T 2688.2—2015	再制造煤矿机械技术要求　第 2 部分：液压支架立柱、千斤顶	山东省
6	DB37/T 2688.3—2016	再制造煤矿机械技术要求　第 3 部分：液压支架	山东省
7	DB37/T 2688.4—2016	再制造煤矿机械技术要求　第 4 部分：刮板输送机	山东省
8	DB37/T 2688.5—2016	再制造煤矿机械技术要求　第 5 部分：矿山机械减速机齿圈	山东省
9	DB37/T 2689.1—2015	再制造发动机技术要求　第 1 部分：机体	山东省
10	DB37/T 2689.2—2015	再制造发动机技术要求　第 2 部分：曲轴	山东省
11	DB37/T 2877—2016	再制造履带式推土机出厂运转要求及试验方法	山东省
12	DB37/T 3589—2019	再制造　激光熔覆层与基体结合强度试验　试样制备方法	山东省
13	DB37/T 3590—2019	再制造　激光熔覆层与基体结合强度试验方法及评定	山东省
14	DB41/T1642—2018	桥架型起重机再制造毛坯无损检测要求	河南省

A.5.4　工程机械再制造团体标准

工程机械再制造团体标准见表 A-8。

表 A-8　工程机械维修团体标准清单

序号	团 体 名 称	标 准 编 号	标 准 名 称
1	中国工程机械工业协会	T/CCMA 0012—2011	工程机械零部件再制造　术语
2	中国工程机械工业协会	T/CCMA 0013—2011	工程机械零部件再制造　产品标识
3	中国工程机械工业协会	T/CCMA 0014—2011	工程机械零部件再制造　通用技术要求
4	中国工业节能与清洁生产协会	T/CIECCPA 001—2022	绿色设计产品评价技术规范　再制造三相永磁电动机

续表

序号	团体名称	标准编号	标准名称
5	中国工业节能与清洁生产协会	T/CIECCPA 002—2022	再制造三相永磁电动机　质量控制要求
6	中国机械工程学会	T/CMES 24004—2021	液压元件再制造导则
7	中国机械工程学会	T/CMES 24005—2021	液压元件　柱塞泵再制造
8	中国机械工程学会	T/CMES 24006—2021	液压元件　柱塞马达再制造
9	中国机械工程学会	T/CMES 24007—2021	液压元件　行星减速机再制造
10	中国机械工程学会	T/CMES 24008—2021	液压元件多路换向阀再制造
11	中国机械工程学会	T/CMES 34001—2019	机械产品再制造性设计　导则
12	中国机械工程学会	T/CMES 34002—2019	机械产品再制造工艺规划　导则
13	中国机械工程学会	T/CMES 34003—2019	增材再制造技术规范
14	中国机械工程学会	T/CMES 34004—2021	再制造　复合镀技术规范
15	中国机械工业联合会	T/CMIF 151—2021	旋挖钻机再制造　通用技术规范
16	中国物资再生协会	T/CRRA 0807—2021	工程机械零部件再制造　清洗技术规范
17	中国物资再生协会	T/CRRA 0808—2021	工程机械再制造企业绿色供应链管理　绿色生产
18	中国物资再生协会	T/CRRA 0809—2021	可再制造工程机械零部件分类　柱塞泵
19	北京盾构工程协会	T/DGGC 001—2020	全断面隧道掘进机再制造　通用技术要求
20	北京盾构工程协会	T/DGGC 002—2020	全断面隧道掘进机再制造　企业技术要求
21	北京盾构工程协会	T/DGGC 003—2020	全断面隧道掘进机再制造　企业管理要求
22	北京盾构工程协会	T/DGGC 004—2020	全断面隧道掘进机再制造　质量控制要求
23	北京盾构工程协会	T/DGGC 005—2020	全断面隧道掘进机再制造　检测与评估
24	北京盾构工程协会	T/DGGC 006—2020	全断面隧道掘进机刀盘　再制造技术规范
25	北京盾构工程协会	T/DGGC 007—2020	全断面隧道掘进机再制造　主轴承
26	北京盾构工程协会	T/DGGC 008—2020	全断面隧道掘进机再制造　螺旋输送机
27	北京盾构工程协会	T/DGGC 009—2020	全断面隧道掘进机再制造　减速机
28	湖南省工程机械再制造产业联合会	T/HCMRA 0001—2021	再制造　企业能力评估　指南
29	合肥市机械行业协会	T/HFJX 0001—2017	合肥再制造团体标准编号规则
30	合肥市机械行业协会	T/HFJX 0002—2017	合肥再制造企业认定要求
31	合肥市机械行业协会	T/HFJX 0003—2017	合肥再制造产品认定要求
32	合肥市机械行业协会	T/HFJX 0004—2017	合肥再制造统一代码登记管理要求
33	合肥市机械行业协会	T/HFJX 0005—2018	合肥再制造生态圈体系结构参考模型
34	合肥市机械行业协会	T/HFJX 0006—2019	机电产品再制造节能减排评价指标
35	合肥市机械行业协会	T/HFJX 1001—2017	合肥再制造产品统一代码编制规则
36	合肥市机械行业协会	T/HFJX 1002—2017	合肥再制造企业统一代码编制规则
37	合肥市机械行业协会	T/HFJX 1003—2017	合肥再制造产品标识信息与条码标印要求
38	合肥市机械行业协会	T/HFJX 1004—2017	再制造　产品技术条件编写要求
39	合肥市机械行业协会	T/HFJX 1005—2018	再制造机电产品远程在线监测系统　技术要求
40	合肥市机械行业协会	T/HFJX 1006—2018	产品再制造技术导则类标准编制规定
41	合肥市机械行业协会	T/HFJX 2001—2017	再制造平衡重式叉车　技术条件
42	合肥市机械行业协会	T/HFJX 2002—2017	再制造履带式沥青混凝土摊铺机　技术条件

续表

序号	团体名称	标准编号	标准名称
43	合肥市机械行业协会	T/HFJX 2003—2017	再制造垂直振动压路机　技术条件
44	合肥市机械行业协会	T/HFJX 2004—2018	土压平衡盾构机再制造
45	合肥市机械行业协会	T/HFJX 2005—2018	工程机械传动系统再制造　行星减速机
46	合肥市机械行业协会	T/HFJX 2006—2018	工程机械液压系统再制造　液压柱塞泵
47	合肥市机械行业协会	T/HFJX 2007—2018	工程机械液压系统再制造　液压柱塞马达
48	合肥市机械行业协会	T/HFJX 2008—2018	工程机械液压系统再制造　液压油缸
49	合肥市机械行业协会	T/HFJX 2009—2018	挖掘机液压系统再制造　液压手柄阀
50	合肥市机械行业协会	T/HFJX 2010—2018	工程机械液压系统再制造　液压多路阀
51	合肥市机械行业协会	T/HFJX 2011—2018	再制造　柴油改液化石油气叉车
52	合肥市机械行业协会	T/HFJX 2012—2018	轮胎式装载机再制造
53	合肥市机械行业协会	T/HFJX 2013—2018	再制造履带式推土机　技术条件
54	合肥市机械行业协会	T/HFJX 2014—2018	混凝土输送泵再制造
55	合肥市机械行业协会	T/HFJX 2015—2019	牵引车再制造
56	合肥市机械行业协会	T/HFJX 2016—2019	旋挖钻机再制造
57	合肥市机械行业协会	T/HFJX 2017—2019	悬臂式掘进机再制造
58	合肥市机械行业协会	T/HFJX 2018—2019	轮胎式桥梁运输车再制造
59	合肥市机械行业协会	T/HFJX 2019—2019	湿地液压挖掘机再制造
60	合肥市机械行业协会	T/HFJX 2020—2019	剪叉式高空作业车再制造
61	合肥市机械行业协会	T/HFJX 2021—2019	再制造履带式油电双动力挖掘机
62	合肥市机械行业协会	T/HFJX 2022—2019	再制造伸缩式沥青混凝土熨平板
63	合肥市机械行业协会	T/HFJX 2023—2019	工程机械中央回转接头再制造
64	合肥市机械行业协会	T/HFJX 2024—2019	化工固体物料输送泵再制造
65	合肥市机械行业协会	T/HFJX 2025—2019	工程机械传动系统再制造　回转支承
66	合肥市机械行业协会	T/HFJX 2026—2019	液压破碎锤再制造
67	合肥市机械行业协会	T/HFJX 2027—2019	工程机械液压系统再制造　螺杆泵
68	合肥市机械行业协会	T/HFJX 2028—2020	再制造电动平板搬运车锂离子蓄电池管理系统　技术条件
69	合肥市机械行业协会	T/HFJX 2029—2020	再制造电动平板搬运车充放电接口
70	合肥市机械行业协会	T/HFJX 2030—2020	再制造电动平板搬运车直流充电机　技术条件
71	合肥市机械行业协会	T/HFJX 2031—2020	再制造电动平衡重式叉车锂离子蓄电池管理系统　技术条件
72	合肥市机械行业协会	T/HFJX 2032—2020	再制造电动平衡重式叉车充放电接口
73	合肥市机械行业协会	T/HFJX 2033—2020	再制造电动平衡重式叉车直流充电机　技术条件
74	合肥市机械行业协会	T/HFJX 2034—2020	再制造电动平衡重式叉车动力蓄电池循环寿命要求及试验方法　寿命专项要求
75	合肥市机械行业协会	T/HFJX 2035—2020	再制造平衡重式叉车动力蓄电池安全要求及试验方法　安全专项要求
76	合肥市机械行业协会	T/HFJX 2036—2020	再制造平衡重式叉车动力蓄电池电性能要求及试验方法　性能专项要求
77	合肥市机械行业协会	T/HFJX 2037—2020	再制造敞车清扫机器人技术条件

续表

序号	团 体 名 称	标 准 编 号	标 准 名 称
78	合肥市机械行业协会	T/HFJX 2038—2020	屏蔽电泵再制造
79	合肥市机械行业协会	T/HFJX 2039—2020	潜水电泵再制造
80	合肥市机械行业协会	T/HFJX 2040—2020	液压机再制造
81	合肥市机械行业协会	T/HFJX 2041—2020	再制造履带式电动挖掘机
82	合肥市机械行业协会	T/HFJX 2042—2020	液压劈裂器再制造
83	合肥市机械行业协会	T/HFJX 2043—2020	平地机再制造
84	合肥市机械行业协会	T/HFJX 2044—2020	回转式减速机再制造
85	合肥市机械行业协会	T/HFJX 2045—2020	再制造　内燃改锂电叉车
86	合肥市机械行业协会	T/HFJX 2046—2020	再制造锂电叉车　动力系统
87	合肥市机械行业协会	T/HFJX 2047—2020	再制造液压挖掘机排气烟度测量方法　模拟加载法
88	合肥市机械行业协会	T/HFJX 2049—2021	再制造防爆电动车　锂电池动力电源技术要求
89	合肥市机械行业协会	T/HFJX 2050—2021	再制造电动机场行李车　充电机
90	合肥市机械行业协会	T/HFJX 2051—2021	再制造电动机场行李车　锂电池组技术条件
91	合肥市机械行业协会	T/HFJX 2052—2021	再制造电动平衡重式叉车　充电通信协议
92	合肥市机械行业协会	T/HFJX 2053—2021	再制造电动平衡重式叉车　人机界面系统通信协议
93	合肥市机械行业协会	T/HFJX 2054—2021	再制造牵引机车　动力电池箱技术条件
94	中山市节能协会	T/ZSECA 003—2020	机电产品可拆卸再制造设计导则

维修与再制造相关标准

附录B

盾构机运输技术

B.1　盾构机运输技术

B.1.1　运输方案的编制原则

1. 安全可靠性原则

盾构机属于特殊超宽、超重设备，途经的路况有时存在限高、限重、桥梁、隧道等多种复杂因素，为了安全无误一次成功，在得到运输信息之日起，应成立专项小组，慎重分析项目的特殊性和重要性，各环节相关技术人员共同协商研究，对运输车辆配置、捆绑加固、路桥通行、障碍排除等技术性方案，运用科学分析和理论计算方法，确保方案设计科学、数据准确真实、作业实施万无一失。

2. 时间性原则

为保证运输工期的需要，设计运输方案时，必须充分考虑项目时效性、设备尺寸特殊、需协调关系的单位多等特点，尽量压缩设备运输阶段的时间，用最短的时间圆满完成运输任务。

3. 可操作性原则

在路线选择、车辆配置、排障措施等工作中，必须认真细致地进行前期准备，对各种可能出现的风险进行科学评估，确保待实施的公路运输、路桥排障、护送组织作业等工作能够有序展开。

4. 经济适用性原则

在运输方案编制中，对设备运输方案进行筛选、优化，采取技术手段，降低能够降低的排障工作量，减少中间环节，动用社会资源，降低运输成本，以确保方案的经济适用性。

B.1.2　运输组织机构设置(表 B-1)

表 B-1　组织机构及各部门的职责

部门	负责人	岗位职责
项目经理部		对盾构运输工作负总责，负责同客户进行联系协调相关工作，负责统一指挥大件运输，对普通货物运输进行指导，负责盾构运输实施过程中突发问题的处置
大件运输部	负责人	负责大件货物运输的统一指挥，包括车辆的调度、技术准备工作的检查、大件货物的装车指挥、押运以及运输过程中各种情况的处理(如通过桥梁、涵洞、收费站、立交桥等)，协调大件运输过程中办证、交警及路政方面的关系，负责大件运输同托运方相关人员的协调工作
	安全员	公司安全管理、车辆调配、货物合理装载、司机管理等工作

续表

部门	负责人	岗位职责
大件运输部	吊装组	协助做好大件货物的装车及卸车，现场计算起吊位置、检查起吊工具，做好现场指挥
	捆扎组	装车完毕后负责按公司操作标准对大件货物进行安全紧固(包括防雨、防滑等)，并在紧固合格后装好警示标志
	开道组	前期负责办理超限运输许可证，在运输过程中负责沿途请警车开道押运及各种关系的协调工作
	道路排障组	前期勘察线路，对需排障的路段做好记录，并制订相应通过方案，在运输过程中对沿途路段进行具体的排障工作
	维修保障组	配备相关的维护、修理工具，负责运输途中车辆的保养和突发情况的修复
	应急机动组	跟车同行，负责紧急、突发情况的处理，并协助其他小组共同确保货物安全运输
普件运输部	负责人	负责普通货物运输的统一指挥，包括车辆的调度、技术准备工作的检查、装车过程中的指挥及运输过程中各种情况的处理
	发运组	具体负责普通货物的发运，包括车辆调配、货物合理装载、司机管理等工作
	吊装组	协助做好普通货物的装车，现场计算起吊位置、检查吊具，并做好现场指挥
	捆扎组	装车完毕后负责对普通货物的安全捆扎，并做好货物的防雨、防滑等工作，做好安全警示标志
	应急机动组	负责紧急、突发情况的处理，并协助其他小组共同确保货物安全运输

B.1.3　盾构机配车方案

1. **盾构机适用装载车型**(图 B-1)

序号	车型	项目	效果图	用途
1	液压轴线平板车	虚拟图		盾体
		实物图		
2	重型低板车(三线六轴)	虚拟图	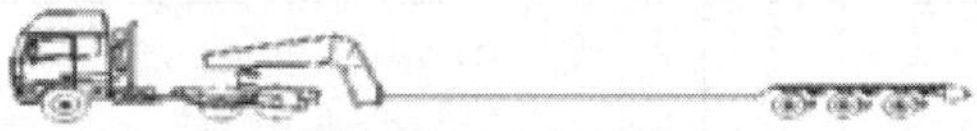	盾体
		实物图		

图 B-1　盾构机适用装载车型

序号	车型	项目	效果图	用途
3	后六桥	实物图		盾体
4	17.5平板车	虚拟图	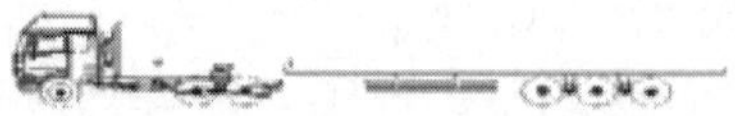	台车等后配套
		实物图		
5	凹形板车	实物图		后配套设备中超高或偏重货物等
6	超低平板车	实物图		后配套设备中偏长超高货等

图 B-1 （续）

2. 盾构机配车案例(表 B-2)

表 B-2 盾构机配车案例

序号	名称	部件	单位	尺　　寸	质量/t	配车计划
1	总成件	刀盘	个	ϕ6 280 mm×1 530 mm	52	中盾拼车
2		前盾	套	ϕ6 250 mm×2 088 mm	110	液压轴线、平板车
3		中盾	套	ϕ6 240 mm×2 850 mm	90	液压轴线、平板车
4		尾盾	套	ϕ6 230 mm×3 890 mm	33	前盾拼车
5		螺旋机总成	台	ϕ900 mm×12 840 mm	26	17.5 m 半挂
6		管片机总成	台	5 700 mm×5 048 mm×3 573 mm	24	17.5 m 半挂
7	后配套	设备桥	套	12 751 mm×4 915 mm×3 225 mm	14	和螺旋机拼车

续表

序号	名称	部件	单位	尺　　寸	质量/t	配车计划
8	后配套	1号拖车	套	11 773 mm×4 710 mm×3 390 mm	24	17.5 m半挂
9		2号拖车	套	12 184 mm×4 670 mm×3 390 mm	35	17.5 m半挂
10		3号拖车	套	10 148 mm×4 615 mm×3 390 mm	19	17.5 m半挂
11		4号拖车	套	10 548 mm×4 445 mm×3 390 mm	21	17.5 m半挂
12		5号拖车	套	10 072 mm×3 850 mm×3 390 mm	21	17.5 m半挂
13		6号拖车	套	6 866 mm×3 922 mm×3 390 mm	14	和管片机拼车

3. **盾构机配车虚拟图**(图B-2)

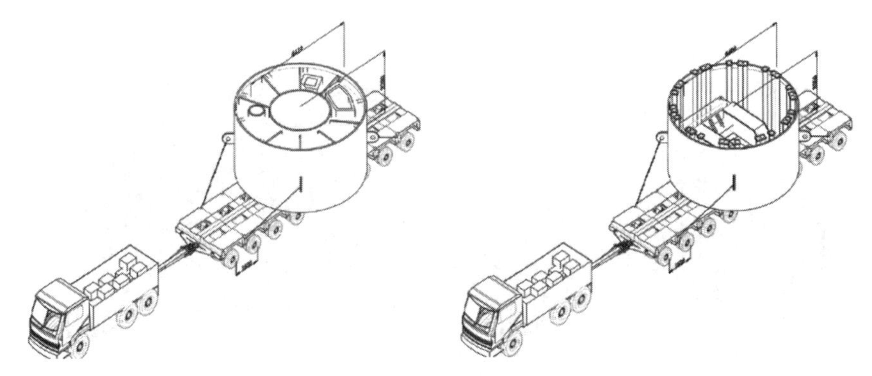

图B-2　盾构机配车虚拟图

4. **盾构机配车实体图**(图B-3)

图B-3　盾构机配车实体图

B.1.4 盾构机配船方案

1. **国内江船运输**(图 B-4)

图 B-4 国内江船运输

2. **国内海运船型**(图 B-5)

图 B-5 国内海运船型

3. **国际海运船型**(图 B-6)

图 B-6 国际海运船型

B.1.5 盾构机运输工作的流程

1. **运输前的准备工作**

盾构机运输前的准备工作包括以下内容。

(1) 公路运输勘察。

(2) 水路运输勘察。

(3) 码头及装卸条件勘察。

(4) 其他运输前技术准备。

2. **商务工作**

服务经济的核心理论是“专业的事情由专业的人去做”,盾构机是大件,因此其运输必须要委托大件运输企业来完成,为此要做好委托运输的商务工作，具体如下。

（1）合同签订。

（2）项目会议。

（3）交接单据，主要包括商务联系单、货物发运单、装卸货事实记录、其他客户要求的文件。

3. 货物投保

4. 包装

1）盾构机包装

盾构机一般采用木箱包装及热收缩膜包装。包装箱整体结构需要满足长距离陆海空运输、多次吊装及叉车装卸、多层叠放的强度要求，散件包装底板结构要适于装入集装箱。内部包装要满足运输及储存过程中防水、防潮，要根据货物形状做好货物固定、减震等细节工作，主要是防止货物在运输途中在箱内窜动和相互磕碰。所用材料必须是干燥的木材，含水率不大于20%。同时满足(IPPC)ISPM15标准要求。热收缩膜包装采用高强度热收缩膜整体覆盖，用喷枪烘烤使收缩膜缩紧。

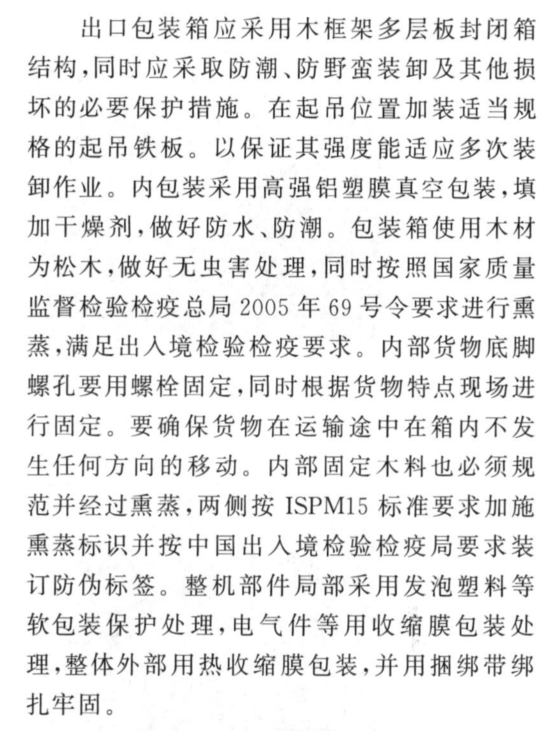

出口包装箱应采用木框架多层板封闭箱结构，同时应采取防潮、防野蛮装卸及其他损坏的必要保护措施。在起吊位置加装适当规格的起吊铁板。以保证其强度能适应多次装卸作业。内包装采用高强铝塑膜真空包装，填加干燥剂，做好防水、防潮。包装箱使用木材为松木，做好无虫害处理，同时按照国家质量监督检验检疫总局2005年69号令要求进行熏蒸，满足出入境检验检疫要求。内部货物底脚螺孔要用螺栓固定，同时根据货物特点现场进行固定。要确保货物在运输途中在箱内不发生任何方向的移动。内部固定木料也必须规范并经过熏蒸，两侧按ISPM15标准要求加施熏蒸标识并按中国出入境检验检疫局要求装订防伪标签。整机部件局部采用发泡塑料等软包装保护处理，电气件等用收缩膜包装处理，整体外部用热收缩膜包装，并用捆绑带绑扎牢固。

2）盾构机出口包装操作实例

（1）盾体(图B-7)

图B-7　盾体包装

（2）后配套拖车(图B-8)

图B-8　后配套拖车包装

(3) 管片吊运梁及拼装机(图 B-9)

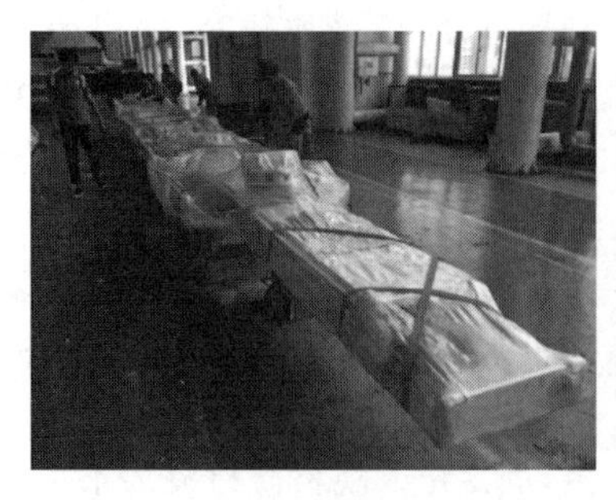

图 B-9 管片吊运梁及拼装机包装

(4) 装箱部件(图 B-10)

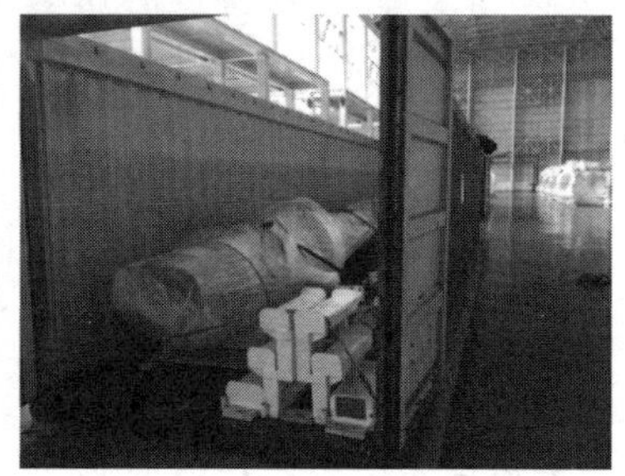

图 B-10 装箱部

(5) 人舱等精密仪器(图 B-11)

图 B-11 人舱等精密仪器

(6) 其他类型的包装(防雨油布、彩条布、 铝塑膜等)(图 B-12)

图 B-12 其他类型的包装

图 B-12 （续）

5. 盾构机的装车

1）装车前准备

（1）了解设备尺寸是否与清单相符，以及车队派车的型号、到厂时间。

（2）车辆到位后，要与司机进行现场看货，避免装车时出现异议。记录车牌号及司机联系方式并及时反馈。

（3）提前看好设备情况，如有设备损坏要提前与委托方沟通，避免车辆到场等待装车。

（4）了解设备堆存情况，避免出现漏装及装错等情况。

（5）进入车间或作业场地，叮嘱司机行车过程中要注意观察，确保安全。

2）装车注意事项

（1）盾体：采用液压平板车或重型低板车运输。装车时，设备底部要有垫料，避免出现设备滑动，装车过程中要确保货物平衡。装车完毕后，要及时绑扎固定。

（2）台车：台车装车时，要根据收货方要求进行装车，如果车辆到目的地直接下井，要按照下井顺序及台车附件进行合理装车，具体参考前述内容中盾构机下井顺序。台车拆解后的相关散件要随每号台车进行装车，要避免出现目的地车辆交错移动的卸货情况。

（3）散件：附属设备木箱及油桶等合理进行合理配载装车，确保安全运输即可。

3）绑扎加固

（1）加固作业

① 驾驶员须服从现场工作人员统一指挥，把车辆停置在要求的合理位置装车，货物落到车板后，听到指令后方可移车。

② 货物装车后，在现场内实施捆绑加固，对于薄弱部件，采用软性的绑扎带进行加固，并在车板上铺置木板或胶垫，以免设备因加固而变形或表面油漆脱落。对于重型、大型部件，需采用紧固链、钢丝绳、葫芦等工具进行八字形绑扎。

③ 加固完毕后，由委托方现场人员、承运方安全员和驾驶员三人确认后，车辆方可驶离装车现场。根据安全操作规程，遇到以下自然条件停止吊装作业：风大于、等于 4 级，停止作业；大雨、中雨停止作业；大雾或能见度小于 14 m 时，停止作业。

④ 装车前，检查全部轮胎气压、管路、螺栓、电路和手柄，润滑各润滑点。

⑤ 进行车辆调试，清理平板车停放位置的杂物。

⑥ 运输车辆的摆放位置应根据业主要求及场地情况放好平板车。车组装载货物时，车板上标明纵横中心线，货物与车板接触面需分垫上防滑材料（木板或橡胶皮）以加大货物和车板的摩擦，防止设备活动。

⑦ 当货物被起重机械提升，并位于装车位置后，车辆进入设备下部，准备承载货物。

⑧ 当起吊设备将货物下降到离车板 100 mm 时，垫好薄板和护皮及枕木后，保证货物重心与平板车中心纵向、横向在平板车的中心范围内，直到货物与车板充分接触。

⑨ 此时观察车辆的承受能力情况。检查车板是否平整，有无倾斜，如有异常现象，须及时将设备吊起，以免出现意外。30～40 min 后，将设备卸载。待设备完全卸载后，卸去吊具，设

备主体的两侧共三个点(三组)上用外八字高强度的钢丝绳绞合固定。每侧设备紧固点 2 个,每点挂 4 道钢丝绳,钢丝绳与板面夹角为 30°。

⑩ 在车组捆扎完毕之后,等待 30~40 min,观察捆扎的情况。检测捆扎点是否有挣脱松动的现象。

⑪ 缓慢开动车组。观察车板是否平稳。捆扎点是否松动。轮胎有无异常反应。若出现异常,立即停车进行处理。确保各环节运转正常后逐渐提升车速。

⑫ 车组运转正常后,由双方人员检查确认设备情况,做好交接记录。

(2) 捆绑加固及标准

① 物衬垫标准:衬垫材料为厚度大于 5 mm 的橡胶板,衬垫面积必须达到衬垫货物单位载荷不大于 100 t/m²。

② 货物装载标准:装车时,要求货物重心对正挂车中心纵向,对于一些超长、超高或几何形状特殊的设备,考虑车组装载后的道路通过能力,货物重心与挂车中心必须偏移时,应进行稳定性校核,且液压悬挂回路压力差不能超过 20%。

③ 绑扎标准:必须提供足够的捆扎力,防止设备在运行车组上出现前翻、侧滑和侧翻现象。

(3) 捆扎用品(表 B-3)

表 B-3 捆扎用品

序号	名称	规格型号	许用负荷/t	数量
1	钢丝绳	10 m×0.2 m×0.015 m	10	若干
2	钢丝绳	10 m×0.2 m×0.015 m	10	若干
3	备用短头	ϕ32 mm×1.5 mm	5	若干
4	卸扣	13.5 t	10	若干
5	手拉葫芦	HS 型 0.4 t×6 mm	10	若干
6	道木	—	—	—

(4) 盾体绑扎典型案例(图 B-13)

图示顺序分别为侧视图、俯视图、后视图三个不同角度展示盾体绑扎的工艺。

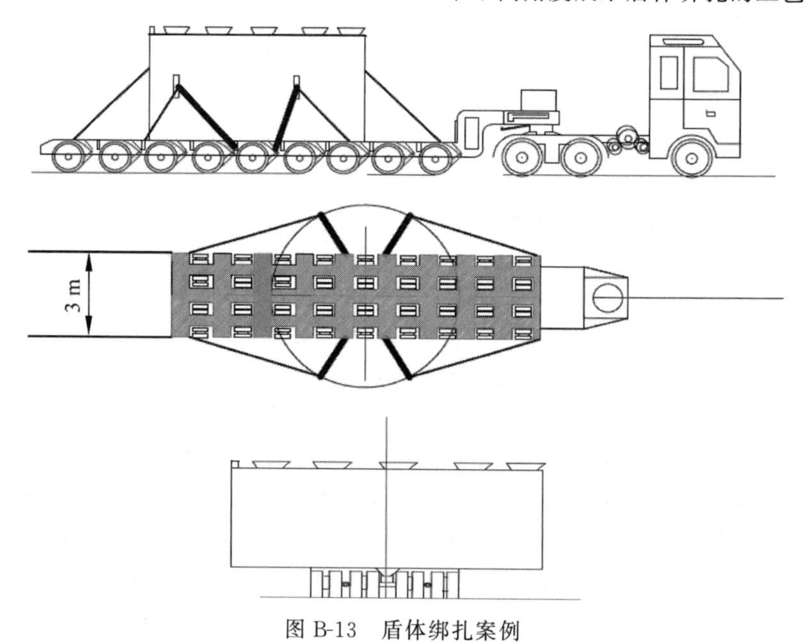

图 B-13 盾体绑扎案例

6. 盾构机的车辆运输

1) 运输前的检查和准备工作

(1) 运输前开好技术交底会,组织项目组成员认真学习本方案,同时了解相关安全运输方案,明确任务、责任和注意事项。其中,必须注意根据进出井作业井口情况合理安排装载货物的车辆顺序。

(2) 道路的选择和超限证的办理：运输前对运输路线中的桥梁、路面、收费站等进行实地探查、分析和优化，确定后将行驶路线图报请公安局交通警察支队等部门审批，办理大型设备的超限运输手续，必要时应和交警、路政部门进行有效沟通，以确保盾构机的运输安全和顺利。

(3) 对参与运输车辆进行起运前的检查和保养，以确保运输过程中不出现机械故障，检查包括如下内容。

① 车辆燃油及油路、车辆及拖板气路、冷却水、车辆电路。

② 牵引车、拖车轮胎的检查和更换。

③ 牵引车、拖车行走系统及制动系统的检查和调试。

④ 车辆警示灯光、指示灯光、照明灯光的检查和更换。

⑤ 检查车辆证牌照情况，常用工具、应急装置是否齐备。

⑥ 运输前再次对运输线路进行勘察，发现障碍及时排除。

⑦ 调整平板车货台高度，保证货台四个角的高度保持一致。

⑧ 封车固定严格按技术要求进行。

(4) 转运时应提前与市区交通管理部门协调，减少对市区交通的影响，运输时间要避开交通繁忙时段，以确保通行顺畅和运输安全，必要时请求公安、交通管理部门的帮助。

(5) 对盾构机各部件的堆放场地妥善规划，确定盾构机各部件的堆放位置。

2) 运输过程中的安全措施

① 熟悉陆路运输路线的情况和特点，严格遵守《中华人民共和国道路交通安全法》。

② 全程运输确保通信通畅，传递信息及时、可靠。

③ 大雨、雾天能见度低，风力达到六级以上时，不得进行运输作业。

④ 为确保运行中车辆及货物始终处于完好状态，消除安全隐患，运行途中应适当停车对车、货进行必要的检查。

⑤ 严格控制车辆行驶速度，应尽量匀速行驶避免紧急制动，保证运行平稳。

⑥ 车速根据道路情况控制在 5～40 km/h 以内，并初行驶 10 km 时停车检查货物绑扎情况，以便及时发现存在的绑扎带松落或货物移位等问题；同时要注意观察运输车辆周围情况、观察空中障碍等通过情况，发现情况立即向指挥部报告。

⑦ 通过弯道或栈桥以及路况较差路段应提前缓慢减速，此时速度控制在 10 km/h 以内。

⑧ 盾构机设备的每次运输车辆编队统一进行，每次运输中派安全人员、维护人员进行跟踪，处理运输过程中的一般事务和突发机械故障排除。

⑨ 指定人员填写好运输日志记录，严格执行超限公路运输标准。

3) 车辆停车安全措施

(1) 车辆应停靠在安全区域。

(2) 在车辆外 2 m 处间隔摆放反光锥，以防止其他车辆的误入，并起到预警用。

(3) 将危险标志牌置于显著位置，以示警。

(4) 在现场照明不好的条件下，在车辆外设置警示灯。

4) 其他运输安全措施

① 交通警察大队、公路管理局办理超限运输车辆“准行证”及“三超证”。必要时，协调交通警察随车护送。

② 与施工单位联合安排指挥车引道及押后，确保运输途中不与其他车辆发生干涉。

③ 运输车辆通过河桥时，需提前封道，保证道路畅通，车辆顺利通过。

④ 运输时间尽力安排在车辆较少的深夜 12 时至凌晨 5 时完成。

5) 盾构机的卸车作业

① 卸车地点应提前进行平整和压实。

② 车辆到达卸货现场后，听从现场工作人员统一指挥，按要求将车辆就位，并遵守工地现场的规章制度。

③ 卸车前，需组织专业人员及运输组织机构人员对运输卸车准备工作进行全面检查。

④ 卸货过程中，听从现场指挥，确认货物吊离车板后，听到移位指令后方可移车。

6）盾构机其他运输安全操作规程

① 必须持与所驾驶车辆相符的驾驶证上岗，熟知所驾驶车辆的操作性能、参数，严格遵守车辆使用说明书各项安全操作规程。

② 拒绝违章和冒险作业，对他人违章作业要进行劝阻和制止。

③ 行车时精力集中，认真观察车速及行车动态，力争准确判断，及早预防。

④ 严禁酒后开车，不准开“英雄车”“赌气车”。

⑤ 不准将车辆交给无驾驶证人员驾驶。

⑥ 不准超速行驶，强行超车、会车。

⑦ 不准下坡熄火，空挡滑行。

⑧ 遵守道路交通安全法律法规其他规定，安全文明驾驶。

⑨ 不断进行危险和环境因素识别，并采取消减措施使其降到最低限度。发生事故时，应立即如实向有关部门和领导汇报，并采取控制措施，保护好现场，做好详细记录。

⑩ 货物拍照：针对现场人员要做到每装一辆车/船及所装货物都要拍照留取证据。具体要求：货物装车前拍照；装车过程要拍照；装上车后对车的前、后、左、右四个角度要各自拍照；对货物绑扎细节要单独拍照；对于贵重设备的重点部位要单独拍照并提醒司机一定要高度重视，慢行避免冲撞和震动等。

⑪ 货物签收：卸车现场的收货签收单要及时找收货人签字；正本签收单要收集完整转交商务，作为未来与客户确认运输完工的单据之一；若运输方案涉及两种以上运输工具或发生二次转移等，运输单位必须做好每个环节的纸面交接签收，以保证发生保险事故等情况时，可以明确判定运输责任方，避免理赔争议。

7. 盾构机典型运输案例

1）案例类型——盾构机江海陆多式联运（表 B-4）

表 B-4 盾构机运输案例 1

客户名称	辽宁三三工业有限公司		
货物名称	ϕ6.48 盾构机	数量	1 套
起始地	辽阳	目的地	成都
运输时间	2016 年 11 月	运输方式	江海陆多式联运

项目概述：针对客户有关辽阳至成都的盾构机运输项目的路途远和地形复杂的特点，我司为客户设计了一整套江海陆多式联运方案。在执行项目的过程中，我司项目经理亲自带领包装人员对货物进行防水、防潮等包装处理，同时对货物装车和装船进行合理苫盖及绑扎加固，积极协调车辆集港、港口代理、海船靠离泊、海船转驳江船、江船卸货、目的港送货等多个环节，保证了全程运输顺畅进行。最终在帮客户控制运输成本的同时，也保证了服务的时效性，为客户实现了效益最大化。

业绩照片

续表

业绩照片

2）案例类型——盾构机出口水陆联运 （表 B-5）

表 B-5 盾构机运输案例 2

客户名称	中交天和机械设备制造有限公司		
货物名称	泥水/土压平衡盾构机	数量	各 1 套
起始地	常熟	目的地	新加坡
运输时间	2016 年 1—3 月	运输方式	水陆联运

项目概述：针对中交天和两套出口至新加坡的盾构机运输项目，我司成立专门项目组，从方案设计到方案实施都确保万无一失。为了保证客户对货物到港时效性的要求，我司前期紧密关注海运船舶动态，与客户提前沟通做好货物出厂计划等；在货物报关过程中，还为客户积极解决前期数据错报的问题，保证了货物及时装船，同时也和船东做了有效沟通，最终将货物按合同要求安全及时地运抵新加坡港。

业绩照片

8. 盾构机的装卸船作业

盾构机的装卸船作业具体采用何种吊装方式要看运输货物的单件重量和码头具体设施、作业条件及承载力等综合考虑。通常分为四种吊装方式(图 B-14)。

图 B-14 盾构机装卸船吊装方式

B.2 大件运输行业的发展趋势

1. 国际化趋势

目前,我国道路大件运输企业面临的竞争势态包括全球经济一体化的发展;国际产业结构的调整与产业梯度转移;我国工业化进程的加快;国外制造的单件重量超过千吨以上的重型设备已进入我国市场;国内道路大件运输市场向世界开放,呈现国际化趋势;等等。国外有实力的同行既可能是竞争对手,也可以成为合作伙伴。国际化趋势给国内企业带来了机遇和挑战:一方面,国内企业可以向国外企业学习先进经验,通过竞争与合作提高自身竞争力,从而进一步拓展国际市场;另一方面,也可能使国内企业面临国内市场份额的重新分配,甚至一大批中小规模企业在该过程中会被淘汰出局。

2. 集约化、规模化、标准化趋势

尽管目前国内大件运输市场运作不规范,存在很多问题,如企业粗放式经营导致运营成本过高、企业规模小而散导致的无序竞争等,但是随着大件运输的相关标准及政策的逐步出台,超限运输许可证跨省使用及特种车辆营运牌照等相关问题切实解决,大件运输的集约化、规模化将是市场竞争的必然结果,也是国民经济发展对大件运输企业的必然要求。道路运输集约化趋势有利于具有资金、管理优势的企业介入大件运输业务并发展壮大。

此外,分散的市场格局不利于道路运输行业的发展,良好的发展前景必将吸引国内外物流企业加大投资,行业整合不可避免,未来将出现全国市场由少数大型企业垄断的格局,市场集中程度必然将进一步提高。

综合来看,盾构机等大件运输行业目前市场格局较为混乱,行业利润率不高,有利于本行业的相关标准及政策未能出台,在大件运输的通行标准、超限运输许可证跨省使用以及特种车辆营运牌照等问题切实解决之前,大件运输市场将很难改变现有市场格局。

随着中国经济的进一步增长,工业企业的革新,新技术的运用以及化小为大的政策,会有更多的大型工业工程上马,给国内的大件运输市场带来了更大的前景,未来大件运输的发展肯定会优胜劣汰，资金力量雄厚拥有专业设备及标准化服务的大型运输公司必将受到青睐，而那些拥有简易设备的小型大件运输公司则会慢慢失去其价廉的优势。随着交通运输政策的变化，有关部门以后肯定会为大件运输制定更详细的政策，排除现在很多大件运输企业运输大件使用多桥是否超限的尴尬处境。此外，国际化趋势也将使国内大件行业面临集约化、规模化的整合，这样国内的大件运输市场将会增添更多的活力。

综上所述，盾构机运输行业尚处于不断成熟和发展中。盾构机用户只有在充分了解盾构运输流程与技术后，才有可能选择优秀的盾构机运输企业。

附录B彩图

后 记

经过20个月的时间和85位专家学者的共同努力，《工程机械手册——维修与再制造》今天终于可以交稿了。谢谢各位编委、各位作者的支持！谢谢手册总主编与审稿人石来德教授、谢谢出版社庄红权社长、张秋玲社长、王欣编辑和4位顾问的悉心指导！谢谢你们给予我的高度信任！

2019年是中国工程机械学会维修与再制造分会创建40周年，40年间，维修与再制造分会殚精竭虑为探索维修与再制造的学术体系以及推动维修与再制造学术与技术的发展做了大量工作，本书是中国工程机械学会维修与再制造分会40年工作的技术总结。40年间，胡厥文副委员长、国家经委马仪副主任、铁道部基建总局蒋才兴局长、装甲兵工程学院姚赛夫政委等多位领导，以及国家建工总局周谊呈高工、农机部马镜波高工、工程机械杂志宋延兰主编、铁道部盛健行高工、人民铁道出版社蒋传漪总编、天津机械施工公司李志远总工等多位学术前辈给予维修与再制造分会无微不至的关怀与指导，本书作为献给尊敬的领导和前辈的一份汇报和一束鲜花！

在本书立题时，与清华大学出版社领导议定，《工程机械手册——维修与再制造》作为从传统出版模式向电子出版模式转变，出版社出版纸质书的同时建立电子书库；作者在提交文字书稿后，还要提交为拓展书稿的图片、照片、视频、文章、PPT等，同时长期担任电子书库的作者，长期负责相关内容的补充与更新；读者通过扫描纸质书上的二维码可以拓展阅读，可以了解本领域的最新进展。同时，中国工程机械学会维修与再制造分会还与清华大学出版社议及争取借本书出版的契机，建立维修与再制造信息平台。本书的出版是我们为推动工程机械维修与再制造新的征程的出发点。

本书的编写过程有85位专家、学者、企业家参与，这些专家、学者、企业家涵盖了维修与再制造相关的研究、教学、生产、经营各个领域；更加可喜的是这个群体中既有德高望重的耄耋老人，也有在各个领域出类拔萃的中青年学者，是维修与再制造领域一次难得的群英聚会；这些专家、学者、企业家大多是工程机械维修与再制造分会的中坚力量，大家都有意长期共同为推进我国维修与再制造事业竭尽所能。愿借此次笔会作为我们并肩战斗的开始。

2020年1月26日，农历庚子年正月初二，我的挚友、陆军装甲兵学院前院长、中国工程机械学会维修与再制造分会创始人刘世参教授离我们而去。他毕生贡献给维修与再制造事业，著作等身；此次我们组建《工程机械手册——维修与再制造》写作团队时曾力邀参与主笔，他却以“抱病多年，无力做实际工作，绝不挂名”力辞。但直到他最后一次住进医院，而且明确春节是大限时，仍在帮助组稿。嗟呼！谨此心香一瓣，伴子驾鹤远游。

易新乾
2020年3月

维修与再制造典型产品

再制造产品

QH3000R、QH4000R履带式强夯机

工信部《再制造产品目录（第六批）》

强夯机专利技术再制造，效率提高一倍，单位面积油耗降低一半

再制造减速机-《再制造产品目录（第八批）》

盾构机减速机　动力头减速机

行星减速机

资料来源：泰安大地强夯重工科技有限公司

资料来源：中联重科股份有限公司

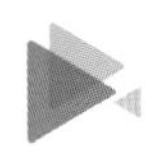

再制造 Remanufacturing

通过国家工信部机电产品再制造试点验收单位，实施“全拆全检、负载调试”的再制造模式，开创再制造“八步法”工艺流程，参与国家标准《全断面隧道掘进机再制造》及多项行业标准制定。

首台国产主轴承再制造盾构机

国内首台TBM再制造

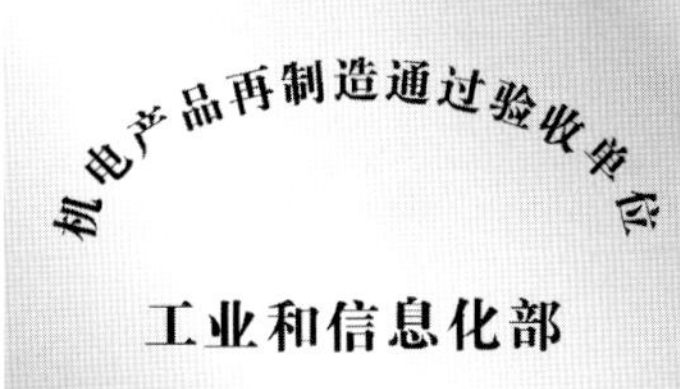

机电产品再制造通过验收单位

工业和信息化部

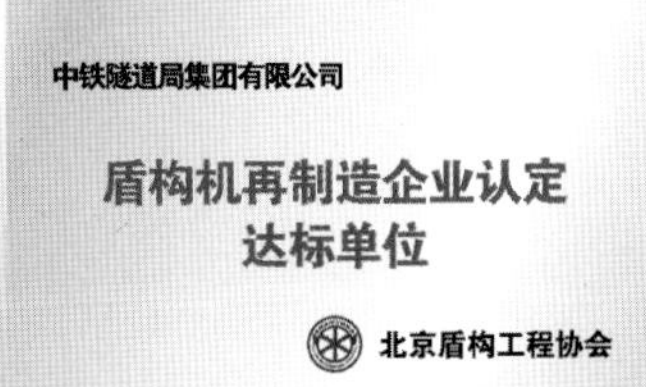

中铁隧道局集团有限公司

盾构机再制造企业认定
达标单位

北京盾构工程协会

资料来源：中铁隧道局集团有限公司

设备检测 › Equipment inspection › ›

业内最早取得CNAS资质，获得中国工程机械工业协会、中国工程机械学会授权，以“行为公正、方法科学、数据准确、服务规范”为宗旨，开展专业机况评估、状态监测、故障诊断、液压部件维修、检测仪器研制等业务。

CNAS认证资质　　　　行业授权机构

机况评估

故障诊断

专业检测团队

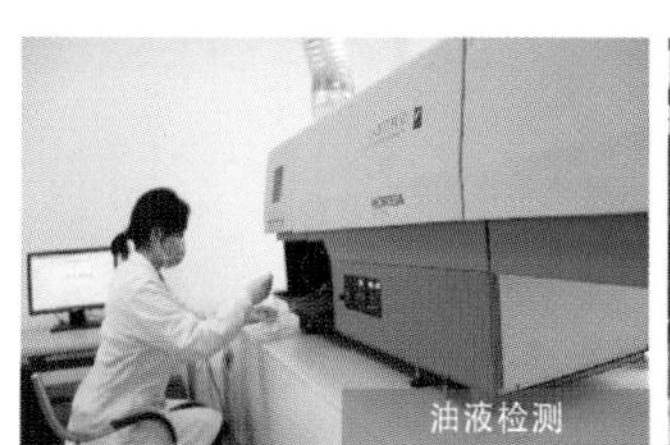
油液检测

油液在线检测

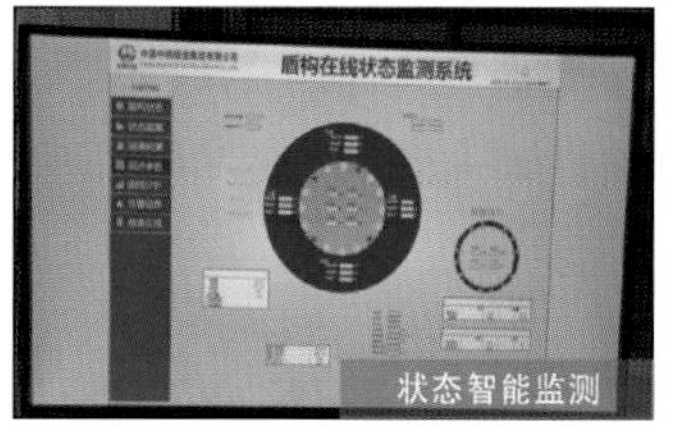

状态智能监测

资料来源：中铁隧道局集团有限公司

设备监理 › Equipment supervision › ›

大型专用设备 全过程 高质量 监理与咨询

设备监理能力证书

COMPETENCY CERTIFICATE FOR PLANT ENGINEERING CONSULTING ENTITY

中铁隧道局集团有限公司：

CHINA RAILWAY TUNNEL GROUP CO., LTD.

根据《设备监理能力要求》（T/GDSBJL 001-2017），按照《广东省设备监理能力信息公示办法》，准予录入"广东省设备监理能力信息公示系统"，并颁发此证书。

According to the "Standard for the Accreditation of Plant Engineering Consulting Entity" (T/GDSBJL 001-2017), in accordance with the "Regulation of GD Province for Public Notification of Accredited Plant Engineering Consulting Entity", enabled entry "GD Province Information Publicity Platform for Plant Engineering Consulting Entity". It's certified that.

证书编号：GAPEC-N019024017

Certificate No

有效期至：2024年11月30日

Expiry Date

等级 Level	专业 Professional category
乙级	全断面隧道掘进设备
B	Full face tunnel boring machine

广东省设备监理协会

二〇一九年十二月一日

设备监理单位证书

中铁隧道集团有限公司

中国设备监理协会

资料来源：中铁隧道局集团有限公司

智能制造 › Intelligent manufacturing › ›

服务施工现场、满足客户需求，定制智能衬砌台车、智能无人驾驶机车、智能养护台车等配套设备。可提供非标设备数字管理、油液在线检测、远程智能监测、土仓可视化、盾尾刷间隙实时测量、皮带机称重等各种智能系统，提供满足多种场景、多种用途的各类智能模板台车。

自控驾驶永磁机车

智能模板台车

盾构制冷系统

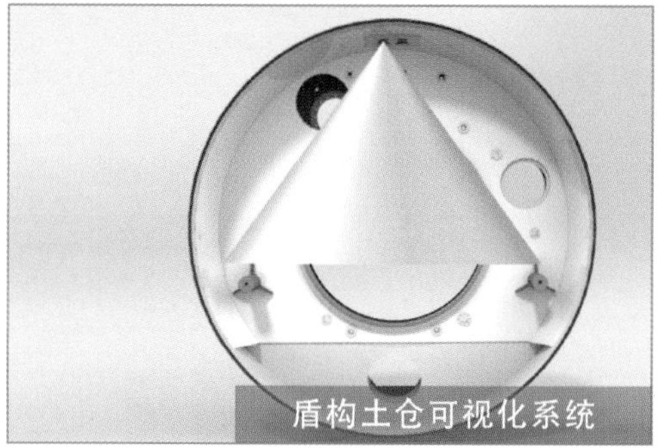

盾构土仓可视化系统

机车无人驾驶远程控制系统

钢拱架机器人生产线

资料来源：中铁隧道局集团有限公司

- S1065 泥水盾构机

用户单位：中铁十四局集团

生产单位：徐工集团凯宫重工南京股份有限公司

项目名称：杭州市望江路过江隧道

隧道管片：采用 ϕ 11300/10300～2000 mm

刀盘开挖直径：ϕ 11640 mm

- S1032 双螺旋复合型土压平衡盾构机

用户单位：中铁四局集团

生产单位：徐工集团凯宫重工南京股份有限公司

项目名称：杭州地铁 6 号线一期工程 I 标

隧道管片：采用 ϕ 6200/5700～1200 mm

刀盘开挖直径：ϕ 6480 mm

- 中铁十四局京盾 3 号扩径改造

用户单位：中铁十四局集团

改造单位：徐工集团凯宫重工南京股份有限公司

项目名称：郑州地铁 12 号线六标

隧道管片：采用 ϕ 6200/5500～1500 mm

刀盘开挖直径：ϕ 6480 mm

- 中建五局 DZ195、DZ196 扩径改造

用户单位：中国建筑第五工程局

改造单位：徐工集团凯宫重工南京股份有限公司

项目名称：天津地铁 7 号线四标

隧道管片：采用 ϕ 6600/5900～1500 mm

刀盘开挖直径：ϕ 6830 mm

资料来源：徐工集团凯宫重工南京股份有限公司